Elementos de álgebra linear

Dados Internacionais de Catalogação na Publicação (CIP)

L334e   Larson, Ron.

        Elementos de álgebra linear / Ron Larson ; revisão técnica: Eduardo Garibaldi ; assistente de revisão técnica: Cleber Fernando Colle ; tradução: Helena Maria Ávila de Castro. — São Paulo, SP : Cengage, 2017.

        464 p. : il. ; 28 cm.
        Inclui índice e apêndice.
        Tradução de: Elementary linear algebra (8. ed).
        ISBN 978-85-221-2722-1

        1. Álgebra linear. I. Garibaldi, Eduardo. II. Colle, Cleber Fernando. III. Castro, Helena Maria Ávila de. IV. Título.

                                              CDU 512.64
                                              CDD 512.5

Índice para catálogo sistemático:
1. Álgebra linear 512.64
(Bibliotecária responsável: Sabrina Leal Araujo — CRB 10/1507)

Elementos de álgebra linear
Tradução da 8ª edição norte-americana

Ron Larson
The Pennsylvania State University
The Behrend College

Tradução: Helena Maria Ávila de Castro

Revisão técnica: Eduardo Garibaldi

Assistente de revisão técnica: Cleber Fernando Colle

Austrália • Brasil • México • Cingapura • Reino Unido • Estados Unidos

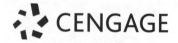

Elementos de Álgebra Linear
8ª edição norte-americana
1ª edição brasileira
Ron Larson

Gerente editorial: Noelma Brocanelli

Editora de desenvolvimento: Gisela Carcinelli

Supervisora de produção gráfica: Fabiana Alencar Albuquerque

Editora de aquisições: Guacira Simonelli

Especialista em direitos autorais: Jenis Oh

Título original: Elementary Linear Algebra – 8^e

ISBN-13: 978-1-305-65800-4

Tradução: Helena Maria Ávila de Castro

Revisão técnica: Eduardo Garibaldi

Assistente de revisão técnica: Cleber Fernando Colle

Copidesque: Mônica Aguiar

Revisão: Fábio Gonçalves

Diagramação: Cia. Editorial

Indexação: Casa Editorial Maluhy

Capa: BuonoDisegno

Imagem da capa: Keo/Shutterstock

© 2017, 2013, 2009, Cengage Learning

© 2018 Cengage Learning Edições Ltda.

Todos os direitos reservados. Nenhuma parte deste livro poderá ser reproduzida, sejam quais forem os meios empregados, sem a permissão, por escrito, da Editora. Aos infratores aplicam-se as sanções previstas nos artigos 102, 104, 106 e 107 da Lei nº 9.610, de 19 de fevereiro de 1998.

Esta editora empenhou-se em contatar os responsáveis pelos direitos autorais de todas as imagens e de outros materiais utilizados neste livro. Se porventura for constatada a omissão involuntária na identificação de algum deles, dispomo-nos a efetuar, futuramente, os possíveis acertos.

A Editora não se responsabiliza pelo funcionamento dos links contidos neste livro que possam estar suspensos.

Para informações sobre nossos produtos, entre em contato pelo telefone **0800 11 19 39**

Para permissão de uso de material desta obra, envie seu pedido para
direitosautorais@cengage.com

© 2018 Cengage Learning. Todos os direitos reservados.

ISBN 13: 978-85-221-2722-1

ISBN 10: 85-221-2722-0

Cengage Learning
Condomínio E-Business Park
Rua Werner Siemens, 111 – Prédio 11 – Torre A – Conjunto 12
Lapa de Baixo – CEP 05069-900 – São Paulo – SP
Tel.: (11) 3665-9900 – Fax: (11) 3665-9901
SAC: 0800 11 19 39

Para suas soluções de curso e aprendizado, visite
www.cengage.com.br

Impresso no Brasil
Printed in Brazil
1ª impressão – 2017

Sumário

1 Sistemas de equações lineares 1

1.1 Introdução a sistemas de equações lineares 2
1.2 Eliminação de Gauss e eliminação Gauss-Jordan 13
1.3 Aplicações de sistemas de equações lineares 25

2 Matrizes 39

2.1 Operações com matrizes 40
2.2 Propriedades das operações com matrizes 52
2.3 A inversa de uma matriz 62
2.4 Matrizes elementares 74
2.5 Cadeias de Markov 84
2.6 Mais aplicações de operações com matrizes 94

3 Determinantes 109

3.1 O determinante de uma matriz 110
3.2 Determinantes e operações elementares 118
3.3 Propriedades dos determinantes 126
3.4 Aplicações de determinantes 134

4 Espaços vetoriais 151

4.1 Vetores em R^n 152
4.2 Espaços vetoriais 161
4.3 Subespaços de espaços vetoriais 168
4.4 Conjuntos geradores e independência linear 175
4.5 Base e dimensão 186
4.6 Posto de uma matriz e sistemas de equações lineares 195
4.7 Coordenadas e mudança de base 208
4.8 Aplicações de espaços vetoriais 218

5 Espaços com produto interno 231

5.1 Comprimento e produto escalar em R^n 232
5.2 Espaços com produto interno 243
5.3 Bases ortonormais: processo de Gram-Schmidt 254
5.4 Modelos matemáticos e análise por mínimos quadrados 265
5.5 Aplicações de espaços com produto interno 277

6 Transformações lineares 297

6.1 Introdução às transformações lineares 298
6.2 O núcleo e a imagem de uma transformação linear 309
6.3 Matrizes de transformações lineares 320
6.4 Matrizes de transição e semelhança 330
6.5 Aplicações de transformações lineares 336

VI   Elementos de álgebra linear

7 ■ Autovalores e autovetores 347

7.1 Autovalores e autovetores 348
7.2 Diagonalização 359
7.3 Matrizes simétricas e diagonalização ortogonal 368
7.4 Aplicações de autovalores e autovetores 377

8 ■ Espaços vetoriais complexos*

9 ■ Programação linear*

10 ■ Métodos numéricos*

Apêndice A1

Indução matemática e outras formas de demonstração A1

Respostas dos exercícios ímpares e das provas A7

Índice remissivo A41

* Disponível na página deste livro no site da Cengage

Prefácio

Bem-vindo ao livro *Elementos de álgebra linear*, oitava edição. Tenho orgulho de apresentar-lhe esta edição. Como em todas as edições, consegui incorporar muitos comentários úteis de vocês, nossos usuários. E embora muito tenha sido mudado nesta revisão, ainda encontrarão o que esperam – um livro-texto pedagogicamente sólido, matematicamente preciso e abrangente. Além disso, estou satisfeito e ansioso por lhes oferecer algo novo – um site complementar em LarsonLinearAlgebra.com. Meu objetivo para cada edição deste livro-texto é fornecer aos alunos as ferramentas de que precisam para dominar a álgebra linear. Espero que vocês achem que os destaque desta edição, juntamente com o site LarsonLinearAlgebra.com, ajudem a realizar exatamente isso.

Destaques desta edição

Novo LarsonLinearAlgebra.com

Este site complementar oferece várias ferramentas e recursos para complementar sua aprendizagem. O acesso a esses recursos são *gratuitos*. Assista a vídeos que explicam conceitos do livro, explore exemplos, baixe conjuntos de dados e muito mais. A Cengage não se responsabiliza por este site, instalações necessárias de plug-ins, navegação no site e nos recursos, e não disponibiliza suporte aos usuários. No caso de dúvidas, sugestões, reclamações e suporte, contate: larson@larsontexts.com. Todo o conteúdo do site está em inglês.

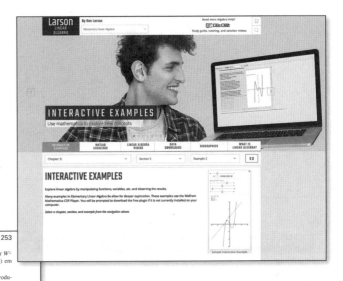

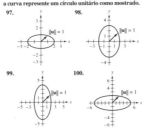

Conjuntos de exercícios revistos

Os conjuntos de exercícios foram cuidadosa e amplamente examinados para garantir que sejam rigorosos, relevantes e cubram todos os tópicos necessários para entender os fundamentos da álgebra linear. Os exercícios são numerados e com títulos para que você possa ver as conexões entre exemplos e exercícios. Muitos exercícios novos, para desenvolver habilidades, desafiadores e de aplicação foram adicionados. Os seguintes tipos de exercícios pedagogicamente comprovados foram incluídos.

- **Exercícios "Verdadeiro ou falso"**
- **Demonstrações**
- **Demonstrações guiadas**
- **Exercícios dissertativos**
- **Exercícios "Tecnologia"** (indicados em todo o texto com 🖩)

Os exercícios que utilizam conjuntos de dados eletrônicos são indicados por 🖥. Os dados podem ser encontrados na página deste livro no site da Cengage.

VIII   Elementos de álgebra linear

Destaque
O Capítulo 2 possui *duas* seções de aplicação: Seção 2.5 (Cadeias de Markov) e Seção 2.6 (Mais aplicações de operações com matrizes). Além disso, a Seção 7.4 (Aplicações de autovalores e autovetores) inclui conteúdo em otimização restrita.

2 Matrizes

- 2.1 Operações com matrizes
- 2.2 Propriedades das operações com matrizes
- 2.3 A inversa de uma matriz
- 2.4 Matrizes elementares
- 2.5 Cadeias de Markov
- 2.6 Mais aplicações de operações com matrizes

Criptografia de dados

Dinâmica de fluidos computacional

Deflexão da barra

Agendamento de tripulação de voo

Recuperação de informações

---

62   Elementos de álgebra linear

2.3 A inversa de uma matriz

- Encontrar a inversa de uma matriz (se existir).
- Usar as propriedades das matrizes inversas.
- Usar uma matriz inversa para resolver um sistema de equações lineares.

MATRIZES E SUAS INVERSAS

Na Seção 2.2 foram discutidas algumas das semelhanças entre a álgebra de números reais e a álgebra das matrizes. Esta seção desenvolve mais a álgebra de matrizes para incluir as soluções das equações matriciais envolvendo multiplicação de matrizes. Para começar, considere a equação nos números reais $ax = b$. Para resolver esta equação e determinar x, multiplique ambos os lados da equação por a^{-1} (desde que $a \neq 0$).

$$ax = b$$
$$(a^{-1}a)x = a^{-1}b$$
$$(1)x = a^{-1}b$$
$$x = a^{-1}b$$

O número a^{-1} é o inverso multiplicativo de a porque $a^{-1}a = 1$ (o elemento neutro da multiplicação). A definição do inverso multiplicativo de uma matriz é parecida.

Definição da inversa de uma matriz

Uma matriz quadrada A de ordem n é **inversível** (ou **não singular**) quando existe uma matriz B de tamanho $n \times n$ tal que

$$AB = BA = I_n,$$

onde I_n é a matriz identidade de ordem n. A matriz B é a **inversa** (multiplicativa) de A. Uma matriz que não possui uma inversa é **não inversível** (ou **singular**).

As matrizes não quadradas não têm inversas. Para ver isso, observe que se A é de tamanho $m \times n$ e B é de tamanho $n \times m$ (em que $m \neq n$), então os produtos AB e BA são de tamanhos diferentes e não podem ser iguais entre si. Nem todas as matrizes quadradas têm inversas. (Veja o Exemplo 4.) O próximo teorema, no entanto, afirma que, se uma matriz tiver uma inversa, então essa inversa é única.

TEOREMA 2.7   Unicidade da matriz inversa

Se A é uma matriz inversível, então a inversa é única. A inversa de A é denotada por A^{-1}.

DEMONSTRAÇÃO

Se A é inversível, então há pelo menos uma inversa B tal que

$$AB = I = BA.$$

Suponha que A tenha outra inversa C tal que

$$AC = I = CA.$$

Demonstra-se que B e C são iguais, como mostrado a seguir.

$$AB = I$$
$$C(AB) = CI$$
$$(CA)B = C$$
$$IB = C$$
$$B = C$$

Consequentemente $B = C$, e segue que a inversa de uma matriz é única.

Introduções dos capítulos
Cada *introdução de capítulo* destaca cinco aplicações reais de álgebra linear encontradas ao longo do capítulo. Muitas das aplicações se referem ao recurso *Álgebra linear aplicada* (discutida na página seguinte).

Objetivos da seção
Uma lista de objetivos de aprendizagem, localizada no início de cada seção, fornece a oportunidade de visualizar o que será apresentado na próxima seção a ser abordada.

Teoremas, definições e propriedades
Apresentados em uma linguagem clara e matematicamente precisa, todos os teoremas, definições e propriedade são destacados para ênfase e referência fácil.

Demonstrações em forma de esboço de estrutura
Além das demonstrações nos exercícios, algumas delas são apresentadas em forma de esboço de estrutura. Isso omite a necessidade de cálculos pesados.

Prefácio IX

Descoberta

Usar o recurso *Descoberta* ajuda a desenvolver uma compreensão intuitiva de conceitos e relações matemáticos.

Observações Tecnologia

As observações *Tecnologia* mostram como você pode usar as ferramentas computacionais e softwares adequadamente no processo de resolução de problemas. Muitas das observações *Tecnologia* reportam ao **Technology Guide**, disponível (em inglês) na página do livro no site da Cengage.

EXEMPLO 4 — Determinação de uma matriz de transição

Veja LarsonLinearAlgebra.com para uma versão interativa deste tipo de exemplo.

Encontre a matriz de transição de B para B' para as bases de R^3 abaixo.

$$B = \{(1, 0, 0), (0, 1, 0), (0, 0, 1)\} \quad \text{e} \quad B' = \{(1, 0, 1), (0, -1, 2), (2, 3, -5)\}$$

SOLUÇÃO

Primeiro use os vetores nas duas bases para formar as matrizes B e B'.

$$B = \begin{bmatrix} 1 & 0 & 0 \\ 0 & 1 & 0 \\ 0 & 0 & 1 \end{bmatrix} \quad \text{e} \quad B' = \begin{bmatrix} 1 & 0 & 2 \\ 0 & -1 & 3 \\ 1 & 2 & -5 \end{bmatrix}$$

Em seguida, forme a matriz $[B' \quad B]$ e use a eliminação de Gauss-Jordan para reescrever $[B' \quad B]$ como $[I_3 \quad P^{-1}]$.

$$\begin{bmatrix} 1 & 0 & 2 & 1 & 0 & 0 \\ 0 & -1 & 3 & 0 & 1 & 0 \\ 1 & 2 & -5 & 0 & 0 & 1 \end{bmatrix} \rightarrow \begin{bmatrix} 1 & 0 & 0 & -1 & 4 & 2 \\ 0 & 1 & 0 & 3 & -7 & -3 \\ 0 & 0 & 1 & 1 & -2 & -1 \end{bmatrix}$$

A partir disso, você pode concluir que a matriz de transição de B para B' é

$$P^{-1} = \begin{bmatrix} -1 & 4 & 2 \\ 3 & -7 & -3 \\ 1 & -2 & -1 \end{bmatrix}$$

Multiplique P^{-1} pela matriz de coordenadas de $\mathbf{x} = \begin{bmatrix} 1 & 2 & -1 \end{bmatrix}^T$ para ver que o resultado é o mesmo que o obtido no Exemplo 3.

Descoberta

1. Seja $B = \{(1, 0), (1, 2)\}$ e $B' = \{(1, 0), (0, 1)\}$. Forme a matriz $[B' \quad B]$.

2. Faça uma conjectura sobre a necessidade de usar a eliminação de Gauss-Jordan para obter a matriz de transição P^{-1} quando a mudança de base for de uma base não canônica para uma base canônica.

SOLUÇÃO

Observe que três dos elementos na terceira c[...] parte do trabalho na expansão, use a terceira [...]

$$|A| = 3(C_{13}) + 0(C_{23}) + 0(C_{33}) + 0(C_{43})$$

Os cofatores C_{23}, C_{33} e C_{43} têm coeficientes nulos, de modo que você precisa apenas encontrar o cofator C_{13}. Para fazer isso, elimine a primeira linha e a terceira coluna de A e calcule o determinante da matriz resultante.

$$C_{13} = (-1)^{1+3} \begin{vmatrix} -1 & 1 & 2 \\ 0 & 2 & 3 \\ 3 & 4 & -2 \end{vmatrix} \quad \text{Elimine a 1ª linha e 3ª coluna.}$$

$$= \begin{vmatrix} -1 & 1 & 2 \\ 0 & 2 & 3 \\ 3 & 4 & -2 \end{vmatrix} \quad \text{Simplifique.}$$

A expansão por cofatores ao longo da segunda linha fornece

$$C_{13} = (0)(-1)^{2+1} \begin{vmatrix} 1 & 2 \\ 4 & -2 \end{vmatrix} + (2)(-1)^{2+2} \begin{vmatrix} -1 & 2 \\ 3 & -2 \end{vmatrix} + (3)(-1)^{2+3} \begin{vmatrix} -1 & 1 \\ \end{vmatrix}$$

$$= 0 + 2(1)(-4) + 3(-1)(-7)$$

$$= 13.$$

Você obtém

$$|A| = 3(13)$$
$$= 39.$$

TECNOLOGIA

Muitas ferramentas computacionais e softwares podem encontrar o determinante de uma matriz quadrada. Se você usar uma ferramenta computacional, então poderá ver algo semelhante na tela abaixo para o Exemplo 4. O **Technology Guide**, disponível na página deste livro no site da Cengage, pode ajudá-lo a usar a tecnologia para encontrar um determinante.

```
A
   [[1  -2  3  0 ]
    [-1  1  0  2 ]
    [0   2  0  3 ]
    [3   4  0  -2]]
det A
                  39
```

ÁLGEBRA LINEAR APLICADA

A análise de frequência temporal de sinais fisiológicos irregulares, como variações do ritmo cardíaco de batimento a batimento (também conhecido como variabilidade da frequência cardíaca ou HRV, na sigla em inglês), pode ser difícil. Isso ocorre porque a estrutura de um sinal pode incluir múltiplos componentes periódicos, não periódicos e pseudoperiódicos. Pesquisadores propuseram e validaram um método simplificado de análise de HRV chamado partição de base ortonormal e representação de frequência temporal (OPTR, na sigla em inglês). Este método exibe mudanças abruptas e lentas na estrutura do sinal de HRV, divide um sinal de HRV não estacionário em segmentos que são "menos não estacionários" e determinam padrões na HRV. Pesquisadores descobriram que, apesar de ter uma resolução de tempo fraca em sinais que mudaram gradualmente, o método OPTR representou com precisão multicomponentes e mudanças abruptas em sinais de HRV reais e simulados.
Fonte: Orthonormal-Basis Partitioning and Time-Frequency Representation of Cardiac Rhythm Dynamics, Aysina, Benhur, et al., IEEE Transactions on Biomedical Engineering, 52, n. 5)

---

108 Elementos de álgebra linear

2 Projetos

1 Explorando a multiplicação de matrizes

A tabela mostra os dois primeiros resultados de provas para Anna, Bruce, Chris e David. Use a tabela para criar uma matriz M para representar os dados. Insira M em um software ou uma ferramenta computacional e use-o para responder às seguintes perguntas.

	Teste 1	Teste 2
Anna	84	96
Bruce	56	72
Chris	78	83
David	82	91

1. Qual prova foi mais difícil? Qual foi mais fácil? Explique.

2. Como você classificaria os desempenhos dos quatro alunos?

3. Descreva os significados dos produtos de matrizes $M \begin{bmatrix} 1 \\ 0 \end{bmatrix}$ e $M \begin{bmatrix} 0 \\ 1 \end{bmatrix}$.

4. Descreva os significados dos produtos de matrizes $[1 \ 0 \ 0 \ 0]M$ e $[0 \ 0 \ 1 \ 0]M$.

5. Descreva os significados dos produtos de matrizes $M \begin{bmatrix} 1 \\ 1 \end{bmatrix}$ e $\frac{1}{2}M \begin{bmatrix} 1 \\ 1 \end{bmatrix}$.

6. Descreva os significados dos produtos de matrizes $[1 \ 1 \ 1 \ 1]M$ e $\frac{1}{4}[1 \ 1 \ 1 \ 1]M$.

7. Descreva o significado do produto de matrizes $[1 \ 1 \ 1 \ 1]M \begin{bmatrix} 1 \\ 1 \end{bmatrix}$.

8. Use a multiplicação de matrizes para encontrar a pontuação média geral combinada de ambas as provas.

9. Como você pode usar a multiplicação de matrizes para mudar a escala das pontuações na prova 1 por um fator de 1,1?

2 Matrizes nilpotentes

Seja A uma matriz quadrada não nula. É possível que exista um inteiro positivo k tal que $A^k = O$? Por exemplo, encontre A^3 para a matriz

$$A = \begin{bmatrix} 0 & 1 & 2 \\ 0 & 0 & 1 \\ 0 & 0 & 0 \end{bmatrix}.$$

A matriz quadrada A é **nilpotente de índice k** quando $A \neq O$, $A^2 \neq O, \ldots, A^{k-1} \neq O$, mas $A^k = O$. Neste projeto, você explorará matrizes nilpotentes.

1. A matriz no exemplo acima é nilpotente. Qual é o índice?

2. Use um software ou uma ferramenta computacional para determinar quais matrizes abaixo são nilpotentes e encontre seus índices.

(a) $\begin{bmatrix} 0 & 1 \\ 0 & 0 \end{bmatrix}$ (b) $\begin{bmatrix} 0 & 1 \\ 1 & 0 \end{bmatrix}$ (c) $\begin{bmatrix} 0 & 0 \\ 1 & 0 \end{bmatrix}$

(d) $\begin{bmatrix} 1 & 0 \\ 1 & 0 \end{bmatrix}$ (e) $\begin{bmatrix} 0 & 0 & 1 \\ 0 & 0 & 0 \\ 0 & 0 & 0 \end{bmatrix}$ (f) $\begin{bmatrix} 0 & 0 & 0 \\ 1 & 0 & 0 \\ 1 & 1 & 0 \end{bmatrix}$

3. Encontre matrizes nilpotentes 3×3 de índices 2 e 3.

4. Encontre matrizes nilpotentes 4×4 de índices 2, 3 e 4.

5. Encontre uma matriz nilpotente de índice 5.

6. As matrizes nilpotentes são inversíveis? Demonstre sua resposta.

7. Quando A é nilpotente, o que você pode dizer sobre A^T? Demonstre sua resposta.

8. Mostre que, se A é nilpotente, então $I - A$ é inversível.

Álgebra linear aplicada

O recurso *Álgebra linear aplicada* descreve uma aplicação real de conceitos discutidos em uma seção. Estas aplicações incluem biologia e ciências da vida, negócios e economia, engenharia e tecnologia, ciências físicas e estatística e probabilidade.

Exercícios Ponto crucial

Ponto crucial é um problema conceitual que sintetiza tópicos-chave para verificar a compreensão dos alunos sobre os conceitos da seção. Eu os recomendo.

Projetos do capítulo

Oferecem a oportunidade para atividades em grupo ou trabalhos de casa mais extensos, estando focados em conceitos teóricos ou aplicações. Muitos incentivam o uso da tecnologia.

Agradecimentos

Gostaria de agradecer muitas pessoas que me ajudaram durante várias etapas da redação desta nova edição. Em particular, valorizo os comentários das dezenas de instrutores que participaram de uma pesquisa detalhada sobre como eles ensinam álgebra linear. Também valorizo os esforços dos seguintes colegas que forneceram valiosas sugestões desde a primeira edição deste texto:

Michael Brown, San Diego Mesa College

Nasser Dastrange, Buena Vista University

Mike Daven, Mount Saint Mary College

David Hemmer, University of Buffalo, SUNY

Wai Lau, Seattle Pacific University

Jorge Sarmiento, County College of Morris.

Gostaria de agradecer Bruce H. Edwards, da University of Florida e David C. Falvo, da Pennsylvania State University, do Behrend College, por suas contribuições para edições anteriores de *Elementos de álgebra linear*.

Em um nível pessoal, agradeço minha esposa, Deanna Gilbert Larson, por seu amor, paciência e apoio. Além disso, agradeço especialmente a R. Scott O'Neil.

Ron Larson, Ph.D.
Professor de Matemática
Penn State University
www.RonLarson.com

MATERIAL DE APOIO PARA ESTUDANTES

- Data Sets
- Exercícios de Matlab
- Technology Guide

Materiais disponíveis em inglês.

MATERIAL DE APOIO PARA PROFESSORES

- Material de soluções

Material em inglês.

1 Sistemas de equações lineares

- **1.1** Introdução a sistemas de equações lineares
- **1.2** Eliminação de Gauss e eliminação de Gauss-Jordan
- **1.3** Aplicações de sistemas de equações lineares

Fluxo de tráfego

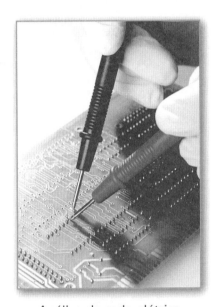
Análise de rede elétrica

Sistema de posicionamento global

Velocidade de um avião

Balanceamento de equações químicas

Em sentido horário, de cima para a esquerda: Rafal Olkis/Shutterstock.com; michaeljung/Shutterstock.com; Fernando Jose V. Soares/Shutterstock.com; Alexander Raths/Shutterstock.com; edobric/Shutterstock.com

1.1 Introdução a sistemas de equações lineares

- Reconhecer uma equação linear em n variáveis.
- Encontrar uma representação paramétrica de um conjunto solução.
- Determinar se um sistema de equações lineares é consistente ou inconsistente.
- Usar a substituição regressiva e a eliminação de Gauss para resolver um sistema de equações lineares.

EQUAÇÕES LINEARES EM n VARIÁVEIS

O estudo da álgebra linear exige familiaridade com álgebra, geometria analítica e trigonometria. Ocasionalmente, você encontrará exemplos e exercícios que exigem o conhecimento de cálculo e estes estão destacados no texto.

No começo de seu estudo de álgebra linear, você descobrirá que muitos dos métodos de solução envolvem diversos passos aritméticos, assim é essencial que verifique seus cálculos. Use um software ou uma calculadora para verificar seus cálculos e executar rotinas computacionais.

Embora você tenha familiaridade com parte do material deste capítulo, deveria estudar cuidadosamente os métodos apresentados. Isso irá cultivar e clarear sua intuição para o material mais abstrato que vem a seguir.

Lembre-se da geometria analítica que a equação de uma reta no espaço tridimensional tem a forma

$$a_1 x + a_2 y = b, \quad a_1, a_2 \text{ e } b \text{ são constantes.}$$

Isso é uma **equação linear em duas variáveis** x e y. Analogamente, a equação de um plano no espaço tridimensional tem a forma

$$a_1 x + a_2 y + a_3 z = b, \quad a_1, a_2, a_3 \text{ e } b \text{ são constantes.}$$

Essa é uma **equação linear em três variáveis** x, y e z. Uma equação linear em n variáveis é definida abaixo.

Definição de uma equação linear em n variáveis

Uma **equação linear em n variáveis** $x_1, x_2, x_3, \ldots, x_n$ tem a forma

$$a_1 x_1 + a_2 x_2 + a_3 x_3 + \cdots + a_n x_n = b.$$

Os **coeficientes** $a_1, a_2, a_3, \ldots, a_n$ são números reais e o **termo constante** b é um número real. O número a_1 é o **coeficiente principal** e x_1 é a variável principal.

As equações lineares não têm produtos ou raízes de variáveis e nenhuma variável envolvida em funções trigonométricas, exponencial ou logarítmica. As variáveis aparecem apenas na primeira potência.

EXEMPLO 1 Equações lineares e não lineares

Cada equação é linear.

a. $3x + 2y = 7$ **b.** $\frac{1}{2}x + y - \pi z = \sqrt{2}$ **c.** $(\text{sen } \pi)x_1 - 4x_2 = e^2$

Cada equação é não linear.

a. $xy + z = 2$ **b.** $e^x - 2y = 4$ **c.** $\text{sen } x_1 + 2x_2 - 3x_3 = 0$

SOLUÇÕES E CONJUNTOS SOLUÇÃO

Uma **solução** de uma equação linear em n variáveis é uma sequência de n números reais $s_1, s_2, s_3, \ldots, s_n$ que satisfazem a equação linear quando você substitui os valores

Sistemas de equações lineares   **3**

$$x_1 = s_1, \quad x_2 = s_2, \quad x_3 = s_3, \quad \ldots, \quad x_n = s_n$$

na equação. Por exemplo, $x_1 = 2$ e $x_2 = 1$ satisfazem a equação $x_1 + 2x_2 = 4$. Algumas outras soluções são $x_1 = -4$ e $x_2 = 4$, $x_1 = 0$ e $x_2 = 2$ ou ainda $x_1 = -2$ e $x_2 = 3$.

O conjunto de *todas* as soluções de uma equação linear é seu **conjunto solução** e quando tiver encontrado esse conjunto, terá **resolvido** a equação. Para descrever completamente o conjunto solução de uma equação linear, use uma **representação paramétrica**, como ilustrado nos Exemplos 2 e 3.

EXEMPLO 2   Representação paramétrica de um conjunto solução

Resolva a equação linear $x_1 + 2x_2 = 4$.

SOLUÇÃO

Para encontrar o conjunto solução de uma equação envolvendo duas variáveis, isole uma das variáveis em termos da outra variável. Isolando x_1 em termos de x_2, você obtém

$$x_1 = 4 - 2x_2.$$

Nessa forma, a variável x_2 é **livre**, o que significa que ela pode assumir qualquer valor real. A variável x_1 não é livre, pois seu valor depende do valor designado para x_2. Para representar as infinitas soluções dessa equação, é conveniente introduzir uma terceira variável t chamada de **parâmetro**. Tomando $x_2 = t$, pode--se representar o conjunto solução por

$$x_1 = 4 - 2t, \quad x_2 = t, \quad t \text{ é qualquer número real.}$$

Para obter soluções particulares, dê valores ao parâmetro t. Por exemplo, $t = 1$ fornece a solução $x_1 = 2$ e $x_2 = 1$, enquanto $t = 4$ fornece a solução $x_1 = -4$ e $x_2 = 4$. ∎

Para representar parametricamente o conjunto solução da equação linear no Exemplo 2 de outra maneira, você poderia escolher x_1 como a variável livre. A representação paramétrica do conjunto solução teria então a forma

$$x_1 = s, \quad x_2 = 2 - \tfrac{1}{2}s, \quad s \text{ é qualquer número real.}$$

Por conveniência, quando uma equação tem mais de uma variável livre, escolha as variáveis que ocorrem por último na equação como variáveis livres.

EXEMPLO 3   Representação paramétrica de um conjunto solução

Resolva a equação linear $3x + 2y - z = 3$.

SOLUÇÃO

Ao escolher y e z como variáveis livres, isole x para obter

$$3x = 3 - 2y + z$$
$$x = 1 - \tfrac{2}{3}y + \tfrac{1}{3}z.$$

Tomando $y = s$ e $z = t$, você obtém a representação paramétrica

$$x = 1 - \tfrac{2}{3}s + \tfrac{1}{3}t, \quad y = s, \quad z = t$$

onde s e t são números reais quaisquer. Duas soluções particulares são

$$x = 1, y = 0, z = 0 \quad \text{e} \quad x = 1, y = 1, z = 2.$$ ∎

SISTEMAS DE EQUAÇÕES LINEARES

Um sistema de m equações lineares a n incógnitas é um conjunto de m equações, cada uma das quais é linear nas mesmas n variáveis:

$$a_{11}x_1 + a_{12}x_2 + a_{13}x_3 + \cdots + a_{1n}x_n = b_1$$
$$a_{21}x_1 + a_{22}x_2 + a_{23}x_3 + \cdots + a_{2n}x_n = b_2$$
$$a_{31}x_1 + a_{32}x_2 + a_{33}x_3 + \cdots + a_{3n}x_n = b_3$$
$$\vdots$$
$$a_{m1}x_1 + a_{m2}x_2 + a_{m3}x_3 + \cdots + a_{mn}x_n = b_m.$$

OBSERVAÇÃO

A notação com dois índices subscritos indica que a_{ij} é o coeficiente de x_j na i-ésima equação.

Um sistema de equações lineares também é chamado de **sistema linear**. Uma **solução** de um sistema linear é uma sequência de números $s_1, s_2, s_3, \ldots, s_n$ que é solução de cada equação do sistema. Por exemplo, o sistema

$$3x_1 + 2x_2 = 3$$
$$-x_1 + x_2 = 4$$

tem $x_1 = -1$ e $x_2 = 3$ como uma solução, pois o par $x_1 = -1$ e $x_2 = 3$ satisfaz *ambas* as equações. Por outro lado, $x_1 = 1$ e $x_2 = 0$ não é solução do sistema linear, pois esses valores satisfazem apenas a primeira equação do sistema.

DESCOBERTA

1. Trace as duas retas

$$3x - y = 1$$
$$2x - y = 0$$

no plano xy. Onde elas se interceptam? Quantas soluções esse sistema de equações lineares tem?

2. Repita essa análise para os pares de retas

$$\begin{array}{cc} 3x - y = 1 & 3x - y = 1 \\ 3x - y = 0 & 6x - 2y = 2. \end{array}$$
e

3. Quais tipos básicos de conjuntos solução são possíveis para um sistema de duas equações lineares em duas incógnitas?

Veja LarsonLinearAlgebra.com para uma versão interativa desse tipo de exercício.

ÁLGEBRA LINEAR APLICADA

Em uma reação química, os átomos se reorganizam em uma ou mais substâncias. Por exemplo, quando o gás metano (CH_4) se combina com o oxigênio (O_2) e queima, são formados dióxido de carbono (CO_2) e água (H_2O). Os químicos representam esse processo por uma equação química da forma

$$(x_1)CH_4 + (x_2)O_2 \rightarrow (x_3)CO_2 + (x_4)H_2O.$$

Uma reação química não pode nem criar nem destruir átomos. Assim, todos os átomos representados no lado esquerdo da flecha também devem estar no lado direito dela. Isso é chamado de balanceamento da equação química. No exemplo acima, os químicos podem usar um sistema de equações lineares para achar os valores de x_1, x_2, x_3 e x_4 que irão balancear a equação química.

Einur/Shutterstock.com

É possível que um sistema linear tenha exatamente uma solução, infinitas soluções ou nenhuma solução. Um sistema linear é **consistente** quando tem pelo menos uma solução e **inconsistente** quando não tem nenhuma solução.

EXEMPLO 4 — Sistemas de duas equações em duas variáveis

Resolva e represente graficamente cada sistema de equações lineares.

a. $x + y = 3$
$x - y = -1$

b. $x + y = 3$
$2x + 2y = 6$

c. $x + y = 3$
$x + y = 1$

SOLUÇÃO

a. Esse sistema tem exatamente uma solução, $x = 1$ e $y = 2$. Uma forma de obter a solução é somar as duas equações para obter $2x = 2$, o que implica que $x = 1$ e, assim, $y = 2$. A representação gráfica deste sistema consiste em duas retas que se *interceptam*, como mostrado na Figura 1.1(a).

b. Esse sistema tem infinitas soluções porque a segunda equação é o resultado da multiplicação de ambos os lados da primeira equação por 2. Uma representação paramétrica do conjunto solução é

$x = 3 - t, \quad y = t, \quad t$ é qualquer número real.

A representação gráfica deste sistema consiste em duas retas *coincidentes*, como mostrado na Figura 1.1(b).

c. Esse sistema não tem nenhuma solução porque a soma de dois números não pode ser 3 e 1 simultaneamente. A representação gráfica deste sistema consiste em duas retas *paralelas*, como mostra a Figura 1.1(c).

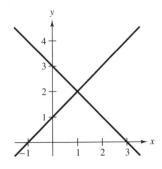
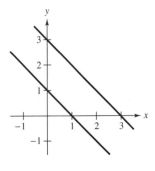

a. Duas retas que se interceptam:
$x + y = 3$
$x - y = -1$

b. Duas retas coincidentes:
$x + y = 3$
$2x + 2y = 6$

c. Duas retas paralelas:
$x + y = 3$
$x + y = 1$

Figura 1.1

O Exemplo 4 ilustra os três tipos básicos de conjuntos solução que são possíveis para um sistema de duas equações lineares. Esse resultado será enunciado aqui sem demonstração. (A demonstração será fornecida mais tarde no Teorema 2.5.)

Número de soluções de um sistema de equações lineares

Para um sistema de equações lineares, precisamente uma das afirmações abaixo é verdadeira.
1. O sistema tem exatamente uma solução (sistema consistente).
2. O sistema tem infinitas soluções (sistema consistente).
3. O sistema não tem nenhuma solução (sistema inconsistente).

6 Elementos de álgebra linear

RESOLVENDO UM SISTEMA DE EQUAÇÕES LINEARES

Qual sistema é mais fácil de resolver algebricamente?

$$
\begin{aligned}
x - 2y + 3z &= 9 \\
-x + 3y &= -4 \\
2x - 5y + 5z &= 17
\end{aligned}
\qquad
\begin{aligned}
x - 2y + 3z &= 9 \\
y + 3z &= 5 \\
z &= 2
\end{aligned}
$$

O sistema à direita é claramente mais fácil de resolver. Esse sistema está na **forma escalonada** por linhas, o que significa que ele está em um padrão "degraus de escada" com coeficientes principais iguais a 1. Para resolver um desses sistemas, usamos a **substituição regressiva**.

EXEMPLO 5 — Uso da substituição regressiva na forma escalonada por linhas

Use substituição regressiva para resolver o sistema.

$$
\begin{aligned}
x - 2y &= 5 \qquad &\text{Equação 1} \\
y &= -2 \qquad &\text{Equação 2}
\end{aligned}
$$

SOLUÇÃO

Da equação 2, você sabe que $y = -2$. Ao substituir y por esse valor na Equação 1, você obtém

$$
\begin{aligned}
x - (-2) &= 5 \qquad &\text{Substitua } y \text{ por } -2. \\
x &= 1. \qquad &\text{Isole } x.
\end{aligned}
$$

Esse sistema tem exatamente uma solução: $x = 1$ e $y = -2$.

O termo *substituição regressiva* significa que você trabalha *de trás para frente*. Por exemplo, no Exemplo 5, a segunda equação lhe dá o valor de y. Então você substitui esse valor na primeira equação para determinar x. O Exemplo 6 demonstra mais esse procedimento.

EXEMPLO 6 — Uso da substituição regressiva na forma escalonada por linhas

Resolva o sistema.

$$
\begin{aligned}
x - 2y + 3z &= 9 \qquad &\text{Equação 1} \\
y + 3z &= 5 \qquad &\text{Equação 2} \\
z &= 2 \qquad &\text{Equação 3}
\end{aligned}
$$

SOLUÇÃO

Da Equação 3, você sabe o valor de z. Para determinar y, substitua $z = 2$ na Equação 2 para obter

$$
\begin{aligned}
y + 3(2) &= 5 \qquad &\text{Substitua } z \text{ por 2.} \\
y &= -1. \qquad &\text{Determine } y.
\end{aligned}
$$

A seguir, substitua $y = -1$ e $z = 2$ na Equação 1 para obter

$$
\begin{aligned}
x - 2(-1) + 3(2) &= 9 \qquad &\text{Substitua } y \text{ por } -1 \text{ e } z \text{ por 2.} \\
x &= 1. \qquad &\text{Determine } x.
\end{aligned}
$$

A solução é $x = 1$, $y = -1$ e $z = 2$.

Dois sistemas de equações lineares são **equivalentes** quando eles têm o mesmo conjunto solução. Para resolver um sistema que não esteja na forma escalonada por linha, primeiro o reescreva como um sistema *equivalente* que esteja na forma escalonada por linhas usando as operações a seguir.

Operações que produzem sistemas equivalentes

Cada uma destas operações aplicadas a um sistema de equações lineares produz um sistema equivalente.

1. Permutar duas equações.
2. Multiplicar uma equação por uma constante não nula.
3. Adicionar um múltiplo de uma equação a outra equação.

Sistemas de equações lineares 7

**Carl Friedrich Gauss
(1777-1855)**
O matemático alemão Carl Friedrich Gauss é reconhecido, com Newton e Arquimedes, como um dos três maiores matemáticos da história. Gauss usou uma forma do que agora é conhecido como eliminação de Gauss em sua pesquisa. Embora o nome desse método lhe renda uma homenagem, os chineses usaram um método quase idêntico cerca de 2.000 anos antes de Gauss.

Reescrever um sistema de equações na forma escalonada por linhas em geral envolve uma *série* de sistemas equivalentes, usando uma das três operações básicas para obter cada sistema. Esse processo é chamado de **eliminação de Gauss**, em homenagem ao matemático alemão Carl Friedrich Gauss (1977-1855).

EXEMPLO 7 Uso da eliminação para reescrever um sistema na forma escalonada por linhas

Veja LarsonLinearAlgebra.com para uma versão interativa desse tipo de exemplo.

Resolva o sistema.

$$\begin{aligned} x - 2y + 3z &= 9 \\ -x + 3y &= -4 \\ 2x - 5y + 5z &= 17 \end{aligned}$$

SOLUÇÃO

Embora existam diversas maneiras de começar, você gostaria de usar um procedimento sistemático que possa ser aplicado a sistemas maiores. Trabalhe a partir do canto esquerdo de cima do sistema, mantendo o x no canto esquerdo de cima e eliminando os outros termos em x da primeira coluna.

$$\begin{aligned} x - 2y + 3z &= 9 \\ y + 3z &= 5 \\ 2x - 5y + 5z &= 17 \end{aligned}$$
⟵ Somar a primeira equação à segunda equação produz uma nova segunda equação.

$$\begin{aligned} x - 2y + 3z &= 9 \\ y + 3z &= 5 \\ -y - z &= -1 \end{aligned}$$
⟵ Somar por -2 a primeira equação multiplicada por -2 à terceira equação produz uma nova terceira equação.

Agora que você eliminou todos exceto o primeiro x da primeira coluna, trabalhe na segunda coluna.

$$\begin{aligned} x - 2y + 3z &= 9 \\ y + 3z &= 5 \\ 2z &= 4 \end{aligned}$$
⟵ Somar a segunda equação à terceira equação produz uma nova terceira equação.

$$\begin{aligned} x - 2y + 3z &= 9 \\ y + 3z &= 5 \\ z &= 2 \end{aligned}$$
⟵ Multiplicar a terceira equação por $\frac{1}{2}$ produz uma nova terceira equação.

Esse é o mesmo sistema que você resolveu no Exemplo 6 e, como naquele exemplo, a solução é

$$x = 1, \quad y = -1, \quad z = 2.$$

Cada uma das três equações no Exemplo 7 representa um plano em um sistema de coordenadas tridimensional. A solução única do sistema é o ponto $(x, y, z) = (1, -1, 2)$, de modo que os planos se interceptam nesse ponto, como mostrado na Figura 1.2.

Em geral são necessários muitos passos para resolver um sistema de equações lineares, de modo que é muito fácil cometer erros aritméticos. Você deveria desenvolver o hábito de *verificar sua solução ao substituí-la em cada uma das equações do sistema original*. Por exemplo, no Exemplo 7, verifique a solução $x = 1$, $y = -1$ e $z = 2$, como mostrado abaixo.

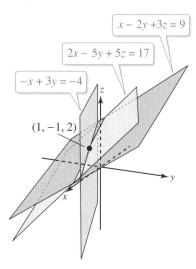

Figura 1.2

Equação 1: $(1) - 2(-1) + 3(2) = 9$
Equação 2: $-(1) + 3(-1) = -4$
Equação 3: $2(1) - 5(-1) + 5(2) = 17$

Substitua a solução em cada equação do sistema original.

O próximo exemplo envolve um sistema inconsistente – um que não tem nenhuma solução. A chave para reconhecer um sistema inconsistente é que, em algum estágio do processo de eliminação de Gauss, você obtém uma afirmação falsa, tal como $0 = -2$.

EXEMPLO 8 — Um sistema inconsistente

Resolva o sistema.

$$x_1 - 3x_2 + x_3 = 1$$
$$2x_1 - x_2 - 2x_3 = 2$$
$$x_1 + 2x_2 - 3x_3 = -1$$

SOLUÇÃO

$$x_1 - 3x_2 + x_3 = 1$$
$$5x_2 - 4x_3 = 0$$
$$x_1 + 2x_2 - 3x_3 = -1$$

← Somar a primeira equação multiplicada por -2 à segunda equação produz uma nova segunda equação.

$$x_1 - 3x_2 + x_3 = 1$$
$$5x_2 - 4x_3 = 0$$
$$5x_2 - 4x_3 = -2$$

← Somar a primeira equação multiplicada por -1 à terceira equação produz uma nova terceira equação.

(Outra maneira de descrever essa operação é dizer que você *subtraiu* a primeira equação da terceira equação para produzir uma nova terceira equação.)

$$x_1 - 3x_2 + x_3 = 1$$
$$5x_2 - 4x_3 = 0$$
$$0 = -2$$

← Subtrair a segunda equação da terceira equação produz uma nova terceira equação.

A afirmação $0 = -2$ é falsa, assim o sistema não tem nenhuma solução. Além disso, esse sistema é equivalente ao sistema original, de modo que o sistema original também não tem solução.

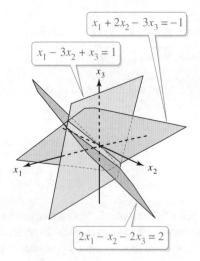

Como no Exemplo 7, as três equações do Exemplo 8 representam planos em um sistema de coordenadas tridimensional. Nesse exemplo, entretanto, o sistema é inconsistente. Assim, os planos não têm um ponto em comum, como mostrado à esquerda.

Essa seção termina com um exemplo de um sistema de equações lineares que tem infinitas soluções. Você pode representar o conjunto solução de um desses sistemas em uma forma paramétrica, como fez nos Exemplos 2 e 3.

EXEMPLO 9 — Um sistema com infinitas soluções

Resolva o sistema.

$$x_2 - x_3 = 0$$
$$x_1 - 3x_3 = -1$$
$$-x_1 + 3x_2 = 1$$

Sistemas de equações lineares   9

SOLUÇÃO

Comece reescrevendo o sistema na forma escalonada por linhas, como mostrado abaixo.

$$\begin{aligned} x_1 \qquad\quad - 3x_3 &= -1 \\ x_2 - x_3 &= 0 \\ -x_1 + 3x_2 \qquad\quad &= 1 \end{aligned}$$ ⟵ Permute as duas primeiras equações

$$\begin{aligned} x_1 \qquad\quad - 3x_3 &= -1 \\ x_2 - x_3 &= 0 \\ 3x_2 - 3x_3 &= 0 \end{aligned}$$ Somar a primeira equação à terceira equação produz uma nova ⟵ terceira equação.

$$\begin{aligned} x_1 \qquad\quad - 3x_3 &= -1 \\ x_2 - x_3 &= 0 \\ 0 &= 0 \end{aligned}$$ Somar a segunda equação multiplicada por -3 à terceira equa- ⟵ ção elimina a terceira equação.

A terceira equação é desnecessária, assim omita-a para obter o sistema mostrado abaixo.

$$\begin{aligned} x_1 \qquad\quad - 3x_3 &= -1 \\ x_2 - x_3 &= 0 \end{aligned}$$

Para representar as soluções, escolha x_3 como variável independente e represente-a pelo parâmetro t. Como $x_2 = x_3$ e $x_1 = 3x_3 - 1$, você pode descrever o conjunto solução por

$$x_1 = 3t - 1, \quad x_2 = t, \quad x_3 = t, \quad t \text{ é qualquer número real.}$$

DESCOBERTA

1. Faça o gráfico das duas retas que compõem o sistema de equações.

$$\begin{aligned} x - 2y &= 1 \\ -2x + 3y &= -3 \end{aligned}$$

2. Use eliminação de Gauss para resolver esse sistema como mostrado abaixo.

$$\begin{aligned} x - 2y &= 1 \\ -1y &= -1 \end{aligned}$$

$$\begin{aligned} x - 2y &= 1 \\ y &= 1 \end{aligned}$$

$$\begin{aligned} x &= 3 \\ y &= 1 \end{aligned}$$

Represente graficamente o sistema de equações que você obtém em cada passo nesse processo. O que observa sobre as retas?

Veja LarsonLinearAlgebra.com para uma versão interativa desse tipo de exercício.

OBSERVAÇÃO

Será pedido que você repita essa análise gráfica para outros sistemas nos Exercícios 91 e 92.

10 Elementos de álgebra linear

1.1 Exercícios

Equações lineares Nos Exercícios 1-6, determine se a equação é linear nas variáveis x e y.

1. $2x - 3y = 4$

2. $3x - 4xy = 0$

3. $\dfrac{3}{y} + \dfrac{2}{x} - 1 = 0$

4. $x^2 + y^2 = 4$

5. $2 \operatorname{sen} x - y = 14$

6. $(\cos 3)x + y = -16$

Representação paramétrica Nos Exercícios 7-10, encontre uma representação paramétrica do conjunto solução da equação linear.

7. $2x - 4y = 0$

8. $3x - \frac{1}{2}y = 9$

9. $x + y + z = 1$

10. $12x_1 + 24x_2 - 36x_3 = 12$

Análise gráfica Nos Exercícios 11-24, represente graficamente o sistema de equações lineares. Resolva o sistema e interprete sua resposta.

11. $\begin{aligned} 2x + y &= 4 \\ x - y &= 2 \end{aligned}$

12. $\begin{aligned} x + 3y &= 2 \\ -x + 2y &= 3 \end{aligned}$

13. $\begin{aligned} -x + y &= 1 \\ 3x - 3y &= 4 \end{aligned}$

14. $\begin{aligned} \tfrac{1}{2}x - \tfrac{1}{3}y &= 1 \\ -2x + \tfrac{4}{3}y &= -4 \end{aligned}$

15. $\begin{aligned} 3x - 5y &= 7 \\ 2x + y &= 9 \end{aligned}$

16. $\begin{aligned} -x + 3y &= 17 \\ 4x + 3y &= 7 \end{aligned}$

17. $\begin{aligned} 2x - y &= 5 \\ 5x - y &= 11 \end{aligned}$

18. $\begin{aligned} x - 5y &= 21 \\ 6x + 5y &= 21 \end{aligned}$

19. $\begin{aligned} \dfrac{x+3}{4} + \dfrac{y-1}{3} &= 1 \\ 2x - y &= 12 \end{aligned}$

20. $\begin{aligned} \dfrac{x-1}{2} + \dfrac{y+2}{3} &= 4 \\ x - 2y &= 5 \end{aligned}$

21. $\begin{aligned} 0{,}05x - 0{,}03y &= 0{,}07 \\ 0{,}07x + 0{,}02y &= 0{,}16 \end{aligned}$

22. $\begin{aligned} 0{,}2x - 0{,}5y &= -27{,}8 \\ 0{,}3x - 0{,}4y &= 68{,}7 \end{aligned}$

23. $\begin{aligned} \dfrac{x}{4} + \dfrac{y}{6} &= 1 \\ x - y &= 3 \end{aligned}$

24. $\begin{aligned} \dfrac{2x}{3} + \dfrac{y}{6} &= \dfrac{2}{3} \\ 4x + y &= 4 \end{aligned}$

Substituição regressiva Nos Exercícios 25-30, use substituição regressiva para resolver o sistema.

25. $\begin{aligned} x_1 - x_2 &= 2 \\ x_2 &= 3 \end{aligned}$

26. $\begin{aligned} 2x_1 - 4x_2 &= 6 \\ 3x_2 &= 9 \end{aligned}$

27. $\begin{aligned} -x + y - z &= 0 \\ 2y + z &= 3 \\ \tfrac{1}{2}z &= 0 \end{aligned}$

28. $\begin{aligned} x - y &= 5 \\ 3y + z &= 11 \\ 4z &= 8 \end{aligned}$

29. $\begin{aligned} 5x_1 + 2x_2 + x_3 &= 0 \\ 2x_1 + x_2 &= 0 \end{aligned}$

30. $\begin{aligned} x_1 + x_2 + x_3 &= 0 \\ x_2 &= 0 \end{aligned}$

Análise gráfica Nos Exercícios 31-36, complete as partes (a)-(e) para o sistema de equações.

(a) Use uma ferramenta computacional para representar graficamente o sistema.

(b) Use o gráfico para determinar se o sistema é consistente ou inconsistente.

(c) Se o sistema for consistente, aproxime a solução.

(d) Resolva o sistema algebricamente.

(e) Compare a solução na parte (d) com a aproximação na parte (c). O que você pode concluir?

31. $\begin{aligned} -3x - y &= 3 \\ 6x + 2y &= 1 \end{aligned}$

32. $\begin{aligned} 4x - 5y &= 3 \\ -8x + 10y &= 14 \end{aligned}$

33. $\begin{aligned} 2x - 8y &= 3 \\ \tfrac{1}{2}x + y &= 0 \end{aligned}$

34. $\begin{aligned} 9x - 4y &= 5 \\ \tfrac{1}{2}x + \tfrac{1}{3}y &= 0 \end{aligned}$

35. $\begin{aligned} 4x - 8y &= 9 \\ 0{,}8x - 1{,}6y &= 1{,}8 \end{aligned}$

36. $\begin{aligned} -14{,}7x + 2{,}1y &= 1{,}05 \\ 44{,}1x - 6{,}3y &= -3{,}15 \end{aligned}$

Sistema de equações lineares Nos Exercícios 37-56, resolva o sistema de equações lineares.

37. $\begin{aligned} x_1 - x_2 &= 0 \\ 3x_1 - 2x_2 &= -1 \end{aligned}$

38. $\begin{aligned} 3x + 2y &= 2 \\ 6x + 4y &= 14 \end{aligned}$

39. $\begin{aligned} 3u + v &= 240 \\ u + 3v &= 240 \end{aligned}$

40. $\begin{aligned} x_1 - 2x_2 &= 0 \\ 6x_1 + 2x_2 &= 0 \end{aligned}$

41. $\begin{aligned} 9x - 3y &= -1 \\ \tfrac{1}{5}x + \tfrac{2}{5}y &= -\tfrac{1}{3} \end{aligned}$

42. $\begin{aligned} \tfrac{2}{3}x_1 + \tfrac{1}{6}x_2 &= 0 \\ 4x_1 + x_2 &= 0 \end{aligned}$

43. $\begin{aligned} \dfrac{x-2}{4} + \dfrac{y-1}{3} &= 2 \\ x - 3y &= 20 \end{aligned}$

44. $\begin{aligned} \dfrac{x_1+4}{3} + \dfrac{x_2+1}{2} &= 1 \\ 3x_1 - x_2 &= -2 \end{aligned}$

45. $\begin{aligned} 0{,}02x_1 - 0{,}05x_2 &= -0{,}19 \\ 0{,}03x_1 + 0{,}04x_2 &= 0{,}52 \end{aligned}$

46. $\begin{aligned} 0{,}05x_1 - 0{,}03x_2 &= 0{,}21 \\ 0{,}07x_1 + 0{,}02x_2 &= 0{,}17 \end{aligned}$

47. $\begin{aligned} x - y - z &= 0 \\ x + 2y - z &= 6 \\ 2x \qquad - z &= 5 \end{aligned}$

48. $\begin{aligned} x + y + z &= 2 \\ -x + 3y + 2z &= 8 \\ 4x + y &= 4 \end{aligned}$

49. $\begin{aligned} 3x_1 - 2x_2 + 4x_3 &= 1 \\ x_1 + x_2 - 2x_3 &= 3 \\ 2x_1 - 3x_2 + 6x_3 &= 8 \end{aligned}$

O símbolo ⚠ indica um exercício no qual você é instruído a usar uma ferramenta computacional ou um software.

Sistemas de equações lineares   11

50.
$$5x_1 - 3x_2 + 2x_3 = 3$$
$$2x_1 + 4x_2 - x_3 = 7$$
$$x_1 - 11x_2 + 4x_3 = 3$$

51.
$$2x_1 + x_2 - 3x_3 = 4$$
$$4x_1 + 2x_3 = 10$$
$$-2x_1 + 3x_2 - 13x_3 = -8$$

52.
$$x_1 + 4x_3 = 13$$
$$4x_1 - 2x_2 + x_3 = 7$$
$$2x_1 - 2x_2 - 7x_3 = -19$$

53.
$$x - 3y + 2z = 18$$
$$5x - 15y + 10z = 18$$

54.
$$x_1 - 2x_2 + 5x_3 = 2$$
$$3x_1 + 2x_2 - x_3 = -2$$

55.
$$x + y + z + w = 6$$
$$2x + 3y - w = 0$$
$$-3x + 4y + z + 2w = 4$$
$$x + 2y - z + w = 0$$

56.
$$-x_1 + 2x_4 = 1$$
$$4x_2 - x_3 - x_4 = 2$$
$$x_2 - x_4 = 0$$
$$3x_1 - 2x_2 + 3x_3 = 4$$

Sistema de equações lineares   **Nos Exercícios 57-62, use um software ou uma ferramenta gráfica para resolver o sistema de equações lineares.**

57.
$$123,5x + 61,3y - 32,4z = -262,74$$
$$54,7x - 45,6y + 98,2z = 197,4$$
$$42,4x - 89,3y + 12,9z = 33,66$$

58.
$$120,2x + 62,4y - 36,5z = 258,64$$
$$56,8x - 42,8y + 27,3z = -71,44$$
$$88,1x + 72,5y - 28,5z = 225,88$$

59.
$$x_1 + 0,5x_2 + 0,33x_3 + 0,25x_4 = 1,1$$
$$0,5x_1 + 0,33x_2 + 0,25x_3 + 0,21x_4 = 1,2$$
$$0,33x_1 + 0,25x_2 + 0,2x_3 + 0,17x_4 = 1,3$$
$$0,25x_1 + 0,2x_2 + 0,17x_3 + 0,14x_4 = 1,4$$

60.
$$0,1x - 2,5y + 1,2z - 0,75w = 108$$
$$2,4x + 1,5y - 1,8z + 0,25w = -81$$
$$0,4x - 3,2y + 1,6z - 1,4w = 148,8$$
$$1,6x + 1,2y - 3,2z + 0,6w = -143,2$$

61.
$$\tfrac{1}{2}x_1 - \tfrac{3}{7}x_2 + \tfrac{2}{9}x_3 = \tfrac{349}{630}$$
$$\tfrac{2}{3}x_1 + \tfrac{4}{9}x_2 - \tfrac{2}{5}x_3 = -\tfrac{19}{45}$$
$$\tfrac{4}{5}x_1 - \tfrac{1}{8}x_2 + \tfrac{4}{3}x_3 = \tfrac{139}{150}$$

62.
$$\tfrac{1}{8}x - \tfrac{1}{7}y + \tfrac{1}{6}z - \tfrac{1}{5}w = 1$$
$$\tfrac{1}{7}x + \tfrac{1}{6}y - \tfrac{1}{5}z + \tfrac{1}{4}w = 1$$
$$\tfrac{1}{6}x - \tfrac{1}{5}y + \tfrac{1}{4}z - \tfrac{1}{3}w = 1$$
$$\tfrac{1}{5}x + \tfrac{1}{4}y - \tfrac{1}{3}z + \tfrac{1}{2}w = 1$$

O símbolo indica que estão disponíveis para download os dados eletrônicos para esse exercício. Acesse a página deste livro no site da Cengage. Os conjuntos de dados são compatíveis com MATLAB, *Mathematica, Maple*, TI-83 Plus, TI-89 Family, TI-84 Plus e Voyage 200.

Número de soluções   **Nos Exercícios 63-66, diga por que o sistema de equações deve ter pelo menos uma solução. A seguir, resolva o sistema e determine se ele tem exatamente uma solução ou infinitas soluções.**

63.
$$4x + 3y + 17z = 0$$
$$5x + 4y + 22z = 0$$
$$4x + 2y + 19z = 0$$

64.
$$2x + 3y = 0$$
$$4x + 3y - z = 0$$
$$8x + 3y + 3z = 0$$

65.
$$5x + 5y - z = 0$$
$$10x + 5y + 2z = 0$$
$$5x + 15y - 9z = 0$$

66.
$$16x + 3y + z = 0$$
$$16x + 2y - z = 0$$

67. Nutrição   Um copo de oito onças de suco de maçã e um copo de oito onças de suco de laranja contém um total de 227 miligramas de vitamina C. Dois copos de oito onças de suco de maçã e três copos de oito onças de suco de laranja contém um total de 578 miligramas de vitamina C. Quanta vitamina C há em um copo de oito onças de cada tipo de suco?

68. Velocidade do avião   Dois aviões saem do aeroporto internacional de Los Angeles e voam em direções opostas. O segundo avião começa $\frac{1}{2}$ hora depois do primeiro avião, mas sua velocidade escalar é 80 quilômetros por hora maior. Duas horas depois de o primeiro avião partir, os aviões estão a 3.200 quilômetros de distância. Encontre a velocidade de voo de cada avião.

Verdadeiro ou falso?   **Nos Exercícios 69 e 70, determine se cada afirmação é verdadeira ou falsa. Se a afirmação for verdadeira, dê uma justificativa ou cite uma afirmação adequada do texto. Se a afirmação for falsa, forneça um exemplo que mostre que a afirmação não é verdadeira em todos os casos ou cite uma afirmação adequada do texto.**

69. (a) Um sistema de uma equação linear em duas variáveis é sempre consistente.

    (b) Um sistema de duas equações lineares em três variáveis é sempre consistente.

    (c) Se um sistema linear é consistente, então tem infinitas soluções.

70. (a) Um sistema linear pode ter exatamente duas soluções.

    (b) Dois sistemas de equações lineares são equivalentes quando têm o mesmo conjunto solução.

    (c) Um sistema de três equações lineares em duas variáveis é sempre inconsistente.

71. Encontre um sistema de duas equações em duas variáveis, x_1 e x_2, que tenha o conjunto solução dado pela representação paramétrica $x_1 = t$ e $x_2 = 3t - 4$, onde t é um número real arbitrário. A seguir, mostre que as soluções do sistema também podem ser escritas como

$$x_1 = \frac{4}{3} + \frac{t}{3} \quad e \quad x_2 = t.$$

72. Encontre um sistema de duas equações em três variáveis, x_1, x_2 e x_3, que tenha o conjunto solução dado pela representação paramétrica

$$x_1 = t, \quad x_2 = s \quad e \quad x_3 = 3 + s - t,$$

onde s e t são números reais. A seguir, mostre que as soluções do sistema também podem ser escritas como

$$x_1 = 3 + s - t, \quad x_2 = s \quad e \quad x_3 = t.$$

Substituição Nos Exercícios 73-76, resolva o sistema de equações tomando primeiro $A = 1/x$, $B = 1/y$ e $C = 1/z$.

73. $\dfrac{12}{x} - \dfrac{12}{y} = 7$

$\dfrac{3}{x} + \dfrac{4}{y} = 0$

74. $\dfrac{3}{x} + \dfrac{2}{y} = -1$

$\dfrac{2}{x} - \dfrac{3}{y} = -\dfrac{17}{6}$

75. $\dfrac{2}{x} + \dfrac{1}{y} - \dfrac{3}{z} = 4$

$\dfrac{4}{x} \phantom{+\dfrac{1}{y}} + \dfrac{2}{z} = 10$

$-\dfrac{2}{x} + \dfrac{3}{y} - \dfrac{13}{z} = -8$

76. $\dfrac{2}{x} + \dfrac{1}{y} - \dfrac{2}{z} = 5$

$\dfrac{3}{x} - \dfrac{4}{y} \phantom{-\dfrac{2}{z}} = -1$

$\dfrac{2}{x} + \dfrac{1}{y} + \dfrac{3}{z} = 0$

Coeficientes trigonométricos Nos Exercícios 77 e 78, resolva o sistema de equações em x e y.

77. $(\cos \theta)x + (\operatorname{sen} \theta)y = 2$
$(-\operatorname{sen} \theta)x + (\cos \theta)y = 0$

78. $(\cos \theta)x + (\operatorname{sen} \theta)y = 1$
$(-\operatorname{sen} \theta)x + (\cos \theta)y = 1$

Escolha do coeficiente Nos Exercícios 79-84, determine o(s) valor(es) de k de modo que o sistema de equações lineares tenha o número indicado de soluções.

79. Nenhuma solução
$x + ky = 2$
$kx + y = 4$

80. Exatamente uma solução
$x + ky = 0$
$kx + y = 0$

81. Exatamente uma solução
$kx + 2ky + 3kz = 4k$
$x + y + z = 0$
$2x - y + z = 1$

82. Nenhuma solução
$x + 2y + kz = 6$
$3x + 6y + 8z = 4$

83. Infinitas soluções
$4x + ky = 6$
$kx + y = -3$

84. Infinitas soluções
$kx + y = 16$
$3x - 4y = -64$

85. Determine os valores de k de modo que o sistema de equações lineares não tenha uma solução única.

$x + y + kz = 3$
$x + ky + z = 2$
$kx + y + z = 1$

86. Ponto crucial Encontre valores de a, b e c de modo que o sistema de equações lineares tenha (a) exatamente uma solução, (b) infinitas soluções e (c) nenhuma solução. Explique.

$x + 5y + z = 0$
$x + 6y - z = 0$
$2x + ay + bz = c$

87. Dissertação Considere o sistema de equações lineares em x e y.

$a_1 x + b_1 y = c_1$
$a_2 x + b_2 y = c_2$
$a_3 x + b_3 y = c_3$

Descreva o gráfico dessas três equações no plano xy quando o sistema tiver (a) exatamente uma solução, (b) infinitas soluções e (c) nenhuma solução.

88. Dissertação Explique porque o sistema de equações lineares no Exercício 87 deve ser consistente quando os termos constantes c_1, c_2 e c_3 forem todos zero.

89. Mostre que se $ax^2 + bx + c = 0$ para todo x, então $a = b = c = 0$.

90. Considere o sistema de equações lineares em x e y.

$ax + by = e$
$cx + dy = f$

Sob quais condições esse sistema terá exatamente uma solução?

Descoberta Nos Exercícios 91 e 92, esboce as retas representadas pelo sistema de equações. A seguir, use eliminação e Gauss para resolver o sistema. Em cada passo do processo de eliminação, esboce as retas correspondentes. O que você observa sobre as retas?

91. $x - 4y = -3$
$5x - 6y = 13$

92. $2x - 3y = 7$
$-4x + 6y = -14$

Dissertação Nos Exercícios 93 e 94, os gráficos das duas equações parecem ser paralelos. Resolva o sistema de equações algebricamente. Explique porque os gráficos são enganosos.

93. $100y - x = 200$
$99y - x = -198$

94. $21x - 20y = 0$
$13x - 12y = 120$

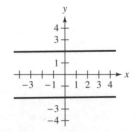
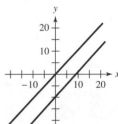

Sistemas de equações lineares   13

1.2 Eliminação de Gauss e eliminação de Gauss-Jordan

- Determinar o tamanho de uma matriz e escrever uma matriz aumentada ou dos coeficientes de um sistema de equações lineares.
- Usar matrizes e eliminação de Gauss com substituição regressiva para resolver um sistema de equações lineares.
- Usar matrizes e eliminação de Gauss-Jordan para resolver um sistema de equações lineares.
- Resolver um sistema homogêneo de equações lineares.

MATRIZES

A Seção 1.1 introduziu a eliminação de Gauss como um procedimento para resolver um sistema de equações lineares. Nesta seção, você estudará este procedimento mais detalhadamente, começando com algumas definições. A primeira é a definição de uma **matriz**.

OBSERVAÇÃO

Quando cada elemento de uma matriz é um número real, a matriz é uma **matriz real**. A menos que se observe o contrário, suponha que todas as matrizes nesse texto são reais.

Definição de matriz

Se m e n são inteiros positivos, então a matriz $m \times n$ (leia "m por n") é a tabela retangular

$$
\begin{array}{c}
\text{Linha 1} \\ \text{Linha 2} \\ \text{Linha 3} \\ \vdots \\ \text{Linha } m
\end{array}
\begin{bmatrix}
a_{11} & a_{12} & a_{13} & \cdots & a_{1n} \\
a_{21} & a_{22} & a_{23} & \cdots & a_{2n} \\
a_{31} & a_{32} & a_{33} & \cdots & a_{3n} \\
\vdots & \vdots & \vdots & & \vdots \\
a_{m1} & a_{m2} & a_{m3} & \cdots & a_{mn}
\end{bmatrix}
$$

$$
\begin{array}{ccccc}
\text{Coluna 1} & \text{Coluna 2} & \text{Coluna 3} & \cdots & \text{Coluna } n
\end{array}
$$

na qual cada **elemento**, a_{ij}, da matriz é um número. Uma matriz $m \times n$ tem m linhas e n colunas. As matrizes são usualmente denotadas por letras maiúsculas.

O elemento a_{ij} está localizado na i-ésima linha e j-ésima coluna. O índice i é chamado **subscrito linha** porque identifica a linha na qual está o elemento e o índice j é chamado **subscrito coluna** porque identifica a coluna na qual está o elemento.

Uma matriz com m linhas e n colunas é do **tamanho** $m \times n$. Quando $m = n$, a matriz é **quadrada** de **ordem** n e os elementos $a_{11}, a_{22}, a_{33}, \ldots, a_{nn}$ são os elementos da **diagonal principal**.

EXEMPLO 1   Tamanhos de matrizes

Cada matriz tem o tamanho indicado.

a. $[2]$ tamanho: 1×1
b. $\begin{bmatrix} 0 & 0 \\ 0 & 0 \end{bmatrix}$ tamanho: 2×2

c. $\begin{bmatrix} e & 2 & -7 \\ \pi & \sqrt{2} & 4 \end{bmatrix}$ tamanho: 2×3

Matrizes são comumente usadas para representar sistemas de equações lineares. A matriz obtida dos coeficientes e termos constantes de um sistema de equações lineares é a **matriz aumentada** do sistema. A matriz contendo apenas os coeficientes do sistema é a **matriz dos coeficientes** do sistema. Eis um exemplo.

14 Elementos de álgebra linear

OBSERVAÇÃO

Comece alinhando as variáveis nas equações verticalmente. Use 0 para mostrar coeficientes nulos na matriz. Observe a quarta coluna dos termos constantes na matriz aumentada.

Sistema

$$\begin{aligned} x - 4y + 3z &= 5 \\ -x + 3y - z &= -3 \\ 2x - 4z &= 6 \end{aligned}$$

Matriz aumentada

$$\begin{bmatrix} 1 & -4 & 3 & 5 \\ -1 & 3 & -1 & -3 \\ 2 & 0 & -4 & 6 \end{bmatrix}$$

Matriz dos coeficientes

$$\begin{bmatrix} 1 & -4 & 3 \\ -1 & 3 & -1 \\ 2 & 0 & -4 \end{bmatrix}$$

OPERAÇÕES ELEMENTARES DE LINHAS

Na seção anterior, você estudou três operações que produzem sistemas equivalentes de equações lineares.

1. Permutar de duas equações.
2. Multiplicar de uma equação por uma constante não nula.
3. Adicionar um múltiplo de uma equação a outra equação.

Na terminologia de matriz, estas três operações correspondem a operações **elementares de linhas**. Uma operação elementar de linhas em uma matriz aumentada produz uma nova matriz aumentada correspondendo a um novo (mas equivalente) sistema de equações lineares. Duas matrizes são **equivalentes por linhas** quando uma pode ser obtida da outra por uma sequência finita de operações elementares de linhas.

Operações elementares de linhas

1. Permutar de duas linhas.
2. Multiplicar de uma linha por uma constante não nula.
3. Adicionar um múltiplo de uma linha a outra linha.

Embora as operações elementares de linhas sejam relativamente fáceis de fazer, elas podem envolver uma grande quantidade de aritmética, de modo que é fácil cometer erros. Anotar a operação elementar de linhas feita em cada passo pode ajudar a verificar seus cálculos mais facilmente.

A resolução de alguns sistemas envolve muitos passos, de modo que ajuda usar um método compacto de notação para acompanhar cada operação elementar de linhas que você fizer. O próximo exemplo ilustra essa notação.

TECNOLOGIA

Muitas ferramentas gráficas e softwares podem executar operações elementares de linhas em matrizes. Se você usar uma ferramenta computacional, poderá ver algo semelhante na tela abaixo para o Exemplo 2 (c). O **Technology Guide**, disponível na página deste livro no site da Cengage, pode ajudá-lo a usar a tecnologia para executar operações elementares de linhas.

```
A
   [[1  2  -4  3 ]
    [0  3  -2 -1 ]
    [2  1   5 -2 ]]
mRAdd(-2,A,1,3)
   [[1  2  -4  3 ]
    [0  3  -2 -1 ]
    [0 -3  13 -8 ]]
```

EXEMPLO 2 — Operações elementares de linhas

a. Permute a primeira e a segunda linhas.

Matriz original

$$\begin{bmatrix} 0 & 1 & 3 & 4 \\ -1 & 2 & 0 & 3 \\ 2 & -3 & 4 & 1 \end{bmatrix}$$

Nova matriz equivalente por linhas

$$\begin{bmatrix} -1 & 2 & 0 & 3 \\ 0 & 1 & 3 & 4 \\ 2 & -3 & 4 & 1 \end{bmatrix}$$

Notação

$$R_1 \leftrightarrow R_2$$

b. Multiplique a primeira linha por $\frac{1}{2}$ para produzir uma nova primeira linha.

Matriz original

$$\begin{bmatrix} 2 & -4 & 6 & -2 \\ 1 & 3 & -3 & 0 \\ 5 & -2 & 1 & 2 \end{bmatrix}$$

Nova matriz equivalente por linhas

$$\begin{bmatrix} 1 & -2 & 3 & -1 \\ 1 & 3 & -3 & 0 \\ 5 & -2 & 1 & 2 \end{bmatrix}$$

Notação

$$\left(\tfrac{1}{2}\right)R_1 \rightarrow R_1$$

c. Some a primeira linha multiplicada por -2 à terceira linha para produzir uma nova terceira linha.

Matriz original

$$\begin{bmatrix} 1 & 2 & -4 & 3 \\ 0 & 3 & -2 & -1 \\ 2 & 1 & 5 & -2 \end{bmatrix}$$

Nova matriz equivalente por linhas

$$\begin{bmatrix} 1 & 2 & -4 & 3 \\ 0 & 3 & -2 & -1 \\ 0 & -3 & 13 & -8 \end{bmatrix}$$

Notação

$$R_3 + (-2)R_1 \rightarrow R_3$$

Observe que somar a linha 1 multiplicada por -2 à linha 3 não muda a primeira linha.

Sistemas de equações lineares **15**

No Exemplo 7 na Seção 1.1, você utilizou a eliminação de Gauss com substituição regressiva para resolver um sistema de equações lineares. O próximo exemplo ilustra a versão para matriz da eliminação de Gauss. Os dois métodos são essencialmente os mesmos. A diferença básica é que com matrizes você não precisa continuar escrevendo as variáveis.

> **EXEMPLO 3** — **Usando operações elementares de linhas para resolver um sistema**

Sistema linear
$$\begin{aligned} x - 2y + 3z &= 9 \\ -x + 3y &= -4 \\ 2x - 5y + 5z &= 17 \end{aligned}$$

Matriz aumentada associada
$$\begin{bmatrix} 1 & -2 & 3 & 9 \\ -1 & 3 & 0 & -4 \\ 2 & -5 & 5 & 17 \end{bmatrix}$$

Some a primeira equação à segunda equação.
$$\begin{aligned} x - 2y + 3z &= 9 \\ y + 3z &= 5 \\ 2x - 5y + 5z &= 17 \end{aligned}$$

Some a primeira linha à segunda linha para produzir uma nova segunda linha.
$$\begin{bmatrix} 1 & -2 & 3 & 9 \\ 0 & 1 & 3 & 5 \\ 2 & -5 & 5 & 17 \end{bmatrix} \quad R_2 + R_1 \to R_2$$

Some a primeira equação multiplicada por -2 à terceira equação
$$\begin{aligned} x - 2y + 3z &= 9 \\ y + 3z &= 5 \\ -y - z &= -1 \end{aligned}$$

Some a primeira linha multiplicada por -2 à terceira linha para produzir uma nova terceira linha.
$$\begin{bmatrix} 1 & -2 & 3 & 9 \\ 0 & 1 & 3 & 5 \\ 0 & -1 & -1 & -1 \end{bmatrix} \quad R_3 + (-2)R_1 \to R_3$$

Some a segunda equação à terceira equação
$$\begin{aligned} x - 2y + 3z &= 9 \\ y + 3z &= 5 \\ 2z &= 4 \end{aligned}$$

Some a segunda linha à terceira linha para produzir uma nova terceira linha.
$$\begin{bmatrix} 1 & -2 & 3 & 9 \\ 0 & 1 & 3 & 5 \\ 0 & 0 & 2 & 4 \end{bmatrix} \quad R_3 + R_2 \to R_3$$

Multiplique a terceira equação por $\frac{1}{2}$.
$$\begin{aligned} x - 2y + 3z &= 9 \\ y + 3z &= 5 \\ z &= 2 \end{aligned}$$

Multiplique a terceira linha por $\frac{1}{2}$ para produzir uma terceira nova linha.
$$\begin{bmatrix} 1 & -2 & 3 & 9 \\ 0 & 1 & 3 & 5 \\ 0 & 0 & 1 & 2 \end{bmatrix} \quad \left(\tfrac{1}{2}\right)R_3 \to R_3$$

OBSERVAÇÃO

O termo *escalonada* refere-se ao padrão de degraus de escada formado pelos elementos não nulos da matriz.

Use substituição regressiva para encontrar a solução, como no Exemplo 6 na Seção 1.1. A solução é $x = 1$, $y = -1$ e $z = 2$. ∎

A última matriz no Exemplo 3 está na forma **escalonada por linha**. Para estar nesta forma, uma matriz deve ter as propriedades listadas abaixo.

Forma escalonada por linhas e forma escalonada reduzida

Uma matriz na **forma escalonada** por linhas tem as propriedades abaixo.

1. Qualquer linha constituída inteiramente de zeros ocorre na parte de baixo da matriz.
2. Para cada linha que não consiste inteiramente de zeros, o primeiro elemento diferente de zero é 1 (chamado de **1 principal**).
3. Para duas linhas sucessivas (diferentes de zero), o 1 principal na linha mais acima está mais para a esquerda do que o 1 principal na linha inferior.

Uma matriz na forma escalonada por linhas está na **forma escalonada reduzida** quando cada coluna que tem um 1 principal tem zeros em todas as posições acima e abaixo de seu 1 principal.

EXEMPLO 4 — Forma escalonada por linhas

Determine se cada matriz está na forma escalonada por linhas. Se for o caso, determine se a matriz também está na forma escalonada reduzida.

a. $\begin{bmatrix} 1 & 2 & -1 & 4 \\ 0 & 1 & 0 & 3 \\ 0 & 0 & 1 & -2 \end{bmatrix}$
b. $\begin{bmatrix} 1 & 2 & -1 & 2 \\ 0 & 0 & 0 & 0 \\ 0 & 1 & 2 & -4 \end{bmatrix}$

c. $\begin{bmatrix} 1 & -5 & 2 & -1 & 3 \\ 0 & 0 & 1 & 3 & -2 \\ 0 & 0 & 0 & 1 & 4 \\ 0 & 0 & 0 & 0 & 1 \end{bmatrix}$
d. $\begin{bmatrix} 1 & 0 & 0 & -1 \\ 0 & 1 & 0 & 2 \\ 0 & 0 & 1 & 3 \\ 0 & 0 & 0 & 0 \end{bmatrix}$

e. $\begin{bmatrix} 1 & 2 & -3 & 4 \\ 0 & 2 & 1 & -1 \\ 0 & 0 & 1 & -3 \end{bmatrix}$
f. $\begin{bmatrix} 0 & 1 & 0 & 5 \\ 0 & 0 & 1 & 3 \\ 0 & 0 & 0 & 0 \end{bmatrix}$

SOLUÇÃO

As matrizes em (a), (c), (d) e (f) estão na forma escalonada por linhas. As matrizes em (d) e (f) estão na forma escalonada *reduzida*, porque cada coluna que tem um 1 principal tem zeros em cada posição acima e abaixo de seu 1 principal. A matriz em (b) não está na forma escalonada por linhas porque a linha de zeros não ocorre na parte inferior da matriz. A matriz em (e) não está na forma escalonada por linhas porque o primeiro elemento diferente de zero na linha 2 não é 1.

Cada matriz é equivalente por linhas a uma matriz na forma escalonada por linhas. Por exemplo, no Exemplo 4(e), multiplicar a segunda linha da matriz por $\frac{1}{2}$ muda a matriz para a forma escalonada por linhas.

O procedimento para o uso de eliminação de Gauss com substituição regressiva é resumido a seguir.

Eliminação de Gauss com substituição regressiva

1. Escreva a matriz aumentada do sistema de equações lineares.
2. Utilize operações elementares de linhas para reescrever a matriz na forma escalonada por linhas.
3. Escreva o sistema de equações lineares correspondente à matriz na forma escalonada por linhas e use substituição regressiva para encontrar a solução.

A eliminação de Gauss com substituição regressiva funciona bem para resolver sistemas de equações à mão ou com um computador. Para este algoritmo, a ordem na qual você executa as operações elementares de linhas é importante. Opere *da esquerda para a direita por colunas*, usando as operações elementares de linhas para obter zeros em todos os elementos diretamente abaixo dos 1 principais.

TECNOLOGIA

Utilize uma ferramenta computacional ou um software para encontrar as formas escalonadas por linhas das matrizes nos Exemplos 4(b) e 4(e) e as formas escalonadas reduzidas das matrizes nos Exemplos 4(a), 4(b), 4(c) e 4(e). O **Technology Guide**, disponível na página deste livro no site da Cengage, pode ajudá-lo a usar a tecnologia para encontrar as formas escalonadas por linhas e escalonada reduzida de uma matriz.

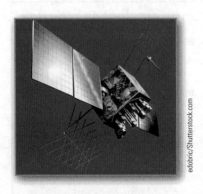

ÁLGEBRA LINEAR APLICADA

O Sistema de Posicionamento Global (GPS) é uma rede de 24 satélites originalmente desenvolvida pelos militares dos Estados Unidos como uma ferramenta de navegação. Atualmente, a tecnologia GPS é usada em uma ampla variedade de aplicações civis, tais como entrega de pacotes, agricultura, mineração, agrimensura, construção, serviços bancários, previsão do tempo e assistência em desastres. Um receptor GPS funciona por leituras do satélite para calcular sua localização. Em três dimensões, o receptor usa sinais de pelo menos quatro satélites para "trilaterar" sua posição. Em um modelo matemático simplificado, um sistema de três equações lineares em quatro incógnitas (três dimensões e tempo) é usado para determinar as coordenadas do receptor como funções do tempo.

Sistemas de equações lineares   17

EXEMPLO 5   Eliminação de Gauss com substituição regressiva

Resolva o sistema.

$$\begin{array}{rcrcrcrcr} & & x_2 & + & x_3 & - & 2x_4 & = & -3 \\ x_1 & + & 2x_2 & - & x_3 & & & = & 2 \\ 2x_1 & + & 4x_2 & + & x_3 & - & 3x_4 & = & -2 \\ x_1 & - & 4x_2 & - & 7x_3 & - & x_4 & = & -19 \end{array}$$

SOLUÇÃO

A matriz aumentada deste sistema é

$$\begin{bmatrix} 0 & 1 & 1 & -2 & -3 \\ 1 & 2 & -1 & 0 & 2 \\ 2 & 4 & 1 & -3 & -2 \\ 1 & -4 & -7 & -1 & -19 \end{bmatrix}.$$

Obtenha um 1 principal no canto superior esquerdo e zeros em todas as outras posições da primeira coluna.

$$\begin{bmatrix} 1 & 2 & -1 & 0 & 2 \\ 0 & 1 & 1 & -2 & -3 \\ 2 & 4 & 1 & -3 & -2 \\ 1 & -4 & -7 & -1 & -19 \end{bmatrix}$$
⟵ Permute as primeiras
⟵ duas linhas. $R_1 \leftrightarrow R_2$

$$\begin{bmatrix} 1 & 2 & -1 & 0 & 2 \\ 0 & 1 & 1 & -2 & -3 \\ 0 & 0 & 3 & -3 & -6 \\ 1 & -4 & -7 & -1 & -19 \end{bmatrix}$$
Somar a primeira linha
multiplicada por -2 à
terceira linha produz
⟵ uma nova terceira linha. $R_3 + (-2)R_1 \to R_3$

$$\begin{bmatrix} 1 & 2 & -1 & 0 & 2 \\ 0 & 1 & 1 & -2 & -3 \\ 0 & 0 & 3 & -3 & -6 \\ 0 & -6 & -6 & -1 & -21 \end{bmatrix}$$
Somar a primeira linha
multiplicada por -1
à quarta linha produz
⟵ uma nova quarta linha. $R_4 + (-1)R_1 \to R_4$

Agora que a primeira coluna está na forma desejada, mude a segunda coluna como mostrado abaixo.

$$\begin{bmatrix} 1 & 2 & -1 & 0 & 2 \\ 0 & 1 & 1 & -2 & -3 \\ 0 & 0 & 3 & -3 & -6 \\ 0 & 0 & 0 & -13 & -39 \end{bmatrix}$$
Somar a segunda linha
multiplicada por 6 à
quarta linha produz uma
⟵ nova quarta linha. $R_4 + (6)R_2 \to R_4$

Para escrever a terceira e quarta colunas na forma adequada, multiplique a terceira linha por $\frac{1}{3}$ e a quarta linha por $-\frac{1}{13}$.

$$\begin{bmatrix} 1 & 2 & -1 & 0 & 2 \\ 0 & 1 & 1 & -2 & -3 \\ 0 & 0 & 1 & -1 & -2 \\ 0 & 0 & 0 & 1 & 3 \end{bmatrix}$$
Multiplicar a terceira
linha por $\frac{1}{3}$ e a quarta
⟵ linha por $-\frac{1}{13}$ produz $\left(\frac{1}{3}\right)R_3 \to R_3$
⟵ novas terceira e quarta. $\left(-\frac{1}{13}\right)R_4 \to R_4$

A matriz está agora na forma escalonada por linhas, e o sistema correspondente é mostrado abaixo.

$$\begin{array}{rcrcrcrcr} x_1 & + & 2x_2 & - & x_3 & & & = & 2 \\ & & x_2 & + & x_3 & - & 2x_4 & = & -3 \\ & & & & x_3 & - & x_4 & = & -2 \\ & & & & & & x_4 & = & 3 \end{array}$$

Use substituição regressiva para descobrir que a solução é $x_1 = -1$, $x_2 = 2$, $x_3 = 1$ e $x_4 = 3$.

18   Elementos de álgebra linear

Ao resolver um sistema de equações lineares, lembre-se de que é possível que o sistema não tenha solução. Se, no processo de eliminação, você obtiver uma linha só de zeros exceto pelo último elemento, então é desnecessário continuar o processo. Basta concluir que o sistema não tem nenhuma solução ou é *inconsistente*.

EXEMPLO 6   Um sistema sem nenhuma solução

Resolva o sistema.

$$
\begin{aligned}
x_1 - \ x_2 + 2x_3 &= 4 \\
x_1 \qquad + \ x_3 &= 6 \\
2x_1 - 3x_2 + 5x_3 &= 4 \\
3x_1 + 2x_2 - \ x_3 &= 1
\end{aligned}
$$

SOLUÇÃO

A matriz aumentada para este sistema é

$$
\begin{bmatrix}
1 & -1 & 2 & 4 \\
1 & 0 & 1 & 6 \\
2 & -3 & 5 & 4 \\
3 & 2 & -1 & 1
\end{bmatrix}.
$$

Aplique a eliminação de Gauss na matriz aumentada.

$$
\begin{bmatrix}
1 & -1 & 2 & 4 \\
0 & 1 & -1 & 2 \\
2 & -3 & 5 & 4 \\
3 & 2 & -1 & 1
\end{bmatrix}
\qquad R_2 + (-1)R_1 \to R_2
$$

$$
\begin{bmatrix}
1 & -1 & 2 & 4 \\
0 & 1 & -1 & 2 \\
0 & -1 & 1 & -4 \\
3 & 2 & -1 & 1
\end{bmatrix}
\qquad R_3 + (-2)R_1 \to R_3
$$

$$
\begin{bmatrix}
1 & -1 & 2 & 4 \\
0 & 1 & -1 & 2 \\
0 & -1 & 1 & -4 \\
0 & 5 & -7 & -11
\end{bmatrix}
\qquad R_4 + (-3)R_1 \to R_4
$$

$$
\begin{bmatrix}
1 & -1 & 2 & 4 \\
0 & 1 & -1 & 2 \\
0 & 0 & 0 & -2 \\
0 & 5 & -7 & -11
\end{bmatrix}
\qquad R_3 + R_2 \to R_3
$$

Observe que a terceira linha desta matriz consiste inteiramente de zeros, exceto no último elemento. Isso significa que o sistema original de equações lineares é *inconsistente*. Para ver por que isso é verdade, converta de volta para um sistema de equações lineares.

$$
\begin{aligned}
x_1 - \ x_2 + 2x_3 &= \quad 4 \\
x_2 - \ x_3 &= \quad 2 \\
0 &= -2 \\
5x_2 - 7x_3 &= -11
\end{aligned}
$$

A terceira equação não é possível, portanto o sistema não tem nenhuma solução.

Sistemas de equações lineares 19

ELIMINAÇÃO DE GAUSS

Com a eliminação de Gauss, você aplica operações de linhas elementares a uma matriz para obter uma forma escalonada (equivalente por linhas). Um segundo método de eliminação, denominado **eliminação de Gauss-Jordan** em homenagem a Carl Friedrich Gauss e Wilhelm Jordan (1842-1899), continua o processo de redução até obter uma forma escalonada *reduzida*. O exemplo 7 ilustra este procedimento.

EXEMPLO 7 Eliminação de Gauss-Jordan

Veja LarsonLinearAlgebra.com para uma versão interativa deste tipo de exemplo.

Use a eliminação de Gauss-Jordan para resolver o sistema.

$$\begin{aligned} x - 2y + 3z &= 9 \\ -x + 3y \phantom{{}+3z} &= -4 \\ 2x - 5y + 5z &= 17 \end{aligned}$$

SOLUÇÃO

No Exemplo 3, você usou a eliminação de Gauss para obter a forma escalonada por linhas

$$\begin{bmatrix} 1 & -2 & 3 & 9 \\ 0 & 1 & 3 & 5 \\ 0 & 0 & 1 & 2 \end{bmatrix}.$$

Agora, aplique operações elementares de linhas até obter zeros acima de cada um dos 1 principais, como mostrado abaixo.

$$\begin{bmatrix} 1 & 0 & 9 & 19 \\ 0 & 1 & 3 & 5 \\ 0 & 0 & 1 & 2 \end{bmatrix} \qquad R_1 + (2)R_2 \rightarrow R_1$$

$$\begin{bmatrix} 1 & 0 & 9 & 19 \\ 0 & 1 & 0 & -1 \\ 0 & 0 & 1 & 2 \end{bmatrix} \qquad R_2 + (-3)R_3 \rightarrow R_2$$

$$\begin{bmatrix} 1 & 0 & 0 & 1 \\ 0 & 1 & 0 & -1 \\ 0 & 0 & 1 & 2 \end{bmatrix} \qquad R_1 + (-9)R_3 \rightarrow R_1$$

A matriz está agora na forma escalonada reduzida. Convertendo de volta para um sistema de equações lineares, você tem

$$\begin{aligned} x &= 1 \\ y &= -1 \\ z &= 2. \end{aligned}$$

Os procedimentos de eliminação descritos nesta seção podem às vezes resultar em coeficientes fracionários. Por exemplo, no procedimento de eliminação para o sistema

$$\begin{aligned} 2x - 5y + 5z &= 14 \\ 3x - 2y + 3z &= 9 \\ -3x + 4y \phantom{{}+3z} &= -18 \end{aligned}$$

você pode estar inclinado a primeiro multiplicar a linha 1 por $\frac{1}{2}$ para produzir um 1 principal, o que resultará em trabalhar com coeficientes fracionários. Às vezes, escolher cuidadosamente as operações elementares de linhas que aplica e a ordem em que as aplica, permite evitar frações.

OBSERVAÇÃO

Não importa quais operações elementares de linhas ou em qual ordem sejam usadas, a forma escalonada reduzida de uma matriz é a mesma.

20 Elementos de álgebra linear

DESCOBERTA

1. Sem realizar nenhuma operação de linhas, explique por que o sistema de equações lineares abaixo é consistente.

$$2x_1 + 3x_2 + 5x_3 = 0$$
$$-5x_1 + 6x_2 - 17x_3 = 0$$
$$7x_1 - 4x_2 + 3x_3 = 0$$

2. O sistema abaixo tem mais variáveis que equações. Por que ele tem um número infinito de soluções?

$$2x_1 + 3x_2 + 5x_3 + 2x_4 = 0$$
$$-5x_1 + 6x_2 - 17x_3 - 3x_4 = 0$$
$$7x_1 - 4x_2 + 3x_3 + 13x_4 = 0$$

O próximo exemplo ilustra como a eliminação de Gauss-Jordan pode ser usada para resolver um sistema com infinitas soluções.

EXEMPLO 8　Um sistema com infinitas soluções

Resolva o sistema de equações lineares.

$$2x_1 + 4x_2 - 2x_3 = 0$$
$$3x_1 + 5x_2 \qquad = 1$$

SOLUÇÃO

A matriz aumentada para esse sistema é

$$\begin{bmatrix} 2 & 4 & -2 & 0 \\ 3 & 5 & 0 & 1 \end{bmatrix}.$$

Usando uma ferramenta computacional, um software ou eliminação de Gauss-Jordan, verifique que a forma escalonada reduzida da matriz é

$$\begin{bmatrix} 1 & 0 & 5 & 2 \\ 0 & 1 & -3 & -1 \end{bmatrix}.$$

O sistema correspondente de equações é

$$x_1 \qquad + 5x_3 = 2$$
$$x_2 - 3x_3 = -1.$$

Agora, usando o parâmetro t para representar x_3, resulta

$$x_1 = 2 - 5t, \quad x_2 = -1 + 3t, \quad x_3 = t, \quad t \text{ é qualquer número real.}$$

Observe que no Exemplo 8 o parâmetro arbitrário t representa a variável *não principal* x_3. As variáveis x_1 e x_2 são escritas como funções de t.

Você examinou dois métodos de eliminação para resolver um sistema de equações lineares. Qual é melhor? Em certa medida, a resposta depende da preferência pessoal. Em aplicações reais da álgebra linear, os sistemas de equações lineares são usualmente resolvidos pelo computador. A maioria dos softwares usa uma forma de eliminação de Gauss, com especial ênfase nas formas de reduzir os erros de arredondamento e minimizar o armazenamento de dados. Os exemplos e exercícios neste texto focalizam os conceitos subjacentes, de modo que você deve conhecer ambos os métodos de eliminação.

SISTEMAS HOMOGÊNEOS DE EQUAÇÕES LINEARES

Sistemas de equações lineares em que cada um dos termos constantes é zero são chamados **homogêneos**. Um sistema homogêneo de m equações com n variáveis tem a forma

Sistemas de equações lineares   21

$$a_{11}x_1 + a_{12}x_2 + a_{13}x_3 + \cdots + a_{1n}x_n = 0$$
$$a_{21}x_1 + a_{22}x_2 + a_{23}x_3 + \cdots + a_{2n}x_n = 0$$
$$\vdots$$
$$a_{m1}x_1 + a_{m2}x_2 + a_{m3}x_3 + \cdots + a_{mn}x_n = 0.$$

Um sistema homogêneo deve ter pelo menos uma solução. Especificamente, se todas as variáveis em um sistema homogêneo tiverem o valor zero, então cada uma das equações é satisfeita. Essa solução é **trivial** (ou óbvia).

OBSERVAÇÃO

Um sistema homogêneo de três equações nas três variáveis x_1, x_2 e x_3 tem a solução trivial $x_1 = 0$, $x_2 = 0$ e $x_3 = 0$.

EXEMPLO 9   **Resolução de um sistema homogêneo de equações lineares**

Resolva o sistema de equações lineares.

$$x_1 - x_2 + 3x_3 = 0$$
$$2x_1 + x_2 + 3x_3 = 0$$

SOLUÇÃO

A aplicação da eliminação de Gauss-Jordan à matriz aumentada

$$\begin{bmatrix} 1 & -1 & 3 & 0 \\ 2 & 1 & 3 & 0 \end{bmatrix}$$

fornece as matrizes seguintes

$$\begin{bmatrix} 1 & -1 & 3 & 0 \\ 0 & 3 & -3 & 0 \end{bmatrix} \qquad R_2 + (-2)R_1 \to R_2$$

$$\begin{bmatrix} 1 & -1 & 3 & 0 \\ 0 & 1 & -1 & 0 \end{bmatrix} \qquad \left(\tfrac{1}{3}\right)R_2 \to R_2$$

$$\begin{bmatrix} 1 & 0 & 2 & 0 \\ 0 & 1 & -1 & 0 \end{bmatrix} \qquad R_1 + R_2 \to R_1$$

O sistema de equações que corresponde a esta matriz é

$$x_1 \qquad + 2x_3 = 0$$
$$x_2 - x_3 = 0.$$

Usando o parâmetro $t = x_3$, o conjunto solução é $x_1 = -2t$, $x_2 = t$ e $x_3 = t$, onde t é qualquer número real. Este sistema tem infinitas soluções, uma das quais é a solução trivial ($t = 0$).

Como ilustrado no Exemplo 9, um sistema homogêneo com menos equações do que variáveis tem infinitas soluções.

TEOREMA 1.1 Número de soluções de um sistema homogêneo

Todo sistema homogêneo de equações lineares é consistente. Além disso, se o sistema tem menos equações que variáveis, então ele deve ter infinitas soluções.

Para demonstrar o Teorema 1.1, use o procedimento do Exemplo 9, mas para uma matriz geral.

22 Elementos de álgebra linear

1.2 Exercícios

Tamanho da matriz Nos Exercícios 1-6, determine o tamanho da matriz.

1. $\begin{bmatrix} 1 & 2 & -4 \\ 3 & -4 & 6 \\ 0 & 1 & 2 \end{bmatrix}$ **2.** $\begin{bmatrix} -2 \\ -1 \\ 1 \\ 2 \end{bmatrix}$

3. $\begin{bmatrix} 2 & -1 & -1 & 1 \\ -6 & 2 & 0 & 1 \end{bmatrix}$

4. $[-1]$

5. $\begin{bmatrix} 8 & 6 & 4 & 1 & 3 \\ 2 & 1 & -7 & 4 & 1 \\ 1 & 1 & -1 & 2 & 1 \\ 1 & -1 & 2 & 0 & 0 \end{bmatrix}$

6. $[1 \quad 2 \quad 3 \quad 4 \quad -10]$

Operações elementares de linhas Nos Exercícios 7-10, identifique a(s) operação(ões) elementar(es) de linhas executada(s) para obter a nova matriz equivalente por linhas.

7.
Matriz original
$\begin{bmatrix} -2 & 5 & 1 \\ 3 & -1 & -8 \end{bmatrix}$
Nova matriz equivalente por linhas
$\begin{bmatrix} 13 & 0 & -39 \\ 3 & -1 & -8 \end{bmatrix}$

8.
Matriz original
$\begin{bmatrix} 3 & -1 & -4 \\ -4 & 3 & 7 \end{bmatrix}$
Nova matriz equivalente por linhas
$\begin{bmatrix} 3 & -1 & -4 \\ 5 & 0 & -5 \end{bmatrix}$

9.
Matriz original
$\begin{bmatrix} 0 & -1 & -7 & 7 \\ -1 & 5 & -8 & 7 \\ 3 & -2 & 1 & 2 \end{bmatrix}$
Nova matriz equivalente por linhas
$\begin{bmatrix} -1 & 5 & -8 & 7 \\ 0 & -1 & -7 & 7 \\ 0 & 13 & -23 & 23 \end{bmatrix}$

10.
Matriz original
$\begin{bmatrix} -1 & -2 & 3 & -2 \\ 2 & -5 & 1 & -7 \\ 5 & 4 & -7 & 6 \end{bmatrix}$
Nova matriz equivalente por linhas
$\begin{bmatrix} -1 & -2 & 3 & -2 \\ 0 & -9 & 7 & -11 \\ 0 & -6 & 8 & -4 \end{bmatrix}$

Matriz aumentada Nos Exercícios 11-18, encontre o conjunto solução do sistema de equações lineares representado pela matriz aumentada.

11. $\begin{bmatrix} 1 & 0 & 0 \\ 0 & 1 & 2 \end{bmatrix}$ **12.** $\begin{bmatrix} 1 & 0 & 2 \\ 0 & 1 & 3 \end{bmatrix}$

13. $\begin{bmatrix} 1 & -1 & 0 & 3 \\ 0 & 1 & -2 & 1 \\ 0 & 0 & 1 & -1 \end{bmatrix}$ **14.** $\begin{bmatrix} 1 & 2 & 1 & 0 \\ 0 & 0 & 1 & -1 \\ 0 & 0 & 0 & 0 \end{bmatrix}$

15. $\begin{bmatrix} 2 & 1 & -1 & 3 \\ 1 & -1 & 1 & 0 \\ 0 & 1 & 2 & 1 \end{bmatrix}$ **16.** $\begin{bmatrix} 3 & -1 & 1 & 5 \\ 1 & 2 & 1 & 0 \\ 1 & 0 & 1 & 2 \end{bmatrix}$

17. $\begin{bmatrix} 1 & 2 & 0 & 1 & 4 \\ 0 & 1 & 2 & 1 & 3 \\ 0 & 0 & 1 & 2 & 1 \\ 0 & 0 & 0 & 1 & 4 \end{bmatrix}$

18. $\begin{bmatrix} 1 & 2 & 0 & 1 & 3 \\ 0 & 1 & 3 & 0 & 1 \\ 0 & 0 & 1 & 2 & 0 \\ 0 & 0 & 0 & 0 & 2 \end{bmatrix}$

Forma escalonada por linha Nos Exercícios 19-24, determine se a matriz está na forma escalonada por linhas. Caso esta esteja, determine se ela também está na forma escalonada reduzida.

19. $\begin{bmatrix} 1 & 0 & 0 & 0 \\ 0 & 1 & 1 & 2 \\ 0 & 0 & 0 & 0 \end{bmatrix}$

20. $\begin{bmatrix} 0 & 1 & 0 & 0 \\ 1 & 0 & 2 & 1 \end{bmatrix}$

21. $\begin{bmatrix} -2 & 0 & 1 & 5 \\ 0 & -1 & 2 & 1 \\ 0 & 0 & 0 & 2 \end{bmatrix}$

22. $\begin{bmatrix} 1 & 0 & 2 & 1 \\ 0 & 1 & 3 & 4 \\ 0 & 0 & 1 & 0 \end{bmatrix}$

23. $\begin{bmatrix} 0 & 0 & 1 & 0 & 0 \\ 0 & 0 & 0 & 1 & 0 \\ 0 & 0 & 0 & 2 & 0 \end{bmatrix}$

24. $\begin{bmatrix} 1 & 0 & 0 & 0 \\ 0 & 0 & 0 & 1 \\ 0 & 0 & 0 & 0 \end{bmatrix}$

Sistema de equações lineares Nos Exercícios 25-38, resolva o sistema usando a eliminação Gauss com substituição regressiva ou eliminação de Gauss-Jordan

25.
$\begin{aligned} x + 3y &= 11 \\ 3x + y &= 9 \end{aligned}$

26.
$\begin{aligned} 2x + 6y &= 16 \\ -2x - 6y &= -16 \end{aligned}$

27.
$\begin{aligned} -x + 2y &= 1{,}5 \\ 2x - 4y &= 3 \end{aligned}$

28.
$\begin{aligned} 2x - y &= -0{,}1 \\ 3x + 2y &= 1{,}6 \end{aligned}$

29.
$\begin{aligned} -3x + 5y &= -22 \\ 3x + 4y &= 4 \\ 4x - 8y &= 32 \end{aligned}$

30.
$\begin{aligned} x + 2y &= 0 \\ x + y &= 6 \\ 3x - 2y &= 8 \end{aligned}$

Sistemas de equações lineares   23

31.
$$\begin{aligned}
x_1 \quad\quad - 3x_3 &= -2 \\
3x_1 + x_2 - 2x_3 &= 5 \\
2x_1 + 2x_2 + x_3 &= 4
\end{aligned}$$

32.
$$\begin{aligned}
3x_1 - 2x_2 + 3x_3 &= 22 \\
3x_2 - x_3 &= 24 \\
6x_1 - 7x_2 \quad\quad &= -22
\end{aligned}$$

33.
$$\begin{aligned}
2x_1 + \quad\quad 3x_3 &= 3 \\
4x_1 - 3x_2 + 7x_3 &= 5 \\
8x_1 - 9x_2 + 15x_3 &= 10
\end{aligned}$$

34.
$$\begin{aligned}
x_1 + x_2 - 5x_3 &= 3 \\
x_1 \quad\quad - 2x_3 &= 1 \\
2x_1 - x_2 - x_3 &= 0
\end{aligned}$$

35.
$$\begin{aligned}
4x + 12y - 7z - 20w &= 22 \\
3x + 9y - 5z - 28w &= 30
\end{aligned}$$

36.
$$\begin{aligned}
x + 2y + z &= 8 \\
-3x - 6y - 3z &= -21
\end{aligned}$$

37.
$$\begin{aligned}
3x + 3y + 12z &= 6 \\
x + y + 4z &= 2 \\
2x + 5y + 20z &= 10 \\
-x + 2y + 8z &= 4
\end{aligned}$$

38.
$$\begin{aligned}
2x + y - z + 2w &= -6 \\
3x + 4y \quad\quad + w &= 1 \\
x + 5y + 2z + 6w &= -3 \\
5x + 2y - z - w &= 3
\end{aligned}$$

Sistema de equações lineares Nos Exercícios **39-42,** use um software ou uma ferramenta gráfica para resolver o sistema de equações lineares.

39.
$$\begin{aligned}
x_1 - 2x_2 + 5x_3 - 3x_4 &= 23{,}6 \\
x_1 + 4x_2 - 7x_3 - 2x_4 &= 45{,}7 \\
3x_1 - 5x_2 + 7x_3 + 4x_4 &= 29{,}9
\end{aligned}$$

40.
$$\begin{aligned}
x_1 + x_2 - 2x_3 + 3x_4 + 2x_5 &= 9 \\
3x_1 + 3x_2 - x_3 + x_4 + x_5 &= 5 \\
2x_1 + 2x_2 - x_3 + x_4 - 2x_5 &= 1 \\
4x_1 + 4x_2 + x_3 \quad\quad - 3x_5 &= 4 \\
8x_1 + 5x_2 - 2x_3 - x_4 + 2x_5 &= 3
\end{aligned}$$

41.
$$\begin{aligned}
x_1 - x_2 + 2x_3 + 2x_4 + 6x_5 &= 6 \\
3x_1 - 2x_2 + 4x_3 + 4x_4 + 12x_5 &= 14 \\
x_2 - x_3 - x_4 - 3x_5 &= -3 \\
2x_1 - 2x_2 + 4x_3 + 5x_4 + 15x_5 &= 10 \\
2x_1 - 2x_2 + 4x_3 + 4x_4 + 13x_5 &= 13
\end{aligned}$$

42.
$$\begin{aligned}
x_1 + 2x_2 - 2x_3 + 2x_4 - x_5 + 3x_6 &= 0 \\
2x_1 - x_2 + 3x_3 + x_4 - 3x_5 + 2x_6 &= 17 \\
x_1 + 3x_2 - 2x_3 + x_4 - 2x_5 - 3x_6 &= -5 \\
3x_1 - 2x_2 + x_3 - x_4 + 3x_5 - 2x_6 &= -1 \\
-x_1 - 2x_2 + x_3 + 2x_4 - 2x_5 + 3x_6 &= 10 \\
x_1 - 3x_2 + x_3 + 3x_4 - 2x_5 + x_6 &= 11
\end{aligned}$$

Sistema homogêneo Nos Exercícios **43-46,** resolva o sistema linear homogêneo correspondente à matriz de coeficientes dada.

43. $\begin{bmatrix} 1 & 0 & 0 \\ 0 & 1 & 1 \\ 0 & 0 & 0 \end{bmatrix}$ **44.** $\begin{bmatrix} 1 & 0 & 0 & 0 \\ 0 & 1 & 1 & 0 \end{bmatrix}$

45. $\begin{bmatrix} 1 & 0 & 0 & 1 \\ 0 & 0 & 1 & 0 \\ 0 & 0 & 0 & 0 \end{bmatrix}$ **46.** $\begin{bmatrix} 0 & 0 & 0 \\ 0 & 0 & 0 \\ 0 & 0 & 0 \end{bmatrix}$

47. Finanças Uma pequena corporação de software tomou emprestado $ 500.000 para expandir sua linha de software. A corporação financiou parte do dinheiro a 3%, parte a 4% e parte a 5%. Utilize um sistema de equações para determinar o quanto foi financiado a cada taxa sabendo que o juro anual foi de $ 20.500 e o montante emprestado a 4% foi 2,5 vezes o montante emprestado a 3%. Resolva o sistema usando matrizes.

48. Gorjetas Um garçom examina a quantidade de dinheiro ganho em gorjetas depois de trabalhar um turno de 8 horas. O garçom tem um total de $ 95 em notas de $ 1, $ 5, $ 10 e $ 20. O número total de notas é 26. O número de notas de $ 5 é 4 vezes o número de notas de $ 10, e o número de notas de $ 1 é 1 a menos do que o dobro do número de notas de $ 5. Escreva um sistema de equações lineares para representar a situação. Em seguida, use matrizes para encontrar número de notas de cada valor.

Representação de matriz Nos exercícios **49** e **50,** supondo que a matriz é a matriz *aumentada* de um sistema de equações lineares, (a) determine o número de equações e o número de variáveis e (b) encontre o(s) valor(es) de k tal(is) que o sistema seja consistente. A seguir, suponha que a matriz é a matriz de *coeficientes* de um sistema *homogêneo* de equações lineares e repita as partes (a) e (b).

49. $A = \begin{bmatrix} 1 & k & 2 \\ -3 & 4 & 1 \end{bmatrix}$

50. $A = \begin{bmatrix} 2 & -1 & 3 \\ -4 & 2 & k \\ 4 & -2 & 6 \end{bmatrix}$

Escolha do coeficiente Nos Exercícios **51** e **52,** encontre valores de a, b e c (se possível) de tal forma que o sistema de equações lineares tenha (a) uma solução única, (b) nenhuma solução e (c) infinitas soluções.

51.
$$\begin{aligned}
x + y \quad\quad &= 2 \\
y + z &= 2 \\
x \quad\quad + z &= 2 \\
ax + by + cz &= 0
\end{aligned}$$

52.
$$\begin{aligned}
x + y \quad\quad &= 0 \\
y + z &= 0 \\
x \quad\quad + z &= 0 \\
ax + by + cz &= 0
\end{aligned}$$

24 Elementos de álgebra linear

53. O sistema abaixo tem uma solução: $x = 1$, $y = -1$ e $z = 2$.

$$\begin{array}{rl} 4x - 2y + 5z = 16 & \text{Equação 1} \\ x + y \quad = 0 & \text{Equação 2} \\ -x - 3y + 2z = 6 & \text{Equação 3} \end{array}$$

Resolva os sistemas fornecidos por (a) Equações 1 e 2, (b) Equações 1 e 3 e (c) Equações 2 e 3. (d) Quantas soluções tem cada um desses sistemas?

54. Suponha que o sistema abaixo tenha uma solução única.

$$\begin{array}{rl} a_{11}x_1 + a_{12}x_2 + a_{13}x_3 = b_1 & \text{Equação 1} \\ a_{21}x_1 + a_{22}x_2 + a_{23}x_3 = b_2 & \text{Equação 2} \\ a_{31}x_1 + a_{32}x_2 + a_{33}x_3 = b_3 & \text{Equação 3} \end{array}$$

O sistema composto pelas Equações 1 e 2 tem uma solução única, nenhuma solução ou infinitas soluções?

Equivalência por linhas Nos Exercícios 55 e 56, encontre a matriz escalonada reduzida que é equivalente por linhas à matriz dada.

55. $\begin{bmatrix} 1 & 2 \\ -1 & 2 \end{bmatrix}$ **56.** $\begin{bmatrix} 1 & 2 & 3 \\ 4 & 5 & 6 \\ 7 & 8 & 9 \end{bmatrix}$

57. Dissertação Descreva todas as possíveis matrizes 2×2 escalonadas reduzidas. Ilustre sua resposta com exemplos.

58. Dissertação Descreva todas as possíveis matrizes 3×3 escalonadas reduzidas. Ilustre a sua resposta com exemplos.

Verdadeiro ou falso? Nos Exercícios 59 e 60, determine se cada afirmação é verdadeira ou falsa. Se uma afirmação for verdadeira, dê uma justificativa ou cite uma afirmação apropriada do texto. Se uma afirmação for falsa, forneça um exemplo que mostre que a afirmação não é verdadeira em todos os casos ou cite uma afirmação apropriada do texto.

59. (a) Uma matriz 6×3 tem seis linhas.

(b) Toda matriz é equivalente por linhas a uma matriz na forma escalonada por linhas.

(c) Se a forma escalonada por linhas da matriz aumentada de um sistema de equações lineares contém a linha $[1\ 0\ 0\ 0]$, então o sistema original é inconsistente.

(d) Um sistema homogêneo de quatro equações lineares em seis variáveis tem infinitas soluções.

60. (a) Uma matriz 4×7 tem quatro colunas.

(b) Cada matriz tem uma única forma escalonada reduzida.

(c) Um sistema homogêneo de quatro equações lineares em quatro variáveis é sempre consistente.

(d) Multiplicar uma linha de uma matriz por uma constante é uma das operações elementares de linhas.

61. Dissertação É possível que um sistema de equações lineares com menos equações que variáveis não tenha nenhuma solução? Se assim for, dê um exemplo.

62. Dissertação Uma matriz tem uma única forma escalonada por linhas? Ilustre sua resposta com exemplos.

Equivalência por linhas Nos Exercícios 63 e 64, determine condições sobre a, b, c e d tais que a matriz

$$\begin{bmatrix} a & b \\ c & d \end{bmatrix}$$

seja equivalente por linhas à matriz dada.

63. $\begin{bmatrix} 1 & 0 \\ 0 & 1 \end{bmatrix}$ **64.** $\begin{bmatrix} 1 & 0 \\ 0 & 0 \end{bmatrix}$

Sistema homogêneo Nos Exercícios 65 e 66, encontre todos os valores de λ (a letra grega lambda) para o qual o sistema linear homogêneo tem soluções não triviais.

65. $\begin{array}{rl} (\lambda - 2)x + y = 0 \\ x + (\lambda - 2)y = 0 \end{array}$

66. $\begin{array}{rl} (2\lambda + 9)x - 5y = 0 \\ x - \lambda y = 0 \end{array}$

67. A matriz aumentada representa um sistema de equações lineares que foi reduzido usando eliminação de Gauss-Jordan. Escreva um sistema de equações com coeficientes não nulos que a matriz reduzida poderia representar.

$$\begin{bmatrix} 1 & 0 & 3 & -2 \\ 0 & 1 & 4 & 1 \\ 0 & 0 & 0 & 0 \end{bmatrix}$$

Há várias respostas corretas.

68. Ponto crucial Em suas próprias palavras, descreva a diferença entre uma matriz na forma escalonada por linhas e uma matriz na forma escalonada reduzida. Inclua um exemplo de cada caso para ilustrar sua explicação.

69. Dissertação Considere a matriz 2×2 $\begin{bmatrix} a & b \\ c & d \end{bmatrix}$.

Execute a sequência de operações de linhas

(a) Some a segunda linha multiplicada por -1 à primeira linha.

(b) Some a primeira linha à segunda linha.

(c) Some a segunda linha multiplicada por -1 à primeira linha.

(d) Multiplique a primeira linha por (-1).

O que aconteceu com a matriz original? Descreva, em geral, como trocar duas linhas de uma matriz usando apenas a segunda e a terceira operações elementares de linhas.

70. Dissertação Descreva a forma escalonada por linhas de uma matriz aumentada que corresponde a um sistema linear que (a) é inconsistente e (b) tem infinitas soluções.

1.3 Aplicações de sistemas de equações lineares

- Configurar e resolver um sistema de equações para ajustar uma função polinomial a um conjunto de pontos.
- Configurar e resolver um sistema de equações para representar uma rede.

Sistemas de equações lineares surgem em uma ampla variedade de aplicações. Nesta seção você examinará duas aplicações e verá outras nos capítulos subsequentes. A primeira aplicação mostra como ajustar uma função polinomial a um conjunto de pontos de dados no plano. A segunda aplicação está centrada em redes e nas leis de Kirchhoff para a eletricidade.

AJUSTE DE CURVA POLINOMIAL

Considere n pontos no plano xy

$$(x_1, y_1), (x_2, y_2), \ldots, (x_n, y_n)$$

que representam uma coleção de dados, para os quais você deseja encontrar uma função polinomial de grau $n - 1$

$$p(x) = a_0 + a_1 x + a_2 x^2 + \cdots + a_{n-1} x^{n-1}$$

cujo gráfico os contenha. Esse procedimento é chamado de **ajuste de curva polinomial**. Quando todas as coordenadas x dos pontos são distintas, há precisamente uma função polinomial de grau $n - 1$ (ou menos) que ajusta os n pontos, como mostrado na Figura 1.3.

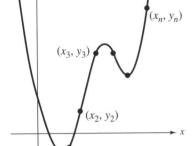

Ajuste de curva polinomial

Figura 1.3

Para determinar os n coeficientes de $p(x)$, substitua cada um dos n pontos na função polinomial e obtenha n equações lineares nas n variáveis $a_0, a_1, a_2, \ldots, a_{n-1}$.

$$a_0 + a_1 x_1 + a_2 x_1^2 + \cdots + a_{n-1} x_1^{n-1} = y_1$$
$$a_0 + a_1 x_2 + a_2 x_2^2 + \cdots + a_{n-1} x_2^{n-1} = y_2$$
$$\vdots$$
$$a_0 + a_1 x_n + a_2 x_n^2 + \cdots + a_{n-1} x_n^{n-1} = y_n$$

O Exemplo 1 ilustra este procedimento com um polinômio de segundo grau.

EXEMPLO 1   Ajuste de curva polinomial

Determine o polinômio $p(x) = a_0 + a_1 x + a_2 x^2$ cujo gráfico passa pelos pontos $(1, 4)$, $(2, 0)$ e $(3, 12)$.

SOLUÇÃO

Substituindo $x = 1$, 2 e 3 em $p(x)$ e igualando os resultados aos respectivos valores y, produzimos o sistema de equações lineares nas variáveis a_0, a_1 e a_2 mostrado a seguir.

$$p(1) = a_0 + a_1(1) + a_2(1)^2 = a_0 + a_1 + a_2 = 4$$
$$p(2) = a_0 + a_1(2) + a_2(2)^2 = a_0 + 2a_1 + 4a_2 = 0$$
$$p(3) = a_0 + a_1(3) + a_2(3)^2 = a_0 + 3a_1 + 9a_2 = 12$$

A solução deste sistema é

$$a_0 = 24, \; a_1 = -28 \text{ e } a_2 = 8,$$

de modo que a função polinomial é

$$p(x) = 24 - 28x + 8x^2.$$

A Figura 1.4 mostra o gráfico de p.

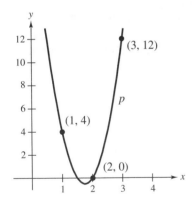

Figura 1.4

EXEMPLO 2 — Ajuste de curva polinomial

Veja LarsonLinearAlgebra.com para uma versão interativa deste tipo de exemplo.

Encontre um polinômio que ajuste os pontos

$(-2, 3), (-1, 5), (0, 1), (1, 4)$ e $(2, 10)$.

SOLUÇÃO

Foram dados cinco pontos, então escolha uma função polinomial de quarto grau

$$p(x) = a_0 + a_1 x + a_2 x^2 + a_3 x^3 + a_4 x^4.$$

A substituição dos pontos em $p(x)$ produz o sistema de equações lineares mostrado abaixo.

$$\begin{aligned} a_0 - 2a_1 + 4a_2 - 8a_3 + 16a_4 &= 3 \\ a_0 - a_1 + a_2 - a_3 + a_4 &= 5 \\ a_0 &= 1 \\ a_0 + a_1 + a_2 + a_3 + a_4 &= 4 \\ a_0 + 2a_1 + 4a_2 + 8a_3 + 16a_4 &= 10 \end{aligned}$$

A solução destas equações é

$$a_0 = 1, \quad a_1 = -\tfrac{5}{4}, \quad a_2 = \tfrac{101}{24}, \quad a_3 = \tfrac{3}{4}, \quad a_4 = -\tfrac{17}{24}$$

o que significa que a função polinomial é

$$p(x) = 1 - \tfrac{5}{4}x + \tfrac{101}{24}x^2 + \tfrac{3}{4}x^3 - \tfrac{17}{24}x^4.$$

A Figura 1.5 mostra o gráfico de p.

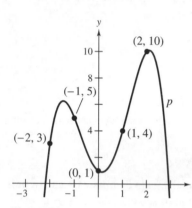

Figura 1.5

O sistema de equações lineares no Exemplo 2 é relativamente fácil de resolver porque os valores x são pequenos. Para um conjunto de pontos cujos valores de x são grandes, geralmente é melhor *traduzir* esses valores antes de tentar o procedimento de ajuste de curva. O próximo exemplo ilustra essa abordagem.

EXEMPLO 3 — Traduzindo grandes valores de x antes do ajuste de curva

Encontre um polinômio que ajuste os pontos

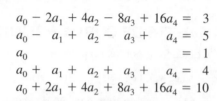

$(2011, 3), \quad (2012, 5), \quad (2013, 1), \quad (2014, 4), \quad (2015, 10).$

SOLUÇÃO

Os valores de x dados são grandes, então use a tradução

$$z = x - 2013$$

para obter

$(-2, 3), \quad (-1, 5), \quad (0, 1), \quad (1, 4), \quad (2, 10).$

Este é o mesmo conjunto de pontos que no Exemplo 2. Assim, o polinômio que ajusta esses pontos é

$$p(z) = 1 - \tfrac{5}{4}z + \tfrac{101}{24}z^2 + \tfrac{3}{4}z^3 - \tfrac{17}{24}z^4.$$

Tomando $z = x - 2013$, você tem

$$p(x) = 1 - \tfrac{5}{4}(x - 2013) + \tfrac{101}{24}(x - 2013)^2 + \tfrac{3}{4}(x - 2013)^3 - \tfrac{17}{24}(x - 2013)^4.$$

EXEMPLO 4 — Uma aplicação de ajuste de curva

Encontre um polinômio que relacione os períodos dos três planetas mais próximos do Sol com suas distâncias médias ao Sol, como mostrado na tabela. Em seguida, use o polinômio para calcular o período de Marte e compará-lo com o valor mostrado na tabela. (As distâncias médias estão em unidades astronômicas e os períodos estão em anos.)

Planeta	Mercúrio	Vênus	Terra	Marte
Distância média	0,387	0,723	1,000	1,524
Período	0,241	0,615	1,000	1,881

SOLUÇÃO

Comece por ajustar uma função polinomial quadrática

$$p(x) = a_0 + a_1 x + a_2 x^2$$

aos pontos

(0,387; 0,241), (0,723; 0,615) e (1, 1).

O sistema de equações lineares obtido pela substituição desses pontos em $p(x)$ é

$$a_0 + 0{,}387 a_1 + (0{,}387)^2 a_2 = 0{,}241$$
$$a_0 + 0{,}723 a_1 + (0{,}723)^2 a_2 = 0{,}615$$
$$a_0 + \phantom{0{,}723} a_1 + \phantom{(0{,}723)^2} a_2 = 1.$$

A solução aproximada do sistema é

$$a_0 \approx -0{,}0634, \quad a_1 \approx 0{,}6119, \quad a_2 \approx 0{,}4515$$

o que significa que uma aproximação da função polinomial é

$$p(x) = -0{,}0634 + 0{,}6119 x + 0{,}4515 x^2.$$

Usando $p(x)$ para calcular o período de Marte obtemos

$$p(1{,}524) \approx 1{,}918 \text{ anos}.$$

Observe que o período de Marte é mostrado na tabela como 1,881 anos. A figura seguinte fornece uma comparação gráfica da função polinomial com os valores mostrados na tabela.

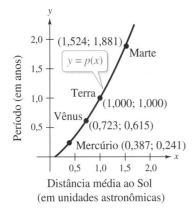

Como ilustrado no Exemplo 4, um polinômio que ajusta alguns pontos de um conjunto de dados não é necessariamente um modelo preciso para outros pontos do mesmo conjunto de dados. Geralmente, quanto mais longe os outros pontos estão daqueles usados para ajustar o polinômio, pior o ajuste. Por exemplo, a distância média entre Júpiter e o Sol é de 5,203 unidades astronômicas. A utilização de $p(x)$ do Exemplo 4 para aproximar o período dá 15,343 anos – uma estimativa grosseira do período real de Júpiter que é de 11,862 anos.

O problema de ajuste de curva pode ser difícil. Tipos de funções que não sejam funções polinomiais podem proporcionar ajustes melhores. Por exemplo, observe novamente o problema de ajuste de curva no Exemplo 4. Tomar os logaritmos naturais das distâncias e dos períodos produz os resultados mostrados na tabela.

Planeta	Mercúrio	Vênus	Terra	Marte
Distância média, x	0,387	0,723	1,000	1,524
ln x	−0,949	−0,324	0,0	0,421
Período, y	0,241	0,615	1,000	1,881
ln y	−1,423	−0,486	0,0	0,632

Agora, o ajuste de um polinômio aos logaritmos das distâncias e dos períodos produz a *relação linear*

$$\ln y = \tfrac{3}{2} \ln x$$

que é mostrada graficamente abaixo.

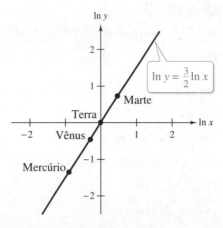

De $\ln y = \tfrac{3}{2} \ln x$, segue que $y = x^{3/2}$, ou seja, $y^2 = x^3$. Em outras palavras, o quadrado do período (em anos) de cada planeta é igual ao cubo de sua distância média (em unidades astronômicas) ao Sol. Johannes Kepler descobriu pela primeira vez esta relação em 1619.

ÁLGEBRA LINEAR APLICADA

Pesquisadores na Itália estudando os níveis de ruído acústico do tráfego veicular em um cruzamento movimentado de três vias usaram um sistema de equações lineares para modelar o fluxo de tráfego no cruzamento. Para ajudar a formular o sistema de equações, os "operadores" se posicionaram em vários locais do cruzamento e contaram o número de veículos que passaram por eles. *(Fonte: Acoustical Noise Analysis in Road Intersections: A Case Study (Análise de ruído acústico em intersecções de estradas: um estudo de caso), Guarnaccia, Claudio, Recent Advances in Acoustics & Music, Actas da 11ª Conferência Internacional WSEAS sobre Acústica & Música: Teoria e Aplicações)*

Sistemas de equações lineares 29

ANÁLISE DE REDES

Redes compostas de ramos e junções são usadas como modelos em campos como economia, análise de tráfego e engenharia elétrica. Em um modelo de rede, supõe-se que o fluxo total entrando em uma junção é igual ao fluxo total saindo da junção. Por exemplo, a junção mostrada a seguir tem 25 unidades fluindo para ela, então deve haver 25 unidades fluindo para fora dela. Você pode representar isso com a equação linear

$$x_1 + x_2 = 25.$$

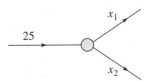

Cada junção em uma rede dá origem a uma equação linear, então você pode analisar o fluxo em uma rede composta de várias junções, ao resolver um sistema de equações lineares. O Exemplo 5 ilustra este procedimento.

EXEMPLO 5   Análise de uma rede

Configure um sistema de equações lineares para representar a rede mostrada na Figura 1.6. A seguir, resolva o sistema.

SOLUÇÃO

Cada uma das cinco junções da rede dá origem a uma equação linear, como mostrado abaixo.

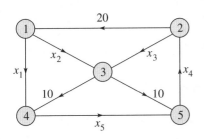

Figura 1.6

$$
\begin{aligned}
x_1 + x_2 &= 20 & \text{Junção 1}\\
x_3 - x_4 &= -20 & \text{Junção 2}\\
x_2 + x_3 &= 20 & \text{Junção 3}\\
x_1 - x_5 &= -10 & \text{Junção 4}\\
-x_4 + x_5 &= -10 & \text{Junção 5}
\end{aligned}
$$

A matriz aumentada para este sistema é

$$\begin{bmatrix} 1 & 1 & 0 & 0 & 0 & 20 \\ 0 & 0 & 1 & -1 & 0 & -20 \\ 0 & 1 & 1 & 0 & 0 & 20 \\ 1 & 0 & 0 & 0 & -1 & -10 \\ 0 & 0 & 0 & -1 & 1 & -10 \end{bmatrix}.$$

A eliminação de Gauss-Jordan produz a matriz

$$\begin{bmatrix} 1 & 0 & 0 & 0 & -1 & -10 \\ 0 & 1 & 0 & 0 & 1 & 30 \\ 0 & 0 & 1 & 0 & -1 & -10 \\ 0 & 0 & 0 & 1 & -1 & 10 \\ 0 & 0 & 0 & 0 & 0 & 0 \end{bmatrix}.$$

A partir da matriz acima,

$$x_1 - x_5 = -10, \quad x_2 + x_5 = 30, \quad x_3 - x_5 = -10 \quad \text{e} \quad x_4 - x_5 = 10.$$

Tomando $t = x_5$, você tem

$$x_1 = t - 10, \quad x_2 = -t + 30, \quad x_3 = t - 10, \quad x_4 = t + 10, \quad x_5 = t$$

onde t é um número real arbitrário, de modo que este sistema tem infinitas soluções.

No Exemplo 5, se você puder controlar a quantidade de fluxo ao longo do ramo x_5, então poderia também controlar o fluxo representado por cada uma das outras variáveis. Por exemplo, tomar $t = 10$ resulta nos fluxos mostrados na figura à direita. (Verifique isso.)

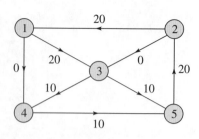

OBSERVAÇÃO

Um caminho fechado é uma sequência de ramos de tal forma que o ponto inicial do primeiro ramo coincide com o ponto final do último ramo.

Talvez você possa perceber como o tipo de análise de rede ilustrada no Exemplo 5 poderia ser usado em problemas que lidam com o fluxo de tráfego nas ruas de uma cidade ou o fluxo de água em um sistema de irrigação.

Uma rede elétrica é outro tipo de rede onde a análise é comumente aplicada. Uma análise de um desses sistemas usa duas propriedades de redes elétricas conhecidas como as **Leis de Kirchhoff.**

1. Toda a corrente que flui para uma junção deve fluir para fora dela.

2. A soma dos produtos IR (I é a corrente e R é a resistência) ao redor de um caminho fechado é igual à voltagem total no caminho.

Em uma rede elétrica, a corrente é medida em amperes, ou amps (A), a resistência é medida em ohms (Ω, a letra grega ômega) e o produto de corrente e resistência é medido em volts (V). O símbolo ⊢⊣ representa uma bateria. A barra vertical maior indica para onde a corrente flui ao sair do terminal. O símbolo ⌇⌇⌇ denota uma resistência. Uma seta no ramo mostra a direção da corrente.

EXEMPLO 6   Análise de uma rede elétrica

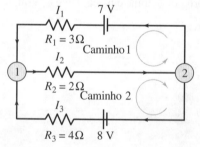

Figura 1.7

Determinar as correntes I_1, I_2 e I_3 para a rede elétrica mostrada na Figura 1.7.

SOLUÇÃO

Aplicar a primeira lei de Kirchhoff para ambas as junções produz

$$I_1 + I_3 = I_2 \qquad \text{Junção 1 ou Junção 2}$$

e aplicando a segunda lei de Kirchhoff aos dois caminhos produz

$$R_1 I_1 + R_2 I_2 = 3I_1 + 2I_2 = 7 \qquad \text{Caminho 1}$$
$$R_2 I_2 + R_3 I_3 = 2I_2 + 4I_3 = 8. \qquad \text{Caminho 2}$$

Assim, você tem o sistema de três equações lineares nas variáveis I_1, I_2 e I_3 mostrado a seguir.

$$\begin{aligned} I_1 - I_2 + I_3 &= 0 \\ 3I_1 + 2I_2 \quad\quad &= 7 \\ 2I_2 + 4I_3 &= 8 \end{aligned}$$

Aplicar a eliminação de Gauss-Jordan na matriz aumentada

$$\begin{bmatrix} 1 & -1 & 1 & 0 \\ 3 & 2 & 0 & 7 \\ 0 & 2 & 4 & 8 \end{bmatrix}$$

produz a forma escalonada reduzida

$$\begin{bmatrix} 1 & 0 & 0 & 1 \\ 0 & 1 & 0 & 2 \\ 0 & 0 & 1 & 1 \end{bmatrix}$$

o que significa $I_1 = 1$ amp, $I_2 = 2$ amps e $I_3 = 1$ amp.

EXEMPLO 7   Análise de uma rede elétrica

Determinar as correntes I_1, I_2, I_3, I_4, I_5 e I_6 para a rede elétrica mostrada a seguir.

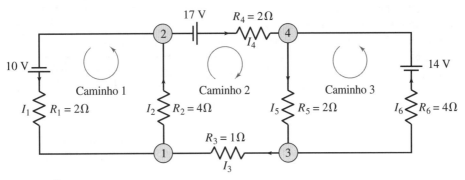

SOLUÇÃO

A aplicação da primeira lei de Kirchhoff às quatro junções produz

$I_1 + I_3 = I_2$ Junção 1
$I_1 + I_4 = I_2$ Junção 2
$I_3 + I_6 = I_5$ Junção 3
$I_4 + I_6 = I_5$ Junção 4

e a aplicação da segunda lei de Kirchhoff aos três caminhos produz

$2I_1 + 4I_2 = 10$ Caminho 1
$4I_2 + I_3 + 2I_4 + 2I_5 = 17$ Caminho 2
$2I_5 + 4I_6 = 14$.   Caminho 3

Você tem agora o sistema de sete equações lineares nas variáveis I_1, I_2, I_3, I_4, I_5 e I_6 mostrado a seguir.

$$\begin{aligned} I_1 - I_2 + I_3 &= 0 \\ I_1 - I_2 + I_4 &= 0 \\ I_3 - I_5 + I_6 &= 0 \\ I_4 - I_5 + I_6 &= 0 \\ 2I_1 + 4I_2 &= 10 \\ 4I_2 + I_3 + 2I_4 + 2I_5 &= 17 \\ 2I_5 + 4I_6 &= 14 \end{aligned}$$

A matriz aumentada para este sistema é

$$\begin{bmatrix} 1 & -1 & 1 & 0 & 0 & 0 & 0 \\ 1 & -1 & 0 & 1 & 0 & 0 & 0 \\ 0 & 0 & 1 & 0 & -1 & 1 & 0 \\ 0 & 0 & 0 & 1 & -1 & 1 & 0 \\ 2 & 4 & 0 & 0 & 0 & 0 & 10 \\ 0 & 4 & 1 & 2 & 2 & 0 & 17 \\ 0 & 0 & 0 & 0 & 2 & 4 & 14 \end{bmatrix}.$$

Usando uma ferramenta gráfica, um software ou eliminação de Gauss-Jordan, resolva este sistema para obter

$I_1 = 1$, $I_2 = 2$, $I_3 = 1$, $I_4 = 1$, $I_5 = 3$ e $I_6 = 2$.

Assim, $I_1 = 1$ amp, $I_2 = 2$ amps, $I_3 = 1$ amp, $I_4 = 1$ amp, $I_5 = 3$ amps e $I_6 = 2$ amps.

1.3 Exercícios

Ajuste de curva polinomial Nos Exercícios 1-12, (a) determine a função polinomial cujo gráfico passa pelos pontos e (b) esboce o gráfico da função polinomial, mostrando os pontos.

1. (2, 5), (3, 2), (4, 5)
2. (0, 0), (2, −2), (4, 0)
3. (2, 4), (3, 6), (5, 10)
4. (2, 4), (3, 4), (4, 4)
5. (−1, 3), (0, 0), (1, 1), (4, 58)
6. (0, 42), (1, 0), (2, −40), (3, −72)
7. (−2, 28), (−1, 0), (0, −6), (1, −8), (2, 0)
8. (−4, 18), (0, 1), (4, 0), (6, 28), (8, 135)
9. (2013, 5), (2014, 7), (2015, 12)
10. (2012, 150), (2013, 180), (2014, 240), (2015, 360)
11. (0,072; 0,203), (0,120; 0,238), (0,148; 0,284)
12. (1, 1), (1,189; 1,587), (1,316; 2,080), (1,414; 2,520)
13. Use sen $0 = 0$, sen $\frac{\pi}{2} = 1$ e sen $\pi = 0$ para obter uma estimativa de sen $\frac{\pi}{3}$.
14. Utilize $\log_2 1 = 0$, $\log_2 2 = 1$ e $\log_2 4 = 2$ para estimar $\log_2 3$.

Equação de um círculo Nos Exercícios 15 e 16, encontre uma equação do círculo que passa pelos pontos.

15. (1, 3), (−2, 6), (4, 2)
16. (−5, 1), (−3, 2), (−1, 1)

17. **População** O censo dos Estados Unidos lista sua população como 249 milhões em 1990, 282 milhões em 2000 e 309 milhões em 2010. Ajuste um polinômio de segundo grau passando por estes três pontos e use-o para prever as populações em 2020 e 2030. (Fonte: US Census Bureau)

18. **População** A tabela mostra a população dos Estados Unidos nos anos 1970, 1980, 1990 e 2000. (Fonte: USCensus Bureau)

Ano	1970	1980	1990	2000
População (em milhões)	205	227	249	282

(a) Encontre um polinômio cúbico que ajuste os dados e use-o para estimar a população em 2010.
(b) A população real em 2010 foi de 309 milhões. Compare com sua estimativa.

19. **Lucro líquido** A tabela mostra os lucros líquidos (milhões de dólares) da Microsoft de 2007 até 2014. (Fonte: Microsoft Corp.)

Ano	2007	2008	2009	2010
Lucro líquido	14.065	17.681	14.569	18.760

Ano	2011	2012	2013	2014
Lucro líquido	23.150	23.171	22.453	22.074

(a) Configure um sistema de equações para ajustar os dados de 2007, 2008, 2009 e 2010 com um modelo cúbico.
(b) Resolva o sistema. A solução produz um modelo razoável para determinar os lucros líquidos após 2010? Explique.

20. **Vendas** A tabela mostra as vendas (em bilhões de dólares) das lojas Wal-Mart de 2006 a 2013. (Fonte: Wal-Mart Stores, Inc.)

Ano	2006	2007	2008	2009
Vendas	348,7	378,8	405,6	408,2

Ano	2010	2011	2012	2013
Vendas	421,8	447,0	469,2	476,2

(a) Configure um sistema de equações para ajustar os dados de 2006, 2007, 2008, 2009 e 2010 com um modelo de quarto grau.
(b) Resolva o sistema. A solução produz um modelo razoável para determinar as vendas após 2010? Explique.

21. **Análise de rede** A figura mostra o fluxo de tráfego (em veículos por hora) em uma rede de ruas.

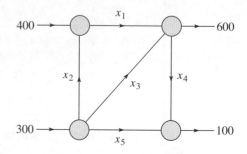

(a) Resolva este sistema para x_i, $i = 1, 2, \ldots, 5$.
(b) Encontre o fluxo de tráfego quando $x_3 = 0$ e $x_5 = 100$.
(c) Encontre o fluxo de tráfego quando $x_3 = x_5 = 100$.

22. Análise de rede A figura mostra o fluxo de tráfego (em veículos por hora) em uma rede de ruas.

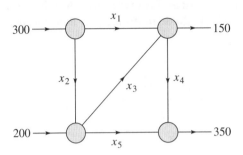

(a) Resolva este sistema para x_i, $i = 1, 2, \ldots, 5$.
(b) Encontre o fluxo de tráfego quando $x_2 = 200$ e $x_3 = 50$.
(c) Encontre o fluxo de trânsito quando $x_2 = 150$ e $x_3 = 0$.

23. Análise de rede A figura mostra o fluxo de tráfego (em veículos por hora) em uma rede de ruas.

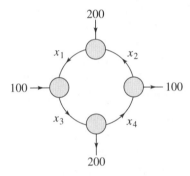

(a) Resolva este sistema para x_i, $i = 1, 2, 3, 4$.
(b) Encontre o fluxo de tráfego quando $x_4 = 0$.
(c) Encontre o fluxo de tráfego quando $x_4 = 100$.
(d) Encontre o fluxo de tráfego quando $x_1 = 2x_2$.

24. Análise de rede A água flui através de uma rede de tubos (em milhares de metros cúbicos por hora), como mostrado na figura.

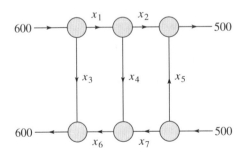

(a) Resolva este sistema para o fluxo de água representado por x_i, $i = 1, 2, \ldots, 7$.
(b) Encontre o fluxo de água quando $x_1 = x_2 = 100$.
(c) Encontre o fluxo de água quando $x_6 = x_7 = 0$.
(d) Encontre o fluxo de água quando $x_5 = 1.000$ e $x_6 = 0$.

25. Análise de rede Determine as correntes I_1, I_2 e I_3 para a rede elétrica mostrada na figura.

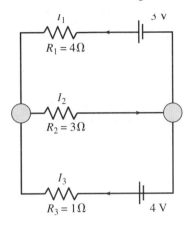

26. Análise de rede Determine as correntes I_1, I_2, I_3, I_4, I_5 e I_6 para a rede elétrica mostrada na figura.

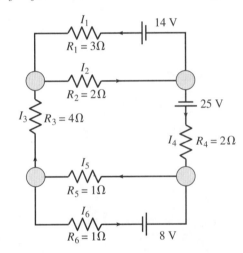

27. Análise de rede
(a) Determine as correntes I_1, I_2 e I_3 na rede elétrica mostrada na figura.
(b) Como o resultado é afetado quando A é alterado para 2 volts e B é alterado para 6 volts?

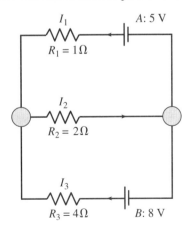

28. Ponto crucial
(a) Explique como usar sistemas de equações lineares para ajuste de curva polinomial.

(b) Explique como usar sistemas de equações lineares para fazer análise de rede.

Temperatura Nos Exercícios 29 e 30, a figura mostra as temperaturas limite (em graus Celsius) de uma placa de metal fino isolada. A temperatura de estado estacionário em cada junção interior é aproximadamente igual à média das temperaturas nas quatro junções circunvizinhas. Utilizar um sistema de equações lineares para aproximar as temperaturas interiores T_1, T_2, T_3 e T_4.

29.
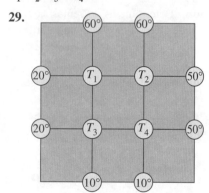

30.
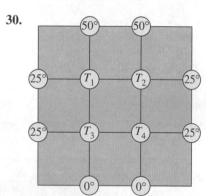

Decomposição em frações parciais Nos Exercícios 31-34, use um sistema de equações para encontrar a decomposição em frações parciais da expressão racional. Resolva o sistema usando matrizes.

31. $\dfrac{4x^2}{(x+1)^2(x-1)} = \dfrac{A}{x-1} + \dfrac{B}{x+1} + \dfrac{C}{(x+1)^2}$

32. $\dfrac{3x^2 - 7x - 12}{(x+4)(x-4)^2} = \dfrac{A}{x+4} + \dfrac{B}{x-4} + \dfrac{C}{(x-4)^2}$

33. $\dfrac{3x^2 - 3x - 2}{(x+2)(x-2)^2} = \dfrac{A}{x+2} + \dfrac{B}{x-2} + \dfrac{C}{(x-2)^2}$

34. $\dfrac{20 - x^2}{(x+2)(x-2)^2} = \dfrac{A}{x+2} + \dfrac{B}{x-2} + \dfrac{C}{(x-2)^2}$

Cálculo Nos Exercícios 35 e 36, encontre os valores de x, y e λ que satisfazem o sistema de equações. Tais sistemas podem surgir em certos problemas de cálculo e λ é chamado de multiplicador de Lagrange.

35. $\begin{aligned} 2x \quad\quad + \lambda \quad\quad &= 0 \\ 2y + \lambda \quad\quad &= 0 \\ x + y \quad\quad - 4 &= 0 \end{aligned}$

36. $\begin{aligned} 2y + 2\lambda + 2 &= 0 \\ 2x \quad\quad + \lambda + 1 &= 0 \\ 2x + y \quad\quad - 100 &= 0 \end{aligned}$

37. **Cálculo** O gráfico de uma parábola passa pelos pontos $(0, 1)$ e $\left(\tfrac{1}{2}, \tfrac{1}{2}\right)$ e tem uma tangente horizontal em $\left(\tfrac{1}{2}, \tfrac{1}{2}\right)$. Encontre uma equação para a parábola e esboce seu gráfico.

38. **Cálculo** O gráfico de uma função polinomial cúbica possui retas tangentes horizontais em $(1, -2)$ e $(-1, 2)$. Encontre uma equação para a função e esboce seu gráfico.

39. **Demonstração guiada** Demonstre que se uma função polinomial $p(x) = a_0 + a_1 x + a_2 x^2$ se anula em $x = -1, x = 0$ e $x = 1$, então $a_0 = a_1 = a_2 = 0$.

Como começar: escreva um sistema linear de equações e resolva-o para determinar a_0, a_1 e a_2.

(i) Substitua $x = -1, 0$ e 1 em $p(x)$.

(ii) Iguale cada resultado a 0

(iii) Resolver o sistema resultante de equações lineares nas variáveis a_0, a_1 e a_2.

40. **Demonstração** Generalizando a afirmação no Exercício 39, se uma função polinomial

$p(x) = a_0 + a_1 x + \cdots + a_{n-1} x^{n-1}$

se anula em mais de $n - 1$ valores de x, então

$a_0 = a_1 = \cdots = a_{n-1} = 0.$

Use esse resultado para demonstrar que existe no máximo uma função polinomial de grau $n - 1$ (ou menor) cujo gráfico passa por n pontos no plano com coordenadas x distintas.

41. (a) O gráfico de uma função f passa pelos pontos $(0, 1)$, $\left(2, \tfrac{1}{3}\right)$, e $\left(4, \tfrac{1}{5}\right)$. Encontre uma função quadrática cujo gráfico passe por esses três pontos.

(b) Encontre uma função polinomial p de grau 2 ou menos que passe pelos pontos $(0, 1)$, $(2, 3)$ e $(4, 5)$. Em seguida, esboce o gráfico de $y = 1/p(x)$ e compare este gráfico com o gráfico da função polinomial encontrada na parte (a).

42. **Dissertação** Tente encontrar um polinômio para ajustar os dados mostrados na tabela. O que acontece e por quê?

x	1	2	3	3	4
y	1	1	2	3	4

Sistemas de equações lineares   35

Capítulo 1   Exercícios de revisão

Equações lineares Nos Exercícios 1-6, determine se a equação é linear nas variáveis x e y.

1. $2x - y^2 = 4$

2. $2xy - 6y = 0$

3. $(\cot 5)x - y = 3$

4. $e^{-2}x + 5y = 8$

5. $\dfrac{2}{x} + 4y = 3$

6. $\dfrac{x}{2} - \dfrac{y}{4} = 0$

Representação paramétrica Nos Exercícios 7 e 8, encontre uma representação paramétrica do conjunto solução da equação linear.

7. $-3x + 4y - 2z = 1$

8. $3x_1 + 2x_2 - 4x_3 = 0$

Sistema de equações lineares Nos Exercícios 9-20, resolva o sistema de equações lineares.

9.
$\begin{aligned} x + y &= 2 \\ 3x - y &= 0 \end{aligned}$

10.
$\begin{aligned} x + y &= -1 \\ 3x + 2y &= 0 \end{aligned}$

11.
$\begin{aligned} 3y &= 2x \\ y &= x + 4 \end{aligned}$

12.
$\begin{aligned} x &= y + 3 \\ 4x &= y + 10 \end{aligned}$

13.
$\begin{aligned} y + x &= 0 \\ 2x + y &= 0 \end{aligned}$

14.
$\begin{aligned} y &= 5x \\ y &= -x \end{aligned}$

15.
$\begin{aligned} x - y &= 9 \\ -x + y &= 1 \end{aligned}$

16.
$\begin{aligned} 40x_1 + 30x_2 &= 24 \\ 20x_1 + 15x_2 &= -14 \end{aligned}$

17.
$\begin{aligned} \tfrac{1}{2}x - \tfrac{1}{3}y &= 0 \\ 3x + 2(y + 5) &= 10 \end{aligned}$

18.
$\begin{aligned} \tfrac{1}{3}x + \tfrac{4}{7}y &= 3 \\ 2x + 3y &= 15 \end{aligned}$

19.
$\begin{aligned} 0{,}2x_1 + 0{,}3x_2 &= 0{,}14 \\ 0{,}4x_1 + 0{,}5x_2 &= 0{,}20 \end{aligned}$

20.
$\begin{aligned} 0{,}2x - 0{,}3y &= 0{,}07 \\ 0{,}4x - 0{,}5y &= -0{,}01 \end{aligned}$

Tamanho da matriz Nos Exercícios 21 e 22, determine o tamanho da matriz.

21. $\begin{bmatrix} 2 & 3 & -1 \\ 0 & 5 & 1 \end{bmatrix}$

22. $\begin{bmatrix} 2 & 1 \\ -4 & -1 \\ 0 & 5 \end{bmatrix}$

Matriz aumentada Nos Exercícios 23-26, encontre o conjunto solução do sistema de equações lineares representado pela matriz aumentada.

23. $\begin{bmatrix} 1 & 2 & -5 \\ 2 & 1 & 5 \end{bmatrix}$

24. $\begin{bmatrix} -2 & 3 & 0 \\ 0 & 0 & 0 \end{bmatrix}$

25. $\begin{bmatrix} 1 & 2 & 0 & 0 \\ 0 & 0 & 1 & 0 \\ 0 & 0 & 0 & 0 \end{bmatrix}$

26. $\begin{bmatrix} 1 & 2 & 3 & 0 \\ 0 & 0 & 0 & 1 \\ 0 & 0 & 0 & 0 \end{bmatrix}$

Forma escalonada por linhas Nos Exercícios 27-30, determine se a matriz está na forma escalonada por linhas. Se estiver, determine se ela também está na forma escalonada reduzida.

27. $\begin{bmatrix} 1 & 2 & -3 & 0 \\ 0 & 0 & 0 & 1 \\ 0 & 0 & 0 & 0 \end{bmatrix}$

28. $\begin{bmatrix} 1 & 0 & 1 & 1 \\ 0 & 1 & 2 & 1 \\ 0 & 0 & 0 & 1 \end{bmatrix}$

29. $\begin{bmatrix} -1 & 2 & 1 \\ 0 & 1 & 0 \\ 0 & 0 & 1 \end{bmatrix}$

30. $\begin{bmatrix} 0 & 1 & 0 & 0 \\ 0 & 0 & 1 & 2 \\ 0 & 0 & 0 & 0 \end{bmatrix}$

Sistema de equações lineares Nos Exercícios 31-40, resolva o sistema usando eliminação de Gauss com substituição regressiva ou eliminação de Gauss-Jordan.

31.
$\begin{aligned} -x + y + 2z &= 1 \\ 2x + 3y + z &= -2 \\ 5x + 4y + 2z &= 4 \end{aligned}$

32.
$\begin{aligned} 4x + 2y + z &= 18 \\ 4x - 2y - 2z &= 28 \\ 2x - 3y + 2z &= -8 \end{aligned}$

33.
$\begin{aligned} 2x + 3y + 3z &= 3 \\ 6x + 6y + 12z &= 13 \\ 12x + 9y - z &= 2 \end{aligned}$

34.
$\begin{aligned} 2x + y + 2z &= 4 \\ 2x + 2y &= 5 \\ 2x - y + 6z &= 2 \end{aligned}$

35.
$\begin{aligned} x - 2y + z &= -6 \\ 2x - 3y &= -7 \\ -x + 3y - 3z &= 11 \end{aligned}$

36.
$\begin{aligned} 2x + 6z &= -9 \\ 3x - 2y + 11z &= -16 \\ 3x - y + 7z &= -11 \end{aligned}$

37.
$\begin{aligned} x + 2y + 6z &= 1 \\ 2x + 5y + 15z &= 4 \\ 3x + y + 3z &= -6 \end{aligned}$

38.
$\begin{aligned} 2x_1 + 5x_2 - 19x_3 &= 34 \\ 3x_1 + 8x_2 - 31x_3 &= 54 \end{aligned}$

39.
$\begin{aligned} 2x_1 + x_2 + x_3 + 2x_4 &= -1 \\ 5x_1 - 2x_2 + x_3 - 3x_4 &= 0 \\ -x_1 + 3x_2 + 2x_3 + 2x_4 &= 1 \\ 3x_1 + 2x_2 + 3x_3 - 5x_4 &= 12 \end{aligned}$

40.
$\begin{aligned} x_1 + 5x_2 + 3x_3 &= 14 \\ 4x_2 + 2x_3 + 5x_4 &= 3 \\ 3x_3 + 8x_4 + 6x_5 &= 16 \\ 2x_1 + 4x_2 - 2x_5 &= 0 \\ 2x_1 - x_3 &= 0 \end{aligned}$

36 Elementos de álgebra linear

Sistema de equações lineares Nos Exercícios 41-46, use um software ou uma ferramenta gráfica para resolver o sistema de equações lineares.

41.
$$x_1 + x_2 + x_3 = 15{,}4$$
$$x_1 - x_2 - 2x_3 = 27{,}9$$
$$3x_1 - 2x_2 + x_3 = 76{,}9$$

42.
$$1{,}1x_1 + 2{,}3x_2 + 3{,}4x_3 = 0$$
$$1{,}1x_1 - 2{,}2x_2 - 4{,}4x_3 = 0$$
$$-1{,}7x_1 + 3{,}4x_2 + 6{,}8x_3 = 1$$

43.
$$3x + 3y + 12z = 6$$
$$x + y + 4z = 2$$
$$2x + 5y + 20z = 10$$
$$-x + 2y + 8z = 4$$

44.
$$x + 2y + z + 3w = 0$$
$$x - y + w = 0$$
$$5y - z + 2w = 0$$

45.
$$2x + 10y + 2z = 6$$
$$x + 5y + 2z = 6$$
$$x + 5y + z = 3$$
$$-3x - 15y + 3z = -9$$

46.
$$2x + y - z + 2w = -6$$
$$3x + 4y + w = 1$$
$$x + 5y + 2z + 6w = -3$$
$$5x + 2y - z - w = 3$$

Sistema homogêneo Nos Exercícios 47-50, resolva o sistema homogêneo de equações lineares.

47.
$$x_1 - 2x_2 - 8x_3 = 0$$
$$3x_1 + 2x_2 = 0$$

48.
$$2x_1 + 4x_2 - 7x_3 = 0$$
$$x_1 - 3x_2 + 9x_3 = 0$$

49.
$$-2x_1 + 7x_2 - 3x_3 = 0$$
$$4x_1 - 12x_2 + 5x_3 = 0$$
$$12x_2 + 7x_3 = 0$$

50.
$$x_1 + 3x_2 + 5x_3 = 0$$
$$x_1 + 4x_2 + \tfrac{1}{2}x_3 = 0$$

51. Determine os valores de k tais que o sistema de equações lineares seja inconsistente.
$$kx + y = 0$$
$$x + ky = 1$$

52. Determine os valores de k tais que o sistema de equações lineares tenha exatamente uma solução.
$$x - y + 2z = 0$$
$$-x + y - z = 0$$
$$x + ky + z = 0$$

53. Encontre valores de a e b tais que o sistema de equações lineares tenha (a) nenhuma solução, (b) exatamente uma solução e (c) infinitas soluções.
$$x + 2y = 3$$
$$ax + by = -9$$

54. Encontre (se possível) os valores de a, b e c de modo que o sistema de equações lineares tenha (a) nenhuma

solução, (b) exatamente uma solução e (c) infinitas soluções.
$$2x - y + z = a$$
$$x + y + 2z = b$$
$$3y + 3z = c$$

55. Dissertação Descreva um método para mostrar que duas matrizes são equivalentes por linhas. As duas matrizes seguintes são equivalentes por linhas.
$$\begin{bmatrix} 1 & 1 & 2 \\ 0 & -1 & 2 \\ 3 & 1 & 2 \end{bmatrix} \text{ e } \begin{bmatrix} 1 & 2 & 3 \\ 4 & 3 & 6 \\ 5 & 5 & 10 \end{bmatrix}$$

56. Dissertação Descreva todas as possíveis matrizes 2×3 escalonadas reduzidas. Ilustre sua resposta com exemplos.

57. Tome $n \geq 3$. Encontre a forma escalonada reduzida da matriz $n \times n$.
$$\begin{bmatrix} 1 & 2 & 3 & \ldots & n \\ n+1 & n+2 & n+3 & \ldots & 2n \\ 2n+1 & 2n+2 & 2n+3 & \ldots & 3n \\ \vdots & \vdots & \vdots & & \vdots \\ n^2-n+1 & n^2-n+2 & n^2-n+3 & \ldots & n^2 \end{bmatrix}$$

58. Encontrar todos os valores de λ para o qual o sistema de equações lineares homogêneo tem soluções não triviais.
$$(\lambda + 2)x_1 - 2x_2 + 3x_3 = 0$$
$$-2x_1 + (\lambda - 1)x_2 + 6x_3 = 0$$
$$x_1 + 2x_2 + \lambda x_3 = 0$$

Verdadeiro ou falso? Nos Exercícios 59 e 60, determine se cada afirmação é verdadeira ou falsa. Se uma afirmação for verdadeira, dê uma justificativa ou cite uma afirmação apropriada do texto. Se uma afirmação for falsa, forneça um exemplo que mostra que a afirmação não é verdadeira em todos os casos ou cite uma afirmação apropriada do texto.

59. (a) Existe apenas uma maneira de representar parametricamente o conjunto solução de uma equação linear.

(b) Um sistema consistente de equações lineares pode ter infinitas soluções.

60. (a) Um sistema homogêneo de equações lineares deve ter pelo menos uma solução.

(b) Um sistema de equações lineares com menos equações do que variáveis tem sempre pelo menos uma solução.

61. Esportes No Super Bowl I, em 15 de janeiro de 1967, o Green Bay Packers derrotou o Kansas City Chiefs pela pontuação de 35 a 10. O total de pontos obtidos veio de uma combinação de *touchdowns*, *extra-point kicks* e *field goals*, que valem 6, 1 e 3 pontos, respectivamente. Os números de *touchdowns* e de *extra-point kicks* foram iguais. Houve seis vezes mais *touchdowns* do que *field goals*. Encontrar os números de *touchdowns*, *extra-point kicks* e *field goals* marcados. (Fonte: National Football League.)

62. Agricultura Uma mistura de 6 galões do produto químico A, 8 galões do produto químico B e 13 galões de produto químico C é necessária para matar um inseto destrutivo para a colheita. Um *spray* comercial X contém 1, 2 e 2 partes, respectivamente, desses produtos químicos. O *spray* comercial Y contém apenas o produto químico C. O *spray* comercial Z contém os produtos químicos A, B e C em quantidades iguais. Quanto de cada tipo de *spray* é necessário para obter a mistura desejada?

Decomposição em frações parciais Nos Exercícios 63 e 64, use um sistema de equações para encontrar a decomposição em frações parciais da expressão racional. Resolva o sistema usando matrizes.

63. $\dfrac{8x^2}{(x-1)^2(x+1)} = \dfrac{A}{x+1} + \dfrac{B}{x-1} + \dfrac{C}{(x-1)^2}$

64. $\dfrac{3x^2 + 3x - 2}{(x+1)^2(x-1)} = \dfrac{A}{x+1} + \dfrac{B}{x-1} + \dfrac{C}{(x+1)^2}$

Ajuste de curva polinomial Nos Exercícios 65 e 66, (a) determine a função polinomial cujo gráfico passa pelos pontos e (b) esboce o gráfico da função polinomial, mostrando os pontos.

65. $(2, 5), (3, 0), (4, 20)$

66. $(-1, -1), (0, 0), (1, 1), (2, 4)$

67. Vendas Uma empresa tem vendas (medidas em milhões) de $ 50, $ 60 e $ 75 durante três anos consecutivos. Encontre uma função quadrática que ajuste os dados e use-a para prever as vendas durante o quarto ano.

68. A função polinomial

$p(x) = a_0 + a_1 x + a_2 x^2 + a_3 x^3$

se anula quando $x = 1, 2, 3$ e 4. Quais são os valores de a_0, a_1, a_2 e a_3?

69. População de cervos Uma equipe de gerenciamento de animais selvagens estudou a população de cervos em uma pequena área de reserva natural. A tabela mostra a população e o número de anos desde o início do estudo.

Ano	0	4	80
População	80	68	30

(a) Configure um sistema de equações para ajustar os dados com uma função quadrática.

(b) Resolva o sistema.

(c) Use uma ferramenta gráfica para ajustar os dados com um modelo quadrático.

(d) Compare a função quadrática na parte (b) com o modelo na parte (c).

(e) Cite a afirmação do texto que verifica seus resultados.

70. Movimento vertical Um objeto movendo-se verticalmente tem sua altura s registrada no instante específico t, como indicado na lista dada. Encontre a função posição

$s = \tfrac{1}{2}at^2 + v_0 t + s_0$

do objeto.

(a) Em $t = 0$ segundo, $s = 160$ pés
Em $t = 1$ segundo, $s = 96$ pés
Em $t = 2$ segundos, $s = 0$ pé

(b) Em $t = 1$ segundo, $s = 134$ pés
Em $t = 2$ segundos, $s = 86$ pés
Em $t = 3$ segundos, $s = 6$ pés

(c) Em $t = 1$ segundo, $s = 184$ pés
Em $t = 2$ segundos, $s = 116$ pés
Em $t = 3$ segundos, $s = 16$ pés

71. Análise de rede A figura mostra o fluxo através de uma rede.

(a) Resolva o sistema para determinar $x_i, i = 1, 2, \ldots, 6$.

(b) Encontre o fluxo quando $x_3 = 100$, $x_5 = 50$ e $x_6 = 50$.

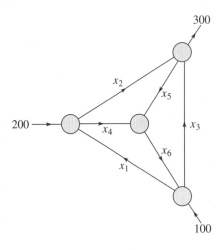

72. Análise de rede Determine as correntes I_1, I_2 e I_3 para a rede elétrica mostrada na figura.

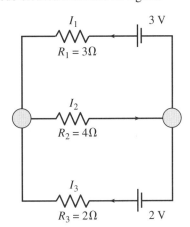

1 Projetos

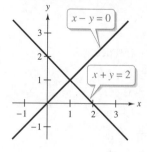
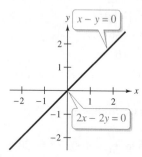
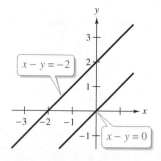

Figura 1.8

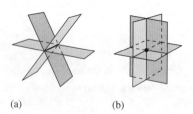

(a)   (b)

(c)

Figura 1.9

1 Representando graficamente equações lineares

Você viu na Seção 1.1 que pode representar um sistema de duas equações lineares em duas variáveis x e y, geometricamente como duas retas no plano. Essas retas podem se interceptar em um ponto, coincidir ou ser paralelas, como mostrado na Figura 1.8.

1. Considere o sistema abaixo, onde a e b são constantes.

$$2x - y = 3$$
$$ax + by = 6$$

   (a) Encontre valores de a e b para os quais o sistema resultante tem uma solução única.
   (b) Encontre valores de a e b para os quais o sistema resultante tem infinitas soluções.
   (c) Encontre valores de a e b para os quais o sistema resultante não tem solução.
   (d) Trace as retas correspondentes para cada um dos sistemas nos itens (a), (b) e (c).

2. Agora considere um sistema de três equações lineares em x, y, z. Cada equação representa um plano no sistema de coordenadas tridimensional.

   (a) Encontre um exemplo de um sistema representado por três planos que se interceptam em uma reta, como mostrado na Figura 1.9(a).
   (b) Encontre um exemplo de um sistema representado por três planos que se interceptam em um ponto, como mostrado na Figura 1.9(b).
   (c) Encontre um exemplo de um sistema representado por três planos sem nenhuma intersecção comum, como mostrado na Figura 1.9(c).
   (d) Existem outras configurações de três planos além daquelas dadas na Figura 1.9? Explique.

2 Sistemas subdeterminados e sobredeterminados

O sistema de equações lineares abaixo está **subdeterminado** porque existem mais variáveis do que equações.

$$x_1 + 2x_2 - 3x_3 = 4$$
$$2x_1 - x_2 + 4x_3 = -3$$

Do mesmo modo, o sistema abaixo é **sobredeterminado** porque existem mais equações do que variáveis.

$$x_1 + 3x_2 = 5$$
$$2x_1 - 2x_2 = -3$$
$$-x_1 + 7x_2 = 0$$

Explore se o número de variáveis e o número de equações têm alguma influência sobre a consistência de um sistema de equações lineares. Para os Exercícios 1-4, se a resposta for sim, dê um exemplo. Caso contrário, explique por que a resposta é não.

1. Você pode encontrar um sistema linear consistente e subdeterminado?
2. Você pode encontrar um sistema linear sobredeterminado consistente?
3. Você pode encontrar um sistema linear subdeterminado inconsistente?
4. Você pode encontrar um sistema linear sobredeterminado inconsistente?
5. Explique por que você esperaria que um sistema linear sobredeterminado fosse inconsistente. Deve ser sempre assim?
6. Explique por que você esperaria que um sistema linear subdeterminado tivesse infinitas soluções. Deve ser sempre assim?

2 Matrizes

- **2.1** Operações com matrizes
- **2.2** Propriedades das operações com matrizes
- **2.3** A inversa de uma matriz
- **2.4** Matrizes elementares
- **2.5** Cadeias de Markov
- **2.6** Mais aplicações de operações com matrizes

Criptografia de dados

Dinâmica de fluidos computacional

Deflexão da barra

Recuperação de informações

Agendamento de tripulação de voo

Em sentido horário, de cima para a esquerda: Cousin_Avi / Shutterstock.com; Goncharuk / Shutterstock.com; Gunnar Pippel / Shutterstock.com; Andresr / Shutterstock.com; nostal6ie / Shutterstock.com

40 Elementos de álgebra linear

2.1 Operações com matrizes

- ■ Determinar se duas matrizes são iguais.
- ■ Somar e subtrair matrizes e multiplicar uma matriz por um escalar.
- ■ Multiplicar duas matrizes.
- ■ Usar matrizes para resolver um sistema de equações lineares.
- ■ Particionar uma matriz e escrever uma combinação linear de vetores coluna.

IGUALDADE DE MATRIZES

Na Seção 1.2, você usou matrizes para resolver sistemas de equações lineares. Este capítulo introduz alguns fundamentos da teoria matricial e outras aplicações de matrizes.

É convenção matemática padrão representar matrizes em qualquer uma das três formas listadas abaixo.

1. Uma letra maiúscula, como A, B ou C
2. Um elemento representativo entre colchetes, como $[a_{ij}]$, $[b_{ij}]$ ou $[c_{ij}]$
3. Uma tabela retangular de números

$$\begin{bmatrix} a_{11} & a_{12} & \cdots & a_{1n} \\ a_{21} & a_{22} & \cdots & a_{2n} \\ \vdots & \vdots & & \vdots \\ a_{m1} & a_{m2} & \cdots & a_{mn} \end{bmatrix}$$

Como mencionado no Capítulo 1, as matrizes neste texto são principalmente matrizes reais. Mais precisamente, seus elementos são números reais.

Duas matrizes são *iguais* quando seus elementos correspondentes são iguais.

Definição de igualdade de matrizes

Duas matrizes $A = [a_{ij}]$ e $B = [b_{ij}]$ são **iguais** quando têm o mesmo tamanho $(m \times n)$ e $a_{ij} = b_{ij}$ para $1 \leq i \leq m$ e $1 \leq j \leq n$.

EXEMPLO 1   Igualdade de matrizes

Considere as quatro matrizes

$$A = \begin{bmatrix} 1 & 2 \\ 3 & 4 \end{bmatrix}, \quad B = \begin{bmatrix} 1 \\ 3 \end{bmatrix}, \quad C = \begin{bmatrix} 1 & 3 \end{bmatrix} \quad \text{e} \quad D = \begin{bmatrix} 1 & 2 \\ x & 4 \end{bmatrix}.$$

OBSERVAÇÃO

A frase "se e somente se" significa que a afirmação é verdadeira em ambas as direções. Por exemplo, "p se e somente se q" significa que p implica q e q implica p.

As matrizes A e B **não** são iguais porque são de tamanhos diferentes. Do mesmo modo, B e C não são iguais. As matrizes A e D são iguais se e somente se $x = 3$. ■

Uma matriz que tem apenas uma coluna, como a matriz B no Exemplo 1, é uma **matriz coluna** ou um **vetor coluna**. Da mesma forma, uma matriz que tenha apenas uma linha, como a matriz C no Exemplo 1, é uma **matriz linha** ou um **vetor linha**. Letras minúsculas em negrito são em geral usadas para designar matrizes coluna e matrizes linha. Por exemplo, a matriz A no Exemplo 1 pode ser particionada (ou dividida) nas duas matrizes coluna $\mathbf{a}_1 = \begin{bmatrix} 1 \\ 3 \end{bmatrix}$ e $\mathbf{a}_2 = \begin{bmatrix} 2 \\ 4 \end{bmatrix}$, como mostrado abaixo.

$$A = \begin{bmatrix} 1 & 2 \\ 3 & 4 \end{bmatrix} = \begin{bmatrix} 1 & 2 \\ 3 & 4 \end{bmatrix} = \begin{bmatrix} \mathbf{a}_1 & \mathbf{a}_2 \end{bmatrix}$$

Matrizes   41

SOMA DE MATRIZES E MULTIPLICAÇÃO DE UMA MATRIZ POR UM ESCALAR

Para **somar** duas matrizes (do mesmo tamanho), some seus elementos correspondentes.

> ### Definição de soma de matrizes
>
> Se $A = [a_{ij}]$ e $B = [b_{ij}]$ são matrizes de tamanho $m \times n$, então sua **soma** é a matriz $m \times n$ dada por $A + B = [a_{ij} + b_{ij}]$.
>
> A soma de duas matrizes de tamanhos diferentes não é definida.

EXEMPLO 2   Soma de matrizes

a. $\begin{bmatrix} -1 & 2 \\ 0 & 1 \end{bmatrix} + \begin{bmatrix} 1 & 3 \\ -1 & 2 \end{bmatrix} = \begin{bmatrix} -1+1 & 2+3 \\ 0+(-1) & 1+2 \end{bmatrix} = \begin{bmatrix} 0 & 5 \\ -1 & 3 \end{bmatrix}$

b. $\begin{bmatrix} 0 & 1 & -2 \\ 1 & 2 & 3 \end{bmatrix} + \begin{bmatrix} 0 & 0 & 0 \\ 0 & 0 & 0 \end{bmatrix} = \begin{bmatrix} 0 & 1 & -2 \\ 1 & 2 & 3 \end{bmatrix}$

c. $\begin{bmatrix} 1 \\ -3 \\ -2 \end{bmatrix} + \begin{bmatrix} -1 \\ 3 \\ 2 \end{bmatrix} = \begin{bmatrix} 0 \\ 0 \\ 0 \end{bmatrix}$ **d.** $\begin{bmatrix} 2 & 1 & 0 \\ 4 & 0 & -1 \end{bmatrix} + \begin{bmatrix} 0 & 1 \\ -1 & 3 \end{bmatrix}$ não é definida.

Quando se trabalha com matrizes, os números reais são chamados de escalares. Para multiplicar uma matriz A por um escalar c, multiplique cada elemento de A por c.

> ### Definição de multiplicação escalar
>
> Se $A = [a_{ij}]$ é uma matriz $m \times n$ e c é um escalar, então o **múltiplo escalar** de A por c é a matriz $m \times n$ dada por $cA = [ca_{ij}]$.

OBSERVAÇÃO

Muitas vezes é conveniente reescrever o múltiplo escalar cA fatorando c em cada elemento da matriz. Por exemplo, fatorar o escalar $\frac{1}{2}$ na seguinte matriz fornece

$$\begin{bmatrix} \frac{1}{2} & -\frac{3}{2} \\ \frac{5}{2} & \frac{1}{2} \end{bmatrix} = \frac{1}{2}\begin{bmatrix} 1 & -3 \\ 5 & 1 \end{bmatrix}.$$

Você pode usar $-A$ para representar o produto escalar $(-1)A$. Se A e B são do mesmo tamanho, então $A - B$ representa a soma de A e $(-1)B$. Isto é, $A - B = A + (-1)B$.

EXEMPLO 3   Multiplicação por escalar e subtração de matrizes

Para as matrizes A e B, encontre (a) $3A$, (b) $-B$ e (c) $3A - B$.

$$A = \begin{bmatrix} 1 & 2 & 4 \\ -3 & 0 & -1 \\ 2 & 1 & 2 \end{bmatrix} \quad \text{e} \quad B = \begin{bmatrix} 2 & 0 & 0 \\ 1 & -4 & 3 \\ -1 & 3 & 2 \end{bmatrix}$$

SOLUÇÃO

a. $3A = 3\begin{bmatrix} 1 & 2 & 4 \\ -3 & 0 & -1 \\ 2 & 1 & 2 \end{bmatrix} = \begin{bmatrix} 3(1) & 3(2) & 3(4) \\ 3(-3) & 3(0) & 3(-1) \\ 3(2) & 3(1) & 3(2) \end{bmatrix} = \begin{bmatrix} 3 & 6 & 12 \\ -9 & 0 & -3 \\ 6 & 3 & 6 \end{bmatrix}$

b. $-B = (-1)\begin{bmatrix} 2 & 0 & 0 \\ 1 & -4 & 3 \\ -1 & 3 & 2 \end{bmatrix} = \begin{bmatrix} -2 & 0 & 0 \\ -1 & 4 & -3 \\ 1 & -3 & -2 \end{bmatrix}$

c. $3A - B = \begin{bmatrix} 3 & 6 & 12 \\ -9 & 0 & -3 \\ 6 & 3 & 6 \end{bmatrix} - \begin{bmatrix} 2 & 0 & 0 \\ 1 & -4 & 3 \\ -1 & 3 & 2 \end{bmatrix} = \begin{bmatrix} 1 & 6 & 12 \\ -10 & 4 & -6 \\ 7 & 0 & 4 \end{bmatrix}$

MULTIPLICAÇÃO DE MATRIZES

Outra operação básica de matrizes é a **multiplicação de matrizes**. Para ver a utilidade desta operação, considere a aplicação abaixo, em que as matrizes são úteis para organizar informações.

Um estádio de futebol tem três áreas de concessão, localizadas nas barracas sul, norte e oeste. Os itens mais vendidos são amendoim, cachorros quentes e refrigerantes. As vendas de um dia são dadas na primeira matriz abaixo, e os preços (em dólares) dos três itens são dados na segunda matriz.

Número de itens vendidos

	Amendoins	Cachorros quentes	Refrigerantes		Preço de Venda	
Posição sul	120	250	305		2,00	Amendoins
Posição norte	207	140	419		3,00	Refrigerantes
Posição oeste	29	120	190		2,75	Cachorros quentes

Para calcular as vendas totais dos três itens mais vendidos na barraca sul, multiplique cada elemento na primeira linha da matriz à esquerda pelo elemento correspondente na matriz coluna de preços à direita e some os resultados. As vendas da barraca sul são

$$(120)(2,00) + (250)(3,00) + (305)(2,75) = \$ 1.828,75 \qquad \text{Vendas da barraca sul}$$

Do mesmo modo, as vendas para as outras duas barracas são mostradas abaixo.

$$(207)(2,00) + (140)(3,00) + (419)(2,75) = \$ 1.986,25 \qquad \text{Vendas da barraca norte}$$

$$(29)(2,00) + (120)(3,00) + (190)(2,75) = \$ 940,50 \qquad \text{Vendas da barraca oeste}$$

Os cálculos anteriores são exemplos de multiplicação de matrizes. Você pode escrever o produto da matriz 3×3 e que indica o número de itens vendidos pela matriz 3×1 que indica os preços de venda como mostrado abaixo.

$$\begin{bmatrix} 120 & 250 & 305 \\ 207 & 140 & 419 \\ 29 & 120 & 190 \end{bmatrix} \begin{bmatrix} 2,00 \\ 3,00 \\ 2,75 \end{bmatrix} = \begin{bmatrix} 1.828,75 \\ 1.986,25 \\ 940,50 \end{bmatrix}$$

O produto dessas matrizes é a matriz 3×1 que fornece as vendas totais para cada uma das três barracas.

A definição do produto de duas matrizes apresentada a seguir se baseia nas ideias que acabamos de desenvolver. Embora à primeira vista essa definição possa parecer estranha, você verá que ela tem muitas aplicações práticas.

Definição de multiplicação de matrizes

Se $A = [a_{ij}]$ é uma matriz $m \times n$ e $B = [b_{ij}]$ é uma matriz $n \times p$, então o **produto** AB é uma matriz $m \times p$

$$AB = [c_{ij}]$$

onde

$$c_{ij} = \sum_{k=1}^{n} a_{ik}b_{kj}$$
$$= a_{i1}b_{1j} + a_{i2}b_{2j} + a_{i3}b_{3j} + \cdots + a_{in}b_{nj}.$$

Esta definição significa que, para encontrar o elemento na i-ésima linha e na j-ésima coluna do produto AB, basta multiplicar os elementos na i-ésima linha de A pelos elementos correspondentes na j-ésima coluna de B e em seguida somar os resultados. O próximo exemplo ilustra este processo.

EXEMPLO 4   Encontrando o produto de duas matrizes

Encontre o produto AB, onde

$$A = \begin{bmatrix} -1 & 3 \\ 4 & -2 \\ 5 & 0 \end{bmatrix} \quad e \quad B = \begin{bmatrix} -3 & 2 \\ -4 & 1 \end{bmatrix}.$$

SOLUÇÃO

Primeiro, observe que o produto AB é definido porque A tem tamanho 3×2 e B tem tamanho 2×2. Além disso, o produto AB tem tamanho 3×2 e tomará a forma

$$\begin{bmatrix} -1 & 3 \\ 4 & -2 \\ 5 & 0 \end{bmatrix} \begin{bmatrix} -3 & 2 \\ -4 & 1 \end{bmatrix} = \begin{bmatrix} c_{11} & c_{12} \\ c_{21} & c_{22} \\ c_{31} & c_{32} \end{bmatrix}.$$

Para encontrar c_{11} (o elemento na primeira linha e na primeira coluna do produto), multiplique os elementos na primeira linha de A pelos correspondentes na primeira coluna de B. Isso é

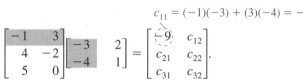

$$c_{11} = (-1)(-3) + (3)(-4) = -9$$

De modo semelhante, para encontrar c_{12}, multiplique os elementos na primeira linha de A pelos correspondentes na segunda coluna de B para obter

$$c_{12} = (-1)(2) + (3)(1) = 1$$

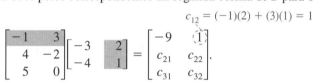

Continuar este procedimento produz os resultados mostrados abaixo.

$$c_{21} = (4)(-3) + (-2)(-4) = -4$$
$$c_{22} = (4)(2) + (-2)(1) = 6$$
$$c_{31} = (5)(-3) + (0)(-4) = -15$$
$$c_{32} = (5)(2) + (0)(1) = 10$$

O produto é

$$AB = \begin{bmatrix} -1 & 3 \\ 4 & -2 \\ 5 & 0 \end{bmatrix} \begin{bmatrix} -3 & 2 \\ -4 & 1 \end{bmatrix} = \begin{bmatrix} -9 & 1 \\ -4 & 6 \\ -15 & 10 \end{bmatrix}.$$

Tenha a certeza de que você entendeu que, para o produto de duas matrizes estar definido, o número de colunas da primeira matriz deve ser igual ao número de linhas da segunda matriz. Mais precisamente,

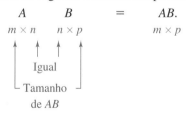

Assim, o produto BA não é definido para matrizes como A e B no Exemplo 4.

O padrão geral para a multiplicação de matrizes é mostrado a seguir. Para obter o elemento na i-ésima linha e na j-ésima coluna do produto AB, utilize a i-ésima linha de A e a j-ésima coluna de B.

**Arthur Cayley
(1821-1895)**
O matemático britânico Arthur Cayley é creditado por ter dado uma definição abstrata de matriz. Cayley se formou na Universidade de Cambridge e era advogado por profissão. Ele começo seu trabalho inovador em matrizes quando estudava a teoria das transformações. Cayley também contribuiu no desenvolvimento de determinantes (discutidos no Capítulo 3). Cayley e dois matemáticos norte--americanos, Benjamin Peirce (1809-1880) e seu filho, Charles S. Peirce (1839-1914), levam o crédito pelo desenvolvimento da "álgebra matricial".

Elementos de álgebra linear

$$\begin{bmatrix} a_{11} & a_{12} & a_{13} & \cdots & a_{1n} \\ a_{21} & a_{22} & a_{23} & \cdots & a_{2n} \\ \vdots & \vdots & \vdots & & \vdots \\ a_{i1} & a_{i2} & a_{i3} & \cdots & a_{in} \\ \vdots & \vdots & \vdots & & \vdots \\ a_{m1} & a_{m2} & a_{m3} & \cdots & a_{mn} \end{bmatrix} \begin{bmatrix} b_{11} & b_{12} & \cdots & b_{1j} & \cdots & b_{1p} \\ b_{21} & b_{22} & \cdots & b_{2j} & \cdots & b_{2p} \\ b_{31} & b_{32} & \cdots & b_{3j} & \cdots & b_{3p} \\ \vdots & \vdots & & \vdots & & \vdots \\ b_{n1} & b_{n2} & \cdots & b_{nj} & \cdots & b_{np} \end{bmatrix} = \begin{bmatrix} c_{11} & c_{12} & \cdots & c_{1j} & \cdots & c_{1p} \\ c_{21} & c_{22} & \cdots & c_{2j} & \cdots & c_{2p} \\ \vdots & \vdots & & \vdots & & \vdots \\ c_{i1} & c_{i2} & \cdots & c_{ij} & \cdots & c_{ip} \\ \vdots & \vdots & & \vdots & & \vdots \\ c_{m1} & c_{m2} & \cdots & c_{mj} & \cdots & c_{mp} \end{bmatrix}$$

$$a_{i1}b_{1j} + a_{i2}b_{2j} + a_{i3}b_{3j} + \cdots + a_{in}b_{nj} = c_{ij}$$

Descoberta

Sejam

$$A = \begin{bmatrix} 1 & 2 \\ 3 & 4 \end{bmatrix} \quad e \quad B = \begin{bmatrix} 0 & 1 \\ 1 & 2 \end{bmatrix}.$$

1. Encontre $A + B$ e $B + A$. A soma de matrizes é comutativa?

2. Encontre AB e BA. A multiplicação de matrizes é comutativa?

EXEMPLO 5　Multiplicação de matrizes

Veja LarsonLinearAlgebra.com para uma versão interativa deste tipo de exemplo.

a. $\underset{2 \times 3}{\begin{bmatrix} 1 & 0 & 3 \\ 2 & -1 & -2 \end{bmatrix}} \underset{3 \times 3}{\begin{bmatrix} -2 & 4 & 2 \\ 1 & 0 & 0 \\ -1 & 1 & -1 \end{bmatrix}} = \underset{2 \times 3}{\begin{bmatrix} -5 & 7 & -1 \\ -3 & 6 & 6 \end{bmatrix}}$

b. $\underset{2 \times 2}{\begin{bmatrix} 3 & 4 \\ -2 & 5 \end{bmatrix}} \underset{2 \times 2}{\begin{bmatrix} 1 & 0 \\ 0 & 1 \end{bmatrix}} = \underset{2 \times 2}{\begin{bmatrix} 3 & 4 \\ -2 & 5 \end{bmatrix}}$

c. $\underset{2 \times 2}{\begin{bmatrix} 1 & 2 \\ 1 & 1 \end{bmatrix}} \underset{2 \times 2}{\begin{bmatrix} -1 & 2 \\ 1 & -1 \end{bmatrix}} = \underset{2 \times 2}{\begin{bmatrix} 1 & 0 \\ 0 & 1 \end{bmatrix}}$

d. $\underset{1 \times 3}{\begin{bmatrix} 1 & -2 & -3 \end{bmatrix}} \underset{3 \times 1}{\begin{bmatrix} 2 \\ -1 \\ 1 \end{bmatrix}} = \underset{1 \times 1}{\begin{bmatrix} 1 \end{bmatrix}}$

e. $\underset{3 \times 1}{\begin{bmatrix} 2 \\ -1 \\ 1 \end{bmatrix}} \underset{1 \times 3}{\begin{bmatrix} 1 & -2 & -3 \end{bmatrix}} = \underset{3 \times 3}{\begin{bmatrix} 2 & -4 & -6 \\ -1 & 2 & 3 \\ 1 & -2 & -3 \end{bmatrix}}$

Observe a diferença entre os dois produtos nos itens (d) e (e) do Exemplo 5. Em geral, a multiplicação de matrizes não é comutativa. Normalmente não é verdade que o produto AB seja igual ao produto BA. (Veja a Seção 2.2 para mais discussões sobre a não comutatividade da multiplicação de matrizes.)

SISTEMAS DE EQUAÇÕES LINEARES

Uma aplicação prática da multiplicação de matrizes é a representação de um sistema de equações lineares. Observe como o sistema

Matrizes 45

$$a_{11}x_1 + a_{12}x_2 + a_{13}x_3 = b_1$$
$$a_{21}x_1 + a_{22}x_2 + a_{23}x_3 = b_2$$
$$a_{31}x_1 + a_{32}x_2 + a_{33}x_3 = b_3$$

pode ser escrito como a equação matricial $A\mathbf{x} = \mathbf{b}$, onde A é a matriz de coeficientes do sistema e $\mathbf{x}$ e $\mathbf{b}$ são matrizes coluna.

$$\underbrace{\begin{bmatrix} a_{11} & a_{12} & a_{13} \\ a_{21} & a_{22} & a_{23} \\ a_{31} & a_{32} & a_{33} \end{bmatrix}}_{A} \underbrace{\begin{bmatrix} x_1 \\ x_2 \\ x_3 \end{bmatrix}}_{\mathbf{x}} = \underbrace{\begin{bmatrix} b_1 \\ b_2 \\ b_3 \end{bmatrix}}_{\mathbf{b}}$$

EXEMPLO 6 — Resolução de um sistema de equações lineares

Resolva a equação matricial $A\mathbf{x} = \mathbf{0}$, em que

$$A = \begin{bmatrix} 1 & -2 & 1 \\ 2 & 3 & -2 \end{bmatrix}, \quad \mathbf{x} = \begin{bmatrix} x_1 \\ x_2 \\ x_3 \end{bmatrix} \quad e \quad \mathbf{0} = \begin{bmatrix} 0 \\ 0 \end{bmatrix}.$$

SOLUÇÃO

Como um sistema de equações lineares, $A\mathbf{x} = \mathbf{0}$ é

$$x_1 - 2x_2 + x_3 = 0$$
$$2x_1 + 3x_2 - 2x_3 = 0.$$

Usando a eliminação de Gauss-Jordan na matriz aumentada deste sistema, você obtém

$$\begin{bmatrix} 1 & 0 & -\frac{1}{7} & 0 \\ 0 & 1 & -\frac{4}{7} & 0 \end{bmatrix}.$$

Assim, o sistema tem infinitas soluções. Aqui, uma escolha conveniente de parâmetro é $x_3 = 7t$, e você pode escrever o conjunto solução como

$$x_1 = t, \quad x_2 = 4t, \quad x_3 = 7t, \quad t \text{ é qualquer número real.}$$

Na terminologia de matrizes, você descobriu que a equação matricial

$$\begin{bmatrix} 1 & -2 & 1 \\ 2 & 3 & -2 \end{bmatrix} \begin{bmatrix} x_1 \\ x_2 \\ x_3 \end{bmatrix} = \begin{bmatrix} 0 \\ 0 \end{bmatrix}$$

tem infinitas soluções representadas por

$$\mathbf{x} = \begin{bmatrix} x_1 \\ x_2 \\ x_3 \end{bmatrix} = \begin{bmatrix} t \\ 4t \\ 7t \end{bmatrix} = t\begin{bmatrix} 1 \\ 4 \\ 7 \end{bmatrix}, \quad t \text{ é qualquer escalar.}$$

Em outros termos, qualquer múltiplo escalar da matriz coluna à direita é uma solução. Eis alguns exemplos de soluções:

$$\begin{bmatrix} 1 \\ 4 \\ 7 \end{bmatrix}, \quad \begin{bmatrix} 2 \\ 8 \\ 14 \end{bmatrix}, \quad \begin{bmatrix} 0 \\ 0 \\ 0 \end{bmatrix} \quad e \quad \begin{bmatrix} -1 \\ -4 \\ -7 \end{bmatrix}.$$

MATRIZES PARTICIONADAS

O sistema $A\mathbf{x} = \mathbf{b}$ pode ser representado de uma maneira mais conveniente particionando as matrizes A e $\mathbf{x}$ como mostrado a seguir. Se

$$A = \begin{bmatrix} a_{11} & a_{12} & \ldots & a_{1n} \\ a_{21} & a_{22} & \ldots & a_{2n} \\ \vdots & \vdots & & \vdots \\ a_{m1} & a_{m2} & \ldots & a_{mn} \end{bmatrix}, \quad \mathbf{x} = \begin{bmatrix} x_1 \\ x_2 \\ \vdots \\ x_n \end{bmatrix} \quad e \quad \mathbf{b} = \begin{bmatrix} b_1 \\ b_2 \\ \vdots \\ b_m \end{bmatrix}$$

TECNOLOGIA

Muitas ferramentas computacionais e softwares podem executar soma de matrizes, multiplicação de matriz por escalar e multiplicação de matrizes. Quando você usa uma ferramenta computacional para verificar uma das soluções do Exemplo 6, pode ver algo semelhante à tela abaixo.

```
[A]
         [[1 -2 1 ]
          [2  3 -2]]
[B]
              [[1]
               [4]
               [7]]
[A]*[B]
              [[0]
               [0]]
```

O **Technology Guide**, disponível na página deste livro no site da Cengage, pode ajudá-lo a usar a tecnologia para executar operações de matrizes.

46   Elementos de álgebra linear

são a matriz de coeficientes, a matriz coluna de incógnitas e o lado direito, respectivamente, do sistema linear $m \times n$ $A\mathbf{x} = \mathbf{b}$, então

$$\begin{bmatrix} a_{11} & a_{12} & \cdots & a_{1n} \\ a_{21} & a_{22} & \cdots & a_{2n} \\ \vdots & \vdots & & \vdots \\ a_{m1} & a_{m2} & \cdots & a_{mn} \end{bmatrix} \begin{bmatrix} x_1 \\ x_2 \\ \vdots \\ x_n \end{bmatrix} = \mathbf{b}$$

$$\begin{bmatrix} a_{11}x_1 + a_{12}x_2 + \cdots + a_{1n}x_n \\ a_{21}x_1 + a_{22}x_2 + \cdots + a_{2n}x_n \\ \vdots \\ a_{m1}x_1 + a_{m2}x_2 + \cdots + a_{mn}x_n \end{bmatrix} = \mathbf{b}$$

$$x_1 \begin{bmatrix} a_{11} \\ a_{21} \\ \vdots \\ a_{m1} \end{bmatrix} + x_2 \begin{bmatrix} a_{12} \\ a_{22} \\ \vdots \\ a_{m2} \end{bmatrix} + \cdots + x_n \begin{bmatrix} a_{1n} \\ a_{2n} \\ \vdots \\ a_{mn} \end{bmatrix} = \mathbf{b}.$$

Em outras palavras,

$$A\mathbf{x} = x_1\mathbf{a}_1 + x_2\mathbf{a}_2 + \cdots + x_n\mathbf{a}_n = \mathbf{b}$$

onde $\mathbf{a}_1, \mathbf{a}_2, \ldots, \mathbf{a}_n$ são as colunas da matriz A. A expressão

$$x_1 \begin{bmatrix} a_{11} \\ a_{21} \\ \vdots \\ a_{m1} \end{bmatrix} + x_2 \begin{bmatrix} a_{12} \\ a_{22} \\ \vdots \\ a_{m2} \end{bmatrix} + \cdots + x_n \begin{bmatrix} a_{1n} \\ a_{2n} \\ \vdots \\ a_{mn} \end{bmatrix}$$

é chamada de **combinação linear** das matrizes coluna $\mathbf{a}_1, \mathbf{a}_2, \ldots, \mathbf{a}_n$ com **coeficientes** $x_1, x_2, \ldots, x_n$.

Combinações lineares de vetores coluna

A matriz produto $A\mathbf{x}$ é uma combinação linear dos vetores coluna $\mathbf{a}_1, \mathbf{a}_2, \ldots, \mathbf{a}_n$ que formam a matriz de coeficientes A.

$$x_1 \begin{bmatrix} a_{11} \\ a_{21} \\ \vdots \\ a_{m1} \end{bmatrix} + x_2 \begin{bmatrix} a_{12} \\ a_{22} \\ \vdots \\ a_{m2} \end{bmatrix} + \cdots + x_n \begin{bmatrix} a_{1n} \\ a_{2n} \\ \vdots \\ a_{mn} \end{bmatrix}$$

Além disso, o sistema

$$A\mathbf{x} = \mathbf{b}$$

é consistente se e somente se $\mathbf{b}$ pode ser expresso como uma combinação linear, onde os coeficientes da combinação linear são uma solução do sistema.

EXEMPLO 7   **Resolução de um sistema de equações lineares**

O sistema linear

$$\begin{aligned} x_1 + 2x_2 + 3x_3 &= 0 \\ 4x_1 + 5x_2 + 6x_3 &= 3 \\ 7x_1 + 8x_2 + 9x_3 &= 6 \end{aligned}$$

pode ser reescrito como uma equação matricial $A\mathbf{x} = \mathbf{b}$, como mostrado a seguir.

$$x_1 \begin{bmatrix} 1 \\ 4 \\ 7 \end{bmatrix} + x_2 \begin{bmatrix} 2 \\ 5 \\ 8 \end{bmatrix} + x_3 \begin{bmatrix} 3 \\ 6 \\ 9 \end{bmatrix} = \begin{bmatrix} 0 \\ 3 \\ 6 \end{bmatrix}$$

Utilizando a eliminação de Gauss, você pode mostrar que este sistema tem infinitas soluções, uma das quais é $x_1 = 1$, $x_2 = 1$, $x_3 = -1$.

Matrizes   47

$$1\begin{bmatrix} 1 \\ 4 \\ 7 \end{bmatrix} + 1\begin{bmatrix} 2 \\ 5 \\ 8 \end{bmatrix} + (-1)\begin{bmatrix} 3 \\ 6 \\ 9 \end{bmatrix} = \begin{bmatrix} 0 \\ 3 \\ 6 \end{bmatrix}$$

Assim, **b** pode ser expresso como uma combinação linear das colunas de A. Esta representação de um vetor coluna em termos de outros é um tema fundamental da álgebra linear.

Do mesmo modo que você particiona A em colunas e **x** em linhas, é frequentemente útil considerar uma matriz $m \times n$ particionada em matrizes menores. Por exemplo, você pode particionar a matriz seguinte como indicado.

$$\begin{bmatrix} 1 & 2 & 0 & 0 \\ 3 & 4 & 0 & 0 \\ -1 & -2 & 2 & 1 \end{bmatrix} \quad \begin{bmatrix} 1 & 2 & 0 & 0 \\ 3 & 4 & 0 & 0 \\ -1 & -2 & 2 & 1 \end{bmatrix}$$

Você também pode particionar a matriz em matrizes coluna

$$\begin{bmatrix} 1 & 2 & 0 & 0 \\ 3 & 4 & 0 & 0 \\ -1 & -2 & 2 & 1 \end{bmatrix} = \begin{bmatrix} \mathbf{c}_1 & \mathbf{c}_2 & \mathbf{c}_3 & \mathbf{c}_4 \end{bmatrix}$$

ou matrizes linha

$$\begin{bmatrix} 1 & 2 & 0 & 0 \\ 3 & 4 & 0 & 0 \\ -1 & -2 & 2 & 1 \end{bmatrix} = \begin{bmatrix} \mathbf{r}_1 \\ \mathbf{r}_2 \\ \mathbf{r}_3 \end{bmatrix}.$$

ÁLGEBRA LINEAR APLICADA

Muitas aplicações de sistemas lineares na vida real envolvem um número enorme de equações e variáveis. Por exemplo, um problema de agendamento de tripulação de voo para a American Airlines exigia a manipulação de uma matriz com 837 linhas e mais de 12.750.000 colunas. Para resolver essa aplicação de programação linear, pesquisadores particionaram o problema em pedaços menores e resolveram em um computador. *(Fonte: Very Large-Scale Linear Programming. A Case Study in Combining Interior Point and Simplex Methods (Programação linear em grande escala. Um estudo de caso na combinação de métodos de ponto interno e métodos simplex), Bixby, Robert E., et al., Operations Research, 40, n. 5).*

2.1   Exercícios

Igualdade de matrizes   Nos Exercícios 1-4, encontre x e y.

1. $\begin{bmatrix} x & -2 \\ 7 & y \end{bmatrix} = \begin{bmatrix} -4 & -2 \\ 7 & 22 \end{bmatrix}$

2. $\begin{bmatrix} -5 & x \\ y & 8 \end{bmatrix} = \begin{bmatrix} -5 & 13 \\ 12 & 8 \end{bmatrix}$

3. $\begin{bmatrix} 16 & 4 & 5 & 4 \\ -3 & 13 & 15 & 6 \\ 0 & 2 & 4 & 0 \end{bmatrix} = \begin{bmatrix} 16 & 4 & 2x+1 & 4 \\ -3 & 13 & & 15 & 3x \\ 0 & 2 & 3y-5 & 0 \end{bmatrix}$

4. $\begin{bmatrix} x+2 & 8 & -3 \\ 1 & 2y & 2x \\ 7 & -2 & y+2 \end{bmatrix} = \begin{bmatrix} 2x+6 & 8 & -3 \\ 1 & 18 & -8 \\ 7 & -2 & 11 \end{bmatrix}$

48 Elementos de álgebra linear

Operações com matrizes Nos Exercícios 5-10, encontre, se possível, (a) $A + B$, (b) $A - B$, (c) $2A$, (d) $2A - B$, (e) $B + \frac{1}{2}A$.

5. $A = \begin{bmatrix} 1 & 2 \\ 2 & 1 \end{bmatrix}$, $B = \begin{bmatrix} -3 & -2 \\ 4 & 2 \end{bmatrix}$

6. $A = \begin{bmatrix} 6 & -1 \\ 2 & 4 \\ -3 & 5 \end{bmatrix}$, $B = \begin{bmatrix} 1 & 4 \\ -1 & 5 \\ 1 & 10 \end{bmatrix}$

7. $A = \begin{bmatrix} 2 & 1 & 1 \\ -1 & -1 & 4 \end{bmatrix}$, $B = \begin{bmatrix} 2 & -3 & 4 \\ -3 & 1 & -2 \end{bmatrix}$

8. $A = \begin{bmatrix} 3 & 2 & -1 \\ 2 & 4 & 5 \\ 0 & 1 & 2 \end{bmatrix}$, $B = \begin{bmatrix} 0 & 2 & 1 \\ 5 & 4 & 2 \\ 2 & 1 & 0 \end{bmatrix}$

9. $A = \begin{bmatrix} 6 & 0 & 3 \\ -1 & -4 & 0 \end{bmatrix}$, $B = \begin{bmatrix} 8 & -1 \\ 4 & -3 \end{bmatrix}$

10. $A = \begin{bmatrix} 3 \\ 2 \\ -1 \end{bmatrix}$, $B = [-4 \quad 6 \quad 2]$

11. Determine (a) c_{21} e (b) c_{13}, onde $C = 2A - 3B$,
$$A = \begin{bmatrix} 5 & 4 & 4 \\ -3 & 1 & 2 \end{bmatrix} \quad e \quad B = \begin{bmatrix} 1 & 2 & -7 \\ 0 & -5 & 1 \end{bmatrix}.$$

12. Determinar (a) c_{23} e (b) c_{32}, onde $C = 5A + 2B$,
$$A = \begin{bmatrix} 4 & 11 & -9 \\ 0 & 3 & 2 \\ -3 & 1 & 1 \end{bmatrix} \quad e \quad B = \begin{bmatrix} 1 & 0 & 5 \\ -4 & 6 & 11 \\ -6 & 4 & 9 \end{bmatrix}.$$

13. Determine x, y e z na equação matricial
$$4\begin{bmatrix} x & y \\ z & -1 \end{bmatrix} = 2\begin{bmatrix} y & z \\ -x & 1 \end{bmatrix} + 2\begin{bmatrix} 4 & x \\ 5 & -x \end{bmatrix}.$$

14. Determine x, y, z e w na equação matricial
$$\begin{bmatrix} w & x \\ y & x \end{bmatrix} = \begin{bmatrix} -4 & 3 \\ 2 & -1 \end{bmatrix} + 2\begin{bmatrix} y & w \\ z & x \end{bmatrix}.$$

Encontrando produtos de duas matrizes Nos Exercícios 15-28, encontre, se possível, (a) AB e (b) BA.

15. $A = \begin{bmatrix} 1 & 2 \\ 4 & 2 \end{bmatrix}$, $B = \begin{bmatrix} 2 & -1 \\ -1 & 8 \end{bmatrix}$

16. $A = \begin{bmatrix} 2 & -2 \\ -1 & 4 \end{bmatrix}$, $B = \begin{bmatrix} 4 & 1 \\ 2 & -2 \end{bmatrix}$

17. $A = \begin{bmatrix} 2 & -1 & 3 \\ 5 & 1 & -2 \\ 2 & 2 & 3 \end{bmatrix}$, $B = \begin{bmatrix} 0 & 1 & 2 \\ -4 & 1 & 3 \\ -4 & -1 & -2 \end{bmatrix}$

18. $A = \begin{bmatrix} 1 & -1 & 7 \\ 2 & -1 & 8 \\ 3 & 1 & -1 \end{bmatrix}$, $B = \begin{bmatrix} 1 & 1 & 2 \\ 2 & 1 & 1 \\ 1 & -3 & 2 \end{bmatrix}$

19. $A = \begin{bmatrix} 2 & 1 \\ -3 & 4 \\ 1 & 6 \end{bmatrix}$, $B = \begin{bmatrix} 0 & -1 & 0 \\ 4 & 0 & 2 \\ 8 & -1 & 7 \end{bmatrix}$

20. $A = \begin{bmatrix} 3 & 2 & 1 \\ -3 & 0 & 4 \\ 4 & -2 & -4 \end{bmatrix}$, $B = \begin{bmatrix} 1 & 2 \\ 2 & -1 \\ 1 & -2 \end{bmatrix}$

21. $A = [3 \quad 2 \quad 1]$, $B = \begin{bmatrix} 2 \\ 3 \\ 0 \end{bmatrix}$

22. $A = \begin{bmatrix} -1 \\ 2 \\ -2 \\ 1 \end{bmatrix}$, $B = [2 \quad 1 \quad 3 \quad 2]$

23. $A = \begin{bmatrix} -1 & 3 \\ 4 & -5 \\ 0 & 2 \end{bmatrix}$, $B = \begin{bmatrix} 1 & 2 \\ 0 & 7 \end{bmatrix}$

24. $A = \begin{bmatrix} 2 & -3 \\ 5 & 2 \end{bmatrix}$, $B = \begin{bmatrix} 2 & 1 \\ 1 & 3 \\ 2 & -1 \end{bmatrix}$

25. $A = \begin{bmatrix} 0 & -1 & 0 \\ 4 & 0 & 2 \\ 8 & -1 & 7 \end{bmatrix}$, $B = \begin{bmatrix} 2 \\ -3 \\ 1 \end{bmatrix}$

26. $A = \begin{bmatrix} 2 & 1 & 2 \\ 3 & -1 & -2 \\ -2 & 1 & -2 \end{bmatrix}$,
$$B = \begin{bmatrix} 4 & 0 & 1 & 3 \\ -1 & 2 & -3 & -1 \\ -2 & 1 & 4 & 3 \end{bmatrix}$$

27. $A = \begin{bmatrix} 6 \\ -2 \\ 1 \\ 6 \end{bmatrix}$, $B = [10 \quad 12]$

28. $A = \begin{bmatrix} 1 & 0 & 3 & -2 & 4 \\ 6 & 13 & 8 & -17 & 20 \end{bmatrix}$, $B = \begin{bmatrix} 1 & 6 \\ 4 & 2 \end{bmatrix}$

Tamanho da matriz Nos Exercícios 29-36, sejam A, B, C, D e E matrizes com os tamanhos indicados abaixo.

A: 3×4 B: 3×4 C: 4×2 D: 4×2 E: 4×3

Se definida, determine o tamanho da matriz. Se não estiver definida, explique o motivo.

29. $A + B$ **30.** $C + E$

31. $\frac{1}{2}D$ **32.** $-4A$

33. AC **34.** BE

35. $E - 2A$ **36.** $2D + C$

Resolução de uma equação matricial Nos Exercícios 37 e 38, resolva a equação matricial $A\mathbf{x} = \mathbf{0}$.

37. $A = \begin{bmatrix} 2 & -1 & -1 \\ 1 & -2 & 2 \end{bmatrix}$, $\mathbf{x} = \begin{bmatrix} x_1 \\ x_2 \\ x_3 \end{bmatrix}$, $\mathbf{0} = \begin{bmatrix} 0 \\ 0 \end{bmatrix}$

38. $A = \begin{bmatrix} 1 & 2 & 1 & 3 \\ 1 & -1 & 0 & 1 \\ 0 & 1 & -1 & 2 \end{bmatrix}$, $\mathbf{x} = \begin{bmatrix} x_1 \\ x_2 \\ x_3 \\ x_4 \end{bmatrix}$, $\mathbf{0} = \begin{bmatrix} 0 \\ 0 \\ 0 \end{bmatrix}$

Resolução de um sistema de equações lineares Nos Exercícios 39-48, escreva o sistema de equações lineares na forma $A\mathbf{x} = \mathbf{b}$ e resolva esta equação matricial para determinar x.

39. $\begin{aligned} -x_1 + x_2 &= 4 \\ -2x_1 + x_2 &= 0 \end{aligned}$ **40.** $\begin{aligned} 2x_1 + 3x_2 &= 5 \\ x_1 + 4x_2 &= 10 \end{aligned}$

41. $\begin{aligned} -2x_1 - 3x_2 &= -4 \\ 6x_1 + x_2 &= -36 \end{aligned}$ **42.** $\begin{aligned} -4x_1 + 9x_2 &= -13 \\ x_1 - 3x_2 &= 12 \end{aligned}$

43. $\begin{aligned} x_1 - 2x_2 + 3x_3 &= 9 \\ -x_1 + 3x_2 - x_3 &= -6 \\ 2x_1 - 5x_2 + 5x_3 &= 17 \end{aligned}$

44. $\begin{aligned} x_1 + x_2 - 3x_3 &= -1 \\ -x_1 + 2x_2 &= 1 \\ x_1 - x_2 + x_3 &= 2 \end{aligned}$

45. $\begin{aligned} x_1 - 5x_2 + 2x_3 &= -20 \\ -3x_1 + x_2 - x_3 &= 8 \\ -2x_2 + 5x_3 &= -16 \end{aligned}$

46. $\begin{aligned} x_1 - x_2 + 4x_3 &= 17 \\ x_1 + 3x_2 &= -11 \\ -6x_2 + 5x_3 &= 40 \end{aligned}$

47. $\begin{aligned} 2x_1 - x_2 + x_4 &= 3 \\ 3x_2 - x_3 - x_4 &= -3 \\ x_1 + x_3 - 3x_4 &= -4 \\ x_1 + x_2 + 2x_3 &= 0 \end{aligned}$

48. $\begin{aligned} x_1 + x_2 &= 0 \\ x_2 + x_3 &= 0 \\ x_3 + x_4 &= 0 \\ x_4 + x_5 &= 0 \\ -x_1 + x_2 - x_3 + x_4 - x_5 &= 5 \end{aligned}$

Escrevendo uma combinação linear Nos Exercícios 49-52, escreva a matriz coluna b como uma combinação linear das colunas de A.

49. $A = \begin{bmatrix} 1 & -1 & 2 \\ 3 & -3 & 1 \end{bmatrix}$, $\mathbf{b} = \begin{bmatrix} -1 \\ 7 \end{bmatrix}$

50. $A = \begin{bmatrix} 1 & 2 & 4 \\ -1 & 0 & 2 \\ 0 & 1 & 3 \end{bmatrix}$, $\mathbf{b} = \begin{bmatrix} 1 \\ 3 \\ 2 \end{bmatrix}$

51. $A = \begin{bmatrix} 1 & 1 & -5 \\ 1 & 0 & -1 \\ 2 & -1 & -1 \end{bmatrix}$, $\mathbf{b} = \begin{bmatrix} 3 \\ 1 \\ 0 \end{bmatrix}$

52. $A = \begin{bmatrix} -3 & 5 \\ 3 & 4 \\ 4 & -8 \end{bmatrix}$, $\mathbf{b} = \begin{bmatrix} -22 \\ 4 \\ 32 \end{bmatrix}$

Resolução de uma equação matricial Nos Exercícios 53 e 54, determine A.

53. $\begin{bmatrix} 1 & 2 \\ 3 & 5 \end{bmatrix} A = \begin{bmatrix} 1 & 0 \\ 0 & 1 \end{bmatrix}$

54. $\begin{bmatrix} 2 & -1 \\ 3 & -2 \end{bmatrix} A = \begin{bmatrix} 1 & 0 \\ 0 & 1 \end{bmatrix}$

Resolução de uma equação matricial Nos Exercícios 55 e 56, resolva a equação matricial para determinar a, b, c e d.

55. $\begin{bmatrix} 1 & 2 \\ 3 & 4 \end{bmatrix} \begin{bmatrix} a & b \\ c & d \end{bmatrix} = \begin{bmatrix} 6 & 3 \\ 19 & 2 \end{bmatrix}$

56. $\begin{bmatrix} a & b \\ c & d \end{bmatrix} \begin{bmatrix} 2 & 1 \\ 3 & 1 \end{bmatrix} = \begin{bmatrix} 3 & 17 \\ 4 & -1 \end{bmatrix}$

Matriz diagonal Nos Exercícios 57 e 58, encontre o produto AA para a matriz diagonal. Uma matriz quadrada

$$A = \begin{bmatrix} a_{11} & 0 & 0 & \cdots & 0 \\ 0 & a_{22} & 0 & \cdots & 0 \\ 0 & 0 & a_{33} & \cdots & 0 \\ \vdots & \vdots & \vdots & & \vdots \\ 0 & 0 & 0 & \cdots & a_{nn} \end{bmatrix}$$

é uma matriz diagonal quando todos os elementos que não estão na diagonal principal são nulos.

57. $A = \begin{bmatrix} -1 & 0 & 0 \\ 0 & 2 & 0 \\ 0 & 0 & 3 \end{bmatrix}$ **58.** $A = \begin{bmatrix} 2 & 0 & 0 \\ 0 & -3 & 0 \\ 0 & 0 & 0 \end{bmatrix}$

Encontrando produtos de matrizes diagonais Nos Exercícios 59 e 60, encontre os produtos AB e BA para as matrizes diagonais.

59. $A = \begin{bmatrix} 2 & 0 \\ 0 & -3 \end{bmatrix}$, $B = \begin{bmatrix} -5 & 0 \\ 0 & 4 \end{bmatrix}$

60. $A = \begin{bmatrix} 3 & 0 & 0 \\ 0 & -5 & 0 \\ 0 & 0 & 0 \end{bmatrix}$, $B = \begin{bmatrix} -7 & 0 & 0 \\ 0 & 4 & 0 \\ 0 & 0 & 12 \end{bmatrix}$

61. Demonstração guiada Demonstre que se A e B são matrizes diagonais (do mesmo tamanho), então $AB = BA$.

Começando: para demonstrar que as matrizes AB e BA são iguais, é preciso mostrar que seus elementos correspondentes são iguais.

(i) Comece sua demonstração considerando $A = [a_{ij}]$ e $B = [b_{ij}]$ como sendo duas matrizes diagonais $n \times n$.

(ii) O elemento ij do produto AB é

$$c_{ij} = \sum_{k=1}^{n} a_{ik} b_{kj}.$$

(iii) Calcule os elementos c_{ij} para os dois casos $i \neq j$ e $i = j$.

(iv) Repita esta análise para o produto BA.

50 Elementos de álgebra linear

62. Dissertação Sejam A e B matrizes 3×3, onde A é diagonal.

(a) Descreva o produto AB. Ilustre sua resposta com exemplos.

(b) Descreva o produto BA. Ilustre sua resposta com exemplos.

(c) Como os resultados nos itens (a) e (b) mudam quando os elementos diagonais de A são todos iguais?

Traço de uma matriz Nos Exercícios 63-66, encontre o traço da matriz. O traço de uma matriz A do tamanho $n \times n$ é a soma dos elementos da diagonal principal. Isto é, $\text{Tr}(A) = a_{11} + a_{22} + \cdots + a_{nn}$.

63. $\begin{bmatrix} 1 & 2 & 3 \\ 0 & -2 & 4 \\ 3 & 1 & 3 \end{bmatrix}$ **64.** $\begin{bmatrix} 1 & 0 & 0 \\ 0 & 1 & 0 \\ 0 & 0 & 1 \end{bmatrix}$

65. $\begin{bmatrix} 1 & 0 & 2 & 1 \\ 0 & 1 & -1 & 2 \\ 4 & 2 & 1 & 0 \\ 0 & 0 & 5 & 1 \end{bmatrix}$ **66.** $\begin{bmatrix} 1 & 4 & 3 & 2 \\ 4 & 0 & 6 & 1 \\ 3 & 6 & 2 & 1 \\ 2 & 1 & 1 & -3 \end{bmatrix}$

67. Demonstração Demonstre que cada afirmação é verdadeira quando A e B são matrizes quadradas de ordem n e c é um escalar.

(a) $\text{Tr}(A + B) = \text{Tr}(A) + \text{Tr}(B)$

(b) $\text{Tr}(cA) = c\text{Tr}(A)$

68. Demonstração Demonstre que se A e B são matrizes quadradas de ordem n, então $\text{Tr}(AB) = \text{Tr}(BA)$.

69. Encontre condições em w, x, y e z tais que $AB = BA$ para as matrizes abaixo.

$$A = \begin{bmatrix} w & x \\ y & z \end{bmatrix} \quad \text{e} \quad B = \begin{bmatrix} 1 & 1 \\ -1 & 1 \end{bmatrix}$$

70. Verifique $AB = BA$ para as seguintes matrizes.

$$A = \begin{bmatrix} \cos \alpha & -\text{sen}\,\alpha \\ \text{sen}\,\alpha & \cos \alpha \end{bmatrix} \quad \text{e} \quad B = \begin{bmatrix} \cos \beta & -\text{sen}\,\beta \\ \text{sen}\,\beta & \cos \beta \end{bmatrix}$$

71. Mostre que a equação matricial não tem nenhuma solução.

$$\begin{bmatrix} 1 & 1 \\ 1 & 1 \end{bmatrix} A = \begin{bmatrix} 1 & 0 \\ 0 & 1 \end{bmatrix}$$

72. Mostre que não existem matrizes A e B de tamanho 2×2 que satisfaçam a equação matricial

$$AB - BA = \begin{bmatrix} 1 & 0 \\ 0 & 1 \end{bmatrix}.$$

73. Exploração Seja $i = \sqrt{-1}$ e sejam

$$A = \begin{bmatrix} i & 0 \\ 0 & i \end{bmatrix} \quad \text{e} \quad B = \begin{bmatrix} 0 & -i \\ i & 0 \end{bmatrix}.$$

(a) Encontre A^2, A^3 e A^4. (*Observação*: $A^2 = AA$, $A^3 = AAA = A^2A$, e assim por diante.) Identifique quaisquer semelhanças com i^2, i^3 e i^4.

(b) Encontre e identifique B^2.

74. Demonstração guiada Demonstre que se o produto AB é uma matriz quadrada, então o produto BA está definido.

Começando: Para demonstrar que o produto BA está definido, é preciso mostrar que o número de colunas de B é igual ao número de linhas de A.

(i) Comece sua demonstração observando que o número de colunas de A é igual ao número de linhas de B.

(ii) Então, suponha que A tem tamanho $m \times n$ e B tem tamanho $n \times p$.

(iii) Use a hipótese de que o produto AB é uma matriz quadrada.

75. Demonstração Demonstre que, se ambos os produtos AB e BA estiverem definidos, então AB e BA são matrizes quadradas.

76. Sejam A e B matrizes tais que o produto AB esteja definido. Mostre que se A tem duas linhas idênticas, então as duas linhas correspondentes de AB também são idênticas.

77. Sejam A e B matrizes $n \times n$. Mostre que se a i-ésima linha de A tiver todos os elementos nulos, então a i-ésima linha de AB também terá todos os elementos nulos. Dê um exemplo usando matrizes 2×2 para mostrar que a recíproca não é verdadeira.

---

78. Ponto crucial Considere matrizes A e B de tamanhos 3×2 e 2×2, respectivamente. Responda a cada pergunta e justifique suas respostas.

(a) É possível que $A = B$?

(b) $A + B$ está definida?

(c) AB está definida? Se estiver, é possível que $AB = BA$?

---

79. Agricultura Um produtor de frutas planta duas culturas, maçãs e pêssegos. O produtor envia cada uma dessas culturas para três pontos de venda diferentes. Na matriz

$$A = \begin{bmatrix} 125 & 100 & 75 \\ 100 & 175 & 125 \end{bmatrix},$$

a_{ij} representa o número de unidades da cultura i que o produtor envia para o ponto de venda j. A matriz

$$B = [\$\,3,50 \quad \$\,6,00]$$

representa o lucro por unidade. Encontre o produto BA e indique o que cada elemento da matriz representa.

80. Manufatura Uma corporação tem três fábricas, cada uma das quais fabrica guitarras acústicas e guitarras elétricas. Na matriz

$$A = \begin{bmatrix} 70 & 50 & 25 \\ 35 & 100 & 70 \end{bmatrix}$$

a_{ij} representa o número de guitarras do tipo i produzidas na fábrica j em um dia. Encontre os níveis de produção quando a produção aumenta em 20%.

81. Política   Na matriz

De

$$P = \begin{array}{c} \\ \\ R \\ D \\ I \end{array} \begin{bmatrix} 0{,}6 & 0{,}1 & 0{,}1 \\ 0{,}2 & 0{,}7 & 0{,}1 \\ 0{,}2 & 0{,}2 & 0{,}8 \end{bmatrix} \begin{array}{l} R \\ D \\ I \end{array} \Bigg\} \text{ Para}$$

cada elemento $p_{ij}\,(i \neq j)$ representa a proporção da população votante que muda do partido j para o partido i e p_{ii} representa a proporção que permanece leal ao partido i de uma eleição para a outra. Encontre e interprete o produto de P por ela mesma.

82. População   As matrizes mostram o número de pessoas (em milhares) que viveram em cada região dos Estados Unidos em 2010 e 2013. As populações regionais são separadas em três categorias etárias. (Fonte: US Census Bureau)

2010

	0–17	18–64	65+
Noroeste	12.306	35.240	7.830
Centro-Oeste	16.095	41.830	9.051
Sul	27.799	72.075	14.985
Montanha	5.698	13.717	2.710
Pacífico	12.222	31.867	5.901

2013

	0–17	18–64	65+
Noroeste	12.026	35.471	8.446
Centro-Oeste	15.772	41.985	9.791
Sul	27.954	73.703	16.727
Montanha	5.710	14.067	3.104
Pacífico	12.124	32.614	6.636

(a) A população total em 2010 foi aproximadamente 309 milhões e a população total em 2013 foi cerca 316 milhões. Reescreva as matrizes para dar a informação como porcentagens da população total.

(b) Escreva uma matriz que dê as mudanças nos percentuais da população em cada região e faixa etária de 2010 a 2013.

(c) Com base no resultado da parte (b), que grupo(s) etário(s) mostrou(aram) crescimento relativo entre 2010 e 2013?

Multiplicação em blocos   Nos Exercícios 83 e 84, faça a multiplicação em blocos das matrizes A e B. Se as matrizes A e B são particionadas em quatro submatrizes

$$A = \begin{bmatrix} A_{11} & A_{12} \\ A_{21} & A_{22} \end{bmatrix} \quad \text{e} \quad B = \begin{bmatrix} B_{11} & B_{12} \\ B_{21} & B_{22} \end{bmatrix},$$

então você pode multiplicar A e B em blocos, desde que os tamanhos das submatrizes sejam tais que suas multiplicações e adições estejam definidas.

$$AB = \begin{bmatrix} A_{11} & A_{12} \\ A_{21} & A_{22} \end{bmatrix} \begin{bmatrix} B_{11} & B_{12} \\ B_{21} & B_{22} \end{bmatrix}$$

$$= \begin{bmatrix} A_{11}B_{11} + A_{12}B_{21} & A_{11}B_{12} + A_{12}B_{22} \\ A_{21}B_{11} + A_{22}B_{21} & A_{21}B_{12} + A_{22}B_{22} \end{bmatrix}$$

83. $A = \left[\begin{array}{cc|cc} 1 & 2 & 0 & 0 \\ 0 & 1 & 0 & 0 \\ \hline 0 & 0 & 2 & 1 \end{array} \right]$, $B = \left[\begin{array}{cc|c} 1 & 2 & 0 \\ -1 & 1 & 0 \\ \hline 0 & 0 & 1 \\ 0 & 0 & 3 \end{array} \right]$

84. $A = \left[\begin{array}{cc|cc} 0 & 0 & 1 & 0 \\ 0 & 0 & 0 & 1 \\ \hline -1 & 0 & 0 & 0 \\ 0 & -1 & 0 & 0 \end{array} \right]$, $B = \left[\begin{array}{ccc|c} 1 & 2 & 3 & 4 \\ 5 & 6 & 7 & 8 \\ \hline 1 & 2 & 3 & 4 \\ 5 & 6 & 7 & 8 \end{array} \right]$

Verdadeiro ou falso?   Nos Exercícios 85 e 86, determine se cada afirmação é verdadeira ou falsa. Se uma afirmação for verdadeira, dê uma justificativa ou cite uma afirmação apropriada do texto. Se uma afirmação for falsa, forneça um exemplo que mostre que a afirmação não é verdadeira em todos os casos ou cite uma afirmação apropriada do texto.

85. (a) Para o produto de duas matrizes estar definido, o número de colunas da primeira matriz deve ser igual ao número de linhas da segunda matriz.

(b) O sistema $A\mathbf{x} = \mathbf{b}$ é consistente se e somente se $\mathbf{b}$ pode ser expresso como uma combinação linear das colunas de A, onde os coeficientes da combinação linear são uma solução do sistema.

86. (a) (a) Se A é uma matriz $m \times n$ e B é uma matriz $n \times r$, então o produto AB é uma matriz $m \times r$.

(b) A equação matricial $A\mathbf{x} = \mathbf{b}$, onde A é a matriz de coeficientes e $\mathbf{x}$ e $\mathbf{b}$ são matrizes coluna, pode ser usada para representar um sistema de equações lineares.

87. As colunas da matriz T mostram as coordenadas dos vértices de um triângulo. A matriz A é uma matriz de transformação.

$$A = \begin{bmatrix} 0 & -1 \\ 1 & 0 \end{bmatrix}, \quad T = \begin{bmatrix} 1 & 2 & 3 \\ 1 & 4 & 2 \end{bmatrix}$$

(a) Encontre AT e AAT. Em seguida, esboce o triângulo original e os dois triângulos transformados. Qual transformação A representa?

(b) Um triângulo é determinado por AAT. Descreva o processo de transformação que produz os triângulos determinados por AT e, em seguida, o triângulo determinado por T.

52 Elementos de álgebra linear

2.2 Propriedades das operações com matrizes

■ Usar as propriedades de soma de matrizes, de multiplicação por escalar e de matrizes nulas.

■ Usar as propriedades da multiplicação de matrizes e da matriz identidade.

■ Encontrar a transposta de uma matriz.

ÁLGEBRA DE MATRIZES

Na Seção 2.1, você se concentrou na mecânica das três operações matriciais básicas: soma de matrizes, multiplicação por escalar e multiplicação de matrizes. Esta seção começa a desenvolver a **álgebra das matrizes**. Você verá que esta álgebra compartilha muitas (mas não todas) das propriedades da álgebra dos números reais. O Teorema 2.1 lista várias propriedades da soma de matrizes e da multiplicação por escalar.

TEOREMA 2.1 Propriedades da soma de matrizes e da multiplicação por escalar

Se A, B e C são matrizes $m \times n$ e c e d são escalares, então as propriedades a seguir são verdadeiras.

1. $A + B = B + A$ — Propriedade comutativa da soma
2. $A + (B + C) = (A + B) + C$ — Propriedade associativa da soma
3. $(cd)A = c(dA)$ — Propriedade associativa da multiplicação
4. $1A = A$ — Elemento neutro multiplicativo
5. $c(A + B) = cA + cB$ — Propriedade distributiva
6. $(c + d)A = cA + dA$ — Propriedade distributiva

DEMONSTRAÇÃO

As demonstrações dessas seis propriedades seguem diretamente das definições de soma de matrizes, multiplicação por escalar e das propriedades correspondentes dos números reais. Por exemplo, para demonstrar a propriedade comutativa da *adição matricial*, sejam $A = [a_{ij}]$ e $B = [b_{ij}]$. Então, usando a propriedade comutativa da *adição de números reais*, escreva

$$A + B = [a_{ij} + b_{ij}] = [b_{ij} + a_{ij}] = B + A.$$

De modo parecido, para demonstrar a Propriedade 5, use a propriedade distributiva (para números reais) da multiplicação sobre a soma para escrever

$$c(A + B) = [c(a_{ij} + b_{ij})] = [ca_{ij} + cb_{ij}] = cA + cB.$$

As demonstrações das quatro propriedades restantes são deixadas como exercícios. (Veja os Exercícios 61-64.)

A seção anterior definiu soma de matrizes como a soma de duas matrizes, tornando-a uma operação binária. A propriedade associativa da soma de matrizes agora permite que você escreva expressões do tipo $A + B + C$ como $(A + B) + C$ ou como $A + (B + C)$. Este mesmo raciocínio aplica-se a somas de quatro ou mais matrizes.

EXEMPLO 1 Soma de mais de duas matrizes

Para obter a soma de quatro matrizes, some os elementos correspondentes como mostrado a seguir.

$$\begin{bmatrix} 1 \\ 2 \end{bmatrix} + \begin{bmatrix} -1 \\ -1 \end{bmatrix} + \begin{bmatrix} 0 \\ 1 \end{bmatrix} + \begin{bmatrix} 2 \\ -3 \end{bmatrix} = \begin{bmatrix} 2 \\ -1 \end{bmatrix}$$

Uma propriedade importante da soma de números reais é que o número 0 é o elemento neutro aditivo. Ou seja, $c + 0 = c$ para qualquer número real c. Para matrizes, vale uma propriedade parecida. Especificamente, se A é uma matriz $m \times n$ e O_{mn} é a matriz $m \times n$ constituída inteiramente de zeros, então $A + O_{mn} = A$. A matriz O_{mn} é uma **matriz nula** e ela é o **elemento neutro aditivo** para o conjunto de todas as matrizes $m \times n$. Por exemplo, a matriz abaixo é o elemento neutro aditivo para o conjunto de todas as matrizes 2×3.

$$O_{23} = \begin{bmatrix} 0 & 0 & 0 \\ 0 & 0 & 0 \end{bmatrix}$$

Quando o tamanho da matriz está claro, você pode denotar uma matriz nula simplesmente por O ou $\mathbf{0}$.

As propriedades das matrizes nulas listadas a seguir são relativamente fáceis de demonstrar e suas demonstrações são deixadas como exercício. (Veja o Exercício 65.)

> **OBSERVAÇÃO**
>
> A Propriedade 2 pode ser descrita dizendo que a matriz $-A$ é a **inversa aditiva** de A.

TEOREMA 2.2   Propriedades das matrizes nulas

Se A é uma matriz $m \times n$ e c é um escalar, então as propriedades abaixo são válidas.
1. $A + O_{mn} = A$
2. $A + (-A) = O_{mn}$
3. If $cA = O_{mn}$, então $c = 0$ ou $A = O_{mn}$.

A álgebra dos números reais e a álgebra das matrizes têm muitas semelhanças. Por exemplo, compare as duas seguintes soluções.

Números reais (Determine x.)	Matrizes $m \times n$ (Determine X.)
$x + a = b$	$X + A = B$
$x + a + (-a) = b + (-a)$	$X + A + (-A) = B + (-A)$
$x + 0 = b - a$	$X + O = B - A$
$x = b - a$	$X = B - A$

O Exemplo 2 ilustra o processo de resolução de uma equação matricial.

EXEMPLO 2   **Resolução de uma equação matricial**

Determine X na equação $3X + A = B$, onde

$$A = \begin{bmatrix} 1 & -2 \\ 0 & 3 \end{bmatrix} \quad \text{e} \quad B = \begin{bmatrix} -3 & 4 \\ 2 & 1 \end{bmatrix}.$$

SOLUÇÃO

Comece resolvendo a equação em X para obter

$$3X = B - A$$
$$X = \tfrac{1}{3}(B - A).$$

Agora, usando as matrizes A e B, você tem

$$X = \tfrac{1}{3}\left(\begin{bmatrix} -3 & 4 \\ 2 & 1 \end{bmatrix} - \begin{bmatrix} 1 & -2 \\ 0 & 3 \end{bmatrix} \right)$$
$$= \tfrac{1}{3} \begin{bmatrix} -4 & 6 \\ 2 & -2 \end{bmatrix}$$
$$= \begin{bmatrix} -\tfrac{4}{3} & 2 \\ \tfrac{2}{3} & -\tfrac{2}{3} \end{bmatrix}.$$

54 Elementos de álgebra linear

PROPRIEDADES DA MULTIPLICAÇÃO DE MATRIZES

O próximo teorema estende a álgebra de matrizes para incluir algumas propriedades úteis da multiplicação de matrizes. A demonstração da Propriedade 2 encontra-se a seguir. As demonstrações das propriedades restantes são deixadas como exercício. (Veja o Exercício 66.)

OBSERVAÇÃO

Observe que nenhuma propriedade comutativa da multiplicação de matrizes é listada no Teorema 2.3. O produto AB pode não ser igual ao produto BA, como ilustrado no Exemplo 4 na próxima página.

TEOREMA 2.3   Propriedades da multiplicação de matrizes

Se A, B e C são matrizes (com tamanhos tais que os produtos de matrizes estão definidos), e se c é um escalar, então as propriedades abaixo são verdadeiras.
1. $A(BC) = (AB)C$ Propriedade associativa da multiplicação
2. $A(B + C) = AB + AC$ Propriedade distributiva
3. $(A + B)C = AC + BC$ Propriedade distributiva
4. $c(AB) = (cA)B = A(cB)$

DEMONSTRAÇÃO

Para demonstrar a Propriedade 2, mostre que os elementos correspondentes das matrizes $A(B + C)$ e $AB + AC$ são iguais. Suponha que A tem tamanho $m \times n$, B tem tamanho $n \times p$ e C tem tamanho $n \times p$. Usando a definição de multiplicação de matrizes, o elemento na i-ésima linha e j-ésima coluna de $A(B + C)$ é $a_{i1}(b_{1j} + c_{1j}) + a_{i2}(b_{2j} + c_{2j}) + \cdots + a_{in}(b_{nj} + c_{nj})$. Além disso, o elemento na i-ésima linha e na j-ésima coluna de $AB + AC$ é

$$(a_{i1}b_{1j} + a_{i2}b_{2j} + \cdots + a_{in}b_{nj}) + (a_{i1}c_{1j} + a_{i2}c_{2j} + \cdots + a_{in}c_{nj}).$$

Ao distribuir e reagrupar, você pode ver que estes dois elementos ij são iguais. Assim,

$$A(B + C) = AB + AC.$$

A propriedade associativa da multiplicação de matrizes permite escrever produtos matriciais da forma ABC sem ambiguidade, como ilustrado no Exemplo 3.

> ### EXEMPLO 3   Multiplicação de matrizes é associativa

Encontre a matriz produto ABC agrupando os fatores primeiro como $(AB)C$ e a seguir como $A(BC)$. Mostre que você obtém o mesmo resultado em ambos os processos.

$$A = \begin{bmatrix} 1 & -2 \\ 2 & -1 \end{bmatrix}, \quad B = \begin{bmatrix} 1 & 0 & 2 \\ 3 & -2 & 1 \end{bmatrix}, \quad C = \begin{bmatrix} -1 & 0 \\ 3 & 1 \\ 2 & 4 \end{bmatrix}$$

SOLUÇÃO

Agrupando os fatores como $(AB)C$, você tem

$$(AB)C = \left(\begin{bmatrix} 1 & -2 \\ 2 & -1 \end{bmatrix} \begin{bmatrix} 1 & 0 & 2 \\ 3 & -2 & 1 \end{bmatrix} \right) \begin{bmatrix} -1 & 0 \\ 3 & 1 \\ 2 & 4 \end{bmatrix}$$

$$= \begin{bmatrix} -5 & 4 & 0 \\ -1 & 2 & 3 \end{bmatrix} \begin{bmatrix} -1 & 0 \\ 3 & 1 \\ 2 & 4 \end{bmatrix} = \begin{bmatrix} 17 & 4 \\ 13 & 14 \end{bmatrix}.$$

Agrupando os fatores como $A(BC)$, você obtém o mesmo resultado.

$$A(BC) = \begin{bmatrix} 1 & -2 \\ 2 & -1 \end{bmatrix} \left(\begin{bmatrix} 1 & 0 & 2 \\ 3 & -2 & 1 \end{bmatrix} \begin{bmatrix} -1 & 0 \\ 3 & 1 \\ 2 & 4 \end{bmatrix} \right)$$

$$= \begin{bmatrix} 1 & -2 \\ 2 & -1 \end{bmatrix} \begin{bmatrix} 3 & 8 \\ -7 & 2 \end{bmatrix} = \begin{bmatrix} 17 & 4 \\ 13 & 14 \end{bmatrix}$$

Matrizes 55

O próximo exemplo mostra que, mesmo quando ambos os produtos AB e BA estão definidos, eles podem não ser iguais.

EXEMPLO 4   Não comutatividade da multiplicação de matrizes

Mostre que AB e BA não são iguais para as matrizes

$$A = \begin{bmatrix} 1 & 3 \\ 2 & -1 \end{bmatrix} \quad \text{e} \quad B = \begin{bmatrix} 2 & -1 \\ 0 & 2 \end{bmatrix}.$$

SOLUÇÃO

$$AB = \begin{bmatrix} 1 & 3 \\ 2 & -1 \end{bmatrix}\begin{bmatrix} 2 & -1 \\ 0 & 2 \end{bmatrix} = \begin{bmatrix} 2 & 5 \\ 4 & -4 \end{bmatrix}, \; BA = \begin{bmatrix} 2 & -1 \\ 0 & 2 \end{bmatrix}\begin{bmatrix} 1 & 3 \\ 2 & -1 \end{bmatrix} = \begin{bmatrix} 0 & 7 \\ 4 & -2 \end{bmatrix}$$

$AB \neq BA$

Não conclua do Exemplo 4 que os produtos de matrizes AB e BA nunca são iguais. Às vezes eles são iguais. Por exemplo, encontre AB e BA para as matrizes abaixo.

$$A = \begin{bmatrix} 1 & 2 \\ 1 & 1 \end{bmatrix} \quad \text{e} \quad B = \begin{bmatrix} -2 & 4 \\ 2 & -2 \end{bmatrix}$$

Você verá que os dois produtos são iguais. O ponto é que, embora AB e BA sejam iguais às vezes, AB e BA em geral não são iguais.

Outra qualidade importante da álgebra matricial é que ela não tem uma propriedade de cancelamento geral para a multiplicação de matrizes. Isto é, quando $AC = BC$, não é necessariamente verdade que $A = B$. O Exemplo 5 ilustra isso. (Na próxima seção, você verá que, para alguns tipos especiais de matrizes, o cancelamento é válido.)

EXEMPLO 5   Um exemplo no qual o cancelamento não é válido

Mostre que $AC = BC$.

$$A = \begin{bmatrix} 1 & 3 \\ 0 & 1 \end{bmatrix}, \quad B = \begin{bmatrix} 2 & 4 \\ 2 & 3 \end{bmatrix}, \quad C = \begin{bmatrix} 1 & -2 \\ -1 & 2 \end{bmatrix}$$

SOLUÇÃO

$$AC = \begin{bmatrix} 1 & 3 \\ 0 & 1 \end{bmatrix}\begin{bmatrix} 1 & -2 \\ -1 & 2 \end{bmatrix} = \begin{bmatrix} -2 & 4 \\ -1 & 2 \end{bmatrix}, \; BC = \begin{bmatrix} 2 & 4 \\ 2 & 3 \end{bmatrix}\begin{bmatrix} 1 & -2 \\ -1 & 2 \end{bmatrix} = \begin{bmatrix} -2 & 4 \\ -1 & 2 \end{bmatrix}$$

$AC = BC$, apesar de $A \neq B$.

Você vai agora olhar para um tipo especial de matriz *quadrada* que tem 1 na diagonal principal e 0 em qualquer outra posição.

$$I_n = \begin{bmatrix} 1 & 0 & \dots & 0 \\ 0 & 1 & \dots & 0 \\ \vdots & \vdots & & \vdots \\ 0 & 0 & \dots & 1 \end{bmatrix}$$
$$\scriptstyle n \times n$$

Por exemplo, para $n = 1, 2$ e 3,

$$I_1 = [1], \quad I_2 = \begin{bmatrix} 1 & 0 \\ 0 & 1 \end{bmatrix}, \quad I_3 = \begin{bmatrix} 1 & 0 & 0 \\ 0 & 1 & 0 \\ 0 & 0 & 1 \end{bmatrix}.$$

Quando está claro que a ordem da matriz é n, você pode denotar I_n simplesmente como I.

Como indicado no Teorema 2.4, na próxima página, a matriz I_n é o **elemento neutro** para a multiplicação de matrizes; ela é chamada de **matriz identidade de ordem n**. A demonstração deste teorema é deixada como exercício. (Veja o Exercício 67.)

56 Elementos de álgebra linear

OBSERVAÇÃO

Observe que se A é uma matriz quadrada de ordem n, então $AI_n = I_nA = A$.

TEOREMA 2.4   Propriedades da matriz identidade

Se A é uma matriz de tamanho $m \times n$, então as propriedades abaixo são verdadeiras.

1. $AI_n = A$
2. $I_mA = A$

EXEMPLO 6   Multiplicação por uma matriz identidade

a.
$$\begin{bmatrix} 3 & -2 \\ 4 & 0 \\ -1 & 1 \end{bmatrix}\begin{bmatrix} 1 & 0 \\ 0 & 1 \end{bmatrix} = \begin{bmatrix} 3 & -2 \\ 4 & 0 \\ -1 & 1 \end{bmatrix}$$

b.
$$\begin{bmatrix} 1 & 0 & 0 \\ 0 & 1 & 0 \\ 0 & 0 & 1 \end{bmatrix}\begin{bmatrix} -2 \\ 1 \\ 4 \end{bmatrix} = \begin{bmatrix} -2 \\ 1 \\ 4 \end{bmatrix}$$

Para a multiplicação repetida de matrizes quadradas, utilize a mesma notação exponencial utilizada com números reais. Isto é, $A^1 = A$, $A^2 = AA$ e para um inteiro positivo k, A^k é

$$A^k = \underbrace{AA \cdots A}_{k \text{ fatores}}.$$

É conveniente também definir $A^0 = I_n$ (onde A é uma matriz quadrada de ordem n). Essas definições permitem que você estabeleça as propriedades (1) $A^jA^k = A^{j+k}$ e (2) $(A^j)^k = A^{jk}$, onde j e k são inteiros não negativos.

EXEMPLO 7   Multiplicação repetida de uma matriz quadrada

Para a matriz $A = \begin{bmatrix} 2 & -1 \\ 3 & 0 \end{bmatrix}$,

$$A^3 = \left(\begin{bmatrix} 2 & -1 \\ 3 & 0 \end{bmatrix}\begin{bmatrix} 2 & -1 \\ 3 & 0 \end{bmatrix}\right)\begin{bmatrix} 2 & -1 \\ 3 & 0 \end{bmatrix} = \begin{bmatrix} 1 & -2 \\ 6 & -3 \end{bmatrix}\begin{bmatrix} 2 & -1 \\ 3 & 0 \end{bmatrix} = \begin{bmatrix} -4 & -1 \\ 3 & -6 \end{bmatrix}.$$

Na Seção 1.1, você viu que um sistema de equações lineares tem exatamente uma solução, infinitas soluções ou nenhuma solução. Pode-se usar a álgebra matricial para demonstrar isso.

TEOREMA 2.5   Número de soluções de um sistema linear

Para um sistema de equações lineares, precisamente uma das afirmações abaixo é verdadeira.
1. O sistema tem exatamente uma solução.
2. O sistema tem infinitas soluções.
3. O sistema não tem solução.

DEMONSTRAÇÃO

Represente o sistema pela equação matricial $A\mathbf{x} = \mathbf{b}$. Se o sistema tem exatamente uma solução ou nenhuma solução, então não há nada a demonstrar. Então, suponha que o sistema tem pelo menos duas soluções distintas $\mathbf{x}_1$ e $\mathbf{x}_2$. Se você mostrar que esta suposição implica que o sistema tem infinitas soluções, então a demonstração estará completa. Quando $\mathbf{x}_1$ e $\mathbf{x}_2$ são soluções, tem-se $A\mathbf{x}_1 = A\mathbf{x}_2 = \mathbf{b}$ e $A(\mathbf{x}_1 - \mathbf{x}_2) = O$. Isso implica que a matriz coluna (não nula) $\mathbf{x}_h = \mathbf{x}_1 - \mathbf{x}_2$ é uma solução do sistema homogêneo de equações lineares $A\mathbf{x} = O$. Portanto, para qualquer escalar c,

$$A(\mathbf{x}_1 + c\mathbf{x}_h) = A\mathbf{x}_1 + A(c\mathbf{x}_h) = \mathbf{b} + c(A\mathbf{x}_h) = \mathbf{b} + cO = \mathbf{b}.$$

Então $\mathbf{x}_1 + c\mathbf{x}_h$ é uma solução de $A\mathbf{x} = \mathbf{b}$ para qualquer escalar c. Existem infinitos valores possíveis de c e cada valor produz uma solução diferente, de modo que o sistema tem infinitas soluções.

Matrizes   57

Descoberta

Sejam $A = \begin{bmatrix} 1 & 2 \\ 3 & 4 \end{bmatrix}$ e

$B = \begin{bmatrix} 3 & 5 \\ 1 & -1 \end{bmatrix}$.

1. Encontre $(AB)^T$, $A^T B^T$ e $B^T A^T$.

2. Faça uma conjectura sobre a transposição de um produto de duas matrizes quadradas.

3. Escolha duas outras matrizes quadradas para verificar sua conjectura.

A TRANSPOSTA DE UMA MATRIZ

A transposta de uma matriz é formada escrevendo suas linhas como colunas. Por exemplo, se A é a matriz $m \times n$

$$A = \begin{bmatrix} a_{11} & a_{12} & a_{13} & \cdots & a_{1n} \\ a_{21} & a_{22} & a_{23} & \cdots & a_{2n} \\ a_{31} & a_{32} & a_{33} & \cdots & a_{3n} \\ \vdots & \vdots & \vdots & & \vdots \\ a_{m1} & a_{m2} & a_{m3} & \cdots & a_{mn} \end{bmatrix}$$

Tamanho: $m \times n$

então a transposta, denotada por A^T, é a matriz $n \times m$

$$A^T = \begin{bmatrix} a_{11} & a_{21} & a_{31} & \cdots & a_{m1} \\ a_{12} & a_{22} & a_{32} & \cdots & a_{m2} \\ a_{13} & a_{23} & a_{33} & \cdots & a_{m3} \\ \vdots & \vdots & \vdots & & \vdots \\ a_{1n} & a_{2n} & a_{3n} & \cdots & a_{mn} \end{bmatrix}.$$

Tamanho: $n \times m$

> **EXEMPLO 8**   Transpostas de matrizes

Encontre a transposta de cada matriz.

a. $A = \begin{bmatrix} 2 \\ 8 \end{bmatrix}$ **b.** $B = \begin{bmatrix} 1 & 2 & 3 \\ 4 & 5 & 6 \\ 7 & 8 & 9 \end{bmatrix}$ **c.** $C = \begin{bmatrix} 1 & 2 & 0 \\ 2 & 1 & 0 \\ 0 & 0 & 1 \end{bmatrix}$ **d.** $D = \begin{bmatrix} 0 & 1 \\ 2 & 4 \\ 1 & -1 \end{bmatrix}$

SOLUÇÃO

a. $A^T = \begin{bmatrix} 2 & 8 \end{bmatrix}$ **b.** $B^T = \begin{bmatrix} 1 & 4 & 7 \\ 2 & 5 & 8 \\ 3 & 6 & 9 \end{bmatrix}$

c. $C^T = \begin{bmatrix} 1 & 2 & 0 \\ 2 & 1 & 0 \\ 0 & 0 & 1 \end{bmatrix}$ **d.** $D^T = \begin{bmatrix} 0 & 2 & 1 \\ 1 & 4 & -1 \end{bmatrix}$

OBSERVAÇÃO

Note que a matriz quadrada no item (c) é igual a sua transposta. Tal matriz é **simétrica**. Uma matriz A é simétrica quando $A = A^T$. A partir desta definição, deve ficar claro que uma matriz simétrica deve ser quadrada. Além disso, se $A = [a_{ij}]$ é uma matriz simétrica, então $a_{ij} = a_{ji}$ para todo $i \neq j$.

TEOREMA 2.6 Propriedades das transpostas

Se A e B são matrizes (com tamanhos tais que as operações matriciais estão definidas) e c é um escalar, então as propriedades abaixo são verdadeiras.

1. $(A^T)^T = A$ Transposta de uma transposta
2. $(A + B)^T = A^T + B^T$ Transposta de uma soma
3. $(cA)^T = c(A^T)$ Transposta de um múltiplo por escalar
4. $(AB)^T = B^T A^T$ Transposta de um produto

DEMONSTRAÇÃO

A operação de transposição troca linhas e colunas, de modo que a Propriedade 1 parece fazer sentido. Para demonstrar a Propriedade 1, seja A uma matriz $m \times n$. Observe que A^T tem tamanho $n \times m$ e $(A^T)^T$ tem tamanho $m \times n$, o mesmo que A. Para mostrar que $(A^T)^T = A$, você deve mostrar que os respectivos elementos ij são os mesmos. Seja a_{ij} o elemento ij de A. Então a_{ij} é o elemento ji de A^T, sendo portanto o elemento ij de $(A^T)^T$. Isso demonstra a Propriedade 1. As demonstrações das propriedades restantes são deixadas como exercício. (Veja o Exercício 68.)

OBSERVAÇÃO

Lembre-se de que você *inverte a ordem* de multiplicação ao tomar a transposta de um produto. Mais precisamente, a transposta de AB é $(AB)^T = B^T A^T$ e em geral não é igual a $A^T B^T$.

As Propriedades 2 e 4 podem ser generalizadas de modo a abranger somas ou produtos de qualquer número finito de matrizes. Por exemplo, a transposta da soma de três matrizes é $(A + B + C)^T = A^T + B^T + C^T$ e a transposta do produto de três matrizes é $(ABC)^T = C^T B^T A^T$.

EXEMPLO 9 — Determinação da transposta de um produto

Veja LarsonLinearAlgebra.com para uma versão interativa deste tipo de exemplo.

Mostre que $(AB)^T$ e $B^T A^T$ são iguais.

$$A = \begin{bmatrix} 2 & 1 & -2 \\ -1 & 0 & 3 \\ 0 & -2 & 1 \end{bmatrix} \quad \text{e} \quad B = \begin{bmatrix} 3 & 1 \\ 2 & -1 \\ 3 & 0 \end{bmatrix}$$

SOLUÇÃO

$$AB = \begin{bmatrix} 2 & 1 & -2 \\ -1 & 0 & 3 \\ 0 & -2 & 1 \end{bmatrix} \begin{bmatrix} 3 & 1 \\ 2 & -1 \\ 3 & 0 \end{bmatrix} = \begin{bmatrix} 2 & 1 \\ 6 & -1 \\ -1 & 2 \end{bmatrix}$$

$$(AB)^T = \begin{bmatrix} 2 & 6 & -1 \\ 1 & -1 & 2 \end{bmatrix}$$

$$B^T A^T = \begin{bmatrix} 3 & 2 & 3 \\ 1 & -1 & 0 \end{bmatrix} \begin{bmatrix} 2 & -1 & 0 \\ 1 & 0 & -2 \\ -2 & 3 & 1 \end{bmatrix} = \begin{bmatrix} 2 & 6 & -1 \\ 1 & -1 & 2 \end{bmatrix}$$

$$(AB)^T = B^T A^T$$

EXEMPLO 10 — Produto entre uma matriz e a sua transposta

OBSERVAÇÃO

A propriedade ilustrada no Exemplo 10 é verdadeira em geral. Isto é, para qualquer matriz A, a matriz AA^T é simétrica. A matriz $A^T A$ também é simétrica. Será pedido que você demonstre essas propriedades no Exercício 69.

Para a matriz $A = \begin{bmatrix} 1 & 3 \\ 0 & -2 \\ -2 & -1 \end{bmatrix}$, encontre o produto AA^T e mostre que ele é simétrico.

SOLUÇÃO

$$AA^T = \begin{bmatrix} 1 & 3 \\ 0 & -2 \\ -2 & -1 \end{bmatrix} \begin{bmatrix} 1 & 0 & -2 \\ 3 & -2 & -1 \end{bmatrix} = \begin{bmatrix} 10 & -6 & -5 \\ -6 & 4 & 2 \\ -5 & 2 & 5 \end{bmatrix}$$

Segue que $AA^T = (AA^T)^T$, de modo que AA^T é simétrico.

ÁLGEBRA LINEAR APLICADA

Sistemas de recuperação de informações, como mecanismos de busca na Internet, usam a teoria de matrizes e a álgebra linear para manter o controle da informação. Para ilustrar, considere um exemplo simplificado. Você pode representar as ocorrências de m palavras-chave disponíveis em um banco de dados com n documentos por A, uma matriz $m \times n$ em que um elemento é 1 quando a palavra-chave ocorre no documento e 0 quando não ocorre no documento. Você poderia representar uma pesquisa pela matriz coluna $\mathbf{x}$, com m entradas, em que um elemento 1 representa uma palavra-chave que está pesquisando e um 0 representa uma palavra-chave que não está pesquisando. Então, a matriz produto $A^T\mathbf{x}$ (de tamanho $n \times 1$) representaria o número de palavras-chave em sua pesquisa que ocorrem em cada um dos n documentos. Para discussão do algoritmo PageRank que é usado no mecanismo de busca do Google, veja a Seção 2.5 (página 84).

Gunnar Pippel/Shutterstock.com

2.2 Exercícios

Cálculo do valor de uma expressão Nos Exercícios 1-6, calcule o valor da expressão

1. $\begin{bmatrix} -5 & 0 \\ 3 & -6 \end{bmatrix} + \begin{bmatrix} 7 & 1 \\ -2 & -1 \end{bmatrix} + \begin{bmatrix} -10 & -8 \\ 14 & 6 \end{bmatrix}$

2. $\begin{bmatrix} 6 & 8 \\ -1 & 0 \end{bmatrix} + \begin{bmatrix} 0 & 5 \\ -3 & -1 \end{bmatrix} + \begin{bmatrix} -11 & -7 \\ 2 & -1 \end{bmatrix}$

3. $4\left(\begin{bmatrix} -4 & 0 & 1 \\ 0 & 2 & 3 \end{bmatrix} - \begin{bmatrix} 2 & 1 & -2 \\ 3 & -6 & 0 \end{bmatrix} \right)$

4. $\frac{1}{2}([5 \quad -2 \quad 4 \quad 0] + [14 \quad 6 \quad -18 \quad 9])$

5. $-3\left(\begin{bmatrix} 0 & -3 \\ 7 & 2 \end{bmatrix} + \begin{bmatrix} -6 & 3 \\ 8 & 1 \end{bmatrix} \right) - 2\begin{bmatrix} 4 & -4 \\ 7 & -9 \end{bmatrix}$

6. $-\begin{bmatrix} 4 & 11 \\ -2 & -1 \\ 9 & 3 \end{bmatrix} + \frac{1}{6}\left(\begin{bmatrix} -5 & -1 \\ 3 & 4 \\ 0 & 13 \end{bmatrix} + \begin{bmatrix} 7 & 5 \\ -9 & -1 \\ 6 & -1 \end{bmatrix} \right)$

Operações com matrizes Nos Exercícios 7-12, faça as operações, dado que $a = 3, b = -4$ e

$$A = \begin{bmatrix} 1 & 2 \\ 3 & 4 \end{bmatrix}, \quad B = \begin{bmatrix} 0 & 1 \\ -1 & 2 \end{bmatrix}, \quad O = \begin{bmatrix} 0 & 0 \\ 0 & 0 \end{bmatrix}.$$

7. $aA + bB$ **8.** $A + B$

9. $ab(B)$ **10.** $(a + b)B$

11. $(a - b)(A - B)$ **12.** $(ab)O$

13. Determine X na equação, dado que

$$A = \begin{bmatrix} -4 & 0 \\ 1 & -5 \\ -3 & 2 \end{bmatrix} \quad \text{e} \quad B = \begin{bmatrix} 1 & 2 \\ -2 & 1 \\ 4 & 4 \end{bmatrix}.$$

(a) $3X + 2A = B$ (b) $2A - 5B = 3X$

(c) $X - 3A + 2B = O$ (d) $6X - 4A - 3B = O$

14. Determine X na equação, dado que

$$A = \begin{bmatrix} -2 & -1 \\ 1 & 0 \\ 3 & -4 \end{bmatrix} \quad \text{e} \quad B = \begin{bmatrix} 0 & 3 \\ 2 & 0 \\ -4 & -1 \end{bmatrix}.$$

(a) $X = 3A - 2B$ (b) $2X = 2A - B$

(c) $2X + 3A = B$ (d) $2A + 4B = -2X$

Operações com matrizes Nos Exercícios 15-22, faça as operações, dado que $c = -2$ e

$$A = \begin{bmatrix} 1 & 2 & 3 \\ 0 & 1 & -1 \end{bmatrix}, B = \begin{bmatrix} 1 & 3 \\ -1 & 2 \end{bmatrix}, C = \begin{bmatrix} 0 & 1 \\ -1 & 0 \end{bmatrix}.$$

15. $c(BA)$ **16.** $c(CB)$

17. $B(CA)$ **18.** $C(BC)$

19. $(B + C)A$ **20.** $B(C + O)$

21. $cB(C + C)$ **22.** $B(cA)$

Associatividade da multiplicação de matrizes Nos Exercícios 23 e 24, encontre o produto de matrizes ABC (a) agrupando os fatores como $(AB)C$ e (b) agrupando os fatores como $A(BC)$. Mostre que você obtém o mesmo resultado em ambos os processos.

23. $A = \begin{bmatrix} 1 & 2 \\ 3 & 4 \end{bmatrix}, \quad B = \begin{bmatrix} 0 & 1 \\ 2 & 3 \end{bmatrix}, \quad C = \begin{bmatrix} 3 & 0 \\ 0 & 1 \end{bmatrix}$

24. $A = \begin{bmatrix} -4 & 2 \\ 1 & -3 \end{bmatrix}, \quad B = \begin{bmatrix} 1 & -5 & 0 \\ -2 & 3 & 3 \end{bmatrix},$

$$C = \begin{bmatrix} -3 & 4 \\ 0 & 1 \\ -1 & 1 \end{bmatrix}$$

Não comutatividade da multiplicação de matrizes Nos Exercícios 25 e 26, mostre que AB e BA não são iguais para as matrizes dadas.

25. $A = \begin{bmatrix} -2 & 1 \\ 0 & 3 \end{bmatrix}, \quad B = \begin{bmatrix} 4 & 0 \\ -1 & 2 \end{bmatrix}$

26. $A = \begin{bmatrix} \frac{1}{4} & \frac{1}{2} \\ \frac{1}{2} & \frac{1}{2} \end{bmatrix}, \quad B = \begin{bmatrix} \frac{1}{2} & \frac{1}{2} \\ \frac{1}{2} & \frac{1}{4} \end{bmatrix}$

Produtos iguais de matrizes Nos Exercícios 27 e 28, mostre que $AC = BC$, apesar de $A \neq B$.

27. $A = \begin{bmatrix} 0 & 1 \\ 0 & 1 \end{bmatrix}, \quad B = \begin{bmatrix} 1 & 0 \\ 1 & 0 \end{bmatrix}, \quad C = \begin{bmatrix} 2 & 3 \\ 2 & 3 \end{bmatrix}$

28. $A = \begin{bmatrix} 1 & 2 & 3 \\ 0 & 5 & 4 \\ 3 & -2 & 1 \end{bmatrix}, \quad B = \begin{bmatrix} 4 & -6 & 3 \\ 5 & 4 & 4 \\ -1 & 0 & 1 \end{bmatrix},$

$$C = \begin{bmatrix} 0 & 0 & 0 \\ 0 & 0 & 0 \\ 4 & -2 & 3 \end{bmatrix}$$

Produto nulo de matrizes Nos Exercícios 29 e 30, mostre que $AB = O$, mesmo que $A \neq O$ e $B \neq O$.

29. $A = \begin{bmatrix} 3 & 3 \\ 4 & 4 \end{bmatrix}$ e $B = \begin{bmatrix} 1 & -1 \\ -1 & 1 \end{bmatrix}$

30. $A = \begin{bmatrix} 2 & 4 \\ 2 & 4 \end{bmatrix}$ e $B = \begin{bmatrix} 1 & -2 \\ -\frac{1}{2} & 1 \end{bmatrix}$

Operações com matrizes Nos Exercícios 31-36, faça as operações considerando

$$A = \begin{bmatrix} 1 & 2 \\ 0 & -1 \end{bmatrix}.$$

31. IA **32.** AI

33. $A(I + A)$ **34.** $A + IA$

35. A^2 **36.** A^4

60 Elementos de álgebra linear

Dissertação Nos Exercícios 37 e 38, explique por que a fórmula *não* é válida para matrizes. Ilustre seu argumento com exemplos.

37. $(A + B)(A - B) = A^2 - B^2$

38. $(A + B)(A + B) = A^2 + 2AB + B^2$

Determinação da transposta de uma matriz Nos Exercícios 39 e 40, encontre a transposta da matriz.

39. $D = \begin{bmatrix} 1 & -2 \\ -3 & 4 \\ 5 & -1 \end{bmatrix}$ **40.** $D = \begin{bmatrix} 6 & -7 & 19 \\ -7 & 0 & 23 \\ 19 & 23 & -32 \end{bmatrix}$

Determinação da transposta de um produto de duas matrizes Nos Exercícios 41-44, verifique que $(AB)^T = B^T A^T$.

41. $A = \begin{bmatrix} -1 & 1 & -2 \\ 2 & 0 & 1 \end{bmatrix}$ e $B = \begin{bmatrix} -3 & 0 \\ 1 & 2 \\ 1 & -1 \end{bmatrix}$

42. $A = \begin{bmatrix} 1 & 2 \\ 0 & -2 \end{bmatrix}$ e $B = \begin{bmatrix} -3 & -1 \\ 2 & 1 \end{bmatrix}$

43. $A = \begin{bmatrix} 2 & 1 \\ 0 & 1 \\ -2 & 1 \end{bmatrix}$ e $B = \begin{bmatrix} 2 & 3 & 1 \\ 0 & 4 & -1 \end{bmatrix}$

44. $A = \begin{bmatrix} 2 & 1 & -1 \\ 0 & 1 & 3 \\ 4 & 0 & 2 \end{bmatrix}$ e $B = \begin{bmatrix} 1 & 0 & -1 \\ 2 & 1 & -2 \\ 0 & 1 & 3 \end{bmatrix}$

Multiplicação pela transposta de uma matriz Nos Exercícios 45-48, encontre (a) $A^T A$ e (b) AA^T. Mostre que cada um desses produtos é simétrico.

45. $A = \begin{bmatrix} 4 & 2 & 1 \\ 0 & 2 & -1 \end{bmatrix}$ **46.** $A = \begin{bmatrix} 1 & -1 \\ 3 & 4 \\ 0 & -2 \end{bmatrix}$

47. $A = \begin{bmatrix} 0 & -4 & 3 & 2 \\ 8 & 4 & 0 & 1 \\ -2 & 3 & 5 & 1 \\ 0 & 0 & -3 & 2 \end{bmatrix}$

48. $A = \begin{bmatrix} 4 & -3 & 2 & 0 \\ 2 & 0 & 11 & -1 \\ -1 & -2 & 0 & 3 \\ 14 & -2 & 12 & -9 \\ 6 & 8 & -5 & 4 \end{bmatrix}$

Determinação de uma potência de uma matriz Nos Exercícios 49-52, encontre a potência de A para a matriz

$$A = \begin{bmatrix} 1 & 0 & 0 & 0 & 0 \\ 0 & -1 & 0 & 0 & 0 \\ 0 & 0 & 1 & 0 & 0 \\ 0 & 0 & 0 & -1 & 0 \\ 0 & 0 & 0 & 0 & 1 \end{bmatrix}.$$

49. A^{16} **50.** A^{17}

51. A^{19} **52.** A^{20}

Determinação de uma raiz enésima de uma matriz Nos Exercícios 53 e 54, encontre a raiz enésima da matriz B. Uma raiz enésima de uma matriz B é uma matriz A tal que $A^n = B$.

53. $B = \begin{bmatrix} 9 & 0 \\ 0 & 4 \end{bmatrix}$, $n = 2$

54. $B = \begin{bmatrix} 8 & 0 & 0 \\ 0 & -1 & 0 \\ 0 & 0 & 27 \end{bmatrix}$, $n = 3$

Verdadeiro ou falso? Nos Exercícios 55 e 56, determine se cada afirmação é verdadeira ou falsa. Se uma afirmação for verdadeira, dê uma justificativa ou cite uma afirmação apropriada do texto. Se uma afirmação for falsa, forneça um exemplo que mostre que a afirmação não é verdadeira em todos os casos ou cite uma afirmação apropriada do texto.

55. (a) A soma de matrizes é comutativa.

(b) A transposta do produto de duas matrizes é igual ao produto de suas transpostas; isto é, $(AB)^T = A^T B^T$.

(c) Para qualquer matriz C a matriz CC^T é simétrica.

56. (a) A multiplicação de matrizes é comutativa.

(b) Se as matrizes A, B e C satisfazem $AB = AC$, então $B = C$.

(c) A transposta da soma de duas matrizes é igual à soma de suas transpostas.

57. Considere as matrizes abaixo.

$$X = \begin{bmatrix} 1 \\ 0 \\ 1 \end{bmatrix}, \quad Y = \begin{bmatrix} 1 \\ 1 \\ 0 \end{bmatrix}, \quad Z = \begin{bmatrix} 2 \\ -1 \\ 3 \end{bmatrix}, \quad W = \begin{bmatrix} 1 \\ 1 \\ 1 \end{bmatrix}$$

(a) Encontre escalares a e b tais que $Z = aX + bY$.

(b) Mostre que não existem escalares a e b tais que $W = aX + bY$.

(c) Mostre que se $aX + bY + cW = O$, então $a = 0$, $b = 0$ e $c = 0$.

(d) Encontre escalares a, b e c, nem todos iguais a zero, tais que $aX + bY + cZ = O$.

---

58. Ponto crucial Na equação matricial

$$aX + A(bB) = b(AB + IB)$$

X, A, B e I são matrizes quadradas e a e b são escalares não nulos. Justifique cada passo na solução abaixo.

$$aX + (Ab)B = b(AB + B)$$
$$aX + bAB = bAB + bB$$
$$aX + bAB + (-bAB) = bAB + bB + (-bAB)$$
$$aX = bAB + bB + (-bAB)$$
$$aX = bAB + (-bAB) + bB$$
$$aX = bB$$
$$X = \frac{b}{a}B$$

Função polinomial Nos Exercícios 59 e 60, encontre $f(A)$ usando a definição abaixo.

Se $f(x) = a_0 + a_1x + a_2x^2 + \cdots + a_nx^n$ é uma função polinomial, então para uma matriz quadrada A,

$$f(A) = a_0I + a_1A + a_2A^2 + \cdots + a_nA^n.$$

59. $f(x) = 2 - 5x + x^2, \quad A = \begin{bmatrix} 2 & 0 \\ 4 & 5 \end{bmatrix}$

60. $f(x) = -10 + 5x - 2x^2 + x^3,$

$$A = \begin{bmatrix} 2 & 1 & -1 \\ 1 & 0 & 2 \\ -1 & 1 & 3 \end{bmatrix}$$

61. Demonstração guiada Demonstre a propriedade associativa da soma de matrizes:
$A + (B + C) = (A + B) + C.$

Começando: para demonstrar que $A + (B + C)$ e $(A + B) + C$ são iguais, mostre que seus elementos correspondentes são iguais.

(i) Comece sua demonstração tomando A, B e C como matrizes $m \times n$.

(ii) Observe que o elemento ij de $B + C$ é $b_{ij} + c_{ij}$.

(iii) Além disso, o elemento ij de $A + (B + C)$ é $a_{ij} + (b_{ij} + c_{ij})$.

(iv) Determine o elemento ij de $(A + B) + C$.

62. Demonstração Demonstre a propriedade associativa da multiplicação: $(cd)A + c(dA)$.

63. Demonstração Demonstre que o escalar 1 é o elemento neutro para a multiplicação por escalar: $1A = A$.

64. Demonstração Demonstre a propriedade distributiva: $(c + d)A = cA + dA$.

65. Demonstração Demonstre o Teorema 2.2.

66. Demonstração Complete a demonstração do Teorema 2.3.

(a) Demonstre a propriedade associativa da multiplicação: $A(BC) = (AB)C.$

(b) Demonstre a propriedade distributiva: $(A + B)C = AC + BC.$

(c) Demonstre a propriedade: $c(AB) = (cA)B = A(cB).$

67. Demonstração Demonstre Teorema 2.4.

68. Demonstração Demonstre as Propriedades 2, 3 e 4 do Teorema 2.6.

69. Demonstração guiada Demonstre que se A é uma matriz $m \times n$, então AA^T e A^TA são matrizes simétricas.

Começando: para demonstrar que AA^T é simétrica, você precisa mostrar que ela é igual a sua transposta, $(AA^T)^T = AA^T$.

(i) Comece sua demonstração pela expressão matricial à esquerda, $(AA^T)^T$.

(ii) Use as propriedades da operação transposta para mostrar que $(AA^T)^T$ pode ser simplificada para a expressão à direita, AA^T.

(iii) Repita essa análise para o produto A^TA.

70. Demonstração Sejam A e B duas matrizes simétricas $n \times n$.

(a) Dê um exemplo para mostrar que o produto AB não é necessariamente simétrico.

(b) Demonstre que o produto AB é simétrico se e somente se $AB = BA$.

Matrizes simétricas e antissimétricas Nos Exercícios 71-74, determine se a matriz é simétrica, antissimétrica ou nenhuma delas. Uma matriz quadrada é antissimétrica quando $A^T = -A$.

71. $A = \begin{bmatrix} 0 & 2 \\ -2 & 0 \end{bmatrix}$ **72.** $A = \begin{bmatrix} 2 & 1 \\ 1 & 3 \end{bmatrix}$

73. $A = \begin{bmatrix} 0 & 2 & 1 \\ 2 & 0 & 3 \\ 1 & 3 & 0 \end{bmatrix}$ **74.** $A = \begin{bmatrix} 0 & 2 & -1 \\ -2 & 0 & -3 \\ 1 & 3 & 0 \end{bmatrix}$

75. Demonstração Demonstre que a diagonal principal de uma matriz antissimétrica consiste inteiramente de zeros.

76. Demonstração Demonstre que se A e B são matrizes antissimétricas $n \times n$, então $A + B$ é antissimétrica.

77. Demonstração Seja A uma matriz quadrada de ordem n.

(a) Mostre que $\frac{1}{2}(A + A^T)$ é simétrica.

(b) Mostre que $\frac{1}{2}(A - A^T)$ é antissimétrica.

(c) Demonstre que A pode ser escrita como a soma de uma matriz simétrica B e de uma matriz antissimétrica C, $A = B + C$.

(d) Escreva a matriz abaixo como a soma de uma matriz simétrica e uma matriz antissimétrica.

$$A = \begin{bmatrix} 2 & 5 & 3 \\ -3 & 6 & 0 \\ 4 & 1 & 1 \end{bmatrix}$$

78. Demonstração Demonstre que se A é uma matriz $n \times n$, então $A - A^T$ é antissimétrica.

79. Considere as matrizes da forma

$$A = \begin{bmatrix} 0 & a_{12} & a_{13} & \cdots & a_{1n} \\ 0 & 0 & a_{23} & \cdots & a_{2n} \\ \vdots & \vdots & \vdots & & \vdots \\ 0 & 0 & 0 & \cdots & a_{n-1,n} \\ 0 & 0 & 0 & \cdots & 0 \end{bmatrix}.$$

(a) Escreva uma matriz 2×2 e uma matriz 3×3 com a forma de A.

(b) Use uma ferramenta computacional para elevar cada uma das matrizes a potências mais altas. Descreva o resultado.

(c) Use o resultado da parte (b) para fazer uma conjectura sobre as potências de A quando A é uma matriz 4×4. Use uma ferramenta computacional para testar sua conjectura.

(d) Use os resultados das partes (b) e (c) para fazer uma conjectura sobre potências de A quando A é uma matriz $n \times n$.

62 Elementos de álgebra linear

2.3 A inversa de uma matriz

■ Encontrar a inversa de uma matriz (se existir).

■ Usar as propriedades das matrizes inversas.

■ Usar uma matriz inversa para resolver um sistema de equações lineares.

MATRIZES E SUAS INVERSAS

Na Seção 2.2 foram discutidas algumas das semelhanças entre a álgebra de números reais e a álgebra das matrizes. Esta seção desenvolve mais a álgebra de matrizes para incluir as soluções das equações matriciais envolvendo multiplicação de matrizes. Para começar, considere a equação nos números reais $ax = b$. Para resolver esta equação e determinar x, multiplique ambos os lados da equação por a^{-1} (desde que $a \neq 0$).

$$ax = b$$
$$(a^{-1}a)x = a^{-1}b$$
$$(1)x = a^{-1}b$$
$$x = a^{-1}b$$

O número a^{-1} é o *inverso multiplicativo* de a porque $a^{-1}a = 1$ (o elemento neutro da multiplicação). A definição do inverso multiplicativo de uma matriz é parecida.

Definição da inversa de uma matriz

Uma matriz quadrada A de ordem n é **inversível** (ou **não singular**) quando existe uma matriz B de tamanho $n \times n$ tal que

$$AB = BA = I_n,$$

onde I_n é a matriz identidade de ordem n. A matriz B é a **inversa** (multiplicativa) de A. Uma matriz que não possui uma inversa é **não inversível** (ou **singular**).

As matrizes não quadradas não têm inversas. Para ver isso, observe que se A é de tamanho $m \times n$ e B é de tamanho $n \times m$ (em que $m \neq n$), então os produtos AB e BA são de tamanhos diferentes e não podem ser iguais entre si. Nem todas as matrizes quadradas têm inversas. (Veja o Exemplo 4.) O próximo teorema, no entanto, afirma que, se uma matriz tiver uma inversa, então essa inversa é única.

TEOREMA 2.7 Unicidade da matriz inversa

Se A é uma matriz inversível, então a inversa é única. A inversa de A é denotada por A^{-1}.

DEMONSTRAÇÃO

Se A é inversível, então há pelo menos uma inversa B tal que

$$AB = I = BA.$$

Suponha que A tenha outra inversa C tal que

$$AC = I = CA.$$

Demonstra-se que B e C são iguais, como mostrado a seguir.

$$AB = I$$
$$C(AB) = CI$$
$$(CA)B = C$$
$$IB = C$$
$$B = C$$

Consequentemente $B = C$, e segue que a inversa de uma matriz é única.

Matrizes   63

Como a inversa A^{-1} de uma matriz inversível A é única, você pode chamá-la de *a inversa de A* e escrever $AA^{-1} = A^{-1}A = I$.

EXEMPLO 1   A inversa de uma matriz

Mostre que B é a inversa de A, onde

$$A = \begin{bmatrix} -1 & 2 \\ -1 & 1 \end{bmatrix} \quad \text{e} \quad B = \begin{bmatrix} 1 & -2 \\ 1 & -1 \end{bmatrix}.$$

SOLUÇÃO

Usando a definição de uma matriz inversa, mostra-se que B é a inversa de A verificando que $AB = I = BA$.

$$AB = \begin{bmatrix} -1 & 2 \\ -1 & 1 \end{bmatrix}\begin{bmatrix} 1 & -2 \\ 1 & -1 \end{bmatrix} = \begin{bmatrix} -1+2 & 2-2 \\ -1+1 & 2-1 \end{bmatrix} = \begin{bmatrix} 1 & 0 \\ 0 & 1 \end{bmatrix}$$

$$BA = \begin{bmatrix} 1 & -2 \\ 1 & -1 \end{bmatrix}\begin{bmatrix} -1 & 2 \\ -1 & 1 \end{bmatrix} = \begin{bmatrix} -1+2 & 2-2 \\ -1+1 & 2-1 \end{bmatrix} = \begin{bmatrix} 1 & 0 \\ 0 & 1 \end{bmatrix}$$

O próximo exemplo mostra como usar um sistema de equações para encontrar a inversa de uma matriz.

EXEMPLO 2   Determinação da inversa de uma matriz

Encontre a inversa da matriz

$$A = \begin{bmatrix} 1 & 4 \\ -1 & -3 \end{bmatrix}.$$

SOLUÇÃO

Para encontrar a inversa de A, resolva a equação matricial $AX = I$ para determinar X.

$$\begin{bmatrix} 1 & 4 \\ -1 & -3 \end{bmatrix}\begin{bmatrix} x_{11} & x_{12} \\ x_{21} & x_{22} \end{bmatrix} = \begin{bmatrix} 1 & 0 \\ 0 & 1 \end{bmatrix}$$

$$\begin{bmatrix} x_{11} + 4x_{21} & x_{12} + 4x_{22} \\ -x_{11} - 3x_{21} & -x_{12} - 3x_{22} \end{bmatrix} = \begin{bmatrix} 1 & 0 \\ 0 & 1 \end{bmatrix}$$

Igualando os elementos correspondentes, você obtém dois sistemas de equações lineares.

$$\begin{aligned} x_{11} + 4x_{21} &= 1 & x_{12} + 4x_{22} &= 0 \\ -x_{11} - 3x_{21} &= 0 & -x_{12} - 3x_{22} &= 1 \end{aligned}$$

Resolvendo o primeiro sistema, você encontra que $x_{11} = -3$ e $x_{21} = 1$. De forma semelhante, resolvendo o segundo sistema, encontra que $x_{12} = -4$ e $x_{22} = 1$. Então, a inversa de A é

$$X = A^{-1} = \begin{bmatrix} -3 & -4 \\ 1 & 1 \end{bmatrix}.$$

Use a multiplicação de matrizes para verificar esse resultado.

A generalização do método utilizado para resolver o Exemplo 2 fornece um método conveniente para encontrar uma inversa. Observe que os dois sistemas de equações lineares

$$\begin{aligned} x_{11} + 4x_{21} &= 1 & x_{12} + 4x_{22} &= 0 \\ -x_{11} - 3x_{21} &= 0 & -x_{12} - 3x_{22} &= 1 \end{aligned}$$

têm a *mesma matriz de coeficientes*. Em vez de resolver os dois sistemas representados por

---

OBSERVAÇÃO

Lembre-se de que nem sempre é verdade que $AB = BA$, mesmo quando ambos os produtos estão definidos. Se A e B são ambas matrizes quadradas e $AB = I_n$, no entanto, pode ser mostrado que $BA = I_n$. (A demonstração disso é omitida.) Assim, no Exemplo 1, você precisa apenas verificar que $AB = I_2$.

$$\begin{bmatrix} 1 & 4 & 1 \\ -1 & -3 & 0 \end{bmatrix} \text{ e } \begin{bmatrix} 1 & 4 & 0 \\ -1 & -3 & 1 \end{bmatrix}$$

separadamente, resolva-os simultaneamente **juntando** a matriz identidade à matriz dos coeficientes para obter

$$\begin{bmatrix} 1 & 4 & 1 & 0 \\ -1 & -3 & 0 & 1 \end{bmatrix}.$$

Ao aplicar a eliminação de Gauss-Jordan a esta matriz, resolva ambos os sistemas com um único processo de eliminação, conforme mostrado a seguir.

$$\begin{bmatrix} 1 & 4 & 1 & 0 \\ 0 & 1 & 1 & 1 \end{bmatrix} \quad R_2 + R_1 \to R_2$$

$$\begin{bmatrix} 1 & 0 & -3 & -4 \\ 0 & 1 & 1 & 1 \end{bmatrix} \quad R_1 + (-4)R_2 \to R_1$$

Aplicando a eliminação de Gauss-Jordan à matriz "duplamente aumentada" $[A \quad I]$, você obtém a matriz $[I \quad A^{-1}]$.

$$\underbrace{\begin{bmatrix} 1 & 4 & 1 & 0 \\ -1 & -3 & 0 & 1 \end{bmatrix}}_{A \qquad I} \longrightarrow \underbrace{\begin{bmatrix} 1 & 0 & -3 & -4 \\ 0 & 1 & 1 & 1 \end{bmatrix}}_{I \qquad A^{-1}}$$

Este procedimento (ou algoritmo) funciona para uma matriz arbitrária $n \times n$. Se A não puder ser reduzida por linhas a I_n, então A é não inversível (ou singular). Este procedimento será formalmente justificado na próxima seção, depois de introduzir o conceito de uma matriz elementar. Por ora, um resumo do algoritmo é dado a seguir.

Encontrando a inversa de uma matriz pela eliminação de Gauss-Jordan

Seja A uma matriz quadrada de ordem n.

1. Escreva a matriz $n \times 2n$ que consiste em A à esquerda e na matriz identidade $n \times n$ à direita para obter $[A \quad I]$. Esse processo é chamado de **juntar** a matriz I à matriz A.
2. Se possível, reduza A por linhas a I usando operações elementares de linhas em toda a matriz $[A \quad I]$. O resultado será a matriz $[I \quad A^{-1}]$. Se isso não for possível, então A é não inversível (ou singular).
3. Verifique as suas contas multiplicando para confirmar que $AA^{-1} = I = A^{-1}A$.

ÁLGEBRA LINEAR APLICADA

Recorde da lei de Hooke, a qual afirma que para deformações relativamente pequenas de um objeto elástico a quantidade de deflexão é diretamente proporcional à força que causa a deformação. Em uma viga elástica simplesmente apoiada e submetida a várias forças, a deflexão **d** está relacionada à força **w** pela equação matricial

d = F**w**

onde F é uma *matriz de flexibilidade* cujos elementos dependem do material da viga. A inversa da matriz de flexibilidade, F^{-1}, é a *matriz de rigidez*. Nos Exercícios 61 e 62, será pedido que você encontre a matriz de rigidez F^{-1} e a matriz de força **w** para um determinado conjunto de matrizes de flexibilidade e de deflexão.

EXEMPLO 3 — Determinação da inversa de uma matriz

Veja LarsonLinearAlgebra.com para uma versão interativa deste tipo de exemplo.

Encontre a inversa da matriz.
$$A = \begin{bmatrix} 1 & -1 & 0 \\ 1 & 0 & -1 \\ -6 & 2 & 3 \end{bmatrix}$$

SOLUÇÃO

Comece por juntar a matriz identidade a A para formar a matriz
$$[A \quad I] = \begin{bmatrix} 1 & -1 & 0 & 1 & 0 & 0 \\ 1 & 0 & -1 & 0 & 1 & 0 \\ -6 & 2 & 3 & 0 & 0 & 1 \end{bmatrix}.$$

Utilize operações elementares de linhas para obter a forma

$[I \quad A^{-1}]$

como mostrado abaixo.

$$\begin{bmatrix} 1 & -1 & 0 & 1 & 0 & 0 \\ 0 & 1 & -1 & -1 & 1 & 0 \\ -6 & 2 & 3 & 0 & 0 & 1 \end{bmatrix} \quad R_2 + (-1)R_1 \to R_2$$

$$\begin{bmatrix} 1 & -1 & 0 & 1 & 0 & 0 \\ 0 & 1 & -1 & -1 & 1 & 0 \\ 0 & -4 & 3 & 6 & 0 & 1 \end{bmatrix} \quad R_3 + (6)R_1 \to R_3$$

$$\begin{bmatrix} 1 & -1 & 0 & 1 & 0 & 0 \\ 0 & 1 & -1 & -1 & 1 & 0 \\ 0 & 0 & -1 & 2 & 4 & 1 \end{bmatrix} \quad R_3 + (4)R_2 \to R_3$$

$$\begin{bmatrix} 1 & -1 & 0 & 1 & 0 & 0 \\ 0 & 1 & -1 & -1 & 1 & 0 \\ 0 & 0 & 1 & -2 & -4 & -1 \end{bmatrix} \quad (-1)R_3 \to R_3$$

$$\begin{bmatrix} 1 & -1 & 0 & 1 & 0 & 0 \\ 0 & 1 & 0 & -3 & -3 & -1 \\ 0 & 0 & 1 & -2 & -4 & -1 \end{bmatrix} \quad R_2 + R_3 \to R_2$$

$$\begin{bmatrix} 1 & 0 & 0 & -2 & -3 & -1 \\ 0 & 1 & 0 & -3 & -3 & -1 \\ 0 & 0 & 1 & -2 & -4 & -1 \end{bmatrix} \quad R_1 + R_2 \to R_1$$

A matriz A é inversível e sua inversa é
$$A^{-1} = \begin{bmatrix} -2 & -3 & -1 \\ -3 & -3 & -1 \\ -2 & -4 & -1 \end{bmatrix}.$$

Confirme isso mostrando que

$AA^{-1} = I = A^{-1}A.$

O processo mostrado no Exemplo 3 aplica-se a qualquer matriz A $n \times n$ e permitirá encontrar a inversa de A, se ela existir. Quando A não tem inversa, o processo também irá lhe dizer isso. O próximo exemplo aplica o processo a uma matriz singular (uma que não tem inversa).

TECNOLOGIA

Muitas ferramentas computacionais e softwares podem encontrar a inversa de uma matriz quadrada. Quando você usa uma ferramenta computacional, pode ver algo semelhante à tela abaixo para o Exemplo 3.
O **Technology Guide**, disponível na página deste livro no site da Cengage, pode ajudá-lo a usar a tecnologia para encontrar a inversa de uma matriz.

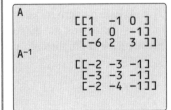

66 Elementos de álgebra linear

EXEMPLO 4 — Uma matriz singular

Mostre que a matriz não tem inversa.

$$A = \begin{bmatrix} 1 & 2 & 0 \\ 3 & -1 & 2 \\ -2 & 3 & -2 \end{bmatrix}$$

SOLUÇÃO

Junte a matriz identidade a A para formar

$$[A \quad I] = \begin{bmatrix} 1 & 2 & 0 & 1 & 0 & 0 \\ 3 & -1 & 2 & 0 & 1 & 0 \\ -2 & 3 & -2 & 0 & 0 & 1 \end{bmatrix}$$

e aplique a eliminação de Gauss-Jordan para obter

$$\begin{bmatrix} 1 & 2 & 0 & 1 & 0 & 0 \\ 0 & -7 & 2 & -3 & 1 & 0 \\ 0 & 0 & 0 & -1 & 1 & 1 \end{bmatrix}.$$

Observe que uma "porção" da matriz A possui linha de zeros. Portanto, não é possível reescrever a matriz $[A \quad I]$ na forma $[I \quad A^{-1}]$. Isso significa que A não tem inversa, isto é, A é não inversível (ou singular).

Usar a eliminação de Gauss-Jordan para encontrar a inversa de uma matriz funciona bem (mesmo como uma técnica computacional) para matrizes de tamanho 3×3 ou maior. Para matrizes 2×2, no entanto, você pode usar uma fórmula para a inversa, em vez de eliminação de Gauss-Jordan.

Se A é uma matriz 2×2

$$A = \begin{bmatrix} a & b \\ c & d \end{bmatrix}$$

OBSERVAÇÃO

O denominador $ad - bc$ é o **determinante** de A. Você estudará determinantes em detalhe no Capítulo 3.

então A é inversível se e somente se $ad - bc \neq 0$. Além disso, se $ad - bc \neq 0$, então o inversa é

$$A^{-1} = \frac{1}{ad - bc} \begin{bmatrix} d & -b \\ -c & a \end{bmatrix}.$$

EXEMPLO 5 — Determinação de inversas de matrizes 2×2

Se possível, encontre a inversa de cada matriz.

a. $A = \begin{bmatrix} 3 & -1 \\ -2 & 2 \end{bmatrix}$ **b.** $B = \begin{bmatrix} 3 & -1 \\ -6 & 2 \end{bmatrix}$

SOLUÇÃO

a. Para a matriz A, a fim de aplicar a fórmula para a inversa de uma matriz 2×2, note que $ad - bc = (3)(2) - (-1)(-2) = 4$. Este número não é zero, assim A é inversível. Forme a inversa trocando os elementos na diagonal principal, mudando os sinais dos outros dois elementos e multiplicando pelo escalar $\frac{1}{4}$, como mostrado abaixo.

$$A^{-1} = \frac{1}{4} \begin{bmatrix} 2 & 1 \\ 2 & 3 \end{bmatrix} = \begin{bmatrix} \frac{1}{2} & \frac{1}{4} \\ \frac{1}{2} & \frac{3}{4} \end{bmatrix}$$

b. Para a matriz B, tem-se $ad - bc = (3)(2) - (-1)(-6) = 0$, o que significa que B não é inversível.

Matrizes 67

PROPRIEDADES DAS INVERSAS

O Teorema 2.8 a seguir lista propriedades importantes de matrizes inversas.

TEOREMA 2.8 Propriedades de matrizes inversas

Se A é uma matriz inversível, k é um número inteiro positivo e c é um escalar diferente de zero, então A^{-1}, A^k, cA e A^T são inversíveis e as afirmações abaixo são verdadeiras.

1. $(A^{-1})^{-1} = A$

2. $(A^k)^{-1} = \underbrace{A^{-1}A^{-1} \cdots A^{-1}}_{k \text{ fatores}} = (A^{-1})^k$

3. $(cA)^{-1} = \dfrac{1}{c}A^{-1}$

4. $(A^T)^{-1} = (A^{-1})^T$

DEMONSTRAÇÃO

A chave para as demonstrações das Propriedades 1, 3 e 4 é o fato de que a inversa de uma matriz é única (Teorema 2.7). Em termos mais claros, se $BC = CB = I$, então C é a inversa de B.

A Propriedade 1 afirma que a inversa de A^{-1} é a própria matriz A. Para demonstrar isso, observe que $A^{-1}A = AA^{-1} = I$, o que significa que A é a inversa de A^{-1}. Assim, $A = (A^{-1})^{-1}$.

De forma parecida, a Propriedade 3 afirma que $\dfrac{1}{c}A^{-1}$ é a inversa de (cA), $c \neq 0$. Para demonstrar isso, use as propriedades da multiplicação por escalar dadas nos Teoremas 2.1 e 2.3.

$$(cA)\left(\frac{1}{c}A^{-1}\right) = \left(c\frac{1}{c}\right)AA^{-1} = (1)I = I$$

$$\left(\frac{1}{c}A^{-1}\right)(cA) = \left(\frac{1}{c}c\right)A^{-1}A = (1)I = I$$

Assim, $\dfrac{1}{c}A^{-1}$ é a inversa de (cA), o que implica que $(cA)^{-1} = \dfrac{1}{c}A^{-1}$. As Propriedades 2 e 4 foram deixadas para você demonstrar. (Veja os Exercícios 63 e 64.)

Para as matrizes não singulares, a notação exponencial usada para a multiplicação repetida de matrizes *quadradas* pode ser estendida para incluir expoentes que são números inteiros negativos. Isso pode ser feito definindo A^{-k} por

$$A^{-k} = \underbrace{A^{-1}A^{-1} \cdots A^{-1}}_{k \text{ fatores}} = (A^{-1})^k.$$

Usando esta convenção, você pode mostrar que as propriedades $A^j A^k = A^{j+k}$ e $(A^j)^k = A^{jk}$ são válidas para quaisquer inteiros j e k.

Descoberta

Sejam $A = \begin{bmatrix} 1 & 2 \\ 1 & 3 \end{bmatrix}$ e $B = \begin{bmatrix} 2 & -1 \\ 1 & -1 \end{bmatrix}$.

1. Determine $(AB)^{-1}$, $A^{-1}B^{-1}$ e $B^{-1}A^{-1}$.

2. Faça uma conjectura sobre a inversa de um produto de duas matrizes não singulares. Em seguida, escolha duas outras matrizes não singulares de mesma ordem e veja se a sua conjectura é válida.

Veja LarsonLinearAlgebra.com para uma versão interativa deste tipo de exercício.

68 Elementos de álgebra linear

EXEMPLO 6   **A inversa do quadrado de uma matriz**

Calcule A^{-2} de duas maneiras diferentes e mostre que os resultados são iguais.

$$A = \begin{bmatrix} 1 & 1 \\ 2 & 4 \end{bmatrix}$$

SOLUÇÃO

Uma maneira de encontrar A^{-2} é determinar $(A^2)^{-1}$, elevando a matriz A ao quadrado para obter

$$A^2 = \begin{bmatrix} 3 & 5 \\ 10 & 18 \end{bmatrix}$$

e usando a fórmula para a inversa de uma matriz 2×2 para obter

$$(A^2)^{-1} = \frac{1}{4}\begin{bmatrix} 18 & -5 \\ -10 & 3 \end{bmatrix} = \begin{bmatrix} \frac{9}{2} & -\frac{5}{4} \\ -\frac{5}{2} & \frac{3}{4} \end{bmatrix}.$$

Outra maneira de encontrar A^{-2} é calcular $(A^{-1})^2$, determinando A^{-1}

$$A^{-1} = \frac{1}{2}\begin{bmatrix} 4 & -1 \\ -2 & 1 \end{bmatrix} = \begin{bmatrix} 2 & -\frac{1}{2} \\ -1 & \frac{1}{2} \end{bmatrix}$$

e em seguida elevando esta matriz ao quadrado para obter

$$(A^{-1})^2 = \begin{bmatrix} \frac{9}{2} & -\frac{5}{4} \\ -\frac{5}{2} & \frac{3}{4} \end{bmatrix}.$$

Observe que ambos os métodos produzem o mesmo resultado.

O próximo teorema dá uma fórmula para calcular a inversa de um produto de duas matrizes.

TEOREMA 2.9   A inversa de um produto

Se A e B são matrizes inversíveis de ordem n, então AB é inversível e

$$(AB)^{-1} = B^{-1}A^{-1}.$$

DEMONSTRAÇÃO

Para mostrar que $B^{-1}A^{-1}$ é a inversa de AB, você só precisa mostrar que está em conformidade com a definição de matriz inversa. Isto é,

$$(AB)(B^{-1}A^{-1}) = A(BB^{-1})A^{-1} = A(I)A^{-1} = (AI)A^{-1} = AA^{-1} = I.$$

De maneira parecida, $(B^{-1}A^{-1})(AB) = I$. Assim, AB é inversível e sua inversa é $B^{-1}A^{-1}$.

O Teorema 2.9 afirma que a inversa de um produto de duas matrizes inversíveis é o produto de suas inversas tomado na ordem contrária. Isso pode ser generalizado para incluir o produto de mais de duas matrizes inversíveis:

$$(A_1 A_2 A_3 \cdots A_n)^{-1} = A_n^{-1} \cdots A_3^{-1} A_2^{-1} A_1^{-1}.$$

(Veja o Exemplo 4 no Apêndice.)

EXEMPLO 7   **Determinação da inversa de um produto de matrizes**

Encontre $(AB)^{-1}$ para as matrizes

$$A = \begin{bmatrix} 1 & 3 & 3 \\ 1 & 4 & 3 \\ 1 & 3 & 4 \end{bmatrix} \quad \text{e} \quad B = \begin{bmatrix} 1 & 2 & 3 \\ 1 & 3 & 3 \\ 2 & 4 & 3 \end{bmatrix}$$

sabendo que A^{-1} e B^{-1} são

Matrizes 69

$$A^{-1} = \begin{bmatrix} 7 & -3 & -3 \\ -1 & 1 & 0 \\ -1 & 0 & 1 \end{bmatrix} \quad \text{e} \quad B^{-1} = \begin{bmatrix} 1 & -2 & 1 \\ -1 & 1 & 0 \\ \frac{2}{3} & 0 & -\frac{1}{3} \end{bmatrix}.$$

OBSERVAÇÃO

Note que você *inverte a ordem* da multiplicação para encontrar a inversa de *AB*, ou melhor, $(AB)^{-1} = B^{-1}A^{-1}$. Atente que a inversa de *AB* geralmente *não* é igual a $A^{-1}B^{-1}$.

SOLUÇÃO

A aplicação do Teorema 2.9 fornece

$$(AB)^{-1} = B^{-1}A^{-1}$$

$$= \begin{bmatrix} 1 & -2 & 1 \\ -1 & 1 & 0 \\ \frac{2}{3} & 0 & -\frac{1}{3} \end{bmatrix} \begin{bmatrix} 7 & -3 & -3 \\ -1 & 1 & 0 \\ -1 & 0 & 1 \end{bmatrix}$$

$$= \begin{bmatrix} 8 & -5 & -2 \\ -8 & 4 & 3 \\ 5 & -2 & -\frac{7}{3} \end{bmatrix}.$$

Uma propriedade importante na álgebra de números reais é a propriedade de cancelamento. Mais precisamente, se $ac = bc\,(c \neq 0)$, então $a = b$. As matrizes inversíveis possuem propriedades de cancelamento parecidas.

TEOREMA 2.10   Propriedades de cancelamento

Se C é uma matriz inversível, então as propriedades abaixo são verdadeiras.

1. Se $AC = BC$, então $A = B$.   Propriedade de cancelamento à direita
2. Se $CA = CB$, então $A = B$.   Propriedade de cancelamento à esquerda

---

DEMONSTRAÇÃO

Para demonstrar a Propriedade 1, use o fato de que C é inversível e escreva

$$AC = BC$$
$$(AC)C^{-1} = (BC)C^{-1}$$
$$A(CC^{-1}) = B(CC^{-1})$$
$$AI = BI$$
$$A = B.$$

A segunda propriedade pode ser demonstrada de forma semelhante. (Veja o Exercício 65.)

Tenha a certeza de lembrar que o Teorema 2.10 pode ser aplicado somente quando C é uma matriz *inversível*. Se C não for inversível, o cancelamento em geral não é válido. Por exemplo, o Exemplo 5 na Seção 2.2 fornece um exemplo de uma equação matricial $AC = BC$ em que $A \neq B$, porque C não é inversível no exemplo.

SISTEMAS DE EQUAÇÕES

Para sistemas *quadrados* de equações (aqueles com o mesmo número de equações e de variáveis), você pode usar o teorema abaixo para determinar se o sistema possui uma única solução.

TEOREMA 2.11   Sistemas de equações com soluções únicas

Se A é uma matriz inversível, então o sistema de equações lineares $A\mathbf{x} = \mathbf{b}$ possui uma solução única $\mathbf{x} = A^{-1}\mathbf{b}$.

---

70 Elementos de álgebra linear

DEMONSTRAÇÃO

A matriz A é não singular, então as etapas mostradas a seguir são válidas.

$$A\mathbf{x} = \mathbf{b}$$
$$A^{-1}A\mathbf{x} = A^{-1}\mathbf{b}$$
$$I\mathbf{x} = A^{-1}\mathbf{b}$$
$$\mathbf{x} = A^{-1}\mathbf{b}$$

Esta solução é única porque se $\mathbf{x}_1$ e $\mathbf{x}_2$ fossem duas soluções, então você poderia aplicar a propriedade de cancelamento à equação $A\mathbf{x}_1 = \mathbf{b} = A\mathbf{x}_2$ para concluir que $\mathbf{x}_1 = \mathbf{x}_2$. ■

O Teorema 2.11 pode ser usado na resolução de *vários* sistemas que têm a mesma matriz de coeficientes A. Você poderia encontrar a matriz inversa uma vez e, em seguida, resolver cada sistema pelo cálculo do produto $A^{-1}\mathbf{b}$.

EXEMPLO 8 **Resolução de sistemas de equações usando uma matriz inversa**

Use uma matriz inversa para resolver cada sistema.

a. $2x + 3y + z = -1$ $\quad$ **b.** $2x + 3y + z = 4$ $\quad$ **c.** $2x + 3y + z = 0$
$3x + 3y + z = 1$ $\quad3x + 3y + z = 8$ $\quad3x + 3y + z = 0$
$2x + 4y + z = -2$ $\quad2x + 4y + z = 5$ $\quad2x + 4y + z = 0$

SOLUÇÃO

Observe primeiro que a matriz de coeficientes para cada sistema é $A = \begin{bmatrix} 2 & 3 & 1 \\ 3 & 3 & 1 \\ 2 & 4 & 1 \end{bmatrix}$.

Usando a eliminação de Gauss-Jordan, $A^{-1} = \begin{bmatrix} -1 & 1 & 0 \\ -1 & 0 & 1 \\ 6 & -2 & -3 \end{bmatrix}$.

a. $\mathbf{x} = A^{-1}\mathbf{b} = \begin{bmatrix} -1 & 1 & 0 \\ -1 & 0 & 1 \\ 6 & -2 & -3 \end{bmatrix} \begin{bmatrix} -1 \\ 1 \\ -2 \end{bmatrix} = \begin{bmatrix} 2 \\ -1 \\ -2 \end{bmatrix}$ $\qquad$ A solução é $x = 2$, $y = -1$ e $z = -2$.

b. $\mathbf{x} = A^{-1}\mathbf{b} = \begin{bmatrix} -1 & 1 & 0 \\ -1 & 0 & 1 \\ 6 & -2 & -3 \end{bmatrix} \begin{bmatrix} 4 \\ 8 \\ 5 \end{bmatrix} = \begin{bmatrix} 4 \\ 1 \\ -7 \end{bmatrix}$ $\qquad$ A solução é $x = 4$, $y = 1$ e $z = -7$.

c. $\mathbf{x} = A^{-1}\mathbf{b} = \begin{bmatrix} -1 & 1 & 0 \\ -1 & 0 & 1 \\ 6 & -2 & -3 \end{bmatrix} \begin{bmatrix} 0 \\ 0 \\ 0 \end{bmatrix} = \begin{bmatrix} 0 \\ 0 \\ 0 \end{bmatrix}$ $\qquad$ A solução é trivial: $x = 0$, $y = 0$ e $z = 0$.

2.3 Exercícios

A inversa de uma matriz Nos Exercícios 1-6, mostre que B é a inversa de A.

1. $A = \begin{bmatrix} 2 & 1 \\ 5 & 3 \end{bmatrix}$, $\quad B = \begin{bmatrix} 3 & -1 \\ -5 & 2 \end{bmatrix}$

2. $A = \begin{bmatrix} 1 & -1 \\ -1 & 2 \end{bmatrix}$, $\quad B = \begin{bmatrix} 2 & 1 \\ 1 & 1 \end{bmatrix}$

3. $A = \begin{bmatrix} 1 & 2 \\ 3 & 4 \end{bmatrix}$, $\quad B = \begin{bmatrix} -2 & 1 \\ \frac{3}{2} & -\frac{1}{2} \end{bmatrix}$

4. $A = \begin{bmatrix} 1 & -1 \\ 2 & 3 \end{bmatrix}$, $\quad B = \begin{bmatrix} \frac{3}{5} & \frac{1}{5} \\ -\frac{2}{5} & \frac{1}{5} \end{bmatrix}$

$$5.\ A = \begin{bmatrix} -2 & 2 & 3 \\ 1 & -1 & 0 \\ 0 & 1 & 4 \end{bmatrix}, \quad B = \tfrac{1}{3}\begin{bmatrix} -4 & -5 & 3 \\ -4 & -8 & 3 \\ 1 & 2 & 0 \end{bmatrix}$$

$$6.\ A = \begin{bmatrix} 2 & -17 & 11 \\ -1 & 11 & -7 \\ 0 & 3 & -2 \end{bmatrix}, \quad B = \begin{bmatrix} 1 & 1 & 2 \\ 2 & 4 & -3 \\ 3 & 6 & -5 \end{bmatrix}$$

Determinação da inversa de uma matriz Nos Exercícios 7-30, encontre a inversa da matriz (se existir).

$$7.\ \begin{bmatrix} 2 & 0 \\ 0 & 3 \end{bmatrix} \qquad 8.\ \begin{bmatrix} 2 & -2 \\ 2 & 2 \end{bmatrix}$$

$$9.\ \begin{bmatrix} 1 & 2 \\ 3 & 7 \end{bmatrix} \qquad 10.\ \begin{bmatrix} 1 & -2 \\ 2 & -3 \end{bmatrix}$$

$$11.\ \begin{bmatrix} -7 & 33 \\ 4 & -19 \end{bmatrix} \qquad 12.\ \begin{bmatrix} -1 & 1 \\ 3 & -3 \end{bmatrix}$$

$$13.\ \begin{bmatrix} 1 & 1 & 1 \\ 3 & 5 & 4 \\ 3 & 6 & 5 \end{bmatrix} \qquad 14.\ \begin{bmatrix} 1 & 2 & 2 \\ 3 & 7 & 9 \\ -1 & -4 & -7 \end{bmatrix}$$

$$15.\ \begin{bmatrix} 1 & 2 & -1 \\ 3 & 7 & -10 \\ 7 & 16 & -21 \end{bmatrix} \qquad 16.\ \begin{bmatrix} 10 & 5 & -7 \\ -5 & 1 & 4 \\ 3 & 2 & -2 \end{bmatrix}$$

$$17.\ \begin{bmatrix} 1 & 1 & 2 \\ 3 & 1 & 0 \\ -2 & 0 & 3 \end{bmatrix} \qquad 18.\ \begin{bmatrix} 3 & 2 & 5 \\ 2 & 2 & 4 \\ -4 & 4 & 0 \end{bmatrix}$$

$$19.\ \begin{bmatrix} 2 & 0 & 0 \\ 0 & 3 & 0 \\ 0 & 0 & 5 \end{bmatrix} \qquad 20.\ \begin{bmatrix} -\tfrac{5}{6} & \tfrac{1}{3} & \tfrac{11}{6} \\ 0 & \tfrac{2}{3} & 2 \\ 1 & -\tfrac{1}{2} & -\tfrac{5}{2} \end{bmatrix}$$

$$21.\ \begin{bmatrix} 0{,}6 & 0 & -0{,}3 \\ 0{,}7 & -1 & 0{,}2 \\ 1 & 0 & -0{,}9 \end{bmatrix} \qquad 22.\ \begin{bmatrix} 0{,}1 & 0{,}2 & 0{,}3 \\ -0{,}3 & 0{,}2 & 0{,}2 \\ 0{,}5 & 0{,}5 & 0{,}5 \end{bmatrix}$$

$$23.\ \begin{bmatrix} 1 & 0 & 0 \\ 3 & 4 & 0 \\ 2 & 5 & 5 \end{bmatrix} \qquad 24.\ \begin{bmatrix} 1 & 0 & 0 \\ 3 & 0 & 0 \\ 2 & 5 & 5 \end{bmatrix}$$

$$25.\ \begin{bmatrix} -8 & 0 & 0 & 0 \\ 0 & 1 & 0 & 0 \\ 0 & 0 & 0 & 0 \\ 0 & 0 & 0 & -5 \end{bmatrix} \qquad 26.\ \begin{bmatrix} 1 & 0 & 0 & 0 \\ 0 & 2 & 0 & 0 \\ 0 & 0 & -2 & 0 \\ 0 & 0 & 0 & 3 \end{bmatrix}$$

$$27.\ \begin{bmatrix} 1 & -2 & -1 & -2 \\ 3 & -5 & -2 & -3 \\ 2 & -5 & -2 & -5 \\ -1 & 4 & 4 & 11 \end{bmatrix} \qquad 28.\ \begin{bmatrix} 4 & 8 & -7 & 14 \\ 2 & 5 & -4 & 6 \\ 0 & 2 & 1 & -7 \\ 3 & 6 & -5 & 10 \end{bmatrix}$$

$$29.\ \begin{bmatrix} 1 & 0 & 3 & 0 \\ 0 & 2 & 0 & 4 \\ 1 & 0 & 3 & 0 \\ 0 & 2 & 0 & 4 \end{bmatrix} \qquad 30.\ \begin{bmatrix} 1 & 3 & -2 & 0 \\ 0 & 2 & 4 & 6 \\ 0 & 0 & -2 & 1 \\ 0 & 0 & 0 & 5 \end{bmatrix}$$

Determinação da inversa de uma matriz 2 × 2 Nos Exercícios 31-36, use a fórmula na página 66 para encontrar o inversa da matriz 2 × 2 (se existir).

$$31.\ \begin{bmatrix} 2 & 3 \\ -1 & 5 \end{bmatrix} \qquad 32.\ \begin{bmatrix} 1 & -2 \\ -3 & 2 \end{bmatrix}$$

$$33.\ \begin{bmatrix} -4 & -6 \\ 2 & 3 \end{bmatrix} \qquad 34.\ \begin{bmatrix} -12 & 3 \\ 5 & -2 \end{bmatrix}$$

$$35.\ \begin{bmatrix} \tfrac{7}{2} & -\tfrac{3}{4} \\ \tfrac{1}{5} & \tfrac{4}{5} \end{bmatrix} \qquad 36.\ \begin{bmatrix} -\tfrac{1}{4} & \tfrac{9}{4} \\ \tfrac{5}{3} & \tfrac{8}{9} \end{bmatrix}$$

Determinação da inversa do quadrado de uma matriz Nos Exercícios 37-40, calcule A^{-2} de duas maneiras diferentes e mostre que os resultados são iguais.

$$37.\ A = \begin{bmatrix} 0 & -2 \\ -1 & 3 \end{bmatrix} \qquad 38.\ A = \begin{bmatrix} 2 & 7 \\ -5 & 6 \end{bmatrix}$$

$$39.\ A = \begin{bmatrix} -2 & 0 & 0 \\ 0 & 1 & 0 \\ 0 & 0 & 3 \end{bmatrix} \qquad 40.\ A = \begin{bmatrix} 6 & 0 & 4 \\ -2 & 7 & -1 \\ 3 & 1 & 2 \end{bmatrix}$$

Determinação das inversas de produtos e transpostas Nos Exercícios 41-44, use as matrizes inversas para encontrar (a) $(AB)^{-1}$, (b) $(A^T)^{-1}$ e (c) $(2A)^{-1}$.

$$41.\ A^{-1} = \begin{bmatrix} 2 & 5 \\ -7 & 6 \end{bmatrix}, \quad B^{-1} = \begin{bmatrix} 7 & -3 \\ 2 & 0 \end{bmatrix}$$

$$42.\ A^{-1} = \begin{bmatrix} -\tfrac{2}{7} & \tfrac{1}{7} \\ \tfrac{3}{7} & \tfrac{2}{7} \end{bmatrix}, \quad B^{-1} = \begin{bmatrix} \tfrac{5}{11} & \tfrac{2}{11} \\ \tfrac{3}{11} & -\tfrac{1}{11} \end{bmatrix}$$

$$43.\ A^{-1} = \begin{bmatrix} 1 & -\tfrac{1}{2} & \tfrac{3}{4} \\ \tfrac{3}{2} & \tfrac{1}{2} & -2 \\ \tfrac{1}{4} & 1 & \tfrac{1}{2} \end{bmatrix}, \quad B^{-1} = \begin{bmatrix} 2 & 4 & \tfrac{5}{2} \\ -\tfrac{3}{4} & 2 & \tfrac{1}{4} \\ \tfrac{1}{4} & \tfrac{1}{2} & 2 \end{bmatrix}$$

$$44.\ A^{-1} = \begin{bmatrix} 1 & -4 & 2 \\ 0 & 1 & 3 \\ 4 & 2 & 1 \end{bmatrix}, \quad B^{-1} = \begin{bmatrix} 6 & 5 & -3 \\ -2 & 4 & -1 \\ 1 & 3 & 4 \end{bmatrix}$$

Resolução de um sistema de equações usando uma inversa Nos Exercícios 45-48, use uma matriz inversa para resolver cada sistema de equações lineares.

45. (a) $x + 2y = -1$
     $\quad\ x - 2y = 3$
 (b) $x + 2y = 10$
     $\quad\ x - 2y = -6$

46. (a) $2x - y = -3$
     $\quad\ 2x + y = 7$
 (b) $2x - y = -1$
     $\quad\ 2x + y = -3$

47. (a) $x_1 + 2x_2 + x_3 = 2$
     $\quad x_1 + 2x_2 - x_3 = 4$
     $\quad x_1 - 2x_2 + x_3 = -2$
 (b) $x_1 + 2x_2 + x_3 = 1$
     $\quad x_1 + 2x_2 - x_3 = 3$
     $\quad x_1 - 2x_2 + x_3 = -3$

48. (a) $x_1 + x_2 - 2x_3 = 0$
$x_1 - 2x_2 + x_3 = 0$
$x_1 - x_2 - x_3 = -1$
(b) $x_1 + x_2 - 2x_3 = -1$
$x_1 - 2x_2 + x_3 = 2$
$x_1 - x_2 - x_3 = 0$

Resolução de um sistema de equações usando uma inversa Nos Exercícios 49-52, use um software ou ferramenta computacional para resolver o sistema de equações lineares usando uma matriz inversa.

49. $x_1 + 2x_2 - x_3 + 3x_4 - x_5 = -3$
$x_1 - 3x_2 + x_3 + 2x_4 - x_5 = -3$
$2x_1 + x_2 + x_3 - 3x_4 + x_5 = 6$
$x_1 - x_2 + 2x_3 + x_4 - x_5 = 2$
$2x_1 + x_2 - x_3 + 2x_4 + x_5 = -3$

50. $x_1 + x_2 - x_3 + 3x_4 - x_5 = 3$
$2x_1 + x_2 + x_3 + x_4 + x_5 = 4$
$x_1 + x_2 - x_3 + 2x_4 - x_5 = 3$
$2x_1 + x_2 + 4x_3 + x_4 - x_5 = -1$
$3x_1 + x_2 + x_3 - 2x_4 + x_5 = 5$

51. $2x_1 - 3x_2 + x_3 - 2x_4 + x_5 - 4x_6 = 20$
$3x_1 + x_2 - 4x_3 + x_4 - x_5 + 2x_6 = -16$
$4x_1 + x_2 - 3x_3 + 4x_4 - x_5 + 2x_6 = -12$
$-5x_1 - x_2 + 4x_3 + 2x_4 - 5x_5 + 3x_6 = -2$
$x_1 + x_2 - 3x_3 + 4x_4 - 3x_5 + x_6 = -15$
$3x_1 - x_2 + 2x_3 - 3x_4 + 2x_5 - 6x_6 = 25$

52. $4x_1 - 2x_2 + 4x_3 + 2x_4 - 5x_5 - x_6 = 1$
$3x_1 + 6x_2 - 5x_3 - 6x_4 + 3x_5 + 3x_6 = -11$
$2x_1 - 3x_2 + x_3 + 3x_4 - x_5 - 2x_6 = 0$
$-x_1 + 4x_2 - 4x_3 - 6x_4 + 2x_5 + 4x_6 = -9$
$3x_1 - x_2 + 5x_3 + 2x_4 - 3x_5 - 5x_6 = 1$
$-2x_1 + 3x_2 - 4x_3 - 6x_4 + x_5 + 2x_6 = -12$

Matriz igual a sua própria inversa Nos Exercícios 53 e 54, encontre x de tal forma que a matriz seja igual a sua própria inversa.

53. $A = \begin{bmatrix} 3 & x \\ -2 & -3 \end{bmatrix}$ **54.** $A = \begin{bmatrix} 2 & x \\ -1 & -2 \end{bmatrix}$

Matrix singular Nos Exercícios 55 e 56, encontre x de modo que a matriz seja singular.

55. $A = \begin{bmatrix} 4 & x \\ -2 & -3 \end{bmatrix}$ **56.** $A = \begin{bmatrix} x & 2 \\ -3 & 4 \end{bmatrix}$

Resolução de uma equação matricial Nos Exercícios 57 e 58, encontre A.

57. $(2A)^{-1} = \begin{bmatrix} 1 & 2 \\ 3 & 4 \end{bmatrix}$ **58.** $(4A)^{-1} = \begin{bmatrix} 2 & 4 \\ -3 & 2 \end{bmatrix}$

Determinação da inversa de uma matriz Nos Exercícios 59 e 60, mostre que a matriz é inversível e encontre sua inversa.

59. $A = \begin{bmatrix} \operatorname{sen}\theta & \cos\theta \\ -\cos\theta & \operatorname{sen}\theta \end{bmatrix}$ **60.** $A = \begin{bmatrix} \sec\theta & \operatorname{tg}\theta \\ \operatorname{tg}\theta & \sec\theta \end{bmatrix}$

Deflexão da viga Nos exercícios 61 e 62, as forças w_1, w_2 e w_3 (em libras) agem sobre uma viga elástica simplesmente apoiada, resultando em deflexões d_1, d_2 e d_3 (em polegadas) na viga (veja a figura).

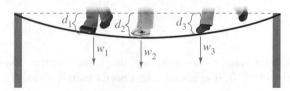

Use a equação matricial $d = Fw$, onde

$$d = \begin{bmatrix} d_1 \\ d_2 \\ d_3 \end{bmatrix}, \quad w = \begin{bmatrix} w_1 \\ w_2 \\ w_3 \end{bmatrix}$$

e F é a *matriz de flexibilidade* 3×3 para a viga, de modo a encontrar a matriz de rigidez F^{-1} e a matriz de força w. Os elementos de F são medidas em polegadas por libra.

61. $F = \begin{bmatrix} 0{,}008 & 0{,}004 & 0{,}003 \\ 0{,}004 & 0{,}006 & 0{,}004 \\ 0{,}003 & 0{,}004 & 0{,}008 \end{bmatrix}$, $d = \begin{bmatrix} 0{,}585 \\ 0{,}640 \\ 0{,}835 \end{bmatrix}$

62. $F = \begin{bmatrix} 0{,}017 & 0{,}010 & 0{,}008 \\ 0{,}010 & 0{,}012 & 0{,}010 \\ 0{,}008 & 0{,}010 & 0{,}017 \end{bmatrix}$, $d = \begin{bmatrix} 0 \\ 0{,}15 \\ 0 \end{bmatrix}$

63. Demonstração Demonstre a Propriedade 2 do Teorema 2.8: se A é uma matriz inversível e k é um inteiro positivo, então
$$(A^k)^{-1} = \underbrace{A^{-1}A^{-1} \cdots A^{-1}}_{k \text{ fatores}} = (A^{-1})^k$$

64. Demonstração Demonstre a Propriedade 4 do Teorema 2.8: se A é uma matriz inversível, então $(A^T)^{-1} = (A^{-1})^T$.

65. Demonstração Demonstre a Propriedade 2 do Teorema 2.10: se C é uma matriz inversível tal que $CA = CB$, então $A = B$.

66. Demonstração Demonstre que se $A^2 = A$, então $I - 2A = (I - 2A)^{-1}$.

67. Demonstração guiada Demonstre que a inversa de uma matriz não singular simétrica é simétrica.

Começando: para demonstrar que a inversa de A é simétrica, você precisa mostrar que $(A^{-1})^T = A^{-1}$.

(i) Seja A uma matriz simétrica e não singular.
(ii) Isso significa que $A^T = A$ e A^{-1} existe.
(iii) Use as propriedades da transposta para mostrar que $(A^{-1})^T$ é igual a A^{-1}.

68. Demonstração Demonstre que, se A, B e C são matrizes quadradas e $ABC = I$, então B é inversível e $B^{-1} = CA$.

69. Demonstração Demonstre que se A é inversível e $AB = O$, então $B = O$.

70. Demonstração guiada Demonstre que, se $A^2 = A$, então ou A é singular ou $A = I$.

Começando: você deve mostrar que ou A é singular ou A é igual à matriz identidade.

(i) Comece sua demonstração observando que A é ou singular ou não singular.

(ii) Se A é singular, então você já acabou.

(iii) Se A não é singular, use a matriz inversa A^{-1} e a hipótese $A^2 = A$ para mostrar que $A = I$.

Verdadeiro ou falso? Nos Exercícios 71 e 72, determine se cada afirmação é verdadeira ou falsa. Se uma afirmação é verdadeira, dê uma justificativa ou cite uma afirmação apropriada do texto. Se uma afirmação for falsa, forneça um exemplo que mostre que a afirmação não é verdadeira em todos os casos ou cite uma afirmação apropriada do texto.

71. (a) Se as matrizes A, B e C satisfazem $BA = CA$ e A é inversível, então $B = C$.

(b) A inversa do produto de duas matrizes é o produto de suas inversas; isto é, $(AB)^{-1} = A^{-1}B^{-1}$.

(c) Se A pode ser reduzida por linhas à matriz identidade, então A é não singular.

72. (a) A inversa da inversa de uma matriz não singular A, $(A^{-1})^{-1}$, é igual a própria A.

(b) A matriz $\begin{bmatrix} a & b \\ c & d \end{bmatrix}$ é inversível quando $ab - dc \neq 0$.

(c) Se A é uma matriz quadrada, então o sistema de equações lineare $A\mathbf{x} = \mathbf{b}$ tem uma única solução.

73. Dissertação A soma de duas matrizes inversíveis é inversível? Sim ou não? Explique por quê? Ilustre sua conclusão com exemplos apropriados.

74. Dissertação Em que condições a matriz diagonal

$$A = \begin{bmatrix} a_{11} & 0 & 0 & \ldots & 0 \\ 0 & a_{22} & 0 & \ldots & 0 \\ \vdots & \vdots & \vdots & & \vdots \\ 0 & 0 & 0 & \ldots & a_{nn} \end{bmatrix}$$

é inversível? Suponha que A seja inversível e encontre sua inversa.

75. Use o resultado do Exercício 74 para encontrar A^{-1} para cada matriz.

(a) $A = \begin{bmatrix} -1 & 0 & 0 \\ 0 & 3 & 0 \\ 0 & 0 & 2 \end{bmatrix}$

(b) $A = \begin{bmatrix} \frac{1}{2} & 0 & 0 \\ 0 & \frac{1}{3} & 0 \\ 0 & 0 & \frac{1}{4} \end{bmatrix}$

76. Seja $A = \begin{bmatrix} 1 & 2 \\ -2 & 1 \end{bmatrix}$.

(a) Mostre que $A^2 - 2A + 5I = O$, onde I é a matriz identidade da ordem 2.

(b) Mostre que $A^{-1} = \frac{1}{5}(2I - A)$.

(c) Mostre que para qualquer matriz quadrada que satisfaz $A^2 - 2A + 5I = O$, a inversa de A é $A^{-1} = \frac{1}{5}(2I - A)$.

77. Demonstração Seja $\mathbf{u}$ uma matriz coluna $n \times 1$ satisfazendo $\mathbf{u}^T\mathbf{u} = I_1$. A matriz $H = I_n - 2\mathbf{u}\mathbf{u}^T$ de tamanho $n \times n$ é chamada de **matriz de Householder**.

(a) Demonstre que H é simétrica e não singular.

(b) Seja $\mathbf{u} = \begin{bmatrix} \sqrt{2}/2 \\ \sqrt{2}/2 \\ 0 \end{bmatrix}$. Mostre que $\mathbf{u}^T\mathbf{u} = I_1$ e encontre a matriz do Householder H.

78. Demonstração Sejam A e B matrizes $n \times n$. Demonstre que se a matriz $I - AB$ é não singular, então $I - BA$ também o é.

79. Sejam A, D e P matrizes $n \times n$ que satisfazem $AP = PD$. Suponha que P seja não singular e resolva esta equação para determinar A. É sempre verdade que $A = D$?

80. Encontre um exemplo de uma matriz 2×2 singular que cumpre $A^2 = A$.

81. Dissertação Explique como determinar se a inversa de uma matriz existe. Em caso afirmativo, explique como encontrar a inversa.

---

82. Ponto crucial Como mencionado na página 66, se A é uma matriz 2×2,

$$A = \begin{bmatrix} a & b \\ c & d \end{bmatrix},$$

então A é inversível se e somente se $ad - bc \neq 0$. Verifique que a inversa de A é

$$A^{-1} = \frac{1}{ad - bc}\begin{bmatrix} d & -b \\ -c & a \end{bmatrix}.$$

---

83. Dissertação Explique em suas próprias palavras como escrever um sistema de três equações lineares em três variáveis como uma equação matricial, $A\mathbf{x} = \mathbf{b}$, e também como resolver o sistema usando uma matriz inversa.

2.4 Matrizes elementares

- Fatorar uma matriz em um produto de matrizes elementares.
- Encontrar e usar uma fatoração *LU* de uma matriz para resolver um sistema de equações lineares.

MATRIZES ELEMENTARES E OPERAÇÕES ELEMENTARES DE LINHAS

A Seção 1.2 introduziu as três operações elementares de linhas para matrizes listadas a seguir.

1. Permutar duas linhas.
2. Multiplicar uma linha por uma constante não nula.
3. Adicionar um múltiplo de uma linha a outra linha.

Nesta seção, você verá como usar a multiplicação de matrizes para executar essas operações.

OBSERVAÇÃO
A matriz identidade I_n é elementar por essa definição, pois pode ser obtida por meio de multiplicação de qualquer uma das suas linhas por 1.

Definição de uma matriz elementar

Uma matriz $n \times n$ é uma **matriz elementar** quando pode ser obtida a partir da matriz identidade I_n por uma única operação elementar de linhas.

EXEMPLO 1 — Matrizes elementares e matrizes não elementares

Quais das seguintes matrizes são elementares? Para aquelas que forem, descreva a operação elementar de linhas correspondente.

a. $\begin{bmatrix} 1 & 0 & 0 \\ 0 & 3 & 0 \\ 0 & 0 & 1 \end{bmatrix}$
b. $\begin{bmatrix} 1 & 0 & 0 \\ 0 & 1 & 0 \end{bmatrix}$

c. $\begin{bmatrix} 1 & 0 & 0 \\ 0 & 1 & 0 \\ 0 & 0 & 0 \end{bmatrix}$
d. $\begin{bmatrix} 1 & 0 & 0 \\ 0 & 0 & 1 \\ 0 & 1 & 0 \end{bmatrix}$

e. $\begin{bmatrix} 1 & 0 \\ 2 & 1 \end{bmatrix}$
f. $\begin{bmatrix} 1 & 0 & 0 \\ 0 & 2 & 0 \\ 0 & 0 & -1 \end{bmatrix}$

SOLUÇÃO

a. Esta matriz *é* elementar. Para obtê-la a partir de I_3, multiplique a segunda linha de I_3 por 3.
b. Esta matriz *não* é elementar porque não é quadrada.
c. Esta matriz *não* é elementar porque para obtê-la a partir de I_3, você deve multiplicar a terceira linha de I_3 por 0 (a multiplicação de linha deve ser por uma constante não nula).
d. Esta matriz é elementar. Para obtê-la a partir de I_3, permute a segunda e a terceira linhas de I_3.
e. Esta matriz *é* elementar. Para obtê-la a partir de I_2, multiplique a primeira linha de I_2 por 2 e adicione o resultado à segunda linha.
f. Esta matriz *não* é elementar, porque são necessárias duas operações elementares de linhas para obtê-la a partir de I_3.

Matrizes 75

As matrizes elementares são úteis porque permitem que você use a multiplicação de matrizes para executar operações elementares de linhas, como ilustrado no Exemplo 2.

EXEMPLO 2 **Matrizes elementares e operações elementares de linhas**

a. No produto das matrizes abaixo, E é a matriz elementar na qual as duas primeiras linhas de I_3 são permutadas.

$$\overset{E}{\begin{bmatrix} 0 & 1 & 0 \\ 1 & 0 & 0 \\ 0 & 0 & 1 \end{bmatrix}} \overset{A}{\begin{bmatrix} 0 & 2 & 1 \\ 1 & -3 & 6 \\ 3 & 2 & -1 \end{bmatrix}} = \begin{bmatrix} 1 & -3 & 6 \\ 0 & 2 & 1 \\ 3 & 2 & -1 \end{bmatrix}$$

Observe que as duas primeiras linhas de A são permutadas quando A é multiplicada *à esquerda* por E.

b. No produto das seguintes matrizes, E é a matriz elementar em que a segunda linha de I_3 é multiplicada por $\frac{1}{2}$.

$$\overset{E}{\begin{bmatrix} 1 & 0 & 0 \\ 0 & \frac{1}{2} & 0 \\ 0 & 0 & 1 \end{bmatrix}} \overset{A}{\begin{bmatrix} 1 & 0 & -4 & 1 \\ 0 & 2 & 6 & -4 \\ 0 & 1 & 3 & 1 \end{bmatrix}} = \begin{bmatrix} 1 & 0 & -4 & 1 \\ 0 & 1 & 3 & -2 \\ 0 & 1 & 3 & 1 \end{bmatrix}$$

Observe que a segunda linha de A é multiplicada por $\frac{1}{2}$ quando A é multiplicada *à esquerda* por E.

c. No produto das matrizes abaixo, E é a matriz elementar na qual a primeira linha de I_3 multiplicadas por 2 é somada à sua segunda linha.

$$\overset{E}{\begin{bmatrix} 1 & 0 & 0 \\ 2 & 1 & 0 \\ 0 & 0 & 1 \end{bmatrix}} \overset{A}{\begin{bmatrix} 1 & 0 & -1 \\ -2 & -2 & 3 \\ 0 & 4 & 5 \end{bmatrix}} = \begin{bmatrix} 1 & 0 & -1 \\ 0 & -2 & 1 \\ 0 & 4 & 5 \end{bmatrix}$$

Observe que a primeira linha de A multiplicada por 2 é somada à sua segunda linha quando A é multiplicada *à esquerda* por E. ■

Observe a partir do Exemplo 2(b) que você pode usar a multiplicação de matrizes para fazer operações elementares de linhas em matrizes *não quadradas*. Se o tamanho de A for $n \times p$, então E deve ter ordem n.

Em cada um dos três produtos no Exemplo 2, você pode fazer operações elementares de linhas ao multiplicar *à esquerda* por uma matriz elementar. O próximo teorema, enunciado sem demonstração, generaliza esta propriedade das matrizes elementares.

OBSERVAÇÃO

Lembre-se de que no Teorema 2.12 é preciso multiplicar A *à esquerda* pela matriz elementar E. Este texto não considera a multiplicação à direita por matrizes elementares, que envolve operações de colunas.

TEOREMA 2.12 **Representação de operações elementares de linhas**

Seja E a matriz elementar obtida executando uma operação elementar de linhas em I_m. Se essa mesma operação elementar de linhas for executada em uma matriz A de tamanho $m \times n$, então a matriz resultante é o produto EA.

A maioria das aplicações de operações elementares de linhas requer uma sequência de operações. Por exemplo, a eliminação de Gauss geralmente requer várias operações elementares de linhas para reduzir uma matriz por linhas. Isso se traduz em multiplicação à esquerda por diversas matrizes elementares. A ordem da multiplicação é importante; a matriz elementar imediatamente à esquerda de A corresponde à operação de linhas realizada primeiro. O exemplo 3 ilustra este processo.

76 Elementos de álgebra linear

> ## EXEMPLO 3 — Utilização de matrizes elementares

Encontre uma sequência de matrizes elementares que possa ser usada para escrever a matriz A na forma escalonada por linhas.

$$A = \begin{bmatrix} 0 & 1 & 3 & 5 \\ 1 & -3 & 0 & 2 \\ 2 & -6 & 2 & 0 \end{bmatrix}$$

SOLUÇÃO

Matriz	Operação elementar de linhas	Matriz elementar
$\begin{bmatrix} 1 & -3 & 0 & 2 \\ 0 & 1 & 3 & 5 \\ 2 & -6 & 2 & 0 \end{bmatrix}$	$R_1 \leftrightarrow R_2$	$E_1 = \begin{bmatrix} 0 & 1 & 0 \\ 1 & 0 & 0 \\ 0 & 0 & 1 \end{bmatrix}$
$\begin{bmatrix} 1 & -3 & 0 & 2 \\ 0 & 1 & 3 & 5 \\ 0 & 0 & 2 & -4 \end{bmatrix}$	$R_3 + (-2)R_1 \rightarrow R_3$	$E_2 = \begin{bmatrix} 1 & 0 & 0 \\ 0 & 1 & 0 \\ -2 & 0 & 1 \end{bmatrix}$
$\begin{bmatrix} 1 & -3 & 0 & 2 \\ 0 & 1 & 3 & 5 \\ 0 & 0 & 1 & -2 \end{bmatrix}$	$\left(\tfrac{1}{2}\right)R_3 \rightarrow R_3$	$E_3 = \begin{bmatrix} 1 & 0 & 0 \\ 0 & 1 & 0 \\ 0 & 0 & \tfrac{1}{2} \end{bmatrix}$

As três matrizes elementares E_1, E_2 e E_3 podem ser utilizadas para realizar a mesma eliminação.

> **OBSERVAÇÃO**
>
> O procedimento ilustrado no Exemplo 3 é principalmente de interesse teórico. Em outras palavras, este procedimento não é um método prático para executar eliminação de Gauss.

$$
\begin{aligned}
B = E_3 E_2 E_1 A &= \begin{bmatrix} 1 & 0 & 0 \\ 0 & 1 & 0 \\ 0 & 0 & \tfrac{1}{2} \end{bmatrix} \begin{bmatrix} 1 & 0 & 0 \\ 0 & 1 & 0 \\ -2 & 0 & 1 \end{bmatrix} \begin{bmatrix} 0 & 1 & 0 \\ 1 & 0 & 0 \\ 0 & 0 & 1 \end{bmatrix} \begin{bmatrix} 0 & 1 & 3 & 5 \\ 1 & -3 & 0 & 2 \\ 2 & -6 & 2 & 0 \end{bmatrix} \\
&= \begin{bmatrix} 1 & 0 & 0 \\ 0 & 1 & 0 \\ 0 & 0 & \tfrac{1}{2} \end{bmatrix} \begin{bmatrix} 1 & 0 & 0 \\ 0 & 1 & 0 \\ -2 & 0 & 1 \end{bmatrix} \begin{bmatrix} 1 & -3 & 0 & 2 \\ 0 & 1 & 3 & 5 \\ 2 & -6 & 2 & 0 \end{bmatrix} \\
&= \begin{bmatrix} 1 & 0 & 0 \\ 0 & 1 & 0 \\ 0 & 0 & \tfrac{1}{2} \end{bmatrix} \begin{bmatrix} 1 & -3 & 0 & 2 \\ 0 & 1 & 3 & 5 \\ 0 & 0 & 2 & -4 \end{bmatrix} = \begin{bmatrix} 1 & -3 & 0 & 2 \\ 0 & 1 & 3 & 5 \\ 0 & 0 & 1 & -2 \end{bmatrix}
\end{aligned}
$$

As duas matrizes no Exemplo 3

$$A = \begin{bmatrix} 0 & 1 & 3 & 5 \\ 1 & -3 & 0 & 2 \\ 2 & -6 & 2 & 0 \end{bmatrix} \quad \text{e} \quad B = \begin{bmatrix} 1 & -3 & 0 & 2 \\ 0 & 1 & 3 & 5 \\ 0 & 0 & 1 & -2 \end{bmatrix}$$

são equivalentes por linhas, porque você pode obter B executando uma sequência de operações de linhas em A. Precisamente, $B = E_3 E_2 E_1 A$.

A definição de matrizes equivalentes por linhas é apresentada novamente abaixo usando matrizes elementares.

> ### Definição de equivalência por linha
>
> Sejam A e B matrizes $m \times n$. A matriz B é equivalente por linhas a A quando existe um número finito de matrizes elementares E_1, E_2, . . . , E_k tais que
>
> $$B = E_k E_{k-1} \cdot \cdot \cdot E_2 E_1 A.$$

Você sabe pela Seção 2.3 que nem todas as matrizes quadradas são inversíveis. Toda matriz elementar, no entanto, é inversível. Além disso, a inversa de uma matriz elementar é também uma matriz elementar.

TEOREMA 2.13   Matrizes elementares são inversíveis

Se E é uma matriz elementar, então E^{-1} existe e é uma matriz elementar.

A inversa de uma matriz elementar E é a matriz elementar que converte E de volta para I_n. Por exemplo, as inversas das três matrizes elementares do Exemplo 3 são exibidas abaixo.

Matriz elementar   Matriz Inversa

$$E_1 = \begin{bmatrix} 0 & 1 & 0 \\ 1 & 0 & 0 \\ 0 & 0 & 1 \end{bmatrix} \; R_1 \leftrightarrow R_2 \qquad E_1^{-1} = \begin{bmatrix} 0 & 1 & 0 \\ 1 & 0 & 0 \\ 0 & 0 & 1 \end{bmatrix} \; R_1 \leftrightarrow R_2$$

> **OBSERVAÇÃO**
>
> E_2^{-1} é como mostrado porque para converter E_2 de volta para I_3, em E_2 você somaria a linha 1 multiplicada por 2 à linha 3.

$$E_2 = \begin{bmatrix} 1 & 0 & 0 \\ 0 & 1 & 0 \\ -2 & 0 & 1 \end{bmatrix}_{R_3 + (-2)R_1 \to R_3} \qquad E_2^{-1} = \begin{bmatrix} 1 & 0 & 0 \\ 0 & 1 & 0 \\ 2 & 0 & 1 \end{bmatrix}_{R_3 + (2)R_1 \to R_3}$$

$$E_3 = \begin{bmatrix} 1 & 0 & 0 \\ 0 & 1 & 0 \\ 0 & 0 & \frac{1}{2} \end{bmatrix} \; \left(\tfrac{1}{2}\right)R_3 \to R_3 \qquad E_3^{-1} = \begin{bmatrix} 1 & 0 & 0 \\ 0 & 1 & 0 \\ 0 & 0 & 2 \end{bmatrix} \; (2)R_1 \to R_3$$

Use multiplicação de matrizes para verificar esses resultados.

O próximo teorema afirma que toda matriz inversível pode ser escrita como o produto de matrizes elementares.

TEOREMA 2.14   Uma propriedade de matrizes inversíveis

A matriz quadrada A é inversível se e somente se pode ser escrita como o produto de matrizes elementares.

DEMONSTRAÇÃO

A frase "se e somente se" significa que existem realmente duas partes no teorema. Por um lado, você deve mostrar que *se A é inversível*, então pode ser escrita como o produto de matrizes elementares. A seguir, você deve mostrar que, *se A pode ser escrita como produto de matrizes elementares, então A é inversível*.

Para demonstrar o teorema em uma direção, suponha que A é inversível. Do Teorema 2.11 você sabe que o sistema de equações lineares representado por $A\mathbf{x} = O$ tem apenas a solução trivial. Mas isso implica que a matriz aumentada $\begin{bmatrix} A & O \end{bmatrix}$ pode ser reescrita na forma $\begin{bmatrix} I & O \end{bmatrix}$ (usando operações elementares de linhas correspondentes a $E_1, E_2, \ldots,$ e E_k). Então, $E_k \cdots E_2 E_1 A = I$ e segue que $A = E_1^{-1} E_2^{-1} \cdots E_k^{-1}$. Logo, A pode ser escrita como o produto de matrizes elementares.

Para demonstrar o teorema na outra direção, suponha que A é o produto de matrizes elementares. Toda matriz elementar é inversível e o produto de matrizes inversíveis é inversível, então segue que A é inversível. Isso completa a demonstração. ∎

O exemplo 4 ilustra a primeira parte desta demonstração.

EXEMPLO 4   **Escrevendo uma matriz como produto de matrizes elementares**

Encontre uma sequência de matrizes elementares cujo produto seja a matriz não singular

78 Elementos de álgebra linear

$$A = \begin{bmatrix} -1 & -2 \\ 3 & 8 \end{bmatrix}.$$

SOLUÇÃO

Comece por encontrar uma sequência de operações elementares de linhas que pode ser usada para reescrever A na forma escalonada por linhas.

Matriz	Operação elementar de linhas	Matriz elementar
$\begin{bmatrix} 1 & 2 \\ 3 & 8 \end{bmatrix}$	$(-1)R_1 \to R_1$	$E_1 = \begin{bmatrix} -1 & 0 \\ 0 & 1 \end{bmatrix}$
$\begin{bmatrix} 1 & 2 \\ 0 & 2 \end{bmatrix}$	$R_2 + (-3)R_1 \to R_2$	$E_2 = \begin{bmatrix} 1 & 0 \\ -3 & 1 \end{bmatrix}$
$\begin{bmatrix} 1 & 2 \\ 0 & 1 \end{bmatrix}$	$(\frac{1}{2})R_2 \to R_2$	$E_3 = \begin{bmatrix} 1 & 0 \\ 0 & \frac{1}{2} \end{bmatrix}$
$\begin{bmatrix} 1 & 0 \\ 0 & 1 \end{bmatrix}$	$R_1 + (-2)R_2 \to R_1$	$E_4 = \begin{bmatrix} 1 & -2 \\ 0 & 1 \end{bmatrix}$

Agora, a partir da matriz produto $E_4 E_3 E_2 E_1 A = I$, determine A pelo cálculo de $A = E_1^{-1} E_2^{-1} E_3^{-1} E_4^{-1}$. Isso implica que A é um produto de matrizes elementares.

$$A = \overset{E_1^{-1}}{\begin{bmatrix} -1 & 0 \\ 0 & 1 \end{bmatrix}} \overset{E_2^{-1}}{\begin{bmatrix} 1 & 0 \\ 3 & 1 \end{bmatrix}} \overset{E_3^{-1}}{\begin{bmatrix} 1 & 0 \\ 0 & 2 \end{bmatrix}} \overset{E_4^{-1}}{\begin{bmatrix} 1 & 2 \\ 0 & 1 \end{bmatrix}} = \begin{bmatrix} -1 & -2 \\ 3 & 8 \end{bmatrix}$$

Na Seção 2.3, você aprendeu um processo para encontrar a inversa de uma matriz não singular A. Lá, você usou a eliminação de Gauss-Jordan para reduzir a matriz aumentada $[A \quad I]$ para $[I \quad A^{-1}]$. Agora pode usar o Teorema 2.14 para justificar este procedimento. Especificamente, a demonstração do Teorema 2.14 permite que escreva o produto

$$I = E_k \cdots E_2 E_1 A.$$

Multiplicando ambos os lados desta equação (à direita) por A^{-1}, resulta $A^{-1} = E_k \cdots E_2 E_1 I$. Em outras palavras, uma sequência de matrizes elementares que reduz a A para a identidade I também reduz a identidade I para A^{-1}. Aplicando a sequência correspondente de operações elementares de linhas às matrizes A e I simultaneamente, você obtém

$$E_k \cdots E_2 E_1 [A \quad I] = [I \quad A^{-1}].$$

Claro, se A é singular, então nenhuma sequência dessas é possível.

O próximo teorema une algumas relações importantes entre matrizes $n \times n$ e sistemas de equações lineares. As partes essenciais deste teorema já foram demonstradas (ver Teoremas 2.11 e 2.14); é deixado para você preencher as outras partes da demonstração.

TEOREMA 2.15 Condições equivalentes

Se A é uma matriz $n \times n$, então as afirmações abaixo são equivalentes.

1. A é inversível.
2. $A\mathbf{x} = \mathbf{b}$ tem uma solução única para cada matriz coluna $\mathbf{b}$.
3. $A\mathbf{x} = O$ tem apenas a solução trivial.
4. A é equivalente por linhas a I_n.
5. A pode ser escrita como o produto de matrizes elementares.

A FATORAÇÃO *LU*

No coração dos algoritmos mais eficientes e modernos para resolver sistemas lineares $A\mathbf{x} = \mathbf{b}$ está a fatoração LU, na qual a matriz quadrada A é expressa como um produto, $A = LU$. Neste produto, a matriz quadrada L é **triangular inferior**, o que significa que todos os elementos acima da diagonal principal são nulos. A matriz quadrada U é **triangular superior**, o que significa que todos os elementos abaixo da diagonal principal são nulos.

$$\begin{bmatrix} a_{11} & 0 & 0 \\ a_{21} & a_{22} & 0 \\ a_{31} & a_{32} & a_{33} \end{bmatrix} \qquad \begin{bmatrix} a_{11} & a_{12} & a_{13} \\ 0 & a_{22} & a_{23} \\ 0 & 0 & a_{33} \end{bmatrix}$$

Matriz triangular inferior 3×3 Matriz triangular superior 3×3

Definição da fatoração *LU*

Se a matriz $n \times n$ A pode ser escrita como o produto de uma matriz triangular inferior L e uma matriz triangular superior U, então $A = LU$ é uma **fatoração *LU*** de A.

EXEMPLO 5   Fatoração *LU*

a. $\begin{bmatrix} 1 & 2 \\ 1 & 0 \end{bmatrix} = \begin{bmatrix} 1 & 0 \\ 1 & 1 \end{bmatrix} \begin{bmatrix} 1 & 2 \\ 0 & -2 \end{bmatrix} = LU$

é uma fatoração LU da matriz

$A = \begin{bmatrix} 1 & 2 \\ 1 & 0 \end{bmatrix}$

como o produto da matriz triangular inferior

$L = \begin{bmatrix} 1 & 0 \\ 1 & 1 \end{bmatrix}$

pela matriz triangular superior

$U = \begin{bmatrix} 1 & 2 \\ 0 & -2 \end{bmatrix}.$

b. $A = \begin{bmatrix} 1 & -3 & 0 \\ 0 & 1 & 3 \\ 2 & -10 & 2 \end{bmatrix} = \begin{bmatrix} 1 & 0 & 0 \\ 0 & 1 & 0 \\ 2 & -4 & 1 \end{bmatrix} \begin{bmatrix} 1 & -3 & 0 \\ 0 & 1 & 3 \\ 0 & 0 & 14 \end{bmatrix} = LU$

é uma fatoração LU da matriz A.

ÁLGEBRA LINEAR APLICADA

Dinâmica dos fluidos computacional (DFC) é a simulação computacional de fenômenos reais como o escoamento de fluido, transferência de calor e reações químicas. Resolver as equações de conservação de energia, de massa e de momento envolvidas na análise DFC pode envolver grandes sistemas de equações lineares. Assim, para eficiência na computação, a análise DFC usa em geral a partição e a fatoração *LU* de matrizes em seus algoritmos. Empresas espaciais como Boeing e Airbus usaram análise DFC em design de aeronaves. Por exemplo, os engenheiros da Boeing usaram a análise DFC para simular o escoamento do ar em torno de um modelo virtual de suas 787 aeronaves para ajudar a produzir um design mais rápido e eficiente do que aqueles das aeronaves Boeing anteriores.

80   Elementos de álgebra linear

Se uma matriz quadrada A se reduz por linhas a uma matriz triangular superior U usando apenas a operação de linhas de adicionar um múltiplo de uma linha a outra abaixo, então é relativamente fácil encontrar uma fatoração LU da matriz A. Tudo o que você precisa fazer é acompanhar as operações de linhas individuais, como mostrado no próximo exemplo.

EXEMPLO 6   Determinação de uma fatoração LU de uma matriz

Encontre uma fatoração LU da matriz $A = \begin{bmatrix} 1 & -3 & 0 \\ 0 & 1 & 3 \\ 2 & -10 & 2 \end{bmatrix}$.

SOLUÇÃO

Comece reduzindo A por linhas para a forma triangular superior enquanto acompanha as matrizes elementares usadas em cada operação de linhas.

Matriz	Operação elementar de linhas	Matriz elementar

$$\begin{bmatrix} 1 & -3 & 0 \\ 0 & 1 & 3 \\ 0 & -4 & 2 \end{bmatrix}$$

$R_3 + (-2)R_1 \to R_3$

$E_1 = \begin{bmatrix} 1 & 0 & 0 \\ 0 & 1 & 0 \\ -2 & 0 & 1 \end{bmatrix}$

$$\begin{bmatrix} 1 & -3 & 0 \\ 0 & 1 & 3 \\ 0 & 0 & 14 \end{bmatrix}$$

$R_3 + (4)R_2 \to R_3$

$E_2 = \begin{bmatrix} 1 & 0 & 0 \\ 0 & 1 & 0 \\ 0 & 4 & 1 \end{bmatrix}$

A matriz reduzida acima é uma matriz triangular superior U, donde segue que $E_2 E_1 A = U$, ou seja, $A = E_1^{-1} E_2^{-1} U$. O produto das matrizes triangulares inferiores

$$E_1^{-1} E_2^{-1} = \begin{bmatrix} 1 & 0 & 0 \\ 0 & 1 & 0 \\ 2 & 0 & 1 \end{bmatrix} \begin{bmatrix} 1 & 0 & 0 \\ 0 & 1 & 0 \\ 0 & -4 & 1 \end{bmatrix} = \begin{bmatrix} 1 & 0 & 0 \\ 0 & 1 & 0 \\ 2 & -4 & 1 \end{bmatrix}$$

é uma matriz triangular inferior L, de modo que a fatoração $A = LU$ está completa. Observe que esta é a mesma fatoração de LU do Exemplo 5(b).

Se A se reduz por linhas a uma matriz triangular superior U usando apenas a operação de linhas de somar uma linha a outra abaixo, então A tem uma fatoração LU.

$$E_k \cdots E_2 E_1 A = U$$
$$A = E_1^{-1} E_2^{-1} \cdots E_k^{-1} U = LU$$

Aqui, L é o produto das inversas das matrizes elementares usadas na redução por linhas.

Observe que os multiplicadores no Exemplo 6 são -2 e 4, que são os opostos dos elementos correspondentes em L. Isso é verdade em geral. Se U pode ser obtido a partir de A usando apenas a operação elementar de linhas de adicionar um múltiplo de uma linha a outra abaixo, então a matriz L é triangular inferior (com 1 ao longo da diagonal) e o oposto de cada multiplicador está na mesma posição que o zero correspondente em U abaixo da diagonal principal.

Uma vez que você tenha obtido uma fatoração LU de uma matriz A, pode então resolver o sistema de n equações lineares em n variáveis $A\mathbf{x} = \mathbf{b}$ de forma muito eficiente em duas etapas.

1. Escreva $\mathbf{y} = U\mathbf{x}$ e resolva $L\mathbf{y} = \mathbf{b}$ para determinar $\mathbf{y}$.

2. Resolva $U\mathbf{x} = \mathbf{y}$ para determinar $\mathbf{x}$.

A matriz coluna $\mathbf{x}$ é a solução do sistema original porque $A\mathbf{x} = LU\mathbf{x} = L\mathbf{y} = \mathbf{b}$.

O segundo passo é apenas a substituição regressiva, uma vez que a matriz U é triangular superior. O primeiro passo é semelhante, exceto que ele começa no topo da matriz, porque L é triangular inferior. Por esse motivo, o primeiro passo é em geral chamado de **substituição progressiva**.

Matrizes 81

EXEMPLO 7 — Resolução de um sistema linear usando a fatoração *LU*

Veja LarsonLinearAlgebra.com para uma versão interativa deste tipo de exemplo.

Resolva o sistema linear

$$\begin{aligned} x_1 - 3x_2 &= -5 \\ x_2 + 3x_3 &= -1 \\ 2x_1 - 10x_2 + 2x_3 &= -20 \end{aligned}$$

SOLUÇÃO

Você obteve uma fatoração *LU* da matriz de coeficientes *A* no Exemplo 6.

$$A = \begin{bmatrix} 1 & -3 & 0 \\ 0 & 1 & 3 \\ 2 & -10 & 2 \end{bmatrix}$$

$$= \begin{bmatrix} 1 & 0 & 0 \\ 0 & 1 & 0 \\ 2 & -4 & 1 \end{bmatrix} \begin{bmatrix} 1 & -3 & 0 \\ 0 & 1 & 3 \\ 0 & 0 & 14 \end{bmatrix}$$

Primeiro, faça $\mathbf{y} = U\mathbf{x}$ e resolva o sistema $L\mathbf{y} = \mathbf{b}$ para determinar $\mathbf{y}$.

$$\begin{bmatrix} 1 & 0 & 0 \\ 0 & 1 & 0 \\ 2 & -4 & 1 \end{bmatrix} \begin{bmatrix} y_1 \\ y_2 \\ y_3 \end{bmatrix} = \begin{bmatrix} -5 \\ -1 \\ -20 \end{bmatrix}$$

Resolva este sistema usando a substituição progressiva. Começando com a primeira equação, você tem $y_1 = -5$. A segunda equação dá $y_2 = -1$. Finalmente, a partir da terceira equação,

$$\begin{aligned} 2y_1 - 4y_2 + y_3 &= -20 \\ y_3 &= -20 - 2y_1 + 4y_2 \\ y_3 &= -20 - 2(-5) + 4(-1) \\ y_3 &= -14. \end{aligned}$$

A solução de $L\mathbf{y} = \mathbf{b}$ é

$$\mathbf{y} = \begin{bmatrix} -5 \\ -1 \\ -14 \end{bmatrix}.$$

Agora, resolva o sistema $U\mathbf{x} = \mathbf{y}$ para determinar $\mathbf{x}$ usando substituição regressiva.

$$\begin{bmatrix} 1 & -3 & 0 \\ 0 & 1 & 3 \\ 0 & 0 & 14 \end{bmatrix} \begin{bmatrix} x_1 \\ x_2 \\ x_3 \end{bmatrix} = \begin{bmatrix} -5 \\ -1 \\ -14 \end{bmatrix}$$

Da equação inferior, $x_3 = -1$. Então, da segunda equação resulta

$$x_2 + 3(-1) = -1$$

ou $x_2 = 2$. Finalmente, a primeira equação fornece

$$x_1 - 3(2) = -5$$

ou $x_1 = 1$. Assim, a solução do sistema original de equações é

$$\mathbf{x} = \begin{bmatrix} 1 \\ 2 \\ -1 \end{bmatrix}.$$

2.4 Exercícios

Matrizes elementares Nos Exercícios 1-8, determine se a matriz é elementar. Se for, indique a operação elementar de linhas usada para produzi-la.

1. $\begin{bmatrix} 1 & 0 \\ 0 & 2 \end{bmatrix}$
2. $\begin{bmatrix} 1 & 0 & 0 \\ 0 & 0 & 1 \end{bmatrix}$

3. $\begin{bmatrix} 1 & 0 \\ 2 & 1 \end{bmatrix}$
4. $\begin{bmatrix} 0 & 1 \\ 1 & 0 \end{bmatrix}$

5. $\begin{bmatrix} 2 & 0 & 0 \\ 0 & 0 & 1 \\ 0 & 1 & 0 \end{bmatrix}$
6. $\begin{bmatrix} 1 & 0 & 0 \\ 0 & 1 & 0 \\ 2 & 0 & 1 \end{bmatrix}$

7. $\begin{bmatrix} 1 & 0 & 0 & 0 \\ 0 & 1 & 0 & 0 \\ 0 & -5 & 1 & 0 \\ 0 & 0 & 0 & 1 \end{bmatrix}$

8. $\begin{bmatrix} 1 & 0 & 0 & 0 \\ 2 & 1 & 0 & 0 \\ 0 & 0 & 1 & 0 \\ 0 & 0 & -3 & 1 \end{bmatrix}$

Determinação de uma matriz elementar Nos exercícios 9-12, considere A, B e C dadas por

$$A = \begin{bmatrix} 1 & 2 & -3 \\ 0 & 1 & 2 \\ -1 & 2 & 0 \end{bmatrix}, \quad B = \begin{bmatrix} -1 & 2 & 0 \\ 0 & 1 & 2 \\ 1 & 2 & -3 \end{bmatrix} \text{ e}$$

$$C = \begin{bmatrix} 0 & 4 & -3 \\ 0 & 1 & 2 \\ -1 & 2 & 0 \end{bmatrix}.$$

9. Encontre uma matriz elementar E tal que $EA = B$.

10. Encontre uma matriz elementar E tal que $EA = C$.

11. Encontre uma matriz elementar E tal que $EB = A$.

12. Encontre uma matriz elementar E tal que $EC = A$.

Determinação de uma sequência de matrizes elementares Nos Exercícios 13-18, encontre uma sequência de matrizes elementares que possa ser usada para escrever a matriz na forma escalonada por linhas.

13. $\begin{bmatrix} 0 & 1 & 7 \\ 5 & 10 & -5 \end{bmatrix}$
14. $\begin{bmatrix} 0 & 3 & -3 & 6 \\ 1 & -1 & 2 & -2 \\ 0 & 0 & 2 & 2 \end{bmatrix}$

15. $\begin{bmatrix} 1 & -2 & -1 & 0 \\ 0 & 4 & 8 & -4 \\ -6 & 12 & 8 & 1 \end{bmatrix}$
16. $\begin{bmatrix} 1 & 3 & 0 \\ 2 & 5 & -1 \\ 3 & -2 & -4 \end{bmatrix}$

17. $\begin{bmatrix} -2 & 1 & 0 \\ 3 & -4 & 0 \\ 1 & -2 & 2 \\ -1 & 2 & -2 \end{bmatrix}$
18. $\begin{bmatrix} 1 & -6 & 0 & 2 \\ 0 & -3 & 3 & 9 \\ 2 & 5 & -1 & 1 \\ 4 & 8 & -5 & 1 \end{bmatrix}$

Determinação da inversa de uma matriz elementar Nos exercícios 19-24, encontre a inversa da matriz elementar.

19. $\begin{bmatrix} 0 & 1 \\ 1 & 0 \end{bmatrix}$
20. $\begin{bmatrix} 5 & 0 \\ 0 & 1 \end{bmatrix}$

21. $\begin{bmatrix} 0 & 0 & 1 \\ 0 & 1 & 0 \\ 1 & 0 & 0 \end{bmatrix}$
22. $\begin{bmatrix} 1 & 0 & 0 \\ 0 & 1 & 0 \\ 0 & -3 & 1 \end{bmatrix}$

23. $\begin{bmatrix} k & 0 & 0 \\ 0 & 1 & 0 \\ 0 & 0 & 1 \end{bmatrix}$
$k \neq 0$
24. $\begin{bmatrix} 1 & 0 & 0 & 0 \\ 0 & 1 & k & 0 \\ 0 & 0 & 1 & 0 \\ 0 & 0 & 0 & 1 \end{bmatrix}$

Determinação da inversa de uma matriz Nos exercícios 25-28, encontre a inversa da matriz usando matrizes elementares.

25. $\begin{bmatrix} 3 & -2 \\ 1 & 0 \end{bmatrix}$
26. $\begin{bmatrix} 2 & 0 \\ 1 & 1 \end{bmatrix}$

27. $\begin{bmatrix} 1 & 0 & -1 \\ 0 & 6 & -1 \\ 0 & 0 & 4 \end{bmatrix}$
28. $\begin{bmatrix} 1 & 0 & -2 \\ 0 & 2 & 1 \\ 0 & 0 & 1 \end{bmatrix}$

Determinação de uma sequência de matrizes elementares Nos Exercícios 29-36, encontre uma sequência de matrizes elementares cujo produto é a matriz não singular dada.

29. $\begin{bmatrix} 1 & 2 \\ 1 & 0 \end{bmatrix}$
30. $\begin{bmatrix} 0 & 1 \\ 1 & 0 \end{bmatrix}$

31. $\begin{bmatrix} 4 & -1 \\ 3 & -1 \end{bmatrix}$
32. $\begin{bmatrix} 1 & 1 \\ 2 & 1 \end{bmatrix}$

33. $\begin{bmatrix} 1 & -2 & 0 \\ -1 & 3 & 0 \\ 0 & 0 & 1 \end{bmatrix}$
34. $\begin{bmatrix} 1 & 2 & 3 \\ 2 & 5 & 6 \\ 1 & 3 & 4 \end{bmatrix}$

35. $\begin{bmatrix} 1 & 0 & 0 & 1 \\ 0 & -1 & 3 & 0 \\ 0 & 0 & 2 & 0 \\ 0 & 0 & 1 & -1 \end{bmatrix}$
36. $\begin{bmatrix} 4 & 0 & 0 & 2 \\ 0 & 1 & 0 & 1 \\ 0 & 0 & -1 & 2 \\ 1 & 0 & 0 & -2 \end{bmatrix}$

37. Dissertação O produto de duas matrizes elementares é sempre elementar? Explique.

38. Dissertação E é a matriz elementar obtida pela permutação de duas linhas em I_n. A é uma matriz $n \times n$.

(a) Qual é a relação entre EA e A? (b) Encontre E_2.

39. Use matrizes elementares para encontrar a inversa de

$$A = \begin{bmatrix} 1 & 0 & 0 \\ 0 & 1 & 0 \\ a & b & c \end{bmatrix}, \quad c \neq 0.$$

Matrizes 83

40. Use matrizes elementares para encontrar a inversa de
$$A = \begin{bmatrix} 1 & a & 0 \\ 0 & 1 & 0 \\ 0 & 0 & 1 \end{bmatrix} \begin{bmatrix} 1 & 0 & 0 \\ b & 1 & 0 \\ 0 & 0 & 1 \end{bmatrix} \begin{bmatrix} 1 & 0 & 0 \\ 0 & 1 & 0 \\ 0 & 0 & c \end{bmatrix},$$
$c \neq 0$.

Verdadeiro ou falso? Nos Exercícios 41 e 42, determine se cada afirmação é verdadeira ou falsa. Se uma afirmação for verdadeira, dê uma justificativa ou cite uma afirmação apropriada do texto. Se uma afirmação for falsa, forneça um exemplo que mostra que a afirmação não é verdadeira em todos os casos ou cite uma afirmação apropriada do texto.

41. (a) A matriz identidade é uma matriz elementar.

(b) Se E é uma matriz elementar, então $2E$ é uma matriz elementar.

(c) A inversa de uma matriz elementar é uma matriz elementar.

42. (a) A matriz nula é uma matriz elementar.

(b) Uma matriz quadrada é não singular quando pode ser escrita como produto de matrizes elementares.

(c) $A\mathbf{x} = O$ tem apenas a solução trivial se e somente se $A\mathbf{x} = \mathbf{b}$ tem uma única solução para cada matriz coluna $\mathbf{b}$.

Determinação de uma fatoração *LU* de uma matriz Nos exercícios 43-46, encontre uma fatoração *LU* da matriz.

43. $\begin{bmatrix} 1 & 0 \\ -2 & 1 \end{bmatrix}$

44. $\begin{bmatrix} -2 & 1 \\ -6 & 4 \end{bmatrix}$

45. $\begin{bmatrix} 3 & 0 & 1 \\ 6 & 1 & 1 \\ -3 & 1 & 0 \end{bmatrix}$

46. $\begin{bmatrix} 2 & 0 & 0 \\ 0 & -3 & 1 \\ 10 & 12 & 3 \end{bmatrix}$

Resolução de um sistema linear usando fatoração *LU* Nos Exercícios 47 e 48, use uma fatoração *LU* da matriz de coeficientes para resolver o sistema linear.

47.
$$\begin{aligned}
2x + y \quad &= 1 \\
y - z &= 2 \\
-2x + y + z &= -2
\end{aligned}$$

48.
$$\begin{aligned}
2x_1 \qquad\qquad &= 4 \\
-2x_1 + x_2 - x_3 \quad &= -4 \\
6x_1 + 2x_2 + x_3 \quad &= 15 \\
-x_4 &= -1
\end{aligned}$$

Matrizes idempotentes Nos Exercícios 49-52, determine se a matriz é idempotente. Uma matriz quadrada A é idempotente quando $A^2 = A$.

49. $\begin{bmatrix} 1 & 0 \\ 0 & 0 \end{bmatrix}$

50. $\begin{bmatrix} 0 & 1 \\ 1 & 0 \end{bmatrix}$

51. $\begin{bmatrix} 0 & 0 & 1 \\ 0 & 1 & 0 \\ 1 & 0 & 0 \end{bmatrix}$

52. $\begin{bmatrix} 0 & 1 & 0 \\ 1 & 0 & 0 \\ 0 & 0 & 1 \end{bmatrix}$

53. Determine a e b de modo que A seja idempotente.
$$A = \begin{bmatrix} 1 & 0 \\ a & b \end{bmatrix}$$

54. Demonstração guiada Demonstre que A é idempotente se e somente se A^T for idempotente.

Começando: a frase "se e somente se" significa que você deve demonstrar duas afirmações:

1. Se A é idempotente, então A^T é idempotente.

2. Se A^T é idempotente, então A é idempotente.

(i) Comece a sua demonstração da primeira afirmação supondo que A é idempotente.

(ii) Isso significa que $A^2 = A$.

(iii) Use as propriedades da transposta para mostrar que A^T é idempotente.

(iv) Comece sua demonstração da segunda afirmação supondo que A^T é idempotente.

55. Demonstração Demonstre que se A é uma matriz $n \times n$ que é idempotente e inversível, então $A = I_n$.

56. Demonstração Demonstre que se A e B são idempotentes e $AB = BA$, então AB é idempotente.

57. Demonstração guiada Demonstre que, se A é equivalente por linhas a B e se B é equivalente por linhas a C, então A é equivalente por linhas a C.

Começando: para demonstrar que A é equivalente por linhas a C, você deve encontrar matrizes elementares $E_1, E_2, \ldots, E_k$ tais que $A = E_k \cdots E_2 E_1 C$.

(i) Comece observando que A é equivalente por linhas a B e B é equivalente por linhas a C.

(ii) Isso significa que existem matrizes elementares $F_1, F_2, \ldots, F_n$ e $G_1, G_2, \ldots, G_m$ tais que $A = F_n \cdots F_2 F_1 B$ e $B = G_m \cdots G_2 G_1 C$.

(iii) Combine as equações matriciais do passo (ii).

58. Demonstração Demonstre que se A é equivalente por linhas a B, então B é equivalente por linhas a A.

59. Demonstração Seja A uma matriz não singular. Demonstre que se B é equivalente por linhas a A, então B também é não singular.

---

60. Ponto crucial

(a) Explique como encontrar uma matriz elementar.

(b) Explique como usar matrizes elementares para encontrar a fatoração *LU* de uma matriz

(c) Explique como usar a fatoração *LU* para resolver um sistema linear.

---

61. Mostre que a seguinte matriz não possui uma fatoração *LU*.
$$A = \begin{bmatrix} 0 & 1 \\ 1 & 0 \end{bmatrix}$$

84 Elementos de álgebra linear

2.5 Cadeias de Markov

- ■ Usar uma matriz estocástica para encontrar a matriz do n-ésimo estado de uma cadeia de Markov.
- ■ Encontrar a matriz de estado estacionária de uma cadeia de Markov.
- ■ Encontrar a matriz de estado estacionária de uma cadeia de Markov absorvente.

MATRIZES ESTOCÁSTICAS E CADEIAS DE MARKOV

Muitos tipos de aplicações envolvem um conjunto finito de *estados* $\{S_1, S_2, \ldots, S_n\}$ de uma população. Por exemplo, residentes de uma cidade podem viver no centro ou nos subúrbios. Os eleitores podem votar em democratas, republicanos ou independentes. Os consumidores de refrigerantes podem comprar Coca-Cola, Pepsi ou outra marca.

A probabilidade de que um membro de uma população mude do j-ésimo estado para o i-ésimo estado é representada por um número p_{ij}, onde $0 \leq p_{ij} \leq 1$. Uma probabilidade $p_{ij} = 0$ significa que o membro está certo de não mudar do j-ésimo estado para o i-ésimo estado, enquanto que uma probabilidade $p_{ij} = 1$ significa que o membro certamente mudará do j-ésimo estado para o i-ésimo estado.

$$
\begin{array}{c}
\text{De} \\
\overbrace{\hspace{4cm}} \\
P = \begin{array}{c}
\begin{array}{cccc} S_1 & S_2 & \cdots & S_n \end{array} \\
\left[\begin{array}{cccc}
p_{11} & p_{12} & \cdots & p_{1n} \\
p_{21} & p_{22} & \cdots & p_{2n} \\
\vdots & \vdots & & \vdots \\
p_{n1} & p_{n2} & \cdots & p_{nn}
\end{array} \right]
\begin{array}{c} S_1 \\ S_2 \\ \vdots \\ S_n \end{array}
\end{array} \left.\rule{0cm}{2cm}\right\} \text{Para}
\end{array}
$$

P é chamada de **matriz de probabilidades de transição** porque dá as probabilidades de cada tipo possível de transição (ou mudança) dentro da população.

Em cada transição, cada membro em um determinado estado deve permanecer neste ou mudar para outro estado. Em probabilidade, isso significa que a soma dos elementos em qualquer coluna de P é 1. Por exemplo, na primeira coluna,

$$p_{11} + p_{21} + \cdots + p_{n1} = 1.$$

Uma matriz assim é chamada **estocástica** (o termo "estocástico" significa "em relação à conjectura"). Mais precisamente, uma matriz quadrada P de ordem n é uma **matriz estocástica** quando cada elemento é um número pertencente ao intervalo $[0, 1]$ e a soma dos elementos em cada coluna de P é igual a 1.

EXEMPLO 1	**Exemplos de matrizes estocásticas e matrizes não estocásticas**

As matrizes nas partes (a), (b) e (c) são estocásticas, mas as matrizes nas partes (d), (e) e (f) não o são.

a. $\begin{bmatrix} 1 & 0 & 0 \\ 0 & 1 & 0 \\ 0 & 0 & 1 \end{bmatrix}$
b. $\begin{bmatrix} \frac{1}{4} & \frac{1}{5} & \frac{1}{3} & \frac{1}{2} \\ \frac{1}{4} & \frac{13}{60} & 0 & \frac{1}{6} \\ \frac{1}{4} & \frac{1}{3} & \frac{1}{3} & \frac{1}{6} \\ \frac{1}{4} & \frac{1}{4} & \frac{1}{3} & \frac{1}{6} \end{bmatrix}$
c. $\begin{bmatrix} 0{,}9 & 0{,}8 \\ 0{,}1 & 0{,}2 \end{bmatrix}$

d. $\begin{bmatrix} \frac{1}{2} & \frac{1}{4} \\ 0 & \frac{3}{4} \end{bmatrix}$
e. $\begin{bmatrix} \frac{1}{2} & \frac{1}{4} & \frac{1}{4} \\ \frac{1}{3} & 0 & \frac{2}{3} \\ \frac{1}{4} & \frac{3}{4} & 0 \end{bmatrix}$
f. $\begin{bmatrix} 0{,}1 & 0{,}2 & 0{,}3 & 0{,}4 \\ 0{,}2 & 0{,}3 & 0{,}4 & 0{,}5 \\ 0{,}3 & 0{,}4 & 0{,}5 & 0{,}6 \\ 0{,}4 & 0{,}5 & 0{,}6 & 0{,}7 \end{bmatrix}$

O exemplo 2 descreve o uso de uma matriz estocástica para medir as preferências dos consumidores.

Matrizes **85**

EXEMPLO 2 — Modelo de preferência do consumidor

Duas empresas concorrentes oferecem serviço de televisão por satélite a uma cidade com 100.000 famílias. A Figura 2.1 mostra as mudanças nas assinaturas de satélites a cada ano. A Empresa A agora possui 15 mil assinantes e a Empresa B possui 20 mil assinantes. Quantos assinantes cada empresa terá em um ano?

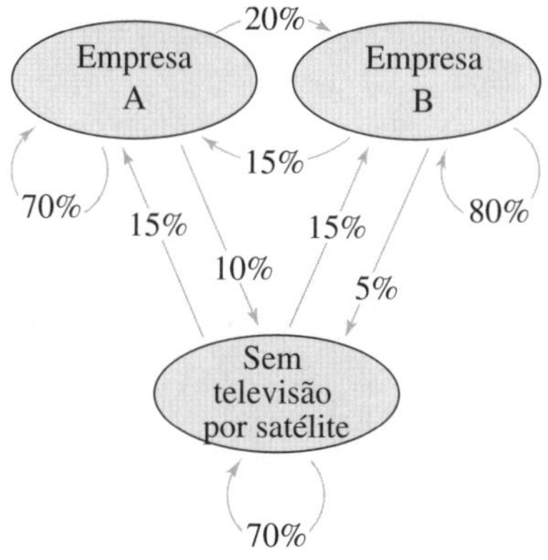

SOLUÇÃO

A matriz das probabilidades de transição é

$$
\text{De}
$$

$$
P = \begin{matrix} & \text{A} & \text{B} & \text{Sem} \\ & \begin{bmatrix} 0{,}70 & 0{,}15 & 0{,}15 \\ 0{,}20 & 0{,}80 & 0{,}15 \\ 0{,}10 & 0{,}05 & 0{,}70 \end{bmatrix} & \begin{matrix} \text{A} \\ \text{B} \\ \text{Sem} \end{matrix} \end{matrix} \Bigg\} \text{Para}
$$

e a **matriz de estado** inicial que representa as porções da população total nos três estados é

$$
X_0 = \begin{bmatrix} 0{,}1500 \\ 0{,}2000 \\ 0{,}6500 \end{bmatrix} \quad \begin{matrix} \text{A} \\ \text{B} \\ \text{Sem} \end{matrix}
$$

Para encontrar a matriz de estado que representa as porções da população nos três estados em um ano, multiplique P por X_0 para obter

$$
X_1 = PX_0 = \begin{bmatrix} 0{,}70 & 0{,}15 & 0{,}15 \\ 0{,}20 & 0{,}80 & 0{,}15 \\ 0{,}10 & 0{,}05 & 0{,}70 \end{bmatrix} \begin{bmatrix} 0{,}1500 \\ 0{,}2000 \\ 0{,}6500 \end{bmatrix} = \begin{bmatrix} 0{,}2325 \\ 0{,}2875 \\ 0{,}4800 \end{bmatrix}.
$$

Em um ano, a Empresa A terá $0{,}2325\,(100.000) = 23.250$ assinantes e a empresa B terá $0{,}2875\,(100.000) = 28.750$ assinantes.

Figura 2.1

OBSERVAÇÃO

Suponha sempre que a matriz de probabilidades de transição *P* em uma cadeia de Markov permanece constante entre estados.

Uma **cadeia de Markov**, cujo nome é uma homenagem ao matemático russo Andrey Andreyevich Markov (1856-1922), é uma sequência $\{X_n\}$ de matrizes de estado que estão relacionadas pela equação $X_{k+1} = PX_k$, onde P é uma matriz estocástica. Por exemplo, considere modelo de preferência do consumidor discutido no Exemplo 2. Para encontrar a matriz de estado que representa as porções da população em cada estado em três anos, multiplique repetidamente a matriz inicial X_0 pela matriz de probabilidades de transição P.

$$X_1 = PX_0$$

$$X_2 = PX_1 = P \cdot PX_0 = P^2X_0$$

$$X_3 = PX_2 = P \cdot P^2X_0 = P^3X_0$$

Em geral, a matriz do n-ésimo estado de uma cadeia de Markov é P^nX_0, conforme resumido a seguir.

Enésima matriz de estado de uma cadeia de Markov

A matriz do n-ésimo estado de uma cadeia de Markov para a qual P é a matriz de probabilidades de transição e X_0 é a matriz de estado inicial é

$$X_n = P^nX_0.$$

O Exemplo 3 usa o modelo discutido no exemplo 2 para ilustrar esse processo.

EXEMPLO 3 Um modelo de preferência do consumidor

Supondo que a matriz de probabilidades de transição do Exemplo 2 permaneça a mesma ano após ano, encontre o número de assinantes que cada empresa de televisão por satélite terá após (a) 3 anos, (b) 5 anos, (c) 10 anos e (d) 15 anos.

SOLUÇÃO

a. Para encontrar o número de assinantes após 3 anos, primeiro encontre X_3.

$$X_3 = P^3 X_0 \approx \begin{bmatrix} 0{,}3028 \\ 0{,}3904 \\ 0{,}3068 \end{bmatrix} \begin{matrix} A \\ B \\ \text{Nenhuma} \end{matrix} \quad \text{Depois de 3 anos}$$

Após 3 anos, a Empresa A terá cerca de 0,3028 (100.000) = 30.280 assinantes e a Empresa B terá aproximadamente 0,3904 (100.000) = 39.040 assinantes.

b. Para encontrar o número de assinantes após 5 anos, primeiro encontre X_5.

$$X_5 = P^5 X_0 \approx \begin{bmatrix} 0{,}3241 \\ 0{,}4381 \\ 0{,}2378 \end{bmatrix} \begin{matrix} A \\ B \\ \text{Nenhuma} \end{matrix} \quad \text{Depois de 5 anos}$$

Após 5 anos, a Empresa A terá aproximadamente 0,3241 (100.000) = 32.410 assinantes e a Empresa B terá aproximadamente 0,4381 (100.000) = 43.810 assinantes.

c. Para encontrar o número de assinantes após 10 anos, primeiro encontre X_{10}.

$$X_{10} = P^{10} X_0 \approx \begin{bmatrix} 0{,}3329 \\ 0{,}4715 \\ 0{,}1957 \end{bmatrix} \begin{matrix} A \\ B \\ \text{Nenhuma} \end{matrix} \quad \text{Depois de 10 anos}$$

Após 10 anos, a Empresa A terá aproximadamente 0,3329 (100.000) = 33.290 assinantes e a Empresa B terá cerca de 0,4715 (100.000) = 47.150 assinantes.

d. Para encontrar o número de assinantes após 15 anos, primeiro encontre X_{15}.

$$X_{15} = P^{15} X_0 \approx \begin{bmatrix} 0{,}3333 \\ 0{,}4756 \\ 0{,}1911 \end{bmatrix} \begin{matrix} A \\ B \\ \text{Nenhuma} \end{matrix} \quad \text{Depois de 15 anos}$$

Após 15 anos, a Empresa A terá cerca de 0,3333 (100.000) = 33.330 assinantes e a Empresa B terá cerca de 0,4756 (100.000) = 47.560 assinantes.

ÁLGEBRA LINEAR APLICADA

O algoritmo PageRank do Google faz uso de cadeias de Markov. Para um conjunto de pesquisa que contém n páginas da web, defina uma matriz A de ordem n tal que $a_{ij} = 1$ quando a página j faz referência à página i e $a_{ij} = 0$ caso contrário. Ajuste A para contabilizar páginas da web sem referências externas, mude a escala de cada coluna de A de modo que A seja estocástica e chame essa matriz de B. Então, defina

$$M = pB + \frac{1-p}{n}E,$$

onde p é a probabilidade de um usuário seguir um link em uma página, $1 - p$ é a probabilidade de o usuário ir a qualquer página ao acaso e E é uma matriz $n \times n$ cujos elementos são todos 1. A cadeia de Markov cuja matriz de transição de probabilidades é M converge para uma única *matriz de estado estacionária*, o que dá uma estimativa de classificação das páginas. A Seção 10.3 discute um método que pode ser usado para estimar a matriz de estado estacionária.

Matrizes   87

MATRIZ DE ESTADO ESTACIONÁRIA DE UMA CADEIA DE MARKOV

No Exemplo 3, observe que há pouca diferença entre o número de assinantes após 10 e após 15 anos. Se você continuar o processo mostrado neste exemplo, a matriz de estado X_n eventualmente atingirá um **estado estacionário**. Mais precisamente, enquanto a matriz P não mudar, o produto de matrizes $P^n X$ se aproxima de um limite $\overline{X}$. No exemplo 3, o limite é a *matriz de estado estacionária*

$$\overline{X} = \begin{bmatrix} \frac{1}{3} \\ \frac{10}{21} \\ \frac{4}{21} \end{bmatrix} \approx \begin{bmatrix} 0,3333 \\ 0,4762 \\ 0,1905 \end{bmatrix}. \quad \begin{matrix} \text{A} \\ \text{B} \\ \text{Sem} \end{matrix} \qquad \text{Matriz de estado estacionária}$$

Verifique para confirmar que $P\overline{X} = \overline{X}$, como mostrado abaixo.

$$P\overline{X} = \begin{bmatrix} 0,70 & 0,15 & 0,15 \\ 0,20 & 0,80 & 0,15 \\ 0,10 & 0,05 & 0,70 \end{bmatrix} \begin{bmatrix} \frac{1}{3} \\ \frac{10}{21} \\ \frac{4}{21} \end{bmatrix} = \begin{bmatrix} \frac{1}{3} \\ \frac{10}{21} \\ \frac{4}{21} \end{bmatrix} = \overline{X}$$

No Exemplo 5, você verificará o resultado acima, encontrando a matriz de estado estacionária $\overline{X}$.

A matriz das probabilidades de transição P utilizada acima é um exemplo de uma matriz estocástica *regular*. Uma matriz estocástica P é **regular** quando alguma potência de P tem apenas elementos positivos.

EXEMPLO 4   Matrizes estocásticas regulares

a. A matriz estocástica

$$P = \begin{bmatrix} 0,70 & 0,15 & 0,15 \\ 0,20 & 0,80 & 0,15 \\ 0,10 & 0,05 & 0,70 \end{bmatrix}$$

é regular porque P^1 tem apenas elementos positivos.

b. A matriz estocástica

$$P = \begin{bmatrix} 0,50 & 1,00 \\ 0,50 & 0 \end{bmatrix}$$

é regular por que

$$P^2 = \begin{bmatrix} 0,75 & 0,50 \\ 0,25 & 0,50 \end{bmatrix}$$

tem apenas elementos positivos.

c. A matriz estocástica

$$P = \begin{bmatrix} \frac{1}{3} & 0 & 1 \\ \frac{1}{3} & 1 & 0 \\ \frac{1}{3} & 0 & 0 \end{bmatrix}$$

não é regular porque cada potência de P tem dois zeros em sua segunda coluna. (Verifique isso.)

Quando P é uma matriz estocástica regular, a correspondente **cadeia de Markov regular**

$$PX_0,\ P^2X_0,\ P^3X_0,\ \ldots$$

aproxima-se de uma única **matriz de estado estacionária** $\overline{X}$. Será pedido que você demonstre isso no Exercício 56.

OBSERVAÇÃO

Para uma matriz estocástica regular P, a sequência de potências sucessivas

$$P,\ P^2,\ P^3,\ \ldots$$

aproxima-se de uma matriz estável $\overline{P}$.

Os elementos em cada coluna de $\overline{P}$ são iguais aos elementos correspondentes na matriz de estado estacionária $\overline{X}$. Será pedido que você demonstre isso no Exercício 55.

88 Elementos de álgebra linear

| EXEMPLO 5 | **Determinação de uma matriz de estado estacionária** |

Veja LarsonLinearAlgebra.com para uma versão interativa deste tipo de Exemplo.

Encontre a matriz de estado estacionária $\overline{X}$ da cadeia de Markov cuja matriz de probabilidades de transição é a matriz regular

$$P = \begin{bmatrix} 0,70 & 0,15 & 0,15 \\ 0,20 & 0,80 & 0,15 \\ 0,10 & 0,05 & 0,70 \end{bmatrix}.$$

SOLUÇÃO

Observe que P é a matriz de probabilidades de transição que você encontrou no Exemplo 2 e cuja matriz de estado estacionária $\overline{X}$ foi verificada no topo da página 87. Para *encontrar* $\overline{X}$, comece

tomando $\overline{X} = \begin{bmatrix} x_1 \\ x_2 \\ x_3 \end{bmatrix}$. Em seguida, use a equação matricial $P\overline{X} = \overline{X}$ para obter

$$\begin{bmatrix} 0,70 & 0,15 & 0,15 \\ 0,20 & 0,80 & 0,15 \\ 0,10 & 0,05 & 0,70 \end{bmatrix} \begin{bmatrix} x_1 \\ x_2 \\ x_3 \end{bmatrix} = \begin{bmatrix} x_1 \\ x_2 \\ x_3 \end{bmatrix}$$

> **OBSERVAÇÃO**
>
> Lembre-se do Exemplo 2 que a matriz de estado consiste em elementos que são porções do todo. Então, faz sentido que
>
> $$x_1 + x_2 + x_3 = 1.$$

ou

$$0,70x_1 + 0,15x_2 + 0,15x_3 = x_1$$
$$0,20x_1 + 0,80x_2 + 0,15x_3 = x_2$$
$$0,10x_1 + 0,05x_2 + 0,70x_3 = x_3.$$

Use estas equações e o fato de que $x_1 + x_2 + x_3 = 1$ para escrever o sistema de equações lineares abaixo.

$$-0,30x_1 + 0,15x_2 + 0,15x_3 = 0$$
$$0,20x_1 - 0,20x_2 + 0,15x_3 = 0$$
$$0,10x_1 + 0,05x_2 - 0,30x_3 = 0$$
$$x_1 + x_2 + x_3 = 1.$$

Use qualquer método apropriado para verificar que a solução deste sistema é

$$x_1 = \tfrac{1}{3}, \quad x_2 = \tfrac{10}{21} \quad \text{e} \quad x_3 = \tfrac{4}{21}.$$

Assim, a matriz de estado estacionária é

$$\overline{X} = \begin{bmatrix} \tfrac{1}{3} \\ \tfrac{10}{21} \\ \tfrac{4}{21} \end{bmatrix} \approx \begin{bmatrix} 0,3333 \\ 0,4762 \\ 0,1905 \end{bmatrix}.$$

Verifique que $P\overline{X} = \overline{X}$.

> **OBSERVAÇÃO**
>
> Se P não é regular, então a cadeia de Markov correspondente pode ou não ter uma única matriz de estado estacionária.

Um resumo para encontrar a matriz de estado estacionária $\overline{X}$ de uma cadeia de Markov é dado abaixo.

Determinação da matriz de estado estacionária de uma cadeia de Markov

1. Verifique que a matriz de probabilidades de transição P é uma matriz regular.
2. Resolva o sistema de equações lineares obtidas a partir equação matricial $P\overline{X} = \overline{X}$ juntamente com a equação $x_1 + x_2 + \cdots + x_n = 1$.
3. Verifique a solução encontrada no Passo 2 na equação matricial $P\overline{X} = \overline{X}$.

Matrizes 89

OBSERVAÇÃO

No Exercício 50, você irá investigar outro tipo de cadeia de Markov, aquela com *limites refletores*.

CADEIAS DE MARKOV ABSORVENTES

A cadeia de Markov discutida nos Exemplos 3 e 5 é *regular*. Outros tipos de cadeias Markov podem ser usados para modelar situações reais. Um deles inclui as cadeias de Markov *absorventes*.

Considere uma cadeia de Markov com n estados diferentes $\{S_1, S_2, \ldots, S_n\}$. O i-ésimo estado S_i é um **estado absorvente** quando, na matriz de probabilidades de transição P, $p_{ii} = 1$. Assim, este elemento na diagonal principal de P é 1 e todos os outros elementos na i-ésima coluna de P são 0. Uma **cadeia de Markov absorvente** tem as duas propriedades listadas a seguir.

1. A cadeia de Markov possui pelo menos um estado absorvente.
2. É possível que um membro da população se mova de qualquer estado não absorvente para um estado absorvente em um número finito de transições.

EXEMPLO 6 — Cadeias de Markov absorventes e não absorventes

a. Para a matriz

$$P = \begin{bmatrix} 0{,}4 & 0 & 0 \\ 0 & 1 & 0{,}5 \\ 0{,}6 & 0 & 0{,}5 \end{bmatrix} \begin{matrix} S_1 \\ S_2 \\ S_3 \end{matrix}$$

De $S_1\ S_2\ S_3$ / Para

o segundo estado, representado pela segunda coluna, é absorvente. Além disso, a cadeia de Markov correspondente também é absorvente porque é possível passar de S_1 a S_2 em duas transições e é possível passar de S_3 para S_2 em uma transição. (Veja a Figura 2.2.)

b. Para a matriz

$$P = \begin{bmatrix} 0{,}5 & 0 & 0 & 0 \\ 0{,}5 & 1 & 0 & 0 \\ 0 & 0 & 0{,}4 & 0{,}5 \\ 0 & 0 & 0{,}6 & 0{,}5 \end{bmatrix} \begin{matrix} S_1 \\ S_2 \\ S_3 \\ S_4 \end{matrix}$$

De $S_1\ S_2\ S_3\ S_4$ / Para

o segundo estado é absorvente. No entanto, a cadeia de Markov correspondente não é absorvente porque não há como passar do estado S_3 ou do estado S_4 para o estado S_2. (Veja a Figura 2.3.)

c. A matriz

$$P = \begin{bmatrix} 0{,}5 & 0 & 0{,}2 & 0 \\ 0{,}2 & 1 & 0{,}3 & 0 \\ 0{,}1 & 0 & 0{,}4 & 0 \\ 0{,}2 & 0 & 0{,}1 & 1 \end{bmatrix} \begin{matrix} S_1 \\ S_2 \\ S_3 \\ S_4 \end{matrix}$$

De $S_1\ S_2\ S_3\ S_4$ / Para

tem dois estados absorventes: S_2 e S_4. Além disso, a cadeia de Markov correspondente também é absorvente porque é possível passar de qualquer um dos estados não absorventes, S_1 ou S_3, para qualquer um dos estados absorventes em um único passo. (Veja a Figura 2.4.)

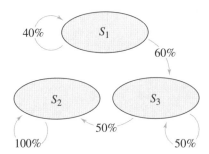

Figura 2.2

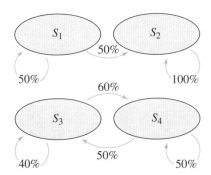

Figura 2.3

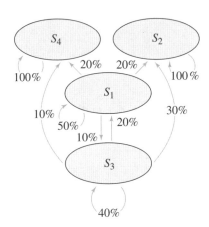

Figura 2.4

90   Elementos de álgebra linear

É possível que algumas cadeias de Markov absorventes tenham uma única matriz de estado estacionária. Outras cadeias de Markov absorventes têm um número infinito de matrizes de estado estacionário. O Exemplo 7 ilustra isso.

EXEMPLO 7   **Determinação de matrizes de estado estacionárias de cadeias de Markov absorventes**

Determine as matrizes de estado estacionárias de cada cadeia de Markov absorvente com matriz de probabilidade de transição P.

a. $P = \begin{bmatrix} 0,4 & 0 & 0 \\ 0 & 1 & 0,5 \\ 0,6 & 0 & 0,5 \end{bmatrix}$ **b.** $P = \begin{bmatrix} 0,5 & 0 & 0,2 & 0 \\ 0,2 & 1 & 0,3 & 0 \\ 0,1 & 0 & 0,4 & 0 \\ 0,2 & 0 & 0,1 & 1 \end{bmatrix}$

SOLUÇÃO

a. Use a equação matricial $P\overline{X} = \overline{X}$, ou

$$\begin{bmatrix} 0,4 & 0 & 0 \\ 0 & 1 & 0,5 \\ 0,6 & 0 & 0,5 \end{bmatrix}\begin{bmatrix} x_1 \\ x_2 \\ x_3 \end{bmatrix} = \begin{bmatrix} x_1 \\ x_2 \\ x_3 \end{bmatrix}$$

juntamente com a equação $x_1 + x_2 + x_3 = 1$ para escrever o sistema de equações lineares

$$\begin{aligned} -0,6x_1 & & &= 0 \\ & & 0,5x_3 &= 0 \\ 0,6x_1 & & -0,5x_3 &= 0 \\ x_1 + &x_2 + &x_3 &= 1. \end{aligned}$$

A solução deste sistema é $x_1 = 0$, $x_2 = 1$ e $x_3 = 0$, de modo que a matriz de estado estacionária é $\overline{X} = \begin{bmatrix} 0 & 1 & 0 \end{bmatrix}^T$. Observe que $\overline{X}$ coincide com a segunda coluna da matriz de probabilidades de transição P.

b. Use a equação matricial $P\overline{X} = \overline{X}$, ou

$$\begin{bmatrix} 0,5 & 0 & 0,2 & 0 \\ 0,2 & 1 & 0,3 & 0 \\ 0,1 & 0 & 0,4 & 0 \\ 0,2 & 0 & 0,1 & 1 \end{bmatrix}\begin{bmatrix} x_1 \\ x_2 \\ x_3 \\ x_4 \end{bmatrix} = \begin{bmatrix} x_1 \\ x_2 \\ x_3 \\ x_4 \end{bmatrix}$$

juntamente com a equação $x_1 + x_2 + x_3 + x_4 = 1$ para escrever o sistema de equações lineares

$$\begin{aligned} -0,5x_1 & &+ 0,2x_3 & &= 0 \\ 0,2x_1 & &+ 0,3x_3 & &= 0 \\ 0,1x_1 & &- 0,6x_3 & &= 0 \\ 0,2x_1 & &+ 0,1x_3 & &= 0 \\ x_1 + x_2 + & &x_3 + x_4 &= 1. \end{aligned}$$

A solução deste sistema é $x_1 = 0$, $x_2 = 1 - t$, $x_3 = 0$ e $x_4 = t$, onde t é qualquer número real tal que $0 \le t \le 1$. Assim, cada matriz de estado estacionária é descrita por $\overline{X} = \begin{bmatrix} 0 & 1-t & 0 & t \end{bmatrix}^T$. A cadeia de Markov possui um número infinito de matrizes de estado estacionárias. ◼

OBSERVAÇÃO

Observe que uma matriz de estado estacionária para uma cadeia de Markov absorvente tem valores não nulos apenas para o(s) estado(s) absorvente(s). Estes estados absorvem a população.

Em geral, uma cadeia de Markov regular ou uma cadeia de Markov absorvente com um estado absorvente tem uma única matriz de estado estacionária, independentemente da matriz de estado inicial. Além disso, uma cadeia de Markov absorvente com dois ou mais estados absorventes possui um número infinito de matrizes de estado estacionárias, que dependem da matriz de estado inicial. No Exercício 49, será pedido que você mostre essa dependência para a cadeia de Markov cuja matriz de probabilidades de transição é dada no Exemplo 7 (b).

2.5 Exercícios

Matrizes estocásticas Nos Exercícios 1-6, determine se a matriz é estocástica.

1. $\begin{bmatrix} \frac{2}{5} & -\frac{2}{5} \\ \frac{3}{5} & \frac{7}{5} \end{bmatrix}$

2. $\begin{bmatrix} 1 + \sqrt{2} & 1 - \sqrt{2} \\ -\sqrt{2} & \sqrt{2} \end{bmatrix}$

3. $\begin{bmatrix} 0,\overline{3} & 0,1\overline{6} & 0,25 \\ 0,\overline{3} & 0,\overline{6} & 0,25 \\ 0,\overline{3} & 0,1\overline{6} & 0,5 \end{bmatrix}$

4. $\begin{bmatrix} 0,3 & 0,5 & 0,2 \\ 0,1 & 0,2 & 0,7 \\ 0,8 & 0,1 & 0,1 \end{bmatrix}$

5. $\begin{bmatrix} 1 & 0 & 0 & 0 \\ 0 & 1 & 0 & 0 \\ 0 & 0 & 1 & 0 \\ 0 & 0 & 0 & 1 \end{bmatrix}$

6. $\begin{bmatrix} \frac{1}{2} & \frac{2}{9} & \frac{1}{4} & \frac{4}{15} \\ \frac{1}{6} & \frac{1}{3} & \frac{1}{4} & \frac{4}{15} \\ \frac{1}{6} & \frac{2}{9} & \frac{1}{4} & \frac{4}{15} \\ \frac{1}{6} & \frac{2}{9} & \frac{1}{4} & \frac{1}{5} \end{bmatrix}$

7. Alocação de avião Uma companhia aérea possui 30 aviões em Los Angeles, 12 aviões em St. Louis e 8 aviões em Dallas. Durante um período de oito horas, 20% dos aviões em Los Angeles voam para St. Louis e 10% voam para Dallas. Dos aviões em St. Louis, 25% voam para Los Angeles e 50% voam para Dallas. Dos aviões em Dallas, 12,5% voam para Los Angeles e 50% voam para St. Louis. Quantos aviões estão em cada cidade após 8 horas?

8. Química Em uma experiência de química, um tubo de ensaio contém 10.000 moléculas de um composto. Inicialmente, 20% das moléculas estão em estado gasoso, 60% estão em estado liquido e 20% estão em estado sólido. Após a introdução de um catalisador, 40% das moléculas gasosas mudam para líquido, 30% das moléculas líquidas mudam para sólido e 50% das moléculas sólidas mudam para líquido. Quantas moléculas estão em cada estado após a introdução do catalisador?

Determinação de matrizes de estado Nos Exercícios 9 e 10, use a matriz de probabilidades de transição P e a matriz de inicial X_0 para encontrar as matrizes de estado X_1, X_2 e X_3.

9. $P = \begin{bmatrix} 0,6 & 0,1 & 0,1 \\ 0,2 & 0,7 & 0,1 \\ 0,2 & 0,2 & 0,8 \end{bmatrix}, \quad X_0 = \begin{bmatrix} 0,1 \\ 0,1 \\ 0,8 \end{bmatrix}$

10. $P = \begin{bmatrix} 0,6 & 0,2 & 0 \\ 0,2 & 0,7 & 0,1 \\ 0,2 & 0,1 & 0,9 \end{bmatrix}, \quad X_0 = \begin{bmatrix} \frac{1}{3} \\ \frac{1}{3} \\ \frac{1}{3} \end{bmatrix}$

11. Compra de um produto O departamento de pesquisa de mercado de uma fábrica determina que 20% das pessoas que compram o produto da fábrica durante algum mês não o comprarão no próximo mês. Por outro lado, 30% das pessoas que não compram o produto durante qualquer mês comprarão no próximo mês. Em uma população de 1.000 pessoas, 100 pessoas compraram o produto este mês. Quantas pessoas comprarão o produto (a) no próximo mês e (b) em 2 meses?

12. Propagação de um vírus Um pesquisador médico está estudando a disseminação de um vírus em uma população de 1.000 ratos de laboratório. Ao longo de uma semana, há uma probabilidade de 80% de que um rato infectado vença o vírus. Ademais, durante a mesma semana, há uma probabilidade de 10% de que um rato não infectado fique infectado. Atualmente, trezentos ratos estão infectados com o vírus. Quantos estarão infectados (a) na próxima semana e (b) em 3 semanas?

13. Assistindo televisão Um dormitório universitário hospeda 200 estudantes. Aqueles que assistem uma hora ou mais de televisão em qualquer dia sempre assistem menos de uma hora no dia seguinte. Um quarto daqueles que assistem televisão por menos de uma hora um dia assistirá uma hora ou mais no dia seguinte. Metade dos alunos assistiu televisão por uma hora ou mais hoje. Quantos assistirão televisão durante uma hora ou mais (a) amanhã, (b) em 2 dias e (c) em 30 dias?

14. Atividades esportivas Estudantes em uma turma de educação física podem escolher natação ou basquete a cada aula. Trinta por cento dos alunos que nadam um dia irão nadar no dia seguinte. Sessenta por cento dos alunos que jogam basquete um dia vão jogar basquete no dia seguinte. Hoje, 100 estudantes nadaram e 150 estudantes jogaram basquete. Quantos estudantes irão nadar (a) amanhã, (b) em dois dias e (c) em quatro dias?

15. Fumantes e não fumantes Em uma população de 10.000, existem 5.000 não fumantes, 2.500 fumantes de um maço ou menos por dia e 2.500 fumantes de mais de um maço por dia. Durante um mês, existe uma probabilidade de 5% de que um não fumante comece a fumar um maço ou menos por dia e uma probabilidade de 2% de que um não fumante comece a fumar mais do que um maço por dia. Para os fumantes que fumam um maço ou menos por dia, há uma probabilidade de 10% de parar e uma probabilidade de 10% de aumentar para mais de um maço por dia. Para os fumantes que fumam mais do que um maço por dia, há uma probabilidade de 5% de parar e uma probabilidade de 10% de diminuir para um maço ou menos por dia. Quantas pessoas estarão em cada grupo (a) em 1 mês, (b) em 2 meses e (c) em 1 ano?

92   Elementos de álgebra linear

16. Preferência do consumidor   Em uma população de 100.000 consumidores, há 20.000 usuários da Marca A, 30.000 usuários da Marca B e 50.000 que não usam nenhuma das duas marcas. Durante um determinado mês, um usuário da Marca A tem probabilidade de 20% de mudar para a Marca B e uma probabilidade de 5% de não usar nenhuma das duas marcas. Um usuário da Marca B tem probabilidade de 15% de mudar para Marca A e probabilidade de 10% de não usar nenhuma das duas marcas. Um consumidor que não usou nenhuma das duas marcas tem probabilidade de 10% de comprar a Marca A e probabilidade de 15% de comprar a Marca B. Quantas pessoas estarão em cada grupo (a) em 1 mês, (b) em 2 meses e (c) em 18 meses?

Matrizes de estado estacionárias e regulares   Nos Exercícios 17-30, determine se a matriz estocástica P é regular. Em seguida, encontre a matriz de estado estacionária $\overline{X}$ da cadeia de Markov com matriz de probabilidades de transição P.

17. $P = \begin{bmatrix} 0,5 & 0,1 \\ 0,5 & 0,9 \end{bmatrix}$ **18.** $P = \begin{bmatrix} 0 & 0,3 \\ 1 & 0,7 \end{bmatrix}$

19. $P = \begin{bmatrix} 1 & 0,75 \\ 0 & 0,25 \end{bmatrix}$ **20.** $P = \begin{bmatrix} 0,2 & 0 \\ 0,8 & 1 \end{bmatrix}$

21. $P = \begin{bmatrix} \frac{1}{2} & \frac{1}{3} \\ \frac{1}{2} & \frac{2}{3} \end{bmatrix}$ **22.** $P = \begin{bmatrix} \frac{2}{5} & \frac{7}{10} \\ \frac{3}{5} & \frac{3}{10} \end{bmatrix}$

23. $P = \begin{bmatrix} \frac{2}{5} & \frac{3}{10} & \frac{1}{2} \\ \frac{1}{5} & \frac{1}{5} & \frac{1}{10} \\ \frac{2}{5} & \frac{1}{2} & \frac{2}{5} \end{bmatrix}$ **24.** $P = \begin{bmatrix} \frac{2}{9} & \frac{1}{4} & \frac{1}{3} \\ \frac{1}{3} & \frac{1}{2} & \frac{1}{3} \\ \frac{4}{9} & \frac{1}{4} & \frac{1}{3} \end{bmatrix}$

25. $P = \begin{bmatrix} 1 & 0 & 0,15 \\ 0 & 1 & 0,10 \\ 0 & 0 & 0,75 \end{bmatrix}$ **26.** $P = \begin{bmatrix} \frac{1}{2} & \frac{1}{5} & 1 \\ \frac{1}{3} & \frac{1}{5} & 0 \\ \frac{1}{6} & \frac{3}{5} & 0 \end{bmatrix}$

27. $P = \begin{bmatrix} 0,22 & 0,20 & 0,65 \\ 0,62 & 0,60 & 0,15 \\ 0,16 & 0,20 & 0,20 \end{bmatrix}$

28. $P = \begin{bmatrix} 0,1 & 0 & 0,3 \\ 0,7 & 1 & 0,3 \\ 0,2 & 0 & 0,4 \end{bmatrix}$

29. $P = \begin{bmatrix} \frac{1}{4} & \frac{1}{3} & \frac{1}{2} & 1 \\ \frac{1}{4} & \frac{1}{3} & \frac{1}{2} & 0 \\ \frac{1}{4} & \frac{1}{3} & 0 & 0 \\ \frac{1}{4} & 0 & 0 & 0 \end{bmatrix}$

30. $P = \begin{bmatrix} 1 & 0 & 0 & 0 \\ 0 & 0 & 1 & 0 \\ 0 & 1 & 0 & 0 \\ 0 & 0 & 0 & 1 \end{bmatrix}$

31. (a) Encontre a matriz de estado estacionária $\overline{X}$ usando a matriz de probabilidades de transição P do Exercício 9.

(b) Encontre a matriz de estado estacionária $\overline{X}$ usando a matriz de probabilidades de transição P do Exercício 10.

32. Encontre a matriz de estado estacionária para cada matriz estocástica nos Exercícios 1-6.

33. Levantamento de fundos   Uma organização sem fins lucrativos coleta contribuições de membros de uma comunidade. Durante um ano qualquer, 40% dos que contribuem não contribuirão no próximo ano. Por outro lado, 10% dos que não contribuem contribuirão no ano seguinte. Encontre e interprete a matriz de estado estacionária para essa situação.

34. Distribuição de notas   Em um curso universitário, 70% dos estudantes que receberam um "A" em uma tarefa receberão um "A" na próxima tarefa. Por outro lado, 10% dos alunos que não recebem um "A" em uma tarefa receberão um "A" na próxima tarefa. Encontre e interprete a matriz de estado estacionária para esta situação.

35. Vendas e compras de ações   Oitocentos e cinquenta acionistas investem em uma das três ações. Em mês qualquer, 25% dos detentores de Ações A movem seu investimento para as Ações B e 10% para as Ações C. Dos detentores de Ações B, 10% movem seu investimento para as Ações A. Dos detentores de Ações C, 15% movem seu investimento para as ações A e 5% para as Ações B. Encontre e interprete a matriz de estado estacionária para essa situação.

36. Preferência do cliente   Dois cinemas que mostram vários filmes diferentes cada noite competem pela mesma audiência. Das pessoas que foram ao Cinema A em uma noite, 10% irão novamente na próxima noite e 5% irão ao Cinema B na noite seguinte. Das pessoas que foram ao Cinema B uma noite, 8% irão novamente na noite seguinte e 6% irão ao Cinema A na noite seguinte. Das pessoas que não foram ao cinema uma noite, 3% irão ao Cinema A na noite seguinte e 4% irão ao cinema B na noite seguinte. Encontre e interprete a matriz de estado estacionária para esta situação.

Cadeias de Markov absorventes   Nos Exercícios 37-40, determine se a cadeia de Markov com matriz de probabilidades de transição P é absorvente. Justifique.

37. $P = \begin{bmatrix} 0,8 & 0,3 & 0 \\ 0,2 & 0,1 & 0 \\ 0 & 0,6 & 1 \end{bmatrix}$ **38.** $P = \begin{bmatrix} 1 & 0 & 0 \\ 0 & 0,3 & 0,9 \\ 0 & 0,7 & 0,1 \end{bmatrix}$

39. $P = \begin{bmatrix} \frac{2}{5} & \frac{1}{5} & 0 & 0 \\ \frac{1}{5} & \frac{3}{5} & 0 & \frac{1}{2} \\ \frac{2}{5} & \frac{1}{5} & 1 & 0 \\ 0 & 0 & 0 & \frac{1}{2} \end{bmatrix}$

40. $P = \begin{bmatrix} 0,3 & 0,7 & 0,2 & 0 \\ 0,2 & 0,1 & 0,1 & 0 \\ 0,1 & 0,1 & 0,1 & 0 \\ 0,4 & 0,1 & 0,6 & 1 \end{bmatrix}$

Determinação de uma matriz de estado estacionária Nos exercícios 41-44, encontre a matriz de estado estacionária $\overline{X}$ da cadeia de Markov absorvente com matriz de probabilidades de transição P.

41. $P = \begin{bmatrix} 0,6 & 0 & 0,3 \\ 0,2 & 1 & 0,6 \\ 0,2 & 0 & 0,1 \end{bmatrix}$ **42.** $P = \begin{bmatrix} 0,1 & 0 & 0 \\ 0,2 & 1 & 0 \\ 0,7 & 0 & 1 \end{bmatrix}$

43. $P = \begin{bmatrix} 1 & 0,2 & 0,1 & 0,3 \\ 0 & 0,3 & 0,6 & 0,3 \\ 0 & 0,1 & 0,2 & 0,2 \\ 0 & 0,4 & 0,1 & 0,2 \end{bmatrix}$

44. $P = \begin{bmatrix} 0,7 & 0 & 0,2 & 0,1 \\ 0,1 & 1 & 0,5 & 0,6 \\ 0 & 0 & 0,2 & 0,2 \\ 0,2 & 0 & 0,1 & 0,1 \end{bmatrix}$

45. Modelo de epidemia Em uma população de 200.000 pessoas, 40.000 estão infectadas com um vírus. Depois que uma pessoa fica infectada e então sara, ela se torna imune (não pode se infectar novamente). Das pessoas que estão infectadas, 5% morrerão a cada ano e as demais irão sarar. Das pessoas que nunca foram infectadas, 25% serão infectadas a cada ano. Quantas pessoas estarão infectadas em 4 anos?

46. Torneio de xadrez Duas pessoas estão envolvidas em um torneio de xadrez. Cada uma começa com duas fichas. Depois de cada jogo, o perdedor deve dar ao vencedor uma ficha. O Jogador 2 é mais experiente que o Jogador 1 e tem 70% de chance de vencer cada jogo. O torneio acaba quando um jogador obtiver as quatro fichas. Qual é a probabilidade de o Jogador 1 ganhar o torneio?

47. Explique como você pode determinar a matriz de estado estacionária $\overline{X}$ de uma cadeia de Markov absorvente por meio de inspeção.

---
48. Ponto crucial

(a) Explique como encontrar a enésima matriz de estado de uma cadeia de Markov.
(b) Explique como encontrar a matriz de estado estacionária de uma cadeia de Markov.
(c) O que é uma cadeia de Markov regular?
(d) O que é uma cadeia de Markov absorvente?
(e) Qual é a diferença entre uma cadeia de Markov absorvente e uma cadeia de Markov regular?

---

49. Considere a cadeia de Markov cuja matriz de probabilidades de transição P é dada no Exemplo 7 (b). Mostre que a matriz de estado estacionária $\overline{X}$ depende da matriz de estado inicial X_0 encontrando $\overline{X}$ para cada X_0.

(a) $X_0 = \begin{bmatrix} 0,25 \\ 0,25 \\ 0,25 \\ 0,25 \end{bmatrix}$ (b) $X_0 = \begin{bmatrix} 0,25 \\ 0,25 \\ 0,40 \\ 0,10 \end{bmatrix}$

50. Cadeia de Markov com limites refletores A figura a seguir ilustra um exemplo de uma **cadeia de Markov com limites refletores**.

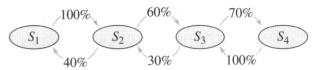

(a) Explique por que é apropriado dizer que este tipo de corrente de Markov tem *limites refletores*.
(b) Use a figura para escrever a matriz de probabilidades de transição P para a cadeia de Markov.
(c) Encontre P^{30} e P^{31}. Encontre várias outras potências altas pares $2n$ e ímpares $2n+1$ de P. O que você observa?
(d) Encontre a matriz de estado estacionária $\overline{X}$ da cadeia de Markov. Como os elementos nas colunas de P^{2n} e P^{2n+1} estão relacionadas aos elementos em $\overline{X}$?

Cadeia de Markov não absorvente Nos Exercícios 51 e 52, considere a matriz P no Exemplo 6 (b).

51. É possível encontrar uma matriz de estado estacionária $\overline{X}$ para a cadeia de Markov correspondente? Em caso afirmativo, encontre uma matriz de estado estacionária. Caso contrário, explique por quê.

52. Crie uma nova matriz P' mudando a segunda coluna de P para $[0,6 \quad 0,4 \quad 0 \quad 0]^T$, resultando em um segundo estado que não é mais absorvente. Determine se cada matriz X abaixo pode ser uma matriz de estado estacionária para a cadeia de Markov correspondente a P'. Justifique.

(a) $X = \begin{bmatrix} \frac{6}{11} \\ \frac{5}{11} \\ 0 \\ 0 \end{bmatrix}$ (b) $X = \begin{bmatrix} 0 \\ 0 \\ \frac{5}{11} \\ \frac{6}{11} \end{bmatrix}$

53. Demonstração Demonstre que o produto de duas matrizes estocásticas 2×2 é estocástica.

54. Demonstração Seja P uma matriz estocástica 2×2. Demonstre que existe uma matriz de estado X, de tamanho 2×1, com elementos não negativos, tal que $PX = X$.

55. No Exemplo 5, mostre que, para a matriz estocástica regular P, a sequência de potências sucessivas $P, P^2, P^3, \ldots$ aproxima-se de uma matriz estável $\overline{P}$, na qual os elementos em cada coluna de $\overline{P}$ são iguais aos elementos correspondentes na matriz de estado estacionária $\overline{X}$. Repita isso para várias outras matrizes estocásticas regulares P e matrizes de estado estacionárias correspondentes $\overline{X}$.

56. Demonstração Demonstre que, quando P é uma matriz estocástica regular, a correspondente cadeia de Markov regular

$PX_0, P^2X_0, P^3X_0, \ldots$

aproxima-se de uma única matriz de estado estacionária $\overline{X}$.

2.6 Mais aplicações de operações com matrizes

■ Utilizar a multiplicação de matrizes para codificar e decodificar mensagens.

■ Utilizar a álgebra de matrizes para analisar um sistema econômico (modelo de entrada e saída de Leontie).

■ Encontrar a reta de regressão por mínimos quadrados para um conjunto de dados.

CRIPTOGRAFIA

Um **criptograma** é uma mensagem escrita de acordo com um código secreto (a palavra grega *kryptos* significa "escondido"). Um método de usar a multiplicação de matrizes para **codificar** e **decodificar** mensagens é introduzido abaixo.

Para começar, atribua um número a cada letra no alfabeto (com 0 atribuído a um espaço em branco), como mostrado.

0 = __	9 = I	18 = R
1 = A	10 = J	19 = S
2 = B	11 = K	20 = T
3 = C	12 = L	21 = U
4 = D	13 = M	22 = V
5 = E	14 = N	23 = W
6 = F	15 = O	24 = X
7 = G	16 = P	25 = Y
8 = H	17 = Q	26 = Z

A seguir, converta a mensagem em números e divida-a em **matrizes linhas não codificadas**, cada uma tendo n elementos, conforme ilustrado no Exemplo 1.

EXEMPLO 1 Formando matrizes linha não codificadas

Escreva as matrizes linha não codificadas de tamanho 1×3 para a mensagem MEET ME MONDAY.

SOLUÇÃO

Particionar a mensagem (incluindo espaços em branco, mas ignorando a pontuação) em grupos de três produz as matrizes linha não codificadas mostradas a seguir.

[13 5 5] [20 0 13] [5 0 13] [15 14 4] [1 25 0]
 M   E T   _   M   E   _   M   O   N   D   A   Y   _

Observe o uso de um espaço em branco para terminar de preencher a última matriz linha não codificada.

ÁLGEBRA LINEAR APLICADA

A segurança da informação é de extrema importância quando se realiza negócios on-line. Se uma parte mal intencionada receber informações confidenciais, como senhas, números de identificação pessoal, números de cartão de crédito, números da Seguridade Social, detalhes da conta bancária ou informações delicadas de empresas, os efeitos podem ser prejudiciais. Para proteger a confidencialidade e a integridade de tais informações, a segurança da Internet pode incluir o uso da *criptografia* de dados, o processo de codificar informações, de modo que a única maneira de decodificá-la, a não ser que ocorra um "ataque por exaustão", seja usar uma *chave*. A tecnologia de criptografia usa algoritmos com base no material apresentado aqui, mas em um nível muito mais sofisticado, para impedir que partes mal intencionadas descubram a chave.

Para **codificar** uma mensagem, escolha uma matriz inversível A de ordem n e multiplique as matrizes linha não codificadas (à direita) por A para obter **matrizes linha codificadas**. O Exemplo 2 ilustra esse processo.

EXEMPLO 2 Codificação de uma mensagem

Use a matriz inversível

$$A = \begin{bmatrix} 1 & -2 & 2 \\ -1 & 1 & 3 \\ 1 & -1 & -4 \end{bmatrix}$$

para codificar a mensagem MEET ME MONDAY.

SOLUÇÃO

Obtenha as matrizes linha codificadas, multiplicando cada uma das matrizes linha não codificadas encontradas no Exemplo 1 pela matriz A, como mostrado a seguir.

Matriz linha não codificada	Matriz de codificação A	Matriz linha codificada

$$[13 \quad 5 \quad 5] \begin{bmatrix} 1 & -2 & 2 \\ -1 & 1 & 3 \\ 1 & -1 & -4 \end{bmatrix} = [13 \quad -26 \quad 21]$$

$$[20 \quad 0 \quad 13] \begin{bmatrix} 1 & -2 & 2 \\ -1 & 1 & 3 \\ 1 & -1 & -4 \end{bmatrix} = [33 \quad -53 \quad -12]$$

$$[5 \quad 0 \quad 13] \begin{bmatrix} 1 & -2 & 2 \\ -1 & 1 & 3 \\ 1 & -1 & -4 \end{bmatrix} = [18 \quad -23 \quad -42]$$

$$[15 \quad 14 \quad 4] \begin{bmatrix} 1 & -2 & 2 \\ -1 & 1 & 3 \\ 1 & -1 & -4 \end{bmatrix} = [5 \quad -20 \quad 56]$$

$$[1 \quad 25 \quad 0] \begin{bmatrix} 1 & -2 & 2 \\ -1 & 1 & 3 \\ 1 & -1 & -4 \end{bmatrix} = [-24 \quad 23 \quad 77]$$

A sequência de matrizes linha codificadas é

$$[13 \, -26 \quad 21][33 \, -53 \, -12][18 \, -23 \, -42][5 \, -20 \quad 56][-24 \quad 23 \quad 77].$$

Finalmente, a remoção da notação da matriz produz o criptograma

$$13 \, -26 \; 21 \; 33 \, -53 \, -12 \; 18 \, -23 \, -42 \; 5 \, -20 \; 56 \, -24 \; 23 \; 77.$$

Para aqueles que não conhecem a matriz de codificação A, a decodificação do criptograma estabelecido no Exemplo 2 é difícil. Mas para um receptor autorizado que conhece a matriz de codificação A, a decodificação é relativamente simples. O receptor só precisa multiplicar as matrizes linha codificadas por A^{-1} para recuperar as matrizes linha não codificadas. Em outras palavras, se

$$X = [x_1 \; x_2 \; \ldots \; x_n]$$

é uma matriz $1 \times n$ não codificada, então $Y = XA$ é a matriz codificada correspondente. O receptor da matriz codificada pode decodificar Y multiplicando à direita por A^{-1} para obter

$$YA^{-1} = (XA)A^{-1} = X.$$

O Exemplo 3 ilustra este procedimento.

96 Elementos de álgebra linear

EXEMPLO 3   Decodificação de uma mensagem

Use a inversa da matriz

$$A = \begin{bmatrix} 1 & -2 & 2 \\ -1 & 1 & 3 \\ 1 & -1 & -4 \end{bmatrix}$$

para decodificar o criptograma

$$13 \ -26 \ 21 \ 33 \ -53 \ -12 \ 18 \ -23 \ -42 \ 5 \ -20 \ 56 \ -24 \ 23 \ 77.$$

SOLUÇÃO

Comece usando a eliminação Gauss-Jordan para encontrar A^{-1}.

$$\begin{array}{cc} [A & I] \end{array}$$

$$\begin{bmatrix} 1 & -2 & 2 & 1 & 0 & 0 \\ -1 & 1 & 3 & 0 & 1 & 0 \\ 1 & -1 & -4 & 0 & 0 & 1 \end{bmatrix} \longrightarrow \begin{bmatrix} 1 & 0 & 0 & -1 & -10 & -8 \\ 0 & 1 & 0 & -1 & -6 & -5 \\ 0 & 0 & 1 & 0 & -1 & -1 \end{bmatrix}$$

$$\begin{array}{cc} [I & A^{-1}] \end{array}$$

Agora, para decodificar a mensagem, particione a mensagem em grupos de três para formar as matrizes linha codificadas

$$[13 \ -26 \ \ 21][33 \ -53 \ -12][18 \ -23 \ -42][5 \ -20 \ \ 56][-24 \ \ 23 \ \ 77].$$

Para obter as matrizes linha decodificadas, multiplique cada matriz linha codificada por A^{-1} (à direita).

Matriz linha codificada   Matriz de decodificação A^{-1} Matriz linha decodificada

$$[13 \ -26 \ \ 21]\begin{bmatrix} -1 & -10 & -8 \\ -1 & -6 & -5 \\ 0 & -1 & -1 \end{bmatrix} = [13 \ \ 5 \ \ 5]$$

$$[33 \ -53 \ -12]\begin{bmatrix} -1 & -10 & -8 \\ -1 & -6 & -5 \\ 0 & -1 & -1 \end{bmatrix} = [20 \ \ 0 \ \ 13]$$

$$[18 \ -23 \ -42]\begin{bmatrix} -1 & -10 & -8 \\ -1 & -6 & -5 \\ 0 & -1 & -1 \end{bmatrix} = [5 \ \ 0 \ \ 13]$$

$$[5 \ -20 \ \ 56]\begin{bmatrix} -1 & -10 & -8 \\ -1 & -6 & -5 \\ 0 & -1 & -1 \end{bmatrix} = [15 \ \ 14 \ \ 4]$$

$$[-24 \ \ 23 \ \ 77]\begin{bmatrix} -1 & -10 & -8 \\ -1 & -6 & -5 \\ 0 & -1 & -1 \end{bmatrix} = [1 \ \ 25 \ \ 0]$$

A sequência de matrizes linha decodificadas é

$$[13 \ \ 5 \ \ 5][20 \ \ 0 \ \ 13][5 \ \ 0 \ \ 13][15 \ \ 14 \ \ 4][1 \ \ 25 \ \ 0]$$

e a mensagem é

$$13 \ \ 5 \ \ 5 \ \ 20 \ \ 0 \ \ 13 \ \ 5 \ \ 0 \ \ 13 \ \ 15 \ \ 14 \ \ 4 \ \ 1 \ \ 25 \ \ 0.$$

$$M \ \ E \ \ E \ \ T \ \ \_ \ \ M \ \ E \ \ \_ \ \ M \ \ O \ \ N \ \ D \ \ A \ \ Y \ \ \_$$

Matrizes   97

MODELOS DE ENTRADA E SAÍDA DE LEONTIEF

Em 1936, o economista americano Wassily W. Leontief (1906-1999) publicou um modelo relativo à entrada e saída de um sistema econômico. Em 1973, Leontief recebeu o prêmio Nobel por seu trabalho em economia. A seguir está uma breve discussão do modelo de Leontief.

Considere um sistema econômico que tenha n diferentes indústrias $I_1, I_2, \ldots I_n$, cada uma tendo necessidades de **entrada** (matérias-primas, serviços etc.) e uma **saída** (produto final). Ao produzir cada unidade de saída, uma indústria pode usar as saídas de outras indústrias, incluindo ela própria. Por exemplo, uma companhia elétrica usa saídas de outras indústrias, como o carvão e a água, e também usa sua própria eletricidade.

Seja d_{ij} a quantidade de saída que a j-ésima indústria precisa da i-ésima indústria para produzir uma unidade de saída por ano. A matriz desses coeficientes é a **matriz de entrada e saída**.

$$
\begin{array}{c}
\text{Usuário (Saída)} \\
\overbrace{\begin{array}{cccc} I_1 & I_2 & \cdots & I_n \end{array}}
\end{array}
$$

$$
D = \left.\begin{bmatrix} d_{11} & d_{12} & \cdots & d_{1n} \\ d_{21} & d_{22} & \cdots & d_{2n} \\ \vdots & \vdots & & \vdots \\ d_{n1} & d_{n2} & \cdots & d_{nn} \end{bmatrix}\begin{matrix} I_1 \\ I_2 \\ \vdots \\ I_n \end{matrix}\right\} \text{Fornecedor (Entrada)}
$$

Para entender como usar esta matriz, considere $d_{12} = 0,4$. Isso significa que, para que a Indústria 2 produza uma unidade de seu produto, deve usar 0,4 unidades do produto da Indústria 1. Se $d_{33} = 0,2$, a Indústria 3 precisa de 0,2 unidade de seu próprio produto para produzir uma unidade. Para que este modelo funcione, os valores de d_{ij} devem satisfazer $0 \leq d_{ij} \leq 1$ e a soma dos elementos em qualquer coluna deve ser menor ou igual a 1.

EXEMPLO 4   Determinação de uma matriz de entrada e saída

Considere um sistema econômico simples composto por três indústrias: eletricidade, água e carvão. A produção, ou saída, de uma unidade de eletricidade requer 0,5 unidade de si mesma, 0,25 unidades de água e 0,25 unidades de carvão. A produção de uma unidade de água requer 0,1 unidade de eletricidade, 0,6 unidade de si mesma e 0 unidades de carvão. A produção de uma unidade de carvão requer 0,2 unidade de eletricidade, 0,15 unidade de água e 0,5 unidade de si mesma. Encontre a matriz entrada e saída deste sistema.

SOLUÇÃO

Os elementos de cada coluna mostram as quantidades que cada indústria exige das outras e de si mesma, para produzir uma unidade de saída.

$$
\begin{array}{c}
\text{Usuário (Saída)} \\
\overbrace{\begin{array}{ccc} E & W & C \end{array}}
\end{array}
$$

$$
\left.\begin{bmatrix} 0,5 & 0,1 & 0,2 \\ 0,25 & 0,6 & 0,15 \\ 0,25 & 0 & 0,5 \end{bmatrix}\begin{matrix} E \\ W \\ C \end{matrix}\right\} \text{Fornecedor (Entrada)}
$$

Os elementos de cada linha mostram as quantidades que cada indústria fornece às outras e a si mesma, a fim de que aquela indústria produza uma unidade de saída. Por exemplo, o setor de eletricidade fornece 0,5 unidade para si mesma, 0,1 unidade para água e 0,2 unidade para carvão.

Para desenvolver mais o modelo de entrada e saída de Leontief, denote por x_i a produção total da i-ésima indústria. Se o sistema econômico for **fechado** (ou seja, o sistema econômico vende seus produtos somente às indústrias dentro do sistema, como no exemplo acima), então a produção total da i-ésima indústria é

$$x_i = d_{i1}x_1 + d_{i2}x_2 + \cdots + d_{in}x_n. \qquad \text{Sistema fechado}$$

Por outro lado, se as indústrias dentro do sistema vendem produtos para grupos não produtivos (como governos ou organizações de caridade) fora do sistema, então o sistema está **aberto** e a produção total da i-ésima indústria é

98 Elementos de álgebra linear

$$x_i = d_{i1}x_1 + d_{i2}x_2 + \cdots + d_{in}x_n + e_i \qquad \text{Sistema aberto}$$

onde e_i representa a demanda externa pelo produto da i-ésima indústria. O sistema de n equações lineares a seguir representa a coleção de saídas totais para um sistema aberto.

$$\begin{aligned}
x_1 &= d_{11}x_1 + d_{12}x_2 + \cdots + d_{1n}x_n + e_1 \\
x_2 &= d_{21}x_1 + d_{22}x_2 + \cdots + d_{2n}x_n + e_2 \\
&\ \vdots \\
x_n &= d_{n1}x_1 + d_{n2}x_2 + \cdots + d_{nn}x_n + e_n
\end{aligned}$$

A forma da matriz deste sistema é $X = DX + E$, onde X é a **matriz de saída** e E é a **matriz de demanda externa**.

EXEMPLO 5 — Determinação da matriz de saída de um sistema aberto

Veja LarsonLinearAlgebra.com para uma versão interativa deste tipo de exemplo.

Um sistema econômico composto por três indústrias possui a matriz de entrada e saída mostrada abaixo.

$$\begin{array}{c}
\text{Usuário (Saída)} \\
\begin{array}{ccc} A & B & C \end{array} \\
D = \begin{bmatrix} 0,1 & 0,43 & 0 \\ 0,15 & 0 & 0,37 \\ 0,23 & 0,03 & 0,02 \end{bmatrix} \begin{array}{l} A \\ B \\ C \end{array} \left.\rule{0pt}{20pt}\right\} \text{Fornecedor (Entrada)}
\end{array}$$

Encontre a matriz de saída X quando as demandas externas são

$$E = \begin{bmatrix} 20.000 \\ 30.000 \\ 25.000 \end{bmatrix}. \qquad \begin{array}{l} A \\ B \\ C \end{array}$$

SOLUÇÃO

Tomando I como a matriz identidade, escreva a equação $X = DX + E$ como $IX - DX = E$, o que significa que $(I - D)X = E$. Usando a matriz D acima obtém-se

$$I - D = \begin{bmatrix} 0,9 & -0,43 & 0 \\ -0,15 & 1 & -0,37 \\ -0,23 & -0,03 & 0,98 \end{bmatrix}.$$

Usando a eliminação de Gauss-Jordan,

$$(I - D)^{-1} \approx \begin{bmatrix} 1,25 & 0,55 & 0,21 \\ 0,30 & 1,14 & 0,43 \\ 0,30 & 0,16 & 1,08 \end{bmatrix}.$$

Assim, a matriz de saída é

$$X = (I - D)^{-1}E \approx \begin{bmatrix} 1,25 & 0,55 & 0,21 \\ 0,30 & 1,14 & 0,43 \\ 0,30 & 0,16 & 1,08 \end{bmatrix}\begin{bmatrix} 20.000 \\ 30.000 \\ 25.000 \end{bmatrix} = \begin{bmatrix} 46.750 \\ 50.950 \\ 37.800 \end{bmatrix} \begin{array}{l} A \\ B \\ C \end{array}$$

Para produzir as demandas externas fornecidas, as saídas das três indústrias devem ser aproximadamente 46.750 unidades para a indústria A, 50.950 unidades para a indústria B e 37.800 unidades para a indústria C.

OBSERVAÇÃO

Os sistemas econômicos descritos nos Exemplos 4 e 5 são, é claro, simples. No mundo real, um sistema econômico inclui muitas indústrias ou grupos industriais. Uma análise detalhada usando o modelo de entrada e saída de Leontief poderia facilmente exigir uma matriz de entrada e saída com tamanho maior que 100×100. Certamente, esse tipo de análise exigiria o auxílio de um computador.

Matrizes

ANÁLISE DE REGRESSÃO POR MÍNIMOS QUADRADOS

Você irá agora se confrontar com um procedimento usado em estatística para desenvolver modelos lineares. O próximo exemplo ilustra um método visual para aproximar uma reta de melhor ajuste para um conjunto de pontos de dados.

EXEMPLO 6   Uma aproximação visual por uma reta

Determine uma reta que pareça ajustar melhor os pontos (1, 1), (2, 2), (3, 4), (4, 4) e (5, 6).

SOLUÇÃO

Marque os pontos, como mostrado na Figura 2.5. Parece que uma boa escolha seria a reta em que a inclinação é 1 e cuja intersecção com o eixo y é 0,5. A equação desta reta é

$$y = 0{,}5 + x.$$

Um exame da reta na Figura 2.5 revela que você pode melhorar o ajuste rodando a reta no sentido anti-horário, como mostrado na Figura 2.6. Parece claro que esta reta, cuja equação é $y = 1{,}2x$, ajusta melhor os pontos do que a reta original.

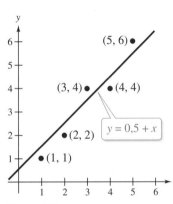
Figura 2.5

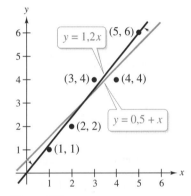
Figura 2.6

Um modo de medir o quão bem uma função $y = f(x)$ ajusta um conjunto de pontos

$$(x_1, y_1), (x_2, y_2), \ldots, (x_n, y_n)$$

é calcular as diferenças entre os valores da função $f(x_i)$ e os valores reais y_i. Esses valores são mostrados na Figura 2.7. Ao elevar ao quadrado as diferenças e somar os resultados, você obtém uma medida de erro chamada **soma de erro quadrático**. A tabela mostra as somas dos erros quadráticos para os dois modelos lineares.

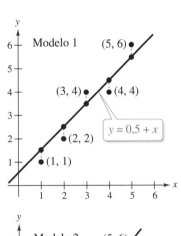

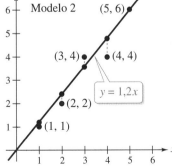
Figura 2.7

Modelo 1: $f(x) = 0{,}5 + x$				*Modelo 2:* $f(x) = 1{,}2x$			
x_i	y_i	$f(x_i)$	$[y_i - f(x_i)]^2$	x_i	y_i	$f(x_i)$	$[y_i - f(x_i)]^2$
1	1	1,5	$(-0{,}5)^2$	1	1	1,2	$(-0{,}2)^2$
2	2	2,5	$(-0{,}5)^2$	2	2	2,4	$(-0{,}4)^2$
3	4	3,5	$(+0{,}5)^2$	3	4	3,6	$(+0{,}4)^2$
4	4	4,5	$(-0{,}5)^2$	4	4	4,8	$(-0{,}8)^2$
5	6	5,5	$(+0{,}5)^2$	5	6	6,0	$(0{,}0)^2$
Soma			1,25	Soma			1,00

100 Elementos de álgebra linear

As somas dos erros quadráticos confirmam que o segundo modelo ajusta os pontos melhor do que o primeiro modelo.

De todos os modelos lineares possíveis para um determinado conjunto de pontos, o modelo que dá o melhor ajuste é aquele que minimiza a soma de erro quadrático. Este modelo é a **reta de regressão por mínimos quadrados** e o procedimento para encontrá-lo é o **método dos mínimos quadrados**.

Definição da reta de regressão por mínimos quadrados

Para um conjunto de pontos

$$(x_1, y_1), (x_2, y_2), \ldots, (x_n\, y_n)$$

a **reta de regressão por mínimos quadrados** é a função linear

$$f(x) = a_0 + a_1 x$$

que minimiza a soma de erros quadráticos

$$[y_1 - f(x_1)]^2 + [y_2 - f(x_2)]^2 + \cdots + [y_n - f(x_n)]^2.$$

Para encontrar a reta de regressão por mínimos quadrados para um conjunto de pontos, comece por formar o sistema de equações lineares

$$y_1 = f(x_1) + [y_1 - f(x_1)]$$
$$y_2 = f(x_2) + [y_2 - f(x_2)]$$
$$\vdots$$
$$y_n = f(x_n) + [y_n - f(x_n)]$$

onde o termo à direita

$$[y_i - f(x_i)]$$

de cada equação é o erro na aproximação de y_i por $f(x_i)$. Em seguida, escreva esse erro como

$$e_i = y_i - f(x_i)$$

e escreva o sistema de equações na forma

$$y_1 = (a_0 + a_1 x_1) + e_1$$
$$y_2 = (a_0 + a_1 x_2) + e_2$$
$$\vdots$$
$$y_n = (a_0 + a_1 x_n) + e_n.$$

Agora, se você definir Y, X, A e E como

$$Y = \begin{bmatrix} y_1 \\ y_2 \\ \vdots \\ y_n \end{bmatrix}, \quad X = \begin{bmatrix} 1 & x_1 \\ 1 & x_2 \\ \vdots & \vdots \\ 1 & x_n \end{bmatrix}, \quad A = \begin{bmatrix} a_0 \\ a_1 \end{bmatrix}, \quad E = \begin{bmatrix} e_1 \\ e_2 \\ \vdots \\ e_n \end{bmatrix}$$

então as n equações lineares podem ser substituídas pela equação matricial

$$Y = XA + E.$$

Observe que a matriz X tem uma coluna na qual figura apenas o número 1 (correspondendo a a_0) e uma coluna contendo os x_i's. Esta equação matricial pode ser usada para determinar os coeficientes da reta de regressão por mínimos quadrados, conforme mostrado na próxima página.

OBSERVAÇÃO

Você aprenderá mais sobre esse procedimento na Seção 5.4.

Forma matricial da regressão linear

Para o modelo de regressão $Y = XA + E$, os coeficientes da reta de regressão por mínimos quadrados é dada pela equação matricial

$$A = (X^TX)^{-1}X^TY$$

e a soma dos erros quadráticos é E^TE.

O Exemplo 7 ilustra o uso deste procedimento para encontrar a reta de regressão por mínimos quadrados para o conjunto de pontos do Exemplo 6.

EXEMPLO 7 — Determinação da reta de regressão por mínimos quadrados

Encontre a reta de regressão por mínimos quadrados para os pontos $(1, 1)$, $(2, 2)$, $(3, 4)$, $(4, 4)$ e $(5, 6)$.

SOLUÇÃO

As matrizes X e Y são

$$X = \begin{bmatrix} 1 & 1 \\ 1 & 2 \\ 1 & 3 \\ 1 & 4 \\ 1 & 5 \end{bmatrix} \quad \text{e} \quad Y = \begin{bmatrix} 1 \\ 2 \\ 4 \\ 4 \\ 6 \end{bmatrix}.$$

Isto significa que

$$X^TX = \begin{bmatrix} 1 & 1 & 1 & 1 & 1 \\ 1 & 2 & 3 & 4 & 5 \end{bmatrix} \begin{bmatrix} 1 & 1 \\ 1 & 2 \\ 1 & 3 \\ 1 & 4 \\ 1 & 5 \end{bmatrix} = \begin{bmatrix} 5 & 15 \\ 15 & 55 \end{bmatrix}$$

e

$$X^TY = \begin{bmatrix} 1 & 1 & 1 & 1 & 1 \\ 1 & 2 & 3 & 4 & 5 \end{bmatrix} \begin{bmatrix} 1 \\ 2 \\ 4 \\ 4 \\ 6 \end{bmatrix} = \begin{bmatrix} 17 \\ 63 \end{bmatrix}.$$

Agora, usando $(X^TX)^{-1}$ para encontrar a matriz dos coeficientes A, você tem

$$A = (X^TX)^{-1}X^TY$$
$$= \tfrac{1}{50}\begin{bmatrix} 55 & -15 \\ -15 & 5 \end{bmatrix}\begin{bmatrix} 17 \\ 63 \end{bmatrix}$$
$$= \begin{bmatrix} -0{,}2 \\ 1{,}2 \end{bmatrix}.$$

Assim, a reta de regressão por mínimos quadrados é

$$y = -0{,}2 + 1{,}2x$$

como mostrado na Figura 2.8. A soma dos erros quadráticos para esta reta é 0,8 (verifique isso), o que significa que esta reta ajusta os dados melhor do que qualquer um dos dois modelos lineares experimentais determinados anteriormente.

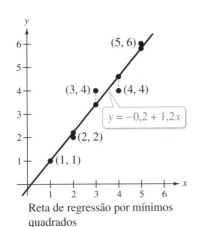

Reta de regressão por mínimos quadrados

Figura 2.8

102 Elementos de álgebra linear

2.6 Exercícios

Codificando uma mensagem Nos Exercícios 1 e 2, escreva as matrizes linha não codificadas para a mensagem. Em seguida, codifique a mensagem usando a matriz A.

1. *Mensagem:*   SELL CONSOLIDATED

   Tamanho da matriz linha: 1×3

   Matriz codificadora: $A = \begin{bmatrix} 1 & -1 & 0 \\ 1 & 0 & -1 \\ -6 & 2 & 3 \end{bmatrix}$

2. *Mensagem:*   HELP IS COMING

   Tamanho da matriz linha: 1×4

   Matriz codificadora: $A = \begin{bmatrix} -2 & 3 & -1 & -1 \\ -1 & 1 & 1 & 1 \\ -1 & -1 & 1 & 2 \\ 3 & 1 & -2 & -4 \end{bmatrix}$

Decodificando uma mensagem Nos Exercícios 3-6, use A^{-1} para decodificar o criptograma.

3. $A = \begin{bmatrix} 1 & 2 \\ 3 & 5 \end{bmatrix}$,

   11 21 64 112 25 50 29 53 23 46 40 75 55 92

4. $A = \begin{bmatrix} 2 & 3 \\ 3 & 4 \end{bmatrix}$,

   85 120 6 8 10 15 84 117 42 56 90 125 60 80 30 45 19 26

5. $A = \begin{bmatrix} 1 & 2 & 2 \\ 3 & 7 & 9 \\ -1 & -4 & -7 \end{bmatrix}$,

   13 19 10 -1 -33 -77 3 -2 -14 4 1 -9 -5 -25 -47 4 1 -9

6. $A = \begin{bmatrix} 3 & -4 & 2 \\ 0 & 2 & 1 \\ 4 & -5 & 3 \end{bmatrix}$,

   112 -140 83 19 -25 13 72 -76 61 95 -118 71 20 21 38 35 -23 36 42 -48 32

7. **Decodificação de uma mensagem** O criptograma abaixo foi codificado com uma matriz 2×2. A última palavra da mensagem é __RON. Qual é a mensagem?

   8 21 -15 -10 -13 -13 5 10 5 25 5 19 -1 6 20 40 -18 -18 1 16

8. **Decodificação de uma mensagem** O criptograma abaixo foi codificado com uma matriz 2×2. A última palavra da mensagem é __SUE. Qual é a mensagem?

   5 2 25 11 -2 -7 -15 -15 32 14 -8 -13 38 19 -19 -19 37 16

9. **Decodificação de uma mensagem** Use um software ou uma ferramenta computacional para decodificar o criptograma.

   $A = \begin{bmatrix} 1 & 0 & 2 \\ 2 & -1 & 1 \\ 0 & 1 & 2 \end{bmatrix}$

   38 -14 29 56 -15 62 17 3 38 18 20 76 18 -5 21 29 -7 32 32 9 77 36 -8 48 33 -5 51 41 3 79 12 1 26 58 -22 49 63 -19 69 28 8 67 31 -11 27 41 -18 28

10. **Decodificação de uma mensagem** Um decifrador de códigos interceptou a mensagem codificada abaixo.

    45 -35 38 -30 18 -18 35 -30 81 -60 42 -28 75 -55 2 -2 22 -21 15 -10

    Denote a inversa da matriz de codificação por

    $A^{-1} = \begin{bmatrix} w & x \\ y & z \end{bmatrix}$.

    (a) Você sabe que $\begin{bmatrix} 45 & -35 \end{bmatrix} A^{-1} = \begin{bmatrix} 10 & 15 \end{bmatrix}$ e $\begin{bmatrix} 38 & -30 \end{bmatrix} A^{-1} = \begin{bmatrix} 8 & 14 \end{bmatrix}$. Escreva e resolva dois sistemas de equações para encontrar w, x, y e z.

    (b) Decodifique a mensagem.

11. **Sistema industrial** Um sistema composto por duas indústrias, carvão e aço, tem os seguintes requisitos de entrada:

    (a) Para produzir $ 1,00 de saída, o setor de carvão precisa de $ 0,10 de seu único produto e $ 0,80 de aço.

    (b) Para produzir $ 1,00 de saída, o setor siderúrgico precisa de $ 0,10 de seu próprio produto e $ 0,20 de carvão.

    Encontre D, a matriz de entrada e saída para este sistema. Em seguida, determine a matriz de saída X na equação $X = DX + E$, onde E é a matriz de demanda externa

    $E = \begin{bmatrix} 10.000 \\ 20.000 \end{bmatrix}$.

12. **Sistema industrial** Um sistema industrial tem duas indústrias com os seguintes requisitos de entradas:

    (a) Para produzir $ 1,00 de saída, a Indústria A precisa de $ 0,30 de seu próprio produto e $ 0,40 do produto da Indústria B.

    (b) Para produzir $ 1,00 de saída, a Indústria B precisa de $ 0,20 de seu próprio produto e $ 0,40 do produto da Indústria A.

    Encontre D, a matriz de entrada e saída para este sistema. Então, determine a matriz de saída X na equação $X = DX + E$, onde E é a matriz de demanda externa

    $E = \begin{bmatrix} 10.000 \\ 20.000 \end{bmatrix}$.

13. Determinação da matriz de saída Uma pequena comunidade inclui um agricultor, um padeiro e um merceeiro e tem a matriz de entrada e saída D e a matriz de demanda externa E dadas abaixo.

$$D = \begin{bmatrix} 0{,}4 & 0{,}5 & 0{,}5 \\ 0{,}3 & 0{,}0 & 0{,}3 \\ 0{,}2 & 0{,}2 & 0{,}0 \end{bmatrix} \begin{matrix} \text{Agricultor} \\ \text{Padeiro} \\ \text{Merceeiro} \end{matrix} \quad \text{e} \quad E = \begin{bmatrix} 1.000 \\ 1.000 \\ 1.000 \end{bmatrix}$$

(Agricultor Padeiro Merceeiro)

Determine a matriz de saída X na equação $X = DX + E$.

14. Determinação da matriz de saída Um sistema industrial com três indústrias possui a matriz de entrada e saída D e a matriz de demanda externa E dadas abaixo.

$$D = \begin{bmatrix} 0{,}2 & 0{,}4 & 0{,}4 \\ 0{,}4 & 0{,}2 & 0{,}2 \\ 0{,}0 & 0{,}2 & 0{,}2 \end{bmatrix} \quad \text{e} \quad E = \begin{bmatrix} 5.000 \\ 2.000 \\ 8.000 \end{bmatrix}$$

Determine a matriz de saída X na equação $X = DX + E$.

Análise de regressão por mínimos quadrados Nos Exercícios 15-18, (a) esboce a reta que parece ser o melhor ajuste para os pontos dados, (b) encontre a reta de regressão por mínimos quadrados e (c) determine a soma dos erros quadráticos.

15.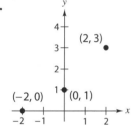

16.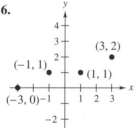

17.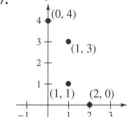

18.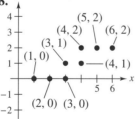

Determinação da reta de regressão por mínimos quadrados Nos Exercícios 19-26, encontre a reta de regressão por mínimos quadrados.

19. $(0, 0), (1, 1), (2, 4)$
20. $(1, 0), (3, 3), (5, 6)$
21. $(-2, 0), (-1, 1), (0, 1), (1, 2)$
22. $(-4, -1), (-2, 0), (2, 4), (4, 5)$
23. $(-5, 1), (1, 3), (2, 3), (2, 5)$
24. $(-3, 4), (-1, 2), (1, 1), (3, 0)$
25. $(-5, 10), (-1, 8), (3, 6), (7, 4), (5, 5)$
26. $(0, 6), (4, 3), (5, 0), (8, -4), (10, -5)$

27. Demanda Um varejista de hardware quer conhecer a demanda para uma furadeira recarregável como função de preço. Os pares ordenados $(25, 82), (30, 75), (35, 67)$ e $(40, 55)$ representam o preço x (em dólares) e as vendas mensais correspondentes y.

(a) Encontre a reta de regressão por mínimos quadrados para os dados.

(b) Estime a demanda quando o preço for $\$ 32{,}95$

28. Consumo de energia eólica A tabela mostra os consumos de energia eólica y (em quadrilhões de Btus ou unidades térmicas britânicas) nos Estados Unidos entre 2009 e 2013. Encontre a reta de regressão por mínimos quadrados para os dados. Represente o ano por t, com $t = 9$ correspondendo a 2009. Use os recursos de regressão linear de uma ferramenta computacional para verificar seus cálculos. (Fonte: U.S. Energy Information Administration)

Ano	2009	2010	2011	2012	2013
Consumo, y	0,72	0,92	1,17	1,34	1,60

 29. Vida selvagem Uma equipe de gerenciamento de vida selvagem estudou as taxas de reprodução de veados em três áreas de uma reserva de vida selvagem. Em cada área, a equipe registrou o número total x de fêmeas e a porcentagem y de fêmeas que tiveram ao menos um filhote no ano seguinte. A tabela mostra os resultados.

Número, x	100	120	140
Porcentagem, y	75	68	55

(a) Encontre a reta de regressão por mínimos quadrados para os dados.
(b) Use uma ferramenta computacional para traçar o modelo e os dados na mesma janela de visualização.
(c) Use o modelo para criar uma tabela de valores estimados para y. Compare os valores estimados com os dados reais.
(d) Use o modelo para estimar a porcentagem de fêmeas que tiveram filhotes quando havia 170 fêmeas.
(e) Use o modelo para estimar o número de fêmeas quando 40% das fêmeas tiveram filhotes.

30. Ponto crucial
(a) Explique como usar a multiplicação de matrizes para codificar e decodificar mensagens.
(b) Explique como usar um modelo de entrada e saída de Leontief para analisar um sistema econômico.
(c) Explique como usar matrizes para encontrar a reta de regressão por mínimos quadrados para um conjunto de dados.

31. Use a biblioteca da sua escola, a Internet ou alguma outra fonte de referência para deduzir a forma matricial para a reta de regressão por mínimos quadrados fornecida no alto da página 101.

104 Elementos de álgebra linear

Capítulo 2   Exercícios de revisão

Operações com matrizes   Nos Exercícios 1-6, execute as operações de matrizes.

1. $\begin{bmatrix} 2 & 1 & 0 \\ 0 & 5 & -4 \end{bmatrix} - 3\begin{bmatrix} 5 & 3 & -6 \\ 0 & -2 & 5 \end{bmatrix}$

2. $-2\begin{bmatrix} 1 & 2 \\ 5 & -4 \\ 6 & 0 \end{bmatrix} + 8\begin{bmatrix} 7 & 1 \\ 1 & 2 \\ 1 & 4 \end{bmatrix}$

3. $\begin{bmatrix} 1 & 2 \\ 5 & -4 \\ 6 & 0 \end{bmatrix}\begin{bmatrix} 6 & -2 & 8 \\ 4 & 0 & 0 \end{bmatrix}$

4. $\begin{bmatrix} 1 & 5 \\ 2 & -4 \end{bmatrix}\begin{bmatrix} 6 & -2 & 8 \\ 4 & 0 & 0 \end{bmatrix}$

5. $\begin{bmatrix} 1 & 3 & 2 \\ 0 & 2 & -4 \\ 0 & 0 & 3 \end{bmatrix}\begin{bmatrix} 4 & -3 & 2 \\ 0 & 3 & -1 \\ 0 & 0 & 2 \end{bmatrix}$

6. $\begin{bmatrix} 2 & 1 \\ 6 & 0 \end{bmatrix}\begin{bmatrix} 4 & 2 \\ -3 & 1 \end{bmatrix} + \begin{bmatrix} -2 & 4 \\ 0 & 4 \end{bmatrix}$

Resolução um sistema de equações lineares   Nos Exercícios 7-10, escreva o sistema de equações lineares na forma $A\mathbf{x} = \mathbf{b}$. Em seguida, use a eliminação de Gauss para resolver esta equação matricial e determinar $\mathbf{x}$.

7. $\begin{aligned} 2x_1 + x_2 &= -8 \\ x_1 + 4x_2 &= -4 \end{aligned}$

8. $\begin{aligned} 2x_1 - x_2 &= 5 \\ 3x_1 + 2x_2 &= -4 \end{aligned}$

9. $\begin{aligned} -3x_1 - x_2 + x_3 &= 0 \\ 2x_1 + 4x_2 - 5x_3 &= -3 \\ x_1 - 2x_2 + 3x_3 &= 1 \end{aligned}$

10. $\begin{aligned} 2x_1 + 3x_2 + x_3 &= 10 \\ 2x_1 - 3x_2 - 3x_3 &= 22 \\ 4x_1 - 2x_2 + 3x_3 &= -2 \end{aligned}$

Determinação e multiplicação por uma transposta   Nos Exercícios 11-14, encontre A^T, A^TA e AA^T.

11. $A = \begin{bmatrix} 1 & 2 & -3 \\ 0 & 1 & 2 \end{bmatrix}$

12. $A = \begin{bmatrix} 3 & -1 \\ 2 & 0 \end{bmatrix}$

13. $A = \begin{bmatrix} 1 \\ 3 \\ -1 \end{bmatrix}$

14. $A = \begin{bmatrix} 1 & -2 & -3 \end{bmatrix}$

Determinação da inversa de uma matriz   Nos Exercícios 15-18, encontre a inversa da matriz (se existir).

15. $\begin{bmatrix} 3 & -1 \\ 2 & -1 \end{bmatrix}$

16. $\begin{bmatrix} 4 & -1 \\ -8 & 2 \end{bmatrix}$

17. $\begin{bmatrix} 2 & 3 & 1 \\ 2 & -3 & -3 \\ 4 & 0 & 3 \end{bmatrix}$

18. $\begin{bmatrix} 1 & 1 & 1 \\ 0 & 1 & 1 \\ 0 & 0 & 1 \end{bmatrix}$

Utilização da inversa de uma matriz   Nos Exercícios 19-26, use uma matriz inversa para resolver cada sistema de equações lineares ou equação matricial.

19. $\begin{aligned} 5x_1 + 4x_2 &= 2 \\ -x_1 + x_2 &= -22 \end{aligned}$

20. $\begin{aligned} 3x_1 + 2x_2 &= 1 \\ x_1 + 4x_2 &= -3 \end{aligned}$

21. $\begin{aligned} -x_1 + x_2 + 2x_3 &= 1 \\ 2x_1 + 3x_2 + x_3 &= -2 \\ 5x_1 + 4x_2 + 2x_3 &= 4 \end{aligned}$

22. $\begin{aligned} x_1 + x_2 + 2x_3 &= 0 \\ x_1 - x_2 + x_3 &= -1 \\ 2x_1 + x_2 + x_3 &= 2 \end{aligned}$

23. $\begin{bmatrix} 5 & 4 \\ -1 & 1 \end{bmatrix}\begin{bmatrix} x \\ y \end{bmatrix} = \begin{bmatrix} -15 \\ -6 \end{bmatrix}$

24. $\begin{bmatrix} 2 & -1 \\ 3 & 4 \end{bmatrix}\begin{bmatrix} x \\ y \end{bmatrix} = \begin{bmatrix} 5 \\ -2 \end{bmatrix}$

25. $\begin{bmatrix} 0 & 1 & -2 \\ -1 & 3 & 1 \\ 2 & -2 & 4 \end{bmatrix}\begin{bmatrix} x_1 \\ x_2 \\ x_3 \end{bmatrix} = \begin{bmatrix} -1 \\ 0 \\ 2 \end{bmatrix}$

26. $\begin{bmatrix} 0 & 1 & 2 \\ 3 & 2 & 1 \\ 4 & -3 & -4 \end{bmatrix}\begin{bmatrix} x \\ y \\ z \end{bmatrix} = \begin{bmatrix} 0 \\ -1 \\ -7 \end{bmatrix}$

Resolução de uma equação matricial   Nos Exercícios 27 e 28, encontre A.

27. $(3A)^{-1} = \begin{bmatrix} 4 & -1 \\ 2 & 3 \end{bmatrix}$

28. $(2A)^{-1} = \begin{bmatrix} 2 & 4 \\ 0 & 1 \end{bmatrix}$

Matriz não singular   Nos Exercícios 29 e 30, encontre x tal que a matriz A seja não singular.

29. $A = \begin{bmatrix} 3 & 1 \\ x & -1 \end{bmatrix}$

30. $A = \begin{bmatrix} 2 & x \\ 1 & 4 \end{bmatrix}$

Determinação da inversa de uma matriz elementar   Nos Exercícios 31 e 32, encontre a inversa da matriz elementar.

31. $\begin{bmatrix} 1 & 0 & 4 \\ 0 & 1 & 0 \\ 0 & 0 & 1 \end{bmatrix}$

32. $\begin{bmatrix} 1 & 0 & 0 \\ 0 & 6 & 0 \\ 0 & 0 & 1 \end{bmatrix}$

Determinação de uma sequência de matrizes elementares   Nos Exercícios 33-36, encontre uma sequência de matrizes elementares cujo produto é a matriz não singular dada.

33. $\begin{bmatrix} 2 & 3 \\ 0 & 1 \end{bmatrix}$

34. $\begin{bmatrix} -3 & 13 \\ 1 & -4 \end{bmatrix}$

35. $\begin{bmatrix} 1 & 0 & 1 \\ 0 & 1 & -2 \\ 0 & 0 & 4 \end{bmatrix}$

36. $\begin{bmatrix} 3 & 0 & 6 \\ 0 & 2 & 0 \\ 1 & 0 & 3 \end{bmatrix}$

37. Encontre duas matrizes A, de tamanho 2×2, tais que $A^2 = I$.

38. Encontre duas matrizes A, de tamanho 2×2, tais que $A^2 = O$.

39. Encontre três matrizes idempotentes 2×2. (Lembre-se de que uma matriz quadrada A é *idempotente* quando $A^2 = A$.)

40. Encontre matrizes A e B, de tamanho 2×2, tais que $AB = O$, mas $BA \neq O$.

41. Considere as matrizes abaixo.

$$X = \begin{bmatrix} 1 \\ 2 \\ 0 \\ 1 \end{bmatrix}, \quad Y = \begin{bmatrix} -1 \\ 0 \\ 3 \\ 2 \end{bmatrix}, \quad Z = \begin{bmatrix} 3 \\ 4 \\ -1 \\ 2 \end{bmatrix}, \quad W = \begin{bmatrix} 3 \\ 2 \\ -4 \\ -1 \end{bmatrix}$$

(a) Encontre escalares a, b e c tais que $W = aX + bY + cZ$.

(b) Mostre que não existem escalares a e b tais que $Z = aX + bY$.

(c) Mostre que se $aX + bY + cZ = O$, então $a = b = c = 0$.

42. Demonstração Sejam A, B e $A + B$ matrizes não singulares. Demonstre que $A^{-1} + B^{-1}$ é não singular mostrando que

$$(A^{-1} + B^{-1})^{-1} = A(A + B)^{-1}B.$$

Determinação de uma fatoração LU de uma matriz Nos Exercícios 43-46, encontre uma fatoração LU da matriz.

43. $\begin{bmatrix} 2 & 5 \\ 6 & 14 \end{bmatrix}$

44. $\begin{bmatrix} -3 & 1 \\ 12 & 0 \end{bmatrix}$

45. $\begin{bmatrix} 4 & 1 & 0 \\ 0 & 3 & -7 \\ -16 & 11 & 1 \end{bmatrix}$

46. $\begin{bmatrix} 1 & 1 & 1 \\ 1 & 2 & 2 \\ 1 & 2 & 3 \end{bmatrix}$

Resolução de um sistema linear usando fatoração LU Nos Exercícios 47 e 48, use uma fatoração LU da matriz de coeficientes para resolver o sistema linear.

47.
$$\begin{aligned} x \quad\;\; + z &= 3 \\ 2x + y + 2z &= 7 \\ 3x + 2y + 6z &= 8 \end{aligned}$$

48.
$$\begin{aligned} 2x_1 + x_2 + x_3 - x_4 &= 7 \\ 3x_2 + x_3 - x_4 &= -3 \\ -2x_3 \quad\;\; &= 2 \\ 2x_1 + x_2 + x_3 - 2x_4 &= 8 \end{aligned}$$

49. Fabricação Uma empresa fabrica mesas e cadeiras em dois locais. A matriz C fornece os custos de fabricação em cada local.

$$\begin{array}{cc} \text{Local 1} & \text{Local 2} \end{array}$$
$$C = \begin{bmatrix} 627 & 681 \\ 135 & 150 \end{bmatrix} \begin{array}{l} \text{Mesas} \\ \text{Cadeiras} \end{array}$$

(a) O trabalho contabiliza $\frac{2}{3}$ do custo. Determine a matriz L que fornece os custos com o trabalho em cada local.

(b) Encontre a matriz M que fornece os custos com material em cada local. (Suponha que há apenas custos com trabalho e material.)

50. Fabricação Uma corporação tem quatro fábricas, cada uma das quais fabrica veículos utilitários esportivos e caminhões. Na matriz

$$A = \begin{bmatrix} 100 & 90 & 70 & 30 \\ 40 & 20 & 60 & 60 \end{bmatrix}$$

a_{ij} representa o número de veículos do tipo i produzidos na fábrica j em um dia. Encontre os níveis de produção quando a produção aumenta em 10%.

51. Venda de gasolina A Matriz A mostra os números de galões de gasolina de 87-octano, 89-octano e 93-octano vendidos em uma loja de conveniência durante um fim de semana.

$$\begin{array}{c} \text{Octano} \end{array}$$
$$\begin{array}{ccc} 87 & 89 & 93 \end{array}$$
$$A = \begin{bmatrix} 580 & 840 & 320 \\ 560 & 420 & 160 \\ 860 & 1.020 & 540 \end{bmatrix} \begin{array}{l} \text{Sexta-feira} \\ \text{Sábado} \\ \text{Domingo} \end{array}$$

A matriz B dá os preços de venda (em dólares por galão) e os lucros (em dólares por galão) para os três tipos de gasolina.

$$\begin{array}{cc} \text{Preço de venda} & \text{Lucro} \end{array}$$
$$B = \begin{bmatrix} b_{11} & 0{,}05 \\ b_{21} & 0{,}08 \\ b_{31} & 0{,}10 \end{bmatrix} \begin{array}{l} 87 \\ 89 \\ 93 \end{array} \Big\} \text{Octano}$$

(a) Encontre AB e interprete o resultado.

(b) Encontre o lucro da loja de conveniência proveniente da venda de gasolina no fim de semana.

52. Notas finais Duas provas intermediárias e um exame final determinam a nota final em uma faculdade de ciências naturais. As matrizes abaixo mostram as notas de seis estudantes e dois sistemas possíveis de atribuição de notas.

$$\begin{array}{ccc} \text{Prova} & \text{Prova} & \text{Exame} \\ \text{intermediária} & \text{intermediária} & \text{final} \\ 1 & 2 & \end{array}$$
$$A = \begin{bmatrix} 78 & 82 & 80 \\ 84 & 88 & 85 \\ 92 & 93 & 90 \\ 88 & 86 & 90 \\ 74 & 78 & 80 \\ 96 & 95 & 98 \end{bmatrix} \begin{array}{l} \text{Estudante 1} \\ \text{Estudante 2} \\ \text{Estudante 3} \\ \text{Estudante 4} \\ \text{Estudante 5} \\ \text{Estudante 6} \end{array}$$

$$\begin{array}{cc} \text{Sistema} & \text{Sistema} \\ \text{de notas 1} & \text{de notas 2} \end{array}$$
$$B = \begin{bmatrix} 0{,}25 & 0{,}20 \\ 0{,}25 & 0{,}20 \\ 0{,}50 & 0{,}60 \end{bmatrix} \begin{array}{l} \text{Prova intermediária 1} \\ \text{Prova intermediária 2} \\ \text{Exame final} \end{array}$$

(a) Descreva os sistemas de notas na matriz B.

(b) Calcule as notas numéricas para os seis alunos (aproxime para o inteiro mais próximo) usando os dois sistemas de classificação.

(c) Quantos alunos receberam um "A" em cada sistema de classificação? (Suponha que 90 ou mais corresponde a um "A".)

106 Elementos de álgebra linear

Função polinomial Nos Exercícios 53 e 54, encontre $f(A)$ usando a definição abaixo.

Se $f(x) = a_0 + a_1x + a_2x^2 + \cdots + a_nx^n$ é uma função polinomial, então para uma matriz quadrada A

$$f(A) = a_0I + a_1A + a_2A^2 + \cdots + a_nA^n.$$

53. $f(x) = 6 - 7x + x^2, \quad A = \begin{bmatrix} 5 & 4 \\ 1 & 2 \end{bmatrix}$

54. $f(x) = 2 - 3x + x^3, \quad A = \begin{bmatrix} 2 & 1 \\ -1 & 0 \end{bmatrix}$

Matrizes estocásticas Nos exercícios 55-58, determine se a matriz é estocástica.

55. $\begin{bmatrix} \frac{12}{25} & \frac{2}{25} \\ \frac{13}{25} & \frac{23}{25} \end{bmatrix}$ **56.** $\begin{bmatrix} 0,3 & 0,7 \\ 0 & 1 \end{bmatrix}$

57. $\begin{bmatrix} 1 & 0 & 0 \\ 0 & 0,5 & 0,1 \\ 0 & 0,1 & 0,5 \end{bmatrix}$ **58.** $\begin{bmatrix} 0,3 & 0,4 & 0,1 \\ 0,2 & 0,4 & 0,5 \\ 0,5 & 0,2 & 0,4 \end{bmatrix}$

Determinação de matrizes de estado Nos Exercícios 59-62, use a matriz de probabilidades de transição P e a matriz de estado inicial X_0 para encontrar as matrizes de estado X_1, X_2 e X_3.

59. $P = \begin{bmatrix} \frac{1}{2} & \frac{1}{4} \\ \frac{1}{2} & \frac{3}{4} \end{bmatrix}, \quad X_0 = \begin{bmatrix} \frac{2}{3} \\ \frac{1}{3} \end{bmatrix}$

60. $P = \begin{bmatrix} 0,23 & 0,45 \\ 0,77 & 0,55 \end{bmatrix}, \quad X_0 = \begin{bmatrix} 0,65 \\ 0,35 \end{bmatrix}$

61. $P = \begin{bmatrix} 0,50 & 0,25 & 0 \\ 0,25 & 0,70 & 0,15 \\ 0,25 & 0,05 & 0,85 \end{bmatrix}, \quad X_0 = \begin{bmatrix} 0,5 \\ 0,5 \\ 0 \end{bmatrix}$

62. $P = \begin{bmatrix} \frac{1}{3} & \frac{1}{3} & \frac{2}{3} \\ \frac{1}{3} & 0 & \frac{1}{3} \\ \frac{1}{3} & \frac{2}{3} & 0 \end{bmatrix}, \quad X_0 = \begin{bmatrix} \frac{2}{9} \\ \frac{4}{9} \\ \frac{1}{3} \end{bmatrix}$

63. Cruzeiro no Caribe Trezentas pessoas vão a um cruzeiro no Caribe. Quando o navio para em um porto, cada pessoa tem a opção de ir à costa ou não. Setenta por cento das pessoas que vão à costa um dia não irão à costa no dia seguinte. Sessenta por cento das pessoas que não vão à costa um dia irão à costa no dia seguinte. Hoje, 200 pessoas foram à costa. Quantas pessoas irão à costa (a) amanhã e (b) depois de amanhã?

64. Migração da população Um país tem três regiões. Todo ano, 10% dos residentes da Região 1 se mudam para a Região 2 e 5% se mudam para a Região 3, 15% dos residentes da Região 2 se mudam para a Região 1 e 5% para a Região 3 e 10 % dos residentes da Região 3 se mudam para a Região 1 e 10% se mudam para a Região 2. Este ano, cada região tem uma população de 100.000. Encontre as populações de cada região (a) em 1 ano e (b) em 3 anos.

Matriz de estado estacionário e regular Nos Exercícios 65-68, determine se a matriz estocástica P é regular. Então, encontre a matriz de estado estacionária $\bar{X}$ da cadeia de Markov com matriz de probabilidades de transição P.

65. $P = \begin{bmatrix} 0,8 & 0,5 \\ 0,2 & 0,5 \end{bmatrix}$ **66.** $P = \begin{bmatrix} 1 & \frac{4}{7} \\ 0 & \frac{3}{7} \end{bmatrix}$

67. $P = \begin{bmatrix} \frac{1}{3} & \frac{1}{6} & 0 \\ \frac{1}{6} & 0 & 0 \\ \frac{1}{2} & \frac{5}{6} & 1 \end{bmatrix}$ **68.** $P = \begin{bmatrix} 0 & 0 & 0,2 \\ 0,5 & 0,9 & 0 \\ 0,5 & 0,1 & 0,8 \end{bmatrix}$

69. Promoção de vendas Como um recurso promocional, uma loja faz um sorteio semanal. Durante qualquer semana, 40% dos clientes que entregam um ou mais cupons não entregam na próxima semana. Por outro lado, 30% dos clientes que não entregam cupons entregarão um ou mais cupons na semana seguinte. Encontre e interprete a matriz estacionária para esta situação.

70. Documentos confidenciais Um tribunal possui 2.000 documentos, dos quais 1.250 são confidenciais. A cada semana, 10% dos documentos confidenciais tornam-se não confidenciais e 20% são destruídos. Além disso, 20% dos documentos não confidenciais se tornam confidenciais e 5% são destruídos. Encontre e interprete a matriz estacionária para esta situação.

Cadeias de Markov absorventes Nos Exercícios 71 e 72 determine se a cadeia de Markov com matriz de probabilidades de transição P é absorvente. Justifique.

71. $P = \begin{bmatrix} 0 & 0,4 & 0,1 \\ 0,7 & 0,3 & 0,4 \\ 0,3 & 0,3 & 0,5 \end{bmatrix}$ **72.** $P = \begin{bmatrix} 1 & 0 & 0,38 \\ 0 & 0,30 & 0 \\ 0 & 0,70 & 0,62 \end{bmatrix}$

Verdadeiro ou falso? Nos Exercícios 73-76, determine se a afirmação é verdadeira ou falsa. Se uma afirmação for verdadeira, dê um motivo ou cite uma afirmação apropriada do texto. Se uma afirmação for falsa, forneça um exemplo que mostre que a afirmação não é verdadeira em todos os casos ou cite uma afirmação apropriada do texto.

73. (a) A soma de matrizes não é comutativa.

(b) A transposta da soma de matrizes é igual à soma das transpostas das matrizes.

74. (a) Se uma matriz A de ordem n não é simétrica, então A^TA não é simétrica.

(b) Se A e B são matrizes não singulares $n \times n$, então $A + B$ é uma matriz não singular.

75. (a) Uma matriz estocástica pode ter elementos negativos.

(b) Uma cadeia de Markov que não é regular pode ter uma única matriz de estado estacionária.

76. (a) Uma matriz estocástica regular pode ter elementos 0.

(b) A matriz de estado estacionária de uma cadeia de Markov absorvente sempre depende da matriz de estado inicial.

Codificação de uma mensagem Nos Exercícios 77 e 78, escreva as matrizes linha não codificadas para a mensagem. Em seguida, codifique a mensagem usando a matriz A.

77. *Mensagem:* ONE IF BY LAND

Tamanho da matriz linha: 1×2

Matriz de codificação: $A = \begin{bmatrix} 5 & 2 \\ 2 & 1 \end{bmatrix}$

78. *Mensagem:* BEAM ME UP SCOTTY

Tamanho da matriz linha: 1×3

Matriz de codificação: $A = \begin{bmatrix} 2 & 1 & 4 \\ 3 & 1 & 3 \\ -2 & -1 & -3 \end{bmatrix}$

Decodificação de uma mensagem Nos Exercícios 79-82, use A^{-1} para decodificar o criptograma.

79. $A = \begin{bmatrix} 3 & -2 \\ -4 & 3 \end{bmatrix}$,

$-45 \ 34 \ 36 \ -24 \ -43 \ 37 \ -23 \ 22 \ 37 \ 29 \ 57$
$-38 \ -39 \ 31$

80. $A = \begin{bmatrix} 1 & 4 \\ -1 & -3 \end{bmatrix}$,

$11 \ 52 \ -8 \ -9 \ -13 \ -39 \ 5 \ 20 \ 12 \ 56 \ 5 \ 20$
$-2 \ 7 \ 9 \ 41 \ 25 \ 100$

81. $A = \begin{bmatrix} 1 & -2 & 2 \\ -1 & 1 & 3 \\ 1 & -1 & -4 \end{bmatrix}$

$-2 \ 2 \ 5 \ 39 \ -53 \ -72 \ -6 \ -9 \ 93 \ 4 \ -12 \ 27 \ 31$
$-49 \ -16 \ 19 \ -24 \ -46 \ -8 \ -7 \ 99$

82. $A = \begin{bmatrix} 2 & 0 & 1 \\ 2 & -1 & 0 \\ 1 & 2 & -4 \end{bmatrix}$

$66 \ 27 \ -31 \ 37 \ 5 \ -9 \ 61 \ 46 \ -73 \ 46 \ -14 \ 9 \ 94$
$21 \ -49 \ 32 \ -4 \ 12 \ 66 \ 31 \ -53 \ 47 \ 33$
$-67 \ 32 \ 19 \ -56 \ 43 \ -9 \ -20 \ 68 \ 23 \ -34$

83. Sistema industrial Um sistema industrial tem duas indústrias com os seguintes requisitos de entrada:

(a) Para produzir $ 1,00 de saída, a Indústria A precisa de $ 0,20 de seu próprio produto e $ 0,30 do produto da Indústria B.

(b) Para produzir $ 1,00 de saída, a Indústria B precisa de $ 0,10 de seu próprio produto e $ 0,50 do produto da Indústria A.

Encontre D, a matriz de entrada e saída para este sistema. Em seguida, determine a matriz de saída X na equação $X = DX + E$, onde E é a matriz de demanda externa

$$E = \begin{bmatrix} 40.000 \\ 80.000 \end{bmatrix}.$$

84. Determinação da matriz de saída Um sistema industrial com três indústrias possui a matriz de entrada e saída D e a matriz de demanda externa E dadas abaixo.

$$D = \begin{bmatrix} 0,1 & 0,3 & 0,2 \\ 0,0 & 0,2 & 0,3 \\ 0,4 & 0,1 & 0,1 \end{bmatrix} \quad \text{e} \quad E = \begin{bmatrix} 3.000 \\ 3.500 \\ 8.500 \end{bmatrix}$$

Determine a matriz de saída X na equação $X = DX + E$.

Determinação da reta de regressão por mínimos quadrados Nos Exercícios 85-88, encontre a reta de regressão por mínimos quadrados.

85. $(1, 5), (2, 4), (3, 2)$

86. $(2, 1), (3, 3), (4, 2), (5, 4), (6, 4)$

87. $(1, 1), (1, 3), (1, 2), (1, 4), (2, 5)$

88. $(-2, 4), (-1, 2), (0, 1), (1, -2), (2, -3)$

89. Assinantes de telefones celulares A tabela mostra os números de assinantes de telefones celulares y (em milhões) nos Estados Unidos de 2008 a 2013. (Fonte: CTIA-The Wireless Association)

Ano	2008	2009	2010	2011	2012	2013
Número, y	270	286	296	316	326	336

(a) Encontre a reta de regressão por mínimos quadrados para os dados. Represente o ano por x, com $x = 8$ correspondendo a 2008.

(b) Use os recursos de regressão linear de uma ferramenta computacional para encontrar um modelo linear para os dados. Como este modelo se compara com o modelo obtido no item (a)?

(c) Use o modelo linear para criar uma tabela de valores estimados para y. Compare os valores estimados com os dados reais.

90. Salários da Liga Principal de Beisebol A tabela mostra os salários médios y (em milhões de dólares) dos jogadores da Liga Principal de Beisebol no dia da abertura da temporada de beisebol de 2008 até 2013. (Fonte: Major League Baseball)

Ano	2008	2009	2010	2011	2012	2013
Salário, y	2,93	3,00	3,01	3,10	3,21	3,39

(a) Encontre a reta de regressão por mínimos quadrados para os dados. Represente o ano por x, com $x = 8$ correspondendo a 2008.

(b) Use os recursos de regressão linear de uma ferramenta computacional para encontrar um modelo linear para os dados. Como este modelo se compara com o modelo obtido no item (a)?

(c) Use o modelo linear para criar uma tabela de valores estimados para y. Compare os valores estimados com os dados reais.

108 Elementos de álgebra linear

2 Projetos

	Teste 1	Teste 2
Anna	84	96
Bruce	56	72
Chris	78	83
David	82	91

1 Explorando a multiplicação de matrizes

A tabela mostra os dois primeiros resultados de provas para Anna, Bruce, Chris e David. Use a tabela para criar uma matriz M para representar os dados. Insira M em um software ou uma ferramenta computacional e use-o para responder as seguintes perguntas.

1. Qual prova foi mais difícil? Qual foi mais fácil? Explique.

2. Como você classificaria os desempenhos dos quatro alunos?

3. Descreva os significados dos produtos de matrizes $M\begin{bmatrix} 1 \\ 0 \end{bmatrix}$ e $M\begin{bmatrix} 0 \\ 1 \end{bmatrix}$.

4. Descreva os significados dos produtos de matrizes $\begin{bmatrix} 1 & 0 & 0 & 0 \end{bmatrix}M$ e $\begin{bmatrix} 0 & 0 & 1 & 0 \end{bmatrix}M$.

5. Descreva os significados dos produtos de matrizes $M\begin{bmatrix} 1 \\ 1 \end{bmatrix}$ e $\frac{1}{2}M\begin{bmatrix} 1 \\ 1 \end{bmatrix}$.

6. Descreva os significados dos produtos de matrizes $\begin{bmatrix} 1 & 1 & 1 & 1 \end{bmatrix}M$ e $\frac{1}{4}\begin{bmatrix} 1 & 1 & 1 & 1 \end{bmatrix}M$.

7. Descreva o significado do produto de matrizes $\begin{bmatrix} 1 & 1 & 1 & 1 \end{bmatrix}M\begin{bmatrix} 1 \\ 1 \end{bmatrix}$.

8. Use a multiplicação de matrizes para encontrar a pontuação média geral combinada de ambas as provas.

9. Como você pode usar a multiplicação de matrizes para mudar a escala das pontuações na prova 1 por um fator de 1,1?

2 Matrizes nilpotentes

Seja A uma matriz quadrada não nula. É possível que exista um inteiro positivo k tal que $A^k = O$? Por exemplo, encontre A^3 para o matriz

$$A = \begin{bmatrix} 0 & 1 & 2 \\ 0 & 0 & 1 \\ 0 & 0 & 0 \end{bmatrix}.$$

A matriz quadrada A é **nilpotente de índice k** quando $A \neq O$, $A^2 \neq O, \ldots, A^{k-1} \neq O$, mas $A^k = O$. Neste projeto, você explorará matrizes nilpotentes.

1. A matriz no exemplo acima é nilpotente. Qual é o índice?

2. Use um software ou uma ferramenta computacional para determinar quais matrizes abaixo são nilpotentes e encontre seus índices.

(a) $\begin{bmatrix} 0 & 1 \\ 0 & 0 \end{bmatrix}$ (b) $\begin{bmatrix} 0 & 1 \\ 1 & 0 \end{bmatrix}$ (c) $\begin{bmatrix} 0 & 0 \\ 1 & 0 \end{bmatrix}$

(d) $\begin{bmatrix} 1 & 0 \\ 1 & 0 \end{bmatrix}$ (e) $\begin{bmatrix} 0 & 0 & 1 \\ 0 & 0 & 0 \\ 0 & 0 & 0 \end{bmatrix}$ (f) $\begin{bmatrix} 0 & 0 & 0 \\ 1 & 0 & 0 \\ 1 & 1 & 0 \end{bmatrix}$

3. Encontre matrizes nilpotentes 3×3 de índices 2 e 3.

4. Encontre matrizes nilpotentes 4×4 de índices 2, 3 e 4.

5. Encontre uma matriz nilpotente de índice 5.

6. As matrizes nilpotentes são inversíveis? Demonstre sua resposta.

7. Quando A é nilpotente, o que você pode dizer sobre A^T? Demonstre sua resposta.

8. Mostre que, se A é nilpotente, então $I - A$ é inversível.

3 Determinantes

- **3.1** O determinante de uma matriz
- **3.2** Determinantes e operações elementares
- **3.3** Propriedades dos determinantes
- **3.4** Aplicações de determinantes

Aterrisagem em cometa

Engenharia e controle

Volume de um tetraedro

Publicação de software

Sudoku

Em sentido horário, de cima para a esquerda: Jet Propulsion Laboratory / NASA; Minerva Studio / Shutterstock.com; viviamo / Shutterstock.com; magnetix / Shutterstock.com; rgerhardt / Shutterstock.com

110   Elementos de álgebra linear

3.1   O determinante de uma matriz

■ Encontrar o determinante de uma matriz 2 × 2.

■ Encontrar os menores e os cofatores de uma matriz.

■ Usar a expansão por cofatores para encontrar o determinante de uma matriz.

■ Encontrar o determinante de uma matriz triangular.

O DETERMINANTE DE UMA MATRIZ 2 × 2

Toda matriz *quadrada* pode ser associada a um número real chamado *determinante*. Historicamente, o uso de determinantes surgiu do reconhecimento de padrões especiais que ocorrem nas resoluções de sistemas de equações lineares. Por exemplo, o sistema

$$a_{11}x_1 + a_{12}x_2 = b_1$$
$$a_{21}x_1 + a_{22}x_2 = b_2$$

tem a solução

$$x_1 = \frac{b_1 a_{22} - b_2 a_{12}}{a_{11}a_{22} - a_{21}a_{12}} \quad e \quad x_2 = \frac{b_2 a_{11} - b_1 a_{21}}{a_{11}a_{22} - a_{21}a_{12}}$$

quando $a_{11}a_{22} - a_{21}a_{12} \neq 0$. (Veja o Exercício 53.) Observe que ambas as frações têm o mesmo denominador, $a_{11}a_{22} - a_{21}a_{12}$. Essa quantidade é o *determinante* da matriz de coeficientes do sistema.

> **OBSERVAÇÃO**
>
> Neste texto, det(A) e $|A|$ são usados indistintamente para representar o determinante de A. Embora as barras verticais também sejam usadas para denotar o valor absoluto de um número real, o contexto indicará o uso pretendido. Além disso, é prática comum apagar os colchetes da matriz e escrever
>
> $$\begin{vmatrix} a_{11} & a_{12} \\ a_{21} & a_{22} \end{vmatrix}$$
>
> em vez de
>
> $$\left| \begin{bmatrix} a_{11} & a_{12} \\ a_{21} & a_{22} \end{bmatrix} \right|.$$

Definição do determinante de uma matriz 2 × 2

O **determinante** da matriz

$$A = \begin{bmatrix} a_{11} & a_{12} \\ a_{21} & a_{22} \end{bmatrix}$$

é det(A) = $|A|$ = $a_{11}a_{22} - a_{21}a_{12}$.

O diagrama abaixo mostra um método conveniente para lembrar a fórmula do determinante de uma matriz 2 × 2.

$$|A| = \begin{vmatrix} a_{11} & a_{12} \\ a_{21} & a_{22} \end{vmatrix} = a_{11}a_{22} - a_{21}a_{12}$$

O determinante é a diferença dos produtos das duas diagonais da matriz. Observe que a ordem dos produtos é importante.

> **OBSERVAÇÃO**
>
> Observe que o determinante de uma matriz pode ser positivo, zero ou negativo.

EXEMPLO 1   Determinantes de matrizes de ordem 2

a. Para $A = \begin{bmatrix} 2 & -3 \\ 1 & 2 \end{bmatrix}$, $|A| = \begin{vmatrix} 2 & -3 \\ 1 & 2 \end{vmatrix} = 2(2) - 1(-3) = 4 + 3 = 7$.

b. Para $B = \begin{bmatrix} 2 & 1 \\ 4 & 2 \end{bmatrix}$, $|B| = \begin{vmatrix} 2 & 1 \\ 4 & 2 \end{vmatrix} = 2(2) - 4(1) = 4 - 4 = 0$.

c. Para $C = \begin{bmatrix} 0 & \frac{3}{2} \\ 2 & 4 \end{bmatrix}$, $|C| = \begin{vmatrix} 0 & \frac{3}{2} \\ 2 & 4 \end{vmatrix} = 0(4) - 2\left(\frac{3}{2}\right) = 0 - 3 = -3$.   ■

Determinantes   **111**

MENORES E COFATORES

Para definir o determinante de uma matriz quadrada de ordem superior a 2, é conveniente usar *menores* e *cofatores*.

Menores e cofatores de uma matriz quadrada

Se A é uma matriz quadrada, então o **menor** M_{ij} do elemento a_{ij} é o determinante da matriz obtida pela exclusão da i-ésima linha e j-ésima coluna de A. O **cofator** C_{ij} da entrada a_{ij} é $C_{ij} = (-1)^{i+j}M_{ij}$.

Por exemplo, se A é uma matriz 3×3, então os menores e os cofatores de a_{21} e a_{22} são como mostrado abaixo.

Menor de a_{21} Menor de a_{22}

$$\begin{bmatrix} a_{11} & a_{12} & a_{13} \\ a_{21} & a_{22} & a_{23} \\ a_{31} & a_{32} & a_{33} \end{bmatrix}, \quad M_{21} = \begin{vmatrix} a_{12} & a_{13} \\ a_{32} & a_{33} \end{vmatrix}$$

$$\begin{bmatrix} a_{11} & a_{12} & a_{13} \\ a_{21} & a_{22} & a_{23} \\ a_{31} & a_{32} & a_{33} \end{bmatrix}, \quad M_{22} = \begin{vmatrix} a_{11} & a_{13} \\ a_{31} & a_{33} \end{vmatrix}$$

Elimine a linha 2 e a coluna 1.   Elimine a linha 2 e a coluna 2.

Cofator de a_{21} Cofator de a_{22}

$$C_{21} = (-1)^{2+1}M_{21} = -M_{21} \qquad C_{22} = (-1)^{2+2}M_{22} = M_{22}$$

Os menores e os cofatores de uma matriz podem diferir apenas no sinal. Para obter os cofatores de uma matriz, primeiro encontre os menores e, em seguida, aplique o padrão de tabuleiro de xadrez de $+$ e $-$ mostrado à esquerda. Observe que as posições ímpares (nas quais $i + j$ é ímpar) possuem sinais negativos e as posições pares (nas quais $i + j$ é par) têm sinais positivos.

Padrão de sinal para cofatores

$$\begin{bmatrix} + & - & + \\ - & + & - \\ + & - & + \end{bmatrix}$$

Matriz 3×3

$$\begin{bmatrix} + & - & + & - \\ - & + & - & + \\ + & - & + & - \\ - & + & - & + \end{bmatrix}$$

Matriz 4×4

$$\begin{bmatrix} + & - & + & - & + & \cdots \\ - & + & - & + & - & \cdots \\ + & - & + & - & + & \cdots \\ - & + & - & + & - & \cdots \\ + & - & + & - & + & \cdots \\ \vdots & \vdots & \vdots & \vdots & \vdots & \end{bmatrix}$$

Matriz $n \times n$

EXEMPLO 2   Menores e cofatores de uma matriz

Encontre todos os menores e os cofatores de

$$A = \begin{bmatrix} 0 & 2 & 1 \\ 3 & -1 & 2 \\ 4 & 0 & 1 \end{bmatrix}.$$

SOLUÇÃO

Para encontrar o menor M_{11}, elimine a primeira linha e a primeira coluna de A e calcule o determinante da matriz resultante.

$$\begin{bmatrix} 0 & 2 & 1 \\ 3 & -1 & 2 \\ 4 & 0 & 1 \end{bmatrix}, \quad M_{11} = \begin{vmatrix} -1 & 2 \\ 0 & 1 \end{vmatrix} = -1(1) - 0(2) = -1$$

Verifique que os menores são

$$\begin{array}{lll} M_{11} = -1 & M_{12} = -5 & M_{13} = 4 \\ M_{21} = 2 & M_{22} = -4 & M_{23} = -8 \\ M_{31} = 5 & M_{32} = -3 & M_{33} = -6. \end{array}$$

Agora, para encontrar os cofatores, combine estes menores com o padrão de tabuleiro de xadrez de sinais para uma matriz 3×3 mostrado acima.

$$\begin{array}{lll} C_{11} = -1 & C_{12} = 5 & C_{13} = 4 \\ C_{21} = -2 & C_{22} = -4 & C_{23} = 8 \\ C_{31} = 5 & C_{32} = 3 & C_{33} = -6 \end{array}$$

112 Elementos de álgebra linear

OBSERVAÇÃO

O determinante de uma matriz da ordem 1 é simplesmente o elemento da matriz. Por exemplo, se $A = [-2]$, então

$$\det(A) = -2.$$

O DETERMINANTE DE UMA MATRIZ QUADRADA

A definição abaixo é **indutiva** porque usa o determinante de uma matriz quadrada de ordem $n-1$ para definir o determinante de uma matriz quadrada de ordem n.

Definição do determinante de uma matriz quadrada

Se A é uma matriz quadrada de ordem $n \geq 2$, então o determinante de A é a soma dos elementos na primeira linha de A multiplicados por seus respectivos cofatores. Isso é,

$$\det(A) = |A| = \sum_{j=1}^{n} a_{1j}C_{1j} = a_{11}C_{11} + a_{12}C_{12} + \cdots + a_{1n}C_{1n}.$$

Confirme que, para matrizes 2×2, essa definição produz

$$|A| = a_{11}a_{22} - a_{21}a_{12}$$

conforme definido anteriormente.

Quando você usa essa definição para calcular um determinante, você está **expandindo por cofatores ao longo da primeira linha**. O Exemplo 3 ilustra este procedimento.

EXEMPLO 3 O determinante de uma matriz de ordem 3

Encontre o determinante de

$$A = \begin{bmatrix} 0 & 2 & 1 \\ 3 & -1 & 2 \\ 4 & 0 & 1 \end{bmatrix}.$$

SOLUÇÃO

Esta é a matriz do Exemplo 2. Lá, você encontrou que os cofatores dos elementos na primeira linha eram

$$C_{11} = -1, \quad C_{12} = 5, \quad C_{13} = 4.$$

Assim, pela definição de determinante, você tem

$$
\begin{aligned}
|A| &= a_{11}C_{11} + a_{12}C_{12} + a_{13}C_{13} && \text{Expansão ao longo da primeira linha} \\
&= 0(-1) + 2(5) + 1(4) \\
&= 14.
\end{aligned}
$$

Embora o determinante seja definido como uma expansão pelos cofatores na primeira linha, pode ser mostrado que o determinante pode ser calculado expandindo ao longo de qualquer linha ou coluna. Por exemplo, você poderia expandir a matriz no Exemplo 3 ao longo da segunda linha para obter

$$
\begin{aligned}
|A| &= a_{21}C_{21} + a_{22}C_{22} + a_{23}C_{23} && \text{Expansão ao longo da segunda linha} \\
&= 3(-2) + (-1)(-4) + 2(8) \\
&= 14
\end{aligned}
$$

ou ao longo da primeira coluna para obter

$$
\begin{aligned}
|A| &= a_{11}C_{11} + a_{21}C_{21} + a_{31}C_{31} && \text{Expansão ao longo da primeira coluna} \\
&= 0(-1) + 3(-2) + 4(5) \\
&= 14.
\end{aligned}
$$

Tente outras possibilidades para confirmar que o determinante de A pode ser calculado por expansão ao longo de *qualquer* linha ou coluna. O teorema na próxima página estabelece isso, sendo conhecido como expansão de Laplace de um determinante, em homenagem ao matemático francês Pierre Simon de Laplace (1749-1827).

Determinantes   **113**

TEOREMA 3.1   Expansão por cofatores

Seja A uma matriz quadrada de ordem n. Então o determinante de A é

$$\det(A) = |A| = \sum_{j=1}^{n} a_{ij}C_{ij} = a_{i1}C_{i1} + a_{i2}C_{i2} + \cdots + a_{in}C_{in} \quad \begin{array}{l} \text{expansão} \\ \text{da } i\text{-ésima} \\ \text{linha} \end{array}$$

ou

$$\det(A) = |A| = \sum_{i=1}^{n} a_{ij}C_{ij} = a_{1j}C_{1j} + a_{2j}C_{2j} + \cdots + a_{nj}C_{nj}. \quad \begin{array}{l} \text{expansão} \\ \text{da } j\text{-ésima} \\ \text{coluna} \end{array}$$

Ao expandir por cofatores, você não precisa encontrar cofatores de elementos nulos, pois zero vezes seu cofator é zero.

$$a_{ij}C_{ij} = (0)C_{ij}$$
$$= 0$$

A linha (ou coluna) que contém o maior número de zeros é geralmente a melhor opção para expansão por cofatores. O exemplo a seguir ilustra isso.

EXEMPLO 4   O determinante de uma matriz de ordem 4

Encontre o determinante de

$$A = \begin{bmatrix} 1 & -2 & 3 & 0 \\ -1 & 1 & 0 & 2 \\ 0 & 2 & 0 & 3 \\ 3 & 4 & 0 & -2 \end{bmatrix}.$$

SOLUÇÃO

Observe que três dos elementos na terceira coluna são nulos. Então, para eliminar parte do trabalho na expansão, use a terceira coluna.

$$|A| = 3(C_{13}) + 0(C_{23}) + 0(C_{33}) + 0(C_{43})$$

Os cofatores C_{23}, C_{33} e C_{43} têm coeficientes nulos, de modo que você precisa apenas encontrar o cofator C_{13}. Para fazer isso, elimine a primeira linha e a terceira coluna de A e calcule o determinante da matriz resultante.

$$C_{13} = (-1)^{1+3} \begin{vmatrix} -1 & 1 & 2 \\ 0 & 2 & 3 \\ 3 & 4 & -2 \end{vmatrix} \qquad \text{Elimine a 1}^{\underline{a}} \text{ linha e 3}^{\underline{a}} \text{ coluna.}$$

$$= \begin{vmatrix} -1 & 1 & 2 \\ 0 & 2 & 3 \\ 3 & 4 & -2 \end{vmatrix} \qquad \text{Simplifique.}$$

A expansão por cofatores ao longo da segunda linha fornece

$$C_{13} = (0)(-1)^{2+1} \begin{vmatrix} 1 & 2 \\ 4 & -2 \end{vmatrix} + (2)(-1)^{2+2} \begin{vmatrix} -1 & 2 \\ 3 & -2 \end{vmatrix} + (3)(-1)^{2+3} \begin{vmatrix} -1 & 1 \\ 3 & 4 \end{vmatrix}$$

$$= 0 + 2(1)(-4) + 3(-1)(-7)$$
$$= 13.$$

Você obtém

$$|A| = 3(13)$$
$$= 39.$$

TECNOLOGIA

Muitas ferramentas computacionais e softwares podem encontrar o determinante de uma matriz quadrada. Se você usar uma ferramenta computacional, então poderá ver algo semelhante na tela abaixo para o Exemplo 4. O **Technology Guide**, disponível na página deste livro no site da Cengage, pode ajudá-lo a usar a tecnologia para encontrar um determinante.

```
A
        [[1   -2   3    0 ]
         [-1   1   0    2 ]
         [0    2   0    3 ]
         [3    4   0   -2]]
det A
                        39
```

Um método alternativo é comumente usado para calcular o determinante de uma matriz A de ordem 3. Para aplicar esse método, copie a primeira e a segunda colunas de A para formar a quarta e a quinta colunas. Em seguida, obtenha o determinante de A somando (ou subtraindo) os produtos das seis diagonais, como mostrado no diagrama abaixo.

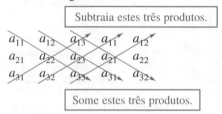

Confirme que o determinante de A é

$$|A| = a_{11}a_{22}a_{33} + a_{12}a_{23}a_{31} + a_{13}a_{21}a_{32} - a_{31}a_{22}a_{13} - a_{32}a_{23}a_{11} - a_{33}a_{21}a_{12}.$$

EXEMPLO 5   O determinante de uma matriz de ordem 3

Veja LarsonLinearAlgebra.com para uma versão interativa deste tipo de exemplo.

Encontre o determinante de

$$A = \begin{bmatrix} 0 & 2 & 1 \\ 3 & -1 & 2 \\ 4 & -4 & 1 \end{bmatrix}.$$

SOLUÇÃO

Comece copiando as duas primeiras colunas e, em seguida, calculando os seis produtos diagonais, como mostrado abaixo.

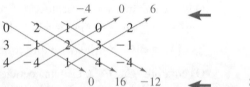

Agora, somando os três produtos de baixo e subtraindo os três produtos de cima, você pode observar que o determinante de A é

$$|A| = 0 + 16 + (-12) - (-4) - 0 - 6 = 2.$$

O processo diagonal ilustrado no Exemplo 5 é válido apenas para matrizes de ordem 3. Para matrizes de ordem superior, você deve usar outro método.

ÁLGEBRA LINEAR APLICADA Lembre-se de que um **tetraedro** é um poliedro constituído por quatro faces triangulares. Uma aplicação prática de determinantes consiste em encontrar o volume de um tetraedro em um sistema de coordenadas. Se os vértices de um tetraedro são (x_1, y_1, z_1), (x_2, y_2, z_2), (x_3, y_3, z_3) e (x_4, y_4, z_4), então o volume é

$$\text{Volume} = \pm\tfrac{1}{6}\det\begin{bmatrix} x_1 & y_1 & z_1 & 1 \\ x_2 & y_2 & z_2 & 1 \\ x_3 & y_3 & z_3 & 1 \\ x_4 & y_4 & z_4 & 1 \end{bmatrix}.$$

Você estudará esta e outras aplicações de determinantes na Seção 3.4.

MATRIZES TRIANGULARES

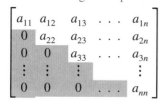

Matriz triangular superior

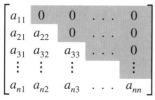

Matriz triangular inferior

Lembre-se, da Seção 2.4, que uma matriz quadrada é *triangular superior* quando tem todos os elementos abaixo da sua diagonal principal iguais a zero e *triangular inferior* quando tem todos os elementos acima da diagonal principal iguais a zero, como mostrado no diagrama à esquerda. Uma matriz que é tanto triangular superior quanto triangular inferior é uma **matriz diagonal**. Em outros termos, uma matriz diagonal é aquela em que todos os elementos acima e abaixo da diagonal principal são nulos.

Para encontrar o determinante de uma matriz triangular, simplesmente tome o produto dos elementos da diagonal principal. Deve ser fácil ver que este procedimento é válido para matrizes triangulares de ordem 2 ou 3. Por exemplo, para encontrar o determinante de

$$A = \begin{bmatrix} 2 & 3 & -1 \\ 0 & -1 & 2 \\ 0 & 0 & 3 \end{bmatrix}$$

expanda ao longo da terceira linha para obter

$$|A| = 0(-1)^{3+1}\begin{vmatrix} 3 & -1 \\ -1 & 2 \end{vmatrix} + 0(-1)^{3+2}\begin{vmatrix} 2 & -1 \\ 0 & 2 \end{vmatrix} + 3(-1)^{3+3}\begin{vmatrix} 2 & 3 \\ 0 & -1 \end{vmatrix}$$
$$= 3(1)(-2)$$
$$= -6$$

que é o produto dos elementos da diagonal principal.

> **TEOREMA 3.2 Determinante de uma matriz triangular**
>
> Se A é uma matriz triangular de ordem n, então o seu determinante é o produto dos elementos na diagonal principal. Mais precisamente,
>
> $$\det(A) = |A| = a_{11}a_{22}a_{33}\cdots a_{nn}.$$

DEMONSTRAÇÃO

Use *indução matemática** para demonstrar este teorema no caso em que A é uma matriz triangular superior. A demonstração do caso em que A é triangular inferior é semelhante. Se A tem ordem 1, então $A = [a_{11}]$ e o determinante é $|A| = a_{11}$. Supondo que o teorema seja verdadeiro para qualquer matriz triangular superior de ordem $k - 1$, considere uma matriz triangular superior A de ordem k. Expandindo ao longo da k-ésima linha, você obtém

$$|A| = 0C_{k1} + 0C_{k2} + \cdots + 0C_{k(k-1)} + a_{kk}C_{kk} = a_{kk}C_{kk}.$$

Agora, observe que $C_{kk} = (-1)^{2k}M_{kk} = M_{kk}$, onde M_{kk} é o determinante da matriz triangular superior formada pela eliminação da k-ésima linha e da k-ésima coluna de A. Esta matriz é de ordem $k - 1$; assim, aplique a hipótese de indução para escrever

$$|A| = a_{kk}M_{kk} = a_{kk}(a_{11}a_{22}a_{33}\cdots a_{k-1,k-1}) = a_{11}a_{22}a_{33}\cdots a_{kk}.$$

EXEMPLO 6 O determinante de uma matriz triangular

O determinante da matriz triangular inferior

$$A = \begin{bmatrix} 2 & 0 & 0 & 0 \\ 4 & -2 & 0 & 0 \\ -5 & 6 & 1 & 0 \\ 1 & 5 & 3 & 3 \end{bmatrix}$$

é $|A| = (2)(-2)(1)(3) = -12$.

---
*Veja o Apêndice para uma discussão sobre indução matemática.

3.1 Exercícios

O determinante de uma matriz Nos exercícios 1-12, encontre o determinante da matriz.

1. $[1]$

2. $[-3]$

3. $\begin{bmatrix} 2 & 1 \\ 3 & 4 \end{bmatrix}$

4. $\begin{bmatrix} -3 & 1 \\ 5 & 2 \end{bmatrix}$

5. $\begin{bmatrix} 5 & 2 \\ -6 & 3 \end{bmatrix}$

6. $\begin{bmatrix} 2 & -2 \\ 4 & 3 \end{bmatrix}$

7. $\begin{bmatrix} -7 & 6 \\ \frac{1}{2} & 3 \end{bmatrix}$

8. $\begin{bmatrix} \frac{1}{3} & 5 \\ 4 & -9 \end{bmatrix}$

9. $\begin{bmatrix} 0 & 8 \\ 0 & 4 \end{bmatrix}$

10. $\begin{bmatrix} 2 & -3 \\ -6 & 9 \end{bmatrix}$

11. $\begin{bmatrix} \lambda - 3 & 2 \\ 4 & \lambda - 1 \end{bmatrix}$

12. $\begin{bmatrix} \lambda - 2 & 0 \\ 4 & \lambda - 4 \end{bmatrix}$

Determinação dos menores e cofatores de uma matriz Nos Exercícios 13-16, encontre todos (a) menores e (b) cofatores da matriz.

13. $\begin{bmatrix} 1 & 2 \\ 3 & 4 \end{bmatrix}$

14. $\begin{bmatrix} -5 & 6 \\ 1 & 0 \end{bmatrix}$

15. $\begin{bmatrix} -3 & 2 & 1 \\ 4 & 5 & 6 \\ 2 & -3 & 1 \end{bmatrix}$

16. $\begin{bmatrix} -3 & 4 & 2 \\ 6 & 3 & 1 \\ 4 & -7 & -8 \end{bmatrix}$

17. Encontre o determinante da matriz no Exercício 15 usando o método de expansão por cofatores. Use (a) a segunda linha e (b) a segunda coluna.

18. Encontre o determinante da matriz no Exercício 16 utilizando o método de expansão por cofatores. Use (a) a terceira linha e (b) a primeira coluna.

Cálculo de determinante Nos Exercícios 19-32, use a expansão por cofatores para encontrar o determinante da matriz.

19. $\begin{bmatrix} 1 & 4 & -2 \\ 3 & 2 & 0 \\ -1 & 4 & 3 \end{bmatrix}$

20. $\begin{bmatrix} 3 & -1 & 2 \\ 4 & 1 & 4 \\ -2 & 0 & 1 \end{bmatrix}$

21. $\begin{bmatrix} 2 & 4 & 6 \\ 0 & 3 & 1 \\ 0 & 0 & -5 \end{bmatrix}$

22. $\begin{bmatrix} -3 & 0 & 0 \\ 7 & 11 & 0 \\ 1 & 2 & 2 \end{bmatrix}$

23. $\begin{bmatrix} -0,4 & 0,4 & 0,3 \\ 0,2 & 0,2 & 0,2 \\ 0,3 & 0,2 & 0,2 \end{bmatrix}$

24. $\begin{bmatrix} 0,1 & 0,2 & 0,3 \\ -0,3 & 0,2 & 0,2 \\ 0,5 & 0,4 & 0,4 \end{bmatrix}$

25. $\begin{bmatrix} x & y & -1 \\ 3 & 2 & 0 \\ 1 & 1 & 1 \end{bmatrix}$

26. $\begin{bmatrix} x & y & 1 \\ -2 & -2 & 1 \\ 1 & 5 & 1 \end{bmatrix}$

27. $\begin{bmatrix} 5 & 3 & 0 & 6 \\ 4 & 6 & 4 & 12 \\ 0 & 2 & -3 & 4 \\ 0 & 1 & -2 & 2 \end{bmatrix}$

28. $\begin{bmatrix} 3 & 0 & 7 & 0 \\ 2 & 6 & 11 & 12 \\ 4 & 1 & -1 & 2 \\ 1 & 5 & 2 & 10 \end{bmatrix}$

29. $\begin{bmatrix} w & x & y & z \\ 21 & -15 & 24 & 30 \\ -10 & 24 & -32 & 18 \\ -40 & 22 & 32 & -35 \end{bmatrix}$

30. $\begin{bmatrix} w & x & y & z \\ 10 & 15 & -25 & 30 \\ -30 & 20 & -15 & -10 \\ 30 & 35 & -25 & -40 \end{bmatrix}$

31. $\begin{bmatrix} 5 & 2 & 0 & 0 & -2 \\ 0 & 1 & 4 & 3 & 2 \\ 0 & 0 & 2 & 6 & 3 \\ 0 & 0 & 3 & 4 & 1 \\ 0 & 0 & 0 & 0 & 2 \end{bmatrix}$

32. $\begin{bmatrix} -4 & 3 & 2 & -1 & -2 \\ 1 & -2 & 7 & -13 & -12 \\ -6 & 2 & -5 & -6 & -7 \\ 0 & 0 & 0 & 0 & 0 \\ 1 & -4 & -2 & 0 & -9 \end{bmatrix}$

Cálculo de determinante Nos Exercícios 33 e 34, use o método ilustrado no Exemplo 5 para encontrar o determinante da matriz.

33. $\begin{bmatrix} 3 & 0 & 4 \\ -2 & 4 & 1 \\ 1 & -3 & 1 \end{bmatrix}$

34. $\begin{bmatrix} 3 & 8 & -7 \\ 0 & -5 & 4 \\ 8 & 1 & 6 \end{bmatrix}$

Cálculo de determinante Nos Exercícios 35-38, use um software ou uma ferramenta computacional para encontrar o determinante da matriz.

35. $\begin{bmatrix} 0,1 & 0,6 & -0,3 \\ 0,7 & -0,1 & 0,1 \\ 0,1 & 0,3 & -0,8 \end{bmatrix}$

36. $\begin{bmatrix} 4 & 3 & 2 & 5 \\ 1 & 6 & -1 & 2 \\ -3 & 2 & 4 & 5 \\ 6 & 1 & 3 & -2 \end{bmatrix}$

37. $\begin{bmatrix} 1 & 2 & -1 & 4 \\ 0 & 1 & 2 & -2 \\ 0 & 3 & 2 & -1 \\ 1 & 2 & 0 & -2 \end{bmatrix}$

38. $\begin{bmatrix} 8 & 5 & 1 & -2 & 0 \\ -1 & 0 & 7 & 1 & 6 \\ 0 & 8 & 6 & 5 & -3 \\ 1 & 2 & 5 & -8 & 4 \\ 2 & 6 & -2 & 0 & 6 \end{bmatrix}$

Cálculo do determinante de uma matriz triangular Nos Exercícios 39-42, encontre o determinante da matriz triangular.

39. $\begin{bmatrix} -2 & 0 & 0 \\ 4 & 6 & 0 \\ -3 & 7 & 2 \end{bmatrix}$ 40. $\begin{bmatrix} 4 & 0 & 0 \\ 0 & 7 & 0 \\ 0 & 0 & -2 \end{bmatrix}$

41. $\begin{bmatrix} 5 & 8 & -4 & 2 \\ 0 & 0 & 6 & 0 \\ 0 & 0 & 2 & 2 \\ 0 & 0 & 0 & -1 \end{bmatrix}$ 42. $\begin{bmatrix} 4 & 0 & 0 & 0 \\ -1 & \frac{1}{2} & 0 & 0 \\ 3 & 5 & 3 & 0 \\ -8 & 7 & 0 & -2 \end{bmatrix}$

Verdadeiro ou falso? Nos Exercícios 43 e 44, determine se cada afirmação é verdadeira ou falsa. Se uma afirmação for verdadeira, dê uma justificativa ou cite uma afirmação apropriada do texto. Se uma afirmação for falsa, forneça um exemplo que mostra que a afirmação não é verdadeira em todos os casos ou cite uma afirmação apropriada do texto.

43. (a) O determinante de uma matriz A de ordem 2 é $a_{21}a_{12} - a_{11}a_{22}$.

(b) O determinante de uma matriz de ordem 1 é o elemento da matriz.

(c) O cofator C_{ij} de uma matriz quadrada A é a matriz obtida pela eliminação da i-ésima linha e da j-ésima coluna de A.

44. (a) Para encontrar o determinante de uma matriz triangular, some os elementos na diagonal principal.

(b) Para encontrar o determinante de uma matriz, expanda por cofatores em qualquer linha ou coluna.

(c) Ao expandir por cofatores, você não precisa calcular os cofatores de elementos nulos.

Resolução de uma equação Nos Exercícios 45-48, determine x.

45. $\begin{vmatrix} x+3 & 2 \\ 1 & x+2 \end{vmatrix} = 0$ 46. $\begin{vmatrix} x-6 & 3 \\ -2 & x+1 \end{vmatrix} = 0$

47. $\begin{vmatrix} x-1 & 2 \\ 3 & x-2 \end{vmatrix} = 0$ 48. $\begin{vmatrix} x+3 & 1 \\ -4 & x-1 \end{vmatrix} = 0$

Resolução de uma equação Nos Exercícios 49-52, encontre os valores de λ para os quais o determinante é zero.

49. $\begin{vmatrix} \lambda+2 & 2 \\ 1 & \lambda \end{vmatrix}$ 50. $\begin{vmatrix} \lambda-5 & 3 \\ 1 & \lambda-5 \end{vmatrix}$

51. $\begin{vmatrix} \lambda & 2 & 0 \\ 0 & \lambda+1 & 2 \\ 0 & 1 & \lambda \end{vmatrix}$ 52. $\begin{vmatrix} \lambda & 0 & 1 \\ 0 & \lambda & 3 \\ 2 & 2 & \lambda-2 \end{vmatrix}$

53. Mostre que o sistema de equações lineares

$$a_{11}x_1 + a_{12}x_2 = b_1$$
$$a_{21}x_1 + a_{22}x_2 = b_2$$

possui a solução

$$x_1 = \frac{b_1 a_{22} - b_2 a_{12}}{a_{11}a_{22} - a_{21}a_{12}} \quad e \quad x_2 = \frac{b_2 a_{11} - b_1 a_{21}}{a_{11}a_{22} - a_{21}a_{12}}$$

quando $a_{11}a_{22} - a_{21}a_{12} \neq 0$.

---

54. **Ponto crucial** Para uma matriz A da ordem n, explique como encontrar cada valor.

(a) O menor M_{ij} do elemento a_{ij}.

(b) O cofator C_{ij} do elemento a_{ij}.

(c) O determinante de A.

Elementos envolvendo expressões Nos Exercícios 55-62, calcule o determinante, no qual os elementos são funções. Determinantes desse tipo ocorrem em mudanças de variáveis no cálculo.

55. $\begin{vmatrix} 6u & -1 \\ -1 & 3v \end{vmatrix}$ 56. $\begin{vmatrix} 3x^2 & -3y^2 \\ 1 & 1 \end{vmatrix}$

57. $\begin{vmatrix} e^{2x} & e^{3x} \\ 2e^{2x} & 3e^{3x} \end{vmatrix}$ 58. $\begin{vmatrix} e^{-x} & xe^{-x} \\ -e^{-x} & (1-x)e^{-x} \end{vmatrix}$

59. $\begin{vmatrix} x & \ln x \\ 1 & 1/x \end{vmatrix}$ 60. $\begin{vmatrix} x & x\ln x \\ 1 & 1+\ln x \end{vmatrix}$

61. $\begin{vmatrix} \cos\theta & -r\,\text{sen}\,\theta & 0 \\ \text{sen}\,\theta & r\cos\theta & 0 \\ 0 & 0 & 1 \end{vmatrix}$

62. $\begin{vmatrix} 1-v & -u & 0 \\ v(1-w) & u(1-w) & -uv \\ vw & uw & uv \end{vmatrix}$

Verificação de uma equação Nos Exercícios 63-68, calcule os determinantes para verificar a equação.

63. $\begin{vmatrix} w & x \\ y & z \end{vmatrix} = -\begin{vmatrix} y & z \\ w & x \end{vmatrix}$

64. $\begin{vmatrix} w & cx \\ y & cz \end{vmatrix} = c\begin{vmatrix} w & x \\ y & z \end{vmatrix}$

65. $\begin{vmatrix} w & x \\ y & z \end{vmatrix} = \begin{vmatrix} w & x+cw \\ y & z+cy \end{vmatrix}$ 66. $\begin{vmatrix} w & x \\ cw & cx \end{vmatrix} = 0$

67. $\begin{vmatrix} 1 & x & x^2 \\ 1 & y & y^2 \\ 1 & z & z^2 \end{vmatrix} = (y-x)(z-x)(z-y)$

68.
$$\begin{vmatrix} 1 & 1 & 1 \\ a & b & c \\ a^3 & b^3 & c^3 \end{vmatrix} = (a-b)(b-c)(c-a)(a+b+c)$$

69. É dada a equação

$$\begin{vmatrix} x & 0 & c \\ -1 & x & b \\ 0 & -1 & a \end{vmatrix} = ax^2 + bx + c.$$

(a) Verifique a equação.

(b) Use a equação como modelo para encontrar uma determinante que é igual a $ax^3 + bx^2 + cx + d$.

70. O determinante de uma matriz 2×2 envolve dois produtos. O determinante de uma matrícula 3×3 envolve seis produtos triplos. Mostre que o determinante de uma matriz 4×4 envolve 24 produtos quádruplos.

3.2 Determinantes e operações elementares

■ Usar operações elementares de linhas para calcular um determinante.

■ Utilizar operações elementares de colunas para calcular um determinante.

■ Reconhecer condições que produzem determinantes nulos.

DETERMINANTES E OPERAÇÕES ELEMENTARES DE LINHAS

Qual dos determinantes abaixo é mais fácil de calcular?

$$|A| = \begin{vmatrix} 1 & -2 & 3 & 1 \\ 4 & -6 & 3 & 2 \\ -2 & 4 & -9 & -3 \\ 3 & -6 & 9 & 2 \end{vmatrix} \quad \text{ou} \quad |B| = \begin{vmatrix} 1 & -2 & 3 & 1 \\ 0 & 2 & -9 & -2 \\ 0 & 0 & -3 & -1 \\ 0 & 0 & 0 & -1 \end{vmatrix}$$

Com o que você conhece sobre o determinante de uma matriz triangular, deve ser claro que o segundo determinante é *muito mais* fácil de calcular. Seu determinante é simplesmente o produto dos elementos na diagonal principal. Mais precisamente, $|B| = (1)(2)(-3)(-1) = 6$. O uso da expansão por cofatores (a única técnica discutida até agora) para calcular o primeiro determinante é trabalhoso. Por exemplo, quando você expande por cofatores ao longo da primeira linha, você obtém

$$|A| = 1 \begin{vmatrix} -6 & 3 & 2 \\ 4 & -9 & -3 \\ -6 & 9 & 2 \end{vmatrix} + 2 \begin{vmatrix} 4 & 3 & 2 \\ -2 & -9 & -3 \\ 3 & 9 & 2 \end{vmatrix} + 3 \begin{vmatrix} 4 & -6 & 2 \\ -2 & 4 & -3 \\ 3 & -6 & 2 \end{vmatrix} - 1 \begin{vmatrix} 4 & -6 & 3 \\ -2 & 4 & -9 \\ 3 & -6 & 9 \end{vmatrix}.$$

O cálculo dos determinantes destas quatro matrizes 3×3 produz

$$|A| = (1)(-60) + (2)(39) + (3)(-10) - (1)(-18) = 6.$$

Observe que $|A|$ e $|B|$ tem o mesmo valor. Observe também que você pode obter a matriz B da matriz A, somando múltiplos da primeira linha às segunda, terceira e quarta linhas. (Verifique isso.) Nesta seção, você verá os efeitos das operações elementares de linhas (e colunas) no valor de um determinante.

| EXEMPLO 1 | Os efeitos das operações elementares de linhas em um determinante |

a. A matriz B é obtida de A permutando as linhas de A.

$$|A| = \begin{vmatrix} 2 & -3 \\ 1 & 4 \end{vmatrix} = 11 \quad \text{e} \quad |B| = \begin{vmatrix} 1 & 4 \\ 2 & -3 \end{vmatrix} = -11$$

b. A matriz B é obtida de A somando sua primeira linha multiplicada por -2 à sua segunda linha.

$$|A| = \begin{vmatrix} 1 & -3 \\ 2 & -4 \end{vmatrix} = 2 \quad \text{e} \quad |B| = \begin{vmatrix} 1 & -3 \\ 0 & 2 \end{vmatrix} = 2$$

c. A matriz B é obtida de A multiplicando a primeira linha de A por $\frac{1}{2}$.

$$|A| = \begin{vmatrix} 2 & -8 \\ -2 & 9 \end{vmatrix} = 2 \quad \text{e} \quad |B| = \begin{vmatrix} 1 & -4 \\ -2 & 9 \end{vmatrix} = 1$$

No Exemplo 1, observe que permutar as duas linhas de A muda o sinal de seu determinante, somar a primeira linha de A multiplicada por -2 à segunda linha não altera o seu determinante, e multiplicar a primeira linha de A por $\frac{1}{2}$ multiplica seu determinante por $\frac{1}{2}$. O próximo teorema generaliza essas observações.

TEOREMA 3.3 Operações elementares de linhas e determinantes

Sejam A e B matrizes quadradas.

1. Quando B é obtida de A pela permuta de duas linhas de A, $\det(B) = -\det(A)$.

2. Quando B é obtida a partir de A pela soma de um múltiplo de uma linha de A a outra linha de A, $\det(B) = \det(A)$.

3. Quando B é obtido de A pela multiplicação de uma linha de A por uma constante c não nula, $\det(B) = c \det(A)$.

OBSERVAÇÃO

Observe que a terceira propriedade lhe permita dividir uma linha por um fator comum. Por exemplo,

$\begin{vmatrix} 2 & 4 \\ 1 & 3 \end{vmatrix} = 2 \begin{vmatrix} 1 & 2 \\ 1 & 3 \end{vmatrix}$. Fatore 2 na primeira linha.

**Augustin-Louis Cauchy
(1789-1857)**
As contribuições de Cauchy para o estudo da matemática foram revolucionárias, de tal modo que muitas vezes lhe é dado o crédito de trazer rigor à matemática moderna. Por exemplo, ele foi o primeiro a definir rigorosamente os limites, a continuidade e a convergência de uma série infinita. Além de ser conhecido por seu trabalho em análise complexa, ele contribuiu para as teorias de determinantes e equações diferenciais. É interessante observar que o trabalho de Cauchy sobre determinantes precedeu o desenvolvimento das matrizes feito por Cayley.

DEMONSTRAÇÃO

A demonstração da primeira propriedade está abaixo. As demonstrações das outras duas propriedades são deixadas como exercícios. (Ver Exercícios 47 e 48.) Suponha que A e B são matrizes 2×2

$$A = \begin{bmatrix} a_{11} & a_{12} \\ a_{21} & a_{22} \end{bmatrix} \quad e \quad B = \begin{bmatrix} a_{21} & a_{22} \\ a_{11} & a_{12} \end{bmatrix}.$$

Então, você tem $|A| = a_{11}a_{22} - a_{21}a_{12}$ e $|B| = a_{21}a_{12} - a_{11}a_{22}$. Assim, $|B| = -|A|$. Usando indução matemática, suponha que a propriedade é verdadeira para matrizes de ordem $(n - 1)$. Seja A uma matriz $n \times n$ tal que B seja obtida de A permutando duas linhas de A. Então, para encontrar $|A|$ e $|B|$, expanda ao longo de uma linha diferente das duas linhas permutadas. Pela hipótese de indução, os cofatores de B serão os opostos dos cofatores de A porque as matrizes correspondentes $(n - 1) \times (n - 1)$ têm duas linhas permutadas. Finalmente, $|B| = -|A|$ e a demonstração está completa.

O Teorema 3.3 fornece uma maneira prática de calcular determinantes. Para encontrar o determinante de uma matriz A, você pode usar operações elementares de linhas para obter uma matriz triangular B que é equivalente por linhas a A. Para cada etapa no processo de eliminação, use o Teorema 3.3 para determinar o efeito da operação elementar de linhas no determinante. Finalmente, encontre o determinante de B multiplicando os elementos na sua diagonal principal.

EXEMPLO 2 Cálculo de determinante usando operações elementares de linhas

Encontre o determinante de
$$A = \begin{bmatrix} 0 & -7 & 14 \\ 1 & 2 & -2 \\ 0 & 3 & -8 \end{bmatrix}.$$

SOLUÇÃO

Usando operações elementares de linhas, reescreva A na forma triangular como mostrado a seguir.

$\begin{vmatrix} 0 & -7 & 14 \\ 1 & 2 & -2 \\ 0 & 3 & -8 \end{vmatrix} = - \begin{vmatrix} 1 & 2 & -2 \\ 0 & -7 & 14 \\ 0 & 3 & -8 \end{vmatrix}$ ← Permute as duas primeiras linhas.

$= 7 \begin{vmatrix} 1 & 2 & -2 \\ 0 & 1 & -2 \\ 0 & 3 & -8 \end{vmatrix}$ ← Fatore -7 da segunda linha.

$= 7 \begin{vmatrix} 1 & 2 & -2 \\ 0 & 1 & -2 \\ 0 & 0 & -2 \end{vmatrix}$ ← Some a segunda linha multiplicada por -3 à terceira linha para produzir uma nova terceira linha.

A matriz acima é triangular, então o determinante é
$$|A| = 7(1)(1)(-2) = -14.$$

DETERMINANTES E OPERAÇÕES ELEMENTARES DE COLUNAS

Embora o Teorema 3.3 seja enunciado em termos de operações elementares de linhas, o teorema continua válido quando a palavra "coluna" substitui a palavra "linha". Operações executadas nas colunas (e não nas linhas) de uma matriz são **operações elementares de colunas** e duas matrizes são **equivalentes por colunas** quando se pode obter uma a partir da outra por operações elementares de colunas. Aqui estão as ilustrações da versão por colunas das Propriedades 1 e 3 do Teorema 3.3.

$$\begin{vmatrix} 2 & 1 & -3 \\ 4 & 0 & 1 \\ 0 & 0 & 2 \end{vmatrix} = -\begin{vmatrix} 1 & 2 & -3 \\ 0 & 4 & 1 \\ 0 & 0 & 2 \end{vmatrix}$$

Permute as duas primeiras colunas

$$\begin{vmatrix} 2 & 3 & -5 \\ 4 & 1 & 0 \\ -2 & 4 & -3 \end{vmatrix} = 2\begin{vmatrix} 1 & 3 & -5 \\ 2 & 1 & 0 \\ -1 & 4 & -3 \end{vmatrix}$$

Fatore 2 da primeira coluna

Ao calcular um determinante, ocasionalmente é conveniente usar operações elementares de colunas, como mostrado no Exemplo 3.

EXEMPLO 3 Cálculo de determinante usando operações elementares de colunas

Veja LarsonLinearAlgebra.com para uma versão interativa deste tipo de exemplo.

Encontre o determinante de $A = \begin{bmatrix} -1 & 2 & 2 \\ 3 & -6 & 4 \\ 5 & -10 & -3 \end{bmatrix}$.

SOLUÇÃO

As duas primeiras colunas de A são múltiplas uma da outra, de modo que você pode obter uma coluna de zeros somando a primeira coluna multiplicada por 2 à segunda coluna, como mostrado abaixo.

$$\begin{vmatrix} -1 & 2 & 2 \\ 3 & -6 & 4 \\ 5 & -10 & -3 \end{vmatrix} = \begin{vmatrix} -1 & 0 & 2 \\ 3 & 0 & 4 \\ 5 & 0 & -3 \end{vmatrix}$$

Neste ponto, você não precisa reescrever a matriz na forma triangular, porque existe uma coluna inteira de zeros. Basta concluir que o determinante é zero. A validade desta conclusão resulta do Teorema 3.1. Especificamente, expandindo por cofatores ao longo da segunda coluna, você tem

$$|A| = (0)C_{12} + (0)C_{22} + (0)C_{32} = 0.$$

ÁLGEBRA LINEAR APLICADA

Em um quebra-cabeça Sudoku, o objetivo é preencher uma tabela 9 × 9 parcialmente preenchida, com números de 1 a 9, de modo que cada coluna, linha e subtabela 3 × 3 contenha cada número uma vez. Para que uma tabela de Sudoku completa seja válida, nenhum par de linhas (ou de colunas) terá os números na mesma ordem. Se isso acontecer, então o determinante da matriz 9 × 9 formada pelos números será zero. Este é um resultado direto da condição 2 do Teorema 3.4 na página seguinte.

Determinantes   **121**

MATRIZES E DETERMINANTES NULOS

O Exemplo 3 mostra que quando duas colunas de uma matriz são múltiplos escalares uma da outra, o determinante da matriz é zero. Esta é uma das três condições que produzem um determinante nulo.

TEOREMA 3.4   Condições que produzem um determinante nulo

Se A é uma matriz quadrada e qualquer uma das condições abaixo é verdadeira, então $\det(A) = 0$.

1. Uma linha inteira (ou uma coluna inteira) consiste em zeros.

2. Duas linhas (ou colunas) são iguais.

3. Uma linha (ou coluna) é um múltiplo de outra linha (ou coluna).

DEMONSTRAÇÃO

Verifique cada parte deste teorema usando operações elementares de linhas e expansão por cofatores. Por exemplo, se uma linha ou coluna inteira é constituída por zeros, então cada cofator na expansão é multiplicado por zero. Quando a condição 2 ou 3 é verdadeira, use operações elementares de linhas ou de colunas para criar uma linha inteira ou uma coluna inteira de zeros.

Reconhecer as condições listadas no Teorema 3.4 pode tornar o cálculo do determinante bem mais fácil. Por exemplo,

$$\begin{vmatrix} 0 & 0 & 0 \\ 2 & 4 & -5 \\ 3 & -5 & 2 \end{vmatrix} = 0, \quad \begin{vmatrix} 1 & -2 & 4 \\ 0 & 1 & 2 \\ 1 & -2 & 4 \end{vmatrix} = 0, \quad \begin{vmatrix} 1 & 2 & -3 \\ 2 & -1 & -6 \\ -2 & 0 & 6 \end{vmatrix} = 0.$$

A primeira linha só tem zeros.   A primeira e a terceira linhas são as mesmas.   A terceira coluna é múltipla da primeira coluna.

Não conclua, no entanto, que o Teorema 3.4 dá as únicas condições que produzem um determinante nulo. Este teorema é em geral usado indiretamente. Mais claramente, você pode começar com uma matriz que não satisfaça nenhuma das condições do Teorema 3.4 e, através de operações elementares de linhas ou de colunas, obter uma matriz que satisfaça uma das condições. O exemplo 4 ilustra isso.

EXEMPLO 4   Uma matriz com determinante nulo

Encontre o determinante de

$$A = \begin{bmatrix} 1 & 4 & 1 \\ 2 & -1 & 0 \\ 0 & 18 & 4 \end{bmatrix}.$$

SOLUÇÃO

Somando a primeira linha multiplicada por -2 à segunda linha produz

$$|A| = \begin{vmatrix} 1 & 4 & 1 \\ 2 + (-2)(1) & -1 + (-2)(4) & 0 + (-2)(1) \\ 0 & 18 & 4 \end{vmatrix}$$

$$= \begin{vmatrix} 1 & 4 & 1 \\ 0 & -9 & -2 \\ 0 & 18 & 4 \end{vmatrix}.$$

A segunda e terceira linhas são múltiplas uma da outra, de modo que o determinante é zero.

No Exemplo 4, você poderia ter obtido uma matriz com uma linha só de zeros, executando uma operação elementar de linhas adicional (somando a segunda linha multiplicada por 2 à terceira linha). Isso é verdade em geral. Mais precisamente, uma matriz quadrada tem determinante zero se e somente se for

122 Elementos de álgebra linear

equivalente por linhas (ou por colunas) a uma matriz que tenha pelo menos uma linha (ou coluna) consistindo inteiramente de zeros.

Você já estudou dois métodos para calcular determinantes. Destes, o método de usar operações elementares de linhas para reduzir a matriz a forma triangular é geralmente mais rápido do que a expansão por cofatores ao longo de uma linha ou coluna. Se a matriz for grande, o número de operações aritméticas necessárias para a expansão por cofatores pode tornar-se extremamente grande. Por esse motivo, a maioria dos algoritmos de computadores e de calculadoras usa o método que envolve operações elementares de linhas. A tabela abaixo mostra o número máximo de adições (mais subtrações) e multiplicações (mais divisões) necessárias para esses dois métodos para matrizes de ordens 3, 5 e 10. (Verifique isso.)

	Expansão por cofatores		Redução por linhas	
Ordem n	Adições	Multiplicações	Adições	Multiplicações
3	5	9	8	10
5	119	205	40	44
10	3.628.799	6.235.300	330	339

Na verdade, o número máximo só de adições isoladas para a expansão por cofatores de uma matriz $n \times n$ é $n! - 1$. O fatorial 30! é aproximadamente igual a $2,65 \times 10^{32}$, então mesmo uma matriz relativamente pequena 30×30 poderia exigir um número extremamente grande de operações. Se um computador pudesse fazer um trilhão de operações por segundo, ainda poderia demorar mais de 22 trilhões de anos para calcular o determinante dessa matriz usando expansão por cofatores. No entanto, a redução por linhas levaria apenas uma fração de segundo.

Ao calcular um determinante *à mão*, às vezes você economiza etapas usando operações de linhas (ou colunas) para criar uma linha (ou coluna) com zeros em todas as posições, exceto em uma e, em seguida, usar a expansão por cofatores para reduzir a ordem da matriz por 1. Os dois próximos exemplos ilustram essa abordagem.

EXEMPLO 5   Cálculo de determinante

Encontre o determinante de
$$A = \begin{bmatrix} -3 & 5 & 2 \\ 2 & -4 & -1 \\ -3 & 0 & 6 \end{bmatrix}.$$

SOLUÇÃO

Observe que a matriz A já possui um zero na terceira linha. Crie outro zero na terceira linha, somando a primeira coluna multiplicada por 2 à terceira coluna, conforme mostrado abaixo.
$$|A| = \begin{vmatrix} -3 & 5 & 2 \\ 2 & -4 & -1 \\ -3 & 0 & 6 \end{vmatrix} = \begin{vmatrix} -3 & 5 & -4 \\ 2 & -4 & 3 \\ -3 & 0 & 0 \end{vmatrix}$$

A expansão por cofatores ao longo da terceira linha produz
$$|A| = \begin{vmatrix} -3 & 5 & -4 \\ 2 & -4 & 3 \\ -3 & 0 & 0 \end{vmatrix} = -3(-1)^4 \begin{vmatrix} 5 & -4 \\ -4 & 3 \end{vmatrix} = -3(1)(-1) = 3.$$

EXEMPLO 6   Cálculo de determinante

Encontre o determinante de
$$A = \begin{bmatrix} 2 & 0 & 1 & 3 & -2 \\ -2 & 1 & 3 & 2 & -1 \\ 1 & 0 & -1 & 2 & 3 \\ 3 & -1 & 2 & 4 & -3 \\ 1 & 1 & 3 & 2 & 0 \end{bmatrix}.$$

Determinantes   123

SOLUÇÃO

A segunda coluna desta matriz já possui dois zeros, então escolha-a para a expansão por cofatores. Crie dois zeros adicionais na segunda coluna, somando a segunda linha à quarta linha e, em seguida, somando a segunda linha multiplicada por -1 à quinta linha.

$$
|A| = \begin{vmatrix} 2 & 0 & 1 & 3 & -2 \\ -2 & 1 & 3 & 2 & -1 \\ 1 & 0 & -1 & 2 & 3 \\ 3 & -1 & 2 & 4 & -3 \\ 1 & 1 & 3 & 2 & 0 \end{vmatrix}
$$

$$
= \begin{vmatrix} 2 & 0 & 1 & 3 & -2 \\ -2 & 1 & 3 & 2 & -1 \\ 1 & 0 & -1 & 2 & 3 \\ 1 & 0 & 5 & 6 & -4 \\ 3 & 0 & 0 & 0 & 1 \end{vmatrix}
$$

$$
= (1)(-1)^4 \begin{vmatrix} 2 & 1 & 3 & -2 \\ 1 & -1 & 2 & 3 \\ 1 & 5 & 6 & -4 \\ 3 & 0 & 0 & 1 \end{vmatrix}
$$

Você agora reduziu o problema de encontrar o determinante de uma matriz 5×5 para o problema de encontrar o determinante de uma matriz 4×4. A quarta linha já possui dois zeros e, portanto, escolha-a para a próxima expansão por cofator. Some a quarta coluna multiplicada por -3 à primeira coluna.

$$
|A| = \begin{vmatrix} 2 & 1 & 3 & -2 \\ 1 & -1 & 2 & 3 \\ 1 & 5 & 6 & -4 \\ 3 & 0 & 0 & 1 \end{vmatrix} = \begin{vmatrix} 8 & 1 & 3 & -2 \\ -8 & -1 & 2 & 3 \\ 13 & 5 & 6 & -4 \\ 0 & 0 & 0 & 1 \end{vmatrix}
$$

$$
= (1)(-1)^8 \begin{vmatrix} 8 & 1 & 3 \\ -8 & -1 & 2 \\ 13 & 5 & 6 \end{vmatrix}
$$

Some a segunda linha à primeira linha e, em seguida, expanda por cofatores ao longo da primeira linha.

$$
|A| = \begin{vmatrix} 8 & 1 & 3 \\ -8 & -1 & 2 \\ 13 & 5 & 6 \end{vmatrix} = \begin{vmatrix} 0 & 0 & 5 \\ -8 & -1 & 2 \\ 13 & 5 & 6 \end{vmatrix}
$$

$$
= 5(-1)^4 \begin{vmatrix} -8 & -1 \\ 13 & 5 \end{vmatrix}
$$

$$
= 5(1)(-27)
$$

$$
= -135
$$

3.2   Exercícios

Propriedades dos determinantes **Nos Exercícios 1-20, determine qual propriedade dos determinantes a equação ilustra.**

1. $\begin{vmatrix} 2 & -6 \\ 1 & -3 \end{vmatrix} = 0$

2. $\begin{vmatrix} -4 & 5 \\ 12 & -15 \end{vmatrix} = 0$

3. $\begin{vmatrix} 1 & 4 & 2 \\ 0 & 0 & 0 \\ 5 & 6 & -7 \end{vmatrix} = 0$

4. $\begin{vmatrix} -3 & 2 & 1 \\ 6 & 0 & 0 \\ -3 & 2 & 1 \end{vmatrix} = 0$

5. $\begin{vmatrix} 1 & 3 & 4 \\ -7 & 2 & -5 \\ 6 & 1 & 2 \end{vmatrix} = -\begin{vmatrix} 1 & 4 & 3 \\ -7 & -5 & 2 \\ 6 & 2 & 1 \end{vmatrix}$

Elementos de álgebra linear

6. $\begin{vmatrix} 1 & 3 & 4 & -5 \\ -2 & 2 & 0 & 1 \\ 1 & 6 & 2 & -7 \\ 0 & 5 & 3 & 8 \end{vmatrix} = \begin{vmatrix} 1 & 6 & 2 & -7 \\ -2 & 2 & 0 & 1 \\ 1 & 3 & 4 & -5 \\ 0 & 5 & 3 & 8 \end{vmatrix}$

7. $\begin{vmatrix} 5 & 10 \\ 2 & -7 \end{vmatrix} = 5 \begin{vmatrix} 1 & 2 \\ 2 & -7 \end{vmatrix}$

8. $\begin{vmatrix} 9 & 1 \\ 3 & 12 \end{vmatrix} = 3 \begin{vmatrix} 3 & 1 \\ 1 & 12 \end{vmatrix}$

9. $\begin{vmatrix} 1 & 8 & -3 \\ 3 & -12 & 6 \\ 7 & 4 & 9 \end{vmatrix} = 12 \begin{vmatrix} 1 & 2 & -1 \\ 3 & -3 & 2 \\ 7 & 1 & 3 \end{vmatrix}$

10. $\begin{vmatrix} 1 & 2 & 3 \\ 4 & -8 & 6 \\ 5 & 4 & 12 \end{vmatrix} = 6 \begin{vmatrix} 1 & 1 & 1 \\ 4 & -4 & 2 \\ 5 & 2 & 4 \end{vmatrix}$

11. $\begin{vmatrix} -10 & 5 & 5 \\ 35 & -20 & 25 \\ 0 & 15 & 30 \end{vmatrix} = 5^3 \begin{vmatrix} -2 & 1 & 1 \\ 7 & -4 & 5 \\ 0 & 3 & 6 \end{vmatrix}$

12. $\begin{vmatrix} 6 & 0 & 0 & 0 \\ 0 & 6 & 0 & 0 \\ 0 & 0 & 6 & 0 \\ 0 & 0 & 0 & 6 \end{vmatrix} = 6^4 \begin{vmatrix} 1 & 0 & 0 & 0 \\ 0 & 1 & 0 & 0 \\ 0 & 0 & 1 & 0 \\ 0 & 0 & 0 & 1 \end{vmatrix}$

13. $\begin{vmatrix} 2 & -3 \\ 8 & 7 \end{vmatrix} = \begin{vmatrix} 2 & -3 \\ 0 & 19 \end{vmatrix}$

14. $\begin{vmatrix} 2 & 1 \\ 0 & -1 \end{vmatrix} = \begin{vmatrix} 2 & 1 \\ 4 & 1 \end{vmatrix}$

15. $\begin{vmatrix} 1 & -3 & 2 \\ 5 & 2 & -1 \\ -1 & 0 & 6 \end{vmatrix} = \begin{vmatrix} 1 & -3 & 2 \\ 0 & 17 & -11 \\ -1 & 0 & 6 \end{vmatrix}$

16. $\begin{vmatrix} 3 & 2 & 4 & 11 \\ -2 & 1 & 5 & 6 \\ 5 & -7 & -20 & 15 \\ 4 & -1 & 13 & 12 \end{vmatrix} = \begin{vmatrix} 3 & 2 & -6 & 11 \\ -2 & 1 & 0 & 6 \\ 5 & -7 & 15 & 15 \\ 4 & -1 & 8 & 12 \end{vmatrix}$

17. $\begin{vmatrix} 5 & 4 & 2 \\ 4 & -3 & 4 \\ 7 & 6 & 3 \end{vmatrix} = - \begin{vmatrix} 5 & 4 & 2 \\ -4 & 3 & -4 \\ 7 & 6 & 3 \end{vmatrix}$

18. $\begin{vmatrix} 3 & 2 & -2 \\ -1 & 0 & 3 \\ 4 & 2 & 0 \end{vmatrix} = - \begin{vmatrix} 3 & 2 & -2 \\ 4 & 2 & 0 \\ -1 & 0 & 3 \end{vmatrix}$

19. $\begin{vmatrix} 2 & 1 & -1 & 0 & 4 \\ 1 & 0 & 1 & 3 & 2 \\ 3 & 6 & 1 & -3 & 6 \\ 0 & 4 & 0 & 2 & 0 \\ -1 & 8 & 5 & 3 & 2 \end{vmatrix} = 0$

20. $\begin{vmatrix} 4 & 3 & 1 & 9 & 9 \\ 9 & -1 & 2 & 3 & -3 \\ 3 & 4 & 6 & 9 & 12 \\ 5 & 2 & 0 & 6 & 6 \\ 6 & 0 & 3 & 0 & 0 \end{vmatrix} = 0$

Cálculo de determinante Nos Exercícios 21-24, use tanto operações elementares de linhas quanto de colunas, ou expansão por cofatores, para encontrar o determinante à mão. Em seguida, use um software ou uma ferramenta computacional para verificar sua resposta.

21. $\begin{vmatrix} 1 & 0 & 2 \\ -1 & 1 & 4 \\ 2 & 0 & 3 \end{vmatrix}$ **22.** $\begin{vmatrix} -1 & 3 & 2 \\ 0 & 2 & 0 \\ 1 & 1 & -1 \end{vmatrix}$

23. $\begin{vmatrix} 5 & 1 & 0 & 1 \\ 1 & 0 & -1 & -1 \\ 2 & 0 & 1 & 2 \\ -1 & 0 & 3 & 1 \end{vmatrix}$ **24.** $\begin{vmatrix} 3 & 2 & 1 & 1 \\ -1 & 0 & 2 & 0 \\ 4 & 1 & -1 & 0 \\ 3 & 1 & 1 & 0 \end{vmatrix}$

Cálculo de determinante Nos Exercícios 25-36, use operações elementares de linhas ou colunas para encontrar o determinante.

25. $\begin{vmatrix} 1 & 7 & -3 \\ 1 & 3 & 1 \\ 4 & 8 & 1 \end{vmatrix}$ **26.** $\begin{vmatrix} 1 & 1 & 1 \\ 2 & -1 & -2 \\ 1 & -2 & -1 \end{vmatrix}$

27. $\begin{vmatrix} 2 & -1 & -1 \\ 1 & 3 & 2 \\ -6 & 3 & 3 \end{vmatrix}$ **28.** $\begin{vmatrix} 3 & 0 & 6 \\ 2 & -3 & 4 \\ 1 & -2 & 2 \end{vmatrix}$

29. $\begin{vmatrix} 3 & 2 & -3 \\ 7 & 5 & 1 \\ -1 & 2 & 6 \end{vmatrix}$ **30.** $\begin{vmatrix} 3 & 8 & -7 \\ 0 & -5 & 4 \\ 6 & 1 & 6 \end{vmatrix}$

31. $\begin{vmatrix} 4 & -7 & 9 & 1 \\ 6 & 2 & 7 & 0 \\ 3 & 6 & -3 & 3 \\ 0 & 7 & 4 & -1 \end{vmatrix}$ **32.** $\begin{vmatrix} 9 & -4 & 2 & 5 \\ 2 & 7 & 6 & -5 \\ 4 & 1 & -2 & 0 \\ 7 & 3 & 4 & 10 \end{vmatrix}$

33. $\begin{vmatrix} 1 & -2 & 7 & 9 \\ 3 & -4 & 5 & 5 \\ 3 & 6 & 1 & -1 \\ 4 & 5 & 3 & 2 \end{vmatrix}$

34. $\begin{vmatrix} 0 & -4 & 9 & 3 \\ 9 & 2 & -2 & 7 \\ -5 & 7 & 0 & 11 \\ -8 & 0 & 0 & 16 \end{vmatrix}$

35. $\begin{vmatrix} 1 & -1 & 8 & 4 & 2 \\ 2 & 6 & 0 & -4 & 3 \\ 2 & 0 & 2 & 6 & 2 \\ 0 & 2 & 8 & 0 & 0 \\ 0 & 1 & 1 & 2 & 2 \end{vmatrix}$

36. $\begin{vmatrix} 3 & -2 & 4 & 3 & 1 \\ -1 & 0 & 2 & 1 & 0 \\ 5 & -1 & 0 & 3 & 2 \\ 4 & 7 & -8 & 0 & 0 \\ 1 & 2 & 3 & 0 & 2 \end{vmatrix}$

Verdadeiro ou falso? Nos Exercícios 37 e 38, determine se cada afirmação é verdadeira ou falsa. Se uma

afirmação for verdadeira, dê uma justificativa ou cite uma afirmação apropriada do texto. Se uma afirmação for falsa, forneça um exemplo que mostre que a afirmação não é verdadeira em todos os casos ou cite uma afirmação apropriada do texto.

37. (a) Permutar duas linhas de uma matriz quadrada muda o sinal de seu determinante.

    (b) Multiplicar uma coluna de uma matriz quadrada por uma constante não nula resulta no determinante multiplicado pela mesma constante.

    (c) Se duas linhas de uma matriz quadrada forem iguais, então seu determinante é 0.

38. (a) A adição de um múltiplo de uma coluna de uma matriz quadrada a outra coluna muda apenas o sinal do determinante.

    (b) Duas matrizes são equivalentes por colunas quando uma matriz pode ser obtida realizando operações elementares de colunas em outra coluna.

    (c) Se uma linha de uma matriz quadrada é um múltiplo de outra linha, então o determinante é 0.

Cálculo do determinante de uma matriz elementar Nos Exercícios 39-42, encontre o determinante da matriz elementar. (Suponha que $k \neq 0$.)

39. $\begin{bmatrix} 1 & 0 & 0 \\ 0 & k & 0 \\ 0 & 0 & 1 \end{bmatrix}$ **40.** $\begin{bmatrix} 0 & 0 & 1 \\ 0 & 1 & 0 \\ 1 & 0 & 0 \end{bmatrix}$

41. $\begin{bmatrix} 1 & 0 & 0 \\ k & 1 & 0 \\ 0 & 0 & 1 \end{bmatrix}$ **42.** $\begin{bmatrix} 1 & 0 & 0 \\ 0 & 1 & 0 \\ 0 & k & 1 \end{bmatrix}$

43. Demonstração Demonstre a propriedade.

$$\begin{vmatrix} a_{11} & a_{12} & a_{13} \\ a_{21} & a_{22} & a_{23} \\ a_{31} & a_{32} & a_{33} \end{vmatrix} + \begin{vmatrix} b_{11} & a_{12} & a_{13} \\ b_{21} & a_{22} & a_{23} \\ b_{31} & a_{32} & a_{33} \end{vmatrix} = \begin{vmatrix} (a_{11} + b_{11}) & a_{12} & a_{13} \\ (a_{21} + b_{21}) & a_{22} & a_{23} \\ (a_{31} + b_{31}) & a_{32} & a_{33} \end{vmatrix}$$

44. Demonstração Demonstre a propriedade.

$$\begin{vmatrix} 1+a & 1 & 1 \\ 1 & 1+b & 1 \\ 1 & 1 & 1+c \end{vmatrix} = abc\left(1 + \frac{1}{a} + \frac{1}{b} + \frac{1}{c}\right),$$
$$a \neq 0, \quad b \neq 0, \quad c \neq 0$$

45. Encontre cada determinante.

(a) $\begin{vmatrix} \cos\theta & \operatorname{sen}\theta \\ -\operatorname{sen}\theta & \cos\theta \end{vmatrix}$ (b) $\begin{vmatrix} \operatorname{sen}\theta & 1 \\ 1 & \operatorname{sen}\theta \end{vmatrix}$

---

46. Ponto crucial Calcule cada determinante quando $a = 1$, $b = 4$ e $c = -3$.

(a) $\begin{vmatrix} 0 & b & 0 \\ a & 0 & 0 \\ 0 & 0 & c \end{vmatrix}$ (b) $\begin{vmatrix} a & 0 & 1 \\ 0 & c & 0 \\ b & 0 & -16 \end{vmatrix}$

---

47. Demonstração guiada Demonstre a Propriedade 2 do Teorema 3.3: quando B é obtido de A somando um múltiplo de uma linha de A a outra linha de A, $\det(B) = \det(A)$.

Começando: Para demonstrar que o determinante de B é igual ao determinante de A, você precisa mostrar que as suas respectivas expansões por cofatores são iguais.

   (i) Comece tomando B como a matriz obtida somando a j-ésima linha de A multiplicada por c à i-ésima linha de A.

   (ii) Encontre o determinante de B expandindo nessa i-ésima linha.

   (iii) Distribua e depois agrupe os termos que contêm um coeficiente c e aqueles que não contêm um coeficiente c.

   (iv) Mostre que a soma dos termos que não contêm o coeficiente c é o determinante de A e que a soma dos termos contendo um coeficiente c é igual a 0.

48. Demonstração guiada Demonstre a Propriedade 3 do Teorema 3.3: quando B é obtido de A multiplicando uma linha de A por uma constante c não nula, $\det(B) = c \det(A)$.

Iniciando: Para demonstrar que o determinante de B é igual a c vezes o determinante de A, você precisa mostrar que o determinante de B é igual a c vezes a expansão por cofator do determinante de A.

   (i) Comece tomando B como a matriz obtida multiplicando por c a i-ésima linha de A.

   (ii) Encontre o determinante de B expandindo ao longo desta linha.

   (iii) Fatore o termo comum c.

   (iv) Mostre que o resultado é c vezes o determinante de A.

126 Elementos de álgebra linear

3.3 Propriedades dos determinantes

■ Encontrar o determinante de uma matriz produto e de um múltiplo escalar de uma matriz.

■ Encontrar o determinante de uma matriz inversa e reconheçer as condições equivalentes para uma matriz não singular.

■ Encontrar o determinante da transposta de uma matriz.

PRODUTOS DE MATRIZES E MÚLTIPLOS ESCALARES

Nesta seção, você aprenderá várias propriedades importantes dos determinantes. Você iniciará considerando o determinante do produto de duas matrizes.

EXEMPLO 1   O determinante de uma matriz produto

Encontre $|A|$, $|B|$ e $|AB|$ para as matrizes

$$|A| = \begin{vmatrix} 1 & -2 & 2 \\ 0 & 3 & 2 \\ 1 & 0 & 1 \end{vmatrix} = -7 \quad \text{e} \quad |B| = \begin{vmatrix} 2 & 0 & 1 \\ 0 & -1 & -2 \\ 3 & 1 & -2 \end{vmatrix} = 11.$$

SOLUÇÃO

$|A|$ e $|B|$ têm os valores

$$|A| = \begin{vmatrix} 1 & -2 & 2 \\ 0 & 3 & 2 \\ 1 & 0 & 1 \end{vmatrix} = -7 \quad \text{e} \quad |B| = \begin{vmatrix} 2 & 0 & 1 \\ 0 & -1 & -2 \\ 3 & 1 & -2 \end{vmatrix} = 11.$$

A matriz produto AB é

$$AB = \begin{bmatrix} 1 & -2 & 2 \\ 0 & 3 & 2 \\ 1 & 0 & 1 \end{bmatrix} \begin{bmatrix} 2 & 0 & 1 \\ 0 & -1 & -2 \\ 3 & 1 & -2 \end{bmatrix} = \begin{bmatrix} 8 & 4 & 1 \\ 6 & -1 & -10 \\ 5 & 1 & -1 \end{bmatrix}.$$

Finalmente,

$$|AB| = \begin{vmatrix} 8 & 4 & 1 \\ 6 & -1 & -10 \\ 5 & 1 & -1 \end{vmatrix} = -77.$$

OBSERVAÇÃO

O Teorema 3.5 pode ser estendido para incluir o produto de qualquer número finito de matrizes. Assim,

$$|A_1 A_2 A_3 \cdots A_k|$$
$$= |A_1||A_2||A_3| \cdots |A_k|.$$

No Exemplo 1, observe que $|AB| = |A||B|$, ou $-77 = (-7)(11)$. Isso é verdade em geral.

TEOREMA 3.5   Determinante de uma matriz produto

Se A e B são matrizes quadradas de ordem n, então $\det(AB) = \det(A)\det(B)$.

DEMONSTRAÇÃO

Para começar, observe que se E é uma matriz elementar, então, pelo Teorema 3.3, as próximas três afirmações são verdadeiras. Se você obtiver E de I permutando duas linhas, então $|E| = -1$. Se você obtiver E multiplicando uma linha de I por uma constante diferente c não nula, então $|E| = c$. Se você obtiver E somando um múltiplo de uma linha de I a outra linha de I, então $|E| = 1$. Além disso, pelo Teorema 2.12, se E resulta da execução de uma operação elementar de linhas em I e a mesma operação elementar de linhas é realizada em B, então o resultado é a matriz EB. Segue daí que $|EB| = |E||B|$.

Determinantes   127

Isso pode ser generalizado para concluir que $|E_k \cdots E_2 E_1 B| = |E_k| \cdots |E_2||E_1||B|$, onde E_i é uma matriz elementar. Agora considere a matriz AB. Se A não é singular, então, pelo Teorema 2.14, ela pode ser escrita como o produto $A = E_k \cdots E_2 E_1$, de modo que

$$
\begin{aligned}
|AB| &= |E_k \cdots E_2 E_1 B| \\
&= |E_k| \cdots |E_2||E_1||B| \\
&= |E_k \cdots E_2 E_1||B| \\
&= |A||B|.
\end{aligned}
$$

Se A é singular, então A é equivalente por linhas a uma matriz com uma linha inteira de zeros. Do Teorema 3.4, $|A| = 0$. Além disso, segue que AB também é singular. (Se AB não fosse singular, então $A[B(AB)^{-1}] = I$ implicaria que A não é singular.) Então, $|AB| = 0$ e você pode concluir que $|AB| = |A||B|$. ■

O próximo teorema mostra a relação entre $|A|$ e $|cA|$.

TEOREMA 3.6   Determinante de um múltiplo escalar de uma matriz

Se A é uma matriz quadrada de ordem n e c é um escalar, então o determinante de cA é

$$\det(cA) = c^n \det(A).$$

DEMONSTRAÇÃO

Esta fórmula pode ser demonstrada por aplicações repetidas da Propriedade 3 do Teorema 3.3. Fatore o escalar c de cada uma das n linhas de $|cA|$ para obter $|cA| = c^n|A|$. ■

EXEMPLO 2   **O determinante de um múltiplo escalar de uma matriz**

Encontre o determinante da matriz.

$$
A = \begin{bmatrix} 10 & -20 & 40 \\ 30 & 0 & 50 \\ -20 & -30 & 10 \end{bmatrix}
$$

SOLUÇÃO

$$
A = 10\begin{bmatrix} 1 & -2 & 4 \\ 3 & 0 & 5 \\ -2 & -3 & 1 \end{bmatrix} \quad \text{e} \quad \begin{vmatrix} 1 & -2 & 4 \\ 3 & 0 & 5 \\ -2 & -3 & 1 \end{vmatrix} = 5
$$

portanto, aplique o Teorema 3.6 para concluir que

$$
|A| = 10^3 \begin{vmatrix} 1 & -2 & 4 \\ 3 & 0 & 5 \\ -2 & -3 & 1 \end{vmatrix} = 1.000(5) = 5.000.
$$
■

Os Teoremas 3.5 e 3.6 fornecem fórmulas para os determinantes do produto de duas matrizes e um múltiplo escalar de uma matriz. Esses teoremas, no entanto, não dão uma fórmula para o determinante da *soma* de duas matrizes. A soma dos determinantes de duas matrizes geralmente não é igual ao determinante de sua soma. Em outros termos, em geral, $|A| + |B| \neq |A + B|$. Por exemplo, se

$$
A = \begin{bmatrix} 6 & 2 \\ 2 & 1 \end{bmatrix} \quad \text{e} \quad B = \begin{bmatrix} 3 & 7 \\ 0 & -1 \end{bmatrix}
$$

então $|A| = 2$ e $|B| = -3$, mas $A + B = \begin{bmatrix} 9 & 9 \\ 2 & 0 \end{bmatrix}$ e $|A + B| = -18$.

DETERMINANTES E A INVERSA DE UMA MATRIZ

Pode ser difícil dizer simplesmente por inspeção se uma matriz tem uma inversa. Você saberia dizer qual das matrizes a seguir é inversível?

Elementos de álgebra linear

$$A = \begin{bmatrix} 0 & 2 & -1 \\ 3 & -2 & 1 \\ 3 & 2 & -1 \end{bmatrix} \quad \text{ou} \quad B = \begin{bmatrix} 0 & 2 & -1 \\ 3 & -2 & 1 \\ 3 & 2 & 1 \end{bmatrix}$$

O próximo teorema sugere que determinantes são úteis para classificar as matrizes quadradas como inversíveis ou não inversíveis.

> ## TEOREMA 3.7 Determinante de uma matriz quadrada inversível
>
> A matriz quadrada A é inversível (não singular) se e somente se $\det(A) \neq 0$.

DEMONSTRAÇÃO

Para demonstrar o teorema em uma direção, suponha que A é inversível. Então $AA^{-1} = I$ e, pelo Teorema 3.5, você pode escrever $|A||A^{-1}| = |I|$. Agora $|I| = 1$, de modo que você sabe que nenhum dos determinantes à esquerda é zero. Especificamente, $|A| \neq 0$.

Para demonstrar o teorema na outra direção, suponha que o determinante de A seja diferente de zero. Então, usando a eliminação de Gauss-Jordan, encontre uma matriz B, em forma escalonada reduzida que seja equivalente por linhas a A. A matriz B deve ser a matriz identidade I ou deve ter pelo menos uma linha que consiste inteiramente em zeros, porque B está em forma escalonada reduzida. Mas se B tiver uma linha só de zeros, então, pelo Teorema 3.4, você sabe que $|B| = 0$, o que implicaria que $|A| = 0$. Você supôs que |A| é diferente de zero, de modo que pode concluir que $B = I$. A matriz A é, portanto, equivalente por linhas à matriz identidade e, pelo Teorema 2.15, você sabe que A é inversível. ∎

Descoberta

Seja

$$A = \begin{bmatrix} 6 & 4 & 1 \\ 0 & 2 & 3 \\ 1 & 1 & 2 \end{bmatrix}.$$

1. Use um software ou uma ferramenta computacional para encontrar A^{-1}.

2. Compare $\det(A^{-1})$ com $\det(A)$.

3. Faça uma conjectura sobre o determinante da inversa de uma matriz.

EXEMPLO 3 — Classificação de matrizes quadradas como singulares ou não singulares

Determine se cada matriz tem uma inversa.

a. $\begin{bmatrix} 0 & 2 & -1 \\ 3 & -2 & 1 \\ 3 & 2 & -1 \end{bmatrix}$ **b.** $\begin{bmatrix} 0 & 2 & -1 \\ 3 & -2 & 1 \\ 3 & 2 & 1 \end{bmatrix}$

SOLUÇÃO

a. $\begin{vmatrix} 0 & 2 & -1 \\ 3 & -2 & 1 \\ 3 & 2 & -1 \end{vmatrix} = 0$

de modo que esta matriz não tem inversa (é singular).

b. $\begin{vmatrix} 0 & 2 & -1 \\ 3 & -2 & 1 \\ 3 & 2 & 1 \end{vmatrix} = -12 \neq 0$

de modo que esta matriz tem uma inversa (é não singular).

O próximo teorema fornece uma maneira de encontrar o determinante de uma matriz inversa.

> ## TEOREMA 3.8 Determinante de uma matriz inversa
>
> Se A é uma matriz inversível $n \times n$, então $\det(A^{-1}) = \dfrac{1}{\det(A)}$.

DEMONSTRAÇÃO

A matriz A é inversível, então $AA^{-1} = I$ e, usando Teorema 3.5, $|A||A^{-1}| = |I| = 1$. Pelo Teorema 3.7, você sabe que $|A| \neq 0$, de modo que você pode dividir cada lado por $|A|$ para obter

Determinantes **129**

$$|A^{-1}| = \frac{1}{|A|}.$$

OBSERVAÇÃO

A inversa de A é

$$A^{-1} = \begin{bmatrix} -\frac{1}{2} & \frac{3}{4} & \frac{3}{4} \\ 1 & -\frac{3}{2} & -\frac{1}{2} \\ \frac{1}{2} & -\frac{1}{4} & -\frac{1}{4} \end{bmatrix}.$$

Calcule o determinante dessa matriz diretamente. Em seguida, compare sua resposta com a que obteve no Exemplo 4.

OBSERVAÇÃO

Na Seção 3.2, você viu que uma matriz quadrada A tem um determinante zero quando A é equivalente por linhas a uma matriz que tenha pelo menos uma linha consistindo inteiramente de zeros. A validade desta afirmação decorre da equivalência das Afirmações 4 e 6.

EXEMPLO 4 **O determinante da inversa de uma matriz**

Encontre $|A^{-1}|$ para a matriz

$$A = \begin{bmatrix} 1 & 0 & 3 \\ 0 & -1 & 2 \\ 2 & 1 & 0 \end{bmatrix}.$$

SOLUÇÃO

Uma maneira de resolver este problema é encontrar A^{-1} e depois calcular seu determinante. No entanto, é mais fácil aplicar o Teorema 3.8, conforme mostrado abaixo. Encontre o determinante de A,

$$|A| = \begin{vmatrix} 1 & 0 & 3 \\ 0 & -1 & 2 \\ 2 & 1 & 0 \end{vmatrix} = 4$$

e depois use a fórmula $|A^{-1}| = 1/|A|$ para concluir que $|A^{-1}| = \frac{1}{4}$.

Observe que o Teorema 3.7 fornece outra condição equivalente que pode ser adicionada à lista no Teorema 2.15, conforme mostrado abaixo.

Condições equivalentes para uma matriz não singular

Se A é uma matriz $n \times n$, as afirmações abaixo são equivalentes.

1. A é inversível.
2. $A\mathbf{x} = \mathbf{b}$ tem uma solução única para cada matriz coluna $\mathbf{b}$.
3. $A\mathbf{x} = O$ tem apenas a solução trivial.
4. A é equivalente por linhas a I_n.
5. A pode ser escrita como o produto de matrizes elementares.
6. $\det(A) \neq 0$

EXEMPLO 5 **Sistemas de equações lineares**

Qual dos sistemas possui uma única solução?

a.
$$\begin{aligned} 2x_2 - x_3 &= -1 \\ 3x_1 - 2x_2 + x_3 &= 4 \\ 3x_1 + 2x_2 - x_3 &= -4 \end{aligned}$$

b.
$$\begin{aligned} 2x_2 - x_3 &= -1 \\ 3x_1 - 2x_2 + x_3 &= 4 \\ 3x_1 + 2x_2 + x_3 &= -4 \end{aligned}$$

SOLUÇÃO

Do Exemplo 3, você sabe que as matrizes de coeficientes para esses dois sistemas têm os determinantes mostrados a seguir.

a. $\begin{vmatrix} 0 & 2 & -1 \\ 3 & -2 & 1 \\ 3 & 2 & -1 \end{vmatrix} = 0$
b. $\begin{vmatrix} 0 & 2 & -1 \\ 3 & -2 & 1 \\ 3 & 2 & 1 \end{vmatrix} = -12$

Usando a lista anterior de condições equivalentes, você pode concluir que apenas o segundo sistema possui solução única.

DETERMINANTES E A TRANSPOSTA DE UMA MATRIZ

O próximo teorema diz que o determinante da transposta de uma matriz quadrada é igual ao determinante da matriz original. Este teorema pode ser demonstrado com indução matemática e o Teorema 3.1, o qual afirma que um determinante pode ser calculado usando a expansão por cofatores ao longo de em uma linha ou coluna. Os detalhes da demonstração são deixados para você. (Veja o Exercício 66.)

> **TEOREMA 3.9 Determinante de uma transposta**
>
> Se A é uma matriz quadrada, então
>
> $\det(A) = \det(A^T)$.

EXEMPLO 6 O determinante de uma transposta

Veja LarsonLinearAlgebra.com para uma versão interativa deste tipo de exemplo.

Mostre que $|A| = |A^T|$ para a matriz abaixo.

$$A = \begin{bmatrix} 3 & 1 & -2 \\ 2 & 0 & 0 \\ -4 & -1 & 5 \end{bmatrix}$$

SOLUÇÃO

Para encontrar o determinante de A, expanda por cofatores ao longo da segunda linha para obter

$$|A| = 2(-1)^3 \begin{vmatrix} 1 & -2 \\ -1 & 5 \end{vmatrix}$$
$$= (2)(-1)(3)$$
$$= -6.$$

Para encontrar o determinante de

$$A^T = \begin{bmatrix} 3 & 2 & -4 \\ 1 & 0 & -1 \\ -2 & 0 & 5 \end{bmatrix}$$

expanda por cofatores ao longo da segunda *coluna* para obter

$$|A^T| = 2(-1)^3 \begin{vmatrix} 1 & -1 \\ -2 & 5 \end{vmatrix}$$
$$= (2)(-1)(3)$$
$$= -6.$$

ÁLGEBRA LINEAR APLICADA Sistemas de equações diferenciais lineares muitas vezes surgem na engenharia e na teoria de controle. Para uma função $f(t)$ que está definida para todos os valores positivos de t, sua transformada de Laplace é

$$F(s) = \int_0^\infty e^{-st} f(t) \, dt$$

desde que a integral imprópria exista. As transformadas de Laplace e a regra de Cramer, que usa determinantes para resolver um sistema de equações lineares, às vezes podem ser empregadas para resolver um sistema de equações diferenciais. Você estudará a regra de Cramer na próxima seção.

3.3 Exercícios

Determinante de uma matriz produto Nos Exercícios 1-6, encontre (a) $|A|$, (b) $|B|$, (c) AB e (d) $|AB|$. A seguir, verifique que $|A||B| = |AB|$.

1. $A = \begin{bmatrix} -2 & 1 \\ 4 & -2 \end{bmatrix}, \quad B = \begin{bmatrix} 1 & 1 \\ 0 & -1 \end{bmatrix}$

2. $A = \begin{bmatrix} 3 & 4 \\ 4 & 3 \end{bmatrix}, \quad B = \begin{bmatrix} 2 & -1 \\ 5 & 0 \end{bmatrix}$

3. $A = \begin{bmatrix} -1 & 2 & 1 \\ 1 & 0 & 1 \\ 0 & 1 & 0 \end{bmatrix}, \quad B = \begin{bmatrix} -1 & 0 & 0 \\ 0 & 2 & 0 \\ 0 & 0 & 3 \end{bmatrix}$

4. $A = \begin{bmatrix} 2 & 0 & 1 \\ 1 & -1 & 2 \\ 3 & 1 & 0 \end{bmatrix}, \quad B = \begin{bmatrix} 2 & -1 & 4 \\ 0 & 1 & 3 \\ 3 & -2 & 1 \end{bmatrix}$

5. $A = \begin{bmatrix} 2 & 0 & 1 & 1 \\ 1 & -1 & 0 & 1 \\ 2 & 3 & 1 & 0 \\ 1 & 2 & 3 & 0 \end{bmatrix}, \quad B = \begin{bmatrix} 1 & 0 & -1 & 1 \\ 2 & 1 & 0 & 2 \\ 1 & 1 & -1 & 0 \\ 3 & 2 & 1 & 0 \end{bmatrix}$

6. $A = \begin{bmatrix} 2 & 4 & 7 & 0 \\ 1 & -2 & 1 & 1 \\ 0 & 0 & 2 & 1 \\ 1 & -1 & 1 & 0 \end{bmatrix},$

$B = \begin{bmatrix} 6 & 1 & -1 & 0 \\ -1 & 2 & 1 & 1 \\ 0 & 0 & 1 & 2 \\ 0 & 0 & 0 & -1 \end{bmatrix}$

O determinante de um múltiplo escalar de uma matriz Nos Exercícios 7-14, use o fato de que $|cA| = c^n |A|$ para calcular o determinante da matriz $n \times n$.

7. $A = \begin{bmatrix} 5 & 15 \\ 10 & -20 \end{bmatrix}$ **8.** $A = \begin{bmatrix} 21 & 7 \\ 28 & -56 \end{bmatrix}$

9. $A = \begin{bmatrix} -3 & 6 & 9 \\ 6 & 9 & 12 \\ 9 & 12 & 15 \end{bmatrix}$ **10.** $A = \begin{bmatrix} 4 & 16 & 0 \\ 12 & -8 & 8 \\ 16 & 20 & -4 \end{bmatrix}$

11. $A = \begin{bmatrix} 2 & -4 & 6 \\ -4 & 6 & -8 \\ 6 & -8 & 10 \end{bmatrix}$ **12.** $A = \begin{bmatrix} 40 & 25 & 10 \\ 30 & 5 & 20 \\ 15 & 35 & 45 \end{bmatrix}$

13. $A = \begin{bmatrix} 5 & 0 & -15 & 0 \\ 0 & 5 & 0 & 0 \\ -10 & 0 & 5 & 0 \\ 0 & -20 & 0 & 5 \end{bmatrix}$

14. $A = \begin{bmatrix} 0 & 16 & -8 & -32 \\ -16 & 8 & -8 & 16 \\ 8 & -24 & 8 & -8 \\ -8 & 32 & 0 & 32 \end{bmatrix}$

O determinante de uma soma de matrizes Nos Exercícios 15-18, encontrar (a) $|A|$, (b) $|B|$, (c) $A + B$ e (d) $|A + B|$. A seguir, verifique que $|A| + |B| \neq |A + B|$.

15. $A = \begin{bmatrix} -1 & 1 \\ 2 & 0 \end{bmatrix}, \quad B = \begin{bmatrix} 1 & -1 \\ -2 & 0 \end{bmatrix}$

16. $A = \begin{bmatrix} 1 & -2 \\ 1 & 0 \end{bmatrix}, \quad B = \begin{bmatrix} 3 & -2 \\ 0 & 0 \end{bmatrix}$

17. $A = \begin{bmatrix} -1 & 1 & 2 \\ 0 & 1 & 1 \\ 1 & 1 & -1 \end{bmatrix}, \quad B = \begin{bmatrix} 1 & 0 & 1 \\ -1 & 1 & 2 \\ 0 & 1 & 2 \end{bmatrix}$

18. $A = \begin{bmatrix} 0 & 1 & 2 \\ 1 & -1 & 0 \\ 2 & 1 & 1 \end{bmatrix}, \quad B = \begin{bmatrix} 0 & 1 & -1 \\ 2 & 1 & 1 \\ 0 & 1 & 1 \end{bmatrix}$

Classificação de matrizes como singulares ou não singulares Nos Exercícios 19-24, use o determinante para decidir se a matriz é singular ou não singular.

19. $\begin{bmatrix} 5 & 4 \\ 10 & 8 \end{bmatrix}$ **20.** $\begin{bmatrix} 3 & -6 \\ 4 & 2 \end{bmatrix}$

21. $\begin{bmatrix} \frac{1}{2} & \frac{3}{2} & 2 \\ \frac{2}{3} & -\frac{1}{3} & 0 \\ 1 & 1 & 1 \end{bmatrix}$ **22.** $\begin{bmatrix} 14 & 5 & 7 \\ -15 & 0 & 3 \\ 1 & -5 & -10 \end{bmatrix}$

23. $\begin{bmatrix} 1 & 0 & -8 & 2 \\ 0 & 8 & -1 & 10 \\ 0 & 0 & 0 & 1 \\ 0 & 0 & 0 & 2 \end{bmatrix}$ **24.** $\begin{bmatrix} 0,8 & 0,2 & -0,6 & 0,1 \\ -1,2 & 0,6 & 0,6 & 0 \\ 0,7 & -0,3 & 0,1 & 0 \\ 0,2 & -0,3 & 0,6 & 0 \end{bmatrix}$

O determinante da inversa de uma matriz Nos Exercícios 25-30, encontre $|A^{-1}|$. Comece encontrando A^{-1} e depois calcule seu determinante. Verifique o resultado encontrado $|A|$ e depois aplicando a fórmula de Teorema 3.8, $|A^{-1}| = \dfrac{1}{|A|}$.

25. $A = \begin{bmatrix} 2 & 3 \\ 1 & 4 \end{bmatrix}$ **26.** $A = \begin{bmatrix} 1 & -2 \\ 2 & 2 \end{bmatrix}$

27. $A = \begin{bmatrix} 2 & -2 & 3 \\ 1 & -1 & 2 \\ 3 & 0 & 3 \end{bmatrix}$ **28.** $A = \begin{bmatrix} 1 & 0 & 1 \\ 2 & -1 & 2 \\ 1 & -2 & 3 \end{bmatrix}$

29. $A = \begin{bmatrix} 1 & 0 & -1 & 3 \\ 1 & 0 & 3 & -2 \\ 2 & 0 & 2 & -1 \\ 1 & -3 & 1 & 2 \end{bmatrix}$

30. $A = \begin{bmatrix} 0 & 1 & 0 & 3 \\ 1 & -2 & -3 & 1 \\ 0 & 0 & 2 & -2 \\ 1 & -2 & -4 & 1 \end{bmatrix}$

132 Elementos de álgebra linear

Sistema de equações lineares Nos Exercícios 31-36, use o determinante da matriz de coeficientes para determinar se o sistema de equações lineares possui solução única.

31. $\begin{aligned} x_1 - 3x_2 &= 2 \\ 2x_1 + x_2 &= 1 \end{aligned}$

32. $\begin{aligned} 3x_1 - 4x_2 &= 2 \\ \tfrac{2}{3}x_1 - \tfrac{8}{9}x_2 &= 1 \end{aligned}$

33. $\begin{aligned} x_1 - x_2 + x_3 &= 4 \\ 2x_1 - x_2 + x_3 &= 6 \\ 3x_1 - 2x_2 + 2x_3 &= 0 \end{aligned}$

34. $\begin{aligned} x_1 + x_2 - x_3 &= 4 \\ 2x_1 - x_2 + x_3 &= 6 \\ 3x_1 - 2x_2 + 2x_3 &= 0 \end{aligned}$

35. $\begin{aligned} 2x_1 + x_2 + 5x_3 + x_4 &= 5 \\ x_1 + x_2 - 3x_3 - 4x_4 &= -1 \\ 2x_1 + 2x_2 + 2x_3 - 3x_4 &= 2 \\ x_1 + 5x_2 - 6x_3 \quad\;\; &= 3 \end{aligned}$

36. $\begin{aligned} x_1 - x_2 - x_3 - x_4 &= 0 \\ x_1 + x_2 - x_3 - x_4 &= 0 \\ x_1 + x_2 + x_3 - x_4 &= 0 \\ x_1 + x_2 + x_3 + x_4 &= 6 \end{aligned}$

Matrizes singulares Nos Exercícios 37-42, encontre o(s) valor(es) de k tal(is) que A é singular.

37. $A = \begin{bmatrix} k-1 & 3 \\ 2 & k-2 \end{bmatrix}$

38. $A = \begin{bmatrix} k-1 & 2 \\ 2 & k+2 \end{bmatrix}$

39. $A = \begin{bmatrix} 1 & 0 & 3 \\ 2 & -1 & 0 \\ 4 & 2 & k \end{bmatrix}$

40. $A = \begin{bmatrix} 1 & k & 2 \\ -2 & 0 & -k \\ 3 & 1 & -4 \end{bmatrix}$

41. $A = \begin{bmatrix} 0 & k & 1 \\ k & 1 & k \\ 1 & k & 0 \end{bmatrix}$

42. $A = \begin{bmatrix} k & -3 & -k \\ -2 & k & 1 \\ k & 1 & 0 \end{bmatrix}$

Cálculo de determinantes Nos Exercícios 43-50, encontre (a) $|A^T|$, (b) $|A^2|$, (c) $|AA^T|$, (d) $|2A|$ e (e) $|A^{-1}|$.

43. $A = \begin{bmatrix} 6 & -11 \\ 4 & -5 \end{bmatrix}$

44. $A = \begin{bmatrix} -4 & 10 \\ 5 & 6 \end{bmatrix}$

45. $A = \begin{bmatrix} 5 & 0 & 0 \\ 1 & -3 & 0 \\ 0 & -1 & 2 \end{bmatrix}$

46. $A = \begin{bmatrix} 1 & 5 & 4 \\ 0 & -6 & 2 \\ 0 & 0 & -3 \end{bmatrix}$

47. $A = \begin{bmatrix} 2 & 0 & 5 \\ 4 & -1 & 6 \\ 3 & 2 & 1 \end{bmatrix}$

48. $A = \begin{bmatrix} 4 & 1 & 9 \\ -1 & 0 & -2 \\ -3 & 3 & 0 \end{bmatrix}$

49. $A = \begin{bmatrix} -3 & 0 & 0 & 0 \\ 0 & 2 & 0 & 0 \\ 0 & 0 & 1 & 0 \\ 0 & 0 & 0 & 5 \end{bmatrix}$

50. $A = \begin{bmatrix} 2 & 0 & 0 & 1 \\ 0 & -3 & 0 & 0 \\ 0 & 0 & 4 & 0 \\ 1 & 0 & 0 & 1 \end{bmatrix}$

Cálculo de determinantes Nos Exercícios 51-56, use um software ou uma ferramenta computacional para encontrar (a) $|A|$, (b) $|A^T|$, (c) $|A^2|$, (d) $|2A|$ e (e) $|A^{-1}|$.

51. $A = \begin{bmatrix} 4 & 2 \\ -1 & 5 \end{bmatrix}$

52. $A = \begin{bmatrix} -2 & 4 \\ 6 & 8 \end{bmatrix}$

53. $A = \begin{bmatrix} 3 & 1 & -2 \\ 2 & -1 & 3 \\ -3 & 1 & 2 \end{bmatrix}$

54. $A = \begin{bmatrix} \tfrac{3}{4} & \tfrac{2}{3} & -\tfrac{1}{4} \\ \tfrac{2}{3} & 1 & \tfrac{1}{3} \\ -\tfrac{1}{4} & \tfrac{1}{3} & \tfrac{3}{4} \end{bmatrix}$

55. $A = \begin{bmatrix} 4 & -2 & 1 & 5 \\ 3 & 8 & 2 & -1 \\ 6 & 8 & 9 & 2 \\ 2 & 3 & -1 & 0 \end{bmatrix}$

56. $A = \begin{bmatrix} 6 & 5 & 1 & -1 \\ -2 & 4 & 3 & 5 \\ 6 & 1 & -4 & -2 \\ 2 & 2 & 1 & 3 \end{bmatrix}$

57. Sejam A e B matrizes quadradas de ordem 4 tais que $|A| = -5$ e $|B| = 3$. Encontre (a) $|A^2|$, (b) $|B^2|$, (c) $|A^3|$ e (d) $|B^4|$.

---

58. Ponto crucial Sejam A e B matrizes quadradas da ordem 3, de modo que $|A| = 4$ e $|B| = 5$.

(a) Encontre $|AB|$.   (b) Encontre $|2A|$.

(c) A e B são singulares ou não singulares? Explique.

(d) Se A e B não são singulares, encontre $|A^{-1}|$ e $|B^{-1}|$.

(e) Encontre $|(AB)^T|$.

---

59. Demonstração Sejam A e B matrizes $n \times n$ tais que $AB = I$. Demonstre que $|A| \neq 0$ e $|B| \neq 0$.

60. Demonstração Sejam A e B matrizes $n \times n$ tais que AB é singular. Demonstre que A ou B é singular.

61. Encontre duas matrizes 2×2 tais que $|A| + |B| = |A + B|$.

62. Verifique a equação.

$$\begin{vmatrix} a+b & a & a \\ a & a+b & a \\ a & a & a+b \end{vmatrix} = b^2(3a + b)$$

63. Seja A uma matriz $n \times n$ na qual os elementos de cada linha somem zero. Encontre $|A|$.

64. Ilustre o resultado do Exercício 63 com a matriz

$$A = \begin{bmatrix} 2 & -1 & -1 \\ -3 & 1 & 2 \\ 0 & -2 & 2 \end{bmatrix}.$$

Determinantes 133

65. Demonstração guiada Demonstre que o determinante de uma matriz inversível A é igual a ± 1 quando todos os elementos de A e A^{-1} são inteiros.

Começando: denote $\det(A)$ por x e $\det(A^{-1})$ por y. Observe que x e y são números reais. Para demonstrar que $\det(A)$ é igual a ± 1, você deve mostrar que ambos x e y são inteiros tais que seu produto xy é igual a 1.

(i) Use a propriedade para o determinante de um produto de matrizes para mostrar que $xy = 1$.

(ii) Use a definição de determinante e o fato de que os elementos de A e A^{-1} são números inteiros para mostrar que ambos $x = \det(A)$ e $y = \det(A^{-1})$ são inteiros.

(iii) Conclua que $x = \det(A)$ deve ser 1 ou -1 porque estas são as únicas soluções inteiras para a equação $xy = 1$.

66. Demonstração guiada Demonstre o Teorema 3.9: se A é uma matriz quadrada, então $\det(A) = \det(A^T)$.

Começando: para demonstrar que os determinantes de A e A^T são iguais, você precisa mostrar que suas expansões por cofatores são iguais. Os cofatores são $\pm$ determinantes de matrizes menores, então você precisa usar indução matemática.

(i) Passo inicial da indução: se A é de ordem 1, então $A = [a_{11}] = A^T$

de modo que

$\det(A) = \det(A^T) = a_{11}$.

(ii) Suponha que a hipótese indutiva seja válida para todas as matrizes de ordem $n - 1$. Seja A uma matriz quadrada de ordem n. Escreva uma expressão para o determinante de A expandindo ao longo da primeira linha.

(iii) Escreva uma expressão para o determinante de A^T expandindo ao longo da primeira coluna.

(iv) Compare as expansões em (ii) e (iii). Os elementos da primeira linha de A são os mesmos que os elementos da primeira coluna de A^T. Compare os cofatores (estes são $\pm$ os determinantes de matrizes menores que são transpostas umas das outras) e use a hipótese de indução para concluir que eles também são iguais.

67. Dissertação Sejam A e P matrizes $n \times n$, em que P é inversível. É verdade que $P^{-1}AP = A$? Ilustre sua conclusão com exemplos apropriados. O que você pode dizer sobre os dois determinantes $|P^{-1}AP|$ e $|A|$?

68. Dissertação Seja A uma matriz $n \times n$ não nula satisfazendo $A^{10} = O$. Explique por que A deve ser singular. Quais as propriedades dos determinantes você está usando em seu argumento?

69. Demonstração Uma matriz quadrada é **antissimétrica** quando $A^T = -A$. Demonstre que se A é uma matriz $n \times n$ antissimétrica, então $|A| = (-1)^n|A|$.

70. Demonstração Seja A uma matriz antissimétrica de ordem ímpar. Use o resultado do Exercício 69 para demonstrar que $|A| = 0$.

Verdadeiro ou falso? Nos Exercícios 71 e 72, determine se cada afirmação é verdadeira ou falsa. Se uma afirmação for verdadeira, dê uma justificativa ou cite uma afirmação apropriada do texto. Se uma afirmação for falsa, forneça um exemplo que mostra que a afirmação não é verdadeira em todos os casos ou cite uma afirmação apropriada do texto.

71. (a) Se A é uma matriz $n \times n$ e c é um escalar não nulo, então o determinante da matriz cA é $nc \cdot \det(A)$.

(b) Se A é uma matriz inversível, então o determinante de A^{-1} é igual ao recíproco do determinante de A.

(c) Se A é uma matriz $n \times n$ inversível, então $A\mathbf{x} = \mathbf{b}$ tem uma única solução para cada $\mathbf{b}$.

72. (a) O determinante da soma de duas matrizes é igual à soma dos determinantes das matrizes.

(b) Se A e B são matrizes quadradas de ordem n e $\det(A) = \det(B)$, então $\det(AB) = \det(A^2)$.

(c) Se o determinante de uma matriz A de ordem n for diferente de zero, então $A\mathbf{x} = O$ tem apenas a solução trivial.

Matrizes ortogonais Nos Exercícios 73-78, determine se a matriz é ortogonal. Uma matriz quadrada A inversível é ortogonal quando $A^{-1} = A^T$.

73. $\begin{bmatrix} 0 & 1 \\ 1 & 0 \end{bmatrix}$ **74.** $\begin{bmatrix} 1 & 0 \\ 1 & 1 \end{bmatrix}$

75. $\begin{bmatrix} 1 & -1 \\ -1 & -1 \end{bmatrix}$ **76.** $\begin{bmatrix} 1/\sqrt{2} & -1/\sqrt{2} \\ -1/\sqrt{2} & -1/\sqrt{2} \end{bmatrix}$

77. $\begin{bmatrix} 1 & 0 & 0 \\ 0 & 0 & 1 \\ 0 & 1 & 0 \end{bmatrix}$ **78.** $\begin{bmatrix} 1/\sqrt{2} & 0 & -1/\sqrt{2} \\ 0 & 1 & 0 \\ 1/\sqrt{2} & 0 & 1/\sqrt{2} \end{bmatrix}$

79. Demonstração Demonstre que a matriz identidade $n \times n$ é ortogonal.

80. Demonstração Demonstre que se A é uma matriz ortogonal, então $|A| = \pm 1$.

Matrizes ortogonais Nos Exercícios 81 e 82, use uma ferramenta computacional para determinar se A é ortogonal. A seguir, verifique que $|A| = \pm 1$.

81. $A = \begin{bmatrix} \frac{3}{5} & 0 & -\frac{4}{5} \\ 0 & 1 & 0 \\ \frac{4}{5} & 0 & \frac{3}{5} \end{bmatrix}$ **82.** $A = \begin{bmatrix} \frac{2}{3} & -\frac{2}{3} & \frac{1}{3} \\ \frac{2}{3} & \frac{1}{3} & -\frac{2}{3} \\ \frac{1}{3} & \frac{2}{3} & \frac{2}{3} \end{bmatrix}$

83. Demonstração Se A é uma matriz idempotente ($A^2 = A$), então demonstre que o determinante de A é 0 ou 1.

84. Demonstração Seja S uma matriz singular $n \times n$. Demonstre que, para qualquer matriz B de ordem n, a matriz SB também é singular.

3.4 Aplicações de determinantes

■ Determinar a adjunta de uma matriz e usá-la para encontrar a inversa da matriz.
■ Usar a regra de Cramer para resolver um sistema de *n* equações lineares em *n* variáveis.
■ Usar determinantes para encontrar áreas, volumes e equações de retas e planos.

A ADJUNTA DE UMA MATRIZ

Até agora neste capítulo, você estudou procedimentos para o cálculo de determinantes e propriedades de determinantes. Nesta seção, estudará uma fórmula explícita para a inversa da matriz não singular e usará esta fórmula para demonstrar um teorema conhecido como regra de Cramer. Também usará a regra de Cramer para resolver sistemas de equações lineares e estudar várias outras aplicações de determinantes.

Lembre-se da Seção 3.1 que o cofator C_{ij} de uma matriz quadrada A é $(-1)^{i+j}$ vezes o determinante da matriz obtida por exclusão da *i*-ésima linha e da *j*-ésima coluna de A. A **matriz dos cofatores** de A tem a forma

$$\begin{bmatrix} C_{11} & C_{12} & \cdots & C_{1n} \\ C_{21} & C_{22} & \cdots & C_{2n} \\ \vdots & \vdots & & \vdots \\ C_{n1} & C_{n2} & \cdots & C_{nn} \end{bmatrix}.$$

A transposta desta matriz é a adjunta de A e é denotada por adj(A). Ou seja,

$$\text{adj}(A) = \begin{bmatrix} C_{11} & C_{21} & \cdots & C_{n1} \\ C_{12} & C_{22} & \cdots & C_{n2} \\ \vdots & \vdots & & \vdots \\ C_{1n} & C_{2n} & \cdots & C_{nn} \end{bmatrix}.$$

EXEMPLO 1 Determinação da adjunta de uma matriz quadrada

Encontre a adjunta de $A = \begin{bmatrix} -1 & 3 & 2 \\ 0 & -2 & 1 \\ 1 & 0 & -2 \end{bmatrix}$.

SOLUÇÃO

O cofator C_{11} é

$$\begin{bmatrix} -1 & 3 & 2 \\ 0 & -2 & 1 \\ 1 & 0 & -2 \end{bmatrix} \rightarrow C_{11} = (-1)^2 \begin{vmatrix} -2 & 1 \\ 0 & -2 \end{vmatrix} = 4.$$

Continuar este processo produz a matriz de cofatores de A mostrada abaixo.

$$\begin{bmatrix} 4 & 1 & 2 \\ 6 & 0 & 3 \\ 7 & 1 & 2 \end{bmatrix}$$

A transposta desta matriz é a adjunta de A. Assim, $\text{adj}(A) = \begin{bmatrix} 4 & 6 & 7 \\ 1 & 0 & 1 \\ 2 & 3 & 2 \end{bmatrix}.$

A adjunta de uma matriz A pode ser útil para encontrar a inversa de A, como mostrado no próximo teorema.

OBSERVAÇÃO

O Teorema 3.10 não é particularmente eficiente para encontrar a inversa de uma matriz. O método de eliminação Gauss-Jordan discutido na Seção 2.3 é muito mais eficiente. O Teorema 3.10 no entanto, é teoricamente útil, porque fornece uma fórmula concisa para a inversa de uma matriz.

OBSERVAÇÃO

Se A é uma matriz 2×2

$A = \begin{bmatrix} a & b \\ c & d \end{bmatrix}$, então a adjunta de A é simplesmente

$$\text{adj}(A) = \begin{bmatrix} d & -b \\ -c & a \end{bmatrix}.$$

Além disso, se A é inversível, então, do Teorema 3.10 você tem

$$A^{-1} = \frac{1}{|A|}\text{adj}(A)$$

$$= \frac{1}{ad - bc}\begin{bmatrix} d & -b \\ -c & a \end{bmatrix}$$

o que coincide com a fórmula na Seção 2.3.

TEOREMA 3.10 A inversa de uma matriz usando sua adjunta

Se A é uma matriz inversível $n \times n$, então $A^{-1} = \dfrac{1}{\det(A)}\text{adj}(A)$.

DEMONSTRAÇÃO

Comece demonstrando que o produto entre A e sua adjunta é igual ao produto do determinante de A por I_n. Considere o produto

$$A[\text{adj}(A)] = \begin{bmatrix} a_{11} & a_{12} & \cdots & a_{1n} \\ a_{21} & a_{22} & \cdots & a_{2n} \\ \vdots & \vdots & & \vdots \\ a_{i1} & a_{i2} & \cdots & a_{in} \\ \vdots & \vdots & & \vdots \\ a_{n1} & a_{n2} & \cdots & a_{nn} \end{bmatrix} \begin{bmatrix} C_{11} & C_{21} & \cdots & C_{j1} & \cdots & C_{n1} \\ C_{12} & C_{22} & \cdots & C_{j2} & \cdots & C_{n2} \\ \vdots & \vdots & & \vdots & & \vdots \\ C_{1n} & C_{2n} & \cdots & C_{jn} & \cdots & C_{nn} \end{bmatrix}.$$

O elemento na i-ésima linha e j-ésima coluna deste produto é

$$a_{i1}C_{j1} + a_{i2}C_{j2} + \cdots + a_{in}C_{jn}.$$

Se $i = j$, então esta soma é simplesmente a expansão por cofator de A ao longo da sua i-ésima linha, o que significa que a soma é o determinante de A. Por outro lado, se $i \neq j$, então a soma é zero. (Verifique isso.)

$$A[\text{adj}(A)] = \begin{bmatrix} \det(A) & 0 & \cdots & 0 \\ 0 & \det(A) & \cdots & 0 \\ \vdots & \vdots & & \vdots \\ 0 & 0 & \cdots & \det(A) \end{bmatrix} = \det(A)I$$

A matriz A é inversível, então $\det(A) \neq 0$ e você pode escrever

$$\frac{1}{\det(A)}A[\text{adj}(A)] = I \quad \text{ou} \quad A\left[\frac{1}{\det(A)}\text{adj}(A)\right] = I.$$

Pelo Teorema 2.7 e pela definição da inversa de uma matriz, segue que

$$\frac{1}{\det(A)}\text{adj}(A) = A^{-1}.$$

EXEMPLO 2 Utilização da adjunta de uma matriz para encontrar sua inversa

Use a adjunta de A para encontrar A^{-1}, onde $A = \begin{bmatrix} -1 & 3 & 2 \\ 0 & -2 & 1 \\ 1 & 0 & -2 \end{bmatrix}$.

SOLUÇÃO

O determinante desta matriz é 3. Usando a adjunta de A (encontrada no Exemplo 1), a inversa de A é

$$A^{-1} = \frac{1}{|A|}\text{adj}(A) = \frac{1}{3}\begin{bmatrix} 4 & 6 & 7 \\ 1 & 0 & 1 \\ 2 & 3 & 2 \end{bmatrix} = \begin{bmatrix} \frac{4}{3} & 2 & \frac{7}{3} \\ \frac{1}{3} & 0 & \frac{1}{3} \\ \frac{2}{3} & 1 & \frac{2}{3} \end{bmatrix}.$$

Verifique que esta matriz é a inversa de A mostrando que $AA^{-1} = I = A^{-1}A$.

A REGRA DE CRAMER

A regra de Cramer, cujo nome é uma homenagem a Gabriel Cramer (1704-1752), usa determinantes para resolver um sistema de n equações lineares em n variáveis. Esta regra aplica-se apenas a sistemas com soluções únicas. Para ver como fun-

136 Elementos de álgebra linear

ciona a regra de Cramer, dê mais uma olhada na solução descrita no início da Seção 3.1. Lá, foi destacado que o sistema

$$a_{11}x_1 + a_{12}x_2 = b_1$$
$$a_{21}x_1 + a_{22}x_2 = b_2$$

possui a solução

$$x_1 = \frac{b_1 a_{22} - b_2 a_{12}}{a_{11}a_{22} - a_{21}a_{12}} \quad e \quad x_2 = \frac{b_2 a_{11} - b_1 a_{21}}{a_{11}a_{22} - a_{21}a_{12}}$$

quando $a_{11}a_{22} - a_{21}a_{12} \neq 0$. Um determinante pode representar cada numerador e denominador nesta solução, como mostrado abaixo.

$$x_1 = \frac{\begin{vmatrix} b_1 & a_{12} \\ b_2 & a_{22} \end{vmatrix}}{\begin{vmatrix} a_{11} & a_{12} \\ a_{21} & a_{22} \end{vmatrix}}, \quad x_2 = \frac{\begin{vmatrix} a_{11} & b_1 \\ a_{21} & b_2 \end{vmatrix}}{\begin{vmatrix} a_{11} & a_{12} \\ a_{21} & a_{22} \end{vmatrix}}, \quad a_{11}a_{22} - a_{21}a_{12} \neq 0$$

O denominador para x_1 e x_2 é simplesmente o determinante da matriz de coeficientes A do sistema original. Os numeradores para x_1 e x_2 são formados usando a coluna de constantes como substituições para os coeficientes de x_1 e x_2 em $|A|$. Esses dois determinantes são denotados por $|A_1|$ e $|A_2|$, como mostrado abaixo.

$$|A_1| = \begin{vmatrix} b_1 & a_{12} \\ b_2 & a_{22} \end{vmatrix} \quad e \quad |A_2| = \begin{vmatrix} a_{11} & b_1 \\ a_{21} & b_2 \end{vmatrix}$$

Você tem $x_1 = \dfrac{|A_1|}{|A|}$ e $x_2 = \dfrac{|A_2|}{|A|}$. Essa forma em determinante da solução é chamada regra de Cramer.

EXEMPLO 3   Utilização da regra de Cramer

Use a regra de Cramer para resolver o sistema de equações lineares.

$$4x_1 - 2x_2 = 10$$
$$3x_1 - 5x_2 = 11$$

SOLUÇÃO

Primeiro, encontre o determinante da matriz de coeficientes.

$$|A| = \begin{vmatrix} 4 & -2 \\ 3 & -5 \end{vmatrix} = -14$$

O determinante é diferente de zero, então você sabe que o sistema possui uma solução única e a aplicação da regra de Cramer produz

$$x_1 = \frac{|A_1|}{|A|} = \frac{\begin{vmatrix} 10 & -2 \\ 11 & -5 \end{vmatrix}}{-14} = \frac{-28}{-14} = 2$$

e

$$x_2 = \frac{|A_2|}{|A|} = \frac{\begin{vmatrix} 4 & 10 \\ 3 & 11 \end{vmatrix}}{-14} = \frac{14}{-14} = -1.$$

A solução é $x_1 = 2$ e $x_2 = -1$. ∎

A regra de Cramer se generaliza para sistemas de n equações lineares em n variáveis. O valor de cada variável é o quociente de dois determinantes. O denominador é o determinante da matriz de coeficientes e o numerador é o determinante da matriz formada pela substituição da coluna correspondente à variável que está sendo resolvida pela coluna representando as constantes. Por exemplo, x_3 no sistema

Determinantes   137

$$a_{11}x_1 + a_{12}x_2 + a_{13}x_3 = b_1$$
$$a_{21}x_1 + a_{22}x_2 + a_{23}x_3 = b_2 \quad \text{é} \quad x_3 = \frac{|A_3|}{|A|} = \frac{\begin{vmatrix} a_{11} & a_{12} & b_1 \\ a_{21} & a_{22} & b_2 \\ a_{31} & a_{32} & b_3 \end{vmatrix}}{\begin{vmatrix} a_{11} & a_{12} & a_{13} \\ a_{21} & a_{22} & a_{23} \\ a_{31} & a_{32} & a_{33} \end{vmatrix}}.$$
$$a_{31}x_1 + a_{32}x_2 + a_{33}x_3 = b_3$$

TEOREMA 3.11   Regra de Cramer

Se um sistema de n equações lineares em n variáveis tem uma matriz de coeficientes A com determinante não nulo $|A|$, então a solução do sistema é

$$x_1 = \frac{\det(A_1)}{\det(A)}, \quad x_2 = \frac{\det(A_2)}{\det(A)}, \quad \ldots, \quad x_n = \frac{\det(A_n)}{\det(A)}$$

onde a i-ésima coluna de A_i é a coluna de constantes no sistema de equações.

DEMONSTRAÇÃO

Represente o sistema por $AX = B$. O determinante de A é diferente de zero, então você pode escrever

$$X = A^{-1}B = \frac{1}{|A|}\text{adj}(A)B = [x_1 \ x_2 \ \ldots \ x_n]^T.$$

Se os elementos de B forem $b_1, b_2, \ldots, b_n$, então

$$x_1 = \frac{1}{|A|}(b_1C_{1i} + b_2C_{2i} + \cdots + b_nC_{ni}),$$

mas a soma (entre parênteses) é precisamente a expansão por cofatores de A_i, o que significa que $x_i = |A_i|/|A|$, completando a demonstração.

EXEMPLO 4   Utilização da regra de Cramer

Veja LarsonLinearAlgebra.com para uma versão interativa deste tipo de exemplo.

Use a regra de Cramer para resolver o sistema de equações lineares e determinar x.

$$\begin{array}{rcrcrcl} -x & + & 2y & - & 3z & = & 1 \\ 2x & & & + & z & = & 0 \\ 3x & - & 4y & + & 4z & = & 2 \end{array}$$

SOLUÇÃO

O determinante da matriz de coeficientes é $|A| = \begin{vmatrix} -1 & 2 & -3 \\ 2 & 0 & 1 \\ 3 & -4 & 4 \end{vmatrix} = 10.$

O determinante é diferente de zero, então você sabe que a solução é única. Aplique a regra de Cramer para determinar x, como mostrado a seguir.

OBSERVAÇÃO

Aplique a regra de Cramer para determinar y e z. Você verá que a solução é $y = -\frac{3}{2}$ e $z = -\frac{8}{5}$.

$$x = \frac{\begin{vmatrix} 1 & 2 & -3 \\ 0 & 0 & 1 \\ 2 & -4 & 4 \end{vmatrix}}{10} = \frac{(1)(-1)^5 \begin{vmatrix} 1 & 2 \\ 2 & -4 \end{vmatrix}}{10} = \frac{(1)(-1)(-8)}{10} = \frac{4}{5}$$

ÁREAS, VOLUMES E EQUAÇÕES DE RETAS E PLANOS

Os determinantes têm muitas aplicações em geometria analítica. Uma aplicação é o cálculo da área de um triângulo no plano xy.

Área de um triângulo no plano *xy*

A área de um triângulo com vértices

$(x_1, y_1), (x_2, y_2)$ e (x_3, y_3)

é

$$\text{Área} = \pm \frac{1}{2} \det \begin{bmatrix} x_1 & y_1 & 1 \\ x_2 & y_2 & 1 \\ x_3 & y_3 & 1 \end{bmatrix}$$

onde o sinal ($\pm$) é escolhido de modo a fornecer uma área positiva.

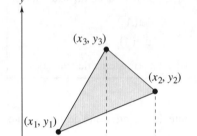

Figura 3.1

DEMONSTRAÇÃO

Demonstre o caso $y_i > 0$. Suponha que $x_1 \leq x_3 \leq x_2$ e que (x_3, y_3) está acima do segmento de reta ligando (x_1, y_1) e (x_2, y_2), como mostrado na Figura 3.1. Considere os três trapézios cujos vértices são

Trapézio 1: $(x_1, 0), (x_1, y_1), (x_3, y_3), (x_3, 0)$
Trapézio 2: $(x_3, 0), (x_3, y_3), (x_2, y_2), (x_2, 0)$
Trapézio 3: $(x_1, 0), (x_1, y_1), (x_2, y_2), (x_2, 0)$.

A área do triângulo é igual à soma das áreas dos primeiros dois trapézios menos a área do terceiro trapézio. Portanto,

$$\begin{aligned}\text{Área} &= \tfrac{1}{2}(y_1 + y_3)(x_3 - x_1) + \tfrac{1}{2}(y_3 + y_2)(x_2 - x_3) - \tfrac{1}{2}(y_1 + y_2)(x_2 - x_1) \\ &= \tfrac{1}{2}(x_1 y_2 + x_2 y_3 + x_3 y_1 - x_1 y_3 - x_2 y_1 - x_3 y_2) \\ &= \tfrac{1}{2} \begin{vmatrix} x_1 & y_1 & 1 \\ x_2 & y_2 & 1 \\ x_3 & y_3 & 1 \end{vmatrix}.\end{aligned}$$

Se os vértices não ocorrerem na ordem $x_1 \leq x_3 \leq x_2$ ou se o vértice (x_3, y_3) não estiver acima do segmento de reta que liga os outros dois vértices, então a fórmula acima pode produzir o oposto da área. Então, use $\pm$ e escolha o sinal correto para obter uma área positiva.

EXEMPLO 5 — Determinação da área de um triângulo

Encontre a área do triângulo cujos vértices são

$(1, 1), \quad (2, 2) \quad \text{e} \quad (4, 3).$

SOLUÇÃO

Não é necessário conhecer as posições relativas dos três vértices. Basta calcular o determinante

$$\tfrac{1}{2} \begin{vmatrix} 1 & 1 & 1 \\ 2 & 2 & 1 \\ 4 & 3 & 1 \end{vmatrix} = -\tfrac{1}{2}$$

e concluir que a área do triângulo é $\tfrac{1}{2}$ unidade quadrada.

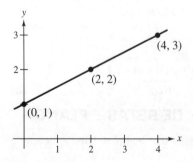

Figura 3.2

Se os três pontos do Exemplo 5 estivessem na mesma reta, o que teria acontecido quando você aplicou a fórmula de área? A resposta é que o determinante teria sido zero. Considere, por exemplo, os três pontos colineares $(0, 1), (2, 2)$ e $(4, 3)$, como mostrado na Figura 3.2. O determinante que produz a área do "triângulo" que tem esses três pontos como vértices é

$$\frac{1}{2}\begin{vmatrix} 0 & 1 & 1 \\ 2 & 2 & 1 \\ 4 & 3 & 1 \end{vmatrix} = 0.$$

Se três pontos no plano xy estiverem na mesma reta, então o determinante na fórmula para a área de um triângulo é zero, como generalizado abaixo.

Teste para pontos colineares no plano *xy*

Três pontos (x_1, y_1), (x_2, y_2) e (x_3, y_3) são colineares se e somente se

$$\det\begin{bmatrix} x_1 & y_1 & 1 \\ x_2 & y_2 & 1 \\ x_3 & y_3 & 1 \end{bmatrix} = 0.$$

O teste para pontos colineares pode ser adaptado para outro uso. Mais especificamente, quando você tem dois pontos no plano xy, você pode encontrar uma equação da reta que passa pelos dois pontos, como mostrado a seguir.

Equação da reta passando por dois pontos

Uma equação da reta que passa pelos pontos distintos (x_1, y_1) e (x_2, y_2) é

$$\det\begin{bmatrix} x & y & 1 \\ x_1 & y_1 & 1 \\ x_2 & y_2 & 1 \end{bmatrix} = 0.$$

EXEMPLO 6 — Determinação de uma equação da reta passando por dois pontos

Encontre uma equação da reta que passa pelos pontos

$$(2, 4) \quad e \quad (-1, 3).$$

SOLUÇÃO

Sejam $(x_1, y_1) = (2, 4)$ e $(x_2, y_2) = (-1, 3)$. Para aplicar a fórmula do determinante para uma equação de uma reta, considere

$$\begin{vmatrix} x & y & 1 \\ 2 & 4 & 1 \\ -1 & 3 & 1 \end{vmatrix} = 0.$$

Para calcular este determinante, expanda por cofatores ao longo da primeira linha.

$$x\begin{vmatrix} 4 & 1 \\ 3 & 1 \end{vmatrix} - y\begin{vmatrix} 2 & 1 \\ -1 & 1 \end{vmatrix} + 1\begin{vmatrix} 2 & 4 \\ -1 & 3 \end{vmatrix} = 0$$
$$x(1) - y(3) + 1(10) = 0$$
$$x - 3y + 10 = 0$$

Assim, uma equação da reta é $x - 3y = -10$.

A fórmula para a área de um triângulo no plano tem uma generalização direta para o espaço tridimensional, que é apresentada a seguir sem demonstração.

140 Elementos de álgebra linear

> **Volume de um tetraedro**
>
> O volume de um tetraedro com vértices (x_1, y_1, z_1), (x_2, y_2, z_2), (x_3, y_3, z_3) e (x_4, y_4, z_4) é
>
> $$\text{Volume} = \pm\tfrac{1}{6}\det\begin{bmatrix} x_1 & y_1 & z_1 & 1 \\ x_2 & y_2 & z_2 & 1 \\ x_3 & y_3 & z_3 & 1 \\ x_4 & y_4 & z_4 & 1 \end{bmatrix}$$
>
> onde o sinal $(\pm)$ é escolhido para fornecer um volume positivo.

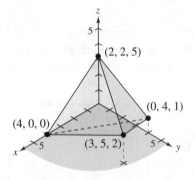

Figura 3.3

EXEMPLO 7 — Determinação do volume do tetraedro

Encontre o volume do tetraedro mostrado na Figura 3.3.

SOLUÇÃO

A utilização da fórmula do determinante para o volume de um tetraedro produz

$$\tfrac{1}{6}\begin{vmatrix} 0 & 4 & 1 & 1 \\ 4 & 0 & 0 & 1 \\ 3 & 5 & 2 & 1 \\ 2 & 2 & 5 & 1 \end{vmatrix} = \tfrac{1}{6}(-72) = -12.$$

Assim, o volume do tetraedro é de 12 unidades cúbicas.

Se quatro pontos no espaço tridimensional estiverem no mesmo plano, então o determinante na fórmula para o volume de um tetraedro é zero. Logo, você tem o teste mostrado abaixo.

> **Teste para pontos coplanares no espaço**
>
> Quatro pontos (x_1, y_1, z_1), (x_2, y_2, z_2), (x_3, y_3, z_3) e (x_4, y_4, z_4) são coplanares se e somente se
>
> $$\det\begin{bmatrix} x_1 & y_1 & z_1 & 1 \\ x_2 & y_2 & z_2 & 1 \\ x_3 & y_3 & z_3 & 1 \\ x_4 & y_4 & z_4 & 1 \end{bmatrix} = 0.$$

Uma adaptação deste teste é a forma de determinante de uma equação de um plano que passa por três pontos no espaço, como mostrado abaixo.

> **Equação do plano passando por três pontos**
>
> Uma equação do plano que passa pelos pontos distintos (x_1, y_1, z_1), (x_2, y_2, z_2) e (x_3, y_3, z_3) é
>
> $$\det\begin{bmatrix} x & y & z & 1 \\ x_1 & y_1 & z_1 & 1 \\ x_2 & y_2 & z_2 & 1 \\ x_3 & y_3 & z_3 & 1 \end{bmatrix} = 0.$$

Determinantes

EXEMPLO 8 — Determinação de uma equação do plano que passa por três pontos

Encontre uma equação do plano que passa pelos pontos $(0, 1, 0)$, $(-1, 3, 2)$ e $(-2, 0, 1)$.

SOLUÇÃO

A utilização da fórmula do determinante para uma equação de um plano produz

$$\begin{vmatrix} x & y & z & 1 \\ 0 & 1 & 0 & 1 \\ -1 & 3 & 2 & 1 \\ -2 & 0 & 1 & 1 \end{vmatrix} = 0.$$

Para calcular esse determinante, subtraia a quarta coluna da segunda coluna para obter

$$\begin{vmatrix} x & y-1 & z & 1 \\ 0 & 0 & 0 & 1 \\ -1 & 2 & 2 & 1 \\ -2 & -1 & 1 & 1 \end{vmatrix} = 0.$$

Expanda por cofatores ao longo da segunda linha.

$$x\begin{vmatrix} 2 & 2 \\ -1 & 1 \end{vmatrix} - (y-1)\begin{vmatrix} -1 & 2 \\ -2 & 1 \end{vmatrix} + z\begin{vmatrix} -1 & 2 \\ -2 & -1 \end{vmatrix} = 0$$

$$x(4) - (y-1)(3) + z(5) = 0$$

Isto produz a equação $4x - 3y + 5z = -3$.

Jet Propulsion Laboratory/NASA

ÁLGEBRA LINEAR APLICADA

Em 12 de novembro de 2014, a nave espacial Rosetta da Agência Espacial Europeia desembarcou a sonda Philae na superfície do cometa 67P/Churyumov-Gerasimenko. Os cometas que orbitam em torno do Sol, como o 67P, seguem a primeira lei de movimento planetário de Kepler. Esta lei afirma que a órbita é uma elipse, com o Sol em um foco da elipse. A equação geral de uma seção cônica, como uma elipse, é

$$ax^2 + bxy + cy^2 + dx + ey + f = 0.$$

Para determinar a equação da órbita do cometa, os astrônomos podem encontrar as coordenadas do cometa em cinco pontos diferentes (x_i, y_i), com $i = 1, 2, 3, 4$ e 5, substituir as coordenadas na equação

$$\begin{vmatrix} x^2 & xy & y^2 & x & y & 1 \\ x_1^2 & x_1 y_1 & y_1^2 & x_1 & y_1 & 1 \\ x_2^2 & x_2 y_2 & y_2^2 & x_2 & y_2 & 1 \\ x_3^2 & x_3 y_3 & y_3^2 & x_3 & y_3 & 1 \\ x_4^2 & x_4 y_4 & y_4^2 & x_4 & y_4 & 1 \\ x_5^2 & x_5 x_5 & y_5^2 & x_5 & y_5 & 1 \end{vmatrix} = 0$$

e, em seguida, expandir por cofatores ao longo da primeira linha para encontrar a, b, c, d, e e f. Por exemplo, o coeficiente de x^2 é

$$a = \begin{vmatrix} x_1 y_1 & y_1^2 & x_1 & y_1 & 1 \\ x_2 y_2 & y_2^2 & x_2 & y_2 & 1 \\ x_3 y_3 & y_3^2 & x_3 & y_3 & 1 \\ x_4 y_4 & y_4^2 & x_4 & y_4 & 1 \\ x_5 y_5 & y_5^2 & x_5 & y_5 & 1 \end{vmatrix}.$$

Conhecer a equação da órbita de 67P ajudou os astrônomos a determinarem o momento ideal para liberar a sonda.

3.4 Exercícios

Determinação da adjunta e da inversa de uma matriz Nos Exercícios 1-8, encontre a adjunta da matriz A. A seguir, use a adjunta para encontrar a inversa de A (se possível).

1. $A = \begin{bmatrix} 1 & 2 \\ 3 & 4 \end{bmatrix}$
2. $A = \begin{bmatrix} -1 & 0 \\ 0 & 4 \end{bmatrix}$
3. $A = \begin{bmatrix} 1 & 0 & 0 \\ 0 & 2 & 6 \\ 0 & -4 & -12 \end{bmatrix}$
4. $A = \begin{bmatrix} 1 & 2 & 3 \\ 0 & 1 & -1 \\ 2 & 2 & 2 \end{bmatrix}$
5. $A = \begin{bmatrix} -3 & -5 & -7 \\ 2 & 4 & 3 \\ 0 & 1 & -1 \end{bmatrix}$
6. $A = \begin{bmatrix} 0 & 1 & 1 \\ 1 & 2 & 3 \\ -1 & -1 & -2 \end{bmatrix}$
7. $A = \begin{bmatrix} -1 & 2 & 0 & 1 \\ 3 & -1 & 4 & 1 \\ 0 & 0 & 1 & 2 \\ -1 & 1 & 1 & 2 \end{bmatrix}$
8. $A = \begin{bmatrix} 1 & 1 & 1 & 0 \\ 1 & 1 & 0 & 1 \\ 1 & 0 & 1 & 1 \\ 0 & 1 & 1 & 1 \end{bmatrix}$

Utilização da regra de Cramer Nos Exercícios 9-22, use a regra de Cramer para resolver (se possível) o sistema de equações lineares.

9. $x_1 + 2x_2 = 5$
   $-x_1 + x_2 = 1$
10. $2x - y = -10$
    $3x + 2y = -1$
11. $3x + 4y = -2$
    $5x + 3y = 4$
12. $18x_1 + 12x_2 = 13$
    $30x_1 + 24x_2 = 23$
13. $20x + 8y = 11$
    $12x - 24y = 21$
14. $13x - 6y = 17$
    $26x - 12y = 8$
15. $-0,4x_1 + 0,8x_2 = 1,6$
    $2x_1 - 4x_2 = 5,0$
16. $-0,4x_1 + 0,8x_2 = 1,6$
    $0,2x_1 + 0,3x_2 = 0,6$
17. $4x - y - z = 1$
    $2x + 2y + 3z = 10$
    $5x - 2y - 2z = -1$
18. $4x - 2y + 3z = -2$
    $2x + 2y + 5z = 16$
    $8x - 5y - 2z = 4$
19. $3x + 4y + 4z = 11$
    $4x - 4y + 6z = 11$
    $6x - 6y = 3$
20. $14x_1 - 21x_2 - 7x_3 = -21$
    $-4x_1 + 2x_2 - 2x_3 = 2$
    $56x_1 - 21x_2 + 7x_3 = 7$
21. $4x_1 - x_2 + x_3 = -5$
    $2x_1 + 2x_2 + 3x_3 = 10$
    $5x_1 - 2x_2 + 6x_3 = 1$
22. $2x_1 + 3x_2 + 5x_3 = 4$
    $3x_1 + 5x_2 + 9x_3 = 7$
    $5x_1 + 9x_2 + 17x_3 = 13$

Utilização da regra de Cramer Nos Exercícios 23-26, use um software ou uma ferramenta computacional e a regra de Cramer para resolver (se possível) o sistema de equações lineares.

23. $\frac{5}{6}x_1 - x_2 = -20$
    $\frac{4}{3}x_1 - \frac{7}{2}x_2 = -51$
24. $-8x_1 + 7x_2 - 10x_3 = -151$
    $12x_1 + 3x_2 - 5x_3 = 86$
    $15x_1 - 9x_2 + 2x_3 = 187$
25. $3x_1 - 2x_2 + 9x_3 + 4x_4 = 35$
    $-x_1 - 9x_3 - 6x_4 = -17$
    $3x_3 + x_4 = 5$
    $2x_1 + 2x_2 + 8x_4 = -4$
26. $-x_1 - x_2 + x_4 = -8$
    $3x_1 + 5x_2 + 5x_3 = 24$
    $2x_3 + x_4 = -6$
    $-2x_1 - 3x_2 - 3x_3 = -15$

27. Use a regra de Cramer para resolver o sistema de equações lineares em x e y.

    $kx + (1 - k)y = 1$
    $(1 - k)x + ky = 3$

    Para que valor(es) de k o sistema será inconsistente?

28. Verifique o sistema de equações lineares em $\cos A$, $\cos B$ e $\cos C$ para o triângulo mostrado.

    $c \cos B + b \cos C = a$
    $c \cos A + a \cos C = b$
    $b \cos A + a \cos B = c$

    A seguir, use a regra de Cramer para determinar $\cos C$ e use o resultado para verificar a lei de cossenos,

    $c^2 = a^2 + b^2 - 2ab \cos C$.

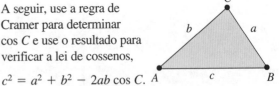

Determinação da área de um triângulo Nos Exercícios 29-32, encontre a área do triângulo com os vértices dados.

29. $(0, 0), (2, 0), (0, 3)$
30. $(1, 1), (2, 4), (4, 2)$
31. $(-1, 2), (2, 2), (-2, 4)$
32. $(1, 1), (-1, 1), (0, -2)$

Teste para pontos colineares Nos Exercícios 33-36, determine se os pontos são colineares.

33. $(1, 2), (3, 4), (5, 6)$
34. $(-1, 0), (1, 1), (3, 3)$
35. $(-2, 5), (0, -1), (3, -9)$
36. $(-1, -3), (-4, 7), (2, -13)$

Determinantes 143

Determinação de uma equação de uma reta Nos exercícios 37-40, encontre uma equação da reta que passa pelos pontos.

37. $(0, 0), (3, 4)$ **38.** $(-4, 7), (2, 4)$

39. $(-2, 3), (-2, -4)$ **40.** $(1, 4), (3, 4)$

Determinação do volume de um tetraedro Nos Exercícios 41-46, encontre o volume do tetraedro com os vértices dados.

41. $(1, 0, 0), (0, 1, 0), (0, 0, 1), (1, 1, 1)$

42. $(1, 1, 1), (0, 0, 0), (2, 1, -1), (-1, 1, 2)$

43. $(3, -1, 1), (4, -4, 4), (1, 1, 1), (0, 0, 1)$

44. $(0, 0, 0), (0, 2, 0), (3, 0, 0), (1, 1, 4)$

45. $(-3, -3, -3), (3, -1, -3), (-3, -1, -3),$
$(-2, 3, 2)$

46. $(5, 4, -3), (4, -6, -4), (-6, -6, -5), (0, 0, 10)$

Teste para pontos coplanares Nos Exercícios 47-52, determine se os pontos são coplanares.

47. $(-4, 1, 0), (0, 1, 2), (4, 3, -1), (0, 0, 1)$

48. $(1, 2, 3), (-1, 0, 1), (0, -2, -5), (2, 6, 11)$

49. $(0, 0, -1), (0, -1, 0), (1, 1, 0), (2, 1, 2)$

50. $(1, 2, 7), (-3, 6, 6), (4, 4, 2), (3, 3, 4)$

51. $(-3, -2, -1), (2, -1, -2), (-3, -1, -2), (3, 2, 1)$

52. $(1, -5, 9), (-1, -5, 9), (1, -5, -9), (-1, -5, -9)$

Determinação de uma equação de um plano Nos Exercícios 53-58, encontre uma equação do plano que passa pelos pontos.

53. $(1, -2, 1), (-1, -1, 7), (2, -1, 3)$

54. $(0, -1, 0), (1, 1, 0), (2, 1, 2)$

55. $(0, 0, 0), (1, -1, 0), (0, 1, -1)$

56. $(1, 2, 7), (4, 4, 2), (3, 3, 4)$

57. $(-4, -4, -4), (4, -1, -4), (-4, -1, -4)$

58. $(3, 2, -2), (3, -2, 2), (-3, -2, -2)$

Aplicação da regra de Cramer Nos Exercícios 59 e 60, determine se a regra de Cramer é usada corretamente para encontrar a variável. Caso contrário, identifique o erro.

59. $\begin{aligned} x + 2y + z &= 2 \\ -x + 3y - 2z &= 4 \\ 4x + y - z &= 6 \end{aligned}$ $y = \dfrac{\begin{vmatrix} 1 & 2 & 1 \\ -1 & 3 & -2 \\ 4 & 1 & -1 \end{vmatrix}}{\begin{vmatrix} 1 & 2 & 1 \\ -1 & 4 & -2 \\ 4 & 6 & -1 \end{vmatrix}}$

60. $\begin{aligned} 5x - 2y + z &= 15 \\ 3x - 3y - z &= -7 \\ 2x - y - 7z &= -3 \end{aligned}$ $x = \dfrac{\begin{vmatrix} 15 & -2 & 1 \\ -7 & -3 & -1 \\ -3 & -1 & -7 \end{vmatrix}}{\begin{vmatrix} 5 & -2 & 1 \\ 3 & -3 & -1 \\ 2 & -1 & -7 \end{vmatrix}}$

61. Publicação de software A tabela mostra as receitas estimadas (em bilhões de dólares) de editores de softwares nos Estados Unidos de 2011 a 2013. (Fonte: US Census Bureau)

Ano	Receita, y
2011	156,8
2012	161,7
2013	177,2

(a) Crie um sistema de equações lineares para que os dados se ajustem à curva

$$y = at^2 + bt + c$$

onde $t = 1$ corresponde a 2011 e y é a receita.

(b) Use a regra de Cramer para resolver o sistema.

(c) Use uma ferramenta computacional para marcar os dados e traçar a função polinomial na mesma janela de visualização.

(d) Descreva brevemente o quão bem a função polinomial ajusta os dados.

---

62. Ponto crucial Considere o sistema de equações lineares

$$a_1 x + b_1 y = c_1$$
$$a_2 x + b_2 y = c_2$$

onde a_1, b_1, c_1, a_2, b_2 e c_2 representam números reais. O que deve ser verdadeiro sobre as retas representadas pelas equações quando

$$\begin{vmatrix} a_1 & b_1 \\ a_2 & b_2 \end{vmatrix} = 0?$$

---

63. Demonstração Demonstre que se $|A| = 1$ e todos os elementos de A são inteiros, então todos os elementos de $|A^{-1}|$ também devem ser inteiros.

64. Demonstração Demonstre que se uma matriz A de ordem n não for inversível, então $A[\text{adj}(A)]$ é a matriz nula.

Demonstração Nos Exercícios 65 e 66, demonstre a fórmula para uma matriz A de ordem n não singular. Suponha que $n \geq 2$.

65. $|\text{adj}(A)| = |A|^{n-1}$ **66.** $\text{adj}[\text{adj}(A)] = |A|^{n-2}A$

67. Ilustre a fórmula no Exercício 65 usando uma matriz A de ordem 2 não singular.

68. Ilustre a fórmula no Exercício 66 usando uma matriz A de ordem 2 não singular.

69. Demonstração Demonstre que, se A é uma matriz inversível $n \times n$, então $\text{adj}(A^{-1}) = [\text{adj}(A)]^{-1}$.

70. Ilustre a fórmula no Exercício 69 usando uma matriz A de ordem 2 não singular.

144 Elementos de álgebra linear

Capítulo 3 Exercícios de revisão

O determinante de uma matriz Nos Exercícios 1-18, encontre o determinante da matriz.

1. $\begin{bmatrix} 4 & -1 \\ 2 & 2 \end{bmatrix}$
2. $\begin{bmatrix} 0 & -3 \\ 1 & 2 \end{bmatrix}$

3. $\begin{bmatrix} -3 & 1 \\ 6 & -2 \end{bmatrix}$
4. $\begin{bmatrix} -2 & 0 \\ 0 & 3 \end{bmatrix}$

5. $\begin{bmatrix} -1 & 3 & -4 \\ 0 & -2 & -1 \\ -1 & -1 & 1 \end{bmatrix}$
6. $\begin{bmatrix} 5 & 0 & 2 \\ 0 & -1 & 3 \\ 0 & 0 & 1 \end{bmatrix}$

7. $\begin{bmatrix} -2 & 0 & 0 \\ 0 & -3 & 0 \\ 0 & 0 & -1 \end{bmatrix}$
8. $\begin{bmatrix} -15 & 0 & 4 \\ 3 & 0 & -5 \\ 12 & 0 & 6 \end{bmatrix}$

9. $\begin{bmatrix} -3 & 6 & 9 \\ 9 & 12 & -3 \\ 0 & 15 & -6 \end{bmatrix}$
10. $\begin{bmatrix} -15 & 0 & 3 \\ 3 & 9 & -6 \\ 12 & -3 & 6 \end{bmatrix}$

11. $\begin{bmatrix} 2 & 0 & -1 & 4 \\ -1 & 2 & 0 & 3 \\ 3 & 0 & 1 & 2 \\ -2 & 0 & 3 & 1 \end{bmatrix}$

12. $\begin{bmatrix} 2 & 0 & 0 & 0 \\ -3 & 1 & 0 & 0 \\ 4 & -1 & 3 & 0 \\ 5 & 2 & 1 & -1 \end{bmatrix}$

13. $\begin{bmatrix} -4 & 1 & 2 & 3 \\ 1 & -2 & 1 & 2 \\ 2 & -1 & 3 & 4 \\ 1 & 2 & 2 & -1 \end{bmatrix}$

14. $\begin{bmatrix} 3 & -1 & 2 & 1 \\ -2 & 0 & 1 & -3 \\ -1 & 2 & -3 & 4 \\ -2 & 1 & -2 & 1 \end{bmatrix}$

15. $\begin{bmatrix} -1 & 1 & -1 & 0 & 0 \\ 0 & 1 & -1 & 0 & 1 \\ 1 & 0 & 1 & -1 & 0 \\ 0 & -1 & 0 & 1 & -1 \\ 0 & 1 & 1 & -1 & 1 \end{bmatrix}$

16. $\begin{bmatrix} 1 & 2 & -1 & 3 & 4 \\ 2 & 3 & -1 & 2 & -2 \\ 1 & 2 & 0 & 1 & -1 \\ 1 & 0 & 2 & -1 & 0 \\ 0 & -1 & 1 & 0 & 2 \end{bmatrix}$

17. $\begin{bmatrix} -1 & 0 & 0 & 0 & 0 \\ 0 & -1 & 0 & 0 & 0 \\ 0 & 0 & -1 & 0 & 0 \\ 0 & 0 & 0 & -1 & 0 \\ 0 & 0 & 0 & 0 & -1 \end{bmatrix}$

18. $\begin{bmatrix} 0 & 0 & 0 & 0 & 3 \\ 0 & 0 & 0 & 3 & 0 \\ 0 & 0 & 3 & 0 & 0 \\ 0 & 3 & 0 & 0 & 0 \\ 3 & 0 & 0 & 0 & 0 \end{bmatrix}$

Propriedades dos determinantes Nos Exercícios 19-22, determine qual propriedade dos determinantes a equação reflete.

19. $\begin{vmatrix} 4 & -1 \\ 16 & -4 \end{vmatrix} = 0$

20. $\begin{vmatrix} 1 & 2 & -1 \\ 2 & 0 & 3 \\ 4 & -1 & 1 \end{vmatrix} = -\begin{vmatrix} 1 & -1 & 2 \\ 2 & 3 & 0 \\ 4 & 1 & -1 \end{vmatrix}$

21. $\begin{vmatrix} 2 & -4 & 3 & 2 \\ 0 & 4 & 6 & 1 \\ 1 & 8 & 9 & 0 \\ 6 & 12 & -6 & 1 \end{vmatrix} = -12\begin{vmatrix} 2 & 1 & 1 & 2 \\ 0 & -1 & 2 & 1 \\ 1 & -2 & 3 & 0 \\ 6 & -3 & -2 & 1 \end{vmatrix}$

22. $\begin{vmatrix} 1 & 3 & 1 \\ 0 & -1 & 2 \\ 1 & 2 & 1 \end{vmatrix} = \begin{vmatrix} 1 & 3 & 1 \\ 2 & 5 & 4 \\ 1 & 2 & 1 \end{vmatrix}$

O determinante de uma matriz produto Nos Exercícios 23 e 24, encontre (a) $|A|$, (b) $|B|$, (c) AB e (d) $|AB|$. A seguir, verifique que $|A||B| = |AB|$.

23. $A = \begin{bmatrix} -1 & 2 \\ 0 & 1 \end{bmatrix}$, $B = \begin{bmatrix} 3 & 4 \\ 2 & 1 \end{bmatrix}$

24. $A = \begin{bmatrix} 0 & 1 & 2 \\ 5 & 4 & 3 \\ 7 & 6 & 8 \end{bmatrix}$, $B = \begin{bmatrix} 2 & 1 & 2 \\ 1 & -1 & 0 \\ 0 & 3 & -2 \end{bmatrix}$

Cálculo de determinantes Nos Exercícios 25 e 26, encontre (a) $|A^T|$, (b) $|A^3|$, (c) $|A^TA|$ e (d) $|5A|$.

25. $A = \begin{bmatrix} -3 & 8 \\ 4 & 1 \end{bmatrix}$
26. $A = \begin{bmatrix} 3 & 0 & 1 \\ -1 & 0 & 0 \\ 2 & 1 & 2 \end{bmatrix}$

Cálculo de determinantes Nos Exercícios 27 e 28, encontre (a) $|A|$ e (b) $|A^{-1}|$.

27. $A = \begin{bmatrix} 1 & 0 & -4 \\ 0 & 3 & 2 \\ -2 & 7 & 6 \end{bmatrix}$
28. $A = \begin{bmatrix} -2 & 1 & 3 \\ 2 & 0 & 4 \\ -1 & 5 & 0 \end{bmatrix}$

O determinante da inversa de uma matriz Nos Exercícios 29-32, encontre $|A^{-1}|$. Comece obtendo A^{-1} e depois calcule seu determinante. Verifique seu resultado encontrado $|A|$ e em seguida aplicando a fórmula do Teorema 3.8, $|A^{-1}| = \dfrac{1}{|A|}$.

29. $A = \begin{bmatrix} -2 & 4 \\ 1 & 1 \end{bmatrix}$
30. $A = \begin{bmatrix} 10 & 2 \\ -2 & 7 \end{bmatrix}$

31. $A = \begin{bmatrix} 1 & 0 & 1 \\ 2 & -1 & 4 \\ 2 & 6 & 0 \end{bmatrix}$ **32.** $A = \begin{bmatrix} -1 & 1 & 2 \\ 2 & 4 & 8 \\ 1 & -1 & 0 \end{bmatrix}$

Resolução de um sistema de equações lineares Nos Exercícios 33-36, resolva o sistema de equações lineares por cada um dos métodos listados abaixo.

(a) Eliminação de Gauss com substituição regressiva
(b) Eliminação de Gauss-Jordan
(c) Regra de Cramer

33. $3x_1 + 3x_2 + 5x_3 = 1$
$\quad\,3x_1 + 5x_2 + 9x_3 = 2$
$\quad\,5x_1 + 9x_2 + 17x_3 = 4$

34. $\quad\,x_1 + 2x_2 + x_3 = 4$
$\,-3x_1 + x_2 - 2x_3 = 1$
$\quad\,2x_1 + 3x_2 - x_3 = 9$

35. $\quad\,x_1 + 2x_2 - x_3 = -7$
$\quad\,2x_1 - 2x_2 - 2x_3 = -8$
$\,-x_1 + 3x_2 + 4x_3 = 8$

36. $2x_1 + 3x_2 + 5x_3 = 4$
$\quad\,3x_1 + 5x_2 + 9x_3 = 7$
$\quad\,5x_1 + 9x_2 + 13x_3 = 17$

Sistema de equações lineares Nos Exercícios 37-42, use o determinante da matriz de coeficientes para determinar se o sistema de equações lineares tem uma única solução.

37. $6x + 5y = 0$
$\quad\,\,x - y = 22$

38. $2x - 5y = 2$
$\quad\,\,3x - 7y = 1$

39. $-x + y + 2z = 1$
$\quad\,2x + 3y + z = -2$
$\quad\,5x + 4y + 2z = 4$

40. $2x + 3y + z = 10$
$\quad\,2x - 3y - 3z = 22$
$\quad\,8x + 6y = -2$

41. $\quad\,x_1 + 2x_2 + 6x_3 = 1$
$\quad\,2x_1 + 5x_2 + 15x_3 = 4$
$\quad\,3x_1 + x_2 + 3x_3 = -6$

42. $\quad\,x_1 + 5x_2 + 3x_3 \qquad\qquad = 14$
$\quad\,4x_1 + 2x_2 + 5x_3 \qquad\qquad = 3$
$\qquad\qquad\quad\,3x_3 + 8x_4 + 6x_5 = 16$
$\quad\,2x_1 + 4x_2 \qquad\quad\,- 2x_5 = 0$
$\quad\,2x_1 \qquad\quad\,- x_3 \qquad\qquad = 0$

43. Sejam A e B matrizes quadradas de ordem 4 tais que $|A| = 4$ e $|B| = 2$. Encontre (a) $|BA|$, (b) $|B^2|$, (c) $|2A|$, (d) $|(AB)^T|$ e (e) $|B^{-1}|$.

44. Sejam A e B matrizes quadradas de ordem 3 tais que $|A| = -2$ e $|B| = 5$. Encontre (a) $|BA|$, (b) $|B^4|$, (c) $|2A|$, (d) $|(AB)^T|$ e (e) $|B^{-1}|$.

45. Demonstração Demonstre a propriedade abaixo.

$$\begin{vmatrix} a_{11} & a_{12} & a_{13} \\ a_{21} & a_{22} & a_{23} \\ a_{31} + c_{31} & a_{32} + c_{32} & a_{33} + c_{33} \end{vmatrix} = \begin{vmatrix} a_{11} & a_{12} & a_{13} \\ a_{21} & a_{22} & a_{23} \\ a_{31} & a_{32} & a_{33} \end{vmatrix}$$
$$+ \begin{vmatrix} a_{11} & a_{12} & a_{13} \\ a_{21} & a_{22} & a_{23} \\ c_{31} & c_{32} & c_{33} \end{vmatrix}$$

46. Ilustre a propriedade no Exercício 45 com A, c_{31}, c_{32} e c_{33} dados abaixo.

$$A = \begin{bmatrix} 1 & 0 & 2 \\ 1 & -1 & 2 \\ 2 & 1 & -1 \end{bmatrix}, \quad c_{31} = 3, \quad c_{32} = 0, \quad c_{33} = 1$$

47. Encontre o determinante da matriz $n \times n$.

$$\begin{bmatrix} 1-n & 1 & 1 & \cdots & 1 \\ 1 & 1-n & 1 & \cdots & 1 \\ \vdots & \vdots & \vdots & & \vdots \\ 1 & 1 & 1 & \cdots & 1-n \end{bmatrix}$$

48. Mostre que

$$\begin{vmatrix} a & 1 & 1 & 1 \\ 1 & a & 1 & 1 \\ 1 & 1 & a & 1 \\ 1 & 1 & 1 & a \end{vmatrix} = (a+3)(a-1)^3.$$

Cálculo Nos Exercícios 49-54, encontre os jacobianos das funções. Se x, y e z são funções contínuas de u, v e w com derivadas parciais contínuas, então os jacobianos $J(u, v)$ e $J(u, v, w)$ são

$$J(u, v) = \begin{vmatrix} \dfrac{\partial x}{\partial u} & \dfrac{\partial x}{\partial v} \\[2mm] \dfrac{\partial y}{\partial u} & \dfrac{\partial y}{\partial v} \end{vmatrix} \; \text{e} \; J(u, v, w) = \begin{vmatrix} \dfrac{\partial x}{\partial u} & \dfrac{\partial x}{\partial v} & \dfrac{\partial x}{\partial w} \\[2mm] \dfrac{\partial y}{\partial u} & \dfrac{\partial y}{\partial v} & \dfrac{\partial y}{\partial w} \\[2mm] \dfrac{\partial z}{\partial u} & \dfrac{\partial z}{\partial v} & \dfrac{\partial z}{\partial w} \end{vmatrix}.$$

49. $x = \frac{1}{2}(v - u), \quad y = \frac{1}{2}(v + u)$

50. $x = au + bv, \quad y = cu + dv$

51. $x = u \cos v, \quad y = u \,\text{sen}\, v$

52. $x = e^u \,\text{sen}\, v, \quad y = e^u \cos v$

53. $x = \frac{1}{2}(u + v), \quad y = \frac{1}{2}(u - v), \quad z = 2uvw$

54. $x = u - v + w, \quad y = 2uv, \quad z = u + v + w$

55. Dissertação Compare os vários métodos para calcular o determinante de uma matriz. Qual método requer a menor quantidade de cálculos? Qual método você prefere quando a matriz tem poucos zeros?

56. Dissertação Use a tabela na página 122 para comparar os números de operações envolvidas no cálculo do determinante de uma matriz 10×10 por expansão de cofatores e, em seguida, por redução por linhas. Qual método você preferiria usar para calcular determinantes?

57. Dissertação Resolva a equação e determine x, se possível.

$$\begin{vmatrix} \cos x & 0 & \text{sen}\, x \\ \text{sen}\, x & 0 & \cos x \\ \text{sen}\, x - \cos x & 1 & \text{sen}\, x + \cos x \end{vmatrix} = 0$$

58. Dissertação Demonstre que se $|A| = |B| \neq 0$ e A e B são do mesmo tamanho, então existe uma matriz C tal que

$$|C| = 1 \quad \text{e} \quad A = CB.$$

146 Elementos de álgebra linear

Determinação da adjunta de uma matriz Nos Exercícios 59 e 60, encontre a adjunta da matriz.

59. $\begin{bmatrix} 0 & 1 \\ -2 & 1 \end{bmatrix}$

60. $\begin{bmatrix} 1 & -1 & 1 \\ 0 & 1 & 2 \\ 0 & 0 & -1 \end{bmatrix}$

Sistema de equações lineares Nos Exercícios 61-64, use o determinante da matriz de coeficientes para determinar se o sistema de equações lineares tem uma única solução. Em caso afirmativo, use a regra de Cramer para encontrar a solução.

61. $0,2x - 0,1y = 0,07$
$0,4x - 0,5y = -0,01$

62. $2x + y = 0,3$
$3x - y = -1,3$

63. $2x_1 + 3x_2 + 3x_3 = 3$
$6x_1 + 6x_2 + 12x_3 = 13$
$12x_1 + 9x_2 - x_3 = 2$

64. $4x_1 + 4x_2 + 4x_3 = 5$
$4x_1 - 2x_2 - 8x_3 = 1$
$8x_1 + 2x_2 - 4x_3 = 6$

Aplicação da regra de Cramer Nos Exercícios 65 e 66, use um software ou uma ferramenta computacional e a regra de Cramer para resolver (se possível) o sistema de equações lineares.

65. $0,2x_1 - 0,6x_2 = 2,4$
$-x_1 + 1,4x_2 = -8,8$

66. $4x_1 - x_2 + x_3 = -5$
$2x_1 + 2x_2 + 3x_3 = 10$
$5x_1 - 2x_2 + 6x_3 = 1$

Determinação da área de um triângulo Nos Exercícios 67 e 68, use o determinante para encontrar a área do triângulo com os vértices dados.

67. $(1, 0), (5, 0), (5, 8)$

68. $(-4, 0), (4, 0), (0, 6)$

Determinação de uma equação de uma reta Nos Exercícios 69 e 70, use o determinante para encontrar uma equação da reta passando pelos pontos.

69. $(-4, 0), (4, 4)$

70. $(2, 5), (6, -1)$

Determinação de uma equação de um plano Nos exercícios 71 e 72, use o determinante para encontrar uma equação do plano que passa pelos pontos.

71. $(0, 0, 0), (1, 0, 3), (0, 3, 4)$

72. $(0, 0, 0), (2, -1, 1), (-3, 2, 5)$

73. Aplicação da regra de Cramer Determine se a regra de Cramer é usada corretamente para determinar a variável. Em caso negativo, identifique o erro.

$$x - 4y - z = -1$$
$$2x - 3y + z = 6$$
$$x + y - 4z = 1$$

$$z = \frac{\begin{vmatrix} -1 & -4 & -1 \\ 6 & -3 & 1 \\ 1 & 1 & -4 \end{vmatrix}}{\begin{vmatrix} 1 & -4 & -1 \\ 2 & -3 & 1 \\ 1 & 1 & -4 \end{vmatrix}}$$

74. Despesas com cuidados de saúde O quadro mostra os gastos com cuidados de saúde pessoais anuais (em bilhões de dólares) nos Estados Unidos entre 2011 e 2013. (Fonte: Bureau of Economic Analysis)

Ano	2011	2012	2013
Quantia, y	1.765	1.855	1.920

(a) Crie um sistema de equações lineares para que os dados se ajustem à curva
$$y = at^2 + bt + c$$
onde $t = 1$ corresponde a 2011 e y é a quantia das despesas.

(b) Use a regra de Cramer para resolver o sistema.

(c) Use uma ferramenta computacional para marcar os dados e traçar a função polinomial na mesma janela de visualização.

(d) Descreva brevemente o quão bem a função polinomial ajusta os dados.

Verdadeiro ou falso? Nos Exercícios 75-78, determine se cada afirmação é verdadeira ou falsa. Se uma afirmação for verdadeira, dê uma justificativa ou cite uma afirmação apropriada do texto. Se uma afirmação for falsa, forneça um exemplo que mostre que a afirmação não é verdadeira em todos os casos ou cite uma afirmação apropriada do texto.

75. (a) O cofator C_{22} de uma matriz é sempre um número positivo.

(b) Se uma matriz quadrada B é obtida de A pela permuta de duas linhas, então $\det(B) = \det(A)$.

(c) Se uma coluna de uma matriz quadrada A é um múltiplo de outra coluna, então o determinante é 0.

(d) Se A é uma matriz quadrada de ordem n, então $\det(A) = -\det(A^T)$.

76. (a) Se A e B são matrizes quadradas de ordem n tais que $\det(AB) = -1$, então tanto A como B são não singulares.

(b) Se A é uma matriz 3×3 com $\det(A) = 5$, então $\det(2A) = 10$.

(c) Se A e B são matrizes quadradas de ordem n, então $\det(A + B) = \det(A) + \det(B)$.

77. (a) Na regra de Cramer, o valor de x_i é o quociente de dois determinantes, sendo o numerador o determinante da matriz de coeficientes.

(b) Três pontos (x_1, y_1), (x_2, y_2) e (x_3, y_3) são colineares quando o determinante da matriz que tem as coordenadas como elementos nas duas primeiras colunas e 1 como elementos na terceira coluna é diferente de zero.

78. (a) A matriz de cofatores de uma matriz quadrada A é a adjunta de A.

(b) Na regra de Cramer, o denominador é o determinante da matriz formada pela substituição da coluna correspondente à variável que está sendo resolvida pela coluna que representa as constantes.

Determinantes **147**

3 Projetos

1 Matrizes estocásticas

Na Seção 2.5, você estudou um modelo de preferência do consumidor para companhias concorrentes de televisão por satélite. A matriz das probabilidades de transição era

$$P = \begin{bmatrix} 0,70 & 0,15 & 0,15 \\ 0,20 & 0,80 & 0,15 \\ 0,10 & 0,05 & 0,70 \end{bmatrix}.$$

Quando lhe foi dada a matriz de estado inicial X_0, você observou que as partes da população total nos três estados (assinar a Empresa A, assinar a Empresa B e não assinar) após 1 ano eram

$$X_0 = \begin{bmatrix} 0,1500 \\ 0,2000 \\ 0,6500 \end{bmatrix}$$

$$X_1 = PX_0 = \begin{bmatrix} 0,70 & 0,15 & 0,15 \\ 0,20 & 0,80 & 0,15 \\ 0,10 & 0,05 & 0,70 \end{bmatrix} \begin{bmatrix} 0,1500 \\ 0,2000 \\ 0,6500 \end{bmatrix} = \begin{bmatrix} 0,2325 \\ 0,2875 \\ 0,4800 \end{bmatrix}$$

Após 15 anos, a matriz de estado quase atingiu um estado estacionário.

$$X_{15} = P^{15}X_0 \approx \begin{bmatrix} 0,3333 \\ 0,4756 \\ 0,1911 \end{bmatrix}$$

Mais precisamente, para valores grandes de n, o produto P^nX aproximou-se de um limite $\overline{X}$, $P\overline{X} = \overline{X}$.

$P\overline{X} = \overline{X} = 1\overline{X}$, então 1 é um *autovalor* de P com o *autovetor* correspondente $\overline{X}$. Estudaremos autovalores e autovetores em mais detalhes no Capítulo 7.

1. Use software ou uma ferramenta computacional para verificar os autovalores e os autovetores de P listados abaixo. Precisamente, mostre que $P\mathbf{x}_i = \lambda_i \mathbf{x}_i$ para $i = 1, 2$ e 3.

   Autovalores: $\lambda_1 = 1, \lambda_2 = 0,65, \lambda_3 = 0,55$

   Autovetores: $\mathbf{x}_1 = \begin{bmatrix} 7 \\ 10 \\ 4 \end{bmatrix}, \mathbf{x}_2 = \begin{bmatrix} 0 \\ -1 \\ 1 \end{bmatrix} \mathbf{x}_3 = \begin{bmatrix} -2 \\ 1 \\ 1 \end{bmatrix}$

2. Seja S a matriz cujas colunas são os autovetores de P. Mostre que $S^{-1}PS$ é uma matriz diagonal D. Quais são os elementos na diagonal de D?

3. Mostre que $P^n = (SDS^{-1})^n = SD^nS^{-1}$. Use este resultado para calcular X_{15} e verifique o resultado acima.

2 O Teorema de Cayley-Hamilton

O **polinômio característico** de uma matriz quadrada A é o determinante $|\lambda I - A|$. Se a ordem de A é n, então o polinômio característico $p(\lambda)$ é um polinômio de grau n na variável λ.

$$p(\lambda) = \det(\lambda I - A) = \lambda^n + c_{n-1}\lambda^{n-1} + \cdots + c_2\lambda^2 + c_1\lambda + c_0$$

O Teorema de Cayley-Hamilton afirma que cada matriz quadrada satisfaz seu polinômio característico. Mais claramente, para a matriz A de ordem n, $p(A) = O$ ou

$$A^n + c_{n-1}A^{n-1} + \cdots + c_2A^2 + c_1A + c_0I = O.$$

Observe que esta é uma equação matricial. A matriz nula $n \times n$ está à direita e o coeficiente c_0 é multiplicado pela matriz identidade I de ordem n.

1. Verifique o Teorema de Cayley-Hamilton para a matriz
$$\begin{bmatrix} 2 & -2 \\ -2 & -1 \end{bmatrix}.$$

2. Verifique o Teorema de Cayley-Hamilton para a matriz
$$\begin{bmatrix} 6 & 0 & 4 \\ -2 & 1 & 3 \\ 2 & 0 & 4 \end{bmatrix}.$$

3. Verifique o Teorema de Cayley-Hamilton para uma matriz arbitrária A de ordem 2,
$$A = \begin{bmatrix} a & b \\ c & d \end{bmatrix}.$$

4. Para uma matriz A de ordem n, não singular, mostre que
$$A^{-1} = \frac{1}{c_0}(-A^{n-1} - c_{n-1}A^{n-2} - \cdots - c_2 A - c_1 I).$$

Use esse resultado para encontrar a inversa da matriz
$$A = \begin{bmatrix} 1 & 2 \\ 3 & 5 \end{bmatrix}.$$

5. O Teorema de Cayley-Hamilton é útil para o cálculo de potências A^n de uma matriz quadrada A. Por exemplo, o polinômio característico da matriz
$$A = \begin{bmatrix} 3 & -1 \\ 2 & -1 \end{bmatrix}$$
é $p(\lambda) = \lambda^2 - 2\lambda - 1$.

Usando o Teorema de Cayley-Hamilton,
$$A^2 - 2A - I = O \quad \text{ou} \quad A^2 = 2A + I.$$

Assim, A^2 é escrito em termos de A e I.
$$A^2 = 2A + I = 2\begin{bmatrix} 3 & -1 \\ 2 & -1 \end{bmatrix} + \begin{bmatrix} 1 & 0 \\ 0 & 1 \end{bmatrix} = \begin{bmatrix} 7 & -2 \\ 4 & -1 \end{bmatrix}$$

Da mesma forma, multiplicar ambos os lados da equação $A^2 = 2A + I$ por A dá A^3 em termos de A^2, A e I. Além disso, você pode escrever A^3 em termos de A e I substituindo A^2 por $2A + I$, como mostrado abaixo.
$$A^3 = 2A^2 + A = 2(2A + I) + A = 5A + 2I$$

(a) Escreva A^4 em termos de A e I.

(b) Encontre A^5 para a matriz
$$A = \begin{bmatrix} 0 & 0 & 1 \\ 2 & 2 & -1 \\ 1 & 0 & 2 \end{bmatrix}.$$

(*Sugestão*: encontre o polinômio característico de A, então use o Teorema de Cayley-Hamilton para escrever A^3 em termos de A^2, A e I. Indutivamente, escreva A^5 em termos de A^2, A e I.)

Capítulos 1, 2 e 3 Prova cumulativa

Faça essa prova para revisar o material nos Capítulos 1-3. Depois de terminar, verifique seus cálculos com as respostas ao final do livro.

Nos Exercícios 1 e 2, determine se a equação é linear nas variáveis x e y.

1. $\dfrac{4}{y} - x = 10$ 2. $\dfrac{3}{5}x + \dfrac{7}{10}y = 2$

Nos Exercícios 3 e 4, use a eliminação de Gauss para resolver o sistema de equações lineares.

3. $\begin{array}{r} x - 2y = 5 \\ 3x + y = 1 \end{array}$ 4. $\begin{array}{r} 4x_1 + x_2 - 3x_3 = 11 \\ 2x_1 - 3x_2 + 2x_3 = 9 \\ x_1 + x_2 + x_3 = -3 \end{array}$

 5. Use um software ou uma ferramenta computacional para resolver o sistema de equações lineares.

$$\begin{array}{r} 0{,}2x - 2{,}3y + 1{,}4z - 0{,}55w = -110{,}6 \\ 3{,}4x + 1{,}3y + 1{,}7z - 0{,}45w = 65{,}4 \\ 0{,}5x - 4{,}9y + 1{,}1z - 1{,}6w = -166{,}2 \\ 0{,}6x + 2{,}8y + 3{,}4z + 0{,}3w = 189{,}6 \end{array}$$

6. Encontre o conjunto solução do sistema de equações lineares representadas pela matriz aumentada.

$$\begin{bmatrix} 0 & 1 & -1 & 0 & 2 \\ 1 & 0 & 2 & -1 & 0 \\ 1 & 2 & 0 & -1 & 4 \end{bmatrix}$$

7. Resolva o sistema linear homogêneo correspondente à matriz de coeficientes.

$$\begin{bmatrix} 1 & 2 & 1 & -2 \\ 0 & 0 & 2 & -4 \\ -2 & -4 & 1 & -2 \end{bmatrix}$$

8. Determine o(s) valor(es) de k tal(is) que o sistema seja consistente.

$$\begin{array}{r} x + 2y - z = 3 \\ -x - y + z = 2 \\ -x + y + z = k \end{array}$$

9. Determine x e y na equação matricial $2A - B = I$, dados

$$A = \begin{bmatrix} -1 & 1 \\ 2 & 3 \end{bmatrix} \quad \text{e} \quad B = \begin{bmatrix} x & 2 \\ y & 5 \end{bmatrix}.$$

10. Encontre $A^T A$ para a matriz $A = \begin{bmatrix} 5 & 3 & 1 \\ 2 & 4 & 6 \end{bmatrix}$. Mostre que este produto é simétrico.

Nos Exercícios 11-14, encontre a inversa da matriz (se existir).

11. $\begin{bmatrix} -2 & 3 \\ 4 & 6 \end{bmatrix}$ 12. $\begin{bmatrix} -2 & 3 \\ 3 & 6 \end{bmatrix}$ 13. $\begin{bmatrix} -1 & 0 & 0 \\ 0 & \frac{1}{2} & 0 \\ 0 & 0 & 3 \end{bmatrix}$ 14. $\begin{bmatrix} 1 & 1 & 0 \\ -3 & 6 & 5 \\ 0 & 1 & 0 \end{bmatrix}$

Nos Exercícios 15 e 16, use uma matriz inversa para resolver o sistema de equações lineares.

15. $\begin{array}{r} x + 2y = 0 \\ 3x - 6y = 8 \end{array}$ 16. $\begin{array}{r} 2x - y = 6 \\ 2x + y = 10 \end{array}$

17. Encontre uma sequência de matrizes elementares cujo produto seja a seguinte matriz não singular.

$$\begin{bmatrix} 2 & -4 \\ 1 & 0 \end{bmatrix}$$

18. Encontre o determinante da matriz
$$\begin{bmatrix} 4 & 0 & 3 & 2 \\ 0 & 1 & -3 & -5 \\ 0 & 1 & 5 & 1 \\ 1 & 1 & 0 & -3 \end{bmatrix}.$$

19. Encontre (a) $|A|$, (b) $|B|$, (c) AB e (d) $|AB|$. A seguir, verifique que $|A||B| = |AB|$.
$$A = \begin{bmatrix} 1 & -3 \\ 4 & 2 \end{bmatrix}, \quad B = \begin{bmatrix} -2 & 1 \\ 0 & 5 \end{bmatrix}$$

20. Encontre (a) $|A|$ e (b) $|A^{-1}|$.
$$A = \begin{bmatrix} 5 & -2 & -3 \\ -1 & 0 & 4 \\ 6 & -8 & 2 \end{bmatrix}$$

21. Se $|A| = 7$ e A é de ordem 4, encontre cada determinante.
(a) $|3A|$ (b) $|A^T|$ (c) $|A^{-1}|$ (d) $|A^3|$

22. Use a adjunta de
$$A = \begin{bmatrix} 1 & -5 & -1 \\ 0 & -2 & 1 \\ 1 & 0 & 2 \end{bmatrix}$$
para encontrar A^{-1}.

23. Sejam $\mathbf{x}_1, \mathbf{x}_2, \mathbf{x}_3$ e $\mathbf{b}$ as matrizes coluna abaixo.
$$\mathbf{x}_1 = \begin{bmatrix} 1 \\ 0 \\ 1 \end{bmatrix} \quad \mathbf{x}_2 = \begin{bmatrix} 1 \\ 1 \\ 0 \end{bmatrix} \quad \mathbf{x}_3 = \begin{bmatrix} 0 \\ 1 \\ 1 \end{bmatrix} \quad \mathbf{b} = \begin{bmatrix} 1 \\ 2 \\ 3 \end{bmatrix}$$
Encontre constantes a, b e c tais que $a\mathbf{x}_1 + b\mathbf{x}_2 + c\mathbf{x}_3 = \mathbf{b}$.

24. Use um sistema de equações lineares para encontrar a parábola $y = ax^2 + bx + c$ que passa pelos pontos $(-1, 2)$, $(0, 1)$ e $(2, 6)$.

25. Use o determinante para encontrar uma equação da reta que passa pelos pontos $(1, 4)$ e $(5, -2)$.

26. Use o determinante para encontrar a área do triângulo com vértices $(-2, 2)$, $(8, 2)$ e $(6, -5)$.

27. Determine as correntes I_1, I_2 e I_3 para a rede elétrica mostrada na figura à esquerda.

28. Um fabricante produz três modelos diferentes de um produto e os envia para dois armazéns. Na matriz
$$A = \begin{bmatrix} 200 & 300 \\ 600 & 350 \\ 250 & 400 \end{bmatrix}$$
a_{ij} representa o número de unidades do modelo i que o fabricante envia para o armazém j. A matriz

$B = [12,50 \quad 9,00 \quad 21,50]$

representa os preços dos três modelos em dólares por unidade. Encontre o produto BA e diga o que representa cada elemento da matriz.

29. Sejam A, B e C três matrizes $n \times n$, não nulas, tais que $AC = BC$. É verdade que nesse caso $A = B$? Em caso afirmativo, forneça uma demonstração. Caso contrário, dê um contraexemplo.

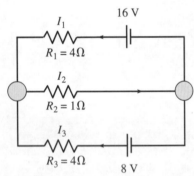

Figura para 27

4 Espaços vetoriais

- **4.1** Vetores em R^n
- **4.2** Espaços vetoriais
- **4.3** Subespaços de espaços vetoriais
- **4.4** Conjuntos geradores e independência linear
- **4.5** Base e dimensão
- **4.6** Posto de uma matriz e sistemas de equações lineares
- **4.7** Coordenadas e mudança de base
- **4.8** Aplicações de espaços vetoriais

Antena parabólica

Cristalografia

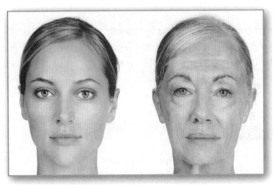

Morphing de imagem

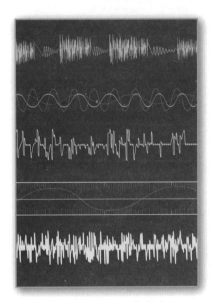

Amostragem digital

Força

Em sentido horário, de cima para a esquerda: IM_photo / Shutterstock.com; LVV / Shutterstock.com; Richard Laschon / Shutterstock.com; Anne Kitzman / Shutterstock.com; Image Source / Getty Images

4.1 Vetores em R^n

■ Representar um vetor como um segmento de reta orientado.
■ Fazer operações vetoriais básicas em R^2 e representá-las graficamente.
■ Fazer operações vetoriais básicas em R^n.
■ Escrever um vetor como uma combinação linear de outros vetores.

VETORES NO PLANO

Na física e na engenharia, um vetor é caracterizado por duas quantidades (comprimento e direção) e é representado por um *segmento de reta orientado*. Neste capítulo você verá que a representação geométrica pode ajudá-lo a entender a definição mais geral de um vetor.

Geometricamente, um **vetor no plano** é representado por um **segmento de reta orientado** com seu **ponto inicial** na origem e seu **ponto final** em (x_1, x_2), como mostrado abaixo.

> **OBSERVAÇÃO**
>
> O termo vetor deriva da palavra latina *vectus*, significando "carregar". A ideia é que se você fosse transportar algo da origem para o ponto (x_1, x_2), então o deslocamento poderia ser representado pelo segmento de reta orientado de $(0, 0)$ a (x_1, x_2). Os vetores são representados por letras minúsculas em negrito (como **u**, **v**, **w** e **x**).

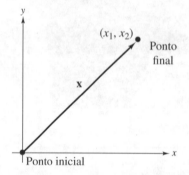

O mesmo **par ordenado** usado para representar seu ponto final também representa o vetor, isto é, $\mathbf{x} = (x_1, x_2)$. As coordenadas x_1 e x_2 são as **componentes** do vetor **x**. Dois vetores no plano $\mathbf{u} = (u_1, u_2)$ e $\mathbf{v} = (v_1, v_2)$ são **iguais** se e somente se

$$u_1 = v_1 \quad \text{e} \quad u_2 = v_2.$$

EXEMPLO 1 Vetores no plano

a. Para representar $\mathbf{u} = (2, 3)$, trace um segmento de reta orientado da origem para o ponto $(2, 3)$, como mostrado na Figura 4.1 (a).
b. Para representar $\mathbf{v} = (-1, 2)$, trace um segmento de reta orientado da origem para o ponto $(-1, 2)$, como mostrado na Figura 4.1 (b).

a. 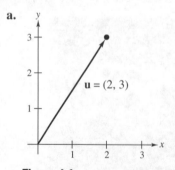   b.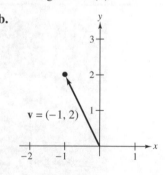

Figura 4.1

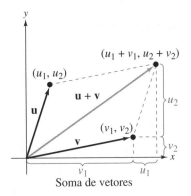

Figura 4.2

OPERAÇÕES VETORIAIS

Uma operação vetorial básica é a **soma de vetores**. Para somar dois vetores no plano, some suas componentes correspondentes. Mais precisamente, a soma de **u** e **v** é o vetor

$$\mathbf{u} + \mathbf{v} = (u_1, u_2) + (v_1, v_2) = (u_1 + v_1, u_2 + v_2).$$

Geometricamente, a soma de dois vetores no plano pode ser representada pela diagonal de um paralelogramo tendo **u** e **v** como lados adjacentes, como mostrado na Figura 4.2.

No próximo exemplo, um dos vetores que você irá somar é o vetor $(0, 0)$, chamado de **vetor nulo**. O vetor nulo é indicado por **0**.

EXEMPLO 2   **Soma de dois vetores no plano**

Encontre cada soma de vetores $\mathbf{u} + \mathbf{v}$.

a. $\mathbf{u} = (1, 4), \mathbf{v} = (2, -2)$
b. $\mathbf{u} = (3, -2), \mathbf{v} = (-3, 2)$
c. $\mathbf{u} = (2, 1), \mathbf{v} = (0, 0)$

SOLUÇÃO

a. $\mathbf{u} + \mathbf{v} = (1, 4) + (2, -2) = (3, 2)$
b. $\mathbf{u} + \mathbf{v} = (3, -2) + (-3, 2) = (0, 0) = \mathbf{0}$
c. $\mathbf{u} + \mathbf{v} = (2, 1) + (0, 0) = (2, 1)$

A Figura 4.3 mostra a representação gráfica de cada soma.

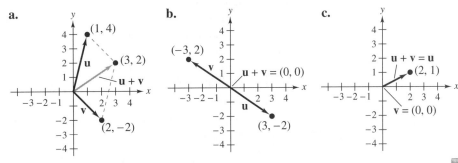

Figura 4.3

Outra operação vetorial básica é a **multiplicação por escalar**. Para multiplicar um vetor **v** por um escalar c, multiplique cada uma das componentes de **v** por c. Isso é,

$$c\mathbf{v} = c(v_1, v_2) = (cv_1, cv_2).$$

Lembre-se do Capítulo 2 que a palavra *escalar* é usada para designar um número real. Historicamente, esse uso surgiu do fato de que multiplicar um vetor por um número real muda a "escala" do vetor. Por exemplo, quando um vetor **v** é multiplicado por 2, o vetor resultante $2\mathbf{v}$ é um vetor com a mesma direção de **v** e duas vezes o seu comprimento. Em geral, para um escalar c, o vetor $c\mathbf{v}$ será $|c|$ vezes mais comprido do que **v**. Se c for positivo, então $c\mathbf{v}$ e **v** têm a mesma direção, e se c é negativo, então $c\mathbf{v}$ e **v** têm direções opostas. A Figura 4.4 mostra isso.

O produto de um vetor **v** e o escalar -1 é indicado por

$$-\mathbf{v} = (-1)\mathbf{v}.$$

O vetor $-\mathbf{v}$ é o **oposto** de **v**. A **diferença** de **u** e **v** é

$$\mathbf{u} - \mathbf{v} = \mathbf{u} + (-\mathbf{v}).$$

O vetor **v** é **subtraído** de **u** somando o oposto de **v**.

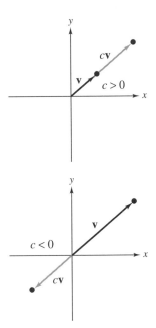

Figura 4.4

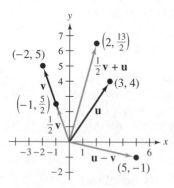

Figura 4.5

EXEMPLO 3 — Operações com vetores no plano

Sejam $\mathbf{v} = (-2, 5)$ e $\mathbf{u} = (3, 4)$. Faça cada operação vetorial.

a. $\frac{1}{2}\mathbf{v}$ **b.** $\mathbf{u} - \mathbf{v}$ **c.** $\frac{1}{2}\mathbf{v} + \mathbf{u}$

SOLUÇÃO

a. $\mathbf{v} = (-2, 5)$, de modo que $\frac{1}{2}\mathbf{v} = \left(\frac{1}{2}(-2), \frac{1}{2}(5)\right) = \left(-1, \frac{5}{2}\right)$.

b. Pela definição de subtração de vetores, $\mathbf{u} - \mathbf{v} = (3 - (-2), 4 - 5) = (5, -1)$.

c. Usando o resultado da parte (a), $\frac{1}{2}\mathbf{v} + \mathbf{u} = \left(-1, \frac{5}{2}\right) + (3, 4) = \left(2, \frac{13}{2}\right)$.

A Figura 4.5 mostra a representação gráfica dessas operações vetoriais.

A soma de vetores e a multiplicação por escalar compartilham muitas propriedades com a soma de matrizes e a multiplicação por escalar. As dez propriedades listadas no próximo teorema têm um papel fundamental na álgebra linear. Na verdade, na próxima seção, você verá que são precisamente essas dez propriedades que ajudam a definir um espaço vetorial.

TEOREMA 4.1 Propriedades da soma de vetores e multiplicação por escalar no plano

Sejam $\mathbf{u}$, $\mathbf{v}$ e $\mathbf{w}$ vetores no plano e sejam c e d escalares.

1. $\mathbf{u} + \mathbf{v}$ é um vetor no plano.   Fechado para soma
2. $\mathbf{u} + \mathbf{v} = \mathbf{v} + \mathbf{u}$ Propriedade comutativa da soma
3. $(\mathbf{u} + \mathbf{v}) + \mathbf{w} = \mathbf{u} + (\mathbf{v} + \mathbf{w})$ Propriedade associativa da soma
4. $\mathbf{u} + \mathbf{0} = \mathbf{u}$ Elemento neutro aditivo
5. $\mathbf{u} + (-\mathbf{u}) = \mathbf{0}$ Elemento oposto aditivo
6. $c\mathbf{u}$ é um vetor no plano.   Fechado para multiplicação por escalar
7. $c(\mathbf{u} + \mathbf{v}) = c\mathbf{u} + c\mathbf{v}$ Propriedade distributiva
8. $(c + d)\mathbf{u} = c\mathbf{u} + d\mathbf{u}$ Propriedade distributiva
9. $c(d\mathbf{u}) = (cd)\mathbf{u}$ Propriedade associativa da multiplicação
10. $1(\mathbf{u}) = \mathbf{u}$ Elemento neutro multiplicativo

---

OBSERVAÇÃO

Note que a propriedade associativa da soma de vetores permite que você escreva expressões como $\mathbf{u} + \mathbf{v} + \mathbf{w}$ sem ambiguidade, porque obtém a mesma soma de vetores, independentemente de qual soma é realizada primeiro.

DEMONSTRAÇÃO

A demonstração de cada propriedade é direta. Por exemplo, para demonstrar a propriedade associativa da soma vetorial, escreva

$$(\mathbf{u} + \mathbf{v}) + \mathbf{w} = [(u_1, u_2) + (v_1, v_2)] + (w_1, w_2)$$
$$= (u_1 + v_1, u_2 + v_2) + (w_1, w_2)$$
$$= ((u_1 + v_1) + w_1, (u_2 + v_2) + w_2)$$
$$= (u_1 + (v_1 + w_1), u_2 + (v_2 + w_2))$$
$$= (u_1, u_2) + (v_1 + w_1, v_2 + w_2)$$
$$= \mathbf{u} + (\mathbf{v} + \mathbf{w}).$$

Da mesma forma, para demonstrar a propriedade distributiva à direita da multiplicação por escalar sobre a soma, escreva

$$(c + d)\mathbf{u} = (c + d)(u_1, u_2)$$
$$= ((c + d)u_1, (c + d)u_2)$$
$$= (cu_1 + du_1, cu_2 + du_2)$$
$$= (cu_1, cu_2) + (du_1, du_2)$$
$$= c\mathbf{u} + d\mathbf{u}.$$

As demonstrações das outras oito propriedades são deixadas como um exercício. (Veja o Exercício 63.)

VETORES EM R^n

A discussão de vetores no plano pode ser estendida para vetores no espaço n-dimensional. Uma **n-upla ordenada** representa um vetor no espaço n-dimensional. Por exemplo, uma tripla ordenada tem a forma (x_1, x_2, x_3), uma quadrupla ordenada tem a forma (x_1, x_2, x_3, x_4) e uma n-upla ordenada geral tem a forma $(x_1, x_2, x_3, \ldots, x_n)$. O conjunto de todas as n-uplas no espaço n-dimensional é denotado por R^n.

R^1 = espaço unidimensional = conjunto de todos os números reais

R^2 = espaço bidimensional = conjunto de todos os pares ordenados de números reais

R^3 = espaço tridimensional = conjunto de todas as triplas ordenadas de números reais

$\vdots$

R^n = espaço n-dimensional = conjunto de todas as n-uplas ordenadas de números reais.

Uma n-upla $(x_1, x_2, x_3, \ldots, x_n)$ pode ser vista como um **ponto** em R^n com os x_i como suas coordenadas, ou como um **vetor** $x = (x_1, x_2, x_3, \ldots, x_n)$ com os x_i como suas componentes. Assim como, os vetores no plano (ou R^2), dois vetores em R^n são **iguais** se e somente se suas componentes correspondentes forem iguais. [No caso de $n = 2$ ou $n = 3$, a notação familiar (x, y) ou (x, y, z) é usada ocasionalmente.]

A soma de dois vetores em R^n e a multiplicação por escalar de um vetor em R^n são as **operações usuais em R^n** e são definidas abaixo.

Definições de soma de vetores e multiplicação por escalar em R^n

Sejam $\mathbf{u} = (u_1, u_2, u_3, \ldots, u_n)$ e $\mathbf{v} = (v_1, v_2, v_3, \ldots, v_n)$ vetores em R^n e seja c um número real. A soma de $\mathbf{u}$ e $\mathbf{v}$ é o vetor

$$\mathbf{u} + \mathbf{v} = (u_1 + v_1, u_2 + v_2, u_3 + v_3, \ldots, u_n + v_n)$$

e o **múltiplo escalar** de $\mathbf{u}$ por c é o vetor

$$c\mathbf{u} = (cu_1, cu_2, cu_3, \ldots, cu_n).$$

Como no espaço bidimensional, o **oposto** de um vetor em R^n é

$$-\mathbf{u} = (-u_1, -u_2, -u_3, \ldots, -u_n)$$

e a **diferença** de dois vetores em R^n é

$$\mathbf{u} - \mathbf{v} = (u_1 - v_1, u_2 - v_2, u_3 - v_3, \ldots, u_n - v_n).$$

O **vetor nulo** em R^n é denotado por $\mathbf{0} = (0, 0, 0, \ldots, 0)$.

EXEMPLO 4   Operações de vetores em R^3

Veja LarsonLinearAlgebra.com para uma versão interativa deste tipo de exemplo.

Sejam $\mathbf{u} = (-1, 0, 1)$ e $\mathbf{v} = (2, -1, 5)$ em R^3. Faça cada operação vetorial.

a. $\mathbf{u} + \mathbf{v}$ **b.** $2\mathbf{u}$ **c.** $\mathbf{v} - 2\mathbf{u}$

SOLUÇÃO

a. Para somar dois vetores, some as respectivas componentes.
$$\mathbf{u} + \mathbf{v} = (-1, 0, 1) + (2, -1, 5) = (1, -1, 6)$$

b. Para multiplicar um vetor por um escalar, multiplique cada componente pelo escalar.
$$2\mathbf{u} = 2(-1, 0, 1) = (-2, 0, 2)$$

c. Usando o resultado da parte (b),
$$\mathbf{v} - 2\mathbf{u} = (2, -1, 5) - (-2, 0, 2) = (4, -1, 3).$$

A Figura 4.6 mostra uma representação gráfica dessas operações vetoriais em R^3.

Figura 4.6

TECNOLOGIA

Muitas ferramentas computacionais e softwares podem executar a soma de vetores e a multiplicação por escalar. Se você usar uma ferramenta computacional, então você pode verificar o Exemplo 4 (b) como mostrado abaixo. O **Technology Guide**, disponível na página deste livro no site da Cengage, pode ajudá-lo a usar a tecnologia para executar operações vetoriais.

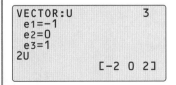

As propriedades da soma vetorial e da multiplicação por escalar para vetores em R^n listadas a seguir são semelhantes às listadas no Teorema 4.1 para vetores em R^2. Suas demonstrações, com base nas definições de soma vetorial e multiplicação por escalar em R^n, são deixadas como exercício. (Veja o Exercício 64.)

TEOREMA 4.2   Propriedades da soma de vetores e da multiplicação por escalar em R^n

Sejam **u**, **v** e **w** vetores em R^n e sejam c e d escalares.

1. $\mathbf{u} + \mathbf{v}$ é um vetor em R^n.   Fechado para soma
2. $\mathbf{u} + \mathbf{v} = \mathbf{v} + \mathbf{u}$ Propriedade comutativa da soma
3. $(\mathbf{u} + \mathbf{v}) + \mathbf{w} = \mathbf{u} + (\mathbf{v} + \mathbf{w})$ Propriedade associativa da soma
4. $\mathbf{u} + \mathbf{0} = \mathbf{u}$ Elemento neutro aditivo
5. $\mathbf{u} + (-\mathbf{u}) = \mathbf{0}$ Elemento oposto aditivo
6. $c\mathbf{u}$ é um vetor em R^n.   Fechado para multiplicação por escalar
7. $c(\mathbf{u} + \mathbf{v}) = c\mathbf{u} + c\mathbf{v}$ Propriedade distributiva
8. $(c + d)\mathbf{u} = c\mathbf{u} + d\mathbf{u}$ Propriedade distributiva
9. $c(d\mathbf{u}) = (cd)\mathbf{u}$ Propriedade associativa da multiplicação
10. $1(\mathbf{u}) = \mathbf{u}$ Elemento neutro multiplicativo

---

William Rowan Hamilton (1805-1865)
Hamilton é considerado o matemático mais famoso da Irlanda. Em 1828, ele publicou um trabalho impressionante sobre a óptica intitulado *A teoria de sistemas de raios*. Nele, Hamilton inclui alguns de seus próprios métodos para trabalhar com sistemas de equações lineares. Ele também introduziu a noção da equação característica de uma matriz (veja a Seção 7.1). O trabalho de Hamilton levou ao desenvolvimento de uma notação vetorial moderna. Nós ainda usamos suas notações **i**, **j** e **k** para os vetores canônicos em R^3 (veja a Seção 5.1).

Usando as dez propriedades do Teorema 4.2, você pode fazer manipulações algébricas com vetores em R^n da mesma forma que faz com números reais, como ilustrado no próximo exemplo.

EXEMPLO 5   Operações vetoriais em R^4

Sejam $\mathbf{u} = (2, -1, 5, 0)$, $\mathbf{v} = (4, 3, 1, -1)$ e $\mathbf{w} = (-6, 2, 0, 3)$ vetores em R^4. Encontre **x** usando cada equação.

a. $\mathbf{x} = 2\mathbf{u} - (\mathbf{v} + 3\mathbf{w})$

b. $3(\mathbf{x} + \mathbf{w}) = 2\mathbf{u} - \mathbf{v} + \mathbf{x}$

SOLUÇÃO

a. Usando as propriedades listadas no Teorema 4.2, você tem

$\mathbf{x} = 2\mathbf{u} - (\mathbf{v} + 3\mathbf{w})$

$= 2\mathbf{u} - \mathbf{v} - 3\mathbf{w}$

$= 2(2, -1, 5, 0) - (4, 3, 1, -1) - 3(-6, 2, 0, 3)$

$= (4, -2, 10, 0) - (4, 3, 1, -1) - (-18, 6, 0, 9)$

$= (4 - 4 + 18, -2 - 3 - 6, 10 - 1 - 0, 0 + 1 - 9)$

$= (18, -11, 9, -8).$

b. Comece isolando **x**.

$3(\mathbf{x} + \mathbf{w}) = 2\mathbf{u} - \mathbf{v} + \mathbf{x}$

$3\mathbf{x} + 3\mathbf{w} = 2\mathbf{u} - \mathbf{v} + \mathbf{x}$

$3\mathbf{x} - \mathbf{x} = 2\mathbf{u} - \mathbf{v} - 3\mathbf{w}$

$2\mathbf{x} = 2\mathbf{u} - \mathbf{v} - 3\mathbf{w}$

$\mathbf{x} = \tfrac{1}{2}(2\mathbf{u} - \mathbf{v} - 3\mathbf{w})$

Usando o resultado da parte (a),

$\mathbf{x} = \tfrac{1}{2}(18, -11, 9, -8)$

$= \left(9, -\tfrac{11}{2}, \tfrac{9}{2}, -4\right).$

O vetor nulo **0** em R^n é o **elemento neutro aditivo** em R^n. Da mesma forma, o vetor $-\mathbf{v}$ é o **oposto aditivo** de **v**. O próximo teorema resume várias propriedades importantes do vetor neutro e do vetor oposto em R^n.

OBSERVAÇÃO

Note que nas Propriedades 3 e 5 são utilizados dois zeros diferentes, o escalar 0 e o vetor **0**.

TEOREMA 4.3 Propriedades do vetor neutro e do vetor oposto

Seja **v** um vetor em R^n e seja c um escalar. Então, as propriedades abaixo são verdadeiras.

1. O elemento neutro aditivo é único. Ou seja, se $\mathbf{v} + \mathbf{u} = \mathbf{v}$, então $\mathbf{u} = \mathbf{0}$.
2. O elemento oposto aditivo de **v** é único. Ou seja, se $\mathbf{v} + \mathbf{u} = \mathbf{0}$, então $\mathbf{u} = -\mathbf{v}$.
3. $0\mathbf{v} = \mathbf{0}$
4. $c\mathbf{0} = \mathbf{0}$
5. Se $c\mathbf{v} = \mathbf{0}$, então $c = 0$ ou $\mathbf{v} = \mathbf{0}$.
6. $-(-\mathbf{v}) = \mathbf{v}$

DEMONSTRAÇÃO

Para demonstrar a primeira propriedade, suponha que $\mathbf{v} + \mathbf{u} = \mathbf{v}$. Então o Teorema 4.2 justifica os passos abaixo.

$\mathbf{v} + \mathbf{u} = \mathbf{v}$	Dado
$(\mathbf{v} + \mathbf{u}) + (-\mathbf{v}) = \mathbf{v} + (-\mathbf{v})$	Some $-\mathbf{v}$ a ambos os lados.
$(\mathbf{v} + \mathbf{u}) + (-\mathbf{v}) = \mathbf{0}$	Propriedade do elemento oposto
$(\mathbf{u} + \mathbf{v}) + (-\mathbf{v}) = \mathbf{0}$	Propriedade comutativa
$\mathbf{u} + [\mathbf{v} + (-\mathbf{v})] = \mathbf{0}$	Propriedade associativa
$\mathbf{u} + \mathbf{0} = \mathbf{0}$	Propriedade do elemento oposto
$\mathbf{u} = \mathbf{0}$	Propriedade do elemento neutro

Para demonstrar a segunda propriedade, suponha que $\mathbf{v} + \mathbf{u} = \mathbf{0}$ e novamente use o Teorema 4.2 para justificar os passos abaixo.

$\mathbf{v} + \mathbf{u} = \mathbf{0}$	Dado
$(-\mathbf{v}) + (\mathbf{v} + \mathbf{u}) = (-\mathbf{v}) + \mathbf{0}$	Some $-\mathbf{v}$ a ambos os lados.
$(-\mathbf{v}) + (\mathbf{v} + \mathbf{u}) = -\mathbf{v}$	Propriedade do elemento neutro
$[(-\mathbf{v}) + \mathbf{v}] + \mathbf{u} = -\mathbf{v}$	Propriedade associativa
$\mathbf{0} + \mathbf{u} = -\mathbf{v}$	Propriedade do elemento oposto
$\mathbf{u} + \mathbf{0} = -\mathbf{v}$	Propriedade comutativa
$\mathbf{u} = -\mathbf{v}$	Propriedade do elemento neutro

À medida que você ganhe experiência em ler e escrever demonstrações que envolvem álgebra vetorial, não precisará listar tantos passos como indicados acima. Por enquanto, no entanto, é uma boa ideia listar o maior número possível de passos. As demonstrações das outras quatro propriedades são deixadas como exercícios. (Veja os Exercícios 65-68.)

ÁLGEBRA LINEAR APLICADA

Os vetores tem uma grande variedade de aplicações na engenharia e nas ciências físicas. Por exemplo, para determinar a quantidade de força necessária para puxar um objeto para cima sobre uma rampa que tem um ângulo de elevação θ, use a figura à direita.

Na figura, o vetor denotado por **W** representa o peso do objeto e o vetor denotado por **F** representa a força necessária. Usando triângulos semelhantes e alguma trigonometria, a força desejada é $\mathbf{F} = \mathbf{W}\,\text{sen}\,\theta$. (Verifique isso.)

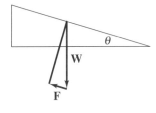

COMBINAÇÕES LINEARES DE VETORES

Um tipo importante de problema na álgebra linear envolve a escrita de um vetor **x** como a soma de múltiplos escalares de outros vetores $\mathbf{v}_1, \mathbf{v}_2, \ldots, \mathbf{v}_n$. Mais precisamente, para os escalares $c_1, c_2, \ldots, c_n$,

$$\mathbf{x} = c_1\mathbf{v}_1 + c_2\mathbf{v}_2 + \cdots + c_n\mathbf{v}_n.$$

O vetor **x** é chamado de **combinação linear** dos vetores $\mathbf{v}_1, \mathbf{v}_2, \ldots$ e $\mathbf{v}_n$.

Descoberta

1. É verdade que o vetor (1, 1) é uma combinação linear dos vetores (1, 2) e (−2, −4)? Trace esses vetores e explique sua resposta graficamente.

2. Da mesma forma, determine se o vetor (1, 1) é uma combinação linear dos vetores (1, 2) e (2, 1).

3. Qual é o significado geométrico das questões 1 e 2?

4. É verdade que todo vetor de R^2 é uma combinação linear dos vetores (1, −2) e (−2, 1)? Dê uma explicação geométrica para sua resposta.

Veja LarsonLinearAlgebra.com para uma versão interativa deste tipo de exercício.

EXEMPLO 6 — Escrevendo um vetor como uma combinação linear de outros vetores

Sejam $\mathbf{x} = (-1, -2, -2)$, $\mathbf{u} = (0, 1, 4)$, $\mathbf{v} = (-1, 1, 2)$ e $\mathbf{w} = (3, 1, 2)$ em R^3. Encontre escalares a, b e c tais que

$$\mathbf{x} = a\mathbf{u} + b\mathbf{v} + c\mathbf{w}.$$

SOLUÇÃO

Escreva

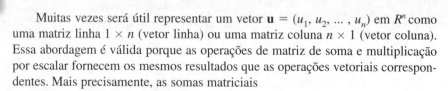

$$(-1, -2, -2) = a(0, 1, 4) + b(-1, 1, 2) + c(3, 1, 2)$$
$$= (-b + 3c, a + b + c, 4a + 2b + 2c)$$

e iguale as componentes correspondentes para que elas formem o sistema de três equações lineares em a, b e c mostrado abaixo.

$$-b + 3c = -1 \quad \text{Equação da primeira componente}$$
$$a + b + c = -2 \quad \text{Equação da segunda componente}$$
$$4a + 2b + 2c = -2 \quad \text{Equação da terceira componente}$$

Resolvendo para determinar a, b e c, você encontra $a = 1$, $b = -2$ e $c = -1$. Como uma combinação linear de **u**, **v** e **w**,

$$\mathbf{x} = \mathbf{u} - 2\mathbf{v} - \mathbf{w}.$$

Use soma de vetores e multiplicação por escalar para verificar este resultado.

Muitas vezes será útil representar um vetor $\mathbf{u} = (u_1, u_2, \ldots, u_n)$ em R^n como uma matriz linha $1 \times n$ (vetor linha) ou uma matriz coluna $n \times 1$ (vetor coluna). Essa abordagem é válida porque as operações de matriz de soma e multiplicação por escalar fornecem os mesmos resultados que as operações vetoriais correspondentes. Mais precisamente, as somas matriciais

$$\mathbf{u} + \mathbf{v} = [u_1 \ u_2 \ \ldots \ u_n] + [v_1 \ v_2 \ \ldots \ v_n]$$
$$= [u_1 + v_1 \ u_2 + v_2 \ \ldots \ u_n + v_n]$$

e

$$\mathbf{u} + \mathbf{v} = \begin{bmatrix} u_1 \\ u_2 \\ \vdots \\ u_n \end{bmatrix} + \begin{bmatrix} v_1 \\ v_2 \\ \vdots \\ v_n \end{bmatrix} = \begin{bmatrix} u_1 + v_1 \\ u_2 + v_2 \\ \vdots \\ u_n + v_n \end{bmatrix}$$

produzem os mesmos resultados que a operação vetorial de soma,

$$\mathbf{u} + \mathbf{v} = (u_1, u_2, \ldots, u_n) + (v_1, v_2, \ldots, v_n)$$
$$= (u_1 + v_1, u_2 + v_2, \ldots, u_n + v_n).$$

O mesmo argumento se aplica à multiplicação por escalar. A única diferença em cada conjunto de notações é como componentes (elementos) são exibidos.

4.1 Exercícios

Determinação da forma em componentes de um vetor Nos Exercícios 1 e 2, encontre a forma em componentes do vetor.

1.
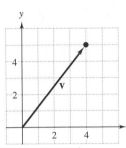

2.
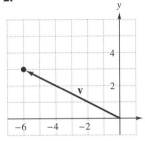

Representação de um vetor Nos Exercícios 3-6, use um segmento de reta orientado para representar o vetor.

3. $u = (2, -4)$
4. $v = (-2, 3)$
5. $u = (-3, -4)$
6. $v = (-2, -5)$

Determinação da soma de dois vetores Nos Exercícios 7-10, encontre a soma dos vetores e represente-a geometricamente.

7. $u = (1, 3), v = (2, -2)$
8. $u = (-1, 4), v = (4, -3)$
9. $u = (2, -3), v = (-3, -1)$
10. $u = (4, -2), v = (-2, -3)$

Operações vetoriais Nos Exercícios 11-16, encontre o vetor v e represente as operações vetoriais especificadas de forma geométrica, onde $u = (-2, 3)$ e $w = (-3, -2)$.

11. $v = \frac{3}{2}u$
12. $v = u + w$
13. $v = u + 2w$
14. $v = -u + w$
15. $v = \frac{1}{2}(3u + w)$
16. $v = u - 2w$

17. Para o vetor $v = (2, 1)$, esboce (a) $2v$, (b) $-3v$ e (c) $\frac{1}{2}v$.

18. Para o vetor $v = (3, -2)$, esboce (a) $4v$, (b) $-\frac{1}{2}v$ e (c) $0v$.

Operações vetoriais Nos Exercícios 19-24, sejam $u = (1, 2, 3), v = (2, 2, -1)$ e $w = (4, 0, -4)$.

19. Encontre $u - v$ e $v - u$.
20. Encontre $u - v + 2w$.
21. Encontre $2u + 4v - w$.
22. Encontre $5u - 3v - \frac{1}{2}w$.
23. Encontre z, onde $3u - 4z = w$.
24. Encontre z, onde $2u + v - w + 3z = 0$.

25. Para o vetor $v = (1, 2, 2)$, esboce (a) $2v$, (b) $-v$ e (c) $\frac{1}{2}v$.

26. Para o vetor $v = (2, 0, 1)$, esboce (a) $-v$, (b) $2v$ e (c) $\frac{1}{2}v$.

27. Determine se cada vetor é múltiplo escalar de $z = (3, 2, -5)$.
    (a) $v = \left(\frac{9}{2}, 3, -\frac{15}{2}\right)$
    (b) $w = (9, -6, -15)$

28. Determine se cada vetor é múltiplo escalar de $z = \left(\frac{1}{2}, -\frac{2}{3}, \frac{3}{4}\right)$.
    (a) $u = (6, -4, 9)$
    (b) $v = \left(-1, \frac{4}{3}, -\frac{3}{2}\right)$

Operações vetoriais Nos Exercícios 29-32, encontre (a) $u - v$, (b) $2(u + 3v)$ e (c) $2v - u$.

29. $u = (4, 0, -3, 5), v = (0, 2, 5, 4)$
30. $u = (0, 4, 3, 4, 4), v = (6, 8, -3, 3, -5)$
31. $u = (-7, 0, 0, 0, 9), v = (2, -3, -2, 3, 3)$
32. $u = (6, -5, 4, 3), v = \left(-2, \frac{5}{3}, -\frac{4}{3}, -1\right)$

Operações vetoriais Nos Exercícios 33 e 34, use uma ferramenta computacional para executar cada operação, sendo $u = (1, 2, -3, 1), v = (0, 2, -1, -2)$ e $w = (2, -2, 1, 3)$.

33. (a) $u + 2v$
    (b) $w - 3u$
    (c) $4v + \frac{1}{2}u - w$

34. (a) $v + 3w$
    (b) $2w - \frac{1}{2}u$
    (c) $\frac{1}{2}(4v - 3u + w)$

Resolução de uma equação vetorial Nos Exercícios 35-38, determine w, sendo $u = (1, -1, 0, 1)$ e $v = (0, 2, 3, -1)$.

35. $3w = u - 2v$
36. $w + u = -v$
37. $\frac{1}{2}w = 2u + 3v$
38. $w + 3v = -2u$

Resolução de uma equação vetorial Nos Exercícios 39 e 40, determine w de modo que $2u + v - 3w = 0$.

39. $u = (0, 2, 7, 5), v = (-3, 1, 4, -8)$
40. $u = (-6, 0, 2, 0), v = (5, -3, 0, 1)$

Escrevendo uma combinação linear Nos Exercícios 41-46, escreva v como uma combinação linear de u e w, se possível, onde $u = (1, 2)$ e $w = (1, -1)$.

41. $v = (2, 1)$
42. $v = (0, 3)$
43. $v = (3, 3)$
44. $v = (1, -1)$
45. $v = (-1, -2)$
46. $v = (1, -4)$

Escrevendo uma combinação linear Nos Exercícios 47-50, escreva v como uma combinação linear de u_1, u_2 e u_3, se possível.

47. $v = (10, 1, 4), u_1 = (2, 3, 5), u_2 = (1, 2, 4), u_3 = (-2, 2, 3)$
48. $v = (-1, 7, 2), u_1 = (1, 3, 5), u_2 = (2, -1, 3), u_3 = (-3, 2, -4)$
49. $v = (0, 5, 3, 0), u_1 = (1, 1, 2, 2), u_2 = (2, 3, 5, 6), u_3 = (-3, 1, -4, 2)$
50. $v = (7, 2, 5, -3), u_1 = (2, 1, 1, 2), u_2 = (-3, 3, 4, -5), u_3 = (-6, 3, 1, 2)$

Escrevendo uma combinação linear Nos Exercícios 51 e 52, escreva a terceira coluna da matriz como uma combinação linear das duas primeiras colunas, se possível.

51. $\begin{bmatrix} 1 & 2 & 3 \\ 7 & 8 & 9 \\ 4 & 5 & 6 \end{bmatrix}$ 52. $\begin{bmatrix} 1 & 2 & 3 \\ 7 & 8 & 9 \\ 4 & 5 & 7 \end{bmatrix}$

Escrevendo uma combinação linear Nos Exercícios 53 e 54, use um software ou uma ferramenta computacional para escrever **v** como uma combinação linear de $\mathbf{u}_1, \mathbf{u}_2, \mathbf{u}_3, \mathbf{u}_4$ e $\mathbf{u}_5$. Em seguida, verifique sua solução.

53. $\mathbf{v} = (5, 3, -11, 11, 9)$
$\mathbf{u}_1 = (1, 2, -3, 4, -1)$
$\mathbf{u}_2 = (1, 2, 0, 2, 1)$
$\mathbf{u}_3 = (0, 1, 1, 1, -4)$
$\mathbf{u}_4 = (2, 1, -1, 2, 1)$
$\mathbf{u}_5 = (0, 2, 2, -1, -1)$

54. $\mathbf{v} = (5, 8, 7, -2, 4)$
$\mathbf{u}_1 = (1, 1, -1, 2, 1)$
$\mathbf{u}_2 = (2, 1, 2, -1, 1)$
$\mathbf{u}_3 = (1, 2, 0, 1, 2)$
$\mathbf{u}_4 = (0, 2, 0, 1, -4)$
$\mathbf{u}_5 = (1, 1, 2, -1, 2)$

Escrevendo uma combinação linear Nos Exercícios 55 e 56, o vetor nulo $\mathbf{0} = (0, 0, 0)$ pode ser escrito como uma combinação linear dos vetores $\mathbf{v}_1$, $\mathbf{v}_2$ e $\mathbf{v}_3$ porque $\mathbf{0} = 0\mathbf{v}_1 + 0\mathbf{v}_2 + 0\mathbf{v}_3$. Esta é a solução *trivial*. Encontre uma maneira não trivial de escrever **0** como uma combinação linear dos três vetores, se possível.

55. $\mathbf{v}_1 = (1, 0, 1)$, $\mathbf{v}_2 = (-1, 1, 2)$, $\mathbf{v}_3 = (0, 1, 4)$
56. $\mathbf{v}_1 = (1, 0, 1)$, $\mathbf{v}_2 = (-1, 1, 2)$, $\mathbf{v}_3 = (0, 1, 3)$

Verdadeiro ou falso? Nos Exercícios 57 e 58, determine se cada afirmação é verdadeira ou falsa. Se uma afirmação for verdadeira, dê uma justificativa ou cite uma afirmação apropriada do texto. Se uma afirmação for falsa, forneça um exemplo que mostre que a afirmação não é verdadeira em todos os casos ou cite uma afirmação apropriada do texto.

57. (a) Dois vetores em R^n são iguais se e somente se suas componentes correspondentes forem iguais.

    (b) O vetor $-\mathbf{v}$ é elemento neutro aditivo de **v**.

58. (a) Para subtrair dois vetores em R^n, subtraia suas componentes correspondentes.

    (b) O vetor nulo **0** em R^n é o elemento oposto aditivo de um vetor.

59. **Dissertação** Seja $A\mathbf{x} = \mathbf{b}$ um sistema de m equações lineares em n variáveis. Denote as colunas de A por $a_1, a_2, \ldots, a_n$. Quando **b** é uma combinação linear desses vetores coluna, explique por que isso implica que o sistema linear é consistente. O que você pode concluir sobre o sistema linear quando **b** não é uma combinação linear das colunas de A?

60. **Dissertação** Como você pode descrever a subtração vetorial geometricamente? Qual é a relação entre a subtração de vetores e as operações vetoriais básicas de soma e multiplicação por escalar?

61. Ilustre as propriedades 1-10 do Teorema 4.2 para $\mathbf{u} = (2, -1, 3, 6)$, $\mathbf{v} = (1, 4, 0, 1)$, $\mathbf{w} = (3, 0, 2, 0)$, $c = 5$ e $d = -2$.

---

62. **Ponto crucial** Considere os vetores $\mathbf{u} = (3, -4)$ e $\mathbf{v} = (9, 1)$.

(a) Use segmentos de reta orientados para representar cada vetor graficamente.

(b) Encontre $\mathbf{u} + \mathbf{v}$.

(c) Encontre $2\mathbf{v} - \mathbf{u}$.

(d) Escreva $\mathbf{w} = (39, 0)$ como uma combinação linear de **u** e **v**.

---

63. **Demonstração** Complete a demonstração do Teorema 4.1.

64. **Demonstração** Demonstre cada propriedade de soma vetorial e da multiplicação por escalar do Teorema 4.2.

Demonstração Nos Exercícios 65-68, complete as demonstrações das propriedades restantes do Teorema 4.3, fornecendo a justificativa para cada passo. Use as propriedades da soma vetorial e da multiplicação por escalar do Teorema 4.2.

65. Propriedade 3: $0\mathbf{v} = \mathbf{0}$

$0\mathbf{v} = (0 + 0)\mathbf{v}$ a. _____
$0\mathbf{v} = 0\mathbf{v} + 0\mathbf{v}$ b. _____
$0\mathbf{v} + (-0\mathbf{v}) = (0\mathbf{v} + 0\mathbf{v}) + (-0\mathbf{v})$ c. _____
$\mathbf{0} = 0\mathbf{v} + (0\mathbf{v} + (-0\mathbf{v}))$ d. _____
$\mathbf{0} = 0\mathbf{v} + \mathbf{0}$ e. _____
$\mathbf{0} = 0\mathbf{v}$ f. _____

66. Propriedade 4: $c\mathbf{0} = \mathbf{0}$

$c\mathbf{0} = c(\mathbf{0} + \mathbf{0})$ a. _____
$c\mathbf{0} = c\mathbf{0} + c\mathbf{0}$ b. _____
$c\mathbf{0} + (-c\mathbf{0}) = (c\mathbf{0} + c\mathbf{0}) + (-c\mathbf{0})$ c. _____
$\mathbf{0} = c\mathbf{0} + (c\mathbf{0} + (-c\mathbf{0}))$ d. _____
$\mathbf{0} = c\mathbf{0} + \mathbf{0}$ e. _____
$\mathbf{0} = c\mathbf{0}$ f. _____

67. Propriedade 5: Se $c\mathbf{v} = \mathbf{0}$, então $c = 0$ ou $\mathbf{v} = \mathbf{0}$. Se $c = 0$, nada mais precisa ser dito. Se $c \neq 0$, então c^{-1} existe, e você tem

$c^{-1}(c\mathbf{v}) = c^{-1}\mathbf{0}$ a. _____
$(c^{-1}c)\mathbf{v} = \mathbf{0}$ b. _____
$1\mathbf{v} = \mathbf{0}$ c. _____
$\mathbf{v} = \mathbf{0}$.   d. _____

68. Propriedade 6: $-(-\mathbf{v}) = \mathbf{v}$

$-(-\mathbf{v}) + (-\mathbf{v}) = \mathbf{0}$ e $\mathbf{v} + (-\mathbf{v}) = \mathbf{0}$ a. _____
$-(-\mathbf{v}) + (-\mathbf{v}) = \mathbf{v} + (-\mathbf{v})$ b. _____
$-(-\mathbf{v}) + (-\mathbf{v}) + \mathbf{v} = \mathbf{v} + (-\mathbf{v}) + \mathbf{v}$ c. _____
$-(-\mathbf{v}) + ((-\mathbf{v}) + \mathbf{v}) = \mathbf{v} + ((-\mathbf{v}) + \mathbf{v})$ d. _____
$-(-\mathbf{v}) + \mathbf{0} = \mathbf{v} + \mathbf{0}$ e. _____
$-(-\mathbf{v}) = \mathbf{v}$ f. _____

Espaços vetoriais 161

4.2 Espaços vetoriais

■ Definir um espaço vetorial e reconhecer alguns espaços vetoriais importantes.

■ Mostrar que um determinado conjunto não é um espaço vetorial.

DEFINIÇÃO DE UM ESPAÇO VETORIAL

O Teorema 4.2 enumera dez propriedades de soma vetorial e multiplicação por escalar em R^n. As definições adequadas de soma e multiplicação por escalar revelam que muitas outras quantidades matemáticas (como matrizes, polinômios e funções) também compartilham suas propriedades. *Qualquer* conjunto que satisfaça essas propriedades (ou **axiomas**) é chamado de **espaço vetorial** e os objetos no conjunto são **vetores**.

É importante perceber que a definição de espaço vetorial abaixo é precisamente isso – uma *definição*. Você não precisa demonstrar nada porque está simplesmente listando os axiomas necessários para espaços vetoriais. Este tipo de definição é uma **abstração** porque você está abstraindo uma coleção de propriedades de um espaço específico, R^n, para formar os axiomas para uma situação mais geral.

Definição de um espaço vetorial

Seja V é um conjunto no qual duas operações (**soma vetorial** e **multiplicação por escalar**) estão definidas. Se os axiomas listados forem satisfeitos para cada $\mathbf{u}$, $\mathbf{v}$ e $\mathbf{w}$ em V e para quaisquer escalares (números reais) c e d, então V é um **espaço vetorial**.

Soma:

1. $\mathbf{u} + \mathbf{v}$ está em V.	Fechado para soma
2. $\mathbf{u} + \mathbf{v} = \mathbf{v} + \mathbf{u}$.	Propriedade comutativa
3. $\mathbf{u} + (\mathbf{v} + \mathbf{w}) = (\mathbf{u} + \mathbf{v}) + \mathbf{w}$.	Propriedade associativa
4. V tem um **vetor nulo 0** tal que, para todo $\mathbf{u}$ em V, $\mathbf{u} + \mathbf{0} = \mathbf{u}$.	Elemento neutro aditivo
5. Para cada $\mathbf{u}$ em V, existe um vetor em V denotado por $-\mathbf{u}$ tal que $\mathbf{u} + (-\mathbf{u}) = \mathbf{0}$.	Elemento oposto aditivo

Multiplicação por escalar:

6. $c\mathbf{u}$ está em V.	Fechado para multiplicação por escalar
7. $c(\mathbf{u} + \mathbf{v}) = c\mathbf{u} + c\mathbf{v}$.	Propriedade distributiva
8. $(c + d)\mathbf{u} = c\mathbf{u} + d\mathbf{u}$.	Propriedade distributiva
9. $c(d\mathbf{u}) = (cd)\mathbf{u}$.	Propriedade associativa
10. $1(\mathbf{u}) = \mathbf{u}$.	Elemento neutro escalar

É importante perceber que um espaço vetorial consiste em quatro entidades: um conjunto de vetores, um conjunto de escalares e duas operações. Quando você se refere a um espaço vetorial V, tenha certeza de que todas as quatro entidades estão claramente definidas ou compreendidas. Salvo indicação em contrário, suponha que o conjunto de escalares é o conjunto dos números reais.

Os dois primeiros exemplos de espaços vetoriais não devem ser surpreendentes. Eles são, de fato, os modelos usados para formar os dez axiomas do espaço vetorial.

EXEMPLO 1 R^2 com as operações usuais é um espaço vetorial

O conjunto de todos os pares ordenados de números reais R^2 com as operações usuais é um espaço vetorial. Para verificar isso, recorde o Teorema 4.1. Os vetores neste espaço têm a forma

$$\mathbf{v} = (v_1, v_2).$$

162 Elementos de álgebra linear

OBSERVAÇÃO

Do Exemplo 2 você pode concluir que R^1, o conjunto dos números reais (com as operações usuais de soma e multiplicação), é um espaço vetorial.

OBSERVAÇÃO

Do mesmo modo que você mostra que o conjunto de todas as matrizes 2×3 é um espaço vetorial, pode mostrar que o conjunto de todas as matrizes $m \times n$, denotado por $M_{m,n}$, é um espaço vetorial.

EXEMPLO 2 — R^n com as operações usuais é um espaço vetorial

O conjunto de todas as n-uplas ordenadas de números reais R^n com as operações usuais é um espaço vetorial. O Teorema 4.2 verifica isso. Os vetores neste espaço são da forma

$$\mathbf{v} = (v_1, v_2, v_3, \ldots, v_n).$$

Os três exemplos a seguir descrevem espaços vetoriais nos quais o conjunto básico V não consiste em n-uplas ordenadas. Cada exemplo descreve o conjunto V e define as duas operações vetoriais. Para mostrar que o conjunto é um espaço vetorial, você deve verificar todos os dez axiomas.

EXEMPLO 3 — O espaço vetorial de todas as matrizes 2×3

Mostre que o conjunto de todas as matrizes 2×3 com as operações de soma de matrizes e multiplicação por escalar é um espaço vetorial.

SOLUÇÃO

Se A e B são matrizes 2×3 e c é um escalar, então $A + B$ e cA são também matrizes 2×3. O conjunto é, portanto, fechado para soma de matrizes e para multiplicação por escalar. Além disso, os outros oito axiomas de espaço vetorial seguem diretamente dos Teoremas 2.1 e 2.2 (veja a Seção 2.2). Então, o conjunto é um espaço vetorial. Os vetores neste espaço têm a forma

$$\mathbf{a} = A = \begin{bmatrix} a_{11} & a_{12} & a_{13} \\ a_{21} & a_{22} & a_{23} \end{bmatrix}.$$

EXEMPLO 4 — O espaço vetorial de todos os polinômios de grau menor ou igual a 2

Seja P_2 o conjunto de todos os polinômios da forma $p(x) = a_0 + a_1 x + a_2 x^2$, onde a_0, a_1 e a_2 são números reais. A soma de dois polinômios $p(x) = a_0 + a_1 x + a_2 x^2$ e $q(x) = b_0 + b_1 x + b_2 x^2$ é definida da maneira usual,

$$p(x) + q(x) = (a_0 + b_0) + (a_1 + b_1)x + (a_2 + b_2)x^2$$

e o múltiplo escalar de $p(x)$ pelo escalar c é definido por

$$cp(x) = ca_0 + ca_1 x + ca_2 x^2.$$

Mostre que P_2 é um espaço vetorial.

SOLUÇÃO

A verificação de cada um dos dez axiomas de espaço vetorial é uma aplicação direta das propriedades dos números reais. Por exemplo, o conjunto dos números reais é fechado para soma, por isso segue que $a_0 + b_0$, $a_1 + b_1$ e $a_2 + b_2$ são números reais, de modo que

$$p(x) + q(x) = (a_0 + b_0) + (a_1 + b_1)x + (a_2 + b_2)x^2$$

está no conjunto P_2 porque é um polinômio de grau menor ou igual a 2. Então, P_2 é fechado para soma. Para verificar a propriedade comutativa da soma, escreva

$$\begin{aligned} p(x) + q(x) &= (a_0 + a_1 x + a_2 x^2) + (b_0 + b_1 x + b_2 x^2) \\ &= (a_0 + b_0) + (a_1 + b_1)x + (a_2 + b_2)x^2 \\ &= (b_0 + a_0) + (b_1 + a_1)x + (b_2 + a_2)x^2 \\ &= (b_0 + b_1 x + b_2 x^2) + (a_0 + a_1 x + a_2 x^2) \\ &= q(x) + p(x). \end{aligned}$$

Você pode perceber onde a propriedade comutativa da soma de números reais foi usada? O vetor nulo neste espaço é o polinômio nulo $\mathbf{0}(x) = 0 + 0x + 0x^2$. Verifique os outros axiomas para mostrar que P_2 é um espaço vetorial.

OBSERVAÇÃO

Embora o polinômio nulo $\mathbf{0}(x) = 0$ não tenha grau, P_2 é muitas vezes chamado de conjunto de todos os polinômios de grau menor ou igual a 2.

P_n é definido como o conjunto de todos os polinômios de grau menor ou igual a n (juntamente com o polinômio nulo). O procedimento usado para verificar que P_2 é um espaço vetorial pode ser estendido para mostrar que P_n, com as operações usuais de soma de polinômios e multiplicação por escalar, é um espaço vetorial.

EXEMPLO 5 O espaço vetorial das funções contínuas (Cálculo)

Veja LarsonLinearAlgebra.com para uma versão interativa deste tipo de exemplo.

Seja $C(-\infty, \infty)$ o conjunto de todas as funções contínuas a valores reais definidas em toda a reta real. Este conjunto consiste em todas as funções polinomiais e todas as outras funções contínuas em toda a reta real. Por exemplo, $f(x) = \operatorname{sen} x$ e $g(x) = e^x$ são membros deste conjunto.

A soma é definida por

$$(f + g)(x) = f(x) + g(x)$$

como mostrado à direita. A multiplicação por escalar é definida por

$$(cf)(x) = c[f(x)].$$

Mostre que $C(-\infty, \infty)$ é um espaço vetorial.

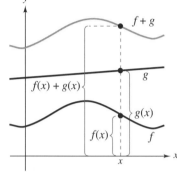

SOLUÇÃO

Para verificar que o conjunto $C(-\infty, \infty)$ é fechado para soma e para multiplicação por escalar, use um resultado do cálculo – a soma de duas funções contínuas é contínua e o produto de um escalar e uma função contínua é contínua. Para verificar que o conjunto $C(-\infty, \infty)$ tem um elemento neutro aditivo, considere a função f_0 que possui valor nulo para todo x, ou seja,

$$f_0(x) = 0, \quad x \text{ é qualquer número real.}$$

Esta função é contínua em toda a reta real (seu gráfico é simplesmente a reta $y = 0$), o que significa que está no conjunto $C(-\infty, \infty)$. Além disso, se f for qualquer outra função contínua em toda a reta real, então

$$(f + f_0)(x) = f(x) + f_0(x) = f(x) + 0 = f(x).$$

Isso mostra que f_0 é o elemento neutro da soma em $C(-\infty, \infty)$. A verificação dos outros axiomas de espaço vetorial é deixada para você.

O resumo abaixo lista alguns espaços vetoriais importantes citados frequentemente no restante deste texto. As operações são as usuais em cada caso.

Resumo de espaços vetoriais importantes

R = conjunto de todos os números reais
R^2 = conjunto de todos os pares ordenados
R^3 = conjunto de todas as triplas ordenadas
R^n = conjunto de todas as n-uplas
$C(-\infty, \infty)$ = conjunto de todas as funções contínuas definidas na reta real
$C[a, b]$ = conjunto de todas as funções contínuas definidas em um intervalo fechado $[a, b]$, com $a \neq b$
P = conjunto de todos os polinômios
P_n = conjunto de todos os polinômios de grau $\leq n$ (juntamente com o polinômio nulo)
$M_{m,n}$ = conjunto de todas as matrizes $m \times n$
$M_{n,n}$ = conjunto de todas as matrizes quadradas $n \times n$

Você viu a versatilidade do conceito de espaço vetorial. Por exemplo, um vetor pode ser um número real, uma n-upla, uma matriz, um polinômio, uma função contínua e assim por diante. Mas qual é o propósito desta abstração e por que se preocupar em defini-la? Há vários motivos, mas a razão mais importante se aplica à eficiência. Uma vez que um teorema tenha sido demonstrado para um espaço vetorial abstrato, você não precisa dar demonstrações separadas para n-uplas, matrizes, polinômios ou outras formas. Basta salientar que os teoremas são verdadeiros para qualquer espaço vetorial, independentemente da forma que os vetores tenham. O Teorema 4.4 ilustra este processo.

TEOREMA 4.4 Propriedades da multiplicação por escalar

Seja $\mathbf{v}$ qualquer elemento de um espaço vetorial V e seja c qualquer escalar. Então, as propriedades abaixo são verdadeiras.

1. $0\mathbf{v} = \mathbf{0}$
2. $c\mathbf{0} = \mathbf{0}$
3. Se $c\mathbf{v} = \mathbf{0}$, então $c = 0$ ou $\mathbf{v} = \mathbf{0}$.
4. $(-1)\mathbf{v} = -\mathbf{v}$

DEMONSTRAÇÃO

Para demonstrar essas propriedades, use os axiomas de espaço vetorial apropriados. Por exemplo, para demonstrar a segunda propriedade, observe que a partir do axioma 4 resulta $\mathbf{0} = \mathbf{0} + \mathbf{0}$. Isso permite que você escreva os passos abaixo.

$c\mathbf{0} = c(\mathbf{0} + \mathbf{0})$	Elemento neutro aditivo
$c\mathbf{0} = c\mathbf{0} + c\mathbf{0}$	Propriedade distributiva à esquerda
$c\mathbf{0} + (-c\mathbf{0}) = (c\mathbf{0} + c\mathbf{0}) + (-c\mathbf{0})$	Soma $-c\mathbf{0}$ de ambos os lados
$c\mathbf{0} + (-c\mathbf{0}) = c\mathbf{0} + [c\mathbf{0} + (-c\mathbf{0})]$	Propriedade associativa
$\mathbf{0} = c\mathbf{0} + \mathbf{0}$	Elemento oposto aditivo
$\mathbf{0} = c\mathbf{0}$	Elemento neutro aditivo

Para demonstrar a terceira propriedade, faça $c\mathbf{v} = \mathbf{0}$. Para mostrar que isso implica $c = 0$ ou $\mathbf{v} = \mathbf{0}$, suponha que $c \neq 0$. (Quando $c = 0$, não há mais nada a demonstrar.) Agora, $c \neq 0$, permite que você use $1/c$ para mostrar que $\mathbf{v} = \mathbf{0}$, como indicado abaixo.

$$\mathbf{v} = 1\mathbf{v} = \left(\frac{1}{c}\right)(c)\mathbf{v} = \frac{1}{c}(c\mathbf{v}) = \frac{1}{c}(\mathbf{0}) = \mathbf{0}$$

Observe que o último passo usa a Propriedade 2 (a que você acabou de demonstrar). As demonstrações da primeira e quarta propriedades são deixadas como exercícios. (Veja os exercícios 51 e 52.)

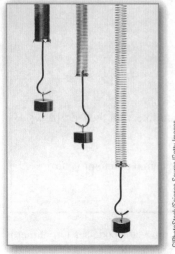

ÁLGEBRA LINEAR APLICADA

Em um sistema mola-massa, é suposto que o movimento ocorre apenas na direção vertical. Mais precisamente, o sistema tem um *grau de liberdade*. Quando a massa é puxada para baixo e depois solta, o sistema irá oscilar. Se não há uma força presente para amortecer ou parar a oscilação, então o sistema não é amortecido e irá oscilar indefinidamente. A aplicação da Segunda Lei de Movimento de Newton à massa fornece a equação diferencial de segunda ordem

$$x'' + \omega^2 x = 0,$$

onde x é o deslocamento no tempo t e ω é uma constante fixa chamada *frequência natural* do sistema. A solução geral desta equação diferencial é

$$x(t) = a_1 \operatorname{sen} \omega t + a_2 \cos \omega t,$$

onde a_1 e a_2 são constantes arbitrárias. (Verifique isso.) No Exercício 45, será pedido que você mostre que o conjunto de todas as funções $x(t)$ é um espaço vetorial.

Espaços vetoriais 165

CONJUNTOS QUE NÃO SÃO ESPAÇOS VETORIAIS

Os exemplos restantes nesta seção descrevem alguns conjuntos (com operações) que *não são* espaços vetoriais. Para mostrar que um conjunto não é um espaço vetorial, você só precisa encontrar um axioma que não seja satisfeito.

OBSERVAÇÃO

Note que uma única falha de um dos dez axiomas de espaços vetoriais é suficiente para mostrar que um conjunto não é um espaço vetorial.

EXEMPLO 6   **O conjunto dos números inteiros não é um espaço vetorial**

O conjunto de todos os inteiros (com as operações usuais) não é um espaço vetorial porque não é fechado para multiplicação por escalar. Por exemplo,

$$\tfrac{1}{2}(1) = \tfrac{1}{2}.$$

Escalar   Inteiro   Não inteiro

No Exemplo 4, foi mostrado que o conjunto de todos os polinômios de grau menor ou igual a 2 é um espaço vetorial. Você verá agora que o conjunto de todos os polinômios cujo grau é exatamente 2 não é um espaço vetorial.

OBSERVAÇÃO

O conjunto de todos os polinômios de segundo grau também não é fechado para multiplicação por escalar. (Verifique isso.)

EXEMPLO 7   **O conjunto dos polinômios de segundo grau não é um espaço vetorial**

O conjunto de todos os polinômios de segundo grau não é um espaço vetorial porque não é fechado para soma. Para ver isso, considere os polinômios de segundo grau $p(x) = x^2$ e $q(x) = 1 + x - x^2$, cuja soma é o polinômio de primeiro grau $p(x) + q(x) = 1 + x$.

Os conjuntos nos Exemplos 6 e 7 não são espaços vetoriais porque não satisfazem um ou ambos os axiomas de fechamento. No próximo exemplo, você vai examinar um conjunto que verifica ambos os axiomas de fechamento, mas ainda assim não é um espaço vetorial.

EXEMPLO 8   **Um conjunto que não é um espaço vetorial**

Seja $V = R^2$, o conjunto de todos os pares ordenados de números reais, com a operação usual de soma e a definição *não usual* de multiplicação por escalar enunciada abaixo.

$$c(x_1, x_2) = (cx_1, 0)$$

Mostre que V não é um espaço vetorial.

SOLUÇÃO

Neste exemplo, a operação de multiplicação por escalar não é a usual. Por exemplo, o produto do escalar 2 pelo par ordenado (3, 4) não é igual a (6, 8). Em vez disso, a segunda componente do produto é 0,

$$2(3, 4) = (2 \cdot 3, 0) = (6, 0).$$

Este exemplo é interessante porque satisfaz os primeiros nove axiomas da definição de um espaço vetorial (mostre isso). Ao tentar verificar o décimo axioma, a multiplicação por escalar não usual fornece

$$1(1, 1) = (1, 0) \neq (1, 1).$$

O décimo axioma não é satisfeito e o conjunto (juntamente com as duas operações) não é um espaço vetorial.

Não se confunda com a notação utilizada para a multiplicação por escalar no Exemplo 8. Ao escrever $c(x_1, x_2) = (cx_1, 0)$, a multiplicação por escalar de (x_1, x_2) por c é *definida* como $(cx_1, 0)$ neste exemplo.

166 Elementos de álgebra linear

4.2 Exercícios

Descrição do elemento neutro aditivo Nos Exercícios 1-6, descreva o vetor nulo (o elemento neutro da soma) do espaço vetorial.

1. R^4 **2.** $C[-1, 0]$

3. $M_{4,3}$ **4.** $M_{5,1}$

5. P_3 **6.** $M_{2,2}$

Descrição do elemento oposto aditivo Nos Exercícios 7-12, descreva o elemento oposto de um vetor no espaço vetorial.

7. R^3 **8.** $C(-\infty, \infty)$

9. $M_{2,3}$ **10.** $M_{1,4}$

11. P_4 **12.** $M_{5,5}$

Teste para ser espaço vetorial Nos exercícios 13-36, determine se o conjunto, juntamente com as operações usuais, é um espaço vetorial. Se não o for, identifique pelo menos um dos dez axiomas de espaço vetorial que não é válido.

13. $M_{4,6}$

14. $M_{1,1}$

15. O conjunto de todos os polinômios de terceiro grau

16. O conjunto de todos os polinômios de quinto grau

17. O conjunto de todas as funções polinomiais de primeiro grau ax, $a \neq 0$, cujos gráficos passam pela origem

18. O conjunto de todas as funções polinomiais de primeiro grau $ax + b$ com $a, b \neq 0$, cujos gráficos *não passam* pela origem

19. O conjunto de todos os polinômios de grau menor ou igual a quatro

20. O conjunto de todas as funções quadráticas cujos gráficos passam pela origem

21. O conjunto

$\{(x, y): x \geq 0, y \text{ é um número real}\}$

22. O conjunto

$\{(x, y): x \geq 0, y \geq 0\}$

23. O conjunto

$\{(x, x): x \text{ é um número real}\}$

24. O conjunto

$\{(x, \frac{1}{2}x): x \text{ é um número real}\}$

25. O conjunto de todas as matrizes 2×2 da forma

$$\begin{bmatrix} a & b \\ c & 0 \end{bmatrix}$$

26. O conjunto de todas as matrizes 2×2 da forma

$$\begin{bmatrix} a & b \\ c & 1 \end{bmatrix}$$

27. O conjunto de todas as matrizes 3×3 da forma

$$\begin{bmatrix} 0 & a & b \\ c & 0 & d \\ e & f & 0 \end{bmatrix}$$

28. O conjunto de todas as matrizes 3×3 da forma

$$\begin{bmatrix} 1 & a & b \\ c & 1 & d \\ e & f & 1 \end{bmatrix}$$

29. O conjunto de todas as matrizes 4×4 da forma

$$\begin{bmatrix} 0 & a & b & c \\ a & 0 & b & c \\ a & b & 0 & c \\ a & b & c & 1 \end{bmatrix}$$

30. O conjunto de todas as matrizes 4×4 da forma

$$\begin{bmatrix} 0 & a & b & c \\ a & 0 & b & c \\ a & b & 0 & c \\ a & b & c & 0 \end{bmatrix}$$

31. O conjunto de todas as matrizes 2×2 singulares

32. O conjunto de todas as matrizes 2×2 não singulares

33. O conjunto de todas as matrizes 2×2 diagonais

34. O conjunto de todas as matrizes 3×3 triangulares superiores

35. $C[0, 1]$, o conjunto de todas as funções contínuas definidas no intervalo $[0, 1]$

36. $C[-1, 1]$, o conjunto de todas as funções contínuas definidas no intervalo $[-1, 1]$

37. Seja V o conjunto de todos os números reais positivos. Determine se V é um espaço vetorial com as operações mostradas abaixo.

$x + y = xy$ Soma

$cx = x^c$ Multiplicação por escalar

Se for, verifique cada axioma de espaço vetorial; se não for, indique todos os axiomas de espaço vetorial que não são válidos.

38. Determine se o conjunto R^2 com as operações

$(x_1, y_1) + (x_2, y_2) = (x_1 x_2, y_1 y_2)$

e

$c(x_1, y_1) = (cx_1, cy_1)$

é um espaço vetorial. Se for, verifique cada axioma de espaço vetorial; se não for, indique todos os axiomas de espaço vetorial que não são válidos.

39. Demonstração Demonstre em detalhes que o conjunto $\{(x, 2x): x \text{ é o número real}\}$, com as operações usuais em R^2, é espaço vetorial.

40. Demonstração Demonstre em detalhes que $M_{2,2}$, com as operações usuais, é um espaço vetorial.

41. Em vez de usar as definições usuais de soma e multiplicação por escalar em R^2, defina essas duas operações, como mostrado abaixo.

(a) $(x_1, y_1) + (x_2, y_2) = (x_1 + x_2, y_1 + y_2)$
$c(x, y) = (cx, y)$

(b) $(x_1, y_1) + (x_2, y_2) = (x_1, 0)$
$c(x, y) = (cx, cy)$

(c) $(x_1, y_1) + (x_2, y_2) = (x_1 + x_2, y_1 + y_2)$
$c(x, y) = (\sqrt{cx}, \sqrt{cy})$

Com cada uma dessas novas definições, R^2 é um espaço vetorial? Justifique suas respostas.

42. Em vez de usar as definições usuais de soma e multiplicação por escalar em R^3, defina essas duas operações, como mostrado abaixo.

(a) $(x_1, y_1, z_1) + (x_2, y_2, z_2)$
$= (x_1 + x_2, y_1 + y_2, z_1 + z_2)$
$c(x, y, z) = (cx, cy, 0)$

(b) $(x_1, y_1, z_1) + (x_2, y_2, z_2) = (0, 0, 0)$
$c(x, y, z) = (cx, cy, cz)$

(c) $(x_1, y_1, z_1) + (x_2, y_2, z_2)$
$= (x_1 + 1, y_1 + y_2 + 1, z_1 + z_2 + 1)$
$c(x, y, z) = (cx, cy, cz)$

(d) $(x_1, y_1, z_1) + (x_2, y_2, z_2)$
$= (x_1 + 1, y_1 + y_2 + 1, z_1 + z_2 + 1)$
$c(x, y, z) = (cx + c - 1, cy, + c - 1, cz + c - 1)$

Com cada uma dessas novas definições, R^3 é um espaço vetorial? Justifique suas respostas.

43. Demonstre que em um determinado espaço vetorial V, o vetor nulo é único.

44. Demonstre que em um determinado espaço vetorial V, o elemento oposto de um vetor é único.

45. Sistema massa-mola A massa em um sistema massa-mola (veja a figura) é puxada para baixo e depois solta, fazendo com que o sistema oscile de acordo com

$x(t) = a_1 \text{ sen } \omega t = a_2 \cos \omega t,$

onde x é o deslocamento no tempo t, a_1 e a_2 são constantes arbitrárias e ω é uma constante fixa. Mostre que o conjunto de todas as funções $x(t)$ é um espaço vetorial.

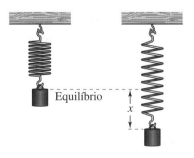

46. Ponto crucial

(a) Descreva as condições nas quais um conjunto pode ser classificado como um espaço vetorial.

(b) Dê um exemplo de um conjunto que é um espaço vetorial e um exemplo de um conjunto que não é um espaço vetorial.

47. Demonstração Complete a demonstração da propriedade de cancelamento da soma de vetores justificando cada passo.

Demonstre que, se $\mathbf{u}$, $\mathbf{v}$ e $\mathbf{w}$ são vetores em um espaço vetorial V tais que $\mathbf{u} + \mathbf{w} = \mathbf{v} + \mathbf{w}$, então $\mathbf{u} = \mathbf{v}$.

$\mathbf{u} + \mathbf{w} = \mathbf{v} + \mathbf{w}$
$(\mathbf{u} + \mathbf{w}) + (-\mathbf{w}) = (\mathbf{v} + \mathbf{w}) + (-\mathbf{w})$ a. _____
$\mathbf{u} + (\mathbf{w} + (-\mathbf{w})) = \mathbf{v} + (\mathbf{w} + (-\mathbf{w}))$ b. _____
$\mathbf{u} + \mathbf{0} = \mathbf{v} + \mathbf{0}$ c. _____
$\mathbf{u} = \mathbf{v}$ d. _____

48. Seja R^∞ o conjunto de todas as sequências infinitas de números reais, com as operações

$\mathbf{u} + \mathbf{v} = (u_1, u_2, u_3, \ldots) + (v_1, v_2, v_3, \ldots)$
$= (u_1 + v_1, u_2 + v_2, u_3 + v_3, \ldots)$

e

$c\mathbf{u} = c(u_1, u_2, u_3, \ldots)$
$= (cu_1, cu_2, cu_3, \ldots).$

Determine se R^∞ é um espaço vetorial. Se for, verifique cada axioma de espaço vetorial; se não for, indique todos os axiomas de espaço vetorial que não são válidos.

Verdadeiro ou falso? Nos Exercícios 49 e 50, determine se cada afirmação é verdadeira ou falsa. Se uma afirmação for verdadeira, dê uma justificativa ou cite uma afirmação apropriada do texto. Se uma afirmação for falsa, forneça um exemplo que mostre que a afirmação não é verdadeira em todos os casos ou cite uma afirmação apropriada do texto.

49. (a) Um espaço vetorial consiste em quatro entidades: um conjunto de vetores, um conjunto de escalares e duas operações.

(b) O conjunto de todos os inteiros com as operações usuais é um espaço vetorial.

(c) O conjunto de todas as triplas ordenadas (x, y, z) de números reais, em que $y \geq 0$, com as operações usuais em R^3 é um espaço vetorial.

50. (a) Para mostrar que um conjunto não é um espaço vetorial é suficiente mostrar apenas que algum axioma não é satisfeito.

(b) O conjunto de todos os polinômios de primeiro grau com as operações usuais é um espaço vetorial.

(c) O conjunto de todos os pares de números reais da forma $(0, y)$, com as operações usuais em R^2, é um espaço vetorial.

51. Demonstração Demonstre a Propriedade 1 do Teorema 4.4.

52. Demonstração Demonstre a Propriedade 4 do Teorema 4.4.

4.3 Subespaços de espaços vetoriais

■ Determinar se um subconjunto W de um espaço vetorial V é um subespaço de V.

■ Determinar subespaços de R^n.

SUBESPAÇOS

Em muitas aplicações de álgebra linear, espaços vetoriais ocorrem como **subespaços** de espaços maiores. Por exemplo, você verá que o conjunto solução de um sistema homogêneo de equações lineares em n variáveis é um subespaço de R^n. (Veja o Teorema 4.16.)

Um subconjunto não vazio de um espaço vetorial é um subespaço quando é um espaço vetorial com as *mesmas* operações definidas no espaço vetorial original, conforme indicado na próxima definição.

OBSERVAÇÃO
Note que se W for um subespaço de V, então ele deve ser fechado para as operações herdadas de V.

> **Definição de um subespaço de um espaço vetorial**
> Um subconjunto não vazio W de um espaço vetorial V é um subespaço de V quando W é um espaço vetorial com as operações de soma e multiplicação por escalar definidas em V.

EXEMPLO 1 Um subespaço de R^3

Mostre que o conjunto $W = \{(x_1, 0, x_3): x_1 \text{ e } x_3 \text{ são números reais}\}$ é um subespaço de R^3 com as operações usuais.

SOLUÇÃO
O conjunto W é não vazio porque contém o vetor nulo $(0, 0, 0)$.

Graficamente, o conjunto W pode ser interpretado como o plano xz, como mostrado na Figura 4.7. O conjunto W é fechado para soma porque a soma de dois vetores no plano xz deve também estar no plano xz. Mais precisamente, se $(x_1, 0, x_3)$ e $(y_1, 0, y_3)$ estiverem em W, então sua soma $(x_1 + y_1, 0, x_3 + y_3)$ também está em W. De modo semelhante, para ver que W é fechado para multiplicação por escalar, considere $(x_1, 0, x_3)$ em W e c um escalar. Então, $c(x_1, 0, x_3) = (cx_1, 0, cx_3)$ tem zero como sua segunda componente e deve estar em W. As verificações dos outros oito axiomas de espaço vetorial são deixadas para você.

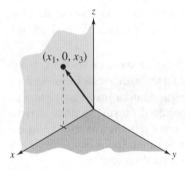

Figura 4.7

Para estabelecer que um conjunto W é um espaço vetorial, você deve verificar todos os dez axiomas de espaços vetoriais. Se W for um subconjunto não vazio de um espaço vetorial maior V (e as operações definidas em W são as *mesmas* que aquelas definidas em V), no entanto, a maioria das dez propriedades é *herdada* do espaço maior e não precisam de verificação. O próximo teorema afirma que é suficiente mostrar o fechamento, a fim de estabelecer que um subconjunto não vazio de um espaço vetorial é um subespaço.

> **TEOREMA 4.5 Teste para um subespaço**
> Se W é um subconjunto não vazio de um espaço vetorial V, então W é um subespaço de V se e somente se as duas condições de fechamento listadas abaixo forem válidas.
> 1. Se **u** e **v** estiverem em W, então **u** + **v** está em W.
> 2. Se **u** estiver em W e c é escalar qualquer, então c**u** está em W.

DEMONSTRAÇÃO
A demonstração deste teorema em uma direção é direta. Mais claramente, se W é um subespaço de V, então W é um espaço vetorial e deve ser fechado para soma e para multiplicação por escalar.

Espaços vetoriais   169

OBSERVAÇÃO

Note que se W for um subespaço de um espaço vetorial V, então ambos W e V devem ter o mesmo vetor nulo **0**. (No Exercício 55, será pedido que você demonstre isso.)

Para demonstrar o teorema na outra direção, suponha que W seja fechado para soma e para multiplicação por escalar. Observe que, se **u**, **v** e **w** estão em W, então eles também estão em V. Consequentemente, os axiomas de espaço vetorial 2, 3, 7, 8, 9 e 10 são satisfeitos automaticamente. Como W é fechado para soma e para multiplicação por escalar, então, para qualquer **v** em W e escalar $c = 0$, $c\mathbf{v} = \mathbf{0}$ e $(-1)\mathbf{v} = -\mathbf{v}$ estão ambos em W, o que mostra que W satisfaz os axiomas 4 e 5. ∎

Um subespaço de um espaço vetorial também é um espaço vetorial, portanto, ele deve conter o vetor nulo. De fato, o subespaço mais simples de um espaço vetorial V é aquele que consiste apenas no vetor nulo, $W = \{\mathbf{0}\}$. Este subespaço é o **subespaço nulo**. Outro subespaço de V é o próprio V. Todo espaço vetorial contém esses dois subespaços triviais e subespaços diferentes desses são chamados de subespaços **próprios** (ou não triviais).

EXEMPLO 2   Um subespaço de $M_{2,2}$

Seja W o conjunto de todas as matrizes simétricas 2×2. Mostre que W é um subespaço do espaço vetorial $M_{2,2}$, com as operações usuais de soma de matrizes e multiplicação por escalar.

SOLUÇÃO

Lembre-se de que uma matriz quadrada é *simétrica* quando é igual à sua própria transposta. O conjunto $M_{2,2}$ é um espaço vetorial, então você só precisa mostrar que W (um subconjunto de $M_{2,2}$) satisfaz as condições do Teorema 4.5. Comece observando que W é *não vazio*. Note que W é fechado para soma porque para matrizes A_1 e A_2 em W, $A_1 = A_1^T$ e $A_2 = A_2^T$, o que implica que

$$(A_1 + A_2)^T = A_1^T + A_2^T = A_1 + A_2.$$

Assim, se A_1 e A_2 são matrizes simétricas de ordem 2, então $A_1 + A_2$ também o é. Da mesma forma, W é fechado para multiplicação por escalar porque $A = A^T$ implica que $(cA)^T = cA^T = cA$. Se A é uma matriz simétrica de ordem 2, então cA também o é. ∎

O resultado do Exemplo 2 pode ser generalizado. Mais precisamente, para qualquer inteiro positivo n, o conjunto das matrizes simétricas de ordem n é um subespaço do espaço vetorial $M_{n,n}$ com as operações usuais. O próximo exemplo descreve um subconjunto de $M_{n,n}$ que não é um subespaço.

EXEMPLO 3   O conjunto das matrizes singulares não é um subespaço de $M_{n,n}$

Seja W o conjunto das matrizes singulares de ordem 2. Mostre que W não é um subespaço de $M_{2,2}$ com as operações usuais.

SOLUÇÃO

Pelo Teorema 4.5, para mostrar que um subconjunto W não é um subespaço, basta verificar que W é vazio, ou não é fechado para uma das operações usuais. Neste exemplo, W é não vazio e é fechado para multiplicação por escalar, mas não é fechado para soma. Para ver isso, sejam

$$A = \begin{bmatrix} 1 & 0 \\ 0 & 0 \end{bmatrix} \quad e \quad B = \begin{bmatrix} 0 & 0 \\ 0 & 1 \end{bmatrix}.$$

Então, A e B são ambas singulares (não inversíveis), mas a sua soma

$$A + B = \begin{bmatrix} 1 & 0 \\ 0 & 1 \end{bmatrix}$$

é não singular (inversível). Portanto, W não é fechado para soma e, pelo Teorema 4.5, W não é um subespaço de $M_{2,2}$. ∎

EXEMPLO 4 Um subconjunto de R^2 que não é um subespaço

Mostre que $W = \{(x_1, x_2): x_1 \geq 0 \text{ e } x_2 \geq 0\}$, com as operações usuais, não é um subespaço de R^2.

SOLUÇÃO

Este conjunto é não vazio e fechado para soma. Não é, no entanto, fechado para multiplicação por escalar. Para ver isso, observe que $(1, 1)$ está em W, mas o múltiplo escalar $(-1)(1, 1) = (-1, -1)$ não está em W. Assim, W não é um subespaço de R^2.

Muitas vezes, você encontrará sequências de subespaços encaixados. Por exemplo, considere os espaços vetoriais $P_0, P_1, P_2, P_3, \ldots, P_n$, onde P_k é o conjunto de todos os polinômios de grau menor ou igual a k, com as operações usuais. Você pode escrever $P_0 \subset P_1 \subset P_2 \subset P_3 \subset \cdots \subset P_n$. Se $j \leq k$, então P_j é um subespaço de P_k. (No Exercício 45, será pedido que você mostre isso.) O Exemplo 5 descreve outros subespaços encaixados.

EXEMPLO 5 Subespaços de funções (cálculo)

Seja W_5 o espaço vetorial de todas as funções definidas em $[0, 1]$ e sejam W_1, W_2, W_3 e W_4 definidos como mostrado abaixo.

W_1 = conjunto de todas as funções polinomiais definidas em $[0, 1]$
W_2 = conjunto de todas as funções que são diferenciáveis em $[0, 1]$
W_3 = conjunto de todas as funções que são contínuas em $[0, 1]$
W_4 = conjunto de todas as funções que são integráveis em $[0, 1]$

Mostre que $W_1 \subset W_2 \subset W_3 \subset W_4 \subset W_5$ e que W_i é um subespaço de W_j para $i \leq j$.

SOLUÇÃO

Do cálculo, você sabe que toda função polinomial é diferenciável em $[0, 1]$. Então, $W_1 \subset W_2$. Além disso, cada função diferenciável é contínua, cada função contínua é integrável e cada função integrável é obviamente uma função, o que significa que $W_2 \subset W_3 \subset W_4 \subset W_5$. Então, você tem $W_1 \subset W_2 \subset W_3 \subset W_4 \subset W_5$, como mostrado na Figura 4.8. É deixado para você mostrar que W_i é um subespaço de W_j para $i \leq j$. (Veja o Exercício 46.)

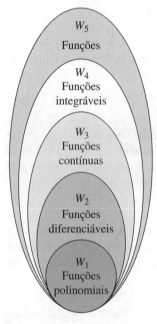

Figura 4.8

Como implícito no Exemplo 5, se U, V e W são espaços vetoriais tais que W é um subespaço de V e V é um subespaço de U, então W também é um subespaço de U. O próximo teorema afirma que a intersecção de dois subespaços também é um subespaço, como mostrado na Figura 4.9.

TEOREMA 4.6 A intersecção de dois subespaços é um subespaço

Se V e W são ambos subespaços de um espaço vetorial U, então a intersecção de V e W (denotada por $V \cap W$) também é um subespaço de U.

OBSERVAÇÃO

O Teorema 4.6 afirma que a *intersecção* de dois subespaços é um subespaço. No Exercício 56, será pedido que você mostre que a união de dois subespaços não é necessariamente um subespaço.

DEMONSTRAÇÃO

V e W são ambos subespaços de U, portanto ambos contêm $\mathbf{0}$ e $V \cap W$ é não vazio. Para mostrar que $V \cap W$ é fechado para soma, sejam $\mathbf{v}_1$ e $\mathbf{v}_2$ dois vetores em $V \cap W$. V e W são ambos subespaços de U, o que significa que ambos são fechados para soma. Tanto $\mathbf{v}_1$ como $\mathbf{v}_2$ estão em V, portanto a soma $\mathbf{v}_1 + \mathbf{v}_2$ deve estar em V. Da mesma forma, $\mathbf{v}_1 + \mathbf{v}_2$ está em W, porque $\mathbf{v}_1$ e $\mathbf{v}_2$ também estão em W. Mas isso implica que $\mathbf{v}_1 + \mathbf{v}_2$ está em $V \cap W$ e segue que $V \cap W$ é fechado para soma. É deixado para você mostrar (por um argumento semelhante) que $V \cap W$ é fechado para multiplicação por escalar. (Veja o Exercício 59.)

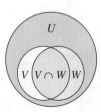

Figura 4.9 A intersecção de dois subespaços é um subespaço.

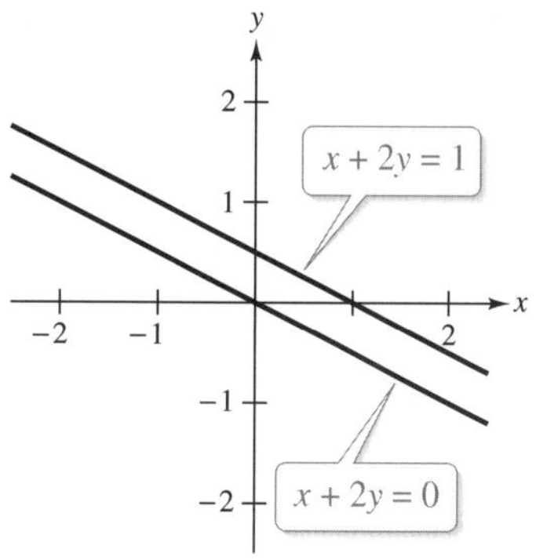

Espaços vetoriais 171

SUBESPAÇOS DE R^n

R^n é uma fonte conveniente de exemplos de espaços vetoriais, de modo que o restante desta seção é dedicado a examinar subespaços de R^n.

EXEMPLO 6 Determinação de subespaços de R^2

Determine se cada subconjunto é um subespaço de R^2.

a. O conjunto dos pontos na reta $x + 2y = 0$
b. O conjunto dos pontos na reta $x + 2y = 1$

SOLUÇÃO

a. Isolando x, um ponto em R^2 está na reta $x + 2y = 0$ se e somente se tiver a forma $(-2t, t)$, onde t é qualquer número real. (Veja a Figura 4.10.)
Para mostrar que esse conjunto é fechado para soma, sejam $\mathbf{v}_1 = (-2t_1, t_1)$ e $\mathbf{v}_2 = (-2t_2, t_2)$ dois pontos na reta. Então você tem

$$\mathbf{v}_1 + \mathbf{v}_2 = (-2t_1, t_1) + (-2t_2, t_2) = (-2(t_1 + t_2), t_1 + t_2) = (-2t_3, t_3)$$

onde $t_3 = t_1 + t_2$. Assim, $\mathbf{v}_1 + \mathbf{v}_2$ está na reta e o conjunto é fechado para soma. De forma semelhante, você pode mostrar que o conjunto é fechado para multiplicação por escalar. Então, este conjunto é um subespaço de R^2.

b. Este subconjunto de R^2 não é um subespaço de R^2 porque cada subespaço deve conter o vetor nulo $(0, 0)$, que não está na reta $x + 2y = 1$. (Veja a Figura 4.10.)

Figure 4.10

Das duas retas no Exemplo 6, a que é um subespaço de R^2 é aquela que passa pela origem. Isso é característico de subespaços de R^2. Mais precisamente, se W é um subconjunto de R^2, então é um subespaço se e somente se tiver uma das formas listadas abaixo.

1. W consiste no *único ponto* $(0, 0)$.
2. W consiste em todos os pontos de uma *reta* que passa pela origem.
3. W consiste em todo o R^2.

A Figura 4.11 mostra estas três possibilidades graficamente.

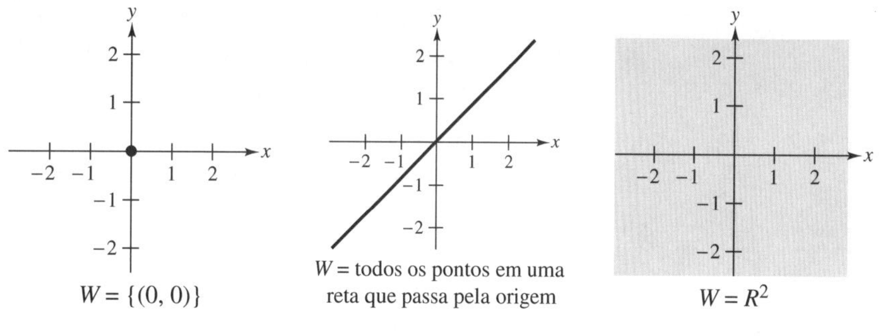

$W = \{(0, 0)\}$ $W = $ todos os pontos em uma reta que passa pela origem $W = R^2$

Figura 4.11

EXEMPLO 7 Um subconjunto de R^2 que não é um subespaço

Mostre que o subconjunto de R^2 consistindo em todos os pontos tais que $x^2 + y^2 = 1$ não é um subespaço.

SOLUÇÃO

Este subconjunto de R^2 *não* é um subespaço porque os pontos $(1, 0)$ e $(0, 1)$ estão no subconjunto, mas a soma $(1, 1)$ não está. (Figura 4.12.) Assim, este subconjunto não é fechado para soma.

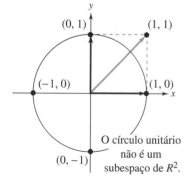

Figure 4.12

OBSERVAÇÃO

Outra maneira de dizer que o subconjunto mostrado na Figura 4.12 não é um subespaço de R^2 é observando que ele não contém o vetor nulo (a origem).

EXEMPLO 8 Determinação de subespaços do R^3

Veja LarsonLinearAlgebra.com para uma versão interativa deste tipo de exemplo.

Determine se cada subconjunto é um subespaço de R^3.

a. $W = \{(x_1, x_2, 1): x_1 \text{ e } x_2 \text{ são números reais}\}$

b. $W = \{(x_1, x_1 + x_3, x_3): x_1 \text{ e } x_3 \text{ são números reais}\}$

SOLUÇÃO

a. O vetor nulo $\mathbf{0} = (0, 0, 0)$ não está em W, logo W *não* é um subespaço de R^3.

b. Este conjunto é não vazio porque contém o vetor nulo $(0, 0, 0)$. Sejam

$$\mathbf{v} = (v_1, v_1 + v_3, v_3) \quad \text{e} \quad \mathbf{u} = (u_1, u_1 + u_3, u_3)$$

dois vetores em W e seja c qualquer número real. W é fechado para soma porque

$$\mathbf{v} + \mathbf{u} = (v_1 + u_1, v_1 + v_3 + u_1 + u_3, v_3 + u_3)$$
$$= (v_1 + u_1, (v_1 + u_1) + (v_3 + u_3), v_3 + u_3)$$
$$= (x_1, x_1 + x_3, x_3)$$

onde $x_1 = v_1 + u_1$ e $x_3 = v_3 + u_3$, o que significa que $\mathbf{v} + \mathbf{u}$ está em W. Do mesmo modo, W é fechado para multiplicação por escalar porque

$$c\mathbf{v} = (cv_1, c(v_1 + v_3), cv_3)$$
$$= (cv_1, cv_1 + cv_3, cv_3)$$
$$= (x_1, x_1 + x_3, x_3)$$

onde $x_1 = cv_1$ e $x_3 = cv_3$, o que significa que $c\mathbf{v}$ está em W. Então, W é um subespaço de R^3.

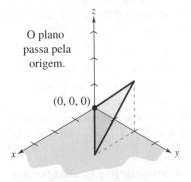

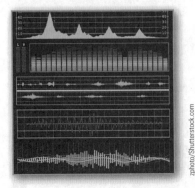

Figura 4.13

No Exemplo 8, observe que graficamente cada subconjunto é um plano em R^3, mas o único subconjunto que é um subespaço é aquele representado por um plano que passa pela origem. (Figura 4.13.) Você pode mostrar que um subconjunto W de R^3 é um subespaço de R^3 se e somente se tem uma das formas listadas abaixo.

1. W consiste no único ponto $(0, 0, 0)$.
2. W consiste em todos os pontos de uma *reta* que passa pela origem.
3. W consiste em todos os pontos de um *plano* que passa pela origem.
4. W consiste em todo o R^3.

ÁLGEBRA LINEAR APLICADA

O processamento de sinal digital depende da amostragem, que converte sinais contínuos em sequências discretas que podem ser usadas por dispositivos digitais. Tradicionalmente, a amostragem é uniforme e pontual e é obtida a partir de um único espaço vetorial. Então, a sequência resultante é reconstruída em um sinal de domínio contínuo. Tal processo, no entanto, pode envolver uma redução significativa na informação, o que poderia resultar em um sinal reconstruído de baixa qualidade. Em aplicações como radar, geofísica e comunicações sem fio, os pesquisadores determinaram situações em que a amostragem de uma união de espaços vetoriais pode ser mais apropriada. (*Fonte: Sampling Signals from a Union of Subspaces — A New Perspective for the Extension of This Theory, Lu, Y. M. and Do, M.N., IEEE Signal Processing Magazine*)

Espaços vetoriais **173**

4.3 Exercícios

Verificação de subespaços Nos Exercícios 1-6, verifique que W é um subespaço de V. Em cada caso, suponha que V tenha as operações usuais.

1. $W = \{(x_1, x_2, x_3, 0): x_1, x_2$ e x_3 são números reais$\}$
$V = R^4$

2. $\{(x, y, 4x - 5y): x$ e y são números reais$\}$
$V = R^3$

3. W é o conjunto de todas as matrizes 2×2 da forma
$\begin{bmatrix} 0 & a \\ b & 0 \end{bmatrix}$
$V = M_{2,2}$

4. W é o conjunto de todas as matrizes 3×2 da forma
$\begin{bmatrix} a & b \\ a - 2b & 0 \\ 0 & c \end{bmatrix}$
$V = M_{3,2}$

5. Cálculo W é o conjunto de todas as funções que são contínuas em $[-1, 1]$. V é o espaço vetorial de todas as funções que são integráveis em $[-1, 1]$.

6. Cálculo W é o conjunto de todas as funções que são diferenciáveis em $[-1, 1]$. V é o espaço vetorial de todas as funções que são contínuas em $[-1, 1]$.

Subconjuntos que não são subespaços Nos Exercícios 7-20, W não é um subespaço do espaço vetorial. Verifique isso dando um exemplo específico que viole o teste para subespaço vetorial (Teorema 4.5).

7. W é o conjunto de todos os vetores em R^3 cuja terceira componente é -1.

8. W é o conjunto de todos os vetores em R^2 cuja primeira componente é 2.

9. W é o conjunto de todos os vetores em R^2 cujas componentes são números racionais.

10. W é o conjunto de todos os vetores em R^2 cujas componentes são inteiros.

11. W é o conjunto de todas as funções não negativas em $C(-\infty, \infty)$.

12. W é o conjunto de todas as funções lineares $ax + b, a \neq 0$, em $C(-\infty, \infty)$.

13. W é o conjunto de todos os vetores em R^3 cujas componentes são não negativas.

14. W é o conjunto de todos os vetores em R^3 cujas componentes são triplas de pitagóricas.

15. W é o conjunto de todas as matrizes em $M_{3,3}$ da forma
$\begin{bmatrix} 1 & a & b \\ c & 1 & d \\ e & f & 0 \end{bmatrix}$.

16. W é o conjunto de todas as matrizes em $M_{3,1}$ da forma
$\begin{bmatrix} \sqrt{a} & 0 & 3a \end{bmatrix}^T$.

17. W é o conjunto de todas as matrizes em $M_{n,n}$ com determinantes iguais a 1.

18. W é o conjunto de todas as matrizes em $M_{n,n}$ tais que $A^2 = A$.

19. W é o conjunto de todos os vetores em R^2 cuja segunda componente é o cubo da primeira.

20. W é o conjunto de todos os vetores em R^2 cuja segunda componente é o quadrado da primeira.

Determinação de subespaços de $C(-\infty, \infty)$ Nos Exercícios 21-28, determine se o subconjunto de $C(-\infty, \infty)$ é um subespaço de $C(-\infty, \infty)$ com as operações usuais. Justifique sua resposta.

21. O conjunto de todas as funções positivas: $f(x) > 0$

22. O conjunto de todas as funções negativas: $f(x) < 0$

23. O conjunto de todas as funções pares: $f(-x) = f(x)$

24. O conjunto de todas as funções ímpares: $f(-x) = -f(x)$

25. O conjunto de todas as funções constantes: $f(x) = c$

26. O conjunto de todas as funções exponenciais $f(x) = a^x$, onde $a > 0$

27. O conjunto de todas as funções tais que $f(0) = 0$

28. O conjunto de todas as funções tais que $f(0) = 1$

Determinação de subespaços de $M_{n,n}$ Nos Exercícios 29-36, determine se o subconjunto de $M_{n,n}$ é um subespaço de $M_{n,n}$ com as operações usuais. Justifique sua resposta.

29. O conjunto de todas as matrizes $n \times n$ triangulares superiores

30. O conjunto de todas as matrizes $n \times n$ diagonais

31. O conjunto de todas as matrizes $n \times n$ com elementos inteiros

32. O conjunto de todas as matrizes $n \times n$ que comutam com a matriz B; isto é, matrizes A tais que $AB = BA$

33. O conjunto de todas as matrizes $n \times n$ singulares

34. O conjunto de todas as matrizes $n \times n$ inversíveis

35. O conjunto de todas as matrizes $n \times n$ cujos elementos somam zero

36. O conjunto de todas as matrizes $n \times n$ cujo traço é diferente de zero.
(Lembre-se de que o **traço** de uma matriz é a soma dos elementos da diagonal principal da matriz.)

Determinação de subespaços de R^3 Nos Exercícios 37-42, determine se o conjunto W é um subespaço de R^3 com as operações usuais. Justifique sua resposta.

37. $W = \{(0, x_2, x_3): x_2$ e x_3 são números reais$\}$

38. $W = \{(x_1, x_2, 4): x_1$ e x_2 são números reais$\}$

39. $W = \{(a, a - 3b, b): a$ e b são números reais$\}$

40. $W = \{(s, t, s + t): s$ e t são números reais$\}$

41. $W = \{(x_1, x_2, x_1 x_2): x_1$ e x_2 são números reais$\}$

42. $W = \{(x_1, 1/x_1, x_3): x_1$ e x_3 são números reais, $x_1 \neq 0\}$

174 Elementos de álgebra linear

Verdadeiro ou falso? Nos Exercícios 43 e 44, determine se cada afirmação é verdadeira ou falsa. Se uma afirmação for verdadeira, dê uma justificativa ou cite uma afirmação apropriada do texto. Se uma afirmação for falsa, forneça um exemplo que mostre que a afirmação não é verdadeira em todos os casos ou cite uma afirmação apropriada do texto.

43. (a) Se W é um subespaço de um espaço vetorial V, então ele é fechado para a multiplicação por escalar definida em V.

(b) Se V e W são ambos subespaços de um espaço vetorial U, então a intersecção de V e W também é um subespaço.

(c) Se U, V e W são espaços vetoriais tais que W é um subespaço de V e U é um subespaço de V, então $W = U$.

44. (a) Todo o espaço vetorial V contém dois subespaços próprios que são o subespaço nulo e ele próprio.

(b) Se W for um subespaço de R^2, então W deve conter o vetor $(0, 0)$.

(c) Se W é um subespaço de um espaço vetorial V, então ele é fechado para a soma definida em V.

(d) Se W é um subespaço de um espaço vetorial V, então W também é um espaço vetorial.

45. Considere os espaços vetoriais

$$P_0, P_1, P_2, \ldots, P_n$$

onde P_k é o conjunto de todos os polinômios de grau menor ou igual a k, com as operações usuais. Mostre que se $j \leq k$, então P_j é um subespaço de P_k.

46. Cálculo Sejam W_1, W_2, W_3, W_4 e W_5 definidos como no Exemplo 5. Mostre que W_i é um subespaço de W_j para $i \leq j$.

47. Cálculo Seja $F(-\infty, \infty)$ o espaço vetorial das funções a valores reais definidos em toda a reta real. Mostre que cada conjunto é um subespaço de $F(-\infty, \infty)$.

(a) $C(-\infty, \infty)$

(b) O conjunto de todas as funções diferenciáveis definidas na reta real

(c) O conjunto de todas as funções diferenciáveis definidas na reta real que satisfazem a equação diferencial

$$f' - 3f = 0$$

48. Cálculo Determine se o conjunto

$$S = \left\{ f \in C[0, 1]: \int_0^1 f(x)\, dx = 0 \right\}$$

é um subespaço de $C[0, 1]$. Demonstre sua resposta.

49. Seja W o subconjunto de R^3 consistindo em todos os pontos de uma reta que passa pela origem. Essa reta pode ser representada pelas equações paramétricas

$$x = at, \quad y = bt \quad \text{e} \quad z = ct.$$

Use estas equações para mostrar que W é um subespaço de R^3.

50. Ponto crucial Explique por que é suficiente testar o fechamento para estabelecer que um subconjunto não vazio de um espaço vetorial é um subespaço.

51. Demonstração guiada Demonstre que um conjunto não vazio W é um subespaço de um espaço vetorial V se e somente se $a\mathbf{x} + b\mathbf{y}$ for um elemento de W para todos os escalares a e b e todos os vetores $\mathbf{x}$ e $\mathbf{y}$ em W.

Começando: em uma direção, suponha que W é um subespaço e mostre, usando axiomas de fechamento, que $a\mathbf{x} + b\mathbf{y}$ é um elemento de W. Na outra direção, ao supor que $a\mathbf{x} + b\mathbf{y}$ é um elemento de W para todos os escalares a e b e todos os vetores $\mathbf{x}$ e $\mathbf{y}$ em W, verifique que W é fechado para soma e para multiplicação por escalar.

(i) Se W é um subespaço de V, use o fechamento da multiplicação por escalar para mostrar que $a\mathbf{x}$ e $b\mathbf{y}$ estão em W. A seguir, use o fechamento da soma para obter o resultado desejado.

(ii) Reciprocamente, suponha que $a\mathbf{x} + b\mathbf{y}$ esteja em W. Ao atribuir valores específicos bem escolhidos a a e b, mostre que W é fechado para soma e para multiplicação por escalar.

52. Sejam $\mathbf{x}$, $\mathbf{y}$ e $\mathbf{z}$ vetores em um espaço vetorial V. Mostre que o conjunto de todas as combinações lineares de $\mathbf{x}$, $\mathbf{y}$ e $\mathbf{z}$,

$$W = \{a\mathbf{x} + b\mathbf{y} + c\mathbf{z}: a, b \text{ e } c \text{ são escalares}\}$$

é um subespaço de V. Esse subespaço é o **subespaço gerado** por $\{\mathbf{x}, \mathbf{y}, \mathbf{z}\}$.

53. Demonstração Seja A uma matriz fixa 2×3. Demonstre que o conjunto

$$W = \left\{ \mathbf{x} \in R^3: A\mathbf{x} = \begin{bmatrix} 1 \\ 2 \end{bmatrix} \right\}$$

não é um subespaço de R^3.

54. Demonstração Seja A uma matriz fixa $m \times n$. Demonstre que o conjunto

$$W = \{\mathbf{x} \in R^n: A\mathbf{x} = \mathbf{0}\}$$

é um subespaço de R^n.

55. Demonstração Seja W um subespaço do espaço vetorial V. Demonstre que o vetor nulo em V também é o vetor nulo em W.

56. Dê um exemplo que mostre que a união de dois subespaços de um espaço vetorial V não é necessariamente um subespaço de V.

57. Demonstração Sejam A e B matrizes 2×2 fixas. Mostre que o conjunto

$$W = \{X: XAB = BAX\}$$

é um subespaço de $M_{2,2}$.

58. Demonstração Sejam V e W dois subespaços de um espaço vetorial U.

(a) Demonstre que o conjunto

$$V + W = \{\mathbf{u}: \mathbf{u} = \mathbf{v} + \mathbf{w}, \mathbf{v} \in V \text{ e } \mathbf{w} \in W\}$$

é um subespaço de U.

(b) Descreva $V + W$ quando V e W são os subespaços de $U = R^2$:

$$V = \{(x, 0): x \text{ é um número real}\} \text{ e}$$
$$W = \{(0, y): y \text{ é um número real}\}.$$

59. Demonstração Complete a demonstração do Teorema 4.6, mostrando que a intersecção de dois subespaços de um espaço vetorial é fechada para multiplicação por escalar.

Espaços vetoriais 175

4.4 Conjuntos geradores e independência linear

- Escrever uma combinação linear de um conjunto de vetores em um espaço vetorial V.
- Determinar se um conjunto S de vetores em um espaço vetorial V é um conjunto gerador de V.
- Determinar se um conjunto de vetores em um espaço vetorial V é linearmente independente.

COMBINAÇÕES LINEARES DE VETORES EM UM ESPAÇO VETORIAL

Esta seção começa a desenvolver procedimentos para representar cada vetor em um espaço vetorial como uma **combinação linear** de um número selecionado de vetores no espaço.

Definição de combinação linear de vetores

Um vetor $\mathbf{v}$ em um espaço vetorial V é uma **combinação linear** dos vetores $\mathbf{u}_1, \mathbf{u}_2, \ldots, \mathbf{u}_k$ em V quando $\mathbf{v}$ pode ser escrito na forma

$$\mathbf{v} = c_1 \mathbf{u}_1 + c_2 \mathbf{u}_2 + \cdots + c_k \mathbf{u}_k$$

onde $c_1, c_2, \ldots, c_k$ são escalares.

Por vezes, um ou mais vetores em um conjunto podem ser escritos como combinações lineares de outros vetores no conjunto. Os exemplos 1 e 2 ilustram esta possibilidade.

EXEMPLO 1   Exemplos de combinações lineares

a. Para o conjunto de vetores em R^3

$$\overset{\mathbf{v}_1}{}\quad \overset{\mathbf{v}_2}{}\quad \overset{\mathbf{v}_3}{}$$
$$S = \{(1, 3, 1), (0, 1, 2), (1, 0, -5)\}$$

$\mathbf{v}_1$ é uma combinação linear de $\mathbf{v}_2$ e $\mathbf{v}_3$ porque
$$\mathbf{v}_1 = 3\mathbf{v}_2 + \mathbf{v}_3 = 3(0, 1, 2) + (1, 0, -5) = (1, 3, 1).$$

b. Para o conjunto de vetores em $M_{2,2}$

$$\overset{\mathbf{v}_1}{}\quad \overset{\mathbf{v}_2}{}\quad \overset{\mathbf{v}_3}{}\quad \overset{\mathbf{v}_4}{}$$
$$S = \left\{ \begin{bmatrix} 0 & 8 \\ 2 & 1 \end{bmatrix}, \begin{bmatrix} 0 & 2 \\ 1 & 0 \end{bmatrix}, \begin{bmatrix} -1 & 3 \\ 1 & 2 \end{bmatrix}, \begin{bmatrix} -2 & 0 \\ 1 & 3 \end{bmatrix} \right\}$$

$\mathbf{v}_1$ é uma combinação linear de $\mathbf{v}_2$, $\mathbf{v}_3$ e $\mathbf{v}_4$ porque
$$\mathbf{v}_1 = \mathbf{v}_2 + 2\mathbf{v}_3 - \mathbf{v}_4$$
$$= \begin{bmatrix} 0 & 2 \\ 1 & 0 \end{bmatrix} + 2\begin{bmatrix} -1 & 3 \\ 1 & 2 \end{bmatrix} - \begin{bmatrix} -2 & 0 \\ 1 & 3 \end{bmatrix}$$
$$= \begin{bmatrix} 0 & 8 \\ 2 & 1 \end{bmatrix}.$$

No Exemplo 1, é relativamente fácil verificar se um dos vetores no conjunto S é uma combinação linear dos outros vetores porque os coeficientes para formar a combinação linear são dados. O Exemplo 2 ilustra um procedimento para encontrar os coeficientes.

EXEMPLO 2   Determinação de uma combinação linear

Escreva o vetor $\mathbf{w} = (1, 1, 1)$ como uma combinação linear dos vetores no conjunto

$$\overset{\mathbf{v}_1}{}\quad \overset{\mathbf{v}_2}{}\quad \overset{\mathbf{v}_3}{}$$
$$S = \{(1, 2, 3), (0, 1, 2), (-1, 0, 1)\}.$$

Elementos de álgebra linear

SOLUÇÃO

Encontre escalares c_1, c_2 e c_3 tais que

$$
\begin{aligned}
(1, 1, 1) &= c_1(1, 2, 3) + c_2(0, 1, 2) + c_3(-1, 0, 1) \\
&= (c_1, 2c_1, 3c_1) + (0, c_2, 2c_2) + (-c_3, 0, c_3) \\
&= (c_1 - c_3, 2c_1 + c_2, 3c_1 + 2c_2 + c_3).
\end{aligned}
$$

Ao igualar as componentes correspondentes obtemos o seguinte sistema de equações lineares.

$$
\begin{aligned}
c_1 \quad\quad - c_3 &= 1 \\
2c_1 + c_2 \quad\quad &= 1 \\
3c_1 + 2c_2 + c_3 &= 1
\end{aligned}
$$

Usando a eliminação de Gauss-Jordan, a matriz aumentada deste sistema se reduz por linhas a

$$
\begin{bmatrix}
1 & 0 & -1 & 1 \\
0 & 1 & 2 & -1 \\
0 & 0 & 0 & 0
\end{bmatrix}.
$$

Assim, esse sistema tem infinitas soluções, cada uma da forma

$$
c_1 = 1 + t, \quad c_2 = -1 - 2t, \quad c_3 = t.
$$

Para obter uma solução, você poderia tomar $t = 1$. Então $c_3 = 1$, $c_2 = -3$ e $c_1 = 2$ e você tem

$$
\mathbf{w} = 2\mathbf{v}_1 - 3\mathbf{v}_2 + \mathbf{v}_3.
$$

(Verifique isso.) Outras opções para t renderiam diferentes maneiras de escrever $\mathbf{w}$ como uma combinação linear de $\mathbf{v}_1$, $\mathbf{v}_2$ e $\mathbf{v}_3$.

EXEMPLO 3   Determinação de uma combinação linear

Se possível, escreva o vetor

$$
\mathbf{w} = (1, -2, 2)
$$

como uma combinação linear dos vetores no conjunto S do Exemplo 2.

SOLUÇÃO

Seguindo o procedimento do Exemplo 2 obtemos o sistema

$$
\begin{aligned}
c_1 \quad\quad - c_3 &= 1 \\
2c_1 + c_2 \quad\quad &= -2 \\
3c_1 + 2c_2 + c_3 &= 2.
\end{aligned}
$$

A matriz aumentada do sistema reduz-se por linhas a

$$
\begin{bmatrix}
1 & 0 & -1 & 0 \\
0 & 1 & 2 & 0 \\
0 & 0 & 0 & 1
\end{bmatrix}.
$$

A partir da terceira linha você pode concluir que o sistema de equações é inconsistente, o que significa que não há nenhuma solução. Consequentemente, $\mathbf{w}$ *não* pode ser escrito como uma combinação linear de $\mathbf{v}_1$, $\mathbf{v}_2$ e $\mathbf{v}_3$.

CONJUNTOS GERADORES

Se todo vetor em um espaço vetorial pode ser escrito como uma combinação linear de vetores em um conjunto S, então S é um **conjunto gerador** do espaço vetorial.

Definição de um conjunto gerador de um espaço vetorial

Seja $S = \{\mathbf{v}_1, \mathbf{v}_2, \ldots, \mathbf{v}_k\}$ um subconjunto de um espaço vetorial V. O conjunto S é um **conjunto gerador** de V quando *todo* vetor em V pode ser escrito como uma combinação linear de vetores em S. Nesses casos, diz-se que S **gera** V.

Espaços vetoriais   177

EXEMPLO 4   Exemplos de conjuntos geradores

a. O conjunto $S = \{(1, 0, 0), (0, 1, 0), (0, 0, 1)\}$ gera R^3 porque qualquer vetor $\mathbf{u} = (u_1, u_2, u_3)$ em R^3 pode ser escrito como

$$\mathbf{u} = u_1(1, 0, 0) + u_2(0, 1, 0) + u_3(0, 0, 1) = (u_1, u_2, u_3).$$

b. O conjunto $S = \{1, x, x^2\}$ gera P_2 porque qualquer função polinomial $p(x) = a + bx + cx^2$ em P_2 pode ser escrita como

$$p(x) = a(1) + b(x) + c(x^2)$$
$$= a + bx + cx^2.$$

Os conjuntos geradores no Exemplo 4 são chamados **conjuntos geradores canônicos** de R^3 e P_2, respectivamente. (Você aprenderá mais sobre os conjuntos geradores canônicos na próxima seção.) No próximo exemplo, verá um conjunto gerador não canônico de R^3.

EXEMPLO 5   Um conjunto gerador de R^3

Mostre que o conjunto $S = \{(1, 2, 3), (0, 1, 2), (-2, 0, 1)\}$ gera R^3.

SOLUÇÃO

Seja $\mathbf{u} = (u_1, u_2, u_3)$ um vetor *qualquer* em R^3. Encontre os escalares c_1, c_2 e c_3 tais que

$$(u_1, u_2, u_3) = c_1(1, 2, 3) + c_2(0, 1, 2) + c_3(-2, 0, 1)$$
$$= (c_1 - 2c_3, 2c_1 + c_2, 3c_1 + 2c_2 + c_3).$$

Essa equação vetorial produz o sistema

$$\begin{aligned} c_1 \quad\quad\; - 2c_3 &= u_1 \\ 2c_1 + \; c_2 \quad\quad &= u_2 \\ 3c_1 + 2c_2 + \; c_3 &= u_3. \end{aligned}$$

A matriz de coeficientes deste sistema possui determinante diferente de zero (verifique que é igual a -1). Logo, segue da lista de condições equivalentes na Seção 3.3 que o sistema possui uma única solução. Assim, qualquer vetor em R^3 pode ser escrito como uma combinação linear dos vetores em S, o que permite concluir que o conjunto S gera R^3.

OBSERVAÇÃO

A matriz de coeficientes do sistema no Exemplo 3,

$$\begin{bmatrix} 1 & 0 & -1 \\ 2 & 1 & 0 \\ 3 & 2 & 1 \end{bmatrix}$$

tem o determinante igual a zero. (Verifique isso.)

EXEMPLO 6   Um conjunto que não gera R^3

Do Exemplo 3 você sabe que o conjunto

$$S = \{(1, 2, 3), (0, 1, 2), (-1, 0, 1)\}$$

não gera R^3 porque $\mathbf{w} = (1, -2, 2)$ está em R^3 e não pode ser expresso como uma combinação linear dos vetores em S.

Ao comparar os conjuntos de vetores nos Exemplos 5 e 6, observe que os conjuntos são os mesmos exceto por uma diferença aparentemente insignificante no terceiro vector.

$$S_1 = \{(1, 2, 3), (0, 1, 2), (-2, 0, 1)\} \quad\quad \text{Example 5}$$
$$S_2 = \{(1, 2, 3), (0, 1, 2), (-1, 0, 1)\} \quad\quad \text{Example 6}$$

A diferença, no entanto, é significativa, porque o conjunto S_1 gera R^3 enquanto o conjunto S_2 não gera. O motivo dessa diferença pode ser visto na Figura 4.14. Os vetores em S_2 estão em um plano comum; os vetores em S_1 não.

178 Elementos de álgebra linear

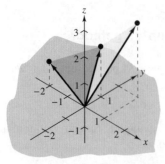

$S_1 = \{(1, 2, 3), (0, 1, 2), (-2, 0, 1)\}$
Os vetores em S_1 não estão em um plano comum.

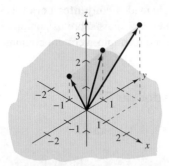

$S_2 = \{(1, 2, 3), (0, 1, 2), (-1, 0, 1)\}$
Os vetores em S_2 estão em um plano comum.

Figure 4.14

Embora o conjunto S_2 não gere todo o R^3, ele gera um subespaço de R^3 – a saber, o plano em que se encontram os três vetores de S_2. Este é o **subespaço gerado por** S_2, conforme indicado na próxima definição.

Definição do subespaço gerado por um conjunto

Se $S = \{\mathbf{v}_1, \mathbf{v}_2, \ldots, \mathbf{v}_k\}$ é um conjunto de vetores em um espaço vetorial V, então o subespaço gerado por S é o conjunto de todas as combinações lineares dos vetores em S,

$$\text{span}(S) = \{c_1\mathbf{v}_1 + c_2\mathbf{v}_2 + \cdots + c_k\mathbf{v}_k : c_1, c_2, \ldots, c_k \text{ são números reais}\}.$$

O subespaço gerado por S é denotado por

$$\text{span}(S) \quad \text{ou} \quad \text{span}\{\mathbf{v}_1, \mathbf{v}_2, \ldots, \mathbf{v}_k\}.$$

Quando $\text{span}(S) = V$, diz-se que V é **gerado** por $\{\mathbf{v}_1, \mathbf{v}_2, \ldots, \mathbf{v}_k\}$ ou que S **gera** V.

O próximo teorema diz que o subespaço gerado por qualquer subconjunto finito e não vazio de um espaço vetorial V é, de fato, um subespaço de V.

TEOREMA 4.7   Span(S) é um subespaço de V

Se $S = \{\mathbf{v}_1, \mathbf{v}_2, \ldots, \mathbf{v}_k\}$ é um conjunto de vetores em um espaço vetorial V, então $\text{span}(S)$ é um subespaço de V. Além disso, $\text{span}(S)$ é o menor subespaço de V que contém S, no sentido que todos os outros subespaços de V que contém S devem conter $\text{span}(S)$.

DEMONSTRAÇÃO

Para mostrar que $\text{span}(S)$, o conjunto de todas as combinações lineares de $\mathbf{v}_1, \mathbf{v}_2, \ldots, \mathbf{v}_k$, é um subespaço de V, mostre que é fechado para soma e para multiplicação por escalar. Considere quaisquer dois vetores $\mathbf{u}$ e $\mathbf{v}$ em $\text{span}(S)$,

$$\mathbf{u} = c_1\mathbf{v}_1 + c_2\mathbf{v}_2 + \cdots + c_k\mathbf{v}_k$$
$$\mathbf{v} = d_1\mathbf{v}_1 + d_2\mathbf{v}_2 + \cdots + d_k\mathbf{v}_k,$$

onde

$$c_1, c_2, \ldots, c_k \quad \text{e} \quad d_1, d_2, \ldots, d_k$$

são escalares. Então

$$\mathbf{u} + \mathbf{v} = (c_1 + d_1)\mathbf{v}_1 + (c_2 + d_2)\mathbf{v}_2 + \cdots + (c_k + d_k)\mathbf{v}_k$$

e

$$c\mathbf{u} = (cc_1)\mathbf{v}_1 + (cc_2)\mathbf{v}_2 + \cdots + (cc_k)\mathbf{v}_k,$$

o que significa que $\mathbf{u} + \mathbf{v}$ e $c\mathbf{u}$ também estão em $\text{span}(S)$, uma vez que eles podem ser escritos como combinações lineares de vetores em S. Portanto, $\text{span}(S)$ é um subespaço de V. É deixado para você demonstrar que $\text{span}(S)$ é o menor subespaço de V que contém S. (Veja o Exercício 59.)

DEPENDÊNCIA LINEAR E INDEPENDÊNCIA LINEAR

Para um conjunto de vetores

$$S = \{\mathbf{v}_1, \mathbf{v}_2, \ldots, \mathbf{v}_k\}$$

em um espaço vetorial V, a equação vetorial

$$c_1\mathbf{v}_1 + c_2\mathbf{v}_2 + \cdots + c_k\mathbf{v}_k = \mathbf{0}$$

sempre tem a solução trivial

$$c_1 = 0, c_2 = 0, \ldots, c_k = 0.$$

Espaços vetoriais   179

Por vezes, no entanto, também há soluções não triviais. Por exemplo, no Exemplo 1(a) você viu que no conjunto

$$\overset{\mathbf{v}_1}{S = \{(1, 3, 1),}\ \overset{\mathbf{v}_2}{(0, 1, 2),}\ \overset{\mathbf{v}_3}{(1, 0, -5)\}}$$

o vetor $\mathbf{v}_1$ pode ser escrito como uma combinação linear dos outros dois vetores, como mostrado a seguir.

$$\mathbf{v}_1 = 3\mathbf{v}_2 + \mathbf{v}_3$$

Assim, a equação vetorial

$$c_1\mathbf{v}_1 + c_2\mathbf{v}_2 + c_3\mathbf{v}_3 = \mathbf{0}$$

tem uma solução não trivial na qual os coeficientes *não são todos nulos*:

$$c_1 = 1, \quad c_2 = -3, \quad c_3 = -1.$$

Quando existe uma solução não trivial, o conjunto S é **linearmente dependente**. Se a única solução tivesse sido a trivial ($c_1 = c_2 = c_3 = 0$), então o conjunto S seria **linearmente independente**. Este conceito é essencial para o estudo de álgebra linear.

Definição de dependência linear e independência linear

Um conjunto de vetores $S = \{\mathbf{v}_1, \mathbf{v}_2, \ldots, \mathbf{v}_k\}$ em um espaço vetorial V é **linearmente independente** quando a equação vetorial

$$c_1\mathbf{v}_1 + c_2\mathbf{v}_2 + \cdots + c_k\mathbf{v}_k = \mathbf{0}$$

tem apenas a solução trivial

$$c_1 = 0, c_2 = 0, \ldots, c_k = 0.$$

Se também existem soluções não triviais, então S é **linearmente dependente**.

EXEMPLO 7   Exemplos de conjuntos linearmente independentes

a. O conjunto $S = \{(1, 2), (2, 4)\}$ em R^2 é linearmente dependente porque
$$-2(1, 2) + (2, 4) = (0, 0).$$

b. O conjunto $S = \{(1, 0), (0, 1), (-2, 5)\}$ em R^2 é linearmente dependente porque
$$2(1, 0) - 5(0, 1) + (-2, 5) = (0, 0).$$

c. O conjunto $S = \{(0, 0), (1, 2)\}$ em R^2 é linearmente dependente porque
$$1(0, 0) + 0(1, 2) = (0, 0).$$

O exemplo a seguir ilustra um teste para determinar se um conjunto de vetores é linearmente independente ou linearmente dependente.

EXEMPLO 8   Teste para independência linear

Veja LarsonLinearAlgebra.com para uma versão interativa deste tipo de exemplo.

Determine se o conjunto de vetores em R^3 é linearmente independente ou linearmente dependente.

$$S = \{\mathbf{v}_1, \mathbf{v}_2, \mathbf{v}_3\} = \{(1, 2, 3), (0, 1, 2), (-2, 0, 1)\}$$

SOLUÇÃO

Para determinar independência ou dependência linear, forme a equação vetorial

$$c_1\mathbf{v}_1 + c_2\mathbf{v}_2 + c_3\mathbf{v}_3 = \mathbf{0}.$$

Se a única solução dessa equação for $c_1 = c_2 = c_3 = 0$, então o conjunto S é linearmente independente. Caso contrário, S é linearmente dependente. Expandindo esta equação, você obtém

$$c_1(1, 2, 3) + c_2(0, 1, 2) + c_3(-2, 0, 1) = (0, 0, 0)$$
$$(c_1 - 2c_3, 2c_1 + c_2, 3c_1 + 2c_2 + c_3) = (0, 0, 0)$$

o que produz o sistema homogêneo de equações lineares em c_1, c_2 e c_3 abaixo.

$$\begin{aligned} c_1 \qquad\quad - 2c_3 &= 0 \\ 2c_1 + c_2 \qquad\quad &= 0 \\ 3c_1 + 2c_2 + c_3 &= 0 \end{aligned}$$

A matriz aumentada deste sistema se reduz por eliminação de Gauss-Jordan como indicado.

$$\begin{bmatrix} 1 & 0 & -2 & 0 \\ 2 & 1 & 0 & 0 \\ 3 & 2 & 1 & 0 \end{bmatrix} \longrightarrow \begin{bmatrix} 1 & 0 & 0 & 0 \\ 0 & 1 & 0 & 0 \\ 0 & 0 & 1 & 0 \end{bmatrix}$$

Isso implica que a única solução é a solução trivial $c_1 = c_2 = c_3 = 0$. Então, S é linearmente independente.

Os passos no Exemplo 8 estão resumidos abaixo.

Teste para independência linear e dependência linear

Seja $S = \{\mathbf{v}_1, \mathbf{v}_2, \ldots, \mathbf{v}_k\}$ um conjunto de vetores em um espaço vetorial V. Para determinar se S é linearmente independente ou linearmente dependente, use os passos abaixo.

1. A partir da equação vetorial $c_1\mathbf{v}_1 + c_2\mathbf{v}_2 + \cdots + c_k\mathbf{v}_k = \mathbf{0}$, escreva um sistema de equações lineares nas variáveis $c_1, c_2, \ldots, c_k$.
2. Determine se o sistema possui uma única solução.
3. Se o sistema tiver apenas a solução trivial, $c_1 = 0, c_2 = 0, \ldots, c_k = 0$, então o conjunto S é linearmente independente. Se o sistema também tiver soluções não triviais, então S é linearmente dependente.

ÁLGEBRA LINEAR APLICADA O efeito de *morphing* de imagem é o processo de transformar uma imagem em outra gerando uma sequência de imagens intermediárias sintéticas. Esta técnica possui uma grande variedade de aplicações, como efeitos especiais de filmes, software de progressão de idade e simulação de cicatrização de feridas e resultados de cirurgia estética. O efeito de *morphing* de uma imagem usa um processo chamado deformação, em que uma parte de uma imagem é distorcida. A matemática por trás da deformação e do efeito de *morphing* pode incluir a formação de uma combinação linear dos vetores que limitam uma parte triangular da imagem e a realização de uma *transformação afim* para formar novos vetores e uma parte distorcida da imagem.

EXEMPLO 9 Teste para independência linear

Determine se o conjunto de vetores em P_2 é linearmente independente ou linearmente dependente.

$$S = \{\underset{\mathbf{v}_1}{1 + x - 2x^2},\ \underset{\mathbf{v}_2}{2 + 5x - x^2},\ \underset{\mathbf{v}_3}{x + x^2}\}$$

SOLUÇÃO

Expandindo a equação $c_1\mathbf{v}_1 + c_2\mathbf{v}_2 + c_3\mathbf{v}_3 = 0$, obtemos

Espaços vetoriais 181

$$c_1(1 + x - 2x^2) + c_2(2 + 5x - x^2) + c_3(x + x^2) = 0 + 0x + 0x^2$$
$$(c_1 + 2c_2) + (c_1 + 5c_2 + c_3)x + (-2c_1 - c_2 + c_3)x^2 = 0 + 0x + 0x^2.$$

Igualar os coeficientes correspondentes das potências de x se produz o sistema homogêneo de equações lineares em c_1, c_2 e c_3 abaixo.

$$\begin{aligned} c_1 + 2c_2 \quad\quad &= 0 \\ c_1 + 5c_2 + c_3 &= 0 \\ -2c_1 - c_2 + c_3 &= 0 \end{aligned}$$

A matriz aumentada deste sistema se reduz pela eliminação de Gauss como indicado a seguir.

$$\begin{bmatrix} 1 & 2 & 0 & 0 \\ 1 & 5 & 1 & 0 \\ -2 & -1 & 1 & 0 \end{bmatrix} \longrightarrow \begin{bmatrix} 1 & 2 & 0 & 0 \\ 0 & 1 & \frac{1}{3} & 0 \\ 0 & 0 & 0 & 0 \end{bmatrix}$$

Isso implica que o sistema possui infinitas soluções. Assim, o sistema deve ter soluções não triviais, o que permite concluir que o conjunto S é linearmente dependente.

Uma solução não trivial é

$$c_1 = 2, \quad c_2 = -1 \quad \text{e} \quad c_3 = 3$$

que produz a combinação linear não trivial

$$(2)(1 + x - 2x^2) + (-1)(2 + 5x - x^2) + (3)(x + x^2) = 0.$$

EXEMPLO 10 Teste para independência linear

Determine se o conjunto de vetores em $M_{2,2}$ é linearmente independente ou linearmente dependente.

$$S = \left\{ \overset{\mathbf{v}_1}{\begin{bmatrix} 2 & 1 \\ 0 & 1 \end{bmatrix}}, \overset{\mathbf{v}_2}{\begin{bmatrix} 3 & 0 \\ 2 & 1 \end{bmatrix}}, \overset{\mathbf{v}_3}{\begin{bmatrix} 1 & 0 \\ 2 & 0 \end{bmatrix}} \right\}$$

SOLUÇÃO

Da equação $c_1\mathbf{v}_1 + c_2\mathbf{v}_2 + c_3\mathbf{v}_3 = \mathbf{0}$, você obtém

$$c_1\begin{bmatrix} 2 & 1 \\ 0 & 1 \end{bmatrix} + c_2\begin{bmatrix} 3 & 0 \\ 2 & 1 \end{bmatrix} + c_3\begin{bmatrix} 1 & 0 \\ 2 & 0 \end{bmatrix} = \begin{bmatrix} 0 & 0 \\ 0 & 0 \end{bmatrix},$$

o que produz o sistema de equações lineares em c_1, c_2 e c_3 abaixo.

$$\begin{aligned} 2c_1 + 3c_2 + c_3 &= 0 \\ c_1 \quad\quad\quad\quad &= 0 \\ 2c_2 + 2c_3 &= 0 \\ c_1 + c_2 \quad\quad &= 0 \end{aligned}$$

Use a eliminação de Gauss para mostrar que o sistema possui apenas a solução trivial, o que significa que o conjunto S é linearmente independente.

EXEMPLO 11 Teste para independência linear

Determine se o conjunto de vetores em $M_{4,1}$ é linearmente independente ou linearmente dependente.

$$S = \{\mathbf{v}_1, \mathbf{v}_2, \mathbf{v}_3, \mathbf{v}_4\} = \left\{ \begin{bmatrix} 1 \\ 0 \\ -1 \\ 0 \end{bmatrix}, \begin{bmatrix} 1 \\ 1 \\ 0 \\ 2 \end{bmatrix}, \begin{bmatrix} 0 \\ 3 \\ 1 \\ -2 \end{bmatrix}, \begin{bmatrix} 0 \\ 1 \\ -1 \\ 2 \end{bmatrix} \right\}$$

SOLUÇÃO

Da equação $c_1\mathbf{v}_1 + c_2\mathbf{v}_2 + c_3\mathbf{v}_3 + c_4\mathbf{v}_4 = \mathbf{0}$, você obtém

182 Elementos de álgebra linear

$$c_1 \begin{bmatrix} 1 \\ 0 \\ -1 \\ 0 \end{bmatrix} + c_2 \begin{bmatrix} 1 \\ 1 \\ 0 \\ 2 \end{bmatrix} + c_3 \begin{bmatrix} 0 \\ 3 \\ 1 \\ -2 \end{bmatrix} + c_4 \begin{bmatrix} 0 \\ 1 \\ -1 \\ 2 \end{bmatrix} = \begin{bmatrix} 0 \\ 0 \\ 0 \\ 0 \end{bmatrix}.$$

Essa equação produz o sistema de equações lineares em c_1, c_2, c_3 e c_4 a seguir.

$$
\begin{aligned}
c_1 + c_2 &= 0 \\
c_2 + 3c_3 + c_4 &= 0 \\
-c_1 + c_3 - c_4 &= 0 \\
2c_2 - 2c_3 + 2c_4 &= 0
\end{aligned}
$$

Use a eliminação de Gauss para mostrar que o sistema possui apenas a solução trivial, o que significa que o conjunto S é linearmente independente.

Se um conjunto de vetores for linearmente dependente, então, por definição, a equação $c_1\mathbf{v}_1 + c_2\mathbf{v}_2 + \cdots + c_k\mathbf{v}_k = \mathbf{0}$ tem uma solução não trivial (uma solução para a qual nem todos os c_i são nulos). Por exemplo, se $c_1 \neq 0$, então você pode isolar $\mathbf{v}_1$ nesta equação e escrever $\mathbf{v}_1$ como uma combinação linear dos outros vetores $\mathbf{v}_2$, $\mathbf{v}_3$, . . . , $\mathbf{v}_k$. Em outras palavras, o vetor $\mathbf{v}_1$ *depende* dos outros vetores do conjunto. Esta propriedade é característica de um conjunto linearmente dependente.

TEOREMA 4.8   Uma propriedade de conjuntos lineares dependentes

Um conjunto $S = \{\mathbf{v}_1, \mathbf{v}_2, . . . , \mathbf{v}_k\}$, $k \geq 2$, é linearmente dependente se e somente se pelo menos um dos vetores $\mathbf{v}_i$ pode ser escrito como uma combinação linear dos outros vetores em S.

DEMONSTRAÇÃO

Para demonstrar o teorema em uma direção, suponha que S é um conjunto linearmente dependente. Então, existem escalares $c_1, c_2, c_3, . . ., c_k$ (nem todos nulos) tais que

$$c_1\mathbf{v}_1 + c_2\mathbf{v}_2 + c_3\mathbf{v}_3 + \cdots + c_k\mathbf{v}_k = \mathbf{0}.$$

Um dos coeficientes deve ser diferente de zero, portanto não há perda de generalidade em supor que $c_1 \neq 0$. Então, ao isolar $\mathbf{v}_1$ e, escrevê-lo como uma combinação linear dos outros vetores, obtemos

$$
\begin{aligned}
c_1\mathbf{v}_1 &= -c_2\mathbf{v}_2 - c_3\mathbf{v}_3 - \cdots - c_k\mathbf{v}_k \\
\mathbf{v}_1 &= -\frac{c_2}{c_1}\mathbf{v}_2 - \frac{c_3}{c_1}\mathbf{v}_3 - \cdots - \frac{c_k}{c_1}\mathbf{v}_k.
\end{aligned}
$$

Reciprocamente, suponha que o vetor $\mathbf{v}_1$ em S é uma combinação linear dos outros vetores. Mais precisamente,

$$c_1\mathbf{v}_1 + c_2\mathbf{v}_2 + c_3\mathbf{v}_3 + \cdots + c_k\mathbf{v}_k = \mathbf{0}.$$

Então, a equação $-\mathbf{v}_1 + c_2\mathbf{v}_2 + c_3\mathbf{v}_3 + \cdots + c_k\mathbf{v}_k = \mathbf{0}$ tem pelo menos um coeficiente -1, que é diferente de zero, o que permite concluir que S é linearmente dependente.

EXAMPLE 12   Escrevendo um vetor como uma combinação linear de outros vetores

No Exemplo 9, você verificou que o conjunto

$$S = \{\overset{\mathbf{v}_1}{1 + x - 2x^2}, \overset{\mathbf{v}_2}{2 + 5x - x^2}, \overset{\mathbf{v}_3}{x + x^2}\}$$

é linearmente dependente. Mostre que um dos vetores deste conjunto pode ser escrito como uma combinação linear dos outros dois.

SOLUÇÃO

No Exemplo 9, a equação $c_1\mathbf{v}_1 + c_2\mathbf{v}_2 + c_3\mathbf{v}_3 = \mathbf{0}$ produziu o sistema

$$
\begin{aligned}
c_1 + 2c_2 &= 0 \\
c_1 + 5c_2 + c_3 &= 0 \\
-2c_1 - c_2 + c_3 &= 0.
\end{aligned}
$$

Este sistema possui infinitas soluções representadas por $c_3 = 3t$, $c_2 = -t$ e $c_1 = 2t$. Tomar $t = 1$ fornece a equação $2\mathbf{v}_1 - \mathbf{v}_2 + 3\mathbf{v}_3 = \mathbf{0}$. Então, $\mathbf{v}_2$ pode ser escrito como uma combinação linear de $\mathbf{v}_1$ e $\mathbf{v}_3$, como mostrado a seguir.

Espaços vetoriais

$$\mathbf{v}_2 = 2\mathbf{v}_1 + 3\mathbf{v}_3$$

Uma verificação produz

$$2 + 5x - x^2 = 2(1 + x - 2x^2) + 3(x + x^2) = 2 + 5x - x^2.$$

O Teorema 4.8 tem um corolário prático que fornece um teste simples para determinar se dois vetores são linearmente dependentes. No Exercício 77, será pedido que você demonstre este corolário.

OBSERVAÇÃO
O vetor nulo é sempre um múltiplo escalar de outro vetor em um espaço vetorial.

TEOREMA 4.8 Corolário

Dois vetores **u** e **v** em um espaço vetorial V são linearmente dependentes se e somente se um é um múltiplo escalar do outro.

EXAMPLE 13 Testando a dependência linear de dois vetores

a. O conjunto $S = \{\mathbf{v}_1, \mathbf{v}_2\} = \{(1, 2, 0), (-2, 2, 1)\}$ é linearmente independente porque $\mathbf{v}_1$ e $\mathbf{v}_2$ não são múltiplos escalares um do outro, como mostrado na Figura 4.15 (a).

b. O conjunto $S = \{\mathbf{v}_1, \mathbf{v}_2\} = \{(4, -4, -2), (-2, 2, 1)\}$ é linearmente dependente porque $\mathbf{v}_1 = -2\mathbf{v}_2$, como mostrado na Figura 4.15 (b).

a. 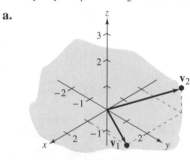 **b.**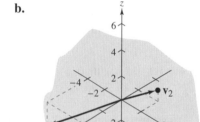

$S = \{(1, 2, 0), (-2, 2, 1)\}$
O conjunto S é linearmente independente.

$S = \{(4, -4, -2), (-2, 2, 1)\}$
O conjunto S é linearmente dependente.

Figura 4.15

4.4 Exercícios

Combinações lineares Nos Exercícios 1-4, escreva cada vetor como uma combinação linear dos vetores em S (se possível).

1. $S = \{(2, -1, 3), (5, 0, 4)\}$
  (a) $\mathbf{z} = (-1, -2, 2)$
  (b) $\mathbf{v} = \left(8, -\frac{1}{4}, \frac{27}{4}\right)$
  (c) $\mathbf{w} = (1, -8, 12)$
  (d) $\mathbf{u} = (1, 1, -1)$

2. $S = \{(1, 2, -2), (2, -1, 1)\}$
  (a) $\mathbf{z} = (-4, -3, 3)$
  (b) $\mathbf{v} = (-2, -6, 6)$
  (c) $\mathbf{w} = (-1, -22, 22)$
  (d) $\mathbf{u} = (1, -5, -5)$

3. $S = \{(2, 0, 7), (2, 4, 5), (2, -12, 13)\}$
  (a) $\mathbf{u} = (-1, 5, -6)$
  (b) $\mathbf{v} = (-3, 15, 18)$
  (c) $\mathbf{w} = \left(\frac{1}{3}, \frac{4}{3}, \frac{1}{2}\right)$
  (d) $\mathbf{z} = (2, 20, -3)$

4. $S = \{(6, -7, 8, 6), (4, 6, -4, 1)\}$
  (a) $\mathbf{u} = (2, 19, -16, -4)$
  (b) $\mathbf{v} = \left(\frac{49}{2}, \frac{99}{4}, -14, \frac{19}{2}\right)$
  (c) $\mathbf{w} = \left(-4, -14, \frac{27}{2}, \frac{53}{8}\right)$
  (d) $\mathbf{z} = \left(8, 4, -1, \frac{17}{4}\right)$

Combinações lineares Nos Exercícios 5-8, para as matrizes

$$A = \begin{bmatrix} 2 & -3 \\ 4 & 1 \end{bmatrix} \quad \text{e} \quad B = \begin{bmatrix} 0 & 5 \\ 1 & -2 \end{bmatrix}$$

em $M_{2,2}$, determine se a matriz dada é uma combinação linear de A e B.

184 Elementos de álgebra linear

5. $\begin{bmatrix} 6 & -19 \\ 10 & 7 \end{bmatrix}$ **6.** $\begin{bmatrix} 6 & 2 \\ 9 & 11 \end{bmatrix}$

7. $\begin{bmatrix} -2 & 23 \\ 0 & -9 \end{bmatrix}$ **8.** $\begin{bmatrix} 0 & 0 \\ 0 & 0 \end{bmatrix}$

Conjuntos geradores Nos Exercícios 9-18, determine se o conjunto S gera R^2. Se o conjunto não gerar R^2, então dê uma descrição geométrica do subespaço que ele gera.

9. $S = \{(2, 1), (-1, 2)\}$ **10.** $S = \{(-1, 1), (3, 1)\}$

11. $S = \{(5, 0), (5, -4)\}$ **12.** $S = \{(2, 0), (0, 1)\}$

13. $S = \{(-3, 5)\}$ **14.** $S = \{(1, 1)\}$

15. $S = \{(-1, 2), (2, -4)\}$ **16.** $S = \{(0, 2), (1, 4)\}$

17. $S = \{(1, 3), (-2, -6), (4, 12)\}$

18. $S = \{(-1, 2), (2, -1), (1, 1)\}$

Conjuntos geradores Nos Exercícios 19-24, determine se o conjunto S gera R^3. Se o conjunto não gerar R^3, então dê uma descrição geométrica do subespaço que ele gera.

19. $S = \{(4, 7, 3), (-1, 2, 6), (2, -3, 5)\}$

20. $S = \{(5, 6, 5), (2, 1, -5), (0, -4, 1)\}$

21. $S = \{(-2, 5, 0), (4, 6, 3)\}$

22. $S = \{(1, 0, 1), (1, 1, 0), (0, 1, 1)\}$

23. $S = \{(1, -2, 0), (0, 0, 1), (-1, 2, 0)\}$

24. $S = \{(1, 0, 3), (2, 0, -1), (4, 0, 5), (2, 0, 6)\}$

25. Determine se o conjunto $S = \{1, x^2, 2 + x^2\}$ gera P_2.

26. Determine se o conjunto

$S = \{-2x + x^2, 8 + x^3, -x^2 + x^3, -4 + x^2\}$

gera P_3.

Teste para independência linear Nos Exercícios 27-40, determine se o conjunto S é linearmente independente ou linearmente dependente.

27. $S = \{(-2, 2), (3, 5)\}$

28. $S = \{(3, -6), (-1, 2)\}$

29. $S = \{(0, 0), (1, -1)\}$

30. $S = \{(1, 0), (1, 1), (2, -1)\}$

31. $S = \{(1, -4, 1), (6, 3, 2)\}$

32. $S = \{(6, 2, 1), (-1, 3, 2)\}$

33. $S = \{(-2, 1, 3), (2, 9, -3), (2, 3, -3)\}$

34. $S = \{(1, 1, 1), (2, 2, 2), (3, 3, 3)\}$

35. $S = \left\{\left(\frac{3}{4}, \frac{5}{2}, \frac{3}{2}\right), \left(3, 4, \frac{7}{2}\right), \left(-\frac{3}{2}, 6, 2\right)\right\}$

36. $S = \{(-4, -3, 4), (1, -2, 3), (6, 0, 0)\}$

37. $S = \{(1, 0, 0), (0, 4, 0), (0, 0, -6), (1, 5, -3)\}$

38. $S = \{(4, -3, 6, 2), (1, 8, 3, 1), (3, -2, -1, 0)\}$

39. $S = \{(0, 0, 0, 1), (0, 0, 1, 1), (0, 1, 1, 1), (1, 1, 1, 1)\}$

40. $S = \{(4, 1, 2, 3), (3, 2, 1, 4), (1, 5, 5, 9), (1, 3, 9, 7)\}$

Teste para independência linear Nos Exercícios 41-48, determine se o conjunto de vetores em P_2 é linearmente independente ou linearmente dependente.

41. $S = \{2 - x, 2x - x^2, 6 - 5x + x^2\}$

42. $S = \{-1 + x^2, 5 + 2x\}$

43. $S = \{1 + 3x + x^2, -1 + x + 2x^2, 4x\}$

44. $S = \{x^2, 1 + x^2\}$

45. $S = \{-x + x^2, -5 + x, -5 + x^2\}$

46. $S = \{-2 - x, 2 + 3x + x^2, 6 + 5x + x^2\}$

47. $S = \{7 - 3x + 4x^2, 6 + 2x - x^2, 1 - 8x + 5x^2\}$

48. $S = \{7 - 4x + 4x^2, 6 + 2x - 3x^2, 20 - 6x + 5x^2\}$

Teste para independência linear Nos Exercícios 49-52, determine se o conjunto de vetores em $M_{2,2}$ é linearmente independente ou linearmente dependente.

49. $A = \begin{bmatrix} 1 & 0 \\ 0 & -2 \end{bmatrix}, B = \begin{bmatrix} 0 & 1 \\ 1 & 0 \end{bmatrix}, C = \begin{bmatrix} -2 & 1 \\ 1 & 4 \end{bmatrix}$

50. $A = \begin{bmatrix} 1 & 0 \\ 0 & 1 \end{bmatrix}, B = \begin{bmatrix} 0 & 1 \\ 0 & 0 \end{bmatrix}, C = \begin{bmatrix} 0 & 0 \\ 1 & 0 \end{bmatrix}$

51. $A = \begin{bmatrix} 1 & -1 \\ 4 & 5 \end{bmatrix}, B = \begin{bmatrix} 4 & 3 \\ -2 & 3 \end{bmatrix}, C = \begin{bmatrix} 1 & -8 \\ 22 & 23 \end{bmatrix}$

52. $A = \begin{bmatrix} 2 & 0 \\ -3 & 1 \end{bmatrix}, B = \begin{bmatrix} -4 & -1 \\ 0 & 5 \end{bmatrix}, C = \begin{bmatrix} -8 & -3 \\ -6 & 17 \end{bmatrix}$

Mostrando a dependência linear Nos Exercícios 53-56, mostre que o conjunto é linearmente dependente ao encontrar uma combinação linear não trivial de vetores no conjunto cuja soma é o vetor nulo. Em seguida, expresse um dos vetores no conjunto como uma combinação linear dos outros vetores no conjunto.

53. $S = \{(3, 4), (-1, 1), (2, 0)\}$

54. $S = \{(2, 4), (-1, -2), (0, 6)\}$

55. $S = \{(1, 1, 1), (1, 1, 0), (0, 1, 1), (0, 0, 1)\}$

56. $S = \{(1, 2, 3, 4), (1, 0, 1, 2), (1, 4, 5, 6)\}$

57. Para quais valores de t cada conjunto é linearmente independente?

(a) $S = \{(t, 1, 1), (1, t, 1), (1, 1, t)\}$

(b) $S = \{(t, 1, 1), (1, 0, 1), (1, 1, 3t)\}$

58. Para quais valores de t cada conjunto é linearmente independente?

(a) $S = \{(t, 0, 0), (0, 1, 0), (0, 0, 1)\}$

(b) $S = \{(t, t, t), (t, 1, 0), (t, 0, 1)\}$

59. Demonstração Complete a demonstração do Teorema 4.7.

Espaços vetoriais 185

60. Ponto crucial Por inspeção, determine por que cada um dos conjuntos é linearmente dependente.

(a) $S = \{(1, -2), (2, 3), (-2, 4)\}$

(b) $S = \{(1, -6, 2), (2, -12, 4)\}$

(c) $S = \{(0, 0), (1, 0)\}$

Gerando o mesmo subespaço Nos Exercícios 61 e 62, mostre que os conjuntos S_1 e S_2 geram o mesmo subespaço de R^3.

61. $S_1 = \{(1, 2, -1), (0, 1, 1), (2, 5, -1)\}$

$S_2 = \{(-2, -6, 0), (1, 1, -2)\}$

62. $S_1 = \{(0, 0, 1), (0, 1, 1), (2, 1, 1)\}$

$S_2 = \{(1, 1, 1), (1, 1, 2), (2, 1, 1)\}$

Verdadeiro ou falso? Nos Exercícios 63 e 64, determine se cada afirmação é verdadeira ou falsa. Se uma afirmação for verdadeira, dê uma justificativa ou cite uma afirmação apropriada do texto. Se uma afirmação for falsa, forneça um exemplo que mostre que a afirmação não é verdadeira em todos os casos ou cite uma afirmação apropriada do texto.

63. (a) Um conjunto de vetores $S = \{v_1, v_2, \ldots, v_k\}$ em um espaço vetorial é linearmente dependente quando a equação vetorial $c_1 v_1 + c_2 v_2 + \cdots + c_k v_k = 0$ tem apenas a solução trivial.

(b) O conjunto

$S = \{(1, 0, 0, 0), (0, -1, 0, 0), (0, 0, 1, 0), (0, 0, 0, 1)\}$ gera R^4.

64. (a) Um conjunto $S = \{v_1, v_2, \ldots, v_k\}$, $k \geq 2$, é linearmente independente se e somente se pelo menos um dos vetores v_i pode ser escrito como uma combinação linear dos outros vetores em S.

(b) Se um subconjunto S gera um espaço vetorial V, então todo vetor em V pode ser escrito como uma combinação linear dos vetores em S.

Demonstração Nos Exercícios 65 e 66, demonstre que o conjunto de vetores é linearmente independente e gera R^3.

65. $B = \{(1, 1, 1), (1, 1, 0), (1, 0, 0)\}$

66. $B = \{(1, 2, 3), (3, 2, 1), (0, 0, 1)\}$

67. Demonstração guiada Demonstre que um subconjunto não vazio de um conjunto de vetores linearmente independentes é linearmente independente.

Começando: você precisa mostrar que um subconjunto de conjuntos de vetores linearmente independente não pode ser linearmente dependente.

(i) Suponha que S é um conjunto de vetores linearmente independentes. Seja T um subconjunto de S.

(ii) Se T é linearmente dependente, então existem constantes, nem todas nulas, satisfazendo a equação vetorial $c_1 v_1 + c_2 v_2 + \cdots + c_k v_k = 0$.

(iii) Use esse fato para deduzir uma contradição e concluir que T é linearmente independente.

68. Demonstração Demonstre que se S_1 é um subconjunto não vazio de um conjunto finito S_2 e S_1 é linearmente dependente, então S_2 também o é.

69. Demonstração Demonstre que qualquer conjunto de vetores contendo o vetor nulo é linearmente dependente.

70. Demonstração Quando o conjunto de vetores $\{u_1, u_2, \ldots, u_n\}$ é linearmente independente e o conjunto $\{u_1, u_2, \ldots, u_n, v\}$ é linearmente dependente, demonstre que v é uma combinação linear dos u_i.

71. Demonstração Seja $\{v_1, v_2, \ldots, v_k\}$ um conjunto linearmente independente de vetores em um espaço vetorial V. Exclua o vetor v_k desse conjunto e demonstre que o conjunto $\{v_1, v_2, \ldots, v_{k-1}\}$ não pode gerar V.

72. Demonstração Quando V é gerado por $\{v_1, v_2, \ldots, v_k\}$ e um desses vetores pode ser escrito como uma combinação linear dos outros $k - 1$ vetores, demonstre que o conjunto gerado por esses $k - 1$ vetores é também V.

73. Demonstração Seja $S = \{u, v\}$ um conjunto linearmente independente. Demonstre que o conjunto $\{u + v, u - v\}$ é linearmente independente.

74. Sejam u, v e w três vetores quaisquer de um espaço vetorial V. Determine se o conjunto de vetores $\{v - u, w - v, u - w\}$ é linearmente independente ou linearmente dependente.

75. Demonstração Seja A uma matriz não singular de ordem 3. Demonstre que se $\{v_1, v_2, v_3\}$ for um conjunto linearmente independente em $M_{3,1}$, então o conjunto $\{Av_1, Av_2, Av_3\}$ também é linearmente independente. Explique, por meio de um exemplo, porque isso não é verdadeiro quando A é singular.

76. Sejam $f_1(x) = 3x$ e $f_2(x) = |x|$. Esboce o gráfico de ambas as funções no intervalo $-2 \leq x \leq 2$. Mostre que essas funções são linearmente dependentes no espaço vetorial $C[0, 1]$, mas são linearmente independentes em $C[-1, 1]$.

77. Demonstração Demonstre o corolário do Teorema 4.8: dois vetores u e v são linearmente dependentes se e somente se um é múltiplo escalar do outro.

4.5 Base e dimensão

■ Reconhecer bases nos espaços vetoriais R^n, P_n e $M_{m,n}$.
■ Encontrar a dimensão de um espaço vetorial.

BASE DE UM ESPAÇO VETORIAL

Nesta seção, você continuará seu estudo de conjuntos geradores. Em particular, verá conjuntos geradores em um espaço vetorial que são linearmente independentes e gerarão o espaço. Tal conjunto constitui uma **base** do espaço vetorial.

Definição de base

Um conjunto de vetores $S = \{\mathbf{v}_1, \mathbf{v}_2, \ldots, \mathbf{v}_n\}$ em um espaço vetorial V é uma **base** de V quando as condições abaixo são verdadeiras.
1. S gera V.   2. S é linearmente independente.

OBSERVAÇÃO

Esta definição lhe diz que uma base tem duas características. Uma base S deve ter *vetores suficientes* para gerar V, *mas não tantos vetores* que um deles possa ser escrito como uma combinação linear dos outros vetores em S.

Essa definição não implica que todo espaço vetorial tem uma base consistindo em um número finito de vetores. Este texto, no entanto, restringe a discussão a tais bases. Além disso, se um espaço vetorial V tem uma base com um número finito de vetores, então V tem **dimensão finita**. Caso contrário, V tem **dimensão infinita**. [O espaço vetorial P de todos os polinômios tem dimensão infinita, assim como o espaço vetorial $C(-\infty, \infty)$ de todas as funções contínuas definidas na reta real.] O espaço vetorial $V = \{\mathbf{0}\}$, consistindo apenas no vetor nulo, tem dimensão finita.

EXEMPLO 1 A base canônica de R^3

Mostre que o conjunto abaixo é uma base de R^3.

$$S = \{(1, 0, 0), (0, 1, 0), (0, 0, 1)\}$$

SOLUÇÃO

O Exemplo 4 (a) da Seção 4.4 mostrou que S gera R^3. Além disso, S é linearmente independente porque a equação vetorial

$$c_1(1, 0, 0) + c_2(0, 1, 0) + c_3(0, 0, 1) = (0, 0, 0)$$

tem apenas a solução trivial

$$c_1 = c_2 = c_3 = 0.$$

(Verifique isso.) Então, S é uma base de R^3. (Ver Figura 4.16.)

A base

$$S = \{(1, 0, 0), (0, 1, 0), (0, 0, 1)\}$$

é a **base canônica** de R^3. Isso pode ser generalizado para o espaço n-dimensional. Mais precisamente, os vetores

$$\mathbf{e}_1 = (1, 0, \ldots, 0)$$
$$\mathbf{e}_2 = (0, 1, \ldots, 0)$$
$$\vdots$$
$$\mathbf{e}_n = (0, 0, \ldots, 1)$$

formam a **base canônica** de R^n.

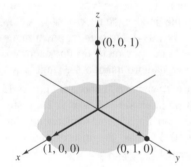

Figura 4.16

Espaços vetoriais 187

Os dois exemplos a seguir descrevem bases não canônicas de R^2 e R^3.

EXEMPLO 2 Uma base não canônica de R^2

Mostre que o conjunto

$$S = \{\underset{\mathbf{v}_1}{(1, 1)}, \underset{\mathbf{v}_2}{(1, -1)}\}$$

é uma base de R^2.

SOLUÇÃO

De acordo com a definição de base de um espaço vetorial, você deve mostrar que S gera R^2 e que S é linearmente independente.

Para verificar que S gera R^2, seja

$$\mathbf{x} = (x_1, x_2)$$

um vetor arbitrário em R^2. Para mostrar que $\mathbf{x}$ pode ser escrito como uma combinação linear de $\mathbf{v}_1$ e $\mathbf{v}_2$, considere a equação

$$c_1\mathbf{v}_1 + c_2\mathbf{v}_2 = \mathbf{x}$$
$$c_1(1, 1) + c_2(1, -1) = (x_1, x_2)$$
$$(c_1 + c_2, c_1 - c_2) = (x_1, x_2).$$

Ao igualar as componentes correspondentes, obtemos o sistema de equações lineares a seguir.

$$c_1 + c_2 = x_1$$
$$c_1 - c_2 = x_2$$

A matriz de coeficientes deste sistema possui determinante diferente de zero, o que significa que o sistema possui uma única solução. Assim, S gera R^2.

Uma maneira de mostrar que S é linearmente independente é tomar $(x_1, x_2) = (0, 0)$ no sistema acima, produzindo o sistema homogêneo

$$c_1 + c_2 = 0$$
$$c_1 - c_2 = 0.$$

Este sistema tem apenas a solução trivial

$$c_1 = c_2 = 0.$$

Assim, S é linearmente independente. Uma maneira alternativa de mostrar que S é linearmente independente é observar que

$$\mathbf{v}_1 = (1, 1) \quad \text{e} \quad \mathbf{v}_2 = (1, -1)$$

não são múltiplos escalares um do outro. Isto significa, pelo corolário do Teorema 4.8, que $S = \{\mathbf{v}_1, \mathbf{v}_2\}$ é linearmente independente.

Você pode concluir que S é uma base de R^2 porque é um conjunto gerador de R^2 e é linearmente independente.

EXEMPLO 3 Uma base não canônica de R^3

Veja LarsonLinearAlgebra.com para uma versão interativa deste tipo de exemplo.

Dos Exemplos 5 e 8 na seção anterior, você sabe que

$$S = \{(1, 2, 3), (0, 1, 2), (-2, 0, 1)\}$$

gera R^3 e é linearmente independente. Portanto, S é uma base de R^3.

188 Elementos de álgebra linear

EXEMPLO 4 Uma base dos polinômios

Mostre que o espaço vetorial P_3 tem a base

$$S = \{1, x, x^2, x^3\}.$$

SOLUÇÃO

É claro que S gera P_3 porque o espaço gerado por S consiste de todos os polinômios da forma

$$a_0 + a_1x + a_2x^2 + a_3x^3, \quad a_0, a_1, a_2 \text{ e } a_3 \text{ são números reais}$$

que é precisamente a forma de todos os polinômios em P_3.

Para verificar a independência linear de S, lembre-se de que o vetor nulo $\mathbf{0}$ em P_3 é o polinômio $\mathbf{0}(x) = 0$ para todo x. O teste para independência linear produz a equação

$$a_0 + a_1x + a_2x^2 + a_3x^3 = \mathbf{0}(x) = 0, \quad \text{para todo } x.$$

Este polinômio de terceiro grau é identicamente igual a zero. Da álgebra, você sabe que, para que um polinômio seja identicamente igual a zero, todos os seus coeficientes devem ser nulos; isto é,

$$a_0 = a_1 = a_2 = a_3 = 0.$$

Assim, S é linearmente independente e é uma base de P_3.

> **OBSERVAÇÃO**
>
> A base $S = \{1, x, x^2, x^3\}$ é a **base canônica** de P_3. Da mesma forma, a **base canônica** de P_n é
>
> $$S = \{1, x, x^2, \ldots, x^n\}.$$

EXEMPLO 5 Uma base de $M_{2,2}$

O conjunto

$$S = \left\{ \begin{bmatrix} 1 & 0 \\ 0 & 0 \end{bmatrix}, \begin{bmatrix} 0 & 1 \\ 0 & 0 \end{bmatrix}, \begin{bmatrix} 0 & 0 \\ 1 & 0 \end{bmatrix}, \begin{bmatrix} 0 & 0 \\ 0 & 1 \end{bmatrix} \right\}.$$

é uma base de $M_{2,2}$. Este conjunto é a base canônica de $M_{2,2}$. De forma semelhante, a base canônica do espaço vetorial $M_{m,n}$ consiste em mn matrizes $m \times n$ distintas com um único elemento igual a 1 e todos os outros elementos iguais a 0.

TEOREMA 4.9 Unicidade da representação na base

Se $S = \{\mathbf{v}_1, \mathbf{v}_2, \ldots, \mathbf{v}_n\}$ é uma base de um espaço vetorial V, então todo vetor em V pode ser escrito de uma e de só uma maneira como uma combinação linear de vetores em S.

DEMONSTRAÇÃO

A parte de existência de representação é direta. Com efeito, como, S gera V, você sabe que um vetor arbitrário $\mathbf{u}$ em V pode ser expresso como $\mathbf{u} = c_1\mathbf{v}_1 + c_2\mathbf{v}_2 + \cdots + c_n\mathbf{v}_n$.

Para demonstrar a unicidade (que qualquer vetor pode ser representado de uma única maneira), suponha que você tenha outra representação

$$\mathbf{u} = b_1\mathbf{v}_1 + b_2\mathbf{v}_2 + \cdots + b_n\mathbf{v}_n.$$

A subtração da segunda representação da primeira produz

$$\mathbf{u} - \mathbf{u} = (c_1 - b_1)\mathbf{v}_1 + (c_2 - b_2)\mathbf{v}_2 + \cdots + (c_n - b_n)\mathbf{v}_n = \mathbf{0}.$$

Entretanto, S é linearmente independente, de modo que a única solução para esta equação é a solução trivial

$$c_1 - b_1 = 0, \quad c_2 - b_2 = 0, \quad \ldots, \quad c_n - b_n = 0,$$

o que significa que $c_i = b_i$ para todo $i = 1, 2, \ldots, n$. Portanto, $\mathbf{u}$ tem apenas uma representação na base S.

EXEMPLO 6 Unicidade da representação na base

Seja $\mathbf{u} = \{u_1, u_2, u_3\}$ qualquer vetor em R^3. Mostre que a equação $\mathbf{u} = c_1\mathbf{v}_1 + c_2\mathbf{v}_2 + c_3\mathbf{v}_3$ tem uma única solução para a base $S = \{\mathbf{v}_1, \mathbf{v}_2, \mathbf{v}_3\} = \{(1, 2, 3), (0, 1, 2), (-2, 0, 1)\}$.

SOLUÇÃO

De acordo com a equação

$$(u_1, u_2, u_3) = c_1(1, 2, 3) + c_2(0, 1, 2) + c_3(-2, 0, 1)$$
$$= (c_1 - 2c_3, 2c_1 + c_2, 3c_1 + 2c_2 + c_3)$$

você obtém o sistema de equações lineares abaixo.

$$\begin{array}{rcl} c_1 - 2c_3 &=& u_1 \\ 2c_1 + c_2 &=& u_2 \\ 3c_1 + 2c_2 + c_3 &=& u_3 \end{array} \qquad \underbrace{\begin{bmatrix} 1 & 0 & -2 \\ 2 & 1 & 0 \\ 3 & 2 & 1 \end{bmatrix}}_{A} \underbrace{\begin{bmatrix} c_1 \\ c_2 \\ c_3 \end{bmatrix}}_{\mathbf{c}} = \underbrace{\begin{bmatrix} u_1 \\ u_2 \\ u_3 \end{bmatrix}}_{\mathbf{u}}$$

A matriz A é inversível, então você sabe que este sistema tem uma única solução, $\mathbf{c} = A^{-1}\mathbf{u}$. Verifique, encontrando A^{-1}, que

$$c_1 = -u_1 + 4u_2 - 2u_3$$
$$c_2 = 2u_1 - 7u_2 + 4u_3$$
$$c_3 = -u_1 + 2u_2 - u_3.$$

Por exemplo, $\mathbf{u} = (1, 0, 0)$ pode ser representado de forma única como $-\mathbf{v}_1 + 2\mathbf{v}_2 - \mathbf{v}_3$.

Você estudará agora dois teoremas importantes relativos a bases.

TEOREMA 4.10 Bases e dependência linear

Se $S = \{\mathbf{v}_1, \mathbf{v}_2, \ldots, \mathbf{v}_n\}$ é uma base de um espaço vetorial V, então cada conjunto contendo mais de n vetores em V é linearmente dependente.

DEMONSTRAÇÃO

Seja $S_1 = \{\mathbf{u}_1, \mathbf{u}_2, \ldots, \mathbf{u}_m\}$ qualquer conjunto de m vetores em V, onde $m > n$. Para mostrar que S_1 é linearmente dependente, você precisa encontrar escalares $k_1, k_2, \ldots, k_m$ (nem todos nulos) tais que

$$k_1\mathbf{u}_1 + k_2\mathbf{u}_2 + \cdots + k_m\mathbf{u}_m = \mathbf{0}. \qquad \text{Equação 1}$$

Como S é uma base de V, cada $\mathbf{u}_i$ pode ser representado como uma combinação linear de vetores em S:

$$\mathbf{u}_1 = c_{11}\mathbf{v}_1 + c_{21}\mathbf{v}_2 + \cdots + c_{n1}\mathbf{v}_n$$
$$\mathbf{u}_2 = c_{12}\mathbf{v}_1 + c_{22}\mathbf{v}_2 + \cdots + c_{n2}\mathbf{v}_n$$
$$\vdots \qquad \vdots \qquad \vdots \qquad \qquad \vdots$$
$$\mathbf{u}_m = c_{1m}\mathbf{v}_1 + c_{2m}\mathbf{v}_2 + \cdots + c_{nm}\mathbf{v}_n.$$

Substituindo na Equação 1 e reagrupando os termos obtemos

$$d_1\mathbf{v}_1 + d_2\mathbf{v}_2 + \cdots + d_n\mathbf{v}_n = \mathbf{0},$$

onde $d_i = c_{i1}k_1 + c_{i2}k_2 + \cdots + c_{im}k_m$. Os $\mathbf{v}_i$ formam um conjunto linearmente independente, de modo que cada $d_i = 0$, o que fornece o sistema de equações abaixo.

$$c_{11}k_1 + c_{12}k_2 + \cdots + c_{1m}k_m = 0$$
$$c_{21}k_1 + c_{22}k_2 + \cdots + c_{2m}k_m = 0$$
$$\vdots \qquad \vdots \qquad \qquad \vdots \qquad \vdots$$
$$c_{n1}k_1 + c_{n2}k_2 + \cdots + c_{nm}k_m = 0$$

Mas este sistema homogêneo tem menos equações do que variáveis $k_1, k_2, \ldots, k_m$. Logo, o Teorema 1.1, tal sistema tem soluções não triviais. Consequentemente, S_1 é linearmente dependente.

EXEMPLO 7 — Conjuntos linearmente dependentes em R^3 e P_3

a. R^3 tem uma base que consiste em três vetores, então o conjunto
$$S = \{(1, 2, -1), (1, 1, 0), (2, 3, 0), (5, 9, -1)\}$$
deve ser linearmente dependente.

b. P_3 tem uma base consistindo em quatro vetores, então o conjunto
$$S = \{1, 1 + x, 1 - x, 1 + x + x^2, 1 - x + x^2\}$$
deve ser linearmente dependente.

R^n tem a base canônica consistindo em n vetores. Portanto, segue do Teorema 4.10 que cada conjunto de vetores em R^n contendo mais do que n vetores deve ser linearmente dependente. O próximo teorema descreve outra consequência importante do Teorema 4.10.

TEOREMA 4.11   Número de vetores em uma base

Se um espaço vetorial V tem uma base com n vetores, então toda base de V tem n vetores.

DEMONSTRAÇÃO

Seja $S_1 = \{\mathbf{v}_1, \mathbf{v}_2, \ldots, \mathbf{v}_n\}$ uma base de V e seja $S_2 = \{\mathbf{u}_1, \mathbf{u}_2, \ldots, \mathbf{u}_m\}$ qualquer outra base de V. O Teorema 4.10 implica que $m \leq n$, porque S_1 é uma base e S_2 é linearmente independente. Da mesma forma, $n \leq m$ porque S_1 é linearmente independente e S_2 é uma base. Consequentemente, $n = m$.

EXEMPLO 8 — Conjuntos geradores e bases

Use o Teorema 4.11 para explicar por que cada afirmação é verdadeira.

a. O conjunto $S_1 = \{(3, 2, 1), (7, -1, 4)\}$ não é uma base de R^3.

b. O conjunto $S_2 = \{2 + x, x^2, -1 + x^3, 1 + 3x, 3 - 2x + x^2\}$ não é uma base de P_3.

SOLUÇÃO

a. A base canônica de R^3, $S = \{(1, 0, 0), (0, 1, 0), (0, 0, 1)\}$, tem três vetores e S_1, apenas dois vetores. Pelo Teorema 4.11, S_1 não pode ser uma base de R^3.

b. A base canônica de P_3, $S = \{1, x, x^2, x^3\}$, tem quatro vetores. Pelo Teorema 4.11, o conjunto S_2 tem vetores demais para ser uma base de P_3.

ÁLGEBRA LINEAR APLICADA

O modelo de cores RGB usa combinações de vermelho (**r**), verde (**g**) e azul (**b**), conhecidas como *cores aditivas primárias*, para criar todas as outras cores em um sistema. Usando a base canônica de R^3, onde $\mathbf{r} = (1, 0, 0)$, $\mathbf{g} = (0, 1, 0)$ e $\mathbf{b} = (0, 0, 1)$, qualquer cor visível pode ser representada como uma combinação linear $c_1\mathbf{r} + c_2\mathbf{g} + c_3\mathbf{b}$ das cores aditivas primárias. Os coeficientes c_i são valores variando de 0 a um máximo especificado a. Quando $c_1 = c_2 = c_3$, a cor é a *escala de cinzas*, com $c_i = 0$ representando preto e $c_i = a$ representando branco. O modelo de cores RGB é comumente usado em computadores, *smartphones*, televisores e outros aparelhos eletrônicos com uma tela em cores.

Espaços vetoriais   191

A DIMENSÃO DE UM ESPAÇO VETORIAL

Pelo Teorema 4.11, se um espaço vetorial V tem uma base consistindo em n vetores, então qualquer outra base do espaço também tem n vetores. Este número n é a **dimensão** de V.

Definição da dimensão de um espaço vetorial

Se um espaço de vetor V tiver uma base consistindo em n vetores, então o número n é a **dimensão** de V, denotada por $\dim(V) = n$. Quando V consiste somente no vetor nulo, a dimensão de V é definida como zero.

Esta definição permite que você identifique as dimensões dos espaços vetoriais familiares. Em cada exemplo listado abaixo, a dimensão é simplesmente o número de vetores na base canônica.

1. A dimensão de R^n com as operações usuais é n.
2. A dimensão de P_n com as operações usuais é $n + 1$.
3. A dimensão de $M_{m,n}$ com as operações usuais é mn.

Se W for um subespaço de um espaço vetorial V que tem dimensão n, então pode ser mostrado que a dimensão de W é menor ou igual a n. (Veja o Exercício 83.) Os próximos três exemplos mostram uma técnica para encontrar a dimensão de um subespaço. Basicamente, determine a dimensão ao encontrar um conjunto de vetores linearmente independentes que gere o subespaço. Este conjunto é uma base do subespaço e a dimensão do subespaço é o número de vetores na base.

EXEMPLO 9   Determinação de dimensões de subespaços

Encontre a dimensão de cada subespaço de R^3.

a. $W = \{(d, c - d, c): c \text{ e } d \text{ são números reais}\}$

b. $W = \{(2b, b, 0): b \text{ é um número real}\}$

SOLUÇÃO

a. Ao escrever o vetor representativo $(d, c - d, c)$ como

$$(d, c - d, c) = (0, c, c) + (d, -d, 0) = c(0, 1, 1) + d(1, -1, 0)$$

> **OBSERVAÇÃO**
>
> No Exemplo 9 (a), o subespaço W é o plano em R^3 determinado pelos vetores $(0, 1, 1)$ e $(1, -1, 0)$. No Exemplo 9 (b), o subespaço é a reta determinada pelo vetor $(2, 1, 0)$.

você pode ver que W é gerado pelo conjunto $S = \{(0, 1, 1), (1, -1, 0)\}$. Usando as técnicas descritas na seção anterior, você pode mostrar que este conjunto é linearmente independente. Assim, S é uma base de W, de modo que W é um subespaço bidimensional de R^3.

b. Ao escrever o vetor representativo $(2b, b, 0)$ como $b(2, 1, 0)$, você pode ver que W é gerado pelo conjunto $S = \{(2, 1, 0)\}$. Então, W é um subespaço unidimensional de R^3. ■

EXEMPLO 10   Determinação de dimensão de um subespaço

Encontre a dimensão do subespaço W de R^4 gerado por

$$S = \{\mathbf{v}_1, \mathbf{v}_2, \mathbf{v}_3\} = \{(-1, 2, 5, 0), (3, 0, 1, -2), (-5, 4, 9, 2)\}.$$

SOLUÇÃO

Embora W seja gerado pelo conjunto S, S não é uma base de W porque S é um conjunto linearmente dependente. Especificamente, $\mathbf{v}_3$ pode ser escrito como $\mathbf{v}_3 = 2\mathbf{v}_1 - \mathbf{v}_2$. Isso significa que W é gerado pelo conjunto $S_1 = \{\mathbf{v}_1, \mathbf{v}_2\}$. Além disso, S_1 é linearmente independente porque nenhum dos vetores é um múltiplo escalar do outro, o que lhe permite concluir que a dimensão de W é 2. ■

192   Elementos de álgebra linear

EXEMPLO 11   Determinação de dimensão de um subespaço

Seja W o subespaço de todas as matrizes simétricas em $M_{2,2}$. Qual é a dimensão de W?

SOLUÇÃO

Cada matriz simétrica de 2×2 tem a forma

$$A = \begin{bmatrix} a & b \\ b & c \end{bmatrix} = a\begin{bmatrix} 1 & 0 \\ 0 & 0 \end{bmatrix} + b\begin{bmatrix} 0 & 1 \\ 1 & 0 \end{bmatrix} + c\begin{bmatrix} 0 & 0 \\ 0 & 1 \end{bmatrix}.$$

Assim, o conjunto

$$S = \left\{ \begin{bmatrix} 1 & 0 \\ 0 & 0 \end{bmatrix}, \begin{bmatrix} 0 & 1 \\ 1 & 0 \end{bmatrix}, \begin{bmatrix} 0 & 0 \\ 0 & 1 \end{bmatrix} \right\}$$

gera W. Além disso, é possível mostrar que S é linearmente independente, o que permite concluir que a dimensão de W é 3.

Usualmente, para concluir que um conjunto $S = \{\mathbf{v}_1, \mathbf{v}_2, \ldots, \mathbf{v}_n\}$ é uma base de um espaço vetorial V, você deve mostrar que S satisfaz duas condições: S gera V e é linearmente independente. Se for conhecido que V tem dimensão n, no entanto, o próximo teorema diz que você não precisa verificar ambas as condições. Qualquer uma delas será suficiente. A demonstração é deixada como um exercício. (Veja o Exercício 82.)

TEOREMA 4.12   Testes para base em um espaço n-dimensional

Seja V um espaço vetorial de dimensão n.

1. Se $S = \{\mathbf{v}_1, \mathbf{v}_2, \ldots, \mathbf{v}_n\}$ é um conjunto linearmente independente de vetores em V, então S é uma base de V.
2. Se $S = \{\mathbf{v}_1, \mathbf{v}_2, \ldots, \mathbf{v}_n\}$ gera V, então S é uma base de V.

EXAMPLE 12   Teste para uma base em um espaço n-dimensional

Mostre que o conjunto de vetores é uma base de $M_{5,1}$.

$$S = \left\{ \overset{\mathbf{v}_1}{\begin{bmatrix} 1 \\ 2 \\ -1 \\ 3 \\ 4 \end{bmatrix}}, \overset{\mathbf{v}_2}{\begin{bmatrix} 0 \\ 1 \\ 3 \\ -2 \\ 3 \end{bmatrix}}, \overset{\mathbf{v}_3}{\begin{bmatrix} 0 \\ 0 \\ 2 \\ -1 \\ 5 \end{bmatrix}}, \overset{\mathbf{v}_4}{\begin{bmatrix} 0 \\ 0 \\ 0 \\ 2 \\ -3 \end{bmatrix}}, \overset{\mathbf{v}_5}{\begin{bmatrix} 0 \\ 0 \\ 0 \\ 0 \\ -2 \end{bmatrix}} \right\}$$

SOLUÇÃO

S tem cinco vetores e a dimensão de $M_{5,1}$ é 5, então aplique o Teorema 4.12 para verificar que S é uma base, mostrando que S é linearmente independente ou que S gera $M_{5,1}$. Para mostrar que S é linearmente independente, forme a equação vetorial $c_1\mathbf{v}_1 + c_2\mathbf{v}_2 + c_3\mathbf{v}_3 + c_4\mathbf{v}_4 + c_5\mathbf{v}_5 = \mathbf{0}$, o que produz o sistema linear abaixo.

$$\begin{aligned}
c_1 &&&&&&&& &= 0 \\
2c_1 &+ c_2 &&&&&&&& = 0 \\
-c_1 &+ 3c_2 &+ 2c_3 &&&&&& &= 0 \\
3c_1 &- 2c_2 &- c_3 &+ 2c_4 &&&& &= 0 \\
4c_1 &+ 3c_2 &+ 5c_3 &- 3c_4 &- 2c_5 &&&& = 0
\end{aligned}$$

Este sistema tem apenas a solução trivial, então S é linearmente independente. Pelo Teorema 4.12, S é uma base de $M_{5,1}$.

4.5 Exercícios

Escrevendo a base canônica Nos exercícios 1-6, escreva a base canônica do espaço vetorial.

1. R^6
2. R^4
3. $M_{3,3}$
4. $M_{4,1}$
5. P_4
6. P_2

Explicando por que um conjunto não é uma base Nos Exercícios 7-14, explique por que S não é uma base de R^2.

7. $S = \{(-4, 5), (0, 0)\}$
8. $S = \{(2, 3), (6, 9)\}$
9. $S = \{(-3, 2)\}$
10. $S = \{(5, -7)\}$
11. $S = \{(1, 2), (1, 0), (0, 1)\}$
12. $S = \{(-1, 2), (1, -2), (2, 4)\}$
13. $S = \{(6, -5), (12, -10)\}$
14. $S = \{(4, -3), (8, -6)\}$

Explicando por que um conjunto não é uma base Nos Exercícios 15-22, explique por que S não é uma base de R^3.

15. $S = \{(1, 3, 0), (4, 1, 2), (-2, 5, -2)\}$
16. $S = \{(2, 1, -2), (-2, -1, 2), (4, 2, -4)\}$
17. $S = \{(7, 0, 3), (8, -4, 1)\}$
18. $S = \{(1, 1, 2), (0, 2, 1)\}$
19. $S = \{(0, 0, 0), (1, 0, 0), (0, 1, 0)\}$
20. $S = \{(-1, 0, 0), (0, 0, 1), (1, 0, 0)\}$
21. $S = \{(1, 1, 1), (0, 1, 1), (1, 0, 1), (0, 0, 0)\}$
22. $S = \{(6, 4, 1), (3, -5, 1), (8, 13, 6), (0, 6, 9)\}$

Explicando por que um conjunto não é uma base Nos Exercícios 23-30, explique porque S não é uma base de P_2.

23. $S = \{1, 2x, -4 + x^2, 5x\}$
24. $S = \{2, x, 3 + x, 3x^2\}$
25. $S = \{-x, 4x^2\}$
26. $S = \{-1, 11x\}$
27. $S = \{1 + x^2, 1 - x^2\}$
28. $S = \{1 - 2x + x^2, 3 - 6x + 3x^2, -2 + 4x - 2x^2\}$
29. $S = \{1 - x, 1 - x^2, -1 - 2x + 3x^2\}$
30. $S = \{-3 + 6x, 3x^2, 1 - 2x - x^2\}$

Explicando por que um conjunto não é uma base Nos Exercícios 31-34, explique por que S não é uma base de $M_{2,2}$.

31. $S = \left\{\begin{bmatrix} 1 & 0 \\ 0 & 1 \end{bmatrix}, \begin{bmatrix} 0 & 1 \\ 1 & 0 \end{bmatrix}\right\}$

32. $S = \left\{\begin{bmatrix} 1 & 1 \\ 0 & 0 \end{bmatrix}, \begin{bmatrix} 0 & 1 \\ 1 & 0 \end{bmatrix}, \begin{bmatrix} -1 & 0 \\ 1 & 0 \end{bmatrix}, \begin{bmatrix} 0 & 0 \\ 0 & 1 \end{bmatrix}\right\}$

33. $S = \left\{\begin{bmatrix} 1 & 0 \\ 0 & 0 \end{bmatrix}, \begin{bmatrix} 0 & 1 \\ 1 & 0 \end{bmatrix}, \begin{bmatrix} 1 & 0 \\ 0 & 1 \end{bmatrix}, \begin{bmatrix} 8 & -4 \\ -4 & 3 \end{bmatrix}\right\}$

34. $S = \left\{\begin{bmatrix} 1 & 0 \\ 0 & 1 \end{bmatrix}, \begin{bmatrix} 0 & 1 \\ 1 & 0 \end{bmatrix}, \begin{bmatrix} 1 & 1 \\ 0 & 0 \end{bmatrix}\right\}$

Determinando se um conjunto é uma base Nos Exercícios 35-38, determine se o conjunto $\{v_1, v_2\}$ é uma base de R^2.

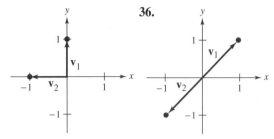

35.   36.

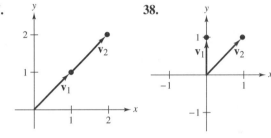

37.   38.

Determinando se um conjunto é uma base Nos Exercícios 39-46, determine se S é uma base do espaço vetorial dado.

39. $S = \{(4, -3), (5, 2)\}$ de R^2
40. $S = \{(1, 2), (1, -1)\}$ de R^2
41. $S = \{(1, 5, 3), (0, 1, 2), (0, 0, 6)\}$ de R^3
42. $S = \{(2, 1, 0), (0, -1, 1)\}$ de R^3
43. $S = \{(0, 3, -2), (4, 0, 3), (-8, 15, -16)\}$ de R^3
44. $S = \{(0, 0, 0), (1, 5, 6), (6, 2, 1)\}$ de R^3
45. $S = \{(-1, 2, 0, 0), (2, 0, -1, 0), (3, 0, 0, 4), (0, 0, 5, 0)\}$ de R^4
46. $S = \{(1, 0, 0, 1), (0, 2, 0, 2), (1, 0, 1, 0), (0, 2, 2, 0)\}$ de R^4

Determinando se um conjunto é uma base Nos Exercícios 47-50, determine se S é uma base de P^3.

47. $S = \{1 - 2t^2 + t^3, -4 + t^2, 2t + t^3, 5t\}$
48. $S = \{4t - t^2, 5 + t^3, 5 + 3t, -3t^2 + 2t^3\}$
49. $S = \{4 - t, t^3, 6t^2, 3t + t^3, -1 + 4t\}$
50. $S = \{-1 + t^3, 2t^2, 3 + t, 5 + 2t + 2t^2 + t^3\}$

Determinando se um conjunto é uma base Nos Exercícios 51 e 52, determine se S é uma base de $M_{2,2}$.

51. $S = \left\{\begin{bmatrix} 2 & 0 \\ 0 & 3 \end{bmatrix}, \begin{bmatrix} 1 & 4 \\ 0 & 1 \end{bmatrix}, \begin{bmatrix} 0 & 1 \\ 3 & 2 \end{bmatrix}, \begin{bmatrix} 0 & 1 \\ 2 & 0 \end{bmatrix}\right\}$

52. $S = \left\{\begin{bmatrix} 1 & 2 \\ -5 & 4 \end{bmatrix}, \begin{bmatrix} 2 & -7 \\ 6 & 2 \end{bmatrix}, \begin{bmatrix} 4 & -9 \\ 11 & 12 \end{bmatrix}, \begin{bmatrix} 12 & -16 \\ 17 & 42 \end{bmatrix}\right\}$

194   Elementos de álgebra linear

Determinando se um conjunto é uma base Nos Exercícios 53-56, determine se S é uma base de R^3. Se for, escreva $u = (8, 3, 8)$ como uma combinação linear dos vetores em S.

53. $S = \{(4, 3, 2), (0, 3, 2), (0, 0, 2)\}$

54. $S = \{(1, 0, 0), (1, 1, 0), (1, 1, 1)\}$

55. $S = \{(0, 0, 0), (1, 3, 4), (6, 1, -2)\}$

56. $S = \left\{ \left(\frac{2}{3}, \frac{5}{2}, 1\right), \left(1, \frac{3}{2}, 0\right), (2, 12, 6) \right\}$

Encontrando a dimensão de um espaço vetorial Nos Exercícios 57-64, encontre a dimensão do espaço vetorial.

57. R^6 **58.** R

59. P_7 **60.** P_4

61. $M_{2,3}$ **62.** $M_{3,2}$

63. R^{3m} **64.** P_{2m-1}, $m \geq 1$

65. Encontre uma base do espaço vetorial de todas as matrizes diagonais 3×3. Qual é a dimensão deste espaço vetorial?

66. Encontre uma base do espaço vetorial de todas as matrizes simétricas 3×3. Qual é a dimensão deste espaço vetorial?

67. Encontre todos os subconjuntos do conjunto
$$S = \{(1, 0), (0, 1), (1, 1)\}$$
que formam uma base de R^2.

68. Encontre todos os subconjuntos do conjunto
$$S = \{(1, 3, -2), (-4, 1, 1), (-2, 7, -3), (2, 1, 1)\}$$
que formam uma base de R^3.

69. Encontre uma base de R^2 que inclua o vetor $(2, 2)$.

70. Encontre uma base de R^3 que inclua os vetores $(1, 0, 2)$ e $(0, 1, 1)$.

Descrição geométrica, bases e dimensão Nos Exercícios 71 e 72, (a) dê uma descrição geométrica, (b) encontre uma base e (c) encontre a dimensão do subespaço W de R^2.

71. $W = \{(2t, t): t \text{ é um número real}\}$

72. $W = \{(0, t): t \text{ é um número real}\}$

Descrição geométrica, bases e dimensão Nos Exercícios 73 e 74, (a) dê uma descrição geométrica, (b) encontre uma base e (c) encontre a dimensão do subespaço W de R^3.

73. $W = \{(2t, t, -t): t \text{ é um número real}\}$

74. $W = \{(2s - t, s, t): s \text{ e } t \text{ são números reais}\}$

Base e dimensão Nos Exercícios 75-78, encontre (a) uma base e (b) a dimensão do subespaço W de R^4.

75. $W = \{(2s - t, s, t, s): s \text{ e } t \text{ são números reais}\}$

76. $W = \{(5t, -3t, t, t): t \text{ é um número real}\}$

77. $W = \{(0, 6t, t, -t): t \text{ é um número real}\}$

78. $W = \{(s + 4t, t, s, 2s - t): s \text{ e } t \text{ são números reais}\}$

Verdadeiro ou falso? Nos Exercícios 79 e 80, determine se cada afirmação é verdadeira ou falsa. Se uma afirmação for verdadeira, dê uma justificativa ou cite uma afirmação apropriada do texto. Se uma afirmação for falsa, forneça um exemplo que mostre que a afirmação não é verdadeira em todos os casos ou cite uma afirmação apropriada do texto.

79. (a) Se $\dim(V) = n$, então existe um conjunto de $n - 1$ vetores em V que geram V.

(b) Se $\dim(V) = n$, então existe um conjunto de $n + 1$ vetores em V que geram V.

80. (a) Se $\dim(V) = n$, então qualquer conjunto de $n + 1$ vetores em V deve ser linearmente dependente.

(b) Se $\dim(V) = n$, então qualquer conjunto de $n - 1$ vetores em V deve ser linearmente independente.

81. Demonstração Demonstre que se $S = \{\mathbf{v}_1, \mathbf{v}_2, \ldots, \mathbf{v}_n\}$ é uma base de um espaço vetorial V e c é um escalar diferente de zero, então o conjunto $S_1 = \{c\mathbf{v}_1, c\mathbf{v}_2, \ldots, c\mathbf{v}_n\}$ também é uma base de V.

82. Demonstração Demonstre o Teorema 4.12.

83. Demonstração Demonstre que, se W for um subespaço de um espaço vetorial de dimensão finita V, então $\dim(W) \leq \dim(V)$.

---

84. Ponto crucial

(a) Um conjunto S_1 consiste em dois vetores da forma $\mathbf{u} = (u_1, u_2, u_3)$. Explique por que S_1 não é uma base de R^3.

(b) Um conjunto S_2 consiste em quatro vetores da forma $\mathbf{u} = (u_1, u_2, u_3)$. Explique por que S_2 não é uma base de R_3.

(c) Um conjunto S_3 consiste em três vetores da forma $\mathbf{u} = (u_1, u_2, u_3)$. Determine as condições nas quais S_3 é uma base de R_3.

---

85. Demonstração Seja S um conjunto de vetores linearmente independente em um espaço vetorial de dimensão finita V. Demonstre que existe uma base de V contendo S.

86. Demonstração guiada Seja S um conjunto gerador de um espaço vetorial V de dimensão finita. Demonstre que existe um subconjunto S' de S que forma uma base de V.

Começando: S é um conjunto gerador, mas pode não ser uma base porque pode ser linearmente dependente. Você precisa remover vetores extras para que um subconjunto S' seja um conjunto gerador e também seja linearmente independente.

(i) Se S é um conjunto linearmente independente, então a prova está completa. Caso contrário, remova algum vetor $\mathbf{v}$ de S que seja uma combinação linear dos outros vetores em S. Chame esse conjunto de S_1.

(ii) Se S_1 é um conjunto linearmente independente, então a prova está completa. Se não, continue a remover os vetores dependentes até que você produza um subconjunto linearmente independente S'.

(iii) Conclua que este subconjunto é um subconjunto gerador minimal de S.

Espaços vetoriais 195

4.6 Posto de uma matriz e sistemas de equações lineares

- ■ Encontrar uma base do espaço linha, uma base do espaço coluna e o posto de uma matriz.
- ■ Encontrar o núcleo de uma matriz.
- ■ Encontrar a solução de um sistema consistente $A\mathbf{x} = \mathbf{b}$ na forma $\mathbf{x}_p + \mathbf{x}_h$.

ESPAÇO LINHA, ESPAÇO COLUNA E O POSTO DE UMA MATRIZ

Nesta seção, você investigará o espaço vetorial gerado pelos vetores linha (vetores coluna) de uma matriz. Em seguida, verá como esses espaços vetoriais se relacionam com soluções de sistemas de equações lineares.

Para uma matriz A de tamanho $m \times n$, lembre-se de que as n-uplas correspondentes às linhas de A são os vetores linha de A.

Vetores linha de A

$$A = \begin{bmatrix} a_{11} & a_{12} & \cdots & a_{1n} \\ a_{21} & a_{22} & \cdots & a_{2n} \\ \vdots & \vdots & & \vdots \\ a_{m1} & a_{m2} & \cdots & a_{mn} \end{bmatrix} \qquad \begin{matrix} (a_{11}, a_{12}, \ldots, a_{1n}) \\ (a_{21}, a_{22}, \ldots, a_{2n}) \\ \vdots \\ (a_{m1}, a_{m2}, \ldots, a_{mn}) \end{matrix}$$

De modo semelhante, as matrizes $m \times 1$ correspondentes às colunas de A são os vetores coluna de A.

Vetores coluna de A

$$A = \begin{bmatrix} a_{11} & a_{12} & \cdots & a_{1n} \\ a_{21} & a_{22} & \cdots & a_{2n} \\ \vdots & \vdots & & \vdots \\ a_{m1} & a_{m2} & \cdots & a_{mn} \end{bmatrix} \qquad \begin{bmatrix} a_{11} \\ a_{21} \\ \vdots \\ a_{m1} \end{bmatrix} \begin{bmatrix} a_{12} \\ a_{22} \\ \vdots \\ a_{m2} \end{bmatrix} \cdots \begin{bmatrix} a_{1n} \\ a_{2n} \\ \vdots \\ a_{mn} \end{bmatrix}$$

EXEMPLO 1   Vetores linha e vetores coluna

Para a matriz $A = \begin{bmatrix} 0 & 1 & -1 \\ -2 & 3 & 4 \end{bmatrix}$, os vetores linha são $(0, 1, -1)$ e $(-2, 3, 4)$

e os vetores coluna são $\begin{bmatrix} 0 \\ -2 \end{bmatrix}, \begin{bmatrix} 1 \\ 3 \end{bmatrix}$ e $\begin{bmatrix} -1 \\ 4 \end{bmatrix}$. ■

No Exemplo 1, observe que, para uma matriz A de tamanho $m \times n$, os vetores linha são vetores em R^n e os vetores coluna são vetores em R^m. Isso leva às definições dadas abaixo de **espaço linha** e **espaço coluna** de uma matriz.

Definições de espaço linha e espaço coluna de uma matriz

Seja A uma matriz $m \times n$.

1. O **espaço linha** de A é o subespaço de R^n gerado pelos vetores linha de A.
2. O **espaço coluna** de A é o subespaço de R^m gerado pelos vetores coluna de A.

Lembre-se de que duas matrizes são equivalentes por linhas quando se pode obter uma da outra por operações elementares de linhas. O próximo teorema diz que matrizes equivalentes por linhas têm o mesmo espaço linha.

196 Elementos de álgebra linear

OBSERVAÇÃO

O Teorema 4.13 afirma que as operações elementares de linhas não alteram o espaço linha de uma matriz. As operações elementares de linhas podem, no entanto, alterar o espaço coluna de uma matriz.

TEOREMA 4.13   Matrizes equivalentes por linhas têm o mesmo espaço linha

Se uma matriz A de tamanho $m \times n$ é equivalente por linhas a uma matriz B (de mesmo tamanho), então o espaço linha de A é igual ao espaço linha de B.

DEMONSTRAÇÃO

As linhas de B podem ser obtidas a partir das linhas de A por operações elementares de linhas (multiplicação por escalar e soma), o que implica que os vetores linha de B podem ser escritos como combinações lineares dos vetores linha de A. Os vetores linha de B estão no espaço linha de A e o subespaço gerado pelos vetores linha de B está contido no espaço linha de A. Mas também é verdade que as linhas de A podem ser obtidas a partir das linhas de B por operações elementares de linhas. Assim, os dois espaços linha são subespaços um do outro, tornando-os iguais. ■

Se uma matriz B estiver na forma escalonada por linhas, então seus vetores linha não nulos formam um conjunto linearmente independente. (Verifique isso.) Consequentemente, eles formam uma base do espaço linha de B e, pelo Teorema 4.13, também formam uma base do espaço linha de A. O próximo teorema enuncia esse resultado importante.

TEOREMA 4.14   Base do espaço linha de uma matriz

Se uma matriz A é equivalente por linhas a uma matriz B em forma escalonada por linhas, então os vetores linha não nulos de B formam uma base do espaço linha de A.

EXEMPLO 2   Determinação de uma base de um espaço linha

Encontre uma base do espaço linha de

$$A = \begin{bmatrix} 1 & 3 & 1 & 3 \\ 0 & 1 & 1 & 0 \\ -3 & 0 & 6 & -1 \\ 3 & 4 & -2 & 1 \\ 2 & 0 & -4 & -2 \end{bmatrix}.$$

SOLUÇÃO

Usando operações elementares de linhas, reescreva A na forma escalonada por linhas como mostrado abaixo.

$$B = \begin{bmatrix} 1 & 3 & 1 & 3 \\ 0 & 1 & 1 & 0 \\ 0 & 0 & 0 & 1 \\ 0 & 0 & 0 & 0 \\ 0 & 0 & 0 & 0 \end{bmatrix} \begin{matrix} \mathbf{w}_1 \\ \mathbf{w}_2 \\ \mathbf{w}_3 \\ \\ \end{matrix}$$

Pelo Teorema 4.14, os vetores linha não nulos de B, isto é, $\mathbf{w}_1 = (1, 3, 1, 3)$, $\mathbf{w}_2 = (0, 1, 1, 0)$ e $\mathbf{w}_3 = (0, 0, 0, 1)$, formam uma base do espaço linha de A. ■

A técnica utilizada no Exemplo 2 para encontrar uma base do espaço linha de uma matriz pode ser usada para encontrar uma base do subespaço gerado pelo conjunto $S = \{\mathbf{v}_1, \mathbf{v}_2, \ldots, \mathbf{v}_k\}$ em R^n. Use os vetores em S para formar as linhas de uma matriz A e, em seguida, use operações elementares de linhas para reescrever A na forma escalonada por linhas. As linhas não nulas dessa matriz formam então uma base do subespaço gerado por S. O Exemplo 3 ilustra esse processo.

Espaços vetoriais 197

EXEMPLO 3 — Determinação de uma base de um subespaço

Encontre uma base do subespaço de R^3 gerado por

$$S = \{\mathbf{v}_1, \mathbf{v}_2, \mathbf{v}_3\} = \{(-1, 2, 5), (3, 0, 3), (5, 1, 8)\}.$$

SOLUÇÃO

Use $\mathbf{v}_1$, $\mathbf{v}_2$ e $\mathbf{v}_3$ para formar as linhas de uma matriz A. Em seguida, escreva A na forma escalonada por linhas.

$$A = \begin{bmatrix} -1 & 2 & 5 \\ 3 & 0 & 3 \\ 5 & 1 & 8 \end{bmatrix} \begin{matrix} \mathbf{v}_1 \\ \mathbf{v}_2 \\ \mathbf{v}_3 \end{matrix} \longrightarrow B = \begin{bmatrix} 1 & -2 & -5 \\ 0 & 1 & 3 \\ 0 & 0 & 0 \end{bmatrix} \begin{matrix} \mathbf{w}_1 \\ \mathbf{w}_2 \\ \ \end{matrix}$$

Os vetores linha não nulos de B, $\mathbf{w}_1 = (1, -2, -5)$ e $\mathbf{w}_2 = (0, 1, 3)$, formam uma base do espaço linha de A. Isto é, eles formam uma base do subespaço gerado por $S = \{\mathbf{v}_1, \mathbf{v}_2, \mathbf{v}_3\}$. ◼

Para encontrar uma base do espaço coluna de uma matriz A, você tem duas opções. Por um lado, poderia usar o fato de que o espaço coluna de A é igual ao espaço linha de A^T e aplicar a técnica do Exemplo 2 à matriz A^T. Por outro lado, observe que, mesmo que as operações de linhas possam alterar o espaço coluna de uma matriz, elas não alteram as relações de dependência entre as colunas. (Será pedido que você demonstre isso no Exercício 80.) Por exemplo, considere as matrizes equivalentes por linhas A e B do Exemplo 2.

$$A = \begin{bmatrix} 1 & 3 & 1 & 3 \\ 0 & 1 & 1 & 0 \\ -3 & 0 & 6 & -1 \\ 3 & 4 & -2 & 1 \\ 2 & 0 & -4 & -2 \end{bmatrix} \quad B = \begin{bmatrix} 1 & 3 & 1 & 3 \\ 0 & 1 & 1 & 0 \\ 0 & 0 & 0 & 1 \\ 0 & 0 & 0 & 0 \\ 0 & 0 & 0 & 0 \end{bmatrix}$$
$$\ \ \mathbf{a}_1 \ \ \mathbf{a}_2 \ \ \mathbf{a}_3 \ \ \mathbf{a}_4 \qquad\qquad \mathbf{b}_1 \ \ \mathbf{b}_2 \ \ \mathbf{b}_3 \ \ \mathbf{b}_4$$

Observe que as colunas 1, 2 e 3 da matriz B satisfazem $\mathbf{b}_3 = -2\mathbf{b}_1 + \mathbf{b}_2$, enquanto as colunas correspondentes da matriz A satisfazem $\mathbf{a}_3 = -2\mathbf{a}_1 + \mathbf{a}_2$. Da mesma forma, os vetores colunas $\mathbf{b}_1$, $\mathbf{b}_2$ e $\mathbf{b}_4$ da matriz B são linearmente independentes, assim como os vetores coluna correspondentes da matriz A.

Os dois exemplos a seguir mostram como encontrar uma base do espaço coluna de uma matriz usando esses métodos.

EXEMPLO 4 — Determinação de uma base do espaço coluna de uma matriz (Método 1)

Encontre uma base do espaço coluna da matriz A do Exemplo 2, encontrando uma base do espaço linha de A^T.

SOLUÇÃO

Escreva a transposta de A e use operações elementares de linhas para escrever A^T na forma escalonada por linhas.

$$A^T = \begin{bmatrix} 1 & 0 & -3 & 3 & 2 \\ 3 & 1 & 0 & 4 & 0 \\ 1 & 1 & 6 & -2 & -4 \\ 3 & 0 & -1 & 1 & -2 \end{bmatrix} \longrightarrow \begin{bmatrix} 1 & 0 & -3 & 3 & 2 \\ 0 & 1 & 9 & -5 & -6 \\ 0 & 0 & 1 & -1 & -1 \\ 0 & 0 & 0 & 0 & 0 \end{bmatrix} \begin{matrix} \mathbf{w}_1 \\ \mathbf{w}_2 \\ \mathbf{w}_3 \\ \ \end{matrix}$$

Assim, $\mathbf{w}_1 = (1, 0, -3, 3, 2)$, $\mathbf{w}_2 = (0, 1, 9, -5, -6)$ e $\mathbf{w}_3 = (0, 0, 1, -1, -1)$ formam uma base do espaço linha de A^T. Isso equivale a dizer que os vetores coluna $[1 \ \ 0 \ \ -3 \ \ 3 \ \ 2]^T$, $[0 \ \ 1 \ \ 9 \ \ -5 \ \ -6]^T$ e $[0 \ \ 0 \ \ -1 \ \ -1 \ \ -1]^T$ formam uma base do espaço coluna de A. ◼

198   Elementos de álgebra linear

| EXEMPLO 5 | **Determinação de uma base do espaço coluna de uma matriz (Método 2)** |

Encontre uma base do espaço coluna da matriz A do Exemplo 2 usando as relações de dependência entre as colunas.

SOLUÇÃO

No Exemplo 2, foram usadas operações de linhas na matriz original A para obter sua forma escalonada por linhas B. Como mencionado anteriormente, na matriz B, os vetores formados a partir das primeira, segunda e quarta colunas são linearmente independentes (essas colunas possuem 1 como coeficiente principal), assim como os vetores coluna correspondentes da matriz A. Portanto, uma base do espaço coluna de A consiste nos vetores

$$\begin{bmatrix} 1 \\ 0 \\ -3 \\ 3 \\ 2 \end{bmatrix}, \quad \begin{bmatrix} 3 \\ 1 \\ 0 \\ 4 \\ 0 \end{bmatrix} \quad e \quad \begin{bmatrix} 3 \\ 0 \\ -1 \\ 1 \\ -2 \end{bmatrix}.$$

> **OBSERVAÇÃO**
>
> Observe que a forma escalonada por linhas de B diz quais colunas de A formam a base do espaço coluna. Você não usa os vetores coluna de B para formar a base.

Observe que a base do espaço coluna obtida no Exemplo 5 é diferente da obtida no Exemplo 4. Verifique que ambas bases geram o espaço coluna de A escrevendo as colunas de A como combinações lineares dos vetores em cada base.

Observe também nos exemplos 2, 4 e 5 que tanto o espaço linha como o espaço coluna de A têm dimensão 3 (porque existem três vetores em ambas as bases). O próximo teorema generaliza isso.

TEOREMA 4.15   Espaços linha e coluna têm dimensões iguais

O espaço linha e o espaço coluna de uma matriz A de tamanho $m \times n$ têm a mesma dimensão.

DEMONSTRAÇÃO

Sejam $\mathbf{v}_1, \mathbf{v}_2, \ldots, \mathbf{v}_m$ os vetores linha e $\mathbf{u}_1, \mathbf{u}_2, \ldots, \mathbf{u}_n$ os vetores coluna de

$$A = \begin{bmatrix} a_{11} & a_{12} & \cdots & a_{1n} \\ a_{21} & a_{22} & \cdots & a_{2n} \\ \vdots & \vdots & & \vdots \\ a_{m1} & a_{m2} & \cdots & a_{mn} \end{bmatrix}.$$

Suponha que o espaço linha de A tenha dimensão r e base $S = \{\mathbf{b}_1, \mathbf{b}_2, \ldots, \mathbf{b}_r\}$, onde $\mathbf{b}_i = (b_{i1}, b_{i2}, \ldots, b_{in})$. Usando esta base, escreva os vetores linha de A como

$$\begin{aligned} \mathbf{v}_1 &= c_{11}\mathbf{b}_1 + c_{12}\mathbf{b}_2 + \cdots + c_{1r}\mathbf{b}_r \\ \mathbf{v}_2 &= c_{21}\mathbf{b}_1 + c_{22}\mathbf{b}_2 + \cdots + c_{2r}\mathbf{b}_r \\ &\vdots \\ \mathbf{v}_m &= c_{m1}\mathbf{b}_1 + c_{m2}\mathbf{b}_2 + \cdots + c_{mr}\mathbf{b}_r. \end{aligned}$$

Reescreva este sistema de equações vetoriais como mostrado abaixo.

$$(a_{11}, a_{12}, \ldots, a_{1n}) = c_{11}(b_{11}, b_{12}, \ldots, b_{1n}) + c_{12}(b_{21}, b_{22}, \ldots, b_{2n}) + \cdots + c_{1r}(b_{r1}, b_{r2}, \ldots, b_{rn})$$

$$(a_{21}, a_{22}, \ldots, a_{2n}) = c_{21}(b_{11}, b_{12}, \ldots, b_{1n}) + c_{22}(b_{21}, b_{22}, \ldots, b_{2n}) + \cdots + c_{2r}(b_{r1}, b_{r2}, \ldots, b_{rn})$$

$$\vdots$$

$$(a_{m1}, a_{m2}, \ldots, a_{mn}) = c_{m1}(b_{11}, b_{12}, \ldots, b_{1n}) + c_{m2}(b_{21}, b_{22}, \ldots, b_{2n}) + \cdots + c_{mr}(b_{r1}, b_{r2}, \ldots, b_{rn})$$

Agora, tome apenas elementos correspondentes à primeira coluna da matriz A para obter o sistema de equações escalares mostrado na próxima página.

Espaços vetoriais **199**

$$a_{11} = c_{11}b_{11} + c_{12}b_{21} + \cdots + c_{1r}b_{r1}$$
$$a_{21} = c_{21}b_{11} + c_{22}b_{21} + \cdots + c_{2r}b_{r1}$$
$$\vdots$$
$$a_{m1} = c_{m1}b_{11} + c_{m2}b_{21} + \cdots + c_{mr}b_{r1}$$

Do mesmo modo, para os elementos da j-ésima coluna, você pode obter o sistema abaixo.

$$a_{1j} = c_{11}b_{1j} + c_{12}b_{2j} + \cdots + c_{1r}b_{rj}$$
$$a_{2j} = c_{21}b_{1j} + c_{22}b_{2j} + \cdots + c_{2r}b_{rj}$$
$$\vdots$$
$$a_{mj} = c_{m1}b_{1j} + c_{m2}b_{2j} + \cdots + c_{mr}b_{rj}$$

Agora, considere os vetores

$$\mathbf{c}_i = [c_{1i} \quad c_{2i} \quad \dots \quad c_{mi}]^T.$$

Então, o sistema para a j-ésima coluna pode ser reescrito em uma forma vetorial como

$$\mathbf{u}_j = b_{1j}\mathbf{c}_1 + b_{2j}\mathbf{c}_2 + \cdots + b_{rj}\mathbf{c}_r.$$

Junte todos os vetores coluna para obter

$$\mathbf{u}_1 = [a_{11} \quad a_{12} \quad \dots \quad a_{m1}]^T = b_{11}\mathbf{c}_1 + b_{21}\mathbf{c}_2 + \cdots + b_{r1}\mathbf{c}_r$$
$$\mathbf{u}_2 = [a_{12} \quad a_{22} \quad \dots \quad a_{m2}]^T = b_{12}\mathbf{c}_1 + b_{22}\mathbf{c}_2 + \cdots + b_{r2}\mathbf{c}_r$$
$$\vdots$$
$$\mathbf{u}_n = [a_{1n} \quad a_{2n} \quad \dots \quad a_{mn}]^T = b_{1n}\mathbf{c}_1 + b_{2n}\mathbf{c}_2 + \cdots + b_{rn}\mathbf{c}_r.$$

Cada vetor de coluna de A é uma combinação linear de r vetores, então a dimensão do espaço coluna de A é menor ou igual a r (a dimensão do espaço linha de A). Mais precisamente,

dim(espaço coluna de A) $\leq$ dim(espaço linha de A).

Repetindo este procedimento para A^T, você pode concluir que a dimensão do espaço coluna de A^T é menor ou igual à dimensão do espaço linha da A^T. Mas isso implica que a dimensão do espaço linha de A é menor ou igual à dimensão do espaço coluna de A. Em outros termos,

dim(espaço linha de A) $\leq$ dim(espaço coluna de A).

Assim, as duas dimensões devem ser iguais. ◼

A dimensão do espaço linha (ou coluna) de uma matriz é o **posto** da matriz.

OBSERVAÇÃO

Alguns textos distinguem entre o *posto linha* e o *posto coluna* de uma matriz, mas esses postos são iguais (Teorema 4.15). Assim, este texto não fará distinção entre eles.

Definição do posto de uma matriz

A dimensão do espaço linha (ou coluna) de uma matriz A é o **posto** de A e é denotado por posto(A).

EXEMPLO 6 **Determinação do posto de uma matriz**

Para encontrar o posto da matriz A abaixo, transforme-a em uma matriz B na forma escalonada por linhas, como mostrado.

$$A = \begin{bmatrix} 1 & -2 & 0 & 1 \\ 2 & 1 & 5 & -3 \\ 0 & 1 & 3 & 5 \end{bmatrix} \longrightarrow B = \begin{bmatrix} 1 & -2 & 0 & 1 \\ 0 & 1 & 1 & -1 \\ 0 & 0 & 1 & 3 \end{bmatrix}$$

A matriz B possui três linhas não nulas, portanto, o posto de A é 3. ◼

O NÚCLEO DE UMA MATRIZ

Os espaços linha e coluna e o posto têm algumas aplicações importantes nos sistemas de equações lineares. Considere primeiro o sistema linear homogêneo $A\mathbf{x} = \mathbf{0}$, onde A é uma matriz $m \times n$, $\mathbf{x} = [x_1 \; x_2 \; \ldots \; x_n]^T$ é o vetor coluna das variáveis e $\mathbf{0} = [0 \; 0 \; \ldots \; 0]^T$ é o vetor nulo em R^m. O próximo teorema diz que o conjunto de todas as soluções deste sistema homogêneo é um subespaço de R^n.

> **TEOREMA 4.16 Soluções de um sistema homogêneo**
>
> Se A é uma matriz $m \times n$, então o conjunto de todas as soluções do sistema homogêneo de equações lineares $A\mathbf{x} = \mathbf{0}$ é um subespaço de R^n chamado núcleo de A e denotado por $N(A)$. Assim,
>
> $$N(A) = \{\mathbf{x} \in R^n : A\mathbf{x} = \mathbf{0}\}.$$
>
> A dimensão do núcleo de A é a **nulidade** de A.

DEMONSTRAÇÃO

O tamanho de A é $m \times n$, então $\mathbf{x}$ tem tamanho $n \times 1$ e o conjunto de todas as soluções do sistema é um *subconjunto* de R^n. Este conjunto é claramente não vazio, porque $A\mathbf{0} = \mathbf{0}$. Verifique que é um subespaço, mostrando que ele é fechado para as operações usuais de soma e multiplicação por escalar. Sejam $\mathbf{x}_1$ e $\mathbf{x}_2$ duas soluções do sistema $A\mathbf{x} = \mathbf{0}$ e seja c um escalar. Uma vez que $A\mathbf{x}_1 = \mathbf{0}$ e $A\mathbf{x}_2 = \mathbf{0}$, então

$$A(\mathbf{x}_1 + \mathbf{x}_2) = A\mathbf{x}_1 + A\mathbf{x}_2 = \mathbf{0} + \mathbf{0} = \mathbf{0} \qquad \text{Soma}$$

e

$$A(c\mathbf{x}_1) = c(A\mathbf{x}_1) = c(\mathbf{0}) = \mathbf{0}. \qquad \text{Multiplicação por escalar}$$

Portanto, tanto $(\mathbf{x}_1 + \mathbf{x}_2)$ como $c\mathbf{x}_1$ são soluções de $A\mathbf{x} = \mathbf{0}$, o que permite concluir que o conjunto de todas as soluções forma um subespaço de R^n.

ÁLGEBRA LINEAR APLICADA

O *US Postal Service* (correio norte-americano) usa códigos de barras para representar informações como códigos postais e endereços de entrega. O código postal de barras mostrado à esquerda começa com uma barra longa e, em seguida, tem uma sequência de barras curtas e longas para representar cada dígito do CEP, um dígito adicional para verificar erros e, então, o código termina com uma barra longa. O código para os dígitos é exibido abaixo.

0 = ‖ı ı ı   1 = ı ı ı‖‖   2 = ı ı‖ı‖   3 = ı ı‖‖ı   4 = ı‖ı ı‖

5 = ı‖ı‖ı   6 = ı‖‖ı ı   7 = ‖ı ı ı‖   8 = ‖ı ı‖ı   9 = ‖ı‖ı ı

O dígito de verificação de erro é tal que, quando é somado com os dígitos no CEP o resultado é um múltiplo de 10. (Verifique isso, bem como se o código postal de barras está codificado corretamente.) Os códigos de barras mais sofisticados também incluem dígito(s) de correção de erros. De forma análoga, as matrizes podem ser usadas para verificar erros em mensagens transmitidas. Informação na forma de vetores coluna pode ser multiplicada por uma matriz de detecção de erro. Quando o produto resultante está no núcleo da matriz de detecção de erro, não existe nenhum erro na transmissão. Caso contrário, existe um erro em algum lugar da mensagem. Se a matriz de detecção de erro também tiver correção de erro, a matriz produto resultante também indicará onde o erro está ocorrendo.

Espaços vetoriais 201

EXEMPLO 7 Determinação do núcleo de uma matriz

Encontre o núcleo da matriz.

$$A = \begin{bmatrix} 1 & 2 & -2 & 1 \\ 3 & 6 & -5 & 4 \\ 1 & 2 & 0 & 3 \end{bmatrix}$$

SOLUÇÃO

O núcleo de A é o espaço solução do sistema homogêneo

$$A\mathbf{x} = \mathbf{0}.$$

Para resolver este sistema, você poderia escrever a matriz aumentada $[A \quad \mathbf{0}]$ na forma escalonada reduzida. No entanto, a última coluna da matriz aumentada consiste inteiramente de zeros e não vai mudar quando fizer operações de linhas, por isso é suficiente encontrar a forma escalonada reduzida de A.

$$A = \begin{bmatrix} 1 & 2 & -2 & 1 \\ 3 & 6 & -5 & 4 \\ 1 & 2 & 0 & 3 \end{bmatrix} \longrightarrow \begin{bmatrix} 1 & 2 & 0 & 3 \\ 0 & 0 & 1 & 1 \\ 0 & 0 & 0 & 0 \end{bmatrix}$$

O sistema de equações correspondente à forma escalonada reduzida é

$$\begin{aligned} x_1 + 2x_2 \quad + 3x_4 &= 0 \\ x_3 + x_4 &= 0. \end{aligned}$$

Escolha x_2 e x_4 como variáveis livres para representar as soluções em forma paramétrica.

$$x_1 = -2s - 3t, \quad x_2 = s, \quad x_3 = -t, \quad x_4 = t$$

Isso significa que o espaço solução de $A\mathbf{x} = \mathbf{0}$ consiste em todos os vetores solução da forma

$$\mathbf{x} = \begin{bmatrix} x_1 \\ x_2 \\ x_3 \\ x_4 \end{bmatrix} = \begin{bmatrix} -2s - 3t \\ s \\ -t \\ t \end{bmatrix} = s\begin{bmatrix} -2 \\ 1 \\ 0 \\ 0 \end{bmatrix} + t\begin{bmatrix} -3 \\ 0 \\ -1 \\ 1 \end{bmatrix}.$$

Portanto, uma base do núcleo de A consiste nos vetores

$$\begin{bmatrix} -2 \\ 1 \\ 0 \\ 0 \end{bmatrix} \quad e \quad \begin{bmatrix} -3 \\ 0 \\ -1 \\ 1 \end{bmatrix}.$$

> **OBSERVAÇÃO**
>
> Embora o Exemplo 7 tenha mostrado que a base gera o conjunto solução, não foi verificado que os vetores na base são linearmente independentes. Quando você resolve sistemas homogêneos a partir da forma escalonada reduzida, o conjunto gerador é sempre linearmente independente. Verifique isso para a base encontrada no Exemplo 7.

Em outras palavras, esses dois vetores são soluções de $A\mathbf{x} = \mathbf{0}$ e todas as combinações lineares desses dois vetores também são soluções.

No Exemplo 7, a matriz A tem quatro colunas. Além disso, o posto de A é 2, e a dimensão do núcleo é 2. Então,

Número de colunas = posto + nulidade.

Uma maneira de ver isso é olhar para a forma escalonada reduzida de A.

$$\begin{bmatrix} 1 & 2 & 0 & 3 \\ 0 & 0 & 1 & 1 \\ 0 & 0 & 0 & 0 \end{bmatrix}$$

As colunas com os 1 como coeficiente principal (colunas 1 e 3) determinam o posto de matriz. As outras colunas (2 e 4) determinam a nulidade da matriz porque elas correspondem às variáveis livres. O próximo teorema generaliza essa relação.

202 Elementos de álgebra linear

> **TEOREMA 4.17   Dimensão do espaço solução**
>
> Se A é uma matriz $m \times n$ de posto r, então a dimensão do espaço solução de $A\mathbf{x} = \mathbf{0}$ é $n - r$. Em outros termos, $n = \text{posto}(A) + \text{nulidade}(A)$.

DEMONSTRAÇÃO

A tem posto r, portanto é equivalente por linhas a uma matriz B escalonada reduzida com r linhas não nulas. Nenhuma generalidade é perdida assumindo que o canto superior esquerdo de B tem a forma da matriz identidade I_r. Além disso, as linhas nulas de B não contribuem para a solução, então as descarte para formar a matriz B' de tamanho $r \times n$, onde B' é a matriz aumentada $[I_r \quad C]$. A matriz C possui $n - r$ colunas correspondentes às variáveis $x_{r+1}, x_{r+2}, \ldots, x_n$ e o espaço solução de $A\mathbf{x} = \mathbf{0}$ pode ser representado pelo sistema

$$
\begin{aligned}
x_1 + \quad & c_{11}x_{r+1} + c_{12}x_{r+2} + \cdots + c_{1,\,n-r}x_n = 0 \\
x_2 + \quad & c_{21}x_{r+1} + c_{22}x_{r+2} + \cdots + c_{2,\,n-r}x_n = 0 \\
& \quad \vdots \qquad\quad \vdots \qquad\qquad\qquad \vdots \\
x_r + \; & c_{r1}x_{r+1} + c_{r2}x_{r+2} + \cdots + c_{r,\,n-r}x_n = 0.
\end{aligned}
$$

Isolar as primeiras r variáveis em termos das últimas $n - r$ variáveis produz $n - r$ vetores na base do espaço solução, de modo que o espaço solução tem dimensão $n - r$.

O Exemplo 8 ilustra esse teorema e explora ainda mais o espaço coluna de uma matriz.

EXEMPLO 8   Posto, nulidade de uma matriz e base do espaço coluna

Veja LarsonLinearAlgebra.com para uma versão interativa deste tipo de exemplo.

Denote os vetores coluna da matriz A por $\mathbf{a}_1, \mathbf{a}_2, \mathbf{a}_3, \mathbf{a}_4$ e $\mathbf{a}_5$. Encontre (a) o posto e a nulidade de A e (b) um subconjunto dos vetores coluna de A que forme uma base do espaço coluna de A.

$$
A = \begin{bmatrix}
1 & 0 & -2 & 1 & 0 \\
0 & -1 & -3 & 1 & 3 \\
-2 & -1 & 1 & -1 & 3 \\
0 & 3 & 9 & 0 & -12
\end{bmatrix}
$$
$$
\;\;\mathbf{a}_1 \;\;\; \mathbf{a}_2 \;\;\; \mathbf{a}_3 \;\;\; \mathbf{a}_4 \;\;\; \mathbf{a}_5
$$

SOLUÇÃO

Seja B a forma escalonada reduzida de A.

$$
A = \begin{bmatrix}
1 & 0 & -2 & 1 & 0 \\
0 & -1 & -3 & 1 & 3 \\
-2 & -1 & 1 & -1 & 3 \\
0 & 3 & 9 & 0 & -12
\end{bmatrix}
\;\longrightarrow\;
B = \begin{bmatrix}
1 & 0 & -2 & 0 & 1 \\
0 & 1 & 3 & 0 & -4 \\
0 & 0 & 0 & 1 & -1 \\
0 & 0 & 0 & 0 & 0
\end{bmatrix}
$$

a. B possui três linhas não nulas, portanto o posto de A é 3. Além disso, o número de colunas de A é $n = 5$, o que implica que a nulidade de A é $n - \text{posto} = 5 - 3 = 2$.

b. Os primeiro, segundo e quarto vetores coluna de B são linearmente independentes, então os vetores coluna correspondentes de A,

$$
\mathbf{a}_1 = \begin{bmatrix} 1 \\ 0 \\ -2 \\ 0 \end{bmatrix}, \quad
\mathbf{a}_2 = \begin{bmatrix} 0 \\ -1 \\ -1 \\ 3 \end{bmatrix} \quad \text{e} \quad
\mathbf{a}_4 = \begin{bmatrix} 1 \\ 1 \\ -1 \\ 0 \end{bmatrix}
$$

formam uma base do espaço coluna de A.

SOLUÇÕES DE SISTEMAS DE EQUAÇÕES LINEARES

Agora você sabe que o conjunto de todos os vetores solução do sistema linear *homogêneo* $A\mathbf{x} = \mathbf{0}$ é um subespaço. O conjunto de todos os vetores solução do sistema *não homogêneo* $A\mathbf{x} = \mathbf{b}$, onde $\mathbf{b} \neq \mathbf{0}$, *não é*

Espaços vetoriais   203

um subespaço porque o vetor nulo nunca é uma solução de um sistema não homogêneo. No entanto, existe uma relação entre os conjuntos de soluções dos dois sistemas $A\mathbf{x} = \mathbf{0}$ e $A\mathbf{x} = \mathbf{b}$. Especificamente, se $\mathbf{x}_p$ é uma solução particular do sistema não homogêneo $A\mathbf{x} = \mathbf{b}$, então cada solução deste sistema pode ser escrita na forma $\mathbf{x} = \mathbf{x}_p + \mathbf{x}_h$, onde $\mathbf{x}_h$ é uma solução do sistema homogêneo correspondente $A\mathbf{x} = \mathbf{0}$. O próximo teorema enuncia esse conceito importante.

TEOREMA 4.18   Soluções de um sistema linear não homogêneo

Se $\mathbf{x}_p$ for uma solução particular do sistema não homogêneo $A\mathbf{x} = \mathbf{b}$, então toda solução desse sistema pode ser escrita na forma $\mathbf{x} = \mathbf{x}_p + \mathbf{x}_h$, onde $\mathbf{x}_h$ é uma solução do sistema homogêneo correspondente $A\mathbf{x} = \mathbf{0}$.

DEMONSTRAÇÃO

Seja $\mathbf{x}$ qualquer solução de $A\mathbf{x} = \mathbf{b}$. Então $(\mathbf{x} - \mathbf{x}_p)$ é uma solução do sistema homogêneo $A\mathbf{x} = \mathbf{0}$, porque

$$A(\mathbf{x} - \mathbf{x}_p) = A\mathbf{x} - A\mathbf{x}_p = \mathbf{b} - \mathbf{b} = \mathbf{0}.$$

Tomando $\mathbf{x}_h = \mathbf{x} - \mathbf{x}_p$, você tem $\mathbf{x} = \mathbf{x}_p + \mathbf{x}_h$. ■

EXEMPLO 9   **Determinação do conjunto solução de um sistema não homogêneo**

Encontre o conjunto de todos os vetores solução do sistema de equações lineares.

$$\begin{array}{rcrcrcrcr} x_1 & & & - & 2x_3 & + & x_4 & = & 5 \\ 3x_1 & + & x_2 & - & 5x_3 & & & = & 8 \\ x_1 & + & 2x_2 & & & - & 5x_4 & = & -9 \end{array}$$

SOLUÇÃO

A matriz aumentada para o sistema $A\mathbf{x} = \mathbf{b}$ é reduzida como mostrado abaixo.

$$\begin{bmatrix} 1 & 0 & -2 & 1 & 5 \\ 3 & 1 & -5 & 0 & 8 \\ 1 & 2 & 0 & -5 & -9 \end{bmatrix} \longrightarrow \begin{bmatrix} 1 & 0 & -2 & 1 & 5 \\ 0 & 1 & 1 & -3 & -7 \\ 0 & 0 & 0 & 0 & 0 \end{bmatrix}$$

O sistema de equações lineares correspondentes à matriz escalonada reduzida é

$$\begin{array}{rcrcrcr} x_1 & & & - & 2x_3 & + & x_4 & = & 5 \\ & & x_2 & + & x_3 & - & 3x_4 & = & -7. \end{array}$$

Tomando $x_3 = s$ e $x_4 = t$, escreva um vetor solução representativo de $A\mathbf{x} = \mathbf{b}$ como mostrado abaixo.

$$\mathbf{x} = \begin{bmatrix} x_1 \\ x_2 \\ x_3 \\ x_4 \end{bmatrix} = \begin{bmatrix} 5 + 2s - t \\ -7 - s + 3t \\ 0 + s + 0t \\ 0 + 0s + t \end{bmatrix} = \begin{bmatrix} 5 \\ -7 \\ 0 \\ 0 \end{bmatrix} + s\begin{bmatrix} 2 \\ -1 \\ 1 \\ 0 \end{bmatrix} + t\begin{bmatrix} -1 \\ 3 \\ 0 \\ 1 \end{bmatrix} = \mathbf{x}_p + s\mathbf{u}_1 + t\mathbf{u}_2$$

$\mathbf{x}_p$ é uma solução *particular* de $A\mathbf{x} = \mathbf{b}$ e $\mathbf{x}_h = s\mathbf{u}_1 + t\mathbf{u}_2$ representa um vetor arbitrário no espaço solução de $A\mathbf{x} = \mathbf{0}$. ■

O próximo teorema descreve como o espaço coluna de uma matriz pode ser usado para determinar se um sistema de equações lineares é consistente.

TEOREMA 4.19   Soluções de um sistema de equações lineares

O sistema $A\mathbf{x} = \mathbf{b}$ é consistente se e somente se $\mathbf{b}$ estiver no espaço coluna de A.

204 Elementos de álgebra linear

DEMONSTRAÇÃO

Para o sistema $A\mathbf{x} = \mathbf{b}$, sejam A, $\mathbf{x}$ e $\mathbf{b}$ a matriz de coeficientes $m \times n$, a matriz coluna $n \times 1$ das variáveis e a matriz coluna $m \times 1$ do lado direito, respectivamente. Então

$$A\mathbf{x} = \begin{bmatrix} a_{11} & a_{12} & \cdots & a_{1n} \\ a_{21} & a_{22} & \cdots & a_{2n} \\ \vdots & \vdots & & \vdots \\ a_{m1} & a_{m2} & \cdots & a_{mn} \end{bmatrix} \begin{bmatrix} x_1 \\ x_2 \\ \vdots \\ x_n \end{bmatrix} = x_1 \begin{bmatrix} a_{11} \\ a_{21} \\ \vdots \\ a_{m1} \end{bmatrix} + x_2 \begin{bmatrix} a_{12} \\ a_{22} \\ \vdots \\ a_{m2} \end{bmatrix} + \cdots + x_n \begin{bmatrix} a_{1n} \\ a_{2n} \\ \vdots \\ a_{mn} \end{bmatrix}.$$

Portanto, $A\mathbf{x} = \mathbf{b}$ se e somente se $\mathbf{b} = [b_1 \quad b_2 \quad \cdots \quad b_m]^T$ é uma combinação linear das colunas de A. Mais precisamente, o sistema é consistente se e somente se $\mathbf{b}$ estiver no subespaço de R^m gerado pelas colunas de A.

EXEMPLO 10	Consistência de um sistema de equações lineares

Considerar o sistema de equações lineares
$$\begin{aligned} x_1 + x_2 - x_3 &= -1 \\ x_1 \quad\quad + x_3 &= 3 \\ 3x_1 + 2x_2 - x_3 &= 1. \end{aligned}$$

A matriz aumentada para o sistema é
$$[A \quad \mathbf{b}] = \begin{bmatrix} 1 & 1 & -1 & -1 \\ 1 & 0 & 1 & 3 \\ 3 & 2 & -1 & 1 \end{bmatrix}.$$
$$\quad\;\; \mathbf{a}_1 \quad \mathbf{a}_2 \quad \mathbf{a}_3 \quad \mathbf{b}$$

Observe que $\mathbf{b} = 2\mathbf{a}_1 - 2\mathbf{a}_2 + \mathbf{a}_3$. Assim, $\mathbf{b}$ está no espaço coluna de A, de modo que o sistema de equações lineares é consistente.

O resumo abaixo apresenta vários resultados importantes envolvendo sistemas de equações lineares, matrizes, determinantes e espaços vetoriais.

> **Resumo de condições equivalentes para matrizes quadradas**
>
> Se A é uma matriz $n \times n$, então as condições abaixo são equivalentes.
> 1. A é inversível.
> 2. $A\mathbf{x} = \mathbf{b}$ tem uma única solução para qualquer matriz coluna $\mathbf{b}$ de tamanho $n \times 1$.
> 3. $A\mathbf{x} = \mathbf{0}$ tem apenas a solução trivial.
> 4. A é equivalente por linhas a I_n.
> 5. $|A| \neq 0$
> 6. Posto$(A) = n$
> 7. Os n vetores linha de A são linearmente independentes.
> 8. Os n vetores coluna de A são linearmente independentes.

OBSERVAÇÃO

A forma escalonada reduzida de $[A \quad \mathbf{b}]$ é

$$\begin{bmatrix} 1 & 0 & 1 & 3 \\ 0 & 1 & -2 & -4 \\ 0 & 0 & 0 & 0 \end{bmatrix}$$

(verifique isso). Então, há infinitas maneiras de escrever $\mathbf{b}$ como uma combinação linear das colunas de A.

4.6 Exercícios

Vetores linha e vetores coluna Nos Exercícios 1-4, escreva (a) os vetores linha e (b) os vetores coluna da matriz.

1. $\begin{bmatrix} 0 & -2 \\ 1 & -3 \end{bmatrix}$

2. $[6 \quad 5 \quad -1]$

3. $\begin{bmatrix} 4 & 3 & 1 \\ 1 & -4 & 0 \end{bmatrix}$

4. $\begin{bmatrix} 0 & 3 & -4 \\ 4 & 0 & -1 \\ -6 & 1 & 1 \end{bmatrix}$

Determinação de uma base de um espaço linha e do posto Nos Exercícios 5-12, encontre (a) uma base do espaço linha e (b) o posto da matriz.

Espaços vetoriais   205

5. $\begin{bmatrix} 1 & 0 \\ 0 & 2 \end{bmatrix}$ **6.** $[0 \quad 1 \quad -2]$

7. $\begin{bmatrix} 1 & -3 & 2 \\ 4 & 2 & 1 \end{bmatrix}$ **8.** $\begin{bmatrix} 2 & 5 \\ -2 & -5 \\ -6 & -15 \end{bmatrix}$

9. $\begin{bmatrix} 1 & 6 & 18 \\ 7 & 40 & 116 \\ -3 & -12 & -27 \end{bmatrix}$ **10.** $\begin{bmatrix} 2 & -3 & 1 \\ 5 & 10 & 6 \\ 8 & -7 & 5 \end{bmatrix}$

11. $\begin{bmatrix} -2 & -4 & 4 & 5 \\ 3 & 6 & -6 & -4 \\ -2 & -4 & 4 & 9 \end{bmatrix}$

12. $\begin{bmatrix} 4 & 0 & 2 & 3 & 1 \\ 2 & -1 & 2 & 0 & 1 \\ 5 & 2 & 2 & 1 & -1 \\ 4 & 0 & 2 & 2 & 1 \\ 2 & -2 & 0 & 0 & 1 \end{bmatrix}$

Determinação de uma base de um subespaço Nos Exercícios 13-16, encontre uma base do subespaço de R^3 gerado por S.

13. $S = \{(1, 2, 4), (-1, 3, 4), (2, 3, 1)\}$

14. $S = \{(2, 3, -1), (1, 3, -9), (0, 1, 5)\}$

15. $S = \{(4, 4, 8), (1, 1, 2), (1, 1, 1)\}$

16. $S = \{(1, 2, 2), (-1, 0, 0), (1, 1, 1)\}$

Determinação de uma base de um subespaço Nos Exercícios 17-20, encontre uma base do subespaço de R^4 gerado por S.

17. $S = \{(2, 9, -2, 53), (-3, 2, 3, -2), (8, -3, -8, 17), (0, -3, 0, 15)\}$

18. $S = \{(6, -3, 6, 34), (3, -2, 3, 19), (8, 3, -9, 6), (-2, 0, 6, -5)\}$

19. $S = \{(-3, 2, 5, 28), (-6, 1, -8, -1), (14, -10, 12, -10), (0, 5, 12, 50)\}$

20. $S = \{(2, 5, -3, -2), (-2, -3, 2, -5), (1, 3, -2, 2), (-1, -5, 3, 5)\}$

Determinação de uma base do espaço coluna e do posto Nos Exercícios 21-26, encontre (a) uma base do espaço coluna e (b) o posto da matriz.

21. $\begin{bmatrix} 2 & 4 \\ 1 & 6 \end{bmatrix}$ **22.** $[1 \quad 2 \quad 3]$

23. $\begin{bmatrix} 1 & 2 & 4 \\ -1 & 2 & 1 \end{bmatrix}$ **24.** $\begin{bmatrix} 4 & 20 & 31 \\ 6 & -5 & -6 \\ 2 & -11 & -16 \end{bmatrix}$

25. $\begin{bmatrix} 2 & 4 & -3 & -6 \\ 7 & 14 & -6 & -3 \\ -2 & -4 & 1 & -2 \\ 2 & 4 & -2 & -2 \end{bmatrix}$

26. $\begin{bmatrix} 2 & 4 & -2 & 1 & 1 \\ 2 & 5 & 4 & -2 & 2 \\ 4 & 3 & 1 & 1 & 2 \\ 2 & -4 & 2 & -1 & 1 \\ 0 & 1 & 4 & 2 & -1 \end{bmatrix}$

Determinação do núcleo de uma matriz Nos Exercícios 27-40, encontre o núcleo da matriz.

27. $A = \begin{bmatrix} 2 & -1 \\ -6 & 3 \end{bmatrix}$ **28.** $A = \begin{bmatrix} 2 & -1 \\ 1 & 3 \end{bmatrix}$

29. $A = [1 \quad 2 \quad 3]$ **30.** $A = [1 \quad 4 \quad 2]$

31. $A = \begin{bmatrix} 1 & 2 & 3 \\ 0 & 1 & 0 \end{bmatrix}$ **32.** $A = \begin{bmatrix} 1 & 4 & 2 \\ 0 & 0 & 1 \end{bmatrix}$

33. $A = \begin{bmatrix} 1 & 2 & -3 \\ 2 & -1 & 4 \\ 4 & 3 & -2 \end{bmatrix}$ **34.** $A = \begin{bmatrix} 3 & -6 & 21 \\ -2 & 4 & -14 \\ 1 & -2 & 7 \end{bmatrix}$

35. $A = \begin{bmatrix} 5 & 2 \\ 3 & -1 \\ 2 & 1 \end{bmatrix}$ **36.** $A = \begin{bmatrix} -16 & 1 \\ 48 & -3 \\ -80 & 5 \end{bmatrix}$

37. $A = \begin{bmatrix} 1 & 3 & -2 & 4 \\ 0 & 1 & -1 & 2 \\ -2 & -6 & 4 & -8 \end{bmatrix}$

38. $A = \begin{bmatrix} 1 & 4 & 2 & 1 \\ 0 & 1 & 1 & -1 \\ -2 & -8 & -4 & -2 \end{bmatrix}$

39. $A = \begin{bmatrix} 2 & 6 & 3 & 1 \\ 2 & 1 & 0 & -2 \\ 3 & -2 & 1 & 1 \\ 0 & 6 & 2 & 0 \end{bmatrix}$

40. $A = \begin{bmatrix} 1 & 4 & 2 & 1 \\ 2 & -1 & 1 & 1 \\ 4 & 2 & 1 & 1 \\ 0 & 4 & 2 & 0 \end{bmatrix}$

Posto, nulidade, bases e independência linear Nos Exercícios 41 e 42, use o fato de que as matrizes A e B são equivalentes por linhas.

(a) Encontre o posto e a nulidade de A.

(b) Encontre uma base do núcleo de A.

(c) Encontre uma base do espaço linha de A.

(d) Encontre uma base do espaço coluna de A.

(e) Determine se as linhas de A são linearmente independentes.

(f) Denote as colunas de A por a_1, a_2, a_3, a_4 e a_5. Determine se cada conjunto é linearmente independente.

   (i) $\{a_1, a_2, a_4\}$ (ii) $\{a_1, a_2, a_3\}$ (iii) $\{a_1, a_3, a_5\}$

41. $A = \begin{bmatrix} 1 & 2 & 1 & 0 & 0 \\ 2 & 5 & 1 & 1 & 0 \\ 3 & 7 & 2 & 2 & -2 \\ 4 & 9 & 3 & -1 & 4 \end{bmatrix}$

206 Elementos de álgebra linear

$$B = \begin{bmatrix} 1 & 0 & 3 & 0 & -4 \\ 0 & 1 & -1 & 0 & 2 \\ 0 & 0 & 0 & 1 & -2 \\ 0 & 0 & 0 & 0 & 0 \end{bmatrix}$$

42. $A = \begin{bmatrix} -2 & -5 & 8 & 0 & -17 \\ 1 & 3 & -5 & 1 & 5 \\ 3 & 11 & -19 & 7 & 1 \\ 1 & 7 & -13 & 5 & -3 \end{bmatrix}$

$$B = \begin{bmatrix} 1 & 0 & 1 & 0 & 1 \\ 0 & 1 & -2 & 0 & 3 \\ 0 & 0 & 0 & 1 & -5 \\ 0 & 0 & 0 & 0 & 0 \end{bmatrix}$$

Determinação de uma base e da dimensão Nos Exercícios 43-48, com respeito ao espaço solução do sistema homogêneo de equações lineares dado, encontre (a) uma base e (b) sua dimensão.

43.
$$-x + y + z = 0$$
$$3x - y = 0$$
$$2x - 4y - 5z = 0$$

44.
$$x - 2y + 3z = 0$$
$$-3x + 6y - 9z = 0$$

45.
$$3x_1 + 3x_2 + 15x_3 + 11x_4 = 0$$
$$x_1 - 3x_2 + x_3 + x_4 = 0$$
$$2x_1 + 3x_2 + 11x_3 + 8x_4 = 0$$

46.
$$2x_1 + 2x_2 + 4x_3 - 2x_4 = 0$$
$$x_1 + 2x_2 + x_3 + 2x_4 = 0$$
$$-x_1 + x_2 + 4x_3 - 2x_4 = 0$$

47.
$$9x_1 - 4x_2 - 2x_3 - 20x_4 = 0$$
$$12x_1 - 6x_2 - 4x_3 - 29x_4 = 0$$
$$3x_1 - 2x_2 - 7x_4 = 0$$
$$3x_1 - 2x_2 - x_3 - 8x_4 = 0$$

48.
$$x_1 + 3x_2 + 2x_3 + 22x_4 + 13x_5 = 0$$
$$x_1 + x_3 - 2x_4 + x_5 = 0$$
$$3x_1 + 6x_2 + 5x_3 + 42x_4 + 27x_5 = 0$$

Sistema não homogêneo Nos exercícios 49-56, determine se o sistema não homogêneo $Ax = b$ é consistente. Se for, escreva a solução na forma $x = x_p + x_h$, onde x_p é uma solução particular de $Ax = b$ e x_h é uma solução de $Ax = 0$.

49.
$$x - 4y = 17$$
$$3x - 12y = 51$$
$$-2x + 8y = -34$$

50.
$$x + 2y - 4z = -1$$
$$-3x - 6y + 12z = 3$$

51.
$$x + 3y + 10z = 18$$
$$-2x + 7y + 32z = 29$$
$$-x + 3y + 14z = 12$$
$$x + y + 2z = 8$$

52.
$$2x - 4y + 5z = 8$$
$$-7x + 14y + 4z = -28$$
$$3x - 6y + z = 12$$

53.
$$3x - 8y + 4z = 19$$
$$-6y + 2z + 4w = 5$$
$$5x + 22z + w = 29$$
$$x - 2y + 2z = 8$$

54.
$$3w - 2x + 16y - 2z = -7$$
$$-w + 5x - 14y + 18z = 29$$
$$3w - x + 14y + 2z = 1$$

55.
$$x_1 + 2x_2 + x_3 + x_4 + 5x_5 = 0$$
$$-5x_1 - 10x_2 + 3x_3 + 3x_4 + 55x_5 = -8$$
$$x_1 + 2x_2 + 2x_3 - 3x_4 - 5x_5 = 14$$
$$-x_1 - 2x_2 + x_3 + x_4 + 15x_5 = -2$$

56.
$$5x_1 - 4x_2 + 12x_3 - 33x_4 + 14x_5 = -4$$
$$-2x_1 + x_2 - 6x_3 + 12x_4 - 8x_5 = 1$$
$$2x_1 - x_2 + 6x_3 - 12x_4 + 8x_5 = -1$$

Consistência de $Ax = b$ Nos Exercícios 57-62, determine se b está no espaço coluna de A. Se estiver, escreva b como uma combinação linear dos vetores coluna de A.

57. $A = \begin{bmatrix} -1 & 2 \\ 4 & 0 \end{bmatrix}$, $\mathbf{b} = \begin{bmatrix} 3 \\ 4 \end{bmatrix}$

58. $A = \begin{bmatrix} -1 & 2 \\ 2 & -4 \end{bmatrix}$, $\mathbf{b} = \begin{bmatrix} 2 \\ 4 \end{bmatrix}$

59. $A = \begin{bmatrix} 1 & 3 & 2 \\ -1 & 1 & 2 \\ 0 & 1 & 1 \end{bmatrix}$, $\mathbf{b} = \begin{bmatrix} 1 \\ 1 \\ 0 \end{bmatrix}$

60. $A = \begin{bmatrix} 1 & 3 & 0 \\ -1 & 1 & 0 \\ 2 & 0 & 1 \end{bmatrix}$, $\mathbf{b} = \begin{bmatrix} 1 \\ 2 \\ -3 \end{bmatrix}$

61. $A = \begin{bmatrix} -1 & -1 & 1 \\ 1 & 0 & 1 \\ -3 & -2 & 1 \end{bmatrix}$, $\mathbf{b} = \begin{bmatrix} 0 \\ 3 \\ -3 \end{bmatrix}$

62. $A = \begin{bmatrix} 5 & 4 & 4 \\ -3 & 1 & -2 \\ 1 & 0 & 8 \end{bmatrix}$, $\mathbf{b} = \begin{bmatrix} -9 \\ 11 \\ -25 \end{bmatrix}$

63. Demonstração Demonstre que se A não é quadrada, então os vetores linha de A ou os vetores coluna de A formam um conjunto linearmente dependente.

64. Dê um exemplo mostrando que o posto do produto de duas matrizes pode ser menor que o posto das duas matrizes.

65. Dê exemplos de matrizes A e B de mesmo tamanho tais que

(a) posto$(A + B) <$ posto(A) e posto$(A + B) <$ posto(B)

Espaços vetoriais   207

(b) posto$(A + B)$ = posto(A) e posto$(A + B)$ = posto(B)

(c) posto$(A + B)$ > posto(A) e posto$(A + B)$ > posto(B).

66. Demonstração Demonstre que os vetores linha não nulos de uma matriz na forma escalonada por linhas são linearmente independentes.

67. Seja A uma matriz $m \times n$ (com $m < n$) cujo posto é r.

(a) Qual é o maior valor que r pode ter?

(b) Quantos vetores estão em uma base do espaço linha de A?

(c) Quantos vetores estão em uma base do espaço coluna de A?

(d) Para qual k o espaço vetorial R^k tem o espaço linha como subespaço?

(e) Para qual k o espaço vetorial R^k tem o espaço coluna como subespaço?

68. Mostre que três pontos (x_1, y_1), (x_2, y_2) e (x_3, y_3) em um plano são colineares se e somente se a matriz

$$\begin{bmatrix} x_1 & y_1 & 1 \\ x_2 & y_2 & 1 \\ x_3 & y_3 & 1 \end{bmatrix}$$

tiver posto menor que 3.

69. Considere uma matriz A de tamanho $m \times n$ e uma matriz B de tamanho $n \times p$. Mostre que os vetores linha de AB estão no espaço linha de B e os vetores coluna de AB estão no espaço coluna de A.

70. Encontre o posto da matriz

$$\begin{bmatrix} 1 & 2 & 3 & \ldots & n \\ n+1 & n+2 & n+3 & \ldots & 2n \\ 2n+1 & 2n+2 & 2n+3 & \ldots & 3n \\ \vdots & \vdots & \vdots & & \vdots \\ n^2-n+1 & n^2-n+2 & n^2-n+3 & \ldots & n^2 \end{bmatrix}$$

para $n = 2$, 3 e 4. Você consegue encontrar um padrão nesses postos?

71. Demonstração Demonstre cada propriedade do sistema de equações lineares em n variáveis $A\mathbf{x} = \mathbf{b}$.

(a) Se posto$(A) = $ posto$([A \ \mathbf{b}]) = n$, então o sistema tem uma solução única.

(b) Se posto$(A) = $ posto$([A \ \mathbf{b}]) < n$, então o sistema tem infinitas soluções.

(c) Se posto$(A) < $ posto$([A \ \mathbf{b}])$, então o sistema é inconsistente.

72. Demonstração Seja A uma matriz $m \times n$. Demonstre que $N(A) \subset N(A^TA)$.

Verdadeiro ou falso? **Nos Exercícios 73-76, determine se a afirmação é verdadeira ou falsa. Se uma afirmação for verdadeira, dê uma justificativa ou cite uma afirmação apropriada do texto. Se uma afirma-**

ção for falsa, forneça um exemplo que mostre que a afirmação não é verdadeira em todos os casos ou cite uma afirmação apropriada do texto.

73. (a) O núcleo de uma matriz A é o espaço solução do sistema homogêneo $A\mathbf{x} = \mathbf{0}$.

(b) A dimensão do núcleo de uma matriz A é a nulidade de A.

74. (a) Se uma matriz A é equivalente por linhas a uma matriz B (de mesmo tamanho), então o espaço linha de A é equivalente ao espaço linha de B.

(b) Se A é uma matriz $m \times n$ de posto r, então a dimensão do espaço solução de $A\mathbf{x} = \mathbf{0}$ é $m - r$.

75. (a) Se uma matriz B pode ser obtida por operações elementares de linhas de uma matriz A (de mesmo tamanho), então o espaço coluna de B é igual ao espaço coluna de A.

(b) O sistema de equações lineares $A\mathbf{x} = \mathbf{b}$ é inconsistente se e somente se $\mathbf{b}$ estiver no espaço coluna de A.

76. (a) O espaço coluna de uma matriz A é igual ao espaço linha de A^T.

(b) O espaço linha de uma matriz A é igual ao espaço coluna de A^T.

77. Sejam A e B matrizes quadradas de ordem n satisfazendo $A\mathbf{x} = B\mathbf{x}$ para todo $\mathbf{x}$ em R^n.

(a) Encontre o posto e a nulidade de $A - B$.

(b) Mostre que A e B devem ser idênticas.

---

78. Ponto crucial A dimensão do espaço linha de uma matriz A de tamanho 3×5 é 2.

(a) Qual é a dimensão do espaço coluna de A?

(b) Qual é o posto de A?

(c) Qual é a nulidade de A?

(d) Qual é a dimensão do espaço solução do sistema homogêneo $A\mathbf{x} = \mathbf{0}$?

---

79. Demonstração Seja A uma matriz $m \times n$.

(a) Demonstre que o sistema de equações lineares $A\mathbf{x} = \mathbf{b}$ é consistente para todos os vetores coluna $\mathbf{b}$ se e somente se o posto de A é m.

(b) Demonstre que o sistema homogêneo de equações lineares $A\mathbf{x} = \mathbf{0}$ tem apenas a solução trivial se e somente se as colunas de A são linearmente independentes.

80. Demonstração Prove que as operações de linhas não alteram as relações de dependência entre as colunas de uma matriz $m \times n$.

81. Dissertação Explique por que os vetores linha de uma matriz 4×3 formam um conjunto linearmente dependente. (Suponha que todos os elementos da matriz sejam distintos.)

208 Elementos de álgebra linear

4.7 Coordenadas e mudança de base

- Encontrar uma matriz de coordenadas em relação a uma base em R^n.
- Encontrar a matriz de transição da base B para a base B' em R^n.
- Representar coordenadas em espaços n-dimensionais gerais.

REPRESENTAÇÃO POR COORDENADAS EM R^n

No Teorema 4.9, você viu que se B é uma base de um espaço vetorial V, então todo vetor $\mathbf{x}$ em V pode ser expresso de uma única maneira como uma combinação linear de vetores em B. Os coeficientes na combinação linear são as **coordenadas de x em relação a B**. No contexto das coordenadas, a ordem dos vetores na base é importante, então isso às vezes será enfatizado, referindo-se à base B como uma base ordenada.

Representação por coordenadas em relação a uma base

Seja $B = \{\mathbf{v}_1, \mathbf{v}_2, \ldots, \mathbf{v}_n\}$ uma base ordenada de um espaço vetorial V e seja $\mathbf{x}$ um vetor em V tal que

$$\mathbf{x} = c_1\mathbf{v}_1 + c_2\mathbf{v}_2 + \cdots + c_n\mathbf{v}_n.$$

Os escalares $c_1, c_2, \ldots, c_n$ são as **coordenadas de x em relação à base B**. A **matriz de coordenadas** (ou **vetor de coordenadas**) **de x em relação a B** é a matriz coluna em R^n cujas componentes são as coordenadas de $\mathbf{x}$.

$$[\mathbf{x}]_B = \begin{bmatrix} c_1 \\ c_2 \\ \vdots \\ c_n \end{bmatrix}$$

Em R^n, a notação de coluna é utilizada para a matriz de coordenadas. Para o vetor $\mathbf{x} = (x_1, x_2, \ldots, x_n)$, os x_i são as coordenadas de $\mathbf{x}$ *em relação à base canônica S de R^n*. Então, você tem

$$[\mathbf{x}]_S = \begin{bmatrix} x_1 \\ x_2 \\ \vdots \\ x_n \end{bmatrix}.$$

EXEMPLO 1   Coordenadas e componentes em R^n

Encontre a matriz de coordenadas de $\mathbf{x} = (-2, 1, 3)$ em R^3 em relação à base canônica

$$S = \{(1, 0, 0), (0, 1, 0), (0, 0, 1)\}.$$

SOLUÇÃO

O vetor $\mathbf{x}$ pode ser escrito como $\mathbf{x} = (-2, 1, 3) = -2(1, 0, 0) + 1(0, 1, 0) + 3(0, 0, 1)$, de modo que a matriz de coordenadas de $\mathbf{x}$ em relação à base canônica é simplesmente

$$[\mathbf{x}]_S = \begin{bmatrix} -2 \\ 1 \\ 3 \end{bmatrix},$$

As componentes de $\mathbf{x}$ são iguais às suas coordenadas em relação à base canônica.

Espaços vetoriais 209

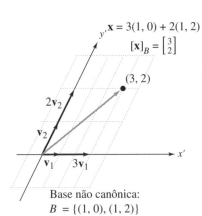

Base não canônica:
$B = \{(1, 0), (1, 2)\}$

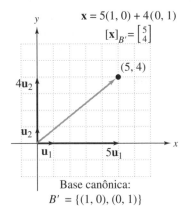

Base canônica:
$B' = \{(1, 0), (0, 1)\}$

Figura 4.17

EXEMPLO 2 — Encontrando uma matriz de coordenadas em relação à base canônica

A matriz de coordenadas de **x** em R^2 em relação à base ordenada (não canônica)
$B = \{\mathbf{v}_1, \mathbf{v}_2\} = \{(1, 0), (1, 2)\}$ é

$$[\mathbf{x}]_B = \begin{bmatrix} 3 \\ 2 \end{bmatrix}.$$

Encontre a matriz de coordenadas de **x** em relação à base canônica
$B' = \{\mathbf{u}_1, \mathbf{u}_2\} = \{(1, 0), (0, 1)\}$.

SOLUÇÃO

A matriz de coordenadas de **x** em relação a B é $[\mathbf{x}]_B = \begin{bmatrix} 3 \\ 2 \end{bmatrix}$ assim

$$\mathbf{x} = 3\mathbf{v}_1 + 2\mathbf{v}_2 = 3(1, 0) + 2(1, 2) = (5, 4) = 5(1, 0) + 4(0, 1).$$

Segue que a matriz de coordenadas de **x** em relação a B' é

$$[\mathbf{x}]_{B'} = \begin{bmatrix} 5 \\ 4 \end{bmatrix}.$$

A Figura 4.17 compara essas duas representações por coordenadas.

O Exemplo 2 mostra que o procedimento para encontrar a matriz de coordenadas em relação à base *canônica* é direto. No entanto, é mais difícil encontrar a matriz de coordenadas em relação a uma base não canônica. Eis um exemplo.

EXEMPLO 3 — Determinação de uma matriz de coordenadas em relação a uma base não canônica

Encontre a matriz de coordenadas de $\mathbf{x} = (1, 2, -1)$ em R^3 em relação à base (não canônica)
$B' = \{\mathbf{u}_1, \mathbf{u}_2, \mathbf{u}_3\} = \{(1, 0, 1), (0, -1, 2), (2, 3, -5)\}.$

SOLUÇÃO

Comece escrevendo **x** como uma combinação linear de $\mathbf{u}_1, \mathbf{u}_2$ e $\mathbf{u}_3$.

$$\mathbf{x} = c_1\mathbf{u}_1 + c_2\mathbf{u}_2 + c_3\mathbf{u}_3$$
$$(1, 2, -1) = c_1(1, 0, 1) + c_2(0, -1, 2) + c_3(2, 3, -5)$$

Igualar as componentes correspondentes produz o sistema de equações lineares e a equação matricial correspondente abaixo.

$$\begin{aligned} c_1 \quad\quad\; + 2c_3 &= \;\;\;1 \\ -c_2 + 3c_3 &= \;\;\;2 \\ c_1 + 2c_2 - 5c_3 &= -1 \end{aligned}$$

$$\begin{bmatrix} 1 & 0 & 2 \\ 0 & -1 & 3 \\ 1 & 2 & -5 \end{bmatrix} \begin{bmatrix} c_1 \\ c_2 \\ c_3 \end{bmatrix} = \begin{bmatrix} 1 \\ 2 \\ -1 \end{bmatrix}$$

A solução deste sistema é $c_1 = 5$, $c_2 = -8$ e $c_3 = -2$. Assim,

$$\mathbf{x} = 5(1, 0, 1) + (-8)(0, -1, 2) + (-2)(2, 3, -5)$$

e a matriz de coordenadas de **x** em relação a B' é

$$[\mathbf{x}]_{B'} = \begin{bmatrix} 5 \\ -8 \\ -2 \end{bmatrix}.$$

OBSERVAÇÃO

Seria incorreto escrever a matriz de coordenadas como

$$\mathbf{x} = \begin{bmatrix} 5 \\ -8 \\ -2 \end{bmatrix}.$$

Você percebe por quê?

MUDANÇA DE BASE EM R^n

O procedimento ilustrado nos Exemplos 2 e 3 é chamado de **mudança de base**. Precisamente, você recebeu as coordenadas de um vetor em relação a uma base B e foi pedido que encontrasse as coordenadas em relação à outra base B'.

Por exemplo, se no Exemplo 3 você tomar B como a base canônica, então o problema de encontrar a matriz de coordenadas de $\mathbf{x} = (1, 2, -1)$ em relação à base B' torna-se o de determinar c_1, c_2 e c_3 na equação matricial

$$\underbrace{\begin{bmatrix} 1 & 0 & 2 \\ 0 & -1 & 3 \\ 1 & 2 & -5 \end{bmatrix}}_{P} \underbrace{\begin{bmatrix} c_1 \\ c_2 \\ c_3 \end{bmatrix}}_{[\mathbf{x}]_{B'}} = \underbrace{\begin{bmatrix} 1 \\ 2 \\ -1 \end{bmatrix}}_{[\mathbf{x}]_B}.$$

A matriz P é a *matriz de transição de B' para B*, onde $[\mathbf{x}]_{B'}$ é a matriz de coordenadas de $\mathbf{x}$ em relação a B' e $[\mathbf{x}]_B$ é a matriz de coordenadas de $\mathbf{x}$ em relação a B. A multiplicação pela matriz de transição P muda uma matriz de coordenadas em relação a B' para uma matriz de coordenadas em relação a B. Isto é,

$P[\mathbf{x}]_{B'} = [\mathbf{x}]_B.$ Mudança de base de B' para B

Para fazer uma mudança de base de B para B', use a matriz P^{-1} (*a matriz de transição de B para B'*) e escreva

$[\mathbf{x}]_{B'} = P^{-1}[\mathbf{x}]_B.$ Mudança de base de B para B'

Então, o problema de mudança de base no Exemplo 3 pode ser representado pela equação matricial

$$\begin{bmatrix} c_1 \\ c_2 \\ c_3 \end{bmatrix} = \underbrace{\begin{bmatrix} -1 & 4 & 2 \\ 3 & -7 & -3 \\ 1 & -2 & -1 \end{bmatrix}}_{P^{-1}} \underbrace{\begin{bmatrix} 1 \\ 2 \\ -1 \end{bmatrix}}_{[\mathbf{x}]_B} = \underbrace{\begin{bmatrix} 5 \\ -8 \\ -2 \end{bmatrix}}_{[\mathbf{x}]_{B'}}.$$

Generalizando esta discussão, suponha que

$B = \{\mathbf{v}_1, \mathbf{v}_2, \ldots, \mathbf{v}_n\}$ e $B' = \{\mathbf{u}_1, \mathbf{u}_2, \ldots, \mathbf{u}_n\}$

são duas bases ordenadas de R^n. Se $\mathbf{x}$ for um vetor em R^n e

$$[\mathbf{x}]_B = \begin{bmatrix} c_1 \\ c_2 \\ \vdots \\ c_n \end{bmatrix} \quad \text{e} \quad [\mathbf{x}]_{B'} = \begin{bmatrix} d_1 \\ d_2 \\ \vdots \\ d_n \end{bmatrix}$$

são as matrizes de coordenadas de $\mathbf{x}$ em relação a B e B', então **a matriz de transição P de B' para B** é a matriz P tal que

$[\mathbf{x}]_B = P[\mathbf{x}]_{B'}.$

O próximo teorema diz que a matriz de transição P é inversível e sua inversa é a **matriz de transição de B para B'**. Mais precisamente,

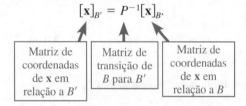

TEOREMA 4.20   A inversa de uma matriz de transição

Se P é a matriz de transição de uma base B' para uma base B em R^n, então P é inversível e a matriz de transição de B para B' é P^{-1}.

Espaços vetoriais 211

Antes de demonstrar o Teorema 4.20, é necessário entender e demonstrar um lema preliminar.

LEMA

Sejam $B = \{\mathbf{v}_1, \mathbf{v}_2, \ldots, \mathbf{v}_n\}$ e $B' = \{\mathbf{u}_1, \mathbf{u}_2, \ldots, \mathbf{u}_n\}$ duas bases de um espaço vetorial V. Se

$$\mathbf{v}_1 = c_{11}\mathbf{u}_1 + c_{21}\mathbf{u}_2 + \cdots + c_{n1}\mathbf{u}_n$$
$$\mathbf{v}_2 = c_{12}\mathbf{u}_1 + c_{22}\mathbf{u}_2 + \cdots + c_{n2}\mathbf{u}_n$$
$$\vdots$$
$$\mathbf{v}_n = c_{1n}\mathbf{u}_1 + c_{2n}\mathbf{u}_2 + \cdots + c_{nn}\mathbf{u}_n$$

então a matriz de transição de B para B' é

$$Q = \begin{bmatrix} c_{11} & c_{12} & \cdots & c_{1n} \\ c_{21} & c_{22} & \cdots & c_{2n} \\ \vdots & \vdots & & \vdots \\ c_{n1} & c_{n2} & \cdots & c_{nn} \end{bmatrix}.$$

DEMONSTRAÇÃO (DO LEMA)

Seja $\mathbf{v} = d_1\mathbf{v}_1 + d_2\mathbf{v}_2 + \cdots + d_n\mathbf{v}_n$ um vetor arbitrário em V. A matriz de coordenadas de $\mathbf{v}$ em relação à base B é

$$[\mathbf{v}]_B = \begin{bmatrix} d_1 \\ d_2 \\ \vdots \\ d_n \end{bmatrix}.$$

Então você obtém

$$Q[\mathbf{v}]_B = \begin{bmatrix} c_{11} & c_{12} & \cdots & c_{1n} \\ c_{21} & c_{22} & \cdots & c_{2n} \\ \vdots & \vdots & & \vdots \\ c_{n1} & c_{n2} & \cdots & c_{nn} \end{bmatrix}\begin{bmatrix} d_1 \\ d_2 \\ \vdots \\ d_n \end{bmatrix} = \begin{bmatrix} c_{11}d_1 + c_{12}d_2 + \cdots + c_{1n}d_n \\ c_{21}d_1 + c_{22}d_2 + \cdots + c_{2n}d_n \\ \vdots & \vdots & & \vdots \\ c_{n1}d_1 + c_{n2}d_2 + \cdots + c_{nn}d_n \end{bmatrix}.$$

Por outro lado,

$$\mathbf{v} = d_1\mathbf{v}_1 + d_2\mathbf{v}_2 + \cdots + d_n\mathbf{v}_n$$
$$= d_1(c_{11}\mathbf{u}_1 + c_{21}\mathbf{u}_2 + \cdots + c_{n1}\mathbf{u}_n) + d_2(c_{12}\mathbf{u}_1 + c_{22}\mathbf{u}_2 + \cdots + c_{n2}\mathbf{u}_n) + \cdots$$
$$+ d_n(c_{1n}\mathbf{u}_1 + c_{2n}\mathbf{u}_2 + \cdots + c_{nn}\mathbf{u}_n)$$
$$= (d_1c_{11} + d_2c_{12} + \cdots + d_nc_{1n})\mathbf{u}_1 + (d_1c_{21} + d_2c_{22} + \cdots + d_nc_{2n})\mathbf{u}_2 + \cdots$$
$$+ (d_1c_{n1} + d_2c_{n2} + \cdots + d_nc_{nn})\mathbf{u}_n$$

o que implica

$$[\mathbf{v}]_{B'} = \begin{bmatrix} c_{11}d_1 + c_{12}d_2 + \cdots + c_{1n}d_n \\ c_{21}d_1 + c_{22}d_2 + \cdots + c_{2n}d_n \\ \vdots & \vdots & & \vdots \\ c_{n1}d_1 + c_{n2}d_2 + \cdots + c_{nn}d_n \end{bmatrix}.$$

Portanto, $Q[\mathbf{v}]_B = [\mathbf{v}]_{B'}$ e você pode concluir que Q é a matriz de transição de B para B'.

DEMONSTRAÇÃO (DO TEOREMA 4.20)

Do lema anterior, seja Q a matriz de transição de B para B'. Então $[\mathbf{v}]_B = P[\mathbf{v}]_{B'}$ e $[\mathbf{v}]_{B'} = Q[\mathbf{v}]_B$, o que implica que $[\mathbf{v}]_B = PQ[\mathbf{v}]_B$ para todo vetor $\mathbf{v}$ em R^n. Portanto, segue que $PQ = I$. Então, P é inversível e P^{-1} é igual a Q, a matriz de transição de B para B'.

A eliminação de Gauss-Jordan pode ser usada para encontrar a matriz de transição P^{-1}. Primeiro, defina duas matrizes B e B' cujas colunas correspondem aos vetores em B e B'. Mais precisamente,

212 Elementos de álgebra linear

OBSERVAÇÃO

Verifique que a matriz de transição P^{-1} de B para B' é $(B')^{-1}B$. Verifique também que a matriz de transição P de B' para B é $B^{-1}B'$. Você pode usar essas relações para verificar os resultados obtidos pela eliminação de Gauss-Jordan.

$$B = \begin{bmatrix} v_{11} & v_{12} & \cdots & v_{1n} \\ v_{21} & v_{22} & \cdots & v_{2n} \\ \vdots & \vdots & & \vdots \\ v_{n1} & v_{n2} & \cdots & v_{nn} \end{bmatrix} \quad \text{e} \quad B' = \begin{bmatrix} u_{11} & u_{12} & \cdots & u_{1n} \\ u_{21} & u_{22} & \cdots & u_{2n} \\ \vdots & \vdots & & \vdots \\ u_{n1} & u_{n2} & \cdots & u_{nn} \end{bmatrix}.$$
$$\quad\quad \mathbf{v}_1 \quad \mathbf{v}_2 \qquad \mathbf{v}_n \qquad\qquad \mathbf{u}_1 \quad \mathbf{u}_2 \qquad \mathbf{u}_n$$

Então, reduzindo a matriz $\begin{bmatrix} B' & B \end{bmatrix}$ de tamanho $n \times 2n$ de modo que a matriz identidade I_n apareça no lugar de B', você obtém a matriz $\begin{bmatrix} I_n & P^{-1} \end{bmatrix}$. O próximo teorema enuncia formalmente este procedimento.

TEOREMA 4.21 Matriz de transição de B para B'

Sejam

$$B = \{\mathbf{v}_1, \mathbf{v}_2, \ldots, \mathbf{v}_n\} \quad \text{e} \quad B' = \{\mathbf{u}_1, \mathbf{u}_2, \ldots, \mathbf{u}_n\}$$

duas bases de R^n. Então, a matriz de transição P^{-1} de B para B' pode ser encontrada usando a eliminação de Gauss-Jordan na matriz $\begin{bmatrix} B' & B \end{bmatrix}$ de tamanho $n \times 2n$, conforme mostrado abaixo.

$$\begin{bmatrix} B' & B \end{bmatrix} \quad \Longrightarrow \quad \begin{bmatrix} I_n & P^{-1} \end{bmatrix}$$

DEMONSTRAÇÃO

Para começar, sejam

$$\mathbf{v}_1 = c_{11}\mathbf{u}_1 + c_{21}\mathbf{u}_2 + \cdots + c_{n1}\mathbf{u}_n$$
$$\mathbf{v}_2 = c_{12}\mathbf{u}_1 + c_{22}\mathbf{u}_2 + \cdots + c_{n2}\mathbf{u}_n$$
$$\vdots$$
$$\mathbf{v}_n = c_{1n}\mathbf{u}_1 + c_{2n}\mathbf{u}_2 + \cdots + c_{nn}\mathbf{u}_n$$

o que implica que

$$c_{1i}\begin{bmatrix} u_{11} \\ u_{21} \\ \vdots \\ u_{n1} \end{bmatrix} + c_{2i}\begin{bmatrix} u_{12} \\ u_{22} \\ \vdots \\ u_{n2} \end{bmatrix} + \cdots + c_{ni}\begin{bmatrix} u_{1n} \\ u_{2n} \\ \vdots \\ u_{nn} \end{bmatrix} = \begin{bmatrix} v_{1i} \\ v_{2i} \\ \vdots \\ v_{ni} \end{bmatrix}$$

para $i = 1, 2, \ldots, n$. A partir dessas equações vetoriais, escreva os n sistemas de equações lineares

$$u_{11}c_{1i} + u_{12}c_{2i} + \cdots + u_{1n}c_{ni} = v_{1i}$$
$$u_{21}c_{1i} + u_{22}c_{2i} + \cdots + u_{2n}c_{ni} = v_{2i}$$
$$\vdots$$
$$u_{n1}c_{1i} + u_{n2}c_{2i} + \cdots + u_{nn}c_{ni} = v_{ni}$$

para $i = 1, 2, \ldots, n$. Cada um dos n sistemas tem a mesma matriz de coeficientes, de modo que você pode reduzir todos os n sistemas simultaneamente usando a seguinte matriz aumentada.

$$\begin{bmatrix} u_{11} & u_{12} & \cdots & u_{1n} & v_{11} & v_{12} & \cdots & v_{1n} \\ u_{21} & u_{22} & \cdots & u_{2n} & v_{21} & v_{22} & \cdots & v_{2n} \\ \vdots & \vdots & & \vdots & \vdots & \vdots & & \vdots \\ u_{n1} & u_{n2} & \cdots & u_{nn} & v_{n1} & v_{n2} & \cdots & v_{nn} \end{bmatrix}$$
$$\qquad\qquad B' \qquad\qquad\qquad\qquad B$$

Aplicar a eliminação de Gauss-Jordan a esta matriz produz

$$\begin{bmatrix} 1 & 0 & \cdots & 0 & c_{11} & c_{12} & \cdots & c_{1n} \\ 0 & 1 & \cdots & 0 & c_{21} & c_{22} & \cdots & c_{2n} \\ \vdots & \vdots & & \vdots & \vdots & \vdots & & \vdots \\ 0 & 0 & \cdots & 1 & c_{n1} & c_{n2} & \cdots & c_{nn} \end{bmatrix}.$$

Pelo lema utilizado para a demonstração do Teorema 4.20, no entanto, o lado direito desta matriz é $Q = P^{-1}$, o que implica que a matriz tem a forma $[I \quad P^{-1}]$, concluindo assim a prova do teorema.

No próximo exemplo, você aplicará este procedimento ao problema de mudança de base do Exemplo 3.

EXEMPLO 4 — Determinação de uma matriz de transição

Veja LarsonLinearAlgebra.com para uma versão interativa deste tipo de exemplo.

Encontre a matriz de transição de B para B' para as bases de R^3 abaixo.

$$B = \{(1, 0, 0), (0, 1, 0), (0, 0, 1)\} \quad e \quad B' = \{(1, 0, 1), (0, -1, 2), (2, 3, -5)\}$$

SOLUÇÃO

Primeiro use os vetores nas duas bases para formar as matrizes B e B'.

$$B = \begin{bmatrix} 1 & 0 & 0 \\ 0 & 1 & 0 \\ 0 & 0 & 1 \end{bmatrix} \quad e \quad B' = \begin{bmatrix} 1 & 0 & 2 \\ 0 & -1 & 3 \\ 1 & 2 & -5 \end{bmatrix}$$

Em seguida, forme a matriz $[B' \quad B]$ e use a eliminação de Gauss-Jordan para reescrever $[B' \quad B]$ como $[I_3 \quad P^{-1}]$.

$$\begin{bmatrix} 1 & 0 & 2 & 1 & 0 & 0 \\ 0 & -1 & 3 & 0 & 1 & 0 \\ 1 & 2 & -5 & 0 & 0 & 1 \end{bmatrix} \rightarrow \begin{bmatrix} 1 & 0 & 0 & -1 & 4 & 2 \\ 0 & 1 & 0 & 3 & -7 & -3 \\ 0 & 0 & 1 & 1 & -2 & -1 \end{bmatrix}$$

A partir disso, você pode concluir que a matriz de transição de B para B' é

$$P^{-1} = \begin{bmatrix} -1 & 4 & 2 \\ 3 & -7 & -3 \\ 1 & -2 & -1 \end{bmatrix}.$$

Multiplique P^{-1} pela matriz de coordenadas de $\mathbf{x} = \begin{bmatrix} 1 & 2 & -1 \end{bmatrix}^T$ para ver que o resultado é o mesmo que o obtido no Exemplo 3.

Descoberta

1. Seja $B = \{(1, 0), (1, 2)\}$ e $B' = \{(1, 0), (0, 1)\}$. Forme a matriz $[B' \quad B]$.

2. Faça uma conjectura sobre a necessidade de usar a eliminação de Gauss-Jordan para obter a matriz de transição P^{-1} quando a mudança de base for de uma base não canônica para uma base canônica.

ÁLGEBRA LINEAR APLICADA

Cristalografia é a ciência que estuda estruturas atômicas e moleculares. Em um cristal, os átomos estão em um padrão repetitivo chamado reticulado. A unidade de repetição mais simples em um reticulado é a célula unitária. Os cristalógrafos podem usar bases e coordenadas em R^3 para descrever as posições dos átomos na célula unitária. Por exemplo, a figura abaixo mostra a célula unitária conhecida como *monoclínica de base centrada*.

Uma possível matriz de coordenadas para o átomo superior central (cinza-claro) é $[\mathbf{x}]_{B'} = \begin{bmatrix} \frac{1}{2} & \frac{1}{2} & 1 \end{bmatrix}^T$.

Observe que, quando B é a base canônica, como no Exemplo 4, o processo de mudança $[B' \quad B]$ para $[I_n \quad P^{-1}]$ torna-se

$$[B' \quad I_n] \quad \rightarrow \quad [I_n \quad P^{-1}].$$

214 Elementos de álgebra linear

Mas este é o mesmo processo que foi usado para encontrar matrizes inversas na Seção 2.3. Em outras palavras, se B é a base canônica de R^n, então a matriz de transição de B para B' é

$$P^{-1} = (B')^{-1}. \qquad \text{Base canônica para base não canônica}$$

O processo é ainda mais simples quando B' é a base canônica, porque a matriz $[B' \quad B]$ já está na forma

$$[I_n \quad B] = [I_n \quad P^{-1}].$$

Neste caso, a matriz de transição é simplesmente

$$P^{-1} = B. \qquad \text{Base não canônica para base canônica}$$

Por exemplo, a matriz de transição no Exemplo 2 de $B = \{(1, 0), (1, 2)\}$ para $B' = \{(1, 0), (0, 1)\}$ é

$$P^{-1} = B = \begin{bmatrix} 1 & 1 \\ 0 & 2 \end{bmatrix}.$$

TECNOLOGIA

Muitas ferramentas computacionais e softwares podem formar uma matriz aumentada e encontrar sua forma escalonada por linha reduzida. Se você usar uma ferramenta computacional, então poderá ver algo semelhante à tela abaixo para o Exemplo 5.

```
B
              [[-3  4 ]
               [2  -2]]
BPRIME
              [[-1  2 ]
               [2  -2]]
aug(BPRIME,B)
       [[-1  2  -3  4 ]
        [2  -2  2  -2]]
rref aug(BPRIME,B)
          [[1  0  -1  2]
           [0  1  -2  3]]
```

O **Technology Guide**, disponível na página deste livro no site da Cengage, pode ajudá-lo a usar a tecnologia para encontrar uma matriz de transição.

EXEMPLO 5   **Determinação de uma matriz de transição**

Encontre a matriz de transição de B para B' para as bases de R^2 a seguir.

$$B = \{(-3, 2), (4, -2)\} \quad \text{e} \quad B' = \{(-1, 2), (2, -2)\}$$

SOLUÇÃO

Comece formando a matriz

$$[B' \quad B] = \begin{bmatrix} -1 & 2 & -3 & 4 \\ 2 & -2 & 2 & -2 \end{bmatrix}$$

e use a eliminação Gauss-Jordan para obter a matriz de transição P^{-1} de B para B':

$$[I_2 \quad P^{-1}] = \begin{bmatrix} 1 & 0 & -1 & 2 \\ 0 & 1 & -2 & 3 \end{bmatrix}.$$

Assim, você obtém

$$P^{-1} = \begin{bmatrix} -1 & 2 \\ -2 & 3 \end{bmatrix}.$$

No Exemplo 5, se você tivesse encontrado a matriz de transição de B' para B (em vez de B para B'), então teria obtido

$$[B \quad B'] = \begin{bmatrix} -3 & 4 & -1 & 2 \\ 2 & -2 & 2 & -2 \end{bmatrix}$$

que se reduz a

$$[I_2 \quad P] = \begin{bmatrix} 1 & 0 & 3 & -2 \\ 0 & 1 & 2 & -1 \end{bmatrix}.$$

A matriz de transição de B' para B é

$$P = \begin{bmatrix} 3 & -2 \\ 2 & -1 \end{bmatrix}.$$

Verifique que esta é a inversa da matriz de transição encontrada no Exemplo 5 multiplicando PP^{-1} para obter I_2.

REPRESENTAÇÃO POR COORDENADA EM ESPAÇOS n-DIMENSIONAIS GERAIS

Um benefício da representação por coordenadas é que ela permite que você represente vetores em qualquer espaço n-dimensional usando a mesma notação empregada em R^n. A título de ilustração, no Exemplo 6, observe que a matriz de coordenadas de um vetor em P_3 é um vetor em R^4.

EXEMPLO 6 Representação por coordenadas em P_3

Encontre a matriz de coordenadas de
$$p = 4 - 2x^2 + 3x^3$$
em relação à base canônica de P_3,
$$S = \{1, x, x^2, x^3\}.$$

SOLUÇÃO

Escreva p como uma combinação linear dos vetores da base (na ordem dada).
$$p = 4(1) + 0(x) + (-2)(x^2) + 3(x^3)$$

Então, a matriz de coordenadas de p em relação a S é
$$[p]_S = \begin{bmatrix} 4 \\ 0 \\ -2 \\ 3 \end{bmatrix}.$$

No próximo exemplo, a matriz de coordenadas de um vetor em $M_{3,1}$ é um vetor em R^3.

EXEMPLO 7 Representação por coordenadas em $M_{3,1}$

Encontre a matriz de coordenadas de
$$X = \begin{bmatrix} -1 \\ 4 \\ 3 \end{bmatrix}$$
em relação à base canônica de $M_{3,1}$,
$$S = \left\{ \begin{bmatrix} 1 \\ 0 \\ 0 \end{bmatrix}, \begin{bmatrix} 0 \\ 1 \\ 0 \end{bmatrix}, \begin{bmatrix} 0 \\ 0 \\ 1 \end{bmatrix} \right\}.$$

SOLUÇÃO

X pode ser escrito como
$$X = \begin{bmatrix} -1 \\ 4 \\ 3 \end{bmatrix} = (-1)\begin{bmatrix} 1 \\ 0 \\ 0 \end{bmatrix} + 4\begin{bmatrix} 0 \\ 1 \\ 0 \end{bmatrix} + 3\begin{bmatrix} 0 \\ 0 \\ 1 \end{bmatrix}$$

assim, a matriz de coordenadas de X em relação a S é
$$[X]_S = \begin{bmatrix} -1 \\ 4 \\ 3 \end{bmatrix}.$$

Os teoremas 4.20 e 4.21 podem ser generalizados para espaços n-dimensionais arbitrários. Este texto, no entanto, não trata das generalizações desses teoremas.

OBSERVAÇÃO

Na Seção 6.2, você aprenderá mais sobre o uso de R^n para representar um espaço vetorial n-dimensional arbitrário.

4.7 Exercícios

Determinação de uma matriz de coordenadas Nos Exercícios 1-4, encontre a matriz de coordenadas de x em R^n em relação à base canônica.

1. $\mathbf{x} = (5, -2)$ 2. $\mathbf{x} = (1, -3, 0)$

3. $\mathbf{x} = (7, -4, -1, 2)$ 4. $\mathbf{x} = (-6, 12, -4, 9, -8)$

Determinação de uma matriz de coordenadas Nos Exercícios 5-10, dada a matriz de coordenadas de x em relação a uma base B (não canônica) de R^n, encontre a matriz de coordenadas de x em relação à base canônica.

5. $B = \{(2, -1), (0, 1)\},$ 6. $B = \{(-2, 3), (3, -2)\},$

$$[\mathbf{x}]_B = \begin{bmatrix} 4 \\ 1 \end{bmatrix} \qquad\qquad [\mathbf{x}]_B = \begin{bmatrix} -1 \\ 4 \end{bmatrix}$$

7. $B = \{(1, 0, 1), (1, 1, 0), (0, 1, 1)\},$

$$[\mathbf{x}]_B = \begin{bmatrix} 2 \\ 3 \\ 1 \end{bmatrix}$$

8. $B = \left\{ \left(\frac{3}{4}, \frac{5}{2}, \frac{3}{2}\right), \left(3, 4, \frac{7}{2}\right), \left(-\frac{3}{2}, 6, 2\right) \right\},$

$$[\mathbf{x}]_B = \begin{bmatrix} 2 \\ 0 \\ 4 \end{bmatrix}$$

9. $B = \{(0, 0, 0, 1), (0, 0, 1, 1), (0, 1, 1, 1), (1, 1, 1, 1)\},$

$$[\mathbf{x}]_B = \begin{bmatrix} 1 \\ -2 \\ 3 \\ -1 \end{bmatrix}$$

10. $B = \{(4, 0, 7, 3), (0, 5, -1, -1), (-3, 4, 2, 1), (0, 1, 5, 0)\},$

$$[\mathbf{x}]_B = \begin{bmatrix} -2 \\ 3 \\ 4 \\ 1 \end{bmatrix}$$

Determinação de uma matriz de coordenadas Nos Exercícios 11-16, encontre a matriz de coordenadas de x em R^n em relação à base B'.

11. $B' = \{(4, 0), (0, 3)\},$ $\mathbf{x} = (12, 6)$

12. $B' = \{(-5, 6), (3, -2)\},$ $\mathbf{x} = (-17, 22)$

13. $B' = \{(8, 11, 0), (7, 0, 10), (1, 4, 6)\},$ $\mathbf{x} = (3, 19, 2)$

14. $B' = \left\{ \left(\frac{3}{2}, 4, 1\right), \left(\frac{3}{4}, \frac{5}{2}, 0\right), \left(1, \frac{1}{2}, 2\right) \right\},$ $\mathbf{x} = \left(3, -\frac{1}{2}, 8\right)$

15. $B' = \{(4, 3, 3), (-11, 0, 11), (0, 9, 2)\},$
$\mathbf{x} = (11, 18, -7)$

16. $B' = \{(9, -3, 15, 4), (3, 0, 0, 1), (0, -5, 6, 8), (3, -4, 2, -3)\},$
$\mathbf{x} = (0, -20, 7, 15)$

Determinação de uma matriz de transição Nos Exercícios 17-24, encontre a matriz de transição de B para B'.

17. $B = \{(1, 0), (0, 1)\},$ $B' = \{(2, 4), (1, 3)\}$

18. $B = \{(1, 0), (0, 1)\},$ $B' = \{(1, 1), (5, 6)\}$

19. $B = \{(2, 4), (-1, 3)\},$ $B' = \{(1, 0), (0, 1)\}$

20. $B = \{(1, 1), (1, 0)\},$ $B' = \{(1, 0), (0, 1)\}$

21. $B = \{(-1, 0, 0), (0, 1, 0), (0, 0, -1)\},$
$B' = \{(0, 0, 2), (1, 4, 0), (5, 0, 2)\}$

22. $B = \{(1, 0, 0), (0, 1, 0), (0, 0, 1)\},$
$B' = \{(1, 3, -1), (2, 7, -4), (2, 9, -7)\}$

23. $B = \{(3, 4, 0), (-2, -1, 1), (1, 0, -3)\},$
$B' = \{(1, 0, 0), (0, 1, 0), (0, 0, 1)\}$

24. $B = \{(1, 3, 2), (2, -1, 2), (5, 6, 1)\},$
$B' = \{(1, 0, 0), (0, 1, 0), (0, 0, 1)\}$

Determinação de uma matriz de transição Nos Exercícios 25-36, use software ou uma ferramenta computacional para encontrar a matriz de transição de B para B'.

25. $B = \{(2, 5), (1, 2)\},$ $B' = \{(2, 1), (-1, 2)\}$

26. $B = \{(-2, 1), (3, 2)\},$ $B' = \{(1, 2), (-1, 0)\}$

27. $B = \{(-3, 4), (3, -5)\},$ $B' = \{(-5, -6), (7, -8)\}$

28. $B = \{(2, -2), (-2, -2)\},$ $B' = \{(3, -3), (-3, -3)\}$

29. $B = \{(1, 0, 0), (0, 1, 0), (0, 0, 1)\},$
$B' = \{(1, 3, 3), (1, 5, 6), (1, 4, 5)\}$

30. $B = \{(1, 0, 0), (0, 1, 0), (0, 0, 1)\},$
$B' = \{(2, -1, 4), (0, 2, 1), (-3, 2, 1)\}$

31. $B = \{(1, 2, 4), (-1, 2, 0), (2, 4, 0)\},$
$B' = \{(0, 2, 1), (-2, 1, 0), (1, 1, 1)\}$

32. $B = \{(3, 2, 1), (1, 1, 2), (1, 2, 0)\},$
$B' = \{(1, 1, -1), (0, 1, 2), (-1, 4, 0)\}$

33. $B = \{(1, 0, 0, 0), (0, 1, 0, 0), (0, 0, 1, 0), (0, 0, 0, 1)\},$
$B' = \{(1, 3, 2, -1), (-2, -5, -5, 4), (-1, -2, -2, 4), (-2, -3, -5, 11)\}$

34. $B = \{(1, 0, 0, 0), (0, 1, 0, 0), (0, 0, 1, 0), (0, 0, 0, 1)\},$
$B' = \{(1, 1, 1, 1), (0, 1, 1, 1), (0, 0, 1, 1), (0, 0, 0, 1)\}$

35. $B = \{(1, 0, 0, 0, 0), (0, 1, 0, 0, 0), (0, 0, 1, 0, 0), (0, 0, 0, 1, 0), (0, 0, 0, 0, 1)\},$
$B' = \{(1, 2, 4, -1, 2), (-2, -3, 4, 2, 1), (0, 1, 2, -2, 1), (0, 1, 2, 2, 1), (1, -1, 0, 1, 2)\}$

36. $B = \{(1, 0, 0, 0, 0), (0, 1, 0, 0, 0), (0, 0, 1, 0, 0), (0, 0, 0, 1, 0), (0, 0, 0, 0, 1)\},$
$B' = \{(2, 4, -2, 1, 0), (3, -1, 0, 1, 2), (0, 0, -2, 4, 5), (2, -1, 2, 1, 1), (0, 1, 2, -3, 1)\}$

Espaços vetoriais 217

Determinação de matrizes de transição e de coordenadas Nos Exercícios 37-40, (a) encontre a matriz de transição de B para B', (b) encontre a matriz de transição de B' para B, (c) verifique que as duas matrizes de transição são inversas uma da outra e (d) encontre a matriz de coordenadas $[\mathbf{x}]_B$, dada a matriz de coordenadas $[\mathbf{x}]_{B'}$.

37. $B = \{(1, 3), (-2, -2)\}$, $B' = \{(-12, 0), (-4, 4)\}$,

$$[\mathbf{x}]_{B'} = \begin{bmatrix} -1 \\ 3 \end{bmatrix}$$

38. $B = \{(2, -2), (6, 3)\}$, $B' = \{(1, 1), (32, 31)\}$,

$$[\mathbf{x}]_{B'} = \begin{bmatrix} 2 \\ -1 \end{bmatrix}$$

39. $B = \{(1, 0, 2), (0, 1, 3), (1, 1, 1)\}$,
$B' = \{(2, 1, 1), (1, 0, 0), (0, 2, 1)\}$,

$$[\mathbf{x}]_{B'} = \begin{bmatrix} 1 \\ 2 \\ -1 \end{bmatrix}$$

40. $B = \{(1, 1, 1), (1, -1, 1), (0, 0, 1)\}$,
$B' = \{(2, 2, 0), (0, 1, 1), (1, 0, 1)\}$,

$$[\mathbf{x}]_{B'} = \begin{bmatrix} 2 \\ 3 \\ 1 \end{bmatrix}$$

Determinação de matrizes de transição e de coordenadas Nos Exercícios 41-44, use um software ou uma ferramenta computacional para (a) encontrar a matriz de transição de B para B', (b) encontrar a matriz de transição de B' para B, (c) verificar que as duas matrizes de transição são inversas uma da outra e (d) encontrar a matriz de coordenadas $[\mathbf{x}]_B$, dada a matriz de coordenadas $[\mathbf{x}]_{B'}$.

41. $B = \{(4, 2, -4), (6, -5, -6), (2, -1, 8)\}$,
$B' = \{(1, 0, 4), (4, 2, 8), (2, 5, -2)\}$,
$[\mathbf{x}]_{B'} = \begin{bmatrix} 1 & -1 & 2 \end{bmatrix}^T$

42. $B = \{(1, 3, 4), (2, -5, 2), (-4, 2, -6)\}$,
$B' = \{(1, 2, -2), (4, 1, -4), (-2, 5, 8)\}$,
$[\mathbf{x}]_{B'} = \begin{bmatrix} -1 & 0 & 2 \end{bmatrix}^T$

43. $B = \{(2, 0, -1), (0, -1, 3), (1, -3, -2)\}$,
$B' = \{(0, -1, -3), (-1, 3, -2), (-3, -2, 0)\}$,
$[\mathbf{x}]_{B'} = \begin{bmatrix} 4 & -3 & -2 \end{bmatrix}^T$

44. $B = \{(1, -1, 9), (-9, 1, 1), (1, 9, -1)\}$,
$B' = \{(3, 0, 3), (-3, 3, 0), (0, -3, 3)\}$,
$[\mathbf{x}]_{B'} = \begin{bmatrix} -5 & -4 & 1 \end{bmatrix}^T$

Representação por coordenadas em P_3 Nos Exercícios 45-48, encontre a matriz de coordenadas de p em relação à base canônica de P_3.

45. $p = 1 + 5x - 2x^2 + x^3$ **46.** $p = -2 - 3x + 4x^3$

47. $p = 13 + 114x + 3x^2$

48. $p = 4 + 11x + x^2 + 2x^3$

Representação por coordenadas em $M_{3,1}$ Nos Exercícios 49-52, encontre a matriz de coordenadas de X em relação a base canônica de $M_{3,1}$.

49. $X = \begin{bmatrix} 0 \\ 3 \\ 2 \end{bmatrix}$ **50.** $X = \begin{bmatrix} 2 \\ -1 \\ 4 \end{bmatrix}$

51. $X = \begin{bmatrix} 1 \\ 2 \\ -1 \end{bmatrix}$ **52.** $X = \begin{bmatrix} 1 \\ 0 \\ -4 \end{bmatrix}$

53. Dissertação É possível que uma matriz de transição seja igual a matriz identidade? Explique.

---

54. Ponto crucial Sejam B e B' duas bases de R^n.

(a) Quando $B = I_n$, escreva a matriz de transição de B para B' em termos de B'.

(b) Quando $B' = I_n$, escreva a matriz de transição de B para B' em termos de B.

(c) Quando $B = I_n$, escreva a matriz de transição de B' para B em termos de B'.

(d) Quando $B' = I_n$, escreva a matriz de transição de B' para B em termos de B.

Verdadeiro ou falso? Nos Exercícios 55 e 56, determine se cada afirmação é verdadeira ou falsa. Se uma afirmação for verdadeira, dê uma justificativa ou cite uma afirmação apropriada do texto. Se uma afirmação for falsa, forneça um exemplo que mostre que a afirmação não é verdadeira em todos os casos ou cite uma afirmação apropriada do texto.

55. (a) Se P é a matriz de transição de uma base B para B', então a equação $P[\mathbf{x}]_{B'} = [\mathbf{x}]_B$ representa a mudança de base de B para B'.

(b) Se B é a base canônica de R^n, então a matriz de transição de B para B' é $P^{-1} = (B')^{-1}$.

(c) Para qualquer matriz X de tamanho 4×1, a matriz de coordenadas $[X]_S$ em relação à base canônica de $M_{4,1}$ é igual a própria X.

56. (a) Se P é a matriz de transição de uma base B' para B, então P^{-1} é a matriz de transição de B para B'.

(b) Para fazer a mudança de base de uma base não canônica B' para a base canônica B, a matriz de transição P^{-1} é simplesmente B'.

(c) A matriz de coordenadas de $p = -3 + x + 5x^2$ em relação à base canônica de P_2 é $[p]_S = \begin{bmatrix} 5 & 1 & -3 \end{bmatrix}^T$.

57. Seja P a matriz de transição de B'' para B' e seja Q a matriz de transição de B' para B. Qual é a matriz de transição de B'' para B?

58. Seja P a matriz de transição de B'' para B' e seja Q a matriz de transição de B' para B. Qual é a matriz de transição de B para B''?

218 Elementos de álgebra linear

4.8 Aplicações de espaços vetoriais

■ Usar o wronskiano para testar se um conjunto de soluções de uma equação diferencial linear homogênea é linearmente independente.

■ Identificar e esboçar o gráfico de uma seção cônica e executar a rotação de eixos.

EQUAÇÕES DIFERENCIAIS LINEARES (CÁLCULO)

Uma **equação diferencial linear de ordem n** tem a forma

$$y^{(n)} + g_{n-1}(x)y^{(n-1)} + \cdots + g_1(x)y' + g_0(x)y = f(x)$$

onde $g_0, g_1, \ldots, g_{n-1}$ e f são funções de x com um domínio comum. Se $f(x) = 0$, então a equação é **homogênea**. Caso contrário, é **não homogênea**. Uma função y é uma **solução** da equação diferencial linear se a equação for satisfeita quando y e suas primeiras derivadas n são substituídas na equação.

EXEMPLO 1   Uma equação diferencial linear de segunda ordem

Mostre que tanto $y_1 = e^x$ como $y_2 = e^{-x}$ são soluções da equação diferencial linear de segunda ordem linear $y'' - y = 0$.

SOLUÇÃO

Para a função $y_1 = e^x$, você tem $y_1' = e^x$ e $y_1'' = e^x$. Então,

$$y_1'' - y_1 = e^x - e^x = 0$$

o que significa que $y_1 = e^x$ é uma solução da equação diferencial. Da mesma forma, para $y_2 = e^{-x}$, você tem

$$y_2' = -e^{-x} \quad \text{e} \quad y_2'' = e^{-x}.$$

Isso implica que

$$y_2'' - y_2 = e^{-x} - e^{-x} = 0.$$

Portanto, $y_2 = e^{-x}$ também é uma solução da equação diferencial linear.

Existem duas observações importantes que você pode fazer sobre o Exemplo 1. A primeira é que no espaço vetorial $C''(-\infty, \infty)$ de todas as funções duas vezes diferenciáveis definidas em toda a reta real, as duas soluções $y_1 = e^x$ e $y_2 = e^{-x}$ são *linearmente independentes*. Isto significa que a única solução de

$$C_1 y_1 + C_2 y_2 = 0$$

que é válida para todo x é $C_1 = C_2 = 0$. A segunda observação é que cada *combinação linear* de y_1 e y_2 também é uma solução da equação diferencial linear. Para ver isso, tome $y = C_1 y_1 + C_2 y_2$. Então,

$$y = C_1 e^x + C_2 e^{-x}$$
$$y' = C_1 e^x - C_2 e^{-x}$$
$$y'' = C_1 e^x + C_2 e^{-x}.$$

Substituindo na equação diferencial $y'' - y = 0$, obtemos

$$y'' - y = (C_1 e^x + C_2 e^{-x}) - (C_1 e^x + C_2 e^{-x}) = 0.$$

Portanto, $y = C_1 e^x + C_2 e^{-x}$ é uma solução.

O próximo teorema, que é enunciado sem demonstração, generaliza essas observações.

Espaços vetoriais   219

OBSERVAÇÃO

A solução

$y = C_1 y_1 + C_2 y_2 + \cdots + C_n y_n$

é a **solução geral** da equação diferencial.

Soluções de uma equação diferencial linear homogênea

Toda equação diferencial linear homogênea de ordem n

$$y^{(n)} + g_{n-1}(x)y^{(n-1)} + \cdots + g_1(x)y' + g_0(x)y = 0$$

possui n soluções linearmente independentes. Além disso, se $\{y_1, y_2, \ldots, y_n\}$ for um conjunto de soluções linearmente independentes, então toda solução é da forma

$$y = C_1 y_1 + C_2 y_2 + \cdots + C_n y_n,$$

onde $C_1, C_2, \ldots, C_n$ são números reais.

Com base no teorema anterior, você pode perceber a importância de poder determinar se um conjunto de soluções é linearmente independente. Antes de descrever uma maneira de testar a independência linear, considere a definição abaixo.

Definição do wronskiano de um conjunto de funções

Seja $\{y_1, y_2, \ldots, y_n\}$ um conjunto de funções, cada uma das quais com $n - 1$ derivadas em um intervalo I. O determinante

$$W(y_1, y_2, \ldots, y_n) = \begin{vmatrix} y_1 & y_2 & \cdots & y_n \\ y_1' & y_2' & \cdots & y_n' \\ \vdots & \vdots & & \vdots \\ y_1^{(n-1)} & y_2^{(n-1)} & \cdots & y_n^{(n-1)} \end{vmatrix}$$

é o **wronskiano** do conjunto de funções.

OBSERVAÇÃO

O nome wronskiano de um conjunto de funções é uma homenagem ao matemático polonês Josef Maria Wronski (1778-1853).

> **EXEMPLO 2** Determinação do wronskiano de um conjunto de funções

a. O wronskiano do conjunto $\{1 - x, 1 + x, 2 - x\}$ é

$$W = \begin{vmatrix} 1 - x & 1 + x & 2 - x \\ -1 & 1 & -1 \\ 0 & 0 & 0 \end{vmatrix} = 0.$$

b. O wronskiano do conjunto $\{x, x^2, x^3\}$ é

$$W = \begin{vmatrix} x & x^2 & x^3 \\ 1 & 2x & 3x^2 \\ 0 & 2 & 6x \end{vmatrix} = 2x^3.$$

O wronskiano no item (a) do Exemplo 2 é **identicamente nulo**, porque é zero para qualquer valor de x. O wronskiano no item (b) não é identicamente nulo porque existem valores de x para os quais este wronskiano não é zero.

O próximo teorema mostra como o wronskiano de um conjunto de funções pode ser usado para testar a independência linear.

OBSERVAÇÃO

Este teste *não* se aplica a um conjunto de funções arbitrário. Cada uma das funções $y_1, y_2, \ldots, y_n$ deve ser uma solução da mesma equação diferencial linear homogênea de ordem n.

Teste do wronskiano para a independência linear

Seja $\{y_1, y_2, \ldots, y_n\}$ um conjunto de n soluções de uma equação diferencial linear homogênea de ordem n. Este conjunto é linearmente independente se e somente se o wronskiano não é identicamente nulo.

A demonstração deste teorema para o caso em que $n = 2$ é deixado como um exercício. (Veja o Exercício 40.)

EXEMPLO 3 Teste de um conjunto de soluções para independência linear

Determine se $\{1, \cos x, \operatorname{sen} x\}$ é um conjunto de soluções linearmente independentes da equação diferencial linear homogênea

$$y''' + y' = 0.$$

SOLUÇÃO

Comece observando que cada uma das funções é uma solução de $y''' + y' = 0$. (Verifique isso.) Em seguida, o teste de independência linear produz o wronskiano das três funções, como mostrado abaixo.

$$W = \begin{vmatrix} 1 & \cos x & \operatorname{sen} x \\ 0 & -\operatorname{sen} x & \cos x \\ 0 & -\cos x & -\operatorname{sen} x \end{vmatrix}$$

$$= \operatorname{sen}^2 x + \cos^2 x$$

$$= 1$$

O wronskiano W não é identicamente nulo, então o conjunto

$\{1, \cos x, \operatorname{sen} x\}$

é linearmente independente. Além disso, este conjunto consiste em três soluções linearmente independentes de uma equação diferencial linear homogênea de terceira ordem, de modo que a solução geral é

$$y = C_1 + C_2 \cos x + C_3 \operatorname{sen} x,$$

onde C_1, C_2 e C_3 são números reais.

EXEMPLO 4 Teste de um conjunto de soluções para independência linear

Veja LarsonLinearAlgebra.com para uma versão interativa deste tipo de exemplo.

Determine se $\{e^x, xe^x, (x+1)e^x\}$ é um conjunto de soluções linearmente independentes da equação diferencial linear homogênea

$$y''' - 3y'' + 3y' - y = 0.$$

SOLUÇÃO

Como no Exemplo 3, comece por verificar que cada uma das funções é uma solução de $y''' - 3y'' + 3y' - y = 0$. (Esta verificação é deixada para você.) O teste para a independência linear produz o wronskiano das três funções, como mostrado abaixo.

$$W = \begin{vmatrix} e^x & xe^x & (x+1)e^x \\ e^x & (x+1)e^x & (x+2)e^x \\ e^x & (x+2)e^x & (x+3)e^x \end{vmatrix} = 0$$

Assim, o conjunto $\{e^x, xe^x, (x+1)e^x\}$ é linearmente dependente.

No Exemplo 4, o wronskiano é usado para determinar que o conjunto $\{e^x, xe^x, (x+1)e^x\}$ é linearmente dependente. Outra maneira de determinar a dependência linear deste conjunto é observar que a terceira função é uma combinação linear das duas primeiras. Mais precisamente,

$$(x+1)e^x = e^x + xe^x.$$

Verifique que um conjunto diferente, $\{e^x, xe^x, x^2e^x\}$, forma um conjunto de soluções linearmente independentes da equação diferencial

$$y''' - 3y'' + 3y' - y = 0.$$

SEÇÕES CÔNICAS E ROTAÇÃO

Toda seção cônica no plano xy possui uma equação que pode ser escrita na forma

$$ax^2 + bxy + cy^2 + dx + ey + f = 0.$$

Identificar a representação gráfica desta equação é bastante simples desde que b, o coeficiente do termo xy, seja zero. Quando b é zero, os eixos da cônica são paralelos aos eixos coordenados, e a identificação é feita escrevendo a equação na forma padrão (completando os quadrados). A forma padrão da equação de cada uma das quatro cônicas básicas é dada no resumo a seguir. Para círculos, elipses e hipérboles, o ponto (h, k) é o centro. Para as parábolas, o ponto (h, k) é o vértice.

Formas padrão das equações das cônicas

Circunferência (r = raio): $(x - h)^2 + (y - k)^2 = r^2$

Elipse (2α = comprimento do eixo maior, 2β = comprimento do eixo menor):

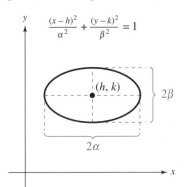
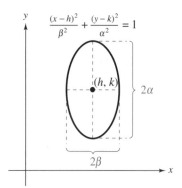

Hipérbole (2α = comprimento do eixo transversal, 2β = comprimento do eixo conjugado)

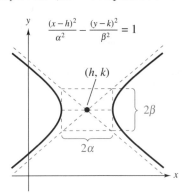
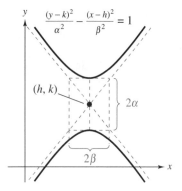

Parábola (p = distância orientada do vértice ao foco):

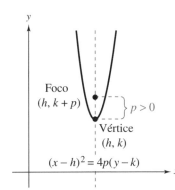
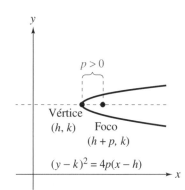

EXEMPLO 5   Identificação de seções cônicas

a. A forma padrão de $x^2 - 2x + 4y - 3 = 0$ é

$$(x - 1)^2 = 4(-1)(y - 1).$$

O gráfico desta equação é uma parábola com o vértice em $(h, k) = (1, 1)$. O eixo da parábola é vertical. A distância orientada do vértice ao foco é $p = -1$, de modo que o foco é o ponto $(1, 0)$. Finalmente, o foco fica abaixo do vértice, a parábola abre-se para baixo, como mostrado na Figura 4.18 (a).

b. A forma padrão de $x^2 + 4y^2 + 6x - 8y + 9 = 0$ é

$$\frac{(x + 3)^2}{4} + \frac{(y - 1)^2}{1} = 1.$$

A representação gráfica desta equação é uma elipse com seu centro em $(h, k) = (-3, 1)$. O eixo maior é horizontal e o seu comprimento é $2\alpha = 4$. O comprimento do eixo menor é $2\beta = 2$. Os vértices desta elipse ocorrem em $(-5, 1)$ e $(-1, 1)$ e as extremidades do eixo menor ocorrem em $(-3, 2)$ e $(-3, 0)$, como mostrado na Figura 4.18 (b).

a. 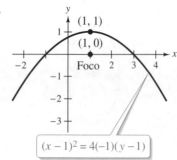   **b.**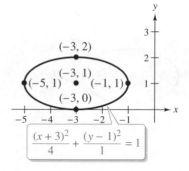

Figura 4.18

Observe que as equações das cônicas do Exemplo 5 não possuem o termo xy, de modo que os eixos das representações gráficas dessas cônicas são paralelos aos eixos coordenados. Para equações de segundo grau que têm o termo xy, os eixos das representações gráficas das cônicas correspondentes não são paralelos aos eixos coordenados. Nesses casos, é útil girar os eixos padrão para formar um novo eixo x' e um novo eixo y'. O ângulo de rotação necessário θ (medido no sentido anti-horário) pode ser encontrado usando a equação $\cotg 2\theta = (a - c)/b$. Então, a base canônica de R^2,

$$B = \{(1, 0), (0, 1)\}$$

gira para formar a nova base

$$B' = \{(\cos \theta, \sen \theta), (-\sen \theta, \cos \theta)\}$$

como mostrado abaixo.

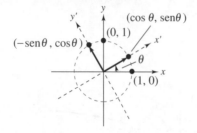

Para encontrar as coordenadas de um ponto (x, y) em relação a esta nova base, você pode usar uma matriz de transição, como ilustrado no Exemplo 6.

EXEMPLO 6 Uma matriz de transição para rotação em R^2

Encontre as coordenadas de um ponto (x, y) em R^2 em relação à base

$$B' = \{(\cos \theta, \text{sen } \theta), (-\text{sen } \theta, \cos \theta)\}$$

SOLUÇÃO

Pelo Teorema 4.21 você tem

$$[B' \quad B] = \begin{bmatrix} \cos \theta & -\text{sen } \theta & 1 & 0 \\ \text{sen } \theta & \cos \theta & 0 & 1 \end{bmatrix}.$$

B é a base canônica de R^2, então P^{-1} é representado por $(B')^{-1}$. Você pode usar a fórmula dada na Seção 2.3 (página 62) para a inversa de uma matriz 2×2 para encontrar $(B')^{-1}$. Isso resulta em

$$[I \quad P^{-1}] = \begin{bmatrix} 1 & 0 & \cos \theta & \text{sen } \theta \\ 0 & 1 & -\text{sen } \theta & \cos \theta \end{bmatrix}.$$

Tomando (x', y') como as coordenadas de (x, y) em relação a B', você pode usar a matriz de transição P^{-1} como mostrado abaixo.

$$\begin{bmatrix} \cos \theta & \text{sen } \theta \\ -\text{sen } \theta & \cos \theta \end{bmatrix} \begin{bmatrix} x \\ y \end{bmatrix} = \begin{bmatrix} x' \\ y' \end{bmatrix}$$

As coordenadas x' e y' são $x' = x \cos \theta + y \text{ sen } \theta$ e $y' = -x \text{ sen } \theta - y \cos \theta$.

As duas últimas equações no Exemplo 6 fornecem as coordenadas x' e y' em termos das coordenadas x e y. Para realizar uma rotação de eixos para uma equação geral de segundo grau, é útil expressar as coordenadas x e y em termos das coordenadas x' e y'. Para fazer isso, isole x e y nas duas últimas equações no Exemplo 6 para obter

$$x = x' \cos \theta - y' \text{ sen } \theta \quad \text{e} \quad y = x' \text{ sen } \theta + y' \cos \theta.$$

Substituir estas expressões para x e y na equação de segundo grau dada produz uma equação de segundo grau em x' e y' que não tem termo $x'y'$.

Rotação de eixos

A equação geral do segundo grau $ax^2 + bxy + cy^2 + dx + ey + f = 0$ pode ser escrita na forma

$$a'(x')^2 + c'(y')^2 + d'x' + e'y' + f' = 0$$

por uma rotação dos eixos coordenados no sentido anti-horário por um ângulo θ, onde θ é encontrado usando a equação $\cot g \, 2\theta = \dfrac{a - c}{b}$. Os coeficientes da nova equação são obtidos das substituições

$$x = x' \cos \theta - y' \text{ sen } \theta \quad \text{e} \quad y = x' \text{ sen } \theta + y' \cos \theta.$$

A demonstração do resultado acima é deixada para você. (Veja o Exercício 80.)

ÁLGEBRA LINEAR APLICADA

Uma antena parabólica é uma antena projetada para transmitir ou receber sinais de um satélite de comunicação. Uma antena parabólica padrão consiste em uma superfície em forma de arco e um *alimentador* que é orientado para a superfície. A superfície em forma de arco tem normalmente a forma de um paraboloide de rotação. (Veja a Seção 7.4.) A seção transversal da superfície tem tipicamente a forma de uma parábola.

O Exemplo 7 ilustra como identificar a representação gráfica de uma equação de segundo grau, pela rotação dos eixos coordenados.

EXEMPLO 7 — Rotação de uma seção cônica

Faça uma rotação de eixos para eliminar o termo xy em

$$5x^2 - 6xy + 5y^2 + 14\sqrt{2}x - 2\sqrt{2}y + 18 = 0$$

e esboce a curva resultante no plano $x'y'$.

SOLUÇÃO

Encontre o ângulo de rotação θ usando

$$\cotg 2\theta = \frac{a-c}{b} = \frac{5-5}{-6} = 0.$$

Isso implica que $\theta = \pi/4$. Então,

$$\sen\theta = \frac{1}{\sqrt{2}} \quad \text{e} \quad \cos\theta = \frac{1}{\sqrt{2}}.$$

Substituindo

$$x = x'\cos\theta - y'\sen\theta = \frac{1}{\sqrt{2}}(x'-y')$$

e

$$y = x'\sen\theta + y'\cos\theta = \frac{1}{\sqrt{2}}(x'+y')$$

na equação original e simplificando, verifique que você obtém

$$(x')^2 + 4(y')^2 + 6x' - 8y' + 9 = 0.$$

Finalmente, ao completar quadrados, a forma padrão dessa equação é

$$\frac{(x'+3)^2}{2^2} + \frac{(y'-1)^2}{1^2} = \frac{(x'+3)^2}{4} + \frac{(y'-1)^2}{1} = 1$$

que é a equação de uma elipse, como mostrado na Figura 4.19.

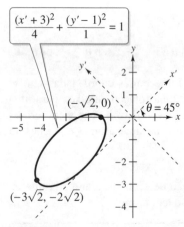

Figura 4.19

No Exemplo 7, a nova base (rotacionada) de R^2 é

$$B' = \left\{ \left(\frac{1}{\sqrt{2}}, \frac{1}{\sqrt{2}}\right), \left(-\frac{1}{\sqrt{2}}, \frac{1}{\sqrt{2}}\right) \right\}$$

e as coordenadas dos vértices da elipse em relação a B' são

$$\begin{bmatrix} -5 \\ 1 \end{bmatrix} \quad \text{e} \quad \begin{bmatrix} -1 \\ 1 \end{bmatrix}.$$

Para encontrar as coordenadas dos vértices em relação à base canônica $B = \{(1, 0), (0, 1)\}$, use as equações

$$x = \frac{1}{\sqrt{2}}(x' - y')$$

e

$$y = \frac{1}{\sqrt{2}}(x' + y')$$

para obter $\left(-3\sqrt{2}, -2\sqrt{2}\right)$ e $\left(-\sqrt{2}, 0\right)$, como mostrado na Figura 4.19.

4.8 Exercícios

Determinação de soluções de uma equação diferencial Nos Exercícios 1-12, determine quais funções são soluções da equação diferencial linear.

1. $y'' + y = 0$
   (a) e^x (b) $\text{sen } x$
   (c) $\cos x$ (d) $\text{sen } x - \cos x$

2. $y''' + y = 0$
   (a) e^x (b) e^{-x} (c) e^{-2x} (d) $2e^{-x}$

3. $y''' + y'' + y' + y = 0$
   (a) x (b) e^x (c) e^{-x} (d) xe^{-x}

4. $y'' - 6y' + 9y = 0$
   (a) e^{3x} (b) xe^{3x}
   (c) $x^2 e^{3x}$ (d) $(x+3)e^{3x}$

5. $y^{(4)} + y''' - 2y'' = 0$
   (a) 1 (b) x (c) x^2 (d) e^x

6. $y^{(4)} - 16y = 0$
   (a) $3\cos x$ (b) $3\cos 2x$
   (c) e^{-2x} (d) $3e^{2x} - 4\text{ sen } 2x$

7. $x^2 y'' - 2y = 0$
   (a) $\dfrac{1}{x^2}$ (b) x^2 (c) e^{x^2} (d) e^{-x^2}

8. $y' + (2x - 1)y = 0$
   (a) e^{x-x^2} (b) $2e^{x-x^2}$ (c) $3e^{x-x^2}$ (d) $4e^{x-x^2}$

9. $xy' - 2y = 0$
   (a) $\sqrt{x}$ (b) x (c) x^2 (d) x^3

10. $xy'' + 2y' = 0$
    (a) x (b) $\dfrac{1}{x}$ (c) xe^x (d) xe^{-x}

11. $y'' - y' - 12y = 0$
    (a) e^{-4x} (b) e^{4x} (c) e^{-3x} (d) e^{3x}

12. $y' - 2xy = 0$
    (a) $3e^{x^2}$ (b) xe^{x^2} (c) $x^2 e^x$ (d) xe^{-x}

Determinação do wronskiano de um conjunto de funções Nos Exercícios 13-26, encontre o wronskiano do conjunto de funções.

13. $\{x, -\text{sen } x\}$
14. $\{e^{3x}, \text{sen } 2x\}$
15. $\{e^x, e^{-x}\}$
16. $\{e^{x^2}, e^{-x^2}\}$
17. $\{x, \text{sen } x, \cos x\}$
18. $\{x, -\text{sen } x, \cos x\}$
19. $\{e^{-x}, xe^{-x}, (x+3)e^{-x}\}$
20. $\{x, e^{-x}, e^x\}$
21. $\{1, e^x, e^{2x}\}$
22. $\{x^2, e^{x^2}, x^2 e^x\}$
23. $\{1, x, x^2, x^3\}$
24. $\{x, x^2, e^x, e^{-x}\}$
25. $\{1, x, \cos x, e^{-x}\}$
26. $\{x, e^x, \text{sen } x, \cos x\}$

Mostrando independência linear Nos Exercícios 27-30, mostre que o conjunto de soluções de uma equação diferencial linear homogênea de segunda ordem é linearmente independente.

27. $\{e^{ax}, e^{bx}\}, a \neq b$
28. $\{e^{ax}, xe^{ax}\}$
29. $\{\cos ax, \text{sen } ax\}, a \neq 0$
30. $\{e^{ax} \cos bx, e^{ax} \text{ sen } bx\}, b \neq 0$

Testando independência linear Nos Exercícios 31-38, (a) verifique que cada solução satisfaz a equação diferencial, (b) verifique se o conjunto solução é linearmente independente e (c) se o conjunto for linearmente independente, então escreva a solução geral da equação diferencial.

Equação diferencial	Soluções
31. $y'' + 16y = 0$	$\{\text{sen } 4x, \cos 4x\}$
32. $y'' - 4y' + 5y = 0$	$\{e^{2x} \text{sen } x, e^{2x} \cos x\}$
33. $y''' + 4y'' + 4y' = 0$	$\{e^{-2x}, xe^{-2x}, (2x+1)e^{-2x}\}$
34. $y''' + 4y' = 0$	$\{1, 2\cos 2x, 2 + \cos 2x\}$
35. $y''' + 4y' = 0$	$\{1, \text{sen } 2x, \cos 2x\}$
36. $y''' + 3y'' + 3y' + y = 0$	$\{e^{-x}, xe^{-x}, x^2 e^{-x}\}$
37. $y''' + 3y'' + 3y' + y = 0$	$\{e^{-x}, xe^{-x}, e^{-x} + xe^{-x}\}$
38. $y^{(4)} - 2y''' + y'' = 0$	$\{1, x, e^x, xe^x\}$

39. **Pêndulo** Considere um pêndulo de comprimento L que oscila apenas pela força da gravidade.

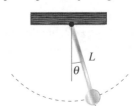

Para valores pequenos de $\theta = \theta(t)$, o movimento do pêndulo pode ser aproximado pela equação diferencial

$$\frac{d^2\theta}{dt^2} + \frac{g}{L}\theta = 0,$$

onde g é a aceleração da gravidade.

(a) Verifique que

$$\left\{\text{sen}\sqrt{\frac{g}{L}}t, \cos\sqrt{\frac{g}{L}}t\right\}$$

é um conjunto de soluções linearmente independentes da equação diferencial.

(b) Encontre a solução geral da equação diferencial e mostre que ela pode ser escrita na forma

$$\theta(t) = A\cos\left[\sqrt{\frac{g}{L}}(t+\phi)\right].$$

40. Demonstração Seja $\{y^1, y^2\}$ um conjunto de soluções de uma equação diferencial linear homogênea de segunda ordem. Demonstre que este conjunto é linearmente independente se e somente se o wronskiano não for identicamente nulo.

41. Dissertação É verdade que a soma de duas soluções de uma equação diferencial linear não homogênea também é uma solução? Explique.

42. Dissertação É verdade que um múltiplo escalar de uma solução de uma equação diferencial linear não homogênea também é uma solução? Explique.

Identificação e representação gráfica de uma seção cônica Nos Exercícios 43-58, identifique e represente graficamente a seção cônica.

43. $y^2 + x = 0$
44. $x^2 - 6y = 0$
45. $x^2 + 4y^2 - 16 = 0$
46. $5x^2 + 3y^2 - 15 = 0$
47. $\dfrac{x^2}{9} - \dfrac{y^2}{16} - 1 = 0$
48. $\dfrac{x^2}{36} - \dfrac{y^2}{49} = 1$
49. $x^2 + 4x + 6y - 2 = 0$
50. $y^2 - 6y - 4x + 21 = 0$
51. $16x^2 + 36y^2 - 64x - 36y + 73 = 0$
52. $4x^2 + y^2 - 8x + 3 = 0$
53. $9x^2 - y^2 + 54x + 10y + 55 = 0$
54. $4y^2 - 2x^2 - 4y - 8x - 15 = 0$
55. $x^2 + 4y^2 + 4x + 32y + 64 = 0$
56. $4y^2 + 4x^2 - 24x + 35 = 0$
57. $2x^2 - y^2 + 4x + 10y - 22 = 0$
58. $y^2 + 8x + 6y + 25 = 0$

Correspondência representação gráfica e equação Nos Exercícios 59-62, identifique a curva com sua equação. [Os gráficos são rotulados (a), (b), (c) e (d).]

(a)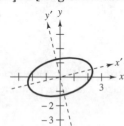

(b)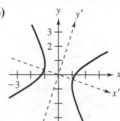

(c)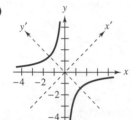

(d)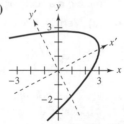

59. $xy + 2 = 0$
60. $-2x^2 + 3xy + 2y^2 + 3 = 0$
61. $x^2 - xy + 3y^2 - 5 = 0$
62. $x^2 - 4xy + 4y^2 + 10x - 30 = 0$

Rotação de uma seção cônica Nos Exercícios 63-74, faça uma rotação de eixos para eliminar o termo xy e esboce a cônica.

63. $xy + 1 = 0$
64. $xy - 8x - 4y = 0$
65. $4x^2 + 2xy + 4y^2 - 15 = 0$
66. $x^2 + 2xy + y^2 - 8x + 8y = 0$
67. $2x^2 - 3xy - 2y^2 + 10 = 0$
68. $5x^2 - 2xy + 5y^2 - 24 = 0$
69. $9x^2 + 24xy + 16y^2 + 90x - 130y = 0$
70. $5x^2 - 6xy + 5y^2 - 12 = 0$
71. $7x^2 - 6\sqrt{3}xy + 13y^2 - 64 = 0$
72. $7x^2 - 2\sqrt{3}xy + 5y^2 = 16$
73. $3x^2 - 2\sqrt{3}xy + y^2 + 2x + 2\sqrt{3}y = 0$
74. $x^2 + 2\sqrt{3}xy + 3y^2 - 2\sqrt{3}x + 2y + 16 = 0$

Rotação de uma seção cônica degenerada Nos Exercícios 75-78, faça uma rotação de eixos para eliminar o termo xy e esboce a cônica "degenerada".

75. $x^2 - 2xy + y^2 = 0$
76. $5x^2 - 2xy + 5y^2 = 0$
77. $x^2 + 2xy + y^2 - 1 = 0$
78. $x^2 - 10xy + y^2 = 0$

79. Demonstração Demonstre que uma rotação de $\theta = \pi/4$ eliminará o termo xy da equação
$$ax^2 + bxy + ay^2 + dx + ey + f = 0.$$

80. Demonstração Demonstre que uma rotação de θ, onde $\cotg 2\theta = (a - c)/b$, eliminará o termo xy da equação
$$ax^2 + bxy + cy^2 + dx + ey + f = 0.$$

81. Demonstração Para a equação $ax^2 + bxy + cy^2 = 0$, defina a matriz A como
$$A = \begin{bmatrix} a & b/2 \\ b/2 & c \end{bmatrix}.$$

(a) Demonstre que se $|A| = 0$, então a curva que representa $ax^2 + bxy + cy^2 = 0$ é uma reta.

(b) Demonstre que se $|A| \neq 0$, então a curva que representa $ax^2 + bxy + cy^2 = 0$ consiste em duas retas que se interceptam.

---

82. Ponto crucial

(a) Explique como usar o wronskiano para verificar se um conjunto de soluções de uma equação diferencial linear homogênea é linearmente independente.

(b) Explique como eliminar o termo xy quando ele aparecer na equação geral de uma seção cônica.

---

83. Use a biblioteca da sua escola, a Internet ou alguma outra fonte de referência para encontrar aplicações reais de (a) equações diferenciais lineares e (b) rotação de seções cônicas que são diferentes das discutidas nesta seção.

Espaços vetoriais   227

Capítulo 4   Exercícios de revisão

Operações de vetores   Nos Exercícios 1-4, encontre (a) u + v, (b) 2v, (c) u − v e (d) 3u − 2v.

1. $u = (1, -2, -3)$, $v = (3, 1, 0)$
2. $u = (-1, 2, 1)$, $v = (0, 1, 1)$
3. $u = (3, -1, 2, 3)$, $v = (0, 2, 2, 1)$
4. $u = (0, 1, -1, 2)$, $v = (1, 0, 0, 2)$

Resolução de uma equação vetorial   Nos Exercícios 5-8, determine x, sabendo que $u = (1, -1, 2)$, $v = (0, 2, 3)$ e $w = (0, 1, 1)$.

5. $2x - u + 3v + w = 0$
6. $3x + 2u - v + 2w = 0$
7. $5u - 2x = 3v + w$ 8. $3u + 2x = w - v$

Escrevendo uma combinação linear   Nos Exercícios 9-12, escreva v como combinação linear de u_1, u_2 e u_3, se possível.

9. $v = (3, 0, -6)$, $u_1 = (1, -1, 2)$,
   $u_2 = (2, 4, -2)$, $u_3 = (1, 2, -4)$
10. $v = (4, 4, 5)$, $u_1 = (1, 2, 3)$, $u_2 = (-2, 0, 1)$,
    $u_3 = (1, 0, 0)$
11. $v = (1, 2, 3, 5)$, $u_1 = (1, 2, 3, 4)$,
    $u_2 = (-1, -2, -3, 4)$, $u_3 = (0, 0, 1, 1)$
12. $v = (4, -13, -5, -4)$, $u_1 = (1, -2, 1, 1)$,
    $u_2 = (-1, 2, 3, 2)$, $u_3 = (0, -1, -1, -1)$

Descrição do elemento neutro e do elemento oposto   Nos Exercícios 13-16, descreva o elemento neutro e o elemento oposto aditivos de um vetor no espaço vetorial.

13. $M_{4,2}$ 14. P_8
15. R^5 16. $M_{2,3}$

Determinação de subespaços   Nos Exercícios 17-24, determine se W é um subespaço do espaço vetorial V.

17. $W = \{(x, y): x = 2y\}$, $V = R^2$
18. $W = \{(x, y): x - y = 1\}$, $V = R^2$
19. $W = \{(x, y): y = ax, a$ é um número inteiro$\}$, $V = R^2$
20. $W = \{(x, y): y = ax^2\}$, $V = R^2$
21. $W = \{(x, 2x, 3x): x$ é um número real$\}$, $V = R^3$
22. $W = \{(x, y, z): x \geq 0\}$, $V = R^3$
23. $W = \{f: f(0) = -1\}$, $V = C[-1, 1]$
24. $W = \{f: f(-1) = 0\}$, $V = C[-1, 1]$
25. Qual dos subconjuntos de R^3 é um subespaço de R^3?
    (a) $W = \{(x_1, x_2, x_3): x_1^2 + x_2^2 + x_3^2 = 0\}$
    (b) $W = \{(x_1, x_2, x_3): x_1^2 + x_2^2 + x_3^2 = 1\}$
26. Qual dos subconjuntos de R^3 é um subespaço de R^3?
    (a) $W = \{(x_1, x_2, x_3): x_1 + x_2 + x_3 = 0\}$
    (b) $W = \{(x_1, x_2, x_3): x_1 + x_2 + x_3 = 1\}$

Conjuntos geradores, independência linear e bases   Nos Exercícios 27-32, determine se o conjunto (a) gera R^3, (b) é linearmente independente e (c) é uma base de R^3.

27. $S = \{(1, -5, 4), (11, 6, -1), (2, 3, 5)\}$
28. $S = \{(4, 0, 1), (0, -3, 2), (5, 10, 0)\}$
29. $S = \{\left(-\frac{1}{2}, \frac{3}{4}, -1\right), (5, 2, 3), (-4, 6, -8)\}$
30. $S = \{(2, 0, 1), (2, -1, 1), (4, 2, 0)\}$
31. $S = \{(1, 0, 0), (0, 1, 0), (0, 0, 1), (-1, 2, -3)\}$
32. $S = \{(1, 0, 0), (0, 1, 0), (0, 0, 1), (2, -1, 0)\}$

33. Determine se
$$S = \{1 - t, 2t + 3t^2, t^2 - 2t^3, 2 + t^3\}$$
é uma base de P_3.

34. Determine se $S = \{1, t, 1 + t^2\}$ é uma base de P_2.

Determinando se um conjunto é uma base   Nos Exercícios 35 e 36, determine se o conjunto é uma base de $M_{2,2}$.

35.
$$S = \left\{\begin{bmatrix} -2 & 3 \\ 1 & 0 \end{bmatrix}, \begin{bmatrix} 2 & 0 \\ -4 & 0 \end{bmatrix}, \begin{bmatrix} 1 & 3 \\ -1 & 1 \end{bmatrix}, \begin{bmatrix} 1 & 0 \\ 2 & 1 \end{bmatrix}\right\}$$

36. $S = \left\{\begin{bmatrix} 1 & 0 \\ 0 & 1 \end{bmatrix}, \begin{bmatrix} -1 & 0 \\ 1 & 1 \end{bmatrix}, \begin{bmatrix} 2 & 1 \\ 1 & 0 \end{bmatrix}, \begin{bmatrix} 1 & 1 \\ 0 & 1 \end{bmatrix}\right\}$

Determinação do núcleo, nulidade e posto de uma matriz   Nos Exercícios 37-42, encontre (a) o núcleo, (b) a nulidade e (c) o posto da matriz A. A seguir, verifique que o posto$(A) +$ nulidade $(A) = n$, onde n é o número de colunas de A.

37. $A = \begin{bmatrix} -4 & 3 \\ 12 & -9 \end{bmatrix}$

38. $A = \begin{bmatrix} 1 & 4 \\ 3 & 2 \end{bmatrix}$

39. $A = \begin{bmatrix} 2 & -3 & -6 & -4 \\ 1 & 5 & -3 & 11 \\ 2 & 7 & -6 & 16 \end{bmatrix}$

40. $A = \begin{bmatrix} 1 & 0 & -2 & 0 \\ 4 & -2 & 4 & -2 \\ -2 & 0 & 1 & 3 \end{bmatrix}$

41. $A = \begin{bmatrix} 1 & 3 & 2 \\ 4 & -1 & -18 \\ -1 & 3 & 10 \\ 1 & 2 & 0 \end{bmatrix}$

42. $A = \begin{bmatrix} 1 & 2 & 1 & 2 \\ 1 & 4 & 0 & 3 \\ -2 & 3 & 0 & 2 \\ 1 & 2 & 6 & 1 \end{bmatrix}$

228 Elementos de álgebra linear

Determinação de uma base de um espaço linha e posto Nos Exercícios 43-46, encontre (a) uma base do espaço linha e (b) o posto da matriz.

43. $\begin{bmatrix} 1 & 2 \\ -4 & 3 \\ 6 & 1 \end{bmatrix}$

44. $\begin{bmatrix} 2 & -1 & 4 \\ 1 & 5 & 6 \\ 1 & 16 & 14 \end{bmatrix}$

45. $\begin{bmatrix} 7 & 0 & 2 \\ 4 & 1 & 6 \\ -1 & 16 & 14 \end{bmatrix}$

46. $\begin{bmatrix} 1 & 2 & 0 \\ -1 & 4 & 1 \\ 0 & 1 & 3 \end{bmatrix}$

Determinação de base e dimensão Nos Exercícios 47-50, encontre (a) uma base e (b) a dimensão do espaço de soluções do sistema homogêneo de equações lineares.

47. $\begin{aligned} 2x_1 + 4x_2 + 3x_3 - 6x_4 &= 0 \\ x_1 + 2x_2 + 2x_3 - 5x_4 &= 0 \\ 3x_1 + 6x_2 + 5x_3 - 11x_4 &= 0 \end{aligned}$

48. $\begin{aligned} 16x_1 + 24x_2 + 8x_3 - 32x_4 &= 0 \\ 4x_1 + 6x_2 + 2x_3 - 8x_4 &= 0 \\ 2x_1 + 3x_2 + x_3 - 4x_4 &= 0 \end{aligned}$

49. $\begin{aligned} x_1 - 3x_2 + x_3 + x_4 &= 0 \\ 2x_1 + x_2 - x_3 + 2x_4 &= 0 \\ x_1 + 4x_2 - 2x_3 + x_4 &= 0 \\ 5x_1 - 8x_2 + 2x_3 + 5x_4 &= 0 \end{aligned}$

50. $\begin{aligned} -x_1 + 2x_2 - x_3 + 2x_4 &= 0 \\ -2x_1 + 2x_2 + x_3 + 4x_4 &= 0 \\ 3x_1 + 2x_2 + 2x_3 + 5x_4 &= 0 \\ -3x_1 + 8x_2 + 5x_3 + 17x_4 &= 0 \end{aligned}$

Determinação de uma matriz de coordenadas Nos Exercícios 51-56, dada a matriz de coordenadas de x em relação a uma base (não canônica) B de R^n, encontre a matriz de coordenadas de x em relação à base canônica.

51. $B = \{(1, 1), (-1, 1)\}, \quad [\mathbf{x}]_B = [3 \quad 5]^T$

52. $B = \{(2, 0), (3, 3)\}, \quad [\mathbf{x}]_B = [1 \quad 1]^T$

53. $B = \{(\frac{1}{2}, \frac{1}{2}), (1, 0)\}, \quad [\mathbf{x}]_B = [\frac{1}{2} \quad \frac{1}{2}]^T$

54. $B = \{(2, 4), (-1, 1)\}, \quad [\mathbf{x}]_B = [4 \quad -7]^T$

55. $B = \{(1, 0, 0), (1, 1, 0), (0, 1, 1)\},$
$[\mathbf{x}]_B = [2 \quad 0 \quad -1]^T$

56. $B = \{(1, 0, 1), (0, 1, 0), (0, 1, 1)\},$
$[\mathbf{x}]_B = [4 \quad 0 \quad 2]^T$

Determinação de uma matriz de coordenadas Nos Exercícios 57-62, encontre a matriz de coordenas de x em R^n em relação à base B'.

57. $B' = \{(5, 0), (0, -8)\}, \quad \mathbf{x} = (2, 2)$

58. $B' = \{(2, 2), (0, -1)\}, \quad \mathbf{x} = (-1, 2)$

59. $B' = \{(1, 2, 3), (1, 2, 0), (0, -6, 2)\},$
$\mathbf{x} = (3, -3, 0)$

60. $B' = \{(1, 0, 0), (0, 1, 0), (1, 1, 1)\}, \quad \mathbf{x} = (4, -2, 9)$

61. $B' = \{(9, -3, 15, 4), (-3, 0, 0, -1), (0, -5, 6, 8),$
$(-3, 4, -2, 3)\}, \quad \mathbf{x} = (21, -5, 43, 14)$

62. $B' = \{(1, -1, 2, 1), (1, 1, -4, 3), (1, 2, 0, 3),$
$(1, 2, -2, 0)\}, \quad \mathbf{x} = (5, 3, -6, 2)$

Determinação de uma matriz de transição Nos Exercícios 63-68, encontre a matriz de transição de B para B'.

63. $B = \{(1, -1), (3, 1)\}, \quad B' = \{(1, 0), (0, 1)\}$

64. $B = \{(1, -1), (3, 1)\}, \quad B' = \{(1, 2), (-1, 0)\}$

65. $B = \{(1, 0, 0), (0, 1, 0), (0, 0, 1)\},$
$B' = \{(0, 0, 1), (0, 1, 0), (1, 0, 0)\}$

66. $B = \{(1, 1, 1), (1, 1, 0), (1, 0, 0)\},$
$B' = \{(1, 2, 3), (0, 1, 0), (1, 0, 1)\}$

67. $B = \{(1, 1, 2), (2, 3, 4), (3, 3, 3)\},$
$B' = \{(7, -1, -1), (-3, 1, 0), (-3, 0, 1)\}$

68. $B = \{(1, 1, 1), (3, 4, 3), (3, 3, 4)\},$
$B' = \{(1, -1, \frac{2}{3}), (-2, 1, 0), (1, 0, -\frac{1}{3})\}$

Determinação de matrizes de transição e de coordenadas Nos Exercícios 69-72, (a) encontre a matriz de transição de B para B', (b) encontre a matriz de transição de B' para B, (c) verifique que as duas matrizes de transição são inversas uma da outra e (d) encontre a matriz de coordenadas $[\mathbf{x}]_{B'}$, dada a matriz de coordenadas $[\mathbf{x}]_B$.

69. $B = \{(-2, 1), (1, -1)\}, \quad B' = \{(0, 2), (1, 1)\},$
$[\mathbf{x}]_B = [6 \quad -6]^T$

70. $B = \{(1, 0), (1, -1)\}, \quad B' = \{(1, 1), (1, -1)\},$
$[\mathbf{x}]_B = [2 \quad -2]^T$

71. $B = \{(1, 0, 0), (1, 1, 0), (1, 1, 1)\},$
$B' = \{(0, 0, 1), (0, 1, 1), (1, 1, 1)\},$
$[\mathbf{x}]_B = [-1 \quad 2 \quad -3]^T$

72. $B = \{(1, 1, -1), (1, 1, 0), (1, -1, 0)\},$
$B' = \{(1, -1, 2), (2, 2, -1), (2, 2, 2)\},$
$[\mathbf{x}]_B = [2 \quad 2 \quad -1]^T$

73. Seja W o subespaço de P_3 [o conjunto de todos os polinômios $p(x)$ de grau menor ou igual a 3], tal que $p(0) = 0$ e seja U o subespaço de P_3 tal que $p(1) = 0$. Encontre uma base de W, uma base de U, e uma base da intersecção $W \cap U$.

74. Cálculo Seja $V = C'(-\infty, \infty)$, o espaço vetorial de todas as funções continuamente diferenciáveis na reta real.
(a) Demonstre que $W = \{f : f' = 4f\}$ é um subespaço de V.
(b) Demonstre que $U = \{f : f' = f + 1\}$ não é um subespaço de V.

75. Dissertação Seja $B = \{p_1(x), p_2(x), \ldots, p_n(x), p_{n+1}(x)\}$ uma base de p_n. É verdade que B deve conter um polinômio de cada um dos graus 0, 1, 2, ..., n? Explique.

76. Demonstração Sejam A e B matrizes quadradas $n \times n$ com $A \neq O$ e $B \neq O$. Demonstre que se A é simétrica e B é antissimétrica ($B^T = -B$), então $\{A, B\}$ é um conjunto linearmente independente.

77. Demonstração Seja $V = P_5$ e considere o conjunto W de todos os polinômios da forma $(x^3 + x)p(x)$, em que $p(x)$ está em P_2. É verdade que W é um subespaço de V? Demonstre sua resposta.

Espaços vetoriais 229

78. Sejam $\mathbf{v}_1$, $\mathbf{v}_2$ e $\mathbf{v}_3$ três vetores linearmente independentes em um espaço vetorial V. O conjunto $\{\mathbf{v}_1 - 2\mathbf{v}_2, 2\mathbf{v}_2 - 3\mathbf{v}_3, 3\mathbf{v}_3 - \mathbf{v}_1\}$ é linearmente dependente ou linearmente independente? Explique.

79. Demonstração Seja A uma matriz quadrada $n \times n$. Mostre que os vetores linha de A são linearmente dependentes se e somente se os vetores coluna de A são linearmente dependentes.

80. Demonstração Seja A uma matriz quadrada $n \times n$ e seja λ um escalar. Demonstre que o conjunto
$$S = \{\mathbf{x}: A\mathbf{x} = \lambda\mathbf{x}\}$$
é um subespaço de R^n. Determine a dimensão de S quando $\lambda = 3$ e
$$A = \begin{bmatrix} 3 & 1 & 0 \\ 0 & 3 & 0 \\ 0 & 0 & 1 \end{bmatrix}.$$

81. Sejam $f(x) = x$ e $g(x) = |x|$.
  (a) Mostre que f e g são linearmente independentes em $C[-1, 1]$.
  (b) Mostre que f e g são linearmente dependentes em $C[0, 1]$.

82. Descreva como o domínio de um conjunto de funções pode influenciar se o conjunto é linearmente independente ou dependente.

Verdadeiro ou falso? **Nos Exercícios 83-86, determine se cada afirmação é verdadeira ou falsa. Se uma afirmação for verdadeira, dê uma justificativa ou cite uma afirmação apropriada do texto. Se uma afirmação for falsa, forneça um exemplo que mostre que a afirmação não é verdadeira em todos os casos ou cite uma afirmação apropriada do texto.**

83. (a) As operações usuais em R^n são a soma vetorial e a multiplicação por escalar.
  (b) O vetor oposto aditivo de um vetor não é único.
  (c) Um espaço vetorial consiste em quatro entidades: um conjunto de vetores, um conjunto de escalares e duas operações.

84. (a) O conjunto $W = \{(0, x_2, x_3): x_2 \text{ e } x_3 \text{ são números reais}\}$ é um subespaço de R^3.
  (b) Um conjunto de vetores S em um espaço vetorial V é uma base de V quando S gera V e S é linearmente independente.
  (c) Se A é uma matriz $n \times n$ invertível, então os n vetores linha de A são linearmente dependentes.

85. (a) O conjunto de todas as n-uplas é um espaço n-dimensional e é denotado por R^n.
  (b) O elemento neutro aditivo de um espaço vetorial não é único.
  (c) Uma vez que um teorema tenha sido demonstrado para um espaço de vetores abstrato, você não precisa dar demonstrações separadas para n-uplas, matrizes e polinômios.

86. (a) O conjunto dos pontos sobre a reta $x + y = 0$ é um subespaço de R^2.
  (b) As operações elementares de linhas preservam o espaço coluna da matriz A.

Determinação de soluções de uma equação diferencial **Nos Exercícios 87-90, determine quais funções são soluções da equação diferencial linear.**

87. $y'' - y' - 6y = 0$
  (a) e^{3x} (b) e^{2x} (c) e^{-3x} (d) e^{-2x}

88. $y^{(4)} - y = 0$
  (a) e^x (b) e^{-x} (c) $\cos x$ (d) $\operatorname{sen} x$

89. $y' + 2y = 0$
  (a) e^{-2x} (b) xe^{-2x} (c) $x^2 e^{-x}$ (d) $2xe^{-2x}$

90. $y'' + 25y = 0$
  (a) $\operatorname{sen} 5x + \cos 5x$ (b) $5 \operatorname{sen} x + \cos 5x$
  (c) $\operatorname{sen} 5x$ (d) $\cos 5x$

Determinação do wronskiano de um conjunto de funções **Nos Exercícios 91-94, encontre o wronskiano do conjunto de funções.**

91. $\{1, x, e^x\}$ **92.** $\{2, x^2, 3 + x\}$
93. $\{1, \operatorname{sen} 2x, \cos 2x\}$ **94.** $\{x, \operatorname{sen}^2 x, \cos^2 x\}$

Teste de independência linear **Nos Exercícios 95-98, (a) verifique que cada solução satisfaz a equação diferencial, (b) verifique se o conjunto de soluções é linearmente independente e (c) se o conjunto for linearmente independente, então escreva a solução geral da equação diferencial.**

Equação diferencial	Soluções
95. $y'' + 6y' + 9y = 0$	$\{e^{-3x}, xe^{-3x}\}$
96. $y'' + 6y' + 9y = 0$	$\{e^{-3x}, 3e^{-3x}\}$
97. $y''' - 6y'' + 11y' - 6y = 0$	$\{e^x, e^{2x}, e^x - e^{2x}\}$
98. $y'' + 9y = 0$	$\{\operatorname{sen} 3x, \cos 3x\}$

Identificação e representação gráfica de uma seção cônica **Nos Exercícios 99-106, identifique e esboce graficamente a seção cônica.**

99. $x^2 + y^2 + 4x - 2y - 11 = 0$
100. $9x^2 + 9y^2 + 18x - 18y + 14 = 0$
101. $x^2 - y^2 + 2x - 3 = 0$
102. $4x^2 - y^2 + 8x - 6y + 4 = 0$
103. $2x^2 - 20x - y + 46 = 0$
104. $y^2 - 4x - 4 = 0$
105. $4x^2 + y^2 + 32x + 4y + 63 = 0$
106. $16x^2 + 25y^2 - 32x - 50y + 16 = 0$

Rotação de uma seção cônica **Nos Exercícios 107-110, faça uma rotação de eixos para eliminar o termo xy e esboce graficamente a cônica.**

107. $xy = 3$
108. $9x^2 + 4xy + 9y^2 - 20 = 0$
109. $16x^2 - 24xy + 9y^2 - 60x - 80y + 100 = 0$
110. $x^2 + 2xy + y^2 + \sqrt{2}x - \sqrt{2}y = 0$

230 Elementos de álgebra linear

4 Projetos

1 Soluções de sistemas lineares

Escreva um parágrafo para responder a pergunta. Não realize cálculos, mas baseie suas explicações em propriedades apropriadas do texto.

1. Uma solução do sistema linear homogêneo

$$x + 2y + z + 3w = 0$$
$$x - y \quad + w = 0$$
$$y - z + 2w = 0$$

é $x = -2, y = -1, z = 1$ e $w = 1$. Explique por que $x = 4, y = 2, z = -2$ e $w = -2$ também é uma solução.

2. Os vetores x_1 e x_2 são soluções do sistema linear homogêneo $Ax = 0$. Explique por que o vetor $2x_1 - 3x_2$ também é uma solução.

3. Considere os dois sistemas representados pelas matrizes aumentadas.

$$\begin{bmatrix} 1 & 1 & -5 & 3 \\ 1 & 0 & -2 & 1 \\ 2 & -1 & -1 & 0 \end{bmatrix} \qquad \begin{bmatrix} 1 & 1 & -5 & -9 \\ 1 & 0 & -2 & -3 \\ 2 & -1 & -1 & 0 \end{bmatrix}$$

Se o primeiro sistema for consistente, então por que o segundo sistema também é consistente?

4. Os vetores x_1 e x_2 são soluções do sistema linear $Ax = b$. O vetor $2x_1 - 3x_2$ também é uma solução? Justifique.

5. Os sistemas lineares $Ax = b_1$ e $Ax = b_2$ são consistentes. O sistema $Ax = b_1 + b_2$ é necessariamente consistente? Justifique.

2 Soma direta

Neste projeto, você irá explorar a **soma** e a **soma direta** de subespaços. No Exercício 58 da Seção 4.3, você comprovou que, para dois subespaços U e W de um espaço vetorial V, a soma $U + W$ dos subespaços, definida como $U + W = \{u + w: u \in U, w \in W\}$, também é um subespaço de V.

1. Considere os subespaços de $V = R^3$ abaixo.

$$U = \{(x, y, x - y): x, y \in R\}$$
$$W = \{(x, 0, x): x \in R\}$$
$$Z = \{(x, x, x): x \in R\}$$

Encontre $U + W, U + Z$ e $W + Z$.

2. Se U e W são subespaços de V tais que $V = U + W$ e $U \cap W = \{0\}$, então, demonstre que todo vetor em V tem uma representação única da forma $u + w$, onde u está em U e w está em W. V é chamado de **soma direta** de U e W, sendo escrito como

$$V = U \oplus W. \qquad \text{Soma direta}$$

Quais das somas da parte (1) são somas diretas?

3. Seja $V = U \oplus W$ e sejam $\{u_1, u_2, \ldots, u_k\}$ uma base do subespaço U e $\{w_1, w_2, \ldots, w_m\}$ uma base do subespaço W. Demonstre que o conjunto $\{u_1, \ldots, u_k, w_1, \ldots, w_m\}$ é uma base de V.

4. Considere os subespaços $U = \{(x, 0, y): x, y \in R\}$ e $W = \{(0, x, y): x, y \in R\}$ de $V = R^3$. Mostre que $R^3 = U + W$. É verdade que R^3 é a *soma direta* de U e W? Quais são as dimensões de $U, W, U \cap W$ e $U + W$? Formule uma conjectura que relacione as dimensões de $U, W, U \cap W$ e $U + W$.

5. Existem dois subespaços bidimensionais de R^3 cuja intersecção é o vetor nulo? Justifique.

5 Espaços com produto interno

- **5.1** Comprimento e produto escalar em R^n
- **5.2** Espaços com produto interno
- **5.3** Bases ortonormais: processo de Gram-Schmidt
- **5.4** Modelos matemáticos e análise por mínimos quadrados
- **5.5** Aplicações de espaços com produto interno

Receita

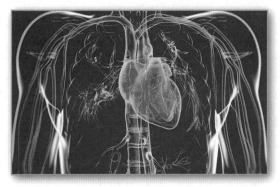

Análise do ritmo cardíaco

Fluxo elétrico/magnético

Torque

Trabalho

Em sentido horário, de cima para a esquerda: Jezper/Shutterstock.com; Lisa F. Young/Shutterstock.com; IStockphoto.com/kupicoo; Andrea Danti/Shutterstock.com; Sebastian Kaulitzki/Shutterstock.com

5.1 Comprimento e produto escalar em R^n

- Encontrar o comprimento de um vetor e de um vetor unitário.
- Encontrar a distância entre dois vetores.
- Encontrar o produto escalar e o ângulo entre dois vetores, determinar ortogonalidade e verificar a desigualdade de Cauchy-Schwarz, a desigualdade triangular e o Teorema de Pitágoras.
- Usar um produto de matriz para representar um produto escalar.

COMPRIMENTO DO VETOR E VETORES UNITÁRIOS

A Seção 4.1 mencionou que vetores podem ser caracterizados por duas quantidades, *comprimento* e *direção*. Esta seção define essas e outras propriedades geométricas (como distância e ângulo) de vetores em R^n. A Seção 5.2 amplia essas ideias para espaços vetoriais gerais.

Você começará revisando a definição do comprimento de um vetor em R^2. Se $\mathbf{v} = (v_1, v_2)$ é um vetor em R^2, então o *comprimento*, ou *norma*, de $\mathbf{v}$, denotado por $\|\mathbf{v}\|$, é o comprimento da hipotenusa de um triângulo retângulo cujos catetos têm comprimentos de $|v_1|$ e $|v_2|$, como mostrado na Figura 5.1. A aplicação do Teorema de Pitágoras produz

$$\|\mathbf{v}\|^2 = |v_1|^2 + |v_2|^2 = v_1^2 + v_2^2$$
$$\|\mathbf{v}\| = \sqrt{v_1^2 + v_2^2}.$$

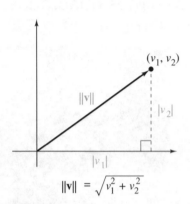

Figura 5.1

Usando R^2 como modelo, o comprimento de um vetor em R^n é definido abaixo.

Definição do comprimento de um vetor em R^n

O **comprimento**, ou **norma**, de um vetor $\mathbf{v} = (v_1, v_2, \ldots, v_n)$ em R^n é

$$\|\mathbf{v}\| = \sqrt{v_1^2 + v_2^2 + \cdots + v_n^2}.$$

O comprimento de um vetor também é chamado de **magnitude**. Se $\|\mathbf{v}\| = 1$, então o vetor $\mathbf{v}$ é um **vetor unitário**.

Esta definição mostra que o comprimento de um vetor não pode ser negativo. Em outros termos, $\|\mathbf{v}\| \geq 0$. Além disso, $\|\mathbf{v}\| = 0$ se e somente se $\mathbf{v}$ é o vetor nulo $\mathbf{0}$.

EXEMPLO 1   O comprimento de um vetor em R^n

a. Em R^5, o comprimento de $\mathbf{v} = (0, -2, 1, 4, -2)$ é
$$\|\mathbf{v}\| = \sqrt{0^2 + (-2)^2 + 1^2 + 4^2 + (-2)^2} = \sqrt{25} = 5.$$

b. Em R^3, o comprimento de $\mathbf{v} = \left(2/\sqrt{17}, -2/\sqrt{17}, 3/\sqrt{17}\right)$ é
$$\|\mathbf{v}\| = \sqrt{\left(2/\sqrt{17}\right)^2 + \left(-2/\sqrt{17}\right)^2 + \left(3\sqrt{17}\right)^2} = \sqrt{17/17} = 1.$$

O comprimento de $\mathbf{v}$ é 1, então $\mathbf{v}$ é um vetor unitário, como mostrado na Figura 5.2.

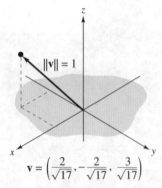

Figura 5.2

Cada vetor na base canônica de R^n tem o comprimento igual a 1 e é um vetor **unitário canônico** em R^n. É comum denotar os vetores unitários canônico em R^2 e R^3 por

$$\{\mathbf{i}, \mathbf{j}\} = \{(1, 0), (0, 1)\} \quad \text{e} \quad \{\mathbf{i}, \mathbf{j}, \mathbf{k}\} = \{(1, 0, 0), (0, 1, 0), (0, 0, 1)\}.$$

Dois vetores não nulos $\mathbf{u}$ e $\mathbf{v}$ em R^n são paralelos quando um é um múltiplo escalar do outro – isto é, $\mathbf{u} = c\mathbf{v}$. Além disso, se $c > 0$, então $\mathbf{u}$ e $\mathbf{v}$ têm a **mesma direção**, e se $c < 0$, então $\mathbf{u}$ e $\mathbf{v}$ têm **direções opostas**. O próximo teorema dá uma fórmula para encontrar o comprimento de um múltiplo escalar de um vetor.

Espaços com produto interno 233

TEOREMA 5.1 Comprimento de um múltiplo escalar

Seja $\mathbf{v}$ um vetor em R^n e seja c um escalar. Então

$$\|c\mathbf{v}\| = |c| \, \|\mathbf{v}\|$$

onde $|c|$ é o valor absoluto de c.

DEMONSTRAÇÃO

$c\mathbf{v} = (cv_1, cv_2, \ldots, cv_n)$, então, segue-se que

$$\begin{aligned}
\|c\mathbf{v}\| &= \|(cv_1, cv_2, \ldots, cv_n)\| \\
&= \sqrt{(cv_1)^2 + (cv_2)^2 + \cdots + (cv_n)^2} \\
&= |c|\sqrt{v_1^2 + v_2^2 + \cdots + v_n^2} \\
&= |c| \, \|\mathbf{v}\|.
\end{aligned}$$

O Teorema 5.1 é usado para encontrar um vetor unitário que tenha a mesma direção que um dado vetor. O Teorema 5.2 fornece um procedimento para fazer isso.

TEOREMA 5.2 Vetor unitário na direção de v

Se $\mathbf{v}$ for um vetor não nulo em R^n, então o vetor

$$\mathbf{u} = \frac{\mathbf{v}}{\|\mathbf{v}\|}$$

tem o comprimento igual a 1 e tem a mesma direção que $\mathbf{v}$. Este vetor $\mathbf{u}$ é o **vetor unitário na direção de v**.

DEMONSTRAÇÃO

$\mathbf{v} \neq \mathbf{0}$, então você sabe que $\|\mathbf{v}\| \neq 0$. Também sabe que $1/\|\mathbf{v}\|$ é positivo, então pode escrever $\mathbf{u}$ como um múltiplo escalar positivo de $\mathbf{v}$.

$$\mathbf{u} = \left(\frac{1}{\|\mathbf{v}\|}\right)\mathbf{v}$$

Segue que $\mathbf{u}$ tem a mesma direção que $\mathbf{v}$, bem como tem o comprimento igual a 1 porque

$$\|\mathbf{u}\| = \left\| \frac{\mathbf{v}}{\|\mathbf{v}\|} \right\| = \frac{1}{\|\mathbf{v}\|}\|\mathbf{v}\| = 1.$$

O processo de encontrar o vetor unitário na direção de $\mathbf{v}$ é chamado de **normalização** do vetor $\mathbf{v}$. O exemplo a seguir ilustra esse procedimento.

TECNOLOGIA

Você pode usar uma ferramenta computacional ou um software para encontrar o comprimento de um vetor $\mathbf{v}$, o comprimento de um múltiplo escalar $c\mathbf{v}$ de um vetor, ou um vetor unitário na direção de $\mathbf{v}$. Por exemplo, se você usar uma ferramenta computacional para verificar o resultado do Exemplo 2, então poderá ver algo semelhante à tela abaixo.

```
VECTOR:V          3
  e1=3
  e2=-1
  e3=2
unitV V
   [.8018 -.2673 .5345]
```

Observe que $\dfrac{3}{\sqrt{14}} \approx 0,8018$,

$-\dfrac{1}{\sqrt{14}} \approx -0,2673$ e

$\dfrac{2}{\sqrt{14}} \approx 0,5345$.

Veja LarsonLinearAlgebra.com para um exemplo interativo.

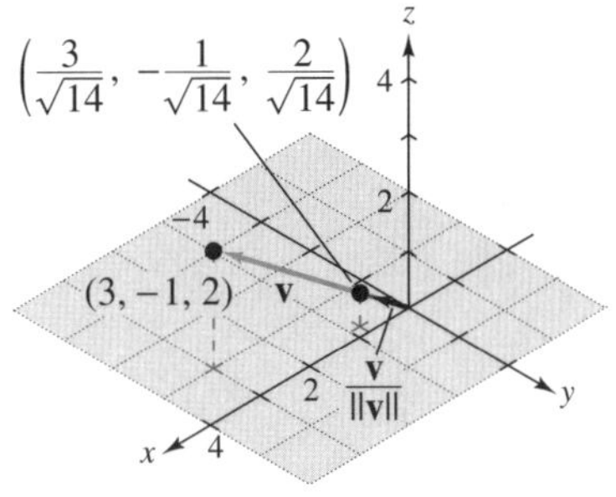

EXEMPLO 2 **Encontrando um vetor unitário**

Encontre o vetor unitário na direção de $\mathbf{v} = (3, -1, 2)$ e verifique que esse vetor tem comprimento 1.

SOLUÇÃO

O vetor unitário na direção de $\mathbf{v}$ é

$$\frac{\mathbf{v}}{\|\mathbf{v}\|} = \frac{(3, -1, 2)}{\sqrt{3^2 + (-1)^2 + 2^2}} = \frac{1}{\sqrt{14}}(3, -1, 2) = \left(\frac{3}{\sqrt{14}}, -\frac{1}{\sqrt{14}}, \frac{2}{\sqrt{14}}\right),$$

o qual é um vetor unitário porque

$$\sqrt{\left(\frac{3}{\sqrt{14}}\right)^2 + \left(-\frac{1}{\sqrt{14}}\right)^2 + \left(\frac{2}{\sqrt{14}}\right)^2} = \sqrt{\frac{14}{14}} = 1. \text{ (Veja a Figura 5.3).}$$

Figura 5.3

DISTÂNCIA ENTRE DOIS VETORES EM R^n

Para definir a **distância entre dois vetores** em R^n, R^2 será usado como modelo. A fórmula da distância da geometria analítica afirma que a distância d entre dois pontos em R^2, (u_1, u_2) e (v_1, v_2), é

$$d = \sqrt{(u_1 - v_1)^2 + (u_2 - v_2)^2}.$$

Na terminologia de vetores, essa distância pode ser vista como o comprimento de $\mathbf{u} - \mathbf{v}$, onde $\mathbf{u} = (u_1, u_2)$ e $\mathbf{v} = (v_1, v_2)$, como mostrado a seguir. Mais precisamente,

$$\|\mathbf{u} - \mathbf{v}\| = \sqrt{(u_1 - v_1)^2 + (u_2 - v_2)^2}.$$

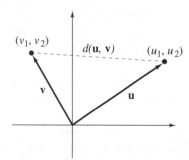

$$d(\mathbf{u}, \mathbf{v}) = \|\mathbf{u} - \mathbf{v}\| = \sqrt{(u_1 - v_1)^2 + (u_2 - v_2)^2}$$

Isso leva à próxima definição.

Definição da distância entre dois vetores

A distância entre dois vetores $\mathbf{u}$ e $\mathbf{v}$ em R^n é

$$d(\mathbf{u}, \mathbf{v}) = \|\mathbf{u} - \mathbf{v}\|.$$

**Olga Taussky-Todd
(1906-1995)**
Taussky-Todd nasceu no que é agora a República Tcheca. Ela se interessou por matemática em uma idade precoce. Durante a vida, Taussky-Todd foi uma matemática importante e prolífica. Escreveu muitos artigos de pesquisa em áreas como teoria matricial, teoria de grupos, teoria algébrica dos números e análise numérica. Taussky--Todd recebeu muitas homenagens e prêmios por seu trabalho. Por exemplo, o seu artigo sobre soma de quadrados lhe rendeu o Prêmio Ford da Associação Matemática da América.

Verifique as três propriedades da distância listada abaixo.

1. $d(\mathbf{u}, \mathbf{v}) \geq 0$
2. $d(\mathbf{u}, \mathbf{v}) = 0$ se e somente se $\mathbf{u} = \mathbf{v}$.
3. $d(\mathbf{u}, \mathbf{v}) = d(\mathbf{v}, \mathbf{u})$

EXEMPLO 3 Encontrando a distância entre dois vetores

a. A distância entre $\mathbf{u} = (-1, -4)$ e $\mathbf{v} = (2, 3)$) é
$$d(\mathbf{u}, \mathbf{v}) = \|\mathbf{u} - \mathbf{v}\| = \|(-1 - 2, -4 - 3)\| = \sqrt{(-3)^2 + (-7)^2} = \sqrt{58}.$$

b. A distância entre $\mathbf{u} = (0, 2, 2)$ e $\mathbf{v} = (2, 0, 1)$ é
$$d(\mathbf{u}, \mathbf{v}) = \|\mathbf{u} - \mathbf{v}\| = \|(0 - 2, 2 - 0, 2 - 1)\| = \sqrt{(-2)^2 + 2^2 + 1^2} = 3.$$

c. A distância entre $\mathbf{u} = (3, -1, 0, -3)$ e $\mathbf{v} = (4, 0, 1, 2)$ é
$$\begin{aligned}d(\mathbf{u}, \mathbf{v}) &= \|\mathbf{u} - \mathbf{v}\| \\ &= \|(3 - 4, -1 - 0, 0 - 1, -3 - 2)\| \\ &= \sqrt{(-1)^2 + (-1)^2 + (-1)^2 + (-5)^2} \\ &= \sqrt{28} \\ &= 2\sqrt{7}.\end{aligned}$$

PRODUTO ESCALAR E O ÂNGULO ENTRE DOIS VETORES

Para encontrar o ângulo θ $(0 \leq \theta \leq \pi)$ entre dois vetores não nulos $\mathbf{u} = (u_1, u_2)$ e $\mathbf{v} = (v_1, v_2)$ em R^2, aplique a lei dos cossenos ao triângulo mostrado para obter

$$\|\mathbf{v} - \mathbf{u}\|^2 = \|\mathbf{u}\|^2 + \|\mathbf{v}\|^2 - 2\|\mathbf{u}\|\|\mathbf{v}\|\cos\theta.$$

Expandindo e isolando $\cos\theta$ obtemos

$$\cos\theta = \frac{u_1 v_1 + u_2 v_2}{\|\mathbf{u}\|\|\mathbf{v}\|}.$$

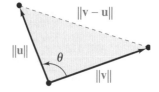

Ângulo entre dois vetores

O numerador do quociente acima é o **produto escalar** de $\mathbf{u}$ e $\mathbf{v}$ e é denotado por

$$\mathbf{u} \cdot \mathbf{v} = u_1 v_1 + u_2 v_2.$$

A definição abaixo generaliza o produto escalar para R^n.

OBSERVAÇÃO

Note que o produto escalar de dois vetores é um escalar, não um vetor.

TECNOLOGIA

Você pode usar uma ferramenta computacional ou um software para encontrar o produto escalar de dois vetores. Se usar uma ferramenta computacional, então pode verificar o Exemplo 4 como mostrado abaixo.

```
VECTOR:U        4
  e1=1
  e2=2
  e3=0
  e4=-3
VECTOR:V        4
  e1=3
  e2=-2
  e3=4
  e4=2
dot(U,V)
                -7
```

O **Technology Guide**, disponível na página deste livro no site da Cengage, pode ajudá-lo a usar a tecnologia para encontrar o produto escalar.

Definição do produto escalar em R^n

O **produto escalar** de $\mathbf{u} = (u_1, u_2, \ldots, u_n)$ e $\mathbf{v} = (v_1, v_2, \ldots, v_n)$ é a quantidade *escalar*

$$\mathbf{u} \cdot \mathbf{v} = u_1 v_1 + u_2 v_2 + \cdots + u_n v_n.$$

EXEMPLO 4 Determinação do produto escalar de dois vetores

O produto escalar de $\mathbf{u} = (1, 2, 0, -3)$ e $\mathbf{v} = (3, -2, 4, 2)$ é

$$\mathbf{u} \cdot \mathbf{v} = (1)(3) + (2)(-2) + (0)(4) + (-3)(2) = -7.$$

TEOREMA 5.3 Propriedades do produto escalar

Se $\mathbf{u}$, $\mathbf{v}$ e $\mathbf{w}$ são vetores em R^n e c é um escalar, então as propriedades listadas abaixo são verdadeiras.

1. $\mathbf{u} \cdot \mathbf{v} = \mathbf{v} \cdot \mathbf{u}$
2. $\mathbf{u} \cdot (\mathbf{v} + \mathbf{w}) = \mathbf{u} \cdot \mathbf{v} + \mathbf{u} \cdot \mathbf{w}$
3. $c(\mathbf{u} \cdot \mathbf{v}) = (c\mathbf{u}) \cdot \mathbf{v} = \mathbf{u} \cdot (c\mathbf{v})$
4. $\mathbf{v} \cdot \mathbf{v} = \|\mathbf{v}\|^2$
5. $\mathbf{v} \cdot \mathbf{v} \geq 0$, valendo $\mathbf{v} \cdot \mathbf{v} = 0$ se e somente se $\mathbf{v} = \mathbf{0}$.

DEMONSTRAÇÃO

As demonstrações dessas propriedades seguem da definição de produto escalar. Por exemplo, para demonstrar a primeira propriedade, escreva

$$\begin{aligned}\mathbf{u} \cdot \mathbf{v} &= u_1 v_1 + u_2 v_2 + \cdots + u_n v_n \\ &= v_1 u_1 + v_2 u_2 + \cdots + v_n u_n \\ &= \mathbf{v} \cdot \mathbf{u}.\end{aligned}$$

Na Seção 4.1, R^n foi definido como o conjunto de todas as n-uplas ordenadas de números reais. Quando R^n é combinado com as operações usuais de soma de vetores, multiplicação por escalar, comprimento de vetor e produto escalar, o espaço vetorial resultante é o espaço **euclidiano de dimensão n**. No restante deste texto, a menos que se indique o contrário, suponha que R^n tenha as operações euclidianas usuais.

236 Elementos de álgebra linear

EXEMPLO 5 — Determinação de produtos escalares

Sejam $\mathbf{u} = (2, -2)$, $\mathbf{v} = (5, 8)$ e $\mathbf{w} = (-4, 3)$. Encontre cada quantidade.

a. $\mathbf{u} \cdot \mathbf{v}$

b. $(\mathbf{u} \cdot \mathbf{v})\mathbf{w}$

c. $\mathbf{u} \cdot (2\mathbf{v})$

d. $\|\mathbf{w}\|^2$

e. $\mathbf{u} \cdot (\mathbf{v} - 2\mathbf{w})$

SOLUÇÃO

a. Por definição, tem-se
$$\mathbf{u} \cdot \mathbf{v} = 2(5) + (-2)(8) = -6.$$

b. Usando o resultado do item (a), obtém-se
$$(\mathbf{u} \cdot \mathbf{v})\mathbf{w} = -6\mathbf{w} = -6(-4, 3) = (24, -18).$$

c. Pela Propriedade 3 do Teorema 5.3, segue que
$$\mathbf{u} \cdot (2\mathbf{v}) = 2(\mathbf{u} \cdot \mathbf{v}) = 2(-6) = -12.$$

d. Pela Propriedade 4 do Teorema 5.3, resulta
$$\|\mathbf{w}\|^2 = \mathbf{w} \cdot \mathbf{w} = (-4)(-4) + (3)(3) = 25.$$

e. $2\mathbf{w} = (-8, 6)$, portanto obtém-se
$$\mathbf{v} - 2\mathbf{w} = (5 - (-8), 8 - 6) = (13, 2).$$

Consequentemente,
$$\mathbf{u} \cdot (\mathbf{v} - 2\mathbf{w}) = 2(13) + (-2)(2) = 26 - 4 = 22.$$

EXEMPLO 6 — Usando as propriedades do produto escalar

Considere dois vetores $\mathbf{u}$ e $\mathbf{v}$ em R^n, de modo que $\mathbf{u} \cdot \mathbf{u} = 39$, $\mathbf{u} \cdot \mathbf{v} = -3$ e $\mathbf{v} \cdot \mathbf{v} = 79$. Calcule $(\mathbf{u} + 2\mathbf{v}) \cdot (3\mathbf{u} + \mathbf{v})$.

SOLUÇÃO

Usando o Teorema 5.3, reescreva o produto escalar como

$$\begin{aligned}
(\mathbf{u} + 2\mathbf{v}) \cdot (3\mathbf{u} + \mathbf{v}) &= \mathbf{u} \cdot (3\mathbf{u} + \mathbf{v}) + (2\mathbf{v}) \cdot (3\mathbf{u} + \mathbf{v}) \\
&= \mathbf{u} \cdot (3\mathbf{u}) + \mathbf{u} \cdot \mathbf{v} + (2\mathbf{v}) \cdot (3\mathbf{u}) + (2\mathbf{v}) \cdot \mathbf{v} \\
&= 3(\mathbf{u} \cdot \mathbf{u}) + \mathbf{u} \cdot \mathbf{v} + 6(\mathbf{v} \cdot \mathbf{u}) + 2(\mathbf{v} \cdot \mathbf{v}) \\
&= 3(\mathbf{u} \cdot \mathbf{u}) + 7(\mathbf{u} \cdot \mathbf{v}) + 2(\mathbf{v} \cdot \mathbf{v}) \\
&= 3(39) + 7(-3) + 2(79) \\
&= 254.
\end{aligned}$$

> ## Descoberta
>
> **1.** Sejam $\mathbf{u} = (1, 1)$ e $\mathbf{v} = (-4, -3)$. Calcule $\mathbf{u} \cdot \mathbf{v}$ e $\|\mathbf{u}\|\,\|\mathbf{v}\|$.
>
> **2.** Repita com outras escolhas para $\mathbf{u}$ e $\mathbf{v}$.
>
> **3.** Formule uma conjectura sobre a relação entre o produto escalar de dois vetores e o produto de seus comprimentos.

Para definir o ângulo θ entre dois vetores não nulos $\mathbf{u}$ e $\mathbf{v}$ em R^n, use a fórmula em R^2

$$\cos \theta = \frac{\mathbf{u} \cdot \mathbf{v}}{\|\mathbf{u}\|\,\|\mathbf{v}\|}.$$

No entanto, para que tal definição faça sentido, o valor absoluto do lado direito desta fórmula não pode exceder 1. Esse fato vem de um teorema famoso cujo nome é uma homenagem ao matemático francês Augustin-Louis Cauchy (1789-1857) e ao matemático alemão Hermann Schwarz (1843-1921).

Espaços com produto interno   237

TEOREMA 5.4   A desigualdade de Cauchy-Schwarz

Se $\mathbf{u}$ e $\mathbf{v}$ são vetores em R^n, então

$$|\mathbf{u} \cdot \mathbf{v}| \leq \|\mathbf{u}\|\|\mathbf{v}\|$$

onde $|\mathbf{u} \cdot \mathbf{v}|$ denota o *valor absoluto* de $\mathbf{u} \cdot \mathbf{v}$.

DEMONSTRAÇÃO

Caso 1. Se $\mathbf{u} = \mathbf{0}$, então segue que $|\mathbf{u} \cdot \mathbf{v}| = |\mathbf{0} \cdot \mathbf{v}| = 0$ e $\|\mathbf{u}\|\|\mathbf{v}\| = 0\|\mathbf{v}\| = 0$. Assim, o teorema é verdadeiro quando $\mathbf{u} = \mathbf{0}$.

Caso 2. Quando $\mathbf{u} \neq \mathbf{0}$, seja t um número real qualquer considere o vetor $t\mathbf{u} + \mathbf{v}$. O produto $(t\mathbf{u} + \mathbf{v}) \cdot (t\mathbf{u} + \mathbf{v})$ é não negativo, o que implica que

$$(t\mathbf{u} + \mathbf{v}) \cdot (t\mathbf{u} + \mathbf{v}) = t^2(\mathbf{u} \cdot \mathbf{u}) + 2t(\mathbf{u} \cdot \mathbf{v}) + \mathbf{v} \cdot \mathbf{v} \geq 0.$$

Agora, faça $a = \mathbf{u} \cdot \mathbf{u}$, $b = 2(\mathbf{u} \cdot \mathbf{v})$ e $c = \mathbf{v} \cdot \mathbf{v}$ para obter a desigualdade quadrática $at^2 + bt + c \geq 0$. Esta função quadrática nunca é negativa, portanto ou ela não tem raízes reais ou tem uma única raiz real repetida. Mas, pela fórmula quadrática, isso implica que o discriminante, $b^2 - 4ac$, é menor ou igual a zero.

$$b^2 - 4ac \leq 0$$
$$b^2 \leq 4ac$$
$$4(\mathbf{u} \cdot \mathbf{v})^2 \leq 4(\mathbf{u} \cdot \mathbf{u})(\mathbf{v} \cdot \mathbf{v})$$
$$(\mathbf{u} \cdot \mathbf{v})^2 \leq (\mathbf{u} \cdot \mathbf{u})(\mathbf{v} \cdot \mathbf{v})$$

Tomar as raízes quadradas de ambos os lados produz

$$|\mathbf{u} \cdot \mathbf{v}| \leq \sqrt{\mathbf{u} \cdot \mathbf{u}}\sqrt{\mathbf{v} \cdot \mathbf{v}} = \|\mathbf{u}\|\|\mathbf{v}\|.$$

EXEMPLO 7   Verificação da desigualdade de Cauchy-Schwarz

Verifique a desigualdade de Cauchy-Schwarz para $\mathbf{u} = (1, -1, 3)$ e $\mathbf{v} = (2, 0, -1)$.

SOLUÇÃO

$\mathbf{u} \cdot \mathbf{v} = -1$, $\mathbf{u} \cdot \mathbf{u} = 11$, e $\mathbf{v} \cdot \mathbf{v} = 5$, de modo que resulta

$$|\mathbf{u} \cdot \mathbf{v}| = |-1| = 1$$

e

$$\begin{aligned}
\|\mathbf{u}\|\|\mathbf{v}\| &= \sqrt{\mathbf{u} \cdot \mathbf{u}}\sqrt{\mathbf{v} \cdot \mathbf{v}} \\
&= \sqrt{11}\sqrt{5} \\
&= \sqrt{55}.
\end{aligned}$$

A desigualdade $|\mathbf{u} \cdot \mathbf{v}| \leq \|\mathbf{u}\|\|\mathbf{v}\|$ vale, porque $1 \leq \sqrt{55}$.

A desigualdade de Cauchy-Schwarz permite que a definição de ângulo entre dois vetores não nulos seja estendida para R^n.

OBSERVAÇÃO

O ângulo entre o vetor nulo e um outro vetor não está definido.

Definição do ângulo entre dois vetores em R^n

O **ângulo** θ entre dois vetores não nulos em R^n pode ser encontrado usando

$$\cos \theta = \frac{\mathbf{u} \cdot \mathbf{v}}{\|\mathbf{u}\|\|\mathbf{v}\|}, \quad 0 \leq \theta \leq \pi.$$

EXEMPLO 8 — Determinação do ângulo entre dois vetores

Veja LarsonLinearAlgebra.com para uma versão interativa deste tipo de exemplo.

O ângulo entre $\mathbf{u} = (-4, 0, 2, -2)$ e $\mathbf{v} = (2, 0, -1, 1)$ é

$$\cos \theta = \frac{\mathbf{u} \cdot \mathbf{v}}{\|\mathbf{u}\|\|\mathbf{v}\|} = \frac{-12}{\sqrt{24}\sqrt{6}} = -\frac{12}{\sqrt{144}} = -1.$$

Consequentemente, $\theta = \pi$. Faz sentido que $\mathbf{u}$ e $\mathbf{v}$ tenham direções opostas, porque $\mathbf{u} = -2\mathbf{v}$.

Observe que $\|\mathbf{u}\|$ e $\|\mathbf{v}\|$ são sempre positivos, de modo que $\mathbf{u} \cdot \mathbf{v}$ e $\cos \theta$ sempre terão o mesmo sinal. Além disso, o cosseno é positivo no primeiro quadrante e negativo no segundo quadrante, de modo que o sinal do produto escalar de dois vetores pode ser usado para determinar, por exemplo, se o ângulo entre eles é agudo ou obtuso.

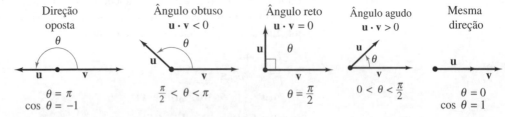

Observe acima que dois vetores não nulos se encontram em um ângulo reto se e somente se o produto escalar deles é zero. Dois tais vetores são **ortogonais** (ou perpendiculares).

OBSERVAÇÃO

Embora o ângulo entre o vetor nulo e um outro vetor não esteja definido, é conveniente expandir a definição de ortogonalidade para incluir o vetor nulo. Em outras palavras, diz-se que o vetor **0** é ortogonal a qualquer vetor.

Definição de vetores ortogonais

Dois vetores $\mathbf{u}$ e $\mathbf{v}$ em R^n são ortogonais quando

$\mathbf{u} \cdot \mathbf{v} = 0.$

EXEMPLO 9 — Vetores ortogonais em R^n

a. Os vetores $\mathbf{u} = (1, 0, 0)$ e $\mathbf{v} = (0, 1, 0)$ são ortogonais porque

$\mathbf{u} \cdot \mathbf{v} = (1)(0) + (0)(1) + (0)(0) = 0.$

b. Os vetores $\mathbf{u} = (3, 2, -1, 4)$ e $\mathbf{v} = (1, -1, 1, 0)$ são ortogonais porque

$\mathbf{u} \cdot \mathbf{v} = (3)(1) + (2)(-1) + (-1)(1) + (4)(0) = 0.$

EXEMPLO 10 — Determinação de vetores ortogonais

Determine todos os vetores em R^2 que são ortogonais a $\mathbf{u} = (4, 2)$.

SOLUÇÃO

Seja $\mathbf{v} = (v_1, v_2)$ ortogonal a $\mathbf{u}$. Então

$\mathbf{u} \cdot \mathbf{v} = (4, 2) \cdot (v_1, v_2) = 4v_1 + 2v_2 = 0$

o que implica que $2v_2 = -4v_1$ e $v_2 = -2v_1$. Assim, cada vetor que é ortogonal a $(4, 2)$ é da forma

$\mathbf{v} = (t, -2t) = t(1, -2)$

onde t é um número real. (Veja a Figura 5.4.)

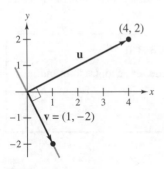

Figura 5.4

Espaços com produto interno 239

a.

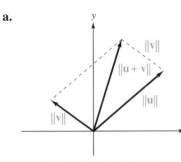

$\|u + v\| \le \|u\| + \|v\|$

b.

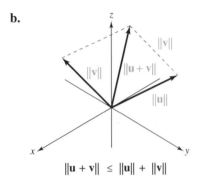

$\|u + v\| \le \|u\| + \|v\|$

Figura 5.5

OBSERVAÇÃO

A igualdade ocorre na desigualdade triangular se e somente se os vetores **u** e **v** têm a mesma direção. (Veja o Exercício 86.)

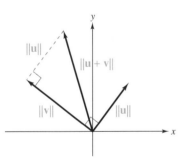

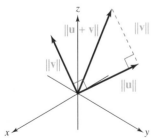

Figura 5.6

A desigualdade de Cauchy-Schwarz pode ser usada para demonstrar outra desigualdade bem conhecida, chamada **desigualdade triangular** (Teorema 5.5 abaixo). O nome "desigualdade triangular" é derivado da interpretação do teorema em R^2, ilustrado para os vetores **u** e **v** na Figura 5.5 (a). Quando você considera

$\|u\|$ e $\|v\|$

como o comprimento de dois lados de um triângulo, o comprimento do terceiro lado é

$\|u + v\|$.

Além disso, o comprimento de qualquer lado de um triângulo não pode ser maior do que a soma dos comprimentos dos outros dois lados, portanto você tem

$\|u + v\| \le \|u\| + \|v\|$.

A Figura 5.5(b) ilustra a desigualdade triangular para os vetores **u** e **v** em R^3. O teorema abaixo generaliza esses resultados para R^n.

TEOREMA 5.5   A desigualdade triangular

Se **u** e **v** são vetores em R^n, então

$\|u + v\| \le \|u\| + \|v\|$.

DEMONSTRAÇÃO

Usando as propriedades do produto escalar, tem-se

$$\|u + v\|^2 = (u + v) \cdot (u + v)$$
$$= u \cdot (u + v) + v \cdot (u + v)$$
$$= u \cdot u + 2(u \cdot v) + v \cdot v$$
$$= \|u\|^2 + 2(u \cdot v) + \|v\|^2$$
$$\le \|u\|^2 + 2|u \cdot v| + \|v\|^2.$$

Agora, pela desigualdade de Cauchy-Schwarz, $|u \cdot v| \le \|u\|\|v\|$, o que implica

$$\|u + v\|^2 \le \|u\|^2 + 2|u \cdot v| + \|v\|^2$$
$$\le \|u\|^2 + 2\|u\|\|v\| + \|v\|^2$$
$$= (\|u\| + \|v\|)^2.$$

Ambos $\|u + v\|$ e $(\|u\| + \|v\|)$ são não negativos, então, tirando as raízes quadradas de ambos os lados, obtemos

$\|u + v\| \le \|u\| + \|v\|$.   ∎

Da demonstração da desigualdade triangular, você obtém

$\|u + v\|^2 = \|u\|^2 + 2(u \cdot v) + \|v\|^2$.

Se **u** e **v** são ortogonais, então $u \cdot v = 0$, e você tem a extensão do **Teorema de Pitágoras** para R^n, mostrada a seguir.

TEOREMA 5.6   O Teorema de Pitágoras

Se **u** e **v** são vetores em R^n, então **u** e **v** são ortogonais se e somente se

$\|u + v\|^2 = \|u\|^2 + \|v\|^2$.

A Figura 5.6 ilustra esta relação graficamente para R^2 e R^3.

O PRODUTO ESCALAR E A MULTIPLICAÇÃO DE MATRIZES

Muitas vezes é útil representar um vetor em R^n como uma matriz coluna $n \times 1$. Nesta notação, o produto escalar de dois vetores

$$\mathbf{u} = \begin{bmatrix} u_1 \\ u_2 \\ \vdots \\ u_n \end{bmatrix} \quad \text{e} \quad \mathbf{v} = \begin{bmatrix} v_1 \\ v_2 \\ \vdots \\ v_n \end{bmatrix}$$

pode ser representado como a matriz produto obtida pela multiplicação da transposta de **u** por **v**.

$$\mathbf{u} \cdot \mathbf{v} = \mathbf{u}^T \mathbf{v} = \begin{bmatrix} u_1 & u_2 & \ldots & u_n \end{bmatrix} \begin{bmatrix} v_1 \\ v_2 \\ \vdots \\ v_n \end{bmatrix} = [u_1 v_1 + u_2 v_2 + \cdots + u_n v_n]$$

EXEMPLO 11 — Utilização da multiplicação de matrizes para encontrar o produto escalar

a. O produto escalar dos vetores

$$\mathbf{u} = \begin{bmatrix} 2 \\ 0 \end{bmatrix} \quad \text{e} \quad \mathbf{v} = \begin{bmatrix} 3 \\ 1 \end{bmatrix}$$

é $\mathbf{u} \cdot \mathbf{v} = \mathbf{u}^T \mathbf{v} = \begin{bmatrix} 2 & 0 \end{bmatrix} \begin{bmatrix} 3 \\ 1 \end{bmatrix} = [(2)(3) + (0)(1)] = 6$.

b. O produto escalar dos vetores

$$\mathbf{u} = \begin{bmatrix} 1 \\ 2 \\ -1 \end{bmatrix} \quad \text{e} \quad \mathbf{v} = \begin{bmatrix} 3 \\ -2 \\ 4 \end{bmatrix}$$

é $\mathbf{u} \cdot \mathbf{v} = \mathbf{u}^T \mathbf{v} = \begin{bmatrix} 1 & 2 & -1 \end{bmatrix} \begin{bmatrix} 3 \\ -2 \\ 4 \end{bmatrix} = [(1)(3) + (2)(-2) + (-1)(4)] = -5$.

Muitas das propriedades do produto escalar são consequências diretas das propriedades correspondentes da multiplicação de matrizes. No Exercício 87, será pedido que você use as propriedades da multiplicação de matrizes para demonstrar as três primeiras propriedades do Teorema 5.3.

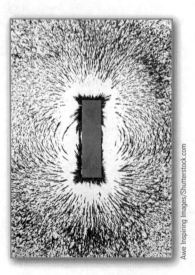

ÁLGEBRA LINEAR APLICADA

Os engenheiros elétricos podem usar o produto escalar para calcular o *fluxo* elétrico ou magnético, que é uma medida da intensidade do campo elétrico ou magnético penetrando as superfícies. Considere uma superfície de forma arbitrária com um elemento de área dA, vetor normal (perpendicular) $d\mathbf{A}$, vetor campo elétrico $\mathbf{E}$ e vetor campo magnético $\mathbf{B}$. O fluxo elétrico Φ_e pode ser encontrado usando a integral de superfície $\Phi_e = \int \mathbf{E} \cdot d\mathbf{A}$ e o fluxo magnético Φ_m pode ser encontrado usando a integral de superfície $\Phi_m = \int \mathbf{B} \cdot d\mathbf{A}$. É interessante notar que, para uma superfície fechada que envolve uma carga elétrica, o fluxo elétrico total é proporcional à carga, mas o fluxo magnético total é zero. Isso ocorre porque os campos elétricos se iniciam em cargas positivas e terminam em cargas negativas, mas os campos magnéticos formam laços fechados, de modo que eles não iniciam ou terminam em qualquer ponto. Isso significa que o campo magnético que entra em uma superfície fechada deve ser igual ao campo magnético que sai da superfície fechada.

5.1 Exercícios

Determinação do comprimento de um vetor Nos Exercícios 1-4, encontre o comprimento do vetor.

1. $\mathbf{v} = (4, 3)$ 2. $\mathbf{v} = (0, 1)$
3. $\mathbf{v} = (5, -3, -4)$ 4. $\mathbf{v} = (2, 0, -5, 5)$

Determinação do comprimento de um vetor Nos Exercícios 5-8, encontre (a) $\|\mathbf{u}\|$, (b) $\|\mathbf{v}\|$, e (c) $\|\mathbf{u} + \mathbf{v}\|$.

5. $\mathbf{u} = \left(-1, \frac{1}{4}\right)$, $\mathbf{v} = \left(4, -\frac{1}{8}\right)$
6. $\mathbf{u} = \left(1, \frac{1}{2}\right)$, $\mathbf{v} = \left(2, -\frac{1}{2}\right)$
7. $\mathbf{u} = (3, 1, 3)$, $\mathbf{v} = (0, -1, 1)$
8. $\mathbf{u} = (0, 1, -1, 2)$, $\mathbf{v} = (1, 1, 3, 0)$

Determinação de um vetor unitário Nos Exercícios 9-12, encontre um vetor unitário (a) na direção de u e (b) na direção oposta a de u. Verifique que cada vetor tem comprimento 1.

9. $\mathbf{u} = (-5, 12)$ 10. $\mathbf{u} = (2, -2)$
11. $\mathbf{u} = (3, 2, -5)$ 12. $\mathbf{u} = (-1, 3, 4)$

Determinação de um vetor Nos Exercícios 13-16, encontre o vetor v com o comprimento dado e a mesma direção de u.

13. $\|\mathbf{v}\| = 4$, $\mathbf{u} = (1, 1)$ 14. $\|\mathbf{v}\| = 4$, $\mathbf{u} = (-1, 1)$
15. $\|\mathbf{v}\| = 5$, $\mathbf{u} = \left(\sqrt{5}, 5, 0\right)$
16. $\|\mathbf{v}\| = 3$, $\mathbf{u} = (0, 2, 1, -1)$

17. Considere o vetor $\mathbf{v} = (-1, 3, 0, 4)$. Encontre $\mathbf{u}$ de tal forma que

(a) $\mathbf{u}$ tenha a mesma direção de $\mathbf{v}$ e metade do seu comprimento.

(b) $\mathbf{u}$ tenha a direção oposta à de $\mathbf{v}$ e duas vezes seu comprimento.

18. Para quais valores de c é verdade que $\|c(1, 2, 3)\| = 1$?

Determinação da distância entre dois vetores Nos Exercícios 19-22, encontre a distância entre u e v.

19. $\mathbf{u} = (1, -1)$, $\mathbf{v} = (-1, 1)$
20. $\mathbf{u} = (-1, 2, 5)$, $\mathbf{v} = (3, 0, -1)$
21. $\mathbf{u} = (1, 2, 0)$, $\mathbf{v} = (-1, 4, 1)$
22. $\mathbf{u} = (0, 1, -1, 2)$, $\mathbf{v} = (1, 1, 2, 2)$

Determinação de produtos escalares Nos Exercícios 23-26, encontre (a) $\mathbf{u} \cdot \mathbf{v}$, (b) $\mathbf{v} \cdot \mathbf{v}$, (c) $\|\mathbf{u}\|^2$, (d) $(\mathbf{u} \cdot \mathbf{v})\mathbf{v}$ e (e) $\mathbf{u} \cdot (5\mathbf{v})$.

23. $\mathbf{u} = (3, 4)$, $\mathbf{v} = (2, -3)$
24. $\mathbf{u} = (-1, 2)$, $\mathbf{v} = (2, -2)$
25. $\mathbf{u} = (2, -2, 1)$, $\mathbf{v} = (2, -1, -6)$
26. $\mathbf{u} = (4, 0, -3, 5)$, $\mathbf{v} = (0, 2, 5, 4)$

27. Encontre $(\mathbf{u} + \mathbf{v}) \cdot (2\mathbf{u} - \mathbf{v})$ quando $\mathbf{u} \cdot \mathbf{u} = 4, \mathbf{u} \cdot \mathbf{v} = -5$ e $\mathbf{v} \cdot \mathbf{v} = 10$.

28. Encontre $(3\mathbf{u} - \mathbf{v}) \cdot (\mathbf{u} - 3\mathbf{v})$ quando $\mathbf{u} \cdot \mathbf{u} = 8, \mathbf{u} \cdot \mathbf{v} = 7$ e $\mathbf{v} \cdot \mathbf{v} = 6$.

Determinação do comprimentos, vetores unitários e produtos escalares Nos Exercícios 29-34, use um software ou uma ferramenta computacional para encontrar (a) os comprimentos de u e v, (b) um vetor unitário na direção de v, (c) um vetor unitário na direção oposta à de u, (d) $\mathbf{u} \cdot \mathbf{v}$, (e) $\mathbf{u} \cdot \mathbf{u}$ e (f) $\mathbf{v} \cdot \mathbf{v}$.

29. $\mathbf{u} = \left(1, \frac{1}{8}, \frac{2}{5}\right)$, $\mathbf{v} = \left(0, \frac{1}{4}, \frac{1}{5}\right)$
30. $\mathbf{u} = \left(-1, \frac{1}{2}, \frac{1}{4}\right)$, $\mathbf{v} = \left(0, \frac{1}{4}, -\frac{1}{2}\right)$
31. $\mathbf{u} = \left(0, 1, \sqrt{2}\right)$, $\mathbf{v} = \left(-1, \sqrt{2}, -1\right)$
32. $\mathbf{u} = \left(-1, \sqrt{3}, 2\right)$, $\mathbf{v} = \left(\sqrt{2}, -1, -\sqrt{2}\right)$
33. $\mathbf{u} = \left(2, \sqrt{3}, \sqrt{2}, \sqrt{3}\right)$,
    $\mathbf{v} = \left(-2, \sqrt{2}, -\sqrt{3}, -\sqrt{2}\right)$
34. $\mathbf{u} = \left(1, \sqrt{2}, -1, \sqrt{2}\right)$, $\mathbf{v} = \left(1, -\frac{1}{\sqrt{2}}, 1, -\frac{1}{\sqrt{2}}\right)$

Verificação da desigualdade de Cauchy-Schwarz Nos Exercícios 35-38, verifique a desigualdade de Cauchy-Schwarz para os vetores.

35. $\mathbf{u} = (6, 8)$, $\mathbf{v} = (3, -2)$
36. $\mathbf{u} = (-1, 0)$, $\mathbf{v} = (1, 1)$
37. $\mathbf{u} = (1, 1, -2)$, $\mathbf{v} = (1, -3, -2)$
38. $\mathbf{u} = (1, -1, 0)$, $\mathbf{v} = (0, 1, -1)$

Determinação do ângulo entre dois vetores Nos Exercícios 39-46, encontre o ângulo θ entre os vetores.

39. $\mathbf{u} = (3, 1)$, $\mathbf{v} = (-2, 4)$
40. $\mathbf{u} = (-4, 1)$, $\mathbf{v} = (5, 0)$
41. $\mathbf{u} = \left(\cos\frac{\pi}{6}, \operatorname{sen}\frac{\pi}{6}\right)$, $\mathbf{v} = \left(\cos\frac{3\pi}{4}, \operatorname{sen}\frac{3\pi}{4}\right)$
42. $\mathbf{u} = \left(\cos\frac{\pi}{3}, \operatorname{sen}\frac{\pi}{3}\right)$, $\mathbf{v} = \left(\cos\frac{\pi}{4}, \operatorname{sen}\frac{\pi}{4}\right)$
43. $\mathbf{u} = (1, 1, 1)$, $\mathbf{v} = (2, 1, -1)$
44. $\mathbf{u} = (2, 3, 1)$, $\mathbf{v} = (-3, 2, 0)$
45. $\mathbf{u} = (0, 1, 0, 1)$, $\mathbf{v} = (3, 3, 3, 3)$
46. $\mathbf{u} = (1, -1, 0, 1)$, $\mathbf{v} = (-1, 2, -1, 0)$

Determinação de uma relação entre dois vetores Nos Exercícios 47-54, determine se u e v são ortogonais, paralelos ou nenhum dos dois.

47. $\mathbf{u} = (2, 18)$, $\mathbf{v} = \left(\frac{3}{2}, -\frac{1}{6}\right)$
48. $\mathbf{u} = (4, 3)$, $\mathbf{v} = \left(\frac{1}{2}, -\frac{2}{3}\right)$
49. $\mathbf{u} = \left(-\frac{1}{3}, \frac{2}{3}\right)$, $\mathbf{v} = (2, -4)$
50. $\mathbf{u} = (1, -1)$, $\mathbf{v} = (0, -1)$
51. $\mathbf{u} = (0, 1, 0)$, $\mathbf{v} = (1, -2, 0)$
52. $\mathbf{u} = (0, 3, -4)$, $\mathbf{v} = (1, -8, -6)$
53. $\mathbf{u} = (-2, 5, 1, 0)$, $\mathbf{v} = \left(\frac{1}{4}, -\frac{5}{4}, 0, 1\right)$
54. $\mathbf{u} = \left(4, \frac{3}{2}, -1, \frac{1}{2}\right)$, $\mathbf{v} = \left(-2, -\frac{3}{4}, \frac{1}{2}, -\frac{1}{4}\right)$

242 Elementos de álgebra linear

Determinação de vetores ortogonais Nos Exercícios 55-58, determine todos os vetores v que são ortogonais a u.

55. $u = (0, 5)$ **56.** $u = (11, 2)$

57. $u = (2, -1, 1)$ **58.** $u = (4, -1, 0)$

Verificação da desigualdade triangular Nos Exercícios 59-62, verifique a desigualdade triangular para os vetores u e v.

59. $u = (4, 0)$, $v = (1, 1)$

60. $u = (-1, 1)$, $v = (2, 0)$

61. $u = (1, 1, 1)$, $v = (0, 1, -2)$

62. $u = (1, -1, 0)$, $v = (0, 1, 2)$

Verificação do Teorema de Pitágoras Nos Exercícios 63-66, verifique o Teorema de Pitágoras para os vetores u e v.

63. $u = (1, -1)$, $v = (1, 1)$

64. $u = (3, -2)$, $v = (4, 6)$

65. $u = (3, 4, -2)$, $v = (4, -3, 0)$

66. $u = (4, 1, -5)$, $v = (2, -3, 1)$

67. Refaça o Exercício 23 usando multiplicação de matrizes.

68. Refaça o Exercício 24 usando multiplicação de matrizes.

69. Refaça o Exercício 25 usando multiplicação de matrizes.

70. Refaça o Exercício 26 usando multiplicação de matrizes.

Dissertação Nos Exercícios 71 e 72, determine se os vetores são ortogonais, paralelos ou nenhum dos dois. Explique.

71. $u = (\cos\theta, \operatorname{sen}\theta, -1)$, $v = (\operatorname{sen}\theta, -\cos\theta, 0)$

72. $u = (-\operatorname{sen}\theta, \cos\theta, 1)$, $v = (\operatorname{sen}\theta, -\cos\theta, 0)$

Verdadeiro ou falso? Nos Exercícios 73 e 74, determine se cada afirmação é verdadeira ou falsa. Se uma afirmação for verdadeira, dê uma justificativa ou cite uma afirmação apropriada do texto. Se uma afirmação for falsa, forneça um exemplo que mostre que a afirmação não é verdadeira em todos os casos ou cite uma afirmação apropriada do texto.

73. (a) O comprimento ou norma de um vetor é

$$\|v\| = |v_1 + v_2 + v_3 + \cdots + v_n|.$$

(b) O produto escalar de dois vetores u e v é outro vetor representado por

$$u \cdot v = (u_1v_1, u_2v_2, u_3v_3, \ldots, u_nv_n).$$

74. (a) Se v é um vetor não nulo em R^n, o vetor unitário na direção de v é $u = \|v\|/v$.

(b) Se $u \cdot v < 0$, então o ângulo θ entre u e v é agudo.

Dissertação Nos Exercícios 75 e 76, explique por que cada expressão envolvendo produto(s) escalar(es) não tem significado. Suponha que u e v são vetores em R^n e que c é um escalar.

75. (a) $(u \cdot v) - v$ (b) $u + (u \cdot v)$

76. (a) $(u \cdot v) \cdot u$ (b) $c \cdot (u \cdot v)$

Vetores ortogonais Nos Exercícios 77 e 78, seja $v = (v_1, v_2)$ um vetor em R^2. Mostre que $(v_2, -v_1)$ é ortogonal a v e use esse fato para encontrar dois vetores unitários ortogonais ao vetor dado.

77. $v = (12, 5)$ **78.** $v = (8, 15)$

79. Receita O vetor $u = (3.140, 2.750)$ fornece os números de hambúrgueres e cachorros quentes, respectivamente, vendidos em uma lanchonete em um mês. O vetor $v = (2,25; 1,75)$ dá os preços (em dólares) dos alimentos. Encontre o produto escalar $u \cdot v$ e interprete o resultado no contexto do problema.

80. Receita O vetor $u = (4.600, 4.290, 5.250)$ dá o número de unidades de três modelos de telefones celulares fabricados. O vetor $v = (499,99; 199,99; 99,99)$ fornece os preços em dólares dos três modelos de celulares, respectivamente. Encontre o produto escalar $u \cdot v$ e interprete o resultado no contexto do problema.

81. Encontre o ângulo entre a diagonal de um cubo e um dos seus lados.

82. Encontre o ângulo entre a diagonal de um cubo e a diagonal de um de seus lados.

83. Demonstração guiada Demonstre que, se u é ortogonal a v e a w, então u é ortogonal a $cv + dw$ para quaisquer escalares c e d.

Começando: para demonstrar que u é ortogonal $cv + dw$, você precisa mostrar que o produto escalar de u e $cv + dw$ é 0.

(i) Reescreva o produto escalar de u e $cv + dw$ como combinação linear de $(u \cdot v)$ e $(u \cdot w)$ usando as Propriedades 2 e 3 do Teorema 5.3.

(ii) Use o fato de que u é ortogonal a v e a w e o resultado do item (i), para concluir que u é ortogonal a $cv + dw$.

84. Demonstração Demonstre que se u e v são vetores em R^n, então

$$u \cdot v = \tfrac{1}{4}\|u + v\|^2 - \tfrac{1}{4}\|u - v\|^2.$$

85. Demonstração Demonstre que os vetores $u = (\cos\theta, -\operatorname{sen}\theta)$ e $v = (\operatorname{sen}\theta, \cos\theta)$ são vetores unitários ortogonais para qualquer valor de θ. Represente graficamente u e v quando $\theta = \pi/3$.

86. Demonstração Demonstre que $\|u + v\| = \|u\| + \|v\|$ se e somente se u e v têm a mesma direção.

87. Demonstração Use as propriedades da multiplicação de matrizes para demonstrar as três primeiras propriedades do Teorema 5.3.

---

88. Ponto crucial O que você sabe sobre θ, o ângulo entre dois vetores não nulos u e v, sob cada condição?

(a) $u \cdot v = 0$ (b) $u \cdot v > 0$ (c) $u \cdot v < 0$

---

89. Demonstração Seja x uma solução do sistema homogêneo $m \times n$ de equações lineares $Ax = 0$. Explique por que x é ortogonal aos vetores linha de A.

Espaços com produto interno   243

5.2 Espaços com produto interno

■ Determinar se uma função define um produto interno e encontrar o produto interno de dois vetores em R^n, $M_{m,n}$, P_n e $C[a, b]$.

■ Encontrar uma projeção ortogonal de um vetor em outro vetor em um espaço com produto interno.

PRODUTOS INTERNOS

Na Seção 5.1, os conceitos de comprimento, distância e ângulo foram estendidos de R^2 para R^n. Esta seção estende esses conceitos um passo adiante – para espaços vetoriais gerais – através do uso da ideia de **produto interno** de dois vetores.

Você já conhece um exemplo de um produto interno: o produto escalar em R^n. O produto escalar, chamado de **produto interno euclidiano**, é apenas um dos vários produtos internos que podem ser definidos em R^n. Para distinguir entre o produto interno canônico e outros produtos internos possíveis, use a notação abaixo.

$\mathbf{u} \cdot \mathbf{v} =$ produto escalar (produto interno euclidiano em R^n)

$\langle \mathbf{u}, \mathbf{v} \rangle =$ produto interno geral para um espaço vetorial V

Um produto interno geral é definido de maneira bem parecida com a forma que um espaço vetorial geral é definido – isto é, para que uma função se qualifique como um produto interno, ela deve satisfazer um conjunto de axiomas. Os axiomas abaixo seguem as Propriedades 1, 2, 3 e 5 do produto escalar fornecido no Teorema 5.3.

Definição de produto interno

Sejam $\mathbf{u}$, $\mathbf{v}$ e $\mathbf{w}$ vetores em um espaço vetorial V e seja c qualquer escalar. Um **produto interno** em V é uma função que associa um número real $\langle \mathbf{u}, \mathbf{v} \rangle$ a cada par de vetores $\mathbf{u}$ e $\mathbf{v}$ e satisfaz os axiomas listados a seguir.

1. $\langle \mathbf{u}, \mathbf{v} \rangle = \langle \mathbf{v}, \mathbf{u} \rangle$
2. $\langle \mathbf{u}, \mathbf{v} + \mathbf{w} \rangle = \langle \mathbf{u}, \mathbf{v} \rangle + \langle \mathbf{u}, \mathbf{w} \rangle$
3. $c\langle \mathbf{u}, \mathbf{v} \rangle = \langle c\mathbf{u}, \mathbf{v} \rangle$
4. $\langle \mathbf{v}, \mathbf{v} \rangle \geq 0$ e $\langle \mathbf{v}, \mathbf{v} \rangle = 0$ se e somente se $\mathbf{v} = \mathbf{0}$.

Um espaço vetorial V com um produto interno é um **espaço com produto interno**. Sempre que nos referirmos a um espaço com produto interno, suponha que o conjunto de escalares é o conjunto de números reais.

EXEMPLO 1   O produto interno euclidiano para R^n

Mostre que o produto escalar em R^n satisfaz os quatro axiomas de um produto interno.

SOLUÇÃO

Em R^n, o produto escalar de dois vetores $\mathbf{u} = (u_1, u_2, \ldots, u_n)$ e $\mathbf{v} = (v_1, v_2, \ldots, v_n)$ é

$$\mathbf{u} \cdot \mathbf{v} = u_1 v_1 + u_2 v_2 + \cdots + u_n v_n.$$

Pelo Teorema 5.3, você sabe que este produto escalar satisfaz os quatro axiomas necessários, o que verifica que é um produto interno no R^n.

O produto interno euclidiano não é o único produto interno que pode ser definido em R^n. O Exemplo 2 ilustra um produto interno diferente. Para mostrar que uma função é um produto interno, você deve mostrar que esta satisfaz os quatro axiomas de produto interno.

244 Elementos de álgebra linear

EXEMPLO 2 **Um produto interno diferente em R^2**

Mostre que a função abaixo define um produto interno em R^2, onde $\mathbf{u} = (u_1, u_2)$ e $\mathbf{v} = (v_1, v_2)$.

$$\langle \mathbf{u}, \mathbf{v} \rangle = u_1 v_1 + 2u_2 v_2$$

SOLUÇÃO

1. O produto dos números reais é comutativo, de modo que

$$\langle \mathbf{u}, \mathbf{v} \rangle = u_1 v_1 + 2u_2 v_2 = v_1 u_1 + 2v_2 u_2 = \langle \mathbf{v}, \mathbf{u} \rangle.$$

2. Seja $\mathbf{w} = (w_1, w_2)$. Então

$$\begin{aligned}
\langle \mathbf{u}, \mathbf{v} + \mathbf{w} \rangle &= u_1(v_1 + w_1) + 2u_2(v_2 + w_2) \\
&= u_1 v_1 + u_1 w_1 + 2u_2 v_2 + 2u_2 w_2 \\
&= (u_1 v_1 + 2u_2 v_2) + (u_1 w_1 + 2u_2 w_2) \\
&= \langle \mathbf{u}, \mathbf{v} \rangle + \langle \mathbf{u}, \mathbf{w} \rangle.
\end{aligned}$$

3. Se c for qualquer escalar, então

$$c\langle \mathbf{u}, \mathbf{v} \rangle = c(u_1 v_1 + 2u_2 v_2) = (cu_1)v_1 + 2(cu_2)v_2 = \langle c\mathbf{u}, \mathbf{v} \rangle.$$

4. O quadrado de um número real é não negativo, portanto

$$\langle \mathbf{v}, \mathbf{v} \rangle = v_1^2 + 2v_2^2 \geq 0.$$

Além disso, essa expressão é igual a zero se e somente se $\mathbf{v} = \mathbf{0}$ (ou seja, se e somente se $v_1 = v_2 = 0$).

O Exemplo 2 pode ser generalizado. A função

$$\langle \mathbf{u}, \mathbf{v} \rangle = c_1 u_1 v_1 + c_2 u_2 v_2 + \cdots + c_n u_n v_n, \quad c_i > 0$$

é um produto interno em R^n. (No Exercício 89, será pedido que você demonstre isso.) As constantes positivas $c_1, \ldots, c_n$ são **pesos**. Se algum c_i for negativo ou 0, então esta função não define um produto interno.

EXEMPLO 3 **Função que não é um produto interno**

Mostre que a função a seguir não é um produto interno em R^3, onde $\mathbf{u} = (u_1, u_2, u_3)$ e $\mathbf{v} = (v_1, v_2, v_3)$.

$$\langle \mathbf{u}, \mathbf{v} \rangle = u_1 v_1 - 2u_2 v_2 + u_3 v_3$$

SOLUÇÃO

Observe que o Axioma 4 não é satisfeito. Por exemplo, vamos tomar $\mathbf{v} = (1, 2, 1)$. Então $\langle \mathbf{v}, \mathbf{v} \rangle = (1)(1) - 2(2)(2) + (1)(1) = -6$, que é menor do que zero.

EXEMPLO 4 **Um produto interno em $M_{2,2}$**

Sejam $A = \begin{bmatrix} a_{11} & a_{12} \\ a_{21} & a_{22} \end{bmatrix}$ e $B = \begin{bmatrix} b_{11} & b_{12} \\ b_{21} & b_{22} \end{bmatrix}$ matrizes no espaço vetorial $M_{2,2}$.

A função

$$\langle A, B \rangle = a_{11}b_{11} + a_{12}b_{12} + a_{21}b_{21} + a_{22}b_{22}$$

é um produto interno em $M_{2,2}$. A verificação dos quatro axiomas do produto interno é deixada para você. (Veja o Exercício 27.)

O produto interno no próximo exemplo é obtido a partir do cálculo. A verificação das propriedades do produto interno depende das propriedades da integral definida.

Espaços com produto interno   245

OBSERVAÇÃO

Lembre-se de que a e b devem ser distintos, caso contrário

$$\int_a^b f(x)g(x)\, dx$$

é zero independentemente das funções f e g que você usar.

EXEMPLO 5   **Produto interno definido por uma integral definida (Cálculo)**

Sejam f e g funções contínuas a valores reais no espaço vetorial $C[a, b]$. Mostre que

$$\langle f, g \rangle = \int_a^b f(x)g(x)\, dx$$

define um produto interno em $C[a, b]$.

SOLUÇÃO

Use propriedades familiares do cálculo para verificar as quatro partes da definição.

1. $\langle f, g \rangle = \displaystyle\int_a^b f(x)g(x)\, dx = \int_a^b g(x)f(x)\, dx = \langle g, f \rangle$

2. $\langle f, g + h \rangle = \displaystyle\int_a^b f(x)[g(x) + h(x)]\, dx = \int_a^b \left[f(x)g(x) + f(x)h(x) \right] dx$

$$= \int_a^b f(x)g(x)\, dx + \int_a^b f(x)h(x)\, dx = \langle f, g \rangle + \langle f, h \rangle$$

3. $c\langle f, g \rangle = c\displaystyle\int_a^b f(x)g(x)\, dx = \int_a^b cf(x)g(x)\, dx = \langle cf, g \rangle$

4. $[f(x)]^2 \geq 0$ para todo x, de modo que do cálculo resulta

$$\langle f, f \rangle = \int_a^b [f(x)]^2\, dx \geq 0$$

com

$$\langle f, f \rangle = \int_a^b [f(x)]^2\, dx = 0$$

se e somente se f é a função nula em $C[a, b]$.

O próximo teorema lista algumas propriedades dos produtos internos.

TEOREMA 5.7   Propriedades de produtos internos

Sejam $\mathbf{u}$, $\mathbf{v}$ e $\mathbf{w}$ vetores em um espaço com produto interno V e seja c qualquer número real.

1. $\langle \mathbf{0}, \mathbf{v} \rangle = \langle \mathbf{v}, \mathbf{0} \rangle = 0$

2. $\langle \mathbf{u} + \mathbf{v}, \mathbf{w} \rangle = \langle \mathbf{u}, \mathbf{w} \rangle + \langle \mathbf{v}, \mathbf{w} \rangle$

3. $\langle \mathbf{u}, c\mathbf{v} \rangle = c\langle \mathbf{u}, \mathbf{v} \rangle$

DEMONSTRAÇÃO

A demonstração da primeira propriedade é dada aqui. As demonstrações das outras duas propriedades são deixadas como exercícios. (Veja os Exercícios 91 e 92.) Da definição de um produto interno, você sabe que $\langle \mathbf{0}, \mathbf{v} \rangle = \langle \mathbf{v}, \mathbf{0} \rangle$, então só precisa mostrar que um desses é zero. Usando o fato de que $0(\mathbf{v}) = \mathbf{0}$,

$$\langle \mathbf{0}, \mathbf{v} \rangle = \langle 0(\mathbf{v}), \mathbf{v} \rangle$$
$$= 0\langle \mathbf{v}, \mathbf{v} \rangle$$
$$= 0.$$

As definições de comprimento (ou norma), distância e ângulo para espaços com produtos internos gerais seguem de perto para o espaço euclidiano de dimensão n.

246   Elementos de álgebra linear

Definições de comprimento, distância e ângulo

Sejam $\mathbf{u}$ e $\mathbf{v}$ vetores em um espaço com produto interno V.

1. O **comprimento** (ou a **norma**) de $\mathbf{u}$ é $\|\mathbf{u}\| = \sqrt{\langle \mathbf{u}, \mathbf{u}\rangle}$.
2. A **distância** entre $\mathbf{u}$ e $\mathbf{v}$ é $d(\mathbf{u}, \mathbf{v}) = \|\mathbf{u} - \mathbf{v}\|$.
3. O **ângulo** entre dois vetores não nulos $\mathbf{u}$ e $\mathbf{v}$ pode ser determinado usando

$$\cos \theta = \frac{\langle \mathbf{u}, \mathbf{v}\rangle}{\|\mathbf{u}\|\,\|\mathbf{v}\|}, \quad 0 \le \theta \le \pi.$$

4. $\mathbf{u}$ e $\mathbf{v}$ são **ortogonais** quando $\langle \mathbf{u}, \mathbf{v}\rangle = 0$.

Se $\|\mathbf{u}\| = 1$, então $\mathbf{u}$ é um vetor unitário. Além disso, se $\mathbf{v}$ é qualquer vetor não nulo em um espaço com produto interno V, então o vetor $\mathbf{u} = \mathbf{v}/\|\mathbf{v}\|$ é o vetor unitário na direção de $\mathbf{v}$.

Observe que a definição do ângulo θ entre $\mathbf{u}$ e $\mathbf{v}$ presume que

$$-1 \le \frac{\langle \mathbf{u}, \mathbf{v}\rangle}{\|\mathbf{u}\|\,\|\mathbf{v}\|} \le 1$$

para um produto interno geral (como no caso do espaço euclidiano de dimensão n), o que segue da desigualdade de Cauchy-Schwarz dada mais tarde no Teorema 5.8.

EXEMPLO 6   Determinação de produtos internos

Para polinômios $p = a_0 + a_1 x + \cdots + a_n x^n$ e $q = b_0 + b_1 x + \cdots + b_n x^n$ no espaço vetorial P_n, a função $\langle p, q\rangle = a_0 b_0 + a_1 b_1 + \cdots + a_n b_n$ é um produto interno. (No Exercício 34, será pedido que você demonstre isso.) Sejam $p(x) = 1 - 2x^2$, $q(x) = 4 - 2x + x^2$ e $r(x) = x + 2x^2$ polinômios em P_2. Encontre cada quantidade.

a. $\langle p, q\rangle$ **b.** $\langle q, r\rangle$ **c.** $\|q\|$ **d.** $d(p, q)$

SOLUÇÃO

a. O produto interno de p e q é

$$\langle p, q\rangle = a_0 b_0 + a_1 b_1 + a_2 b_2 = (1)(4) + (0)(-2) + (-2)(1) = 2.$$

b. O produto interno de q e r é $\langle q, r\rangle = (4)(0) + (-2)(1) + (1)(2) = 0$. Observe que os vetores q e r são ortogonais.

c. O comprimento de q é $\|q\| = \sqrt{\langle q, q\rangle} = \sqrt{4^2 + (-2)^2 + 1^2} = \sqrt{21}$.

d. A distância entre p e q é

$$\begin{aligned}
d(p, q) &= \|p - q\| \\
&= \|(1 - 2x^2) - (4 - 2x + x^2)\| \\
&= \|-3 + 2x - 3x^2\| \\
&= \sqrt{(-3)^2 + 2^2 + (-3)^2} \\
&= \sqrt{22}.
\end{aligned}$$

A ortogonalidade depende do produto interno. Mais precisamente, dois vetores podem ser ortogonais em relação a um produto interno, mas não com respeito a outro. Refaça os itens (a) e (b) do Exemplo 6 usando o produto interno $\langle p, q\rangle = a_0 b_0 + a_1 b_1 + 2a_2 b_2$. Com este produto interno, p e q são ortogonais, mas q e r não são.

EXEMPLO 7   Usando o produto interno em $C[0, 1]$ (Cálculo)

Use o produto interno definido no Exemplo 5 e as funções $f(x) = x$ e $g(x) = x^2$ em $C[0, 1]$ para encontrar cada quantidade.

a. $\|f\|$ **b.** $d(f, g)$

Espaços com produto interno 247

TECNOLOGIA

Muitas ferramentas computacionais e softwares podem aproximar integrais definidas. Por exemplo, se você usar uma ferramenta computacional, então pode verificar o Exemplo 7(b) como mostrado abaixo.

```
√(fnInt((x-x²)²,x,0,1
))
            .182574185835
```

O resultado deve ser aproximadamente $0{,}183 \approx \dfrac{1}{\sqrt{30}}$.

O **Technology Guide**, disponível na página deste livro no site da Cengage, pode ajudá-lo a usar a tecnologia para aproximar uma integral definida.

SOLUÇÃO

a. $f(x) = x$, de modo que você tem

$$\|f\|^2 = \langle f, f \rangle = \int_0^1 (x)(x)\, dx = \int_0^1 x^2\, dx = \left[\frac{x^3}{3}\right]_0^1 = \frac{1}{3}.$$

Assim, $\|f\| = \dfrac{1}{\sqrt{3}}$.

b. Para encontrar $d(f, g)$, escreva

$$[d(f, g)]^2 = \langle f - g, f - g \rangle$$
$$= \int_0^1 [f(x) - g(x)]^2 dx = \int_0^1 [x - x^2]^2\, dx$$
$$= \int_0^1 [x^2 - 2x^3 + x^4]\, dx = \left[\frac{x^3}{3} - \frac{x^4}{2} + \frac{x^5}{5}\right]_0^1 = \frac{1}{30}.$$

Assim, $d(f, g) = \dfrac{1}{\sqrt{30}}$.

No exemplo 7, a distância entre as funções $f(x) = x$ e $g(x) = x^2$ em $C[0, 1]$ é $1/\sqrt{30} \approx 0{,}183$. Na prática, a distância entre um par de vetores não é tão útil como a(s) distância(s) relativa(s) entre mais de um par. Por exemplo, a distância entre $g(x) = x^2$ e $h(x) = x^2 + 1$ em $C[0, 1]$ é 1. (Verifique isso.) Das figuras abaixo, parece razoável dizer que f e g estão mais perto do que g e h.

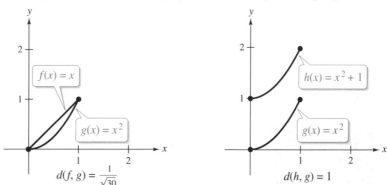

As propriedades do comprimento e da distância listadas para R^n na seção anterior também valem para espaços de produtos internos gerais. Por exemplo, se **u** e **v** são vetores em um espaço com produto interno, as propriedades listadas abaixo são verdadeiras.

Propriedades de comprimento

1. $\|\mathbf{u}\| \geq 0$
2. $\|\mathbf{u}\| = 0$ se e somente se $\mathbf{u} = \mathbf{0}$
3. $\|c\mathbf{u}\| = |c|\,\|\mathbf{u}\|$

Propriedades da distância

1. $d(\mathbf{u}, \mathbf{v}) \geq 0$
2. $d(\mathbf{u}, \mathbf{v}) = 0$ se e somente se $\mathbf{u} = \mathbf{v}$
3. $d(\mathbf{u}, \mathbf{v}) = d(\mathbf{v}, \mathbf{u})$

O Teorema 5.8 lista as versões para espaços com produto interno gerais da desigualdade de Cauchy-Schwarz, da desigualdade triangular e do Teorema de Pitágoras.

TEOREMA 5.8

Sejam **u** e **v** vetores em um espaço com produto interno V.

1. Desigualdade de Cauchy-Schwarz: $|\langle \mathbf{u}, \mathbf{v} \rangle| \leq \|\mathbf{u}\|\,\|\mathbf{v}\|$
2. Desigualdade triangular: $\|\mathbf{u} + \mathbf{v}\| \leq \|\mathbf{u}\| + \|\mathbf{v}\|$
3. Teorema de Pitágoras: **u** e **v** são ortogonais se e somente se

$$\|\mathbf{u} + \mathbf{v}\|^2 = \|\mathbf{u}\|^2 + \|\mathbf{v}\|^2.$$

A demonstração de cada item do Teorema 5.8 é análoga às demonstrações dos Teoremas 5.4, 5.5 e 5.6, respectivamente. Simplesmente substitua $\langle \mathbf{u}, \mathbf{v} \rangle$ no lugar do produto interno euclidiano $\mathbf{u} \cdot \mathbf{v}$ em cada demonstração.

EXEMPLO 8 Um exemplo da desigualdade de Cauchy-Schwarz (Cálculo)

Sejam $f(x) = 1$ e $g(x) = x$ funções no espaço vetorial $C[0, 1]$, com o produto interno definido no Exemplo 5. Verifique que $|\langle f, g \rangle| \leq \|f\| \|g\|$.

SOLUÇÃO

Para o lado esquerdo desta desigualdade, você tem

$$\langle f, g \rangle = \int_0^1 f(x)g(x)\,dx = \int_0^1 x\,dx = \frac{x^2}{2}\Big]_0^1 = \frac{1}{2}.$$

Para o lado direito da desigualdade, você tem

$$\|f\|^2 = \int_0^1 f(x)f(x)\,dx = \int_0^1 dx = x\Big]_0^1 = 1$$

e

$$\|g\|^2 = \int_0^1 g(x)g(x)\,dx = \int_0^1 x^2\,dx = \frac{x^3}{3}\Big]_0^1 = \frac{1}{3}.$$

Assim,

$$\|f\|\|g\| = \sqrt{(1)\left(\frac{1}{3}\right)} = \frac{1}{\sqrt{3}} \approx 0{,}577 \quad \text{e} \quad |\langle f, g \rangle| \leq \|f\|\|g\|.$$

ÁLGEBRA LINEAR APLICADA

O conceito de trabalho é importante para determinar a energia necessária para executar diversas tarefas. Se uma força constante $\mathbf{F}$ age em um ângulo θ com a direção de movimento de um objeto, para mover o objeto do ponto A para o ponto B (veja a figura abaixo), então o trabalho W realizado pela força é

$$W = (\cos\theta)\|\mathbf{F}\|\|\overrightarrow{AB}\|$$
$$= \mathbf{F} \cdot \overrightarrow{AB}$$

onde $\overrightarrow{AB}$ representa o segmento de reta orientado de A para B. A quantidade $(\cos\theta)\|\mathbf{F}\|$ é o comprimento da projeção ortogonal de $\mathbf{F}$ em $\overrightarrow{AB}$. As projeções ortogonais são discutidas a seguir.

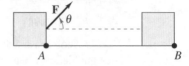

PROJEÇÕES ORTOGONAIS EM ESPAÇOS COM PRODUTO INTERNO

Sejam $\mathbf{u}$ e $\mathbf{v}$ vetores em R^2. Se $\mathbf{v}$ for não nulo, então $\mathbf{u}$ pode ser projetado ortogonalmente em $\mathbf{v}$, como mostrado na Figura 5.7. Essa projeção é denotada por $\text{proj}_\mathbf{v}\mathbf{u}$ e é um múltiplo escalar de $\mathbf{v}$, de modo que se pode escrever $\text{proj}_\mathbf{v}\mathbf{u} = a\mathbf{v}$. Se $a > 0$, como mostrado na Figura 5.7 (a), então $\cos\theta > 0$ e o comprimento do $\text{proj}_\mathbf{v}\mathbf{u}$ é

Espaços com produto interno 249

$$\|a\mathbf{v}\| = |a|\,\|\mathbf{v}\| = a\|\mathbf{v}\| = \|\mathbf{u}\|\cos\theta = \frac{\|\mathbf{u}\|\,\|\mathbf{v}\|\cos\theta}{\|\mathbf{v}\|} = \frac{\mathbf{u}\cdot\mathbf{v}}{\|\mathbf{v}\|}$$

o que implica que $a = (\mathbf{u}\cdot\mathbf{v})/\|\mathbf{v}\|^2 = (\mathbf{u}\cdot\mathbf{v})/(\mathbf{v}\cdot\mathbf{v})$. Então,

$$\text{proj}_\mathbf{v}\mathbf{u} = \frac{\mathbf{u}\cdot\mathbf{v}}{\mathbf{v}\cdot\mathbf{v}}\mathbf{v}.$$

Se $a < 0$, como mostrado na Figura 5.7(b), então a projeção ortogonal de **u** em **v** pode ser encontrada usando a mesma fórmula. (Verifique isso.)

a. 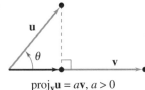   b.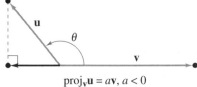

proj$_\mathbf{v}\mathbf{u}$ = $a\mathbf{v}$, $a > 0$ proj$_\mathbf{v}\mathbf{u}$ = $a\mathbf{v}$, $a < 0$

Figura 5.7

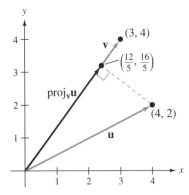

Figura 5.8

OBSERVAÇÃO

Se **v** é um vetor unitário, então $\langle \mathbf{v}, \mathbf{v}\rangle = \|\mathbf{v}\|^2 = 1$ e a fórmula para a projeção ortogonal de **u** em **v** toma a forma mais simples

proj$_\mathbf{v}\mathbf{u}$ = $\langle \mathbf{u}, \mathbf{v}\rangle\mathbf{v}$.

EXEMPLO 9 Determinação da projeção ortogonal de u em v

Em R^2, a projeção ortogonal de $\mathbf{u} = (4, 2)$ em $\mathbf{v} = (3, 4)$ é

$$\text{proj}_\mathbf{v}\mathbf{u} = \frac{\mathbf{u}\cdot\mathbf{v}}{\mathbf{v}\cdot\mathbf{v}}\mathbf{v} = \frac{(4,2)\cdot(3,4)}{(3,4)\cdot(3,4)}(3,4) = \frac{20}{25}(3,4) = \left(\frac{12}{5}, \frac{16}{5}\right)$$

como mostrado na Figura 5.8.

Uma projeção ortogonal em um espaço com produto interno geral é definida a seguir.

Definição de projeção ortogonal

Sejam **u** e **v** vetores em um espaço com produto interno V, com $\mathbf{v} \neq \mathbf{0}$. Então a **projeção ortogonal** de **u** em **v** é

$$\text{proj}_\mathbf{v}\mathbf{u} = \frac{\langle \mathbf{u}, \mathbf{v}\rangle}{\langle \mathbf{v}, \mathbf{v}\rangle}\mathbf{v}.$$

EXEMPLO 10 Determinação de uma projeção ortogonal em R^3

Veja LarsonLinearAlgebra.com para uma versão interativa deste tipo de exemplo.

Use o produto interno euclidiano em R^3 para encontrar a projeção ortogonal de $\mathbf{u} = (6, 2, 4)$ em $\mathbf{v} = (1, 2, 0)$.

SOLUÇÃO

$\mathbf{u}\cdot\mathbf{v} = 10$ e $\mathbf{v}\cdot\mathbf{v} = 5$, então a projeção ortogonal de **u** em **v** é

$$\text{proj}_\mathbf{v}\mathbf{u} = \frac{\mathbf{u}\cdot\mathbf{v}}{\mathbf{v}\cdot\mathbf{v}}\mathbf{v} = \frac{10}{5}(1,2,0) = 2(1,2,0) = (2,4,0)$$

como mostrado na Figura 5.9.

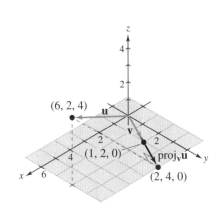

Figura 5.9

Verifique no Exemplo 10 que $\mathbf{u} - \text{proj}_\mathbf{v}\mathbf{u} = (6, 2, 4) - (2, 4, 0) = (4, -2, 4)$ é ortogonal a $\mathbf{v} = (1, 2, 0)$. Isso é verdade em geral. Se **u** e **v** são vetores não nulos em um espaço com produto interno, então $\mathbf{u} - \text{proj}_\mathbf{v}\mathbf{u}$ é ortogonal a **v**. (No Exercício 90, será pedido que você demonstre isso.)

Uma propriedade importante das projeções ortogonais usada em modelagem matemática (veja a Seção 5.4) é dada no próximo teorema. Ele afirma que, de

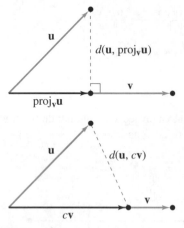

Figura 5.10

todos os possíveis múltiplos escalares de um vetor **v**, a projeção ortogonal de **u** em **v** é a mais próxima de **u**, como mostrado na Figura 5.10. Por exemplo, no Exemplo 10, este teorema implica que, de todos os múltiplos escalares do vetor **v** = (1, 2, 0), o vetor proj$_\mathbf{v}$**u** = (2, 4, 0) é o mais próximo de **u** = (6, 2, 4). Será pedido que você demonstre isso explicitamente no Exercício 101.

TEOREMA 5.9 Projeção ortogonal e distância

Sejam **u** e **v** dois vetores em um espaço com produto interno V, como $\mathbf{v} \neq \mathbf{0}$. Então

$$d(\mathbf{u}, \text{proj}_\mathbf{v}\mathbf{u}) < d(\mathbf{u}, c\mathbf{v}), \quad c \neq \frac{\langle \mathbf{u}, \mathbf{v} \rangle}{\langle \mathbf{v}, \mathbf{v} \rangle}.$$

DEMONSTRAÇÃO

Seja $b = \langle \mathbf{u}, \mathbf{v} \rangle / \langle \mathbf{v}, \mathbf{v} \rangle$. Então

$$\|\mathbf{u} - c\mathbf{v}\|^2 = \|(\mathbf{u} - b\mathbf{v}) + (b - c)\mathbf{v}\|^2$$

onde $(\mathbf{u} - b\mathbf{v})$ e $(b - c)\mathbf{v}$ são ortogonais. Verifique isso usando os axiomas de produto interno para mostrar que $\langle (\mathbf{u} - b\mathbf{v}), (b - c)\mathbf{v} \rangle = 0$. Agora, pelo Teorema de Pitágoras,

$$\|(\mathbf{u} - b\mathbf{v}) + (b - c)\mathbf{v}\|^2 = \|\mathbf{u} - b\mathbf{v}\|^2 + \|(b - c)\mathbf{v}\|^2$$

o que implica que

$$\|\mathbf{u} - c\mathbf{v}\|^2 = \|\mathbf{u} - b\mathbf{v}\|^2 + (b - c)^2\|\mathbf{v}\|^2.$$

Note que $b \neq c$ e $\mathbf{v} \neq \mathbf{0}$, de modo que resulta $(b - c)^2\|\mathbf{v}\|^2 > 0$. Isso significa que

$$\|\mathbf{u} - b\mathbf{v}\|^2 < \|\mathbf{u} - c\mathbf{v}\|^2$$

e segue que $d(\mathbf{u}, b\mathbf{v}) < d(\mathbf{u}, c\mathbf{v})$.

O próximo exemplo discute uma projeção ortogonal no espaço com produto interno $C[a, b]$.

EXEMPLO 11 Determinação de uma projeção ortogonal em $C[a, b]$ (Cálculo)

Sejam $f(x) = 1$ e $g(x) = x$ funções em $C[0, 1]$. Use o produto interno em $C[a, b]$ definido no Exemplo 5,

$$\langle f, g \rangle = \int_a^b f(x)g(x)\, dx$$

para encontrar a projeção ortogonal de f em g.

SOLUÇÃO

Do Exemplo 8, você sabe que

$$\langle f, g \rangle = \frac{1}{2} \quad \text{e} \quad \langle g, g \rangle = \|g\|^2 = \frac{1}{3}.$$

Assim, a projeção ortogonal de f em g é

$$\text{proj}_g f = \frac{\langle f, g \rangle}{\langle g, g \rangle} g = \frac{1/2}{1/3} x = \frac{3}{2} x.$$

5.2 Exercícios

Mostrando que uma função é um produto interno Nos Exercícios 1-4, mostre que a função define um produto interno em R^2, onde $\mathbf{u} = (u_1, u_2)$ e $\mathbf{v} = (v_1, v_2)$.

1. $\langle \mathbf{u}, \mathbf{v} \rangle = 3u_1v_1 + u_2v_2$ **2.** $\langle \mathbf{u}, \mathbf{v} \rangle = u_1v_1 + 9u_2v_2$

3. $\langle \mathbf{u}, \mathbf{v} \rangle = \frac{1}{2}u_1v_1 + \frac{1}{4}u_2v_2$

4. $\langle \mathbf{u}, \mathbf{v} \rangle = 2u_1v_2 + u_2v_1 + u_1v_2 + 2u_2v_2$

Mostrando que uma função é um produto interno Nos Exercícios 5-8, mostre que a função define um produto interno em R^3, onde $\mathbf{u} = (u_1, u_2)$ e $\mathbf{v} = (v_1, v_2)$.

5. $\langle \mathbf{u}, \mathbf{v} \rangle = 2u_1v_1 + 3u_2v_2 + u_3v_3$

6. $\langle \mathbf{u}, \mathbf{v} \rangle = u_1v_1 + 2u_2v_2 + u_3v_3$

7. $\langle \mathbf{u}, \mathbf{v} \rangle = 4u_1v_1 + 3u_2v_2 + 2u_3v_3$

8. $\langle \mathbf{u}, \mathbf{v} \rangle = \frac{1}{2}u_1v_1 + \frac{1}{4}u_2v_2 + \frac{1}{2}u_3v_3$

Mostrando que uma função não é um produto interno Nos Exercícios 9-12, mostre que a função *não define* um produto interno em R^2, onde $\mathbf{u} = (u_1, u_2)$ e $\mathbf{v} = (v_1, v_2)$.

9. $\langle \mathbf{u}, \mathbf{v} \rangle = u_1v_1$ **10.** $\langle \mathbf{u}, \mathbf{v} \rangle = u_1v_1 - 6u_2v_2$

11. $\langle \mathbf{u}, \mathbf{v} \rangle = u_1^2v_1^2 - u_2^2v_2^2$ **12.** $\langle \mathbf{u}, \mathbf{v} \rangle = 3u_1v_2 - u_2v_1$

Mostrando que uma função não é um produto interno Nos Exercícios 13-16, mostre que a função *não define* um produto interno em R^3, onde $\mathbf{u} = (u_1, u_2, u_3)$ e $\mathbf{v} = (v_1, v_2, v_3)$.

13. $\langle \mathbf{u}, \mathbf{v} \rangle = -u_1u_2u_3$

14. $\langle \mathbf{u}, \mathbf{v} \rangle = u_1v_1 - u_2v_2 - u_3v_3$

15. $\langle \mathbf{u}, \mathbf{v} \rangle = u_1^2v_1^2 + u_2^2v_2^2 + u_3^2v_3^2$

16. $\langle \mathbf{u}, \mathbf{v} \rangle = 2u_1u_2 + 3v_1v_2 + u_3v_3$

Determinação de produto interno, comprimento e distância Nos Exercícios 17-26, encontre (a) $\langle \mathbf{u}, \mathbf{v} \rangle$, (b) $\|\mathbf{u}\|$, (c) $\|\mathbf{v}\|$ e (d) $d(\mathbf{u}, \mathbf{v})$ para o produto interno dado definido em R^n.

17. $\mathbf{u} = (3, 4)$, $\mathbf{v} = (5, -12)$, $\langle \mathbf{u}, \mathbf{v} \rangle = \mathbf{u} \cdot \mathbf{v}$

18. $\mathbf{u} = (-1, 1)$, $\mathbf{v} = (6, 8)$, $\langle \mathbf{u}, \mathbf{v} \rangle = \mathbf{u} \cdot \mathbf{v}$

19. $\mathbf{u} = (-4, 3)$, $\mathbf{v} = (0, 5)$, $\langle \mathbf{u}, \mathbf{v} \rangle = 3u_1v_1 + u_2v_2$

20. $\mathbf{u} = (0, -6)$, $\mathbf{v} = (-1, 1)$, $\langle \mathbf{u}, \mathbf{v} \rangle = u_1v_1 + 2u_2v_2$

21. $\mathbf{u} = (0, 7, 2)$, $\mathbf{v} = (9, -3, -2)$, $\langle \mathbf{u}, \mathbf{v} \rangle = \mathbf{u} \cdot \mathbf{v}$

22. $\mathbf{u} = (0, 1, 2)$, $\mathbf{v} = (1, 2, 0)$, $\langle \mathbf{u}, \mathbf{v} \rangle = \mathbf{u} \cdot \mathbf{v}$

23. $\mathbf{u} = (8, 0, -8)$, $\mathbf{v} = (8, 3, 16)$,
$\langle \mathbf{u}, \mathbf{v} \rangle = 2u_1v_1 + 3u_2v_2 + u_3v_3$

24. $\mathbf{u} = (1, 1, 1)$, $\mathbf{v} = (2, 5, 2)$,
$\langle \mathbf{u}, \mathbf{v} \rangle = u_1v_1 + 2u_2v_2 + u_3v_3$

25. $\mathbf{u} = (-1, 2, 0, 1)$, $\mathbf{v} = (0, 1, 2, 2)$, $\langle \mathbf{u}, \mathbf{v} \rangle = \mathbf{u} \cdot \mathbf{v}$

26. $\mathbf{u} = (1, -1, 2, 0)$, $\mathbf{v} = (2, 1, 0, -1)$,
$\langle \mathbf{u}, \mathbf{v} \rangle = \mathbf{u} \cdot \mathbf{v}$

Mostrando que uma função é um produto interno Nos Exercícios 27 e 28, sejam

$$A = \begin{bmatrix} a_{11} & a_{12} \\ a_{21} & a_{22} \end{bmatrix} \quad \text{e} \quad B = \begin{bmatrix} b_{11} & b_{12} \\ b_{21} & b_{22} \end{bmatrix}$$

matrizes no espaço vetorial $M_{2,2}$. Mostre que a função define um produto interno em $M_{2,2}$.

27. $\langle A, B \rangle = a_{11}b_{11} + a_{12}b_{12} + a_{21}b_{21} + a_{22}b_{22}$

28. $\langle A, B \rangle = 2a_{11}b_{11} + a_{12}b_{12} + a_{21}b_{21} + 2a_{22}b_{22}$

Determinação de produto interno, comprimento e distância Nos Exercícios 29-32, encontre (a) $\langle A, B \rangle$, (b) $\|A\|$, (c) $\|B\|$ e (d) $d(A, B)$ para as matrizes em $M_{2,2}$ usando o produto interno $\langle A, B \rangle = 2a_{11}b_{11} + a_{12}b_{12} + a_{21}b_{21} + 2a_{22}b_{22}$.

29. $A = \begin{bmatrix} 2 & -4 \\ -3 & 1 \end{bmatrix}$, $B = \begin{bmatrix} -2 & 1 \\ 1 & 0 \end{bmatrix}$

30. $A = \begin{bmatrix} 1 & 0 \\ 0 & 1 \end{bmatrix}$, $B = \begin{bmatrix} 0 & 1 \\ 1 & 0 \end{bmatrix}$

31. $A = \begin{bmatrix} 1 & -1 \\ 2 & 4 \end{bmatrix}$, $B = \begin{bmatrix} 0 & 1 \\ -2 & 0 \end{bmatrix}$

32. $A = \begin{bmatrix} 1 & 0 \\ 0 & -1 \end{bmatrix}$, $B = \begin{bmatrix} 1 & 1 \\ 0 & -1 \end{bmatrix}$

Mostrando que uma função é um produto interno Nos Exercícios 33 e 34, mostre que a função dada define um produto interno para polinômios $p(x) = a_0 + a_1x + \cdots + a_nx^n$ e $q(x) = b_0 + b_1x + \cdots + b_nx^n$.

33. $\langle p, q \rangle = a_0b_0 + 2a_1b_1 + a_2b_2$ em P_2

34. $\langle p, q \rangle = a_0b_0 + a_1b_1 + \cdots + a_nb_n$ em P_n

Determinação de produto interno, comprimento e distância Nos Exercícios 35-38, encontre (a) $\langle p, q \rangle$, (b) $\|p\|$, (c) $\|q\|$ e (d) $d(p, q)$ para os polinômios em P_2 usando o produto interno $\langle p, q \rangle = a_0b_0 + a_1b_1 + a_2b_2$.

35. $p(x) = 1 - x + 3x^2$, $q(x) = x - x^2$

36. $p(x) = 1 + x + \frac{1}{2}x^2$, $q(x) = 1 + 2x^2$

37. $p(x) = 1 + x^2$, $q(x) = 1 - x^2$

38. $p(x) = 1 - 3x + x^2$, $q(x) = -x + 2x^2$

Cálculo Nos Exercícios 39-42, use as funções f e g em $C[1, 1]$ para encontrar $\langle f, g \rangle$, (b) $\|f\|$, (c) $\|g\|$ e (d) $d(f, g)$ para o produto interno

$$\langle f, g \rangle = \int_{-1}^{1} f(x)g(x) \, dx.$$

39. $f(x) = 1$, $g(x) = 4x^2 - 1$

40. $f(x) = -x$, $g(x) = x^2 - x + 2$

41. $f(x) = x$, $g(x) = e^x$

42. $f(x) = x$, $g(x) = e^{-x}$

252 Elementos de álgebra linear

Determinação do ângulo entre dois vetores Nos Exercícios 43-52, encontre o ângulo θ entre os vetores.

43. $\mathbf{u} = (3, 4)$, $\quad \mathbf{v} = (5, -12)$, $\quad \langle \mathbf{u}, \mathbf{v} \rangle = \mathbf{u} \cdot \mathbf{v}$

44. $\mathbf{u} = (3, -1)$, $\quad \mathbf{v} = \left(\frac{1}{3}, 1\right)$, $\quad \langle \mathbf{u}, \mathbf{v} \rangle = \mathbf{u} \cdot \mathbf{v}$

45. $\mathbf{u} = (-4, 3)$, $\quad \mathbf{v} = (0, 5)$, $\quad \langle \mathbf{u}, \mathbf{v} \rangle = 3u_1v_1 + u_2v_2$

46. $\mathbf{u} = \left(\frac{1}{4}, -1\right)$, $\quad \mathbf{v} = (2, 1)$,
$\langle \mathbf{u}, \mathbf{v} \rangle = 2u_1v_1 + u_2v_2$

47. $\mathbf{u} = (1, 1, 1)$, $\quad \mathbf{v} = (2, -2, 2)$,
$\langle \mathbf{u}, \mathbf{v} \rangle = u_1v_1 + 2u_2v_2 + u_3v_3$

48. $\mathbf{u} = (0, 1, -2)$, $\quad \mathbf{v} = (3, -2, 1)$, $\quad \langle \mathbf{u}, \mathbf{v} \rangle = \mathbf{u} \cdot \mathbf{v}$

49. $p(x) = 1 - x + x^2$, $\quad q(x) = 1 + x + x^2$,
$\langle p, q \rangle = a_0b_0 + a_1b_1 + a_2b_2$

50. $p(x) = 1 + x^2$, $\quad q(x) = x - x^2$,
$\langle p, q \rangle = a_0b_0 + 2a_1b_1 + a_2b_2$

51. Cálculo $f(x) = x$, $\quad g(x) = x^2$,
$$\langle f, g \rangle = \int_{-1}^{1} f(x)g(x)\, dx$$

52. Cálculo $f(x) = 1$, $\quad g(x) = x^2$,
$$\langle f, g \rangle = \int_{-1}^{1} f(x)g(x)\, dx$$

Verificação de desigualdades Nos Exercícios 53-64, verifique (a) a desigualdade de Cauchy-Schwarz e (b) a desigualdade triangular para os vetores e os produtos internos dados.

53. $\mathbf{u} = (5, 12)$, $\quad \mathbf{v} = (3, 4)$, $\quad \langle \mathbf{u}, \mathbf{v} \rangle = \mathbf{u} \cdot \mathbf{v}$

54. $\mathbf{u} = (-1, 1)$, $\quad \mathbf{v} = (1, -1)$, $\quad \langle \mathbf{u}, \mathbf{v} \rangle = \mathbf{u} \cdot \mathbf{v}$

55. $\mathbf{u} = (0, 1, 5)$, $\quad \mathbf{v} = (-4, 3, 3)$, $\quad \langle \mathbf{u}, \mathbf{v} \rangle = \mathbf{u} \cdot \mathbf{v}$

56. $\mathbf{u} = (1, 0, 2)$, $\quad \mathbf{v} = (1, 2, 0)$, $\quad \langle \mathbf{u}, \mathbf{v} \rangle = \mathbf{u} \cdot \mathbf{v}$

57. $p(x) = 2x$, $\quad q(x) = 1 + 3x^2$,
$\langle p, q \rangle = a_0b_0 + a_1b_1 + a_2b_2$

58. $p(x) = x$, $\quad q(x) = 1 - x^2$,
$\langle p, q \rangle = a_0b_0 + 2a_1b_1 + a_2b_2$

59. $A = \begin{bmatrix} 0 & 3 \\ 2 & 1 \end{bmatrix}$, $\quad B = \begin{bmatrix} -3 & 1 \\ 4 & 3 \end{bmatrix}$,
$\langle A, B \rangle = a_{11}b_{11} + a_{12}b_{12} + a_{21}b_{21} + a_{22}b_{22}$

60. $A = \begin{bmatrix} 0 & 1 \\ 2 & -1 \end{bmatrix}$, $\quad B = \begin{bmatrix} 1 & 1 \\ 2 & -2 \end{bmatrix}$,
$\langle A, B \rangle = a_{11}b_{11} + a_{12}b_{12} + a_{21}b_{21} + a_{22}b_{22}$

61. Cálculo $f(x) = \operatorname{sen} x$, $g(x) = \cos x$,
$$\langle f, g \rangle = \int_{0}^{\pi/4} f(x)g(x)\, dx$$

62. Cálculo $f(x) = x$, $\quad g(x) = \cos \pi x$,
$$\langle f, g \rangle = \int_{0}^{2} f(x)g(x)\, dx$$

63. Cálculo $f(x) = x$, $\quad g(x) = e^x$,

$$\langle f, g \rangle = \int_{0}^{1} f(x)g(x)\, dx$$

64. Cálculo $f(x) = x$, $\quad g(x) = e^{-x}$,

$$\langle f, g \rangle = \int_{0}^{1} f(x)g(x)\, dx$$

Cálculo Nos Exercícios 65-68, mostre que f e g são ortogonais no espaço $C[a, b]$ com o produto interno

$$\langle f, g \rangle = \int_{a}^{b} f(x)g(x)\, dx.$$

65. $C[-\pi/2, \pi/2]$, $\quad f(x) = \cos x$, $\quad g(x) = \operatorname{sen} x$

66. $C[-1, 1]$, $\quad f(x) = x$, $\quad g(x) = \frac{1}{2}(3x^2 - 1)$

67. $C[-1, 1]$, $\quad f(x) = x$, $\quad g(x) = \frac{1}{2}(5x^3 - 3x)$

68. $C[0, \pi]$, $\quad f(x) = 1$, $\quad g(x) = \cos(2nx)$,
$n = 1, 2, 3, \ldots$

Determinação e representação gráfica de projeções ortogonais em R^2 Nos Exercícios 69-72, (a) encontre $\operatorname{proj}_\mathbf{v}\mathbf{u}$, (b) encontre $\operatorname{proj}_\mathbf{u}\mathbf{v}$ e (c) represente graficamente $\operatorname{proj}_\mathbf{v}\mathbf{u}$ e $\operatorname{proj}_\mathbf{u}\mathbf{v}$. Use o produto interno euclidiano.

69. $\mathbf{u} = (1, 2)$, $\quad \mathbf{v} = (2, 1)$

70. $\mathbf{u} = (-3, -1)$, $\quad \mathbf{v} = (6, 3)$

71. $\mathbf{u} = (-1, 3)$, $\quad \mathbf{v} = (4, 4)$

72. $\mathbf{u} = (2, -2)$, $\quad \mathbf{v} = (3, 1)$

Determinação de projeções ortogonais Nos Exercícios 73-76, encontre (a) $\operatorname{proj}_\mathbf{v}\mathbf{u}$ e (b) $\operatorname{proj}_\mathbf{u}\mathbf{v}$. Use o produto interno euclidiano.

73. $\mathbf{u} = (5, -3, 1)$, $\quad \mathbf{v} = (1, -1, 0)$

74. $\mathbf{u} = (1, 2, -1)$, $\quad \mathbf{v} = (-1, 2, -1)$

75. $\mathbf{u} = (0, 1, 3, -6)$, $\quad \mathbf{v} = (-1, 1, 2, 2)$

76. $\mathbf{u} = (-1, 4, -2, 3)$, $\quad \mathbf{v} = (2, -1, 2, -1)$

Cálculo Nos Exercícios 77-84, encontre a projeção ortogonal de f em g. Use o produto interno em $C[a, b]$ dado por

$$\langle f, g \rangle = \int_{a}^{b} f(x)g(x)\, dx.$$

77. $C[-1, 1]$, $\quad f(x) = x$, $\quad g(x) = 1$

78. $C[-1, 1]$, $\quad f(x) = x^3 - x$, $\quad g(x) = 2x - 1$

79. $C[0, 1]$, $\quad f(x) = x$, $\quad g(x) = e^x$

80. $C[0, 1]$, $\quad f(x) = x$, $\quad g(x) = e^{-x}$

81. $C[-\pi, \pi]$, $\quad f(x) = \operatorname{sen} x$, $\quad g(x) = \cos x$

82. $C[-\pi, \pi]$, $\quad f(x) = \operatorname{sen} 2x$, $\quad g(x) = \cos 2x$

83. $C[-\pi, \pi]$, $\quad f(x) = x$, $\quad g(x) = \operatorname{sen} 2x$

84. $C[-\pi, \pi]$, $\quad f(x) = x$, $\quad g(x) = \cos 2x$

Verdadeiro ou falso? Nos Exercícios 85 e 86, determine se cada afirmação é verdadeira ou falsa. Se uma afirmação for verdadeira, dê uma justificativa ou cite uma afirmação apropriada do texto. Se uma afirmação for falsa, forneça um exemplo que mostre que a afirmação não é verdadeira em todos os casos ou cite uma afirmação apropriada do texto.

85. (a) O produto escalar é o único produto interno que pode ser definido em R^n.

(b) Um vetor não nulo em um espaço com produto interno pode ter uma norma nula.

86. (a) A norma do vetor $\mathbf{u}$ é o ângulo entre $\mathbf{u}$ e o eixo positivo x.

(b) O ângulo θ entre um vetor $\mathbf{v}$ e a projeção de $\mathbf{u}$ em $\mathbf{v}$ é obtuso quando o escalar $a < 0$ e agudo quando $a > 0$, onde $a\mathbf{v} = \text{proj}_\mathbf{v}\mathbf{u}$.

87. Sejam $\mathbf{u} = (4, 2)$ e $\mathbf{v} = (2, -2)$ vetores em R^2 com o produto interno $\langle \mathbf{u}, \mathbf{v} \rangle = u_1v_1 + 2u_2v_2$.

(a) Mostre que $\mathbf{u}$ e $\mathbf{v}$ são ortogonais.

(b) Represente graficamente $\mathbf{u}$ e $\mathbf{v}$. Eles são ortogonais no sentido euclidiano?

88. **Demonstração** Demonstre que
$$\|\mathbf{u} + \mathbf{v}\|^2 + \|\mathbf{u} - \mathbf{v}\|^2 = 2\|\mathbf{u}\|^2 + 2\|\mathbf{v}\|^2$$
para quaisquer vetores $\mathbf{u}$ e $\mathbf{v}$ num espaço com produto interno V.

89. **Demonstração** Demonstre que a função é um produto interno em R^n
$$\langle \mathbf{u}, \mathbf{v} \rangle = c_1u_1v_1 + c_2u_2v_2 + \cdots + c_nu_nv_n, \quad c_i > 0$$

90. **Demonstração** Sejam $\mathbf{u}$ e $\mathbf{v}$ vetores não nulos em um espaço com produto interno V. Demonstre que $\mathbf{u} - \text{proj}_\mathbf{v}\mathbf{u}$ é ortogonal a $\mathbf{v}$.

91. **Demonstração** Demonstre a Propriedade 2 do Teorema 5.7: se $\mathbf{u}$, $\mathbf{v}$ e $\mathbf{w}$ são vetores em um $\langle \mathbf{u} + \mathbf{v}, \mathbf{w} \rangle = \langle \mathbf{u}, \mathbf{w} \rangle + \langle \mathbf{v}, \mathbf{w} \rangle$.

92. **Demonstração** Demonstre a Propriedade 3 do Teorema 5.7: se $\mathbf{u}$ e $\mathbf{v}$ são vetores em um espaço com produto interno V e c é número real qualquer, então $\langle \mathbf{u}, c\mathbf{v} \rangle = c\langle \mathbf{u}, \mathbf{v} \rangle$.

93. **Demonstração guiada** Seja W um subespaço do espaço com produto interno V. Demonstre que o conjunto
$$W^\perp = \{\mathbf{v} \in V: \langle \mathbf{v}, \mathbf{w} \rangle = 0 \text{ para todo } \mathbf{w} \in W\}$$
é um subespaço de V.
Começando: para demonstrar que $W^\perp$ é um subespaço de V, você deve mostrar que $W^\perp$ é não vazio e que as condições de fechamento para um subespaço são satisfeitas (Teorema 4.5).

(i) Encontre um vetor em $W^\perp$ para concluir que ele não é vazio.

(ii) Para mostrar o fechamento de $W^\perp$ para adição, você deve mostrar que $\langle \mathbf{v}_1 + \mathbf{v}_2, \mathbf{w} \rangle = 0$ para todo $\mathbf{w} \in W$ e para quaisquer $\mathbf{v}_1, \mathbf{v}_2 \in W^\perp$. Use as propriedades dos produtos internos e o fato de que $\langle \mathbf{v}_1, \mathbf{w} \rangle$ e $\langle \mathbf{v}_2, \mathbf{w} \rangle$ são ambos zero para mostrar isso.

(iii) Para mostrar o fechamento para multiplicação por escalar, proceda como no item (ii). Use as propriedades de produtos internos e a condição de pertencer a $W^\perp$.

94. Use o resultado do Exercício 93 para encontrar $W^\perp$ quando W for o conjunto gerado por $(1, 2, 3)$ em $V = R^3$.

95. **Demonstração guiada** Seja $\langle \mathbf{u}, \mathbf{v} \rangle$ o produto interno euclidiano em R^n. Use o fato de que $\langle \mathbf{u}, \mathbf{v} \rangle = \mathbf{u}^T\mathbf{v}$ para demonstrar que, para qualquer matriz A de ordem n,

(a) $\langle A^T\mathbf{u}, \mathbf{v} \rangle = \langle \mathbf{u}, A\mathbf{v} \rangle$

e

(b) $\langle A^TA\mathbf{u}, \mathbf{u} \rangle = \|A\mathbf{u}\|^2$.

Começando: para demonstrar (a) e (b), use as propriedades das transpostas (Teorema 2.6) e as propriedades do produto escalar (Teorema 5.3).

(i) Para demonstrar a parte (a), faça uso repetido da propriedade $\langle \mathbf{u}, \mathbf{v} \rangle = \mathbf{u}^T\mathbf{v}$ e da Propriedade 4 do Teorema 2.6.

(ii) Para demonstrar a parte (b), use a propriedade $\langle \mathbf{u}, \mathbf{v} \rangle = \mathbf{u}^T\mathbf{v}$, a Propriedade 4 do Teorema 2.6 e a Propriedade 4 do Teorema 5.3.

---

96. **Ponto crucial**

(a) Explique como determinar se uma função define um produto interno.

(b) Sejam $\mathbf{u}$ e $\mathbf{v}$ vetores em um espaço com produto interno V, com $\mathbf{v} \neq \mathbf{0}$. Explique como encontrar a projeção ortogonal de $\mathbf{u}$ em $\mathbf{v}$.

Determinação de pesos em produtos internos Nos Exercícios 97-100, encontre c_1 e c_2 para o produto interno em R^2, $\langle \mathbf{u}, \mathbf{v} \rangle = c_1u_1v_1 + c_2u_2v_2$, de modo que a curva represente um círculo unitário como mostrado.

97.   98.

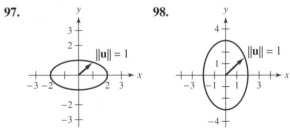

99.   100.

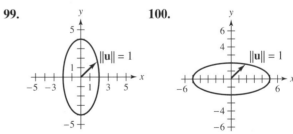

101. Considere os vetores $\mathbf{u} = (6, 2, 4)$ e $\mathbf{v} = (1, 2, 0)$ do Exemplo 10. Sem usar o Teorema 5.9, mostre que, entre todos os múltiplos escalares $c\mathbf{v}$ do vetor $\mathbf{v}$, a projeção de $\mathbf{u}$ em $\mathbf{v}$ é o vetor mais próximo de $\mathbf{u}$, isto é, mostre que $d(\mathbf{u}, \text{proj}_\mathbf{v}\mathbf{u})$ é um mínimo.

5.3 Bases ortonormais: processo de Gram-Schmidt

■ Mostrar que um conjunto de vetores é ortogonal e forma uma base ortonormal, além de representar um vetor em relação a uma base ortonormal.
■ Aplicar o processo de ortonormalização de Gram-Schmidt.

OBSERVAÇÃO
Nessa seção, quando o espaço com produto interno é R^n ou um subespaço de R^n, suponha que o produto interno utilizado é o produto interno euclidiano (produto escalar), a menos que se mencione em contrário.

CONJUNTOS ORTOGONAIS E ORTONORMAIS

Você viu na Seção 4.7 que um espaço vetorial pode ter muitas bases diferentes. Ao estudar essa seção, você pode ter notado que algumas bases são mais convenientes do que outras. Por exemplo, R^3 tem a base $B = \{(1, 0, 0), (0, 1, 0), (0, 0, 1)\}$. Este conjunto é a base *canônica* de R^3 porque possui características importantes que são particularmente úteis. Uma característica importante é que os três vetores na base são *mutuamente ortogonais*. Mais precisamente,

$(1, 0, 0) \cdot (0, 1, 0) = 0$
$(1, 0, 0) \cdot (0, 0, 1) = 0$
$(0, 1, 0) \cdot (0, 0, 1) = 0.$

Uma segunda característica importante é que cada vetor na base é um vetor unitário. (Verifique isso por inspeção.)

Esta seção identifica algumas vantagens de usar bases consistindo em vetores unitários mutuamente ortogonais e desenvolve um procedimento para a construção de tais bases, conhecido como o *processo de ortonormalização de Gram-Schmidt*.

Definições de conjuntos ortogonais e ortonormais

Um conjunto S de vetores em um espaço com produto interno V é **ortogonal** quando cada par de vetores em S é ortogonal. Se, além disso, cada vetor no conjunto for um vetor unitário, então S é **ortonormal**.

Para $S = \{\mathbf{v}_1, \mathbf{v}_2, \ldots, \mathbf{v}_n\}$, esta definição tem a forma abaixo.

Ortogonal
1. $\langle \mathbf{v}_i, \mathbf{v}_j \rangle = 0, \; i \neq j$

Ortonormal
1. $\langle \mathbf{v}_i, \mathbf{v}_j \rangle = 0, \; i \neq j$
2. $\|\mathbf{v}_i\| = 1, \; i = 1, 2, \ldots, n$

Se S é uma *base*, então é uma **base ortogonal** ou uma **base ortonormal**, respectivamente.

A base canônica de R^n é ortonormal, mas não é a única **base ortonormal** para R^n. Por exemplo, uma base ortonormal não canônica para R^3 pode ser obtida girando a base canônica em torno do eixo z, resultando em

$B = \{(\cos\theta, \text{sen}\,\theta, 0), (-\text{sen}\,\theta, \cos\theta, 0), (0, 0, 1)\}$

como mostrado ao lado. Verifique que o produto escalar de dois vetores distintos em B é zero e que cada vetor em B é um vetor unitário.

O exemplo 1 descreve outra base ortonormal não canônica para R^3.

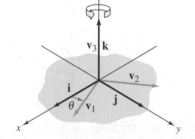

EXEMPLO 1 Uma base ortonormal não canônica para R^3

Mostre que o conjunto é uma base ortonormal para R^3.

Espaços com produto interno 255

$$S = \{\mathbf{v}_1, \mathbf{v}_2, \mathbf{v}_3\} = \left\{\left(\frac{1}{\sqrt{2}}, \frac{1}{\sqrt{2}}, 0\right), \left(-\frac{\sqrt{2}}{6}, \frac{\sqrt{2}}{6}, \frac{2\sqrt{2}}{3}\right), \left(\frac{2}{3}, -\frac{2}{3}, \frac{1}{3}\right)\right\}$$

SOLUÇÃO

Primeiro, mostre que os três vetores são mutuamente ortogonais.

$$\mathbf{v}_1 \cdot \mathbf{v}_2 = -\frac{1}{6} + \frac{1}{6} + 0 = 0$$

$$\mathbf{v}_1 \cdot \mathbf{v}_3 = \frac{2}{3\sqrt{2}} - \frac{2}{3\sqrt{2}} + 0 = 0$$

$$\mathbf{v}_2 \cdot \mathbf{v}_3 = -\frac{\sqrt{2}}{9} - \frac{\sqrt{2}}{9} + \frac{2\sqrt{2}}{9} = 0$$

Agora, cada vetor tem comprimento 1 pois

$$\|\mathbf{v}_1\| = \sqrt{\mathbf{v}_1 \cdot \mathbf{v}_1} = \sqrt{\tfrac{1}{2} + \tfrac{1}{2} + 0} = 1$$

$$\|\mathbf{v}_2\| = \sqrt{\mathbf{v}_2 \cdot \mathbf{v}_2} = \sqrt{\tfrac{1}{18} + \tfrac{1}{18} + \tfrac{8}{9}} = 1$$

$$\|\mathbf{v}_3\| = \sqrt{\mathbf{v}_3 \cdot \mathbf{v}_3} = \sqrt{\tfrac{4}{9} + \tfrac{4}{9} + \tfrac{1}{9}} = 1.$$

Assim, S é um conjunto ortonormal. Os três vetores não se encontram no mesmo plano (ver a Figura 5.11), então decorre que eles geram R^3. Pelo Teorema 4.12, eles formam uma base ortonormal (não canônica) de R^3.

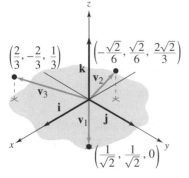

Figura 5.11

EXEMPLO 2   Uma base ortonormal para P_3

Em P_3, com o produto interno

$$\langle p, q \rangle = a_0 b_0 + a_1 b_1 + a_2 b_2 + a_3 b_3$$

a base canônica $B = \{1, x, x^2, x^3\}$ é ortonormal. A verificação disso é deixada como exercício. (Veja o Exercício 17.)

ÁLGEBRA LINEAR APLICADA

A análise da frequência temporal de sinais fisiológicos irregulares, como variações do ritmo cardíaco de batimento a batimento (também conhecido como variabilidade da frequência cardíaca ou HRV, na sigla em inglês), pode ser difícil. Isso ocorre porque a estrutura de um sinal pode incluir múltiplos componentes periódicos, não periódicos e pseudoperiódicos. Pesquisadores propuseram e validaram um método simplificado de análise de HRV chamado partição de base ortonormal e representação de frequência temporal (OPTR, na sigla em inglês). Este método exibe mudanças abruptas e lentas na estrutura do sinal de HRV, divide um sinal de HRV não estacionário em segmentos que são "menos não estacionários" e determinam padrões na HRV. Pesquisadores descobriram que, apesar de ter uma resolução de tempo fraca em sinais que mudaram gradualmente, o método OPTR representou com precisão multicomponentes e mudanças abruptas em sinais de HRV reais e simulados.

Fonte: Orthonormal-Basis Partitioning and Time-Frequency Representation of Cardiac Rhythm Dynamics, Aysina, Benhur, et al., IEEE Transactions on Biomedical Engineering, 52, n. 5)

O conjunto ortogonal no próximo exemplo é usado para construir aproximações de Fourier de funções contínuas. (Veja a Seção 5.5.)

EXEMPLO 3 Um conjunto ortogonal em $C[0, 2\pi]$ (Cálculo)

Em $C[0, 2\pi]$, com o produto interno

$$\langle f, g \rangle = \int_0^{2\pi} f(x)g(x)\, dx$$

mostre que o conjunto $S = \{1, \operatorname{sen} x, \cos x, \operatorname{sen} 2x, \cos 2x, \ldots, \operatorname{sen} nx, \cos nx\}$ é ortogonal.

SOLUÇÃO

Para mostrar que este conjunto é ortogonal, verifique os produtos internos listados abaixo, onde m e n são inteiros positivos.

$$\langle 1, \operatorname{sen} nx \rangle = \int_0^{2\pi} \operatorname{sen} nx\, dx = 0$$

$$\langle 1, \cos nx \rangle = \int_0^{2\pi} \cos nx\, dx = 0$$

$$\langle \operatorname{sen} mx, \cos nx \rangle = \int_0^{2\pi} \operatorname{sen} mx \cos nx\, dx = 0$$

$$\langle \operatorname{sen} mx, \operatorname{sen} nx \rangle = \int_0^{2\pi} \operatorname{sen} mx \operatorname{sen} nx\, dx = 0, \quad m \neq n$$

$$\langle \cos mx, \cos nx \rangle = \int_0^{2\pi} \cos mx \cos nx\, dx = 0, \quad m \neq n$$

Um destes produtos internos é verificado a seguir, enquanto que os outros são deixados para você. Se $m \neq n$, então use a fórmula para reescrever um produto de funções trigonométricas como uma soma para obter

$$\int_0^{2\pi} \operatorname{sen} mx \cos nx\, dx = \frac{1}{2} \int_0^{2\pi} [\operatorname{sen}(m+n)x + \operatorname{sen}(m-n)x]\, dx = 0.$$

Se $m = n$, então

$$\int_0^{2\pi} \operatorname{sen} nx \cos nx\, dx = \frac{1}{2n}\Big[\operatorname{sen}^2 nx\Big]_0^{2\pi} = 0.$$

O conjunto S no Exemplo 3 é ortogonal, mas não é ortonormal. Podemos formar um conjunto ortonormal, no entanto, normalizando cada vetor em S. Isto é,

$$\|1\|^2 = \int_0^{2\pi} dx = 2\pi$$

$$\|\operatorname{sen} nx\|^2 = \int_0^{2\pi} \operatorname{sen}^2 nx\, dx = \pi$$

$$\|\cos nx\|^2 = \int_0^{2\pi} \cos^2 nx\, dx = \pi$$

de onde segue que o conjunto

$$\left\{\frac{1}{\sqrt{2\pi}}, \frac{1}{\sqrt{\pi}}\operatorname{sen} x, \frac{1}{\sqrt{\pi}}\cos x, \ldots, \frac{1}{\sqrt{\pi}}\operatorname{sen} nx, \frac{1}{\sqrt{\pi}}\cos nx\right\}$$

é ortonormal.

Cada conjunto nos Exemplos 1, 2 e 3 é linearmente independente. Esta é uma característica de qualquer conjunto ortogonal de vetores não nulos, como afirma o próximo teorema.

Jean-Baptiste Joseph Fourier (1768-1830)

Fourier nasceu em Auxerre, na França. Ele leva o crédito por ter contribuído significativamente para o campo da educação para cientistas, matemáticos e engenheiros. Sua pesquisa levou a importantes resultados relativos a autovalores (Seção 7.1), equações diferenciais e o que seria mais tarde conhecido como séries de Fourier (representações de funções usando séries trigonométricas). Seu trabalho forçou matemáticos a reconsiderarem a definição aceita, mas limitada, de função.

Espaços com produto interno 257

TEOREMA 5.10   Os conjuntos ortogonais são linearmente independentes

Se $S = \{\mathbf{v}_1, \mathbf{v}_2, \ldots, \mathbf{v}_n\}$ é um conjunto ortogonal de vetores *não nulos* em um espaço com produto interno V, então S é linearmente independente.

DEMONSTRAÇÃO

Você precisa mostrar que a equação vetorial

$$c_1\mathbf{v}_1 + c_2\mathbf{v}_2 + \cdots + c_n\mathbf{v}_n = \mathbf{0}$$

implica $c_1 = c_2 = \cdots = c_n = 0$. Para fazer isso, tome o produto interno de ambos os lados da equação com cada vetor em S. Mais precisamente, para cada i, considere

$$\langle (c_1\mathbf{v}_1 + c_2\mathbf{v}_2 + \cdots + c_i\mathbf{v}_i + \cdots + c_n\mathbf{v}_n), \mathbf{v}_i \rangle = \langle \mathbf{0}, \mathbf{v}_i \rangle$$
$$c_1\langle \mathbf{v}_1, \mathbf{v}_i \rangle + c_2\langle \mathbf{v}_2, \mathbf{v}_i \rangle + \cdots + c_i\langle \mathbf{v}_i, \mathbf{v}_i \rangle + \cdots + c_n\langle \mathbf{v}_n, \mathbf{v}_i \rangle = 0.$$

Agora, S é ortogonal, de modo que $\langle \mathbf{v}_i, \mathbf{v}_j \rangle = 0$ para $j \neq i$, e a equação se reduz a

$$c_i\langle \mathbf{v}_i, \mathbf{v}_i \rangle = 0.$$

Mas cada vetor em S é diferente de zero, o que garante que

$$\langle \mathbf{v}_i, \mathbf{v}_i \rangle = \|\mathbf{v}_i\|^2 \neq 0.$$

Isto significa que cada c_i deve ser zero e o conjunto deve ser linearmente independente.

Como consequência dos Teoremas 4.12 e 5.10, você obtém o corolário abaixo.

TEOREMA 5.10   Corolário

Se V é um espaço com produto interno de dimensão n, então qualquer conjunto ortogonal de n vetores não nulos é uma base de V.

EXEMPLO 4   Usando ortogonalidade para testar uma base

Mostre que o conjunto S abaixo é uma base para R^4.

$$\overset{\mathbf{v}_1}{} \quad \overset{\mathbf{v}_2}{} \quad \overset{\mathbf{v}_3}{} \quad \overset{\mathbf{v}_4}{}$$
$$S = \{(2, 3, 2, -2), (1, 0, 0, 1), (-1, 0, 2, 1), (-1, 2, -1, 1)\}$$

SOLUÇÃO

O conjunto S possui quatro vetores não nulos. Pelo corolário do Teorema 5.10, você pode mostrar que S é uma base de R^4, ao verificar que é um conjunto ortogonal.

$$\mathbf{v}_1 \cdot \mathbf{v}_2 = 2 + 0 + 0 - 2 = 0$$
$$\mathbf{v}_1 \cdot \mathbf{v}_3 = -2 + 0 + 4 - 2 = 0$$
$$\mathbf{v}_1 \cdot \mathbf{v}_4 = -2 + 6 - 2 - 2 = 0$$
$$\mathbf{v}_2 \cdot \mathbf{v}_3 = -1 + 0 + 0 + 1 = 0$$
$$\mathbf{v}_2 \cdot \mathbf{v}_4 = -1 + 0 + 0 + 1 = 0$$
$$\mathbf{v}_3 \cdot \mathbf{v}_4 = 1 + 0 - 2 + 1 = 0$$

Como S é ortogonal, pelo corolário do Teorema 5.10, é uma base de R^4.

A Seção 4.7 discute uma técnica para encontrar uma representação em coordenadas com respeito a uma base não canônica. Quando a base é *ortonormal*, este procedimento pode ser simplificado.

Antes de olhar para este procedimento, considere um exemplo em R^2. A Figura 5.12 mostra uma base ortonormal para R^2, $\mathbf{i} = (1, 0)$ e $\mathbf{j} = (0, 1)$. Qualquer vetor $\mathbf{w}$ em R^2 pode ser representado como $\mathbf{w} = \mathbf{w}_1 + \mathbf{w}_2$, onde $\mathbf{w}_1 = \text{proj}_\mathbf{i}\mathbf{w}$ e $\mathbf{w}_2 = \text{proj}_\mathbf{j}\mathbf{w}$. Os vetores $\mathbf{i}$ e $\mathbf{j}$ são vetores unitários, então segue que $\mathbf{w}_1 = (\mathbf{w} \cdot \mathbf{i})\mathbf{i}$ e $\mathbf{w}_2 = (\mathbf{w} \cdot \mathbf{j})\mathbf{j}$. Consequentemente,

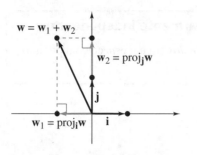

Figura 5.12

$$\mathbf{w} = \mathbf{w}_1 + \mathbf{w}_2 = (\mathbf{w} \cdot \mathbf{i})\mathbf{i} + (\mathbf{w} \cdot \mathbf{j})\mathbf{j} = c_1\mathbf{i} + c_2\mathbf{j}$$

o que mostra que os coeficientes c_1 e c_2 são simplesmente os produtos escalares de **w** com os respectivos vetores da base. O próximo teorema generaliza isso.

TEOREMA 5.11 Coordenadas relativas a uma base ortonormal.

Se $B = \{\mathbf{v}_1, \mathbf{v}_2, \ldots, \mathbf{v}_n\}$ é uma base ortonormal de um espaço com produto interno V, então a representação em coordenadas de um vetor **w** em relação a B é

$$\mathbf{w} = \langle \mathbf{w}, \mathbf{v}_1 \rangle \mathbf{v}_1 + \langle \mathbf{w}, \mathbf{v}_2 \rangle \mathbf{v}_2 + \cdots + \langle \mathbf{w}, \mathbf{v}_n \rangle \mathbf{v}_n.$$

DEMONSTRAÇÃO

B é uma base de V, portanto, devem existir escalares únicos $c_1, c_2, \ldots, c_n$ tais que

$$\mathbf{w} = c_1\mathbf{v}_1 + c_2\mathbf{v}_2 + \cdots + c_n\mathbf{v}_n.$$

Tomando o produto interno (com $\mathbf{v}_i$) de ambos os lados desta equação, você tem

$$\langle \mathbf{w}, \mathbf{v}_i \rangle = \langle (c_1\mathbf{v}_1 + c_2\mathbf{v}_2 + \cdots + c_n\mathbf{v}_n), \mathbf{v}_i \rangle$$
$$= c_1 \langle \mathbf{v}_1, \mathbf{v}_i \rangle + c_2 \langle \mathbf{v}_2, \mathbf{v}_i \rangle + \cdots + c_n \langle \mathbf{v}_n, \mathbf{v}_i \rangle$$

e pela ortogonalidade de B, esta equação se reduz a

$$\langle \mathbf{w}, \mathbf{v}_i \rangle = c_i \langle \mathbf{v}_i, \mathbf{v}_i \rangle.$$

Como B é ortonormal, então $\langle \mathbf{v}_i, \mathbf{v}_i \rangle = \|\mathbf{v}_i\|^2 = 1$ e segue que $\langle \mathbf{w}, \mathbf{v}_i \rangle = c_i$. ■

No Teorema 5.11, as coordenadas de **w** em relação à base *ortonormal B* são chamadas de **coeficientes de Fourier** de **w** em relação a B, em homenagem a Jean-Baptiste Joseph Fourier. A correspondente matriz de coordenadas de **w** em relação a B é

$$[\mathbf{w}]_B = [c_1 \ c_2 \ \ldots \ c_n]^T = [\langle \mathbf{w}, \mathbf{v}_1 \rangle \ \langle \mathbf{w}, \mathbf{v}_2 \rangle \ \ldots \ \langle \mathbf{w}, \mathbf{v}_n \rangle]^T.$$

EXEMPLO 5 Representação de vetores em relação a uma base ortonormal

Encontre a matriz de coordenadas de $\mathbf{w} = (5, -5, 2)$ em relação à base ortonormal B de R^3 a seguir.

$$B = \left\{ \underset{\mathbf{v}_1}{\left(\tfrac{3}{5}, \tfrac{4}{5}, 0\right)}, \underset{\mathbf{v}_2}{\left(-\tfrac{4}{5}, \tfrac{3}{5}, 0\right)}, \underset{\mathbf{v}_3}{(0, 0, 1)} \right\}$$

SOLUÇÃO

B é ortonormal (verifique isso), então use o Teorema 5.11 para encontrar as coordenadas.

$$\mathbf{w} \cdot \mathbf{v}_1 = (5, -5, 2) \cdot \left(\tfrac{3}{5}, \tfrac{4}{5}, 0\right) = -1$$
$$\mathbf{w} \cdot \mathbf{v}_2 = (5, -5, 2) \cdot \left(-\tfrac{4}{5}, \tfrac{3}{5}, 0\right) = -7$$
$$\mathbf{w} \cdot \mathbf{v}_3 = (5, -5, 2) \cdot (0, 0, 1) = 2$$

Assim, a matriz de coordenadas em relação a B é $[\mathbf{w}]_B = [-1 \ -7 \ 2]^T$. ■

PROCESSO DE ORTONORMALIZAÇÃO DE GRAM-SCHMIDT

Tendo visto uma das vantagens das bases ortonormais (a representação por coordenadas direta e fácil), você agora examinará um procedimento para encontrar tal base. Este procedimento é chamado de **processo de ortonormalização de**

Espaços com produto interno 259

Gram-Schmidt, em homenagem ao matemático dinamarquês Jorgen Pederson Gram (1850-1916) e ao matemático alemão Erhardt Schmidt (1876-1959). O procedimento consiste em três passos.

> **OBSERVAÇÃO**
>
> O processo ortonormalização de Gram-Schmidt leva a uma fatoração de matrizes similar à fatoração *LU* estudada no Capítulo 2. Será pedido que você investigue esta *fatoração QR* no Projeto 1 na página 293.

1. Comece com uma base para o espaço com produto interno. Não precisa ser ortogonal nem consistir em vetores unitários.
2. Converta a base em uma base ortogonal.
3. Normalize cada vetor na base ortogonal para formar uma base ortonormal.

TEOREMA 5.12 Processo de ortonormalização de Gram-Schmidt

1. Seja $B = \{\mathbf{v}_1, \mathbf{v}_2, \ldots, \mathbf{v}_n\}$ uma base de um espaço com produto interno V.
2. Seja $B' = \{\mathbf{w}_1, \mathbf{w}_2, \ldots, \mathbf{w}_n\}$, onde

$$\mathbf{w}_1 = \mathbf{v}_1$$

$$\mathbf{w}_2 = \mathbf{v}_2 - \frac{\langle \mathbf{v}_2, \mathbf{w}_1 \rangle}{\langle \mathbf{w}_1, \mathbf{w}_1 \rangle}\mathbf{w}_1$$

$$\mathbf{w}_3 = \mathbf{v}_3 - \frac{\langle \mathbf{v}_3, \mathbf{w}_1 \rangle}{\langle \mathbf{w}_1, \mathbf{w}_1 \rangle}\mathbf{w}_1 - \frac{\langle \mathbf{v}_3, \mathbf{w}_2 \rangle}{\langle \mathbf{w}_2, \mathbf{w}_2 \rangle}\mathbf{w}_2$$

$$\vdots$$

$$\mathbf{w}_n = \mathbf{v}_n - \frac{\langle \mathbf{v}_n, \mathbf{w}_1 \rangle}{\langle \mathbf{w}_1, \mathbf{w}_1 \rangle}\mathbf{w}_1 - \frac{\langle \mathbf{v}_n, \mathbf{w}_2 \rangle}{\langle \mathbf{w}_2, \mathbf{w}_2 \rangle}\mathbf{w}_2 - \cdots - \frac{\langle \mathbf{v}_n, \mathbf{w}_{n-1} \rangle}{\langle \mathbf{w}_{n-1}, \mathbf{w}_{n-1} \rangle}\mathbf{w}_{n-1}.$$

Então B' é uma base *ortogonal* de V.

3. Seja $\mathbf{u}_i = \dfrac{\mathbf{w}_i}{\|\mathbf{w}_i\|}$. Então $B'' = \{\mathbf{u}_1, \mathbf{u}_2, \ldots, \mathbf{u}_n\}$ é uma base *ortonormal* de V. Além disso, $\mathrm{span}\{\mathbf{v}_1, \mathbf{v}_2, \ldots, \mathbf{v}_k\} = \mathrm{span}\{\mathbf{u}_1, \mathbf{u}_2, \ldots, \mathbf{u}_k\}$ para $k = 1, 2, \ldots, n$.

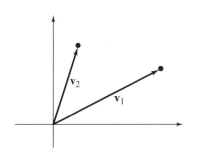

$\{\mathbf{v}_1, \mathbf{v}_2\}$ é uma base de R^2.

Figura 5.13

Em vez de dar uma demonstração deste teorema, é mais instrutivo discutir um caso especial para o qual se pode usar um modelo geométrico. Seja $\{\mathbf{v}_1, \mathbf{v}_2\}$ uma base de R^2, como mostrado na Figura 5.13. Para determinar uma base ortogonal para R^2, primeiro escolha um dos vetores originais, digamos $\mathbf{v}_1$, e chame-o $\mathbf{w}_1$. Agora você quer encontrar um segundo vetor ortogonal para $\mathbf{w}_1$. A figura abaixo mostra que $\mathbf{v}_2 - \mathrm{proj}_{\mathbf{v}_1}\mathbf{v}_2$ tem esta propriedade.

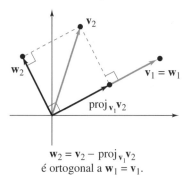

$\mathbf{w}_2 = \mathbf{v}_2 - \mathrm{proj}_{\mathbf{v}_1}\mathbf{v}_2$
é ortogonal a $\mathbf{w}_1 = \mathbf{v}_1$.

Tomando $\mathbf{w}_1 = \mathbf{v}_1$ e $\mathbf{w}_2 = \mathbf{v}_2 - \mathrm{proj}_{\mathbf{v}_1}\mathbf{v}_2 = \mathbf{v}_2 - \dfrac{\mathbf{v}_2 \cdot \mathbf{w}_1}{\mathbf{w}_1 \cdot \mathbf{w}_1}\mathbf{w}_1$, pode-se concluir que o conjunto $\{\mathbf{w}_1, \mathbf{w}_2\}$ é ortogonal. Pelo corolário do Teorema 5.10, ele é uma base de R^2. Finalmente, ao normalizar $\mathbf{w}_1$ e $\mathbf{w}_2$, você obtém a base ortonormal de R^2 abaixo.

$$\{\mathbf{u}_1, \mathbf{u}_2\} = \left\{\frac{\mathbf{w}_1}{\|\mathbf{w}_1\|}, \frac{\mathbf{w}_2}{\|\mathbf{w}_2\|}\right\}$$

OBSERVAÇÃO

Um conjunto ortonormal obtido pelo processo de ortonormalização de Gram-Schmidt depende da ordem dos vetores na base. Por exemplo, refaça o Exemplo 6 com a base original ordenada como $\{v_2, v_1\}$ em vez de $\{v_1, v_2\}$.

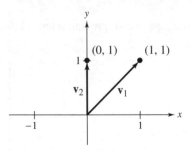

Base dada: $B = \{v_1, v_2\}$

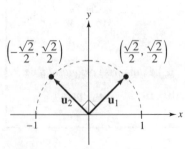

Base ortonormal: $B'' = \{u_1, u_2\}$

Figure 5.14

EXEMPLO 6 — Aplicação do processo de ortonormalização de Gram-Schmidt

Aplique processo de ortonormalização de Gram-Schmidt para a base B de R^2 abaixo.

$$B = \{\underset{v_1}{(1, 1)}, \underset{v_2}{(0, 1)}\}$$

SOLUÇÃO

O processo de ortonormalização de Gram-Schmidt produz

$$w_1 = v_1 = (1, 1)$$

$$w_2 = v_2 - \frac{v_2 \cdot w_1}{w_1 \cdot w_1} w_1 = (0, 1) - \frac{1}{2}(1, 1) = \left(-\frac{1}{2}, \frac{1}{2}\right).$$

O conjunto $B' = \{w_1, w_2\}$ é uma base ortogonal para R^2. Ao normalizar cada vetor em B', obtém-se

$$u_1 = \frac{w_1}{\|w_1\|} = \frac{1}{\sqrt{2}}(1, 1) = \left(\frac{\sqrt{2}}{2}, \frac{\sqrt{2}}{2}\right)$$

$$u_2 = \frac{w_2}{\|w_2\|} = \frac{1}{1/\sqrt{2}}\left(-\frac{1}{2}, \frac{1}{2}\right) = \sqrt{2}\left(-\frac{1}{2}, \frac{1}{2}\right) = \left(-\frac{\sqrt{2}}{2}, \frac{\sqrt{2}}{2}\right).$$

Assim, $B'' = \{u_1, u_2\}$ é uma base ortonormal de R^2. Ver a Figura 5.14.

EXEMPLO 7 — Aplicação do processo de ortonormalização de Gram-Schmidt

Aplique o processo de ortonormalização de Gram-Schmidt para a base B de R^3 abaixo.

$$B = \{\underset{v_1}{(1, 1, 0)}, \underset{v_2}{(1, 2, 0)}, \underset{v_3}{(0, 1, 2)}\}$$

SOLUÇÃO

A aplicação do processo de ortonormalização de Gram-Schmidt produz

$$w_1 = v_1 = (1, 1, 0)$$

$$w_2 = v_2 - \frac{v_2 \cdot w_1}{w_1 \cdot w_1} w_1 = (1, 2, 0) - \frac{3}{2}(1, 1, 0) = \left(-\frac{1}{2}, \frac{1}{2}, 0\right)$$

$$w_3 = v_3 - \frac{v_3 \cdot w_1}{w_1 \cdot w_1} w_1 - \frac{v_3 \cdot w_2}{w_2 \cdot w_2} w_2$$

$$= (0, 1, 2) - \frac{1}{2}(1, 1, 0) - \frac{1/2}{1/2}\left(-\frac{1}{2}, \frac{1}{2}, 0\right)$$

$$= (0, 0, 2).$$

O conjunto $B' = \{w_1, w_2, w_3\}$ é uma base ortogonal de R^3. Normalizando cada vetor em B' resulta

$$u_1 = \frac{w_1}{\|w_1\|} = \frac{1}{\sqrt{2}}(1, 1, 0) = \left(\frac{\sqrt{2}}{2}, \frac{\sqrt{2}}{2}, 0\right)$$

$$u_2 = \frac{w_2}{\|w_2\|} = \frac{1}{1/\sqrt{2}}\left(-\frac{1}{2}, \frac{1}{2}, 0\right) = \left(-\frac{\sqrt{2}}{2}, \frac{\sqrt{2}}{2}, 0\right)$$

$$u_3 = \frac{w_3}{\|w_3\|} = \frac{1}{2}(0, 0, 2) = (0, 0, 1).$$

Assim, $B'' = \{u_1, u_2, u_3\}$ é uma base ortonormal de R^3.

Espaços com produto interno

Os Exemplos 6 e 7 aplicam o processo de ortonormalização de Gram-Schmidt em bases de R^2 e R^3. O processo funciona igualmente bem para um subespaço de um espaço com produto interno. O próximo exemplo ilustra isso.

EXEMPLO 8 — Aplicação do processo de ortonormalização de Gram-Schmidt

Veja LarsonLinearAlgebra.com para uma versão interativa deste tipo de exemplo.

Os vetores
$$\mathbf{v}_1 = (0, 1, 0) \quad \text{e} \quad \mathbf{v}_2 = (1, 1, 1)$$
geram um plano em R^3. Encontre uma base ortonormal para este subespaço.

SOLUÇÃO

A aplicação do processo de ortonormalização de Gram-Schmidt produz
$$\mathbf{w}_1 = \mathbf{v}_1 = (0, 1, 0)$$
$$\mathbf{w}_2 = \mathbf{v}_2 - \frac{\mathbf{v}_2 \cdot \mathbf{w}_1}{\mathbf{w}_1 \cdot \mathbf{w}_1}\mathbf{w}_1 = (1, 1, 1) - \frac{1}{1}(0, 1, 0) = (1, 0, 1)$$

Normalizando $\mathbf{w}_1$ e $\mathbf{w}_2$ obtém-se o conjunto ortonormal
$$\mathbf{u}_1 = \frac{\mathbf{w}_1}{\|\mathbf{w}_1\|} = (0, 1, 0)$$
$$\mathbf{u}_2 = \frac{\mathbf{w}_2}{\|\mathbf{w}_2\|} = \frac{1}{\sqrt{2}}(1, 0, 1) = \left(\frac{\sqrt{2}}{2}, 0, \frac{\sqrt{2}}{2}\right).$$

Veja a Figura 5.15.

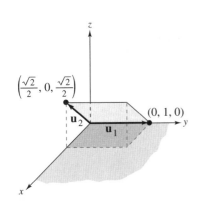

Figura 5.15

EXEMPLO 9 — Aplicação do processo de ortonormalização de Gram-Schmidt (Cálculo)

Aplique o processo de ortonormalização de Gram-Schmidt na base $B = \{1, x, x^2\}$ de P_2, usando o produto interno
$$\langle p, q \rangle = \int_{-1}^{1} p(x)q(x)\, dx.$$

SOLUÇÃO

Seja $B = \{1, x, x^2\} = \{\mathbf{v}_1, \mathbf{v}_2, \mathbf{v}_3\}$. Então segue que
$$\mathbf{w}_1 = \mathbf{v}_1 = 1$$
$$\mathbf{w}_2 = \mathbf{v}_2 - \frac{\langle \mathbf{v}_2, \mathbf{w}_1 \rangle}{\langle \mathbf{w}_1, \mathbf{w}_1 \rangle}\mathbf{w}_1 = x - \frac{0}{2}(1) = x$$
$$\mathbf{w}_3 = \mathbf{v}_3 - \frac{\langle \mathbf{v}_3, \mathbf{w}_1 \rangle}{\langle \mathbf{w}_1, \mathbf{w}_1 \rangle}\mathbf{w}_1 - \frac{\langle \mathbf{v}_3, \mathbf{w}_2 \rangle}{\langle \mathbf{w}_2, \mathbf{w}_2 \rangle}\mathbf{w}_2 = x^2 - \frac{2/3}{2}(1) - \frac{0}{2/3}(x) = x^2 - \frac{1}{3}.$$

Agora, ao normalizar $B' = \{\mathbf{w}_1, \mathbf{w}_2, \mathbf{w}_3\}$, obtém-se
$$\mathbf{u}_1 = \frac{\mathbf{w}_1}{\|\mathbf{w}_1\|} = \frac{1}{\sqrt{2}}(1) = \frac{1}{\sqrt{2}}$$
$$\mathbf{u}_2 = \frac{\mathbf{w}_2}{\|\mathbf{w}_2\|} = \frac{1}{\sqrt{2/3}}(x) = \frac{\sqrt{3}}{\sqrt{2}}x$$
$$\mathbf{u}_3 = \frac{\mathbf{w}_3}{\|\mathbf{w}_3\|} = \frac{1}{\sqrt{8/45}}\left(x^2 - \frac{1}{3}\right) = \frac{\sqrt{5}}{2\sqrt{2}}(3x^2 - 1).$$

Nos Exercícios 43-48, será pedido que você verifique esses cálculos.

OBSERVAÇÃO

Os polinômios $\mathbf{u}_1$, $\mathbf{u}_2$ e $\mathbf{u}_3$ no Exemplo 9 são chamados de os primeiros três **polinômios de Legendre normalizados**, em homenagem ao matemático francês Adrien-Marie Legendre (1752-1833).

262 Elementos de álgebra linear

Os cálculos no processo de ortonormalização de Gram-Schmidt são às vezes mais simples quando se normaliza cada vetor $\mathbf{w}_i$ *antes* de usá-lo para determinar o próximo vetor. Esta **forma alternativa do processo de ortonormalização de Gram-Schmidt** consiste nos passos listados a seguir.

$$\mathbf{u}_1 = \frac{\mathbf{w}_1}{\|\mathbf{w}_1\|} = \frac{\mathbf{v}_1}{\|\mathbf{v}_1\|}$$

$$\mathbf{u}_2 = \frac{\mathbf{w}_2}{\|\mathbf{w}_2\|}, \text{ onde } \mathbf{w}_2 = \mathbf{v}_2 - \langle \mathbf{v}_2, \mathbf{u}_1 \rangle \mathbf{u}_1$$

$$\mathbf{u}_3 = \frac{\mathbf{w}_3}{\|\mathbf{w}_3\|}, \text{ onde } \mathbf{w}_3 = \mathbf{v}_3 - \langle \mathbf{v}_3, \mathbf{u}_1 \rangle \mathbf{u}_1 - \langle \mathbf{v}_3, \mathbf{u}_2 \rangle \mathbf{u}_2$$

$$\vdots$$

$$\mathbf{u}_n = \frac{\mathbf{w}_n}{\|\mathbf{w}_n\|}, \text{ onde } \mathbf{w}_n = \mathbf{v}_n - \langle \mathbf{v}_n, \mathbf{u}_1 \rangle \mathbf{u}_1 - \cdots - \langle \mathbf{v}_n, \mathbf{u}_{n-1} \rangle \mathbf{u}_{n-1}$$

EXEMPLO 10 — Forma alternativa do processo de ortonormalização de Gram-Schmidt

Encontre uma base ortonormal para o espaço solução do sistema linear homogêneo.

$$\begin{aligned} x_1 + x_2 \qquad + 7x_4 &= 0 \\ 2x_1 + x_2 + 2x_3 + 6x_4 &= 0 \end{aligned}$$

SOLUÇÃO

A matriz aumentada para este sistema se reduz, como mostrado abaixo.

$$\begin{bmatrix} 1 & 1 & 0 & 7 & 0 \\ 2 & 1 & 2 & 6 & 0 \end{bmatrix} \longrightarrow \begin{bmatrix} 1 & 0 & 2 & -1 & 0 \\ 0 & 1 & -2 & 8 & 0 \end{bmatrix}$$

Se você tomar $x_3 = s$ e $x_4 = t$, então cada solução do sistema tem a forma

$$\begin{bmatrix} x_1 \\ x_2 \\ x_3 \\ x_4 \end{bmatrix} = \begin{bmatrix} -2s + t \\ 2s - 8t \\ s \\ t \end{bmatrix} = s \begin{bmatrix} -2 \\ 2 \\ 1 \\ 0 \end{bmatrix} + t \begin{bmatrix} 1 \\ -8 \\ 0 \\ 1 \end{bmatrix}.$$

Assim, uma base do espaço solução é

$$B = \{\mathbf{v}_1, \mathbf{v}_2\} = \{(-2, 2, 1, 0), (1, -8, 0, 1)\}.$$

Para encontrar uma base ortonormal $B' = \{\mathbf{u}_1, \mathbf{u}_2\}$, use a forma alternativa do processo de ortonormalização de Gram-Schmidt, como mostrado abaixo.

$$\mathbf{u}_1 = \frac{\mathbf{v}_1}{\|\mathbf{v}_1\|}$$

$$= \left(-\frac{2}{3}, \frac{2}{3}, \frac{1}{3}, 0\right)$$

$$\mathbf{w}_2 = \mathbf{v}_2 - \langle \mathbf{v}_2, \mathbf{u}_1 \rangle \mathbf{u}_1$$

$$= (1, -8, 0, 1) - \left[(1, -8, 0, 1) \cdot \left(-\frac{2}{3}, \frac{2}{3}, \frac{1}{3}, 0\right)\right]\left(-\frac{2}{3}, \frac{2}{3}, \frac{1}{3}, 0\right)$$

$$= (-3, -4, 2, 1)$$

$$\mathbf{u}_2 = \frac{\mathbf{w}_2}{\|\mathbf{w}_2\|}$$

$$= \left(-\frac{3}{\sqrt{30}}, -\frac{4}{\sqrt{30}}, \frac{2}{\sqrt{30}}, \frac{1}{\sqrt{30}}\right)$$

5.3 Exercícios

Conjuntos ortogonais e ortonormais Nos Exercícios 1-12, (a) determine se o conjunto de vetores em R^n é ortogonal, (b) se o conjunto for ortogonal, então determine se ele também é ortonormal e (c) determine se o conjunto é uma base de R^n.

1. $\{(2, -4), (2, 1)\}$ **2.** $\{(-3, 5), (4, 0)\}$

3. $\left\{\left(\frac{3}{5}, \frac{4}{5}\right), \left(-\frac{4}{5}, \frac{3}{5}\right)\right\}$ **4.** $\left\{(2, 1), \left(\frac{1}{3}, -\frac{2}{3}\right)\right\}$

5. $\{(4, -1, 1), (-1, 0, 4), (-4, -17, -1)\}$

6. $\{(2, -4, 2), (0, 2, 4), (-10, -4, 2)\}$

7. $\left\{\left(\frac{\sqrt{2}}{3}, 0, -\frac{\sqrt{2}}{6}\right), \left(0, \frac{2\sqrt{5}}{5}, -\frac{\sqrt{5}}{5}\right), \left(\frac{\sqrt{5}}{5}, 0, \frac{1}{2}\right)\right\}$

8.
$$\left\{\left(\frac{\sqrt{2}}{2}, 0, \frac{\sqrt{2}}{2}\right), \left(-\frac{\sqrt{6}}{6}, \frac{\sqrt{6}}{3}, \frac{\sqrt{6}}{6}\right), \left(\frac{\sqrt{3}}{3}, \frac{\sqrt{3}}{3}, -\frac{\sqrt{3}}{3}\right)\right\}$$

9. $\{(2, 5, -3), (4, 2, 6)\}$

10. $\{(-6, 3, 2, 1), (2, 0, 6, 0)\}$

11. $\left\{\left(\frac{\sqrt{2}}{2}, 0, 0, \frac{\sqrt{2}}{2}\right), \left(0, \frac{\sqrt{2}}{2}, \frac{\sqrt{2}}{2}, 0\right), \left(-\frac{1}{2}, \frac{1}{2}, -\frac{1}{2}, \frac{1}{2}\right)\right\}$

12. $\left\{\left(\frac{\sqrt{10}}{10}, 0, 0, \frac{3\sqrt{10}}{10}\right), (0, 0, 1, 0), (0, 1, 0, 0), \left(-\frac{3\sqrt{10}}{10}, 0, 0, \frac{\sqrt{10}}{10}\right)\right\}$

Normalização de um conjunto ortogonal Nos Exercícios 13-16, (a) mostre que o conjunto de vetores em R^n é ortogonal e (b) normalize o conjunto para produzir um conjunto ortonormal.

13. $\{(-1, 3), (12, 4)\}$ **14.** $\{(2, -5), (10, 4)\}$

15. $\left\{\left(\sqrt{3}, \sqrt{3}, \sqrt{3}\right), \left(-\sqrt{2}, 0, \sqrt{2}\right)\right\}$

16. $\left\{\left(\frac{6}{13}, -\frac{2}{13}, \frac{3}{13}\right), \left(\frac{2}{13}, \frac{6}{13}, 0\right)\right\}$

17. Complete o Exemplo 2 ao verificar que $\{1, x, x^2, x^3\}$ é uma base ortonormal de P_3 com o produto interno $\langle p, q \rangle = a_0b_0 + a_1b_1 + a_2b_2 + a_3b_3$.

18. Verifique que $\{(\text{sen } \theta, \cos \theta), (\cos \theta, -\text{sen } \theta)\}$ é uma base anormal de R^2.

Determinação de uma matriz de coordenadas Nos Exercícios 19-24, encontre a matriz de coordenadas de w em relação à base ortonormal B de R^n.

19.
$$\mathbf{w} = (1, 2), B = \left\{\left(-\frac{2\sqrt{13}}{13}, \frac{3\sqrt{13}}{13}\right), \left(\frac{3\sqrt{13}}{13}, \frac{2\sqrt{13}}{13}\right)\right\}$$

20. $\mathbf{w} = (4, -3), B = \left\{\left(\frac{\sqrt{3}}{3}, \frac{\sqrt{6}}{3}\right), \left(-\frac{\sqrt{6}}{3}, \frac{\sqrt{3}}{3}\right)\right\}$

21. $\mathbf{w} = (2, -2, 1),$
$$B = \left\{\left(\frac{\sqrt{10}}{10}, 0, \frac{3\sqrt{10}}{10}\right), (0, 1, 0), \left(-\frac{3\sqrt{10}}{10}, 0, \frac{\sqrt{10}}{10}\right)\right\}$$

22. $\mathbf{w} = (3, -5, 11), B = \{(1, 0, 0), (0, 1, 0), (0, 0, 1)\}$

23. $\mathbf{w} = (5, 10, 15), B = \left\{\left(\frac{3}{5}, \frac{4}{5}, 0\right), \left(-\frac{4}{5}, \frac{3}{5}, 0\right), (0, 0, 1)\right\}$

24. $\mathbf{w} = (2, -1, 4, 3),$
$$B = \left\{\left(\frac{5}{13}, 0, \frac{12}{13}, 0\right), (0, 1, 0, 0), \left(-\frac{12}{13}, 0, \frac{5}{13}, 0\right), (0, 0, 0, 1)\right\}$$

Aplicação do processo de Gram-Schmidt Nos Exercícios 25-34, aplique o processo de ortonormalização de Gram-Schmidt para transformar a base dada de R^n em uma base ortonormal. Use os vetores na ordem em que são dados.

25. $B = \{(3, 4), (1, 0)\}$ **26.** $B = \{(-1, 2), (1, 0)\}$

27. $B = \{(0, 1), (2, 5)\}$ **28.** $B = \{(4, -3), (3, 2)\}$

29. $B = \{(2, 1, -2), (1, 2, 2), (2, -2, 1)\}$

30. $B = \{(1, 0, 0), (1, 1, 1), (1, 1, -1)\}$

31. $B = \{(4, -3, 0), (1, 2, 0), (0, 0, 4)\}$

32. $B = \{(0, 1, 2), (2, 0, 0), (1, 1, 1)\}$

33. $B = \{(0, 1, 1), (1, 1, 0), (1, 0, 1)\}$

34.
$$B = \{(3, 4, 0, 0), (-1, 1, 0, 0), (2, 1, 0, -1), (0, 1, 1, 0)\}$$

Aplicação do processo de Gram-Schmidt Nos Exercícios 35-40, aplique o processo de ortonormalização de Gram-Schmidt para transformar a base dada de um subespaço de R^n em uma base ortonormal do subespaço. Use os vetores na ordem em que são dados.

35. $B = \{(-8, 3, 5)\}$ **36.** $B = \{(2, -9, 6)\}$

37. $B = \{(3, 4, 0), (2, 0, 0)\}$

38. $B = \{(1, 3, 0), (3, 0, -3)\}$

39. $B = \{(1, 2, -1, 0), (2, 2, 0, 1), (1, 1, -1, 0)\}$

40. $B = \{(7, 24, 0, 0), (0, 0, 1, 1), (0, 0, 1, -2)\}$

41. Use o produto interno $\langle \mathbf{u}, \mathbf{v} \rangle = 2u_1v_1 + u_2v_2$ em R^2 e o processo de ortonormalização de Gram-Schmidt para transformar $\{(2, -1), (-2, 10)\}$ em uma base ortonormal.

42. Dissertação Explique por que o resultado do Exercício 41 não é uma base ortonormal quando você usa o produto interno euclidiano em R^2.

Cálculo Nos Exercícios 43-48, seja $B = \{1, x, x^2\}$ uma base de P_2 com o produto interno
$$\langle p, q \rangle = \int_{-1}^{1} p(x)q(x)\, dx.$$

Complete o Exemplo 9 verificando os produtos internos.

43. $\langle x, 1 \rangle = 0$ **44.** $\langle 1, 1 \rangle = 2$

45. $\langle x^2, 1 \rangle = \frac{2}{3}$ **46.** $(x^2, x) = 0$

47. $\langle x, x \rangle = \frac{2}{3}$ **48.** $\left\langle x^2 - \frac{1}{3}, x^2 - \frac{1}{3} \right\rangle = \frac{8}{45}$

264 Elementos de álgebra linear

Aplicação da forma alternativa do processo de Gram-Schmidt Nos Exercícios 49-54, aplique a forma alternativa do processo de ortonormalização de Gram-Schmidt para encontrar uma base ortonormal do espaço solução do sistema linear homogêneo.

49. $x_1 - 2x_2 + x_3 = 0$ **50.** $x_1 + 3x_2 - 3x_3 = 0$

51. $x_1 - x_2 + x_3 + x_4 = 0$
$x_1 - 2x_2 + x_3 + x_4 = 0$

52. $x_1 + x_2 - x_3 - x_4 = 0$
$2x_1 + x_2 - 2x_3 - 2x_4 = 0$

53. $2x_1 + x_2 - 6x_3 + 2x_4 = 0$
$x_1 + 2x_2 - 3x_3 + 4x_4 = 0$
$x_1 + x_2 - 3x_3 + 2x_4 = 0$

54. $-x_1 + x_2 - x_3 + x_4 - x_5 = 0$
$2x_1 - x_2 + 2x_3 - x_4 + 2x_5 = 0$

Verdadeiro ou falso? Nos Exercícios 55 e 56, determine se cada afirmação é verdadeira ou falsa. Se uma afirmação for verdadeira, dê uma justificativa ou cite uma afirmação apropriada do texto. Se uma afirmação for falsa, forneça um exemplo que mostre que a afirmação não é verdadeira em todos os casos ou cite uma afirmação apropriada do texto.

55. (a) Um conjunto S de vetores em um espaço com produto interno V é ortogonal quando cada par de vetores em S é ortogonal.

  (b) Uma base ortonormal obtida pelo processo de ortonormalização de Gram-Schmidt não depende da ordem dos vetores na base.

56. (a) Um conjunto S de vetores num espaço com produto interno V é ortonormal quando cada vetor é um vetor unitário e cada par de vetores é ortogonal.

  (b) Se um conjunto de vetores não nulos S em um espaço com produto interno V é ortogonal, então S é linearmente independente.

Conjuntos ortonormais em P_2 Nos Exercícios 57-62, considere os polinômios $p(x) = a_0 + a_1x + a_2x^2$ e $q(x) = b_0 + b_1x + b_2x^2$ no espaço vetorial P_2, munido com o produto interno $\langle p, q \rangle = a_0b_0 + a_1b_1 + a_2b_2$. Determine se os polinômios formam um conjunto ortonormal e, se não, aplique o processo de ortonormalização de Gram-Schmidt para formar um conjunto ortonormal.

57. $\{1, x, x^2\}$ **58.** $\{x^2, 2x + x^2, 1 + 2x + x^2\}$

59. $\{-1 + x^2, -1 + x\}$ **60.** $\left\{ \dfrac{5x + 12x^2}{13}, \dfrac{12x - 5x^2}{13}, 1 \right\}$

61. $\left\{ \dfrac{1 + x^2}{\sqrt{2}}, \dfrac{-1 + x + x^2}{\sqrt{3}} \right\}$

62. $\left\{ \sqrt{2}(-1 + x^2), \sqrt{2}(2 + x + x^2) \right\}$

63. Demonstração Seja $\{\mathbf{u}_1, \mathbf{u}_2, \ldots, \mathbf{u}_n\}$ uma base ortonormal de R^n. Demonstre que

$$\|\mathbf{v}\|^2 = |\mathbf{v} \cdot \mathbf{u}_1|^2 + |\mathbf{v} \cdot \mathbf{u}_2|^2 + \cdots + |\mathbf{v} \cdot \mathbf{u}_n|^2$$

para qualquer vetor $\mathbf{v}$ em R^n. Esta equação é a **igualdade de Parseval**.

64. Demonstração guiada Demonstre que se $\mathbf{w}$ for ortogonal a cada vetor em $S = \{\mathbf{v}_1, \mathbf{v}_2, \ldots, \mathbf{v}_n\}$, então $\mathbf{w}$ é ortogonal a toda combinação linear de vetores em S.

Começando: para demonstrar que $\mathbf{w}$ é ortogonal a qualquer combinação linear de vetores em S, você precisa mostrar que o produto interno entre eles é 0.

  (i) Escreva $\mathbf{v}$ como uma combinação linear de vetores, com escalares arbitrários $c_1, \ldots, c_n$, em S.

  (ii) Tome o produto interno de $\mathbf{w}$ e $\mathbf{v}$.

  (iii) Use as propriedades dos produtos internos para reescrever o produto interno $\langle \mathbf{w}, \mathbf{v} \rangle$ como uma combinação linear dos produtos internos $\langle \mathbf{w}, \mathbf{v}_i \rangle$, $i = 1, \ldots, n$.

  (iv) Use o fato de que $\mathbf{w}$ é ortogonal a cada vetor em S para concluir que $\mathbf{w}$ é ortogonal a $\mathbf{v}$.

65. Demonstração Seja P uma matriz $n \times n$. Demonstre que as três condições são equivalentes.

  (a) $P^{-1} = P^T$. (Essa matriz é *ortogonal*).

  (b) Os vetores linha de P formam uma base ortonormal de R^n.

  (c) Os vetores coluna de P formam uma base ortonormal de R^n.

66. Demonstração Seja W um subespaço de R^n. Demonstre que a intersecção de W e $W^\perp$ é $\{\mathbf{0}\}$ onde $W^\perp$ é o espaço de R^n dado por

$$W^\perp = \{\mathbf{v}: \mathbf{w} \cdot \mathbf{v} = 0 \text{ para todo } \mathbf{w} \text{ em } W\}.$$

Subespaços fundamentais Nos Exercícios 67 e 68, encontre as bases dos quatro subespaços fundamentais da matriz A, listados abaixo.

$N(A)$ = **núcleo de** A $N(A^T)$ = **núcleo de** A^T
$R(A)$ = **espaço coluna de** A $R(A^T)$ = **espaço coluna de** A^T

A seguir, mostre que $N(A) = R(A^T)^\perp$ e $N(A^T) = R(A)^\perp$.

67. $\begin{bmatrix} 1 & 1 & -1 \\ 0 & 2 & 1 \\ 1 & 3 & 0 \end{bmatrix}$ **68.** $\begin{bmatrix} 0 & 1 & -1 \\ 0 & -2 & 2 \\ 0 & -1 & 1 \end{bmatrix}$

69. Seja A uma matriz $m \times n$ e sejam $N(A)$, $N(A^T)$, $R(A)$ e $R(A^T)$ os subespaços nos Exercícios 67 e 68.

  (a) Explique por que $R(A^T)$ é o mesmo que o espaço linha de A.

  (b) Demonstre que $N(A) \subset R(A^T)^\perp$.

  (c) Demonstre que $N(A) = R(A^T)^\perp$.

  (d) Demonstre que $N(A^T) = R(A)^\perp$.

70. Ponto crucial Seja B uma base de um espaço com produto interno V. Explique como aplicar o processo de ortonormalização de Gram-Schmidt para formar uma base ortonormal B' de V.

71. Encontre uma base ortonormal de R^4 que inclua os vetores

$$\mathbf{v}_1 = \left(\frac{1}{\sqrt{2}}, 0, \frac{1}{\sqrt{2}}, 0 \right) \quad \text{e} \quad \mathbf{v}_2 = \left(0, -\frac{1}{\sqrt{2}}, 0, \frac{1}{\sqrt{2}} \right).$$

5.4 Modelos matemáticos e análise por mínimos quadrados

- Definir o problema dos mínimos quadrados.
- Encontrar o complemento ortogonal de um subespaço e a projeção de um vetor em um subespaço.
- Encontrar os quatro subespaços fundamentais de uma matriz.
- Resolver um problema de mínimos quadrados.
- Utilizar mínimos quadrados para modelagem matemática.

O PROBLEMA DOS MÍNIMOS QUADRADOS

Nesta seção, você estudará sistemas de equações lineares *inconsistentes* e aprenderá como encontrar a "melhor solução possível" para este tipo de sistema. A necessidade de "resolver" sistemas inconsistentes surge no cálculo de retas por regressão de mínimos quadrados, conforme ilustrado no Exemplo 1.

EXEMPLO 1 Reta de regressão por mínimos quadrados

Sejam $(1, 0)$, $(2, 1)$ e $(3, 3)$ três pontos em R^2, como mostrado na Figura 5.16. Como você pode encontrar a reta $y = c_0 + c_1 x$ que "melhor ajusta" esses pontos? Uma maneira é observar que, se os três pontos fossem colineares, o sistema de equações abaixo seria consistente.

$$c_0 + c_1 = 0$$
$$c_0 + 2c_1 = 1$$
$$c_0 + 3c_1 = 3$$

Este sistema pode ser escrito na forma matricial $A\mathbf{x} = \mathbf{b}$, onde

$$A = \begin{bmatrix} 1 & 1 \\ 1 & 2 \\ 1 & 3 \end{bmatrix}, \quad \mathbf{b} = \begin{bmatrix} 0 \\ 1 \\ 3 \end{bmatrix} \quad \text{e} \quad \mathbf{x} = \begin{bmatrix} c_0 \\ c_1 \end{bmatrix}.$$

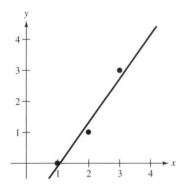

Figura 5.16

No entanto, os pontos não são colineares, de modo que o sistema é inconsistente. Embora seja impossível encontrar $\mathbf{x}$ de forma que $A\mathbf{x} = \mathbf{b}$, você pode procurar um $\mathbf{x}$ que minimize a norma do erro $\|A\mathbf{x} - \mathbf{b}\|$. A solução $\mathbf{x} = [c_0 \ c_1]^T$ desse problema de minimização resulta na **reta de regressão por mínimos quadrados** $y = c_0 + c_1 x$.

Na Seção 2.6, você estudou brevemente a reta de regressão de mínimos quadrados e como calculá-la usando matrizes. Agora, você combinará as ideias de ortogonalidade e projeção para desenvolver esse conceito em maior generalidade. Para começar, considere o sistema linear $A\mathbf{x} = \mathbf{b}$, onde A é uma matriz $m \times n$ e $\mathbf{b}$ é um vetor coluna em R^m. Você sabe como usar a eliminação de Gauss com substituição regressiva para determinar $\mathbf{x}$ quando o sistema for consistente. Quando o sistema é inconsistente, no entanto, ainda é útil encontrar a solução "melhor possível"; ou seja, o vetor $\mathbf{x}$ para o qual a diferença entre $A\mathbf{x}$ e $\mathbf{b}$ é a menor possível. Uma maneira de definir "melhor possível" é exigir que a norma de $A\mathbf{x} - \mathbf{b}$ seja minimizada. Esta definição é o coração do **problema dos mínimos quadrados**.

OBSERVAÇÃO

O termo **mínimos quadrados** vem do fato de que minimizar $\|A\mathbf{x} - \mathbf{b}\|$ é equivalente a minimizar $\|A\mathbf{x} - \mathbf{b}\|^2$, que é uma soma de quadrados.

Problema dos mínimos quadrados

Dada uma matriz A de tamanho $m \times n$ e um vetor $\mathbf{b}$ em R^m, o **problema dos mínimos quadrados** é encontrar $\mathbf{x}$ em R^n, tal que $\|A\mathbf{x} - \mathbf{b}\|^2$ seja minimizado.

SUBESPAÇOS ORTOGONAIS

Para resolver o problema dos mínimos quadrados, primeiro você precisa desenvolver o conceito de subespaços ortogonais. Dois subespaços de R^n são **ortogonais** quando os vetores em cada subespaço são ortogonais aos vetores no outro subespaço.

> **Definição de subespaços ortogonais**
>
> Os subespaços S_1 e S_2 de R^n são **ortogonais** quando $\mathbf{v}_1 \cdot \mathbf{v}_2 = 0$ para todo $\mathbf{v}_1$ em S_1 e todo $\mathbf{v}_2$ em S_2.

EXEMPLO 2   Subespaços ortogonais

Os subespaços

$$S_1 = \text{span}\left\{\begin{bmatrix}1\\0\\1\end{bmatrix}, \begin{bmatrix}1\\1\\0\end{bmatrix}\right\} \quad \text{e} \quad S_2 = \text{span}\left\{\begin{bmatrix}-1\\1\\1\end{bmatrix}\right\}$$

são ortogonais porque o produto escalar de qualquer vetor em S_1 e qualquer vetor em S_2 é zero.

Observe no Exemplo 2 que o vetor nulo é o único vetor comum a ambos S_1 e S_2. Isso é verdade em geral. Se S_1 e S_2 são subespaços ortogonais de R^n, a sua intersecção consiste apenas no vetor nulo. Será pedido que você demonstre isso no Exercício 45.

Dado um subespaço S de R^n, o conjunto de todos os vetores ortogonais a cada vetor em S é o **complemento ortogonal** de S, como afirma a próxima definição.

> **Definição de complemento ortogonal**
>
> Se S é um subespaço de R^n, então o **complemento ortogonal** de S é o conjunto $S^\perp = \{\mathbf{u} \in R^n: \mathbf{v} \cdot \mathbf{u} = 0 \text{ para todo } \mathbf{v} \in S\}$.

O complemento ortogonal do subespaço trivial $\{\mathbf{0}\}$ é o próprio R^n e, reciprocamente, o complemento ortogonal de R^n assim como o subespaço trivial $\{\mathbf{0}\}$. No Exemplo 2, o subespaço S_1 é o complemento ortogonal de S_2, assim como o subespaço S_2 é o complemento ortogonal de S_1. O complemento ortogonal de um subespaço de R^n é ele próprio um subespaço de R^n (veja o Exercício 46). Você pode encontrar o complemento ortogonal de um subespaço de R^n ao determinar o núcleo de uma matriz, conforme ilustrado no Exemplo 3.

ÁLGEBRA LINEAR APLICADA

O problema dos mínimos quadrados possui uma grande variedade de aplicações reais. Para ilustrar, os Exemplos 9 e 10 e os Exercícios 39, 40 e 41 são todos os problemas de análise por mínimos quadrados e envolvem assuntos tão diversos quanto população mundial, astronomia, mestrado concluídos, receitas empresariais e velocidades de galope de animais. Em algumas dessas aplicações, você recebe um conjunto de dados e é pedido que você desenvolva modelos matemáticos para os dados. Por exemplo, no Exercício 40, você disporá das receitas anuais de 2008 a 2013 da General Dynamics Corporation. Será pedido que encontre os polinômios quadráticos e cúbicos de regressão por mínimos quadrados para os dados, para prever a receita do ano de 2018 e para decidir qual dos modelos parece ser mais preciso para prever as receitas futuras.

Espaços com produto interno   267

EXEMPLO 3   Determinação do complemento ortogonal

Encontre o complemento ortogonal do subespaço S de R^4 gerado pelos dois vetores coluna $\mathbf{v}_1$ e $\mathbf{v}_2$ da matriz A.

$$A = \begin{bmatrix} 1 & 0 \\ 2 & 0 \\ 1 & 0 \\ 0 & 1 \end{bmatrix}$$
$$\quad\ \mathbf{v}_1 \quad \mathbf{v}_2$$

SOLUÇÃO

Um vetor $\mathbf{u} \in R^4$ está no complemento ortogonal de S quando seu produto escalar com cada uma das colunas de A, $\mathbf{v}_1$ e $\mathbf{v}_2$, é zero. Então, o complemento ortogonal de S consiste em todos os vetores $\mathbf{u}$ tal que $A^T\mathbf{u} = \mathbf{0}$.

$$A^T\mathbf{u} = \mathbf{0}$$

$$\begin{bmatrix} 1 & 2 & 1 & 0 \\ 0 & 0 & 0 & 1 \end{bmatrix} \begin{bmatrix} x_1 \\ x_2 \\ x_3 \\ x_4 \end{bmatrix} = \begin{bmatrix} 0 \\ 0 \end{bmatrix}$$

Mais precisamente, o complemento ortogonal de S é o núcleo da matriz A^T:

$$S^\perp = N(A^T).$$

Usando as técnicas para resolver sistemas lineares homogêneos, você pode encontrar que uma base do complemento ortogonal constituída pelos vetores

$$\mathbf{u}_1 = \begin{bmatrix} -2 & 1 & 0 & 0 \end{bmatrix}^T \quad \text{e} \quad \mathbf{u}_2 = \begin{bmatrix} -1 & 0 & 1 & 0 \end{bmatrix}^T.$$

Observe que R^4 no Exemplo 3 é dividido em dois subespaços, $S = \text{span}\{\mathbf{v}_1, \mathbf{v}_2\}$ e $S^\perp = \text{span}\{\mathbf{u}_1, \mathbf{u}_2\}$. Na verdade, os quatro vetores $\mathbf{v}_1$, $\mathbf{v}_2$, $\mathbf{u}_1$ e $\mathbf{u}_2$ formam uma base de R^4. Cada vetor de R^4 pode ser escrito de forma *única* como uma soma de um vetor de S e um vetor de $S^\perp$. A próxima definição generaliza esse conceito.

Definição de soma direta

Sejam S_1 e S_2 dois subespaços de R^n. Se cada vetor $\mathbf{x} \in R^n$ pode ser escrito de modo único como uma soma de um vetor $\mathbf{s}_1$ de S_1 e um vetor $\mathbf{s}_2$ de S_2, $\mathbf{x} = \mathbf{s}_1 + \mathbf{s}_2$, então R^n é a **soma direta** de S_1 e S_2 e você pode escrever $R^n = S_1 \oplus S_2$.

EXEMPLO 4   Soma direta

a. Do Exemplo 2, R^3 é a soma direta dos subespaços

$$S_1 = \text{span}\left\{ \begin{bmatrix} 1 \\ 0 \\ 1 \end{bmatrix}, \begin{bmatrix} 1 \\ 1 \\ 0 \end{bmatrix} \right\} \quad \text{e} \quad S_2 = \text{span}\left\{ \begin{bmatrix} -1 \\ 1 \\ 1 \end{bmatrix} \right\}.$$

b. Do Exemplo 3, você pode ver que $R^4 = S \oplus S^\perp$, onde

$$S = \text{span}\left\{ \begin{bmatrix} 1 \\ 2 \\ 1 \\ 0 \end{bmatrix}, \begin{bmatrix} 0 \\ 0 \\ 0 \\ 1 \end{bmatrix} \right\} \quad \text{e} \quad S^\perp = \text{span}\left\{ \begin{bmatrix} -2 \\ 1 \\ 0 \\ 0 \end{bmatrix}, \begin{bmatrix} -1 \\ 0 \\ 1 \\ 0 \end{bmatrix} \right\}.$$

O próximo teorema enumera alguns fatos importantes sobre complementos ortogonais e somas diretas.

268 Elementos de álgebra linear

TEOREMA 5.13   Propriedades de subespaços ortogonais

Seja S um subespaço de R^n. Então, as propriedades listadas abaixo são verdadeiras.
1. $\dim(S) + \dim(S^\perp) = n$
2. $R^n = S \oplus S^\perp$
3. $(S^\perp)^\perp = S$

DEMONSTRAÇÃO

1. Se $S = R^n$ ou $S = \{\mathbf{0}\}$, a Propriedade 1 é trivial. Então, seja $\{\mathbf{v}_1, \mathbf{v}_2, \ldots, \mathbf{v}_t\}$ uma base de S, $0 < t < n$. Seja A a matriz $n \times t$ cujas colunas são os vetores da base $\mathbf{v}_i$. Então, $S = R(A)$ (o espaço coluna de A), o que implica que $S^\perp = N(A^T)$, onde A^T é uma matriz $t \times n$ de posto t (veja a Seção 5.3, Exercício 69). Como a dimensão de $N(A^T)$ é $n - t$, você mostrou que

$$\dim(S) + \dim(S^\perp) = t + (n - t) = n.$$

2. Se $S = R^n$ ou $S = \{\mathbf{0}\}$, a Propriedade 2 é trivial. Então, seja $\{\mathbf{v}_1, \mathbf{v}_2, \ldots, \mathbf{v}_t\}$ uma base de S e seja $\{\mathbf{v}_{t+1}, \mathbf{v}_{t+2}, \ldots, \mathbf{v}_n\}$ uma base de $S^\perp$. O conjunto $\{\mathbf{v}_1, \mathbf{v}_2, \ldots, \mathbf{v}_t, \mathbf{v}_{t+1}, \ldots, \mathbf{v}_n\}$ é linearmente independente e forma uma base de R^n. (Verifique isso.) Para um vetor $\mathbf{x} \in R^n$, temos $\mathbf{x} = c_1\mathbf{v}_1 + \cdots + c_t\mathbf{v}_t + c_{t+1}\mathbf{v}_{t+1} + \cdots + c_n\mathbf{v}_n$. Se você escrever $\mathbf{v} = c_1\mathbf{v}_1 + \cdots + c_t\mathbf{v}_t$ e $\mathbf{w} = c_{t+1}\mathbf{v}_{t+1} + \cdots + c_n\mathbf{v}_n$, então você expressou um vetor arbitrário $\mathbf{x}$ como a soma de um vetor de S com um vetor de $S^\perp$, $\mathbf{x} = \mathbf{v} + \mathbf{w}$.

   Para mostrar a unicidade dessa representação, suponha que $\mathbf{x} = \mathbf{v} + \mathbf{w} = \hat{\mathbf{v}} + \hat{\mathbf{w}}$ (onde $\hat{\mathbf{v}}$ está em S e $\hat{\mathbf{w}}$ está em $S^\perp$). Isto implica que $\hat{\mathbf{v}} - \mathbf{v} = \mathbf{w} - \hat{\mathbf{w}}$. Os dois vetores $\hat{\mathbf{v}} - \mathbf{v}$ e $\mathbf{w} - \hat{\mathbf{w}}$ estão em S e $S^\perp$, mas $S \cap S^\perp = \{\mathbf{0}\}$. Logo, resulta $\hat{\mathbf{v}} = \mathbf{v}$ e $\mathbf{w} = \hat{\mathbf{w}}$.

3. Seja $\mathbf{v} \in S$. Então $\mathbf{v} \cdot \mathbf{u} = 0$ para todo $\mathbf{u} \in S^\perp$, o que implica que $\mathbf{v} \in (S^\perp)^\perp$. Por outro lado, seja $\mathbf{v} \in (S^\perp)^\perp$. Como $\mathbf{v} \in R^n = S \oplus S^\perp$, você pode escrever $\mathbf{v}$ de modo único como uma soma de um vetor $\mathbf{s}$ de S e um vetor $\mathbf{w}$ de $S^\perp$, $\mathbf{v} = \mathbf{s} + \mathbf{w}$. O vetor $\mathbf{w}$ está em $S^\perp$, então é ortogonal a todos os vetores em S, em particular a $\mathbf{v}$. Assim,

$$0 = \mathbf{w} \cdot \mathbf{v} = \mathbf{w} \cdot (\mathbf{s} + \mathbf{w}) = \mathbf{w} \cdot \mathbf{s} + \mathbf{w} \cdot \mathbf{w} = \mathbf{w} \cdot \mathbf{w}.$$

   Isso implica que $\mathbf{w} = \mathbf{0}$ e $\mathbf{v} = \mathbf{s} + \mathbf{w} = \mathbf{s} \in S$.

Você estudou a projeção de um vetor em outro na Seção 5.2. Isso agora é generalizado para projeções de um vetor $\mathbf{v}$ em um subespaço S. Como $R^n = S \oplus S^\perp$, cada vetor $\mathbf{v}$ em R^n pode ser escrito de modo único como uma soma de um vetor de S e de um vetor de $S^\perp$:

$$\mathbf{v} = \mathbf{v}_1 + \mathbf{v}_2, \quad \mathbf{v}_1 \in S, \quad \mathbf{v}_2 \in S^\perp.$$

O vetor $\mathbf{v}_1$ é a **projeção** de $\mathbf{v}$ no subespaço S, sendo denotado por $\mathbf{v}_1 = \text{proj}_S\mathbf{v}$. Assim, $\mathbf{v}_2 = \mathbf{v} - \mathbf{v}_1 = \mathbf{v} - \text{proj}_S\mathbf{v}$, o que implica que o vetor $\mathbf{v} - \text{proj}_S\mathbf{v}$ é ortogonal ao subespaço S.

Dado um subespaço S de R^n, pode-se aplicar o processo de ortonormalização de Gram-Schmidt para encontrar uma base ortonormal de S. Você pode então encontrar a projeção de um vetor $\mathbf{v}$ em S usando o próximo teorema. (Será pedido que demonstre este teorema no Exercício 47.)

TEOREMA 5.14   Projeção em um subespaço

Se $\{\mathbf{u}_1, \mathbf{u}_2, \ldots, \mathbf{u}_t\}$ é uma base ortonormal do subespaço S de R^n e $\mathbf{v} \in R^n$, então

$$\text{proj}_S\mathbf{v} = (\mathbf{v} \cdot \mathbf{u}_1)\mathbf{u}_1 + (\mathbf{v} \cdot \mathbf{u}_2)\mathbf{u}_2 + \cdots + (\mathbf{v} \cdot \mathbf{u}_t)\mathbf{u}_t.$$

EXEMPLO 5   Projeção em um subespaço

Encontre a projeção do vetor $\mathbf{v} = \begin{bmatrix} 1 \\ 1 \\ 3 \end{bmatrix}$ no subespaço S de R^3 gerado pelos vetores

Espaços com produto interno 269

$$\mathbf{w}_1 = \begin{bmatrix} 0 \\ 3 \\ 1 \end{bmatrix} \quad e \quad \mathbf{w}_2 = \begin{bmatrix} 2 \\ 0 \\ 0 \end{bmatrix}.$$

SOLUÇÃO

Ao normalizar $\mathbf{w}_1$ e $\mathbf{w}_2$ você obtém uma base ortonormal de S.

$$\{\mathbf{u}_1, \mathbf{u}_2\} = \left\{\frac{1}{\sqrt{10}}\mathbf{w}_1, \frac{1}{2}\mathbf{w}_2\right\} = \left\{ \begin{bmatrix} 0 \\ \frac{3}{\sqrt{10}} \\ \frac{1}{\sqrt{10}} \end{bmatrix}, \begin{bmatrix} 1 \\ 0 \\ 0 \end{bmatrix} \right\}$$

Use o Teorema 5.14 para encontrar a projeção de $\mathbf{v}$ em S.

$$\text{proj}_S \mathbf{v} = (\mathbf{v} \cdot \mathbf{u}_1)\mathbf{u}_1 + (\mathbf{v} \cdot \mathbf{u}_2)\mathbf{u}_2 = \frac{6}{\sqrt{10}} \begin{bmatrix} 0 \\ \frac{3}{\sqrt{10}} \\ \frac{1}{\sqrt{10}} \end{bmatrix} + 1 \begin{bmatrix} 1 \\ 0 \\ 0 \end{bmatrix} = \begin{bmatrix} 1 \\ \frac{9}{5} \\ \frac{3}{5} \end{bmatrix}$$

A Figura 5.17 ilustra a projeção de $\mathbf{v}$ no plano S.

O Teorema 5.9 afirma que, entre todos os múltiplos escalares de um vetor $\mathbf{u}$, a projeção ortogonal de $\mathbf{v}$ em $\mathbf{u}$ é aquela mais próxima de $\mathbf{v}$. O Exemplo 5 sugere que esta propriedade também é verdadeira para projeções em subespaços. Mais precisamente, entre todos os vetores do espaço S, o vetor $\text{proj}_S\mathbf{v}$ é o vetor mais próximo de $\mathbf{v}$. A Figura 5.18 ilustra estes dois resultados.

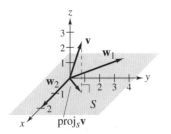

Figura 5.17

TEOREMA 5.15   Projeção ortogonal e distância

Seja S um subespaço de R^n e seja $\mathbf{v} \in R^n$. Então, para todo $\mathbf{u} \in S$, $\mathbf{u} \neq \text{proj}_S\mathbf{v}$,

$$\|\mathbf{v} - \text{proj}_S\mathbf{v}\| < \|\mathbf{v} - \mathbf{u}\|.$$

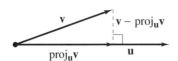

DEMONSTRAÇÃO

Seja $\mathbf{u} \in S$, $\mathbf{u} \neq \text{proj}_S\mathbf{v}$. Ao somar e subtrair a mesma quantidade $\text{proj}_S\mathbf{v}$ ao vetor $\mathbf{v} - \mathbf{u}$, você obtém

$$\mathbf{v} - \mathbf{u} = (\mathbf{v} - \text{proj}_S\mathbf{v}) + (\text{proj}_S\mathbf{v} - \mathbf{u}).$$

Observe que $(\text{proj}_S\mathbf{v} - \mathbf{u})$ está em S e $(\mathbf{v} - \text{proj}_S\mathbf{v})$ é ortogonal a S. Então, $(\mathbf{v} - \text{proj}_S\mathbf{v})$ e $(\text{proj}_S\mathbf{v} - \mathbf{u})$ são vetores ortogonais e você pode usar o Teorema de Pitágoras (Teorema 5.6) para obter

$$\|\mathbf{v} - \mathbf{u}\|^2 = \|\mathbf{v} - \text{proj}_S\mathbf{v}\|^2 + \|\text{proj}_S\mathbf{v} - \mathbf{u}\|^2.$$

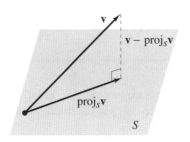

Figura 5.18

Como $\mathbf{u} \neq \text{proj}_S\mathbf{v}$, então $\|\text{proj}_S\mathbf{v} - \mathbf{u}\|^2$ é positivo, donde resulta

$$\|\mathbf{v} - \text{proj}_S\mathbf{v}\| < \|\mathbf{v} - \mathbf{u}\|.$$

SUBESPAÇOS FUNDAMENTAIS DE UMA MATRIZ

Lembre-se de que, se A é uma matriz $m \times n$, o espaço coluna de A é um subespaço de R^m que consiste em todos os vetores da forma $A\mathbf{x}$, $\mathbf{x} \in R^n$. Os quatro subespaços fundamentais da matriz A estão listados abaixo (veja os Exercícios 67 e 68 na Seção 5.3).

$N(A) = $ núcleo de A $\qquad\qquad N(A^T) = $ núcleo de A^T
$R(A) = $ espaço coluna de A $\qquad R(A^T) = $ espaço coluna de A^T

Esses subespaços desempenham um papel crucial na solução do problema dos mínimos quadrados.

270 Elementos de álgebra linear

EXEMPLO 6 Subespaços fundamentais

Determine os quatro subespaços fundamentais da matriz

$$A = \begin{bmatrix} 1 & 2 & 0 \\ 0 & 0 & 1 \\ 0 & 0 & 0 \\ 0 & 0 & 0 \end{bmatrix}.$$

SOLUÇÃO

O espaço coluna de A é simplesmente o espaço gerado pelas primeira e terceira colunas, porque a segunda coluna é um múltiplo escalar da primeira coluna. O espaço coluna de A^T é igual ao espaço linha de A, que é gerado pelas duas primeiras linhas. O núcleo de A é o espaço solução do sistema homogêneo $A\mathbf{x} = \mathbf{0}$. Finalmente, o núcleo de A^T é o espaço solução do sistema homogêneo cuja matriz de coeficientes é A^T. Um resumo desses resultados é mostrado abaixo.

$$R(A) = \text{span}\left\{ \begin{bmatrix} 1 \\ 0 \\ 0 \\ 0 \end{bmatrix}, \begin{bmatrix} 0 \\ 1 \\ 0 \\ 0 \end{bmatrix} \right\} \qquad R(A^T) = \text{span}\left\{ \begin{bmatrix} 1 \\ 2 \\ 0 \end{bmatrix}, \begin{bmatrix} 0 \\ 0 \\ 1 \end{bmatrix} \right\}$$

$$N(A) = \text{span}\left\{ \begin{bmatrix} -2 \\ 1 \\ 0 \end{bmatrix} \right\} \qquad N(A^T) = \text{span}\left\{ \begin{bmatrix} 0 \\ 0 \\ 1 \\ 0 \end{bmatrix}, \begin{bmatrix} 0 \\ 0 \\ 0 \\ 1 \end{bmatrix} \right\}$$

No Exemplo 6, observe que $R(A)$ e $N(A^T)$ são subespaços ortogonais de R^4, e que $R(A^T)$ e $N(A)$ são subespaços ortogonais de R^3. Essas e outras propriedades dos quatro subespaços fundamentais são descritas no próximo teorema.

TEOREMA 5.16 Subespaços fundamentais de uma matriz

Se A é uma matriz $m \times n$, então

1. $R(A)$ e $N(A^T)$ são subespaços ortogonais de R^m.
2. $R(A^T)$ e $N(A)$ são subespaços ortogonais de R^n.
3. $R(A) \oplus N(A^T) = R^m$.
4. $R(A^T) \oplus N(A) = R^n$.

DEMONSTRAÇÃO

Para demonstrar a Propriedade 1, sejam $\mathbf{v} \in R(A)$ e $\mathbf{u} \in N(A^T)$. O espaço coluna de A é igual ao espaço linha de A^T, de modo que $A^T\mathbf{u} = \mathbf{0}$ implica $\mathbf{u} \cdot \mathbf{v} = 0$. A Propriedade 2 segue da aplicação de Propriedade 1 a A^T.

Para demonstrar a Propriedade 3, observe que $R(A)^\perp = N(A^T)$ e $R^m = R(A) \oplus R(A)^\perp$. Assim, $R^m = R(A) \oplus N(A^T)$. Um argumento semelhante aplicado a $R(A^T)$ demonstra a Propriedade 4.

RESOLUÇÃO DO PROBLEMA DOS MÍNIMOS QUADRADOS

Você agora já desenvolveu todas as ferramentas necessárias para resolver o problema dos mínimos quadrados. Lembre que está tentando encontrar um vetor $\mathbf{x}$ que minimiza $\|A\mathbf{x} - \mathbf{b}\|$, onde A é uma matriz $m \times n$ e b é um vetor em R^m. Seja S o espaço coluna de A: $S = R(A)$. Suponha que $\mathbf{b}$ não está em S, porque de outra forma o sistema $A\mathbf{x} = \mathbf{b}$ seria consistente. Você está procurando um vetor $A\mathbf{x}$ em S que seja o mais próximo possível de $\mathbf{b}$, como ilustrado na Figura 5.19.

Do Teorema 5.15, você sabe que o vetor desejado é a projeção de $\mathbf{b}$ em S. Assim, $A\mathbf{x} = \text{proj}_S\mathbf{b}$ e $A\mathbf{x} - \mathbf{b} = \text{proj}_S\mathbf{b} - \mathbf{b}$ é ortogonal a $S = R(A)$. No entanto, isto indica que $A\mathbf{x} - \mathbf{b}$ está em $R(A)^\perp$, que é igual a $N(A^T)$. Esta é a observação crucial: $A\mathbf{x} - \mathbf{b}$ está no núcleo de A^T. Então, você tem

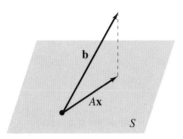

Figura 5.19

$$A^T(A\mathbf{x} - \mathbf{b}) = \mathbf{0}$$
$$A^TA\mathbf{x} - A^T\mathbf{b} = \mathbf{0}$$
$$A^TA\mathbf{x} = A^T\mathbf{b}.$$

A solução do problema dos mínimos quadrados se resume a resolver o sistema de $n \times n$ equações lineares $A^TA\mathbf{x} = A^T\mathbf{b}$. Essas equações são as equações normais do problema dos mínimos quadrados $A\mathbf{x} = \mathbf{b}$.

EXEMPLO 7 Como encontrar a solução por mínimos quadrados

Veja LarsonLinearAlgebra.com para uma versão interativa deste tipo de exemplo.

Encontre a solução do problema dos mínimos quadrados

$$A\mathbf{x} = \mathbf{b}$$

$$\begin{bmatrix} 1 & 1 \\ 1 & 2 \\ 1 & 3 \end{bmatrix} \begin{bmatrix} c_0 \\ c_1 \end{bmatrix} = \begin{bmatrix} 0 \\ 1 \\ 3 \end{bmatrix}$$

do Exemplo 1.

SOLUÇÃO

Comece encontrando os produtos de matrizes abaixo.

$$A^TA = \begin{bmatrix} 1 & 1 & 1 \\ 1 & 2 & 3 \end{bmatrix} \begin{bmatrix} 1 & 1 \\ 1 & 2 \\ 1 & 3 \end{bmatrix} = \begin{bmatrix} 3 & 6 \\ 6 & 14 \end{bmatrix}$$

$$A^T\mathbf{b} = \begin{bmatrix} 1 & 1 & 1 \\ 1 & 2 & 3 \end{bmatrix} \begin{bmatrix} 0 \\ 1 \\ 3 \end{bmatrix} = \begin{bmatrix} 4 \\ 11 \end{bmatrix}$$

As equações normais são representadas pelo sistema

$$A^TA\mathbf{x} = A^T\mathbf{b}$$

$$\begin{bmatrix} 3 & 6 \\ 6 & 14 \end{bmatrix} \begin{bmatrix} c_0 \\ c_1 \end{bmatrix} = \begin{bmatrix} 4 \\ 11 \end{bmatrix}.$$

A solução deste sistema de equações é

$$\mathbf{x} = \begin{bmatrix} -\tfrac{5}{3} \\ \tfrac{3}{2} \end{bmatrix}$$

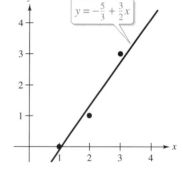

o que implica que a reta de regressão por mínimos quadrados para os dados é $y = -\tfrac{5}{3} + \tfrac{3}{2}x$, como mostrado na figura.

Para uma matriz A de tamanho $m \times n$, as equações normais formam um sistema de $n \times n$ equações lineares. Este sistema é sempre consistente, e pode ter infinitas soluções. Pode ser mostrado, no entanto, que existe uma única solução quando o posto de A é n.

O próximo exemplo ilustra como resolver o problema de projeção do Exemplo 5 usando equações normais.

EXEMPLO 8 Projeção ortogonal em um subespaço

Encontre a projeção ortogonal do vetor

$$\mathbf{b} = \begin{bmatrix} 1 \\ 1 \\ 3 \end{bmatrix}$$

272 Elementos de álgebra linear

no espaço coluna S da matriz

$$A = \begin{bmatrix} 0 & 2 \\ 3 & 0 \\ 1 & 0 \end{bmatrix}.$$

SOLUÇÃO

Para encontrar a projeção ortogonal de **b** em S, primeiro resolva o problema dos mínimos quadrados

$$A\mathbf{x} = \mathbf{b}.$$

Como no Exemplo 7, encontre os produtos de matrizes $A^T A$ e $A^T \mathbf{b}$.

$$A^T A = \begin{bmatrix} 0 & 3 & 1 \\ 2 & 0 & 0 \end{bmatrix} \begin{bmatrix} 0 & 2 \\ 3 & 0 \\ 1 & 0 \end{bmatrix}$$

$$= \begin{bmatrix} 10 & 0 \\ 0 & 4 \end{bmatrix}$$

$$A^T \mathbf{b} = \begin{bmatrix} 0 & 3 & 1 \\ 2 & 0 & 0 \end{bmatrix} \begin{bmatrix} 1 \\ 1 \\ 3 \end{bmatrix}$$

$$= \begin{bmatrix} 6 \\ 2 \end{bmatrix}$$

As equações normais são representadas pelo sistema

$$A^T A \mathbf{x} = A^T \mathbf{b}$$

$$\begin{bmatrix} 10 & 0 \\ 0 & 4 \end{bmatrix} \begin{bmatrix} x_1 \\ x_2 \end{bmatrix} = \begin{bmatrix} 6 \\ 2 \end{bmatrix}.$$

A solução destas equações é

$$\mathbf{x} = \begin{bmatrix} x_1 \\ x_2 \end{bmatrix} = \begin{bmatrix} \frac{3}{5} \\ \frac{1}{2} \end{bmatrix}.$$

Finalmente, a projeção de **b** em S é

$$A\mathbf{x} = \begin{bmatrix} 0 & 2 \\ 3 & 0 \\ 1 & 0 \end{bmatrix} \begin{bmatrix} \frac{3}{5} \\ \frac{1}{2} \end{bmatrix} = \begin{bmatrix} 1 \\ \frac{9}{5} \\ \frac{3}{5} \end{bmatrix}$$

o que coincide com a solução obtida no Exemplo 5.

MODELAGEM MATEMÁTICA

Os problemas dos mínimos quadrados desempenham um papel fundamental na modelagem matemática de fenômenos reais. O próximo exemplo mostra como modelar a população mundial usando um polinômio quadrático.

EXEMPLO 9   População mundial

A tabela mostra a população mundial (em bilhões) em seis anos diferentes. (Fonte: US Census Bureau)

Ano	1985	1990	1995	2000	2005	2010
População, y	4,9	5,3	5,7	6,1	6,5	6,9

Considere que $x = 5$ representa o ano de 1985. Encontre o polinômio quadrático de mínimos quadrados $y = c_0 + c_1 x + c_2 x^2$ para os dados e use o modelo para estimar a população no ano 2020.

SOLUÇÃO

Ao substituir os pontos dados (5; 4,9), (10; 5,3), (15; 5,7), (20; 6,1), (25; 6,5) e (30; 6,9) no polinômio quadrático $y = c_0 + c_1 x + c_2 x^2$, obtém-se o sistema de equações lineares a seguir.

$$c_0 + 5c_1 + 25c_2 = 4,9$$
$$c_0 + 10c_1 + 100c_2 = 5,3$$
$$c_0 + 15c_1 + 225c_2 = 5,7$$
$$c_0 + 20c_1 + 400c_2 = 6,1$$
$$c_0 + 25c_1 + 625c_2 = 6,5$$
$$c_0 + 30c_1 + 900c_2 = 6,9$$

Isto produz o problema dos mínimos quadrados

$$A\mathbf{x} = \mathbf{b}$$

$$\begin{bmatrix} 1 & 5 & 25 \\ 1 & 10 & 100 \\ 1 & 15 & 225 \\ 1 & 20 & 400 \\ 1 & 25 & 625 \\ 1 & 30 & 900 \end{bmatrix} \begin{bmatrix} c_0 \\ c_1 \\ c_2 \end{bmatrix} = \begin{bmatrix} 4,9 \\ 5,3 \\ 5,7 \\ 6,1 \\ 6,5 \\ 6,9 \end{bmatrix}$$

As equações normais são representadas pelo sistema

$$A^T A \mathbf{x} = A^T \mathbf{b}$$

$$\begin{bmatrix} 6 & 105 & 2.275 \\ 105 & 2.275 & 55.125 \\ 2.275 & 55.125 & 1.421.875 \end{bmatrix} \begin{bmatrix} c_0 \\ c_1 \\ c_2 \end{bmatrix} = \begin{bmatrix} 35,4 \\ 654,5 \\ 14.647,5 \end{bmatrix}$$

e sua solução é $\mathbf{x} = \begin{bmatrix} c_0 \\ c_1 \\ c_2 \end{bmatrix} = \begin{bmatrix} 4,5 \\ 0,08 \\ 0 \end{bmatrix}$.

Observe que $c_2 = 0$. Portanto, o polinômio de mínimos quadrados é o polinômio *linear* $x = 4,5 + 0,08x$. Calcular este polinômio em $x = 40$ dá a estimativa da população mundial no ano 2020: $y = 4,5 + 0,08$ (40) = 7,7 bilhões.

Os modelos de mínimos quadrados podem surgir em muitos outros contextos. A Seção 5.5 explora algumas aplicações de modelos de mínimos quadrados para aproximações de funções. O próximo exemplo usa dados da Seção 1.3 para encontrar uma relação não linear entre o período de um planeta e sua distância média ao Sol.

EXEMPLO 10   Aplicação à astronomia

A tabela mostra as distâncias médias x e os períodos y dos seis planetas que estão mais próximos do Sol. As distâncias médias estão em unidades astronômicas e os períodos estão em anos. Encontre um modelo para os dados.

Planeta	Mercúrio	Vênus	Terra	Marte	Júpiter	Saturno
Distância, x	0,387	0,723	1,000	1,524	5,203	9,537
Período, y	0,241	0,615	1,000	1,881	11,862	29,457

SOLUÇÃO

Quando você marca os pontos dados, eles não caem em uma linha reta. Ao tomar o logaritmo natural de cada coordenada, no entanto, você obtém pontos da forma ($\ln x$, $\ln y$), como mostrado a seguir.

TECNOLOGIA

Você pode usar uma ferramenta computacional ou um software para verificar o resultado do Exemplo 10. Por exemplo, usando os dados na primeira tabela, uma ferramenta computacional dá o modelo de regressão de potência $y \approx 1{,}00029x^{1{,}49972}$.

O **Technology Guide**, disponível na página deste livro no site da Cengage, pode ajudá-lo a usar a tecnologia para modelar dados.

Planeta	Mercúrio	Vênus	Terra	Marte	Júpiter	Saturno
ln x	−0,949	−0,324	0,0	0,421	1,649	2,255
ln y	−1,423	−0,486	0,0	0,632	2,473	3,383

Um gráfico dos pontos transformados sugere que a reta de regressão por mínimos quadrados seria um bom ajuste.

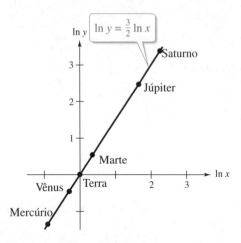

Use as técnicas desta seção no sistema

$$c_0 - 0{,}949c_1 = -1{,}423$$
$$c_0 - 0{,}324c_1 = -0{,}486$$
$$c_0 \qquad\quad = \quad 0{,}0$$
$$c_0 + 0{,}421c_1 = \quad 0{,}632$$
$$c_0 + 1{,}649c_1 = \quad 2{,}473$$
$$c_0 + 2{,}255c_1 = \quad 3{,}383$$

para verificar que a equação da reta é

$$\ln y = \tfrac{3}{2} \ln x \quad \text{ou} \quad y = x^{3/2}.$$

5.4 Exercícios

Reta de regressão por mínimos quadrados Nos Exercícios 1-4, determine se os pontos são colineares. Em caso afirmativo, encontre a reta $y = c_0 + c_1 x$ que se passa pelos pontos.

1. $(0, 1), (1, 3), (2, 5)$ **2.** $(0, 0), (3, 1), (4, 2)$
3. $(-2, 0), (0, 2), (2, 2)$ **4.** $(-1, 5), (1, -1), (1, -4)$

Subespaços ortogonais Nos Exercícios 5-8, determine se os subespaços são ortogonais.

5. $S_1 = \text{span}\left\{\begin{bmatrix} 3 \\ 2 \\ -2 \end{bmatrix}, \begin{bmatrix} 0 \\ 1 \\ 0 \end{bmatrix}\right\}$ $S_2 = \text{span}\left\{\begin{bmatrix} 2 \\ -3 \\ 0 \end{bmatrix}\right\}$

6. $S_1 = \text{span}\left\{\begin{bmatrix} -3 \\ 0 \\ 1 \end{bmatrix}\right\}$ $S_2 = \text{span}\left\{\begin{bmatrix} 2 \\ 1 \\ 6 \end{bmatrix}, \begin{bmatrix} 0 \\ 1 \\ 0 \end{bmatrix}\right\}$

7. $S_1 = \text{span}\left\{\begin{bmatrix} 1 \\ 1 \\ 1 \\ 1 \end{bmatrix}\right\}$ $S_2 = \text{span}\left\{\begin{bmatrix} -1 \\ 1 \\ -1 \\ 1 \end{bmatrix}, \begin{bmatrix} 0 \\ 2 \\ -2 \\ 0 \end{bmatrix}\right\}$

8. $S_1 = \text{span}\left\{\begin{bmatrix} 0 \\ 0 \\ 2 \\ 1 \end{bmatrix}, \begin{bmatrix} 0 \\ 0 \\ 1 \\ -2 \end{bmatrix}\right\}$ $S_2 = \text{span}\left\{\begin{bmatrix} 3 \\ 2 \\ 0 \\ 0 \end{bmatrix}, \begin{bmatrix} 0 \\ 1 \\ -2 \\ 2 \end{bmatrix}\right\}$

Espaços com produto interno **275**

Encontrando o complemento ortogonal e a soma direta Nos Exercícios 9-14, encontre (a) o complemento ortogonal $S^\perp$ e (b) a soma direta $S \oplus S^\perp$.

9. $S = \text{span}\left\{ \begin{bmatrix} 0 \\ 1 \\ 0 \end{bmatrix}, \begin{bmatrix} 2 \\ 0 \\ 1 \end{bmatrix} \right\}$ **10.** $S = \text{span}\left\{ \begin{bmatrix} 0 \\ -2 \\ 1 \end{bmatrix} \right\}$

11. $S = \text{span}\left\{ \begin{bmatrix} 0 \\ 1 \\ -1 \\ 1 \end{bmatrix} \right\}$

12. $S = \text{span}\left\{ \begin{bmatrix} 0 \\ 1 \\ -1 \\ 1 \\ -1 \end{bmatrix}, \begin{bmatrix} 0 \\ 1 \\ 0 \\ 2 \\ -1 \end{bmatrix}, \begin{bmatrix} 2 \\ 0 \\ 1 \\ 0 \\ 2 \end{bmatrix} \right\}$

13. S é o subespaço de R^3 que consiste no plano xz.

14. S é o subespaço de R^5 que consiste em todos os vetores cujas terceira e quarta componentes são nulas.

15. Encontre o complemento ortogonal da solução do Exercício 11(a).

16. Encontre o complemento ortogonal da solução do Exercício 12(a).

Projeção em um subespaço Nos Exercícios 17-20, encontre a projeção do vetor v no subespaço S.

17. $S = \text{span}\left\{ \begin{bmatrix} 0 \\ 0 \\ -1 \\ 1 \end{bmatrix}, \begin{bmatrix} 0 \\ 1 \\ 1 \\ 1 \end{bmatrix} \right\}$, $\mathbf{v} = \begin{bmatrix} 1 \\ 0 \\ 1 \\ 1 \end{bmatrix}$

18. $S = \text{span}\left\{ \begin{bmatrix} -1 \\ 2 \\ 0 \\ 0 \end{bmatrix}, \begin{bmatrix} 0 \\ 0 \\ 1 \\ 0 \end{bmatrix}, \begin{bmatrix} 0 \\ 0 \\ 0 \\ 1 \end{bmatrix} \right\}$, $\mathbf{v} = \begin{bmatrix} 1 \\ 1 \\ 1 \\ 1 \end{bmatrix}$

19. $S = \text{span}\left\{ \begin{bmatrix} 1 \\ 0 \\ 1 \end{bmatrix}, \begin{bmatrix} 0 \\ 1 \\ 1 \end{bmatrix} \right\}$, $\mathbf{v} = \begin{bmatrix} 2 \\ 3 \\ 4 \end{bmatrix}$

20. $S = \text{span}\left\{ \begin{bmatrix} 1 \\ 1 \\ 1 \\ 1 \end{bmatrix}, \begin{bmatrix} 0 \\ 1 \\ -1 \\ 0 \end{bmatrix}, \begin{bmatrix} 0 \\ 1 \\ 1 \\ 0 \end{bmatrix} \right\}$, $\mathbf{v} = \begin{bmatrix} 1 \\ 2 \\ 3 \\ 4 \end{bmatrix}$

Subespaços fundamentais Nos Exercícios 21-24, encontre as bases para os quatro subespaços fundamentais da matriz A.

21. $A = \begin{bmatrix} 1 & 2 & 3 \\ 0 & 1 & 0 \end{bmatrix}$ **22.** $A = \begin{bmatrix} 0 & -1 & 1 \\ 1 & 2 & 0 \\ 1 & 1 & 1 \end{bmatrix}$

23. $A = \begin{bmatrix} 1 & 0 & 0 \\ 0 & 1 & 1 \\ 1 & 1 & 1 \\ 1 & 2 & 2 \end{bmatrix}$ **24.** $A = \begin{bmatrix} 1 & 0 & -1 \\ 0 & -1 & 1 \\ 1 & 1 & 0 \\ 1 & 0 & 1 \end{bmatrix}$

Determinação de solução por mínimos quadrados Nos Exercícios 25-28, encontre a solução por mínimos quadrados do sistema $A\mathbf{x} = \mathbf{b}$.

25. $A = \begin{bmatrix} 2 & 1 \\ 1 & 2 \\ 1 & 1 \end{bmatrix}$ $\mathbf{b} = \begin{bmatrix} 2 \\ 0 \\ -3 \end{bmatrix}$

26. $A = \begin{bmatrix} 1 & -1 & 1 \\ 1 & 1 & 1 \\ 0 & 1 & 1 \\ 1 & 0 & 1 \end{bmatrix}$ $\mathbf{b} = \begin{bmatrix} 2 \\ 1 \\ 0 \\ 2 \end{bmatrix}$

27. $A = \begin{bmatrix} 1 & 0 & 1 \\ 1 & 1 & 1 \\ 0 & 1 & 1 \\ 1 & 1 & 0 \end{bmatrix}$ $\mathbf{b} = \begin{bmatrix} 4 \\ -1 \\ 0 \\ 1 \end{bmatrix}$

28. $A = \begin{bmatrix} 0 & 2 & 1 \\ 1 & 1 & -1 \\ 2 & 1 & 0 \\ 1 & 1 & 1 \\ 0 & 2 & -1 \end{bmatrix}$ $\mathbf{b} = \begin{bmatrix} 1 \\ 0 \\ 1 \\ -1 \\ 0 \end{bmatrix}$

Projeção ortogonal em um subespaço Nos Exercícios 29 e 30, use o método do Exemplo 8 para encontrar a projeção ortogonal de $\mathbf{b} = \begin{bmatrix} 2 & -2 & 1 \end{bmatrix}^T$ no espaço coluna da matriz A.

29. $A = \begin{bmatrix} 1 & 2 \\ 0 & 1 \\ 1 & 1 \end{bmatrix}$ **30.** $A = \begin{bmatrix} 0 & 2 \\ 1 & 1 \\ 1 & 3 \end{bmatrix}$

Determinação da reta de regressão por mínimos quadrados Nos Exercícios 31-34, encontre a reta de regressão por mínimos quadrados para os pontos dados. Marque os pontos e trace a reta no mesmo conjunto de eixos.

31. $(-1, 1), (1, 0), (3, -3)$

32. $(1, 1), (2, 3), (4, 5)$

33. $(-2, 1), (-1, 2), (0, 1), (1, 2), (2, 1)$

34. $(-2, 0), (-1, 2), (0, 3), (1, 5), (2, 6)$

Determinação do polinômio quadrático com mínimos quadrados Nos Exercícios 35-38, encontre o polinômio quadrático de regressão por mínimos quadrados para os pontos dados.

35. $(0, 0), (2, 2), (3, 6), (4, 12)$

36. $(0, 2), \left(1, \frac{3}{2}\right), \left(2, \frac{5}{2}\right), (3, 4)$

37. $(-2, 0), (-1, 0), (0, 1), (1, 2), (2, 5)$

38. $(-2, 6), (-1, 5), \left(0, \frac{7}{2}\right), (1, 2), (2, -1)$

39. Mestrados A tabela mostra o número de mestrados y (em milhares) conferidos nos Estados Unidos de 2009 até 2012. Encontre a reta de regressão por mínimos quadrados para os dados. Em seguida, use

276 Elementos de álgebra linear

o modelo para prever o número de mestrados concluídos em 2019. Represente o ano por t, com $t = 9$ correspondendo a 2009. (Fonte: Centro Nacional de Estatísticas de Educação dos EUA)

Ano	2009	2010	2011	2012
Mestrados, y	662,1	693,0	730,6	754,2

40. Receita A tabela mostra as receitas y (em bilhões de dólares) da General Dynamics Corporation de 2008 até 2013. Encontre os polinômios quadráticos e cúbicos de regressão por mínimos quadrados para os dados. Em seguida, use cada modelo para prever a receita em 2018. Represente o ano por t, com $t = 8$ correspondendo a 2008. Qual modelo parece ser mais preciso para prever as receitas futuras? Explique. (Fonte: General Dynamics Corporation)

Ano	2008	2009	2010
Receita, y	29,3	32,0	32,5

Ano	2011	2012	2013
Receita, y	32,7	31,7	31,2

41. Velocidades de galope de animais Animais de quatro patas correm com dois tipos diferentes de movimento: trote e galope. Um animal que está trotando tem pelo menos um pé no chão em todos os momentos, enquanto um animal que está galopando tem todos os quatro pés fora do chão em algum ponto de seu passo. O número de passos por minuto em que um animal passa de um trote para um galope depende do peso do animal. Use a tabela e o método do Exemplo 10 para encontrar uma equação que relacione o peso do animal x (em libras) e a menor velocidade de galope y (em passos por minuto).

Peso, x	25	35	50
Velocidade de galope, y	191,5	182,7	173,8

Peso, x	75	500	1.000
Velocidade de galope, y	164,2	125,9	114,2

42. Ponto crucial Explique como a ortogonalidade, os complementos ortogonais, a projeção de um vetor e os subespaços fundamentais são usados para encontrar a solução de um problema de mínimos quadrados.

Verdadeiro ou falso? Nos Exercícios 43 e 44, determine se cada afirmação é verdadeira ou falsa. Se uma afirmação for verdadeira, dê uma justificativa ou cite uma afirmação apropriada do texto. Se uma afirmação for falsa, forneça um exemplo que mostre que a afirmação não é verdadeira em todos os casos ou cite uma afirmação apropriada do texto.

43. (a) O complemento ortogonal de R^n é o conjunto vazio.

(b) Se cada vetor $\mathbf{v} \in R^n$ pode ser escrito de forma única como soma de um vetor $\mathbf{s}_1$ de S_1 e um vetor $\mathbf{s}_2$ de S_2, então R^n é a soma direta de S_1 e S_2.

44. (a) Se A é uma matriz $m \times n$, então $R(A)$ e $N(A^T)$ são subespaços ortogonais de R^n.

(b) O conjunto de todos os vetores ortogonais a cada vetor em um subespaço S é o complemento ortogonal de S.

(c) Dada uma matriz A de tamanho $m \times n$ e um vetor $\mathbf{b}$ em R^m, o problema dos mínimos quadrados é encontrar $\mathbf{x}$ em R^n tal que $\|A\mathbf{x} = \mathbf{b}\|^2$ é minimizado.

45. Demonstração Demonstre que se S_1 e S_2 são subespaços ortogonais de R^n, sua intersecção consiste apenas no vetor nulo.

46. Demonstração Demonstre que o complemento ortogonal de um subespaço de R^n é ele próprio um subespaço de R^n.

47. Demonstração Demonstre o Teorema 5.14.

48. Demonstração Demonstre que se S_1 e S_2 são subespaços de R^n e se

$$R^n = S_1 \oplus S_2$$

então

$$S_1 \cap S_2 = \{\mathbf{0}\}.$$

5.5 Aplicações de espaços com produto interno

- Encontrar o produto vetorial de dois vetores em R^3.
- Encontrar a aproximação linear ou quadrática por mínimos quadrados de uma função.
- Encontrar a aproximação de Fourier de ordem n de uma função.

O PRODUTO VETORIAL EM R^3

Aqui você olhará para um produto de vetores que produz um vetor em R^3 ortogonal aos dois vetores. Este produto de vetores é chamado de produto vetorial, sendo mais convenientemente definido e calculado com vetores escritos na forma onde i, j e k denotam os vetores unitários canônicos.

$$\mathbf{v} = (v_1, v_2, v_3) = v_1\mathbf{i} + v_2\mathbf{j} + v_3\mathbf{k}.$$

OBSERVAÇÃO

O produto vetorial é definido apenas para vetores em R^3. O produto vetorial de dois vetores em R^n, $n \neq 3$, não é definido aqui.

Definição do produto vetorial de dois vetores

Sejam $\mathbf{u} = u_1\mathbf{i} + u_2\mathbf{j} + u_3\mathbf{k}$ e $\mathbf{v} = v_1\mathbf{i} + v_2\mathbf{j} + v_3\mathbf{k}$ vetores no R^3. O **produto vetorial** de $\mathbf{u}$ e $\mathbf{v}$ é o vetor

$$\mathbf{u} \times \mathbf{v} = (u_2v_3 - u_3v_2)\mathbf{i} - (u_1v_3 - u_3v_1)\mathbf{j} + (u_1v_2 - u_2v_1)\mathbf{k}.$$

Um modo conveniente de lembrar a fórmula para o produto vetorial $\mathbf{u} \times \mathbf{v}$ é usar a forma de determinante abaixo.

$$\mathbf{u} \times \mathbf{v} = \begin{vmatrix} \mathbf{i} & \mathbf{j} & \mathbf{k} \\ u_1 & u_2 & u_3 \\ v_1 & v_2 & v_3 \end{vmatrix} \quad \begin{matrix} \leftarrow \text{Componentes de } \mathbf{u} \\ \leftarrow \text{Componentes de } \mathbf{v} \end{matrix}$$

Tecnicamente, isto não é um determinante porque representa um vetor e não um número real. No entanto, é útil porque pode ajudá-lo a lembrar a fórmula de produto vetorial. O uso da expansão por cofatores ao longo da na primeira linha produz

$$\mathbf{u} \times \mathbf{v} = \begin{vmatrix} u_2 & u_3 \\ v_2 & v_3 \end{vmatrix}\mathbf{i} - \begin{vmatrix} u_1 & u_3 \\ v_1 & v_3 \end{vmatrix}\mathbf{j} + \begin{vmatrix} u_1 & u_2 \\ v_1 & v_2 \end{vmatrix}\mathbf{k}$$

$$= (u_2v_3 - u_3v_2)\mathbf{i} - (u_1v_3 - u_3v_1)\mathbf{j} + (u_1v_2 - u_2v_1)\mathbf{k}$$

que fornece a fórmula na definição. Preste atenção para observar que a componente $\mathbf{j}$ é precedida por um sinal de menos.

ÁLGEBRA LINEAR APLICADA

Na Física, o produto vetorial pode ser usado para medir o *torque* – o momento $\mathbf{M}$ de um força $\mathbf{F}$ em torno de um ponto A, como mostrado na figura abaixo. Quando o ponto de aplicação da força é B, o momento de $\mathbf{F}$ em torno de A é

$$\mathbf{M} = \overrightarrow{AB} \times \mathbf{F}$$

onde $\overrightarrow{AB}$ representa o vetor cujo ponto inicial é A e cujo ponto final é B. A magnitude do momento $\mathbf{M}$ mede a tendência de $\overrightarrow{AB}$ girar no sentido anti-horário em torno de um eixo direcionado ao longo do vetor $\mathbf{M}$.

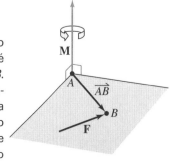

278 Elementos de álgebra linear

TECNOLOGIA

Muitas ferramentas computacionais e softwares podem encontrar um produto vetorial. Por exemplo, se você usar uma ferramenta computacional para verificar o resultado do Exemplo 1(b), então poderá ver algo semelhante à tela abaixo.

```
VECTOR:U        3
  e1=1
  e2=-2
  e3=1
VECTOR:V        3
  e1=3
  e2=1
  e3=-2
cross(V,U)
            [-3 -5 -7]
```

EXEMPLO 1 — Determinação do produto vetorial de dois vetores

Sejam $\mathbf{u} = \mathbf{i} - 2\mathbf{j} + \mathbf{k}$ e $\mathbf{v} = 3\mathbf{i} + \mathbf{j} - 2\mathbf{k}$. Encontre cada produto vetorial.

a. $\mathbf{u} \times \mathbf{v}$ **b.** $\mathbf{v} \times \mathbf{u}$ **c.** $\mathbf{v} \times \mathbf{v}$

SOLUÇÃO

a. $\mathbf{u} \times \mathbf{v} = \begin{vmatrix} \mathbf{i} & \mathbf{j} & \mathbf{k} \\ 1 & -2 & 1 \\ 3 & 1 & -2 \end{vmatrix}$

$$= \begin{vmatrix} -2 & 1 \\ 1 & -2 \end{vmatrix} \mathbf{i} - \begin{vmatrix} 1 & 1 \\ 3 & -2 \end{vmatrix} \mathbf{j} + \begin{vmatrix} 1 & -2 \\ 3 & 1 \end{vmatrix} \mathbf{k}$$

$$= 3\mathbf{i} + 5\mathbf{j} + 7\mathbf{k}$$

b. $\mathbf{v} \times \mathbf{u} = \begin{vmatrix} \mathbf{i} & \mathbf{j} & \mathbf{k} \\ 3 & 1 & -2 \\ 1 & -2 & 1 \end{vmatrix}$

$$= \begin{vmatrix} 1 & -2 \\ -2 & 1 \end{vmatrix} \mathbf{i} - \begin{vmatrix} 3 & -2 \\ 1 & 1 \end{vmatrix} \mathbf{j} + \begin{vmatrix} 3 & 1 \\ 1 & -2 \end{vmatrix} \mathbf{k}$$

$$= -3\mathbf{i} - 5\mathbf{j} - 7\mathbf{k}$$

Observe que este resultado é o oposto do item (a).

c. $\mathbf{v} \times \mathbf{v} = \begin{vmatrix} \mathbf{i} & \mathbf{j} & \mathbf{k} \\ 3 & 1 & -2 \\ 3 & 1 & -2 \end{vmatrix}$

$$= \begin{vmatrix} 1 & -2 \\ 1 & -2 \end{vmatrix} \mathbf{i} - \begin{vmatrix} 3 & -2 \\ 3 & -2 \end{vmatrix} \mathbf{j} + \begin{vmatrix} 3 & 1 \\ 3 & 1 \end{vmatrix} \mathbf{k}$$

$$= 0\mathbf{i} + 0\mathbf{j} + 0\mathbf{k} = \mathbf{0}$$

Os resultados obtidos no Exemplo 1 sugerem algumas propriedades *algébricas* interessantes do produto vetorial. Por exemplo,

$$\mathbf{u} \times \mathbf{v} = -(\mathbf{v} \times \mathbf{u}) \quad \text{e} \quad \mathbf{v} \times \mathbf{v} = \mathbf{0}.$$

O Teorema 5.17 enuncia essas propriedades, juntamente com várias outras.

TEOREMA 5.17   Propriedades algébricas do produto vetorial

Se $\mathbf{u}$, $\mathbf{v}$ e $\mathbf{w}$ são vetores em R^3 e c é um escalar, então as propriedades listadas abaixo são verdadeiras.

1. $\mathbf{u} \times \mathbf{v} = -(\mathbf{v} \times \mathbf{u})$
2. $\mathbf{u} \times (\mathbf{v} + \mathbf{w}) = (\mathbf{u} \times \mathbf{v}) + (\mathbf{u} \times \mathbf{w})$
3. $c(\mathbf{u} \times \mathbf{v}) = c\mathbf{u} \times \mathbf{v} = \mathbf{u} \times c\mathbf{v}$
4. $\mathbf{u} \times \mathbf{0} = \mathbf{0} \times \mathbf{u} = \mathbf{0}$
5. $\mathbf{u} \times \mathbf{u} = \mathbf{0}$
6. $\mathbf{u} \cdot (\mathbf{v} \times \mathbf{w}) = (\mathbf{u} \times \mathbf{v}) \cdot \mathbf{w}$

DEMONSTRAÇÃO

A demonstração da primeira propriedade é dada aqui. As demonstrações das outras propriedades são deixadas para você. (Veja os Exercícios 55-59.) Sejam

$$\mathbf{u} = u_1\mathbf{i} + u_2\mathbf{j} + u_3\mathbf{k}$$

e

$$\mathbf{v} = v_1\mathbf{i} + v_2\mathbf{j} + v_3\mathbf{k}.$$

Então,

$$\mathbf{u} \times \mathbf{v} = \begin{vmatrix} \mathbf{i} & \mathbf{j} & \mathbf{k} \\ u_1 & u_2 & u_3 \\ v_1 & v_2 & v_3 \end{vmatrix}$$
$$= (u_2 v_3 - u_3 v_2)\mathbf{i} - (u_1 v_3 - u_3 v_1)\mathbf{j} + (u_1 v_2 - u_2 v_1)\mathbf{k}$$

e

$$\mathbf{v} \times \mathbf{u} = \begin{vmatrix} \mathbf{i} & \mathbf{j} & \mathbf{k} \\ v_1 & v_2 & v_3 \\ u_1 & u_2 & u_3 \end{vmatrix}$$
$$= (v_2 u_3 - v_3 u_2)\mathbf{i} - (v_1 u_3 - v_3 u_1)\mathbf{j} + (v_1 u_2 - v_2 u_1)\mathbf{k}$$
$$= -(u_2 v_3 - u_3 v_2)\mathbf{i} + (u_1 v_3 - u_3 v_1)\mathbf{j} - (u_1 v_2 - u_2 v_1)\mathbf{k}$$
$$= -(\mathbf{v} \times \mathbf{u}).$$

A Propriedade 1 do Teorema 5.17 diz que os vetores $\mathbf{u} \times \mathbf{v}$ e $\mathbf{v} \times \mathbf{u}$ têm o mesmo comprimento mas direções opostas. A implicação geométrica disso será discutida após apresentarmos algumas propriedades geométricas do produto vetorial de dois vetores.

TEOREMA 5.18 Propriedades geométricas do produto vetorial

Se $\mathbf{u}$ e $\mathbf{v}$ são vetores não nulos em R^3, então as propriedades listadas abaixo são verdadeiras.

1. $\mathbf{u} \times \mathbf{v}$ é ortogonal a $\mathbf{u}$ e a $\mathbf{v}$.
2. O ângulo θ entre $\mathbf{u}$ e $\mathbf{v}$ é encontrado usando $\|\mathbf{u} \times \mathbf{v}\| = \|\mathbf{u}\|\,\|\mathbf{v}\|\,\operatorname{sen}\theta$.
3. $\mathbf{u}$ e $\mathbf{v}$ são paralelos se e somente se $\mathbf{u} \times \mathbf{v} = \mathbf{0}$.
4. O paralelogramo tendo $\mathbf{u}$ e $\mathbf{v}$ como lados adjacentes tem uma área de $\|\mathbf{u} \times \mathbf{v}\|$.

DEMONSTRAÇÃO

A demonstração da propriedade 4 é apresentada aqui. As demonstrações das outras propriedades são deixadas para você. (Veja os Exercícios 63-65.) Represente por $\mathbf{u}$ e $\mathbf{v}$ os lados adjacentes de um paralelogramo, conforme mostrado na Figura 5.20. Pela Propriedade 2, a área do paralelogramo é

$$\text{Área} = \overbrace{\|\mathbf{u}\|}^{\text{Base}} \overbrace{\|\mathbf{v}\|\,\operatorname{sen}\theta}^{\text{Altura}} = \|\mathbf{u} \times \mathbf{v}\|.$$

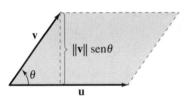

Figura 5.20

A Propriedade 1 afirma que o vetor $\mathbf{u} \times \mathbf{v}$ é ortogonal tanto a $\mathbf{u}$ quanto a $\mathbf{v}$. Isto implica que $\mathbf{u} \times \mathbf{v}$ (e $\mathbf{v} \times \mathbf{u}$) é ortogonal ao plano determinado por $\mathbf{u}$ e $\mathbf{v}$. Uma maneira de lembrar a orientação dos vetores $\mathbf{u}$, $\mathbf{v}$ e $\mathbf{u} \times \mathbf{v}$ é compará-los com os vetores unitários $\mathbf{i}$, $\mathbf{j}$ e $\mathbf{k}$, como mostrado abaixo. Os três vetores $\mathbf{u}$, $\mathbf{v}$ e $\mathbf{u} \times \mathbf{v}$ formam um *sistema da mão direita*, ao passo que os três vetores $\mathbf{u}$, $\mathbf{v}$ e $\mathbf{v} \times \mathbf{u}$ formam um *sistema da mão esquerda*.

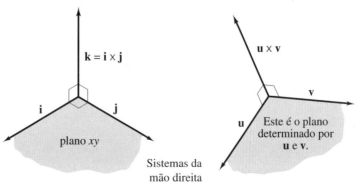

Sistemas da mão direita

EXEMPLO 2 — Determinação de um vetor ortogonal a dois vetores dados

Veja LarsonLinearAlgebra.com para uma versão interativa deste tipo de exemplo.

Encontre um vetor unitário ortogonal a ambos

$$\mathbf{u} = \mathbf{i} - 4\mathbf{j} + \mathbf{k}$$

e

$$\mathbf{v} = 2\mathbf{i} + 3\mathbf{j}.$$

SOLUÇÃO

Da Propriedade 1 do Teorema 5.18, você sabe que o produto vetorial

$$\mathbf{u} \times \mathbf{v} = \begin{vmatrix} \mathbf{i} & \mathbf{j} & \mathbf{k} \\ 1 & -4 & 1 \\ 2 & 3 & 0 \end{vmatrix} = -3\mathbf{i} + 2\mathbf{j} + 11\mathbf{k}$$

é ortogonal a ambos $\mathbf{u}$ e $\mathbf{v}$, como mostrado na Figura 5.21. Então, dividindo pelo comprimento de $\mathbf{u} \times \mathbf{v}$,

$$\|\mathbf{u} \times \mathbf{v}\| = \sqrt{(-3)^2 + 2^2 + 11^2} = \sqrt{134}$$

você obtém o vetor unitário

$$\frac{\mathbf{u} \times \mathbf{v}}{\|\mathbf{u} \times \mathbf{v}\|} = -\frac{3}{\sqrt{134}}\mathbf{i} + \frac{2}{\sqrt{134}}\mathbf{j} + \frac{11}{\sqrt{134}}\mathbf{k}$$

que é ortogonal tanto a $\mathbf{u}$ quanto a $\mathbf{v}$, porque

$$\left(-\frac{3}{\sqrt{134}}, \frac{2}{\sqrt{134}}, \frac{11}{\sqrt{134}}\right) \cdot (1, -4, 1) = 0$$

e

$$\left(-\frac{3}{\sqrt{134}}, \frac{2}{\sqrt{134}}, \frac{11}{\sqrt{134}}\right) \cdot (2, 3, 0) = 0.$$

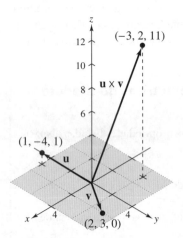

Figura 5.21

EXEMPLO 3 — Determinação da área de um paralelogramo

Encontre a área do paralelogramo que tem

$$\mathbf{u} = -3\mathbf{i} + 4\mathbf{j} + \mathbf{k}$$

e

$$\mathbf{v} = -2\mathbf{j} + 6\mathbf{k}$$

como lados adjacentes, como mostrado na Figura 5.22.

SOLUÇÃO

Da Propriedade 4 do Teorema 5.18, temos que a área desse paralelogramo é $\|\mathbf{u} \times \mathbf{v}\|$. O produto vetorial é

$$\mathbf{u} \times \mathbf{v} = \begin{vmatrix} \mathbf{i} & \mathbf{j} & \mathbf{k} \\ -3 & 4 & 1 \\ 0 & -2 & 6 \end{vmatrix} = 26\mathbf{i} + 18\mathbf{j} + 6\mathbf{k}.$$

Então, a área do paralelogramo é

$$\|\mathbf{u} \times \mathbf{v}\| = \sqrt{26^2 + 18^2 + 6^2} = \sqrt{1.036} \approx 32{,}19 \text{ unidades quadradas.}$$

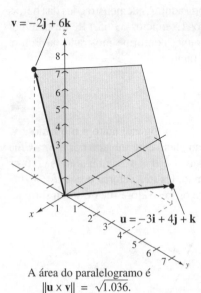

A área do paralelogramo é $\|\mathbf{u} \times \mathbf{v}\| = \sqrt{1.036}$.

Figura 5.22

APROXIMAÇÕES POR MÍNIMOS QUADRADOS (CÁLCULO)

Muitos problemas em ciências físicas e em engenharia envolvem uma aproximação de uma função f por outra função g. Se f está em $C[a, b]$ (o espaço com produto interno de todas as funções contínuas em $[a, b]$), então a função g é geralmente escolhida de um subespaço W de $C[a, b]$. Por exemplo, para aproximar a função

$$f(x) = e^x, 0 \leq x \leq 1$$

você poderia escolher uma das formas de g listadas abaixo.

1. $g(x) = a_0 + a_1 x, \quad 0 \leq x \leq 1$ \hfill Linear

2. $g(x) = a_0 + a_1 x + a_2 x^2, \quad 0 \leq x \leq 1$ \hfill Quadrática

3. $g(x) = a_0 + a_1 \cos x + a_2 \operatorname{sen} x, \quad 0 \leq x \leq 1$ \hfill Trigonométrica

Antes de discutir maneiras de encontrar a função g, você deve definir como uma função pode "melhor" aproximar outra função. Uma maneira natural seria exigir que a área delimitada pelos gráficos de f e g no intervalo $[a, b]$,

$$\text{Área} = \int_a^b |f(x) - g(x)|\, dx$$

seja um mínimo em relação a outras funções no subespaço W, como mostrado abaixo.

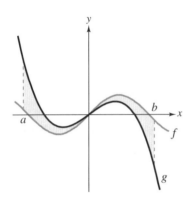

Entretanto, integrais envolvendo valor absoluto são muitas vezes difíceis de calcular, de modo que é mais comum elevar o integrando ao quadrado para obter

$$\int_a^b [f(x) - g(x)]^2\, dx.$$

Com este critério, a função g é a **aproximação por mínimos quadrados** de f em relação ao espaço com produto interno W.

Definição da aproximação por mínimos quadrados

Seja f contínua em $[a, b]$ e W um subespaço de $C[a, b]$. Uma função g em W é a **aproximação por mínimos quadrados** de f em relação a W quando o valor de

$$I = \int_a^b [f(x) - g(x)]^2\, dx$$

for um mínimo em relação a todas as outras funções em W.

Observe que se o subespaço W nesta definição for todo o espaço $C[a, b]$, então $g(x) = f(x)$, o que implica que $I = 0$.

EXEMPLO 4 Determinação de uma aproximação por mínimos quadrados

Encontre a aproximação por mínimos quadrados $g(x) = a_0 + a_1 x$ de

$$f(x) = e^x, \quad 0 \leq x \leq 1.$$

SOLUÇÃO

Para esta aproximação, você precisa encontrar as constantes a_0 e a_1 que minimizam o valor de

$$I = \int_0^1 [f(x) - g(x)]^2 \, dx$$
$$= \int_0^1 (e^x - a_0 - a_1 x)^2 \, dx.$$

Calculando esta integral, você obtém

$$I = \int_0^1 (e^x - a_0 - a_1 x)^2 \, dx$$
$$= \int_0^1 (e^{2x} - 2a_0 e^x - 2a_1 x e^x + a_0^2 + 2a_0 a_1 x + a_1^2 x^2) \, dx$$
$$= \left[\frac{1}{2}e^{2x} - 2a_0 e^x - 2a_1 e^x (x - 1) + a_0^2 x + a_0 a_1 x^2 + a_1^2 \frac{x^3}{3} \right]_0^1$$
$$= \frac{1}{2}(e^2 - 1) - 2a_0(e - 1) - 2a_1 + a_0^2 + a_0 a_1 + \frac{1}{3}a_1^2.$$

Agora, considerando que I é uma função das variáveis a_0 e a_1, use o cálculo para determinar os valores de a_0 e a_1 que minimizam I. Especificamente, igualando as derivadas parciais

$$\frac{\partial I}{\partial a_0} = 2a_0 - 2e + 2 + a_1$$
$$\frac{\partial I}{\partial a_1} = a_0 + \frac{2}{3}a_1 - 2$$

a zero, você obtém as duas equações lineares em a_0 e a_1 abaixo.

$$2a_0 + a_1 = 2(e - 1)$$
$$3a_0 + 2a_1 = 6$$

A solução deste sistema é

$$a_0 = 4e - 10 \approx 0{,}873 \quad \text{e} \quad a_1 = 18 - 6e \approx 1{,}690$$

(Verifique isso.) Então, a melhor *aproximação linear* de $f(x) = e^x$ no intervalo [0, 1] é

$$g(x) = 4e - 10 + (18 - 6e)x \approx 0{,}873 + 1{,}690x.$$

A Figura 5.23 mostra os gráficos de f e g em [0, 1]. ■

É claro que, se a aproximação obtida no Exemplo 4 vem a ser a melhor aproximação depende da definição de melhor aproximação. Por exemplo, se a definição de melhor aproximação tivesse sido o *polinômio de Taylor de grau 1* centrado em 0,5, então a função de aproximação g teria sido

$$g(x) = f(0{,}5) + f'(0{,}5)(x - 0{,}5)$$
$$= e^{0{,}5} + e^{0{,}5}(x - 0{,}5)$$
$$\approx 0{,}824 + 1{,}649x.$$

Além disso, a função g obtida no Exemplo 4 é apenas a melhor aproximação linear de f (de acordo com o critério dos mínimos quadrados). No Exemplo 5, você encontrará a melhor aproximação *quadrática*.

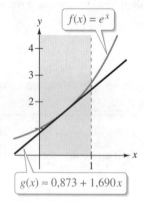

Figura 5.23

EXEMPLO 5 — Determinação de uma aproximação por mínimos quadrados

Encontrar a aproximação por mínimos quadrados $g(x) = a_0 + a_1 x + a_2 x^2$ de $f(x) = e^x$, $0 \leq x \leq 1$.

SOLUÇÃO

Para esta aproximação, você precisa encontrar os valores de a_0, a_1 e a_2 que minimizam o valor de

$$I = \int_0^1 [f(x) - g(x)]^2 \, dx$$
$$= \int_0^1 (e^x - a_0 - a_1 x - a_2 x^2)^2 \, dx$$
$$= \frac{1}{2}(e^2 - 1) + 2a_0(1 - e) + 2a_2(2 - e)$$
$$\quad + a_0^2 + a_0 a_1 + \frac{2}{3} a_0 a_2 + \frac{1}{2} a_1 a_2 + \frac{1}{3} a_1^2 + \frac{1}{5} a_2^2 - 2a_1.$$

Igualando as derivadas parciais de I (em relação a a_0, a_1 e a_2) a zero, obtemos o sistema de equações lineares abaixo.

$$6a_0 + 3a_1 + 2a_2 = 6(e - 1)$$
$$6a_0 + 4a_1 + 3a_2 = 12$$
$$20a_0 + 15a_1 + 12a_2 = 60(e - 2)$$

(Verifique isso.) A solução deste sistema é

$$a_0 = -105 + 39e \approx 1{,}013$$
$$a_1 = 588 - 216e \approx 0{,}851$$
$$a_2 = -570 + 210e \approx 0{,}839.$$

(Verifique isso.) Então, a melhor aproximação quadrática é $g(x) \approx 1{,}013 + 0{,}851x + 0{,}839x^2$. A Figura 5.24 mostra os gráficos de f e g em $[0, 1]$.

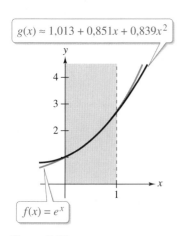

Figura 5.24

A integral I dada na definição da aproximação por mínimos quadrados pode ser expressa em forma vetorial. Para fazer isso, use o produto interno definido no Exemplo 5 na Seção 5.2 :

$$\langle f, g \rangle = \int_a^b f(x) g(x) \, dx.$$

Com este produto interno você tem

$$I = \int_a^b [f(x) - g(x)]^2 \, dx = \langle f - g, f - g \rangle = \|f - g\|^2.$$

Isso significa que a função de aproximação por mínimos quadrados g é a função que minimiza $\|f - g\|^2$ ou, de forma equivalente, minimiza $\|f - g\|$. Em outras palavras, a aproximação por mínimos quadrados de uma função f é a função g (no subespaço W) mais próxima de f em termos do produto interno $\langle f, g \rangle$. O próximo teorema lhe fornece uma maneira de determinar a função g.

TEOREMA 5.19   Aproximação por mínimos quadrados

Seja f função contínua em $[a, b]$ e seja W um subespaço de dimensão finita de $C[a, b]$. A função de aproximação por mínimos quadrados de f em relação a W é

$$g = \langle f, \mathbf{w}_1 \rangle \mathbf{w}_1 + \langle f, \mathbf{w}_2 \rangle \mathbf{w}_2 + \cdots + \langle f, \mathbf{w}_n \rangle \mathbf{w}_n$$

onde $B = \{\mathbf{w}_1, \mathbf{w}_2, \ldots, \mathbf{w}_n\}$ é uma base ortonormal de W.

DEMONSTRAÇÃO

Para mostrar que g é a função de aproximação por mínimos quadrados de f, demonstre que a desigualdade $\|f - g\| \leq \|f - \mathbf{w}\|$ é verdade para qualquer vetor $\mathbf{w}$ em W. Escrever $f - g$ como

$$f - g = f - \langle f, \mathbf{w}_1 \rangle \mathbf{w}_1 - \langle f, \mathbf{w}_2 \rangle \mathbf{w}_2 - \cdots - \langle f, \mathbf{w}_n \rangle \mathbf{w}_n$$

mostra que $f - g$ é ortogonal a cada $\mathbf{w}_i$, o que, por sua vez, implica que ele é ortogonal a cada vetor em W. Em particular, $f - g$ é ortogonal a $g - \mathbf{w}$. Isso permite que você aplique o Teorema de Pitágoras na soma de vetores $f - \mathbf{w} = (f - g) + (g - \mathbf{w})$ para concluir que $\|f - \mathbf{w}\|^2 = \|f - g\|^2 + \|g - \mathbf{w}\|^2$. Portanto, segue que $\|f - g\|^2 \leq \|f - \mathbf{w}\|^2$, o que implica que $\|f - g\| \leq \|f - \mathbf{w}\|$. ∎

Agora observe como o Teorema 5.19 pode ser usado para produzir a aproximação por mínimos quadrados obtida no Exemplo 4. Primeiro, aplique o processo de ortonormalização de Gram-Schmidt à base canônica $\{1, x\}$ para obter a base ortonormal $B = \{1, \sqrt{3}(2x - 1)\}$. (Verifique isso.) Então, pelo Teorema 5.19, a aproximação por mínimos quadrados de e^x no subespaço de todas as funções lineares é

$$g(x) = \langle e^x, 1 \rangle (1) + \langle e^x, \sqrt{3}(2x - 1) \rangle \sqrt{3}(2x - 1)$$

$$= \int_0^1 e^x \, dx + \sqrt{3}(2x - 1) \int_0^1 \sqrt{3} e^x (2x - 1) \, dx$$

$$= \int_0^1 e^x \, dx + 3(2x - 1) \int_0^1 e^x (2x - 1) \, dx$$

$$= 4e - 10 + (18 - 6e)x$$

que coincide com o resultado obtido no Exemplo 4.

EXEMPLO 6 Determinação da aproximação por mínimos quadrados

Encontre a aproximação por mínimos quadrados de $f(x) = \operatorname{sen} x$, $0 \leq x \leq \pi$, em relação ao espaço W das funções polinomiais de grau menor ou igual a 2.

SOLUÇÃO

Para usar o Teorema 5.19, aplique o processo de ortonormalização de Gram-Schmidt à base canônica de W, $\{1, x, x^2\}$, para obter a base ortonormal

$$B = \{\mathbf{w}_1, \mathbf{w}_2, \mathbf{w}_3\} = \left\{ \frac{1}{\sqrt{\pi}}, \frac{\sqrt{3}}{\pi\sqrt{\pi}}(2x - \pi), \frac{\sqrt{5}}{\pi^2\sqrt{\pi}}(6x^2 - 6\pi x + \pi^2) \right\}.$$

(Verifique isto.) A função de aproximação por mínimos quadrados g é

$$g(x) = \langle f, \mathbf{w}_1 \rangle \mathbf{w}_1 + \langle f, \mathbf{w}_2 \rangle \mathbf{w}_2 + \langle f, \mathbf{w}_3 \rangle \mathbf{w}_3$$

e você tem

$$\langle f, \mathbf{w}_1 \rangle = \frac{1}{\sqrt{\pi}} \int_0^\pi \operatorname{sen} x \, dx = \frac{2}{\sqrt{\pi}}$$

$$\langle f, \mathbf{w}_2 \rangle = \frac{\sqrt{3}}{\pi\sqrt{\pi}} \int_0^\pi \operatorname{sen} x (2x - \pi) \, dx = 0$$

$$\langle f, \mathbf{w}_3 \rangle = \frac{\sqrt{5}}{\pi^2\sqrt{\pi}} \int_0^\pi \operatorname{sen} x (6x^2 - 6\pi x + \pi^2) \, dx = \frac{2\sqrt{5}}{\pi^2\sqrt{\pi}}(\pi^2 - 12).$$

Assim,

$$g(x) = \frac{2}{\pi} + \frac{10(\pi^2 - 12)}{\pi^5}(6x^2 - 6\pi x + \pi^2) \approx -0{,}4177x^2 + 1{,}3122x - 0{,}0505.$$

A Figura 5.25 mostra os gráficos de f e g.

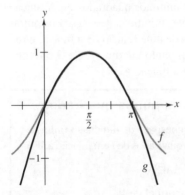

Figura 5.25

Espaços com produto interno   **285**

APROXIMAÇÕES DE FOURIER (CÁLCULO)

Agora você olhará para um tipo especial de aproximação por mínimos quadrados, chamada de **aproximação de Fourier**. Para essa aproximação, considere funções da forma

$$g(x) = \frac{a_0}{2} + a_1 \cos x + \cdots + a_n \cos nx + b_1 \,\text{sen}\, x + \cdots + b_n \,\text{sen}\, nx$$

no subespaço W de

$$C[0, 2\pi]$$

gerado pela base

$$S = \{1, \cos x, \cos 2x, \ldots, \cos nx, \text{sen}\, x, \text{sen}\, 2x, \ldots, \text{sen}\, nx\}.$$

Estes $2n + 1$ vetores são ortogonais no espaço com produto interno $C[0, 2\pi]$ porque

$$\langle f, g \rangle = \int_0^{2\pi} f(x)g(x)\, dx$$
$$= 0, \quad f \neq g$$

como demonstrado no Exemplo 3 na Seção 5.3. Além disso, ao normalizar cada função nessa base, você obtém a base ortonormal

$$B = \{\mathbf{w}_0, \mathbf{w}_1, \ldots, \mathbf{w}_n, \mathbf{w}_{n+1}, \ldots, \mathbf{w}_{2n}\}$$
$$= \left\{\frac{1}{\sqrt{2\pi}}, \frac{1}{\sqrt{\pi}} \cos x, \ldots, \frac{1}{\sqrt{\pi}} \cos nx, \frac{1}{\sqrt{\pi}} \,\text{sen}\, x, \ldots, \frac{1}{\sqrt{\pi}} \,\text{sen}\, nx\right\}.$$

Com esta base ortonormal, você pode aplicar o Teorema 5.19 para escrever

$$g(x) = \langle f, \mathbf{w}_0 \rangle \mathbf{w}_0 + \langle f, \mathbf{w}_1 \rangle \mathbf{w}_1 + \cdots + \langle f, \mathbf{w}_{2n} \rangle \mathbf{w}_{2n}.$$

Os coeficientes

$$a_0, a_1, \ldots, a_n, b_1, \ldots, b_n$$

de $g(x)$ na equação

$$g(x) = \frac{a_0}{2} + a_1 \cos x + \cdots + a_n \cos nx + b_1 \,\text{sen}\, x + \cdots + b_n \,\text{sen}\, nx$$

são encontrados usando as integrais abaixo.

$$a_0 = \langle f, \mathbf{w}_0 \rangle \frac{2}{\sqrt{2\pi}} = \frac{2}{\sqrt{2\pi}} \int_0^{2\pi} f(x) \frac{1}{\sqrt{2\pi}} dx = \frac{1}{\pi} \int_0^{2\pi} f(x)\, dx$$

$$a_1 = \langle f, \mathbf{w}_1 \rangle \frac{1}{\sqrt{\pi}} = \frac{1}{\sqrt{\pi}} \int_0^{2\pi} f(x) \frac{1}{\sqrt{\pi}} \cos x\, dx = \frac{1}{\pi} \int_0^{2\pi} f(x) \cos x\, dx$$

$$\vdots$$

$$a_n = \langle f, \mathbf{w}_n \rangle \frac{1}{\sqrt{\pi}} = \frac{1}{\sqrt{\pi}} \int_0^{2\pi} f(x) \frac{1}{\sqrt{\pi}} \cos nx\, dx = \frac{1}{\pi} \int_0^{2\pi} f(x) \cos nx\, dx$$

$$b_1 = \langle f, \mathbf{w}_{n+1} \rangle \frac{1}{\sqrt{\pi}} = \frac{1}{\sqrt{\pi}} \int_0^{2\pi} f(x) \frac{1}{\sqrt{\pi}} \,\text{sen}\, x\, dx = \frac{1}{\pi} \int_0^{2\pi} f(x) \,\text{sen}\, x\, dx$$

$$\vdots$$

$$b_n = \langle f, \mathbf{w}_{2n} \rangle \frac{1}{\sqrt{\pi}} = \frac{1}{\sqrt{\pi}} \int_0^{2\pi} f(x) \frac{1}{\sqrt{\pi}} \,\text{sen}\, nx\, dx = \frac{1}{\pi} \int_0^{2\pi} f(x) \,\text{sen}\, nx\, dx$$

A função $g(x)$ é a **aproximação de Fourier de ordem n** de f no intervalo $[0, 2\pi]$. Assim como para os coeficientes de Fourier, o nome desta função é uma homenagem ao matemático francês Jean-Baptiste Joseph Fourier. Isso leva você ao Teorema 5.20.

286 Elementos de álgebra linear

TEOREMA 5.20 Aproximação de Fourier

No intervalo $[0, 2\pi]$, a aproximação por mínimos quadrados de uma função contínua f em relação ao espaço vetorial gerado por

$$\{1, \cos x, \ldots, \cos nx, \operatorname{sen} x, \ldots, \operatorname{sen} nx\}$$

é

$$g(x) = \frac{a_0}{2} + a_1 \cos x + \cdots + a_n \cos nx + b_1 \operatorname{sen} x + \cdots + b_n \operatorname{sen} nx$$

onde os **coeficientes de Fourier** $a_0, a_1, \ldots, a_n, b_1, \ldots, b_n$ são

$$a_0 = \frac{1}{\pi} \int_0^{2\pi} f(x)\, dx$$

$$a_j = \frac{1}{\pi} \int_0^{2\pi} f(x) \cos jx\, dx, \quad j = 1, 2, \ldots, n$$

$$b_j = \frac{1}{\pi} \int_0^{2\pi} f(x) \operatorname{sen} jx\, dx, \quad j = 1, 2, \ldots, n.$$

EXEMPLO 7 Determinação de uma aproximação de Fourier

Encontre a aproximação de Fourier de terceira ordem de $f(x) = x$, $0 \leq x \leq 2\pi$.

SOLUÇÃO

Usando o Teorema 5.20, você tem

$$g(x) = \frac{a_0}{2} + a_1 \cos x + a_2 \cos 2x + a_3 \cos 3x + b_1 \operatorname{sen} x + b_2 \operatorname{sen} 2x + b_3 \operatorname{sen} 3x$$

em que

$$a_0 = \frac{1}{\pi} \int_0^{2\pi} x\, dx = \frac{1}{\pi} 2\pi^2 = 2\pi$$

$$a_j = \frac{1}{\pi} \int_0^{2\pi} x \cos jx\, dx = \left[\frac{1}{\pi j^2} \cos jx + \frac{x}{\pi j} \operatorname{sen} jx \right]_0^{2\pi} = 0$$

$$b_j = \frac{1}{\pi} \int_0^{2\pi} x \operatorname{sen} jx\, dx = \left[\frac{1}{\pi j^2} \operatorname{sen} jx - \frac{x}{\pi j} \cos jx \right]_0^{2\pi} = -\frac{2}{j}.$$

Isso implica que $a_0 = 2\pi$, $a_1 = 0$, $a_2 = 0$, $a_3 = 0$, $b_1 = -2$, $b_2 = -\frac{2}{2} = -1$ e $b_3 = -\frac{2}{3}$. Então, obtém-se

$$g(x) = \frac{2\pi}{2} - 2 \operatorname{sen} x - \operatorname{sen} 2x - \frac{2}{3} \operatorname{sen} 3x$$

$$= \pi - 2 \operatorname{sen} x - \operatorname{sen} 2x - \frac{2}{3} \operatorname{sen} 3x.$$

A figura à direita compara os gráficos de f e g.

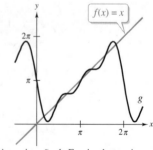

Aproximação de Fourier de terceira ordem

No Exemplo 7, o padrão para os coeficientes de Fourier é $a_0 = 2\pi$, $a_1 = a_2 = \cdots = a_n = 0$ e $b_1 = -\frac{2}{1}$, $b_2 = -\frac{2}{2}, \ldots, b_n = -\frac{2}{n}$.

A aproximação de Fourier de ordem n de $f(x) = x$ é

$$g(x) = \pi - 2\left(\operatorname{sen} x + \frac{1}{2}\operatorname{sen} 2x + \frac{1}{3}\operatorname{sen} 3x + \cdots + \frac{1}{n}\operatorname{sen} nx\right).$$

À medida que n aumenta, a aproximação de Fourier melhora. Por exemplo, as figuras abaixo mostram as aproximações de Fourier de quarta e quinta ordens de $f(x) = x$, $0 \leq x \leq 2\pi$.

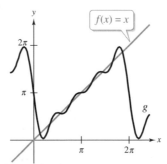
Aproximação de Fourier de quarta ordem

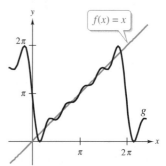
Aproximação de Fourier de quinta ordem

Em cursos avançados é mostrado que, quando $n \to \infty$, o erro de aproximação $\|f - g\|$ tende a zero. A *série* infinita para $g(x)$ é uma *série de Fourier*.

EXEMPLO 8 — Determinação de uma aproximação de Fourier

Encontre a aproximação de Fourier de quarta ordem de $f(x) = |x - \pi|$, $0 \leq x \leq 2\pi$.

SOLUÇÃO

Usando o Teorema 5.20, encontre os coeficientes de Fourier como mostrado abaixo.

$$a_0 = \frac{1}{\pi}\int_0^{2\pi} |x - \pi|\, dx = \pi$$

$$a_j = \frac{1}{\pi}\int_0^{2\pi} |x - \pi| \cos jx\, dx$$

$$= \frac{2}{\pi}\int_0^{\pi} (\pi - x) \cos jx\, dx$$

$$= \frac{2}{\pi j^2}(1 - \cos j\pi)$$

$$b_j = \frac{1}{\pi}\int_0^{2\pi} |x - \pi| \operatorname{sen} jx\, dx$$

$$= 0$$

Assim, $a_0 = \pi$, $a_1 = 4/\pi$, $a_2 = 0$, $a_3 = 4/(9\pi)$, $a_4 = 0$, $b_1 = 0$, $b_2 = 0$, $b_3 = 0$ e $b_4 = 0$, o que significa que a aproximação de Fourier de quarta ordem de f é

$$g(x) = \frac{\pi}{2} + \frac{4}{\pi}\cos x + \frac{4}{9\pi}\cos 3x.$$

A Figura 5.26 compara os gráficos de f e g.

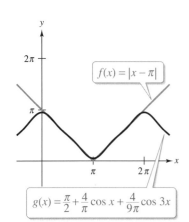

Figura 5.26

288 Elementos de álgebra linear

5.5 Exercícios

Determinação do produto vetorial Nos Exercícios 1-6, encontre o produto vetorial dos vetores unitários [onde i = (1, 0, 0), j = (0, 1, 0) e k = (0, 0, 1)]. Esboce seu resultado.

1. $\mathbf{j} \times \mathbf{i}$
2. $\mathbf{i} \times \mathbf{j}$
3. $\mathbf{j} \times \mathbf{k}$
4. $\mathbf{k} \times \mathbf{j}$
5. $\mathbf{i} \times \mathbf{k}$
6. $\mathbf{k} \times \mathbf{i}$

Determinação do produto vetorial Nos Exercícios 7-14, encontre (a) $\mathbf{u} \times \mathbf{v}$, (b) $\mathbf{v} \times \mathbf{u}$ e (c) $\mathbf{v} \times \mathbf{v}$.

7. $\mathbf{u} = \mathbf{i} - \mathbf{j}, \quad \mathbf{v} = \mathbf{j} + \mathbf{k}$
8. $\mathbf{u} = 2\mathbf{i} + \mathbf{k}, \quad \mathbf{v} = \mathbf{i} + 3\mathbf{k}$
9. $\mathbf{u} = \mathbf{i} + 2\mathbf{j} - \mathbf{k}, \quad \mathbf{v} = \mathbf{i} + \mathbf{j} + 2\mathbf{k}$
10. $\mathbf{u} = \mathbf{i} - \mathbf{j} - \mathbf{k}, \quad \mathbf{v} = 2\mathbf{i} + 2\mathbf{j} + 2\mathbf{k}$
11. $\mathbf{u} = (-1, -1, 1), \quad \mathbf{v} = (-1, 1, -1)$
12. $\mathbf{u} = (3, -3, -3), \quad \mathbf{v} = (3, -3, 3)$
13. $\mathbf{u} = (3, -2, 4), \quad \mathbf{v} = (1, 5, -3)$
14. $\mathbf{u} = (-2, 9, -3), \quad \mathbf{v} = (4, 6, -5)$

Determinação do produto vetorial Nos Exercícios 15-26, encontre $\mathbf{u} \times \mathbf{v}$ e mostre que é ortogonal tanto a u quanto a v.

15. $\mathbf{u} = (0, 1, -2), \quad \mathbf{v} = (1, -1, 0)$
16. $\mathbf{u} = (-1, 1, 2), \quad \mathbf{v} = (0, 1, -1)$
17. $\mathbf{u} = (12, -3, 1), \quad \mathbf{v} = (-2, 5, 1)$
18. $\mathbf{u} = (-2, 1, 1), \quad \mathbf{v} = (4, 2, 0)$
19. $\mathbf{u} = (2, -3, 1), \quad \mathbf{v} = (1, -2, 1)$
20. $\mathbf{u} = (4, 1, 0), \quad \mathbf{v} = (3, 2, -2)$
21. $\mathbf{u} = \mathbf{j} + 6\mathbf{k}, \quad \mathbf{v} = 2\mathbf{i} - \mathbf{k}$
22. $\mathbf{u} = 2\mathbf{i} - \mathbf{j} + \mathbf{k}, \quad \mathbf{v} = 3\mathbf{i} - \mathbf{j}$
23. $\mathbf{u} = \mathbf{i} + \mathbf{j} + \mathbf{k}, \quad \mathbf{v} = 2\mathbf{i} + \mathbf{j} - \mathbf{k}$
24. $\mathbf{u} = \mathbf{i} - 2\mathbf{j} + \mathbf{k}, \quad \mathbf{v} = -\mathbf{i} + 3\mathbf{j} - 2\mathbf{k}$
25. $\mathbf{u} = 3\mathbf{i} + 2\mathbf{j} + 4\mathbf{k}, \quad \mathbf{v} = 4\mathbf{i} + 5\mathbf{j} + 6\mathbf{k}$
26. $\mathbf{u} = -5\mathbf{i} + 19\mathbf{j} - 12\mathbf{k}, \quad \mathbf{v} = 5\mathbf{i} - 19\mathbf{j} + 12\mathbf{k}$

Determinação do produto vetorial Nos Exercícios 27-34, use uma ferramenta computacional para encontrar $\mathbf{u} \times \mathbf{v}$ e, em seguida, mostre que é ortogonal tanto a u quanto a v.

27. $\mathbf{u} = (1, 2, -1), \quad \mathbf{v} = (2, 1, 2)$
28. $\mathbf{u} = (1, 2, -3), \quad \mathbf{v} = (-1, 1, 2)$
29. $\mathbf{u} = (0, 1, -1), \quad \mathbf{v} = (1, 2, 0)$
30. $\mathbf{u} = (2, 0, -1), \quad \mathbf{v} = (-1, 0, -4)$
31. $\mathbf{u} = -2\mathbf{i} + \mathbf{j} - \mathbf{k}, \quad \mathbf{v} = -\mathbf{i} + 2\mathbf{j} - \mathbf{k}$
32. $\mathbf{u} = 3\mathbf{i} - \mathbf{j} + \mathbf{k}, \quad \mathbf{v} = 2\mathbf{i} + \mathbf{j} - \mathbf{k}$
33. $\mathbf{u} = 2\mathbf{i} + \mathbf{j} - \mathbf{k}, \quad \mathbf{v} = \mathbf{i} - \mathbf{j} + 2\mathbf{k}$
34. $\mathbf{u} = 4\mathbf{i} + 2\mathbf{j}, \quad \mathbf{v} = \mathbf{i} - 4\mathbf{k}$

Utilização do produto vetorial Nos Exercícios 35-42, encontre um vetor unitário ortogonal tanto a u quanto a v.

35. $\mathbf{u} = (-4, 3, -2)$
    $\mathbf{v} = (-1, 1, 0)$
36. $\mathbf{u} = (2, -1, 3)$
    $\mathbf{v} = (1, 0, -2)$
37. $\mathbf{u} = 3\mathbf{i} + \mathbf{j}$
    $\mathbf{v} = \mathbf{j} + \mathbf{k}$
38. $\mathbf{u} = \mathbf{i} + 2\mathbf{j}$
    $\mathbf{v} = \mathbf{i} - 3\mathbf{k}$
39. $\mathbf{u} = -3\mathbf{i} + 2\mathbf{j} - 5\mathbf{k}$
    $\mathbf{v} = \frac{1}{2}\mathbf{i} - \frac{3}{4}\mathbf{j} + \frac{1}{10}\mathbf{k}$
40. $\mathbf{u} = 7\mathbf{i} - 14\mathbf{j} + 5\mathbf{k}$
    $\mathbf{v} = 14\mathbf{i} + 28\mathbf{j} - 15\mathbf{k}$
41. $\mathbf{u} = -\mathbf{i} - \mathbf{j} + \mathbf{k}$
    $\mathbf{v} = \mathbf{i} - \mathbf{j} - \mathbf{k}$
42. $\mathbf{u} = \mathbf{i} - 2\mathbf{j} + 2\mathbf{k}$
    $\mathbf{v} = 2\mathbf{i} - \mathbf{j} - 2\mathbf{k}$

Determinação da área de um paralelogramo Nos Exercícios 43-46, encontre a área do paralelogramo que possui os vetores como lados adjacentes.

43. $\mathbf{u} = \mathbf{j}, \quad \mathbf{v} = \mathbf{j} + \mathbf{k}$
44. $\mathbf{u} = \mathbf{i} - \mathbf{j} + \mathbf{k}, \quad \mathbf{v} = \mathbf{i} + \mathbf{k}$
45. $\mathbf{u} = (3, 2, -1), \quad \mathbf{v} = (1, 2, 3)$
46. $\mathbf{u} = (2, -1, 0), \quad \mathbf{v} = (-1, 2, 0)$

Aplicação geométrica do produto vetorial Nos Exercícios 47 e 48, verifique que os pontos são os vértices de um paralelogramo e, em seguida, encontre sua área.

47. $(1, 1, 1), (2, 3, 4), (6, 5, 2), (7, 7, 5)$
48. $(1, -2, 0), (4, 0, 3), (-1, 0, 0), (2, 2, 3)$

Determinação da área de um triângulo Nos Exercícios 49 e 50, encontre a área do triângulo com os vértices dados. Use o fato de que a área A de um triângulo com lados adjacentes u e v é $A = \frac{1}{2}\|\mathbf{u} \times \mathbf{v}\|$.

49. $(3, 5, 7), (5, 5, 0), (-4, 0, 4)$
50. $(2, -3, 4), (0, 1, 2), (-1, 2, 0)$

Produto escalar triplo Nos Exercícios 51-54, encontre $\mathbf{u} \cdot (\mathbf{v} \times \mathbf{w})$. Essa quantidade é chamada de produto escalar triplo de u, v e w.

51. $\mathbf{u} = \mathbf{i}, \quad \mathbf{v} = \mathbf{j}, \quad \mathbf{w} = \mathbf{k}$
52. $\mathbf{u} = -\mathbf{i}, \quad \mathbf{v} = -\mathbf{j}, \quad \mathbf{w} = \mathbf{k}$
53. $\mathbf{u} = (3, 3, 3), \quad \mathbf{v} = (1, 2, 0), \quad \mathbf{w} = (0, -1, 0)$
54. $\mathbf{u} = (2, 0, 1), \quad \mathbf{v} = (0, 3, 0), \quad \mathbf{w} = (0, 0, 1)$
55. **Demonstração** Demonstre que
    $$\mathbf{u} \times (\mathbf{v} + \mathbf{w}) = (\mathbf{u} \times \mathbf{v}) + (\mathbf{u} \times \mathbf{w}).$$
56. **Demonstração** Demonstre que
    $$c(\mathbf{u} \times \mathbf{v}) = c\mathbf{u} \times \mathbf{v} = \mathbf{u} \times c\mathbf{v}.$$
57. **Demonstração** Demonstre que
    $$\mathbf{u} \times \mathbf{0} = \mathbf{0} \times \mathbf{u} = \mathbf{0}.$$
58. **Demonstração** Demonstre que $\mathbf{u} \times \mathbf{u} = \mathbf{0}$.
59. **Demonstração** Demonstre que
    $$\mathbf{u} \cdot (\mathbf{v} \times \mathbf{w}) = (\mathbf{u} \times \mathbf{v}) \cdot \mathbf{w}.$$
60. **Demonstração** Demonstre a **identidade de Lagrange**:
    $$\|\mathbf{u} \times \mathbf{v}\|^2 = \|\mathbf{u}\|^2\|\mathbf{v}\|^2 - (\mathbf{u} \cdot \mathbf{v})^2.$$

61. Volume de um paralelepípedo Mostre que o volume V de um paralelepípedo com $\mathbf{u}$, $\mathbf{v}$ e $\mathbf{w}$ como lados adjacentes é $V = |\mathbf{u} \cdot (\mathbf{v} \times \mathbf{w})|$.

62. Determinação do volume de um paralelepípedo Use o resultado do Exercício 61 para encontrar o volume de cada paralelepípedo.

(a) $\mathbf{u} = \mathbf{i} + \mathbf{j}$
$\mathbf{v} = \mathbf{j} + \mathbf{k}$
$\mathbf{w} = \mathbf{i} + 2\mathbf{k}$

(b) $\mathbf{u} = \mathbf{i} + \mathbf{j}$
$\mathbf{v} = \mathbf{j} + \mathbf{k}$
$\mathbf{w} = \mathbf{i} + \mathbf{k}$

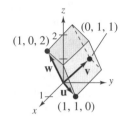
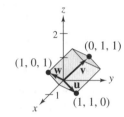

(c) $\mathbf{u} = (0, 2, 2)$
$\mathbf{v} = (0, 0, -2)$
$\mathbf{w} = (3, 0, 2)$

(d) $\mathbf{u} = (1, 2, -1)$
$\mathbf{v} = (-1, 2, 2)$
$\mathbf{w} = (2, 0, 1)$

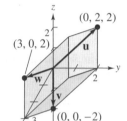
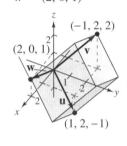

63. Demonstração Demonstre que $\mathbf{u} \times \mathbf{v}$ é ortogonal tanto a $\mathbf{u}$ quanto a $\mathbf{v}$.

64. Demonstração Demonstre que o ângulo θ entre $\mathbf{u}$ e $\mathbf{v}$ é encontrado usando $\|\mathbf{u} \times \mathbf{v}\| = \|\mathbf{u}\| \|\mathbf{v}\| \operatorname{sen} \theta$.

65. Demonstração Demonstre que $\mathbf{u}$ e $\mathbf{v}$ são paralelos se e somente se $\mathbf{u} \times \mathbf{v} = \mathbf{0}$.

66. Demonstração

(a) Demonstre que
$$\mathbf{u} \times (\mathbf{v} \times \mathbf{w}) = (\mathbf{u} \cdot \mathbf{w})\mathbf{v} - (\mathbf{u} \cdot \mathbf{v})\mathbf{w}.$$

(b) Encontre um exemplo para o qual
$$\mathbf{u} \times (\mathbf{v} \times \mathbf{w}) \neq (\mathbf{u} \times \mathbf{v}) \times \mathbf{w}.$$

Determinação de uma aproximação por mínimos quadrados Nos Exercícios 67-72, (a) encontre a aproximação por mínimos quadrados $g(x) = a_0 + a_1 x$ da função f e (b) use uma ferramenta computacional para fazer os gráficos de f e g na mesma janela de visualização.

67. $f(x) = x^2$, $0 \leq x \leq 1$
68. $f(x) = \sqrt{x}$, $1 \leq x \leq 4$
69. $f(x) = e^{2x}$, $0 \leq x \leq 1$
70. $f(x) = e^{-2x}$, $0 \leq x \leq 1$
71. $f(x) = \cos x$, $0 \leq x \leq \pi$
72. $f(x) = \operatorname{sen} x$, $0 \leq x \leq \pi/2$

Determinação de uma aproximação por mínimos quadrados Nos Exercícios 73-76, (a) encontre a aproximação por mínimos quadrados $g(x) = a_0 + a_1 x + a_2 x^2$ da função f e (b) use uma ferramenta computacional para fazer os gráficos de f e g na mesma janela de visualização.

73. $f(x) = x^3$, $0 \leq x \leq 1$
74. $f(x) = \sqrt{x}$, $1 \leq x \leq 4$
75. $f(x) = \operatorname{sen} x$, $-\pi/2 \leq x \leq \pi/2$
76. $f(x) = \cos x$, $-\pi/2 \leq x \leq \pi/2$

Determinação de uma aproximação de Fourier Nos Exercícios 77-88, encontre a aproximação de Fourier com a ordem especificada da função no intervalo $[0, 2\pi]$.

77. $f(x) = \pi - x$, terceira ordem
78. $f(x) = \pi - x$, quarta ordem
79. $f(x) = (x - \pi)^2$, terceira ordem
80. $f(x) = (x - \pi)^2$, quarta ordem
81. $f(x) = e^{-x}$, primeira ordem
82. $f(x) = e^{-x}$, segunda ordem
83. $f(x) = e^{-2x}$, primeira ordem
84. $f(x) = e^{-2x}$, segunda ordem
85. $f(x) = 1 + x$, terceira ordem
86. $f(x) = 1 + x$, quarta ordem
87. $f(x) = 2 \operatorname{sen} x \cos x$, quarta ordem
88. $f(x) = \operatorname{sen}^2 x$, quarta ordem

89. Use os resultados dos Exercícios 77 e 78 para encontrar a aproximação de Fourier de ordem n de $f(x) = \pi - x$ no intervalo $[0, 2\pi]$.

90. Use os resultados dos Exercícios 79 e 80 para encontrar a aproximação de Fourier de ordem n de $f(x) = (x - \pi)^2$ no intervalo $[0, 2\pi]$.

91. Use os resultados dos Exercícios 81 e 82 para encontrar a aproximação de Fourier de ordem n de $f(x) = e^{-x}$ no intervalo $[0, 2\pi]$.

92. Ponto crucial

(a) Explique como encontrar o produto vetorial de dois vetores em R^3.

(b) Explique como encontrar a aproximação por mínimos quadrados de uma função $f \in C[a, b]$ em relação a um subespaço W de $C[a, b]$.

(c) Explique como encontrar a aproximação Fourier de ordem n de uma função contínua f no intervalo $[0, 2\pi]$ em relação ao espaço vetorial gerado por $\{1, \cos x, \ldots, \cos nx, \operatorname{sen} x, \ldots, \operatorname{sen} nx\}$.

93. Use a biblioteca da sua escola, a Internet ou alguma outra fonte de referência para encontrar aplicações reais de aproximações de funções.

Capítulo 5 Exercícios de revisão

Determinação de comprimentos, produto escalar e distância Nos Exercícios 1-8, encontre (a) $\|\mathbf{u}\|$, (b) $\|\mathbf{v}\|$, (c) $\mathbf{u} \cdot \mathbf{v}$ e (d) $d(\mathbf{u}, \mathbf{v})$.

1. $\mathbf{u} = (1, 4), \quad \mathbf{v} = (2, 1)$

2. $\mathbf{u} = (-1, 2), \quad \mathbf{v} = (2, 3)$

3. $\mathbf{u} = (2, 1, 1), \quad \mathbf{v} = (3, 2, -1)$

4. $\mathbf{u} = (-3, 2, -2), \quad \mathbf{v} = (1, 3, 5)$

5. $\mathbf{u} = (1, -2, 0, 1), \quad \mathbf{v} = (1, 1, -1, 0)$

6. $\mathbf{u} = (1, -2, 2, 0), \quad \mathbf{v} = (2, -1, 0, 2)$

7. $\mathbf{u} = (0, 1, -1, 1, 2), \quad \mathbf{v} = (0, 1, -2, 1, 1)$

8. $\mathbf{u} = (1, -1, 0, 1, 1), \quad \mathbf{v} = (0, 1, -2, 2, 1)$

Determinação de comprimento e de um vetor unitário Nos Exercícios 9-12 encontre $\|\mathbf{v}\|$ e um vetor unitário na direção de v.

9. $\mathbf{v} = (5, 3, -2)$

10. $\mathbf{v} = (-1, -4, 1)$

11. $\mathbf{v} = (-1, 1, 2)$

12. $\mathbf{v} = (0, 2, -1)$

13. Considere o vetor $\mathbf{v} = (8, 8, 6)$. Encontre $\mathbf{u}$ de modo que

   (a) $\mathbf{u}$ tenha a mesma direção que $\mathbf{v}$ e a metade do seu comprimento.

   (b) $\mathbf{u}$ tenha a direção oposta à de $\mathbf{v}$ e um quarto do seu comprimento.

   (c) $\mathbf{u}$ tenha a direção oposta à de $\mathbf{v}$ e duas vezes o seu comprimento.

14. Para quais valores de c é verdade que $\|c(2, 2, -1)\| = 3$?

Determinação do ângulo entre dois vetores Nos Exercícios 15-20, encontre o ângulo θ entre os dois vetores.

15. $\mathbf{u} = (3, 3), \quad \mathbf{v} = (-2, 2)$

16. $\mathbf{u} = (1, -1), \quad \mathbf{v} = (0, 1)$

17. $\mathbf{u} = \left(\cos \dfrac{3\pi}{4}, \operatorname{sen} \dfrac{3\pi}{4} \right), \quad \mathbf{v} = \left(\cos \dfrac{2\pi}{3}, \operatorname{sen} \dfrac{2\pi}{3} \right)$

18. $\mathbf{u} = \left(\cos \dfrac{\pi}{6}, \operatorname{sen} \dfrac{\pi}{6} \right), \quad \mathbf{v} = \left(\cos \dfrac{5\pi}{6}, \operatorname{sen} \dfrac{5\pi}{6} \right)$

19. $\mathbf{u} = (10, -5, 15), \quad \mathbf{v} = (-2, 1, -3)$

20. $\mathbf{u} = (0, 4, 0, -1), \quad \mathbf{v} = (1, 1, 3, -3)$

Determinação de vetores ortogonais Nos Exercícios 21-24, determine todos os vetores v que são ortogonais a u.

21. $\mathbf{u} = (0, -4, 3)$

22. $\mathbf{u} = (1, -2, 1)$

23. $\mathbf{u} = (2, -1, 1, 2)$

24. $\mathbf{u} = (0, 1, 2, -1)$

25. Para $\mathbf{u} = \left(4, -\frac{3}{2}, -1 \right)$ e $\mathbf{v} = \left(\frac{1}{2}, 3, 1 \right)$, (a) calcule o produto interno definido por $\langle \mathbf{u}, \mathbf{v} \rangle = u_1 v_1 + 2u_2 v_2 + 3u_3 v_3$ e (b) use este produto interno para encontrar a distância entre $\mathbf{u}$ e $\mathbf{v}$.

26. Para $\mathbf{u} = \left(0, 3, \frac{1}{3} \right)$ e $\mathbf{v} = \left(\frac{4}{3}, 1, -3 \right)$, (a) calcule o produto interno definido por $\langle \mathbf{u}, \mathbf{v} \rangle = 2u_1 v_1 + u_2 v_2 + 2u_3 v_3$ e (b) use este produto interno para encontrar a distância entre $\mathbf{u}$ e $\mathbf{v}$.

27. Verifique a desigualdade triangular e a desigualdade de Cauchy-Schwarz para $\mathbf{u}$ e $\mathbf{v}$ do Exercício 25. (Use o produto interno dado no Exercício 25.)

28. Verifique a desigualdade triangular e a desigualdade de Cauchy-Schwarz para $\mathbf{u}$ e $\mathbf{v}$ do Exercício 26. (Use o produto interno dado no Exercício 26.)

Cálculo Nos Exercícios 29 e 30, (a) ache o produto interno, (b) determine se os vetores são ortogonais e (c) verifique a desigualdade de Cauchy-Schwarz para os vetores.

29. $f(x) = x, g(x) = \dfrac{1}{x^2 + 1}, \langle f, g \rangle = \displaystyle\int_{-1}^{1} f(x)g(x)\, dx$

30. $f(x) = x, g(x) = 4x^2, \langle f, g \rangle = \displaystyle\int_{0}^{1} f(x)g(x)\, dx$

Determinação de uma projeção ortogonal Nos Exercícios 31-36, encontre $\operatorname{proj}_{\mathbf{v}}\mathbf{u}$.

31. $\mathbf{u} = (2, 4), \quad \mathbf{v} = (1, -5)$

32. $\mathbf{u} = (2, 3), \quad \mathbf{v} = (0, 4)$

33. $\mathbf{u} = (2, 5), \quad \mathbf{v} = (0, 5)$

34. $\mathbf{u} = (2, -1), \quad \mathbf{v} = (7, 6)$

35. $\mathbf{u} = (0, -1, 2), \quad \mathbf{v} = (3, 2, 4)$

36. $\mathbf{u} = (-1, 3, 1), \quad \mathbf{v} = (4, 0, 5)$

Aplicação do processo de Gram-Schmidt Nos Exercícios 37-40, aplique o processo de ortonormalização de Gram-Schmidt para transformar a base dada de R^n em uma base ortonormal. Use o produto interno euclidiano de R^n e use os vetores na ordem em que são dados.

37. $B = \{(1, 1), (0, 2)\}$

38. $B = \{(3, 4), (1, 2)\}$

39. $B = \{(0, 3, 4), (1, 0, 0), (1, 1, 0)\}$

40. $B = \{(0, 0, 2), (0, 1, 1), (1, 1, 1)\}$

41. Seja $B = \{(0, 2, -2), (1, 0, -2)\}$ uma base de um subespaço de R^3 e considere $\mathbf{x} = (-1, 4, -2)$ um vetor no subespaço.

   (a) Escreva $\mathbf{x}$ como uma combinação linear dos vetores em B. Mais precisamente, encontre as coordenadas de $\mathbf{x}$ em relação a B.

   (b) Aplique o processo de ortonormalização de Gram-Schmidt para transformar B em um conjunto ortonormal B'.

   (c) Escreva $\mathbf{x}$ como uma combinação linear dos vetores em B'. Em outros termos, encontre as coordenadas de x em relação a B'.

Espaços com produto interno   291

42. Repita o Exercício 41 para $B = \{(-1, 2, 2), (1, 0, 0)\}$ e $\mathbf{x} = (-3, 4, 4)$.

Cálculo Nos Exercícios 43-46, sejam f e g funções no espaço vetorial $C[a, b]$ com produto interno

$$\langle f, g \rangle = \int_a^b f(x)g(x)\, dx.$$

43. Mostre que $f(x) = \operatorname{sen} x$ e $g(x) = \cos x$ são ortogonais em $C[0, \pi]$.

44. Mostre que $f(x) = \sqrt{1 - x^2}$ e $g(x) = 2x\sqrt{1 - x^2}$ são ortogonais em $C[-1, 1]$.

45. Sejam $f(x) = x$ e $g(x) = x^3$ vetores em $C[0, 1]$.
   (a) Encontre $\langle f, g \rangle$.
   (b) Encontre $\|g\|$.
   (c) Encontre $d(f, g)$.
   (d) Ortonormalize o conjunto $B = \{f, g\}$.

46. Sejam $f(x) = x + 2$ e $g(x) = 15x - 8$ vetores em $C[0, 1]$.
   (a) Encontre $\langle f, g \rangle$.
   (b) Encontre $\langle -4f, g \rangle$.
   (c) Encontre $\|f\|$.
   (d) Ortonormalize o conjunto $B = \{f, g\}$.

47. Encontre uma base ortonormal para o subespaço do espaço euclidiano tridimensional abaixo.
$$W = \{(x_1, x_2, x_3): x_1 + x_2 + x_3 = 0\}$$

48. Encontre uma base ortonormal para o espaço solução do sistema de equações lineares homogêneo.
$$x + y - z + w = 0$$
$$2x - y + z + 2w = 0$$

49. Demonstração Demonstre que se $\mathbf{u}$, $\mathbf{v}$ e $\mathbf{w}$ são vetores em R^n, então
$$(\mathbf{u} + \mathbf{v}) \cdot \mathbf{w} = \mathbf{u} \cdot \mathbf{w} + \mathbf{v} \cdot \mathbf{w}.$$

50. Demonstração Demonstre que se $\mathbf{u}$ e $\mathbf{v}$ são vetores em R^n, então
$$\|\mathbf{u} + \mathbf{v}\|^2 + \|\mathbf{u} - \mathbf{v}\|^2 = 2\|\mathbf{u}\|^2 + 2\|\mathbf{v}\|^2.$$

51. Demonstração Demonstre que se $\mathbf{u}$ e $\mathbf{v}$ são vetores em um espaço com produto interno tal que $\|\mathbf{u}\| \le 1$ e $\|\mathbf{v}\| \le 1$, então $|\langle \mathbf{u}, \mathbf{v} \rangle| \le 1$.

52. Demonstração Demonstre que se $\mathbf{u}$ e $\mathbf{v}$ são vetores em um espaço com produto interno V, então
$$\big|\|\mathbf{u}\| - \|\mathbf{v}\|\big| \le \|\mathbf{u} \pm \mathbf{v}\|.$$

53. Demonstração Seja V um subespaço de dimensão m em R^n com $m < n$. Demonstre que qualquer vetor $\mathbf{u}$ no R^n pode ser escrito de modo único na forma $\mathbf{u} = \mathbf{v} + \mathbf{w}$, onde $\mathbf{v}$ está em V e $\mathbf{w}$ é ortogonal a todo vetor em V.

54. Seja V o subespaço bidimensional de R^4 gerado por $(0, 1, 0, 1)$ e $(0, 2, 0, 0)$. Escreva o vetor $\mathbf{u} = (1, 1, 1, 1)$ na forma $\mathbf{u} = \mathbf{v} + \mathbf{w}$, onde $\mathbf{v}$ está em V e $\mathbf{w}$ é ortogonal a todo vetor em V.

55. Demonstração Seja $\{\mathbf{u}_1, \mathbf{u}_2, \ldots, \mathbf{u}_m\}$ um subconjunto ortonormal de R^n e seja $\mathbf{v}$ qualquer vetor em R^n. Demonstre que
$$\|\mathbf{v}\|^2 \ge \sum_{i=1}^{m} (\mathbf{v} \cdot \mathbf{u}_i)^2.$$
(Esta desigualdade é chamada de **desigualdade de Bessel**.)

56. Demonstração Seja $\{x_1, x_2, \ldots, x_n\}$ um conjunto de números reais. Use a desigualdade de Cauchy-Schwarz para demonstrar que
$$(x_1 + x_2 + \cdots + x_n)^2 \le n(x_1^2 + x_2^2 + \cdots + x_n^2).$$

57. Demonstração Sejam $\mathbf{u}$ e $\mathbf{v}$ vetores em um espaço com produto interno V. Demonstre que $\|\mathbf{u} + \mathbf{v}\| = \|\mathbf{u} - \mathbf{v}\|$ se e somente se $\mathbf{u}$ e $\mathbf{v}$ forem ortogonais.

58. Dissertação Seja $\{\mathbf{u}_1, \mathbf{u}_2, \ldots, \mathbf{u}_n\}$ um conjunto de vetores linearmente dependentes em um espaço com produto interno V. Descreva o resultado da aplicação do processo de ortonormalização de Gram-Schmidt a este conjunto.

59. Encontre o complemento ortogonal $S^\perp$ do subespaço S de R^3 gerado pelos dois vetores coluna da matriz
$$A = \begin{bmatrix} 1 & 2 \\ 2 & 1 \\ 0 & -1 \end{bmatrix}.$$

60. Encontre a projeção do vetor $\mathbf{v} = \begin{bmatrix} 1 & 0 & -2 \end{bmatrix}^T$ no subespaço
$$S = \operatorname{span}\left\{ \begin{bmatrix} 0 \\ -1 \\ 1 \end{bmatrix}, \begin{bmatrix} 0 \\ 1 \\ 1 \end{bmatrix} \right\}.$$

61. Encontre bases para os quatro subespaços fundamentais da matriz
$$A = \begin{bmatrix} 0 & 1 & 0 \\ 0 & -3 & 0 \\ 1 & 0 & 1 \end{bmatrix}.$$

62. Encontre a reta de regressão por mínimos quadrados para o conjunto de pontos dados
$$\{(-2, 2), (-1, 1), (0, 1), (1, 3)\}.$$
Marque os pontos e trace a reta no mesmo conjunto de eixos.

63. Receita A tabela mostra as receitas y (em bilhões de dólares) do Google, Incorporated de 2006 a 2013. Encontre o polinômio cúbico de regressão por mínimos quadrados para os dados. Em seguida, use o modelo para prever a receita em 2018. Represente o ano por t, com $t = 6$ correspondendo a 2006. (Fonte: Google, Incorporated)

Ano	2006	2007	2008	2009
Receita, y	10,6	16,6	21,8	23,7

Ano	2010	2011	2012	2013
Receita, y	29,3	37,9	50,2	59,8

64. Produção de petróleo A tabela mostra as produções de petróleo da América do Norte y (em milhões de barris por dia) de 2006 a 2013. Encontre os polinômios lineares e quadráticos de regressão por mínimos quadrados para os dados. Em seguida, use os modelos para prever a produção de petróleo em 2018. Represente o ano por t, com $t = 6$ correspondendo a 2006. Qual modelo parece ser mais preciso para prever futuras produções de petróleo? Explique. (Fonte: US Energy Information Administration)

Ano	2006	2007	2008	2009
Produção de petróleo, y	15,3	15,4	15,1	15,4

Ano	2010	2011	2012	2013
Produção de petróleo, y	16,1	16,7	17,9	19,3

Determinação do produto vetorial Nos Exercícios 65-68, encontre $\mathbf{u} \times \mathbf{v}$ e mostre que ele é ortogonal tanto a $\mathbf{u}$ quanto a $\mathbf{v}$.

65. $\mathbf{u} = (1, 1, 0)$, $\mathbf{v} = (0, 3, 0)$
66. $\mathbf{u} = (1, -1, 1)$, $\mathbf{v} = (0, 1, 1)$
67. $\mathbf{u} = \mathbf{j} + 6\mathbf{k}$, $\mathbf{v} = \mathbf{i} - 2\mathbf{j} + \mathbf{k}$
68. $\mathbf{u} = 2\mathbf{i} - \mathbf{k}$, $\mathbf{v} = \mathbf{i} + \mathbf{j} - \mathbf{k}$

Determinação do volume de um paralelepípedo Nos Exercícios 69-72, encontre o volume V do paralelepípedo que tem $\mathbf{u}$, $\mathbf{v}$ e $\mathbf{w}$ como arestas adjacentes usando a fórmula $V = |\mathbf{u} \cdot (\mathbf{v} \times \mathbf{w})|$.

69. $\mathbf{u} = (1, 0, 0)$
$\mathbf{v} = (0, 0, 1)$
$\mathbf{w} = (0, 1, 0)$

70. $\mathbf{u} = (1, 2, 1)$
$\mathbf{v} = (-1, -1, 0)$
$\mathbf{w} = (3, 4, -1)$

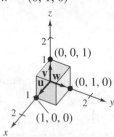
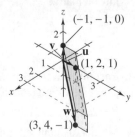

71. $\mathbf{u} = -2\mathbf{i} + \mathbf{j}$
$\mathbf{v} = 3\mathbf{i} - 2\mathbf{j} + \mathbf{k}$
$\mathbf{w} = 2\mathbf{i} - 3\mathbf{j} - 2\mathbf{k}$

72. $\mathbf{u} = \mathbf{i} + \mathbf{j} + 3\mathbf{k}$
$\mathbf{v} = 3\mathbf{j} + 3\mathbf{k}$
$\mathbf{w} = 3\mathbf{i} + 3\mathbf{k}$

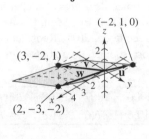
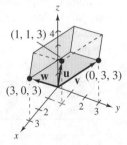

73. Encontre a área do paralelogramo que tem
$\mathbf{u} = (1, 3, 0)$ e $\mathbf{v} = (-1, 0, 2)$
como lados adjacentes.

74. Demonstração Demonstre que
$\|\mathbf{u} \times \mathbf{v}\| = \|\mathbf{u}\| \|\mathbf{v}\|$
se e somente se $\mathbf{u}$ e $\mathbf{v}$ são ortogonais.

Determinação de uma aproximação por mínimos quadrados Nos Exercícios 75-78, (a) encontre a aproximação por mínimos quadrados $g(x) = a_0 + a_1 x$ da função f e (b) use uma ferramenta computacional para fazer os gráficos de f e g na mesma janela de visualização

75. $f(x) = x^3$, $-1 \leq x \leq 1$
76. $f(x) = x^3$, $0 \leq x \leq 2$
77. $f(x) = \text{sen } 2x$, $0 \leq x \leq \pi/2$
78. $f(x) = \text{sen } x \cos x$, $0 \leq x \leq \pi$

Determinação de uma aproximação por mínimos quadrados Nos Exercícios 79 e 80, (a) encontre a aproximação por mínimos quadrados $g(x) = a_0 + a_1 x + a_2 x^2$ da função f e (b) use uma ferramenta computacional para fazer gráficos de f e g na mesma janela de visualização.

79. $f(x) = \sqrt{x}$, $0 \leq x \leq 1$ **80.** $f(x) = \dfrac{1}{x}$, $1 \leq x \leq 2$

Determinação de uma aproximação de Fourier Nos Exercícios 81 e 82, encontre a aproximação de Fourier com a ordem especificada da função no intervalo $[-\pi, \pi]$.

81. $f(x) = x^2$, primeira ordem
82. $f(x) = x$, segunda ordem

Verdadeiro ou falso? Nos Exercícios 83 e 84, determine se cada afirmação é verdadeira ou falsa. Se uma afirmação for verdadeira, dê uma justificativa ou cite uma afirmação apropriada do texto. Se uma afirmação for falsa, forneça um exemplo que mostre que a afirmação não é verdadeira em todos os casos ou cite uma afirmação apropriada do texto.

83. (a) O produto vetorial de dois vetores não nulos em R^3 fornece um vetor ortogonal aos dois vetores que o produziram.

(b) O produto vetorial de dois vetores não nulos em R^3 é comutativo.

(c) A aproximação por mínimos quadrados de uma função f é a função g (no subespaço W) mais próxima de f em termos do produto interno $\langle f, g \rangle$.

84. (a) Os vetores $\mathbf{u} \times \mathbf{v}$ e $\mathbf{v} \times \mathbf{u}$ em R^3 têm comprimentos iguais, mas direções opostas.

(b) Se $\mathbf{u}$ e $\mathbf{v}$ são dois vetores não nulos em R^3, então $\mathbf{u}$ e $\mathbf{v}$ são paralelos se e somente se $\mathbf{u} \times \mathbf{v} = \mathbf{0}$.

(c) Um tipo especial de aproximação por mínimos quadrados, a aproximação de Fourier, é gerada pela base
$S = \{1, \cos x, \cos 2x, \ldots, \cos nx, \text{sen } x,$
$\text{sen } 2x, \ldots, \text{sen } nx\}$.

Espaços com produto interno   293

5   Projetos

1 A fatoração *QR*

O processo de ortonormalização de Gram-Schmidt leva a uma importante fatoração de matrizes, chamada de **fatoração *QR***. Se A é uma matriz $m \times n$ de posto n, então A pode ser expressa como o produto $A = QR$ de uma matriz Q de tamanho $m \times n$ e uma matriz R de tamanho $n \times n$, onde Q tem colunas ortonormais e R é triangular superior.

As colunas de A podem ser consideradas uma base de um subespaço de R^m, e as colunas de Q são o resultado da aplicação do processo de ortonormalização de Gram-Schmidt a este conjunto de vetores coluna.

Lembre-se de que o Exemplo 7, Seção 5.3, usou o processo de ortonormalização de Gram-Schmidt nos vetores coluna $\mathbf{v}_1$, $\mathbf{v}_2$ e $\mathbf{v}_3$ da matriz

$$A = \begin{bmatrix} 1 & 1 & 0 \\ 1 & 2 & 1 \\ 0 & 0 & 2 \end{bmatrix}$$

para produzir uma base ortonormal para R^3, que é denotada aqui por $\mathbf{q}_1, \mathbf{q}_2, \mathbf{q}_3$.

$$\mathbf{q}_1 = \left(\sqrt{2}/2, \sqrt{2}/2, 0 \right), \quad \mathbf{q}_2 = \left(-\sqrt{2}/2, \sqrt{2}/2, 0 \right), \quad \mathbf{q}_3 = (0, 0, 1)$$

Estes vetores formam as colunas da matriz Q.

$$Q = \begin{bmatrix} \sqrt{2}/2 & -\sqrt{2}/2 & 0 \\ \sqrt{2}/2 & \sqrt{2}/2 & 0 \\ 0 & 0 & 1 \end{bmatrix}$$

A matriz triangular superior R é

$$R = \begin{bmatrix} \mathbf{v}_1 \cdot \mathbf{q}_1 & \mathbf{v}_2 \cdot \mathbf{q}_1 & \mathbf{v}_3 \cdot \mathbf{q}_1 \\ 0 & \mathbf{v}_2 \cdot \mathbf{q}_2 & \mathbf{v}_3 \cdot \mathbf{q}_2 \\ 0 & 0 & \mathbf{v}_3 \cdot \mathbf{q}_3 \end{bmatrix} = \begin{bmatrix} \sqrt{2} & 3\sqrt{2}/2 & \sqrt{2}/2 \\ 0 & \sqrt{2}/2 & \sqrt{2}/2 \\ 0 & 0 & 2 \end{bmatrix}$$

Verifique que $A = QR$.

Em geral, se A é uma matriz $m \times n$ de posto n com colunas $\mathbf{v}_1, \mathbf{v}_2, \ldots, \mathbf{v}_n$, então a fatoração QR de A é

$$A = QR$$

$$\begin{bmatrix} \mathbf{v}_1 & \mathbf{v}_2 & \cdots & \mathbf{v}_n \end{bmatrix} = \begin{bmatrix} \mathbf{q}_1 & \mathbf{q}_2 & \cdots & \mathbf{q}_n \end{bmatrix} \begin{bmatrix} \mathbf{v}_1 \cdot \mathbf{q}_1 & \mathbf{v}_2 \cdot \mathbf{q}_1 & \cdots & \mathbf{v}_n \cdot \mathbf{q}_1 \\ 0 & \mathbf{v}_2 \cdot \mathbf{q}_2 & \cdots & \mathbf{v}_n \cdot \mathbf{q}_2 \\ \vdots & \vdots & & \vdots \\ 0 & 0 & \cdots & \mathbf{v}_n \cdot \mathbf{q}_n \end{bmatrix}$$

onde as colunas $\mathbf{q}_1, \mathbf{q}_2, \ldots, \mathbf{q}_n$ da matriz Q são os vetores ortonormais que resultam do processo de ortonormalização de Gram-Schmidt.

1. Encontre a fatoração QR de cada matriz.

(a) $A = \begin{bmatrix} 1 & 1 \\ 0 & 1 \\ 1 & 0 \end{bmatrix}$ (b) $A = \begin{bmatrix} 1 & 0 \\ 0 & 0 \\ 1 & 1 \\ 1 & 2 \end{bmatrix}$ (c) $A = \begin{bmatrix} 1 & 0 & -1 \\ 1 & 2 & 0 \\ 1 & 2 & 0 \\ 1 & 0 & 0 \end{bmatrix}$

2. Seja $A = QR$ a fatoração QR da matriz A de tamanho $m \times n$ com posto n. Mostre como o problema dos mínimos quadrados pode ser resolvido usando a fatoração QR.

3. Use o resultado da parte 2 para resolver o problema dos mínimos quadrados $A\mathbf{x} = \mathbf{b}$ quando A é a matriz da parte 1(a) e $\mathbf{b} = \begin{bmatrix} -1 & 1 & -1 \end{bmatrix}^T$.

OBSERVAÇÃO

A fatoração *QR* de uma matriz é a base de muitos algoritmos da álgebra linear. Algoritmos para o cálculo de autovalores (veja o Capítulo 7) baseiam-se nesta fatoração, assim como algoritmos para calcular a reta de regressão por mínimos quadrados para um conjunto de pontos dados. Também deve ser mencionado que, na prática, técnicas distintas do processo de ortonormalização de Gram-Schmidt são usadas para calcular a fatoração *QR* de uma matriz.

2. Matrizes ortogonais e mudança de base

Seja $B = \{\mathbf{v}_1, \mathbf{v}_2, \ldots, \mathbf{v}_n\}$ uma base ordenada do espaço vetorial V. Lembre-se de que a matriz de coordenadas de um vetor $\mathbf{x} = c_1\mathbf{v}_1 + c_2\mathbf{v}_2 + \cdots + c_n\mathbf{v}_n$ em V é o vetor coluna

$$[\mathbf{x}]_B = \begin{bmatrix} c_1 \\ c_2 \\ \vdots \\ c_n \end{bmatrix}.$$

Se B' é outra base de V, então a matriz de transição P de B' para B transforma a matriz de coordenadas em relação a B' para a matriz de coordenadas em relação a B,

$$P[\mathbf{x}]_{B'} = [\mathbf{x}]_B.$$

A questão que você irá explorar agora é se há matrizes de transição P que preservam o comprimento da matriz de coordenadas – ou seja, dado $P[\mathbf{x}]_{B'} = [\mathbf{x}]_B$, é verdade que $\|[\mathbf{x}]_{B'}\| = \|[\mathbf{x}]_B\|$?

Por exemplo, considere a matriz de transição do Exemplo 5 na Seção 4.7,

$$P = \begin{bmatrix} 3 & -2 \\ 2 & -1 \end{bmatrix}$$

em relação às bases para R^2,

$$B = \{(-3, 2), (4, -2)\} \quad \text{e} \quad B' = \{(-1, 2), (2, -2)\}.$$

Se $\mathbf{x} = (-1, 2)$, então $[\mathbf{x}]_{B'} = \begin{bmatrix} 1 & 0 \end{bmatrix}^T$ e $[\mathbf{x}]_B = P[\mathbf{x}]_{B'} = \begin{bmatrix} 3 & 2 \end{bmatrix}^T$. (Verifique isso.) Então, usando a norma euclidiana de R^2,

$$\|[\mathbf{x}]_{B'}\| = 1 \neq \sqrt{13} = \|[\mathbf{x}]_B\|.$$

Você verá neste projeto que, se a matriz de transição P for **ortogonal**, então o comprimento do vetor de coordenadas permanecerá inalterado. Lembre-se de que pode trabalhar com matrizes ortogonais na Seção 3.3 (Exercícios 73-82) e na Seção 5.3 (Exercício 65).

Definição de matriz ortogonal

A matriz quadrada P é **ortogonal** quando é inversível e $P^{-1} = P^T$.

---

1. Mostre que a matriz P definida anteriormente *não* é ortogonal.
2. Mostre que para qualquer número real θ, a matriz

$$\begin{bmatrix} \cos\theta & -\operatorname{sen}\theta \\ \operatorname{sen}\theta & \cos\theta \end{bmatrix}$$

é ortogonal.
3. Mostre que uma matriz é ortogonal se e somente se suas colunas são duas a duas ortogonais.
4. Demonstre que a inversa de uma matriz ortogonal é ortogonal.
5. A soma de matrizes ortogonais é ortogonal? O produto de matrizes ortogonais é ortogonal? Ilustre sua resposta com exemplos apropriados.
6. Demonstre que se P é uma matriz ortogonal $n \times n$, então $\|P\mathbf{x}\| = \|\mathbf{x}\|$ para todos os vetores $\mathbf{x}$ em R^n.
7. Verifique o resultado da parte 6 usando as bases $B = \{(1, 0), (0, 1)\}$ e

$$B' = \left\{ \left(-\frac{2}{\sqrt{5}}, \frac{1}{\sqrt{5}} \right), \left(\frac{1}{\sqrt{5}}, \frac{2}{\sqrt{5}} \right) \right\}.$$

Capítulos 4 e 5   Prova cumulativa

Faça esta prova para revisar o material nos capítulos 4 e 5. Depois de terminar, avalie seu desempenho comparando com as respostas na parte final do livro.

1. Considere os vetores $\mathbf{v} = (1, -2)$ e $\mathbf{w} = (2, -5)$. Encontre e esboce cada vetor.
   (a) $\mathbf{v} + \mathbf{w}$ (b) $3\mathbf{v}$ (c) $2\mathbf{v} - 4\mathbf{w}$

2. Escreva $\mathbf{w} = (7, 2, 4)$ como uma combinação linear dos vetores $\mathbf{v}_1$, $\mathbf{v}_2$ e $\mathbf{v}_3$ (se possível).
   $\mathbf{v}_1 = (2, 1, 0), \quad \mathbf{v}_2 = (1, -1, 0), \quad \mathbf{v}_3 = (0, 0, 6)$

3. Escreva a terceira coluna da matriz como uma combinação linear das primeiras duas colunas (se possível).
   $$\begin{bmatrix} 1 & 0 & -2 \\ 4 & 2 & -2 \\ 7 & 5 & 1 \end{bmatrix}$$

 4. Use um software ou uma ferramenta computacional para escrever $\mathbf{v}$ como uma combinação linear de $\mathbf{u}_1, \mathbf{u}_2, \mathbf{u}_3, \mathbf{u}_4, \mathbf{u}_5$ e $\mathbf{u}_6$. Em seguida, verifique sua solução.
   $\mathbf{v} = (10, 30, -13, 14, -7, 27)$
   $\mathbf{u}_1 = (1, 2, -3, 4, -1, 2)$
   $\mathbf{u}_2 = (1, -2, 1, -1, 2, 1)$
   $\mathbf{u}_3 = (0, 2, -1, 2, -1, -1)$
   $\mathbf{u}_4 = (1, 0, 3, -4, 1, 2)$
   $\mathbf{u}_5 = (1, -2, 1, -1, 2, -3)$
   $\mathbf{u}_6 = (3, 2, 1, -2, 3, 0)$

5. Demonstre que o conjunto de todas as matrizes singulares 3×3 não é um espaço vetorial.

6. Determine se o conjunto é um subespaço de R^4.
   $\{(x, x + y, y, y): x, y \in R\}$

7. Determine se o conjunto é um subespaço de R^3.
   $\{(x, xy, y): x, y \in R\}$

8. Determine se as colunas da matriz A geram R^4.
   $$A = \begin{bmatrix} 1 & 2 & -1 & 0 \\ 1 & 3 & 0 & 2 \\ 0 & 0 & 1 & -1 \\ 1 & 0 & 0 & 1 \end{bmatrix}$$

9. (a) Explique o que significa dizer que um conjunto de vetores é *linearmente independente*.
   (b) Determine se o conjunto S é linearmente dependente ou independente.
   $S = \{(1, 0, 1, 0), (0, 3, 0, 1), (1, 1, 2, 2), (3, 4, 1, -2)\}$

10. (a) Defina uma *base* de um espaço vetorial.
    (b) Determine se o conjunto $\{\mathbf{v}_1, \mathbf{v}_2\}$ mostrado na figura à direita é uma base de R^2.
    (c) Determine se o conjunto abaixo é uma base de R^3.
        $\{(1, 2, 1), (0, 1, 2), (2, 1, -3)\}$

11. Encontre uma base do espaço solução de $A\mathbf{x} = \mathbf{0}$ quando
    $$A = \begin{bmatrix} 1 & 1 & 0 & 0 \\ -2 & -2 & 0 & 0 \\ 0 & 0 & 1 & 1 \\ 1 & 1 & 0 & 0 \end{bmatrix}.$$

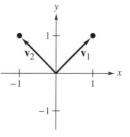

Figura para 10(b)

296 Elementos de álgebra linear

12. Encontre as coordenadas $[\mathbf{v}]_B$ do vetor $\mathbf{v} = (1, 2, -3)$ em relação à base
$B = \{(0, 1, 1), (1, 1, 1), (1, 0, 1)\}$.

13. Encontre a matriz de transição da base $B = \{(2, 1, 0), (1, 0, 0), (0, 1, 1)\}$ para a base
$B' = \{(1, 1, 2), (1, 1, 1), (0, 1, 2)\}$.

14. Sejam $\mathbf{u} = (1, 2, 0)$ e $\mathbf{v} = (1, -3, 2)$.

    (a) Encontre $\|\mathbf{u}\|$.

    (b) Encontre a distância entre $\mathbf{u}$ e $\mathbf{v}$.

    (c) Encontre $\mathbf{u} \cdot \mathbf{v}$.

    (d) Determine o ângulo θ entre $\mathbf{u}$ e $\mathbf{v}$.

15. Encontre o produto interno de $f(x) = x^2$ e $g(x) = x + 2$ em $C[0, 1]$ usando

$$\langle f, g \rangle = \int_0^1 f(x)g(x)\, dx.$$

16. Aplique o processo de ortonormalização de Gram-Schmidt para transformar o conjunto de vetores em uma base ortonormal de R^3.

$\{(2, 0, 0), (1, 1, 1), (0, 1, 2)\}$

17. Sejam $\mathbf{u} = (1, 2)$ e $\mathbf{v} = (-3, 2)$. Encontre $\text{proj}_{\mathbf{v}}\mathbf{u}$ e represente graficamente $\mathbf{u}$, $\mathbf{v}$ e $\text{proj}_{\mathbf{v}}\mathbf{u}$ no mesmo conjunto de eixos de coordenadas.

18. Encontre os quatro subespaços fundamentais da matriz

$$A = \begin{bmatrix} 0 & 1 & 1 & 0 \\ -1 & 0 & 0 & 1 \\ 1 & 1 & 1 & 1 \end{bmatrix}.$$

19. Encontre o complemento ortogonal $S^{\perp}$ do conjunto

$$S = \text{span}\left\{ \begin{bmatrix} 1 \\ 0 \\ 1 \end{bmatrix}, \begin{bmatrix} -1 \\ 1 \\ 0 \end{bmatrix} \right\}.$$

20. Considere um conjunto de n vetores linearmente independentes $S = \{\mathbf{x}_1, \mathbf{x}_2, \ldots, \mathbf{x}_n\}$. Demonstre que se um vetor y não está em span(S), então o conjunto $S_1 = \{\mathbf{x}_1, \mathbf{x}_2, \ldots, \mathbf{x}_n, \mathbf{y}\}$ é linearmente independente.

21. Encontre a reta de regressão por mínimos quadrados para os pontos $\{(1, 1), (2, 0), (5, -5)\}$. Marque os pontos e trace a reta.

22. As duas matrizes A e B são equivalentes por linhas.

$$A = \begin{bmatrix} 2 & -4 & 0 & 1 & 7 & 11 \\ 1 & -2 & -1 & 1 & 9 & 12 \\ -1 & 2 & 1 & 3 & -5 & 16 \\ 4 & -8 & 1 & -1 & 6 & -2 \end{bmatrix} \quad B = \begin{bmatrix} 1 & -2 & 0 & 0 & 3 & 2 \\ 0 & 0 & 1 & 0 & -5 & -3 \\ 0 & 0 & 0 & 1 & 1 & 7 \\ 0 & 0 & 0 & 0 & 0 & 0 \end{bmatrix}$$

    (a) Encontre o posto de A.

    (b) Encontre uma base do espaço linha de A.

    (c) Encontre uma base do espaço coluna de A.

    (d) Encontre uma base do núcleo de A.

    (e) A última coluna de A está no espaço gerado pelas primeiras três colunas?

    (f) As primeiras três colunas de A são linearmente independentes?

    (g) A última coluna de A está no espaço gerado pelas colunas 1, 3 e 4?

    (h) As colunas 1, 3 e 4 são linearmente dependentes?

23. Sejam S_1 e S_2 subespaços bidimensionais de R^3. É possível que $S_1 \cap S_2 = \{(0, 0, 0)\}$? Explique.

24. Seja V um espaço vetorial de dimensão n. Demonstre que qualquer conjunto com menos de n vetores não pode gerar V.

6 Transformações lineares

- **6.1** Introdução às transformações lineares
- **6.2** O núcleo e a imagem de uma transformação linear
- **6.3** Matrizes para transformações lineares
- **6.4** Matrizes de transição e semelhança
- **6.5** Aplicações de transformações lineares

Computação gráfica

Projeto de circuito

Estatísticas multivariadas

Idade populacional e distribuição de crescimento

Sistemas de controle

Em sentido horário, de cima para esquerda: Matt Antonino/Trutterstock.com; Rich Lindie/Shutterstock.com;
CoolKengzz/Shutterstock.com; A1Stock/Shutterstock.com; Mau Horng/Shutterstock.com

6.1 Introdução às transformações lineares

■ Encontrar a imagem e a pré-imagem de uma função.

■ Mostrar que uma função é uma transformação linear e encontrar uma transformação linear.

IMAGENS E PRÉ-IMAGEM DE FUNÇÕES

Neste capítulo, você aprenderá sobre funções que **levam** um espaço vetorial V em um espaço vetorial W. Este tipo de função é denotado por

$T: V \to W.$

A terminologia padrão de função é usada para essas funções. Por exemplo, V é o **domínio** de T e W é o **contradomínio** de T. Se $\mathbf{v}$ em V e $\mathbf{w}$ em W são tais que $T(\mathbf{v}) = \mathbf{w}$, então $\mathbf{w}$ é a **imagem** de $\mathbf{v}$ por T. O conjunto de todas as imagens de vetores em V é a **imagem** de T e o conjunto de todos os $\mathbf{v}$ em V tais que $T(\mathbf{v}) = \mathbf{w}$ é a **pré-imagem** de $\mathbf{w}$. (Veja abaixo.)

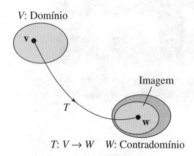

$T: V \to W$ W: Contradomínio

OBSERVAÇÃO

Para um vetor
$\mathbf{v} = (v_1, v_2, ..., v_n)$
em R^n, seria mais correto usar parênteses duplos para denotar $T(\mathbf{v})$ como $T(\mathbf{v}) = T((v_1, v_2, \ldots, v_n))$. Por conveniência, no entanto, descarte um par de parênteses para concisamente escrever

$T(\mathbf{v}) = T(v_1, v_2, \ldots, v_n).$

EXEMPLO 1   Uma função de R^2 em R^2

Veja LarsonLinearAlgebra.com para uma versão interativa deste tipo de exemplo.

Para qualquer vetor $\mathbf{v} = (v_1, v_2)$ em R^2, defina $T: R^2 \to R^2$ por

$T(v_1, v_2) = (v_1 - v_2, v_1 + 2v_2).$

a. Encontre a imagem de $\mathbf{v} = (-1, 2)$.
b. Encontre a imagem de $\mathbf{v} = (0, 0)$.
c. Encontre a pré-imagem de $\mathbf{w} = (-1, 11)$.

SOLUÇÃO

a. Para $\mathbf{v} = (-1, 2)$, você tem

$T(-1, 2) = (-1 - 2, -1 + 2(2)) = (-3, 3).$

b. Se $\mathbf{v} = (0, 0)$, então

$T(0, 0) = (0 - 0, 0 + 2(0)) = (0, 0).$

c. Se $T(\mathbf{v}) = (v_1 - v_2, v_1 + 2v_2) = (-1, 11)$, então

$v_1 - v_2 = -1$
$v_1 + 2v_2 = 11.$

Este sistema de equações tem a solução única $v_1 = 3$ e $v_2 = 4$. Então, a pré-imagem de $(-1, 11)$ é o conjunto em R^2 que consiste no único vetor $(3, 4)$.

TRANSFORMAÇÕES LINEARES

Este capítulo está centrado em funções que levam um espaço vetorial em outro e preservam as operações de soma vetorial e multiplicação por escalar. Tais funções são chamadas **transformações lineares**.

> **Definição de transformação linear**
>
> Sejam V e W espaços vetoriais. A função
>
> $T: V \to W$
>
> é uma **transformação linear** de V em W quando as duas propriedades abaixo são verdadeiras para quaisquer $\mathbf{u}$ e $\mathbf{v}$ em V e para qualquer escalar c.
> 1. $T(\mathbf{u} + \mathbf{v}) = T(\mathbf{u}) + T(\mathbf{v})$
> 2. $T(c\mathbf{u}) = cT(\mathbf{u})$

Uma transformação linear *preserva as operações* porque o mesmo resultado ocorre se você executa as operações de soma e multiplicação por escalar antes ou depois de aplicar a transformação linear. Embora os mesmos símbolos denotem as operações vetoriais em V e W, deve-se observar que as operações podem ser diferentes, como mostrado no diagrama abaixo.

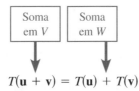
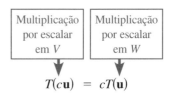

EXEMPLO 2 Verificação de uma transformação linear de R^2 em R^2

Mostre que a função no Exemplo 1 é uma transformação linear de R^2 em R^2.

$$T(v_1, v_2) = (v_1 - v_2, v_1 + 2v_2)$$

SOLUÇÃO

Para mostrar que a função T é uma transformação linear, você deve mostrar que ela preserva a soma de vetores e multiplicação por escalar. Para fazer isso, tome os vetores $\mathbf{v} = (v_1, v_2)$ e $\mathbf{u} = (u_1, u_2)$ em R^2 e um número real c qualquer. Em seguida, usando as propriedades da soma de vetores e da multiplicação por escalar, você obtém as duas propriedades abaixo.

1. $\mathbf{u} + \mathbf{v} = (u_1, u_2) + (v_1, v_2) = (u_1 + v_1, u_2 + v_2)$, então

$$\begin{aligned}
T(\mathbf{u} + \mathbf{v}) &= T(u_1 + v_1, u_2 + v_2) \\
&= ((u_1 + v_1) - (u_2 + v_2), (u_1 + v_1) + 2(u_2 + v_2)) \\
&= ((u_1 - u_2) + (v_1 - v_2), (u_1 + 2u_2) + (v_1 + 2v_2)) \\
&= (u_1 - u_2, u_1 + 2u_2) + (v_1 - v_2, v_1 + 2v_2) \\
&= T(\mathbf{u}) + T(\mathbf{v}).
\end{aligned}$$

2. $c\mathbf{u} = c(u_1, u_2) = (cu_1, cu_2)$, donde

$$\begin{aligned}
T(c\mathbf{u}) &= T(cu_1, cu_2) \\
&= (cu_1 - cu_2, cu_1 + 2cu_2) \\
&= c(u_1 - u_2, u_1 + 2u_2) \\
&= cT(\mathbf{u}).
\end{aligned}$$

Portanto, T é uma transformação linear.

OBSERVAÇÃO

Uma transformação linear $T: V \to V$ de um espaço vetorial em si mesmo (como no Exemplo 2) é chamada **operador linear**.

300 Elementos de álgebra linear

OBSERVAÇÃO

A função no Exemplo 3 (c) sugere duas utilizações do termo linear. A função $f(x) = x + 1$ é uma função linear porque seu gráfico é uma reta. Não é uma transformação linear do espaço vetorial R em R, no entanto, porque não preserva a soma de vetores ou a multiplicação por escalar.

Muitas funções comuns não são transformações lineares, como ilustrado no Exemplo 3.

EXEMPLO 3   Algumas funções que não são transformações lineares

a. $f(x) = \text{sen } x$ não é uma transformação linear de R em R porque, em geral, $\text{sen } (x_1 + x_2) \neq \text{sen } x_1 + \text{sen } x_2$. Por exemplo,

$$\text{sen}[(\pi/2) + (\pi/3)] \neq \text{sen}(\pi/2) + \text{sen}(\pi/3)$$

b. $f(x) = x^2$ não é uma transformação linear de R em R porque, em geral, $(x_1 + x_2)^2 \neq x_1^2 + x_2^2$. Por exemplo, $(1 + 2)^2 \neq 1^2 + 2^2$.

c. $f(x) = x + 1$ não é uma transformação linear de R em R porque

$$f(x_1 + x_2) = x_1 + x_2 + 1$$

enquanto

$$f(x_1) + f(x_2) = (x_1 + 1) + (x_2 + 1) = x_1 + x_2 + 2.$$

Assim, $f(x_1 + x_2) \neq f(x_1) + f(x_2)$.

Duas transformações lineares simples são a **transformação nula** e a **transformação identidade**, as quais são definidas abaixo.

1. $T(\mathbf{v}) = \mathbf{0}$, para todo $\mathbf{v}$ Transformação nula $(T: V \rightarrow W)$
2. $T(\mathbf{v}) = \mathbf{v}$, para todo $\mathbf{v}$ Transformação identidade $(T: V \rightarrow V)$

Será pedido que você demonstre que estas são transformações lineares no Exercício 77.

Observe que a transformação linear no Exemplo 1 possui a propriedade de que o vetor nulo é levado em si mesmo. Precisamente, $T(\mathbf{0}) = \mathbf{0}$, como mostrado no Exemplo 1 (b). Esta propriedade é verdadeira para todas as transformações lineares, conforme afirmado na primeira propriedade do teorema abaixo.

OBSERVAÇÃO

A vantagem do Teorema 6.1 é que ele fornece um caminho rápido para identificar funções que não são transformações lineares. Com efeito, as quatro condições do teorema devem ser verdadeiras para uma transformação linear, de modo que se qualquer uma das propriedades não for satisfeita para a função T, então a função não é uma transformação linear. Por exemplo, a função

$$T(x_1, x_2) = (x_1 + 1, x_2)$$

não é uma transformação linear de R^2 em R^2 porque $T(0, 0) \neq (0, 0)$.

TEOREMA 6.1   Propriedades das transformações lineares

Seja T uma transformação linear de V em W e sejam $\mathbf{u}$ e $\mathbf{v}$ em V. Então as propriedades listadas abaixo são verdadeiras.

1. $T(\mathbf{0}) = \mathbf{0}$
2. $T(-\mathbf{v}) = -T(\mathbf{v})$
3. $T(\mathbf{u} - \mathbf{v}) = T(\mathbf{u}) - T(\mathbf{v})$
4. Se $\mathbf{v} = c_1\mathbf{v}_1 + c_2\mathbf{v}_2 + \cdots + c_n\mathbf{v}_n$, então
$$T(\mathbf{v}) = T(c_1\mathbf{v}_1 + c_2\mathbf{v}_2 + \cdots + c_n\mathbf{v}_n) = c_1T(\mathbf{v}_1) + c_2T(\mathbf{v}_2) + \cdots + c_nT(\mathbf{v}_n).$$

DEMONSTRAÇÃO

Para demonstrar a primeira propriedade, observe que $0\mathbf{v} = \mathbf{0}$. Então, segue que

$$T(\mathbf{0}) = T(0\mathbf{v}) = 0T(\mathbf{v}) = \mathbf{0}.$$

A segunda propriedade decorre de $-\mathbf{v} = (-1)\mathbf{v}$, o que implica que

$$T(-\mathbf{v}) = T[(-1)\mathbf{v}] = (-1)T(\mathbf{v}) = -T(\mathbf{v}).$$

A terceira propriedade segue de $\mathbf{u} - \mathbf{v} = \mathbf{u} + (-\mathbf{v})$, o que implica que

$$T(\mathbf{u} - \mathbf{v}) = T[\mathbf{u} + (-1)\mathbf{v}] = T(\mathbf{u}) + (-1)T(\mathbf{v}) = T(\mathbf{u}) - T(\mathbf{v}).$$

A demonstração da quarta propriedade é deixada para você.

A Propriedade 4 do Teorema 6.1 sugere que uma transformação linear $T: V \rightarrow W$ é determinada completamente por sua ação em uma base de V. Em outras palavras, se $\{\mathbf{v}_1, \mathbf{v}_2, \ldots, \mathbf{v}_n\}$ é uma base do espaço vetorial V e se $T(\mathbf{v}_1), T(\mathbf{v}_2), \ldots, T(\mathbf{v}_n)$ são dados, então $T(\mathbf{v})$ pode ser determinado para *qualquer* $\mathbf{v}$ em V. O Exemplo 4 ilustra o uso desta propriedade.

Transformações lineares   301

EXEMPLO 4   Transformações lineares e bases

Seja $T: R^3 \to R^3$ uma transformação linear tal que

$$T(1, 0, 0) = (2, -1, 4)$$
$$T(0, 1, 0) = (1, 5, -2)$$
$$T(0, 0, 1) = (0, 3, 1).$$

Encontre $T(2, 3, -2)$.

SOLUÇÃO

$(2, 3, -2) = 2(1, 0, 0) + 3(0, 1, 0) - 2(0, 0, 1)$, então use a Propriedade 4 do Teorema 6.1 para escrever

$$\begin{aligned} T(2, 3, -2) &= 2T(1, 0, 0) + 3T(0, 1, 0) - 2T(0, 0, 1) \\ &= 2(2, -1, 4) + 3(1, 5, -2) - 2(0, 3, 1) \\ &= (7, 7, 0). \end{aligned}$$

No próximo exemplo, uma matriz define uma transformação linear de R^2 em R^3. O vetor $\mathbf{v} = (v_1, v_2)$ está na forma matricial

$$\mathbf{v} = \begin{bmatrix} v_1 \\ v_2 \end{bmatrix}$$

para que ele possa ser multiplicado à esquerda por uma matriz de tamanho 3×2.

EXEMPLO 5   Uma transformação linear definida por uma matriz

Defina a função $T: R^2 \to R^3$ por

$$T(\mathbf{v}) = A\mathbf{v} = \begin{bmatrix} 3 & 0 \\ 2 & 1 \\ -1 & -2 \end{bmatrix} \begin{bmatrix} v_1 \\ v_2 \end{bmatrix}.$$

a. Encontre $T(\mathbf{v})$ quando $\mathbf{v} = (2, -1)$.

b. Mostre que T é uma transformação linear de R^2 para R^3.

SOLUÇÃO

a. $\mathbf{v} = (2, -1)$, então você tem

$$T(\mathbf{v}) = A\mathbf{v} = \begin{bmatrix} 3 & 0 \\ 2 & 1 \\ -1 & -2 \end{bmatrix} \begin{bmatrix} 2 \\ -1 \end{bmatrix} = \begin{bmatrix} 6 \\ 3 \\ 0 \end{bmatrix}$$

Vetor em R^2 Vetor em R^3

o que significa que $T(2, -1) = (6, 3, 0)$.

b. Comece observando que T leva um vetor de R^2 em um vetor de R^3. Para mostrar que T é uma transformação linear, use as propriedades dadas no Teorema 2.3. Para quaisquer vetores $\mathbf{u}$ e $\mathbf{v}$ em R^2, a propriedade distributiva da multiplicação de matrizes sobre a soma produz

$$T(\mathbf{u} + \mathbf{v}) = A(\mathbf{u} + \mathbf{v}) = A\mathbf{u} + A\mathbf{v} = T(\mathbf{u}) + T(\mathbf{v}).$$

De modo similar, para qualquer vetor $\mathbf{u}$ em R^2 e em qualquer escalar c, a propriedade comutativa da multiplicação por escalar com a multiplicação de matrizes produz

$$T(c\mathbf{u}) = A(c\mathbf{u}) = c(A\mathbf{u}) = cT(\mathbf{u}).$$

302   Elementos de álgebra linear

O Exemplo 5 ilustra um resultado importante em relação à representação de transformações lineares de R^n para R^m. Este resultado é apresentado em duas etapas. O Teorema 6.2 abaixo afirma que cada matriz $m \times n$ representa uma transformação linear de R^n em R^m. A seguir, na Seção 6.3, você verá a recíproca – que toda transformação linear de R^n em R^m pode ser representada por uma matriz $m \times n$.

Observe que a solução do Exemplo 5 (b) não faz referência especificamente a matriz A que define T. Então, esta solução serve como uma demonstração geral de que a função definida por qualquer matriz $m \times n$ é uma transformação linear de R^n para R^m.

OBSERVAÇÃO

A matriz nula de tamanho $m \times n$ corresponde à transformação nula de R^n em R^m e a matriz identidade I_n de tamanho $n \times n$ corresponde à transformação identidade de R^n em R^n.

TEOREMA 6.2   Transformação linear dada por uma matriz

Seja A uma matriz $m \times n$. A função T definida por

$$T(\mathbf{v}) = A\mathbf{v}$$

é uma transformação linear de R^n para R^m. Para estar de acordo com a multiplicação por uma matriz $m \times n$, as matrizes $n \times 1$ representam os vetores em R^n e as matrizes $m \times 1$ representam os vetores em R^m.

Tenha a certeza de entender que uma matriz A de tamanho $m \times n$ define uma transformação linear de R^n em R^m:

$$A\mathbf{v} = \begin{bmatrix} a_{11} & a_{12} & \cdots & a_{1n} \\ a_{21} & a_{22} & \cdots & a_{2n} \\ \vdots & \vdots & & \vdots \\ a_{m1} & a_{m2} & \cdots & a_{mn} \end{bmatrix} \begin{bmatrix} v_1 \\ v_2 \\ \vdots \\ v_n \end{bmatrix} = \begin{bmatrix} a_{11}v_1 + a_{12}v_2 + \cdots + a_{1n}v_n \\ a_{21}v_1 + a_{22}v_2 + \cdots + a_{2n}v_n \\ \vdots & \vdots & \cdot & \vdots \\ a_{m1}v_1 + a_{m2}v_2 + \cdots + a_{mn}v_n \end{bmatrix}.$$

Vetor em R^n

Vetor em R^m

EXEMPLO 6   Transformações lineares dadas por matrizes

Considere a transformação linear $T: R^n \to R^m$ definida por $T(\mathbf{v}) = A\mathbf{v}$. Encontre as dimensões de R^n e R^m para a transformação linear representada por cada matriz.

a. $A = \begin{bmatrix} 0 & 1 & -1 \\ 2 & 3 & 0 \\ 4 & 2 & 1 \end{bmatrix}$ **b.** $A = \begin{bmatrix} 2 & -3 \\ -5 & 0 \\ 0 & -2 \end{bmatrix}$

c. $A = \begin{bmatrix} 1 & 0 & -1 & 2 \\ 3 & 1 & 0 & 0 \end{bmatrix}$

SOLUÇÃO

a. O tamanho desta matriz é 3×3, então ela define uma transformação linear de R^3 em R^3.

$$A\mathbf{v} = \begin{bmatrix} 0 & 1 & -1 \\ 2 & 3 & 0 \\ 4 & 2 & 1 \end{bmatrix} \begin{bmatrix} v_1 \\ v_2 \\ v_3 \end{bmatrix} = \begin{bmatrix} u_1 \\ u_2 \\ u_3 \end{bmatrix}$$

Vetor em R^3

Vetor em R^3

b. O tamanho desta matriz é de 3×2, portanto ela define uma transformação linear de R^2 em R^3.

c. O tamanho desta matriz é 2×4, portanto ela define uma transformação linear de R^4 em R^2.

O exemplo a seguir discute um tipo comum de transformação linear de R^2 em R^2.

EXEMPLO 7 Rotação em R^2

Mostre que a transformação linear $T: R^2 \to R^2$ representada pela matriz

$$A = \begin{bmatrix} \cos\theta & -\sen\theta \\ \sen\theta & \cos\theta \end{bmatrix}$$

tem como propriedade girar cada vetor em R^2 no sentido anti-horário em torno da origem de um ângulo θ.

SOLUÇÃO

Do Teorema 6.2, você sabe que T é uma transformação linear. Para mostrar que gira qualquer vetor em R^2 no sentido anti-horário de um ângulo θ, seja $\mathbf{v} = (x, y)$ um vetor em R^2. Usando coordenadas polares, você pode escrever $\mathbf{v}$ como

$$\mathbf{v} = (x, y)$$
$$= (r\cos\alpha, r\sen\alpha)$$

onde r é o comprimento de $\mathbf{v}$ e α é o ângulo entre o eixo positivo x e o vetor $\mathbf{v}$, no sentido anti-horário. Agora, a aplicação da transformação linear T em $\mathbf{v}$ produz

$$T(\mathbf{v}) = A\mathbf{v}$$
$$= \begin{bmatrix} \cos\theta & -\sen\theta \\ \sen\theta & \cos\theta \end{bmatrix}\begin{bmatrix} x \\ y \end{bmatrix}$$
$$= \begin{bmatrix} \cos\theta & -\sen\theta \\ \sen\theta & \cos\theta \end{bmatrix}\begin{bmatrix} r\cos\alpha \\ r\sen\alpha \end{bmatrix}$$
$$= \begin{bmatrix} r\cos\theta\cos\alpha - r\sen\theta\sen\alpha \\ r\sen\theta\cos\alpha + r\cos\theta\sen\alpha \end{bmatrix}$$
$$= \begin{bmatrix} r\cos(\theta + \alpha) \\ r\sen(\theta + \alpha) \end{bmatrix}.$$

Verifique que o vetor $T(\mathbf{v})$ tem o mesmo comprimento que $\mathbf{v}$. Além disso, o ângulo entre o eixo positivo $\mathbf{x}$ e $T(\mathbf{v})$ é

$$\theta + \alpha,$$

de modo que $T(\mathbf{v})$ é o vetor que resulta da rotação do vetor $\mathbf{v}$ no sentido anti-horário pelo ângulo θ, como mostrado abaixo.

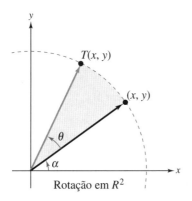

Rotação em R^2

A transformação linear no Exemplo 7 é uma **rotação** em R^2. As rotações em R^2 preservam o comprimento do vetor e o ângulo entre dois vetores. Mais precisamente, $\|T(\mathbf{u})\| = \|\mathbf{u}\|$, $\|T(\mathbf{v})\| = \|\mathbf{v}\|$ e o ângulo entre $T(\mathbf{u})$ e $T(\mathbf{v})$ é igual ao ângulo entre $\mathbf{u}$ e $\mathbf{v}$.

EXEMPLO 8 Uma projeção em R^3

A transformação linear $T: R^3 \to R^3$ representada por

$$A = \begin{bmatrix} 1 & 0 & 0 \\ 0 & 1 & 0 \\ 0 & 0 & 0 \end{bmatrix}$$

é uma **projeção** em R^3. Se $\mathbf{v} = (x, y, z)$ é um vetor em R^3, então $T(\mathbf{v}) = (x, y, 0)$. Em outras palavras, T leva todos os vetores de R^3 em sua projeção ortogonal no plano xy, como mostrado abaixo.

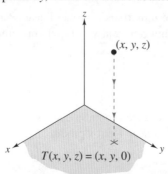

Projeção no plano xy

Até agora, apenas as transformações lineares de R^n em R^m ou de R^n em R^n foram discutidas. O restante desta seção considera algumas transformações lineares que envolvem espaços vetoriais diferentes de R^n.

EXEMPLO 9 Uma transformação linear de $M_{m,n}$ em $M_{n,m}$

Seja $T: M_{m,n} \to M_{n,m}$ a função que leva uma matriz A de tamanho $m \times n$ em sua transposta. Em equivalente formulação,

$T(A) = A^T$.

Mostre que T é uma transformação linear.

SOLUÇÃO

Sejam A e B matrizes $m \times n$ e seja c escalar. Do Teorema 2.6 resulta

$T(A + B) = (A + B)^T = A^T + B^T = T(A) + T(B)$

e

$T(cA) = (cA)^T = c(A^T) = cT(A)$.

Então, T é uma transformação linear de $M_{m,n}$ em $M_{n,m}$.

ÁLGEBRA LINEAR APLICADA

Muitos métodos estatísticos multivariados podem usar transformações lineares. Por exemplo, em uma *análise de regressão múltipla*, existem duas ou mais variáveis independentes e uma única variável dependente. Uma transformação linear é útil para encontrar pesos a serem atribuídos às variáveis independentes para prever o valor da variável dependente. Além disso, em uma *análise de correlação canônica*, existem duas ou mais variáveis independentes e duas ou mais variáveis dependentes. As transformações lineares podem ajudar a encontrar uma combinação linear das variáveis independentes para prever o valor de uma combinação linear das variáveis dependentes.

Transformações lineares   305

EXEMPLO 10   O operador diferencial (Cálculo)

Seja $C'[a, b]$ o conjunto de todas as funções cujas derivadas são contínuas em $[a, b]$. Mostre que o operador diferencial D_x define uma transformação linear de $C'[a, b]$ em $C[a, b]$.

SOLUÇÃO

Usando a notação do operador, pode-se escrever

$$D_x(f) = \frac{d}{dx}[f]$$

onde f está em $C'[a, b]$. Para mostrar que D_x é uma transformação linear, você precisa usar o cálculo. Especificamente, como a derivada da soma de duas funções diferenciáveis é igual a soma de suas derivadas, então resulta

$$D_x(f + g) = \frac{d}{dx}[f + g] = \frac{d}{dx}[f] + \frac{d}{dx}[g] = D_x(f) + D_x(g)$$

onde g está também em $C'[a, b]$. Da mesma forma, a derivada de um múltiplo escalar de uma função diferenciável é igual ao múltiplo escalar da derivada, de modo que

$$D_x(cf) = \frac{d}{dx}[cf] = c\left(\frac{d}{dx}[f]\right) = cD_x(f).$$

A soma de duas funções contínuas é contínua e o múltiplo escalar de uma função contínua é contínua, então D_x é uma transformação linear de $C'[a, b]$ em $C[a, b]$.

A transformação linear D_x no Exemplo 10 é chamada de **operador diferencial**. Para polinômios, o operador diferencial é uma transformação linear de P_n em P_{n-1} porque a derivada de uma função polinomial de grau $n \geq 1$ é uma função polinomial de grau $n - 1$. Mais precisamente,

$$D_x(a_0 + a_1x + \cdots + a_nx^n) = a_1 + \cdots + na_nx^{n-1}.$$

O próximo exemplo descreve uma transformação linear do espaço vetorial das funções polinomiais P no espaço vetorial dos números reais R.

EXEMPLO 11   A integral definida como uma transformação linear (Cálculo)

Considere $T: P \to R$ definido por

$$T(p) = \int_a^b p(x)\, dx$$

onde p é uma função polinomial. Mostre que T é uma transformação linear de P, o espaço vetorial das funções polinomiais, em R, o espaço vetorial dos números reais.

SOLUÇÃO

Usando propriedades de integrais definidas, pode-se escrever

$$T(p + q) = \int_a^b [p(x) + q(x)]\, dx = \int_a^b p(x)\, dx + \int_a^b q(x)\, dx = T(p) + T(q)$$

onde q é uma função polinomial, bem como

$$T(cp) = \int_a^b [cp(x)]\, dx = c\int_a^b p(x)\, dx = cT(p)$$

onde c é um escalar. Então, T é uma transformação linear.

306 Elementos de álgebra linear

6.1 Exercícios

Determinação de uma imagem e de uma pré-imagem Nos Exercícios 1-8, use a função para encontrar (a) a imagem de v e (b) a pré-imagem de w.

1. $T(v_1, v_2) = (v_1 + v_2, v_1 - v_2)$,
$\mathbf{v} = (3, -4)$, $\mathbf{w} = (3, 19)$

2. $T(v_1, v_2) = (v_1, 2v_2 - v_1, v_2)$,
$\mathbf{v} = (0, 4)$, $\mathbf{w} = (2, 4, 3)$

3. $T(v_1, v_2, v_3) = (2v_1 + v_2, 2v_2 - 3v_1, v_1 - v_3)$,
$\mathbf{v} = (-4, 5, 1)$, $\mathbf{w} = (4, 1, -1)$

4. $T(v_1, v_2, v_3) = (v_2 - v_1, v_1 + v_2, 2v_1)$,
$\mathbf{v} = (2, 3, 0)$, $\mathbf{w} = (-11, -1, 10)$

5. $T(v_1, v_2, v_3) = (4v_2 - v_1, 4v_1 + 5v_2)$,
$\mathbf{v} = (2, -3, -1)$, $\mathbf{w} = (3, 9)$

6. $T(v_1, v_2, v_3) = (2v_1 + v_2, v_1 - v_2)$,
$\mathbf{v} = (2, 1, 4)$, $\mathbf{w} = (-1, 2)$

7. $T(v_1, v_2) = \left(\dfrac{\sqrt{2}}{2}v_1 - \dfrac{\sqrt{2}}{2}v_2, v_1 + v_2, 2v_1 - v_2 \right)$,
$\mathbf{v} = (1, 1)$, $\mathbf{w} = (-5\sqrt{2}, -2, -16)$

8. $T(v_1, v_2) = \left(\dfrac{\sqrt{3}}{2}v_1 - \dfrac{1}{2}v_2, v_1 - v_2, v_2 \right)$,
$\mathbf{v} = (2, 4)$, $\mathbf{w} = \left(\sqrt{3}, 2, 0 \right)$

Transformações lineares Nos Exercícios 9-22, determine se a função é uma transformação linear.

9. $T: R^2 \to R^2$, $T(x, y) = (x, 1)$

10. $T: R^2 \to R^2$, $T(x, y) = (x, y^2)$

11. $T: R^3 \to R^3$, $T(x, y, z) = (x + y, x - y, z)$

12. $T: R^3 \to R^3$, $T(x, y, z) = (x + 1, y + 1, z + 1)$

13. $T: R^2 \to R^3$, $T(x, y) = \left(\sqrt{x}, xy, \sqrt{y} \right)$

14. $T: R^2 \to R^3$, $T(x, y) = (x^2, xy, y^2)$

15. $T: M_{2,2} \to R$, $T(A) = |A|$

16. $T: M_{2,2} \to R$, $T(A) = a + b + c + d$, onde
$A = \begin{bmatrix} a & b \\ c & d \end{bmatrix}$.

17. $T: M_{2,2} \to R$, $T(A) = a - b - c - d$, onde
$A = \begin{bmatrix} a & b \\ c & d \end{bmatrix}$.

18. $T: M_{2,2} \to R$, $T(A) = b^2$, onde $A = \begin{bmatrix} a & b \\ c & d \end{bmatrix}$.

19. $T: M_{3,3} \to M_{3,3}$, $T(A) = \begin{bmatrix} 0 & 0 & 1 \\ 0 & 1 & 0 \\ 1 & 0 & 0 \end{bmatrix} A$

20. $T: M_{3,3} \to M_{3,3}$, $T(A) = \begin{bmatrix} 3 & 0 & 0 \\ 0 & 2 & 0 \\ 0 & 0 & -10 \end{bmatrix} A$

21. $T: P_2 \to P_2$, $T(a_0 + a_1x + a_2x^2) =$
$(a_0 + a_1 + a_2) + (a_1 + a_2)x + a_2x^2$

22. $T: P_2 \to P_2$, $T(a_0 + a_1x + a_2x^2) = a_1 + 2a_2x$

23. Seja T uma transformação linear de R^2 em R^2 tal que $T(1, 2) = (1, 0)$ e $T(-1, 1) = (0, 1)$. Encontre $T(2, 0)$ e $T(0, 3)$.

24. Seja T uma transformação linear de R^2 em R^2 tal que $T(1, 2) = (1, 0)$ e $T(-1, 1) = (0, 1)$. Encontre $T(2, 0)$ e $T(0, 3)$.

Transformação linear e bases Nos Exercícios 25-28, seja $T: R^3 \to R^3$ uma transformação linear tal que $T(1, 0, 0) = (2, 4, -1)$, $T(0, 1, 0) = (1, 3, -2)$ e $T(0, 0, 1) = (0, -2, 2)$. Encontre a imagem pedida.

25. $T(1, -3, 0)$ **26.** $T(2, -1, 0)$

27. $T(2, -4, 1)$ **28.** $T(-2, 4, -1)$

Transformação linear e bases Nos Exercícios 29-32, seja $T: R^3 \to R^3$ uma transformação linear tal que $T(1, 1, 1) = (2, 0, -1)$, $T(0, -1, 2) = (-3, 2, -1)$ e $T(1, 0, 1) = (1, 1, 0)$. Encontre a imagem pedida.

29. $T(4, 2, 0)$ **30.** $T(0, 2, -1)$

31. $T(2, -1, 1)$ **32.** $T(-2, 1, 0)$

Transformação linear dada por uma matriz Nos Exercícios 33-38, defina a transformação linear $T: R^n \to R^m$ por $T(\mathbf{v}) = A\mathbf{v}$. Encontre as dimensões de R^n e R^m.

33. $A = \begin{bmatrix} 0 & -1 \\ -1 & 0 \end{bmatrix}$ **34.** $A = \begin{bmatrix} 1 & 2 \\ -2 & 4 \\ -2 & 2 \end{bmatrix}$

35. $A = \begin{bmatrix} 1 & 0 & 0 & 0 \\ 0 & -1 & 0 & 0 \\ 0 & 0 & 1 & 0 \\ 0 & 0 & 0 & 2 \end{bmatrix}$

36. $A = \begin{bmatrix} -1 & 2 & 1 & 3 & 4 \\ 0 & 0 & 2 & -1 & 0 \end{bmatrix}$

37. $A = \begin{bmatrix} 0 & 1 & -2 & 1 \\ -1 & 4 & 5 & 0 \\ 0 & 1 & 3 & 1 \end{bmatrix}$

38. $A = \begin{bmatrix} 0 & 2 & 0 & 2 & 0 \\ 1 & 0 & 1 & 0 & 1 \\ 1 & 2 & 2 & 2 & 1 \end{bmatrix}$

Transformações lineares **307**

39. Para a transformação linear do Exercício 33, encontre (a) $T(1, 1)$, (b) a pré-imagem de $(1, 1)$ e (c) a pré-imagem de $(0, 0)$.

40. Dissertação Para a transformação linear do Exercício 34, encontre (a) $T(2, 4)$ e (b) a pré-imagem de $(-1, 2, 2)$. Em seguida, explique por que o vetor $(1, 1, 1)$ não tem pré-imagem por esta transformação.

41. Para a transformação linear do Exercício 35, encontre (a) $T(2, 1, 2, 1)$ e (b) a pré-imagem de $(-1, -1, -1, -1)$.

42. Para a transformação linear do Exercício 36, encontre (a) $T(1, 0, -1, 3, 0)$ e (b) a pré-imagem de $(-1, 8)$.

43. Para a transformação linear do Exercício 37, encontre (a) $T(1, 0, 2, 3)$ e (b) a pré-imagem de $(0, 0, 0)$.

44. Para a transformação linear do Exercício 38, encontre (a) $T(0, 1, 0, 1, 0)$, (b) a pré-imagem de $(0, 0, 0)$ e (c) a pré-imagem de $(1, -1, 2)$.

45. Seja T uma transformação linear de R^2 em R^2 tal que $T(x, y) = (x \cos \theta - y \operatorname{sen} \theta, x \operatorname{sen} \theta + y \cos \theta)$. Encontre (a) $T(4, 4)$ para $\theta = 45°$, (b) $T(4, 4)$ para $\theta = 30°$ e (c) $T(5, 0)$ para $\theta = 120°$.

46. Para a transformação linear do Exercício 45, tome $\theta = 45°$ e encontre a pré-imagem de $\mathbf{v} = (1, 1)$.

47. Encontre a inversa da matriz A no Exemplo 7. Qual transformação linear de R^2 em R^2 representa A^{-1}?

48. Para a transformação linear $T: R^2 \to R^2$ dada por

$$A = \begin{bmatrix} a & -b \\ b & a \end{bmatrix}$$

encontre a e b tais que $T(12, 5) = (13, 0)$.

Projeção em R^3 Nos Exercícios **49** e **50**, seja A a matriz que representa a transformação linear $T: R^3 \to R^3$. Descreva a projeção ortogonal para a qual T leva cada vetor em R^3.

49. $A = \begin{bmatrix} 1 & 0 & 0 \\ 0 & 0 & 0 \\ 0 & 0 & 1 \end{bmatrix}$ **50.** $A = \begin{bmatrix} 0 & 0 & 0 \\ 0 & 1 & 0 \\ 0 & 0 & 1 \end{bmatrix}$

Transformação linear dada por uma matriz Nos Exercícios **51-54**, determine se a função que envolve a matriz A de tamanho $n \times n$ é uma transformação linear.

51. $T: M_{n,n} \to M_{n,n}$, $T(A) = A^{-1}$.

52. $T: M_{n,n} \to M_{n,n}$, $T(A) = AX - XA$, onde X é uma matriz $n \times n$ fixa.

53. $T: M_{n,n} \to M_{n,m}$, $T(A) = AB$, onde B é uma matriz $n \times m$ fixa.

54. $T: M_{n,n} \to R$, $T(A) = a_{11} \cdot a_{22} \cdot \cdots \cdot a_{nn}$, onde $A = [a_{ij}]$.

55. Seja T uma transformação linear de P_2 em P_2 tal que $T(1) = x$, $T(x) = 1 + x$ e $T(x_2) = 1 + x + x^2$. Encontre $T(2 - 6x + x^2)$.

56. Seja T uma transformação linear de $M_{2,2}$ em $M_{2,2}$ tal que

$$T\left(\begin{bmatrix} 1 & 0 \\ 0 & 0 \end{bmatrix}\right) = \begin{bmatrix} 1 & -1 \\ 0 & 2 \end{bmatrix}, T\left(\begin{bmatrix} 0 & 1 \\ 0 & 0 \end{bmatrix}\right) = \begin{bmatrix} 0 & 2 \\ 1 & 1 \end{bmatrix},$$

$$T\left(\begin{bmatrix} 0 & 0 \\ 1 & 0 \end{bmatrix}\right) = \begin{bmatrix} 1 & 2 \\ 0 & 1 \end{bmatrix}, T\left(\begin{bmatrix} 0 & 0 \\ 0 & 1 \end{bmatrix}\right) = \begin{bmatrix} 3 & -1 \\ 1 & 0 \end{bmatrix}.$$

Encontre $T\left(\begin{bmatrix} 1 & 3 \\ -1 & 4 \end{bmatrix}\right)$.

Cálculo Nos Exercícios **57-60**, seja D_x a transformação linear de $C'[a, b]$ em $C[a, b]$ do Exemplo 10. Determine se cada afirmação é verdadeira ou falsa. Explique.

57. $D_x(e^{x^2} + 2x) = D_x(e^{x^2}) + 2D_x(x)$

58. $D_x(x^2 - \ln x) = D_x(x^2) - D_x(\ln x)$

59. $D_x(\operatorname{sen} 3x) = 3D_x(\operatorname{sen} x)$

60. $D_x\left(\cos \dfrac{x}{2}\right) = \dfrac{1}{2}D_x(\cos x)$

Cálculo Nos Exercícios **61-64**, para a transformação linear do Exemplo 10, encontre a pré-imagem de cada função.

61. $D_x(f) = 4x + 3$ **62.** $D_x(f) = e^x$

63. $D_x(f) = \sin x$ **64.** $D_x(f) = \dfrac{1}{x}$

65. Cálculo Seja T uma transformação linear de P em R tal que

$$T(p) = \int_0^1 p(x)\, dx.$$

Encontre (a) $T(-2 + 3x^2)$, (b) $T(x^3 - x^5)$ e (c) $T(-6 + 4x)$.

66. Cálculo Seja T a transformação linear de P_2 em R usando a integral no Exercício 65. Encontre a pré-imagem de 1. Mais precisamente, encontre a(s) função(ões) polinomial(is) de grau menor ou igual a 2 tal que $T(p) = 1$.

Verdadeiro ou falso? Nos Exercícios **67** e **68**, determine se cada afirmação é verdadeira ou falsa. Se uma afirmação for verdadeira, dê uma justificativa ou cite uma afirmação apropriada do texto. Se uma afirmação for falsa, forneça um exemplo que mostre que a afirmação não é verdadeira em todos os casos ou cite uma afirmação apropriada do texto.

67. (a) A função $f(x) = \cos x$ é uma transformação linear de R em R.

   (b) Para polinômios, o operador diferencial D_x é uma transformação linear de P_n em P_{n-1}.

68. (a) A função $g(x) = x^3$ é uma transformação linear de R em R.

   (b) Qualquer função linear da forma $f(x) = ax + b$ é uma transformação linear de R em R.

308 Elementos de álgebra linear

69. Dissertação Seja $T: R^2 \to R^2$ tal que $T(1, 0) = (1, 0)$ e $T(0, 1) = (0, 0)$.

(a) Determine $T(x, y)$ para (x, y) em R^2.

(b) Dê uma descrição geométrica de T.

70. Dissertação Seja $T: R^2 \to R^2$ tal que $T(1, 0) = (0, 1)$ e $T(0, 1) = (1, 0)$.

(a) Determine $T(x, y)$ para (x, y) em R^2.

(b) Dê uma descrição geométrica de T.

71. Demonstração Seja T a função de R^2 em R^2 tal que $T(u) = \text{proj}_v u$, onde $v = (1, 1)$.

(a) Encontre $T(x, y)$. (b) Encontre $T(5, 0)$.

(c) Demonstre que T é uma transformação linear de R^2 em R^2.

72. Dissertação Encontre $T(3, 4)$ e $T(T(3, 4))$ para a transformação linear T do Exercício 71 e dê descrições geométricas dos resultados.

73. Mostre que a transformação linear T do Exercício 71 é representado pela matriz

$$A = \begin{bmatrix} \frac{1}{2} & \frac{1}{2} \\ \frac{1}{2} & \frac{1}{2} \end{bmatrix}.$$

> **74. Ponto crucial** Explique como determinar se uma função $T: V \to W$ é uma transformação linear.

75. Demonstração Use o conceito de um ponto fixo de uma transformação linear $T: V \to V$. Um vetor u é um **ponto fixo** quando $T(u) = u$.

(a) Demonstre que 0 é um ponto fixo de qualquer transformação linear $T: V \to V$.

(b) Demonstre que o conjunto dos pontos fixos de uma transformação linear $T: V \to V$ é um subespaço de V.

(c) Determine todos os pontos fixos da transformação linear $T: R^2 \to R^2$ representada por $T(x, y) = (x, 2y)$.

(d) Determine todos os pontos fixos da transformação linear $T: R^2 \to R^2$ representada por $T(x, y) = (y, x)$.

76. Uma **translação** em R^2 é uma função da forma $T(x, y) = (x - h, y - k)$, onde pelo menos uma das constantes h e k é diferente de zero.

(a) Mostre que uma translação em R^2 não é uma transformação linear.

(b) Para a translação $T(x, y) = (x - 2, y + 1)$, determine as imagens de $(0, 0)$, $(2, -1)$ e $(5, 4)$.

(c) Mostre que uma translação em R^2 não tem pontos fixos.

77. Demonstração Demonstre que (a) a transformação nula e (b) a transformação identidade são transformações lineares.

78. Seja $S = \{v_1, v_2, v_3\}$ um conjunto de vetores linearmente independentes em R^3. Encontre uma transformação linear T de R^3 em R^3 tal que o conjunto $\{T(v_1), T(v_2), T(v_3)\}$ seja linearmente dependente.

79. Demonstração Seja $S = \{v_1, v_2, \ldots, v_n\}$ um conjunto de vetores linearmente dependentes em V e seja T uma transformação linear de V em V. Demonstre que o conjunto $\{T(v_1), T(v_2), \ldots, T(v_n)\}$ é linearmente dependente.

80. Demonstração Seja V um espaço com produto interno. Para um vetor fixo v_0 em V, defina $T: V \to R$ por $T(v) = \langle v, v_0 \rangle$. Demonstre que T é uma transformação linear.

81. Demonstração Defina $T: M_{n,n} \to R$ por
$$T(A) = a_{11} + a_{22} + \cdots + a_{nn}$$
(o traço de A). Demonstre que T é uma transformação linear.

82. Seja V um espaço com produto interno com um subespaço W que possui $B = \{w_1, w_2, \ldots, w_n\}$ como uma base ortonormal. Mostre que a função $T: V \to W$ representada por
$$T(v) = \langle v, w_1 \rangle w_1 + \langle v, w_2 \rangle w_2 + \cdots + \langle v, w_n \rangle w_n$$
é uma transformação linear. T é chamada de **projeção ortogonal de V em W**.

83. Demonstração guiada Seja $\{v_1, v_2, \ldots, v_n\}$ uma base do espaço vetorial V. Demonstre que se uma transformação linear $T: V \to V$ satisfaz $T(v_i) = 0$ para $i = 1, 2, \ldots, n$, então T é a transformação nula.

Começando: para demonstrar que T é a transformação nula, você precisa mostrar que $T(v) = 0$ para todo vetor v em V.

(i) Seja v um vetor arbitrário em V tal que
$$v = c_1 v_1 + c_2 v_2 + \cdots + c_n v_n.$$

(ii) Use a definição e as propriedades das transformações lineares para reescrever $T(v)$ como uma combinação linear de $T(v_i)$.

(iii) Use o fato de que $T(v_i) = 0$ para concluir que $T(v) = 0$, onde T é a transformação nula.

84. Demonstração guiada Demonstre que $T: V \to W$ é uma transformação linear se e somente se
$$T(au + bv) = aT(u) + bT(v)$$
para todos os vetores u e v e todos os escalares a e b.

Começando: esta é uma declaração "se e somente se", então é preciso demonstrar a afirmação em ambas as direções. Para demonstrar que T é uma transformação linear, é preciso mostrar que a função satisfaz a definição de transformação linear. Na outra direção, seja T uma transformação linear. Use a definição e as propriedades de transformação linear para provar que $T(au + bv) = aT(u) + bT(v)$.

(i) Seja $T(au + bv) = aT(u) + bT(v)$. Mostre que T preserva as propriedades da soma de vetores e da multiplicação por escalar escolhendo os valores apropriados de a e b.

(ii) Para demonstrar a afirmação na outra direção, suponha que T seja uma transformação linear. Use as propriedades e a definição de transformação linear para mostrar que $T(au + bv) = aT(u) + bT(v)$.

6.2 O núcleo e a imagem de uma transformação linear

■ Encontrar o núcleo de uma transformação linear.

■ Encontrar uma base da imagem, o posto e a nulidade de uma transformação linear.

■ Determinar se uma transformação linear é injetora ou sobrejetora.

■ Determinar se espaços vetoriais são isomorfos.

O NÚCLEO DE UMA TRANSFORMAÇÃO LINEAR

Você sabe do Teorema 6.1 que para qualquer transformação linear $T: V \to W$, o vetor nulo de V é levado no vetor nulo de W. Isto é, $T(\mathbf{0}) = \mathbf{0}$. A primeira pergunta a ser considerada nesta seção é se existem *outros* vetores $\mathbf{v}$ tais que $T(\mathbf{v}) = \mathbf{0}$. A coleção de todos esses elementos é o núcleo de T. Observe que o símbolo $\mathbf{0}$ representa o vetor nulo tanto em V como em W, embora esses dois vetores nulos sejam geralmente diferentes.

Definição do núcleo de uma transformação linear

Seja $T: V \to W$ uma transformação linear. Então, o conjunto de todos os vetores $\mathbf{v}$ em V que satisfazem $T(\mathbf{v}) = \mathbf{0}$ é o **núcleo** de T e é denotado por ker(T).

Por vezes, o núcleo de uma transformação pode ser encontrado por inspeção, conforme ilustrado nos Exemplos 1, 2 e 3.

EXEMPLO 1 — Determinação do núcleo de uma transformação linear

Seja $T: M_{3,2} \to M_{2,3}$ a transformação linear que leva uma matriz A de tamanho 3×2 na sua transposta. Mais precisamente, $T(A) = A^T$. Encontre o núcleo de T.

SOLUÇÃO

Para esta transformação linear, a matriz nula 3×2 é claramente a única matriz em $M_{3,2}$ cuja transposta é a matriz nula em $M_{2,3}$. Assim, o núcleo de T consiste em um único elemento: a matriz nula em $M_{3,2}$.

EXEMPLO 2 — Os núcleos das transformações nula e identidade

a. O núcleo da transformação nula $T: V \to W$ consiste em todo o espaço V porque $T(\mathbf{v}) = \mathbf{0}$ para cada $\mathbf{v}$ em V. Isto é, ker(T) $= V$.

b. O núcleo da transformação identidade $T: V \to V$ consiste apenas no elemento $\mathbf{0}$. Em outros termos, ker(T) $= \{\mathbf{0}\}$.

EXEMPLO 3 — Determinação do núcleo de uma transformação linear

Encontre o núcleo da projeção $T: R^3 \to R^3$ representada por $T(x, y, z) = (x, y, 0)$.

SOLUÇÃO

Esta transformação linear projeta o vetor (x, y, z) em R^3 no vetor $(x, y, 0)$ no plano xy. O núcleo consiste em todos os vetores que estão no eixo z. Mais precisamente,

$$\ker(T) = \{(0, 0, z): z \text{ é um número real}\}. \text{ (Veja a Figura 6.1.)}$$

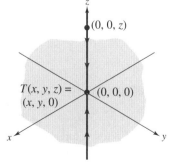

O núcleo de T é o conjunto de todos os vetores no eixo z.

Figura 6.1

Encontrar os núcleos das transformações lineares nos Exemplos 1, 2 e 3 é relativamente fácil. Às vezes, o núcleo de uma transformação linear não é tão óbvio, como será ilustrado nos dois exemplos a seguir.

EXEMPLO 4 — Determinação do núcleo de uma transformação linear

Encontre o núcleo da transformação linear $T: R^2 \to R^3$ representada por
$$T(x_1, x_2) = (x_1 - 2x_2, 0, -x_1).$$

SOLUÇÃO

Para encontrar ker(T), você precisa encontrar todo $\mathbf{x} = (x_1, x_2)$ em R^2 tal que
$$T(x_1, x_2) = (x_1 - 2x_2, 0, -x_1) = (0, 0, 0).$$

Isso leva ao sistema homogêneo
$$\begin{aligned} x_1 - 2x_2 &= 0 \\ 0 &= 0 \\ -x_1 &= 0 \end{aligned}$$

que possui apenas a solução trivial $(x_1, x_2) = (0, 0)$. Então, você conclui que
$$\ker(T) = \{(0, 0)\} = \{\mathbf{0}\}.$$

EXEMPLO 5 — Determinação do núcleo de uma transformação linear

Encontre o núcleo da transformação linear $T: R^3 \to R^2$ definida por $T(\mathbf{x}) = A\mathbf{x}$, onde
$$A = \begin{bmatrix} 1 & -1 & -2 \\ -1 & 2 & 3 \end{bmatrix}.$$

SOLUÇÃO

O núcleo de T é o conjunto formado pelos vetores $\mathbf{x} = (x_1, x_2, x_3)$ em R^3 tais que $T(x_1, x_2, x_3) = (0, 0)$. A partir desta equação, você pode escrever o sistema homogêneo
$$\begin{bmatrix} 1 & -1 & -2 \\ -1 & 2 & 3 \end{bmatrix} \begin{bmatrix} x_1 \\ x_2 \\ x_3 \end{bmatrix} = \begin{bmatrix} 0 \\ 0 \end{bmatrix} \quad \Rightarrow \quad \begin{aligned} x_1 - x_2 - 2x_3 &= 0 \\ -x_1 + 2x_2 + 3x_3 &= 0. \end{aligned}$$

Escrever a matriz aumentada deste sistema na forma escalonada reduzida produz
$$\begin{bmatrix} 1 & 0 & -1 & 0 \\ 0 & 1 & 1 & 0 \end{bmatrix} \quad \Rightarrow \quad \begin{aligned} x_1 &= x_3 \\ x_2 &= -x_3. \end{aligned}$$

Usando o parâmetro $t = x_3$, obtemos a família de soluções
$$\begin{bmatrix} x_1 \\ x_2 \\ x_3 \end{bmatrix} = \begin{bmatrix} t \\ -t \\ t \end{bmatrix} = t \begin{bmatrix} 1 \\ -1 \\ 1 \end{bmatrix}.$$

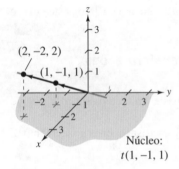

Figura 6.2

Assim, o núcleo de T é
$$\ker(T) = \{t(1, -1, 1): t \text{ é um número real}\} = \text{span}\{(1, -1, 1)\}.$$
(Veja a Figura 6.2.)

Observe no Exemplo 5 que o núcleo de T contém infinitos vetores. Claro, o vetor nulo está em ker(T), mas o núcleo também contém vetores não nulos tais como $(1, -1, 1)$ e $(2, -2, 2)$, como mostrado na Figura 6.2. A figura também mostra que o núcleo é uma reta que passa pela origem, o que implica que é um subespaço de R^3. O Teorema 6.3 na próxima página afirma que o núcleo de toda transformação linear $T: V \to W$ é um subespaço de V.

Transformações lineares   311

> **TEOREMA 6.3   O núcleo é um subespaço de V**
>
> O núcleo de uma transformação linear $T: V \to W$ é um subespaço do domínio V.

DEMONSTRAÇÃO

Do Teorema 6.1, você sabe que ker(T) é um subconjunto não vazio de V. Assim, pelo Teorema 4.5, você pode mostrar que ker(T) é um subespaço de V verificando que ele é fechado para a soma de vetores e para a multiplicação por escalar. Para fazer isso, sejam $\mathbf{u}$ e $\mathbf{v}$ vetores no núcleo de T. Então, $T(\mathbf{u} + \mathbf{v}) = T(\mathbf{u}) + T(\mathbf{v}) = \mathbf{0} + \mathbf{0} = \mathbf{0}$, o que implica que $\mathbf{u} + \mathbf{v}$ está no núcleo. Além disso, se c é qualquer escalar, então $T(c\mathbf{u}) = cT(\mathbf{u}) = c\mathbf{0} = \mathbf{0}$, o que implica que $c\mathbf{u}$ está no núcleo. ∎

OBSERVAÇÃO

O núcleo de T é, às vezes, chamado o **espaço nulo** de T.

O próximo exemplo mostra como encontrar uma base do núcleo de uma transformação definida por uma matriz.

EXEMPLO 6   Determinação de uma base do núcleo

Defina $T: R^5 \to R^4$ por $T(\mathbf{x}) = A\mathbf{x}$, onde x está em R^5 e

$$A = \begin{bmatrix} 1 & 2 & 0 & 1 & -1 \\ 2 & 1 & 3 & 1 & 0 \\ -1 & 0 & -2 & 0 & 1 \\ 0 & 0 & 0 & 2 & 8 \end{bmatrix}.$$

Encontre uma base de ker(T) como um subespaço de R^5.

SOLUÇÃO

Usando o procedimento mostrado no Exemplo 5, escreva a matriz aumentada $[A \ \ \mathbf{0}]$ na forma escalonada reduzida como mostrado abaixo.

$$\begin{bmatrix} 1 & 0 & 2 & 0 & -1 & 0 \\ 0 & 1 & -1 & 0 & -2 & 0 \\ 0 & 0 & 0 & 1 & 4 & 0 \\ 0 & 0 & 0 & 0 & 0 & 0 \end{bmatrix} \longrightarrow \begin{matrix} x_1 = -2x_3 + x_5 \\ x_2 = x_3 + 2x_5 \\ x_4 = -4x_5 \end{matrix}$$

Tomando $x_3 = s$ e $x_5 = t$, você obtém

$$\mathbf{x} = \begin{bmatrix} x_1 \\ x_2 \\ x_3 \\ x_4 \\ x_5 \end{bmatrix} = \begin{bmatrix} -2s + t \\ s + 2t \\ s + 0t \\ 0s - 4t \\ 0s + t \end{bmatrix} = s\begin{bmatrix} -2 \\ 1 \\ 1 \\ 0 \\ 0 \end{bmatrix} + t\begin{bmatrix} 1 \\ 2 \\ 0 \\ -4 \\ 1 \end{bmatrix}.$$

Assim, uma base do núcleo de T é $B = \{(-2, 1, 1, 0, 0), (1, 2, 0, -4, 1)\}$. ∎

Descoberta

1. Qual é o posto da matriz A no Exemplo 6?

2. Formule uma conjectura relacionando a dimensão do núcleo, o posto e o número de colunas de A.

3. Verifique a sua conjectura para a matriz no Exemplo 5.

Na solução do Exemplo 6, uma base do núcleo de T foi encontrada através da resolução do sistema homogêneo representado por $A\mathbf{x} = \mathbf{0}$. Este procedimento é familiar: é o mesmo procedimento usado para encontrar o *núcleo* de A. Em outras palavras, o núcleo de T é o espaço solução de $A\mathbf{x} = \mathbf{0}$, conforme afirmado no corolário do Teorema 6.3 a seguir.

> **TEOREMA 6.3   Corolário**
>
> Seja $T: R^n \to R^m$ a transformação linear $T(\mathbf{x}) = A\mathbf{x}$. Então o núcleo de T é igual ao espaço solução de $A\mathbf{x} = \mathbf{0}$.

A IMAGEM DE UMA TRANSFORMAÇÃO LINEAR

O núcleo é um dos dois subespaços críticos associados a uma transformação linear. O outro é a imagem de T, denotado por $\text{Im}(T)$. Lembre-se da Seção 6.1 de que a imagem de $T: V \to W$ é o conjunto de todos os vetores $\mathbf{w}$ em W que são imagens de vetores em V. Ou melhor,

$$\text{Im}(T) = \{T(\mathbf{v}): \mathbf{v} \text{ está em } V\}.$$

> **TEOREMA 6.4 A imagem de T é um subespaço de W**
>
> A imagem de uma transformação linear $T: V \to W$ é um subespaço de W.

DEMONSTRAÇÃO

A imagem de T é não vazia porque $T(\mathbf{0}) = \mathbf{0}$ implica que a imagem contém o vetor nulo. Para mostrar que é fechada para a soma de vetores, sejam $T(\mathbf{u})$ e $T(\mathbf{v})$ vetores na imagem de T. Os vetores $\mathbf{u}$ e $\mathbf{v}$ estão em V, então segue que $\mathbf{u} + \mathbf{v}$ também está em V e a soma

$$T(\mathbf{u}) + T(\mathbf{v}) = T(\mathbf{u} + \mathbf{v})$$

está na imagem de T.

Para mostrar o fechamento para a multiplicação por escalar, seja $T(\mathbf{u})$ um vetor na imagem de T e seja c um escalar. Como $\mathbf{u}$ está em V, segue que $c\mathbf{u}$ também está em V, o que implica que o múltiplo escalar $cT(\mathbf{u}) = T(c\mathbf{u})$ está na imagem de T. ∎

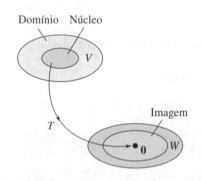

Figura 6.3

Observe que o núcleo e a imagem de uma transformação linear $T: V \to W$ são subespaços de V e W, respectivamente, como ilustrado na Figura 6.3.

Para encontrar uma base da imagem de uma transformação linear $T(\mathbf{x}) = A\mathbf{x}$, observe que a imagem consiste em todos os vetores $\mathbf{b}$ tais que o sistema $A\mathbf{x} = \mathbf{b}$ é consistente. Escrever o sistema

$$\begin{bmatrix} a_{11} & a_{12} & \cdots & a_{1n} \\ a_{21} & a_{22} & \cdots & a_{2n} \\ \vdots & \vdots & & \vdots \\ a_{m1} & a_{m2} & \cdots & a_{mn} \end{bmatrix} \begin{bmatrix} x_1 \\ x_2 \\ \vdots \\ x_n \end{bmatrix} = \begin{bmatrix} b_1 \\ b_2 \\ \vdots \\ b_m \end{bmatrix}$$

na forma

$$A\mathbf{x} = x_1 \begin{bmatrix} a_{11} \\ a_{21} \\ \vdots \\ a_{m1} \end{bmatrix} + x_2 \begin{bmatrix} a_{12} \\ a_{22} \\ \vdots \\ a_{m2} \end{bmatrix} + \cdots + x_n \begin{bmatrix} a_{1n} \\ a_{2n} \\ \vdots \\ a_{mn} \end{bmatrix} = \begin{bmatrix} b_1 \\ b_2 \\ \vdots \\ b_m \end{bmatrix} = \mathbf{b}$$

mostra que $\mathbf{b}$ está na imagem de T se e somente se $\mathbf{b}$ é uma combinação linear dos vetores coluna de A. Portanto, *o espaço coluna da matriz A é o mesmo que a imagem de T*.

> **TEOREMA 6.4 Corolário**
>
> Seja $T: R^n \to R^m$ a transformação linear $T(\mathbf{x}) = A\mathbf{x}$. Então, o espaço coluna de A é igual a imagem de T.

Nos Exemplos 4 e 5 na Seção 4.6, você viu dois procedimentos para encontrar uma base do espaço coluna de uma matriz. O próximo exemplo usa o procedimento do Exemplo 5 na Seção 4.6 para encontrar uma base da imagem de uma transformação linear definida por uma matriz.

EXEMPLO 7 — Determinação de uma base da imagem de uma transformação linear

Veja LarsonLinearAlgebra.com para uma versão interativa deste tipo de exemplo.

Para a transformação linear $T: R^5 \to R^4$ do Exemplo 6, encontre uma base da imagem de T.

SOLUÇÃO

Use a forma escalonada reduzida de A do Exemplo 6.

$$A = \begin{bmatrix} 1 & 2 & 0 & 1 & -1 \\ 2 & 1 & 3 & 1 & 0 \\ -1 & 0 & -2 & 0 & 1 \\ 0 & 0 & 0 & 2 & 8 \end{bmatrix} \Rightarrow \begin{bmatrix} 1 & 0 & 2 & 0 & -1 \\ 0 & 1 & -1 & 0 & -2 \\ 0 & 0 & 0 & 1 & 4 \\ 0 & 0 & 0 & 0 & 0 \end{bmatrix}$$

Os 1 principais aparecem nas colunas 1, 2 e 4 da matriz reduzida à direita, de modo que os vetores coluna correspondentes de A formam uma base do espaço coluna de A. Uma base da imagem de T é $B = \{(1, 2, -1, 0), (2, 1, 0, 0), (1, 1, 0, 2)\}$.

A próxima definição dá as dimensões do núcleo e da imagem de uma transformação linear.

OBSERVAÇÃO

Se T é dada por uma matriz A, então o posto de T é igual ao posto de A e à nulidade de T é igual à nulidade de A, como definido na Seção 4.6.

Definição do posto e da nulidade de uma transformação linear

Seja $T: V \to W$ uma transformação linear. A dimensão do núcleo de T é chamada de **nulidade** de T e é denotada por **nulidade**(T). A dimensão da imagem de T é denominada **posto** de T e é denotada por **posto**(T).

Nos Exemplos 6 e 7, o posto e a nulidade de T estão relacionados à dimensão do domínio como mostrado a seguir.

$\text{posto}(T) + \text{nulidade}(T) = 3 + 2 = 5 = \text{dimensão do domínio}$

Esta relação é verdadeira para qualquer transformação linear de um espaço vetorial de dimensão finita, conforme afirma o próximo teorema.

TEOREMA 6.5 Soma do posto da nulidade

Seja $T: V \to W$ uma transformação linear de um espaço vetorial V de dimensão n em um espaço vetorial W. Então, a soma das dimensões da imagem e do núcleo é igual à dimensão do domínio. Mais precisamente,

$\text{posto}(T) + \text{nulidade}(T) = n$ ou $\dim(\text{imagem}) + \dim(\text{núcleo}) = \dim(\text{domínio})$.

DEMONSTRAÇÃO

A demonstração fornecida aqui cobre o caso em que T é representada por uma matriz A de tamanho $m \times n$. O caso geral seguirá da próxima seção, onde será visto que qualquer transformação linear de um espaço de dimensão n em um espaço de dimensão m pode ser representada por uma matriz. Para demonstrar este teorema, suponha que a matriz A tem posto r. Então, você tem

$\text{posto}(T) = \dim(\text{imagem de } T) = \dim(\text{espaço coluna}) = \text{posto}(A) = r$.

Do Teorema 4.17, no entanto, você sabe que

$\text{nulidade}(T) = \dim(\text{núcleo de } T) = \dim(\text{espaço solução de } A\mathbf{x} = \mathbf{0}) = n - r$.

Assim, segue que $\text{posto}(T) + \text{nulidade}(T) = r + (n - r) = n$.

EXEMPLO 8 Determinação do posto e da nulidade de uma transformação linear

Encontre o posto e a nulidade da transformação linear $T: R^3 \to R^3$ definida pela matriz

$$A = \begin{bmatrix} 1 & 0 & -2 \\ 0 & 1 & 1 \\ 0 & 0 & 0 \end{bmatrix}.$$

SOLUÇÃO

A está na forma escalonada reduzida e tem duas linhas diferentes de zero, portanto, tem posto 2. Isso significa que o posto de T também é 2 e a nulidade é dim(domínio) − posto = 3 − 2 = 1.

Uma maneira de visualizar a relação entre o posto e a nulidade de uma transformação linear fornecida por uma matriz na forma escalonada por linhas é observar que o número de 1 principais determina o posto e o número de variáveis livres (colunas sem 1 principal) determina a nulidade. Sua soma deve ser o número total de colunas na matriz, que é a dimensão do domínio. No Exemplo 8, as duas primeiras colunas têm 1 principal, indicando que o posto é 2. A terceira coluna corresponde a uma variável livre, indicando que a nulidade é 1.

EXEMPLO 9 Determinação do posto e da nulidade de uma transformação linear

Seja $T: R^5 \to R^7$ uma transformação linear.

a. Encontre a dimensão do núcleo de T quando a dimensão da imagem é 2.
b. Encontre o posto de T quando a nulidade de T é 4.
c. Encontre o posto de T quando ker(T) = {**0**}.

SOLUÇÃO

a. Pelo Teorema 6.5, com $n = 5$, você tem

dim(núcleo) = n − dim(imagem) = 5 − 2 = 3.

b. Novamente pelo Teorema 6.5, você tem

posto(T) = n − nulidade(T) = 5 − 4 = 1.

c. Neste caso, a nulidade de T é 0. Assim,

posto(T) = n − nulidade(T) = 5 − 0 = 5.

ÁLGEBRA LINEAR APLICADA

Um sistema de controle como o mostrado para uma fábrica de produtos lácteos, processa um sinal de entrada x_k e produz um sinal de saída x_{k+1}. Sem realimentação externa, a **equação de diferença** $x_{k+1} = Ax_k$, uma transformação linear em que x_i é um vetor $n \times 1$ e A é uma matriz $n \times n$, pode modelar a relação entre os sinais de entrada e saída. Normalmente, no entanto, um sistema de controle tem realimentação externa, então a relação se torna $x_{k+1} = Ax_k + Bu_k$, onde B é uma matriz $n \times m$ e u_k é um vetor de entrada $m \times 1$, ou vetor de controle. Um sistema é controlável quando pode alcançar qualquer estado final desejado a partir de seu estado inicial em n passos ou menos. Se A e B são matrizes em um modelo de um sistema controlável, então o posto da *matriz de controle*

$$[B \quad AB \quad A^2B \quad \ldots \quad A^{n-1}B]$$

é igual a n.

TRANSFORMAÇÕES LINEARES INJETORAS E SOBREJETORAS

Esta seção começou com uma pergunta: quais vetores no domínio de uma transformação linear são levados no vetor nulo? O Teorema 6.6 (abaixo) afirma que, se o vetor nulo for o único vetor **v** tal que $T(\mathbf{v}) = \mathbf{0}$, então T é *injetora*. Uma função $T: V \to W$ é **injetora** quando a pré-imagem de cada **w** na imagem é constituída por um único vetor, como mostrado a seguir. Isso equivale a dizer que T é injetora se e somente se, para quaisquer **u** e **v** em V, $T(\mathbf{u}) = T(\mathbf{v})$ implica **u** = **v**.

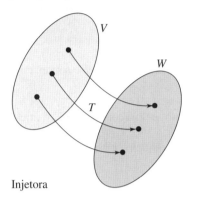
Injetora

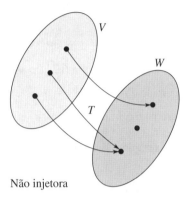
Não injetora

TEOREMA 6.6 Transformações lineares injetoras

Seja $T: V \to W$ uma transformação linear. Então T é injetora se e somente se $\ker(T) = \{\mathbf{0}\}$.

DEMONSTRAÇÃO

Primeiro, suponha que T é injetora. Então $T(\mathbf{v}) = \mathbf{0}$ pode ter apenas uma solução: **v** = **0**. Nesse caso, $\ker(T) = \{\mathbf{0}\}$. Reciprocamente, suponha que $\ker(T) = \{\mathbf{0}\}$ e $T(\mathbf{u}) = T(\mathbf{v})$. Você sabe que T é uma transformação linear, então segue que

$$T(\mathbf{u} - \mathbf{v}) = T(\mathbf{u}) - T(\mathbf{v}) = \mathbf{0}.$$

Isso implica que o vetor **u** − **v** está no núcleo de T e, portanto, deve ser igual a **0**. Então, **u** = **v**, o que significa que T é injetora. ∎

EXEMPLO 10 Transformações lineares injetoras e não injetoras

a. A transformação linear $T: M_{m,n} \to M_{n,m}$ definida por $T(A) = A^T$ é injetora porque seu núcleo consiste apenas na matriz nula $m \times n$.

b. A transformação nula $T: R^3 \to R^3$ não é injetora porque o núcleo é todo o R^3.

Uma função $T: V \to W$ é **sobrejetora** quando cada elemento em W tem uma pré-imagem em V. Em outras palavras, T é sobrejetora quando W é igual à imagem de T. A demonstração do teorema enunciado abaixo é deixada como exercício. (Veja o Exercício 69.)

TEOREMA 6.7 Transformações lineares sobrejetoras

Seja $T: V \to W$ uma transformação linear, onde W tem dimensão finita. Então, T é sobrejetora se e somente se o posto de T é igual à dimensão de W.

Para espaços vetoriais de dimensões iguais, pode-se combinar os resultados dos teoremas 6.5, 6.6 e 6.7 para obter o próximo teorema que relaciona os conceitos de injetividade e sobrejetividade.

316 Elementos de álgebra linear

TEOREMA 6.8 Transformações lineares injetoras e sobrejetoras

Seja $T: V \to W$ uma transformação linear entre espaços vetoriais V e W, *ambos* de dimensão n. Então, T é injetora se e somente se é sobrejetora.

DEMONSTRAÇÃO

Se T é injetora, então, pelo Teorema 6.6, $\ker(T) = \{\mathbf{0}\}$ e $\dim(\ker(T)) = 0$. Nesse caso, o Teorema 6.5 produz

$$\dim(\text{imagem de } T) = n - \dim(\ker(T)) = n = \dim(W).$$

Consequentemente, pelo Teorema 6.7, T é sobrejetora. Do mesmo modo, se T é sobrejetora, então

$$\dim(\text{imagem de } T) = \dim(W) = n,$$

o que pelo Teorema 6.5 implica que $\dim(\ker(T)) = 0$. Portanto, pelo Teorema 6.6, T é injetora. ■

O próximo exemplo reúne vários conceitos relacionados ao núcleo e à imagem de uma transformação linear.

EXEMPLO 11   Resumo de vários resultados

Considere a transformação linear $T: R^n \to R^m$ representada por $T(\mathbf{x}) = A\mathbf{x}$. Encontre a nulidade e o posto de T e determine se T é injetora, sobrejetora ou nenhuma das duas.

a. $A = \begin{bmatrix} 1 & 2 & 0 \\ 0 & 1 & 1 \\ 0 & 0 & 1 \end{bmatrix}$
b. $A = \begin{bmatrix} 1 & 2 \\ 0 & 1 \\ 0 & 0 \end{bmatrix}$

c. $A = \begin{bmatrix} 1 & 2 & 0 \\ 0 & 1 & -1 \end{bmatrix}$
d. $A = \begin{bmatrix} 1 & 2 & 0 \\ 0 & 1 & 1 \\ 0 & 0 & 0 \end{bmatrix}$

SOLUÇÃO

Observe que cada matriz já está na forma escalonada por linhas, então seu posto pode ser determinado por inspeção.

$T: R^n \to R^m$	Dim(domínio)	Dim(imagem) Posto(T)	Dim(núcleo) Nulidade(T)	Injetora	Sobrejetora
a. $T: R^3 \to R^3$	3	3	0	Sim	Sim
b. $T: R^2 \to R^3$	2	2	0	Sim	Não
c. $T: R^3 \to R^2$	3	2	1	Não	Sim
d. $T: R^3 \to R^3$	3	2	1	Não	Não

■

ISOMORFISMOS DE ESPAÇOS VETORIAIS

Espaços vetoriais distintos como R^3 e $M_{3,1}$ podem ser pensados como sendo "essencialmente os mesmos" – pelo menos no que diz respeito às operações de soma de vetores e multiplicação por escalar. Tais espaços são **isomorfos** entre si. (A palavra grega *isos* significa "igual".)

Definição do isomorfismo

Uma transformação linear $T: V \to W$ que é injetora e sobrejetora é chamada de **isomorfismo**. Além disso, se V e W são espaços vetoriais tais que existe um isomorfismo de V para W, então V e W são **isomorfos** entre si.

Espaços vetoriais isomorfos têm a mesma dimensão finita. Por outro lado, espaços vetoriais de mesma dimensão finita são isomorfos, conforme afirma o próximo teorema.

Transformações lineares   317

> **TEOREMA 6.9   Espaços isomorfos e dimensão**
>
> Dois espaços vetoriais de dimensões finitas V e W são isomorfos se e somente se eles têm a mesma dimensão.

DEMONSTRAÇÃO

Suponha que V é isomorfo a W, onde V tem dimensão n. Pela definição de espaços isomorfos, você sabe que existe uma transformação linear $T: V \rightarrow W$ que é injetora e sobrejetora. T é injetora, então segue que dim(núcleo) = 0, o que também implica que

$$\dim(\text{imagem}) = \dim(\text{domínio}) = n.$$

Além disso, T é sobrejetora, então você pode concluir que dim(imagem) = dim $(W) = n$.

Para demonstrar o teorema na outra direção, suponha que V e W tenham ambos dimensão n. Seja $B = \{\mathbf{v}_1, \mathbf{v}_2, \ldots, \mathbf{v}_n\}$ uma base de V e seja $B' = \{\mathbf{w}_1, \mathbf{w}_2, \ldots, \mathbf{w}_n\}$ uma base de W. Então, um vetor arbitrário em V pode ser representado por

$$\mathbf{v} = c_1\mathbf{v}_1 + c_2\mathbf{v}_2 + \cdots + c_n\mathbf{v}_n$$

e você pode definir uma transformação linear $T: V \rightarrow W$ como mostrado abaixo.

$$T(\mathbf{v}) = c_1\mathbf{w}_1 + c_2\mathbf{w}_2 + \cdots + c_n\mathbf{w}_n$$

Verifique que esta transformação linear é tanto injetora quanto sobrejetora. Logo, V e W são isomorfos. ◼

O Exemplo 12 lista alguns espaços vetoriais que são isomorfos a R^4.

OBSERVAÇÃO

Seu estudo de espaços vetoriais se destaca por uma atenção maior para R^n do que para outros espaços vetoriais. Esta preferência por R^n decorre da sua conveniência notacional e dos modelos geométricos disponíveis para R^2 e R^3.

EXAMPLE 12   Espaços vetoriais isomorfos

Os espaços vetoriais abaixo são isomorfos entre si.
a. R^4 = espaço de dimensão 4
b. $M_{4,1}$ = espaço de todas as matrizes 4×1
c. $M_{2,2}$ = espaço de todas as matrizes 2×2
d. P_3 = espaço de todos os polinômios de grau menor ou igual a 3
e. $V = \{(x_1, x_2, x_3, x_4, 0): x_i \text{ é um número real}\}$ (subespaço de R^5)

O Exemplo 12 diz que os elementos nesses espaços se comportam da mesma maneira que um vetor arbitrário $\mathbf{v} = (v_1, v_2, v_3, v_4)$.

6.2   Exercícios

Determinação do núcleo de uma transformação linear Nos Exercícios 1-10, encontre o núcleo da transformação linear.

1. $T: R^3 \rightarrow R^3$, $T(x, y, z) = (0, 0, 0)$

2. $T: R^3 \rightarrow R^3$, $T(x, y, z) = (x, 0, z)$

3. $T: R^4 \rightarrow R^4$, $T(x, y, z, w) = (y, x, w, z)$

4. $T: R^3 \rightarrow R^3$, $T(x, y, z) = (-z, -y, -x)$

5. $T: P_3 \rightarrow R$, $T(a_0 + a_1x + a_2x^2 + a_3x^3) = a_1 + a_2$

6. $T: P_2 \rightarrow R$, $T(a_0 + a_1x + a_2x^2) = a_0$

7. $T: P_2 \rightarrow P_1$, $T(a_0 + a_1x + a_2x^2) = a_1 + 2a_2x$

8. $T: P_3 \rightarrow P_2$,
$T(a_0 + a_1x + a_2x^2 + a_3x^3) = a_1 + 2a_2x + 3a_3x^2$

9. $T: R^2 \rightarrow R^2$, $T(x, y) = (x + 2y, y - x)$

10. $T: R^2 \rightarrow R^2$, $T(x, y) = (x - y, y - x)$

Determinação do núcleo e da imagem Nos Exercícios 11-18, defina a transformação linear T por $T(\mathbf{x}) = A\mathbf{x}$. Encontre (a) o núcleo de T e (b) a imagem de T.

318 Elementos de álgebra linear

11. $A = \begin{bmatrix} 1 & 2 \\ 3 & 4 \end{bmatrix}$ **12.** $A = \begin{bmatrix} 1 & 2 \\ -3 & -6 \end{bmatrix}$

13. $A = \begin{bmatrix} 1 & -1 & 2 \\ 0 & 1 & 2 \end{bmatrix}$ **14.** $A = \begin{bmatrix} 1 & -2 & 1 \\ 0 & 2 & 1 \end{bmatrix}$

15. $A = \begin{bmatrix} 1 & 3 \\ -1 & -3 \\ 2 & 2 \end{bmatrix}$ **16.** $A = \begin{bmatrix} 1 & 1 \\ -1 & 2 \\ 0 & 1 \end{bmatrix}$

17. $A = \begin{bmatrix} 1 & 2 & -1 & 4 \\ 3 & 1 & 2 & -1 \\ -4 & -3 & -1 & -3 \\ -1 & -2 & 1 & 1 \end{bmatrix}$

18. $A = \begin{bmatrix} -1 & 3 & 2 & 1 & 4 \\ 2 & 3 & 5 & 0 & 0 \\ 2 & 1 & 2 & 1 & 0 \end{bmatrix}$

Determinação de núcleo, nulidade, imagem e posto Nos Exercícios 19-32, defina a transformação linear T por $T(\mathbf{x}) = A\mathbf{x}$. Encontre (a) ker($T$), (b) nulidade($T$), (c) Im($T$) e (d) posto($T$).

19. $A = \begin{bmatrix} -1 & 1 \\ 1 & 1 \end{bmatrix}$ **20.** $A = \begin{bmatrix} 3 & 2 \\ -9 & -6 \end{bmatrix}$

21. $A = \begin{bmatrix} 5 & -3 \\ 1 & 1 \\ 1 & -1 \end{bmatrix}$ **22.** $A = \begin{bmatrix} 4 & 1 \\ 0 & 0 \\ 2 & -3 \end{bmatrix}$

23. $A = \begin{bmatrix} \frac{9}{10} & \frac{3}{10} \\ \frac{3}{10} & \frac{1}{10} \end{bmatrix}$ **24.** $A = \begin{bmatrix} \frac{1}{26} & -\frac{5}{26} \\ -\frac{5}{26} & \frac{25}{26} \end{bmatrix}$

25. $A = \begin{bmatrix} 1 & 0 & 1 \\ 0 & 1 & 0 \\ 1 & 0 & 1 \end{bmatrix}$ **26.** $A = \begin{bmatrix} 1 & 0 & 0 \\ 0 & 0 & 0 \\ 0 & 0 & 1 \end{bmatrix}$

27. $A = \begin{bmatrix} \frac{4}{9} & -\frac{4}{9} & \frac{2}{9} \\ -\frac{4}{9} & \frac{4}{9} & -\frac{2}{9} \\ \frac{2}{9} & -\frac{2}{9} & \frac{1}{9} \end{bmatrix}$ **28.** $A = \begin{bmatrix} -\frac{1}{3} & \frac{2}{3} & -\frac{1}{3} \\ \frac{2}{3} & \frac{1}{3} & \frac{2}{3} \\ -\frac{1}{3} & \frac{2}{3} & -\frac{1}{3} \end{bmatrix}$

29. $A = \begin{bmatrix} 0 & -2 & 3 \\ 4 & 0 & 11 \end{bmatrix}$

30. $A = \begin{bmatrix} 1 & 1 & 0 & 0 \\ 0 & 0 & 1 & 1 \end{bmatrix}$

31. $A = \begin{bmatrix} 2 & 2 & -3 & 1 & 13 \\ 1 & 1 & 1 & 1 & -1 \\ 3 & 3 & -5 & 0 & 14 \\ 6 & 6 & -2 & 4 & 16 \end{bmatrix}$

32. $A = \begin{bmatrix} 3 & -2 & 6 & -1 & 15 \\ 4 & 3 & 8 & 10 & -14 \\ 2 & -3 & 4 & -4 & 20 \end{bmatrix}$

Determinação da nulidade e descrição do núcleo e da imagem Nos Exercícios 33-40, seja $T: R^3 \to R^3$ uma transformação linear. Encontre a nulidade de T e dê uma descrição geométrica do núcleo e da imagem de T.

33. posto(T) = 2 **34.** posto(T) = 1

35. posto(T) = 0 **36.** posto(T) = 3

37. T é a rotação no sentido anti-horário de $45°$ em torno do eixo z:

$$T(x, y, z) = \left(\frac{\sqrt{2}}{2}x - \frac{\sqrt{2}}{2}y, \frac{\sqrt{2}}{2}x + \frac{\sqrt{2}}{2}y, z \right)$$

38. T é a reflexão pelo plano coordenado yz:
$$T(x, y, z) = (-x, y, z)$$

39. T é a projeção no vetor $\mathbf{v} = (1, 2, 2)$:
$$T(x, y, z) = \frac{x + 2y + 2z}{9}(1, 2, 2)$$

40. T é a projeção no plano coordenado xy:
$$T(x, y, z) = (x, y, 0)$$

Determinação da nulidade de uma transformação linear Nos exercícios 41-46, encontre a nulidade de T.

41. $T: R^4 \to R^2$, posto(T) = 2

42. $T: R^4 \to R^4$, posto(T) = 0

43. $T: P_5 \to P_2$, posto(T) = 3

44. $T: P_3 \to P_1$, posto(T) = 2

45. $T: M_{2,4} \to M_{4,2}$, posto(T) = 4

46. $T: M_{3,3} \to M_{2,3}$, posto(T) = 6

Verificação de que T é injetora e sobrejetora Nos Exercícios 47-50, verifique que a matriz define uma função linear T que é injetora e sobrejetora.

47. $A = \begin{bmatrix} -2 & 0 \\ 0 & 2 \end{bmatrix}$ **48.** $A = \begin{bmatrix} 1 & 0 \\ 0 & -1 \end{bmatrix}$

49. $A = \begin{bmatrix} 1 & 0 & 0 \\ 0 & 0 & 1 \\ 0 & 1 & 0 \end{bmatrix}$ **50.** $A = \begin{bmatrix} 1 & 2 & 3 \\ -1 & 2 & 4 \\ 0 & 4 & 1 \end{bmatrix}$

Determinando se T é injetora, sobrejetora ou nenhuma das duas Nos Exercícios 51-54, determine se a transformação linear é injetora, sobrejetora ou nenhuma das duas.

51. T no Exercício 3 **52.** T no Exercício 10

53. $T: R^2 \to R^3$, $T(\mathbf{x}) = A\mathbf{x}$, onde A é dada no Exercício 21

54. $T: R^5 \to R^3$, $T(\mathbf{x}) = A\mathbf{x}$, onde A é dada em Exercício 18

55. Identifique o vetor nulo e a base canônica para cada um dos espaços vetoriais isomorfos no Exemplo 12.

56. Quais espaços vetoriais são isomorfos a R^6?

(a) $M_{2,3}$ (b) P_6 (c) $C[0, 6]$

(d) $M_{6,1}$ (e) P_5 (f) $C'[-3, 3]$

(g) $\{(x_1, x_2, x_3, 0, x_5, x_6, x_7): x_i \text{ é um número real}\}$

57. Cálculo Defina $T: P_4 \to P_3$ por $T(p) = p'$. Qual é o núcleo de T?

Transformações lineares 319

58. Cálculo Defina $T: P_2 \to R$ por

$$T(p) = \int_0^1 p(x)\, dx.$$

Qual é a núcleo de T?

59. Seja $T: R^3 \to R^3$ a transformação linear que projeta $\mathbf{u}$ em $\mathbf{v} = (2, -1, 1)$.

(a) Encontre o posto e a nulidade de T.

(b) Encontre uma base do núcleo de T.

---

60. Ponto crucial Seja $T: R^4 \to R^3$ a transformação linear representada por $T(\mathbf{x}) = A\mathbf{x}$, onde

$$A = \begin{bmatrix} 1 & -2 & 1 & 0 \\ 0 & 1 & 2 & 3 \\ 0 & 0 & 0 & 1 \end{bmatrix}.$$

(a) Encontre a dimensão do domínio.

(b) Encontre a dimensão da imagem.

(c) Encontre a dimensão do núcleo.

(d) T é injetora? Explique.

(e) T é sobrejetora? Explique.

(f) T é um isomorfismo? Explique.

---

61. Para a transformação $T: R^n \to R^n$ representada por $T(\mathbf{x}) = A\mathbf{x}$, o que pode ser dito sobre o posto de T quando (a) $\det(A) \neq 0$ e (b) $\det(A) = 0$?

62. Dissertação Seja $T: R^m \to R^n$ uma transformação linear. Explique as diferenças entre os conceitos de injetora e sobrejetora. O que você pode dizer sobre m e n quando T é sobrejetora? O que você pode dizer sobre m e n quando T é injetora?

63. Defina $T: M_{n,n} \to M_{n,n}$ por $T(A) = A - A^T$. Mostre que o núcleo de T é o conjunto das matrizes simétricas $n \times n$.

64. Determine uma relação entre m, n, j e k, de modo que $M_{m,n}$ seja isomorfo a $M_{j,k}$.

Verdadeiro ou falso? Nos Exercícios 65 e 66, determine se cada afirmação é verdadeira ou falsa. Se uma afirmação for verdadeira, dê uma justificativa ou cite uma afirmação apropriada do texto. Se uma afirmação for falsa, forneça um exemplo que mostre que a afirmação não é verdadeira em todos os casos ou cite uma afirmação apropriada do texto.

65. (a) O conjunto de todos os vetores levados de um espaço vetorial V em outro espaço vetorial W por uma transformação linear T é o núcleo de T.

(b) A imagem de uma transformação linear de um espaço vetorial V em um espaço vetorial W é um subespaço de V.

(c) Os espaços vetoriais R^3 e $M_{3,1}$ são isomorfos entre si.

66. (a) A dimensão de uma transformação linear T de um espaço vetorial V em um espaço vetorial W é o posto de T.

(b) Uma transformação linear T de V em W é injetora quando a pré-imagem de cada $\mathbf{w}$ na imagem consiste em um único vetor $\mathbf{v}$.

(c) Os espaços vetoriais R^2 e P_1 são isomorfos entre si.

67. Demonstração guiada Seja B uma matriz $n \times n$ inversível. Demonstre que a transformação linear $T: M_{n,n} \to M_{n,n}$ representada por $T(A) = AB$ é um isomorfismo.

Começando: para mostrar que a transformação linear é um isomorfismo, você precisa mostrar que T é simultaneamente injetora e sobrejetora.

(i) T é uma transformação linear entre espaços vetoriais de mesma dimensão, portanto, pelo Teorema 6.8, você só precisa mostrar que T é injetora.

(ii) Para mostrar que T é injetora, você precisa determinar o núcleo de T e mostrar que é $\{0\}$ (Teorema 6.6). Use o fato de que B é uma matriz $n \times n$ inversível e que $T(A) = AB$.

(iii) Conclua que T é um isomorfismo.

68. Demonstração Seja $T: V \to W$ uma transformação linear. Demonstre que T é injetora se e somente se o posto de T é igual à dimensão de V.

69. Demonstração Demonstre o Teorema 6.7.

70. Demonstração Seja $T: V \to W$ uma transformação linear e seja U um subespaço de W. Demonstre que o conjunto $T^{-1}(U) = \{\mathbf{v} \in V : T(\mathbf{v}) \in U\}$ é um subespaço de V. O que é $T^{-1}(U)$ quando $U = \{0\}$?

320　Elementos de álgebra linear

6.3　Matrizes de transformações lineares

■　Encontrar a matriz canônica de uma transformação linear.

■　Encontrar a matriz canônica da composta de transformações lineares e a inversa de uma transformação linear inversível.

■　Encontrar a matriz de uma transformação linear em relação a uma base não canônica.

MATRIZ CANÔNICA DE UMA TRANSFORMAÇÃO LINEAR

Qual representação de $T: R^3 \to R^3$ é melhor:

$$T(x_1, x_2, x_3) = (2x_1 + x_2 - x_3, -x_1 + 3x_2 - 2x_3, 3x_2 + 4x_3)$$

ou

$$T(\mathbf{x}) = A\mathbf{x} = \begin{bmatrix} 2 & 1 & -1 \\ -1 & 3 & -2 \\ 0 & 3 & 4 \end{bmatrix} \begin{bmatrix} x_1 \\ x_2 \\ x_3 \end{bmatrix} ?$$

A segunda representação é melhor do que a primeira por pelo menos três razões: é mais simples, mais fácil de ler e mais fácil de inserir em uma calculadora ou software matemático. Mais tarde, você verá que a representação de transformações lineares por matrizes também possui algumas vantagens teóricas. Nesta seção, verá que, para as transformações lineares envolvendo espaços vetoriais de dimensões finitas, a representação por matriz é sempre possível.

A chave para representar uma transformação linear $T: V \to W$ por uma matriz é determinar como ela atua em uma base de V. Uma vez que você conheça a imagem de cada vetor na base, pode usar as propriedades das transformações lineares para determinar $T(\mathbf{v})$ para qualquer $\mathbf{v}$ em V.

Lembre-se de que a base canônica de R^n, escrita na notação de vetor coluna, é

$$B = \{\mathbf{e}_1, \mathbf{e}_2, \ldots, \mathbf{e}_n\}$$
$$= \left\{ \begin{bmatrix} 1 \\ 0 \\ \vdots \\ 0 \end{bmatrix}, \begin{bmatrix} 0 \\ 1 \\ \vdots \\ 0 \end{bmatrix}, \ldots, \begin{bmatrix} 0 \\ 0 \\ \vdots \\ 1 \end{bmatrix} \right\}.$$

TEOREMA 6.10　Matriz canônica de uma transformação linear

Seja $T: R^n \to R^m$ uma transformação linear tal que, para os vetores $\mathbf{e}_i$ da base canônica de R^n,

$$T(\mathbf{e}_1) = \begin{bmatrix} a_{11} \\ a_{21} \\ \vdots \\ a_{m1} \end{bmatrix}, T(\mathbf{e}_2) = \begin{bmatrix} a_{12} \\ a_{22} \\ \vdots \\ a_{m2} \end{bmatrix}, \ldots, T(\mathbf{e}_n) = \begin{bmatrix} a_{1n} \\ a_{2n} \\ \vdots \\ a_{mn} \end{bmatrix}.$$

Então, a matriz $m \times n$ cujas n colunas correspondem a $T(\mathbf{e}_i)$

$$A = \begin{bmatrix} a_{11} & a_{12} & \cdots & a_{1n} \\ a_{21} & a_{22} & \cdots & a_{2n} \\ \vdots & \vdots & & \vdots \\ a_{m1} & a_{m2} & \cdots & a_{mn} \end{bmatrix}$$

é tal que $T(\mathbf{v}) = A\mathbf{v}$ para todo $\mathbf{v}$ em R^n. A é chamada de **matriz canônica** de T.

DEMONSTRAÇÃO

Para mostrar que $T(\mathbf{v}) = A\mathbf{v}$ para qualquer $\mathbf{v}$ em R^n, pode-se escrever

$$\mathbf{v} = [v_1 \quad v_2 \quad \ldots \quad v_n]^T = v_1\mathbf{e}_1 + v_2\mathbf{e}_2 + \cdots + v_n\mathbf{e}_n.$$

Transformações lineares 321

T é uma transformação linear, então você tem

$$\begin{aligned}
T(\mathbf{v}) &= T(v_1\mathbf{e}_1 + v_2\mathbf{e}_2 + \cdots + v_n\mathbf{e}_n) \\
&= T(v_1\mathbf{e}_1) + T(v_2\mathbf{e}_2) + \cdots + T(v_n\mathbf{e}_n) \\
&= v_1 T(\mathbf{e}_1) + v_2 T(\mathbf{e}_2) + \cdots + v_n T(\mathbf{e}_n).
\end{aligned}$$

Por outro lado, o produto da matriz $A\mathbf{v}$ é

$$\begin{aligned}
A\mathbf{v} &= \begin{bmatrix} a_{11} & a_{12} & \cdots & a_{1n} \\ a_{21} & a_{22} & \cdots & a_{2n} \\ \vdots & \vdots & & \vdots \\ a_{m1} & a_{m2} & \cdots & a_{mn} \end{bmatrix} \begin{bmatrix} v_1 \\ v_2 \\ \vdots \\ v_n \end{bmatrix} \\
&= \begin{bmatrix} a_{11}v_1 + a_{12}v_2 + \cdots + a_{1n}v_n \\ a_{21}v_1 + a_{22}v_2 + \cdots + a_{2n}v_n \\ \vdots & & \vdots \\ a_{m1}v_1 + a_{m2}v_2 + \cdots + a_{mn}v_n \end{bmatrix} \\
&= v_1 \begin{bmatrix} a_{11} \\ a_{21} \\ \vdots \\ a_{m1} \end{bmatrix} + v_2 \begin{bmatrix} a_{12} \\ a_{22} \\ \vdots \\ a_{m2} \end{bmatrix} + \cdots + v_n \begin{bmatrix} a_{1n} \\ a_{2n} \\ \vdots \\ a_{mn} \end{bmatrix} \\
&= v_1 T(\mathbf{e}_1) + v_2 T(\mathbf{e}_2) + \cdots + v_n T(\mathbf{e}_n).
\end{aligned}$$

Assim, $T(\mathbf{v}) = A\mathbf{v}$ para todo $\mathbf{v}$ em R^n.

| EXEMPLO 1 | Determinação da matriz canônica de uma transformação linear |

Veja LarsonLinearAlgebra.com para uma versão interativa deste tipo de exemplo.

Encontre a matriz canônica da transformação linear $T: R^3 \to R^2$ definida por

$$T(x, y, z) = (x - 2y, 2x + y).$$

SOLUÇÃO

Comece encontrando as imagens de $\mathbf{e}_1$, $\mathbf{e}_2$ e $\mathbf{e}_3$.

Notação vetorial

$$T(\mathbf{e}_1) = T(1, 0, 0) = (1, 2)$$

$$T(\mathbf{e}_2) = T(0, 1, 0) = (-2, 1)$$

$$T(\mathbf{e}_3) = T(0, 0, 1) = (0, 0)$$

Notação matricial

$$T(\mathbf{e}_1) = T\left(\begin{bmatrix} 1 \\ 0 \\ 0 \end{bmatrix}\right) = \begin{bmatrix} 1 \\ 2 \end{bmatrix}$$

$$T(\mathbf{e}_2) = T\left(\begin{bmatrix} 0 \\ 1 \\ 0 \end{bmatrix}\right) = \begin{bmatrix} -2 \\ 1 \end{bmatrix}$$

$$T(\mathbf{e}_3) = T\left(\begin{bmatrix} 0 \\ 0 \\ 1 \end{bmatrix}\right) = \begin{bmatrix} 0 \\ 0 \end{bmatrix}$$

OBSERVAÇÃO

Como verificação, observe que

$$\begin{aligned}
A\begin{bmatrix} x \\ y \\ z \end{bmatrix} &= \begin{bmatrix} 1 & -2 & 0 \\ 2 & 1 & 0 \end{bmatrix} \begin{bmatrix} x \\ y \\ z \end{bmatrix} \\
&= \begin{bmatrix} x - 2y \\ 2x + y \end{bmatrix}
\end{aligned}$$

que é equivalente a

$$T(x, y, z) = (x - 2y, 2x + y).$$

Pelo teorema 6.10, as colunas de A consistem em $T(\mathbf{e}_1)$, $T(\mathbf{e}_2)$ e $T(\mathbf{e}_3)$, o que nos fornece

$$A = \begin{bmatrix} T(\mathbf{e}_1) & T(\mathbf{e}_2) & T(\mathbf{e}_3) \end{bmatrix} = \begin{bmatrix} 1 & -2 & 0 \\ 2 & 1 & 0 \end{bmatrix}.$$

Um pouco de prática permitirá que você determine a matriz canônica de uma transformação linear, como a do Exemplo 1, por inspeção. Por exemplo, para encontrar a matriz canônica da transformação linear

$$T(x_1, x_2, x_3) = (x_1 - 2x_2 + 5x_3, 2x_1 + 3x_3, 4x_1 + x_2 - 2x_3)$$

use os coeficientes de x_1, x_2 e x_3 para formar as linhas de A, como mostrado abaixo.

$$A = \begin{bmatrix} 1 & -2 & 5 \\ 2 & 0 & 3 \\ 4 & 1 & -2 \end{bmatrix} \begin{matrix} \leftarrow \\ \leftarrow \\ \leftarrow \end{matrix} \begin{matrix} 1x_1 - 2x_2 + 5x_3 \\ 2x_1 + 0x_2 + 3x_3 \\ 4x_1 + 1x_2 - 2x_3 \end{matrix}$$

EXEMPLO 2 — Determinação da matriz canônica de uma transformação linear

A transformação linear $T: R^2 \to R^2$ projeta cada ponto em R^2 no eixo x, como mostrado à direita. Encontre a matriz canônica de T.

SOLUÇÃO

Esta transformação linear é representada por

$T(x, y) = (x, 0)$.

Assim, a matriz canônica de T é

$A = [T(1, 0) \quad T(0, 1)]$

$= \begin{bmatrix} 1 & 0 \\ 0 & 0 \end{bmatrix}$.

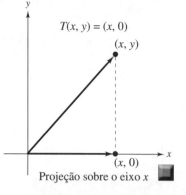

Projeção sobre o eixo x

A matriz canônica da transformação nula de R^n em R^m é a matriz nula $m \times n$, já a matriz canônica da transformação identidade de R^n em R^n é I_n.

ÁLGEBRA LINEAR APLICADA

As redes *ladder* são ferramentas úteis para engenheiros elétricos envolvidos em projetos de circuitos. Em uma rede *ladder*, a tensão de saída V e a corrente I de um circuito são a tensão e a corrente de entrada do próximo circuito. Na rede *ladder* apresentada abaixo, as transformações lineares podem relacionar a entrada e a saída de um circuito individual (dentro de um retângulo tracejado). Usando as leis de tensão e de corrente de Kirchhoff e a lei de Ohm,

$$\begin{bmatrix} V_2 \\ I_2 \end{bmatrix} = \begin{bmatrix} 1 & 0 \\ -1/R_1 & 1 \end{bmatrix} \begin{bmatrix} V_1 \\ I_1 \end{bmatrix}$$

e

$$\begin{bmatrix} V_3 \\ I_3 \end{bmatrix} = \begin{bmatrix} 1 & -R_2 \\ 0 & 1 \end{bmatrix} \begin{bmatrix} V_2 \\ I_2 \end{bmatrix}.$$

Uma *composta* pode relacionar a entrada e saída de toda a rede, isto é, V_1 e I_1 a V_3 e I_3. A discussão sobre a composta das transformações lineares começa na próxima página.

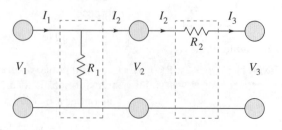

COMPOSTA DE TRANSFORMAÇÕES LINEARES

A **composta**, T, de $T_1: R^n \to R^m$ com $T_2: R^m \to R^p$ é

$$T(\mathbf{v}) = T_2(T_1(\mathbf{v}))$$

onde $\mathbf{v}$ é um vetor em R^n. Esta composta é denotada por

$$T = T_2 \circ T_1.$$

O domínio de T é o domínio de T_1. Além disso, a composta não está definida a menos que a imagem de T_1 esteja dentro do domínio de T_2, como mostrado abaixo.

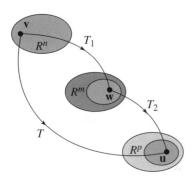

O próximo teorema enfatiza a utilidade de matrizes para representação de transformações lineares. Este teorema não apenas afirma que a composta de duas transformações lineares é uma transformação linear, mas também diz que a matriz canônica da composta é o produto das matrizes canônicas das duas transformações lineares originais.

TEOREMA 6.11 Composta de transformações lineares

Sejam $T_1: R^n \to R^m$ e $T_2: R^m \to R^p$ transformações lineares com as matrizes canônicas A_1 e A_2, respectivamente. A **composta** $T: R^n \to R^p$, definida por $T(\mathbf{v}) = T_2(T_1(\mathbf{v}))$, é uma transformação linear. Além disso, a matriz canônica A de T é o produto das matrizes

$$A = A_2 A_1.$$

DEMONSTRAÇÃO

Para mostrar que T é uma transformação linear, sejam $\mathbf{u}$ e $\mathbf{v}$ vetores em R^n e seja c um escalar. T_1 e T_2 são transformações lineares, então você pode escrever

$$\begin{aligned}
T(\mathbf{u} + \mathbf{v}) &= T_2(T_1(\mathbf{u} + \mathbf{v})) \\
&= T_2(T_1(\mathbf{u}) + T_1(\mathbf{v})) \\
&= T_2(T_1(\mathbf{u})) + T_2(T_1(\mathbf{v})) \\
&= T(\mathbf{u}) + T(\mathbf{v}) \\
T(c\mathbf{v}) &= T_2(T_1(c\mathbf{v})) \\
&= T_2(cT_1(\mathbf{v})) \\
&= cT_2(T_1(\mathbf{v})) \\
&= cT(\mathbf{v}).
\end{aligned}$$

Agora, para mostrar que $A_2 A_1$ é a matriz canônica de T, use a propriedade associativa da multiplicação de matrizes para escrever

$$T(\mathbf{v}) = T_2(T_1(\mathbf{v})) = T_2(A_1 \mathbf{v}) = A_2(A_1 \mathbf{v}) = (A_2 A_1)\mathbf{v}.$$

O Teorema 6.11 pode ser generalizado para cobrir a composta de n transformações lineares. Isto é, se as matrizes canônicas de $T_1, T_2, \ldots, T_n$ são $A_1, A_2, \ldots, A_n$, respectivamente, então a matriz canônica da composta $T(\mathbf{v}) = T_n(T_{n-1} \cdots (T_2(T_1(\mathbf{v}))) \cdots)$ é representada por $A = A_n A_{n-1} \cdots A_2 A_1$.

324   Elementos de álgebra linear

A multiplicação de matrizes não é comutativa, de modo que a ordem é importante ao formar as compostas de transformações lineares. Em geral, a composta $T_2 \circ T_1$ não é o mesmo que $T_1 \circ T_2$, como ilustrado no próximo exemplo.

EXEMPLO 3   **A matriz canônica de uma composta**

Sejam T_1 e T_2 transformações lineares de R^3 em R^3, definidas por

$$T_1(x, y, z) = (2x + y, 0, x + z) \quad \text{e} \quad T_2(x, y, z) = (x - y, z, y).$$

Encontre as matrizes canônicas das compostas $T = T_2 \circ T_1$ e $T' = T_1 \circ T_2$.

SOLUÇÃO

As matrizes canônicas de T_1 e T_2 são

$$A_1 = \begin{bmatrix} 2 & 1 & 0 \\ 0 & 0 & 0 \\ 1 & 0 & 1 \end{bmatrix} \quad \text{e} \quad A_2 = \begin{bmatrix} 1 & -1 & 0 \\ 0 & 0 & 1 \\ 0 & 1 & 0 \end{bmatrix}.$$

Pelo Teorema 6.11, a matriz canônica de T é

$$A = A_2 A_1$$
$$= \begin{bmatrix} 1 & -1 & 0 \\ 0 & 0 & 1 \\ 0 & 1 & 0 \end{bmatrix} \begin{bmatrix} 2 & 1 & 0 \\ 0 & 0 & 0 \\ 1 & 0 & 1 \end{bmatrix}$$
$$= \begin{bmatrix} 2 & 1 & 0 \\ 1 & 0 & 1 \\ 0 & 0 & 0 \end{bmatrix}$$

e a matriz canônica de T' é

$$A' = A_1 A_2$$
$$= \begin{bmatrix} 2 & 1 & 0 \\ 0 & 0 & 0 \\ 1 & 0 & 1 \end{bmatrix} \begin{bmatrix} 1 & -1 & 0 \\ 0 & 0 & 1 \\ 0 & 1 & 0 \end{bmatrix}$$
$$= \begin{bmatrix} 2 & -2 & 1 \\ 0 & 0 & 0 \\ 1 & 0 & 0 \end{bmatrix}.$$

Outro benefício da representação por matriz é que ela pode representar a **inversa** de uma transformação linear. Antes de ver como isso funciona, considere a próxima definição.

Definição de transformação linear inversa

Se $T_1 \colon R^n \to R^n$ e $T_2 \colon R^n \to R^n$ são transformações lineares tais que, para todo $\mathbf{v}$ em R^n,

$$T_2(T_1(\mathbf{v})) = \mathbf{v} \quad \text{e} \quad T_1(T_2(\mathbf{v})) = \mathbf{v},$$

então T_2 é a **inversa** de T_1 e T_1 é dita ser **inversível**.

Nem toda transformação linear possui uma inversa. Se a transformação T_1 é inversível, contudo, então a inversa é única e é denotada por T_1^{-1}.

Assim como a inversa de uma função de uma variável real pode ser pensada como algo que desfaz o que a função fez, a inversa de uma transformação linear T pode ser pensada como algo que desfaz a associação feita por T. Por exemplo, se T é uma transformação linear de R^3 em R^3 tal que

$$T(1, 4, -5) = (2, 3, 1)$$

e se T^{-1} existe, então T^{-1} leva $(2, 3, 1)$ de volta à sua pré-imagem por T. Precisamente,

$$T^{-1}(2, 3, 1) = (1, 4, -5).$$

Transformações lineares **325**

O próximo teorema afirma que uma transformação linear é inversível se e somente se é um isomorfismo (injetora e sobrejetora). Será pedido que você demonstre este teorema no Exercício 56.

> **OBSERVAÇÃO**
>
> Outras condições são equivalentes às três listadas no Teorema 6.12; ver o resumo de condições equivalentes para matrizes quadradas na Seção 4.6.

TEOREMA 6.12   Existência de uma transformação inversa

Seja $T: R^n \to R^n$ uma transformação linear com matriz canônica A. Então as condições listadas a seguir são equivalentes.

1. T é inversível.
2. T é um isomorfismo.
3. A é inversível.

Se T é inversível com matriz canônica A, então a matriz canônica de T^{-1} é A^{-1}.

EXEMPLO 4   Determinação da inversa de uma transformação linear

Considere a transformação linear $T: R^3 \to R^3$ definida por

$$T(x_1, x_2, x_3) = (2x_1 + 3x_2 + x_3, 3x_1 + 3x_2 + x_3, 2x_1 + 4x_2 + x_3).$$

Mostre que T é inversível e encontre a sua inversa.

SOLUÇÃO

A matriz canônica de T é

$$A = \begin{bmatrix} 2 & 3 & 1 \\ 3 & 3 & 1 \\ 2 & 4 & 1 \end{bmatrix}.$$

Usando o método apresentado na Seção 2.3 ou uma calculadora gráfica, pode-se determinar que A é inversível e que sua inversa é

$$A^{-1} = \begin{bmatrix} -1 & 1 & 0 \\ -1 & 0 & 1 \\ 6 & -2 & -3 \end{bmatrix}.$$

Assim, T é inversível e a matriz canônica de T^{-1} é A^{-1}.

Usando a matriz canônica para a inversa, pode-se encontrar expressão para T^{-1} pelo cálculo da imagem de um vetor arbitrário $\mathbf{x} = (x_1, x_2, x_3)$.

$$A^{-1}\mathbf{x} = \begin{bmatrix} -1 & 1 & 0 \\ -1 & 0 & 1 \\ 6 & -2 & -3 \end{bmatrix}\begin{bmatrix} x_1 \\ x_2 \\ x_3 \end{bmatrix}$$

$$= \begin{bmatrix} -x_1 + x_2 \\ -x_1 + x_3 \\ 6x_1 - 2x_2 - 3x_3 \end{bmatrix}$$

Ou,

$$T^{-1}(x_1, x_2, x_3) = (-x_1 + x_2, -x_1 + x_3, 6x_1 - 2x_2 - 3x_3).$$

BASES NÃO CANÔNICAS E ESPAÇOS VETORIAIS GERAIS

Você considerará agora o problema mais geral de encontrar uma matriz de uma transformação linear $T: V \to W$, onde B e B' são bases ordenadas de V e W, respectivamente. Lembre-se de que a matriz de coordenadas de $\mathbf{v}$ em relação a B é denotada por $[\mathbf{v}]_B$. Para representar a transformação linear T, multiplique A por uma matriz de coordenadas em relação a B para obter uma matriz de coordenadas em relação a B'. Mais precisamente, $[T(\mathbf{v})]_{B'} = A[\mathbf{v}]_B$. A matriz A é chamada de **matriz de T relativa às bases B e B'**.

326 Elementos de álgebra linear

Para encontrar a matriz A, você usará um procedimento semelhante ao usado para encontrar a matriz canônica de T. Para tanto, as imagens dos vetores em B são escritas como matrizes de coordenadas em relação à base B'. Essas matrizes de coordenadas formam as colunas de A.

Matriz de uma transformação para bases não canônicas

Sejam V e W espaços vetoriais de dimensões finitas com bases B e B', respectivamente, onde

$$B = \{\mathbf{v}_1, \mathbf{v}_2, \ldots, \mathbf{v}_n\}.$$

Se $T: V \to W$ é uma transformação linear tal que

$$[T(\mathbf{v}_1)]_{B'} = \begin{bmatrix} a_{11} \\ a_{21} \\ \vdots \\ a_{m1} \end{bmatrix}, [T(\mathbf{v}_2)]_{B'} = \begin{bmatrix} a_{12} \\ a_{22} \\ \vdots \\ a_{m2} \end{bmatrix}, \ldots, [T(\mathbf{v}_n)]_{B'} = \begin{bmatrix} a_{1n} \\ a_{2n} \\ \vdots \\ a_{mn} \end{bmatrix},$$

então a matriz $m \times n$ cujas n colunas correspondem a $[T(\mathbf{v}_i)]_{B'}$

$$A = \begin{bmatrix} a_{11} & a_{12} & \cdots & a_{1n} \\ a_{21} & a_{22} & \cdots & a_{2n} \\ \vdots & \vdots & & \vdots \\ a_{m1} & a_{m2} & \cdots & a_{mn} \end{bmatrix}$$

é tal que $[T(\mathbf{v})]_{B'} = A[\mathbf{v}]_B$ para todo $\mathbf{v}$ em V.

EXEMPLO 5 — Determinação de uma matriz relativa a bases não canônicas

Seja $T: R^2 \to R^2$ uma transformação linear definida por $T(x_1, x_2) = (x_1 + x_2, 2x_1 - x_2)$. Encontre a matriz de T relativa às bases

$$\overset{\mathbf{v}_1 \quad \mathbf{v}_2}{B = \{(1, 2), (-1, 1)\}} \quad \text{e} \quad \overset{\mathbf{w}_1 \quad \mathbf{w}_2}{B' = \{(1, 0), (0, 1)\}}.$$

SOLUÇÃO

Pela definição de T, você tem

$$T(\mathbf{v}_1) = T(1, 2) = (3, 0) = 3\mathbf{w}_1 + 0\mathbf{w}_2$$
$$T(\mathbf{v}_2) = T(-1, 1) = (0, -3) = 0\mathbf{w}_1 - 3\mathbf{w}_2.$$

As matrizes de coordenadas de $T(\mathbf{v}_1)$ e $T(\mathbf{v}_2)$ em relação a B' são

$$[T(\mathbf{v}_1)]_{B'} = \begin{bmatrix} 3 \\ 0 \end{bmatrix} \quad \text{e} \quad [T(\mathbf{v}_2)]_{B'} = \begin{bmatrix} 0 \\ -3 \end{bmatrix}.$$

Forme a matriz de T relativa a B e B' usando essas matrizes de coordenadas como colunas para produzir

$$A = \begin{bmatrix} 3 & 0 \\ 0 & -3 \end{bmatrix}.$$

EXEMPLO 6 — Usando uma matriz para representar uma transformação linear

Para a transformação linear $T: R^2 \to R^2$ no Exemplo 5, use a matriz A para encontrar $T(\mathbf{v})$, onde $\mathbf{v} = (2, 1)$.

SOLUÇÃO

Usando a base $B = \{(1, 2), (-1, 1)\}$, você acha que $\mathbf{v} = (2, 1) = 1(1, 2) - 1(-1, 1)$, o que implica que

$$[\mathbf{v}]_B = [1 \quad -1]^T.$$

Assim, $[T(\mathbf{v})]_{B'}$ é

Transformações lineares 327

$$A[\mathbf{v}]_B = \begin{bmatrix} 3 & 0 \\ 0 & -3 \end{bmatrix} \begin{bmatrix} 1 \\ -1 \end{bmatrix} = \begin{bmatrix} 3 \\ 3 \end{bmatrix}.$$

Finalmente, $B' = \{(1, 0), (0, 1)\}$, então segue que

$$T(\mathbf{v}) = 3(1, 0) + 3(0, 1) = (3, 3).$$

Verifique este resultado calculando diretamente $T(\mathbf{v})$ usando a definição de T no Exemplo 5: $T(2, 1) = (2 + 1, 2(2) - 1) = (3, 3)$.

Para o caso especial em que $V = W$ e $B = B'$, a matriz A é chamada de **matriz de T relativa à base B**. Neste caso, a matriz da transformação identidade é simplesmente I_n. Para ver isso, seja $B = \{\mathbf{v}_1, \mathbf{v}_2, \ldots, \mathbf{v}_n\}$. A transformação identidade leva cada $\mathbf{v}_i$ em si mesmo, então você tem $[T(\mathbf{v}_1)]_B = [1\ 0\ \ldots\ 0]^T$, $[T(\mathbf{v}_2)]_B = [0\ 1\ \ldots\ 0]^T, \ldots, [T(\mathbf{v}_n)]_B = [0\ 0\ \ldots\ 1]^T$, donde segue que $A = I_n$.

No próximo exemplo, você irá construir uma matriz que representa o operador diferencial discutido no Exemplo 10 na Seção 6.1.

> ### EXEMPLO 7 Matriz do operador diferencial (Cálculo)

Seja $D_x: P_2 \to P_1$ o operador diferencial que leva um polinômio p de grau menor ou igual a 2 em sua derivada p'. Encontre a matriz de D_x usando as bases

$$B = \{1, x, x^2\} \quad \text{e} \quad B' = \{1, x\}.$$

SOLUÇÃO

As derivadas dos vetores da base são

$$D_x(1) = 0 = 0(1) + 0(x)$$
$$D_x(x) = 1 = 1(1) + 0(x)$$
$$D_x(x^2) = 2x = 0(1) + 2(x).$$

Assim, as matrizes de coordenadas relativas a B' são

$$[D_x(1)]_{B'} = \begin{bmatrix} 0 \\ 0 \end{bmatrix}, \quad [D_x(x)]_{B'} = \begin{bmatrix} 1 \\ 0 \end{bmatrix}, \quad [D_x(x^2)]_{B'} = \begin{bmatrix} 0 \\ 2 \end{bmatrix}$$

e a matriz para D_x é

$$A = \begin{bmatrix} 0 & 1 & 0 \\ 0 & 0 & 2 \end{bmatrix}.$$

Observe que esta matriz de fato produz a derivada de um polinomial quadrático $p(x) = a + b_x + cx^2$.

$$Ap = \begin{bmatrix} 0 & 1 & 0 \\ 0 & 0 & 2 \end{bmatrix} \begin{bmatrix} a \\ b \\ c \end{bmatrix} = \begin{bmatrix} b \\ 2c \end{bmatrix} \implies b + 2cx = D_x[a + bx + cx^2]$$

6.3 Exercícios

A matriz canônica de uma transformação linear Nos Exercícios 1-6, encontre a matriz canônica da transformação linear T.

1. $T(x, y) = (x + 2y, x - 2y)$

2. $T(x, y) = (2x - 3y, x - y, y - 4x)$

3. $T(x, y, z) = (x + y, x - y, z - x)$

4. $T(x, y) = (5x + y, 0, 4x - 5y)$

5. $T(x, y, z) = (3x - 2z, 2y - z)$

6. $T(x_1, x_2, x_3, x_4) = (0, 0, 0, 0)$

Determinação da imagem de um vetor Nos exercícios 7-10, use a matriz canônica da transformação linear T para encontrar a imagem do vetor **v**.

7. $T(x, y, z) = (2x + y, 3y - z), \quad \mathbf{v} = (0, 1, -1)$

328 Elementos de álgebra linear

8. $T(x, y) = (x + y, x - y, 2x, 2y)$, $\mathbf{v} = (3, -3)$

9. $T(x, y) = (x - 3y, 2x + y, y)$, $\mathbf{v} = (-2, 4)$

10.
$$T(x_1, x_2, x_3, x_4) = (x_1 - x_3, x_2 - x_4, x_3 - x_1, x_2 + x_4),$$
$$\mathbf{v} = (1, 2, 3, -2)$$

Determinação da matriz canônica e da imagem Nos Exercícios 11-22, (a) encontre a matriz canônica A para a transformação linear T, (b) use A para encontrar a imagem do vetor **v** e (c) esboce geometricamente **v** e sua imagem.

11. T é a reflexão na origem em R^2: $T(x, y) = (-x, -y)$, $\mathbf{v} = (3, 4)$.

12. T é a reflexão na reta $y = x$ em R^2: $T(x, y) = (y, x)$, $\mathbf{v} = (3, 4)$.

13. T é a reflexão no eixo y R^2: $T(x, y) = (-x, y)$, $\mathbf{v} = (2, -3)$.

14. T é a reflexão no eixo x em R^2: $T(x, y) = (x, -y)$, $\mathbf{v} = (4, -1)$.

15. T é a rotação no sentido anti-horário de $45°$ em R^2, $\mathbf{v} = (2, 2)$.

16. T é a rotação no sentido anti-horário de $120°$ em R^2, $\mathbf{v} = (2, 2)$.

17. T é a rotação no sentido horário (θ é negativo) de $60°$ em R^2, $\mathbf{v} = (1, 2)$.

18. T é a rotação no sentido horário (θ é negativo) de $30°$ em R^2, $\mathbf{v} = (2, 1)$.

19. T é a reflexão no plano coordenado xy em R^3: $T(x, y, z) = (x, y, -z)$, $\mathbf{v} = (3, 2, 2)$.

20. T é a reflexão no plano coordenado yz R^3: $T(x, y, z) = (-x, y, z)$, $\mathbf{v} = (2, 3, 4)$.

21. T é a projeção com respeito ao vetor $\mathbf{w} = (3, 1)$ em R^2: $T(\mathbf{v}) = \text{proj}_\mathbf{w}\mathbf{v}$, $\mathbf{v} = (1, 4)$.

22. T é a reflexão com respeito ao vetor $\mathbf{w} = (3, 1)$ em R^2: $T(\mathbf{v}) = 2\,\text{proj}_\mathbf{w}\mathbf{v} - \mathbf{v}$, $\mathbf{v} = (1, 4)$.

Determinação da matriz canônica e da imagem Nos Exercícios 23-26, (a) encontre a matriz canônica A para a transformação linear T e (b) use A para encontrar a imagem do vetor **v**. Use um software ou uma ferramenta computacional para verificar seu resultado.

23. $T(x, y, z) = (2x + 3y - z, 3x - 2z, 2x - y + z)$, $\mathbf{v} = (1, 2, -1)$

24. $T(x, y, z) = (x + 2y - 3z, 3x - 5y, y - 3z)$, $\mathbf{v} = (3, 13, 4)$

25. $T(x_1, x_2, x_3, x_4) = (x_1 - x_2, x_3, x_1 + 2x_2 - x_4, x_4)$, $\mathbf{v} = (1, 0, 1, -1)$

26. $T(x_1, x_2, x_3, x_4) = (x_1 + 2x_2, x_2 - x_1, 2x_3 - x_4, x_1)$, $\mathbf{v} = (0, 1, -1, 1)$

Determinação de matrizes canônicas de compostas Nos Exercícios 27-30, encontre as matrizes canônicas A e A' de $T = T_2 \circ T_1$ e $T' = T_1 \circ T_2$.

27. $T_1: R^2 \to R^2$, $T_1(x, y) = (x - 2y, 2x + 3y)$
$T_2: R^2 \to R^2$, $T_2(x, y) = (y, 0)$

28. $T_1: R^3 \to R^3$, $T_1(x, y, z) = (x, y, z)$
$T_2: R^3 \to R^3$, $T_2(x, y, z) = (0, x, 0)$

29. $T_1: R^2 \to R^3$, $T_1(x, y) = (-2x + 3y, x + y, x - 2y)$
$T_2: R^3 \to R^2$, $T_2(x, y, z) = (x - 2y, z + 2x)$

30. $T_1: R^2 \to R^3$, $T_1(x, y) = (x, y, y)$
$T_2: R^3 \to R^2$, $T_2(x, y, z) = (y, z)$

Determinação da inversa de uma transformação linear Nos Exercícios 31-36, determine se a transformação linear é inversível. Se for, ache a sua inversa.

31. $T(x, y) = (-4x, 4y)$ **32.** $T(x, y) = (2x, 0)$

33. $T(x, y) = (x + y, 3x + 3y)$

34. $T(x, y) = (x + y, x - y)$

35. $T(x_1, x_2, x_3) = (x_1, x_1 + x_2, x_1 + x_2 + x_3)$

36. $T(x_1, x_2, x_3, x_4) = (x_1 - 2x_2, x_2, x_3 + x_4, x_3)$

Determinação da imagem de duas maneiras Nos Exercícios 37-42, encontre $T(\mathbf{v})$ usando (a) a matriz canônica e (b) a matriz relativa a B e B'.

37. $T: R^2 \to R^3$, $T(x, y) = (x + y, x, y)$, $\mathbf{v} = (5, 4)$,
$B = \{(1, -1), (0, 1)\}$,
$B' = \{(1, 1, 0), (0, 1, 1), (1, 0, 1)\}$

38. $T: R^3 \to R^2$, $T(x, y, z) = (x - y, y - z)$, $\mathbf{v} = (2, 4, 6)$,
$B = \{(1, 1, 1), (1, 1, 0), (0, 1, 1)\}$, $B' = \{(1, 1), (2, 1)\}$

39. $T: R^3 \to R^4$, $T(x, y, z) = (2x, x + y, y + z, x + z)$,
$\mathbf{v} = (1, -5, 2)$, $B = \{(2, 0, 1), (0, 2, 1), (1, 2, 1)\}$,
$B' = \{(1, 0, 0, 1), (0, 1, 0, 1), (1, 0, 1, 0), (1, 1, 0, 0)\}$

40. $T: R^4 \to R^2$,
$T(x_1, x_2, x_3, x_4) = (x_1 + x_2 + x_3 + x_4, x_4 - x_1)$,
$\mathbf{v} = (4, -3, 1, 1)$,
$B = \{(1, 0, 0, 1), (0, 1, 0, 1), (1, 0, 1, 0), (1, 1, 0, 0)\}$,
$B' = \{(1, 1), (2, 0)\}$

41. $T: R^3 \to R^3$, $T(x, y, z) = (x + y + z, 2z - x, 2y - z)$,
$\mathbf{v} = (4, -5, 10)$, $B = \{(2, 0, 1), (0, 2, 1), (1, 2, 1)\}$,
$B' = \{(1, 1, 1), (1, 1, 0), (0, 1, 1)\}$

42. $T: R^2 \to R^2$, $T(x, y) = (3x - 13y, -4y)$, $\mathbf{v} = (4, 8)$
$B = B' = \{(2, 1), (5, 1)\}$

43. Seja $T: P_2 \to P_3$ a transformação linear definida por $T(p) = xp$. Encontre a matriz de T relativa às bases $B = \{1, x, x^2\}$ e $B' = \{1, x, x^2, x^3\}$.

44. Seja $T: P_2 \to P_4$ a transformação linear definida por $T(p) = x^2p$. Encontre a matriz de T relativa às bases $B = \{1, x, x^2\}$ e $B' = \{1, x, x^2, x^3, x^4\}$.

45. **Cálculo** Seja $B = \{1, x, e^x, xe^x\}$ uma base de um subespaço W do espaço das funções contínuas e seja D_x o operador diferencial em W. Encontre a matriz de D_x relativa à base B.

Transformações lineares   329

46. Cálculo   Repita o Exercício 45 para
$B = \{e^{2x}, xe^{2x}, x^2e^{2x}\}$.

47. Cálculo   Use a matriz do Exercício 45 para calcular
$D_x[4x - 3xe^x]$.

48. Cálculo   Use a matriz do Exercício 46 para calcular
$D_x[5e^{2x} - 3xe^{2x} + x^2e^{2x}]$.

49. Cálculo   Seja $B = \{1, x, x^2, x^3\}$ uma base de P_3 e
seja $T\colon P_3 \to P_4$ a transformação linear definida por

$$T(x^k) = \int_0^x t^k\, dt.$$

(a) Encontre a matriz A de T relativa à base B e à
base canônica de P_4.

(b) Use A para integrar $p(x) = 8 - 4x + 3x^3$.

---

50. Ponto crucial

(a) Explique como encontrar a matriz canônica de
uma transformação linear.

(b) Explique como encontrar uma composta de
transformações lineares.

(c) Explique como encontrar a inversa de uma
transformação linear.

(d) Explique como encontrar a matriz de uma transformação relativa a bases não canônicas.

---

51. Defina $T\colon M_{2,3} \to M_{3,2}$ por $T(A) = A^T$.

(a) Encontre a matriz de T em relação às bases canônicas de $M_{2,3}$ e $M_{3,2}$.

(b) Mostre que T é um isomorfismo.

(c) Encontre a matriz da inversa de T.

52. Seja T uma transformação linear tal que $T(\mathbf{v}) = k\mathbf{v}$
para $\mathbf{v}$ em R^n. Encontre a matriz canônica de T.

Verdadeiro ou falso?   **Nos Exercícios 53 e 54, determine se cada afirmação é verdadeira ou falsa. Se uma
afirmação for verdadeira, dê uma justificativa ou cite
uma afirmação apropriada do texto. Se uma afirmação for falsa, forneça um exemplo que mostre que a
afirmação não é verdadeira em todos os casos ou cite
uma afirmação apropriada do texto.**

53. (a) Se $T\colon R^n \to R^m$ é uma transformação linear tal que

$$T(\mathbf{e}_1) = [a_{11}\ a_{21}\ \ldots\ a_{m1}]^T$$

$$T(\mathbf{e}_2) = [a_{12}\ a_{22}\ \ldots\ a_{m2}]^T$$
$$\vdots$$
$$T(\mathbf{e}_n) = [a_{1n}\ a_{2n}\ \ldots\ a_{mn}]^T,$$

então a matriz $A = [a_{ij}]$ de tamanho $m \times n$ cujas
colunas correspondem a $T(\mathbf{e}_i)$, a qual
cumpre $T(\mathbf{v}) = A\mathbf{v}$ para todo $\mathbf{v}$ em R^n,
é chamada de matriz canônica de T.

(b) Todas as transformações lineares T têm uma
inversa única T^{-1}.

54. (a) A composta T das transformações lineares T_1
e T_2, representada por $T(\mathbf{v}) = T_2(T_1(\mathbf{v}))$, está
definida quando a imagem de T_1 está dentro do
domínio de T_2.

(b) Em geral, as compostas $T_2 \circ T_1$ e $T_1 \circ T_2$ têm a
mesma matriz canônica A.

55. Demonstração guiada   Sejam $T_1\colon V \to V$ e
$T_2\colon V \to V$ transformações lineares injetoras.
Demonstre que a composta $T = T_2 \circ T_1$ é injetora e
que T^{-1} existe e é igual a $T_1^{-1} \circ T_2^{-1}$.

Começando: para mostrar que T é injetora, use a
definição de uma transformação injetora e mostre
que $T(\mathbf{u}) = T(\mathbf{v})$ implica $\mathbf{u} = \mathbf{v}$. Para a segunda afirmação, você primeiro precisa usar os Teoremas 6.8
e 6.12 para mostrar que T é inversível e, em seguida,
argumentar que $T \circ (T_1^{-1} \circ T_2^{-1})$ e $(T_1^{-1} \circ T_2^{-1}) \circ T$
são transformações iguais à identidade.

(i) Seja $T(\mathbf{u}) = T(\mathbf{v})$. Lembre-se de que
$(T_2 \circ T_1)(\mathbf{v}) = T_2(T_1(\mathbf{v}))$ para todos os vetores
$\mathbf{v}$. Agora use o fato de que T_2 e T_1 são injetoras
para concluir que $\mathbf{u} = \mathbf{v}$.

(ii) Use os Teoremas 6.8 e 6.12 para mostrar que
T_1, T_2 e T são todas transformações inversíveis.
Então, T_1^{-1} e T_2^{-1} existem.

(iii) Forme a composta $T' = T_1^{-1} \circ T_2^{-1}$. Ela é uma
transformação linear de V em V. Para mostrar
que é a inversa de T, você precisa verificar se
a composição de T com T' em ambos os lados
fornece a transformação identidade.

56. Demonstração   Demonstre o Teorema 6.12.

57. Dissertação   É sempre preferível usar a base canônica do R^n? Discuta as vantagens e desvantagens de
usar bases diferentes.

58. Dissertação   Reveja o Teorema 4.19 e reescreva-o
em termos do que você aprendeu neste capítulo.

6.4 Matrizes de transição e semelhança

■ Encontrar e usar uma matriz de uma transformação linear.

■ Mostrar que duas matrizes são semelhantes e usar as propriedades de matrizes semelhantes.

MATRIZ DE UMA TRANSFORMAÇÃO LINEAR

Na Seção 6.3, você viu que a matriz de uma transformação linear $T: V \to V$ depende da base de V. Em outras palavras, a matriz de T relativa a uma base B é diferente da matriz de T relativa a outra base B'.

Um problema clássico na álgebra linear é determinar se é possível encontrar uma base B, de modo que a matriz de T relativa a B seja diagonal. A solução deste problema é discutida no Capítulo 7. Esta seção estabelece fundamentos para resolver o problema. Você verá como as matrizes de uma transformação linear relativa a duas bases diferentes estão relacionadas. Nesta seção, A, A', P e P^{-1} representam as quatro matrizes quadradas listadas abaixo.

1. Matriz de T em relação a B: A
2. Matriz de T em relação a B': A'
3. Matriz de transição de B' para B: P
4. Matriz de transição de B para B': P^{-1}

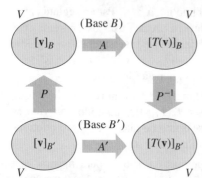

Figura 6.4

Observe que, na Figura 6.4, existem duas maneiras para ir da matriz de coordenadas $[\mathbf{v}]_{B'}$ para a matriz de coordenadas $[T(\mathbf{v})]_{B'}$. Uma maneira é direta, usando a matriz A' para obter

$$A'[\mathbf{v}]_{B'} = [T(\mathbf{v})]_{B'}.$$

A outra maneira é indireta, usando as matrizes P, A e P^{-1} para obter

$$P^{-1}AP[\mathbf{v}]_{B'} = [T(\mathbf{v})]_{B'}.$$

Isso implica que $A' = P^{-1}AP$. O Exemplo 1 ilustra essa relação.

EXEMPLO 1 Determinação de uma matriz para uma transformação linear

Encontre a matriz A' de $T: R^2 \to R^2$, onde $T(x_1, x_2) = (2x_1 - 2x_2, -x_1 + 3x_2)$, relativa à base $B' = \{(1, 0), (1, 1)\}$.

SOLUÇÃO
A matriz canônica de T é $A = \begin{bmatrix} 2 & -2 \\ -1 & 3 \end{bmatrix}$.

Além disso, usando as técnicas da Seção 4.7, a matriz de transição de B' para a base canônica $B = \{(1, 0), (0, 1)\}$ é

$$P = \begin{bmatrix} 1 & 1 \\ 0 & 1 \end{bmatrix}.$$

A inversa desta matriz é a matriz de transição de B para B',

$$P^{-1} = \begin{bmatrix} 1 & -1 \\ 0 & 1 \end{bmatrix}.$$

Assim, a matriz de T relativa a B' é

$$A' = P^{-1}AP = \begin{bmatrix} 1 & -1 \\ 0 & 1 \end{bmatrix}\begin{bmatrix} 2 & -2 \\ -1 & 3 \end{bmatrix}\begin{bmatrix} 1 & 1 \\ 0 & 1 \end{bmatrix} = \begin{bmatrix} 3 & -2 \\ -1 & 2 \end{bmatrix}.$$ ∎

Transformações lineares

No Exemplo 1, a base B é a base canônica de R^2. No próximo exemplo, tanto B quanto B' são bases não canônicas.

EXEMPLO 2 — Determinação de uma matriz para uma transformação linear

Sejam $B = \{(-3, 2), (4, -2)\}$ e $B' = \{(-1, 2), (2, -2)\}$ bases de R^2 e seja

$$A = \begin{bmatrix} -2 & 7 \\ -3 & 7 \end{bmatrix}$$

a matriz de $T: R^2 \to R^2$ relativa a B. Encontre A', a matriz de T relativa a B'.

SOLUÇÃO

No Exemplo 5 na Seção 4.7, você encontrou $P = \begin{bmatrix} 3 & -2 \\ 2 & -1 \end{bmatrix}$ e $P^{-1} = \begin{bmatrix} -1 & 2 \\ -2 & 3 \end{bmatrix}$.

Assim, a matriz de T relativa a B' é

$$A' = P^{-1}AP = \begin{bmatrix} -1 & 2 \\ -2 & 3 \end{bmatrix} \begin{bmatrix} -2 & 7 \\ -3 & 7 \end{bmatrix} \begin{bmatrix} 3 & -2 \\ 2 & -1 \end{bmatrix} = \begin{bmatrix} 2 & 1 \\ -1 & 3 \end{bmatrix}.$$

A Figura 6.4 deve ajudá-lo a lembrar os papéis das matrizes A, A', P e P^{-1}.

EXEMPLO 3 — Utilização de uma matriz de uma transformação linear

Para a transformação linear $T: R^2 \to R^2$ do Exemplo 2, encontre $[\mathbf{v}]_B$, $[T(\mathbf{v})]_B$ e $[T(\mathbf{v})]_{B'}$ para o vetor $\mathbf{v}$ cuja matriz de coordenadas é $[\mathbf{v}]_{B'} = \begin{bmatrix} -3 & -1 \end{bmatrix}^T$.

SOLUÇÃO

Para encontrar $[\mathbf{v}]_B$, use a matriz de transição P de B' para B.

$$[\mathbf{v}]_B = P[\mathbf{v}]_{B'} = \begin{bmatrix} 3 & -2 \\ 2 & -1 \end{bmatrix} \begin{bmatrix} -3 \\ -1 \end{bmatrix} = \begin{bmatrix} -7 \\ -5 \end{bmatrix}$$

Para encontrar $[T(\mathbf{v})]_B$, multiplique $[\mathbf{v}]_B$ à esquerda pela matriz A para obter

$$[T(\mathbf{v})]_B = A[\mathbf{v}]_B = \begin{bmatrix} -2 & 7 \\ -3 & 7 \end{bmatrix} \begin{bmatrix} -7 \\ -5 \end{bmatrix} = \begin{bmatrix} -21 \\ -14 \end{bmatrix}.$$

Para encontrar $[T(\mathbf{v})]_{B'}$, multiplique $[T(\mathbf{v})]_B$ à esquerda por P^{-1} para obter

$$[T(\mathbf{v})]_{B'} = P^{-1}[T(\mathbf{v})]_B = \begin{bmatrix} -1 & 2 \\ -2 & 3 \end{bmatrix} \begin{bmatrix} -21 \\ -14 \end{bmatrix} = \begin{bmatrix} -7 \\ 0 \end{bmatrix}$$

ou multiplique $[\mathbf{v}]_{B'}$ à esquerda por A' para obter

$$[T(\mathbf{v})]_{B'} = A'[\mathbf{v}]_{B'} = \begin{bmatrix} 2 & 1 \\ -1 & 3 \end{bmatrix} \begin{bmatrix} -3 \\ -1 \end{bmatrix} = \begin{bmatrix} -7 \\ 0 \end{bmatrix}.$$

OBSERVAÇÃO

É instrutivo observar que a regra $T(x, y) = \left(x - \frac{3}{2}y, 2x + 4y\right)$ representa a transformação T nos Exemplos 2 e 3. Verifique os resultados do Exemplo 3, mostrando que $\mathbf{v} = (1, -4)$ e $T(\mathbf{v}) = (7, -14)$.

ÁLGEBRA LINEAR APLICADA

A **matriz de Leslie**, cujo nome é uma homenagem ao matemático britânico Patrick H. Leslie (1900-1974), pode ser usada para encontrar a idade e a distribuição de crescimento de uma população ao longo do tempo. Os elementos na primeira linha de uma matriz de Leslie L de tamanho $n \times n$ são os números médios de descendentes por membro de cada uma das n faixa etárias. Os elementos nas linhas subsequentes são p_i no encontro da linha $i + 1$, com a coluna i e 0 em qualquer outro lugar, onde p_i é a probabilidade de que um membro da faixa etária i sobreviva para se tornar um membro da faixa etária $(i + 1)$. Se $\mathbf{x}_j$ for o vetor de distribuição de idade para o j-ésimo período de tempo, então o vetor de distribuição de idade para o $(j + 1)$-ésimo período de tempo pode ser encontrado usando a transformação linear $\mathbf{x}_{j+1} = L\mathbf{x}_j$. Você estudará modelos de crescimento populacional usando matrizes de Leslie com mais detalhes na Seção 7.4.

MATRIZES SEMELHANTES

Duas matrizes quadradas A e A' que estão relacionados por uma equação $A' = P^{-1}AP$ são chamadas de matrizes **semelhantes**, conforme estabelece a próxima definição.

Definição de matrizes semelhantes

Para matrizes quadradas A e A' de ordem n, A' é **semelhante** a A quando existe uma matriz inversível P tal que $A' = P^{-1}AP$.

Se A' é semelhante a A, então também é verdade que A é semelhante a A', como afirma o próximo teorema. Então, faz sentido simplesmente dizer que A **e** A' **são semelhantes**.

TEOREMA 6.13   Propriedades de matrizes semelhantes

Sejam A, B e C matrizes quadradas de ordem n. Então, as propriedades abaixo são verdadeiras.
1. A é semelhante a A.
2. Se A é semelhante a B, então B é semelhante a A.
3. Se A é semelhante a B e B é semelhante a C, então A é semelhante a C.

DEMONSTRAÇÃO

A primeira propriedade segue o fato de que $A = I_n A I_n$. Para demonstrar a segunda propriedade, escreva

$$A = P^{-1}BP$$
$$PAP^{-1} = P(P^{-1}BP)P^{-1}$$
$$PAP^{-1} = B$$
$$Q^{-1}AQ = B, \text{ onde } Q = P^{-1}.$$

A demonstração da terceira propriedade é deixada para você. (Veja o Exercício 33.)

A partir da definição de semelhança, segue que duas matrizes que representam a mesma transformação linear $T: V \rightarrow V$ com respeito a bases diferentes devem ser semelhantes.

EXEMPLO 4   Matrizes semelhantes

Veja LarsonLinearAlgebra.com para uma versão interativa deste tipo de Exemplo.

a. Do Exemplo 1, as matrizes

$$A = \begin{bmatrix} 2 & -2 \\ -1 & 3 \end{bmatrix} \quad e \quad A' = \begin{bmatrix} 3 & -2 \\ -1 & 2 \end{bmatrix}$$

são semelhantes porque $A' = P^{-1}AP$, onde $P = \begin{bmatrix} 1 & 1 \\ 0 & 1 \end{bmatrix}$.

b. Do exemplo 2, as matrizes

$$A = \begin{bmatrix} -2 & 7 \\ -3 & 7 \end{bmatrix} \quad e \quad A' = \begin{bmatrix} 2 & 1 \\ -1 & 3 \end{bmatrix}$$

são semelhantes porque $A' = P^{-1}AP$, onde $P = \begin{bmatrix} 3 & -2 \\ 2 & -1 \end{bmatrix}$.

Você viu que a matriz de uma transformação linear $T: V \rightarrow V$ depende da base usada para V. Esta observação leva naturalmente à questão: qual escolha da base torna a matriz de T tão simples quanto possível? É sempre a base *canônica*? Não necessariamente, como ilustra o próximo exemplo.

Transformações lineares   **333**

EXEMPLO 5   Comparação de duas matrizes de uma transformação linear

Seja

$$A = \begin{bmatrix} 1 & 3 & 0 \\ 3 & 1 & 0 \\ 0 & 0 & -2 \end{bmatrix}$$

a matriz de $T: R^3 \to R^3$ relativa à base canônica. Encontre a matriz de T relativa à base $B' = \{(1, 1, 0), (1, -1, 0), (0, 0, 1)\}$.

SOLUÇÃO

A matriz de transição de B' para a base canônica tem colunas consistindo nos vetores de B',

$$P = \begin{bmatrix} 1 & 1 & 0 \\ 1 & -1 & 0 \\ 0 & 0 & 1 \end{bmatrix}$$

e segue que

$$P^{-1} = \begin{bmatrix} \frac{1}{2} & \frac{1}{2} & 0 \\ \frac{1}{2} & -\frac{1}{2} & 0 \\ 0 & 0 & 1 \end{bmatrix}.$$

Assim, a matriz de T relativa a B' é

$$\begin{aligned} A' &= P^{-1}AP \\ &= \begin{bmatrix} \frac{1}{2} & \frac{1}{2} & 0 \\ \frac{1}{2} & -\frac{1}{2} & 0 \\ 0 & 0 & 1 \end{bmatrix} \begin{bmatrix} 1 & 3 & 0 \\ 3 & 1 & 0 \\ 0 & 0 & -2 \end{bmatrix} \begin{bmatrix} 1 & 1 & 0 \\ 1 & -1 & 0 \\ 0 & 0 & 1 \end{bmatrix} \\ &= \begin{bmatrix} 4 & 0 & 0 \\ 0 & -2 & 0 \\ 0 & 0 & -2 \end{bmatrix}. \end{aligned}$$

Observe que a matriz A' é diagonal.

As matrizes diagonais têm muitas vantagens computacionais sobre as matrizes não diagonais. Por exemplo, para a matriz diagonal

$$D = \begin{bmatrix} d_1 & 0 & \dots & 0 \\ 0 & d_2 & \dots & 0 \\ \vdots & \vdots & & \vdots \\ 0 & 0 & \dots & d_n \end{bmatrix}$$

a k-ésima potência de D é

$$D^k = \begin{bmatrix} d_1^k & 0 & \dots & 0 \\ 0 & d_2^k & \dots & 0 \\ \vdots & \vdots & & \vdots \\ 0 & 0 & \dots & d_n^k \end{bmatrix}.$$

Além disso, uma matriz diagonal é sua própria transposta. Mais ainda, se todos os elementos na diagonal principal de uma matriz diagonal forem não nulos, então a inversa da matriz também é uma matriz diagonal, cujos elementos na diagonal principal são os recíprocos dos elementos correspondentes na matriz original. Com tais vantagens computacionais, é importante encontrar formas (se possível) de escolher uma base de V, de modo que a matriz da transformação seja diagonal, como no Exemplo 5. Você irá estudar este problema no próximo capítulo.

334 Elementos de álgebra linear

6.4 Exercícios

Determinação de uma matriz para uma transformação linear Nos Exercícios 1-12, encontre a matriz A' de T relativa à base B'.

1. $T: R^2 \to R^2$, $T(x, y) = (2x - y, y - x)$,
$B' = \{(1, -2), (0, 3)\}$

2. $T: R^2 \to R^2$, $T(x, y) = (2x + y, x - 2y)$,
$B' = \{(1, 2), (0, 4)\}$

3. $T: R^2 \to R^2$, $T(x, y) = (x + y, 4y)$,
$B' = \{(-4, 1), (1, -1)\}$

4. $T: R^2 \to R^2$, $T(x, y) = (x - 2y, 4x)$,
$B' = \{(-2, 1), (-1, 1)\}$

5. $T: R^2 \to R^2$, $T(x, y) = (-3x + y, 3x - y)$,
$B' = \{(1, -1), (-1, 5)\}$

6. $T: R^2 \to R^2$, $T(x, y) = (5x + 4y, 4x + 5y)$,
$B' = \{(12, -13), (13, -12)\}$

7. $T: R^3 \to R^3$, $T(x, y, z) = (x, y, z)$,
$B' = \{(1, 1, 0), (1, 0, 1), (0, 1, 1)\}$

8. $T: R^3 \to R^3$, $T(x, y, z) = (0, 0, 0)$,
$B' = \{(1, 1, 0), (1, 0, 1), (0, 1, 1)\}$

9. $T: R^3 \to R^3$, $T(x, y, z) = (y + z, x + z, x + y)$,
$B' = \{(5, 0, -1), (-3, 2, -1), (4, -6, 5)\}$

10. $T: R^3 \to R^3$, $T(x, y, z) = (-x, x - y, y - z)$,
$B' = \{(0, -1, 2), (-2, 0, 3), (1, 3, 0)\}$

11. $T: R^3 \to R^3$,
$T(x, y, z) = (x - y + 2z, 2x + y - z, x + 2y + z)$,
$B' = \{(1, 0, 1), (0, 2, 2), (1, 2, 0)\}$

12. $T: R^3 \to R^3$,
$T(x, y, z) = (x, x + 2y, x + y + 3z)$,
$B' = \{(1, -1, 0), (0, 0, 1), (0, 1, -1)\}$

13. Sejam $B = \{(1, 3), (-2, -2)\}$ e
$B' = \{(-12, 0), (-4, 4)\}$ bases de R^2 e seja

$$A = \begin{bmatrix} 3 & 2 \\ 0 & 4 \end{bmatrix}$$

a matriz de $T: R^2 \to R^2$ relativa a B.

(a) Encontre a matriz de transição P de B' para B.

(b) Use as matrizes P e A para encontrar $[\mathbf{v}]_B$ e $[T(\mathbf{v})]_B$, onde $[\mathbf{v}]_{B'} = [-1 \quad 2]^T$.

(c) Encontre P^{-1} e A' (a matriz de T relativa a B').

(d) Encontre $[T(\mathbf{v})]_{B'}$ de duas maneiras.

14. Repita o Exercício 13 para $B = \{(1, 1), (-2, 3)\}$, $B' = \{(1, -1), (0, 1)\}$ e $[\mathbf{v}]_{B'} = [1 \quad -3]^T$.
(Use a matriz A do Exercício 13.)

15. Sejam $B = \{(1, 2), (-1, -1)\}$ e
$B' = \{(-4, 1), (0, 2)\}$ bases de R^2 e seja

$$A = \begin{bmatrix} 2 & 1 \\ 0 & -1 \end{bmatrix}$$

a matriz de $T: R^2 \to R^2$ relativa a B.

(a) Encontre a matriz de transição P de B' para B.

(b) Use as matrizes P e A para encontrar $[\mathbf{v}]_B$ e $[T(\mathbf{v})]_B$, onde $[\mathbf{v}]_{B'} = [-1 \quad 4]^T$.

(c) Encontre P^{-1} e A' (matriz de T relativa a B').

(d) Encontre $[T(\mathbf{v})]_{B'}$ de duas maneiras.

16. Repita o Exercício 15 para $B = \{(1, -1), (-2, 1)\}$, $B' = \{(-1, 1), (1, 2)\}$ e $[\mathbf{v}]_{B'} = [1 \quad -4]^T$.
(Use a matriz A do Exercício 15.)

17. Sejam $B = \{(1, 1, 0), (1, 0, 1), (0, 1, 1)\}$ e
$B' = \{(1, 0, 0), (0, 1, 0), (0, 0, 1)\}$ bases de R^3 e seja

$$A = \begin{bmatrix} \frac{3}{2} & -1 & -\frac{1}{2} \\ -\frac{1}{2} & 2 & \frac{1}{2} \\ \frac{1}{2} & 1 & \frac{5}{2} \end{bmatrix}$$

a matriz de $T: R^3 \to R^3$ relativa a B.

(a) Encontre a matriz de transição P de B' para B.

(b) Use as matrizes P e A para encontrar $[\mathbf{v}]_B$ e $[T(\mathbf{v})]_B$, onde $[\mathbf{v}]_{B'} = [1 \quad 0 \quad -1]^T$.

(c) Encontre P^{-1} e A' (a matriz de T relativa a B').

(d) Encontre $[T(\mathbf{v})]_{B'}$ de duas maneiras.

18. Repita o Exercício 17 para
$B = \{(1, 1, -1), (1, -1, 1), (-1, 1, 1)\}$,
$B' = \{(1, 0, 0), (0, 1, 0), (0, 0, 1)\}$ e
$[\mathbf{v}]_{B'} = [2 \quad 1 \quad 1]^T$.
(Use a matriz A no Exercício 17.)

Matrizes semelhantes Nos Exercícios 19-22, use a matriz P para mostrar que as matrizes A e A' são semelhantes.

19.
$$P = \begin{bmatrix} -1 & -1 \\ 1 & 2 \end{bmatrix}, \ A = \begin{bmatrix} 12 & 7 \\ -20 & -11 \end{bmatrix}, \ A' = \begin{bmatrix} 1 & -2 \\ 4 & 0 \end{bmatrix}$$

20. $P = A = A' = \begin{bmatrix} 1 & -12 \\ 0 & 1 \end{bmatrix}$

21.
$$P = \begin{bmatrix} 5 & 0 & 0 \\ 0 & 4 & 0 \\ 0 & 0 & 3 \end{bmatrix}, A = \begin{bmatrix} 5 & 10 & 0 \\ 8 & 4 & 0 \\ 0 & 9 & 6 \end{bmatrix}, A' = \begin{bmatrix} 5 & 8 & 0 \\ 10 & 4 & 0 \\ 0 & 12 & 6 \end{bmatrix}$$

22. $P = \begin{bmatrix} 1 & 1 & 1 \\ 0 & 1 & 1 \\ 0 & 0 & 1 \end{bmatrix}, \ A = \begin{bmatrix} 5 & 0 & 0 \\ 0 & 3 & 0 \\ 0 & 0 & 1 \end{bmatrix}, \ A' = \begin{bmatrix} 5 & 2 & 2 \\ 0 & 3 & 2 \\ 0 & 0 & 1 \end{bmatrix}$

Transformações lineares 335

Matriz diagonal de uma transformação linear Nos Exercícios 23 e 24, seja A a matriz de $T: R^3 \to R^3$ relativa à base canônica. Encontre a matriz diagonal A' de T relativa à base B'.

23. $A = \begin{bmatrix} 0 & 2 & 0 \\ 1 & -1 & 0 \\ 0 & 0 & 1 \end{bmatrix}$,

$B' = \{(-1, 1, 0), (2, 1, 0), (0, 0, 1)\}$

24. $A = \begin{bmatrix} \frac{3}{2} & -1 & -\frac{1}{2} \\ -\frac{1}{2} & 2 & \frac{1}{2} \\ \frac{1}{2} & 1 & \frac{5}{2} \end{bmatrix}$,

$B' = \{(1, 1, -1), (1, -1, 1), (-1, 1, 1)\}$

25. Demonstração Demonstre que se A e B são matrizes semelhantes, então
$$|A| = |B|.$$
A recíproca é verdadeira?

26. Ilustre o resultado do Exercício 25 utilizando as matrizes

$A = \begin{bmatrix} 1 & 0 & 0 \\ 0 & -2 & 0 \\ 0 & 0 & 3 \end{bmatrix}$, $B = \begin{bmatrix} 11 & 7 & 10 \\ 10 & 8 & 10 \\ -18 & -12 & -17 \end{bmatrix}$,

$P = \begin{bmatrix} -1 & 1 & 0 \\ 2 & 1 & 2 \\ 1 & 1 & 1 \end{bmatrix}$, $P^{-1} = \begin{bmatrix} -1 & -1 & 2 \\ 0 & -1 & 2 \\ 1 & 2 & -3 \end{bmatrix}$,

onde $B = P^{-1}AP$.

27. Demonstração Demonstre que se A e B são matrizes semelhantes, então existe uma matriz P tal que $B^k = P^{-1}A^kP$.

28. Use o resultado do Exercício 27 para encontrar B^4, onde
$$B = P^{-1}AP$$
para as matrizes

$A = \begin{bmatrix} 1 & 0 \\ 0 & 2 \end{bmatrix}$, $B = \begin{bmatrix} -4 & -15 \\ 2 & 7 \end{bmatrix}$,

$P = \begin{bmatrix} 2 & 5 \\ 1 & 3 \end{bmatrix}$, $P^{-1} = \begin{bmatrix} 3 & -5 \\ -1 & 2 \end{bmatrix}$.

29. Determine todas as matrizes $n \times n$ que são semelhantes a I_n.

30. Demonstração Demonstre que, se A é uma matriz idempotente e B é semelhante a A, então B é idempotente. (Lembre-se de que uma matriz A de ordem n é idempotente quando $A = A^2$.)

31. Demonstração Seja A uma matriz $n \times n$ tal que $A^2 = O$. Demonstre que se B é semelhante a A, então $B^2 = O$.

32. Demonstração Considere a equação matricial $B = P^{-1}AP$. Demonstre que se $A\mathbf{x} = \mathbf{x}$, então $PBP^{-1}\mathbf{x} = \mathbf{x}$.

33. Demonstração Demonstre a Propriedade 3 do Teorema 6.13: para matrizes quadradas A, B e C de ordem n, se A é semelhante a B e B é semelhante a C, então A é semelhante a C.

34. Dissertação Explique por que duas matrizes semelhantes têm o mesmo posto.

35. Demonstração Demonstre que, se A e B são matrizes semelhantes, então A^T e B^T são matrizes semelhantes.

36. Demonstração Demonstre que, se A e B são matrizes semelhantes e A é não singular, então B também é não singular e A^{-1} e B^{-1} são matrizes semelhantes.

37. Demonstração Seja $A = CD$, onde C e D são matrizes $n \times n$ e C é inversível. Demonstre que a matriz produto DC é semelhante a A.

38. Demonstração Seja $B = P^{-1}AP$ onde $A = [a_{ij}]$, $P = [p_{ij}]$, e B é uma matriz diagonal com elementos na diagonal principal $b_{11}, b_{22}, \ldots, b_{nn}$. Demonstre que

$$\begin{bmatrix} a_{11} & a_{12} & \cdots & a_{1n} \\ a_{21} & a_{22} & \cdots & a_{2n} \\ \vdots & \vdots & & \vdots \\ a_{n1} & a_{n2} & \cdots & a_{nn} \end{bmatrix} \begin{bmatrix} p_{1i} \\ p_{2i} \\ \vdots \\ p_{ni} \end{bmatrix} = b_{ii} \begin{bmatrix} p_{1i} \\ p_{2i} \\ \vdots \\ p_{ni} \end{bmatrix}$$

para $i = 1, 2, \ldots, n$.

39. Dissertação Seja $B = \{\mathbf{v}_1, \mathbf{v}_2, \ldots, \mathbf{v}_n\}$ uma base do espaço vetorial V, seja B' a base canônica e considere a transformação identidade $I: V \to V$. O que se pode dizer sobre a matriz de I relativa a B? E relativa a B'? E quando o domínio tem a base B e a imagem tem a base B'?

---

40. Ponto crucial

(a) Considere duas bases B e B' de um espaço vetorial V e a matriz A de uma transformação linear $T: V \to V$ relativa a B. Explique como obter a matriz de coordenadas $[T(\mathbf{v})]_{B'}$ a partir da matriz de coordenadas $[\mathbf{v}]_{B'}$, onde $\mathbf{v}$ é um vetor em V.

(b) Explique como determinar se duas matrizes quadradas A e A' de ordem n são semelhantes.

Verdadeiro ou falso? Nos Exercícios 41 e 42, determine se cada afirmação é verdadeira ou falsa. Se uma afirmação for verdadeira, dê uma justificativa ou cite uma afirmação apropriada do texto. Se uma afirmação for falsa, forneça um exemplo que mostre que a afirmação não é verdadeira em todos os casos ou cite uma afirmação apropriada do texto.

41. (a) A matriz A' de uma transformação linear relativa à base B' é igual ao produto $P^{-1}AP$, onde P^{-1} é a matriz de transição de B para B', A é a matriz da transformação linear relativa à base B e P é a matriz de transição de B' para B.

(b) Duas matrizes que representam a mesma transformação linear $T: V \to V$ com respeito a diferentes bases não são necessariamente semelhantes.

42. (a) A matriz A de uma transformação linear relativa à base B é igual ao produto $PA'P^{-1}$, onde P é a matriz de transição de B' para B, A' é a matriz da transformação linear relativa à base B' e P^{-1} é a matriz de transição de B para B'.

(b) A base canônica de R^n sempre tornará a matriz de coordenadas de uma transformação linear T a matriz mais simples possível.

6.5 Aplicações de transformações lineares

■ Identificar transformações lineares definidas por reflexões, expansões, contrações ou cisalhamentos em R^2.

■ Usar uma transformação linear para girar uma figura em R^3.

A GEOMETRIA DE TRANSFORMAÇÕES LINEARES EM R^2

A primeira parte desta seção fornece interpretações geométricas de transformações lineares representadas por matrizes elementares 2×2. Depois de um resumo dos vários tipos de matrizes elementares 2×2, serão apresentados exemplos que examinam cada tipo de matriz em mais detalhes.

a.
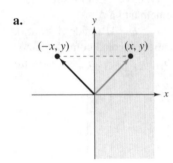

b.
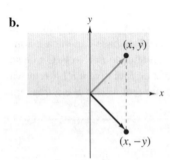

c.
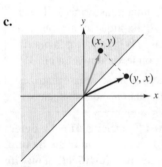

Reflexões em R^2
Figura 6.5

Matrizes elementares de transformações lineares em R^2

Reflexão no eixo y
$$A = \begin{bmatrix} -1 & 0 \\ 0 & 1 \end{bmatrix}$$

Reflexão no eixo x
$$A = \begin{bmatrix} 1 & 0 \\ 0 & -1 \end{bmatrix}$$

Reflexão na reta $y = x$
$$A = \begin{bmatrix} 0 & 1 \\ 1 & 0 \end{bmatrix}$$

Expansão ($k > 1$) ou contração ($0 < k < 1$) horizontais
$$A = \begin{bmatrix} k & 0 \\ 0 & 1 \end{bmatrix}$$

Expansão ($k > 1$) ou contração ($0 < k < 1$) verticais
$$A = \begin{bmatrix} 1 & 0 \\ 0 & k \end{bmatrix}$$

Cisalhamento horizontal
$$A = \begin{bmatrix} 1 & k \\ 0 & 1 \end{bmatrix}$$

Cisalhamento vertical
$$A = \begin{bmatrix} 1 & 0 \\ k & 1 \end{bmatrix}$$

EXEMPLO 1   Reflexões em R^2

As transformações abaixo são **reflexões**. Elas têm o efeito de levar um ponto no plano xy em sua "imagem espelhada" relativa a um dos eixos coordenados ou a reta $y = x$, como mostrado na Figura 6.5.

a. Reflexão no eixo y:
$$T(x, y) = (-x, y)$$
$$\begin{bmatrix} -1 & 0 \\ 0 & 1 \end{bmatrix} \begin{bmatrix} x \\ y \end{bmatrix} = \begin{bmatrix} -x \\ y \end{bmatrix}$$

b. Reflexão no eixo x:
$$T(x, y) = (x, -y)$$
$$\begin{bmatrix} 1 & 0 \\ 0 & -1 \end{bmatrix} \begin{bmatrix} x \\ y \end{bmatrix} = \begin{bmatrix} x \\ -y \end{bmatrix}$$

c. Reflexão na reta $y = x$:
$$T(x, y) = (y, x)$$
$$\begin{bmatrix} 0 & 1 \\ 1 & 0 \end{bmatrix} \begin{bmatrix} x \\ y \end{bmatrix} = \begin{bmatrix} y \\ x \end{bmatrix}$$

EXEMPLO 2 Expansões e contrações em R^2

As transformações abaixo são **expansões** ou **contrações**, dependendo do valor do escalar positivo k.

a. Expansões e contrações horizontais:

$$T(x, y) = (kx, y)$$
$$\begin{bmatrix} k & 0 \\ 0 & 1 \end{bmatrix} \begin{bmatrix} x \\ y \end{bmatrix} = \begin{bmatrix} kx \\ y \end{bmatrix}$$

b. Expansões e contrações verticais:

$$T(x, y) = (x, ky)$$
$$\begin{bmatrix} 1 & 0 \\ 0 & k \end{bmatrix} \begin{bmatrix} x \\ y \end{bmatrix} = \begin{bmatrix} x \\ ky \end{bmatrix}$$

Observe nas figuras abaixo que a distância que o ponto (x, y) se move por uma contração ou expansão é proporcional à sua coordenada x ou y. Por exemplo, pela transformação representada por

$$T(x, y) = (2x, y)$$

o ponto $(1, 3)$ se moveria uma unidade para a direita, mas o ponto $(4, 3)$ se moveria quatro unidades para a direita. Pela transformação representada por

$$T(x, y) = \left(x, \tfrac{1}{2}y\right)$$

o ponto $(1, 4)$ se moveria duas unidades para baixo, mas o ponto $(1, 2)$ se moveria uma unidade para baixo.

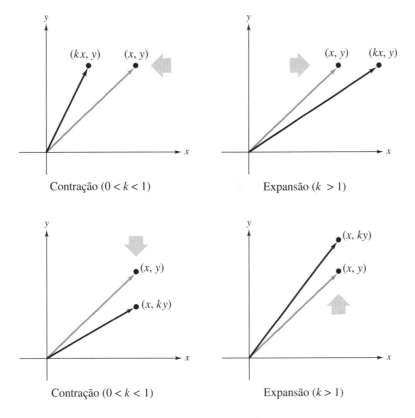

Outro tipo de transformação linear em R^2 que correspondente a uma matriz elementar é um cisalhamento, conforme descrito no Exemplo 3.

EXEMPLO 3   **Cisalhamentos em R^2**

As transformações a seguir são **cisalhamentos**.

$$T(x, y) = (x + ky, y) \qquad\qquad T(x, y) = (x, y + kx)$$

$$\begin{bmatrix} 1 & k \\ 0 & 1 \end{bmatrix}\begin{bmatrix} x \\ y \end{bmatrix} = \begin{bmatrix} x + ky \\ y \end{bmatrix} \qquad\qquad \begin{bmatrix} 1 & 0 \\ k & 1 \end{bmatrix}\begin{bmatrix} x \\ y \end{bmatrix} = \begin{bmatrix} x \\ kx + y \end{bmatrix}$$

a. Um cisalhamento horizontal dado por

$$T(x, y) = (x + 2y, y)$$

é mostrado à direita. Por essa transformação, os pontos no semiplano superior se deslocam para a direita por quantidades proporcionais às suas coordenadas y. Os pontos no semiplano inferior se deslocam para a esquerda por quantidades proporcionais aos valores absolutos de suas coordenadas y. Os pontos no eixo x não se movem por esta transformação.

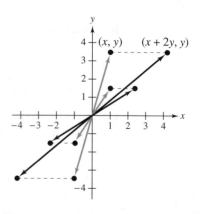

b. Um cisalhamento vertical dado por

$$T(x, y) = (x, y + 2x)$$

é mostrado abaixo. Aqui, os pontos no semiplano direito se deslocam para cima por quantidades proporcionais às suas coordenadas x. Pontos no semiplano esquerdo se deslocam para baixo por quantidades proporcionais aos valores absolutos de suas coordenadas x. Os pontos no eixo y não se movem.

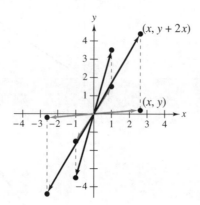

ÁLGEBRA LINEAR APLICADA

O uso de computação gráfica é comum em muitos campos. Ao usar softwares gráficos, um designer pode "ver" um objeto antes de ele ser fisicamente criado. As transformações lineares podem ser úteis em computação gráfica. Para ilustrar, considere um exemplo simplificado. Apenas 23 pontos em R^3 foram usados para gerar imagens do barco de brinquedo mostrado à esquerda. A maioria dos softwares gráficos pode usar tais informações mínimas para gerar visualizações de uma imagem de qualquer perspectiva, assim como cor, sombra e revestimento, conforme apropriado. As transformações lineares, especificamente as que produzem rotações em R^3, podem representar as diferentes visualizações. O restante desta seção discute a rotação em R^3.

ROTAÇÃO NO R^3

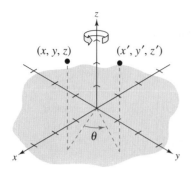

Figura 6.6

No Exemplo 7 na Seção 6.1, você viu como uma transformação linear pode ser usada para girar figuras em R^2. Aqui verá como as transformações lineares podem ser usadas para girar figuras em R^3.

Digamos que queira girar o ponto (x, y, z) no sentido anti-horário em torno do eixo z por um ângulo θ, como mostrado na Figura 6.6. Denotando as coordenadas do ponto girado por (x', y', z'), você tem

$$\begin{bmatrix} x' \\ y' \\ z' \end{bmatrix} = \begin{bmatrix} \cos\theta & -\sen\theta & 0 \\ \sen\theta & \cos\theta & 0 \\ 0 & 0 & 1 \end{bmatrix}\begin{bmatrix} x \\ y \\ z \end{bmatrix} = \begin{bmatrix} x\cos\theta - y\sen\theta \\ x\sen\theta + y\cos\theta \\ z \end{bmatrix}.$$

O Exemplo 4 usa essa matriz para girar uma figura no espaço tridimensional.

EXEMPLO 4 Rotação em torno do eixo z

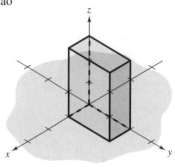

Os oito vértices do prisma retangular à direita são

$V_1(0, 0, 0)$ $V_2(1, 0, 0)$

$V_3(1, 2, 0)$ $V_4(0, 2, 0)$

$V_5(0, 0, 3)$ $V_6(1, 0, 3)$

$V_7(1, 2, 3)$ $V_8(0, 2, 3)$.

Encontre as coordenadas dos vértices depois do prisma girar no sentido anti-horário em torno do eixo z por (a) $\theta = 60°$, (b) $\theta = 90°$ e (c) $\theta = 120°$.

SOLUÇÃO

a. A matriz que produz uma rotação de $60°$ é

$$A = \begin{bmatrix} \cos 60° & -\sen 60° & 0 \\ \sen 60° & \cos 60° & 0 \\ 0 & 0 & 1 \end{bmatrix} = \begin{bmatrix} 1/2 & -\sqrt{3}/2 & 0 \\ \sqrt{3}/2 & 1/2 & 0 \\ 0 & 0 & 1 \end{bmatrix}.$$

Multiplicar esta matriz pelos vetores coluna correspondentes aos vértices produz os vértices girados listados a seguir.

$V_1'(0; 0; 0)$ $V_2'(0{,}5; 0{,}87; 0)$ $V_3'(-1{,}23; 1{,}87; 0)$ $V_4'(-1{,}73; 1; 0)$

$V_5'(0; 0; 3)$ $V_6'(0{,}5; 0{,}87; 3)$ $V_7'(-1{,}23; 1{,}87; 3)$ $V_8'(-1{,}73; 1; 3)$

A Figura 6.7 (a) mostra um gráfico do prisma girado.

b. A matriz que produz uma rotação de $90°$ é

$$A = \begin{bmatrix} \cos 90° & -\sen 90° & 0 \\ \sen 90° & \cos 90° & 0 \\ 0 & 0 & 1 \end{bmatrix} = \begin{bmatrix} 0 & -1 & 0 \\ 1 & 0 & 0 \\ 0 & 0 & 1 \end{bmatrix}$$

e a Figura 6.7 (b) mostra um gráfico do prisma girado.

c. A matriz que produz uma rotação de $120°$ é

$$A = \begin{bmatrix} \cos 120° & -\sen 120° & 0 \\ \sen 120° & \cos 120° & 0 \\ 0 & 0 & 1 \end{bmatrix} = \begin{bmatrix} -1/2 & -\sqrt{3}/2 & 0 \\ \sqrt{3}/2 & -1/2 & 0 \\ 0 & 0 & 1 \end{bmatrix}$$

e a Figura 6.7 (c) mostra um gráfico do prisma girado.

a.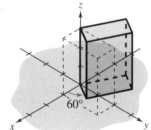

b.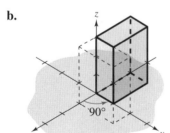

c.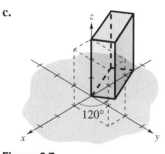

Figura 6.7

O Exemplo 4 usa matrizes para fazer rotações em torno do eixo z. Da mesma forma, você pode usar matrizes para girar figuras em torno do eixo x ou y. Um resumo de todos os três tipos de rotações está abaixo.

OBSERVAÇÃO

Para ilustrar a regra da mão direita, imagine o polegar da sua mão direita apontando na direção positiva de um eixo. Os dedos curvados apontarão na direção de rotação anti-horária. A figura abaixo mostra uma rotação anti-horária em torno do eixo z.

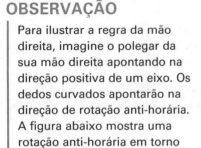

Rotação em torno do eixo x
$$\begin{bmatrix} 1 & 0 & 0 \\ 0 & \cos\theta & -\sen\theta \\ 0 & \sen\theta & \cos\theta \end{bmatrix}$$

Rotação em torno do eixo y
$$\begin{bmatrix} \cos\theta & 0 & \sen\theta \\ 0 & 1 & 0 \\ -\sen\theta & 0 & \cos\theta \end{bmatrix}$$

Rotação em torno do eixo z
$$\begin{bmatrix} \cos\theta & -\sen\theta & 0 \\ \sen\theta & \cos\theta & 0 \\ 0 & 0 & 1 \end{bmatrix}$$

Em cada caso, a rotação é orientada no sentido anti-horário (usando a "regra da mão direita") relativo ao eixo especificado, como mostrado abaixo.

Rotação em torno do eixo x   Rotação em torno do eixo y   Rotação em torno do eixo z

EXEMPLO 5 Rotação em torno do eixo *x* e do eixo *y*

Veja LarsonLinearAlgebra.com para obter uma versão interativa deste tipo de exemplo.

a. A matriz que produz uma rotação de 90° em torno do eixo *x* é
$$A = \begin{bmatrix} 1 & 0 & 0 \\ 0 & \cos 90° & -\sen 90° \\ 0 & \sen 90° & \cos 90° \end{bmatrix} = \begin{bmatrix} 1 & 0 & 0 \\ 0 & 0 & -1 \\ 0 & 1 & 0 \end{bmatrix}.$$

A Figura 6.8 (a) mostra o prisma do Exemplo 4 girado de 90° em torno do eixo *x*.

b. A matriz que produz uma rotação de 90° em torno do eixo *y* é
$$A = \begin{bmatrix} \cos 90° & 0 & \sen 90° \\ 0 & 1 & 0 \\ -\sen 90° & 0 & \cos 90° \end{bmatrix} = \begin{bmatrix} 0 & 0 & 1 \\ 0 & 1 & 0 \\ -1 & 0 & 0 \end{bmatrix}.$$

A Figura 6.8 (b) mostra o prisma do Exemplo 4 girado de 90° em torno do eixo *y*.

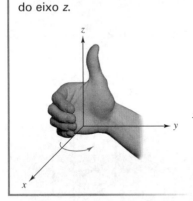

Figura 6.9

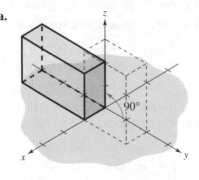
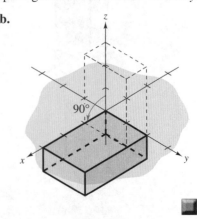

Figura 6.8

As rotações sobre os eixos coordenados podem ser combinadas para produzir qualquer visualização desejada de uma figura. Por exemplo, a Figura 6.9 mostra o prisma do Exemplo 4 girado de 90° em torno do eixo *y* e, em seguida, 120° em torno do eixo *z*.

6.5 Exercícios

1. Seja $T: R^2 \to R^2$ uma reflexão no eixo x. Encontre a imagem de cada vetor.
   (a) $(3, 5)$ (b) $(2, -1)$ (c) $(a, 0)$
   (d) $(0, b)$ (e) $(-c, d)$ (f) $(f, -g)$

2. Seja $T: R^2 \to R^2$ uma reflexão no eixo y. Encontre a imagem de cada vetor.
   (a) $(5, 2)$ (b) $(-1, -6)$ (c) $(a, 0)$
   (d) $(0, b)$ (e) $(c, -d)$ (f) (f, g)

3. Seja $T: R^2 \to R^2$ uma reflexão na reta $y = x$. Encontre a imagem de cada vetor.
   (a) $(0, 1)$ (b) $(-1, 3)$ (c) $(a, 0)$
   (d) $(0, b)$ (e) $(-c, d)$ (f) $(f, -g)$

4. Seja $T: R^2 \to R^2$ uma reflexão na reta $y = -x$. Encontre a imagem de cada vetor.
   (a) $(-1, 2)$ (b) $(2, 3)$ (c) $(a, 0)$
   (d) $(0, b)$ (e) $(e, -d)$ (f) $(-f, g)$

5. Sejam $T(1, 0) = (2, 0)$ e $T(0, 1) = (0, 1)$.
   (a) Determine $T(x, y)$ para qualquer (x, y).
   (b) Dê uma descrição geométrica de T.

6. Sejam $T(1, 0) = (1, 1)$ e $T(0, 1) = (0, 1)$.
   (a) Determine $T(x, y)$ para qualquer (x, y).
   (b) Dê uma descrição geométrica de T.

Identificação e representação de uma transformação Nos Exercícios 7-14, (a) identifique a transformação e (b) represente graficamente a transformação para um vetor arbitrário de R^2.

7. $T(x, y) = (x, y/2)$
8. $T(x, y) = (x/4, y)$
9. $T(x, y) = (12x, y)$
10. $T(x, y) = (x, 3y)$
11. $T(x, y) = (x + 3y, y)$
12. $T(x, y) = (x + 4y, y)$
13. $T(x, y) = (x, 5x + y)$
14. $T(x, y) = (x, 9x + y)$

Determinação de pontos fixos de uma transformação linear Nos exercícios 15-22, encontre todos os pontos fixos da transformação linear. Lembre-se de que o vetor $\mathbf{v}$ é um ponto fixo de T quando $T(\mathbf{v}) = \mathbf{v}$.

15. Uma reflexão no eixo y
16. Uma reflexão no eixo x
17. Uma reflexão na reta $y = x$
18. Uma reflexão na reta $y = -x$
19. Uma contração vertical
20. Uma expansão horizontal
21. Um cisalhamento horizontal
22. Um cisalhamento vertical

Esboço da imagem do quadrado unitário Nos Exercícios 23-30, esboce a imagem do quadrado unitário [um quadrado com vértices em $(0, 0)$, $(1, 0)$, $(1, 1)$ e $(0, 1)$] pela transformação especificada.

23. T é uma reflexão no eixo x.
24. T é uma reflexão na reta $y = x$.
25. T é a contração representada por $T(x, y) = (x/2, y)$.
26. T é a contração representada por $T(x, y) = (x, y/4)$.
27. T é a expansão representada por $T(x, y) = (x, 3y)$.
28. T é a expansão representada por $T(x, y) = (5x, y)$.
29. T é o cisalhamento representado por $T(x, y) = (x + 2y, y)$.
30. T é o cisalhamento representado por $T(x, y) = (x, y + 3x)$.

Esboço da imagem de um retângulo Nos exercícios 31-38, esboce a imagem do retângulo com vértices em $(0, 0)$, $(1, 0)$, $(1, 2)$ e $(0, 2)$ pela transformação especificada.

31. T é uma reflexão no eixo y.
32. T é uma reflexão na reta $y = x$.
33. T é a contração representada por $T(x, y) = (x/3, y)$.
34. T é a contração representada por $T(x, y) = (x, y/2)$.
35. T é a expansão representada por $T(x, y) = (x, 6y)$.
36. T é a expansão representada por $T(x, y) = (2x, y)$.
37. T é o cisalhamento representado por $T(x, y) = (x + y, y)$.
38. T é o cisalhamento representado por $T(x, y) = (x, y + 2x)$.

Esboço da imagem de uma figura Nos Exercícios 39-44, esboce cada uma das imagens pela transformação especificada.

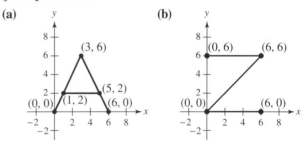

39. T é uma reflexão no eixo x.
40. T é uma reflexão na reta $y = x$.
41. T é o cisalhamento representado por $T(x, y) = (x + y, y)$.
42. T é o cisalhamento representado por $T(x, y) = (x, x + y)$.
43. T é a expansão e a contração representada por $T(x, y) = \left(2x, \tfrac{1}{2}y\right)$.
44. T é a expansão e a contração representada por $T(x, y) = \left(\tfrac{1}{2}x, 2y\right)$.

Apresentação de uma descrição geométrica Nos Exercícios 45-50, dê uma descrição geométrica da transformação linear definida pela matriz elementar.

45. $A = \begin{bmatrix} 2 & 0 \\ 0 & 1 \end{bmatrix}$ 46. $A = \begin{bmatrix} 1 & 0 \\ 2 & 1 \end{bmatrix}$

47. $A = \begin{bmatrix} 1 & 5 \\ 0 & 1 \end{bmatrix}$ 48. $A = \begin{bmatrix} 1 & 0 \\ 0 & \frac{1}{2} \end{bmatrix}$

49. $A = \begin{bmatrix} 1 & 0 \\ 0 & -2 \end{bmatrix}$ 50. $A = \begin{bmatrix} -\frac{1}{4} & 0 \\ 0 & 1 \end{bmatrix}$

Apresentação de uma descrição geométrica Nos Exercícios 51 e 52, dê uma descrição geométrica da transformação linear definida pelo produto de matrizes.

51. $A = \begin{bmatrix} 2 & 0 \\ 2 & 1 \end{bmatrix} = \begin{bmatrix} 2 & 0 \\ 0 & 1 \end{bmatrix}\begin{bmatrix} 1 & 0 \\ 2 & 1 \end{bmatrix}$

52. $A = \begin{bmatrix} 0 & 3 \\ 1 & 0 \end{bmatrix} = \begin{bmatrix} 0 & 1 \\ 1 & 0 \end{bmatrix}\begin{bmatrix} 1 & 0 \\ 0 & 3 \end{bmatrix}$

53. A transformação linear definida por uma matriz diagonal com os elementos na diagonal principal positivos é chamada de **magnificação**. Encontre as imagens de (1, 0), (0, 1) e (2, 2) pela transformação linear definida por A e interprete graficamente seu resultado.

$A = \begin{bmatrix} 2 & 0 \\ 0 & 3 \end{bmatrix}$

> **54. Ponto crucial** Descreva a transformação definida por cada matriz. Suponha que k e θ são escalares positivos.
>
> (a) $\begin{bmatrix} -1 & 0 \\ 0 & 1 \end{bmatrix}$ (b) $\begin{bmatrix} 1 & 0 \\ 0 & -1 \end{bmatrix}$
>
> (c) $\begin{bmatrix} 0 & 1 \\ 1 & 0 \end{bmatrix}$ (d) $\begin{bmatrix} k & 0 \\ 0 & 1 \end{bmatrix}, k > 1$
>
> (e) $\begin{bmatrix} k & 0 \\ 0 & 1 \end{bmatrix}, 0 < k < 1$ (f) $\begin{bmatrix} 1 & 0 \\ 0 & k \end{bmatrix}, k > 1$
>
> (g) $\begin{bmatrix} 1 & 0 \\ 0 & k \end{bmatrix}, 0 < k < 1$ (h) $\begin{bmatrix} 1 & k \\ 0 & 1 \end{bmatrix}$
>
> (i) $\begin{bmatrix} 1 & 0 \\ k & 1 \end{bmatrix}$ (j) $\begin{bmatrix} 1 & 0 & 0 \\ 0 & \cos\theta & -\operatorname{sen}\theta \\ 0 & \operatorname{sen}\theta & \cos\theta \end{bmatrix}$
>
> (k) $\begin{bmatrix} \cos\theta & 0 & \operatorname{sen}\theta \\ 0 & 1 & 0 \\ -\operatorname{sen}\theta & 0 & \cos\theta \end{bmatrix}$ (l) $\begin{bmatrix} \cos\theta & -\operatorname{sen}\theta & 0 \\ \operatorname{sen}\theta & \cos\theta & 0 \\ 0 & 0 & 1 \end{bmatrix}$

Determinação de uma matriz para produzir uma rotação Nos Exercícios 55-58, encontre a matriz que produz a rotação.

55. 30° em torno do eixo z 56. 60° em torno do eixo x
57. 120° em torno do eixo x 58. 60° em torno do eixo y.

Determinação da imagem de um vetor Nos Exercícios 59-62, encontre a imagem do vetor (1, 1, 1) pela rotação.

59. 30° em torno do eixo z 60. 60° em torno do eixo x
61. 120° em torno do eixo x 62. 60° em torno do eixo y

Determinação de uma rotação Nos Exercícios 63-68, determine qual é a única rotação no sentido anti-horário em torno do eixo x, y ou z que produz o tetraedro girado. A figura à direita mostra o tetraedro antes da rotação.

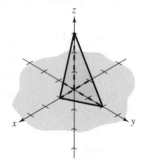

63. 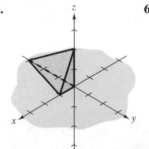 64.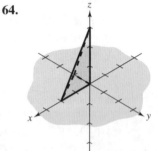

65. 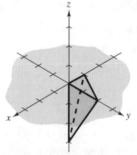 66.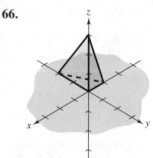

67. 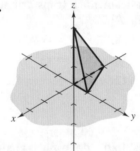 68.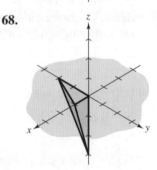

Determinação de uma matriz para produzir um par de rotações Nos Exercícios 69-72, determine a matriz que produz o par de rotações. Em seguida, encontre a imagem do vetor (1, 1, 1) por estas rotações.

69. 90° em torno do eixo x e, em seguida, 90° em torno do eixo y

70. 30° em torno do eixo z e, em seguida, 60° em torno do eixo y

71. 45° em torno do eixo z e, em seguida, 135° em torno do eixo x

72. 120° em torno do eixo x e, em seguida, 135° em torno do eixo z.

Transformações lineares 343

Capítulo 6   Exercícios de revisão

Determinação de uma imagem e uma pré-imagem   Nos Exercícios 1-6, encontre (a) a imagem de v e (b) a pré-imagem de w pela transformação linear.

1. $T: R^2 \to R^2$, $T(v_1, v_2) = (v_1, v_1 + 2v_2)$, $\mathbf{v} = (2, -3)$, $\mathbf{w} = (4, 12)$

2. $T: R^2 \to R^2$, $T(v_1, v_2) = (v_1 + v_2, 2v_2)$, $\mathbf{v} = (4, -1)$, $\mathbf{w} = (8, 4)$

3. $T: R^3 \to R^3$, $T(v_1, v_2, v_3) = (0, v_1 + v_2, v_2 + v_3)$, $\mathbf{v} = (-3, 2, 5)$, $\mathbf{w} = (0, 2, 5)$

4. $T: R^3 \to R^3$, $T(v_1, v_2, v_3) = (v_1 + v_2, v_2 + v_3, v_3)$, $\mathbf{v} = (-2, 1, 2)$, $\mathbf{w} = (0, 1, 2)$

5. $T: R^2 \to R^3$, $T(v_1, v_2) = (v_1 + v_2, v_1 - v_2, 2v_1 + 3v_2)$, $\mathbf{v} = (2, -3)$, $\mathbf{w} = (1, -3, 4)$

6. $T: R^2 \to R$, $T(v_1, v_2) = (2v_1 - v_2)$, $\mathbf{v} = (2, -3)$, $\mathbf{w} = 4$

Transformações lineares e matrizes canônicas   Nos Exercícios 7-18, determine se a função é uma transformação linear. Se for, encontre sua matriz canônica A.

7. $T: R \to R^2$, $T(x) = (x, x + 2)$

8. $T: R^2 \to R$, $T(x_1, x_2) = (x_1 + x_2)$

9. $T: R^2 \to R^2$, $T(x_1, x_2) = (x_1 + 2x_2, -x_1 - x_2)$

10. $T: R^2 \to R^2$, $T(x_1, x_2) = (x_1 + 3, x_2)$

11. $T: R^2 \to R^2$, $T(x, y) = (x - 2y, 2y - x)$

12. $T: R^2 \to R^2$, $T(x, y) = (x + y, y)$

13. $T: R^2 \to R^2$, $T(x, y) = (x + h, y + k)$, $h \neq 0$ ou $k \neq 0$ (translação em R^2)

14. $T: R^2 \to R^2$, $T(x, y) = (|x|, |y|)$

15. $T: R^3 \to R^3$, $T(x_1, x_2, x_3) = (x_1 + x_2, 2, x_3 - x_1)$

16. $T: R^3 \to R^3$, $T(x_1, x_2, x_3) = (x_1 - x_2, x_2 - x_3, x_3 - x_1)$

17. $T: R^3 \to R^3$, $T(x, y, z) = (z, y, x)$

18. $T: R^3 \to R^3$, $T(x, y, z) = (x, 0, -y)$

19. Seja T uma transformação linear de R^2 em R^2 tal que $T(2, 0) = (1, 1)$ e $T(0, 3) = (3, 3)$. Encontre $T(1, 1)$ e $T(0, 1)$.

20. Seja T uma transformação linear de R^3 em R tal que $T(1, 1, 1) = 1$, $T(1, 1, 0) = 2$ e $T(1, 0, 0) = 3$. Encontre $T(0, 1, 1)$.

21. Seja T uma transformação linear de R^2 em R^2 tal que $T(4, -2) = (2, -2)$ e $T(3, 3) = (-3, 3)$. Encontre $T(-7, 2)$.

22. Seja T uma transformação linear de R^2 em R^2 tal que $T(1, -1) = (2, -3)$ e $T(0, 2) = (0, 8)$. Encontre $T(2, 4)$.

Transformação linear dada por uma matriz   Nos Exercícios 23-28, defina a transformação linear

$T: R^n \to R^m$ por $T(\mathbf{v}) = A\mathbf{v}$. Use a matriz A para (a) determinar as dimensões de R^n e R^m, (b) encontre a imagem de v e (c) encontre a pré-imagem de w.

23. $A = \begin{bmatrix} 0 & 1 & 2 \\ -2 & 0 & 0 \end{bmatrix}$, $\mathbf{v} = (6, 1, 1)$, $\mathbf{w} = (3, 5)$

24. $A = \begin{bmatrix} 1 & 2 & -1 \\ 1 & 0 & 1 \end{bmatrix}$, $\mathbf{v} = (5, 2, 2)$, $\mathbf{w} = (4, 2)$

25. $A = \begin{bmatrix} 1 & 1 & 1 \\ 0 & 1 & 1 \\ 0 & 0 & 1 \end{bmatrix}$, $\mathbf{v} = (2, 1, -5)$, $\mathbf{w} = (6, 4, 2)$

26. $A = \begin{bmatrix} 2 & 1 \\ 0 & 1 \end{bmatrix}$, $\mathbf{v} = (8, 4)$, $\mathbf{w} = (5, 2)$

27. $A = \begin{bmatrix} 4 & 0 \\ 0 & 5 \\ 1 & 1 \end{bmatrix}$, $\mathbf{v} = (2, 2)$, $\mathbf{w} = (4, -5, 0)$

28. $A = \begin{bmatrix} -1 & 0 \\ 0 & 1 \\ -1 & -3 \end{bmatrix}$, $\mathbf{v} = (3, 5)$, $\mathbf{w} = (5, 2, -1)$

29. Use a matriz canônica da rotação no sentido anti-horário em R^2 para girar o triângulo com vértices (3, 5), (5, 3) e (3, 0) no sentido anti-horário de 90° em torno da origem. Represente graficamente os triângulos.

30. Gire o triângulo no Exercício 29 no sentido anti-horário de 90° em relação ao ponto (5, 3). Represente graficamente os triângulos.

Determinação do núcleo e da imagem   Nos Exercícios 31-34, encontre (a) ker(T) e (b) imagem(T).

31. $T: R^4 \to R^3$,
$T(w, x, y, z) = (2w + 4x + 6y + 5z, \\ \qquad\qquad -w - 2x + 2y, 8y + 4z)$

32. $T: R^3 \to R^3$, $T(x, y, z) = (x + 2y, y + 2z, z + 2x)$

33. $T: R^3 \to R^3$, $T(x, y, z) = (x, y, z + 3y)$

34. $T: R^3 \to R^3$, $T(x, y, z) = (x + y, y + z, x - z)$

Determinação de núcleo, nulidade, imagem e posto   Nos Exercícios 35-38, defina a transformação linear T por $T(\mathbf{v}) = A\mathbf{v}$. Encontre (a) ker$(T)$, (b) nulidade$(T)$, (c) imagem$(T)$ e (d) posto(T).

35. $A = \begin{bmatrix} 1 & 2 \\ -1 & 0 \\ 1 & 1 \end{bmatrix}$ 36. $A = \begin{bmatrix} -1 & 2 \\ 0 & -1 \\ -2 & 2 \end{bmatrix}$

37. $A = \begin{bmatrix} 2 & 1 & 3 \\ 1 & 1 & 0 \\ 0 & 1 & -3 \end{bmatrix}$ 38. $A = \begin{bmatrix} 1 & 1 & -1 \\ 1 & 2 & 1 \\ 0 & 1 & 0 \end{bmatrix}$

344 Elementos de álgebra linear

39. Para $T: R^5 \to R^3$ com nulidade$(T) = 2$, encontre posto (T).

40. Para $T: P_5 \to P_3$ com nulidade$(T) = 4$, encontre posto (T).

41. Para $T: P_4 \to R^5$ com posto$(T) = 3$, encontre nulidade (T).

42. Para $T: M_{3,3} \to M_{3,3}$ com posto$(T) = 5$, encontre nulidade(T).

Determinação de uma potência de uma matriz canônica Nos Exercícios 43-46, encontre a potência especificada de A, a matriz canônica de T.

43. $T: R^3 \to R^3$, reflexão no plano xy. Encontre A^2.

44. $T: R^3 \to R^3$, projeção no plano xy. Encontre A^2.

45. $T: R^2 \to R^2$, rotação no sentido anti-horário por um ângulo θ. Encontre A^3.

46. Cálculo $T: P_3 \to P_3$, operador diferencial D_x. Encontre A^2.

Determinação de matrizes canônicas de compostas Nos Exercícios 47 e 48, encontre as matrizes canônicas de $T = T_2 \circ T_1$ e $T' = T_1 \circ T_2$.

47. $T_1: R^2 \to R^3$, $T_1(x, y) = (x, x + y, y)$

$T_2: R^3 \to R^2$, $T_2(x, y, z) = (0, y)$

48. $T_1: R \to R^2$, $T_1(x) = (x, 4x)$

$T_2: R^2 \to R$, $T_2(x, y) = (y + 3x)$

Determinação da inversa de uma transformação linear Nos Exercícios 49-52, determine se a transformação é inversível. Se for, encontre a sua inversa.

49. $T: R^2 \to R^2$, $T(x, y) = (0, y)$

50. $T: R^2 \to R^2$,

$T(x, y) = (x \cos \theta - y \operatorname{sen} \theta, x \operatorname{sen} \theta + y \cos \theta)$

51. $T: R^2 \to R^2$, $T(x, y) = (x, -y)$

52. $T: R^3 \to R^2$, $T(x, y, z) = (x + y, y - z)$

Transformações injetoras, sobrejetoras e inversíveis Nos Exercícios 53-56, determine se a transformação linear representada pela matriz A é (a) injetora, (b) sobrejetora e (c) inversível.

53. $A = \begin{bmatrix} 6 & 0 \\ 0 & -1 \end{bmatrix}$ **54.** $A = \begin{bmatrix} 1 & \frac{1}{4} \\ 0 & 1 \end{bmatrix}$

55. $A = \begin{bmatrix} 1 & 1 & 1 \\ 0 & 1 & 1 \end{bmatrix}$ **56.** $A = \begin{bmatrix} 4 & 0 & 7 \\ 5 & 5 & 1 \\ 0 & 0 & 2 \end{bmatrix}$

Determinação da imagem de duas maneiras Nos Exercícios 57 e 58, encontre $T(\mathbf{v})$ usando (a) a matriz canônica e (b) a matriz relativa a B e B'.

57. $T: R^2 \to R^3$,

$T(x, y) = (-x, y, x + y)$, $\mathbf{v} = (0, 1)$,

$B = \{(1, 1), (1, -1)\}, B' = \{(0, 1, 0), (0, 0, 1), (1, 0, 0)\}$

58. $T: R^2 \to R^2$,

$T(x, y) = (2y, 0)$, $\mathbf{v} = (-1, 3)$,

$B = \{(2, 1), (-1, 0)\}, B' = \{(-1, 0), (2, 2)\}$

Determinação de uma matriz de uma transformação linear Nos Exercícios 59 e 60, encontre a matriz A' de T em relação à base B'.

59. $T: R^2 \to R^2$, $T(x, y) = (x - 3y, y - x)$,

$B' = \{(1, -1), (1, 1)\}$

60. $T: R^3 \to R^3$, $T(x, y, z) = (x + 3y, 3x + y, -2z)$,

$B' = \{(1, 1, 0), (1, -1, 0), (0, 0, 1)\}$

Matrizes semelhantes Nos Exercícios 61 e 62, use a matriz P para mostrar que as matrizes A e A' são semelhantes.

61. $P = \begin{bmatrix} 2 & -1 \\ 3 & 5 \end{bmatrix}, A = \begin{bmatrix} 6 & -3 \\ 2 & -2 \end{bmatrix}, A' = \begin{bmatrix} 1 & -9 \\ -1 & 3 \end{bmatrix}$

62. $P = \begin{bmatrix} 1 & 2 & 0 \\ 0 & 1 & -1 \\ 1 & 0 & 0 \end{bmatrix}, A = \begin{bmatrix} 1 & 0 & 1 \\ -1 & 3 & 1 \\ 0 & 0 & 2 \end{bmatrix}, A' = \begin{bmatrix} 2 & 0 & 0 \\ 0 & 1 & 0 \\ 0 & 0 & 3 \end{bmatrix}$

63. Defina $T: R^3 \to R^3$ por $T(\mathbf{v}) = \operatorname{proj}_{\mathbf{u}} \mathbf{v}$, onde $\mathbf{u} = (0, 1, 2)$.

(a) Encontre A, a matriz canônica de T.

(b) Seja S a transformação linear representada por $I - A$. Mostre que S é da forma

$S(\mathbf{v}) = \operatorname{proj}_{\mathbf{w}_1} \mathbf{v} + \operatorname{proj}_{\mathbf{w}_2} \mathbf{v}$

onde $\mathbf{w}_1$ e $\mathbf{w}_2$ são vetores fixos em R^3.

(c) Mostre que o núcleo de T é igual a imagem de S.

64. Defina $T: R^2 \to R^2$ por $T(\mathbf{v}) = \operatorname{proj}_{\mathbf{u}} \mathbf{v}$, onde $\mathbf{u} = (4, 3)$.

(a) Encontre A, a matriz canônica de T, e mostre que $A^2 = A$.

(b) Mostre que $(I - A)^2 = I - A$.

(c) Encontre $A\mathbf{v}$ e $(I - A)\mathbf{v}$ para $\mathbf{v} = (5, 0)$.

(d) Represente graficamente $\mathbf{u}$, $\mathbf{v}$, $A\mathbf{v}$ e $(I - A)\mathbf{v}$.

65. Sejam S e T transformações lineares de V em W. Mostre que $S + T$ e kT são ambas transformações lineares, onde $(S + T)(\mathbf{v}) = S(\mathbf{v}) + T(\mathbf{v})$ e $(kT)(\mathbf{v}) = kT(\mathbf{v})$.

66. Demonstração Seja $T: R^2 \to R^2$ tal que $T(\mathbf{v}) = A\mathbf{v} + \mathbf{b}$, onde A é uma matriz 2×2. (Essa transformação é chamada de **transformação afim**.) Demonstre que T é uma transformação linear se e somente se $\mathbf{b} = \mathbf{0}$.

Soma de duas transformações lineares Nos Exercícios 67 e 68, considere a soma $S + T$ de duas transformações lineares $S: V \to W$ e $T: V \to W$, definida por $(S + T)(\mathbf{v}) = S(\mathbf{v}) + T(\mathbf{v})$.

67. Demonstração Demonstre que posto

$(S + T) \leq \text{posto}(S) + \text{posto}(T)$.

68. Dê um exemplo para cada um.

(a) $\text{Posto}(S + T) = \text{posto}(S) + \text{posto}(T)$

(b) $\text{Posto}(S + T) < \text{posto}(S) + \text{posto}(T)$

69. Demonstração Seja $T: P_3 \to R$ tal que

$T(a_0 + a_1 x + a_2 x^2 + a_3 x^3) = a_0 + a_1 + a_2 + a_3$.

(a) Demonstre que T é uma transformação linear.

(b) Encontre o posto e a nulidade de T.

(c) Encontre uma base do núcleo de T.

Transformações lineares **345**

70. Demonstração Sejam

$T: V \rightarrow U$ e $S: U \rightarrow W$

transformações lineares.

(a) Demonstre que $\ker(T)$ está contido em $\ker(S \circ T)$.

(b) Demonstre que, se $S \circ T$ é sobrejetora, então S também é.

71. Seja V um espaço com produto interno. Para um vetor não nulo fixo $\mathbf{v}_0$ em V, seja $T: V \rightarrow R$ a transformação linear definida por $T(\mathbf{v}) = \langle \mathbf{v}, \mathbf{v}_0 \rangle$. Encontre o núcleo, a imagem, o posto e a nulidade de T.

72. Cálculo Seja $B = \{1, x, \text{sen } x, \cos x\}$ uma base de um subespaço W das funções contínuas e seja D_x o operador diferencial em W. Encontre a matriz de D_x em relação à base B. Encontre a imagem e o núcleo de D_x.

73. Dissertação Os espaços vetoriais R^4, $M_{2,2}$ e $M_{1,4}$ são exatamente os mesmos? Descreva suas semelhanças e diferenças.

74. Cálculo Defina $T: P_3 \rightarrow P_3$ por

$T(p) = p(x) + p'(x).$

Encontre o posto e a nulidade de T.

Identificação e representação de uma transformação Nos Exercícios 75-80, (a) identifique a transformação e (b) represente graficamente a transformação para um vetor arbitrário em R^2.

75. $T(x, y) = (x, 2y)$ **76.** $T(x, y) = (x + y, y)$

77. $T(x, y) = (x, y + 3x)$ **78.** $T(x, y) = (5x, y)$

79. $T(x, y) = (x + 5y, y)$ **80.** $T(x, y) = \left(x, y + \frac{3}{2}x\right)$

Esboço da imagem de um triângulo Nos Exercícios 81-84, esboce a imagem do triângulo com vértices $(0, 0)$, $(1, 0)$ e $(0, 1)$ pela transformação especificada.

81. T é uma reflexão no eixo x.

82. T é a expansão representada por $T(x, y) = (2x, y)$.

83. T é o cisalhamento representado por
$T(x, y) = (x + 3y, y).$

84. T é o cisalhamento representado por
$T(x, y) = (x, y + 2x).$

Apresentação de uma descrição geométrica Nos Exercícios 85 e 86, dê uma descrição geométrica da transformação linear definida pelo produto de matrizes.

85. $\begin{bmatrix} 0 & 12 \\ 1 & 0 \end{bmatrix} = \begin{bmatrix} 12 & 0 \\ 0 & 1 \end{bmatrix} \begin{bmatrix} 0 & 1 \\ 1 & 0 \end{bmatrix}$

86. $\begin{bmatrix} 1 & 0 \\ 6 & 2 \end{bmatrix} = \begin{bmatrix} 1 & 0 \\ 0 & 2 \end{bmatrix} \begin{bmatrix} 1 & 0 \\ 3 & 1 \end{bmatrix}$

Determinação de uma matriz para produzir uma rotação Nos Exercícios 87-90, encontre a matriz que produz a rotação. A seguir, encontre a imagem do vetor $(1, -1, 1)$.

87. $45°$ em torno do eixo z **88.** $90°$ em torno do eixo x

89. $60°$ em torno do eixo x **90.** $30°$ em torno do eixo y

Determinação de uma matriz para produzir um par de rotações Nos Exercícios 91-94, determine a matriz que produz o par de rotações.

91. $60°$ em torno do eixo x e, em seguida, $30°$ em torno do eixo z

92. $120°$ em torno do eixo y e, em seguida, $45°$ em torno do eixo z

93. $30°$ em torno do eixo y e, em seguida, $45°$ em torno do eixo z

94. $60°$ em torno do eixo x e, em seguida, $60°$ em torno do eixo z.

Determinação da imagem de um cubo unitário Nos Exercícios 95-98, encontre a imagem do cubo unitário com vértices $(0, 0, 0)$, $(1, 0, 0)$, $(1, 1, 0)$, $(0, 0, 1)$, $(0, 0, 0)$, $(0, 1, 1)$, $(0, 1, 1)$, $(1, 1, 1)$ e $(0, 1, 1)$ quando este é girado pelo ângulo dado.

95. $45°$ em torno do eixo z **96.** $90°$ em torno do eixo x

97. $30°$ em torno do eixo x **98.** $120°$ em torno do eixo z

Verdadeiro ou falso? Nos Exercícios 99-102, determine se cada afirmação é verdadeira ou falsa. Se uma afirmação for verdadeira, dê uma justificativa ou cite uma afirmação apropriada do texto. Se uma afirmação for falsa, forneça um exemplo que mostre que a afirmação não é verdadeira em todos os casos ou cite uma afirmação apropriada do texto.

99. (a) Reflexões que levam um ponto no plano xy para a imagem espelhada pela reta $y = x$ são transformações lineares que são definidas pela matriz
$\begin{bmatrix} 1 & 0 \\ 0 & 1 \end{bmatrix}.$

(b) As expansões ou contrações horizontais são transformações lineares que são definidas pela matriz
$\begin{bmatrix} k & 0 \\ 0 & 1 \end{bmatrix}.$

100. (a) Reflexões que levam um ponto no plano xy em sua imagem espelhada pelo eixo x são transformações lineares que são definidas pela matriz
$\begin{bmatrix} 1 & 0 \\ 0 & -1 \end{bmatrix}.$

(b) As expansões ou contrações verticais são transformações lineares que são definidas pela matriz
$\begin{bmatrix} 1 & 0 \\ 0 & k \end{bmatrix}.$

101. (a) No cálculo, qualquer função linear também é uma transformação linear de R^2 para R^2.

(b) Uma transformação linear é sobrejetora se e somente se, para todo $\mathbf{u}$ e $\mathbf{v}$ em V, $T(\mathbf{u}) = T(\mathbf{v})$ implica $\mathbf{u} = \mathbf{v}$.

(c) Para facilitar as contas, é melhor escolher uma base de V, de modo que a matriz da transformação seja diagonal.

102. (a) Para os polinômios, o operador diferencial D_x é uma transformação linear de P_n em P_{n-1}.

(b) O conjunto de todos os vetores $\mathbf{v}$ em V que satisfazem $T(\mathbf{v}) = \mathbf{v}$ é o núcleo de T.

(c) A matriz canônica A da composta de duas transformações lineares $T(\mathbf{v}) = T_2(T_1(\mathbf{v}))$ é o produto da matriz canônica de T_2 e matriz canônica de T_1.

6 Projetos

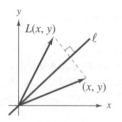

Figura 6.10

Seja ℓ a reta $ax + by = 0$ em R^2. A transformação linear $L: R^2 \to R^2$ que leva um ponto (x, y) para a sua imagem espelhada em relação a ℓ é chamada de **reflexão** em ℓ. (Veja a Figura 6.10.) O objetivo desses dois projetos é encontrar a matriz para essa reflexão relativa à base canônica.

1 Reflexões em R^2 (I)

Neste projeto, você usará matrizes de transição para determinar a matriz canônica da reflexão L na reta $ax + by = 0$.

1. Encontre a matriz canônica de L para a reta $x = 0$.
2. Encontre a matriz canônica de L para a reta $y = 0$.
3. Encontre a matriz canônica de L para a reta $x - y = 0$.
4. Considere a reta ℓ representada por $x - 2y = 0$. Encontre um vetor **v** paralelo a ℓ e outro vetor **w** ortogonal a ℓ. Determine a matriz A da reflexão em ℓ relativa à base ordenada $\{\mathbf{v}, \mathbf{w}\}$. Finalmente, use uma matriz de transição apropriada para encontrar a matriz da reflexão relativa à base canônica. Use esta matriz para encontrar as imagens dos pontos $(2, 1)$, $(-1, 2)$ e $(5, 0)$.
5. Considere uma reta geral ℓ representada por $ax + by = 0$. Encontre um vetor **v** paralelo a ℓ e outro vetor **w** ortogonal a ℓ. Determine a matriz A da reflexão em ℓ relativa à base ordenada $\{\mathbf{v}, \mathbf{w}\}$. Finalmente, use uma matriz de transição apropriada para encontrar a matriz da reflexão relativa à base canônica.
6. Encontre a matriz canônica da reflexão na reta $3x + 4y = 0$. Use esta matriz para encontrar as imagens dos pontos $(3, 4)$, $(-4, 3)$ e $(0, 5)$.

2 Reflexões em R^2 (II)

Neste projeto, você usará projeções para determinar a matriz canônica da reflexão L na reta $ax + by = 0$. Lembre-se de que a projeção do vetor **u** no vetor **v** (mostrado à direita) é

$$\text{proj}_\mathbf{v}\mathbf{u} = \frac{\mathbf{u} \cdot \mathbf{v}}{\mathbf{v} \cdot \mathbf{v}}\mathbf{v}.$$

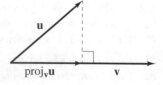

1. Encontre a matriz canônica da projeção no eixo y. Mais precisamente, encontre a matriz canônica de $\text{proj}_\mathbf{v}\mathbf{u}$ quando $\mathbf{v} = (0, 1)$.
2. Encontre a matriz canônica da projeção no eixo x.
3. Considere a reta ℓ representada por $x - 2y = 0$. Encontre um vetor **v** paralelo a ℓ e outro vetor **w** ortogonal a ℓ. Determine a matriz A da projeção em ℓ relativa à base ordenada $\{\mathbf{v}, \mathbf{w}\}$. Finalmente, use uma matriz de transição apropriada para encontrar a matriz da projeção relativa à base canônica. Use esta matriz para encontrar $\text{proj}_\mathbf{v}\mathbf{u}$ para $\mathbf{u} = (2, 1)$, $\mathbf{u} = (-1, 2)$ e $\mathbf{u} = (5, 0)$.
4. Considere uma reta geral ℓ representada por $ax + by = 0$. Encontre um vetor **v** paralelo a ℓ e outro vetor **w** ortogonal a ℓ. Determine a matriz A da projeção em ℓ relativa à base ordenada $\{\mathbf{v}, \mathbf{w}\}$. Finalmente, use uma matriz de transição apropriada para encontrar a matriz da projeção relativa à base canônica.
5. Use a Figura 6.11 para mostrar que $\text{proj}_\mathbf{v}\mathbf{u} = \frac{1}{2}(\mathbf{u} + L(\mathbf{u}))$, onde L é a reflexão na reta ℓ. Isole L nesta equação e compare sua resposta com a fórmula do primeiro projeto.

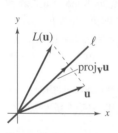

Figura 6.11

7 Autovalores e autovetores

- **7.1** Autovalores e autovetores
- **7.2** Diagonalização
- **7.3** Matrizes simétricas e diagonalização ortogonal
- **7.4** Aplicações de autovalores e autovetores

População de coelhos

Arquitetura

Máximos e mínimos relativos

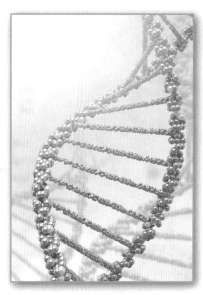
Genética

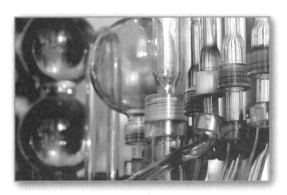
Difusão

Em sentido horário, de cima para esquerda: Anikakodydkova/Shutterstock.com; Ostill/Shutterstock.com; Sergey Nivens/Shutterstock.com; Shi Yali/Shutterstock.com; Yienkeat/Shutterstock.com

7.1 Autovalores e autovetores

- Verificar autovalores e autovetores associados.
- Encontrar autovalores e autoespaços associados.
- Usar a equação característica para encontrar autovalores e auto-vetores, bem como encontrar os autovalores e autovetores de uma matriz triangular.
- Encontrar os autovalores e os autovetores de uma transformação linear.

O PROBLEMA DO AUTOVALOR

Esta seção apresenta um dos problemas mais importantes na álgebra linear, o **problema de autovalor**. Sua questão central é "quando A é uma matriz $n \times n$, existem vetores não nulos $\mathbf{x}$ em R^n tais que $A\mathbf{x}$ é um múltiplo escalar de $\mathbf{x}$?". O escalar, denotado pela letra grega lambda (λ), é chamado de autovalor da matriz A, e o vetor $\mathbf{x}$ não nulo é chamado de autovetor de A associado a λ. As origens dos termos **autovalor** e **autovetor** vêm da palavra alemã *Eigenwert*, que significa "valor próprio". Então, você tem

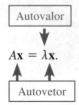

Os autovalores e os autovetores têm muitas aplicações importantes, muitas das quais são discutidas ao longo deste capítulo. Por enquanto, você considerará uma interpretação geométrica do problema em R^2. Se λ é um autovalor de uma matriz A e $\mathbf{x}$ é um autovetor de A associado a λ, então a multiplicação de $\mathbf{x}$ pela matriz A produz um vetor $\lambda\mathbf{x}$ que é paralelo a $\mathbf{x}$, como mostrado abaixo.

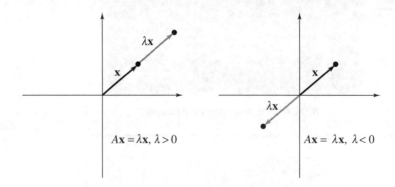

OBSERVAÇÃO

Apenas autovetores de autovalores reais são apresentados neste capítulo.

Definições de autovalor e autovetor

Seja A uma matriz $n \times n$. O escalar λ é um **autovalor** de A quando há um vetor $\mathbf{x}$ *não nulo* tal que $A\mathbf{x} = \lambda\mathbf{x}$. O vetor $\mathbf{x}$ é um autovetor de A associado a λ.

Observe que um autovetor não pode ser nulo. Permitir que $\mathbf{x}$ seja o vetor nulo tornaria a definição sem sentido, porque $A\mathbf{0} = \lambda\mathbf{0}$ é verdade para todos os valores reais de λ. Um autovalor $\lambda = 0$, no entanto, é possível. (Veja o Exemplo 2.)

Autovalores e autovetores   349

Uma matriz pode ter mais de um autovalor, conforme ilustrado nos Exemplos 1 e 2.

EXEMPLO 1   Verificação de autovetores e autovalores

Para a matriz

$$A = \begin{bmatrix} 2 & 0 \\ 0 & -1 \end{bmatrix}$$

verifique que $\mathbf{x}_1 = (1, 0)$ é um autovetor de A associado ao autovalor $\lambda_1 = 2$ e que $\mathbf{x}_2 = (0, 1)$ é um autovetor de A associado ao autovalor $\lambda_2 = -1$.

SOLUÇÃO

Multiplicar $\mathbf{x}_1$ à esquerda por A produz

$$A\mathbf{x}_1 = \begin{bmatrix} 2 & 0 \\ 0 & -1 \end{bmatrix}\begin{bmatrix} 1 \\ 0 \end{bmatrix} = \begin{bmatrix} 2 \\ 0 \end{bmatrix} = 2\begin{bmatrix} 1 \\ 0 \end{bmatrix}.$$

Autovalor   Autovetor

Então, $\mathbf{x}_1 = (1, 0)$ é um autovetor de A associado ao autovalor $\lambda_1 = 2$. Da mesma forma, multiplicar $\mathbf{x}_2$ à esquerda por A produz

$$A\mathbf{x}_2 = \begin{bmatrix} 2 & 0 \\ 0 & -1 \end{bmatrix}\begin{bmatrix} 0 \\ 1 \end{bmatrix} = \begin{bmatrix} 0 \\ -1 \end{bmatrix} = -1\begin{bmatrix} 0 \\ 1 \end{bmatrix}.$$

Então, $\mathbf{x}_2 = (0, 1)$ é um autovetor de A associado ao autovalor $\lambda_2 = -1$.   ■

EXEMPLO 2   Verificação de autovetores e autovalores

Para a matriz

$$A = \begin{bmatrix} 1 & -2 & 1 \\ 0 & 0 & 0 \\ 0 & 1 & 1 \end{bmatrix}$$

verifique que

$$\mathbf{x}_1 = (-3, -1, 1) \quad \text{e} \quad \mathbf{x}_2 = (1, 0, 0)$$

são autovetores de A e encontre seus autovalores associados.

SOLUÇÃO

Multiplicar $\mathbf{x}_1$ à esquerda por A produz

$$A\mathbf{x}_1 = \begin{bmatrix} 1 & -2 & 1 \\ 0 & 0 & 0 \\ 0 & 1 & 1 \end{bmatrix}\begin{bmatrix} -3 \\ -1 \\ 1 \end{bmatrix} = \begin{bmatrix} 0 \\ 0 \\ 0 \end{bmatrix} = 0\begin{bmatrix} -3 \\ -1 \\ 1 \end{bmatrix}.$$

Então, $\mathbf{x}_1 = (-3, -1, 1)$ é um autovetor de A associado ao autovalor $\lambda_1 = 0$. Da mesma forma, multiplicar $\mathbf{x}_2$ à esquerda por A produz

$$A\mathbf{x}_2 = \begin{bmatrix} 1 & -2 & 1 \\ 0 & 0 & 0 \\ 0 & 1 & 1 \end{bmatrix}\begin{bmatrix} 1 \\ 0 \\ 0 \end{bmatrix} = \begin{bmatrix} 1 \\ 0 \\ 0 \end{bmatrix} = 1\begin{bmatrix} 1 \\ 0 \\ 0 \end{bmatrix}.$$

Então, $\mathbf{x}_2 = (1, 0, 0)$ é um autovetor de A associado ao autovalor $\lambda_2 = 1$.   ■

Descoberta

1. No Exemplo 2, $\lambda_2 = 1$ é um autovalor da matriz A. Calcule o determinante da matriz $\lambda_2 I - A$, onde I é a matriz identidade 3×3.

2. Repita para o outro autovalor, $\lambda_1 = 0$.

3. Em geral, quando λ é um autovalor da matriz A, qual é o valor de $|\lambda I - A|$?

AUTOESPAÇOS

Embora os Exemplos 1 e 2 apresentem apenas um autovetor para cada autovalor, cada um dos quatro autovalores nos Exemplos 1 e 2 têm infinitos autovetores. Por exemplo, no Exemplo 1, os vetores $(2, 0)$ e $(-3, 0)$ são autovetores de A associados ao autovalor 2. Na verdade, se A é uma matriz $n \times n$ com um autovalor λ e um autovetor associado $\mathbf{x}$, então cada múltiplo escalar não nulo de $\mathbf{x}$ também é um autovetor de A. Para ver isso, seja c um escalar diferente de zero, o qual então produz

$$A(c\mathbf{x}) = c(A\mathbf{x}) = c(\lambda\mathbf{x}) = \lambda(c\mathbf{x}).$$

Também é verdade que se $\mathbf{x}_1$ e $\mathbf{x}_2$ são autovetores associados ao mesmo autovalor λ, então a sua soma é também um autovetor associado a λ, porque

$$A(\mathbf{x}_1 + \mathbf{x}_2) = A\mathbf{x}_1 + A\mathbf{x}_2 = \lambda\mathbf{x}_1 + \lambda\mathbf{x}_2 = \lambda(\mathbf{x}_1 + \mathbf{x}_2).$$

Em outras palavras, o conjunto de todos os autovetores de um autovalor λ, juntamente com o vetor nulo, é um subespaço de R^n. Esse subespaço especial de R^n é chamado de **autoespaço** de λ.

TEOREMA 7.1   Os autovetores de λ formam um subespaço

Se A é uma matriz $n \times n$ com um autovalor λ, então o conjunto de todos os autovetores de λ, juntamente com o vetor nulo

$\{\mathbf{x}: \mathbf{x}$ é um autovetor de $\lambda\} \cup \{\mathbf{0}\}$

é um subespaço de R^n. Este subespaço é o **autoespaço** de λ.

A determinação dos autovalores e dos autoespaços associados de uma matriz pode envolver manipulação algébrica. Ocasionalmente, no entanto, é possível encontrar autovalores e autoespaços por inspeção, como ilustrado no Exemplo 3.

EXEMPLO 3   Determinação geométrica de autoespaços em R^2

Encontre os autovalores e os autoespaços associados de $A = \begin{bmatrix} -1 & 0 \\ 0 & 1 \end{bmatrix}$.

SOLUÇÃO

Geometricamente, multiplicar um vetor (x, y) em R^2 pela matriz A corresponde à reflexão no eixo y. Mais precisamente, se $\mathbf{v} = (x, y)$, então

$$A\mathbf{v} = \begin{bmatrix} -1 & 0 \\ 0 & 1 \end{bmatrix}\begin{bmatrix} x \\ y \end{bmatrix} = \begin{bmatrix} -x \\ y \end{bmatrix}.$$

A Figura 7.1 ilustra que os únicos vetores refletidos em múltiplos escalares deles mesmos são os que estão no eixo x ou no eixo y.

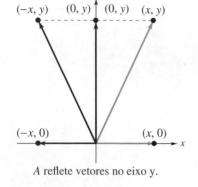

A reflete vetores no eixo y.

Figura 7.1

Para um vetor no eixo x:
$$\begin{bmatrix} -1 & 0 \\ 0 & 1 \end{bmatrix}\begin{bmatrix} x \\ 0 \end{bmatrix} = \begin{bmatrix} -x \\ 0 \end{bmatrix} = -1\begin{bmatrix} x \\ 0 \end{bmatrix}$$
Autovalor é $\lambda_1 = -1$.

Para um vetor no eixo y:
$$\begin{bmatrix} -1 & 0 \\ 0 & 1 \end{bmatrix}\begin{bmatrix} 0 \\ y \end{bmatrix} = \begin{bmatrix} 0 \\ y \end{bmatrix} = 1\begin{bmatrix} 0 \\ y \end{bmatrix}$$
Autovalor é $\lambda_2 = 1$.

Assim, os autovetores associados a $\lambda_1 = -1$ são os vetores não nulos no eixo x, e os autovetores associados a $\lambda_2 = 1$ são os vetores não nulos no eixo y. Isso implica que o autoespaço associado a $\lambda_1 = -1$ é o eixo x, e que o autoespaço associado a $\lambda_2 = 1$ é o eixo y.

OBSERVAÇÃO

A solução geométrica no Exemplo 3 não é típica de problema de autovalor geral. Uma abordagem menos específica é necessária.

Autovalores e autovetores **351**

DETERMINAÇÃO DE AUTOVALORES E AUTOVETORES

Para encontrar os autovalores e os autovetores de uma matriz A de ordem n, seja I a matriz identidade $n \times n$. Reescrever $A\mathbf{x} = \lambda\mathbf{x}$ como $\lambda I\mathbf{x} = A\mathbf{x}$ e reorganizar fornece $(\lambda I - A)\mathbf{x} = \mathbf{0}$. Este sistema homogêneo de equações possui soluções não nulas se e somente se a matriz dos coeficientes $(\lambda I - A)$ for *não* inversível, ou seja, se e somente se seu determinante for zero. O próximo teorema afirma formalmente isso.

> **TEOREMA 7.2 Autovalores e autovetores de uma matriz**
>
> Seja A uma matriz $n \times n$.
> 1. Um autovalor de A é um escalar λ tal que $\det(\lambda I - A) = 0$.
> 2. Os autovetores de A associados a λ são as soluções não nulas de $(\lambda I - A)\mathbf{x} = \mathbf{0}$.

A equação $\det(\lambda I - A) = 0$ é a **equação característica** de A. Além disso, quando expandido para a forma polinomial,

$$|\lambda I - A| = \lambda^n + c_{n-1}\lambda^{n-1} + \cdots + c_2\lambda^2 + c_1\lambda + c_0$$

é o **polinômio característico** de A. Então, os autovalores de uma matriz A de ordem n correspondem às raízes do polinômio característico de A.

OBSERVAÇÃO

O polinômio característico de A é de grau n, de modo que a A pode ter no máximo n autovalores distintos. O teorema fundamental da álgebra afirma que um polinômio de grau n tem precisamente n raízes. Essas n raízes, no entanto, incluem tanto raízes repetidas quanto raízes complexas. Neste capítulo, você se concentrará nas raízes reais dos polinômios característicos – isto é, autovalores reais.

EXEMPLO 4 Determinação de autovalores e autovetores

Veja LarsonLinearAlgebra.com para uma versão interativa deste tipo de exemplo.

Encontre os autovalores e autovetores associados de $A = \begin{bmatrix} 2 & -12 \\ 1 & -5 \end{bmatrix}$.

SOLUÇÃO

O polinômio característico de A é

$$|\lambda I - A| = \begin{vmatrix} \lambda - 2 & 12 \\ -1 & \lambda + 5 \end{vmatrix} = \lambda^2 + 3\lambda - 10 + 12 = (\lambda + 1)(\lambda + 2).$$

Assim, a equação característica é $(\lambda + 1)(\lambda + 2) = 0$, o que dá $\lambda_1 = -1$ e $\lambda_2 = -2$ como autovalores de A. Para encontrar os autovetores associados, resolva o sistema linear homogêneo representado por $(\lambda I - A)\mathbf{x} = \mathbf{0}$ duas vezes: primeiro para $\lambda = \lambda_1 = -1$ e, então, para $\lambda = \lambda_2 = -2$. Para $\lambda_1 = -1$, a matriz dos coeficientes é

$$(-1)I - A = \begin{bmatrix} -1 - 2 & 12 \\ -1 & -1 + 5 \end{bmatrix} = \begin{bmatrix} -3 & 12 \\ -1 & 4 \end{bmatrix}$$

que se reduz por linhas a $\begin{bmatrix} 1 & -4 \\ 0 & 0 \end{bmatrix}$, mostrando que $x_1 - 4x_2 = 0$. Tomando $x_2 = t$, você pode concluir que todo autovetor associado a λ_1 é da forma

$$\mathbf{x} = \begin{bmatrix} x_1 \\ x_2 \end{bmatrix} = \begin{bmatrix} 4t \\ t \end{bmatrix} = t\begin{bmatrix} 4 \\ 1 \end{bmatrix}, \quad t \neq 0.$$

Para $\lambda_2 = -2$, você tem

$$(-2)I - A = \begin{bmatrix} -2 - 2 & 12 \\ -1 & -2 + 5 \end{bmatrix} = \begin{bmatrix} -4 & 12 \\ -1 & 3 \end{bmatrix} \quad \Longrightarrow \quad \begin{bmatrix} 1 & -3 \\ 0 & 0 \end{bmatrix}.$$

Tomando $x_2 = t$, você pode concluir que todo autovetor associado a λ_2 é da forma

$$\mathbf{x} = \begin{bmatrix} x_1 \\ x_2 \end{bmatrix} = \begin{bmatrix} 3t \\ t \end{bmatrix} = t\begin{bmatrix} 3 \\ 1 \end{bmatrix}, \quad t \neq 0.$$

OBSERVAÇÃO

Verifique que os autovalores e os autovetores neste exemplo satisfazem a equação $A\mathbf{x} = \lambda_i\mathbf{x}$.

352 Elementos de álgebra linear

Os sistemas homogêneos que surgem quando você está encontrando autovetores sempre se reduzem por linhas a uma matriz com pelo menos uma linha de zeros, pois os sistemas devem ter soluções não triviais. Um resumo das etapas usadas para encontrar os autovalores e os autovetores associados de uma matriz encontra-se a seguir.

Determinação de autovalores e autovetores

Seja A uma matriz $n \times n$.

1. Forme a equação característica $|\lambda I - A| = 0$. Ela será uma equação polinomial de grau n na variável λ.
2. Encontre as raízes reais da equação característica. Tais são os autovalores de A.
3. Para cada autovalor λ_i, encontre os autovetores associados a λ_i resolvendo o sistema homogêneo $(\lambda_i I - A)\mathbf{x} = \mathbf{0}$. Isso pode exigir a redução por linhas da matriz $n \times n$ dos coeficientes. A forma escalonada reduzida deve ter pelo menos uma linha só de zeros.

Encontrar os autovalores de uma matriz $n \times n$ pode envolver a fatoração de um polinômio de grau n. Uma vez que você tenha encontrado um autovalor, pode encontrar os autovetores associados por qualquer método apropriado, como a eliminação de Gauss-Jordan.

EXEMPLO 5 Determinação de autovalores e autovetores

Encontre os autovalores e os autovetores associados de

$$A = \begin{bmatrix} 2 & 1 & 0 \\ 0 & 2 & 0 \\ 0 & 0 & 2 \end{bmatrix}.$$

Qual a dimensão do autoespaço de cada autovalor?

SOLUÇÃO

O polinômio característico de A é

$$|\lambda I - A| = \begin{vmatrix} \lambda - 2 & -1 & 0 \\ 0 & \lambda - 2 & 0 \\ 0 & 0 & \lambda - 2 \end{vmatrix}$$
$$= (\lambda - 2)^3.$$

Assim, a equação característica é $(\lambda - 2)^3 = 0$ e o único autovalor é $\lambda = 2$. Para encontrar os autovetores de $\lambda = 2$, resolva o sistema linear homogêneo representado por $(2I - A)\mathbf{x} = \mathbf{0}$.

$$2I - A = \begin{bmatrix} 0 & -1 & 0 \\ 0 & 0 & 0 \\ 0 & 0 & 0 \end{bmatrix}$$

Isto implica que $x_2 = 0$. Usando os parâmetros $s = x_1$ e $t = x_3$, pode-se concluir que os autovetores de $\lambda = 2$ têm a forma

$$\mathbf{x} = \begin{bmatrix} x_1 \\ x_2 \\ x_3 \end{bmatrix} = \begin{bmatrix} s \\ 0 \\ t \end{bmatrix} = s \begin{bmatrix} 1 \\ 0 \\ 0 \end{bmatrix} + t \begin{bmatrix} 0 \\ 0 \\ 1 \end{bmatrix}, \text{ com } s \text{ e } t \text{ não ambos nulos.}$$

$\lambda = 2$ tem dois autovetores linearmente independentes, de modo que a dimensão de seu autoespaço é 2.

Se um autovalor λ_i ocorre como uma *raiz múltipla* (k vezes) do polinômio característico, então λ_i tem **multiplicidade** k. Isto implica que $(\lambda - \lambda_i)^k$ é um fator do polinômio característico e $(\lambda - \lambda_i)^{k+1}$ não é um fator do polinômio característico. Por exemplo, no Exemplo 5, o autovalor $\lambda = 2$ tem multiplicidade 3.

Além disso, observe que, no Exemplo 5, a dimensão do autoespaço $\lambda = 2$ é 2. Em geral, a multiplicidade de um autovalor é maior ou igual à dimensão do seu autoespaço. (No Exercício 63, será pedido que você demonstre isso.)

Autovalores e autovetores　　353

EXEMPLO 6　Determinação de autovalores e autovetores

Encontre os autovalores de

$$A = \begin{bmatrix} 1 & 0 & 0 & 0 \\ 0 & 1 & 5 & -10 \\ 1 & 0 & 2 & 0 \\ 1 & 0 & 0 & 3 \end{bmatrix}$$

e encontre uma base para cada um dos autoespaços associados.

SOLUÇÃO

O polinômio característico de A é

$$|\lambda I - A| = \begin{vmatrix} \lambda - 1 & 0 & 0 & 0 \\ 0 & \lambda - 1 & -5 & 10 \\ -1 & 0 & \lambda - 2 & 0 \\ -1 & 0 & 0 & \lambda - 3 \end{vmatrix}$$

$$= (\lambda - 1)^2(\lambda - 2)(\lambda - 3).$$

Assim, a equação característica é $(\lambda - 1)^2(\lambda - 2)(\lambda - 3) = 0$ e os autovalores são $\lambda_1 = 1$, $\lambda_2 = 2$ e $\lambda_3 = 3$. (Observe que $\lambda_1 = 1$ tem multiplicidade 2.)

Você pode encontrar uma base para o autoespaço de $\lambda_1 = 1$ como mostrado abaixo.

$$(1)I - A = \begin{bmatrix} 0 & 0 & 0 & 0 \\ 0 & 0 & -5 & 10 \\ -1 & 0 & -1 & 0 \\ -1 & 0 & 0 & -2 \end{bmatrix} \longrightarrow \begin{bmatrix} 1 & 0 & 0 & 2 \\ 0 & 0 & 1 & -2 \\ 0 & 0 & 0 & 0 \\ 0 & 0 & 0 & 0 \end{bmatrix}$$

Tomar $s = x_2$ e $t = x_4$ produz

$$\mathbf{x} = \begin{bmatrix} x_1 \\ x_2 \\ x_3 \\ x_4 \end{bmatrix} = \begin{bmatrix} 0s - 2t \\ s + 0t \\ 0s + 2t \\ 0s + t \end{bmatrix} = s\begin{bmatrix} 0 \\ 1 \\ 0 \\ 0 \end{bmatrix} + t\begin{bmatrix} -2 \\ 0 \\ 2 \\ 1 \end{bmatrix}.$$

Assim, uma base para o autoespaço associado a $\lambda_1 = 1$ é

$$B_1 = \{(0, 1, 0, 0), (-2, 0, 2, 1)\}. \qquad \text{Base para } \lambda_1 = 1$$

Para $\lambda_2 = 2$ e $\lambda_3 = 3$, use o mesmo procedimento para obter as bases dos autoespaços

$$B_2 = \{(0, 5, 1, 0)\} \qquad \text{Base para } \lambda_2 = 2$$
$$B_3 = \{(0, -5, 0, 1)\}. \qquad \text{Base para } \lambda_3 = 3$$

TECNOLOGIA

Use uma ferramenta computacional ou software para encontrar os autovalores e os autovetores no Exemplo 6. Ao encontrar os autovetores, a tecnologia que você usar pode produzir uma matriz na qual as colunas são múltiplos escalares dos autovetores que obteria à mão. O **Technology Guide**, disponível na página deste livro no site da Cengage, pode ajudá-lo a usar a tecnologia para encontrar autovalores e autovetores.

Encontrar autovalores e autovetores de matrizes de ordem $n \geq 4$ pode ser tedioso. Além disso, usar o procedimento mostrado no Exemplo 6 em um computador pode introduzir erros de arredondamento. Consequentemente, pode ser mais eficiente usar métodos numéricos de aproximação de autovalores. Um desses métodos numéricos aparece na Seção 10.3. Outros métodos aparecem em textos de álgebra linear avançada e análise numérica.

O próximo teorema afirma que os autovalores de uma matriz triangular $n \times n$ são simplesmente os elementos na diagonal principal. A demonstração deste teorema decorre do fato de que o determinante de uma matriz triangular é o produto dos elementos de sua diagonal principal.

TEOREMA 7.3 Autovalores de matrizes triangulares

Se A é uma matriz triangular $n \times n$, então seus autovalores são os elementos na sua diagonal principal.

EXEMPLO 7 Determinação de autovalores de matrizes triangulares e diagonais

Encontre os autovalores de cada matriz.

a. $A = \begin{bmatrix} 2 & 0 & 0 \\ -1 & 1 & 0 \\ 5 & 3 & -3 \end{bmatrix}$

b. $A = \begin{bmatrix} -1 & 0 & 0 & 0 & 0 \\ 0 & 2 & 0 & 0 & 0 \\ 0 & 0 & 0 & 0 & 0 \\ 0 & 0 & 0 & -4 & 0 \\ 0 & 0 & 0 & 0 & 3 \end{bmatrix}$

SOLUÇÃO

a. Sem usar o Teorema 7.3,

$$|\lambda I - A| = \begin{vmatrix} \lambda - 2 & 0 & 0 \\ 1 & \lambda - 1 & 0 \\ -5 & -3 & \lambda + 3 \end{vmatrix} = (\lambda - 2)(\lambda - 1)(\lambda + 3).$$

Assim, os autovalores são $\lambda_1 = 2$, $\lambda_2 = 1$ e $\lambda_3 = -3$, que são os elementos na diagonal principal de A.

b. Neste caso, use o Teorema 7.3 para concluir que os autovalores são os elementos na diagonal principal $\lambda_1 = -1$, $\lambda_2 = 2$, $\lambda_3 = 0$, $\lambda_4 = -4$ e $\lambda_5 = 3$.

ÁLGEBRA LINEAR APLICADA

Os autovalores e os autovetores são úteis para modelar fenômenos reais. Por exemplo, considere um experimento para determinar a difusão de um fluido de um balão de vidro para o outro através de uma membrana permeável e depois para fora do segundo balão de vidro. Se os pesquisadores determinarem que a taxa de escoamento entre os balões é o dobro do volume de fluido no primeiro balão de vidro e a taxa de escoamento para fora do segundo balão é três vezes o volume de fluido neste último, então o sistema de equações diferenciais lineares abaixo, onde y_i representa o volume de fluido no balão de vidro i, modela esta situação.

$$\begin{aligned} y_1' &= -2y_1 \\ y_2' &= 2y_1 - 3y_2 \end{aligned}$$

Na seção 7.4, você usará autovalores e autovetores para resolver tais sistemas de equações diferenciais lineares. Por enquanto, verifique que a solução deste sistema é

$$\begin{aligned} y_1 &= C_1 e^{-2t} \\ y_2 &= 2C_1 e^{-2t} + C_2 e^{-3t}. \end{aligned}$$

Autovalores e autovetores   355

AUTOVALORES E AUTOVETORES DE TRANSFORMAÇÕES LINEARES

Esta seção começou com definições de autovalores e autovetores em termos de matrizes. Os autovalores e os autovetores também podem ser definidos em termos de transformações lineares. Um número λ é um **autovalor** de uma transformação linear $T: V \to V$ quando existe um vetor não nulo $\mathbf{x}$ tal que $T(\mathbf{x}) = \lambda\mathbf{x}$. O vetor $\mathbf{x}$ é um **autovetor** de T associado a λ e o conjunto de todos os autovetores de λ (com o vetor nulo) é o **autoespaço** de λ.

Considere $T: R^3 \to R^3$, cuja matriz relativa à base canônica é

$$A = \begin{bmatrix} 1 & 3 & 0 \\ 3 & 1 & 0 \\ 0 & 0 & -2 \end{bmatrix}.$$

Base canônica:
$B = \{(1, 0, 0), (0, 1, 0), (0, 0, 1)\}$

No Exemplo 5, na Seção 6.4, você descobriu que a matriz de T relativa à base $B' = \{(1, 1, 0), (1, -1, 0), (0, 0, 1)\}$ é a matriz diagonal

$$A' = \begin{bmatrix} 4 & 0 & 0 \\ 0 & -2 & 0 \\ 0 & 0 & -2 \end{bmatrix}.$$

Base não canônica:
$B' = \{(1, 1, 0), (1, -1, 0), (0, 0, 1)\}$

Para uma transformação linear T, você pode encontrar uma base B' cuja matriz correspondente é diagonal? O próximo exemplo ilustra a resposta.

EXEMPLO 8   Encontrando autovalores e autoespaços

Encontre os autovalores e uma base para cada autoespaço associado de

$$A = \begin{bmatrix} 1 & 3 & 0 \\ 3 & 1 & 0 \\ 0 & 0 & -2 \end{bmatrix}.$$

SOLUÇÃO

$$\begin{aligned}
|\lambda I - A| &= \begin{vmatrix} \lambda - 1 & -3 & 0 \\ -3 & \lambda - 1 & 0 \\ 0 & 0 & \lambda + 2 \end{vmatrix} \\
&= [(\lambda - 1)^2 - 9](\lambda + 2) \\
&= (\lambda - 4)(\lambda + 2)^2
\end{aligned}$$

assim, os autovalores de A são $\lambda_1 = 4$ e $\lambda_2 = -2$. As bases para os autoespaços são $B_1 = \{(1, 1, 0)\}$ e $B_2 = \{(1, -1, 0), (0, 0, 1)\}$, respectivamente (verifique isso). ∎

O Exemplo 8 ilustra dois resultados. Se $T: R^3 \to R^3$ é a transformação linear cuja matriz canônica é A e B' é uma base de R^3 constituída por três vetores linearmente independentes associados aos autovalores de A, então a matriz A' de T relativa à base B' é diagonal. Além disso, os elementos da diagonal principal da matriz A' são os autovalores de A.

$$A' = \begin{bmatrix} 4 & 0 & 0 \\ 0 & -2 & 0 \\ 0 & 0 & -2 \end{bmatrix}$$

Base não canônica
$B' = \{(1, 1, 0), (1, -1, 0), 0, 0, 1)\}$

Autovalores de A

Autovetores de A

A seção seguinte discute esses resultados em mais detalhes.

356 Elementos de álgebra linear

7.1 Exercícios

Verificação de autovalores e autovetores Nos Exercícios 1-6, verifique que λ_i é um autovalor de A e que x_i é um autovetor associado.

1. $A = \begin{bmatrix} 2 & 0 \\ 0 & -2 \end{bmatrix}$, $\lambda_1 = 2, \mathbf{x}_1 = (1, 0)$
$\lambda_2 = -2, \mathbf{x}_2 = (0, 1)$

2. $A = \begin{bmatrix} 4 & -5 \\ 2 & -3 \end{bmatrix}$, $\lambda_1 = -1, \mathbf{x}_1 = (1, 1)$
$\lambda_2 = 2, \mathbf{x}_2 = (5, 2)$

3. $A = \begin{bmatrix} 2 & 3 & 1 \\ 0 & -1 & 2 \\ 0 & 0 & 3 \end{bmatrix}$, $\lambda_1 = 2, \mathbf{x}_1 = (1, 0, 0)$
$\lambda_2 = -1, \mathbf{x}_2 = (1, -1, 0)$
$\lambda_3 = 3, \mathbf{x}_3 = (5, 1, 2)$

4. $A = \begin{bmatrix} -2 & 2 & -3 \\ 2 & 1 & -6 \\ -1 & -2 & 0 \end{bmatrix}$, $\lambda_1 = 5, \mathbf{x}_1 = (1, 2, -1)$
$\lambda_2 = -3, \mathbf{x}_2 = (-2, 1, 0)$
$\lambda_3 = -3, \mathbf{x}_3 = (3, 0, 1)$

5. $A = \begin{bmatrix} 0 & 1 & 0 \\ 0 & 0 & 1 \\ 1 & 0 & 0 \end{bmatrix}$, $\lambda_1 = 1, \mathbf{x}_1 = (1, 1, 1)$

6. $A = \begin{bmatrix} 4 & -1 & 3 \\ 0 & 2 & 1 \\ 0 & 0 & 3 \end{bmatrix}$, $\lambda_1 = 4, \mathbf{x}_1 = (1, 0, 0)$
$\lambda_2 = 2, \mathbf{x}_2 = (1, 2, 0)$
$\lambda_3 = 3, \mathbf{x}_3 = (-2, 1, 1)$

7. Use A, λ_i e $\mathbf{x}_i$ do Exercício 1 para mostrar que

(a) $A(c\mathbf{x}_1) = 2(c\mathbf{x}_1)$ para qualquer número real c.

(b) $A(c\mathbf{x}_2) = -2(c\mathbf{x}_2)$ para qualquer número real c.

8. Use A, λ_i e $\mathbf{x}_i$ do Exercício 4 para mostrar que

(a) $A(c\mathbf{x}_1) = 5(c\mathbf{x}_1)$ para qualquer número real c.

(b) $A(c\mathbf{x}_2) = -3(c\mathbf{x}_2)$ para qualquer número real c.

(c) $A(c\mathbf{x}_3) = -3(c\mathbf{x}_3)$ para qualquer número real c.

Determinação de autovetores Nos exercícios 9-12, determine se x é um autovetor de A.

9. $A = \begin{bmatrix} 7 & 2 \\ 2 & 4 \end{bmatrix}$
(a) $\mathbf{x} = (1, 2)$
(b) $\mathbf{x} = (2, 1)$
(c) $\mathbf{x} = (1, -2)$
(d) $\mathbf{x} = (-1, 0)$

10. $A = \begin{bmatrix} -3 & 10 \\ 5 & 2 \end{bmatrix}$
(a) $\mathbf{x} = (4, 4)$
(b) $\mathbf{x} = (-8, 4)$
(c) $\mathbf{x} = (-4, 8)$
(d) $\mathbf{x} = (5, -3)$

11. $A = \begin{bmatrix} -1 & -1 & 1 \\ -2 & 0 & -2 \\ 3 & -3 & 1 \end{bmatrix}$
(a) $\mathbf{x} = (2, -4, 6)$
(b) $\mathbf{x} = (2, 0, 6)$
(c) $\mathbf{x} = (2, 2, 0)$
(d) $\mathbf{x} = (-1, 0, 1)$

12. $A = \begin{bmatrix} 1 & 0 & 5 \\ 0 & -2 & 4 \\ 1 & -2 & 9 \end{bmatrix}$
(a) $\mathbf{x} = (1, 1, 0)$
(b) $\mathbf{x} = (-5, 2, 1)$
(c) $\mathbf{x} = (0, 0, 0)$
(d) $\mathbf{x} = \left(2\sqrt{6} - 3, -2\sqrt{6} + 6, 3\right)$

Determinação geométrica de autoespaços em R^2 Nos Exercícios 13 e 14, use o método mostrado no Exemplo 3 para encontrar o(s) autovalor(es) e o(s) autoespaço(s) associado(s) de A.

13. $A = \begin{bmatrix} 1 & 0 \\ 0 & -1 \end{bmatrix}$

14. $A = \begin{bmatrix} 1 & k \\ 0 & 1 \end{bmatrix}$

Equação característica, autovalores e autovetores Nos Exercícios 15-28, encontre (a) a equação característica e (b) os autovalores (e autovetores associados) da matriz.

15. $\begin{bmatrix} 6 & -3 \\ -2 & 1 \end{bmatrix}$

16. $\begin{bmatrix} 1 & -4 \\ -2 & 8 \end{bmatrix}$

17. $\begin{bmatrix} 1 & 2 \\ 2 & 1 \end{bmatrix}$

18. $\begin{bmatrix} -2 & 4 \\ 1 & 1 \end{bmatrix}$

19. $\begin{bmatrix} 1 & -\frac{3}{2} \\ \frac{1}{2} & -1 \end{bmatrix}$

20. $\begin{bmatrix} \frac{1}{4} & \frac{1}{4} \\ \frac{1}{2} & 0 \end{bmatrix}$

21. $\begin{bmatrix} 2 & -2 & 3 \\ 0 & 3 & -2 \\ 0 & -1 & 2 \end{bmatrix}$

22. $\begin{bmatrix} 3 & 2 & 1 \\ 0 & 0 & 2 \\ 0 & 2 & 0 \end{bmatrix}$

23. $\begin{bmatrix} 1 & 2 & -2 \\ -2 & 5 & -2 \\ -6 & 6 & -3 \end{bmatrix}$

24. $\begin{bmatrix} 3 & 2 & -3 \\ -3 & -4 & 9 \\ -1 & -2 & 5 \end{bmatrix}$

25. $\begin{bmatrix} 0 & -3 & 5 \\ -4 & 4 & -10 \\ 0 & 0 & 4 \end{bmatrix}$

26. $\begin{bmatrix} 1 & -\frac{3}{2} & \frac{5}{2} \\ -2 & \frac{13}{2} & -10 \\ \frac{3}{2} & -\frac{9}{2} & 8 \end{bmatrix}$

27. $\begin{bmatrix} 2 & 0 & 0 & 0 \\ 0 & 2 & 0 & 0 \\ 0 & 0 & 3 & 1 \\ 0 & 0 & 4 & 0 \end{bmatrix}$

28. $\begin{bmatrix} 5 & 0 & 0 & 0 \\ 1 & 4 & 0 & 0 \\ 0 & 0 & 1 & 3 \\ 0 & 0 & 0 & 4 \end{bmatrix}$

Determinação de autovalores Nos Exercícios 29-40, use um software ou uma ferramenta computacional para encontrar os autovalores da matriz.

29. $\begin{bmatrix} -4 & 5 \\ -2 & 3 \end{bmatrix}$

30. $\begin{bmatrix} 2 & 3 \\ 3 & -6 \end{bmatrix}$

31. $\begin{bmatrix} \frac{1}{2} & \frac{1}{3} \\ -\frac{1}{3} & -\frac{1}{3} \end{bmatrix}$

32. $\begin{bmatrix} \frac{1}{2} & -\frac{1}{2} \\ -\frac{1}{2} & -\frac{1}{2} \end{bmatrix}$

33. $\begin{bmatrix} 2 & 4 & 2 \\ 1 & 0 & 1 \\ 1 & -4 & 5 \end{bmatrix}$

34. $\begin{bmatrix} 1 & 2 & -1 \\ 1 & 0 & 1 \\ 1 & -1 & 2 \end{bmatrix}$

35. $\begin{bmatrix} 3 & -\frac{1}{2} & 5 \\ -\frac{1}{3} & -\frac{1}{6} & -\frac{1}{4} \\ 0 & 0 & 4 \end{bmatrix}$

36. $\begin{bmatrix} \frac{1}{2} & 0 & 5 \\ -2 & \frac{1}{5} & \frac{1}{4} \\ 1 & 0 & 3 \end{bmatrix}$

Autovalores e autovetores   357

37. $\begin{bmatrix} 1 & 1 & 2 & 3 \\ 2 & 2 & 4 & 6 \\ 3 & 3 & 6 & 9 \\ 4 & 4 & 8 & 12 \end{bmatrix}$ **38.** $\begin{bmatrix} 1 & 1 & 0 & 0 \\ 4 & 4 & 0 & 0 \\ 0 & 0 & 1 & 1 \\ 0 & 0 & 2 & 2 \end{bmatrix}$

39. $\begin{bmatrix} 1 & 0 & -1 & 1 \\ 0 & 1 & 0 & 1 \\ -2 & 0 & 2 & -2 \\ 0 & 2 & 0 & 2 \end{bmatrix}$

40. $\begin{bmatrix} 1 & -3 & 3 & 3 \\ -1 & 4 & -3 & -3 \\ -2 & 0 & 1 & 1 \\ 1 & 0 & 0 & 0 \end{bmatrix}$

Autovalores de matrizes triangulares e diagonais Nos Exercícios 41-44, encontre os autovalores da matriz triangular ou diagonal.

41. $\begin{bmatrix} 2 & 0 & 1 \\ 0 & 3 & 4 \\ 0 & 0 & 1 \end{bmatrix}$ **42.** $\begin{bmatrix} -5 & 0 & 0 \\ 3 & 7 & 0 \\ 4 & -2 & 3 \end{bmatrix}$

43. $\begin{bmatrix} -6 & 0 & 0 & 0 \\ 0 & 5 & 0 & 0 \\ 0 & 0 & -4 & 0 \\ 0 & 0 & 0 & -4 \end{bmatrix}$ **44.** $\begin{bmatrix} \frac{1}{2} & 0 & 0 & 0 \\ 0 & \frac{5}{4} & 0 & 0 \\ 0 & 0 & 0 & 0 \\ 0 & 0 & 0 & \frac{3}{4} \end{bmatrix}$

Autovalores e autovetores de transformações lineares Nos Exercícios 45-48, considere a transformação linear $T: R^n \to R^n$ cuja matriz A relativa à base canônica é dada. Encontre (a) os autovalores de A, (b) uma base para cada um dos autoespaços associados e (c) a matriz A' de T relativa à base B', onde B' é constituído por vetores das bases encontradas na parte (b).

45. $\begin{bmatrix} 2 & -2 \\ 1 & 5 \end{bmatrix}$ **46.** $\begin{bmatrix} -8 & 16 \\ 1 & -2 \end{bmatrix}$

47. $\begin{bmatrix} 0 & 2 & -1 \\ -1 & 3 & 1 \\ 0 & 0 & -1 \end{bmatrix}$ **48.** $\begin{bmatrix} 3 & 1 & 4 \\ 2 & 4 & 0 \\ 5 & 5 & 6 \end{bmatrix}$

Teorema de Cayley-Hamilton Nos Exercícios 49-52, demonstre o teorema de Cayley-Hamilton para a matriz A. O teorema de Cayley-Hamilton afirma que uma matriz satisfaz sua equação característica. Por exemplo, a equação característica de

$$A = \begin{bmatrix} 1 & -3 \\ 2 & 5 \end{bmatrix}$$

é $\lambda^2 - 6\lambda + 11 = 0$ e do teorema segue que $A^2 - 6A + 11I_2 = O$.

49. $A = \begin{bmatrix} 5 & 0 \\ -7 & 3 \end{bmatrix}$ **50.** $A = \begin{bmatrix} 6 & -1 \\ 1 & 5 \end{bmatrix}$

51. $A = \begin{bmatrix} 1 & 0 & -4 \\ 0 & 3 & 1 \\ 2 & 0 & 1 \end{bmatrix}$ **52.** $A = \begin{bmatrix} -3 & 1 & 0 \\ -1 & 3 & 2 \\ 0 & 4 & 3 \end{bmatrix}$

53. Verifique cada afirmação abaixo usando os autovalores encontrados nos Exercícios 15-27 ímpares.
 (a) A soma dos n autovalores é igual ao **traço** da matriz. (Lembre-se de que o **traço** de uma matriz é a soma dos elementos da diagonal principal da matriz.)
 (b) O produto dos n autovalores é igual a $|A|$.
 (Quando λ é um autovalor de multiplicidade k, lembre-se de usá-lo k vezes na soma ou no produto nestas verificações.)

54. Verifique cada afirmação abaixo usando os autovalores encontrados nos Exercícios 16-28 pares.
 (a) A soma dos n autovalores é igual ao traço da matriz. (Lembre-se de que o **traço** de uma matriz é a soma dos elementos da diagonal principal da matriz.)
 (b) O produto dos n autovalores é igual a $|A|$.
 (Quando λ é um autovalor de multiplicidade k, lembre-se de usá-lo k vezes na soma ou no produto nestas verificações.)

55. Mostre que, se A é uma matriz $n \times n$ cuja i-ésima linha é idêntica a i-ésima linha de I, então 1 é um autovalor de A.

56. Demonstração Demonstre que $\lambda = 0$ é um autovalor de A se e somente se A é singular.

57. Demonstração Para uma matriz inversível A, demonstre que A e A^{-1} possuem os mesmos autovetores. Como os autovalores de A estão relacionados aos autovalores de A^{-1}?

58. Demonstração Demonstre que A e A^T possuem os mesmos autovalores. Os autoespaços são os mesmos?

59. Demonstração Demonstre que o termo constante do polinômio característico é $\pm |A|$.

60. Defina $T: R^2 \to R^2$ por

$$T(\mathbf{v}) = \text{proj}_{\mathbf{u}} \mathbf{v}$$

onde $\mathbf{u}$ é um vetor fixo em R^2. Mostre que os autovalores de A (a matriz canônica de T) são 0 e 1.

61. Demonstração guiada Demonstre que uma matriz triangular é não singular se e somente se os seus autovalores são reais e não nulos.

Começando: esta é uma afirmação "se e somente se", então você deve demonstrar que a afirmação é verdadeira em ambas as direções. Revise os Teoremas 3.2 e 3.7.
 (i) Para demonstrar a afirmação em uma direção, suponha que a matriz triangular A é não singular. Utilize seu conhecimento de matrizes não singulares e triangulares e de determinantes para concluir que os elementos na diagonal principal de A são diferentes de zero.
 (ii) A é triangular, então use o Teorema 7.3 e a parte (i) para concluir que os autovalores são reais e não nulos.
 (iii) Para demonstrar a afirmação na outra direção, suponha que os autovalores da matriz triangular A são reais e não nulos. Repita as partes (i) e (ii) na ordem inversa para demonstrar que A é não singular.

358 Elementos de álgebra linear

62. Demonstração guiada Demonstre que se $A^2 = O$, então 0 é o único autovalor de A.

Começando: você precisa mostrar que, se existe um vetor $\mathbf{x}$ não nulo e um número real λ tal que $A\mathbf{x} = \lambda\mathbf{x}$, então, se $A^2 = O$, λ deve ser zero.

(i) $A^2 = A \cdot A$, assim você pode escrever $A^2\mathbf{x}$ como $A(A\mathbf{x})$.

(ii) Use o fato de $A\mathbf{x} = \lambda\mathbf{x}$ e as propriedades da multiplicação de matrizes para mostrar que $A^2\mathbf{x} = \lambda^2\mathbf{x}$.

(iii) A^2 é a matriz nula, então você pode concluir λ deve ser zero.

63. Demonstração Demonstre que a multiplicidade de um autovalor é maior ou igual à dimensão do seu autoespaço.

---

64. Ponto crucial Uma matriz A tem a equação característica

$$|\lambda I - A| = (\lambda + 2)(\lambda - 1)(\lambda - 3)^2 = 0.$$

(a) Quais são os autovalores de A?

(b) Qual é a ordem de A? Explique.

(c) É verdade que $\lambda I - A$ singular? Explique.

(d) É verdade que A é singular? Explique. (*Sugestão*: use o resultado do Exercício 56.)

---

65. Quando os autovalores de

$$A = \begin{bmatrix} a & b \\ 0 & d \end{bmatrix}$$

são $\lambda_1 = 0$ e $\lambda_2 = 1$, quais são os possíveis valores de a e d?

66. Mostre que

$$A = \begin{bmatrix} 0 & 1 \\ -1 & 0 \end{bmatrix}$$

não possui autovalores reais.

Verdadeiro ou falso? Nos Exercícios 67 e 68, determine se cada afirmação é verdadeira ou falsa. Se uma afirmação for verdadeira, dê uma justificativa ou cite uma afirmação apropriada do texto. Se uma afirmação for falsa, forneça um exemplo que mostre que a afirmação não é verdadeira em todos os casos ou cite uma afirmação apropriada do texto.

67. (a) O escalar λ é um autovalor de uma matriz A de ordem n quando existe um vetor $\mathbf{x}$ tal que $A\mathbf{x} = \lambda\mathbf{x}$.

(b) Para encontrar o(s) autovalor(es) de uma matriz A de ordem n, você pode resolver a equação característica $\det(\lambda I - A) = 0$.

68. (a) Geometricamente, se λ é um autovalor de uma matriz A e $\mathbf{x}$ é um autovetor de A associado a λ, então, multiplicar $\mathbf{x}$ por A produz um vetor $\lambda\mathbf{x}$ paralelo a $\mathbf{x}$.

(b) Se A é uma matriz $n \times n$ com um autovalor λ, então o conjunto de todos autovetores de λ é um subespaço de R^n.

Determinação da dimensão de um autoespaço Nos Exercícios 69-72, encontre a dimensão do autoespaço associado ao autovalor $\lambda = 3$.

69. $A = \begin{bmatrix} 3 & 0 & 0 \\ 0 & 3 & 0 \\ 0 & 0 & 3 \end{bmatrix}$ **70.** $A = \begin{bmatrix} 3 & 1 & 0 \\ 0 & 3 & 0 \\ 0 & 0 & 3 \end{bmatrix}$

71. $A = \begin{bmatrix} 3 & 1 & 0 \\ 0 & 3 & 1 \\ 0 & 0 & 3 \end{bmatrix}$ **72.** $A = \begin{bmatrix} 3 & 1 & 1 \\ 0 & 3 & 1 \\ 0 & 0 & 3 \end{bmatrix}$

73. Cálculo Seja $T: C'[0, 1] \to C[0, 1]$ a transformação linear $T(f) = f'$. Mostre que $\lambda = 1$ é autovalor de T com autovetor associado $f(x) = e^x$.

74. Cálculo Para a transformação linear no Exercício 73, encontre o autovalor associado ao autovetor $f(x) = e^{-2x}$.

75. Defina $T: P_2 \to P_2$ por

$$T(a_0 + a_1 x + a_2 x^2) = (-3a_1 + 5a_2) +$$
$$(-4a_0 + 4a_1 - 10a_2)x + 4a_2 x^2.$$

Encontre os autovalores e os autovetores de T com respeito à base canônica $\{1, x, x^2\}$.

76. Defina $T: P_2 \to P_2$ por

$$T(a_0 + a_1 x + a_2 x^2) = (2a_0 + a_1 - a_2) +$$
$$(-a_1 + 2a_2)x - a_2 x^2.$$

Encontre os autovalores e os autovetores de T com respeito à base canônica $\{1, x, x^2\}$.

77. Defina $T: M_{2,2} \to M_{2,2}$ por

$$T\left(\begin{bmatrix} a & b \\ c & d \end{bmatrix}\right) = \begin{bmatrix} a - c + d & b + d \\ -2a + 2c - 2d & 2b + 2d \end{bmatrix}$$

Encontre os autovalores e autovetores de T com respeito à base canônica

$$B = \left\{ \begin{bmatrix} 1 & 0 \\ 0 & 0 \end{bmatrix}, \begin{bmatrix} 0 & 1 \\ 0 & 0 \end{bmatrix}, \begin{bmatrix} 0 & 0 \\ 1 & 0 \end{bmatrix}, \begin{bmatrix} 0 & 0 \\ 0 & 1 \end{bmatrix} \right\}.$$

78. Encontre todos os valores do ângulo θ para os quais a matriz

$$A = \begin{bmatrix} \cos\theta & -\operatorname{sen}\theta \\ \operatorname{sen}\theta & \cos\theta \end{bmatrix}$$

tem autovalores reais. Interprete sua resposta geometricamente.

79. Quais são os possíveis autovalores de uma matriz idempotente? (Lembre-se de que uma matriz quadrada A é **idempotente** quando $A^2 = A$.)

80. Quais são os possíveis autovalores de uma matriz nilpotente? (Lembre-se de que uma matriz quadrada A é **nilpotente** quando existe um inteiro positivo k tal que $A^k = 0$.)

81. Demonstração Seja A uma matriz $n \times n$ tal que a soma dos elementos em cada linha seja uma constante fixa r. Demonstre que r é um autovalor de A. Ilustre esse resultado com um exemplo.

Autovalores e autovetores 359

7.2 Diagonalização

■ Encontrar os autovalores de matrizes semelhantes, determinar se uma matriz A é diagonalizável e encontrar uma matriz P tal que $P^{-1}AP$ é diagonal.

■ Encontrar, para uma transformação linear $T: V \to V$, uma base B de V tal que a matriz de T relativa a B é diagonal.

O PROBLEMA DA DIAGONALIZAÇÃO

A seção anterior discutiu o problema de autovalor. Nesta seção, você verá outro problema clássico em álgebra linear, chamado de **problema da diagonalização**. Expresso em termos de matrizes,* o problema é "para uma matriz quadrada A, existe uma matriz inversível P tal que $P^{-1}AP$ é diagonal?".

Lembre-se da Seção 6.4 de que duas matrizes quadradas A e B são semelhantes quando existe uma matriz inversível P tal que $B = P^{-1}AP$.

Matrizes que são semelhantes às matrizes diagonais são chamadas **diagonalizáveis**.

Definição de uma matriz diagonalizável

Uma matriz A de ordem n é **diagonalizável** quando A é semelhante a uma matriz diagonal. Em outros termos, A é diagonalizável quando existe uma matriz inversível P tal que $P^{-1}AP$ é uma matriz diagonal.

Com esta definição, o problema da diagonalização pode ser enunciado como "quais matrizes quadradas são diagonalizáveis?". Claramente, toda matriz diagonal D é diagonalizável, pois $D = I^{-1}DI$, onde I é a matriz identidade. O Exemplo 1 mostra outro exemplo de uma matriz diagonalizável.

EXEMPLO 1 Uma matriz diagonalizável

A matriz do Exemplo 5 na Seção 6.4

$$A = \begin{bmatrix} 1 & 3 & 0 \\ 3 & 1 & 0 \\ 0 & 0 & -2 \end{bmatrix}$$

é diagonalizável porque

$$P = \begin{bmatrix} 1 & 1 & 0 \\ 1 & -1 & 0 \\ 0 & 0 & 1 \end{bmatrix}$$

tem a propriedade de que

$$P^{-1}AP = \begin{bmatrix} 4 & 0 & 0 \\ 0 & -2 & 0 \\ 0 & 0 & -2 \end{bmatrix}.$$

Conforme sugerido no Exemplo 8 na seção anterior, o problema do autovalor está estreitamente relacionado com o problema da diagonalização. Os dois teoremas a seguir esclarecem melhor essa relação. O primeiro teorema diz que matrizes semelhantes têm os mesmos autovalores.

TEOREMA 7.4 Matrizes semelhantes têm os mesmos autovalores

Se A e B são matrizes $n \times n$ semelhantes, então elas têm os mesmos autovalores.

---

* No final desta seção, o problema da diagonalização será expresso em termos de transformações lineares.

360 Elementos de álgebra linear

DEMONSTRAÇÃO

A e B são semelhantes, então existe uma matriz inversível P tal que $B = P^{-1}AP$. Pelas propriedades dos determinantes, segue que

$$
\begin{aligned}
|\lambda I - B| &= |\lambda I - P^{-1}AP| \\
&= |P^{-1}\lambda IP - P^{-1}AP| \\
&= |P^{-1}(\lambda I - A)P| \\
&= |P^{-1}||\lambda I - A||P| \\
&= |P^{-1}P||\lambda I - A| \\
&= |\lambda I - A|.
\end{aligned}
$$

Isto significa que A e B têm o mesmo polinômio característico. Então, eles devem ter os mesmos autovalores. ■

OBSERVAÇÃO

Verifique que A e D são semelhantes mostrando que satisfazem a equação matricial $D = P^{-1}AP$, onde

$$
P = \begin{bmatrix} 1 & 0 & 0 \\ 1 & 1 & 1 \\ 1 & 1 & 2 \end{bmatrix}.
$$

De fato, as colunas de P são os autovetores de A associados aos autovalores 1, 2 e 3. (Verifique isso.)

EXEMPLO 2 — Determinação de autovalores de matrizes semelhantes

As matrizes A e D são semelhantes.

$$
A = \begin{bmatrix} 1 & 0 & 0 \\ -1 & 1 & 1 \\ -1 & -2 & 4 \end{bmatrix} \quad e \quad D = \begin{bmatrix} 1 & 0 & 0 \\ 0 & 2 & 0 \\ 0 & 0 & 3 \end{bmatrix}
$$

Use o Teorema 7.4 para encontrar os autovalores de A.

SOLUÇÃO

D é uma matriz diagonal, então seus autovalores são os elementos na sua diagonal principal – ou seja, $\lambda_1 = 1$, $\lambda_2 = 2$ e $\lambda_3 = 3$. As matrizes A e D são semelhantes, então você sabe do Teorema 7.4 que A tem os mesmos autovalores. Verifique isso mostrando que o polinômio característico de A é $|\lambda I - A| = (\lambda - 1)(\lambda - 2)(\lambda - 3)$. ■

As duas matrizes diagonalizáveis nos Exemplos 1 e 2 fornecem uma pista para o problema da diagonalização. Cada uma dessas matrizes tem um conjunto de três autovetores linearmente independentes. (Veja o Exemplo 3.) Isto é característico de matrizes diagonalizáveis, como afirma o Teorema 7.5.

TEOREMA 7.5 Condição para a diagonalização

A matriz A de ordem n é diagonalizável se e somente se tiver n autovetores linearmente independentes.

DEMONSTRAÇÃO

Primeiro, suponha que A é diagonalizável. Então, existe uma matriz inversível P tal que $P^{-1}AP = D$ é diagonal. Tomando os vetores coluna de P como $\mathbf{p}_1$, $\mathbf{p}_2, \ldots, \mathbf{p}_n$ e os elementos da diagonal principal de D como $\lambda_1, \lambda_2, \ldots, \lambda_n$, obtemos

$$
PD = \begin{bmatrix} \mathbf{p}_1 & \mathbf{p}_2 & \cdots & \mathbf{p}_n \end{bmatrix} \begin{bmatrix} \lambda_1 & 0 & \cdots & 0 \\ 0 & \lambda_2 & \cdots & 0 \\ \vdots & \vdots & & \vdots \\ 0 & 0 & \cdots & \lambda_n \end{bmatrix} = \begin{bmatrix} \lambda_1\mathbf{p}_1 & \lambda_2\mathbf{p}_2 & \cdots & \lambda_n\mathbf{p}_n \end{bmatrix}.
$$

$P^{-1}AP = D$, então $AP = PD$, o que implica

$$
\begin{bmatrix} A\mathbf{p}_1 & A\mathbf{p}_2 & \cdots & A\mathbf{p}_n \end{bmatrix} = \begin{bmatrix} \lambda_1\mathbf{p}_1 & \lambda_2\mathbf{p}_2 & \cdots & \lambda_n\mathbf{p}_n \end{bmatrix}.
$$

Autovalores e autovetores 361

Em outras palavras, $A\mathbf{p}_i = \lambda_i\mathbf{p}_i$ para cada vetor coluna $\mathbf{p}_i$. Isto significa que os vetores coluna $\mathbf{p}_i$ de P são autovetores de A. Além disso, P é inversível, de modo que seus vetores coluna são linearmente independentes. Assim, A tem n autovetores linearmente independentes.

Reciprocamente, suponha que A possui n autovetores linearmente independentes $\mathbf{p}_1, \mathbf{p}_2, \ldots, \mathbf{p}_n$ com autovalores associados $\lambda_1, \lambda_2, \ldots, \lambda_n$. Seja P a matriz cujas colunas são esses n autovetores. Precisamente, $P = [\mathbf{p}_1 \quad \mathbf{p}_2 \ \ldots \ \mathbf{p}_n]$. Cada $\mathbf{p}_i$ é um autovetor de A, então você tem $A\mathbf{p}_i = \lambda_i\mathbf{p}_i$ e

$$AP = A[\mathbf{p}_1 \quad \mathbf{p}_2 \ \ldots \ \mathbf{p}_n] = [\lambda_1\mathbf{p}_1 \quad \lambda_2\mathbf{p}_2 \ \ldots \ \lambda_n\mathbf{p}_n].$$

A matriz à direita nesta equação pode ser escrita como o produto de matrizes abaixo.

$$[\lambda_1\mathbf{p}_1 \quad \lambda_2\mathbf{p}_2 \ \ldots \ \lambda_n\mathbf{p}_n] = [\mathbf{p}_1 \quad \mathbf{p}_2 \ \ldots \ \mathbf{p}_n]\begin{bmatrix} \lambda_1 & 0 & \ldots & 0 \\ 0 & \lambda_2 & \ldots & 0 \\ \vdots & \vdots & & \vdots \\ 0 & 0 & \ldots & \lambda_n \end{bmatrix} = PD$$

Finalmente, os vetores $\mathbf{p}_1, \mathbf{p}_2, \ldots, \mathbf{p}_n$ são linearmente independentes, de modo que P é inversível e pode-se escrever a equação $AP = PD$ como $P^{-1}AP = D$, o que significa que A é diagonalizável.

O resultado-chave dessa demonstração é o fato de que, para as matrizes diagonalizáveis, as colunas de P consistem em n *autovetores linearmente independentes*. O Exemplo 3 verifica esta importante propriedade para as matrizes dos Exemplos 1 e 2.

EXEMPLO 3   Matrizes diagonalizáveis

a. A matriz A no Exemplo 1 tem os autovalores e os autovetores associados abaixo.

$$\lambda_1 = 4, \mathbf{p}_1 = \begin{bmatrix} 1 \\ 1 \\ 0 \end{bmatrix}; \quad \lambda_2 = -2, \mathbf{p}_2 = \begin{bmatrix} 1 \\ -1 \\ 0 \end{bmatrix}; \quad \lambda_3 = -2, \mathbf{p}_3 = \begin{bmatrix} 0 \\ 0 \\ 1 \end{bmatrix}$$

A matriz P cujas colunas correspondem a esses autovetores é

$$P = \begin{bmatrix} 1 & 1 & 0 \\ 1 & -1 & 0 \\ 0 & 0 & 1 \end{bmatrix}.$$

Além disso, P é equivalente por linhas à matriz identidade, de modo que os autovetores $\mathbf{p}_1, \mathbf{p}_2$ e $\mathbf{p}_3$ são linearmente independentes.

b. A matriz A no Exemplo 2 tem os autovalores e os autovetores associados abaixo.

$$\lambda_1 = 1, \mathbf{p}_1 = \begin{bmatrix} 1 \\ 1 \\ 1 \end{bmatrix}; \quad \lambda_2 = 2, \mathbf{p}_2 = \begin{bmatrix} 0 \\ 1 \\ 1 \end{bmatrix}; \quad \lambda_3 = 3, \mathbf{p}_3 = \begin{bmatrix} 0 \\ 1 \\ 2 \end{bmatrix}$$

A matriz P cujas colunas correspondem a esses autovetores é

$$P = \begin{bmatrix} 1 & 0 & 0 \\ 1 & 1 & 1 \\ 1 & 1 & 2 \end{bmatrix}.$$

Novamente, P é equivalente por linhas à matriz identidade, de modo que os autovetores $\mathbf{p}_1, \mathbf{p}_2$ e $\mathbf{p}_3$ são linearmente independentes.

A segunda parte da demonstração do Teorema 7.5 e do Exemplo 3 sugere os passos para a diagonalização de uma matriz listados a seguir.

362 Elementos de álgebra linear

Passos para a diagonalização de uma matriz quadrada

Seja A uma matriz $n \times n$.

1. Encontre n autovetores linearmente independentes $\mathbf{p}_1, \mathbf{p}_2, \ldots, \mathbf{p}_n$ para A (se possível) com autovalores associados $\lambda_1, \lambda_2, \ldots, \lambda_n$. Se não existirem n autovetores linearmente independentes, então A não é diagonalizável.
2. Seja P a matriz $n \times n$ cujas colunas consistem desses autovetores. Mais precisamente,
   $P = [\mathbf{p}_1 \quad \mathbf{p}_2 \ \cdots \ \mathbf{p}_n]$.
3. A matriz diagonal $D = P^{-1}AP$ terá os autovalores $\lambda_1, \lambda_2, \ldots, \lambda_n$ em sua diagonal principal. Observe que a ordem dos autovetores usados para formar P determinará a ordem em que os autovalores aparecem na diagonal principal de D.

EXEMPLO 4 Diagonalização de uma matrix

Mostre que a matriz A é diagonalizável.

$$A = \begin{bmatrix} 1 & -1 & -1 \\ 1 & 3 & 1 \\ -3 & 1 & -1 \end{bmatrix}$$

A seguir, encontre uma matriz P tal que $P^{-1}AP$ seja diagonal.

SOLUÇÃO

O polinômio característico de A é $|\lambda I - A| = (\lambda - 2)(\lambda + 2)(\lambda - 3)$. (Verifique isso.) Então, os autovalores de A são $\lambda_1 = 2$, $\lambda_2 = -2$ e $\lambda_3 = 3$. A partir desses autovalores, você obtém as formas escalonadas reduzidas e os respectivos autovetores abaixo.

Autovetor

$$2I - A = \begin{bmatrix} 1 & 1 & 1 \\ -1 & -1 & -1 \\ 3 & -1 & 3 \end{bmatrix} \longrightarrow \begin{bmatrix} 1 & 0 & 1 \\ 0 & 1 & 0 \\ 0 & 0 & 0 \end{bmatrix} \quad \begin{bmatrix} -1 \\ 0 \\ 1 \end{bmatrix}$$

$$-2I - A = \begin{bmatrix} -3 & 1 & 1 \\ -1 & -5 & -1 \\ 3 & -1 & -1 \end{bmatrix} \longrightarrow \begin{bmatrix} 1 & 0 & -\frac{1}{4} \\ 0 & 1 & \frac{1}{4} \\ 0 & 0 & 0 \end{bmatrix} \quad \begin{bmatrix} 1 \\ -1 \\ 4 \end{bmatrix}$$

$$3I - A = \begin{bmatrix} 2 & 1 & 1 \\ -1 & 0 & -1 \\ 3 & -1 & 4 \end{bmatrix} \longrightarrow \begin{bmatrix} 1 & 0 & 1 \\ 0 & 1 & -1 \\ 0 & 0 & 0 \end{bmatrix} \quad \begin{bmatrix} -1 \\ 1 \\ 1 \end{bmatrix}$$

Forme a matriz P cujas colunas são os autovetores que acabamos de obter.

$$P = \begin{bmatrix} -1 & 1 & -1 \\ 0 & -1 & 1 \\ 1 & 4 & 1 \end{bmatrix}$$

Essa matriz não é singular (verifique isso), o que implica que os autovetores são linearmente independentes e A é diagonalizável. Então, segue que

$$P^{-1}AP = \begin{bmatrix} 2 & 0 & 0 \\ 0 & -2 & 0 \\ 0 & 0 & 3 \end{bmatrix}.$$

Autovalores e autovetores   363

EXEMPLO 5   Diagonalização de uma matriz

Mostre que a matriz A é diagonalizável.

$$A = \begin{bmatrix} 1 & 0 & 0 & 0 \\ 0 & 1 & 5 & -10 \\ 1 & 0 & 2 & 0 \\ 1 & 0 & 0 & 3 \end{bmatrix}$$

A seguir, encontre uma matriz P tal que $P^{-1}AP$ é diagonal.

SOLUÇÃO

No Exemplo 6 na Seção 7.1, você encontrou que os três autovalores de A são $\lambda_1 = 1$, $\lambda_2 = 2$, $\lambda_3 = 3$ e que eles possuem os autovetores listados abaixo.

$$\lambda_1: \begin{bmatrix} 0 \\ 1 \\ 0 \\ 0 \end{bmatrix}, \begin{bmatrix} -2 \\ 0 \\ 2 \\ 1 \end{bmatrix} \qquad \lambda_2: \begin{bmatrix} 0 \\ 5 \\ 1 \\ 0 \end{bmatrix} \qquad \lambda_3: \begin{bmatrix} 0 \\ -5 \\ 0 \\ 1 \end{bmatrix}$$

A matriz cujas colunas consistem desses autovetores é

$$P = \begin{bmatrix} 0 & -2 & 0 & 0 \\ 1 & 0 & 5 & -5 \\ 0 & 2 & 1 & 0 \\ 0 & 1 & 0 & 1 \end{bmatrix}.$$

P é inversível (verifique isso), então seus vetores coluna formam um conjunto linearmente independente. Isto significa que A é diagonalizável, de modo que

$$P^{-1}AP = \begin{bmatrix} 1 & 0 & 0 & 0 \\ 0 & 1 & 0 & 0 \\ 0 & 0 & 2 & 0 \\ 0 & 0 & 0 & 3 \end{bmatrix}.$$

EXEMPLO 6   Uma matriz que não é diagonalizável

Mostre que a matriz A não é diagonalizável.

$$A = \begin{bmatrix} 1 & 2 \\ 0 & 1 \end{bmatrix}$$

SOLUÇÃO

A é triangular, portanto os autovalores são os elementos na diagonal principal. O único autovalor é $\lambda = 1$. A matriz $(I - A)$ tem a forma escalonada reduzida abaixo.

$$I - A = \begin{bmatrix} 0 & -2 \\ 0 & 0 \end{bmatrix} \quad \longrightarrow \quad \begin{bmatrix} 0 & 1 \\ 0 & 0 \end{bmatrix}$$

Isso implica que $x_2 = 0$. Logo, tomando $x_1 = t$, pode-se escrever todos os autovetores de A na forma

$$\mathbf{x} = \begin{bmatrix} x_1 \\ x_2 \end{bmatrix} = \begin{bmatrix} t \\ 0 \end{bmatrix} = t \begin{bmatrix} 1 \\ 0 \end{bmatrix}.$$

Assim, como A não possui dois autovetores linearmente independentes, você pode concluir que A não é diagonalizável.

Para uma matriz quadrada A de ordem n ser diagonalizável, a soma das dimensões dos autoespaços deve ser igual a n. Isso pode acontecer quando A tem n autovalores distintos. Assim, tem-se o próximo teorema.

364   Elementos de álgebra linear

OBSERVAÇÃO

A condição no Teorema 7.6 é suficiente, mas não necessária para a diagonalização, como ilustrado no Exemplo 5. Em outras palavras, uma matriz diagonalizável não precisa ter autovalores distintos.

TEOREMA 7.6   Condição suficiente para a diagonalização

Se uma matriz A de ordem n possui n autovalores *distintos*, os autovetores associados são linearmente independentes e A é diagonalizável.

DEMONSTRAÇÃO

Sejam $\lambda_1, \lambda_2, \ldots, \lambda_n$ n autovalores distintos de A com os autovetores associados $\mathbf{x}_1, \mathbf{x}_2, \ldots, \mathbf{x}_n$. Para começar, suponha que o conjunto de autovetores seja linearmente dependente. Além disso, considere os autovetores ordenados de modo que os primeiros m vetores sejam linearmente independentes, mas os primeiros $m + 1$ sejam linearmente dependentes, onde $m < n$. Então, $\mathbf{x}_{m+1}$ pode ser escrito como uma combinação linear dos primeiros m autovetores:

$$\mathbf{x}_{m+1} = c_1\mathbf{x}_1 + c_2\mathbf{x}_2 + \cdots + c_m\mathbf{x}_m \qquad \text{Equação 1}$$

onde os c_i não são todos zero. Multiplicar ambos os lados da Equação 1 por A produz

$$A\mathbf{x}_{m+1} = Ac_1\mathbf{x}_1 + Ac_2\mathbf{x}_2 + \cdots + Ac_m\mathbf{x}_m.$$

Agora, $A\mathbf{x}_i = \lambda_i\mathbf{x}_i$, $i = 1, 2, \ldots, m + 1$, de modo que resulta

$$\lambda_{m+1}\mathbf{x}_{m+1} = c_1\lambda_1\mathbf{x}_1 + c_2\lambda_2\mathbf{x}_2 + \cdots + c_m\lambda_m\mathbf{x}_m. \qquad \text{Equação 2}$$

Multiplicar a Equação 1 por λ_{m+1} produz

$$\lambda_{m+1}\mathbf{x}_{m+1} = c_1\lambda_{m+1}\mathbf{x}_1 + c_2\lambda_{m+1}\mathbf{x}_2 + \cdots + c_m\lambda_{m+1}\mathbf{x}_m. \qquad \text{Equação 3}$$

Subtrair a Equação 2 da Equação 3 fornece

$$c_1(\lambda_{m+1} - \lambda_1)\mathbf{x}_1 + c_2(\lambda_{m+1} - \lambda_2)\mathbf{x}_2 + \cdots + c_m(\lambda_{m+1} - \lambda_m)\mathbf{x}_m = \mathbf{0}$$

e, usando o fato de que os primeiros m autovetores são linearmente independentes, todos os coeficientes dessa equação devem ser nulos. Isto é,

$$c_1(\lambda_{m+1} - \lambda_1) = c_2(\lambda_{m+1} - \lambda_2) = \cdots = c_m(\lambda_{m+1} - \lambda_m) = 0.$$

Todos os autovalores são distintos, de modo que $c_i = 0$, $i = 1, 2, \ldots, m$. Mas este resultado contradiz nossa suposição de que $\mathbf{x}_{m+1}$ pode ser escrito como uma combinação linear dos primeiros m autovetores. Assim, o conjunto de autovetores é linearmente independente e, do Teorema 7.5, você pode concluir que A é diagonalizável.

EXEMPLO 7   Determinando se uma matriz é diagonalizável

Veja LarsonLinearAlgebra.com para uma versão interativa deste tipo de exemplo.

Determine se a matriz A é diagonalizável.

$$A = \begin{bmatrix} 1 & -2 & 1 \\ 0 & 0 & 1 \\ 0 & 0 & -3 \end{bmatrix}$$

SOLUÇÃO

A é uma matriz triangular, então seus autovalores são os elementos da diagonal principal $\lambda_1 = 1$, $\lambda_2 = 0$ e $\lambda_3 = -3$. Além disso, esses três autovalores são distintos, de modo que você pode concluir do Teorema 7.6 que A é diagonalizável.

DIAGONALIZAÇÃO E TRANSFORMAÇÕES LINEARES

Até agora nesta seção, o problema da diagonalização tem sido a respeito de matrizes. Em termos de transformações lineares, o problema da diagonalização pode ser enunciado como: Para uma transformação linear

$T: V \to V,$

existe uma base B de V tal que a matriz de T relativa a B seja diagonal? A resposta é "sim" quando a matriz canônica de T é diagonalizável.

EXEMPLO 8   Determinação de uma base

Seja $T: R^3 \to R^3$ a transformação linear representada por

$$T(x_1, x_2, x_3) = (x_1 - x_2 - x_3, x_1 + 3x_2 + x_3, -3x_1 + x_2 - x_3).$$

Se possível, encontre uma base B de R^3 tal que a matriz de T relativa a B seja diagonal.

SOLUÇÃO

A matriz canônica de T é

$$A = \begin{bmatrix} 1 & -1 & -1 \\ 1 & 3 & 1 \\ -3 & 1 & -1 \end{bmatrix}.$$

Do Exemplo 4, você sabe que A é diagonalizável. Assim, os três vetores linearmente independentes encontrados no Exemplo 4 podem ser usados para formar a base B. Precisamente,

$$B = \{(-1, 0, 1), (1, -1, 4), (-1, 1, 1)\}.$$

A matriz para T relativa a esta base é

$$D = \begin{bmatrix} 2 & 0 & 0 \\ 0 & -2 & 0 \\ 0 & 0 & 3 \end{bmatrix}.$$

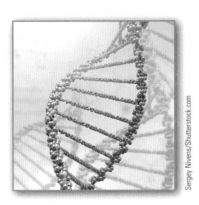

ÁLGEBRA LINEAR APLICADA

A genética é a ciência da hereditariedade. Uma mistura de química e biologia, a genética tenta explicar a evolução hereditária e o movimento de genes entre gerações com base no ácido desoxirribonucleico (DNA) de uma espécie. A pesquisa na área da genética chamada genética populacional, que se concentra nas estruturas genéticas de populações específicas, é especialmente popular hoje. Essa pesquisa levou a um melhor entendimento dos tipos de herança genética. Por exemplo, em seres humanos, um tipo de herança genética é chamado de herança ligada a X (ou herança ligada ao sexo), que se refere a genes recessivos no cromossomo X. Os homens têm um cromossomo X e um Y e as mulheres têm dois cromossomos X. Se um homem tiver um gene defeituoso no cromossomo X, sua característica correspondente será expressa porque não há um gene normal no cromossomo Y para suprimir sua atividade. Com as mulheres, a característica não será expressa a menos que esteja presente em ambos os cromossomos X, o que é raro. É por isso que as doenças ou condições herdadas são geralmente encontradas em homens, daí o termo herança relacionada ao sexo. Algumas delas incluem hemofilia A, distrofia muscular de Duchenne, daltonismo vermelho-verde e calvície masculina. Os autovalores de matrizes e a diagonalização podem ser úteis na criação de modelos matemáticos para descrever heranças ligadas a X em uma população.

366 Elementos de álgebra linear

7.2 Exercícios

Matrizes diagonalizáveis e autovetores Nos Exercícios 1 a 6, (a) verifique que A é diagonalizável encontrando $P^{-1}AP$ e (b) use o resultado do item (a) e o Teorema 7.4 para encontrar os autovalores de A.

1. $A = \begin{bmatrix} -11 & 36 \\ -3 & 10 \end{bmatrix}$, $P = \begin{bmatrix} -3 & -4 \\ -1 & -1 \end{bmatrix}$

2. $A = \begin{bmatrix} 1 & 3 \\ -1 & 5 \end{bmatrix}$, $P = \begin{bmatrix} 3 & 1 \\ 1 & 1 \end{bmatrix}$

3. $A = \begin{bmatrix} 3 & -2 \\ 2 & -2 \end{bmatrix}$, $P = \begin{bmatrix} 1 & 2 \\ 2 & 1 \end{bmatrix}$

4. $A = \begin{bmatrix} 4 & -5 \\ 2 & -3 \end{bmatrix}$, $P = \begin{bmatrix} 1 & 5 \\ 1 & 2 \end{bmatrix}$

5. $A = \begin{bmatrix} -1 & 1 & 0 \\ 0 & 3 & 0 \\ 4 & -2 & 5 \end{bmatrix}$, $P = \begin{bmatrix} 0 & 1 & -3 \\ 0 & 4 & 0 \\ 1 & 2 & 2 \end{bmatrix}$

6. $A = \begin{bmatrix} 0{,}80 & 0{,}10 & 0{,}05 & 0{,}05 \\ 0{,}10 & 0{,}80 & 0{,}05 & 0{,}05 \\ 0{,}05 & 0{,}05 & 0{,}80 & 0{,}10 \\ 0{,}05 & 0{,}05 & 0{,}10 & 0{,}80 \end{bmatrix}$,

$P = \begin{bmatrix} 1 & -1 & 0 & 1 \\ 1 & -1 & 0 & -1 \\ 1 & 1 & 1 & 0 \\ 1 & 1 & -1 & 0 \end{bmatrix}$

Diagonalização de uma matriz Nos exercícios 7-14, encontre (se possível) uma matriz não singular P tal que $P^{-1}AP$ é diagonal. Verifique que $P^{-1}AP$ é uma matriz diagonal com os autovalores na diagonal principal.

7. $A = \begin{bmatrix} 6 & -3 \\ -2 & 1 \end{bmatrix}$

(Veja o Exercício 15, Seção 7.1.)

8. $A = \begin{bmatrix} \frac{1}{4} & \frac{1}{4} \\ \frac{1}{2} & 0 \end{bmatrix}$

(Veja o Exercício 20, Seção 7.1.)

9. $A = \begin{bmatrix} 2 & -2 & 3 \\ 0 & 3 & -2 \\ 0 & -1 & 2 \end{bmatrix}$

(Veja o Exercício 21, Seção 7.1.)

10. $A = \begin{bmatrix} 3 & 2 & 1 \\ 0 & 0 & 2 \\ 0 & 2 & 0 \end{bmatrix}$

(Veja o Exercício 22, Seção 7.1.)

11. $A = \begin{bmatrix} 1 & 2 & -2 \\ -2 & 5 & -2 \\ -6 & 6 & -3 \end{bmatrix}$

(Veja o Exercício 23, Seção 7.1.)

12. $A = \begin{bmatrix} 3 & 2 & -3 \\ -3 & -4 & 9 \\ -1 & -2 & 5 \end{bmatrix}$

(Veja o Exercício 24, Seção 7.1.)

13. $A = \begin{bmatrix} 1 & 0 & 0 \\ 1 & 2 & 1 \\ 1 & 0 & 2 \end{bmatrix}$

14. $A = \begin{bmatrix} 2 & 0 & 0 \\ 4 & 4 & 0 \\ 0 & 4 & 4 \end{bmatrix}$

Mostrando que uma matriz não é diagonalizável Nos Exercícios 15-22, mostre que a matriz não é diagonalizável.

15. $\begin{bmatrix} 0 & 0 \\ 5 & 0 \end{bmatrix}$

16. $\begin{bmatrix} 1 & \frac{1}{2} \\ -2 & -1 \end{bmatrix}$

17. $\begin{bmatrix} 7 & 7 \\ 0 & 7 \end{bmatrix}$

18. $\begin{bmatrix} 1 & 0 \\ -2 & 1 \end{bmatrix}$

19. $\begin{bmatrix} 1 & -2 & 1 \\ 0 & 1 & 4 \\ 0 & 0 & 2 \end{bmatrix}$

20. $\begin{bmatrix} 3 & 2 & -2 \\ 0 & -2 & 3 \\ 0 & 0 & -2 \end{bmatrix}$

21. $\begin{bmatrix} 1 & 0 & -1 & 1 \\ 0 & 1 & 0 & 1 \\ -2 & 0 & 2 & -2 \\ 0 & 2 & 0 & 2 \end{bmatrix}$

(Veja o Exercício 39, Seção 7.1.)

22. $\begin{bmatrix} 1 & -3 & 3 & 3 \\ -1 & 4 & -3 & -3 \\ -2 & 0 & 1 & 1 \\ 1 & 0 & 0 & 0 \end{bmatrix}$

(Veja o Exercício 40, Seção 7.1.)

Determinando uma condição suficiente para diagonalização Nos Exercícios 23-26, encontre os autovalores da matriz e determine se há um número suficiente de autovalores para garantir que a matriz é diagonalizável pelo Teorema 7.6.

23. $\begin{bmatrix} 1 & 1 \\ 1 & 1 \end{bmatrix}$

24. $\begin{bmatrix} 2 & 0 \\ 5 & 2 \end{bmatrix}$

25. $\begin{bmatrix} -3 & -2 & 3 \\ 3 & 4 & -9 \\ 1 & 2 & -5 \end{bmatrix}$

26. $\begin{bmatrix} 4 & 3 & -2 \\ 0 & 1 & 1 \\ 0 & 0 & -2 \end{bmatrix}$

Determinação de uma base Nos Exercícios 27-30, encontre uma base B para o domínio de T, de tal forma que a matriz para T relativa a B seja diagonal.

27. $T: R^2 \to R^2$: $T(x, y) = (x + y, x + y)$

28. $T: R^3 \to R^3$:

$T(x, y, z) = (-2x + 2y - 3z, 2x + y - 6z, -x - 2y)$

29. $T: P_1 \to P_1$: $T(a + bx) = a + (a + 2b)x$

30. $T: P_2 \to P_2$:

$T(c + bx + ax^2) = (3c + a) + (2b + 3a)x + ax^2$

31. Demonstração Seja A uma matriz $n \times n$ diagonalizável e seja P uma matriz $n \times n$ inversível, de modo que $B = P^{-1}AP$ seja a forma diagonal de A. Demonstre que $A^k = PB^kP^{-1}$, onde k é um número inteiro positivo.

Autovalores e autovetores 367

32. Sejam $\lambda_1, \lambda_2, \ldots, \lambda_n$ n autovalores distintos de uma matriz A de ordem n. Use o resultado do Exercício 31 para encontrar os autovalores de A^k.

Determinação da potência de uma matriz Nos **Exercícios 33-36, use o resultado do Exercício 31 para encontrar a potência de A mostrada.**

33. $A = \begin{bmatrix} 10 & 18 \\ -6 & -11 \end{bmatrix}, A^6$ **34.** $A = \begin{bmatrix} 1 & 3 \\ 2 & 0 \end{bmatrix}, A^7$

35. $A = \begin{bmatrix} 2 & 0 & -2 \\ 0 & 2 & -2 \\ 3 & 0 & -3 \end{bmatrix}, A^5$

36. $A = \begin{bmatrix} 2 & 3 & -2 \\ -2 & -5 & 0 \\ -2 & -1 & 4 \end{bmatrix}, A^8$

Verdadeiro ou falso? **Nos Exercícios 37 e 38, determine se cada afirmação é verdadeira ou falsa. Se uma afirmação for verdadeira, dê uma justificativa ou cite uma afirmação apropriada do texto. Se uma afirmação for falsa, forneça um exemplo que mostre que a afirmação não é verdadeira em todos os casos ou cite uma afirmação apropriada do texto.**

37. (a) Se A e B são matrizes $n \times n$ semelhantes, então elas sempre têm a mesma equação polinomial característica.

(b) O fato de uma matriz A de ordem n ter n autovalores distintivos não garante que A seja diagonalizável.

38. (a) Se A é uma matriz diagonalizável, então ela tem n autovetores linearmente independentes.

(b) Se uma matriz A de ordem n é diagonalizável, então ela possui dois autovalores distintos.

39. As duas matrizes são semelhantes? Em caso afirmativo, encontre uma matriz P tal que $B = P^{-1}AP$.

$$A = \begin{bmatrix} 1 & 0 & 0 \\ 0 & 2 & 0 \\ 0 & 0 & 3 \end{bmatrix} \quad B = \begin{bmatrix} 3 & 0 & 0 \\ 0 & 2 & 0 \\ 0 & 0 & 1 \end{bmatrix}$$

40. Cálculo Para um número real x, você pode definir e^x pela série

$$e^x = 1 + x + \frac{x^2}{2!} + \frac{x^3}{3!} + \frac{x^4}{4!} + \cdots .$$

Do mesmo modo, para uma matriz quadrada X, você pode definir e^X pela série

$$e^X = I + X + \frac{1}{2!}X^2 + \frac{1}{3!}X^3 + \frac{1}{4!}X^4 + \cdots .$$

Calcule e^X, onde X é a matriz quadrada mostrada.

(a) $X = \begin{bmatrix} 1 & 0 \\ 0 & 1 \end{bmatrix}$ (b) $X = \begin{bmatrix} 1 & 0 \\ 1 & 0 \end{bmatrix}$

(c) $X = \begin{bmatrix} 0 & 1 \\ 1 & 0 \end{bmatrix}$ (d) $X = \begin{bmatrix} 2 & 0 \\ 0 & -2 \end{bmatrix}$

41. Dissertação Uma matriz pode ser semelhante a duas matrizes diagonais diferentes? Explique.

42. Demonstração Demonstre que, se a matriz A é diagonalizável, então A^T é diagonalizável.

43. Demonstração Demonstre que se a matriz A é diagonalizável com n autovalores reais $\lambda_1, \lambda_2, \ldots, \lambda_n$, então $|A| = \lambda_1 \lambda_2 \cdots \lambda_n$.

44. Demonstração Demonstre que a matriz

$$A = \begin{bmatrix} a & b \\ c & d \end{bmatrix}$$

é diagonalizável quando $-4bc < (a - d)^2$ e não é diagonalizável quando $-4bc > (a - d)^2$.

45. Demonstração guiada Demonstre que se os autovalores de uma matriz diagonalizável A são todos ± 1, então a matriz é igual a sua inversa.

Começando: para mostrar que a matriz é igual à inversa, use o fato de que existe uma matriz inversível P tal que $D = P^{-1}AP$, onde D é uma matriz diagonal com ± 1 na sua diagonal principal.

(i) Seja $D = P^{-1}AP$, onde D é uma matriz diagonal com ± 1 ao longo de sua diagonal principal.

(ii) Encontre A em termos de P, P^{-1} e D.

(iii) Use as propriedades da inversa de um produto de matrizes e o fato de que D é diagonal para expandir e encontrar A^{-1}.

(iv) Conclua que $A^{-1} = A$.

46. Demonstração guiada Demonstre que as matrizes nilpotentes não nulas não são diagonalizáveis.

Começando: Do Exercício 80 na Seção 7.1, sabe-se que 0 é o único autovalor da matriz nilpotente. Mostre que é impossível que A seja diagonalizável.

(i) Suponha que A seja diagonalizável, então existe uma matriz inversível P tal que $P^{-1}AP = D$, onde D é a matriz nula.

(ii) Encontre A em termos de P, P^{-1} e D.

(iii) Encontre uma contradição e conclua que as matrizes nilpotentes não nulas não são diagonalizáveis.

47. Demonstração Demonstre que, se A é uma matriz diagonalizável não singular, então A^{-1} também é diagonalizável.

48. Ponto crucial Explique como determinar se uma matriz A de ordem n é diagonalizável usando (a) matrizes semelhantes, (b) autovetores e (c) autovalores distintos.

Mostrando que uma matriz não é diagonalizável **Nos Exercícios 49 e 50, mostre que a matriz não é diagonalizável.**

49. $\begin{bmatrix} 4 & k \\ 0 & 4 \end{bmatrix}, k \neq 0$ **50.** $\begin{bmatrix} 0 & 0 \\ k & 0 \end{bmatrix}, k \neq 0$

7.3 Matrizes simétricas e diagonalização ortogonal

■ Reconhecer e aplicar propriedades de matrizes simétricas.
■ Reconhecer e aplicar propriedades de matrizes ortogonais.
■ Encontrar uma matriz ortogonal P que diagonalize ortogonalmente uma matriz simétrica A.

MATRIZES SIMÉTRICAS

Para a maioria das matrizes, deve-se passar por grande parte do processo de diagonalização antes de determinar se a diagonalização é possível. Uma exceção é com uma matriz triangular que possua elementos distintos na diagonal principal. É possível reconhecer que essa matriz é diagonalizável por inspeção. Nesta seção, você estudará outro tipo de matriz que temos certeza de ser diagonalizável: uma matriz **simétrica**. Veja a definição a seguir.

Descoberta

1. Escolha uma matriz quadrada arbitrária e não simétrica e calcule seus autovalores.
2. Você pode encontrar uma matriz quadrada não simétrica para a qual os autovalores não são reais?
3. Agora, escolha uma matriz simétrica arbitrária e calcule seus autovalores.
4. Você consegue encontrar uma matriz simétrica para a qual os autovalores não são reais?
5. O que pode concluir sobre os autovalores de uma matriz simétrica?

Veja LarsonLinearAlgebra.com para uma versão interativa deste tipo de exercício.

Definição de uma matriz simétrica

Uma matriz quadrada A é simétrica quando é igual à sua transposta: $A = A^T$.

EXEMPLO 1   Matrizes simétricas e matrizes não simétricas

As matrizes A e B são simétricas, mas a matriz C não é.

$$A = \begin{bmatrix} 0 & 1 & -2 \\ 1 & 3 & 0 \\ -2 & 0 & 5 \end{bmatrix} \quad B = \begin{bmatrix} 4 & 3 \\ 3 & 1 \end{bmatrix} \quad C = \begin{bmatrix} 3 & 2 & 1 \\ 1 & -4 & 0 \\ 1 & 0 & 5 \end{bmatrix}$$

As matrizes não simétricas possuem propriedades que não são compartilhadas por matrizes simétricas, conforme listado abaixo.

1. Uma matriz não simétrica pode não ser diagonalizável.
2. Uma matriz não simétrica pode ter autovalores que não são reais. Por exemplo, a matriz

$$A = \begin{bmatrix} 0 & -1 \\ 1 & 0 \end{bmatrix}$$

tem a equação característica $\lambda^2 + 1 = 0$. Então, seus autovalores são os números imaginários $\lambda_1 = i$ e $\lambda_2 = -i$.
3. Para uma matriz não simétrica, o número de autovetores linearmente independentes associados a um autovalor pode ser menor do que a multiplicidade do autovalor. (Veja o Exemplo 6, Seção 7.2.)

O Teorema 7.7 lista propriedades de matrizes simétricas.

TEOREMA 7.7   Propriedades de matrizes simétricas

Se A é uma matriz simétrica $n \times n$, então as propriedades listadas a seguir são verdadeiras.

1. A é diagonalizável.
2. Todos os autovalores de A são reais.
3. Se λ é um autovalor de A com multiplicidade k, então λ tem k autovetores linearmente independentes. Equivalentemente, o autoespaço de λ tem dimensão k.

OBSERVAÇÃO

O Teorema 7.7 é chamado de **Teorema Espectral Real** e o conjunto de autovalores de A é chamado de **espectro** de A.

Autovalores e autovetores   369

A demonstração do Teorema 7.7 está além do escopo deste texto. O próximo exemplo demonstra que toda matriz simétrica 2×2 é diagonalizável.

EXEMPLO 2   Toda matriz simétrica 2×2 é diagonalizável

Demonstre que uma matriz simétrica

$$A = \begin{bmatrix} a & c \\ c & b \end{bmatrix}$$

é diagonalizável.

SOLUÇÃO

O polinômio característico de A é

$$|\lambda I - A| = \begin{vmatrix} \lambda - a & -c \\ -c & \lambda - b \end{vmatrix}$$
$$= \lambda^2 - (a + b)\lambda + ab - c^2.$$

Como um polinômio quadrático em λ, seu discriminante é

$$(a + b)^2 - 4(ab - c^2) = a^2 + 2ab + b^2 - 4ab + 4c^2$$
$$= a^2 - 2ab + b^2 + 4c^2$$
$$= (a - b)^2 + 4c^2.$$

Este discriminante é a soma de dois quadrados, portanto deve ser zero ou positivo. Se $(a - b)^2 + 4c^2 = 0$, então $a = b$ e $c = 0$, o que significa que A é já diagonal. Precisamente,

$$A = \begin{bmatrix} a & 0 \\ 0 & a \end{bmatrix}.$$

Por outro lado, se $(a - b)^2 + 4c^2 > 0$, então, pela fórmula quadrática, o polinômio característico de A tem duas raízes reais distintas, o que significa que A possui dois autovalores reais distintos. Logo, A também é diagonizável neste caso. ■

EXEMPLO 3   Dimensões dos autoespaços de uma matriz simétrica

Encontre os autovalores da matriz simétrica

$$A = \begin{bmatrix} 1 & -2 & 0 & 0 \\ -2 & 1 & 0 & 0 \\ 0 & 0 & 1 & -2 \\ 0 & 0 & -2 & 1 \end{bmatrix}$$

e determine as dimensões dos autoespaços associados.

SOLUÇÃO

O polinômio característico de A é

$$|\lambda I - A| = \begin{vmatrix} \lambda - 1 & 2 & 0 & 0 \\ 2 & \lambda - 1 & 0 & 0 \\ 0 & 0 & \lambda - 1 & 2 \\ 0 & 0 & 2 & \lambda - 1 \end{vmatrix} = (\lambda + 1)^2(\lambda - 3)^2.$$

Assim, os autovalores de A são $\lambda_1 = -1$ e $\lambda_2 = 3$. Cada um desses autovalores tem multiplicidade 2, então sabe-se do Teorema 7.7 que os autoespaços associados também têm dimensão 2. Especificamente, o autoespaço de $\lambda_1 = -1$ possui a base $B_1 = \{(1, 1, 0, 0), (0, 0, 1, 1)\}$ e o autoespaço de $\lambda_2 = 3$ tem a base $B_2 = \{(1, -1, 0, 0), (0, 0, 1, -1)\}$. (Verifique estas afirmações.) ■

MATRIZES ORTOGONAIS

Para diagonalizar uma matriz quadrada A, você precisa encontrar uma matriz *inversível* P tal que $P^{-1}AP$ seja diagonal. Para matrizes simétricas, a matriz P pode ser escolhida de modo a ter a propriedade especial que $P^{-1} = P^T$. Esta propriedade matricial incomum é definida abaixo.

Definição de uma matriz ortogonal

Uma matriz quadrada P é **ortogonal** quando é inversível e $P^{-1} = P^T$.

EXEMPLO 4 **Matrizes ortogonais**

a. A matriz $P = \begin{bmatrix} 0 & 1 \\ -1 & 0 \end{bmatrix}$ é ortogonal porque $P^{-1} = P^T = \begin{bmatrix} 0 & -1 \\ 1 & 0 \end{bmatrix}$.

b. A matriz

$$P = \begin{bmatrix} \frac{3}{5} & 0 & -\frac{4}{5} \\ 0 & 1 & 0 \\ \frac{4}{5} & 0 & \frac{3}{5} \end{bmatrix}$$

é ortogonal porque

$$P^{-1} = P^T = \begin{bmatrix} \frac{3}{5} & 0 & \frac{4}{5} \\ 0 & 1 & 0 \\ -\frac{4}{5} & 0 & \frac{3}{5} \end{bmatrix}.$$

No Exemplo 4, as colunas das matrizes P formam conjuntos ortonormais em R^2 e R^3, respectivamente (verifique isso), o que sugere o próximo teorema.

TEOREMA 7.8 Propriedade de matrizes ortogonais

Uma matriz P de ordem n é ortogonal se e somente se seus vetores coluna formam um conjunto ortonormal.

DEMONSTRAÇÃO

Para demonstrar o teorema em uma direção, suponha que os vetores coluna de P formam um conjunto ortonormal:

$$P = [\mathbf{p}_1 \quad \mathbf{p}_2 \quad \cdots \quad \mathbf{p}_n]$$

$$= \begin{bmatrix} p_{11} & p_{12} & \cdots & p_{1n} \\ p_{21} & p_{22} & \cdots & p_{2n} \\ \vdots & \vdots & & \vdots \\ p_{n1} & p_{n2} & \cdots & p_{nn} \end{bmatrix}.$$

Então o produto P^TP tem a forma

$$P^TP = \begin{bmatrix} \mathbf{p}_1 \cdot \mathbf{p}_1 & \mathbf{p}_1 \cdot \mathbf{p}_2 & \cdots & \mathbf{p}_1 \cdot \mathbf{p}_n \\ \mathbf{p}_2 \cdot \mathbf{p}_1 & \mathbf{p}_2 \cdot \mathbf{p}_2 & \cdots & \mathbf{p}_2 \cdot \mathbf{p}_n \\ \vdots & \vdots & & \vdots \\ \mathbf{p}_n \cdot \mathbf{p}_1 & \mathbf{p}_n \cdot \mathbf{p}_2 & \cdots & \mathbf{p}_n \cdot \mathbf{p}_n \end{bmatrix}.$$

O conjunto

$$\{\mathbf{p}_1, \mathbf{p}_2, \ldots, \mathbf{p}_n\}$$

é ortonormal, então você obtém

$$\mathbf{p}_i \cdot \mathbf{p}_j = 0, i \neq j \quad \text{e} \quad \mathbf{p}_i \cdot \mathbf{p}_i = \|\mathbf{p}_i\|^2 = 1.$$

Autovalores e autovetores   371

Assim, a matriz composta de produtos escalares tem a forma

$$P^T P = \begin{bmatrix} 1 & 0 & \ldots & 0 \\ 0 & 1 & \ldots & 0 \\ \vdots & \vdots & & \vdots \\ 0 & 0 & \ldots & 1 \end{bmatrix} = I_n.$$

Isso implica que $P^T = P^{-1}$, de modo que P é ortogonal.

Reciprocamente, se P é ortogonal, então inverta os passos acima para verificar que os vetores coluna de P formam um conjunto ortonormal. ■

EXEMPLO 5   Uma matriz ortogonal

Mostre que

$$P = \begin{bmatrix} \dfrac{1}{3} & \dfrac{2}{3} & \dfrac{2}{3} \\ -\dfrac{2}{\sqrt{5}} & \dfrac{1}{\sqrt{5}} & 0 \\ -\dfrac{2}{3\sqrt{5}} & -\dfrac{4}{3\sqrt{5}} & \dfrac{5}{3\sqrt{5}} \end{bmatrix}$$

é ortogonal verificando que $P^T = P^{-1}$. Em seguida, mostre que os vetores coluna de P formam um conjunto ortonormal.

SOLUÇÃO

$$PP^T = \begin{bmatrix} \dfrac{1}{3} & \dfrac{2}{3} & \dfrac{2}{3} \\ -\dfrac{2}{\sqrt{5}} & \dfrac{1}{\sqrt{5}} & 0 \\ -\dfrac{2}{3\sqrt{5}} & -\dfrac{4}{3\sqrt{5}} & \dfrac{5}{3\sqrt{5}} \end{bmatrix} \begin{bmatrix} \dfrac{1}{3} & -\dfrac{2}{\sqrt{5}} & -\dfrac{2}{3\sqrt{5}} \\ \dfrac{2}{3} & \dfrac{1}{\sqrt{5}} & -\dfrac{4}{3\sqrt{5}} \\ \dfrac{2}{3} & 0 & \dfrac{5}{3\sqrt{5}} \end{bmatrix} = I_3$$

de modo que $P^T = P^{-1}$. Além disso, tomando

$$\mathbf{p}_1 = \begin{bmatrix} \dfrac{1}{3} \\ -\dfrac{2}{\sqrt{5}} \\ -\dfrac{2}{3\sqrt{5}} \end{bmatrix}, \quad \mathbf{p}_2 = \begin{bmatrix} \dfrac{2}{3} \\ \dfrac{1}{\sqrt{5}} \\ -\dfrac{4}{3\sqrt{5}} \end{bmatrix} \quad \text{e} \quad \mathbf{p}_3 = \begin{bmatrix} \dfrac{2}{3} \\ 0 \\ \dfrac{5}{3\sqrt{5}} \end{bmatrix}$$

obtemos

$$\mathbf{p}_1 \cdot \mathbf{p}_2 = \mathbf{p}_1 \cdot \mathbf{p}_3 = \mathbf{p}_2 \cdot \mathbf{p}_3 = 0$$

e

$$\|\mathbf{p}_1\| = \|\mathbf{p}_2\| = \|\mathbf{p}_3\| = 1.$$

Assim, $\{\mathbf{p}_1, \mathbf{p}_2, \mathbf{p}_3\}$ é um conjunto ortonormal, tal como garantido pelo Teorema 7.8. ■

Pode-se mostrar que, para uma matriz simétrica, os autovetores associados aos autovalores distintos são ortogonais. O próximo teorema enuncia esta propriedade.

TEOREMA 7.9   Propriedade de matrizes simétricas

Seja A uma matriz $n \times n$ simétrica. Se λ_1 e λ_2 são autovalores distintos de A, os respectivos autovetores $\mathbf{x}_1$ e $\mathbf{x}_2$ são ortogonais.

Elementos de álgebra linear

DEMONSTRAÇÃO

Sejam λ_1 e λ_2 autovalores distintos de A com os autovetores associados $\mathbf{x}_1$ e $\mathbf{x}_2$. Assim, $A\mathbf{x}_1 = \lambda_1\mathbf{x}_1$ e $A\mathbf{x}_2 = \lambda_2\mathbf{x}_2$. Para demonstrar o teorema, use a forma matricial do produto escalar, $\mathbf{x}_1 \cdot \mathbf{x}_2 = \mathbf{x}_1^T\mathbf{x}_2$. (Veja a Seção 5.1.) Agora você pode escrever

$$
\begin{aligned}
\lambda_1(\mathbf{x}_1 \cdot \mathbf{x}_2) &= (\lambda_1\mathbf{x}_1) \cdot \mathbf{x}_2 \\
&= (A\mathbf{x}_1) \cdot \mathbf{x}_2 \\
&= (A\mathbf{x}_1)^T\mathbf{x}_2 \\
&= (\mathbf{x}_1^T A^T)\mathbf{x}_2 \\
&= (\mathbf{x}_1^T A)\mathbf{x}_2 \qquad A \text{ é simétrica, assim } A = A^T. \\
&= \mathbf{x}_1^T(A\mathbf{x}_2) \\
&= \mathbf{x}_1^T(\lambda_2\mathbf{x}_2) \\
&= \mathbf{x}_1 \cdot (\lambda_2\mathbf{x}_2) \\
&= \lambda_2(\mathbf{x}_1 \cdot \mathbf{x}_2).
\end{aligned}
$$

Isto implica que $(\lambda_1 - \lambda_2)(\mathbf{x}_1 \cdot \mathbf{x}_2) = 0$. Além disso, $\lambda_1 \neq \lambda_2$, de modo que $\mathbf{x}_1 \cdot \mathbf{x}_2 = 0$, o que significa que $\mathbf{x}_1$ e $\mathbf{x}_2$ são ortogonais.

EXEMPLO 6   Autovetores de uma matriz simétrica

Mostre que quaisquer dois autovetores de

$$
A = \begin{bmatrix} 3 & 1 \\ 1 & 3 \end{bmatrix}
$$

associados a autovalores distintos são ortogonais.

SOLUÇÃO

O polinômio característico de A é

$$
|\lambda I - A| = \begin{vmatrix} \lambda - 3 & -1 \\ -1 & \lambda - 3 \end{vmatrix} = (\lambda - 2)(\lambda - 4)
$$

o que implica que os autovalores de A são $\lambda_1 = 2$ e $\lambda_2 = 4$. Verifique que todo o autovetor associado a $\lambda_1 = 2$ é da forma

$$
\mathbf{x}_1 = \begin{bmatrix} s \\ -s \end{bmatrix}, \quad s \neq 0
$$

e que todo autovetor associado a $\lambda_2 = 4$ é da forma

$$
\mathbf{x}_2 = \begin{bmatrix} t \\ t \end{bmatrix}, \quad t \neq 0.
$$

Assim,

$$
\mathbf{x}_1 \cdot \mathbf{x}_2 = st - st = 0,
$$

o que significa que $\mathbf{x}_1$ e $\mathbf{x}_2$ são ortogonais.

DIAGONALIZAÇÃO ORTOGONAL

Uma matriz A é **ortogonalmente diagonalizável** quando existe uma matriz ortogonal P tal que $P^{-1}AP = D$ é diagonal. O importante teorema abaixo afirma que o conjunto das matrizes ortogonalmente diagonalizáveis é precisamente o conjunto das matrizes simétricas.

TEOREMA 7.10   Teorema fundamental das matrizes simétricas

Seja A uma matriz $n \times n$. Então A é ortogonalmente diagonalizável (e tem autovalores reais) se e somente se A é simétrica.

Autovalores e autovetores 373

DEMONSTRAÇÃO

A demonstração do teorema em uma direção é bastante direta. De fato, se você supor que A é ortogonalmente diagonalizável, então existe uma matriz ortogonal P tal que $D = P^{-1}AP$ é diagonal. Além disso, $P^{-1} = P^T$, então você obtém

$$A = PDP^{-1}$$
$$= PDP^T$$

o que implica que

$$A^T = (PDP^T)^T$$
$$= (P^T)^T D^T P^T$$
$$= PDP^T$$
$$= A.$$

Assim, A é simétrica.

A demonstração do teorema na outra direção é mais complicada, mas é importante porque é construtiva. Suponha que A seja simétrica. Se A tem um autovalor λ de mutiplicidade k, então, pelo Teorema 7.7, λ tem k autovetores linearmente independentes. Através do processo de ortonormalização de Gram-Schmidt, use este conjunto de k vetores para formar uma base ortonormal de autovetores para o autoespaço associado a λ. Repita este procedimento para cada autovalor de A. A coleção de todos os autovetores resultantes é ortogonal pelo Teorema 7.9. Além disso, você sabe do processo de ortonormalização que a coleção também é ortonormal. Agora, seja P a matriz cujas colunas consistem nos autovetores ortonormais. Pelo Teorema 7.8, P é uma matriz ortogonal. Finalmente, pelo Teorema 7.5, $P^{-1}AP$ é diagonal. Assim, A é ortogonalmente diagonalizável.

EXEMPLO 7   Determinando se uma matriz é orgonalmente diagonalizável

Quais matrizes são ortogonalmente diagonalizáveis?

$$A_1 = \begin{bmatrix} 1 & 1 & 1 \\ 1 & 0 & 1 \\ 1 & 1 & 1 \end{bmatrix} \qquad A_2 = \begin{bmatrix} 5 & 2 & 1 \\ 2 & 1 & 8 \\ -1 & 8 & 0 \end{bmatrix}$$

$$A_3 = \begin{bmatrix} 3 & 2 & 0 \\ 2 & 0 & 1 \end{bmatrix} \qquad A_4 = \begin{bmatrix} 0 & 0 \\ 0 & -2 \end{bmatrix}$$

SOLUÇÃO

Pelo Teorema 7.10, as matrizes ortogonalmente diagonalizáveis são as simétricas: A_1 e A_4.

Como mencionado anteriormente, a segunda parte da demonstração do Teorema 7.10 é *construtiva*. Assim lhe são dados passos a seguir para diagonalizar ortogonalmente uma matriz simétrica. Um resumo dessas etapas está abaixo.

Diagonalização ortogonal de uma matriz simétrica

Seja A uma matriz simétrica $n \times n$.

1. Encontre todos os autovalores de A e determine a multiplicidade de cada um.
2. Para *cada* autovalor de multiplicidade 1, encontre um autovetor unitário. (Encontre qualquer autovetor e depois normalize-o.)
3. Para cada autovalor de multiplicidade $k \geq 2$, encontre um conjunto de k autovalores linearmente independentes. (Sabe-se pelo Teorema 7.7 que isso é possível.) Se este conjunto não for ortonormal, então aplique o processo de ortonormalização de Gram-Schmidt.
4. Os resultados dos Passos 2 e 3 produzem um conjunto ortonormal de n autovetores. Utilize esses autovetores para formar as colunas de P. A matriz $P^{-1}AP = P^TAP = D$ será diagonal. (Os elementos na diagonal principal de D são os autovalores de A.)

374 Elementos de álgebra linear

EXEMPLO 8 **Diagonalização ortogonal**

Encontre uma matriz P que diagonaliza ortogonalmente $A = \begin{bmatrix} -2 & 2 \\ 2 & 1 \end{bmatrix}$.

SOLUÇÃO

1. O polinômio característico de A é

$$|\lambda I - A| = \begin{vmatrix} \lambda + 2 & -2 \\ -2 & \lambda - 1 \end{vmatrix} = (\lambda + 3)(\lambda - 2).$$

Assim, os autovalores são $\lambda_1 = -3$ e $\lambda_2 = 2$.
2. Para cada autovalor, encontre um autovetor convertendo a matriz $\lambda I - A$ para a forma escalonada reduzida.

Autovetor

$$-3I - A = \begin{bmatrix} -1 & -2 \\ -2 & -4 \end{bmatrix} \quad \Longrightarrow \quad \begin{bmatrix} 1 & 2 \\ 0 & 0 \end{bmatrix} \quad \Longrightarrow \quad \begin{bmatrix} -2 \\ 1 \end{bmatrix}$$

$$2I - A = \begin{bmatrix} 4 & -2 \\ -2 & 1 \end{bmatrix} \quad \Longrightarrow \quad \begin{bmatrix} 1 & -\frac{1}{2} \\ 0 & 0 \end{bmatrix} \quad \Longrightarrow \quad \begin{bmatrix} 1 \\ 2 \end{bmatrix}$$

Os autovetores $(-2, 1)$ e $(1, 2)$ formam uma base ortogonal de R^2. Normalizar esses autovetores produz uma base ortonormal.

$$\mathbf{p}_1 = \frac{(-2, 1)}{\|(-2, 1)\|} = \left(-\frac{2}{\sqrt{5}}, \frac{1}{\sqrt{5}} \right) \qquad \mathbf{p}_2 = \frac{(1, 2)}{\|(1, 2)\|} = \left(\frac{1}{\sqrt{5}}, \frac{2}{\sqrt{5}} \right)$$

3. Cada autovalor tem multiplicidade 1, então vá diretamente para o passo 4.
4. Usando $\mathbf{p}_1$ e $\mathbf{p}_2$ como vetores coluna, construa a matriz P.

$$P = \begin{bmatrix} -\dfrac{2}{\sqrt{5}} & \dfrac{1}{\sqrt{5}} \\ \dfrac{1}{\sqrt{5}} & \dfrac{2}{\sqrt{5}} \end{bmatrix}$$

Verifique que P diagonaliza ortogonalmente A ao encontrar $P^{-1}AP = P^TAP$.

$$P^TAP = \begin{bmatrix} -\dfrac{2}{\sqrt{5}} & \dfrac{1}{\sqrt{5}} \\ \dfrac{1}{\sqrt{5}} & \dfrac{2}{\sqrt{5}} \end{bmatrix} \begin{bmatrix} -2 & 2 \\ 2 & 1 \end{bmatrix} \begin{bmatrix} -\dfrac{2}{\sqrt{5}} & \dfrac{1}{\sqrt{5}} \\ \dfrac{1}{\sqrt{5}} & \dfrac{2}{\sqrt{5}} \end{bmatrix} = \begin{bmatrix} -3 & 0 \\ 0 & 2 \end{bmatrix}$$

EXEMPLO 9 **Diagonalização ortogonal**

Veja LarsonLinearAlgebra.com para uma versão interativa deste tipo de exemplo.

Encontre uma matriz P que diagonaliza ortogonalmente $A = \begin{bmatrix} 2 & 2 & -2 \\ 2 & -1 & 4 \\ -2 & 4 & -1 \end{bmatrix}$.

SOLUÇÃO

1. O polinômio característico de A, $|\lambda I - A| = (\lambda + 6)(\lambda - 3)^2$, fornece os autovalores $\lambda_1 = -6$ e $\lambda_2 = 3$. O autovalor λ_1 tem multiplicidade 1 e o autovalor λ_2 tem multiplicidade 2.
2. Um autovetor para λ_1 é $\mathbf{v}_1 = (1, -2, 2)$, que normalizado fornece

$$\mathbf{u}_1 = \frac{\mathbf{v}_1}{\|\mathbf{v}_1\|} = \left(\frac{1}{3}, -\frac{2}{3}, \frac{2}{3} \right).$$

3. Dois autovetores para λ_2 são $\mathbf{v}_2 = (2, 1, 0)$ e $\mathbf{v}_3 = (-2, 0, 1)$. Observe que $\mathbf{v}_1$ é ortogonal a $\mathbf{v}_2$ e $\mathbf{v}_3$ pelo Teorema 7.9. Os autovetores $\mathbf{v}_2$ e $\mathbf{v}_3$, no entanto, não são ortogonais entre si. Para encontrar dois autovetores ortonormais associados a λ_2, use o processo de ortogonalização de Ghram-Schmidt como mostrado abaixo.

$$\mathbf{w}_2 = \mathbf{v}_2 = (2, 1, 0)$$

$$\mathbf{w}_3 = \mathbf{v}_3 - \left(\frac{\mathbf{v}_3 \cdot \mathbf{w}_2}{\mathbf{w}_2 \cdot \mathbf{w}_2}\right)\mathbf{w}_2 = \left(-\frac{2}{5}, \frac{4}{5}, 1\right)$$

Estes vetores normalizados fornecem

$$\mathbf{u}_2 = \frac{\mathbf{w}_2}{\|\mathbf{w}_2\|} = \left(\frac{2}{\sqrt{5}}, \frac{1}{\sqrt{5}}, 0\right)$$

$$\mathbf{u}_3 = \frac{\mathbf{w}_3}{\|\mathbf{w}_3\|} = \left(-\frac{2}{3\sqrt{5}}, \frac{4}{3\sqrt{5}}, \frac{5}{3\sqrt{5}}\right).$$

4. A matriz P tem $\mathbf{u}_1$, $\mathbf{u}_2$ e $\mathbf{u}_3$ como seus vetores coluna.

$$P = \begin{bmatrix} \frac{1}{3} & \frac{2}{\sqrt{5}} & -\frac{2}{3\sqrt{5}} \\ -\frac{2}{3} & \frac{1}{\sqrt{5}} & \frac{4}{3\sqrt{5}} \\ \frac{2}{3} & 0 & \frac{5}{3\sqrt{5}} \end{bmatrix}$$

Uma verificação mostra que $P^{-1}AP = P^{T}AP = \begin{bmatrix} -6 & 0 & 0 \\ 0 & 3 & 0 \\ 0 & 0 & 3 \end{bmatrix}.$

ÁLGEBRA LINEAR APLICADA

A *matriz hessiana* é uma matriz simétrica que pode ser útil para encontrar máximos e mínimos relativos de funções de várias variáveis. Para uma função f de duas variáveis x e y – isto é, uma superfície em R^3 – a matriz hessiana tem a forma

$$\begin{bmatrix} f_{xx} & f_{xy} \\ f_{yx} & f_{yy} \end{bmatrix}.$$

O determinante dessa matriz, calculado em um ponto para o qual f_x e f_y são nulos, é a expressão usada no Teste das Segundas Derivadas para extremos relativos.

7.3 Exercícios

Determinando se uma matriz é simétrica Nos Exercícios 1 e 2, determine se a matriz é simétrica.

1. $\begin{bmatrix} 4 & -2 & 1 \\ 3 & 1 & 2 \\ 1 & 2 & 1 \end{bmatrix}$
2. $\begin{bmatrix} 2 & 0 & 3 & 5 \\ 0 & 11 & 0 & -2 \\ 3 & 0 & 5 & 0 \\ 5 & -2 & 0 & 1 \end{bmatrix}$

Demonstração Nos Exercícios 3-6, demonstre que a matriz simétrica é diagonalizável.

3. $A = \begin{bmatrix} 0 & 0 & a \\ 0 & a & 0 \\ a & 0 & 0 \end{bmatrix}$
4. $A = \begin{bmatrix} 0 & a & 0 \\ a & 0 & a \\ 0 & a & 0 \end{bmatrix}$
5. $A = \begin{bmatrix} a & 0 & a \\ 0 & a & 0 \\ a & 0 & a \end{bmatrix}$
6. $A = \begin{bmatrix} a & a & a \\ a & a & a \\ a & a & a \end{bmatrix}$

376 Elementos de álgebra linear

Determinação de autovalores e dimensões de autoespaços Nos Exercícios 7-18, encontre os autovalores da matriz simétrica. Para cada autovalor, encontre a dimensão do autoespaço associado.

7. $\begin{bmatrix} 2 & 1 \\ 1 & 2 \end{bmatrix}$ 8. $\begin{bmatrix} 3 & 0 \\ 0 & 3 \end{bmatrix}$

9. $\begin{bmatrix} 3 & 0 & 0 \\ 0 & 2 & 0 \\ 0 & 0 & 2 \end{bmatrix}$ 10. $\begin{bmatrix} 2 & 1 & 1 \\ 1 & 2 & 1 \\ 1 & 1 & 2 \end{bmatrix}$

11. $\begin{bmatrix} 0 & 2 & 2 \\ 2 & 0 & 2 \\ 2 & 2 & 0 \end{bmatrix}$ 12. $\begin{bmatrix} 0 & 4 & 4 \\ 4 & 2 & 0 \\ 4 & 0 & -2 \end{bmatrix}$

13. $\begin{bmatrix} 0 & 1 & 1 \\ 1 & 0 & 1 \\ 1 & 1 & 1 \end{bmatrix}$ 14. $\begin{bmatrix} 2 & -1 & -1 \\ -1 & 2 & -1 \\ -1 & -1 & 2 \end{bmatrix}$

15. $\begin{bmatrix} 3 & 0 & 0 & 0 \\ 0 & 3 & 0 & 0 \\ 0 & 0 & 3 & 5 \\ 0 & 0 & 5 & 3 \end{bmatrix}$ 16. $\begin{bmatrix} -1 & 2 & 0 & 0 \\ 2 & -1 & 0 & 0 \\ 0 & 0 & -1 & 2 \\ 0 & 0 & 2 & -1 \end{bmatrix}$

17. $\begin{bmatrix} 2 & -1 & 0 & 0 & 0 \\ -1 & 2 & 0 & 0 & 0 \\ 0 & 0 & 2 & 0 & 0 \\ 0 & 0 & 0 & 2 & 0 \\ 0 & 0 & 0 & 0 & 2 \end{bmatrix}$

18. $\begin{bmatrix} 1 & -1 & 0 & 0 & 0 \\ -1 & 1 & 0 & 0 & 0 \\ 0 & 0 & 1 & 0 & 0 \\ 0 & 0 & 0 & 1 & -1 \\ 0 & 0 & 0 & -1 & 1 \end{bmatrix}$

Determinando se uma matriz é ortogonal Nos Exercícios 19-32, determine se a matriz é ortogonal. Se a matriz for ortogonal, mostre que os vetores coluna da matriz formam um conjunto ortonormal.

19. $\begin{bmatrix} \dfrac{\sqrt{2}}{2} & \dfrac{\sqrt{2}}{2} \\ -\dfrac{\sqrt{2}}{2} & \dfrac{\sqrt{2}}{2} \end{bmatrix}$ 20. $\begin{bmatrix} \dfrac{4}{9} & -\dfrac{4}{9} \\ \dfrac{4}{9} & \dfrac{3}{9} \end{bmatrix}$

21. $\begin{bmatrix} -0{,}936 & -0{,}352 \\ 0{,}352 & -0{,}936 \end{bmatrix}$ 22. $\begin{bmatrix} \dfrac{1}{2} & \dfrac{\sqrt{3}}{2} \\ -\dfrac{\sqrt{3}}{2} & \dfrac{1}{2} \end{bmatrix}$

23. $\begin{bmatrix} 0 & 0 & 0 \\ 0 & 1 & 0 \\ 1 & 0 & 1 \end{bmatrix}$ 24. $\begin{bmatrix} 1 & 0 & 0 \\ 0 & 1 & 0 \\ 0 & 0 & 1 \end{bmatrix}$

25. $\begin{bmatrix} \dfrac{2}{3} & -\dfrac{2}{3} & \dfrac{1}{3} \\ \dfrac{2}{3} & \dfrac{1}{3} & -\dfrac{2}{3} \\ \dfrac{1}{3} & \dfrac{2}{3} & \dfrac{2}{3} \end{bmatrix}$ 26. $\begin{bmatrix} -\dfrac{4}{5} & 0 & \dfrac{3}{5} \\ 0 & 1 & 0 \\ \dfrac{3}{5} & 0 & \dfrac{4}{5} \end{bmatrix}$

27. $\begin{bmatrix} -4 & 0 & 3 \\ 0 & 1 & 0 \\ 3 & 0 & 4 \end{bmatrix}$ 28. $\begin{bmatrix} 4 & -1 & -4 \\ -1 & 0 & -17 \\ 1 & 4 & -1 \end{bmatrix}$

29. $\begin{bmatrix} \dfrac{\sqrt{2}}{2} & -\dfrac{\sqrt{6}}{6} & \dfrac{\sqrt{3}}{3} \\ 0 & \dfrac{\sqrt{6}}{3} & \dfrac{\sqrt{3}}{3} \\ \dfrac{\sqrt{2}}{2} & \dfrac{\sqrt{6}}{6} & -\dfrac{\sqrt{3}}{3} \end{bmatrix}$

30. $\begin{bmatrix} \dfrac{\sqrt{2}}{3} & 0 & \dfrac{\sqrt{5}}{2} \\ 0 & \dfrac{2\sqrt{5}}{5} & 0 \\ -\dfrac{\sqrt{2}}{6} & -\dfrac{\sqrt{5}}{5} & \dfrac{1}{2} \end{bmatrix}$

31. $\begin{bmatrix} \dfrac{1}{8} & 0 & 0 & \dfrac{3}{8}\sqrt{7} \\ 0 & 1 & 0 & 0 \\ 0 & 0 & 1 & 0 \\ \dfrac{3}{8}\sqrt{7} & 0 & 0 & \dfrac{1}{8} \end{bmatrix}$

32. $\begin{bmatrix} \dfrac{1}{10}\sqrt{10} & 0 & 0 & -\dfrac{3}{10}\sqrt{10} \\ 0 & 0 & 1 & 0 \\ 0 & 1 & 0 & 0 \\ \dfrac{3}{10}\sqrt{10} & 0 & 0 & \dfrac{1}{10}\sqrt{10} \end{bmatrix}$

Os autovetores de uma matriz simétrica Nos Exercícios 33-38 mostre que dois autovetores da matriz simétrica associados a autovalores distintos são ortogonais.

33. $\begin{bmatrix} 3 & 3 \\ 3 & 3 \end{bmatrix}$ 34. $\begin{bmatrix} -1 & -2 \\ -2 & 2 \end{bmatrix}$

35. $\begin{bmatrix} 1 & 0 & 0 \\ 0 & 1 & 0 \\ 0 & 0 & 2 \end{bmatrix}$ 36. $\begin{bmatrix} 3 & 0 & 0 \\ 0 & -3 & 0 \\ 0 & 0 & 2 \end{bmatrix}$

37. $\begin{bmatrix} 0 & \sqrt{3} & 0 \\ \sqrt{3} & 0 & -1 \\ 0 & -1 & 0 \end{bmatrix}$ 38. $\begin{bmatrix} 1 & 0 & 1 \\ 0 & 1 & 0 \\ 1 & 0 & -1 \end{bmatrix}$

Matrizes ortogonalmente diagonalizáveis Nos Exercícios 39-42, determine se a matriz é ortogonalmente diagonalizável.

39. $\begin{bmatrix} 4 & 5 \\ 0 & 1 \end{bmatrix}$ 40. $\begin{bmatrix} 3 & 2 & -3 \\ -2 & -1 & 2 \\ -3 & 2 & 3 \end{bmatrix}$

41. $\begin{bmatrix} 5 & -3 & 8 \\ -3 & -3 & -3 \\ 8 & -3 & 8 \end{bmatrix}$ 42. $\begin{bmatrix} 0 & 1 & 0 & -1 \\ 1 & 0 & -1 & 0 \\ 0 & -1 & 0 & -1 \\ -1 & 0 & -1 & 0 \end{bmatrix}$

Diagonalização ortogonal Nos Exercícios 43-52, encontre uma matriz P tal que $P^T A P$ diagonaliza orto-

Autovalores e autovetores 377

gonalmente A. Verifique que $P^T A P$ dá a forma diagonal correta.

43. $A = \begin{bmatrix} 1 & 1 \\ 1 & 1 \end{bmatrix}$

44. $A = \begin{bmatrix} 4 & 2 \\ 2 & 4 \end{bmatrix}$

45. $A = \begin{bmatrix} 2 & \sqrt{2} \\ \sqrt{2} & 1 \end{bmatrix}$

46. $A = \begin{bmatrix} 0 & 1 & 1 \\ 1 & 0 & 1 \\ 1 & 1 & 0 \end{bmatrix}$

47. $A = \begin{bmatrix} 0 & 10 & 10 \\ 10 & 5 & 0 \\ 10 & 0 & -5 \end{bmatrix}$

48. $A = \begin{bmatrix} 0 & 3 & 0 \\ 3 & 0 & 4 \\ 0 & 4 & 0 \end{bmatrix}$

49. $A = \begin{bmatrix} 1 & -1 & 2 \\ -1 & 1 & 2 \\ 2 & 2 & 2 \end{bmatrix}$

50. $A = \begin{bmatrix} -2 & 2 & 4 \\ 2 & -2 & 4 \\ 4 & 4 & 4 \end{bmatrix}$

51. $A = \begin{bmatrix} 4 & 2 & 0 & 0 \\ 2 & 4 & 0 & 0 \\ 0 & 0 & 4 & 2 \\ 0 & 0 & 2 & 4 \end{bmatrix}$

52. $A = \begin{bmatrix} 1 & 1 & 0 & 0 \\ 1 & 1 & 0 & 0 \\ 0 & 0 & 1 & 1 \\ 0 & 0 & 1 & 1 \end{bmatrix}$

Verdadeiro ou falso? Nos Exercícios 53 e 54, determine se cada afirmação é verdadeira ou falsa. Se uma afirmação for verdadeira, dê uma justificativa ou cite uma afirmação apropriada do texto. Se uma afirmação for falsa, forneça um exemplo que mostre que a afirmação não é verdadeira em todos os casos ou cite uma afirmação apropriada do texto.

53. (a) Seja A uma matriz $n \times n$. Então, A é simétrica se e somente se A é ortogonalmente diagonalizável.

(b) Os autovetores associados a autovalores distintivos são ortogonais para matrizes simétricas.

54. (a) Uma matriz quadrada P é ortogonal quando é inversível – isto é, quando $P^{-1} = P^T$.

(b) Se A é uma matriz simétrica $n \times n$, então A tem autovalores reais.

55. **Demonstração** Demonstre que se A e B são matrizes ortogonais $n \times n$, então AB e BA são ortogonais.

56. **Demonstração** Demonstre que, se uma matriz simétrica A tem apenas um autovalor λ, então $A = \lambda I$.

57. **Demonstração** Demonstre que, se A é uma matriz ortogonal, então A^T e A^{-1} também o são.

---

58. **Ponto crucial** Considere a matriz abaixo.

$$A = \begin{bmatrix} -1 & 0 & -1 & 0 & 1 \\ 0 & 1 & 0 & -1 & 0 \\ -1 & 0 & 1 & 0 & -1 \\ 0 & -1 & 0 & -1 & 0 \\ 1 & 0 & -1 & 0 & -1 \end{bmatrix}$$

(a) A é simétrica? Explique.

(b) A é diagonalizável? Explique.

(c) Os autovalores de A são reais? Explique.

(d) Os autovalores de A são distintos. Quais são as dimensões dos autoespaços associados? Explique.

(e) A é ortogonal? Explique.

(f) Para os autovalores de A, os autovetores associados são ortogonais? Explique.

(g) A é ortogonalmente diagonalizável? Explique.

---

59. **Demonstração** Demonstre que a matriz abaixo é ortogonal para qualquer valor de θ.

$$\begin{bmatrix} \cos \theta & -\operatorname{sen} \theta & 0 \\ \operatorname{sen} \theta & \cos \theta & 0 \\ 0 & 0 & 1 \end{bmatrix}$$

60. Encontre $A^T A$ e AA^T para a matriz abaixo. O que você observa?

$$A = \begin{bmatrix} 1 & -3 & 2 \\ 4 & -6 & 1 \end{bmatrix}$$

7.4 Aplicações de autovalores e autovetores

- Modelar crescimento populacional usando uma matriz de transição etária e um vetor de distribuição etária e encontrar um vetor de distribuição estável.

- Utilizar uma equação matricial para resolver um sistema de equações diferenciais lineares de primeira ordem.

- Encontrar a matriz de uma forma quadrática e usar o Teorema dos Eixos Principais para fazer uma rotação de eixos para uma cônica e para uma superfície quadrática.

- Resolver um problema de otimização restrita.

CRESCIMENTO POPULACIONAL

As matrizes podem ser usadas para formar modelos para o crescimento populacional. O primeiro passo neste processo é agrupar a população em faixas etárias de mesma duração. Por exemplo, se a duração máxima da vida de um membro for M anos, então os n intervalos a seguir representam as faixas etárias.

$$\left[0, \frac{M}{n}\right) \qquad \text{Primeira faixa etária}$$

$$\left[\frac{M}{n}, \frac{2M}{n}\right) \qquad \text{Segunda faixa etária}$$

$$\vdots \qquad\qquad \vdots$$

$$\left[\frac{(n-1)M}{n}, M\right] \qquad n\text{-ésima faixa etária}$$

O **vetor de distribuição etária x** representa o número de membros da população em cada faixa, onde

$$\mathbf{x} = \begin{bmatrix} x_1 \\ x_2 \\ \vdots \\ x_n \end{bmatrix}. \qquad \begin{array}{l} \text{Número na primeira faixa etária} \\ \text{Número na segunda faixa etária} \\ \vdots \\ \text{Número na } n\text{-ésima faixa etária} \end{array}$$

Por um período de M/n anos, a *probabilidade* que um membro da faixa etária i sobreviva para se tornar um membro da faixa etária $(i + 1)$ é p_i, onde

$$0 \leq p_i \leq 1, i = 1, 2, \ldots, n - 1.$$

O *número médio* de descendentes produzido por um membro da faixa etária i é b_i, onde $0 \leq b_i, i = 1, 2, \ldots, n$. Esses números podem ser escritos na forma matricial, como mostrado abaixo.

$$L = \begin{bmatrix} b_1 & b_2 & \cdots & b_{n-1} & b_n \\ p_1 & 0 & \cdots & 0 & 0 \\ 0 & p_2 & \cdots & 0 & 0 \\ \vdots & \vdots & & \vdots & \vdots \\ 0 & 0 & \cdots & p_{n-1} & 0 \end{bmatrix}$$

> **OBSERVAÇÃO**
>
> Lembre-se, da Seção 6.4, que a matriz de transição etária L é denominada uma **matriz de Leslie** em homenagem ao matemático Patrick H. Leslie.

Multiplicar esta **matriz de transição etária** pelo vetor de distribuição etária para um período de tempo específico produz o vetor de distribuição para o próximo período de tempo. Mais precisamente,

$$L\mathbf{x}_j = \mathbf{x}_{j+1}.$$

O Exemplo 1 ilustra este procedimento.

EXEMPLO 1 Um modelo de crescimento populacional

Uma população de coelhos tem as seguintes características.

a. Metade dos coelhos sobrevive seu primeiro ano. Desses, metade sobreviverá seu segundo ano. A duração máxima de vida é de 3 anos.

b. Durante o primeiro ano, os coelhos não produzem descendentes. O número médio de descendentes é 6 durante o segundo ano e 8 durante o terceiro ano.

A população agora é composta por 24 coelhos na primeira faixa etária, 24 na segunda e 20 na terceira. Quantos coelhos haverá em cada faixa etária em 1 ano?

Autovalores e autovetores   **379**

OBSERVAÇÃO

No exemplo 1, verifique que a população de coelhos após 2 anos é

$$\mathbf{x}_3 = L\mathbf{x}_2 = \begin{bmatrix} 168 \\ 152 \\ 6 \end{bmatrix}.$$

Observe, a partir, dos vetores de distribuição $\mathbf{x}_1$, $\mathbf{x}_2$ e $\mathbf{x}_3$, que o percentual de coelhos em cada uma das três faixas etárias mudou a cada ano. Para obter um padrão de crescimento estável, um em que a porcentagem em cada faixa etária é igual a cada ano, o $(n + 1)$-ésimo vetor de distribuição etária deve ser um múltiplo escalar do n-ésimo vetor de distribuição. Mais precisamente, $\mathbf{x}_{n+1} = L\mathbf{x}_n = \lambda\mathbf{x}_n$. O exemplo 2 mostra como resolver este problema.

SOLUÇÃO

O vetor atual de distribuição etária é

$$\mathbf{x}_1 = \begin{bmatrix} 24 \\ 24 \\ 20 \end{bmatrix} \quad \begin{array}{l} 0 \leq \text{idade} < 1 \\ 1 \leq \text{idade} < 2 \\ 2 \leq \text{idade} \leq 3 \end{array}$$

e a matriz de transição etária é

$$L = \begin{bmatrix} 0 & 6 & 8 \\ 0,5 & 0 & 0 \\ 0 & 0,5 & 0 \end{bmatrix}.$$

Depois de 1 ano, o vetor de distribuição etária será

$$\mathbf{x}_2 = L\mathbf{x}_1 = \begin{bmatrix} 0 & 6 & 8 \\ 0,5 & 0 & 0 \\ 0 & 0,5 & 0 \end{bmatrix} \begin{bmatrix} 24 \\ 24 \\ 20 \end{bmatrix} = \begin{bmatrix} 304 \\ 12 \\ 12 \end{bmatrix}. \quad \begin{array}{l} 0 \leq \text{idade} < 1 \\ 1 \leq \text{idade} < 2 \\ 2 \leq \text{idade} \leq 3 \end{array}$$

EXEMPLO 2 — Determinação de um vetor de distribuição etária estável

Encontre um vetor de distribuição etária estável para a população no Exemplo 1.

SOLUÇÃO

Para resolver este problema, encontre um autovalor λ e um autovetor associado $\mathbf{x}$ tal que $L\mathbf{x} = \lambda\mathbf{x}$. O polinômio característico de L é

$$|\lambda I - L| = (\lambda + 1)^2(\lambda - 2)$$

(verifique isso), o que implica que os autovalores são -1 e 2. Escolhendo o valor positivo, tome $\lambda = 2$. Verifique que os autovetores associados são da forma

$$\mathbf{x} = \begin{bmatrix} x_1 \\ x_2 \\ x_3 \end{bmatrix} = \begin{bmatrix} 16t \\ 4t \\ t \end{bmatrix} = t\begin{bmatrix} 16 \\ 4 \\ 1 \end{bmatrix}.$$

Por exemplo, se $t = 2$, então o vetor de distribuição etária inicial é

$$\mathbf{x}_1 = \begin{bmatrix} 32 \\ 8 \\ 2 \end{bmatrix} \quad \begin{array}{l} 0 \leq \text{idade} < 1 \\ 1 \leq \text{idade} < 2 \\ 2 \leq \text{idade} \leq 3 \end{array}$$

e o vetor de distribuição etária para o próximo ano é

$$\mathbf{x}_2 = L\mathbf{x}_1 = \begin{bmatrix} 0 & 6 & 8 \\ 0,5 & 0 & 0 \\ 0 & 0,5 & 0 \end{bmatrix} \begin{bmatrix} 32 \\ 8 \\ 2 \end{bmatrix} = \begin{bmatrix} 64 \\ 16 \\ 4 \end{bmatrix}. \quad \begin{array}{l} 0 \leq \text{idade} < 1 \\ 1 \leq \text{idade} < 2 \\ 2 \leq \text{idade} \leq 3 \end{array}$$

Observe que a proporção das três faixas etárias ainda é $16 : 4 : 1$ e, portanto, a porcentagem da população em cada faixa etária permanece a mesma.

SISTEMAS DE EQUAÇÕES DIFERENCIAIS LINEARES (CÁLCULO)

Um **sistema de equações diferenciais lineares** de primeira ordem tem a forma

$$y_1' = a_{11}y_1 + a_{12}y_2 + \cdots + a_{1n}y_n$$

$$y_2' = a_{21}y_1 + a_{22}y_2 + \cdots + a_{2n}y_n$$

$$\vdots$$

$$y_n' = a_{n1}y_1 + a_{n2}y_2 + \cdots + a_{nn}y_n$$

380 Elementos de álgebra linear

onde cada y_i é uma função de t e $y_i' = \dfrac{dy_i}{dt}$. Se você fizer

$$\mathbf{y}' = \begin{bmatrix} y_1' \\ y_2' \\ \vdots \\ y_n' \end{bmatrix}, \quad \mathbf{y} = \begin{bmatrix} y_1 \\ y_2 \\ \vdots \\ y_n \end{bmatrix} \quad \text{e} \quad A = \begin{bmatrix} a_{11} & a_{12} & \cdots & a_{1n} \\ a_{21} & a_{22} & \cdots & a_{2n} \\ \vdots & \vdots & & \vdots \\ a_{n1} & a_{n2} & \cdots & a_{nn} \end{bmatrix},$$

então o sistema pode ser escrito na forma matricial como

$$\mathbf{y}' = A\mathbf{y}.$$

EXEMPLO 3   Resolução de um sistema de equações diferenciais lineares

Resolva o sistema de equações diferenciais lineares.

$$y_1' = 4y_1$$
$$y_2' = -y_2$$
$$y_3' = 2y_3$$

SOLUÇÃO

Do cálculo, você sabe que a solução da equação diferencial $y' = ky$ é

$$y = Ce^{kt}.$$

Então, a solução do sistema é

$$y_1 = C_1 e^{4t}$$
$$y_2 = C_2 e^{-t}$$
$$y_3 = C_3 e^{2t}.$$

A forma matricial do sistema de equações diferenciais lineares no Exemplo 3 é $\mathbf{y}' = A\mathbf{y}$, ou

$$\begin{bmatrix} y_1' \\ y_2' \\ y_3' \end{bmatrix} = \begin{bmatrix} 4 & 0 & 0 \\ 0 & -1 & 0 \\ 0 & 0 & 2 \end{bmatrix} \begin{bmatrix} y_1 \\ y_2 \\ y_3 \end{bmatrix}.$$

Assim, os coeficientes de t nas soluções $y_i = C_i e^{\lambda_i t}$ são os *autovalores* da matriz A.

Se A é uma matriz *diagonal*, então a solução de

$$\mathbf{y}' = A\mathbf{y}$$

pode ser obtida imediatamente, como no Exemplo 3. Se A *não* é diagonal, então a solução requer mais trabalho. Primeiro, encontre uma matriz P que diagonalize A. Então, a mudança de variáveis $\mathbf{y} = P\mathbf{w}$ e $\mathbf{y}' = P\mathbf{w}'$ produz

$$P\mathbf{w}' = \mathbf{y}' = A\mathbf{y} = AP\mathbf{w} \quad \longrightarrow \quad \mathbf{w}' = P^{-1}AP\mathbf{w}$$

onde $P^{-1}AP$ é uma matriz diagonal. O Exemplo 4 ilustra este procedimento.

EXEMPLO 4   Resolução de um sistema de equações diferenciais lineares

Veja LarsonLinearAlgebra.com para uma versão interativa deste tipo de exemplo.

Para resolver o sistema de equações diferenciais lineares

$$y_1' = 3y_1 + 2y_2$$
$$y_2' = 6y_1 - y_2$$

primeiro encontre uma matriz P que diagonalize $A = \begin{bmatrix} 3 & 2 \\ 6 & -1 \end{bmatrix}$. Verifique que os autovalores de A são $\lambda_1 = -3$ e $\lambda_2 = 5$ e que os autovetores associados são $\mathbf{p}_1 = \begin{bmatrix} 1 & -3 \end{bmatrix}^T$ e $\mathbf{p}_2 = \begin{bmatrix} 1 & 1 \end{bmatrix}^T$. Diagonalize A usando a matriz P cujas colunas consistem em $\mathbf{p}_1$ e $\mathbf{p}_2$ para obter

$$P = \begin{bmatrix} 1 & 1 \\ -3 & 1 \end{bmatrix}, \quad P^{-1} = \begin{bmatrix} \frac{1}{4} & -\frac{1}{4} \\ \frac{3}{4} & \frac{1}{4} \end{bmatrix} \quad \text{e} \quad P^{-1}AP = \begin{bmatrix} -3 & 0 \\ 0 & 5 \end{bmatrix}.$$

O sistema $\mathbf{w}' = P^{-1}AP\mathbf{w}$ tem a forma abaixo.

$$\begin{bmatrix} w_1' \\ w_2' \end{bmatrix} = \begin{bmatrix} -3 & 0 \\ 0 & 5 \end{bmatrix} \begin{bmatrix} w_1 \\ w_2 \end{bmatrix} \quad \Longrightarrow \quad \begin{array}{l} w_1' = -3w_1 \\ w_2' = 5w_2 \end{array}$$

A solução deste sistema de equações é

$$w_1 = C_1 e^{-3t}$$
$$w_2 = C_2 e^{5t}.$$

Para retornar às variáveis originais y_1 e y_2, use a substituição $\mathbf{y} = P\mathbf{w}$ e escreva

$$\begin{bmatrix} y_1 \\ y_2 \end{bmatrix} = \begin{bmatrix} 1 & 1 \\ -3 & 1 \end{bmatrix} \begin{bmatrix} w_1 \\ w_2 \end{bmatrix}$$

o que implica que a solução é

$$\begin{array}{lll} y_1 = & w_1 + w_2 = & C_1 e^{-3t} + C_2 e^{5t} \\ y_2 = & -3w_1 + w_2 = & -3C_1 e^{-3t} + C_2 e^{5t}. \end{array}$$

Se A tem autovalores com multiplicidade maior que 1 ou se A tiver autovalores complexos, então a técnica para resolver o sistema deve ser modificada.

1. *Autovalores com multiplicidade maior que 1*: a matriz de coeficientes do sistema

$$\begin{array}{l} y_1' = y_2 \\ y_2' = -4y_1 + 4y_2 \end{array} \quad \text{é} \quad A = \begin{bmatrix} 0 & 1 \\ -4 & 4 \end{bmatrix}.$$

O único autovalor de A é $\lambda = 2$ e a solução do sistema é

$$\begin{array}{l} y_1 = \phantom{(2C_1 + C_2)e^{2t} +} C_1 e^{2t} + C_2 t e^{2t} \\ y_2 = (2C_1 + C_2)e^{2t} + 2C_2 t e^{2t}. \end{array}$$

2. *Autovalores complexos*: a matriz de coeficientes do sistema

$$\begin{array}{l} y_1' = -y_2 \\ y_2' = y_1 \end{array} \quad \text{é} \quad A = \begin{bmatrix} 0 & -1 \\ 1 & 0 \end{bmatrix}.$$

Os autovalores de A são $\lambda_1 = i$ e $\lambda_2 = -i$ e a solução do sistema é

$$\begin{array}{l} y_1 = C_1 \cos t + C_2 \operatorname{sen} t \\ y_2 = -C_2 \cos t + C_1 \operatorname{sen} t. \end{array}$$

Verifique estas soluções, derivando e substituindo nos sistemas originais de equações.

FORMAS QUADRÁTICAS

Os autovalores e os autovetores podem ser usados para resolver o problema de rotação de eixos introduzido na Seção 4.8. Lembre-se de que classificar o gráfico da equação quadrática

$$ax^2 + bxy + cy^2 + dx + ey + f = 0 \qquad \text{Equação quadrática}$$

é bastante simples, desde que a equação não tenha termo xy (ou seja, $b = 0$). Porém, se a equação tem um termo xy, a classificação é alcançada mais facilmente realizando primeiro uma rotação de eixos que elimine o termo xy. A equação resultante (em relação aos novos eixos $x'y'$) será então da forma

$$a'(x')^2 + c'(y')^2 + d'x' + e'y' + f' = 0.$$

Você verá que os coeficientes a' e c' são autovalores da matriz

$$A = \begin{bmatrix} a & b/2 \\ b/2 & c \end{bmatrix}.$$

A expressão

$$ax^2 + bxy + cy^2 \qquad \text{Forma quadrática}$$

é a **forma quadrática** associada à equação quadrática

$$ax^2 + bxy + cy^2 + dx + ey + f = 0$$

e a matriz A é a **matriz da forma quadrática**. Observe que a matriz A é *simétrica*. Além disso, a matriz A será diagonal se e somente se sua forma quadrática correspondente não tiver o termo xy, conforme ilustrado no Exemplo 5.

EXEMPLO 5 Determinação da matriz da forma quadrática

Encontre a matriz da forma quadrática associada a cada equação quadrática.

a. $4x^2 + 9y^2 - 36 = 0$ **b.** $13x^2 - 10xy + 13y^2 - 72 = 0$

SOLUÇÃO

a. $a = 4$, $b = 0$ e $c = 9$, de modo que a matriz é

$$A = \begin{bmatrix} 4 & 0 \\ 0 & 9 \end{bmatrix}. \qquad \text{Matriz diagonal (sem termo } xy\text{)}$$

b. $a = 13$, $b = -10$ e $c = 13$, de modo que a matriz é

$$A = \begin{bmatrix} 13 & -5 \\ -5 & 13 \end{bmatrix}. \qquad \text{Matriz não diagonal (termo } xy\text{)}$$

Na forma padrão, a equação $4x^2 + 9y^2 - 36 = 0$ é

$$\frac{x^2}{3^2} + \frac{y^2}{2^2} = 1$$

que é a equação da elipse mostrada na Figura 7.2. Embora não seja aparente por inspeção, o gráfico da equação $13x^2 - 10xy + 13y^2 - 72 = 0$ é similar. De fato, quando você gira os eixos x e y no sentido anti-horário de $45°$ para formar um novo sistema de coordenadas $x'y'$, esta equação assume a forma

$$\frac{(x')^2}{3^2} + \frac{(y')^2}{2^2} = 1$$

(verifique isso) que é a equação da elipse mostrada na Figura 7.3.

Para ver como usar a matriz de uma forma quadrática para realizar uma rotação de eixos, seja

$$X = [x \ \ y]^T.$$

Então, a expressão quadrática $ax^2 + bxy + cy^2 + dx + ey + f$ pode ser escrita na forma matricial como mostrado a seguir.

$$X^TAX + [d \ \ e]X + f = [x \ \ y]\begin{bmatrix} a & b/2 \\ b/2 & c \end{bmatrix}\begin{bmatrix} x \\ y \end{bmatrix} + [d \ \ e]\begin{bmatrix} x \\ y \end{bmatrix} + f$$
$$= ax^2 + bxy + cy^2 + dx + ey + f$$

Se $b = 0$, então não é necessária uma rotação. Mas se $b \neq 0$, então use o fato de que A é simétrica e aplique o Teorema 7.10 para concluir que existe uma matriz ortogonal P tal que $P^TAP = D$ é diagonal. Assim, se você formar

$$P^TX = X' = \begin{bmatrix} x' \\ y' \end{bmatrix},$$

segue que $X = PX'$ donde $X^TAX = (PX')^TA(PX') = (X')^TP^TAPX' = (X')^TDX'$.

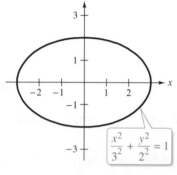

Figura 7.2

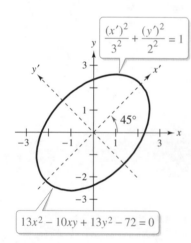

Figura 7.3

OBSERVAÇÃO

Para simplificar, as matrizes de 1×1 $[f]$ e $[ax^2 + bxy + cy^2 + ey + f]$ não são mostradas entre colchetes.

Autovalores e autovetores   383

A escolha da matriz P deve ser feita com cuidado. P é ortogonal, então o seu determinante será ± 1. Pode ser mostrado (veja o Exercício 67) que se P for escolhido de modo que $|P| = 1$, então P será da forma

$$P = \begin{bmatrix} \cos \theta & -\operatorname{sen} \theta \\ \operatorname{sen} \theta & \cos \theta \end{bmatrix}$$

onde θ é o ângulo de rotação da cônica medido do eixo x positivo ao eixo x' positivo. Isso leva ao **Teorema dos Eixos Principais**.

> ### Teorema dos Eixos Principais
>
> Para uma cônica cuja equação é $ax^2 + bxy + cy^2 + dx + ey + f = 0$, a rotação $X = PX'$ elimina o termo xy quando P é uma matriz ortogonal, com $|P| = 1$, que diagonaliza a matriz da forma quadrática A. Isto é,
>
> $$P^T A P = \begin{bmatrix} \lambda_1 & 0 \\ 0 & \lambda_2 \end{bmatrix}$$
>
> onde λ_1 e λ_2 são autovalores de A. A equação da cônica girada é
>
> $$\lambda_1 (x')^2 + \lambda_2 (y')^2 + [d \quad e]PX' + f = 0.$$

OBSERVAÇÃO

Observe que o produto de matrizes $[d \quad e]PX'$ tem a forma

$(d \cos \theta + e \operatorname{sen} \theta)\, x'$
$+ (-d \operatorname{sen} \theta + e \cos \theta)\, y'$

EXEMPLO 6   Rotação de uma cônica

Faça uma rotação de eixos para eliminar o termo xy na equação quadrática

$$13x^2 - 10xy + 13y^2 - 72 = 0.$$

SOLUÇÃO

A matriz da forma quadrática associada a esta equação é

$$A = \begin{bmatrix} 13 & -5 \\ -5 & 13 \end{bmatrix}.$$

O polinômio característico de A é $(\lambda - 8)(\lambda - 18)$ (verifique isso), então segue que os autovalores de A são $\lambda_1 = 8$ e $\lambda_2 = 18$. Então, a equação da cônica girada é

$$8(x')^2 + 18(y')^2 - 72 = 0$$

que, quando escrita na forma padrão

$$\frac{(x')^2}{3^2} + \frac{(y')^2}{2^2} = 1,$$

é a equação de uma elipse. (Veja a Figura 7.3.)

No Exemplo 6, os autovetores da matriz A são

$$\mathbf{x}_1 = \begin{bmatrix} 1 \\ 1 \end{bmatrix} \quad \text{e} \quad \mathbf{x}_2 = \begin{bmatrix} -1 \\ 1 \end{bmatrix}$$

os quais você pode normalizar para formar as colunas de P, como mostrado abaixo.

$$P = \begin{bmatrix} \dfrac{1}{\sqrt{2}} & -\dfrac{1}{\sqrt{2}} \\ \dfrac{1}{\sqrt{2}} & \dfrac{1}{\sqrt{2}} \end{bmatrix} = \begin{bmatrix} \cos \theta & -\operatorname{sen} \theta \\ \operatorname{sen} \theta & \cos \theta \end{bmatrix}$$

Observe primeiro que $|P| = 1$, o que implica que P é uma rotação. Além disso, $45° = 1/\sqrt{2} = \operatorname{sen} 45°$, de modo que o ângulo de rotação é $45°$ como mostrado na Figura 7.3.

A matriz ortogonal P especificada no Teorema dos Eixos Principais não é única. Seus elementos dependem da ordem dos autovalores λ_1 e λ_2 e da escolha subsequente de autovetores $\mathbf{x}_1$ e $\mathbf{x}_2$. Por exemplo, na solução do Exemplo 6, qualquer das escolhas de P mostradas a seguir teria funcionado.

$$\begin{array}{ccc}
\begin{matrix}\mathbf{x}_1 & \mathbf{x}_2\end{matrix} & \begin{matrix}\mathbf{x}_1 & \mathbf{x}_2\end{matrix} & \begin{matrix}\mathbf{x}_1 & \mathbf{x}_2\end{matrix} \\
\begin{bmatrix} -\dfrac{1}{\sqrt{2}} & \dfrac{1}{\sqrt{2}} \\ -\dfrac{1}{\sqrt{2}} & -\dfrac{1}{\sqrt{2}} \end{bmatrix} & \begin{bmatrix} -\dfrac{1}{\sqrt{2}} & -\dfrac{1}{\sqrt{2}} \\ \dfrac{1}{\sqrt{2}} & -\dfrac{1}{\sqrt{2}} \end{bmatrix} & \begin{bmatrix} \dfrac{1}{\sqrt{2}} & \dfrac{1}{\sqrt{2}} \\ -\dfrac{1}{\sqrt{2}} & \dfrac{1}{\sqrt{2}} \end{bmatrix} \\
\lambda_1 = 8, \lambda_2 = 18 & \lambda_1 = 18, \lambda_2 = 8 & \lambda_1 = 18, \lambda_2 = 8 \\
\theta = 225° & \theta = 135° & \theta = 315°
\end{array}$$

Para qualquer uma dessas escolhas de P, o gráfico da cônica girada será, naturalmente, o mesmo. (Veja abaixo.)

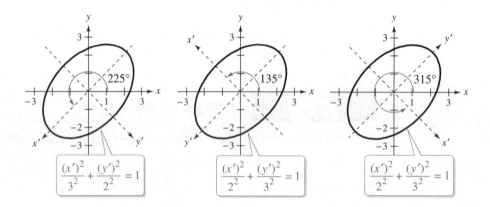

A lista a seguir resume os passos usados para aplicar o Teorema dos Eixos Principais.

1. Forme a matriz A e encontre seus autovalores λ_1 e λ_2.
2. Encontre os autovetores associados a λ_1 e λ_2. Normalize esses autovetores para formar as colunas de P.
3. Se $|P| = -1$, então multiplique uma das colunas de P por -1 para obter uma matriz da forma

$$P = \begin{bmatrix} \cos\theta & -\operatorname{sen}\theta \\ \operatorname{sen}\theta & \cos\theta \end{bmatrix}$$

4. O ângulo θ representa o ângulo de rotação da cônica.
5. A equação da cônica girada é $\lambda_1(x')^2 + \lambda_2(y')^2 + [d \ \ e]PX' + f = 0$.

O Exemplo 7 mostra como aplicar o Teorema dos Eixos Principais para girar uma cônica cujo centro está transladado para fora da origem.

EXEMPLO 7   Rotação de uma cônica

Faça uma rotação de eixos para eliminar o termo xy na equação quadrática

$$3x^2 - 10xy + 3y^2 + 16\sqrt{2}x - 32 = 0.$$

SOLUÇÃO

A matriz da forma quadrática associada a esta equação é

$$A = \begin{bmatrix} 3 & -5 \\ -5 & 3 \end{bmatrix}.$$

Os autovalores de A são

$$\lambda_1 = 8 \quad \text{e} \quad \lambda_2 = -2$$

com autovetores associados

$$\mathbf{x}_1 = (-1, 1) \quad \text{e} \quad \mathbf{x}_2 = (-1, -1).$$

Isto implica que a matriz P é

$$P = \begin{bmatrix} -\dfrac{1}{\sqrt{2}} & -\dfrac{1}{\sqrt{2}} \\ \dfrac{1}{\sqrt{2}} & -\dfrac{1}{\sqrt{2}} \end{bmatrix}$$

$$= \begin{bmatrix} \cos\theta & -\sen\theta \\ \sen\theta & \cos\theta \end{bmatrix}, \text{onde } |P| = 1.$$

Como $\cos 135° = -1/\sqrt{2}$ e $\sen 135° = 1/\sqrt{2}$, então o ângulo de rotação é de 135°. Finalmente, do produto da matrizes

$$[d \quad e]PX' = [16\sqrt{2} \quad 0]\begin{bmatrix} -\dfrac{1}{\sqrt{2}} & -\dfrac{1}{\sqrt{2}} \\ \dfrac{1}{\sqrt{2}} & -\dfrac{1}{\sqrt{2}} \end{bmatrix}\begin{bmatrix} x' \\ y' \end{bmatrix}$$

$$= -16x' - 16y',$$

segue que a equação da cônica girada é

$$8(x')^2 - 2(y')^2 - 16x' - 16y' - 32 = 0.$$

Na forma padrão, a equação é

$$\frac{(x' - 1)^2}{1^2} - \frac{(y' + 4)^2}{2^2} = 1$$

que é a equação de uma hipérbole. Seu gráfico é mostrado na Figura 7.4.

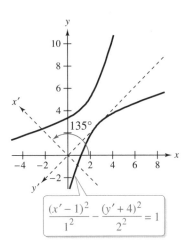

Figura 7.4

As formas quadráticas também podem ser usadas para analisar equações de superfícies quadráticas em R^3, que são os análogos tridimensionais das seções cônicas. A equação de uma superfície quadrática em R^3 é um polinômio de segundo grau da forma

$$ax^2 + by^2 + cz^2 + dxy + exz + fyz + gx + hy + iz + j = 0.$$

Existem seis tipos básicos de superfícies quadráticas: elipsoides, hiperboloides de uma folha, hiperboloides de duas folhas, cones elípticos, paraboloides elípticos e paraboloides hiperbólicos. A intersecção de uma superfície com um plano, chamado de **corte** da superfície no plano, é útil para visualizar o gráfico da superfície em R^3. Os seis tipos básicos de superfícies quadráticas, juntamente com seus cortes, são mostrados nas duas páginas seguintes.

A forma quadrática da equação

$$ax^2 + by^2 + cz^2 + dxy + exz + fyz + gx + hy + iz + j = 0 \quad \text{Superfície quadrática}$$

é

$$ax^2 + by^2 + cz^2 + dxy + exz + fyz. \quad \text{Forma quadrática}$$

A matriz correspondente é

$$A = \begin{bmatrix} a & \dfrac{d}{2} & \dfrac{e}{2} \\ \dfrac{d}{2} & b & \dfrac{f}{2} \\ \dfrac{e}{2} & \dfrac{f}{2} & c \end{bmatrix}.$$

OBSERVAÇÃO

Em geral, a matriz A da forma quadrática sempre será simétrica.

Elipsoide

$$\frac{x^2}{a^2} + \frac{y^2}{b^2} + \frac{z^2}{c^2} = 1$$

Corte	Plano
Elipse	Paralelo ao plano xy
Elipse	Paralelo ao plano xz
Elipse	Paralelo ao plano yz

A superfície é uma esfera quando $a = b = c \neq 0$.

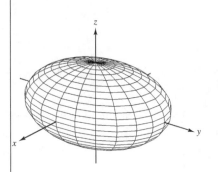
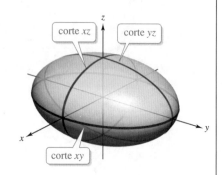

Hiperboloide de uma folha

$$\frac{x^2}{a^2} + \frac{y^2}{b^2} - \frac{z^2}{c^2} = 1$$

Corte	Plano
Elipse	Paralelo ao plano xy
Hipérbole	Paralelo ao plano xz
Hipérbole	Paralelo ao plano yz

O eixo do hiperboloide corresponde à variável cujo coeficiente é negativo.

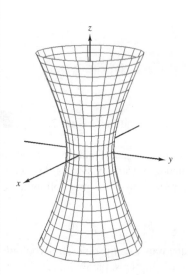
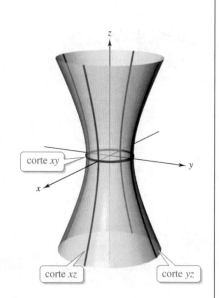

Hiperboloide de duas folhas

$$\frac{z^2}{c^2} - \frac{x^2}{a^2} - \frac{y^2}{b^2} = 1$$

Corte	Plano
Elipse	Paralelo ao plano xy
Hipérbole	Paralelo ao plano xz
Hipérbole	Paralelo ao plano yz

O eixo do hiperboloide corresponde à variável cujo coeficiente é positivo. Não há corte no plano coordenado perpendicular a este eixo.

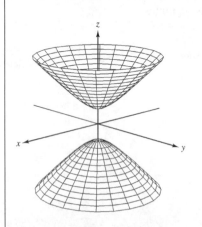
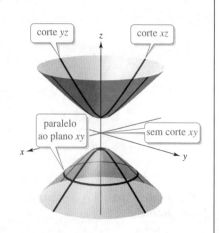

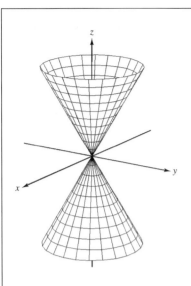

Cone elíptico

$$\frac{x^2}{a^2} + \frac{y^2}{b^2} - \frac{z^2}{c^2} = 0$$

Corte	Plano
Elipse	Paralelo ao plano xy
Hipérbole	Paralelo ao plano xz
Hipérbole	Paralelo ao plano yz

O eixo do cone corresponde à variável cujo coeficiente é negativo. Os cortes nos planos coordenados paralelos a este eixo são retas que se cruzam.

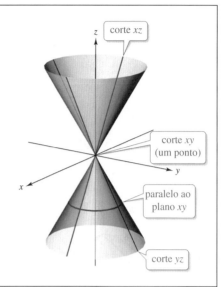

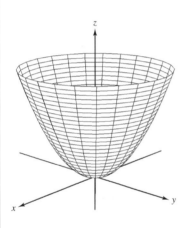

Paraboloide elíptico

$$z = \frac{x^2}{a^2} + \frac{y^2}{b^2}$$

Corte	Plano
Elipse	Paralelo ao plano xy
Parábola	Paralelo ao plano xz
Parábola	Paralelo ao plano yz

O eixo do paraboloide corresponde à variável elevada à potência um.

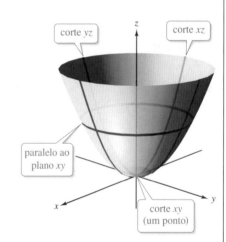

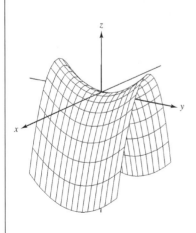

Paraboloide hiperbólico

$$z = \frac{y^2}{b^2} - \frac{x^2}{a^2}$$

Corte	Plano
Hipérbole	Paralelo ao plano xy
Parábola	Paralelo ao plano xz
Parábola	Paralelo ao plano yz

O eixo do paraboloide corresponde à variável elevada à potência um.

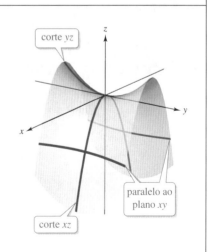

Na sua versão tridimensional, o Teorema dos Eixos Principais relaciona os autovalores e os autovetores de A com a equação da superfície girada, como mostrado no Exemplo 8.

EXEMPLO 8 Rotação de uma superfície quadrática

Faça uma rotação de eixos para eliminar o termo xz na equação quadrática

$$5x^2 + 4y^2 + 5z^2 + 8xz - 36 = 0.$$

SOLUÇÃO

A matriz A associada a esta equação quadrática é

$$A = \begin{bmatrix} 5 & 0 & 4 \\ 0 & 4 & 0 \\ 4 & 0 & 5 \end{bmatrix}$$

que possui autovalores $\lambda_1 = 1$, $\lambda_2 = 4$ e $\lambda_3 = 9$ (verifique isso). Assim, no sistema girado $x'y'z'$, a equação quadrática é $(x')^2 + 4(y')^2 + 9(z')^2 - 36 = 0$, cuja forma padrão é

$$\frac{(x')^2}{6^2} + \frac{(y')^2}{3^2} + \frac{(z')^2}{2^2} = 1.$$

O gráfico desta equação é um elipsoide. Conforme mostrado na Figura 7.5, os eixos $x'y'z'$ representam uma rotação no sentido anti-horário de 45° em torno do eixo y. Verifique que as colunas de

$$P = \begin{bmatrix} \frac{1}{\sqrt{2}} & 0 & \frac{1}{\sqrt{2}} \\ 0 & 1 & 0 \\ -\frac{1}{\sqrt{2}} & 0 & \frac{1}{\sqrt{2}} \end{bmatrix}$$

são os autovetores normalizados de A, que P é ortogonal e que $P^T A P$ é diagonal.

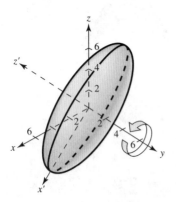

Figura 7.5

ostill/Shutterstock.com

ÁLGEBRA LINEAR APLICADA

Algumas das mais incomuns obras de arquitetura do mundo utilizam superfícies quadráticas. Por exemplo, a Catedral Metropolitana Nossa Senhora Aparecida, uma catedral situada em Brasília, Brasil, tem a forma de um hiperboloide de uma folha. Foi desenhada por Oscar Niemeyer, ganhador do premio Pritzker, tendo sido inaugurada em 1970. As dezesseis colunas de aço idênticas curvadas representam duas mãos alcançando o céu. Nas fendas triangulares formadas pelas colunas, o vitral semitransparente permite luz interior para quase toda a altura das colunas.

OTIMIZAÇÃO RESTRITA

Muitas aplicações reais exigem que você determine o valor máximo ou mínimo de uma quantidade sujeita a uma *restrição*. Por exemplo, considere um exemplo simplificado em que precisa encontrar os valores máximo e mínimo da superfície quadrática $f(x, y) = 9x^2 + 5y^2$ ao longo da curva formada pela intersecção da superfície com o cilindro unitário $x^2 + y^2 = 1$, como mostrado na Figura 7.6. A restrição é o cilindro unitário $x^2 + y^2 = 1$. Por inspeção, o valor máximo de f é 9 quando $x = \pm 1$ e $y = 0$ e o valor mínimo de f é 5 quando $x = 0$ e $y = \pm 1$.

O teorema abaixo permite que você use os autovalores e os autovetores de uma matriz simétrica para resolver um problema de otimização restrita.

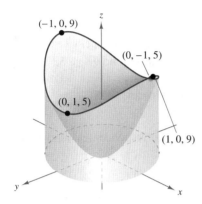

Figura 7.6

Teorema de Otimização Restrita

Para uma forma quadrática f em n variáveis com matriz da forma quadrática A sujeita à restrição $\|\mathbf{x}\|^2 = 1$, o valor máximo de f é o maior autovalor de A e o valor mínimo de f é o menor autovalor de A.

DEMONSTRAÇÃO

A forma quadrática f pode ser escrita como

$$f(x_1, x_2, \ldots, x_n) = \mathbf{x}^T A \mathbf{x}.$$

A matriz da forma quadrática A é simétrica, de modo que A tem n autovalores reais (contando multiplicidades). Denote-os por $\lambda_1, \lambda_2, \ldots \lambda_n$, e suponha que $\lambda_1 \geq \lambda_2 \geq \cdots \geq \lambda_n$. Agora, considere uma mudança de variáveis $\mathbf{x} = P\mathbf{x}'$, onde $\mathbf{x}' = [x_1' \;\; x_2' \;\; \ldots \;\; x_n']^T$ e P é uma matriz ortogonal que diagonaliza A. Então

$$\begin{aligned} f(x_1, x_2, \ldots, x_n) &= \mathbf{x}^T A \mathbf{x} \\ &= (P\mathbf{x}')^T A (P\mathbf{x}') \\ &= (\mathbf{x}')^T P^T A P \mathbf{x}' \\ &= \lambda_1 (x_1')^2 + \lambda_2 (x_2')^2 + \cdots + \lambda_n (x_n')^2 \end{aligned}$$

e

$$\begin{aligned} \|\mathbf{x}\|^2 &= \|P\mathbf{x}'\|^2 \\ &= (P\mathbf{x}')^T (P\mathbf{x}') \\ &= (\mathbf{x}')^T P^T P \mathbf{x}' \\ &= (\mathbf{x}')^T \mathbf{x}' \\ &= (x_1')^2 + (x_2')^2 + \cdots + (x_n')^2 \\ &= \|\mathbf{x}'\|^2. \end{aligned}$$

Como $\|\mathbf{x}\|^2 = 1$, segue que $\|\mathbf{x}'\|^2 = 1$, donde decorre

$$\begin{aligned} \lambda_1 &= \lambda_1 [(x_1')^2 + (x_2')^2 + \cdots + (x_n')^2] \\ &\geq \lambda_1 (x_1')^2 + \lambda_2 (x_2')^2 + \cdots + \lambda_n (x_n')^2 \\ &\geq \lambda_n [(x_1')^2 + (x_2')^2 + \cdots + (x_n')^2] \\ &= \lambda_n. \end{aligned}$$

Isso mostra que $\lambda_1 \geq \mathbf{x}^T A \mathbf{x} \geq \lambda_n$. Assim, todos os valores de $f(x_1, x_2, \ldots, x_n) = \mathbf{x}^T A \mathbf{x}$ para os quais $\|\mathbf{x}\|^2 = 1$ estão entre λ_1 e λ_n. Se $\mathbf{x}$ for um autovetor normalizado que associado a λ_1, então

$$f(x_1, x_2, \ldots, x_n) = \mathbf{x}^T A \mathbf{x} = \mathbf{x}^T (\lambda_1 \mathbf{x}) = \lambda_1 \|\mathbf{x}\|^2 = \lambda_1.$$

Se $\mathbf{x}$ é um autovetor normalizado que associado a λ_n, então

$$f(x_1, x_2, \ldots, x_n) = \mathbf{x}^T A \mathbf{x} = \mathbf{x}^T (\lambda_n \mathbf{x}) = \lambda_n \|\mathbf{x}\|^2 = \lambda_n.$$

Assim, f tem um máximo restrito λ_1 e um mínimo restrito λ_n. ∎

EXEMPLO 9 Encontre os valores máximo e mínimo

Encontre os valores máximo e mínimo de $f(x_1, x_2) = 9x_1^2 + 5x_2^2$ sujeitos à restrição $\|\mathbf{x}\|^2 = 1$.

390 Elementos de álgebra linear

OBSERVAÇÃO

Com as substituições $x = x_1$ e $y = x_2$, este é o mesmo problema considerado como exemplo introdutório.

SOLUÇÃO

A matriz da forma quadrática é a matriz diagonal

$$A = \begin{bmatrix} 9 & 0 \\ 0 & 5 \end{bmatrix}.$$

Por inspeção, os autovalores de A são $\lambda_1 = 9$ e $\lambda_2 = 5$. Assim, pelo Teorema de Otimização Restrita, o valor máximo de z é 9 e o valor mínimo de z é 5. ■

EXEMPLO 10 — Determinação de valores máximo e mínimo

Encontre os valores máximo e mínimo e os correspondentes autovetores normalizados de $z = 7x_1^2 + 6x_1x_2 + 7x_2^2$ sujeitos à restrição $\|\mathbf{x}\|^2 = 1$.

SOLUÇÃO

A forma quadrática f pode ser escrita usando a notação matricial como

$$f(x_1, x_2) = \mathbf{x}^T A \mathbf{x} = \begin{bmatrix} x_1 & x_2 \end{bmatrix} \begin{bmatrix} 7 & 3 \\ 3 & 7 \end{bmatrix} \begin{bmatrix} x_1 \\ x_2 \end{bmatrix}.$$

Verifique que os autovalores de $A = \begin{bmatrix} 7 & 3 \\ 3 & 7 \end{bmatrix}$ são $\lambda_1 = 10$ e $\lambda_2 = 4$, com os autovetores associados

$$\begin{bmatrix} 1 \\ 1 \end{bmatrix} \quad \text{e} \quad \begin{bmatrix} -1 \\ 1 \end{bmatrix}.$$

Assim, o máximo restrito 10 ocorre quando $(x_1, x_2) = \dfrac{1}{\sqrt{2}}(1, 1) = \left(\dfrac{1}{\sqrt{2}}, \dfrac{1}{\sqrt{2}} \right)$ e o

mínimo restrito 4 ocorre quando $(x_1, x_2) = \dfrac{1}{\sqrt{2}}(-1, 1) = \left(-\dfrac{1}{\sqrt{2}}, \dfrac{1}{\sqrt{2}} \right)$. ■

EXEMPLO 11 — Usando uma mudança de variáveis

Para encontrar os valores máximo e mínimo de

$$z = 4xy$$

sujeito à restrição $9x^2 + 4y^2 = 36$, você não pode usar o Teorema de Otimização Restrita diretamente porque a restrição não é $\|\mathbf{x}\|^2 = 1$. No entanto, com a mudança de variáveis

$$x = 2x' \quad \text{e} \quad y = 3y'$$

o problema se transforma em encontrar os valores máximo e mínimo de

$$z = 24x'y'$$

sujeitos à restrição $(x')^2 + (y')^2 = 1$. Verifique que o valor máximo 12 ocorre quando $(x', y') = \left(1/\sqrt{2}, 1/\sqrt{2} \right)$ ou $(x, y) = \left(\sqrt{2}, 3/\sqrt{2} \right)$, bem como que o valor mínimo -12 ocorre quando $(x', y') = \left(1/\sqrt{2}, -1/\sqrt{2} \right)$ ou $(x, y) = \left(\sqrt{2}, -3/\sqrt{2} \right)$. ■

Autovalores e autovetores **391**

7.4 Exercícios

Determinação de vetores de distribuição etária Nos Exercícios 1-6, use a matriz de transição etária L e o vetor de distribuição etária x_1 para encontrar os vetores de distribuição etária x_2 e x_3. A seguir encontre um vetor de distribuição etária estável.

1. $L = \begin{bmatrix} 0 & 2 \\ \frac{1}{2} & 0 \end{bmatrix}$, $\mathbf{x}_1 = \begin{bmatrix} 10 \\ 10 \end{bmatrix}$

2. $L = \begin{bmatrix} 0 & 4 \\ \frac{1}{16} & 0 \end{bmatrix}$, $\mathbf{x}_1 = \begin{bmatrix} 160 \\ 160 \end{bmatrix}$

3. $L = \begin{bmatrix} 0 & 3 & 4 \\ 1 & 0 & 0 \\ 0 & \frac{1}{2} & 0 \end{bmatrix}$, $\mathbf{x}_1 = \begin{bmatrix} 12 \\ 12 \\ 12 \end{bmatrix}$

4. $L = \begin{bmatrix} 0 & 2 & 0 \\ \frac{1}{2} & 0 & 0 \\ 0 & \frac{1}{2} & 0 \end{bmatrix}$, $\mathbf{x}_1 = \begin{bmatrix} 8 \\ 8 \\ 8 \end{bmatrix}$

5. $L = \begin{bmatrix} 0 & 2 & 2 & 0 \\ \frac{1}{4} & 0 & 0 & 0 \\ 0 & 1 & 0 & 0 \\ 0 & 0 & \frac{1}{2} & 0 \end{bmatrix}$, $\mathbf{x}_1 = \begin{bmatrix} 100 \\ 100 \\ 100 \\ 100 \end{bmatrix}$

6. $L = \begin{bmatrix} 0 & 6 & 4 & 0 & 0 \\ \frac{1}{2} & 0 & 0 & 0 & 0 \\ 0 & 1 & 0 & 0 & 0 \\ 0 & 0 & \frac{1}{2} & 0 & 0 \\ 0 & 0 & 0 & \frac{1}{2} & 0 \end{bmatrix}$, $\mathbf{x}_1 = \begin{bmatrix} 24 \\ 24 \\ 24 \\ 24 \\ 24 \end{bmatrix}$

7. Modelo de crescimento populacional Uma população tem as seguintes características.

(a) Um total de 75% da população sobrevive o primeiro ano. Daqueles 75%, 25% sobrevive o segundo. A duração máxima de vida é de 3 anos.

(b) O número médio de descendentes de cada membro da população é 2 no primeiro ano, 4 no segundo e 2 no terceiro ano.

A população agora é composta por 160 membros em cada uma das três faixas etárias. Quantos membros haverá em cada faixa etária em 1 ano? Em 2 anos?

8. Modelo de crescimento populacional Uma população tem as seguintes características:

(a) Um total de 80% da população sobrevive o primeiro ano. Daqueles 80%, 25% sobrevive o segundo. A duração máxima de vida é de 3 anos.

(b) O número médio de descendentes de cada membro da população é 3 no primeiro ano, 6 no segundo e 3 no terceiro ano.

A população agora é composta por 120 membros em cada uma das três faixas etárias. Quantos membros haverá em cada faixa etária em 1 ano? Em 2 anos?

9. Modelo de crescimento populacional A população tem as seguintes características:

(a) Um total de 60% da população sobrevive o primeiro ano. Desses 60%, 50% sobrevive o segundo. A duração máxima de vida é de 3 anos.

(b) O número médio de descendentes de cada membro da população é 2 no primeiro ano, 5 no segundo e 2 no terceiro ano.

A população agora é composta por 100 membros em cada uma das três faixas etárias. Quantos membros haverá em cada faixa etária em 1 ano? Em 2 anos?

10. Encontre o limite (se existir) de $A^n \mathbf{x}_1$ quando n tende a infinito, onde

$$ A = \begin{bmatrix} 0 & 2 \\ \frac{1}{2} & 0 \end{bmatrix} \quad \text{e} \quad \mathbf{x}_1 = \begin{bmatrix} a \\ a \end{bmatrix}. $$

Resolução de um sistema de equações diferenciais lineares Nos exercícios 11-20, resolva o sistema de equações diferenciais lineares de primeira ordem.

11. $\begin{aligned} y_1{}' &= 2y_1 \\ y_2{}' &= y_2 \end{aligned}$
12. $\begin{aligned} y_1{}' &= -5y_1 \\ y_2{}' &= 4y_2 \end{aligned}$

13. $\begin{aligned} y_1{}' &= -4y_1 \\ y_2{}' &= -\tfrac{1}{2}y_2 \end{aligned}$
14. $\begin{aligned} y_1{}' &= \tfrac{1}{2}y_1 \\ y_2{}' &= \tfrac{1}{8}y_2 \end{aligned}$

15. $\begin{aligned} y_1{}' &= -y_1 \\ y_2{}' &= 6y_2 \\ y_3{}' &= y_3 \end{aligned}$
16. $\begin{aligned} y_1{}' &= 5y_1 \\ y_2{}' &= -2y_2 \\ y_3{}' &= -3y_3 \end{aligned}$

17. $\begin{aligned} y_1{}' &= -0{,}3y_1 \\ y_2{}' &= 0{,}4y_2 \\ y_3{}' &= -0{,}6y_3 \end{aligned}$
18. $\begin{aligned} y_1{}' &= -\tfrac{2}{3}y_1 \\ y_2{}' &= -\tfrac{3}{5}y_2 \\ y_3{}' &= -8y_3 \end{aligned}$

19. $\begin{aligned} y_1{}' &= 7y_1 \\ y_2{}' &= 9y_2 \\ y_3{}' &= -7y_3 \\ y_4{}' &= -9y_4 \end{aligned}$
20. $\begin{aligned} y_1{}' &= -0{,}1y_1 \\ y_2{}' &= -\tfrac{7}{4}y_2 \\ y_3{}' &= -2\pi y_3 \\ y_4{}' &= \sqrt{5}y_4 \end{aligned}$

Resolução de um sistema de equações diferenciais lineares Nos Exercícios 21-28, resolva o sistema de equações diferenciais lineares de primeira ordem.

21. $\begin{aligned} y_1{}' &= y_1 - 4y_2 \\ y_2{}' &= 2y_2 \end{aligned}$
22. $\begin{aligned} y_1{}' &= y_1 - 4y_2 \\ y_2{}' &= -2y_1 + 8y_2 \end{aligned}$

23. $\begin{aligned} y_1{}' &= y_1 + 2y_2 \\ y_2{}' &= 2y_1 + y_2 \end{aligned}$
24. $\begin{aligned} y_1{}' &= y_1 - y_2 \\ y_2{}' &= 2y_1 + 4y_2 \end{aligned}$

25. $\begin{aligned} y_1{}' &= y_1 - 2y_2 + y_3 \\ y_2{}' &= 2y_2 + 4y_3 \\ y_3{}' &= 3y_3 \end{aligned}$
26. $\begin{aligned} y_1{}' &= 2y_1 + y_2 + y_3 \\ y_2{}' &= y_1 + y_2 \\ y_3{}' &= y_1 + y_3 \end{aligned}$

27. $\begin{aligned} y_1{}' &= 3y_2 - 5y_3 \\ y_2{}' &= 4y_1 - 4y_2 + 10y_3 \\ y_3{}' &= -4y_3 \end{aligned}$

28. $\begin{aligned} y_1{}' &= -2y_1 + y_3 \\ y_2{}' &= 3y_2 + 4y_3 \\ y_3{}' &= y_3 \end{aligned}$

392 Elementos de álgebra linear

Escrevendo um sistema e verificando a solução geral Nos Exercícios 29-32, escreva o sistema de equações diferenciais lineares de primeira ordem representado pela equação matricial $y' = Ay$. Em seguida, verifique a solução geral.

29. $A = \begin{bmatrix} 1 & 1 \\ 0 & 1 \end{bmatrix}$, $\begin{aligned} y_1 &= C_1 e^t + C_2 t e^t \\ y_2 &= C_2 e^t \end{aligned}$

30. $A = \begin{bmatrix} 1 & -1 \\ 1 & 1 \end{bmatrix}$, $\begin{aligned} y_1 &= C_1 e^t \cos t + C_2 e^t \,\text{sen}\, t \\ y_2 &= -C_2 e^t \cos t + C_1 e^t \,\text{sen}\, t \end{aligned}$

31. $A = \begin{bmatrix} 0 & 1 & 0 \\ 0 & 0 & 1 \\ 0 & -4 & 0 \end{bmatrix}$,

$\begin{aligned} y_1 &= C_1 + C_2 \cos 2t + C_3 \,\text{sen}\, 2t \\ y_2 &= 2C_3 \cos 2t - 2C_2 \,\text{sen}\, 2t \\ y_3 &= -4C_2 \cos 2t - 4C_3 \,\text{sen}\, 2t \end{aligned}$

32. $A = \begin{bmatrix} 0 & 1 & 0 \\ 0 & 0 & 1 \\ 1 & -3 & 3 \end{bmatrix}$,

$\begin{aligned} y_1 &= C_1 e^t + C_2 t e^t + C_3 t^2 e^t \\ y_2 &= (C_1 + C_2) e^t + (C_2 + 2C_3) t e^t + C_3 t^2 e^t \\ y_3 &= (C_1 + 2C_2 + 2C_3) e^t + (C_2 + 4C_3) t e^t + C_3 t^2 e^t \end{aligned}$

Determinação da matriz de uma forma quadrática Nos Exercícios 33-38, encontre a matriz A da forma quadrática associada à equação.

33. $x^2 + y^2 - 4 = 0$ **34.** $x^2 - 4xy + y^2 - 4 = 0$

35. $9x^2 + 10xy - 4y^2 - 36 = 0$

36. $12x^2 - 5xy - x + 2y - 20 = 0$

37. $10xy - 10y^2 + 4x - 48 = 0$

38. $16x^2 - 4xy + 20y^2 - 72 = 0$

Determinação da matriz de uma forma quadrática Nos Exercícios 39-44, encontre a matriz A da forma quadrática associada à equação. Em seguida, encontre os autovalores de A e uma matriz ortogonal P tal que $P^T A P$ seja diagonal.

39. $2x^2 - 3xy - 2y^2 + 10 = 0$

40. $5x^2 - 2xy + 5y^2 + 10x - 17 = 0$

41. $13x^2 + 6\sqrt{3}xy + 7y^2 - 16 = 0$

42. $3x^2 - 2\sqrt{3}xy + y^2 + 2x + 2\sqrt{3}y = 0$

43. $16x^2 - 24xy + 9y^2 - 60x - 80y + 100 = 0$

44. $17x^2 + 32xy - 7y^2 - 75 = 0$

Rotação de uma cônica Nos Exercícios 45-52, use o Teorema dos Eixos Principais para fazer uma rotação de eixos de modo a eliminar o termo xy na equação quadrática. Identifique a cônica girada resultante e dê sua equação no novo sistema de coordenadas.

45. $13x^2 - 8xy + 7y^2 - 45 = 0$

46. $x^2 + 4xy + y^2 - 9 = 0$

47. $2x^2 - 4xy + 5y^2 - 36 = 0$

48. $7x^2 + 32xy - 17y^2 - 50 = 0$

49. $2x^2 + 4xy + 2y^2 + 6\sqrt{2}x + 2\sqrt{2}y + 4 = 0$

50. $8x^2 + 8xy + 8y^2 + 10\sqrt{2}x + 26\sqrt{2}y + 31 = 0$

51. $xy + x - 2y + 3 = 0$

52. $5x^2 - 2xy + 5y^2 + 10\sqrt{2}x = 0$

Rotação de uma superfície quadrática Nos Exercícios 53-56, encontre a matriz A da forma quadrática associada à equação. A seguir, encontre a equação da superfície quadrática no sistema girado $x'y'z'$.

53. $3x^2 - 2xy + 3y^2 + 8z^2 - 16 = 0$

54. $2x^2 + 2y^2 + 2z^2 + 2xy + 2xz + 2yz - 1 = 0$

55. $x^2 + 2y^2 + 2z^2 + 2yz - 1 = 0$

56. $x^2 + y^2 + z^2 + 2xy - 8 = 0$

Otimização restrita Nos Exercícios 57-66, encontre os valores máximo e mínimo, da forma quadrática sujeita à restrição e um vetor no qual cada caso ocorre.

57. $z = 3x_1^2 + 2x_2^2$; $\|\mathbf{x}\|^2 = 1$

58. $z = 11x_1^2 + 4x_2^2$; $\|\mathbf{x}\|^2 = 1$

59. $z = x_1^2 + 12x_2^2$; $4x_1^2 + 25x_2^2 = 100$

60. $z = -5x^2 + 9y^2$; $x^2 + 9y^2 = 9$

61. $z = 5x^2 + 12xy + 5y^2$; $x^2 + y^2 = 1$

62. $z = 5x_1^2 + 12x_1 x_2$; $\|\mathbf{x}\|^2 = 1$

63. $z = 6x_1 x_2$; $\|\mathbf{x}\|^2 = 1$

64. $z = 9xy$; $9x^2 + 16y^2 = 144$

65.
$w = x^2 + 3y^2 + z^2 + 2xy + 2xz + 2yz$; $x^2 + y^2 + z^2 = 1$

66.
$w = 2x^2 - y^2 - z^2 + 4xy - 4xz + 8yz$; $x^2 + y^2 + z^2 = 1$

67. Seja P uma matriz ortogonal 2×2 tal que $|P| = 1$. Mostre que existe um número $\theta, 0 \le \theta < 2\pi$, tal que

$$P = \begin{bmatrix} \cos \theta & -\,\text{sen}\, \theta \\ \,\text{sen}\, \theta & \cos \theta \end{bmatrix}.$$

---

68. Ponto crucial

(a) Explique como modelar o crescimento populacional usando a matriz de transição etária e um vetor de distribuição etária e como encontrar um vetor de distribuição etária estável.

(b) Explique como usar uma equação matricial para resolver um sistema de equações diferenciais lineares de primeira ordem.

(c) Explique como usar o teorema dos eixos principais para fazer uma rotação de eixos de uma cônica e de uma superfície quadrática.

(d) Explique como resolver um problema de otimização restrita.

---

69. Use a biblioteca da sua escola, a Internet ou alguma outra fonte de referência para encontrar aplicações reais de otimização restrita.

Autovalores e autovetores   393

Capítulo 7   Exercícios de revisão

Equação característica, autovalores e bases Nos Exercícios 1-6, encontre (a) a equação característica de A, (b) os autovalores de A e (c) uma base para o autoespaço associado a cada autovalor.

1. $A = \begin{bmatrix} 2 & 1 \\ 5 & -2 \end{bmatrix}$ **2.** $A = \begin{bmatrix} 2 & 1 \\ -4 & -2 \end{bmatrix}$

3. $A = \begin{bmatrix} 9 & 4 & -3 \\ -2 & 0 & 6 \\ -1 & -4 & 11 \end{bmatrix}$ **4.** $A = \begin{bmatrix} -4 & 1 & 2 \\ 0 & 1 & 1 \\ 0 & 0 & 3 \end{bmatrix}$

5. $A = \begin{bmatrix} 2 & 0 & 1 \\ 0 & 3 & 4 \\ 0 & 0 & 1 \end{bmatrix}$ **6.** $A = \begin{bmatrix} 1 & 0 & 4 \\ 0 & 1 & -2 \\ 1 & 0 & -2 \end{bmatrix}$

Equação característica, autovalores e bases Nos Exercícios 7 e 8, use um software ou uma ferramenta computacional para encontrar (a) a equação característica de A, (b) os autovalores de A e (c) uma base para o autoespaço associado a cada autovalor.

7. $A = \begin{bmatrix} 2 & 1 & 0 & 0 \\ 1 & 2 & 0 & 0 \\ 0 & 0 & 2 & 1 \\ 0 & 0 & 1 & 2 \end{bmatrix}$ **8.** $A = \begin{bmatrix} 3 & 0 & 2 & 0 \\ 1 & 3 & 1 & 0 \\ 0 & 1 & 1 & 0 \\ 0 & 0 & 0 & 4 \end{bmatrix}$

Determinando se uma matriz é diagonalizável Nos Exercícios 9-14, determine se A é diagonalizável. Se for, ache uma matriz não singular P tal que $P^{-1}AP$ seja diagonal.

9. $A = \begin{bmatrix} 1 & -4 \\ -2 & 8 \end{bmatrix}$ **10.** $A = \begin{bmatrix} \frac{1}{6} & \frac{1}{4} \\ \frac{2}{3} & 0 \end{bmatrix}$

11. $A = \begin{bmatrix} -2 & -1 & 3 \\ 0 & 1 & 2 \\ 0 & 0 & 1 \end{bmatrix}$ **12.** $A = \begin{bmatrix} 3 & -2 & 2 \\ -2 & 0 & -1 \\ 2 & -1 & 0 \end{bmatrix}$

13. $A = \begin{bmatrix} 1 & 0 & 2 \\ 0 & 1 & 0 \\ 2 & 0 & 1 \end{bmatrix}$ **14.** $A = \begin{bmatrix} 2 & -1 & 1 \\ -2 & 3 & -2 \\ -1 & 1 & 0 \end{bmatrix}$

15. Para que valor(es) de a a matriz

$$A = \begin{bmatrix} 0 & 1 \\ a & 1 \end{bmatrix}$$

tem as características abaixo?

(a) A tem um autovalor de multiplicidade 2.

(b) A tem -1 e 2 como autovalores.

(c) A tem autovalores reais.

16. Mostre que se $0 < \theta < \pi$, então a transformação dada por uma rotação no sentido anti-horário de um ângulo θ não tem autovalores reais.

Dissertação Nos Exercícios 17-20, explique por que a matriz não é diagonalizável.

17. $A = \begin{bmatrix} 0 & 9 \\ 0 & 0 \end{bmatrix}$ **18.** $A = \begin{bmatrix} -1 & 2 \\ 0 & -1 \end{bmatrix}$

19. $A = \begin{bmatrix} 3 & 0 & 0 \\ 1 & 3 & 0 \\ 0 & 0 & 3 \end{bmatrix}$ **20.** $A = \begin{bmatrix} -2 & 3 & 1 \\ 0 & 4 & 3 \\ 0 & 0 & -2 \end{bmatrix}$

Determinando se duas matrizes são semelhantes Nos Exercícios 21-24, determine se as matrizes são semelhantes. Se forem, encontre uma matriz P tal que $A = P^{-1}BP$.

21. $A = \begin{bmatrix} 1 & 0 \\ 0 & 2 \end{bmatrix}, B = \begin{bmatrix} 2 & 0 \\ 0 & 1 \end{bmatrix}$

22. $A = \begin{bmatrix} 5 & 0 \\ 0 & 3 \end{bmatrix}, B = \begin{bmatrix} 7 & 2 \\ -4 & 1 \end{bmatrix}$

23. $A = \begin{bmatrix} 1 & 1 & 0 \\ 0 & 1 & 1 \\ 0 & 0 & 1 \end{bmatrix}, B = \begin{bmatrix} 1 & 1 & 0 \\ 0 & 1 & 0 \\ 0 & 0 & 1 \end{bmatrix}$

24. $A = \begin{bmatrix} 1 & 0 & 0 \\ 0 & -2 & 0 \\ 0 & 0 & -2 \end{bmatrix}, B = \begin{bmatrix} 1 & -3 & -3 \\ 3 & -5 & -3 \\ -3 & 3 & 1 \end{bmatrix}$

Determinação de matrizes simétricas e ortogonais Nos exercícios 25-32, determine se a matriz é simétrica, ortogonal, ambas ou nenhuma das duas.

25. $A = \begin{bmatrix} -\dfrac{\sqrt{2}}{2} & \dfrac{\sqrt{2}}{2} \\ \dfrac{\sqrt{2}}{2} & \dfrac{\sqrt{2}}{2} \end{bmatrix}$ **26.** $A = \begin{bmatrix} \dfrac{2\sqrt{5}}{5} & \dfrac{\sqrt{5}}{5} \\ \dfrac{\sqrt{5}}{5} & -\dfrac{2\sqrt{5}}{5} \end{bmatrix}$

27. $A = \begin{bmatrix} 0 & 0 & 1 \\ 0 & 1 & 0 \\ 1 & 0 & 0 \end{bmatrix}$ **28.** $A = \begin{bmatrix} 0 & 0 & 1 \\ 0 & 1 & 0 \\ 1 & 0 & 1 \end{bmatrix}$

29. $A = \begin{bmatrix} \frac{1}{3} & \frac{1}{2} & \frac{1}{3} \\ \frac{1}{3} & 0 & \frac{1}{3} \\ \frac{1}{3} & \frac{1}{2} & \frac{1}{3} \end{bmatrix}$ **30.** $A = \begin{bmatrix} \frac{4}{5} & 0 & \frac{3}{5} \\ 0 & 1 & 0 \\ -\frac{3}{5} & 0 & \frac{4}{5} \end{bmatrix}$

31. $A = \begin{bmatrix} -\frac{2}{3} & \frac{1}{3} & -\frac{2}{3} \\ \frac{2}{3} & \frac{2}{3} & -\frac{1}{3} \\ \frac{1}{3} & -\frac{2}{3} & \frac{2}{3} \end{bmatrix}$

32. $A = \begin{bmatrix} \dfrac{\sqrt{3}}{3} & \dfrac{\sqrt{3}}{3} & \dfrac{\sqrt{3}}{3} \\ \dfrac{\sqrt{3}}{3} & \dfrac{2\sqrt{3}}{3} & 0 \\ \dfrac{\sqrt{3}}{3} & 0 & \dfrac{\sqrt{3}}{3} \end{bmatrix}$

394 Elementos de álgebra linear

Autovetores de uma matriz simétrica Nos Exercícios 33-36, mostre que quaisquer dois autovetores da matriz simétrica associados a autovalores distintos são ortogonais.

33. $\begin{bmatrix} 2 & 0 \\ 0 & -3 \end{bmatrix}$ **34.** $\begin{bmatrix} 4 & -2 \\ -2 & 1 \end{bmatrix}$

35. $\begin{bmatrix} -1 & 0 & -1 \\ 0 & -1 & 0 \\ -1 & 0 & 1 \end{bmatrix}$ **36.** $\begin{bmatrix} 2 & 0 & 0 \\ 0 & 2 & 0 \\ 0 & 0 & 5 \end{bmatrix}$

Matrizes ortogonalmente diagonalizáveis Nos Exercícios 37-40, determine se a matriz é ortogonalmente diagonalizável.

37. $\begin{bmatrix} -3 & -1 \\ -1 & -2 \end{bmatrix}$ **38.** $\begin{bmatrix} -4 & 1 \\ -1 & 3 \end{bmatrix}$

39. $\begin{bmatrix} 4 & 1 & 2 \\ 0 & -1 & 0 \\ 2 & 1 & -5 \end{bmatrix}$ **40.** $\begin{bmatrix} 5 & 4 & -1 \\ 4 & 1 & 3 \\ -1 & 3 & -2 \end{bmatrix}$

Diagonalização ortogonal Nos Exercícios 41-46, encontre uma matriz P que diagonalize ortogonalmente A. Verifique que $P^T A P$ fornece forma diagonal adequada.

41. $A = \begin{bmatrix} 3 & 4 \\ 4 & -3 \end{bmatrix}$ **42.** $A = \begin{bmatrix} 8 & 15 \\ 15 & -8 \end{bmatrix}$

43. $A = \begin{bmatrix} 1 & 1 & 0 \\ 1 & 1 & 0 \\ 0 & 0 & 0 \end{bmatrix}$ **44.** $A = \begin{bmatrix} 3 & 0 & -3 \\ 0 & -3 & 0 \\ -3 & 0 & 3 \end{bmatrix}$

45. $A = \begin{bmatrix} 2 & 0 & -1 \\ 0 & 1 & 0 \\ -1 & 0 & 2 \end{bmatrix}$ **46.** $A = \begin{bmatrix} 1 & 2 & 0 \\ 2 & 1 & 0 \\ 0 & 0 & 5 \end{bmatrix}$

Vetor de probabilidade do estado estacionário Nos Exercícios 47-54, encontre o vetor de probabilidade de estado estacionário da matriz. Um autovetor $\mathbf{v}$ de uma matriz A de tamanho $n \times n$ é um vetor de probabilidade de estado estacionário quando $A\mathbf{v} = \mathbf{v}$ e as componentes de $\mathbf{v}$ somam 1.

47. $A = \begin{bmatrix} \frac{2}{3} & \frac{1}{2} \\ \frac{1}{3} & \frac{1}{2} \end{bmatrix}$ **48.** $A = \begin{bmatrix} \frac{1}{2} & 1 \\ \frac{1}{2} & 0 \end{bmatrix}$

49. $A = \begin{bmatrix} 0{,}8 & 0{,}3 \\ 0{,}2 & 0{,}7 \end{bmatrix}$ **50.** $A = \begin{bmatrix} 0{,}4 & 0{,}2 \\ 0{,}6 & 0{,}8 \end{bmatrix}$

51. $A = \begin{bmatrix} \frac{1}{2} & \frac{1}{4} & 0 \\ \frac{1}{2} & \frac{1}{2} & \frac{1}{2} \\ 0 & \frac{1}{4} & \frac{1}{2} \end{bmatrix}$ **52.** $A = \begin{bmatrix} \frac{1}{3} & \frac{2}{3} & \frac{1}{3} \\ \frac{1}{3} & \frac{1}{3} & 0 \\ \frac{1}{3} & 0 & \frac{2}{3} \end{bmatrix}$

53. $A = \begin{bmatrix} 0{,}7 & 0{,}1 & 0{,}1 \\ 0{,}2 & 0{,}7 & 0{,}1 \\ 0{,}1 & 0{,}2 & 0{,}8 \end{bmatrix}$ **54.** $A = \begin{bmatrix} 0{,}3 & 0{,}1 & 0{,}4 \\ 0{,}2 & 0{,}4 & 0{,}0 \\ 0{,}5 & 0{,}5 & 0{,}6 \end{bmatrix}$

55. Demonstração Demonstre que, se A é uma matriz simétrica $n \times n$, então $P^T A P$ é simétrica para qualquer matriz P de tamanho $n \times n$.

56. Mostre que o polinômio característico de

$$A = \begin{bmatrix} 0 & 1 & 0 & 0 & \cdots & 0 \\ 0 & 0 & 1 & 0 & \cdots & 0 \\ \vdots & \vdots & \vdots & \vdots & & \vdots \\ 0 & 0 & 0 & 0 & \cdots & 1 \\ -a_0 & -a_1 & -a_2 & -a_3 & \cdots & -a_{n-1} \end{bmatrix}$$

é $p(\lambda) = \lambda^n + a_{n-1}\lambda^{n-1} + \cdots + a_2\lambda^2 + a_1\lambda + a_0$.
A é chamada de **matriz companheira** do polinômio p.

Determinação da matriz companheira e dos autovalores Nos Exercícios 57 e 58, use o resultado do Exercício 56 para encontrar a matriz companheira A do polinômio e encontre os autovalores de A.

57. $p(\lambda) = 4\lambda^2 - 9\lambda$

58. $p(\lambda) = 2\lambda^3 - 7\lambda^2 - 120\lambda + 189$

59. A equação característica de

$$A = \begin{bmatrix} 8 & -4 \\ 2 & 2 \end{bmatrix}$$

é $\lambda^2 - 10\lambda + 24 = 0$. Usando $A^2 - 10A + 24I_2 = O$, você pode encontrar as potências de A pelo processo abaixo.
$A^2 = 10A - 24I_2$, $A^3 = 10A^2 - 24A$,
$A^4 = 10A^3 - 24A^2$, . . .

Use este processo para encontrar as matrizes A^2, A^3 e A^4.

60. Repita o Exercício 59 para a matriz

$$A = \begin{bmatrix} 9 & 4 & -3 \\ -2 & 0 & 6 \\ -1 & -4 & 11 \end{bmatrix}.$$

61. Demonstração Seja A uma matriz $n \times n$.

  (a) Demonstre ou refute que um autovetor de A também é um autovetor de A^2.

  (b) Demonstre ou refute que um autovetor de A^2 também é um autovetor de A.

62. Demonstração Seja A uma matriz $n \times n$. Demonstre que se $A\mathbf{x} = \lambda\mathbf{x}$, então $\mathbf{x}$ é um autovetor de $(A + cI)$, onde λ e c são escalares. Qual é o autovalor associado?

63. Demonstração Sejam A e B matrizes $n \times n$. Demonstre que, se A é não singular, então AB é semelhante a BA.

64. (a) Encontre uma matriz simétrica B tal que $B^2 = A$ para

$$A = \begin{bmatrix} 2 & 1 \\ 1 & 2 \end{bmatrix}.$$

  (b) Generalize o resultado do item (a) demonstrando que se A é uma matriz simétrica $n \times n$ com autovalores positivos, então existe uma matriz simétrica B tal que $B^2 = A$.

65. Determine todas as matrizes simétricas $n \times n$ que tem 0 como único autovalor.

Autovalores e autovetores   395

66. Encontre uma matriz ortogonal P tal que $P^{-1}AP$ seja diagonal para a matriz
$$A = \begin{bmatrix} a & b \\ b & a \end{bmatrix}.$$

67. Dissertação   Seja A uma matriz idempotente $n \times n$ (ou seja, $A^2 = A$). Descreva os autovalores de A.

68. Dissertação   A matriz abaixo possui um autovalor $\lambda = 2$ de multiplicidade 4.
$$A = \begin{bmatrix} 2 & a & 0 & 0 \\ 0 & 2 & b & 0 \\ 0 & 0 & 2 & c \\ 0 & 0 & 0 & 2 \end{bmatrix}$$

(a) Em que condições é A diagonalizável?

(b) Em que condições o autoespaço de $\lambda = 2$ tem dimensão 1? 2? 3?

Verdadeiro ou falso?   **Nos Exercícios 69 e 70, determine se cada afirmação é verdadeira ou falsa. Se uma afirmação for verdadeira, dê uma justificativa ou cite uma afirmação apropriada do texto. Se uma afirmação for falsa, forneça um exemplo que mostre que a afirmação não é verdadeira em todos os casos ou cite uma afirmação apropriada do texto.**

69. (a) Um autovetor de uma matriz A de tamanho $n \times n$ é um vetor não nulo em R^n tal que $A\mathbf{x}$ é um múltiplo escalar de $\mathbf{x}$.

(b) Matrizes semelhantes podem ou não ter os mesmos autovalores.

(c) Para diagonalizar uma matriz quadrada A, é preciso encontrar uma matriz inversível P tal que $P^{-1}AP$ seja diagonal.

70. (a) Um autovalor de uma matriz A é um escalar λ tal que $\det(\lambda I - A) = 0$.

(b) Um autovetor pode ser o vetor nulo $\mathbf{0}$.

(c) Uma matriz A é ortogonalmente diagonalizável quando existe uma matriz ortogonal P tal que $P^{-1}AP = D$ é diagonal.

Determinação de vetores de distribuição etária   **Nos Exercícios 71-74, use a matriz de transição etária L e o vetor de distribuição etária $\mathbf{x}_1$ para encontrar os vetores de distribuição etária $\mathbf{x}_2$ e $\mathbf{x}_3$. Em seguida, encontre um vetor de distribuição etária estável.**

71. $L = \begin{bmatrix} 0 & 1 \\ \frac{1}{4} & 0 \end{bmatrix}, \mathbf{x}_1 = \begin{bmatrix} 100 \\ 100 \end{bmatrix}$

72. $L = \begin{bmatrix} 0 & 1 \\ \frac{3}{4} & 0 \end{bmatrix}, \mathbf{x}_1 = \begin{bmatrix} 32 \\ 32 \end{bmatrix}$

73. $L = \begin{bmatrix} 0 & 3 & 12 \\ 1 & 0 & 0 \\ 0 & \frac{1}{6} & 0 \end{bmatrix}, \mathbf{x}_1 = \begin{bmatrix} 300 \\ 300 \\ 300 \end{bmatrix}$

74. $L = \begin{bmatrix} 0 & 2 & 2 \\ \frac{1}{2} & 0 & 0 \\ 0 & 0 & 0 \end{bmatrix}, \mathbf{x}_1 = \begin{bmatrix} 240 \\ 240 \\ 240 \end{bmatrix}$

75. Modelo de crescimento populacional   Uma população tem as seguintes características:

(a) Um total de 90% da população sobrevive o primeiro ano. Desses 90%, 75% sobrevive o segundo. A duração máxima de vida é de 3 anos.

(b) O número médio de descendentes para cada membro da população é 4 no primeiro ano, 6 no segundo e 2 no terceiro ano.

A população agora é composta por 120 membros em cada uma das três faixas etárias. Quantos membros haverá em cada faixa etária em 1 ano? Em 2 anos?

76. Modelo de crescimento populacional   Uma população tem as características abaixo.

(a) Um total de 75% da população sobrevive o primeiro ano. Desses 75%, 60% sobrevive o segundo. A duração máxima de vida é de 3 anos.

(b) O número médio de descendentes para cada membro da população é 4 no primeiro ano, 8 no segundo e 2 no terceiro ano.

A população agora é composta por 120 membros em cada uma das três faixas etárias. Quantos membros haverá em cada faixa etária em 1 ano? Em 2 anos?

Resolução de um sistema de equações diferenciais lineares   **Nos Exercícios 77-80, resolva o sistema de equações diferenciais lineares de primeira ordem.**

77. $\begin{aligned} y_1{}' &= 3y_1 \\ y_2{}' &= y_1 - y_2 \end{aligned}$ **78.** $\begin{aligned} y_1{}' &= y_2 \\ y_2{}' &= y_1 \end{aligned}$

79. $\begin{aligned} y_1{}' &= 3y_1 \\ y_2{}' &= 8y_2 \\ y_3{}' &= -8y_3 \end{aligned}$ **80.** $\begin{aligned} y_1{}' &= 6y_1 - y_2 + 2y_3 \\ y_2{}' &= \quad\ 3y_2 - y_3 \\ y_3{}' &= \qquad\qquad y_3 \end{aligned}$

Rotação de uma cônica   **Nos Exercícios 81-84, (a) encontre a matriz A da forma quadrática associada à equação, (b) encontre uma matriz ortogonal P tal que $P^T A P$ seja diagonal, (c) use o Teorema dos Eixos Principais para fazer uma rotação de eixos para eliminar o termo xy na equação quadrática e (d) esboce a curva descrita por cada equação.**

81. $x^2 + 3xy + y^2 - 3 = 0$

82. $x^2 - \sqrt{3}xy + 2y^2 - 10 = 0$

83. $xy - 2 = 0$

84. $9x^2 - 24xy + 16y^2 - 400x - 300y = 0$

Otimização restrita   **Nos Exercícios 85-88, encontre os valores máximo e mínimo, da forma quadrática sujeita à restrição e um vetor no qual cada caso ocorre.**

85. $z = x^2 - y^2; x^2 + y^2 = 1$

86. $z = x_1 x_2; 25x_1^2 + 4x_2^2 = 100$

87. $z = 15x_1^2 - 4x_1 x_2 + 15x_2^2; \|\mathbf{x}\|^2 = 1$

88. $z = -11x^2 + 10xy - 11y^2; x^2 + y^2 = 1$

396 Elementos de álgebra linear

7 Projetos

1 Crescimento populacional e sistemas dinâmicos (I)

Sistemas de equações diferenciais frequentemente surgem em aplicações biológicas de crescimento populacional de várias espécies de animais. Essas equações são chamadas de **sistemas dinâmicos** porque descrevem as mudanças de um sistema em função do tempo. Suponha que um biólogo estude as populações de tubarões predadores $y_1(t)$ e seu pequeno peixe presa $y_2(t)$ ao longo do tempo t. Um modelo para os crescimentos relativos dessas populações é

$$y_1'(t) = ay_1(t) + by_2(t) \qquad \text{Predador}$$

$$y_2'(t) = cy_1(t) + dy_2(t) \qquad \text{Presa}$$

onde a, b, c e d são constantes. As constantes a e d são positivas, refletindo as taxas de crescimento das espécies. Em uma relação predador-presa, $b > 0$ e $c < 0$, pois um aumento no peixe presa y_2 causaria um aumento nos tubarões predadores y_1, enquanto que um aumento em y_1 causaria uma diminuição em y_2.

O sistema de equações diferenciais lineares abaixo modela populações de tubarões $y_1(t)$ e presas $y_2(t)$, com as populações no instante $t = 0$ dadas.

$$y_1'(t) = \quad 0{,}5y_1(t) + 0{,}6y_2(t) \qquad y_1(0) = 36$$

$$y_2'(t) = -0{,}4y_1(t) + 3{,}0y_2(t) \qquad y_2(0) = 121$$

1. Use as técnicas de diagonalização deste capítulo para encontrar as populações $y_1(t)$ e $y_2(t)$ em qualquer instante $t > 0$.
2. Interprete as soluções em termos das tendências da população a longo prazo para as duas espécies. Alguma espécie acaba desaparecendo? Sim ou não? Por quê?
3. Trace as soluções $y_1(t)$ e $y_2(t)$ no domínio $0 \le t \le 3$.
4. Explique por que o quociente $y_2(t)/y_1(t)$ se aproxima de um limite quanto t aumenta.

2 A sequência de Fibonacci

A **sequência de Fibonacci** tem o nome do matemático italiano Leonard Fibonacci de Pisa (1170-1250). Para formar esta sequência, defina os dois primeiros como $x_1 = 1$ e $x_2 = 1$ e, então, defina o n-ésimo termo como a soma de seus dois predecessores imediatos. Mais precisamente, $x_n = x_{n-1} + x_{n-2}$. Assim, o terceiro termo é $2 = 1 + 1$, o quarto termo é $3 = 2 + 1$, e assim por diante. A fórmula $x_n = x_{n-1} + x_{n-2}$ é chamada de *recursiva* porque os primeiros termos $n - 1$ precisam ser calculados antes do n-ésimo termo poder ser calculado. Neste projeto, você usará autovalores e diagonalização para obter uma fórmula explícita para o n-ésimo termo da sequência de Fibonacci.

1. Calcule os primeiros 12 termos da sequência de Fibonacci.
2. Explique como a identidade de matrizes $\begin{bmatrix} 1 & 1 \\ 1 & 0 \end{bmatrix} \begin{bmatrix} x_{n-1} \\ x_{n-2} \end{bmatrix} = \begin{bmatrix} x_{n-1} + x_{n-2} \\ x_{n-1} \end{bmatrix}$ pode ser usada para gerar a sequência de Fibonacci de forma recursiva.
3. Começando com $\begin{bmatrix} x_1 \\ x_2 \end{bmatrix} = \begin{bmatrix} 1 \\ 1 \end{bmatrix}$, mostre que $A^{n-2} \begin{bmatrix} 1 \\ 1 \end{bmatrix} = \begin{bmatrix} x_n \\ x_{n-1} \end{bmatrix}$, onde $A = \begin{bmatrix} 1 & 1 \\ 1 & 0 \end{bmatrix}$.
4. Encontre uma matriz P que diagonalize A.
5. Deduza uma fórmula explícita para o n-ésimo termo da sequência de Fibonacci. Use esta fórmula para calcular x_1, x_2 e x_3.
6. Determine o limite de x_n/x_{n-1} quando n tende a infinito. Você reconhece esse número?

OBSERVAÇÃO

Você pode aprender mais sobre sistemas dinâmicos e modelagem populacional na maioria dos livros sobre equações diferenciais. Pode aprender mais sobre os números de Fibonacci na maioria dos livros sobre teoria dos números. Pode achar interessante consultar o *Fibonacci Quarterly*, a revista oficial da Associação Fibonacci.

Autovalores e autovetores 397

Capítulos 6 e 7 Prova cumulativa

Faça essa prova para rever o material nos Capítulos 6 e 7. Depois de terminar, avalie seu desempenho comparando com as respostas na parte final do livro.
Nos Exercícios 1 e 2, determine se a função é uma transformação linear.

1. $T: R^3 \to R^2$, $T(x, y, z) = (2x, x + y)$
2. $T: M_{2,2} \to R$, $T(A) = |A + A^T|$

3. Seja $T: R^n \to R^m$ a transformação linear definida por $T(\mathbf{v}) = A\mathbf{v}$, onde
$$A = \begin{bmatrix} 3 & 0 & 1 & 0 \\ 0 & 3 & 0 & 2 \end{bmatrix}.$$
Encontre as dimensões de R^n e R^m.

4. Seja $T: R^2 \to R^3$ a transformação linear definida por $T(\mathbf{v}) = A\mathbf{v}$, onde
$$A = \begin{bmatrix} -2 & 0 \\ 1 & 0 \\ 0 & 0 \end{bmatrix}.$$
Encontre (a) $T(2, -1)$ e (b) a pré-imagem de $(-6, 3, 0)$.

5. Encontre o núcleo da transformação linear
$T: R^4 \to R^4$, $T(x_1, x_2, x_3, x_4) = (x_1 - x_2, x_2 - x_1, 0, x_3 + x_4)$.

6. Seja $T: R^4 \to R^2$ a transformação linear definida por $T(\mathbf{v}) = A\mathbf{v}$, onde
$$A = \begin{bmatrix} 1 & 0 & 1 & 0 \\ 0 & -1 & 0 & -1 \end{bmatrix}.$$
Encontre uma base para (a) o núcleo de T e (b) a imagem de T. Determine o posto e a nulidade de T.

Nos Exercícios 7-10, encontre a matriz canônica da transformação linear T.

7. $T(x, y) = (3x + 2y, 2y - x)$
8. $T(x, y, z) = (x + y, y + z, x - z)$
9. $T(x, y, z) = (3z - 2y, 4x + 11z)$
10. $T(x_1, x_2, x_3) = (0, 0, 0)$

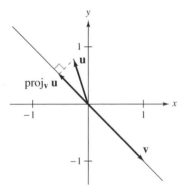

Figura para 11

11. Encontre a matriz canônica A da transformação linear $\text{proj}_\mathbf{v}\mathbf{u}: R^2 \to R^2$ que projeta um vetor arbitrário $\mathbf{u}$ no vetor $\mathbf{v} = \begin{bmatrix} 1 & -1 \end{bmatrix}^T$, como mostrado na figura. Use esta matriz para encontrar as imagens dos vetores $(1, 1)$ e $(-2, 2)$.

12. Seja $T: R^2 \to R^2$ a transformação linear definida por uma rotação no sentido anti-horário de $30°$ em R^2.
    (a) Encontre a matriz canônica A da transformação linear.
    (b) Use A para encontrar a imagem do vetor $\mathbf{v} = (1, 2)$.
    (c) Represente graficamente $\mathbf{v}$ e sua imagem.

Nos Exercícios 13 e 14, encontre as matrizes canônicas de $T = T_2 \circ T_1$ e $T' = T_1 \circ T_2$.

13. $T_1: R^2 \to R^2$, $T_1(x, y) = (x - 2y, 2x + 3y)$
    $T_2: R^2 \to R^2$, $T_2(x, y) = (2x, x - y)$

14. $T_1: R^3 \to R^3$, $T_1(x, y, z) = (x + 2y, y - z, -2x + y + 2z)$
    $T_2: R^3 \to R^3$, $T_2(x, y, z) = (y + z, x + z, 2y - 2z)$

15. Encontre a inversa da transformação linear $T: R^2 \to R^2$ definida por $T(x, y) = (x - y, 2x + y)$. Verifique que $(T^{-1} \circ T)(3, -2) = (3, -2)$.

16. Determine se a transformação linear $T: R^3 \to R^3$ definida por $T(x_1, x_2, x_3) = (x_1 + x_2, x_2 + x_3, x_1 + x_3)$ é inversível. Se for, encontre a sua inversa.

17. Encontre a matriz da transformação linear $T(x, y) = (y, 2x, x + y)$ relativa às bases $B = \{(1, 1), (1, 0)\}$ de R^2 e $B' = \{(1, 0, 0), (1, 1, 0), (1, 1, 1)\}$ de R^3. Use esta matriz para encontrar a imagem do vetor $(0, 1)$.

398 Elementos de álgebra linear

18. Sejam $B = \{(1, 0), (0, 1)\}$ e $B' = \{(1, 1), (1, 2)\}$ bases de R^2.
  (a) Encontre a matriz A de $T: R^2 \to R^2$, $T(x, y) = (x - 2y, x + 4y)$, relativa à base B.
  (b) Encontre a matriz de transição P de B' para B.
  (c) Encontre a matriz A' de T relativa à base B'.
  (d) Encontre $[T(\mathbf{v})]_{B'}$ quando $[\mathbf{v}]_{B'} = \begin{bmatrix} 3 \\ -2 \end{bmatrix}$.
  (e) Verifique a sua resposta no item (d) encontrando $[\mathbf{v}]_B$ e $[T(\mathbf{v})]_B$.

Nos Exercícios 19-22, encontre os autovalores e os autovetores associados da matriz.

19. $\begin{bmatrix} 7 & 2 \\ -2 & 3 \end{bmatrix}$
20. $\begin{bmatrix} -15 & -5 \\ 0 & 5 \end{bmatrix}$

21. $\begin{bmatrix} 1 & 2 & 1 \\ 0 & 3 & 1 \\ 0 & -3 & -1 \end{bmatrix}$
22. $\begin{bmatrix} 1 & -1 & 1 \\ 0 & 1 & 2 \\ 0 & 0 & 1 \end{bmatrix}$

Nos Exercícios 23 e 24, encontre uma matriz não singular P tal que $P^{-1}AP$ seja diagonal.

23. $A = \begin{bmatrix} 2 & 3 & 1 \\ 0 & -1 & 2 \\ 0 & 0 & 3 \end{bmatrix}$
24. $A = \begin{bmatrix} 0 & -3 & 5 \\ -4 & 4 & -10 \\ 0 & 0 & 4 \end{bmatrix}$

25. Encontre uma base B de R^3 tal que a matriz para a transformação linear $T: R^3 \to R^3$, $T(x, y, z) = (2x - 2z, 2y - 2z, 3x - 3z)$, relativa a B, seja diagonal.

26. Encontre uma matriz ortogonal P tal que P^TAP diagonalize a matriz simétrica
$A = \begin{bmatrix} 1 & 3 \\ 3 & 1 \end{bmatrix}$.

27. Use o processo de ortonormalização de Gram-Schmidt para encontrar uma matriz ortogonal P tal que P^TAP diagonalize a matriz simétrica
$A = \begin{bmatrix} 0 & 2 & 2 \\ 2 & 0 & 2 \\ 2 & 2 & 0 \end{bmatrix}$.

28. Resolva o sistema de equações diferenciais.
$y_1' = y_1$
$y_2' = 9y_2$

29. Encontre a matriz da forma quadrática associada à equação quadrática
$3x^2 - 16xy + 3y^2 - 13 = 0$.

30. Uma população tem as seguintes características.
  (a) Um total de 80% da população sobrevive o primeiro ano. Desses 80%, 40% sobrevive o segundo ano. A duração máxima de vida é de 3 anos.
  (b) O número médio de descendentes para cada membro da população é 3 no primeiro ano, 6 no segundo e 3 no terceiro ano.
  A população agora é composta por 150 membros em cada uma das três faixas etárias. Quantos membros haverá em cada faixa etária em 1 ano? Em 2 anos?

31. Defina uma *matriz ortogonal*.

32. Demonstre que se A é semelhante a B e A é diagonalizável, então B é diagonalizável.

Apêndice Indução matemática e outras formas de demonstração

- Usar o Princípio da Indução Matemática para demonstrar afirmações envolvendo um número inteiro positivo n.
- Demonstrar por contradição que uma afirmação matemática é verdadeira.
- Usar um contraexemplo para mostrar que uma afirmação matemática é falsa.

INDUÇÃO MATEMÁTICA

Neste apêndice, você estudará algumas estratégias básicas para escrever demonstrações matemáticas: indução matemática, demonstração por contradição e uso de contraexemplos.

O Exemplo 1 ilustra a necessidade lógica de usar a indução matemática.

EXEMPLO 1 Soma de inteiros ímpares

Use o padrão para propor uma fórmula para a soma dos primeiros n inteiros ímpares.

$$1 = 1$$
$$1 + 3 = 4$$
$$1 + 3 + 5 = 9$$
$$1 + 3 + 5 + 7 = 16$$
$$1 + 3 + 5 + 7 + 9 = 25$$

SOLUÇÃO

Observe que as somas à direita são iguais aos quadrados 1^2, 2^2, 3^2, 4^2 e 5^2. Desse padrão, parece que a soma S_n dos primeiros números inteiros ímpares é

$$S_n = 1 + 3 + 5 + 7 + \cdots + (2n - 1) = n^2.$$

Embora esta fórmula específica seja válida, é importante perceber que reconhecer um padrão e simplesmente *saltar para a conclusão* de que o padrão deve ser verdade para todos os valores de n não é um método de demonstração logicamente válido. Há muitos exemplos em que um padrão parece estar se desenvolvendo para valores pequenos de n e depois em algum ponto o padrão falha. Um dos casos mais famosos disso foi a conjectura do matemático francês Pierre de Fermat (1601-1665), que especulou que todos os números da forma

$$F_n = 2^{2^n} + 1, \quad n = 0, 1, 2, \ldots$$

são primos. Para $n = 0$, 1, 2, 3 e 4, a conjectura é verdadeira.

$$F_0 = 3 \qquad F_1 = 5 \qquad F_2 = 17 \qquad F_3 = 257 \qquad F_4 = 65.537$$

O tamanho do próximo número de Fermat ($F_5 = 4.294.967.297$) é tão grande que foi difícil para Fermat determinar se era primo ou não. No entanto, outro conhecido matemático, Leonhard Euler (1707-1783), mais tarde encontrou a fatoração

$$F_5 = 4.294.967.297 = (641)(6.700.417),$$

o que demonstrou que F_5 não é primo e que a conjectura de Fermat era falsa.

Só porque uma regra, padrão ou fórmula parece funcionar para vários valores de n, você não pode simplesmente decidir que é válido para todos os valores de n sem passar por uma *demonstração legítima*. Um método legítimo de demonstração para tais conjecturas é o **Princípio da Indução Matemática**.

O Princípio da Indução Matemática

Seja P_n uma afirmação envolvendo o número inteiro positivo n. Se
1. P_1 é verdade e
2. para cada inteiro positivo k, a verdade de P_k implica a verdade de P_{k+1}, então a afirmação P_n deve ser verdadeira para todos os inteiros positivos n.

O próximo exemplo usa o Princípio da Indução Matemática para demonstrar a conjectura do Exemplo 1.

EXEMPLO 2 Utilização da indução matemática

Use a indução matemática para demonstrar a fórmula abaixo.

$$S_n = 1 + 3 + 5 + 7 + \cdots + (2n - 1) = n^2$$

SOLUÇÃO

A indução matemática consiste em duas partes distintas. Primeiro, você deve mostrar que a fórmula é verdadeira quando $n = 1$.

1. Quando $n = 1$, a fórmula é válida porque $S_1 = 1 = 1^2$.
   A segunda parte da indução matemática tem duas etapas. O primeiro passo é *supor* que a fórmula é válida para algum inteiro k (a **hipótese de indução**). O segundo passo é usar essa hipótese para demonstrar que a fórmula é válida para o próximo inteiro, $k + 1$.
2. Supondo que a fórmula

$$S_k = 1 + 3 + 5 + 7 + \cdots + (2k - 1) = k^2$$

é verdadeira, você deve mostrar que a fórmula $S_{k+1} = (k + 1)^2$ é verdadeira.

$$\begin{aligned}
S_{k+1} &= 1 + 3 + 5 + 7 + \cdots + (2k - 1) + [2(k + 1) - 1] \\
&= [1 + 3 + 5 + 7 + \cdots + (2k - 1)] + (2k + 2 - 1) \\
&= S_k 1(2k + 1) && \text{Agrupe os termos para formar } S_k \\
&= k^2 + 2k + 1 && \text{Substitua } S_k \text{ por } k^2 \\
&= (k + 1)^2
\end{aligned}$$

Combinando os resultados das partes (1) e (2), pode-se concluir por indução matemática que a fórmula é válida para *todos* os inteiros positivos n.

Uma ilustração bem conhecida usada para explicar por que o princípio da indução matemática funciona é a fila interminável de dominó mostrada na Figura A.1. Se a fila contém infinitos dominós, então é claro que você não poderia derrubar a fila inteira derrubando apenas *um dominó* por vez. No entanto, se cada dominó derrubar o próximo quando cai, então você poderia derrubá-los todos simplesmente empurrando o primeiro e começando uma reação em cadeia.

A indução matemática funciona da mesma maneira. Se a verdade de P_k implica a verdade de P_{k+1} e se P_1 é verdade, então a reação em cadeia prossegue como mostrado abaixo:

P_1 implica P_2
P_2 implica P_3
P_3 implica P_4 e assim por diante.

No próximo exemplo, você verá a demonstração de uma fórmula que é frequentemente usada em cálculo.

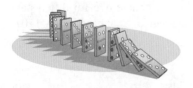

Figura A.1

Apêndice Indução matemática e outras formas de demonstração **A3**

EXEMPLO 3 Utilização da indução matemática

Use a indução matemática para demonstrar a fórmula para a soma dos primeiros n quadrados.

$$S_n = 1^2 + 2^2 + 3^2 + 4^2 + \cdots + n^2 = \frac{n(n + 1)(2n + 1)}{6}$$

SOLUÇÃO

1. Quando $n = 1$, a fórmula é válida, porque

$$S_1 = 1^2 = \frac{1(1 + 1)[2(1) + 1]}{6} = \frac{1(2)(3)}{6} = 1.$$

2. Supondo que a fórmula é verdadeira para k,

$$S_k = 1^2 + 2^2 + 3^2 + 4^2 + \cdots + k^2 = \frac{k(k + 1)(2k + 1)}{6},$$

você deve mostrar que é verdadeira para $k + 1$,

$$S_{k+1} = \frac{(k + 1)[(k + 1) + 1][2(k + 1) + 1]}{6} = \frac{(k + 1)(k + 2)(2k + 3)}{6}.$$

Para fazer isso, escreva S_{k+1} como a soma de S_k e do $(k + 1)$-ésimo termo, $(k + 1)^2$.

$$\begin{aligned}
S_{k+1} &= (1^2 + 2^2 + 3^2 + 4^2 + \cdots + k^2) + (k + 1)^2 \\
&= \frac{k(k + 1)(2k + 1)}{6} + (k + 1)^2 \qquad &&\text{Hipótese de indução} \\
&= \frac{(k + 1)(2k^2 + 7k + 6)}{6} \qquad &&\text{Combine as frações e simplifique.} \\
&= \frac{(k + 1)(k + 2)(2k + 3)}{6} \qquad &&S_k \text{ implica } S_{k+1}.
\end{aligned}$$

Combinando os resultados das partes (1) e (2), você pode concluir por indução matemática que a fórmula é válida para *todos* os inteiros positivos n. ■

Muitas das demonstrações na álgebra linear usam a indução matemática. Aqui está um exemplo do Capítulo 2.

EXEMPLO 4 Utilização da indução matemática em álgebra linear

Se $A_1, A_2, \ldots, A_n$ são matrizes inversíveis, então demonstre a generalização do Teorema 2.9.

$$(A_1 A_2 A_3 \cdots A_n)^{-1} = A_n^{-1} \cdots A_3^{-1} A_2^{-1} A_1^{-1}$$

SOLUÇÃO

1. A fórmula é válida trivialmente quando $n = 1$ porque $A_1^{-1} = A_1^{-1}$.

2. Supondo que a fórmula é válida para k, $(A_1 A_2 A_3 \cdots A_k)^{-1} = A_k^{-1} \cdots A_3^{-1} A_2^{-1} A_1^{-1}$, deve-se mostrar que ela é válida para $k + 1$. Para fazer isso, use o Teorema 2.9, que afirma que o inverso de um produto de duas matrizes inversíveis é o produto de suas inversas em ordem contrária.

$$\begin{aligned}
(A_1 A_2 A_3 \cdots A_k A_{k+1})^{-1} &= [(A_1 A_2 A_3 \cdots A_k) A_{k+1}]^{-1} \\
&= A_{k+1}^{-1} (A_1 A_2 A_3 \cdots A_k)^{-1} \qquad &&\text{Teorema 2.9} \\
&= A_{k+1}^{-1} (A_k^{-1} \cdots A_3^{-1} A_2^{-1} A_1^{-1}) \qquad &&\text{Hipótese de indução} \\
&= A_{k+1}^{-1} A_k^{-1} \cdots A_3^{-1} A_2^{-1} A_1^{-1} \qquad &&S_k \text{ implica } S_{k+1}.
\end{aligned}$$

Combinando os resultados das partes (1) e (2), pode-se concluir por indução matemática que a fórmula é válida para *todos* os inteiros positivos n. ■

DEMONSTRAÇÃO POR CONTRADIÇÃO

Outra estratégia básica para formular uma demonstração é a *prova por contradição*. Em lógica matemática, você descreve a demonstração por contradição pela equivalência abaixo.

p implica q se e somente se   não q implica não p.

Uma maneira de demonstrar que q é uma afirmação verdadeira é assumir que q não é verdadeiro. Se isso levá-lo a uma afirmação que sabe ser falsa, então você demonstrou que q deve ser verdade.

O Exemplo 5 mostra como usar a demonstração por contradição para mostrar que $\sqrt{2}$ é irracional.

EXEMPLO 5   Utilização da demonstração por contradição

Demonstre que $\sqrt{2}$ é um número irracional.

SOLUÇÃO

Comece supondo que $\sqrt{2}$ não é um número irracional. Então $\sqrt{2}$ é racional e pode ser escrito como o quociente de dois inteiros a e b $(b \neq 0)$ que não têm fatores comuns.

$\sqrt{2} = \dfrac{a}{b}$ Suponha que $\sqrt{2}$ é um número racional.

$2b^2 = a^2$ Eleve cada lado ao quadrado e multiplique por b^2.

Isto implica que 2 é um fator de a^2. Então, 2 também é um fator de a. Faça $a = 2c$.

$2b^2 = (2c)^2$ Substitua a por $2c$

$b^2 = 2c^2$ Simplifique e divida cada lado por 2

Isto implica que 2 é um fator de b^2 e também é um fator de b. Então, 2 é um fator tanto de a quanto de b. Mas isso é impossível porque a e b não têm fatores comuns. Logo, não é possível que $\sqrt{2}$ seja um número racional. Você então conclui que $\sqrt{2}$ é um número irracional.

EXEMPLO 6   Utilização da demonstração por contradição

Um número inteiro maior que 1 é *primo* quando seus únicos fatores positivos são 1 e ele mesmo e *composto* quando possui pelo menos um outro fator que é primo. Demonstre que existem infinitos números primos.

SOLUÇÃO

Suponha que existem apenas um número finito de números primos, $p_1, p_2, \ldots, p_n$. Considere o número $N = p_1 p_2 \cdots p_n + 1$. Este número é ou primo ou composto. N não é primo porque $N \neq p_i$. Mas, N não é composto porque nenhum dos primos $(p_1, p_2, \ldots, p_n)$ divide N. Esta é uma contradição, então a suposição é falsa.

Segue que existem infinitos números primos.

Você pode usar demonstração por contradição para demonstrar muitos teoremas em álgebra linear.

EXEMPLO 7   Utilização da demonstração por contradição em álgebra linear

Sejam A e B matrizes $n \times n$ tais que AB seja singular. Demonstre que A ou B é singular.

SOLUÇÃO

Suponha que nem A nem B são singulares. Você sabe que uma matriz é singular se e somente se seu determinante for zero, então $\det(A)$ e $\det(B)$ são números reais não nulos. Pelo Teorema 3.5, $\det(AB) = \det(A)\det(B)$. Então, $\det(AB)$ não é zero porque é um produto de dois números reais não nulos. Mas isso contradiz que AB é uma matriz singular. Logo, você conclui que a suposição era falsa e que A ou B é singular.

Apêndice   Indução matemática e outras formas de demonstração   **A5**

UTILIZAÇÃO DE CONTRAEXEMPLOS

Muitas vezes, você pode refutar uma afirmação usando um *contraexemplo*. Por exemplo, quando Euler refutou a conjectura de Fermat sobre números primos da forma $F_n = 2^{2^n} + 1$, $n = 0, 1, 2, \ldots$, ele usou o contraexemplo $F_5 = 4.294.967.297$, que não é o primo.

EXEMPLO 8   **Utilização de um contraexemplo**

Use um contraexemplo para mostrar que a afirmação é falsa.

Todo número ímpar é primo.

SOLUÇÃO

Certamente, você pode listar muitos números ímpares que são primos (3, 5, 7, 11), mas a afirmação acima não é verdadeira, porque 9 é ímpar, mas não é um número primo. O número 9 é um contraexemplo. ◼

Contraexemplos podem ser usados para refutar afirmações em álgebra linear, como mostrado nos próximos dois exemplos.

EXEMPLO 9   **Utilização de um contraexemplo em álgebra linear**

Use um contraexemplo para mostrar que a afirmação é falsa.

Se A e B são matrizes quadradas singulares de ordem n, então $A + B$ é uma matriz singular de ordem n.

SOLUÇÃO

Sejam $A = \begin{bmatrix} 1 & 0 \\ 0 & 0 \end{bmatrix}$ e $B = \begin{bmatrix} 0 & 0 \\ 0 & 1 \end{bmatrix}$. Tanto A como B são singulares de ordem 2, mas

$$A + B = \begin{bmatrix} 1 & 0 \\ 0 & 1 \end{bmatrix}$$

é a matriz identidade da ordem 2, que é não singular. ◼

EXEMPLO 10   **Utilização de um contraexemplo em álgebra linear**

Use um contraexemplo para mostrar que a afirmação é falsa.

O conjunto de todas as matrizes 2×2 da forma
$$\begin{bmatrix} 1 & b \\ c & d \end{bmatrix}$$
com as operações padrão é um espaço vetorial.

SOLUÇÃO

Para mostrar que esse conjunto de matrizes não é um espaço vetorial, sejam

$$A = \begin{bmatrix} 1 & 2 \\ 3 & 4 \end{bmatrix} \quad \text{e} \quad B = \begin{bmatrix} 1 & 5 \\ 6 & 7 \end{bmatrix}.$$

Ambos A e B são da forma indicada, mas a soma dessas matrizes,

$$A + B = \begin{bmatrix} 2 & 7 \\ 9 & 11 \end{bmatrix},$$

não o é. Isto significa que o conjunto não é fechado para soma, por isso não satisfaz o primeiro axioma na definição. ◼

OBSERVAÇÃO

Lembre-se de que, para que um conjunto seja um espaço vetorial, ele deve satisfazer *cada* um dos dez axiomas na definição de um espaço vetorial. (Veja a Seção 4.2.)

A6 Elementos de álgebra linear

Exercícios

Utilização da indução matemática Nos Exercícios 1-4, use indução matemática para demonstrar a fórmula para cada inteiro positivo n.

1. $1 + 2 + 3 + \cdots + n = \dfrac{n(n + 1)}{2}$

2. $1^3 + 2^3 + 3^3 + \cdots + n^3 = \dfrac{n^2(n + 1)^2}{4}$

3. $3 + 7 + 11 + \cdots + (4n - 1) = n(2n + 1)$

4. $\left(1 + \dfrac{1}{1}\right)\left(1 + \dfrac{1}{2}\right)\left(1 + \dfrac{1}{3}\right) \cdots \left(1 + \dfrac{1}{n}\right) = n + 1$

Estabelecimento de uma fórmula e utilização de indução matemática Nos Exercícios 5 e 6, proponha uma fórmula para a soma dos primeiros n termos da sequência. Em seguida, use indução matemática para demonstrar a fórmula.

5. $2^1, 2^2, 2^3, \ldots$

6. $\dfrac{1}{1 \cdot 2}, \dfrac{1}{2 \cdot 3}, \dfrac{1}{3 \cdot 4}, \ldots$

Utilização da indução matemática Nos Exercícios 7-14, use indução matemática para demonstrar a afirmação.

7. $n! > 2^n, \quad n \geq 4$

8. $\dfrac{1}{\sqrt{1}} + \dfrac{1}{\sqrt{2}} + \dfrac{1}{\sqrt{3}} + \cdots + \dfrac{1}{\sqrt{n}} > \sqrt{n}, \quad n \geq 2$

9. Para todos os inteiros $n > 0$,
$$a^0 + a^1 + a^2 + \cdots + a^n = \frac{1 - a^{n+1}}{1 - a}, \quad a \neq 1.$$

10. Se $x_1 \neq 0, x_2 \neq 0, \ldots, x_n \neq 0$, então
$(x_1 x_2 x_3 \cdots x_n)^{-1} = x_1^{-1} x_2^{-1} x_3^{-1} \cdots x_n^{-1}$.

11. (Do Capítulo 2) Se A é uma matriz inversível e k é um número inteiro positivo, então
$$(A^k)^{-1} = \underbrace{A^{-1}A^{-1} \cdots A^{-1}}_{k \text{ fatores}} = (A^{-1})^k$$

12. (Do Capítulo 2)
$(A_1 A_2 A_3 \cdots A_n)^T = A_n^T \cdots A_3^T A_2^T A_1^T$, supondo que $A_1, A_2, A_3, \ldots, A_n$ são matrizes com tamanhos tais que as multiplicações estão definidas.

13. (Do Capítulo 3)
$$|A_1 A_2 A_3 \cdots A_n| = |A_1||A_2||A_3| \cdots |A_n|$$
onde $A_1, A_2, A_3, \ldots, A_n$ são matrizes quadradas de mesma ordem.

14. (Do Capítulo 6) Se as matrizes canônicas das transformações lineares $T_1, T_2, T_3, \ldots, T_n$ são $A_1, A_2, A_3, \ldots, A_n$ respectivamente, a matriz canônica para a composição
$$T(\mathbf{v}) = T_n(T_{n-1} \cdots (T_3(T_2(T_1(\mathbf{v})))) \cdots)$$
é $A = A_n A_{n-1} \cdots A_3 A_2 A_1$.

Utilização de uma demonstração por contradição Nos Exercícios 15-26, use demonstração por contradição para provar a afirmação.

15. Se p é um número inteiro e p^2 é ímpar, então p é ímpar. (Sugestão: um número ímpar pode ser escrito como $2n + 1$, onde n é um número inteiro.)

16. Se p é um número inteiro positivo e p^2 é divisível por 2, então p é divisível por 2.

17. Se a e b são números reais e $a \leq b$, então $a + c \leq b + c$.

18. Se a, b e c são números reais tais que $ac \geq bc$ e $c > 0$, então $a \geq b$.

19. Se a e b são números reais e $1 < a < b$, então $a^{-1} > b^{-1}$.

20. Se a e b são números reais e $(a + b)^2 = a^2 + b^2$, então $a = 0$ ou $b = 0$ ou $a = b = 0$.

21. Se a é um número real e $0 < a < 1$, então $a^2 < a$.

22. A soma de um número racional e um número irracional é irracional.

23. (Do Capítulo 3) Se A e B são matrizes quadradas de ordem n tais que $\det(AB) = 1$, então tanto A quanto B são não singulares.

24. (Do Capítulo 4) Em um espaço vetorial, o vetor nulo é único.

25. (Do Capítulo 4) Seja $S = \{\mathbf{u}, \mathbf{v}\}$ um conjunto linearmente independente. Demonstre que o conjunto $\{\mathbf{u} - \mathbf{v}, \mathbf{u} + \mathbf{v}\}$ é linearmente independente.

26. (Do Capítulo 5) Seja $S = \{\mathbf{x}_1, \mathbf{x}_2, \ldots, \mathbf{x}_n\}$ um conjunto linearmente independente. Demonstre que se um vetor $\mathbf{y}$ não estiver em span(S), então o conjunto $S_1 = \{\mathbf{x}_1, \mathbf{x}_2, \ldots, \mathbf{x}_n, \mathbf{y}\}$ é linearmente independente.

Utilização de um contraexemplo Nos Exercícios 27-33, use um contraexemplo para mostrar que a afirmação é falsa.

27. Se a e b são números reais e $a < b$, então $a^2 < b^2$.

28. O produto de dois números irracionais é irracional.

29. Se f é uma função polinomial e $f(a) = f(b)$, então $a = b$.

30. Se f e g são funções diferenciáveis e $y = f(x)g(x)$, então $y' = f'(x)g'(x)$.

31. O conjunto de todas as matrizes de 2×2 da forma
$$\begin{bmatrix} 0 & a \\ b & 2 \end{bmatrix}$$
com as operações padrão é um espaço vetorial.

32. $T: R^2 \to R^2$, $T(x_1, x_2) = (x_1 + 4, x_2)$ é uma transformação linear.

33. (Do Capítulo 2) Se A, B e C são matrizes e $AC = BC$, então $A = B$.

Respostas dos exercícios ímpares e das provas

Capítulo 1
Seção 1.1   (página 10)

1. Linear   **3.** Não linear   **5.** Não linear
7. $x = 2t$ **9.** $x = 1 - s - t$
$y = t$ $y = s$
               $z = t$

11.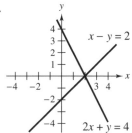
$x = 2$
$y = 0$

13.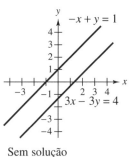
Sem solução

15.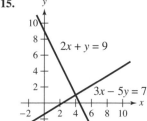
$x = 4$
$y = 1$

17.
$x = 2$
$y = -1$

19.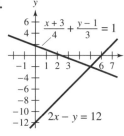
$x = 5$
$y = -2$

21.
$x = 2$
$y = 1$

23.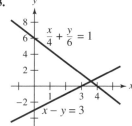
$x = \frac{18}{5}$
$y = \frac{3}{5}$

25. $x_1 = 5$
$x_2 = 3$

27. $x = \frac{3}{2}$
$y = \frac{3}{2}$
$z = 0$

29. $x_1 = -t$
$x_2 = 2t$
$x_3 = t$

31. (a) 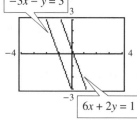   (b) Inconsistente

33. (a)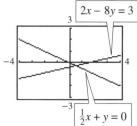
(b) Consistente
(c) $x = \frac{1}{2}$
$y = -\frac{1}{4}$
(d) $x = \frac{1}{2}$
$y = -\frac{1}{4}$
(e) As soluções são as mesmas.

35. (a)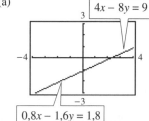
(b) Consistente
(c) Existem infinitas soluções.
(d) $x = \frac{9}{4} + 2t$
$y = t$
(e) As soluções são consistentes.

37. $x_1 = -1$
$x_2 = -1$

39. $u = 60$
$v = 60$

41. $x = -\frac{1}{3}$
$y = -\frac{2}{3}$

43. $x = 14$
$y = -2$

45. $x_1 = 8$
$x_2 = 7$

47. $x = 3$
$y = 2$
$z = 1$

49. Sem solução

51. $x_1 = \frac{5}{2} - \frac{1}{2}t$
$x_2 = 4t - 1$
$x_3 = t$

53. Sem solução

55. $x = 1$
$y = 0$
$z = 3$
$w = 2$

57. $x = -1,2$
$y = -0,6$
$z = 2,4$

59. $x_1 = -15$
$x_2 = 40$
$x_3 = 45$
$x_4 = -75$

61. $x_1 = \frac{1}{5}$
$x_2 = -\frac{4}{5}$
$x_3 = \frac{1}{2}$

63. Este sistema deve ter pelo menos uma solução porque $x = y = z = 0$ é uma solução trivial.
Solução: $x = 0$
$y = 0$
$z = 0$
Este sistema possui exatamente uma solução.

65. Este sistema deve ter pelo menos uma solução porque $x = y = z = 0$ é uma solução trivial.
Solução: $x = -\frac{3}{5}t$
$y = \frac{4}{5}t$
$z = t$
Este sistema possui um número infinito de soluções.

A8 Elementos de álgebra linear

67. Suco de maçã: 103 mg
Suco de laranja: 124 mg

69. (a) Verdadeiro. Você pode descrever todo o conjunto solução usando a representação paramétrica
$ax + by = c$
Escolhendo $y = t$ como a variável livre, a solução é
$x = \dfrac{c}{a} - \dfrac{b}{a}t, y = t$, onde t é qualquer número real.

(b) Falso. Por exemplo, considere o sistema
$x_1 + x_2 + x_3 = 1$
$x_1 + x_2 + x_3 = 2$
que é um sistema inconsistente.

(c) Falso. Um sistema consistente pode ter apenas uma solução.

71. $3x_1 - x_2 = 4$
$-3x_1 + x_2 = -4$
(A resposta não é única.)

73. $x = 3$
$y = -4$

75. $x = \dfrac{2}{5-t}$
$y = \dfrac{1}{4t-1}$
$z = \dfrac{1}{t}$, onde $t \neq 5, \dfrac{1}{4}, 0$

77. $x = \cos\theta$
$y = \operatorname{sen}\theta$

79. $k = \pm 1$

81. Todo $k \neq 0$ **83.** $k = -2$ **85.** $k = 1, -2$

87. (a) Três retas que se cruzam em um ponto
(b) Três retas coincidentes
(c) Três retas sem ponto comum

89. As respostas irão variar. (*Sugestão*: escolha três valores diferentes de x e resolva o sistema de equações lineares resultante nas variáveis a, b e c).

91. $x - 4y = -3$; $5x - 6y = 13$
$x - 4y = -3$; $14y = 28$

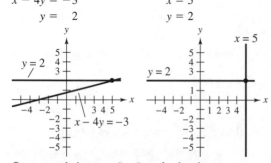

$x - 4y = -3$; $y = 2$
$x = 5$; $y = 2$

Os pontos de intersecção são todos iguais.

93. $x = 39.600$
$y = 398$

Os gráficos são enganosos porque, embora pareçam paralelos, quando y é isolado nas equações, notam-se inclinações ligeiramente diferentes.

Seção 1.2 (página 22)

1. 3×3 **3.** 2×4 **5.** 4×5

7. Some a segunda linha multiplicada por 5 à primeira linha.

9. Permute a primeira e a segunda linhas, some a nova primeira linha multiplicada por 3 à terceira linha.

11. $x_1 = 0$
$x_2 = 2$

13. $x_1 = 2$
$x_2 = -1$
$x_3 = -1$

15. $x_1 = 1$
$x_2 = 1$
$x_3 = 0$

17. $x_1 = -26$
$x_2 = 13$
$x_3 = -7$
$x_4 = 4$

19. Forma escalonada reduzida

21. Não está em forma escalonada por linhas

23. Não está em forma escalonada por linhas

25. $x = 2$
$y = 3$

27. Sem solução

29. $x = 4$
$y = -2$

31. $x_1 = 4$
$x_2 = -3$
$x_3 = 2$

33. Sem solução

35. $x = 100 + 96t - 3s$
$y = s$
$z = 54 + 52t$
$w = t$

37. $x = 0$
$y = 2 - 4t$
$z = t$

39. $x_1 = 23{,}5361 + 0{,}5278t$
$x_2 = 18{,}5444 + 4{,}1111t$
$x_3 = 7{,}4306 + 2{,}1389t$
$x_4 = t$

41. $x_1 = 2$
$x_2 = -2$
$x_3 = 3$
$x_4 = -5$
$x_5 = 1$

43. $x_1 = 0$
$x_2 = -t$
$x_3 = t$

45. $x_1 = -t$
$x_2 = s$
$x_3 = 0$
$x_4 = t$

47. $\$100.000$ a 3%
$\$250.000$ a 4%
$\$150.000$ a 5%

49. Aumentada
(a) Duas equações em duas variáveis
(b) Todos os reais $k \neq -\dfrac{4}{3}$
Dos coeficientes
(a) Duas equações em duas variáveis
(b) Todos os reais k

51. (a) $a + b + c = 0$
(b) $a + b + c \neq 0$
(c) Não é possível

53. (a) $x = \dfrac{8}{3} - \dfrac{5}{6}t$
$y = -\dfrac{8}{3} + \dfrac{5}{6}t$
$z = t$

(b) $x = \dfrac{18}{7} - \dfrac{11}{14}t$
$y = -\dfrac{20}{7} + \dfrac{13}{14}t$
$z = t$

(c) $x = 3 - t$
$y = -3 + t$
$z = t$

(d) Cada sistema possui um número infinito de soluções.

55. $\begin{bmatrix} 1 & 0 \\ 0 & 1 \end{bmatrix}$

57. $\begin{bmatrix} 1 & 0 \\ 0 & 1 \end{bmatrix}, \begin{bmatrix} 1 & k \\ 0 & 0 \end{bmatrix}, \begin{bmatrix} 0 & 1 \\ 0 & 0 \end{bmatrix}, \begin{bmatrix} 0 & 0 \\ 0 & 0 \end{bmatrix}$

59. (a) Verdadeiro. Na notação $m \times n$, m é o número de linhas da matriz. Assim, uma matriz 6×3 tem seis linhas.
(b) Verdadeiro. Na página 16, a frase afirma: "cada matriz é equivalente por linhas a uma matriz na forma escalonada por linhas".
(c) Falso. Considere a forma escalonada por linhas
$$\begin{bmatrix} 1 & 0 & 0 & 0 & 0 \\ 0 & 1 & 0 & 0 & 1 \\ 0 & 0 & 1 & 0 & 2 \\ 0 & 0 & 0 & 1 & 3 \end{bmatrix}$$
que fornece a solução $x_1 = 0, x_2 = 1, x_3 = 2$ e $x_4 = 3$.
(d) Verdadeiro. O Teorema 1.1 afirma que, se um sistema homogêneo tiver menos equações do que variáveis, deve ter um número infinito de soluções.

61. Sim, é possível:
$x_1 + x_2 + x_3 = 0$
$x_1 + x_2 + x_3 = 1$

63. $ad - bc \neq 0$ **65.** $\lambda = 1, 3$

67. Exemplo de resposta: $x + 3z = -2$
$y + 4z = 1$
$2y + 8z = 2$

69. As linhas foram permutadas. A primeira operação elementar de linhas é redundante, então você pode simplesmente usar a segunda e a terceira operações elementares de linhas.

Seção 1.3   (página 32)

1. (a) $p(x) = 29 - 18x + 3x^2$
(b)
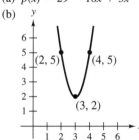

3. (a) $p(x) = 2x$
(b)
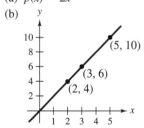

5. (a) $p(x) = -\frac{3}{2}x + 2x^2 + \frac{1}{2}x^3$
(b)
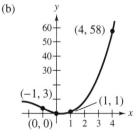

7. (a) $p(x) = -6 - 3x + x^2 - x^3 + x^4$
(b)
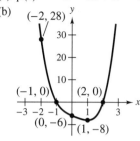

9. (a) Seja $z = x - 2014$.
$p(z) = 7 + \frac{7}{2}z + \frac{3}{2}z^2$
$p(x) = 7 + \frac{7}{2}(x - 2014) + \frac{3}{2}(x - 2014)^2$
(b)
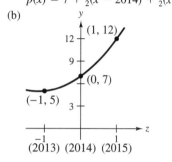

11. (a) $p(x) = 0{,}254 - 1{,}579x + 12{,}022x^2$
(b)
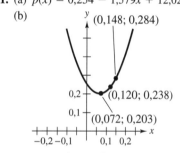

13. $p(x) = -\frac{4}{\pi^2}x^2 + \frac{4}{\pi}x$

$\operatorname{sen}\frac{\pi}{3} \approx \frac{8}{9} \approx 0{,}889$

(O valor real é $\sqrt{3}/2 \approx 0{,}866$.)

15. $(x - 5) + (y - 10)^2 = 65$

17. $p(x) = 282 + 3(x - 2.000) - 0{,}03(x - 2.000)^2$
2020: 330 milhões; 2030: 345 milhões

19. (a) Usando $z = x - 2.000$
$a_0 + 7a_1 + 49a_2 + 343a_3 = 14.065$
$a_0 + 8a_1 + 64a_2 + 512a_3 = 17.681$
$a_0 + 9a_1 + 81a_2 + 729a_3 = 14.569$
$a_0 + 10a_1 + 100a_2 + 1.000a_3 = 18.760$

(b) $p(x) = -1.378{,}235 + 500.729{,}5(x - 2.000)$
$- 59{,}488(x - 2.000)^2 + 2338{,}5(x - 2.000)^3$

Não. As respostas vão variar. Exemplo de resposta: o modelo não produz resultados razoáveis após 2010.

21. (a) $x_1 = 700 - s - t$ (b) $x_1 = 600$ (c) $x_1 = 500$
$x_2 = 300 - s - t$ $x_2 = 200$ $x_2 = 100$
$x_3 = s$ $x_3 = 0$ $x_3 = 100$
$x_4 = 100 - t$ $x_4 = 0$ $x_4 = 0$
$x_5 = t$ $x_5 = 100$ $x_5 = 100$

A10   Elementos de álgebra linear

23. (a) $x_1 = 100 + t$ (b) $x_1 = 100$ (c) $x_1 = 200$
$x_2 = -100 + t$ $x_2 = -100$ $x_2 = 0$
$x_3 = 200 + t$ $x_3 = 200$ $x_3 = 300$
$x_4 = t$ $x_4 = 0$ $x_4 = 100$
(d) $x_1 = 400$
$x_2 = 200$
$x_3 = 500$
$x_4 = 300$

25. $I_1 = 0$
$I_2 = 1$
$I_3 = 1$

27. (a) $I_1 = 1$ (b) $I_1 = 0$
$I_2 = 2$ $I_2 = 1$
$I_3 = 1$ $I_3 = 1$

29. $T_1 = 37,5°, T_2 = 45°, T_3 = 25°, T_4 = 32,5°$
31. $A = 1, B = 3, C = -2$
33. $A = 1, B = 2, C = 1$
35. $x = 2$
$y = 2$
$\lambda = -4$
37. $p(x) = 1 - 2x + 2x^2$

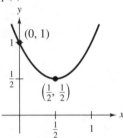

39. Resolva o sistema:
$p(-1) = a_0 - a_1 + a_2 = 0$
$p(0) = a_0 = 0$
$p(1) = a_0 + a_1 + a_2 = 0$
$a_0 = a_1 = a_2 = 0$

41. (a) $p(x) = 1 - \frac{7}{15}x + \frac{1}{15}x^2$
(b) $p(x) = 1 = x$

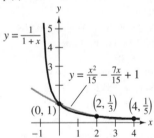

Exercícios de revisão   *(página 35)*

1. Não linear   **3.** Linear   **5.** Não linear
7. $x = -\frac{1}{3} + \frac{4}{3}s - \frac{2}{3}t$
$y = s$
$z = t$
9. $x = \frac{1}{2}$ **11.** $x = -12$ **13.** $x = 0$
$y = \frac{3}{2}$ $y = -8$ $y = 0$

15. Sem solução
17. $x = 0$ **19.** $x_1 = -\frac{1}{2}$ **21.** 2×3
$y = 0$ $x_2 = \frac{4}{5}$
23. $x_1 = 5$ **25.** $x_1 = -2t$
$x_2 = -5$ $x_2 = t$
     $x_3 = 0$
27. Forma escalonada reduzida
29. Não está na forma escalonada por linhas
31. $x = 2$ **33.** $x = \frac{1}{2}$ **35.** $x = 4 + 3t$
$y = -3$ $y = -\frac{1}{3}$ $y = 5 + 2t$
$z = 3$ $z = 1$ $z = t$
37. Sem solução   **39.** $x_1 = 1$ **41.** $x_1 = 21,6$
     $x_2 = 4$ $x_2 = -6,1$
     $x_3 = -3$ $x_3 = -0,1$
     $x_4 = -2$
43. $x = 0$ **45.** Sem solução   **47.** $x_1 = 2t$
$y = 2 - 4t$ $x_2 = -3t$
$z = t$ $x_3 = t$
49. $x_1 = 0$ **51.** $k = \pm 1$
$x_2 = 0$
$x_3 = 0$
53. (a) $b = 2a$ e $a \neq -3$
(b) $b \neq 2a$
(c) $a = -3$ e $b = -6$
55. Use um método de eliminação para obter ambas as matrizes na forma escalonada reduzida. As duas matrizes são equivalentes por linhas porque cada uma é equivalente por linhas a
$$\begin{bmatrix} 1 & 0 & 0 \\ 0 & 1 & 0 \\ 0 & 0 & 1 \end{bmatrix}.$$

57. $\begin{bmatrix} 1 & 0 & -1 & -2 & \ldots & 2 - n \\ 0 & 1 & 2 & 3 & \ldots & n - 1 \\ 0 & 0 & 0 & 0 & \ldots & 0 \\ \vdots & \vdots & \vdots & \vdots & & \vdots \\ 0 & 0 & 0 & 0 & \ldots & 0 \end{bmatrix}$

59. (a) Falso. Veja a página 3, Exemplo 2.
(b) Verdadeiro. Veja a página 5, Exemplo 4 (b).
61. 6 *touchdowns*, 6 *extra-points*, 1 *field goal*
63. $A = 2, B = 6, C = 4$
65. (a) $p(x) = 90 - \frac{135}{2}x + \frac{25}{2}x^2$
(b)

67. $p(x) = 50 + \frac{15}{2}x + \frac{5}{2}x^2$
(O primeiro ano é representado por $x = 0$.)
Vendas no quarto ano: $p(3) = 95$

Respostas dos exercícios ímpares e das provas   A11

69. (a) $a_0 \qquad\qquad = 80$
$a_0 + 4a_1 + \quad 16a_2 = 68$
$a_0 + 80a_1 + 6.400a_2 = 30$

(b) e (c) $\quad a_0 = \quad 80$
$a_1 = -\frac{25}{8}$
$a_2 = \quad \frac{1}{32}$
Assim, $y = \frac{1}{32}x^2 - \frac{25}{8}x + 80$.

(d) Os resultados dos itens (b) e (c) são os mesmos.

(e) Existe precisamente uma função polinomial de grau $n - 1$ (ou menos) que passa por n pontos distintos.

71. (a) $x_1 = 100 - r + t$ \qquad (b) $x_1 = \quad 50$
$x_2 = 300 - r + s \qquad\qquad x_2 = 250$
$x_3 = r \qquad\qquad\qquad\quad x_3 = 100$
$x_4 = -s + t \qquad\qquad\quad x_4 = \quad 0$
$x_5 = s \qquad\qquad\qquad\quad x_5 = \quad 50$
$x_6 = t \qquad\qquad\qquad\quad x_6 = \quad 50$

Capítulo 2

Seção 2.1   *(página 47)*

1. $x = -4, y = 22$

3. $x = 2, y = 3$

5. (a) $\begin{bmatrix} -2 & 0 \\ 6 & 3 \end{bmatrix}$ (b) $\begin{bmatrix} 4 & 4 \\ -2 & -1 \end{bmatrix}$ (c) $\begin{bmatrix} 2 & 4 \\ 4 & 2 \end{bmatrix}$

(d) $\begin{bmatrix} 5 & 6 \\ 0 & 0 \end{bmatrix}$ (e) $\begin{bmatrix} -\frac{5}{2} & -1 \\ 5 & \frac{5}{2} \end{bmatrix}$

7. (a) $\begin{bmatrix} 4 & -2 & 5 \\ -4 & 0 & 2 \end{bmatrix}$ (b) $\begin{bmatrix} 0 & 4 & -3 \\ 2 & -2 & 6 \end{bmatrix}$

(c) $\begin{bmatrix} 4 & 2 & 2 \\ -2 & -2 & 8 \end{bmatrix}$ (d) $\begin{bmatrix} 2 & 5 & -2 \\ 1 & -3 & 10 \end{bmatrix}$

(e) $\begin{bmatrix} 3 & -\frac{5}{2} & \frac{9}{2} \\ -\frac{7}{2} & \frac{1}{2} & 0 \end{bmatrix}$

9. (a), (b), (d) e (e) Não é possível

(c) $\begin{bmatrix} 12 & 0 & 6 \\ -2 & -8 & 0 \end{bmatrix}$

11. (a) $c_{21} = -6$ (b) $c_{13} = 29$

13. $x = 3, y = 2, z = 1$

15. (a) $\begin{bmatrix} 0 & 15 \\ 6 & 12 \end{bmatrix}$ (b) $\begin{bmatrix} -2 & 2 \\ 31 & 14 \end{bmatrix}$

17. (a) $\begin{bmatrix} -8 & -2 & -5 \\ 4 & 8 & 17 \\ -20 & 1 & 4 \end{bmatrix}$ (b) $\begin{bmatrix} 9 & 5 & 4 \\ 3 & 11 & -5 \\ -17 & -1 & -16 \end{bmatrix}$

19. (a) Não é possível (b) $\begin{bmatrix} 3 & -4 \\ 10 & 16 \\ 26 & 46 \end{bmatrix}$

21. (a) $[12]$ (b) $\begin{bmatrix} 6 & 4 & 2 \\ 9 & 6 & 3 \\ 0 & 0 & 0 \end{bmatrix}$

23. (a) $\begin{bmatrix} -1 & 19 \\ 4 & -27 \\ 0 & 14 \end{bmatrix}$ (b) Não é possível

25. (a) $\begin{bmatrix} 3 \\ 10 \\ 26 \end{bmatrix}$ (b) Não é possível

27. (a) $\begin{bmatrix} 60 & 72 \\ -20 & -24 \\ 10 & 12 \\ 60 & 72 \end{bmatrix}$ (b) Não é possível

29. 3×4 \quad **31.** 4×2 \quad **33.** 3×2

35. Não é possível, os tamanhos não correspondem.

37. $x_1 = t, x_2 = \frac{5}{4}t, x_3 = \frac{3}{4}t$

39. $\begin{bmatrix} -1 & 1 \\ -2 & 1 \end{bmatrix}\begin{bmatrix} x_1 \\ x_2 \end{bmatrix} = \begin{bmatrix} 4 \\ 0 \end{bmatrix}$ **41.** $\begin{bmatrix} -2 & -3 \\ 6 & 1 \end{bmatrix}\begin{bmatrix} x_1 \\ x_2 \end{bmatrix} = \begin{bmatrix} -4 \\ -36 \end{bmatrix}$

$\begin{bmatrix} x_1 \\ x_2 \end{bmatrix} = \begin{bmatrix} 4 \\ 8 \end{bmatrix}$ \qquad $\begin{bmatrix} x_1 \\ x_2 \end{bmatrix} = \begin{bmatrix} -7 \\ 6 \end{bmatrix}$

43. $\begin{bmatrix} 1 & -2 & 3 \\ -1 & 3 & -1 \\ 2 & -5 & 5 \end{bmatrix}\begin{bmatrix} x_1 \\ x_2 \\ x_3 \end{bmatrix} = \begin{bmatrix} 9 \\ -6 \\ 17 \end{bmatrix}$

$\begin{bmatrix} x_1 \\ x_2 \\ x_3 \end{bmatrix} = \begin{bmatrix} 1 \\ -1 \\ 2 \end{bmatrix}$

45. $\begin{bmatrix} 1 & -5 & 2 \\ -3 & 1 & -1 \\ 0 & -2 & 5 \end{bmatrix}\begin{bmatrix} x_1 \\ x_2 \\ x_3 \end{bmatrix} = \begin{bmatrix} -20 \\ 8 \\ -16 \end{bmatrix}$

$\begin{bmatrix} x_1 \\ x_2 \\ x_3 \end{bmatrix} = \begin{bmatrix} -1 \\ 3 \\ -2 \end{bmatrix}$

47. $\begin{bmatrix} 2 & -1 & 0 & 1 \\ 0 & 3 & -1 & -1 \\ 1 & 0 & 1 & -3 \\ 1 & 1 & 2 & 0 \end{bmatrix}\begin{bmatrix} x_1 \\ x_2 \\ x_3 \\ x_4 \end{bmatrix} = \begin{bmatrix} 3 \\ -3 \\ -4 \\ 0 \end{bmatrix}$

$\begin{bmatrix} x_1 \\ x_2 \\ x_3 \\ x_4 \end{bmatrix} = \begin{bmatrix} \frac{1}{2} \\ -\frac{1}{2} \\ 0 \\ \frac{3}{2} \end{bmatrix}$

49. $\mathbf{b} = 3\begin{bmatrix} 1 \\ 3 \end{bmatrix} + 0\begin{bmatrix} -1 \\ -3 \end{bmatrix} - 2\begin{bmatrix} 2 \\ 1 \end{bmatrix} = \begin{bmatrix} -1 \\ 7 \end{bmatrix}$
(A resposta não é única.)

51. $\mathbf{b} = 1\begin{bmatrix} 1 \\ 1 \\ 2 \end{bmatrix} + 2\begin{bmatrix} 1 \\ 0 \\ -1 \end{bmatrix} + 0\begin{bmatrix} -5 \\ -1 \\ -1 \end{bmatrix} = \begin{bmatrix} 3 \\ 1 \\ 0 \end{bmatrix}$

53. $\begin{bmatrix} -5 & 2 \\ 3 & -1 \end{bmatrix}$ \quad **55.** $a = 7, b = -4, c = -\frac{1}{2}, d = \frac{7}{2}$

57. $\begin{bmatrix} 1 & 0 & 0 \\ 0 & 4 & 0 \\ 0 & 0 & 9 \end{bmatrix}$

59. $AB = \begin{bmatrix} -10 & 0 \\ 0 & -12 \end{bmatrix}$

$BA = \begin{bmatrix} -10 & 0 \\ 0 & -12 \end{bmatrix}$

61. Demonstração \quad **63.** 2 \quad **65.** 4

67. Demonstração \quad **69.** $w = z, x = -y$

A12 Elementos de álgebra linear

71. Seja $A = \begin{bmatrix} a_{11} & a_{12} \\ a_{21} & a_{22} \end{bmatrix}$.

Então, a equação matricial dada se expande para

$\begin{bmatrix} a_{11} + a_{21} & a_{12} + a_{22} \\ a_{11} + a_{21} & a_{12} + a_{22} \end{bmatrix} = \begin{bmatrix} 1 & 0 \\ 0 & 1 \end{bmatrix}$.

Como $a_{11} + a_{21} = 1$ e $a_{11} + a_{21} = 0$ não podem ser ambos verdadeiros, você pode concluir que não há solução.

73. (a) $A^2 = \begin{bmatrix} i^2 & 0 \\ 0 & i^2 \end{bmatrix} = \begin{bmatrix} -1 & 0 \\ 0 & -1 \end{bmatrix}$

$A^3 = \begin{bmatrix} i^3 & 0 \\ 0 & i^3 \end{bmatrix} = \begin{bmatrix} -i & 0 \\ 0 & -i \end{bmatrix}$

$A^4 = \begin{bmatrix} i^4 & 0 \\ 0 & i^4 \end{bmatrix} = \begin{bmatrix} 1 & 0 \\ 0 & 1 \end{bmatrix}$

(b) $B^2 = \begin{bmatrix} -i^2 & 0 \\ 0 & -i^2 \end{bmatrix} = \begin{bmatrix} 1 & 0 \\ 0 & 1 \end{bmatrix} = A^4$

75. Demonstração **77.** Demonstração

79. [$ 1.037,50 $ 1.400,00 $ 1.012,50]

Cada elemento representa o lucro total em cada loja.

81. $\begin{bmatrix} 0{,}40 & 0{,}15 & 0{,}15 \\ 0{,}28 & 0{,}53 & 0{,}17 \\ 0{,}32 & 0{,}32 & 0{,}68 \end{bmatrix}$

P^2 dá as proporções da população votante que mudou de partido ou permaneceu fiel a seus partidos desde a primeira eleição até a terceira.

83. $\begin{bmatrix} -1 & 4 & 0 \\ -1 & 1 & 0 \\ 0 & 0 & 5 \end{bmatrix}$

85. (a) Verdadeiro. Na página 43, "... para o produto de duas matrizes ser definido, o número de colunas da primeira matriz deve ser igual ao número de linhas da segunda matriz.".

(b) Verdadeiro. Na página 46, "... o sistema $A\mathbf{x} = \mathbf{b}$ é consistente se e somente se $\mathbf{b}$ pode ser expresso como ... uma combinação linear, onde os coeficientes da combinação linear são uma solução do sistema.".

87. (a) $AT = \begin{bmatrix} -1 & -4 & -2 \\ 1 & 2 & 3 \end{bmatrix}$

$AAT = \begin{bmatrix} -1 & -2 & -3 \\ -1 & -4 & -2 \end{bmatrix}$

Triângulo associado a T Triângulo associado a AT

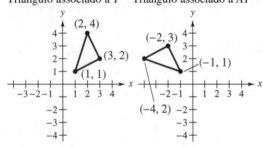

Triângulo associado a AAT

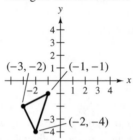

A matriz da transformação A gira o triângulo 90° no sentido anti-horário em torno da origem.

(b) Dado o triângulo associado a AAT, a transformação que produziria o triângulo associado a AT seria uma rotação no sentido horário de 90° em torno da origem. Outra tal rotação produziria o triângulo associado a T.

Seção 2.2 *(página 59)*

1. $\begin{bmatrix} -8 & -7 \\ 15 & -1 \end{bmatrix}$ **3.** $\begin{bmatrix} -24 & -4 & 12 \\ -12 & 32 & 12 \end{bmatrix}$ **5.** $\begin{bmatrix} 10 & 8 \\ -59 & 9 \end{bmatrix}$

7. $\begin{bmatrix} 3 & 2 \\ 13 & 4 \end{bmatrix}$ **9.** $\begin{bmatrix} 0 & -12 \\ 12 & -24 \end{bmatrix}$ **11.** $\begin{bmatrix} 7 & 7 \\ 28 & 14 \end{bmatrix}$

13. (a) $\begin{bmatrix} 3 & \frac{2}{3} \\ -\frac{4}{3} & \frac{11}{3} \\ \frac{10}{3} & 0 \end{bmatrix}$ (b) $\begin{bmatrix} -\frac{13}{3} & -\frac{10}{3} \\ 4 & -5 \\ -\frac{26}{3} & -\frac{16}{3} \end{bmatrix}$

(c) $\begin{bmatrix} -14 & -4 \\ 7 & -17 \\ -17 & -2 \end{bmatrix}$ (d) $\begin{bmatrix} -\frac{13}{6} & 1 \\ -\frac{1}{3} & -\frac{17}{6} \\ 0 & \frac{10}{3} \end{bmatrix}$

15. $\begin{bmatrix} -2 & -10 & 0 \\ 2 & 0 & 10 \end{bmatrix}$ **17.** $\begin{bmatrix} -3 & -5 & -10 \\ -2 & -5 & -5 \end{bmatrix}$

19. $\begin{bmatrix} 1 & 6 & -1 \\ -2 & -2 & -8 \end{bmatrix}$ **21.** $\begin{bmatrix} 12 & -4 \\ 8 & 4 \end{bmatrix}$

23. (a) $\begin{bmatrix} 12 & 7 \\ 24 & 15 \end{bmatrix}$ (b) $\begin{bmatrix} 12 & 7 \\ 24 & 15 \end{bmatrix}$

25. $AB = \begin{bmatrix} -9 & 2 \\ -3 & 6 \end{bmatrix}, BA = \begin{bmatrix} -8 & 4 \\ 2 & 5 \end{bmatrix}$

27. $AC = BC = \begin{bmatrix} 2 & 3 \\ 2 & 3 \end{bmatrix}$ **29.** Demonstração

31. $\begin{bmatrix} 1 & 2 \\ 0 & -1 \end{bmatrix}$ **33.** $\begin{bmatrix} 2 & 2 \\ 0 & 0 \end{bmatrix}$ **35.** $\begin{bmatrix} 1 & 0 \\ 0 & 1 \end{bmatrix}$

37. $(A + B)(A - B) = A^2 + BA - AB - B^2$, que não é necessariamente igual a $A^2 - B^2$ porque AB não é necessariamente igual a BA.

39. $\begin{bmatrix} 1 & -3 & 5 \\ -2 & 4 & -1 \end{bmatrix}$ **41.** $(AB)^T = B^T A^T = \begin{bmatrix} 2 & -5 \\ 4 & -1 \end{bmatrix}$

43. $(AB)^T = B^T A^T = \begin{bmatrix} 4 & 0 & -4 \\ 10 & 4 & -2 \\ 1 & -1 & -3 \end{bmatrix}$

45. (a) $\begin{bmatrix} 16 & 8 & 4 \\ 8 & 8 & 0 \\ 4 & 0 & 2 \end{bmatrix}$ (b) $\begin{bmatrix} 21 & 3 \\ 3 & 5 \end{bmatrix}$

Respostas dos exercícios ímpares e das provas   A13

47. (a) $\begin{bmatrix} 68 & 26 & -10 & 6 \\ 26 & 41 & 3 & -1 \\ -10 & 3 & 43 & 5 \\ 6 & -1 & 5 & 10 \end{bmatrix}$ (b) $\begin{bmatrix} 29 & -14 & 5 & -5 \\ -14 & 81 & -3 & 2 \\ 5 & -3 & 39 & -13 \\ -5 & 2 & -13 & 13 \end{bmatrix}$

49. $\begin{bmatrix} 1 & 0 & 0 & 0 & 0 \\ 0 & 1 & 0 & 0 & 0 \\ 0 & 0 & 1 & 0 & 0 \\ 0 & 0 & 0 & 1 & 0 \\ 0 & 0 & 0 & 0 & 1 \end{bmatrix}$

51. $\begin{bmatrix} 1 & 0 & 0 & 0 & 0 \\ 0 & -1 & 0 & 0 & 0 \\ 0 & 0 & 1 & 0 & 0 \\ 0 & 0 & 0 & -1 & 0 \\ 0 & 0 & 0 & 0 & 1 \end{bmatrix}$ **53.** $\begin{bmatrix} \pm 3 & 0 \\ 0 & \pm 2 \end{bmatrix}$

55. (a) Verdadeiro. Veja o Teorema 2.1, parte 1.
    (b) Falso. Veja o Teorema 2.6, parte 4 ou Exemplo 9.
    (c) Verdadeiro. Veja o Exemplo 10.

57. (a) $a = 3$ e $b = -1$
    (b) $a + b = 1$
             $b = 1$
       $a \quad\;\; = 1$
       Sem solução
    (c) $a + b + c = 0$
             $b + c = 0$
       $a \quad\;\; + c = 0$
       $a = -c \to b = 0 \to c = 0 \to a = 0$
    (d) $a = -3t$
       $b = t$
       $c = t$
       Seja $t = 1$: $a = -3, b = 1, c = 1$

59. $\begin{bmatrix} -4 & 0 \\ 8 & 2 \end{bmatrix}$ **61–69.** Demonstrações

71. Antissimétrica   **73.** Simétrica   **75.** Demonstração

77. (a) $\frac{1}{2}(A + A^T)$

$$= \frac{1}{2}\left(\begin{bmatrix} a_{11} & a_{12} & \cdots & a_{1n} \\ a_{21} & a_{22} & \cdots & a_{2n} \\ \vdots & \vdots & & \vdots \\ a_{n1} & a_{n2} & \cdots & a_{nn} \end{bmatrix} + \begin{bmatrix} a_{11} & a_{21} & \cdots & a_{n1} \\ a_{12} & a_{22} & \cdots & a_{n2} \\ \vdots & \vdots & & \vdots \\ a_{1n} & a_{2n} & \cdots & a_{nn} \end{bmatrix} \right)$$

$$= \frac{1}{2}\begin{bmatrix} 2a_{11} & a_{12}+a_{21} & \cdots & a_{1n}+a_{n1} \\ a_{21}+a_{12} & 2a_{22} & \cdots & a_{2n}+a_{n2} \\ \vdots & \vdots & & \vdots \\ a_{n1}+a_{1n} & a_{n2}+a_{2n} & \cdots & 2a_{nn} \end{bmatrix}$$

(b) $\frac{1}{2}(A - A^T)$

$$= \frac{1}{2}\left(\begin{bmatrix} a_{11} & a_{12} & \cdots & a_{1n} \\ a_{21} & a_{22} & \cdots & a_{2n} \\ \vdots & \vdots & & \vdots \\ a_{n1} & a_{n2} & \cdots & a_{nn} \end{bmatrix} - \begin{bmatrix} a_{11} & a_{21} & \cdots & a_{n1} \\ a_{12} & a_{22} & \cdots & a_{n2} \\ \vdots & \vdots & & \vdots \\ a_{1n} & a_{2n} & \cdots & a_{nn} \end{bmatrix} \right)$$

$$= \frac{1}{2}\begin{bmatrix} 0 & a_{12}-a_{21} & \cdots & a_{1n}-a_{n1} \\ a_{21}-a_{12} & 0 & \cdots & a_{2n}-a_{n2} \\ \vdots & \vdots & & \vdots \\ a_{n1}-a_{1n} & a_{n2}-a_{2n} & \cdots & 0 \end{bmatrix}$$

(c) Demonstração

(d) $A = \frac{1}{2}(A - A^T) + \frac{1}{2}(A + A^T)$

$$= \underbrace{\begin{bmatrix} 0 & 4 & -\frac{1}{2} \\ -4 & 0 & -\frac{1}{2} \\ \frac{1}{2} & \frac{1}{2} & 0 \end{bmatrix}}_{\text{Antissimétrica}} + \underbrace{\begin{bmatrix} 2 & 1 & \frac{7}{2} \\ 1 & 6 & \frac{1}{2} \\ \frac{7}{2} & \frac{1}{2} & 1 \end{bmatrix}}_{\text{Simétrica}}$$

79. Exemplo de respostas:
    (a) Um exemplo de matriz 2×2 da forma dada é

$$A_2 = \begin{bmatrix} 0 & 1 \\ 0 & 0 \end{bmatrix}.$$

Um exemplo de uma matriz 4×4 da forma dada é

$$A_3 = \begin{bmatrix} 0 & 1 & 2 \\ 0 & 0 & 3 \\ 0 & 0 & 0 \end{bmatrix}.$$

(b) $A_2^2 = \begin{bmatrix} 0 & 0 \\ 0 & 0 \end{bmatrix}$

$A_3^2 = \begin{bmatrix} 0 & 0 & 3 \\ 0 & 0 & 0 \\ 0 & 0 & 0 \end{bmatrix}$ e $A_3^3 = \begin{bmatrix} 0 & 0 & 0 \\ 0 & 0 & 0 \\ 0 & 0 & 0 \end{bmatrix}$

(c) A conjectura é que, se A é uma matriz 4×4 da forma dada, então A^4 é a matriz nula 4×4. Uma ferramenta computacional confirma que isso é verdade.

(d) Se A é uma matriz $n \times n$ da forma dada, então A^n é a matriz nula $n \times n$.

Seção 2.3   *(página 70)*

1. $AB = \begin{bmatrix} 1 & 0 \\ 0 & 1 \end{bmatrix} = BA$ **3.** $AB = \begin{bmatrix} 1 & 0 \\ 0 & 1 \end{bmatrix} = BA$

5. $AB = \begin{bmatrix} 1 & 0 & 0 \\ 0 & 1 & 0 \\ 0 & 0 & 1 \end{bmatrix} = BA$ **7.** $\begin{bmatrix} \frac{1}{2} & 0 \\ 0 & \frac{1}{3} \end{bmatrix}$

9. $\begin{bmatrix} 7 & -2 \\ -3 & 1 \end{bmatrix}$ **11.** $\begin{bmatrix} -19 & -33 \\ -4 & -7 \end{bmatrix}$ **13.** $\begin{bmatrix} 1 & 1 & -1 \\ -3 & 2 & -1 \\ 3 & -3 & 2 \end{bmatrix}$

15. Singular   **17.** $\begin{bmatrix} -\frac{3}{2} & \frac{3}{2} & 1 \\ \frac{9}{2} & -\frac{7}{2} & -3 \\ -1 & 1 & 1 \end{bmatrix}$ **19.** $\begin{bmatrix} \frac{1}{2} & 0 & 0 \\ 0 & \frac{1}{3} & 0 \\ 0 & 0 & \frac{1}{5} \end{bmatrix}$

21. $\begin{bmatrix} 3,75 & 0 & -1,25 \\ 3,458\overline{3} & -1 & -1,375 \\ 4,1\overline{6} & 0 & -2,5 \end{bmatrix}$ **23.** $\begin{bmatrix} 1 & 0 & 0 \\ -\frac{3}{4} & \frac{1}{4} & 0 \\ \frac{7}{20} & -\frac{1}{4} & \frac{1}{5} \end{bmatrix}$

25. Singular   **27.** $\begin{bmatrix} -24 & 7 & 1 & -2 \\ -10 & 3 & 0 & -1 \\ -29 & 7 & 3 & -2 \\ 12 & -3 & -1 & 1 \end{bmatrix}$ **29.** Singular

31. $\begin{bmatrix} \frac{5}{13} & -\frac{3}{13} \\ \frac{1}{13} & \frac{2}{13} \end{bmatrix}$ **33.** Não existe   **35.** $\begin{bmatrix} \frac{16}{59} & \frac{15}{59} \\ -\frac{4}{59} & \frac{70}{59} \end{bmatrix}$

A14   Elementos de álgebra linear

37. $\begin{bmatrix} \frac{11}{4} & \frac{3}{2} \\ \frac{3}{4} & \frac{1}{2} \end{bmatrix}$ **39.** $\begin{bmatrix} \frac{1}{4} & 0 & 0 \\ 0 & 1 & 0 \\ 0 & 0 & \frac{1}{9} \end{bmatrix}$

41. (a) $\begin{bmatrix} 35 & 17 \\ 4 & 10 \end{bmatrix}$ **(b)** $\begin{bmatrix} 2 & -7 \\ 5 & 6 \end{bmatrix}$ **(c)** $\begin{bmatrix} 1 & \frac{5}{2} \\ -\frac{7}{2} & 3 \end{bmatrix}$

43. (a) $\frac{1}{16}\begin{bmatrix} 138 & 56 & -84 \\ 37 & 26 & -71 \\ 24 & 34 & 3 \end{bmatrix}$ (b) $\frac{1}{4}\begin{bmatrix} 4 & 6 & 1 \\ -2 & 2 & 4 \\ 3 & -8 & 2 \end{bmatrix}$

(c) $\frac{1}{8}\begin{bmatrix} 4 & -2 & 3 \\ 6 & 2 & -8 \\ 1 & 4 & 2 \end{bmatrix}$

45. (a) $x = 1$ (b) $x = 2$
      $y = -1$ $y = 4$

47. (a) $x_1 = 1$ (b) $x_1 = 0$
      $x_2 = 1$ $x_2 = 1$
      $x_3 = -1$ $x_3 = -1$

49. $x_1 = 0$ **51.** $x_1 = 1$
     $x_2 = 1$ $x_2 = -2$
     $x_3 = 2$ $x_3 = 3$
     $x_4 = -1$ $x_4 = 0$
     $x_5 = 0$ $x_5 = 1$
                 $x_6 = -2$

53. $x = 4$ **55.** $x = 6$

57. $\begin{bmatrix} -1 & \frac{1}{2} \\ \frac{3}{4} & -\frac{1}{4} \end{bmatrix}$ **59.** Demonstração; $A^{-1} = \begin{bmatrix} \text{sen } \theta & -\cos \theta \\ \cos \theta & \text{sen } \theta \end{bmatrix}$

61. $F^{-1} = \begin{bmatrix} 188,24 & -117,65 & -11,76 \\ -117,65 & 323,53 & -117,65 \\ -11,76 & -117,65 & 188,24 \end{bmatrix}$; $\mathbf{w} = \begin{bmatrix} 25 \\ 40 \\ 75 \end{bmatrix}$

63–69. Demonstrações

71. (a) Verdadeiro. Veja o Teorema 2.10, parte 1.
    (b) Falso. Veja o Teorema 2.9.
    (c) Verdadeiro. Veja "Encontrando a inversa de uma matriz pela eliminação de Gauss-Jordan", parte 2, página 64.

73. A soma de duas matrizes inversíveis não é necessariamente inversível. Por exemplo, sejam
$$A = \begin{bmatrix} 1 & 0 \\ 0 & 1 \end{bmatrix} \text{ e } B = \begin{bmatrix} -1 & 0 \\ 0 & -1 \end{bmatrix}.$$

75. (a) $\begin{bmatrix} -1 & 0 & 0 \\ 0 & \frac{1}{3} & 0 \\ 0 & 0 & \frac{1}{2} \end{bmatrix}$ (b) $\begin{bmatrix} 2 & 0 & 0 \\ 0 & 3 & 0 \\ 0 & 0 & 4 \end{bmatrix}$

77. (a) Demonstração   (b) $H = \begin{bmatrix} 0 & -1 & 0 \\ -1 & 0 & 0 \\ 0 & 0 & 1 \end{bmatrix}$

79. $A = PDP^{-1}$
Não, A não é necessariamente igual a D.

81. As respostas irão variar. Exemplo de resposta: para uma matriz A $n \times n$, monte a matriz $[A \quad I]$ e a reduza por linhas até que você tenha $[I \quad A^{-1}]$. Se isso não for possível ou se A não for quadrada, então A não tem inversa. Se for possível, então a inversa é A^{-1}.

83. As respostas irão variar. Exemplo de resposta: considere o sistema de equações
$$a_{11}x_1 + a_{12}x_2 + a_{13}x_3 = b_1$$
$$a_{21}x_1 + a_{22}x_2 + a_{23}x_3 = b_2$$
$$a_{31}x_1 + a_{32}x_2 + a_{33}x_3 = b_3$$
e escreva-o como a equação matricial
$$A\mathbf{x} = \mathbf{b}$$
$$\begin{bmatrix} a_{11} & a_{12} & a_{13} \\ a_{21} & a_{22} & a_{23} \\ a_{31} & a_{32} & a_{33} \end{bmatrix}\begin{bmatrix} x_1 \\ x_2 \\ x_3 \end{bmatrix} = \begin{bmatrix} b_1 \\ b_2 \\ b_3 \end{bmatrix}.$$
Se A é inversível, então a solução é $\mathbf{x} = A^{-1}\mathbf{b}$.

Seção 2.4   *(página 82)*

1. Elementar, multiplique a linha 2 por 2.
3. Elementar, some a linha 1 multiplicada por 2 à linha 2.
5. Não elementar
7. Elementar, some a linha 2 multiplicada por -5 por à linha 3.

9. $\begin{bmatrix} 0 & 0 & 1 \\ 0 & 1 & 0 \\ 1 & 0 & 0 \end{bmatrix}$ **11.** $\begin{bmatrix} 0 & 0 & 1 \\ 0 & 1 & 0 \\ 1 & 0 & 0 \end{bmatrix}$

13. Exemplo de resposta:
$$\begin{bmatrix} \frac{1}{5} & 0 \\ 0 & 1 \end{bmatrix}\begin{bmatrix} 0 & 1 \\ 1 & 0 \end{bmatrix}\begin{bmatrix} 0 & 1 & 7 \\ 5 & 10 & -5 \end{bmatrix} = \begin{bmatrix} 1 & 2 & -1 \\ 0 & 1 & 7 \end{bmatrix}$$

15. Exemplo de resposta:
$$\begin{bmatrix} 1 & 0 & 0 \\ 0 & 1 & 0 \\ 0 & 0 & \frac{1}{2} \end{bmatrix}\begin{bmatrix} 1 & 0 & 0 \\ 0 & \frac{1}{4} & 0 \\ 0 & 0 & 1 \end{bmatrix}\begin{bmatrix} 1 & 0 & 0 \\ 0 & 1 & 0 \\ 6 & 0 & 1 \end{bmatrix}$$
$$\cdot \begin{bmatrix} 1 & -2 & -1 & 0 \\ 0 & 4 & 8 & -4 \\ -6 & 12 & 8 & 1 \end{bmatrix} = \begin{bmatrix} 1 & -2 & -1 & 0 \\ 0 & 1 & 2 & -1 \\ 0 & 0 & 1 & \frac{1}{2} \end{bmatrix}$$

17. Exemplo de resposta:
$$\begin{bmatrix} 1 & 0 & 0 & 0 \\ 0 & 1 & 0 & 0 \\ 0 & 0 & -\frac{1}{5} & 0 \\ 0 & 0 & 0 & 1 \end{bmatrix}\begin{bmatrix} 1 & 0 & 0 & 0 \\ 0 & 1 & 0 & 0 \\ 0 & 3 & 1 & 0 \\ 0 & 0 & 0 & 1 \end{bmatrix}\begin{bmatrix} 1 & 0 & 0 & 0 \\ 0 & 1 & 0 & 0 \\ 0 & 0 & 1 & 0 \\ 1 & 0 & 0 & 1 \end{bmatrix}$$
$$\cdot \begin{bmatrix} 1 & 0 & 0 & 0 \\ 0 & 1 & 0 & 0 \\ 2 & 0 & 1 & 0 \\ 0 & 0 & 0 & 1 \end{bmatrix}\begin{bmatrix} 1 & 0 & 0 & 0 \\ 0 & \frac{1}{2} & 0 & 0 \\ 0 & 0 & 1 & 0 \\ 0 & 0 & 0 & 1 \end{bmatrix}\begin{bmatrix} 1 & 0 & 0 & 0 \\ -3 & 1 & 0 & 0 \\ 0 & 0 & 1 & 0 \\ 0 & 0 & 0 & 1 \end{bmatrix}$$
$$\cdot \begin{bmatrix} 0 & 0 & 1 & 0 \\ 0 & 1 & 0 & 0 \\ 1 & 0 & 0 & 0 \\ 0 & 0 & 0 & 1 \end{bmatrix}\begin{bmatrix} -2 & 1 & 0 \\ 3 & -4 & 0 \\ 1 & -2 & 2 \\ -1 & 2 & -2 \end{bmatrix} = \begin{bmatrix} 1 & -2 & 2 \\ 0 & 1 & -3 \\ 0 & 0 & 1 \\ 0 & 0 & 0 \end{bmatrix}$$

19. $\begin{bmatrix} 0 & 1 \\ 1 & 0 \end{bmatrix}$ **21.** $\begin{bmatrix} 0 & 0 & 1 \\ 0 & 1 & 0 \\ 1 & 0 & 0 \end{bmatrix}$

23. $\begin{bmatrix} \frac{1}{k} & 0 & 0 \\ 0 & 1 & 0 \\ 0 & 0 & 1 \end{bmatrix}, k \neq 0$

Respostas dos exercícios ímpares e das provas **A15**

25. $\begin{bmatrix} 0 & 1 \\ -\frac{1}{2} & \frac{3}{2} \end{bmatrix}$ **27.** $\begin{bmatrix} 1 & 0 & \frac{1}{4} \\ 0 & \frac{1}{6} & \frac{1}{24} \\ 0 & 0 & \frac{1}{4} \end{bmatrix}$

29. $\begin{bmatrix} 1 & 0 \\ 1 & 1 \end{bmatrix} \begin{bmatrix} 1 & -1 \\ 0 & 1 \end{bmatrix} \begin{bmatrix} 1 & 0 \\ 0 & -2 \end{bmatrix}$
(A resposta não é única.)

31. $\begin{bmatrix} 1 & 1 \\ 0 & 1 \end{bmatrix} \begin{bmatrix} 1 & 0 \\ 3 & 1 \end{bmatrix} \begin{bmatrix} 1 & 0 \\ 0 & -1 \end{bmatrix}$
(A resposta não é única.)

33. $\begin{bmatrix} 1 & 0 & 0 \\ -1 & 1 & 0 \\ 0 & 0 & 1 \end{bmatrix} \begin{bmatrix} 1 & -2 & 0 \\ 0 & 1 & 0 \\ 0 & 0 & 1 \end{bmatrix}$
(A resposta não é única.)

35. $\begin{bmatrix} 1 & 0 & 0 & 0 \\ 0 & -1 & 0 & 0 \\ 0 & 0 & 1 & 0 \\ 0 & 0 & 0 & 1 \end{bmatrix} \begin{bmatrix} 1 & 0 & 0 & 0 \\ 0 & 1 & 0 & 0 \\ 0 & 0 & 2 & 0 \\ 0 & 0 & 0 & 1 \end{bmatrix}$

$\begin{bmatrix} 1 & 0 & 0 & 0 \\ 0 & 1 & 0 & 0 \\ 0 & 0 & 1 & 0 \\ 0 & 0 & 0 & -1 \end{bmatrix} \begin{bmatrix} 1 & 0 & 0 & 0 \\ 0 & 1 & 0 & 0 \\ 0 & 0 & 1 & 0 \\ 0 & 0 & -1 & 1 \end{bmatrix}$

$\begin{bmatrix} 1 & 0 & 0 & 1 \\ 0 & 1 & 0 & 0 \\ 0 & 0 & 1 & 0 \\ 0 & 0 & 0 & 1 \end{bmatrix} \begin{bmatrix} 1 & 0 & 0 & 0 \\ 0 & 1 & -3 & 0 \\ 0 & 0 & 1 & 0 \\ 0 & 0 & 0 & 1 \end{bmatrix}$
(A resposta não é única.)

37. Não. Por exemplo, $\begin{bmatrix} 1 & 0 \\ 2 & 1 \end{bmatrix} \begin{bmatrix} 1 & 1 \\ 0 & 1 \end{bmatrix} = \begin{bmatrix} 1 & 1 \\ 2 & 3 \end{bmatrix}.$

39. $\begin{bmatrix} 1 & 0 & 0 \\ 0 & 1 & 0 \\ -\dfrac{a}{c} & -\dfrac{b}{c} & \dfrac{1}{c} \end{bmatrix}$

41. (a) Verdadeiro. Veja "Observação" ao lado da "Definição de uma matriz elementar", página 74.
(b) Falso. A multiplicação de uma matriz por um escalar não é uma única operação elementar de linhas, portanto não pode ser representada por uma matriz elementar correspondente.
(c) Verdadeiro. Veja o Teorema 2.13.

43. $\begin{bmatrix} 1 & 0 \\ -2 & 1 \end{bmatrix} \begin{bmatrix} 1 & 0 \\ 0 & 1 \end{bmatrix}$
(A resposta não é única.)

45. $\begin{bmatrix} 1 & 0 & 0 \\ 2 & 1 & 0 \\ -1 & 1 & 1 \end{bmatrix} \begin{bmatrix} 3 & 0 & 1 \\ 0 & 1 & -1 \\ 0 & 0 & 2 \end{bmatrix}$
(A resposta não é única.)

47. $x = \frac{1}{3}$
$y = \frac{1}{3}$
$z = -\frac{5}{3}$

49. Idempotente   **51.** Não idempotente
53. *Caso 1:* $b = 1, a = 0$
Caso 2: $b = 0, a =$ qualquer número real

55–59. Demonstrações   **61.** As respostas irão variar.

Seção 2.5   *(página 91)*

1. Não estocástica   **3.** Estocástica   **5.** Estocástica
7. Los Angeles: 25 aviões, St. Louis: 13 aviões, Dallas: 12 aviões

9. $X_1 = \begin{bmatrix} 0,15 \\ 0,17 \\ 0,68 \end{bmatrix}, \quad X_2 = \begin{bmatrix} 0,175 \\ 0,217 \\ 0,608 \end{bmatrix}, \quad X_3 = \begin{bmatrix} 0,1875 \\ 0,2477 \\ 0,5648 \end{bmatrix}$

11. (a) 350   (b) 475
13. (a) 25   (b) 44   (c) 40
15. (a) Não fumantes: 5.025; fumantes de menos de 1 maço/dia ou menos: 2.500; fumantes de mais de 1 maço/dia: 2.475
(b) Não fumantes: 5.047; fumantes de 1 maço/dia ou menos: cerca de 2.499; fumantes de 1 maço/dia ou mais: cerca de 2.454
(c) Não fumantes: cerca 5.159; fumantes de 1 maço/dia ou menos: cerca de 2.478; fumantes de 1 maço/dia ou mais: cerca de 2.363

17. Regular; $\begin{bmatrix} \frac{1}{6} \\ \frac{5}{6} \end{bmatrix}$ **19.** Não regular; $\begin{bmatrix} 1 \\ 0 \end{bmatrix}$

21. Regular; $\begin{bmatrix} \frac{2}{5} \\ \frac{3}{5} \end{bmatrix}$ **23.** Regular; $\begin{bmatrix} \frac{43}{101} \\ \frac{16}{101} \\ \frac{42}{101} \end{bmatrix}$

25. Não regular; $\begin{bmatrix} 1 - t \\ t \\ 0 \end{bmatrix}, 0 \le t \le 1$

27. Regular; $\begin{bmatrix} \frac{145}{499} \\ \frac{260}{499} \\ \frac{94}{499} \end{bmatrix}$ **29.** Regular; $\begin{bmatrix} 0,4 \\ 0,3 \\ 0,2 \\ 0,1 \end{bmatrix}$

31. (a) $\begin{bmatrix} 0,2 \\ 0,3 \\ 0,5 \end{bmatrix}$ (b) $\begin{bmatrix} \frac{1}{7} \\ \frac{2}{7} \\ \frac{4}{7} \end{bmatrix}$

33. $\begin{bmatrix} 0,2 \\ 0,8 \end{bmatrix}$
Com o tempo, 20% dos membros da comunidade farão contribuições e 80% não.

35. $\begin{bmatrix} \frac{4}{17} \\ \frac{11}{17} \\ \frac{2}{17} \end{bmatrix}$
Com o tempo, 200 acionistas investirão nas ações A, 550 investirão nas ações B e 100 investirão nas ações C.

37. Absorvente; S_3 é absorvente e é possível passar de S_1 a S_3 em duas transições e de S_2 a S_3 em uma transição.
39. Absorvente; S_3 é absorvente e é possível passar de S_1 ou S_2 para S_3 em uma transição e de S_4 para S_3 em duas transições.

41. $\begin{bmatrix} 0 \\ 1 \\ 0 \end{bmatrix}$ **43.** $\begin{bmatrix} 1 \\ 0 \\ 0 \\ 0 \end{bmatrix}$ **45.** 16.875 pessoas

47. Exemplo de resposta: as entradas correspondentes a estados não absorventes são 0.

A16 Elementos de álgebra linear

49. (a) $\bar{X} \approx \begin{bmatrix} 0 \\ 0{,}5536 \\ 0 \\ 0{,}4464 \end{bmatrix}$ (b) $\bar{X} \approx \begin{bmatrix} 0 \\ 0{,}6554 \\ 0 \\ 0{,}3446 \end{bmatrix}$

51. Sim; $\begin{bmatrix} 0 \\ 1 - \frac{11}{6}t \\ \frac{5}{6}t \\ t \end{bmatrix}$, $0 \leq t \leq \frac{6}{11}$

53. Demonstração   **55.** As respostas irão variar.

Seção 2.6   (página 102)

1. Não codificado:
$[19 \quad 5 \quad 12], [12 \quad 0 \quad 3], [15 \quad 14 \quad 19],$
$[15 \quad 12 \quad 9], [4 \quad 1 \quad 20], [5 \quad 4 \quad 0]$

Codificado: $-48, 5, 31, -6, -6, 9, -85, 23, 43,$
$-27, 3, 15, -115, 36, 59, 9, -5, -4$

3. HAPPY_NEW_YEAR   **5.** ICEBERG_DEAD_AHEAD
7. MEET_ME_TONIGHT_RON
9. _SEPTEMBER_THE_ELEVENTH_WE_WILL_ALWAYS_REMEMBER

11. $D = \begin{bmatrix} 0{,}1 & 0{,}2 \\ 0{,}8 & 0{,}1 \end{bmatrix} \begin{matrix} \text{Carvão} \\ \text{Aço} \end{matrix}$ $\quad X = \begin{bmatrix} 20.000 \\ 40.000 \end{bmatrix} \begin{matrix} \text{Carvão} \\ \text{Aço} \end{matrix}$

13. $X = \begin{bmatrix} 8.622{,}0 \\ 4.685{,}0 \\ 3.661{,}4 \end{bmatrix} \begin{matrix} \text{Agricultor} \\ \text{Padeiro} \\ \text{Merceeiro} \end{matrix}$

15. (a)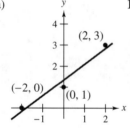

17. (a)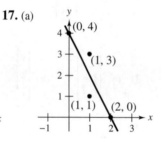

(b) $y = \frac{4}{3} + \frac{3}{4}x$ (b) $y = 4 - 2x$
(c) $\frac{1}{6}$ (c) 2

19. $y = -\frac{1}{3} + 2x$ **21.** $y = 1{,}3 + 0{,}6x$
23. $y = 0{,}412x + 3$ **25.** $y = -0{,}5x + 7{,}5$
27. (a) $y = -1{,}78x + 127{,}6$
  (b) cerca de 69
29. (a) $y = -0{,}5x + 126$
  (b)

  (c)
Número	100	120	140
Real	75	68	55
Estimado	76	66	56

  Os valores estimados estão próximos dos valores reais.
  (d) 41%   (e) 172
31. As respostas irão variar.

Exercícios de revisão   (página 104)

1. $\begin{bmatrix} -13 & -8 & 18 \\ 0 & 11 & -19 \end{bmatrix}$ **3.** $\begin{bmatrix} 14 & -2 & 8 \\ 14 & -10 & 40 \\ 36 & -12 & 48 \end{bmatrix}$

5. $\begin{bmatrix} 4 & 6 & 3 \\ 0 & 6 & -10 \\ 0 & 0 & 6 \end{bmatrix}$ **7.** $\begin{bmatrix} 2 & 1 \\ 1 & 4 \end{bmatrix} \begin{bmatrix} x_1 \\ x_2 \end{bmatrix} = \begin{bmatrix} -8 \\ -4 \end{bmatrix}, x = \begin{bmatrix} -4 \\ 0 \end{bmatrix}$

9. $\begin{bmatrix} -3 & -1 & 1 \\ 2 & 4 & -5 \\ 1 & -2 & 3 \end{bmatrix} \begin{bmatrix} x_1 \\ x_2 \\ x_3 \end{bmatrix} = \begin{bmatrix} 0 \\ -3 \\ 1 \end{bmatrix}, x = \begin{bmatrix} \frac{2}{3} \\ -\frac{17}{3} \\ -\frac{11}{3} \end{bmatrix}$

11. $A^T = \begin{bmatrix} 1 & 0 \\ 2 & 1 \\ -3 & 2 \end{bmatrix}, A^T A = \begin{bmatrix} 1 & 2 & -3 \\ 2 & 5 & -4 \\ -3 & -4 & 13 \end{bmatrix},$

$AA^T = \begin{bmatrix} 14 & -4 \\ -4 & 5 \end{bmatrix}$

13. $A^T = \begin{bmatrix} 1 & 3 & -1 \end{bmatrix}, A^T A = [11]$

$AA^T = \begin{bmatrix} 1 & 3 & -1 \\ 3 & 9 & -3 \\ -1 & -3 & 1 \end{bmatrix}$

15. $\begin{bmatrix} 1 & -1 \\ 2 & -3 \end{bmatrix}$ **17.** $\begin{bmatrix} \frac{3}{20} & \frac{3}{20} & \frac{1}{10} \\ \frac{3}{10} & -\frac{1}{30} & -\frac{2}{15} \\ -\frac{1}{5} & -\frac{1}{5} & \frac{1}{5} \end{bmatrix}$ **19.** $\begin{bmatrix} x_1 \\ x_2 \end{bmatrix} = \begin{bmatrix} 10 \\ -12 \end{bmatrix}$

21. $\begin{bmatrix} x_1 \\ x_2 \\ x_3 \end{bmatrix} = \begin{bmatrix} 2 \\ -3 \\ 3 \end{bmatrix}$ **23.** $\begin{bmatrix} 1 \\ -5 \end{bmatrix}$ **25.** $\begin{bmatrix} 0 \\ -\frac{1}{7} \\ \frac{3}{7} \end{bmatrix}$

27. $\begin{bmatrix} \frac{1}{14} & \frac{1}{42} \\ -\frac{1}{21} & \frac{2}{21} \end{bmatrix}$ **29.** $x \neq -3$ **31.** $\begin{bmatrix} 1 & 0 & -4 \\ 0 & 1 & 0 \\ 0 & 0 & 1 \end{bmatrix}$

33. $\begin{bmatrix} 1 & 3 \\ 0 & 1 \end{bmatrix} \begin{bmatrix} 2 & 0 \\ 0 & 1 \end{bmatrix}$
(A resposta não é única.)

35. $\begin{bmatrix} 1 & 0 & 0 \\ 0 & 1 & 0 \\ 0 & 0 & 4 \end{bmatrix} \begin{bmatrix} 1 & 0 & 0 \\ 0 & 1 & -2 \\ 0 & 0 & 1 \end{bmatrix} \begin{bmatrix} 1 & 0 & 1 \\ 0 & 1 & 0 \\ 0 & 0 & 1 \end{bmatrix}$
(A resposta não é única.)

37. $\begin{bmatrix} -1 & 0 \\ 0 & -1 \end{bmatrix}$ e $\begin{bmatrix} 1 & 0 \\ 0 & 1 \end{bmatrix}$
(A resposta não é única.)

39. $\begin{bmatrix} 0 & 0 \\ 0 & 0 \end{bmatrix}, \begin{bmatrix} 1 & 0 \\ 0 & 1 \end{bmatrix}$ e $\begin{bmatrix} 1 & 0 \\ 0 & 0 \end{bmatrix}$
(A resposta não é única.)

41. (a) $a = -1$ (b) e (c) Demonstrações
  $b = -1$
  $c = 1$

43. $\begin{bmatrix} 1 & 0 \\ 3 & 1 \end{bmatrix} \begin{bmatrix} 2 & 5 \\ 0 & -1 \end{bmatrix}$
(A resposta não é única.)

45. $\begin{bmatrix} 1 & 0 & 0 \\ 0 & 1 & 0 \\ -4 & 5 & 1 \end{bmatrix} \begin{bmatrix} 4 & 1 & 0 \\ 0 & 3 & -7 \\ 0 & 0 & 36 \end{bmatrix}$
(A resposta não é única.)
47. $x = 4, y = 1, z = -1$

Respostas dos exercícios ímpares e das provas **A17**

49. (a) $\begin{bmatrix} 418 & 454 \\ 90 & 100 \end{bmatrix}$ (b) $\begin{bmatrix} 209 & 227 \\ 45 & 50 \end{bmatrix}$

51. (a) $\begin{bmatrix} 580b_{11} + 840b_{21} + 320b_{31} & 128{,}20 \\ 560b_{11} + 420b_{21} + 160b_{31} & 77{,}60 \\ 860b_{11} + 1020b_{21} + 540b_{31} & 178{,}60 \end{bmatrix}$

A primeira coluna fornece as vendas totais de gás em cada dia e a segunda coluna dá o lucro total em cada dia.

(b) \$ 384,40

53. $\begin{bmatrix} 0 & 0 \\ 0 & 0 \end{bmatrix}$ **55.** Estocástica **57.** Não estocástica

59. $X_1 = \begin{bmatrix} \frac{5}{12} \\ \frac{7}{12} \end{bmatrix}, X_2 = \begin{bmatrix} \frac{17}{48} \\ \frac{31}{48} \end{bmatrix}, X_3 = \begin{bmatrix} \frac{65}{192} \\ \frac{127}{192} \end{bmatrix}$

61. $X_1 = \begin{bmatrix} 0{,}375 \\ 0{,}475 \\ 0{,}150 \end{bmatrix}, X_2 = \begin{bmatrix} 0{,}3063 \\ 0{,}4488 \\ 0{,}2450 \end{bmatrix}, X_3 \approx \begin{bmatrix} 0{,}2653 \\ 0{,}4274 \\ 0{,}3073 \end{bmatrix}$

63. (a) 120 (b) 144

65. Regular; $\begin{bmatrix} \frac{5}{7} \\ \frac{2}{7} \end{bmatrix}$ **67.** Não regular; $\begin{bmatrix} 0 \\ 0 \\ 1 \end{bmatrix}$

69. $\begin{bmatrix} \frac{3}{7} \\ \frac{4}{7} \end{bmatrix}$

Com o tempo, $\frac{3}{7}$ dos clientes vão devolver seus ingressos e $\frac{4}{7}$ não.

71. Não absorvente; nenhum estado é absorvente.

73. (a) Falso. Veja o Teorema 2.1, parte 1, página 52.

(b) Verdadeiro. Veja o Teorema 2.6, parte 2, página 57.

75. (a) Falso. Os elementos devem estar entre 0 e 1 inclusive.

(b) Verdadeiro. Veja, na página 90, o Exemplo 7(a).

77. Não codificado:

$[15 \quad 14][5 \quad 0][9 \quad 6][0 \quad 2][25 \quad 0]$
$[12 \quad 1][14 \quad 4]$

Codificado:

103 44 25 10 57 24 4 2 125 50 62 25 78 32

79. $A^{-1} = \begin{bmatrix} 3 & 2 \\ 4 & 3 \end{bmatrix}$; ALL_SYSTEMS_GO

81. _CAN_YOU_HEAR_ME_NOW

83. $D = \begin{bmatrix} 0{,}20 & 0{,}50 \\ 0{,}30 & 0{,}10 \end{bmatrix}, X \approx \begin{bmatrix} 133{.}333 \\ 133{.}333 \end{bmatrix}$

85. $y = \frac{20}{3} - \frac{3}{2}x$ **87.** $y = 2{,}5x$

89. (a) $y = 13{,}4x + 164$

(b) $y = 13{,}4x + 164$; eles são os mesmos.

(c)

Ano	2008	2009	2010	2011	2012	2013
Real	270	286	296	316	326	336
Estimado	271	285	298	311	325	338

Os valores estimados estão próximos dos valores reais.

Capítulo 3

Seção 3.1 *(página 116)*

1. 1 **3.** 5 **5.** 27 **7.** -24 **9.** 0

11. $\lambda^2 - 4\lambda - 5$

13. (a) $M_{11} = 4$ (b) $C_{11} = 4$
$M_{12} = 3$ $\qquad$ $C_{12} = -3$
$M_{21} = 2$ $\qquad$ $C_{21} = -2$
$M_{22} = 1$ $\qquad$ $C_{22} = 1$

15. (a) $M_{11} = 23$ $\quad M_{12} = -8$ $\quad M_{13} = -22$
$M_{21} = 5$ $\quad M_{22} = -5$ $\quad M_{23} = 5$
$M_{31} = 7$ $\quad M_{32} = -22$ $\quad M_{33} = -23$

(b) $C_{11} = 23$ $\quad C_{12} = 8$ $\quad C_{13} = -22$
$C_{21} = -5$ $\quad C_{22} = -5$ $\quad C_{23} = -5$
$C_{31} = 7$ $\quad C_{32} = 22$ $\quad C_{33} = -23$

17. (a) $4(-5) + 5(-5) + 6(-5) = -75$

(b) $2(8) + 5(-5) - 3(22) = -75$

19. -58 **21.** -30 **23.** 0,002 **25.** $2x - 3y - 1$

27. 0 **29.** $65{.}644w + 62{.}256x + 12{.}294y - 24{.}672z$

31. -100 **33.** 29 **35.** 0,281 **37.** 19

39. -24 **41.** 0

43. (a) Falso. Veja "Definição do determinante de uma matriz 2×2", página 110.

(b) Verdadeiro. Veja a "Observação", página 112.

(c) Falso. Veja "Menores e cofatores de uma matriz quadrada", página 111.

45. $x = -1, -4$ **47.** $x = -1, 4$ **49.** $\lambda = -1 \pm \sqrt{3}$

51. $\lambda = -2, 0$ ou 1 **53.** Demonstração **55.** $18uv - 1$

57. e^{5x} **59.** $1 - \ln x$ **61.** r

63. $wz - xy$ **65.** $wz - xy$

67. $xy^2 - xz^2 + yz^2 - x^2y + x^2z - y^2z$

69. (a) Demonstração

(b) $\begin{vmatrix} x & 0 & 0 & d \\ -1 & x & 0 & c \\ 0 & -1 & x & b \\ 0 & 0 & -1 & a \end{vmatrix}$

Seção 3.2 *(página 123)*

1. A primeira linha é o dobro da segunda linha. Se uma linha de uma matriz é um múltiplo de outra linha, então o determinante da matriz é zero.

3. A segunda linha consiste inteiramente em zeros. Se uma linha de uma matriz consiste inteiramente em zero, então o determinante da matriz é zero.

5. A segunda e a terceira colunas estão permutadas. Se duas colunas de uma matriz são permutadas, então o determinante da matriz muda de sinal.

7. A primeira linha da matriz é multiplicada por 5. Se uma linha de uma matriz é multiplicada por um escalar, então o determinante da matriz é multiplicado por aquele escalar.

9. Um 4 é fatorado na segunda coluna e um 3 é fatorado na terceira coluna. Se uma coluna de uma matriz é multiplicada por um escalar, então o determinante da matriz é multiplicado por aquele escalar.

11. Um 5 é fatorado em cada coluna. Se uma coluna da matriz é multiplicada por um escalar, então o determinante da matriz é multiplicado por aquele escalar.

13. A primeira linha multiplicada por -4 é somada à segunda linha. Se um múltiplo escalar de uma linha de uma matriz for somado à outra linha, o determinante da matriz permanece inalterado.

15. Um múltiplo da primeira linha é somado à segunda linha. Se um múltiplo escalar de uma linha for somado à outra linha, então os determinantes são iguais.

17. A segunda linha da matriz é multiplicada por -1. Se uma linha de uma matriz é multiplicada por um escalar, então o determinante é multiplicado por aquele escalar.

A18 Elementos de álgebra linear

19. A quinta coluna é o dobro da primeira coluna. Se uma coluna de uma matriz é um múltiplo de outra coluna, então o determinante da matriz é zero.

21. -1 **23.** 8 **25.** 28 **27.** 0 **29.** -59

31. -1.344 **33.** 136 **35.** -1.100

37. (a) Verdadeiro. Veja o Teorema 3.3, parte 1, página 118.
(b) Verdadeiro. Veja o Teorema 3.3, parte 3, página 118.
(c) Verdadeiro. Veja o Teorema 3.4, parte 2, página 121.

39. k **41.** 1 **43.** Demonstração

45. (a) $\cos^2 \theta + \text{sen}^2 \theta = 1$ (b) $\text{sen}^2 \theta - 1 = -\cos^2 \theta$

47. Demonstração

Seção 3.3 *(página 131)*

1. (a) 0 (b) -1 (c) $\begin{bmatrix} -2 & -3 \\ 4 & 6 \end{bmatrix}$ (d) 0

3. (a) 2 (b) -6 (c) $\begin{bmatrix} 1 & 4 & 3 \\ -1 & 0 & 3 \\ 0 & 2 & 0 \end{bmatrix}$ (d) -12

5. (a) 3 (b) 6 (c) $\begin{bmatrix} 6 & 3 & -2 & 2 \\ 2 & 1 & 0 & -1 \\ 9 & 4 & -3 & 8 \\ 8 & 5 & -4 & 5 \end{bmatrix}$ (d) 18

7. -250 **9.** 54 **11.** 0 **13.** -3.125

15. (a) -2 (b) -2 (c) $\begin{bmatrix} 0 & 0 \\ 0 & 0 \end{bmatrix}$ (d) 0

17. (a) 1 (b) -1 (c) $\begin{bmatrix} 0 & 1 & 3 \\ -1 & 2 & 3 \\ 1 & 2 & 1 \end{bmatrix}$ (d) -8

19. Singular **21.** Não singular

23. Singular **25.** $\frac{1}{5}$ **27.** $-\frac{1}{3}$ **29.** $\frac{1}{24}$

31. A solução é única porque o determinante da matriz dos coeficientes é diferente de zero.

33. A solução não é única porque o determinante da matriz dos coeficientes é zero.

35. A solução é única porque o determinante da matriz dos coeficientes é diferente de zero.

37. $k = -1, 4$ **39.** $k = 24$ **41.** $k = \pm\dfrac{\sqrt{2}}{2}$

43. (a) 14 (b) 196 (c) 196 (d) 56 (e) $\frac{1}{14}$

45. (a) -30 (b) 900 (c) 900 (d) -240 (e) $-\frac{1}{30}$

47. (a) 29 (b) 841 (c) 841 (d) 232 (e) $\frac{1}{29}$

49. (a) -30 (b) 900 (c) 900 (d) -480 (e) $-\frac{1}{30}$

51. (a) 22 (b) 22 (c) 484 (d) 88 (e) $\frac{1}{22}$

53. (a) -26 (b) -26 (c) 676 (d) -208 (e) $-\frac{1}{26}$

55. (a) -115 (b) -115 (c) 13.225 (d) -1.840 (e) $-\frac{1}{115}$

57. (a) 25 (b) 9 (c) -125 (d) 81

59. Demonstração

61. $\begin{bmatrix} 0 & 1 \\ 0 & 0 \end{bmatrix}$ e $\begin{bmatrix} 1 & 0 \\ 0 & 0 \end{bmatrix}$
(A resposta não é única.)

63. 0 **65.** Demonstração

67. Não; em geral, $P^{-1}AP \neq A$. Por exemplo, sejam

$$P = \begin{bmatrix} 1 & 2 \\ 3 & 5 \end{bmatrix}, \; P^{-1} = \begin{bmatrix} -5 & 2 \\ 3 & -1 \end{bmatrix} \text{ e } A = \begin{bmatrix} 2 & 1 \\ -1 & 0 \end{bmatrix}.$$

Então você tem

$$P^{-1}AP = \begin{bmatrix} -27 & -49 \\ 16 & 29 \end{bmatrix} \neq A.$$

A equação $|P^{-1}AP| = |A|$ é verdade em geral porque

$$|P^{-1}AP| = |P^{-1}||A||P|$$
$$= |P^{-1}||P||A| = \frac{1}{|P|}|P||A| = |A|.$$

69. Demonstração

71. (a) Falso. Veja o Teorema 3.6, página 127.
(b) Verdadeiro. Veja o Teorema 3.8, página 128.
(c) Verdadeiro. Veja "Condições equivalentes para uma matriz não singular", partes 1 e 2, página 129.

73. Ortogonal **75.** Não ortogonal **77.** Ortogonal

79. Demonstração **81.** Ortogonal **83.** Demonstração

Seção 3.4 *(página 142)*

1. $\text{adj}(A) = \begin{bmatrix} 4 & -2 \\ -3 & 1 \end{bmatrix}, \; A^{-1} = \begin{bmatrix} -2 & 1 \\ \frac{3}{2} & -\frac{1}{2} \end{bmatrix}$

3. $\text{adj}(A) = \begin{bmatrix} 0 & 0 & 0 \\ 0 & -12 & -6 \\ 0 & 4 & 2 \end{bmatrix}, \; A^{-1} \text{ não existe.}$

5. $\text{adj}(A) = \begin{bmatrix} -7 & -12 & 13 \\ 2 & 3 & -5 \\ 2 & 3 & -2 \end{bmatrix}, \; A^{-1} = \begin{bmatrix} \frac{7}{3} & 4 & -\frac{13}{3} \\ -\frac{2}{3} & -1 & \frac{5}{3} \\ -\frac{2}{3} & -1 & \frac{2}{3} \end{bmatrix}$

7. $\text{adj}(A) = \begin{bmatrix} 7 & 1 & 9 & -13 \\ 7 & 1 & 0 & -4 \\ -4 & 2 & -9 & 10 \\ 2 & -1 & 9 & -5 \end{bmatrix},$

$$A^{-1} = \begin{bmatrix} \frac{7}{9} & \frac{1}{9} & 1 & -\frac{13}{9} \\ \frac{7}{9} & \frac{1}{9} & 0 & -\frac{4}{9} \\ -\frac{4}{9} & \frac{2}{9} & -1 & \frac{10}{9} \\ \frac{2}{9} & -\frac{1}{9} & 1 & -\frac{5}{9} \end{bmatrix}$$

9. $x_1 = 1$ **11.** $x = 2$ **13.** $x = \frac{3}{4}$
   $x_2 = 2$ $y = -2$ $y = -\frac{1}{2}$

15. A regra de Cramer não se aplica porque a matriz dos coeficientes tem determinante zero.

17. $x = 1$ **19.** $x = 1$
   $y = 1$ $y = \frac{1}{2}$
   $z = 2$ $z = \frac{3}{2}$

21. $x_1 = -1, x_2 = 3, x_3 = 2$ **23.** $x_1 = -12, x_2 = 10$

25. $x_1 = 5, x_2 = -3, x_3 = 2, x_4 = -1$

27. $x = \dfrac{4k - 3}{2k - 1}, y = \dfrac{4k - 1}{2k - 1}$

O sistema será inconsistente se $k = \frac{1}{2}$.

29. 3 **31.** 3 **33.** Colinear **35.** Não colinear

37. $3y - 4x = 0$ **39.** $x = -2$ **41.** $\frac{1}{3}$ **43.** 2 **45.** 10

47. Não coplanar **49.** Coplanar **51.** Não coplanar

53. $4x - 10y + 3z = 27$ **55.** $x + y + z = 0$ **57.** $z = -4$
59. Incorreto. O numerador e o denominador devem ser trocados.
61. (a) $a + b + c = 156,8$
$4a + 2b + c = 161,7$
$9a + 3b + c = 177,2$
(b) $a = 5,3, b = -11, c = 162,5$
(c)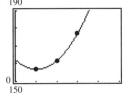
(d) O polinômio ajusta exatamente os dados.
63. Demonstração   **65.** Demonstração
67. Exemplo de resposta: $|\text{adj}(A)| = \begin{vmatrix} -2 & 0 \\ -1 & 1 \end{vmatrix} = -2,$

$|A|^{2-1} = \begin{vmatrix} 1 & 0 \\ 1 & -2 \end{vmatrix}^{2-1} = -2$

69. Demonstração

Exercícios de revisão   (página 144)

1. 10 **3.** 0 **5.** 14 **7.** -6 **9.** 1.620
11. 82 **13.** -64 **15.** -1 **17.** -1
19. Como a segunda linha é um múltiplo da primeira linha, o determinante é zero.
21. Um -4 foi fatorado da segunda coluna e um 3 foi fatorado da terceira coluna. Se uma coluna de uma matriz é multiplicada por um escalar, então o determinante da matriz também é multiplicado por esse escalar.
23. (a) -1 (b) -5 (c) $\begin{bmatrix} 1 & -2 \\ 2 & 1 \end{bmatrix}$ (d) 5
25. (a) -35 (b) $-42,875$ (c) $1,225$ (d) -875
27. (a) -20 (b) $-\frac{1}{20}$ **29.** $-\frac{1}{6}$ **31.** $-\frac{1}{10}$
33. $x_1 = 0$ **35.** $x_1 = -3$
$x_2 = -\frac{1}{2}$ $x_2 = -1$
$x_3 = \frac{1}{2}$ $x_3 = 2$
37. Solução única   **39.** Solução única
41. Não é uma solução única
43. (a) 8 (b) 4 (c) 64 (d) 8 (e) $\frac{1}{2}$
45. Demonstração **47.** 0 **49.** $-\frac{1}{2}$ **51.** u **53.** $-uv$
55. A redução por linhas é geralmente preferida para matrizes com poucos zeros. Para uma matriz com muitos zeros, muitas vezes é mais fácil expandir ao longo de uma linha ou coluna com muitos zeros.
57. $x = \pi/4 + n\pi/2$, onde n é um número inteiro.
59. $\begin{bmatrix} 1 & -1 \\ 2 & 0 \end{bmatrix}$
61. Solução única: $x = 0,6$
$y = 0,5$
63. Solução única: $x_1 = \frac{1}{2}$
$x_2 = -\frac{1}{3}$
$x_3 = 1$
65. $x_1 = 6, x_2 = -2$ **67.** 16 **69.** $x - 2y = -4$
71. $9x + 4y - 3z = 0$

73. Incorreto. No numerador, a coluna de constantes,
$\begin{bmatrix} -1 \\ 6 \\ 1 \end{bmatrix}$
deve substituir a terceira coluna da matriz dos coeficientes, não a primeira coluna.
75. (a) Falso. Veja "Menores e cofatores de uma matriz quadrada", página 111.
(b) Falso. Veja o Teorema 3.3, parte 1, página 118.
(c) Verdadeiro. Veja o Teorema 3.4, parte 3, página 121.
(d) Falso. Veja o Teorema 3.9, página 130.
77. (a) Falso. Veja o Teorema 3.11, página 137.
(b) Falso. Veja "Teste para pontos colineares no plano xy", página 139.

Prova cumulativa dos Capítulos 1-3 (página 149)

1. Não linear **2.** Linear **3.** $x = 1, y = -2$
4. $x_1 = 2, x_2 = -3, x_3 = -2$
5. $x = -10, y = 20, z = -40, w = 12$
6. $x_1 = s - 2t, x_2 = 2 + t, x_3 = t, x_4 = s$
7. $x_1 = -2s, x_2 = s, x_3 = 2t, x_4 = t$
8. $k = 12$ **9.** $x = -3, y = 4$
10. $A^T A = \begin{bmatrix} 29 & 23 & 17 \\ 23 & 25 & 27 \\ 17 & 27 & 37 \end{bmatrix}$ **11.** $\begin{bmatrix} -\frac{1}{4} & \frac{1}{8} \\ \frac{1}{6} & \frac{1}{12} \end{bmatrix}$

12. $\begin{bmatrix} -\frac{2}{7} & \frac{1}{7} \\ \frac{1}{7} & \frac{2}{21} \end{bmatrix}$ **13.** $\begin{bmatrix} -1 & 0 & 0 \\ 0 & 2 & 0 \\ 0 & 0 & \frac{1}{3} \end{bmatrix}$ **14.** $\begin{bmatrix} 1 & 0 & -1 \\ 0 & 0 & 1 \\ \frac{3}{5} & \frac{1}{5} & -\frac{9}{5} \end{bmatrix}$

15. $x = \frac{4}{3}, y = -\frac{2}{3}$ **16.** $x = 4, y = 2$
17. $\begin{bmatrix} 0 & 1 \\ 1 & 0 \end{bmatrix}\begin{bmatrix} 1 & 0 \\ 2 & 1 \end{bmatrix}\begin{bmatrix} 1 & 0 \\ 0 & -4 \end{bmatrix}$ **18.** -6
(A resposta não é única.)
19. (a) 14 (b) -10 (c) $\begin{bmatrix} -2 & -14 \\ -8 & 14 \end{bmatrix}$ (d) -140
20. (a) 84 (b) $\frac{1}{84}$
21. (a) 567 (b) 7 (c) $\frac{1}{7}$ (d) 343
22. $\begin{bmatrix} \frac{4}{11} & -\frac{10}{11} & \frac{7}{11} \\ -\frac{1}{11} & -\frac{3}{11} & \frac{1}{11} \\ -\frac{2}{11} & \frac{5}{11} & \frac{2}{11} \end{bmatrix}$ **23.** $a = 1, b = 0, c = 2$
24. $y = \frac{7}{6}x^2 + \frac{1}{6}x + 1$ **25.** $3x + 2y = 11$ **26.** 35
27. $I_1 = 3, I_2 = 4, I_3 = 1$
28. $BA = [13.275,00 \quad 15.500,00]$
Os elementos representam os valores totais (em dólares) dos produtos enviados para os dois armazéns.
29. Não; exemplo de resposta:
$A = \begin{bmatrix} 2 & 3 \\ 1 & 4 \end{bmatrix}, B = \begin{bmatrix} 6 & -1 \\ 5 & 0 \end{bmatrix}, C = \begin{bmatrix} 1 & 1 \\ 1 & 1 \end{bmatrix}$

Capítulo 4
Seção 4.1 (página 159)

1. $v = (4, 5)$

3.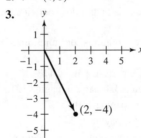

5.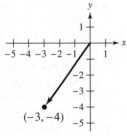

7. $u + v = (3, 1)$

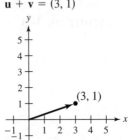

9. $u + v = (-1, -4)$

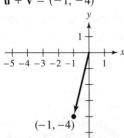

11. $v = \left(-3, \frac{9}{2}\right)$

13. $v = (-8, -1)$

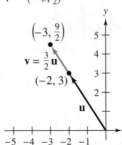

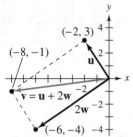

15. $v = \left(-\frac{9}{2}, \frac{7}{2}\right)$

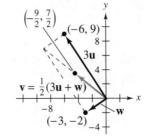

17. (a)

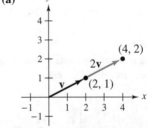

(b)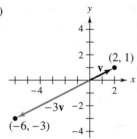

(c)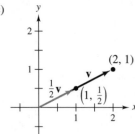

19. $u - v = (-1, 0, 4)$
$v - u = (1, 0, -4)$

21. $(6, 12, 6)$ **23.** $\left(-\frac{1}{4}, \frac{3}{2}, \frac{13}{4}\right)$

25. (a)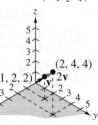

(b)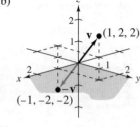

(c)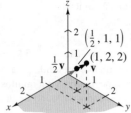

27. (a) Múltiplo escalar **(b)** Não é um múltiplo escalar
29. (a) $(4, -2, -8, 1)$ **(b)** $(8, 12, 24, 34)$ **(c)** $(-4, 4, 13, 3)$
31. (a) $(-9, 3, 2, -3, 6)$ **(b)** $(-2, -18, -12, 18, 36)$
  (c) $(11, -6, -4, 6, -3)$
33. (a) $(1, 6, -5, -3)$ **(b)** $(-1, -8, 10, 0)$
  (c) $\left(-\frac{3}{2}, 11, -\frac{13}{2}, -\frac{21}{2}\right)$
35. $\left(\frac{1}{3}, -\frac{5}{3}, -2, 1\right)$ **37.** $(4, 8, 18, -2)$ **39.** $\left(-1, \frac{5}{3}, 6, \frac{2}{3}\right)$
41. $v = u + w$ **43.** $v = 2u + w$ **45.** $v = -u$
47. $v = u_1 + 2u_2 - 3u_3$
49. Não é possível escrever v como uma combinação linear de u_1, u_2 e u_3.

Respostas dos exercícios ímpares e das provas **A21**

51. $\begin{bmatrix} 3 \\ 9 \\ 6 \end{bmatrix} = (-1)\begin{bmatrix} 1 \\ 7 \\ 4 \end{bmatrix} + 2\begin{bmatrix} 2 \\ 8 \\ 5 \end{bmatrix}$

53. $\mathbf{v} = 2\mathbf{u}_1 + \mathbf{u}_2 - 2\mathbf{u}_3 + \mathbf{u}_4 - \mathbf{u}_5$ **55.** Não

57. (a) Verdadeiro. Dois vetores em R^n são iguais se e somente se as componentes correspondentes forem iguais, ou seja, $\mathbf{u} = \mathbf{v}$ se e somente se $u_1 = v_1, u_2 = v_2, \ldots, u_n = v_n$.

(b) Falso. O vetor $-\mathbf{v}$ é chamado de oposto aditivo de $\mathbf{v}$.

59. Se $\mathbf{b} = x_1\mathbf{a}_1 + \cdots + x_n\mathbf{a}_n$ é uma combinação linear das colunas de A, então uma solução para $A\mathbf{x} = \mathbf{b}$ é

$$\mathbf{x} = \begin{bmatrix} x_1 \\ \vdots \\ x_n \end{bmatrix}.$$

O sistema $A\mathbf{x} = \mathbf{b}$ é inconsistente se $\mathbf{b}$ não for uma combinação linear das colunas de A.

61. As respostas irão variar.   **63.** Demonstração

65. (a) Elemento neutro aditivo

(b) Propriedade distributiva

(c) Some $-0\mathbf{v}$ a ambos os lados.

(d) Elemento oposto aditivo e propriedade associativa

(e) Elemento oposto aditivo

(f) Elemento neutro aditivo

67. (a) Multiplique os dois lados por c^{-1}.

(b) Propriedade associativa e Teorema 4.3, propriedade 4

(c) Inverso pela multiplicação

(d) Elemento neutro multiplicativo

Seção 4.2   *(página 166)*

1. $(0, 0, 0, 0)$

3. $\begin{bmatrix} 0 & 0 & 0 \\ 0 & 0 & 0 \\ 0 & 0 & 0 \\ 0 & 0 & 0 \end{bmatrix}$ **5.** $0 + 0x + 0x^2 + 0x^3$

7. $-(v_1, v_2, v_3) = (-v_1, -v_2, -v_3)$

9. $-\begin{bmatrix} a_{11} & a_{12} & a_{13} \\ a_{21} & a_{22} & a_{23} \end{bmatrix} = \begin{bmatrix} -a_{11} & -a_{12} & -a_{13} \\ -a_{21} & -a_{22} & -a_{23} \end{bmatrix}$

11. $-(a_0 + a_1x + a_2x^2 + a_3x^3 + a_4x^4)$
$= -a_0 - a_1x - a_2x^2 - a_3x^3 - a_4x^4$

13. Espaço vetorial

15. Não é um espaço vetorial; exemplo de resposta: o Axioma 1 falha.

17. Não é um espaço vetorial; o Axioma 4 falha.

19. Espaço vetorial

21. Não é um espaço vetorial; exemplo de resposta: o Axioma 6 falha.

23. Espaço vetorial   **25.** Espaço vetorial

27. Espaço vetorial

29. Não é um espaço vetorial; exemplo de resposta: o Axioma 1 falha.

31. Não é um espaço vetorial; o Axioma 1 falha.

33. Espaço vetorial   **35.** Espaço vetorial

37. Demonstração   **39.** Demonstração

41. (a) O conjunto não é um espaço vetorial. O Axioma 8 falha porque
$(1 + 2)(1, 1) = 3(1, 1) = (3, 1)$
$1(1, 1) + 2(1, 1) = (1, 1) + (2, 1) = (3, 2)$.

(b) O conjunto não é um espaço vetorial. O Axioma 2 falha porque
$(1, 2) + (2, 1) = (1, 0)$
$(2, 1) + (1, 2) = (2, 0)$.
(Os Axiomas 4, 5 e 8 também falham).

(c) O conjunto não é um espaço vetorial. O Axioma 6 falha porque $(-1)(1, 1) = \left(\sqrt{-1}, \sqrt{-1} \right)$, que não está em R^2. (Os axiomas 8 e 9 também falham).

43. Demonstração   **45.** As respostas irão variar.

47. (a) Some $-\mathbf{w}$ a ambos os lados.

(b) Propriedade associativa

(c) Elemento oposto aditivo

(d) Elemento neutro aditivo

49. (a) Verdadeiro. Veja a página 161.

(b) Falso. Veja o Exemplo 6, página 165.

(c) Falso. Com as operações padrão no R^3, o axioma do elemento oposto aditivo não está satisfeito.

51. Demonstração

Seção 4.3   *(página 173)*

1. W é não vazio e $W \subset R^4$, então só é preciso verificar que W é fechado para soma e para multiplicação por escalar. Dados
$(x_1, x_2, x_3, 0) \in W$ e $(y_1, y_2, y_3, 0) \in W$,
segue que
$(x_1, x_2, x_3, 0) + (y_1, y_2, y_3, 0)$
$= (x_1 + y_1, x_2 + y_2, x_3 + y_3, 0) \in W$.
Além disso, para qualquer número real c e
$(x_1, x_2, x_3, 0) \in W$, resulta
$c(x_1, x_2, x_3, 0) = (cx_1, cx_2, cx_3, 0) \in W$.

3. W é não vazio e $W \subset M_{2,2}$, de modo que você só precisa verificar que W é fechado para soma e para multiplicação por escalar. Dados
$\begin{bmatrix} 0 & a_1 \\ b_1 & 0 \end{bmatrix} \in W$ e $\begin{bmatrix} 0 & a_2 \\ b_2 & 0 \end{bmatrix} \in W$,
segue que
$\begin{bmatrix} 0 & a_1 \\ b_1 & 0 \end{bmatrix} + \begin{bmatrix} 0 & a_2 \\ b_2 & 0 \end{bmatrix} = \begin{bmatrix} 0 & a_1 + a_2 \\ b_1 + b_2 & 0 \end{bmatrix} \in W$.
Além disso, para qualquer número real c e
$\begin{bmatrix} 0 & a \\ b & 0 \end{bmatrix} \in W$, ocorre
$c\begin{bmatrix} 0 & a \\ b & 0 \end{bmatrix} = \begin{bmatrix} 0 & ca \\ cb & 0 \end{bmatrix} \in W$.

5. Lembre-se, do cálculo, que a continuidade implica integrabilidade; $W \subset V$. Então, como W é não vazio, você só precisa verificar que W é fechado para soma e para multiplicação por escalar. Dadas as funções contínuas $f, g \in W$, segue que $f + g$ é contínua e $f + g \in W$. Além disso, para quaisquer número real c e função contínua $f \in W$, cf é contínua. Então, $cf \in W$.

7. Não é fechado para soma:
$(0, 0, -1) + (0, 0, -1) = (0, 0, -2)$

9. Não é fechado para multiplicação por escalar:
$\sqrt{2}(1, 1) = \left(\sqrt{2}, \sqrt{2} \right)$

11. Não é fechado para multiplicação por escalar:
$(-1)e^x = -e^x$

13. Não é fechado para multiplicação por escalar:
$(-2)(1, 1, 1) = (-2, -2, -2)$

A22   Elementos de álgebra linear

15. Não é fechado para multiplicação por escalar:
$$2\begin{bmatrix} 1 & 0 & 0 \\ 0 & 1 & 0 \\ 0 & 0 & 0 \end{bmatrix} = \begin{bmatrix} 2 & 0 & 0 \\ 0 & 2 & 0 \\ 0 & 0 & 0 \end{bmatrix}$$

17. Não é fechado para soma:
$$\begin{bmatrix} 1 & 0 & 0 \\ 0 & 1 & 0 \\ 0 & 0 & 1 \end{bmatrix} + \begin{bmatrix} 1 & 0 & 1 \\ 0 & 1 & 0 \\ 0 & 0 & 1 \end{bmatrix} = \begin{bmatrix} 2 & 0 & 1 \\ 0 & 2 & 0 \\ 0 & 0 & 2 \end{bmatrix}$$

19. Não é fechado para soma:
$(2, 8) + (3, 27) = (5, 35)$

21. Não é um subespaço; não é fechado para multiplicação por escalar

23. Subespaço; não vazio e fechado para soma e para multiplicação por escalar

25. Subespaço; não vazio e fechado para soma e para multiplicação por escalar

27. Subespaço; não vazio e fechado para soma e para multiplicação por escalar

29. Subespaço; não vazio e fechado para soma e para multiplicação por escalar

31. Não é um subespaço; não é fechado para multiplicação por escalar

33. Não é um subespaço; não é fechado para soma

35. Subespaço; não vazio e fechado para adição e para multiplicação por escalar

37. Subespaço; não vazio e fechado para adição e para multiplicação por escalar

39. Subespaço; não vazio e fechado para adição e para multiplicação por escalar

41. Não é um subespaço; não é fechado para soma

43. (a) Verdadeiro. Veja o Teorema 4.5, parte 2, página 168.
(b) Verdadeiro. Veja o Teorema 4.6, página 170.
(c) Falso. Pode haver elementos de W que não são elementos de U, ou vice-versa.

45–59. Demonstrações

Seção 4.4   *(página 183)*

1. (a) $\mathbf{z} = 2(2, -1, 3) - (5, 0, 4)$
(b) $\mathbf{v} = \frac{1}{4}(2, -1, 3) + \frac{3}{2}(5, 0, 4)$
(c) $\mathbf{w} = 8(2, -1, 3) - 3(5, 0, 4)$
(d) $\mathbf{u}$ não pode ser escrito como uma combinação linear dos vetores dados.

3. (a) $\mathbf{u} = -\frac{7}{4}(2, 0, 7) + \frac{5}{4}(2, 4, 5) + 0(2, -12, 13)$
(b) $\mathbf{v}$ não pode ser escrito como uma combinação linear dos vetores dados.
(c) $\mathbf{w} = -\frac{1}{6}(2, 0, 7) + \frac{1}{3}(2, 4, 5) + 0(2, -12, 13)$
(d) $\mathbf{z} = -4(2, 0, 7) + 5(2, 4, 5) + 0(2, -12, 13)$

5. $\begin{bmatrix} 6 & -19 \\ 10 & 7 \end{bmatrix} = 3A - 2B$

7. $\begin{bmatrix} -2 & 23 \\ 0 & -9 \end{bmatrix} = -A + 4B$

9. S gera R^2.   **11.** S gera R^2.
13. S não gera R^2; reta   **15.** S não gera R^2; reta
17. S não gera R^2; reta   **19.** S gera R^3.
21. S não gera R^3; plano   **23.** S não gera R^3; plano
25. S não gera P_2.   **27.** Linearmente independente
29. Linearmente dependente   **31.** Linearmente independente

33. Linearmente dependente   **35.** Linearmente independente
37. Linearmente dependente   **39.** Linearmente independente
41. Linearmente dependente   **43.** Linearmente independente
45. Linearmente dependente   **47.** Linearmente independente
49. Linearmente dependente   **51.** Linearmente independente

53. $(3, 4) - 4(-1, 1) - \frac{7}{2}(2, 0) = (0, 0)$,
$(3, 4) = 4(-1, 1) + \frac{7}{2}(2, 0)$
(A resposta não é única.)

55. $(1, 1, 1) - (1, 1, 0) - (0, 0, 1) - 0(0, 1, 1) = (0, 0, 0)$
$(1, 1, 1) = (1, 1, 0) + (0, 0, 1) - 0(0, 1, 1)$
(A resposta não é única.)

57. (a) Todo $t \neq 1, -2$ (b) Todo $t \neq \frac{1}{2}$

59. Demonstração

61. Como a matriz
$$\begin{bmatrix} 1 & 2 & -1 \\ 0 & 1 & 1 \\ 2 & 5 & -1 \end{bmatrix} \text{ se reduz por linhas a } \begin{bmatrix} 1 & 0 & -3 \\ 0 & 1 & 1 \\ 0 & 0 & 0 \end{bmatrix} \text{ e }$$
$$\begin{bmatrix} -2 & -6 & 0 \\ 1 & 1 & -2 \end{bmatrix} \text{ se reduz por linhas a } \begin{bmatrix} 1 & 0 & -3 \\ 0 & 1 & 1 \end{bmatrix},$$
S_1 e S_2 geram o mesmo subespaço.

63. (a) Falso. Veja "Definição de dependência linear e independência linear", página 179.
(b) Verdadeiro. Qualquer vetor $\mathbf{u} = (u_1, u_2, u_3, u_4)$ em R^4 pode ser escrito como
$\mathbf{u} = u_1(1, 0, 0, 0) - u_2(0, -1, 0, 0) + u_3(0, 0, 1, 0)$
$+ u_4(0, 0, 0, 1).$

65–77. Demonstrações

Seção 4.5   *(página 193)*

1. $\{(1, 0, 0, 0, 0, 0), (0, 1, 0, 0, 0, 0), (0, 0, 1, 0, 0, 0),$
$(0, 0, 0, 1, 0, 0), (0, 0, 0, 0, 1, 0), (0, 0, 0, 0, 0, 1)\}$

3. $\left\{ \begin{bmatrix} 1 & 0 & 0 \\ 0 & 0 & 0 \\ 0 & 0 & 0 \end{bmatrix}, \begin{bmatrix} 0 & 1 & 0 \\ 0 & 0 & 0 \\ 0 & 0 & 0 \end{bmatrix}, \begin{bmatrix} 0 & 0 & 1 \\ 0 & 0 & 0 \\ 0 & 0 & 0 \end{bmatrix}, \right.$
$\begin{bmatrix} 0 & 0 & 0 \\ 1 & 0 & 0 \\ 0 & 0 & 0 \end{bmatrix}, \begin{bmatrix} 0 & 0 & 0 \\ 0 & 1 & 0 \\ 0 & 0 & 0 \end{bmatrix}, \begin{bmatrix} 0 & 0 & 0 \\ 0 & 0 & 1 \\ 0 & 0 & 0 \end{bmatrix},$
$\left. \begin{bmatrix} 0 & 0 & 0 \\ 0 & 0 & 0 \\ 1 & 0 & 0 \end{bmatrix}, \begin{bmatrix} 0 & 0 & 0 \\ 0 & 0 & 0 \\ 0 & 1 & 0 \end{bmatrix}, \begin{bmatrix} 0 & 0 & 0 \\ 0 & 0 & 0 \\ 0 & 0 & 1 \end{bmatrix} \right\}$

5. $\{1, x, x^2, x^3, x^4\}$

7. S é linearmente dependente e não gera R^2.

9. S não gera R^2.

11. S é linearmente dependente.

13. S é linearmente dependente e não gera R^2.

15. S é linearmente dependente e não gera R^3.

17. S não gera R^3.

19. S é linearmente dependente e não gera R^3.

21. S é linearmente dependente.

23. S é linearmente dependente.

25. S não gera P_2.

27. S não gera P_2.

29. S é linearmente dependente e não gera P_2.

31. S não gera $M_{2,2}$.

33. S é linearmente dependente e não gera $M_{2,2}$.

Respostas dos exercícios ímpares e das provas   A23

35. Base   **37.** Não é uma base   **39.** Base
41. Base   **43.** Não é uma base   **45.** Base
47. Base   **49.** Não é uma base   **51.** Base
53. Base; $(8, 3, 8) = 2(4, 3, 2) - (0, 3, 2) + 3(0, 0, 2)$
55. Não é uma base   **57.** 6   **59.** 8
61. 6   **63.** $3m$

65. $\begin{bmatrix} 1 & 0 & 0 \\ 0 & 0 & 0 \\ 0 & 0 & 0 \end{bmatrix}, \begin{bmatrix} 0 & 0 & 0 \\ 0 & 1 & 0 \\ 0 & 0 & 0 \end{bmatrix}, \begin{bmatrix} 0 & 0 & 0 \\ 0 & 0 & 0 \\ 0 & 0 & 1 \end{bmatrix}; 3$

67. $\{(1, 0), (0, 1)\}, \{(1, 0), (1, 1)\}, \{(0, 1), (1, 1)\}$
69. $\{(2, 2,), (1, 0)\}$
71. (a) Reta   (b) $\{(2, 1)\}$ (c) 1
73. (a) Reta   (b) $\{(2, 1, -1)\}$ (c) 1
75. (a) $\{(2, 1, 0, 1), (-1, 0, 1, 0)\}$ (b) 2
77. (a) $\{(0, 6, 1, -1)\}$ (b) 1
79. (a) Falso. Se a dimensão de V for n, então cada conjunto gerador de V deve ter pelo menos n vetores.

     (b) Verdadeiro. Encontre um conjunto de n vetores da base em V que irá gerar V e adicione qualquer outro vetor.

81–85. Demonstrações

Seção 4.6   *(página 204)*

1. (a) $(0, -2), (1, -3)$ (b) $\begin{bmatrix} 0 \\ 1 \end{bmatrix}, \begin{bmatrix} -2 \\ -3 \end{bmatrix}$

3. (a) $(4, 3, 1), (1, -4, 0)$ (b) $\begin{bmatrix} 4 \\ 1 \end{bmatrix}, \begin{bmatrix} 3 \\ -4 \end{bmatrix}, \begin{bmatrix} 1 \\ 0 \end{bmatrix}$

5. (a) $\{(1, 0), (0, 1)\}$ (b) 2
7. (a) $\{(1, 0, \frac{1}{2}), (0, 1, -\frac{1}{2})\}$ (b) 2
9. (a) $\{(1, 0, 0), (0, 1, 0), (0, 0, 1)\}$ (b) 3
11. (a) $\{(1, 2, -2, 0), (0, 0, 0, 1)\}$ (b) 2
13. $\{(1, 0, 0), (0, 1, 0), (0, 0, 1)\}$ **15.** $\{(1, 1, 0), (0, 0, 1)\}$
17. $\{(1, 0, -1, 0), (0, 1, 0, 0), (0, 0, 0, 1)\}$
19. $\{(1, 0, 0, 0), (0, 1, 0, 0), (0, 0, 1, 0), (0, 0, 0, 1)\}$

21. (a) $\left\{ \begin{bmatrix} 1 \\ 0 \end{bmatrix}, \begin{bmatrix} 0 \\ 1 \end{bmatrix} \right\}$ (b) 2   **23.** (a) $\left\{ \begin{bmatrix} 1 \\ 0 \end{bmatrix}, \begin{bmatrix} 0 \\ 1 \end{bmatrix} \right\}$ (b) 2

25. (a) $\left\{ \begin{bmatrix} 1 \\ 0 \\ \frac{5}{9} \\ \frac{2}{9} \end{bmatrix}, \begin{bmatrix} 0 \\ 1 \\ -\frac{4}{9} \\ \frac{2}{9} \end{bmatrix} \right\}$ (b) 2   **27.** $\left\{ t \begin{bmatrix} 1 \\ 2 \end{bmatrix} \right\}$

29. $\left\{ t \begin{bmatrix} -2 \\ 1 \\ 0 \end{bmatrix} + s \begin{bmatrix} -3 \\ 0 \\ 1 \end{bmatrix} \right\}$ **31.** $\left\{ t \begin{bmatrix} -3 \\ 0 \\ 1 \end{bmatrix} \right\}$

33. $\left\{ t \begin{bmatrix} -1 \\ 2 \\ 1 \end{bmatrix} \right\}$ **35.** $\left\{ \begin{bmatrix} 0 \\ 0 \end{bmatrix} \right\}$

37. $\left\{ t \begin{bmatrix} 2 \\ -2 \\ 0 \\ 1 \end{bmatrix} + s \begin{bmatrix} -1 \\ 1 \\ 1 \\ 0 \end{bmatrix} \right\}$ **39.** $\left\{ \begin{bmatrix} 0 \\ 0 \\ 0 \\ 0 \end{bmatrix} \right\}$

41. (a) $\text{posto}(A) = 3$
     $\text{nulidade}(A) = 2$

     (b) $\left\{ \begin{bmatrix} -3 \\ 1 \\ 1 \\ 0 \\ 0 \end{bmatrix}, \begin{bmatrix} 4 \\ -2 \\ 0 \\ 2 \\ 1 \end{bmatrix} \right\}$

     (c) $\{(1, 0, 3, 0, -4), (0, 1, -1, 0, 2), (0, 0, 0, 1, -2)\}$

     (d) $\left\{ \begin{bmatrix} 1 \\ 2 \\ 3 \\ 4 \end{bmatrix}, \begin{bmatrix} 2 \\ 5 \\ 7 \\ 9 \end{bmatrix}, \begin{bmatrix} 0 \\ 1 \\ 2 \\ -1 \end{bmatrix} \right\}$

     (e) Linearmente dependente   (f) (i) Sim   (ii) Não   (iii) Sim
43. (a) $\{(-1, -3, 2)\}$ (b) 1
45. (a) $\left\{ (-4, -1, 1, 0), \left(-3, -\frac{2}{3}, 0, 1\right) \right\}$ (b) 2
47. (a) $\{(8, -9, -6, 6)\}$ (b) 1

49. Consistente; $\begin{bmatrix} 17 \\ 0 \end{bmatrix} + t \begin{bmatrix} 4 \\ 1 \end{bmatrix}$

51. Consistente; $\begin{bmatrix} 3 \\ 5 \\ 0 \end{bmatrix} + t \begin{bmatrix} 2 \\ -4 \\ 1 \end{bmatrix}$ **53.** Inconsistente

55. Consistente; $\begin{bmatrix} 1 \\ 0 \\ 2 \\ -3 \\ 0 \end{bmatrix} + t \begin{bmatrix} 5 \\ 0 \\ -6 \\ -4 \\ 1 \end{bmatrix} + s \begin{bmatrix} -2 \\ 1 \\ 0 \\ 0 \\ 0 \end{bmatrix}$

57. $\begin{bmatrix} -1 \\ 4 \end{bmatrix} + 2 \begin{bmatrix} 2 \\ 0 \end{bmatrix} = \begin{bmatrix} 3 \\ 4 \end{bmatrix}$

59. Não está no espaço coluna

61. $3 \begin{bmatrix} -1 \\ 0 \\ -2 \end{bmatrix} + 3 \begin{bmatrix} 1 \\ 1 \\ 1 \end{bmatrix} = \begin{bmatrix} 0 \\ 3 \\ -3 \end{bmatrix}$ **63.** Demonstração

65. (a) $\begin{bmatrix} 1 & 0 \\ 0 & 1 \end{bmatrix}, \begin{bmatrix} 0 & 1 \\ 1 & 0 \end{bmatrix}$ (b) $\begin{bmatrix} 1 & 0 \\ 0 & 0 \end{bmatrix}, \begin{bmatrix} 0 & 1 \\ 0 & 0 \end{bmatrix}$

     (c) $\begin{bmatrix} 1 & 0 \\ 0 & 0 \end{bmatrix}, \begin{bmatrix} 0 & 0 \\ 0 & 1 \end{bmatrix}$

67. (a) m (b) r (c) r (d) R^n (e) R^m
69. As respostas irão variar.
71. (a) Demonstração (b) Demonstração (c) Demonstração
73. (a) Verdadeiro. O núcleo de A é o espaço solução do sistema homogêneo $A\mathbf{x} = \mathbf{0}$.

     (b) Verdadeiro. Veja o Teorema 4.16, página 200.
75. (a) Falso. Veja a "Observação", página 196.

     (b) Falso. Veja o Teorema 4.19, página 203.

     (c) Verdadeiro. As colunas de A tornam-se as linhas de A^T, então as colunas de A geram o mesmo espaço que as linhas de A^T.
77. (a) $0, n$ (b) Demonstração
79. (a) Demonstração   (b) Demonstração
81. O posto da matriz é no máximo 3, então os quatro vetores linha formam um conjunto linearmente dependente.

A24 Elementos de álgebra linear

Seção 4.7 (página 216)

1. $\begin{bmatrix} 5 \\ -2 \end{bmatrix}$ **3.** $\begin{bmatrix} 7 \\ -4 \\ -1 \\ 2 \end{bmatrix}$ **5.** $\begin{bmatrix} 8 \\ -3 \end{bmatrix}$ **7.** $\begin{bmatrix} 5 \\ 4 \\ 3 \end{bmatrix}$ **9.** $\begin{bmatrix} -1 \\ 2 \\ 0 \\ 1 \end{bmatrix}$

11. $\begin{bmatrix} 3 \\ 2 \end{bmatrix}$ **13.** $\begin{bmatrix} 1 \\ -1 \\ 2 \end{bmatrix}$ **15.** $\begin{bmatrix} 0 \\ -1 \\ 2 \end{bmatrix}$ **17.** $\begin{bmatrix} \frac{3}{2} & -\frac{1}{2} \\ -2 & 1 \end{bmatrix}$

19. $\begin{bmatrix} 2 & -1 \\ 4 & 3 \end{bmatrix}$ **21.** $\begin{bmatrix} \frac{1}{5} & \frac{1}{20} & -\frac{1}{2} \\ 0 & \frac{1}{4} & 0 \\ -\frac{1}{5} & -\frac{1}{20} & 0 \end{bmatrix}$ **23.** $\begin{bmatrix} 3 & -2 & 1 \\ 4 & -1 & 0 \\ 0 & 1 & -3 \end{bmatrix}$

25. $\begin{bmatrix} \frac{9}{5} & \frac{4}{5} \\ \frac{8}{5} & \frac{3}{5} \end{bmatrix}$ **27.** $\begin{bmatrix} -\frac{2}{41} & \frac{11}{82} \\ -\frac{19}{41} & \frac{43}{82} \end{bmatrix}$ **29.** $\begin{bmatrix} 1 & 1 & -1 \\ -3 & 2 & -1 \\ 3 & -3 & 2 \end{bmatrix}$

31. $\begin{bmatrix} -7 & 3 & 10 \\ 5 & -1 & -6 \\ 11 & -3 & -10 \end{bmatrix}$ **33.** $\begin{bmatrix} -24 & 7 & 1 & -2 \\ -10 & 3 & 0 & -1 \\ -29 & 7 & 3 & -2 \\ 12 & -3 & -1 & 1 \end{bmatrix}$

35. $\begin{bmatrix} 1 & -\frac{3}{11} & \frac{5}{11} & 0 & -\frac{7}{11} \\ 0 & -\frac{2}{11} & \frac{3}{22} & 0 & -\frac{1}{11} \\ -\frac{5}{4} & \frac{9}{22} & -\frac{19}{44} & -\frac{1}{4} & \frac{21}{22} \\ -\frac{3}{4} & \frac{1}{2} & -\frac{1}{4} & \frac{1}{4} & \frac{1}{2} \\ 0 & -\frac{1}{11} & -\frac{2}{11} & 0 & \frac{5}{11} \end{bmatrix}$

37. (a) $\begin{bmatrix} -\frac{1}{3} & \frac{1}{3} \\ \frac{3}{4} & -\frac{1}{2} \end{bmatrix}$ (b) $\begin{bmatrix} 6 & 4 \\ 9 & 4 \end{bmatrix}$ (c) Verifique (d) $\begin{bmatrix} 6 \\ 3 \end{bmatrix}$

39. (a) $\begin{bmatrix} 4 & 5 & 1 \\ -7 & -10 & -1 \\ -2 & -2 & 0 \end{bmatrix}$ (b) $\begin{bmatrix} \frac{1}{2} & \frac{1}{2} & -\frac{5}{4} \\ -\frac{1}{2} & -\frac{1}{2} & \frac{3}{4} \\ \frac{3}{2} & \frac{1}{2} & \frac{5}{4} \end{bmatrix}$

(c) Verifique. (d) $\begin{bmatrix} \frac{11}{4} \\ -\frac{9}{4} \\ \frac{5}{4} \end{bmatrix}$

41. (a) $\begin{bmatrix} -\frac{48}{5} & -24 & \frac{4}{5} \\ 4 & 10 & \frac{1}{2} \\ -\frac{6}{5} & -5 & -\frac{2}{5} \end{bmatrix}$ (b) $\begin{bmatrix} \frac{3}{32} & \frac{17}{20} & \frac{5}{4} \\ -\frac{1}{16} & -\frac{3}{10} & -\frac{1}{2} \\ \frac{1}{2} & \frac{6}{5} & 0 \end{bmatrix}$

(c) Verifique. (d) $\begin{bmatrix} \frac{279}{160} \\ -\frac{61}{80} \\ -\frac{7}{10} \end{bmatrix}$

43. (a) $\begin{bmatrix} \frac{19}{39} & -\frac{9}{13} & \frac{44}{39} \\ -\frac{3}{13} & -\frac{6}{13} & -\frac{9}{13} \\ -\frac{23}{39} & \frac{2}{13} & -\frac{4}{39} \end{bmatrix}$ (b) $\begin{bmatrix} -\frac{2}{7} & -\frac{4}{21} & -\frac{13}{7} \\ -\frac{5}{7} & -\frac{8}{7} & -\frac{1}{7} \\ \frac{4}{7} & -\frac{13}{21} & \frac{5}{7} \end{bmatrix}$

(c) Verifique. (d) $\begin{bmatrix} \frac{22}{7} \\ \frac{6}{7} \\ \frac{19}{7} \end{bmatrix}$

45. $\begin{bmatrix} 1 \\ 5 \\ -2 \\ 1 \end{bmatrix}$ **47.** $\begin{bmatrix} 13 \\ 114 \\ 3 \\ 0 \end{bmatrix}$ **49.** $\begin{bmatrix} 0 \\ 3 \\ 2 \end{bmatrix}$ **51.** $\begin{bmatrix} 1 \\ 2 \\ -1 \end{bmatrix}$

53. Sim; quando $B = B'$, $P^{-1} = I_n$.
55. (a) Falso. Veja o Teorema 4.20, página 210.
(b) Verdadeiro. Veja a discussão antes do Exemplo 5, página 214.
(c) Verdadeiro. Veja o parágrafo antes do Exemplo 1, página 208.
57. QP

Seção 4.8 (página 225)

1. b, c, d **3.** c **5.** a, b, d **7.** b **9.** c
11. b, c **13.** $-x \cos x + \operatorname{sen} x$ **15.** -2 **17.** $-x$
19. 0 **21.** $2e^{3x}$ **23.** 12 **25.** $e^{-x}(\cos x - \operatorname{sen} x)$
27. $W = (b-a)e^{(a+b)x} \neq 0$ **29.** $W = a \neq 0$
31. (a) Verifique. (b) Linearmente independente
(c) $y = C_1 \operatorname{sen} 4x + C_2 \cos 4x$
33. (a) Verifique. (b) Linearmente dependente
(c) Não aplicável
35. (a) Verifique. (b) Linearmente independente
(c) $y = C_1 + C_2 \operatorname{sen} 2x + C_3 \cos 2x$
37. (a) Verifique. (b) Linearmente dependente
(c) Não aplicável
39. (a) Verifique.
(b) $\theta(t) = C_1 \operatorname{sen} \sqrt{\frac{g}{L}} t + C_2 \cos \sqrt{\frac{g}{L}} t$; demonstração
41. Não. Por exemplo, considere $y'' = 1$. Duas soluções são $y = \frac{x^2}{2}$ e $y = \frac{x^2}{2} + 1$. Sua soma não é uma solução.
43. Parábola **45.** Elipse

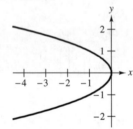
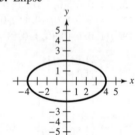

47. Hipérbole **49.** Parábola

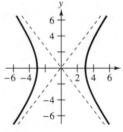
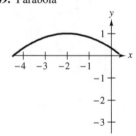

51. Ponto **53.** Hipérbole

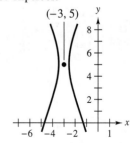

Respostas dos exercícios ímpares e das provas   A25

55. Elipse   **57.** Hipérbole

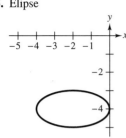
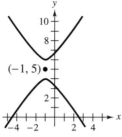

59. c   **60.** b   **61.** a   **62.** d

63. $\dfrac{(y')^2}{2} - \dfrac{(x')^2}{2} = 1$ **65.** $\dfrac{(x')^2}{3} + \dfrac{(y')^2}{5} = 1$

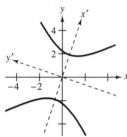
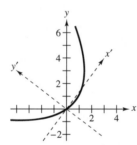

67. $\dfrac{(x')^2}{4} - \dfrac{(y')^2}{4} = 1$ **69.** $(x' - 1)^2 = 6\left(y' + \dfrac{1}{6}\right)$

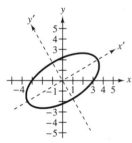
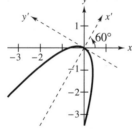

71. $\dfrac{(x')^2}{16} + \dfrac{(y')^2}{4} = 1$ **73.** $x' = -(y')^2$

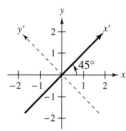

75. $y' = 0$ **77.** $x' = \pm\dfrac{\sqrt{2}}{2}$

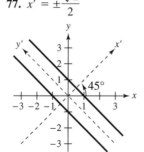

79. Demonstração   **81.** (a) Demonstração   (b) Demonstração
83. As respostas irão variar.

Exercícios de revisão   (página 227)

1. (a) $(4, -1, 3)$ **3.** (a) $(3, 1, 4, 4)$
(b) $(6, 2, 0)$ (b) $(0, 4, 4, 2)$
(c) $(-2, -3, -3)$ (c) $(3, -3, 0, 2)$
(d) $(-3, -8, -9)$ (d) $(9, -7, 2, 7)$
5. $\left(\tfrac{1}{2}, -4, -4\right)$ **7.** $\left(\tfrac{5}{2}, -6, 0\right)$
9. $\mathbf{v} = 2\mathbf{u}_1 - \mathbf{u}_2 + 3\mathbf{u}_3$ **11.** $\mathbf{v} = \tfrac{9}{8}\mathbf{u}_1 + \tfrac{1}{8}\mathbf{u}_2 + 0\mathbf{u}_3$

13. $O_{4,2} = \begin{bmatrix} 0 & 0 \\ 0 & 0 \\ 0 & 0 \\ 0 & 0 \end{bmatrix}$, $-A = \begin{bmatrix} -a_{11} & -a_{12} \\ -a_{21} & -a_{22} \\ -a_{31} & -a_{32} \\ -a_{41} & -a_{42} \end{bmatrix}$

15. $\mathbf{0} = (0, 0, 0, 0, 0)$
$-\mathbf{v} = (-v_1, -v_2, -v_3, -v_4, -v_5)$
17. Subespaço   **19.** Não é um subespaço
21. Subespaço   **23.** Não é um subespaço
25. (a) Subespaço   (b) Não é um subespaço
27. (a) Sim   (b) Sim   (c) Sim
29. (a) Não   (b) Não   (c) Não
31. (a) Sim   (b) Não   (c) Não
33. Base   **35.** Não é uma base

37. (a) $\left\{ t\begin{bmatrix} 3 \\ 4 \end{bmatrix} \right\}$ (b) 1   (c) 1

39. (a) $\left\{ t\begin{bmatrix} 3 \\ 0 \\ 1 \\ 0 \end{bmatrix} + s\begin{bmatrix} -1 \\ -2 \\ 0 \\ 1 \end{bmatrix} \right\}$ (b) 2   (c) 2

41. (a) $\left\{ t\begin{bmatrix} 4 \\ -2 \\ 1 \end{bmatrix} \right\}$ (b) 1   (c) 2

43. (a) $\{(1, 0), (0, 1)\}$ (b) 2
45. (a) $\{(1, 0, 0), (0, 1, 0), (0, 0, 1)\}$ (b) 3

47. (a) $\left\{ \begin{bmatrix} -3 \\ 0 \\ 4 \\ 1 \end{bmatrix}, \begin{bmatrix} -2 \\ 1 \\ 0 \\ 0 \end{bmatrix} \right\}$ (b) 2

49. (a) $\left\{ \begin{bmatrix} 2 \\ 3 \\ 7 \\ 0 \end{bmatrix}, \begin{bmatrix} -1 \\ 0 \\ 0 \\ 1 \end{bmatrix} \right\}$ (b) 2

51. $\begin{bmatrix} -2 \\ 8 \end{bmatrix}$ **53.** $\begin{bmatrix} \tfrac{3}{4} \\ \tfrac{1}{4} \end{bmatrix}$ **55.** $\begin{bmatrix} 2 \\ -1 \\ -1 \end{bmatrix}$ **57.** $\begin{bmatrix} \tfrac{2}{5} \\ -\tfrac{1}{4} \end{bmatrix}$

59. $\begin{bmatrix} -1 \\ 4 \\ \tfrac{3}{2} \end{bmatrix}$ **61.** $\begin{bmatrix} 3 \\ 1 \\ 0 \\ 1 \end{bmatrix}$ **63.** $\begin{bmatrix} 1 & 3 \\ -1 & 1 \end{bmatrix}$

65. $\begin{bmatrix} 0 & 0 & 1 \\ 0 & 1 & 0 \\ 1 & 0 & 0 \end{bmatrix}$ **67.** $\begin{bmatrix} 10 & 23 & 21 \\ 11 & 26 & 24 \\ 12 & 27 & 24 \end{bmatrix}$

69. (a) $\begin{bmatrix} \tfrac{3}{2} & -1 \\ -2 & 1 \end{bmatrix}$ (b) $\begin{bmatrix} -2 & -2 \\ -4 & -3 \end{bmatrix}$
(c) Verifique.   (d) $\begin{bmatrix} 15 \\ -18 \end{bmatrix}$

A26 Elementos de álgebra linear

71. (a) $\begin{bmatrix} 0 & -1 & 0 \\ -1 & 0 & 0 \\ 1 & 1 & 1 \end{bmatrix}$ (b) $\begin{bmatrix} 0 & -1 & 0 \\ -1 & 0 & 0 \\ 1 & 1 & 1 \end{bmatrix}$

(c) Verifique. (d) $\begin{bmatrix} -2 \\ 1 \\ -2 \end{bmatrix}$

73. Base para W: $\{x, x^2, x^3\}$
    Base para U: $\{(x-1), x(x-1), x^2(x-1)\}$
    Base para $W \cap U$: $\{x(x-1), x^2(x-1)\}$

75. Não. Por exemplo, o conjunto
    $\{x^2 + x, x^2 - x, 1\}$
    é uma base para P_2.

77. Sim; demonstração 79. Demonstração
81. As respostas irão variar.
83. (a) Verdadeiro. Veja a discussão anterior sobre "Definições de soma de vetores e multiplicação por escalar em R^n", página 155.
    (b) Falso. Veja o Teorema 4.3, parte 2, página 157.
    (c) Verdadeiro. Veja "Definição de um espaço vetorial" e a discussão seguinte, página 161.
85. (a) Verdadeiro. Veja a discussão em "Vetores em R^n", página 155.
    (b) Falso. Veja "Definição de um espaço vetorial", parte 4, página 161.
    (c) Verdadeiro. Veja a discussão após "Resumo de espaços vetoriais importantes", página 163.
87. a, d 89. a 91. e^x 93. -8
95. (a) Verifique. (b) Linearmente independente
    (c) $y(t) = C_1 e^{-3x} + C_2 x e^{-3x}$
97. (a) Verifique. (b) Linearmente dependente
    (c) Não aplicável
99. Círculo 101. Hipérbole

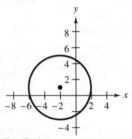
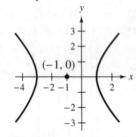

103. Parábola 105. Elipse

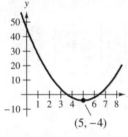
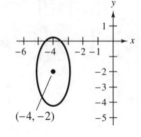

107. $\dfrac{(x')^2}{6} - \dfrac{(y')^2}{6} = 1$ 109. $(x')^2 = 4(y' - 1)$

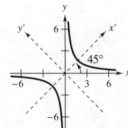
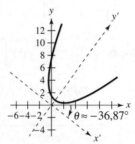

Capítulo 5
Seção 5.1 (página 241)

1. 5 3. $5\sqrt{2}$ 5. (a) $\dfrac{\sqrt{17}}{4}$ (b) $\dfrac{5\sqrt{41}}{8}$ (c) $\dfrac{\sqrt{577}}{8}$

7. (a) $\sqrt{19}$ (b) $\sqrt{2}$ (c) 5

9. (a) $\left(-\dfrac{5}{13}, \dfrac{12}{13}\right)$ (b) $\left(\dfrac{5}{13}, -\dfrac{12}{13}\right)$

11. (a) $\left(\dfrac{3}{\sqrt{38}}, \dfrac{2}{\sqrt{38}}, -\dfrac{5}{\sqrt{38}}\right)$ (b) $\left(-\dfrac{3}{\sqrt{38}}, -\dfrac{2}{\sqrt{38}}, \dfrac{5}{\sqrt{38}}\right)$

13. $(2\sqrt{2}, 2\sqrt{2})$ 15. $\left(\dfrac{5}{\sqrt{6}}, \dfrac{5\sqrt{5}}{\sqrt{6}}, 0\right)$

17. (a) $\left(-\dfrac{1}{2}, \dfrac{3}{2}, 0, 2\right)$ (b) $(2, -6, 0, -8)$ 19. $2\sqrt{2}$

21. 3

23. (a) -6 (b) 13 (c) 25 (d) $(-12, 18)$ (e) -30

25. (a) 0 (b) 41 (c) 9 (d) 0 (e) 0 27. -7

29. (a) $\|\mathbf{u}\| \approx 1{,}0843$, $\|\mathbf{v}\| \approx 0{,}3202$ (b) $(0; 0{,}7809; 0{,}6247)$
    (c) $(-0{,}9223; -0{,}1153; -0{,}3689)$ (d) $0{,}1113$
    (e) $1{,}1756$ (f) $0{,}1025$

31. (a) $\|\mathbf{u}\| \approx 1{,}7321$, $\|\mathbf{v}\| \approx 2$ (b) $(-0{,}5; -0{,}7071; -0{,}5)$
    (c) $(0; -0{,}5774; -0{,}8165)$ (d) 0 (e) 3 (f) 4

33. (a) $\|\mathbf{u}\| \approx 3{,}4641$, $\|\mathbf{v}\| \approx 3{,}3166$
    (b) $(-0{,}6030; -0{,}4264; -0{,}5222; -0{,}4264)$
    (c) $(-0{,}5774; -0{,}5; -0{,}4082; -0{,}5)$
    (d) $-6{,}4495$ (e) 12 (f) 11

35. $|(6, 8) \cdot (3, -2)| \leq \|(6, 8)\| \|(3, -2)\|$
    $2 \leq 10\sqrt{13}$

37. $|(1, 1, -2) \cdot (1, -3, -2)| \leq \|(1, 1, -2)\| \|(1, -3, -2)\|$
    $2 \leq 2\sqrt{21}$

39. $1{,}713$ rad $(98{,}13°)$ 41. $\dfrac{7\pi}{12}$ rad $(105°)$

43. $1{,}080$ rad $(61{,}87°)$ 45. $\dfrac{\pi}{4}$ rad $(45°)$ 47. Ortogonal

49. Paralelo 51. Nenhum dos dois
53. Nenhum dos dois 55. $\mathbf{v} = (t, 0)$
57. $\mathbf{v} = (t, s, -2t + s)$

59. $\|(5, 1)\| \leq \|(4, 0)\| + \|(1, 1)\|$
    $\sqrt{26} \leq 4 + \sqrt{2}$

61. $\|(1, 2, -1)\| \leq \|(1, 1, 1)\| + \|(0, 1, -2)\|$
    $\sqrt{6} \leq \sqrt{3} + \sqrt{5}$

63. $\|(2, 0)\|^2 = \|(1, -1)\|^2 + \|(1, 1)\|^2$
    $4 = (\sqrt{2})^2 + (\sqrt{2})^2$

65. $\|(7, 1, -2)\|^2 = \|(3, 4, -2)\|^2 + \|(4, -3, 0)\|^2$
    $54 = (\sqrt{29})^2 + 5^2$

67. (a) -6 (b) 13 (c) 25 (d) $\begin{bmatrix} -12 \\ 18 \end{bmatrix}$ (e) -30

69. (a) 0 (b) 14 (c) 6 (d) $\begin{bmatrix} 0 \\ 0 \\ 0 \end{bmatrix}$ (e) 0

71. Ortogonal; $\mathbf{u} \cdot \mathbf{v} = 0$

73. (a) Falso. Veja "Definição do comprimento de um vetor em R^n", página 232.
    (b) Falso. Veja "Definição do produto escalar em R^n", página 235.

75. (a) $(\mathbf{u} \cdot \mathbf{v}) - \mathbf{v}$ não tem sentido porque $\mathbf{u} \cdot \mathbf{v}$ é um escalar e $\mathbf{v}$ é um vetor.
    (b) $\mathbf{u} + (\mathbf{u} \cdot \mathbf{v})$ não tem sentido porque $\mathbf{u}$ é um vetor e $\mathbf{u} \cdot \mathbf{v}$ é um escalar.

Respostas dos exercícios ímpares e das provas   A27

77. $\left(-\frac{5}{13}, \frac{12}{13}\right), \left(\frac{5}{13}, -\frac{12}{13}\right)$
79. $ 11.877,50
Esse valor dá a receita total obtida da venda de hambúrgueres e cachorros quentes.
81. 54,7°   **83-87.** Demonstrações
89. $A\mathbf{x} = \mathbf{0}$ significa que o produto escalar de cada linha de A com o vetor coluna $\mathbf{x}$ é zero. Assim, $\mathbf{x}$ é ortogonal aos vetores linha de A.

Seção 5.2 *(página 251)*

1–7. Demonstrações
9. O Axioma 4 falha. $\langle (0, 1), (0, 1) \rangle = 0$, mas $(0, 1) \neq \mathbf{0}$.
11. O Axioma 4 falha. $\langle (1, 1), (1, 1) \rangle = 0$, mas $(1, 1) \neq \mathbf{0}$.
13. O Axioma 1 falha. Se $\mathbf{u} = (1, 1, 1)$ e $\mathbf{v} = (1, 0, 0)$ $\langle \mathbf{u}, \mathbf{v} \rangle = 1$ e $\langle \mathbf{v}, \mathbf{u} \rangle = 0$.
15. O Axioma 3 falha. Se $\mathbf{u} = (1, 1, 1)$, $\mathbf{v} = (1, 0, 0)$ e $c = 2$, $c\langle \mathbf{u}, \mathbf{v} \rangle = 2$ e $\langle c\mathbf{u}, \mathbf{v} \rangle = 4$.
17. (a) -33 (b) 5 (c) 13 (d) $2\sqrt{65}$
19. (a) 15 (b) $\sqrt{57}$ (c) 5 (d) $2\sqrt{13}$
21. (a) -25 (b) $\sqrt{53}$ (c) $\sqrt{94}$ (d) $\sqrt{197}$
23. (a) 0 (b) $8\sqrt{3}$ (c) $\sqrt{411}$ (d) $3\sqrt{67}$
25. (a) 4 (b) $\sqrt{6}$ (c) 3 (d) $\sqrt{7}$ **27.** Demonstração
29. (a) -15 (b) $\sqrt{35}$ (c) $\sqrt{10}$ (d) $5\sqrt{3}$
31. (a) -5 (b) $\sqrt{39}$ (c) $\sqrt{5}$ (d) $3\sqrt{6}$ **33.** Demonstração
35. (a) -4 (b) $\sqrt{11}$ (c) $\sqrt{2}$ (d) $\sqrt{21}$
37. (a) 0 (b) $\sqrt{2}$ (c) $\sqrt{2}$ (d) 2
39. (a) $\frac{2}{3}$ (b) $\sqrt{2}$ (c) $\frac{\sqrt{46}}{\sqrt{15}}$ (d) $\frac{2\sqrt{14}}{\sqrt{15}}$
41. (a) $\frac{2}{e} \approx 0{,}736$ (b) $\frac{\sqrt{6}}{3} \approx 0{,}816$
(c) $\sqrt{\frac{e^2}{2} - \frac{1}{2e^2}} \approx 1{,}904$
(d) $\sqrt{\frac{e^2}{2} + \frac{2}{3} - \frac{1}{2e^2} - \frac{4}{e}} \approx 1{,}680$
43. 2,103 rad (120,5°)   **45.** 1,16 rad (66,59°)
47. $\frac{\pi}{2}$ rad (90°)   **49.** 1,23 rad (70,53°)   **51.** $\frac{\pi}{2}$ rad (90°)
53. (a) $|\langle (5, 12), (3, 4) \rangle| \leq \|(5, 12)\| \|(3, 4)\|$
$63 \leq (13)(5)$
(b) $\|(5, 12) + (3, 4)\| \leq \|(5, 12)\| + \|(3, 4)\|$
$8\sqrt{5} \leq 13 + 5$
55. (a) $|(0, 1, 5) \cdot (-4, 3, 3)| \leq \|(0, 1, 5)\| \|(-4, 3, 3)\|$
$18 \leq 2\sqrt{221}$
(b) $\|(0, 1, 5) + (-4, 3, 3)\| \leq \|(0, 1, 5)\| + \|(-4, 3, 3)\|$
$4\sqrt{6} \leq \sqrt{26} + \sqrt{34}$
57. (a) $|\langle 2x, 1 + 3x^2 \rangle| \leq \|2x\| \|1 + 3x^2\|$
$0 \leq (2)(\sqrt{10})$
(b) $\|2x + 1 + 3x^2\| \leq \|2x\| + \|1 + 3x^2\|$
$\sqrt{14} \leq 2 + \sqrt{10}$
59. (a) $|0(-3) + 3(1) + 2(4) + 1(3)| \leq \sqrt{14}\sqrt{35}$
$14 \leq \sqrt{14}\sqrt{35}$
(b) $\left\| \begin{bmatrix} -3 & 4 \\ 6 & 4 \end{bmatrix} \right\| \leq \sqrt{14} + \sqrt{35}$
$\sqrt{77} \leq \sqrt{14} + \sqrt{35}$

61. (a) $|\langle \operatorname{sen} x, \cos x \rangle| \leq \|\operatorname{sen} x\| \|\cos x\|$
$$\frac{1}{4} \leq \left(\sqrt{\frac{\pi}{8} - \frac{1}{4}}\right)\left(\sqrt{\frac{\pi}{8} + \frac{1}{4}}\right)$$
(b) $|\langle \operatorname{sen} x + \cos x \rangle| \leq \|\operatorname{sen} x\| + \|\cos x\|$
$$\sqrt{\frac{\pi}{4} + \frac{1}{2}} \leq \sqrt{\frac{\pi}{8} - \frac{1}{4}} + \sqrt{\frac{\pi}{8} + \frac{1}{4}}$$
63. (a) $|\langle x, e^x \rangle| \leq \|x\| \|e^x\|$
$1 \leq \sqrt{\frac{1}{3}} \cdot \sqrt{\frac{1}{2}e^2 - \frac{1}{2}}$
(b) $\|x + e^x\| \leq \|x\| + \|e^x\|$
$\sqrt{\frac{11}{6} + \frac{1}{2}e^2} \leq \sqrt{\frac{1}{3}} + \sqrt{\frac{1}{2}e^2 - \frac{1}{2}}$
65. Como
$$\langle f, g \rangle = \int_{-\pi/2}^{\pi/2} \cos x \operatorname{sen} x \, dx$$
$$= \frac{1}{2} \operatorname{sen}^2 x \Big]_{-\pi/2}^{\pi/2} = 0$$
f e g são ortogonais.
67. As funções $f(x) = x$ e $g(x) = \frac{1}{2}(5x^3 - 3x)$ são ortogonais porque
$$\langle f, g \rangle = \int_{-1}^{1} x \frac{1}{2}(5x^3 - 3x) \, dx$$
$$= \frac{1}{2} \int_{-1}^{1} (5x^4 - 3x^2) \, dx = \frac{1}{2}(x^5 - x^3) \Big]_{-1}^{1} = 0.$$
69. (a) $\left(\frac{8}{5}, \frac{4}{5}\right)$ (b) $\left(\frac{4}{5}, \frac{8}{5}\right)$
(c)

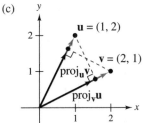

71. (a) $(1, 1)$ (b) $\left(-\frac{4}{5}, \frac{12}{5}\right)$
(c)

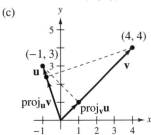

73. (a) $(4, -4, 0)$ (b) $\left(\frac{8}{7}, -\frac{24}{35}, \frac{8}{35}\right)$
75. (a) $\left(\frac{1}{2}, -\frac{1}{2}, -1, -1\right)$ (b) $\left(0, -\frac{5}{46}, -\frac{15}{46}, \frac{15}{23}\right)$
77. $\operatorname{proj}_g f = \mathbf{0}$ **79.** $\operatorname{proj}_g f = \dfrac{2e^x}{e^2 - 1}$
81. $\operatorname{proj}_g f = \mathbf{0}$ **83.** $\operatorname{proj}_g f = -\operatorname{sen} 2x$
85. (a) Falso. Veja a introdução desta seção, página 243.
(b) Falso. $\|\mathbf{v}\| = 0$ se e somente se $\mathbf{v} = \mathbf{0}$.

A28 Elementos de álgebra linear

87. (a) $\langle \mathbf{u}, \mathbf{v} \rangle = 4(2) + 2(2)(-2) = 0 \Rightarrow \mathbf{u}$ e $\mathbf{v}$ são ortogonais.

(b) Não ortogonal no sentido euclidiano

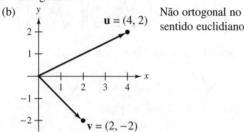

89–95. Demonstrações **97.** $c_1 = \frac{1}{4}$, $c_2 = 1$
99. $c_1 = \frac{1}{4}$, $c_2 = \frac{1}{16}$ **101.** Demonstração

Seção 5.3 (página 263)

1. (a) Sim (b) Não (c) Sim
3. (a) Sim (b) Sim (c) Sim
5. (a) Sim (b) Não (c) Sim
7. (a) Não (b) Não (c) Sim
9. (a) Sim (b) Não (c) Não
11. (a) Sim (b) Sim (c) Não
13. (a) Demonstração (b) $\left(-\frac{1}{\sqrt{10}}, \frac{3}{\sqrt{10}}\right), \left(\frac{3}{\sqrt{10}}, \frac{1}{\sqrt{10}}\right)$
15. (a) Demonstração (b) $\left(\frac{\sqrt{3}}{3}, \frac{\sqrt{3}}{3}, \frac{\sqrt{3}}{3}\right), \left(-\frac{\sqrt{2}}{2}, 0, \frac{\sqrt{2}}{2}\right)$
17. O conjunto $\{1, x, x^2, x^3\}$ é ortogonal porque
$\langle 1, x \rangle = 0, \langle 1, x^2 \rangle = 0, \langle 1, x^3 \rangle = 0, \langle x, x^2 \rangle = 0,$
$\langle x, x^3 \rangle = 0, \langle x^2, x^3 \rangle = 0.$
Além disso, o conjunto é ortonormal porque
$\|1\| = 1, \|x\| = 1, \|x^2\| = 1$ e $\|x^3\| = 1$.
Assim, $\{1, x, x^2, x^3\}$ é uma base ortonormal de P_3.

19. $\begin{bmatrix} \frac{4\sqrt{13}}{13} \\ \frac{7\sqrt{13}}{13} \end{bmatrix}$ **21.** $\begin{bmatrix} \frac{\sqrt{10}}{2} \\ -2 \\ -\frac{\sqrt{10}}{2} \end{bmatrix}$ **23.** $\begin{bmatrix} 11 \\ 2 \\ 15 \end{bmatrix}$

25. $\left\{\left(\frac{3}{5}, \frac{4}{5}\right), \left(\frac{4}{5}, -\frac{3}{5}\right)\right\}$ **27.** $\{(0, 1), (1, 0)\}$
29. $\left\{\left(\frac{2}{3}, \frac{1}{3}, -\frac{2}{3}\right), \left(\frac{1}{3}, \frac{2}{3}, \frac{2}{3}\right), \left(\frac{2}{3}, -\frac{2}{3}, \frac{1}{3}\right)\right\}$
31. $\left\{\left(\frac{4}{5}, -\frac{3}{5}, 0\right), \left(\frac{3}{5}, \frac{4}{5}, 0\right), (0, 0, 1)\right\}$
33. $\left\{\left(0, \frac{\sqrt{2}}{2}, \frac{\sqrt{2}}{2}\right), \left(\frac{\sqrt{6}}{3}, \frac{\sqrt{6}}{6}, -\frac{\sqrt{6}}{6}\right), \left(\frac{\sqrt{3}}{3}, -\frac{\sqrt{3}}{3}, \frac{\sqrt{3}}{3}\right)\right\}$
35. $\left\{\left(-\frac{4\sqrt{2}}{7}, \frac{3\sqrt{2}}{14}, \frac{5\sqrt{2}}{14}\right)\right\}$
37. $\left\{\left(\frac{3}{5}, \frac{4}{5}, 0\right), \left(\frac{4}{5}, -\frac{3}{5}, 0\right)\right\}$
39. $\left\{\left(\frac{\sqrt{6}}{6}, \frac{\sqrt{6}}{3}, -\frac{\sqrt{6}}{6}, 0\right), \left(\frac{\sqrt{3}}{3}, 0, \frac{\sqrt{3}}{3}, \frac{\sqrt{3}}{3}\right),\right.$
$\left.\left(\frac{\sqrt{3}}{3}, -\frac{\sqrt{3}}{3}, -\frac{\sqrt{3}}{3}, 0\right)\right\}$
41. $\left\{\left(\frac{2}{3}, -\frac{1}{3}\right), \left(\frac{\sqrt{2}}{6}, \frac{2\sqrt{2}}{3}\right)\right\}$
43. $\langle x, 1 \rangle = \int_{-1}^{1} x \, dx = \frac{x^2}{2} \Big]_{-1}^{1} = 0$

45. $\langle x^2, 1 \rangle = \int_{-1}^{1} x^2 \, dx = \frac{x^3}{3} \Big]_{-1}^{1} = \frac{2}{3}$
47. $\langle x, x \rangle = \int_{-1}^{1} x^2 \, dx = \frac{x^3}{3} \Big]_{-1}^{1} = \frac{2}{3}$
49. $\left\{\left(\frac{2\sqrt{5}}{5}, \frac{\sqrt{5}}{5}, 0\right), \left(-\frac{\sqrt{30}}{30}, \frac{\sqrt{30}}{15}, \frac{\sqrt{30}}{6}\right)\right\}$
51. $\left\{\left(-\frac{\sqrt{2}}{2}, 0, \frac{\sqrt{2}}{2}, 0\right), \left(-\frac{\sqrt{6}}{6}, 0, \frac{\sqrt{6}}{6}, \frac{\sqrt{6}}{3}\right)\right\}$
53. $\left\{\left(\frac{3\sqrt{10}}{10}, 0, \frac{\sqrt{10}}{10}, 0\right), \left(0, -\frac{2\sqrt{5}}{5}, 0, \frac{\sqrt{5}}{5}\right)\right\}$
55. (a) Verdadeiro. Veja as "Definições de conjuntos ortogonais e ortonormais", página 254.
(b) Falso. Veja a "Observação", página 260.
57. Ortonormal
59. $\left\{\frac{\sqrt{2}}{2}(-1 + x^2), -\frac{\sqrt{6}}{6}(1 - 2x + x^2)\right\}$
61. Ortonormal **63.** Demonstração **65.** Demonstração
67. Base de $N(A)$: $\{(3, -1, 2)\}$
Base de $N(A^T)$: $\{(-1, -1, 1)\}$
Base de $R(A)$: $\{(1, 0, 1), (1, 2, 3)\}$
Base de $R(A^T)$: $\{(1, 1, -1), (0, 2, 1)\}$
69. Demonstração
71. $\left\{\left(\frac{1}{\sqrt{2}}, 0, \frac{1}{\sqrt{2}}, 0\right), \left(0, -\frac{1}{\sqrt{2}}, 0, \frac{1}{\sqrt{2}}\right), \left(\frac{1}{\sqrt{2}}, 0, -\frac{1}{\sqrt{2}}, 0\right),\right.$
$\left.\left(0, \frac{1}{\sqrt{2}}, 0, \frac{1}{\sqrt{2}}\right)\right\}$

Seção 5.4 (página 274)

1. $y = 1 + 2x$ **3.** Não colinear **5.** Não ortogonal
7. Ortogonal **9.** (a) span $\left\{\begin{bmatrix} 1 \\ 0 \\ -2 \end{bmatrix}\right\}$ (b) R^3
11. (a) span $\left\{\begin{bmatrix} 1 \\ 0 \\ 0 \\ 0 \end{bmatrix}, \begin{bmatrix} 0 \\ 1 \\ 1 \\ 0 \end{bmatrix}, \begin{bmatrix} 0 \\ 1 \\ 0 \\ -1 \end{bmatrix}\right\}$ (b) R^4
13. (a) span $\left\{\begin{bmatrix} 0 \\ 1 \\ 0 \end{bmatrix}\right\}$ (b) R^3
15. span $\left\{\begin{bmatrix} 0 \\ 1 \\ -1 \\ 1 \end{bmatrix}\right\}$ **17.** $\begin{bmatrix} 0 \\ \frac{2}{3} \\ \frac{2}{3} \\ \frac{2}{3} \end{bmatrix}$ **19.** $\begin{bmatrix} \frac{5}{3} \\ \frac{8}{3} \\ \frac{13}{3} \end{bmatrix}$
21. Base de $N(A)$: $\left\{\begin{bmatrix} -3 \\ 0 \\ 1 \end{bmatrix}\right\}$
$N(A^T) = \left\{\begin{bmatrix} 0 \\ 0 \end{bmatrix}\right\}$
Base de $R(A)$: $\left\{\begin{bmatrix} 1 \\ 0 \end{bmatrix}, \begin{bmatrix} 2 \\ 1 \end{bmatrix}\right\}$
Base de $R(A^T)$: $\left\{\begin{bmatrix} 1 \\ 2 \\ 3 \end{bmatrix}, \begin{bmatrix} 0 \\ 1 \\ 0 \end{bmatrix}\right\}$

Respostas dos exercícios ímpares e das provas   A29

23. Base de $N(A)$: $\left\{ \begin{bmatrix} 0 \\ -1 \\ 1 \end{bmatrix} \right\}$

Base de $N(A^T)$: $\left\{ \begin{bmatrix} -1 \\ -1 \\ 1 \\ 0 \end{bmatrix}, \begin{bmatrix} 0 \\ -1 \\ -1 \\ 1 \end{bmatrix} \right\}$

Base de $R(A)$: $\left\{ \begin{bmatrix} 1 \\ 0 \\ 1 \\ 1 \end{bmatrix}, \begin{bmatrix} 0 \\ 1 \\ 1 \\ 2 \end{bmatrix} \right\}$

Base de $R(A^T)$: $\left\{ \begin{bmatrix} 1 \\ 0 \\ 0 \end{bmatrix}, \begin{bmatrix} 0 \\ 1 \\ 1 \end{bmatrix} \right\}$

25. $\begin{bmatrix} 1 \\ -1 \end{bmatrix}$ **27.** $\begin{bmatrix} 2 \\ -2 \\ 1 \end{bmatrix}$ **29.** $\begin{bmatrix} 1 \\ -1 \\ 2 \end{bmatrix}$

31. $y = -x + \frac{1}{3}$ **33.**

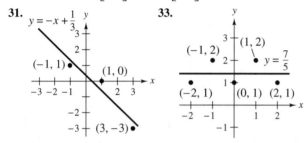

35. $y = x^2 - x$ **37.** $y = \frac{3}{7}x^2 + \frac{6}{5}x + \frac{26}{35}$
39. $y = 380{,}4 + 31{,}39t$; 976.800
41. $\ln y = -0{,}14 \ln x + 5{,}7$ ou $y = 298{,}9x^{-0,14}$
43. (a) Falso. O complemento ortogonal de R^n é $\{0\}$.
(b) Verdadeiro. Veja "Definição de soma direta", página 267.
45. Demonstração   **47.** Demonstração

Seção 5.5   *(página 288)*

1. $\mathbf{j} \times \mathbf{i} = -\mathbf{k}$ **3.** $\mathbf{j} \times \mathbf{k} = \mathbf{i}$

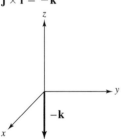   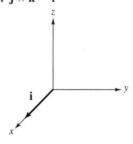

5. $\mathbf{i} \times \mathbf{k} = -\mathbf{j}$ **7.** (a) $-\mathbf{i} - \mathbf{j} + \mathbf{k}$
(b) $\mathbf{i} + \mathbf{j} - \mathbf{k}$
(c) $\mathbf{0}$

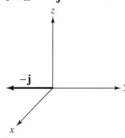

9. (a) $5\mathbf{i} - 3\mathbf{j} - \mathbf{k}$ **11.** (a) $(0, -2, -2)$
(b) $-5\mathbf{i} + 3\mathbf{j} + \mathbf{k}$ (b) $(0, 2, 2)$
(c) $\mathbf{0}$ (c) $(0, 0, 0)$
13. (a) $(-14, 13, 17)$
(b) $(14, -13, -17)$
(c) $(0, 0, 0)$
15. $(-2, -2, -1)$ **17.** $(-8, -14, 54)$ **19.** $(-1, -1, -1)$
21. $-\mathbf{i} + 12\mathbf{j} - 2\mathbf{k}$ **23.** $-2\mathbf{i} + 3\mathbf{j} - \mathbf{k}$
25. $-8\mathbf{i} - 2\mathbf{j} + 7\mathbf{k}$ **27.** $(5, -4, -3)$
29. $(2, -1, -1)$ **31.** $\mathbf{i} - \mathbf{j} - 3\mathbf{k}$ **33.** $\mathbf{i} - 5\mathbf{j} - 3\mathbf{k}$
35. $\left(\frac{2}{3}, \frac{2}{3}, -\frac{1}{3}\right)$ **37.** $\frac{1}{\sqrt{19}}\mathbf{i} - \frac{3}{\sqrt{19}}\mathbf{j} + \frac{3}{\sqrt{19}}\mathbf{k}$
39. $-\frac{71}{\sqrt{7.602}}\mathbf{i} - \frac{44}{\sqrt{7.602}}\mathbf{j} + \frac{25}{\sqrt{7.602}}\mathbf{k}$ **41.** $\frac{1}{\sqrt{2}}\mathbf{i} + \frac{1}{\sqrt{2}}\mathbf{k}$
43. 1 **45.** $6\sqrt{5}$ **47.** $2\sqrt{83}$
49. $\frac{5\sqrt{174}}{2}$ **51.** 1 **53.** -3 **55–65.** Demonstrações
67. (a) $g(x) = -\frac{1}{6} + x$ **69.** (a) $g(x) = \frac{1}{2}(e^2 - 7) + 6x$
(b)   (b)

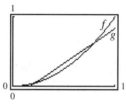   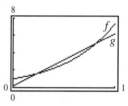

71. (a) $g(x) = \frac{12}{\pi^3}(\pi - 2x)$

(b)

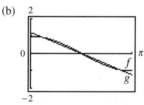

73. (a) $g(x) = 0{,}05 - 0{,}6x + 1{,}5x^2$

(b)

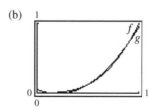

75. (a) $g(x) = \frac{24}{\pi^3}x$

(b)

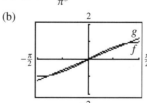

77. $g(x) = 2 \operatorname{sen} x + \operatorname{sen} 2x + \frac{2}{3} \operatorname{sen} 3x$
79. $g(x) = \frac{\pi^2}{3} + 4 \cos x + \cos 2x + \frac{4}{9} \cos 3x$

A30 Elementos de álgebra linear

81. $g(x) = \dfrac{1}{2\pi}(1 - e^{-2\pi})(1 + \cos x + \operatorname{sen} x)$

83. $g(x) = \dfrac{1 - e^{-4\pi}}{20\pi}(5 + 8\cos x + 4\operatorname{sen} x)$

85. $g(x) = (1 + \pi) - 2\operatorname{sen} x - \operatorname{sen} 2x - \tfrac{2}{3}\operatorname{sen} 3x$

87. $g(x) = \operatorname{sen} 2x$

89. $g(x) = 2\left(\operatorname{sen} x + \dfrac{\operatorname{sen} 2x}{2} + \dfrac{\operatorname{sen} 3x}{3} + \cdots + \dfrac{\operatorname{sen} nx}{n}\right)$

91. $\dfrac{1 - e^{-2\pi}}{2\pi} + \dfrac{1 - e^{-2\pi}}{\pi}\displaystyle\sum_{j=1}^{n}\left(\dfrac{1}{j^2 + 1}\cos jx + \dfrac{j}{j^2 + 1}\operatorname{sen} jx\right)$

93. As respostas irão variar.

Exercícios de revisão (página 290)

1. (a) $\sqrt{17}$ (b) $\sqrt{5}$ (c) 6 (d) $\sqrt{10}$

3. (a) $\sqrt{6}$ (b) $\sqrt{14}$ (c) 7 (d) $\sqrt{6}$

5. (a) $\sqrt{6}$ (b) $\sqrt{3}$ (c) -1 (d) $\sqrt{11}$

7. (a) $\sqrt{7}$ (b) $\sqrt{7}$ (c) 6 (d) $\sqrt{2}$

9. $\|\mathbf{v}\| = \sqrt{38}$; $\mathbf{u} = \left(\dfrac{5}{\sqrt{38}}, \dfrac{3}{\sqrt{38}}, -\dfrac{2}{\sqrt{38}}\right)$

11. $\|\mathbf{v}\| = \sqrt{6}$; $\mathbf{u} = \left(-\dfrac{1}{\sqrt{6}}, \dfrac{1}{\sqrt{6}}, \dfrac{2}{\sqrt{6}}\right)$

13. (a) $(4, 4, 3)$ (b) $\left(-2, -2, -\tfrac{3}{2}\right)$ (c) $(-16, -16, -12)$

15. $\dfrac{\pi}{2}$ rad ($90°$) **17.** $\dfrac{\pi}{12}$ rad ($15°$) **19.** π rad ($180°$)

21. $(s, 3t, 4t)$ **23.** $\left(\tfrac{1}{2}r - \tfrac{1}{2}s - t, r, s, t\right)$

25. (a) -10 (b) $\dfrac{\sqrt{259}}{2}$

27. Desigualdade triangular:

$\left\|\left(4, -\tfrac{3}{2}, -1\right) + \left(\tfrac{1}{2}, 3, 1\right)\right\| \le \left\|\left(4, -\tfrac{3}{2}, -1\right)\right\| + \left\|\left(\tfrac{1}{2}, 3, 1\right)\right\|$

$\dfrac{3\sqrt{11}}{2} \le \dfrac{\sqrt{47}}{\sqrt{2}} + \dfrac{\sqrt{85}}{2}$

Desigualdade de Cauchy-Schwarz:

$\left|\left\langle\left(4, -\tfrac{3}{2}, -1\right), \left(\tfrac{1}{2}, 3, 1\right)\right\rangle\right| \le \left\|\left(4, -\tfrac{3}{2}, -1\right)\right\|\left\|\left(\tfrac{1}{2}, 3, 1\right)\right\|$

$10 \le \dfrac{\sqrt{47}}{\sqrt{2}}\dfrac{\sqrt{85}}{2} \approx 22{,}347$

29. (a) 0 (b) ortogonal
(c) Como $\langle f, g \rangle = 0$, segue que $|\langle f, g\rangle| \le \|f\|\|g\|$.

31. $\left(-\tfrac{9}{13}, \tfrac{45}{13}\right)$ **33.** $(0, 5)$ **35.** $\left(\tfrac{18}{29}, \tfrac{12}{29}, \tfrac{24}{29}\right)$

37. $\left\{\left(\dfrac{1}{\sqrt{2}}, \dfrac{1}{\sqrt{2}}\right), \left(-\dfrac{1}{\sqrt{2}}, \dfrac{1}{\sqrt{2}}\right)\right\}$

39. $\left\{\left(0, \tfrac{3}{5}, \tfrac{4}{5}\right), (1, 0, 0), \left(0, \tfrac{4}{5}, -\tfrac{3}{5}\right)\right\}$

41. (a) $(-1, 4, -2) = 2(0, 2, -2) - (1, 0, -2)$

(b) $\left\{\left(0, \dfrac{1}{\sqrt{2}}, -\dfrac{1}{\sqrt{2}}\right), \left(\dfrac{1}{\sqrt{3}}, -\dfrac{1}{\sqrt{3}}, -\dfrac{1}{\sqrt{3}}\right)\right\}$

(c) $(-1, 4, -2) = 3\sqrt{2}\left(0, \dfrac{1}{\sqrt{2}}, -\dfrac{1}{\sqrt{2}}\right)$

$\qquad - \sqrt{3}\left(\dfrac{1}{\sqrt{3}}, -\dfrac{1}{\sqrt{3}}, -\dfrac{1}{\sqrt{3}}\right)$

43. $\langle f, g \rangle = \displaystyle\int_0^\pi \operatorname{sen} x \cos x\, dx$

$= \dfrac{1}{2}\operatorname{sen}^2 x\Big]_0^\pi = 0$

45. (a) $\dfrac{1}{5}$ (b) $\dfrac{1}{\sqrt{7}}$ (c) $\dfrac{2\sqrt{2}}{\sqrt{105}}$

(d) $\left\{\sqrt{3}x, \dfrac{\sqrt{7}}{2}(-3x + 5x^3)\right\}$

47. $\left\{\left(-\dfrac{1}{\sqrt{2}}, 0, \dfrac{1}{\sqrt{2}}\right), \left(-\dfrac{1}{\sqrt{6}}, \dfrac{2}{\sqrt{6}}, -\dfrac{1}{\sqrt{6}}\right)\right\}$

(A resposta não é única.)

49–57. Demonstrações **59.** span $\left\{\begin{bmatrix} 2 \\ -1 \\ 3 \end{bmatrix}\right\}$

61. Base de $N(A)$: $\left\{\begin{bmatrix} 1 \\ 0 \\ -1 \end{bmatrix}\right\}$

Base de $N(A^T)$: $\left\{\begin{bmatrix} 3 \\ 1 \\ 0 \end{bmatrix}\right\}$

Base de $R(A)$: $\left\{\begin{bmatrix} 0 \\ 0 \\ 1 \end{bmatrix}, \begin{bmatrix} 1 \\ -3 \\ 0 \end{bmatrix}\right\}$

Base de $R(A^T)$: $\left\{\begin{bmatrix} 0 \\ 1 \\ 0 \end{bmatrix}, \begin{bmatrix} 1 \\ 0 \\ 1 \end{bmatrix}\right\}$

63. $y = -65{,}5 + 24{,}65t - 2{,}688t^2 + 0{,}1184t^3$; \$ 197,8 bilhões

65. $(0, 0, 3)$ **67.** $13\mathbf{i} + 6\mathbf{j} - \mathbf{k}$ **69.** 1 **71.** 6 **73.** 7

75. (a) $g(x) = \tfrac{3}{5}x$

(b)
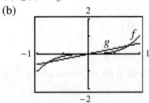

77. (a) $g(x) = \dfrac{2}{\pi}$

(b)
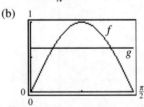

79. (a) $g(x) = \tfrac{2}{35}(3 + 24x - 10x^2)$

(b)
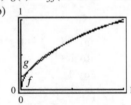

81. $g(x) = \dfrac{\pi^2}{3} - 4\cos x$

83. (a) Verdadeiro. Veja o Teorema 5.18, página 279.
(b) Falso. Veja o Teorema 5.17, página 278.
(c) Verdadeiro. Veja a discussão antes do Teorema 5.19, página 283.

Prova cumulativa para os Capítulos 4 e 5 (página 295)

1. (a) $(3, -7)$ (b) $(3, -6)$

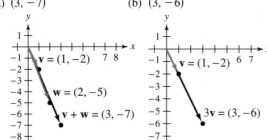

(c) $(-6, 16)$

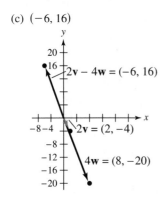

2. $\mathbf{w} = 3\mathbf{v}_1 + \mathbf{v}_2 + \tfrac{2}{3}\mathbf{v}_3$

3. $\begin{bmatrix} -2 \\ -2 \\ 1 \end{bmatrix} = -2 \begin{bmatrix} 1 \\ 4 \\ 7 \end{bmatrix} + 3 \begin{bmatrix} 0 \\ 2 \\ 5 \end{bmatrix}$

4. $\mathbf{v} = 5\mathbf{u}_1 - \mathbf{u}_2 + \mathbf{u}_3 + 2\mathbf{u}_4 - 5\mathbf{u}_5 + 3\mathbf{u}_6$ **5.** Demonstração

6. Sim **7.** Não **8.** Sim

9. (a) Um conjunto de vetores $\{\mathbf{v}_1, \ldots, \mathbf{v}_n\}$ é linearmente independente se a equação vetorial $c_1\mathbf{v}_1 + \cdots + c_n\mathbf{v}_n = \mathbf{0}$ possui apenas a solução trivial.
(b) Linearmente dependente

10. (a) Um conjunto de vetores $\{\mathbf{v}_1, \ldots, \mathbf{v}_n\}$ em um espaço vetorial V é uma base de V se o conjunto é linearmente independente e gera V.
(b) Sim (c) Sim

11. $\left\{ \begin{bmatrix} 1 \\ -1 \\ 0 \\ 0 \end{bmatrix}, \begin{bmatrix} 0 \\ 0 \\ 1 \\ -1 \end{bmatrix} \right\}$ **12.** $\begin{bmatrix} -4 \\ 6 \\ -5 \end{bmatrix}$ **13.** $\begin{bmatrix} 0 & 1 & -1 \\ 2 & 0 & 1 \\ -1 & -1 & 1 \end{bmatrix}$

14. (a) $\sqrt{5}$ (b) $\sqrt{29}$ (c) -5 (d) $2{,}21$ rad $(126{,}7°)$

15. $\dfrac{11}{12}$ **16.** $\left\{(1, 0, 0), \left(0, \dfrac{\sqrt{2}}{2}, \dfrac{\sqrt{2}}{2}\right), \left(0, -\dfrac{\sqrt{2}}{2}, \dfrac{\sqrt{2}}{2}\right)\right\}$

17. $\tfrac{1}{13}(-3, 2)$

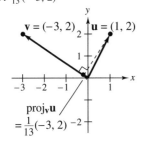

18. Base de $N(A)$: $\left\{ \begin{bmatrix} 0 \\ 1 \\ -1 \\ 0 \end{bmatrix} \right\}$

Base de $N(A^T)$: $\left\{ \begin{bmatrix} 0 \\ 0 \\ 0 \end{bmatrix} \right\}$

$R(A) = R^3$

Base de $R(A^T)$: $\left\{ \begin{bmatrix} 0 \\ 1 \\ 1 \\ 0 \end{bmatrix}, \begin{bmatrix} -1 \\ 0 \\ 0 \\ 1 \end{bmatrix}, \begin{bmatrix} 1 \\ 1 \\ 1 \\ 1 \end{bmatrix} \right\}$

19. span $\left\{ \begin{bmatrix} -1 \\ -1 \\ 1 \end{bmatrix} \right\}$ **20.** Demonstração

21. $y = \dfrac{36}{13} - \dfrac{20}{13}x$

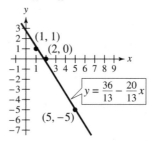

22. (a) 3 (b) Uma base consiste nas três primeiras linhas de A.
(c) Uma base consiste nas colunas 1, 3 e 4 de A.

(d) $\left\{ \begin{bmatrix} 2 \\ 1 \\ 0 \\ 0 \\ 0 \\ 0 \end{bmatrix}, \begin{bmatrix} -3 \\ 0 \\ 5 \\ -1 \\ 1 \\ 0 \end{bmatrix}, \begin{bmatrix} -2 \\ 0 \\ 3 \\ -7 \\ 0 \\ 1 \end{bmatrix} \right\}$

(e) Não (f) Não (g) Sim (h) Não

23. Não. Dois planos podem se cruzar em uma reta, mas não em um único ponto.

24. Demonstração

Capítulo 6

Seção 6.1 (página 306)

1. (a) $(-1, 7)$ (b) $(11, -8)$
3. (a) $(-3, 22, -5)$ (b) $(1, 2, 2)$
5. (a) $(-14, -7)$ (b) $(1, 1, t)$
7. (a) $(0, 2, 1)$ (b) $(-6, 4)$
9. Não linear **11.** Linear **13.** Não linear
15. Não linear **17.** Linear **19.** Linear **21.** Linear
23. $T(1, 4) = (-3, 5)$
$T(-2, 1) = (-3, -1)$
25. $(-1, -5, 5)$
27. $(0, -6, 8)$ **29.** $(10, 0, 2)$ **31.** $\left(2, \tfrac{5}{2}, 2\right)$
33. $T: R^2 \to R^2$ **35.** $T: R^4 \to R^4$ **37.** $T: R^4 \to R^3$
39. (a) $(-1, -1)$ (b) $(-1, -1)$ (c) $(0, 0)$
41. (a) $(2, -1, 2, 2)$ (b) $\left(-1, 1, -1, -\tfrac{1}{2}\right)$

A32 Elementos de álgebra linear

43. (a) $(-1, 9, 9)$ (b) $(-4t, -t, 0, t)$
45. (a) $(0, 4\sqrt{2})$ (b) $(2\sqrt{3} - 2, 2\sqrt{3} + 2)$
  (c) $\left(-\dfrac{5}{2}, \dfrac{5\sqrt{3}}{2}\right)$
47. $A^{-1} = \begin{bmatrix} \cos\theta & \sen\theta \\ -\sen\theta & \cos\theta \end{bmatrix}$; rotação no sentido horário de θ
49. Projeção no plano xz
51. Não é uma transformação linear
53. Transformação linear
55. $x^2 - 3x - 5$
57. Verdadeiro. D_x é uma transformação linear e preserva a soma e a multiplicação por escalar.
59. Falso, porque $3\cos 3x \ne 3\cos x$.
61. $g(x) = 2x^2 + 3x + C$ **63.** $g(x) = -\cos x + C$
65. (a) -1 (b) $\dfrac{1}{12}$ (c) -4
67. (a) Falso, porque $\cos(x_1 + x_2) \ne \cos x_1 + \cos x_2$.
  (b) Verdadeiro. Veja a discussão após o Exemplo 10, página 305.
69. (a) $(x, 0)$ (b) Projeção no eixo x
71. (a) $\left(\tfrac{1}{2}(x+y), \tfrac{1}{2}(x+y)\right)$ (b) $\left(\tfrac{5}{2}, \tfrac{5}{2}\right)$ (c) Demonstração
73. $A\mathbf{u} = \begin{bmatrix} \tfrac{1}{2} & \tfrac{1}{2} \\ \tfrac{1}{2} & \tfrac{1}{2} \end{bmatrix}\begin{bmatrix} x \\ y \end{bmatrix} = \begin{bmatrix} \tfrac{1}{2}x + \tfrac{1}{2}y \\ \tfrac{1}{2}x + \tfrac{1}{2}y \end{bmatrix} = T(\mathbf{u})$
75. (a) Demonstração (b) Demonstração (c) $(t, 0)$ (d) (t, t)
77–83. Demonstrações

Seção 6.2 (página 317)

1. R^3 **3.** $\{(0, 0, 0, 0)\}$
5. $\{a_0 - a^2 x + a_2 x^2 + a_3 x^3 : a_0, a_2, a_3 \text{ são reais}\}$
7. $\{a_0 : a_0 \text{ é real}\}$ **9.** $\{(0, 0)\}$
11. (a) $\{(0, 0)\}$ (b) R^2
13. (a) $\text{span}\{(-4, -2, 1)\}$ (b) R^2
15. (a) $\{(0, 0)\}$ (b) $\text{span}\{(1, -1, 0), (0, 0, 1)\}$
17. (a) $\text{span}\{(-1, 1, 1, 0)\}$
  (b) $\text{span}\{(1, 0, -1, 0), (0, 1, -1, 0), (0, 0, 0, 1)\}$
19. (a) $\{(0, 0)\}$ (b) 0 (c) R^2 (d) 2
21. (a) $\{(0, 0)\}$ (b) 0
  (c) $\{(4s, 4t, s - t) : s \text{ e } t \text{ são reais}\}$ (d) 2
23. (a) $\{(t, -3t) : t \text{ é real}\}$ (b) 1
  (c) $\{(3t, t) : t \text{ é real}\}$ (d) 1
25. (a) $\{(-t, 0, t) : t \text{ é real}\}$ (b) 1
  (c) $\{(s, t, s) : s \text{ e } t \text{ são reais}\}$ (d) 2
27. (a) $\{(s + t, s, -2t) : s \text{ e } t \text{ são reais}\}$ (b) 2
  (c) $\{(2t, -2t, t) : t \text{ é real}\}$ (d) 1
29. (a) $\{(-11t, 6t, 4t) : t \text{ é real}\}$ (b) 1 (c) R^2 (d) 2
31. (a) $\{(2s - t, t, 4s, -5s, s) : s \text{ e } t \text{ são reais}\}$ (b) 2
  (c) $\{(7r, 7s, 7t, 8r + 20s + 2t) : r, s \text{ e } t \text{ são reais}\}$
  (d) 3
33. Nulidade $= 1$
  Núcleo: uma reta
  Imagem: um plano
35. Nulidade $= 3$
  Núcleo: R^3
  Imagem: $\{(0, 0, 0)\}$
37. Nulidade $= 0$
  Núcleo: $\{(0, 0, 0)\}$
  Imagem: R^3

39. Nulidade $= 2$
  Núcleo: $\{(x, y, z) : x + 2y + 2z = 0\}$ (plano)
  Imagem: $\{(t, 2t, 2t), t \text{ é real}\}$(reta)
41. 2 **43.** 3 **45.** 4
47. Como $|A| = -4 \ne 0$, a equação homogênea $A\mathbf{x} = \mathbf{0}$ possui apenas a solução trivial. Então, $\ker(T) = \{(0, 0)\}$ e T é injetora (pelo Teorema 6.6). Além disso, como posto$(T) = \dim(R^2) - \text{nulidade}(T) = 2 - 0 = 2 = \dim(R^2)$, T é sobrejetora (pelo Teorema 6.7).
49. Como $|A| = -1 \ne 0$, a equação homogênea $A\mathbf{x} = \mathbf{0}$ possui apenas a solução trivial. Então, $\ker(T) = \{(0, 0, 0)\}$ e T é injetora (pelo Teorema 6.6). Além disso, como posto$(T) = \dim(R^3) - \text{nulidade}(T) = 3 - 0 = 3 = \dim(R^3)$, T é sobrejetora (pelo Teorema 6.7).
51. Injetora e sobrejetora **53.** Injetora
  Vetor nulo   Base canônica
55. (a) $(0, 0, 0, 0)$ $\{(1, 0, 0, 0), (0, 1, 0, 0),$
            $(0, 0, 1, 0), (0, 0, 0, 1)\}$
  (b) $\begin{bmatrix} 0 \\ 0 \\ 0 \\ 0 \end{bmatrix}$ $\left\{\begin{bmatrix} 1 \\ 0 \\ 0 \\ 0 \end{bmatrix}, \begin{bmatrix} 0 \\ 1 \\ 0 \\ 0 \end{bmatrix}, \begin{bmatrix} 0 \\ 0 \\ 1 \\ 0 \end{bmatrix}, \begin{bmatrix} 0 \\ 0 \\ 0 \\ 1 \end{bmatrix}\right\}$
  (c) $\begin{bmatrix} 0 & 0 \\ 0 & 0 \end{bmatrix}$ $\left\{\begin{bmatrix} 1 & 0 \\ 0 & 0 \end{bmatrix}, \begin{bmatrix} 0 & 1 \\ 0 & 0 \end{bmatrix}, \begin{bmatrix} 0 & 0 \\ 1 & 0 \end{bmatrix}, \begin{bmatrix} 0 & 0 \\ 0 & 1 \end{bmatrix}\right\}$
  (d) $p(x) = 0$ $\{1, x, x^2, x^3\}$
  (e) $(0, 0, 0, 0, 0)$ $\{(1, 0, 0, 0, 0), (0, 1, 0, 0, 0),$
             $(0, 0, 1, 0, 0), (0, 0, 0, 1, 0)\}$
57. O conjunto de funções constantes: $p(x) = a_0$
59. (a) Posto $= 1$, nulidade $= 2$ (b) $\{(1, 0, -2), (1, 2, 0)\}$
61. (a) Posto $= n$ (b) Posto $< n$
63. $T(A) = \mathbf{0} \implies A - A^T = \mathbf{0} \implies A = A^T$
  Então, $\ker(T) = \{A : A = A^T\}$.
65. (a) Falso. Veja a "Definição de núcleo de uma transformação linear", página 309.
  (b) Falso. Veja o Teorema 6.4, página 312.
  (c) Verdadeiro. Veja a discussão antes da "Definição do isomorfismo", página 316.
67. Demonstração **69.** Demonstração

Seção 6.3 (página 327)

1. $\begin{bmatrix} 1 & 2 \\ 1 & -2 \end{bmatrix}$ **3.** $\begin{bmatrix} 1 & 1 & 0 \\ 1 & -1 & 0 \\ -1 & 0 & 1 \end{bmatrix}$ **5.** $\begin{bmatrix} 3 & 0 & -2 \\ 0 & 2 & -1 \end{bmatrix}$
7. $(1, 4)$ **9.** $(-14, 0, 4)$
11. (a) $\begin{bmatrix} -1 & 0 \\ 0 & -1 \end{bmatrix}$ (b) $(-3, -4)$
  (c)

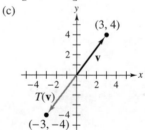

13. (a) $\begin{bmatrix} -1 & 0 \\ 0 & 1 \end{bmatrix}$ (b) $(-2, -3)$

(c)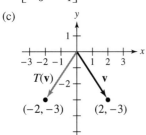

15. (a) $\begin{bmatrix} \frac{\sqrt{2}}{2} & -\frac{\sqrt{2}}{2} \\ \frac{\sqrt{2}}{2} & \frac{\sqrt{2}}{2} \end{bmatrix}$ (b) $(0, 2\sqrt{2})$

(c)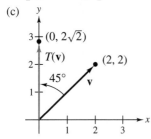

17. (a) $\begin{bmatrix} \frac{1}{2} & \frac{\sqrt{3}}{2} \\ -\frac{\sqrt{3}}{2} & \frac{1}{2} \end{bmatrix}$ (b) $\left(\frac{1}{2} + \sqrt{3}, 1 - \frac{\sqrt{3}}{2}\right)$

(c)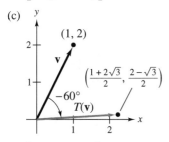

19. (a) $\begin{bmatrix} 1 & 0 & 0 \\ 0 & 1 & 0 \\ 0 & 0 & -1 \end{bmatrix}$ (b) $(3, 2, -2)$

(c)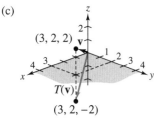

21. (a) $\begin{bmatrix} \frac{9}{10} & \frac{3}{10} \\ \frac{3}{10} & \frac{1}{10} \end{bmatrix}$

(b) $\left(\frac{21}{10}, \frac{7}{10}\right)$

(c)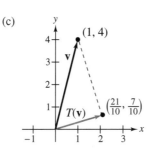

23. (a) $\begin{bmatrix} 2 & 3 & -1 \\ 3 & 0 & -2 \\ 2 & -1 & 1 \end{bmatrix}$ (b) $\begin{bmatrix} 9 \\ 5 \\ -1 \end{bmatrix}$

25. (a) $\begin{bmatrix} 1 & -1 & 0 & 0 \\ 0 & 0 & 1 & 0 \\ 1 & 2 & 0 & -1 \\ 0 & 0 & 0 & 1 \end{bmatrix}$ (b) $\begin{bmatrix} 1 \\ 1 \\ 2 \\ -1 \end{bmatrix}$

27. $A = \begin{bmatrix} 2 & 3 \\ 0 & 0 \end{bmatrix}, A' = \begin{bmatrix} 0 & 1 \\ 0 & 2 \end{bmatrix}$

29. $A = \begin{bmatrix} -4 & 1 \\ -3 & 4 \end{bmatrix}, A' = \begin{bmatrix} 4 & 4 & 3 \\ 3 & -2 & 1 \\ -3 & -2 & -2 \end{bmatrix}$

31. $T^{-1}(x, y) = \left(-\frac{1}{4}x, \frac{1}{4}y\right)$ **33.** T não é inversível.

35. $T^{-1}(x_1, x_2, x_3) = (x_1, -x_1 + x_2, -x_2 + x_3)$

37. (a) e (b) $(9, 5, 4)$ **39.** (a) e (b) $(2, -4, -3, 3)$

41. (a) e (b) $(9, 16, -20)$

43. $\begin{bmatrix} 0 & 0 & 0 \\ 1 & 0 & 0 \\ 0 & 1 & 0 \\ 0 & 0 & 1 \end{bmatrix}$ **45.** $\begin{bmatrix} 0 & 1 & 0 & 0 \\ 0 & 0 & 0 & 0 \\ 0 & 0 & 1 & 1 \\ 0 & 0 & 0 & 1 \end{bmatrix}$

47. $4 - 3e^x - 3xe^x$

49. (a) $\begin{bmatrix} 0 & 0 & 0 & 0 \\ 1 & 0 & 0 & 0 \\ 0 & \frac{1}{2} & 0 & 0 \\ 0 & 0 & \frac{1}{3} & 0 \\ 0 & 0 & 0 & \frac{1}{4} \end{bmatrix}$ (b) $8x - 2x^2 + \frac{3}{4}x^4$

51. (a) $\begin{bmatrix} 1 & 0 & 0 & 0 & 0 & 0 \\ 0 & 0 & 0 & 1 & 0 & 0 \\ 0 & 1 & 0 & 0 & 0 & 0 \\ 0 & 0 & 0 & 0 & 1 & 0 \\ 0 & 0 & 1 & 0 & 0 & 0 \\ 0 & 0 & 0 & 0 & 0 & 1 \end{bmatrix}$ (b) Demonstração

(c) $\begin{bmatrix} 1 & 0 & 0 & 0 & 0 & 0 \\ 0 & 0 & 1 & 0 & 0 & 0 \\ 0 & 0 & 0 & 0 & 1 & 0 \\ 0 & 1 & 0 & 0 & 0 & 0 \\ 0 & 0 & 0 & 1 & 0 & 0 \\ 0 & 0 & 0 & 0 & 0 & 1 \end{bmatrix}$

53. (a) Verdadeiro. Veja o Teorema 6.10, página 320.
(b) Falso. Veja a frase após "Definição de transformação linear inversa", página 324.

55. Demonstração

57. Às vezes, é preferível usar uma base não canônica. Por exemplo, algumas transformações lineares têm representações por matriz diagonal em relação a uma base não canônica.

Seção 6.4 (página 334)

1. $A' = \begin{bmatrix} 4 & -3 \\ \frac{5}{3} & -1 \end{bmatrix}$ **3.** $A' = \begin{bmatrix} -\frac{1}{3} & \frac{4}{3} \\ -\frac{13}{3} & \frac{16}{3} \end{bmatrix}$

5. $A' = \begin{bmatrix} -4 & 8 \\ 0 & 0 \end{bmatrix}$ **7.** $A' = \begin{bmatrix} 1 & 0 & 0 \\ 0 & 1 & 0 \\ 0 & 0 & 1 \end{bmatrix}$

A34 Elementos de álgebra linear

9. $A' = \begin{bmatrix} 9 & -5 & \frac{15}{2} \\ 26 & -14 & \frac{39}{2} \\ 8 & -4 & 5 \end{bmatrix}$ **11.** $A' = \begin{bmatrix} \frac{7}{3} & \frac{10}{3} & -\frac{1}{3} \\ -\frac{1}{6} & \frac{4}{3} & \frac{8}{3} \\ \frac{2}{3} & -\frac{4}{3} & -\frac{2}{3} \end{bmatrix}$

13. (a) $\begin{bmatrix} 6 & 4 \\ 9 & 4 \end{bmatrix}$ (b) $[\mathbf{v}]_B = \begin{bmatrix} 2 \\ -1 \end{bmatrix}$, $[T(\mathbf{v})]_B = \begin{bmatrix} 4 \\ -4 \end{bmatrix}$

(c) $A' = \begin{bmatrix} 0 & -\frac{4}{3} \\ 9 & 7 \end{bmatrix}$, $P^{-1} = \begin{bmatrix} -\frac{1}{3} & \frac{1}{3} \\ \frac{3}{4} & -\frac{1}{2} \end{bmatrix}$ (d) $\begin{bmatrix} -\frac{8}{3} \\ 5 \end{bmatrix}$

15. (a) $\begin{bmatrix} 5 & 2 \\ 9 & 2 \end{bmatrix}$ (b) $[\mathbf{v}]_B = \begin{bmatrix} 3 \\ -1 \end{bmatrix}$, $[T(\mathbf{v})]_B = \begin{bmatrix} 5 \\ 1 \end{bmatrix}$

(c) $A' = \begin{bmatrix} -7 & -2 \\ 27 & 8 \end{bmatrix}$, $P^{-1} = \begin{bmatrix} -\frac{1}{4} & \frac{1}{4} \\ \frac{9}{8} & -\frac{5}{8} \end{bmatrix}$ (d) $\begin{bmatrix} -1 \\ 5 \end{bmatrix}$

17. (a) $\begin{bmatrix} \frac{1}{2} & \frac{1}{2} & -\frac{1}{2} \\ \frac{1}{2} & -\frac{1}{2} & \frac{1}{2} \\ -\frac{1}{2} & \frac{1}{2} & \frac{1}{2} \end{bmatrix}$ (b) $[\mathbf{v}]_B = \begin{bmatrix} 1 \\ 0 \\ -1 \end{bmatrix}$, $[T(\mathbf{v})]_B = \begin{bmatrix} 2 \\ -1 \\ -2 \end{bmatrix}$

(c) $A' = \begin{bmatrix} 1 & 0 & 0 \\ 0 & 2 & 0 \\ 0 & 0 & 3 \end{bmatrix}$, $P^{-1} = \begin{bmatrix} 1 & 1 & 0 \\ 1 & 0 & 1 \\ 0 & 1 & 1 \end{bmatrix}$ (d) $\begin{bmatrix} 1 \\ 0 \\ -3 \end{bmatrix}$

19. $\begin{bmatrix} 1 & -2 \\ 4 & 0 \end{bmatrix} = \begin{bmatrix} -2 & -1 \\ 1 & 1 \end{bmatrix} \begin{bmatrix} 12 & 7 \\ -20 & -11 \end{bmatrix} \begin{bmatrix} -1 & -1 \\ 1 & 2 \end{bmatrix}$

21.

$\begin{bmatrix} 5 & 8 & 0 \\ 10 & 4 & 0 \\ 0 & 12 & 6 \end{bmatrix} = \begin{bmatrix} \frac{1}{5} & 0 & 0 \\ 0 & \frac{1}{4} & 0 \\ 0 & 0 & \frac{1}{3} \end{bmatrix} \begin{bmatrix} 5 & 10 & 0 \\ 8 & 4 & 0 \\ 0 & 9 & 6 \end{bmatrix} \begin{bmatrix} 5 & 0 & 0 \\ 0 & 4 & 0 \\ 0 & 0 & 3 \end{bmatrix}$

23. $\begin{bmatrix} -2 & 0 & 0 \\ 0 & 1 & 0 \\ 0 & 0 & 1 \end{bmatrix}$

25. Demonstração **27.** Demonstração
29. I_n **31–37.** Demonstrações
39. A matriz de I relativa a B, ou relativa a B', é a matriz identidade. A matriz para I relativa a B e B' é a matriz quadrada cujas colunas são as coordenadas de $\mathbf{v}_1, \ldots, \mathbf{v}_n$ relativa à base canônica.
41. (a) Verdadeiro. Veja a discussão antes do Exemplo 1, página 330.
(b) Falso. Veja a sentença após a demonstração do Teorema 6.13, página 332.

Seção 6.5 (página 341)

1. (a) $(3, -5)$ (b) $(2, 1)$ (c) $(a, 0)$
(d) $(0, -b)$ (e) $(-c, -d)$ (f) (f, g)
3. (a) $(1, 0)$ (b) $(3, -1)$ (c) $(0, a)$
(d) $(b, 0)$ (e) $(d, -c)$ (f) $(-g, f)$
5. (a) $(2x, y)$ (b) Expansão horizontal
7. (a) Contração vertical **9.** (a) Expansão horizontal
(b)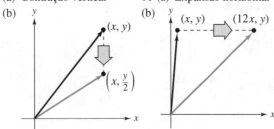

11. (a) Cisalhamento horizontal **13.** (a) Cisalhamento vertical
(b)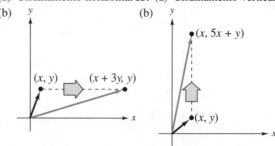

15. $\{(0, t): t \text{ é real}\}$ **17.** $\{(t, t): t \text{ é real}\}$
19. $\{(t, 0): t \text{ é real}\}$ **21.** $\{(t, 0): t \text{ é real}\}$

23. 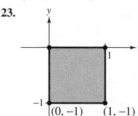 **25.**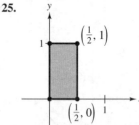

27.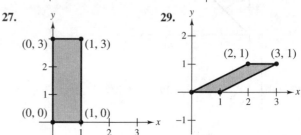

31.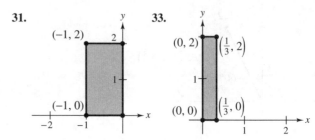

35.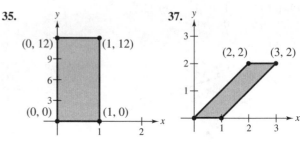

39. (a) (b)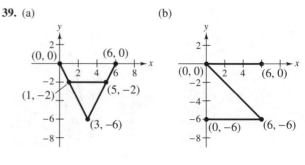

41. (a) 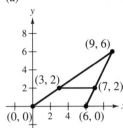 (b)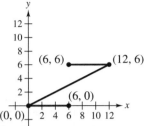

43. (a) 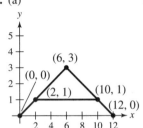 (b)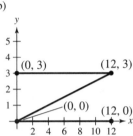

45. Expansão horizontal **47.** Cisalhamento horizontal
49. Reflexão no eixo x e expansão vertical (em qualquer ordem)
51. Cisalhamento vertical seguida por uma expansão horizontal
53. $T(1, 0) = (2, 0)$, $T(0, 1) = (0, 3)$, $T(2, 2) = (4, 6)$

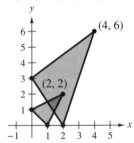

55. $\begin{bmatrix} \frac{\sqrt{3}}{2} & -\frac{1}{2} & 0 \\ \frac{1}{2} & \frac{\sqrt{3}}{2} & 0 \\ 0 & 0 & 1 \end{bmatrix}$ **57.** $\begin{bmatrix} 1 & 0 & 0 \\ 0 & -\frac{1}{2} & -\frac{\sqrt{3}}{2} \\ 0 & \frac{\sqrt{3}}{2} & -\frac{1}{2} \end{bmatrix}$

59. $\left((\sqrt{3}-1)/2, (\sqrt{3}+1)/2, 1\right)$
61. $\left(1, \frac{-1-\sqrt{3}}{2}, \frac{-1+\sqrt{3}}{2}\right)$
63. $90°$ em torno do eixo x **65.** $180°$ em torno do eixo y
67. $90°$ em torno do eixo z
69. $\begin{bmatrix} 0 & 1 & 0 \\ 0 & 0 & -1 \\ -1 & 0 & 0 \end{bmatrix}$; $(1, -1, -1)$

71. $\begin{bmatrix} \frac{\sqrt{2}}{2} & -\frac{\sqrt{2}}{2} & 0 \\ -\frac{1}{2} & -\frac{1}{2} & -\frac{\sqrt{2}}{2} \\ \frac{1}{2} & \frac{1}{2} & -\frac{\sqrt{2}}{2} \end{bmatrix}$; $\left(0, \frac{-2-\sqrt{2}}{2}, \frac{2-\sqrt{2}}{2}\right)$

Exercícios de revisão *(página 343)*

1. (a) $(2, -4)$ (b) $(4, 4)$
3. (a) $(0, -1, 7)$ (b) $\{(t-3, 5-t, t): t \text{ é real}\}$
5. (a) $(-1, 5, -5)$ (b) $(-1, 2)$
7. Não linear
9. Linear, $A = \begin{bmatrix} 1 & 2 \\ -1 & -1 \end{bmatrix}$ **11.** Linear, $A = \begin{bmatrix} 1 & -2 \\ -1 & 2 \end{bmatrix}$
13. Não linear
15. Não linear
17. Linear, $A = \begin{bmatrix} 0 & 0 & 1 \\ 0 & 1 & 0 \\ 1 & 0 & 0 \end{bmatrix}$
19. $T(1, 1) = \left(\frac{3}{2}, \frac{3}{2}\right)$, $T(0, 1) = (1, 1)$
21. $T(-7, 2) = (-2, 2)$
23. (a) $T: R^3 \to R^2$ (b) $(3, -12)$
   (c) $\left\{\left(-\frac{5}{2}, 3-2t, t\right): t \text{ é real}\right\}$
25. (a) $T: R^3 \to R^3$ (b) $(-2, -4, -5)$ (c) $(2, 2, 2)$
27. (a) $T: R^2 \to R^3$ (b) $(8, 10, 4)$ (c) $(1, -1)$
29.

31. (a) $\text{span}\{(-2, 1, 0, 0), (2, 0, 1, -2)\}$
   (b) $\text{span}\{(5, 0, 4), (0, 5, 8)\}$
33. (a) $\{\mathbf{0}\}$ (b) R^3
35. (a) $\{(0, 0)\}$ (b) 0 (c) $\text{span}\left\{\left(1, 0, \frac{1}{2}\right), \left(0, 1, -\frac{1}{2}\right)\right\}$ (d) 2
37. (a) $\{(-3t, 3t, t)\}$ (b) 1
   (c) $\text{span}\{(1, 0, -1), (0, 1, 2)\}$ (d) 2
39. 3 **41.** 2 **43.** $A^2 = I$ **45.** $A^3 = \begin{bmatrix} \cos 3\theta & -\text{sen } 3\theta \\ \text{sen } 3\theta & \cos 3\theta \end{bmatrix}$

47. $A' = \begin{bmatrix} 0 & 0 & 0 \\ 0 & 1 & 0 \\ 0 & 1 & 0 \end{bmatrix}$, $A = \begin{bmatrix} 0 & 0 \\ 1 & 1 \end{bmatrix}$

49. T não é inversível.   **51.** $T^{-1}(x, y) = (x, -y)$
53. (a) Injetora (b) Sobrejetora (c) Inversível
55. (a) Não é injetora (b) Sobrejetota (c) Não é inversível
57. (a) e (b) $(0, 1, 1)$ **59.** $A' = \begin{bmatrix} 3 & -1 \\ 1 & -1 \end{bmatrix}$

61. $\begin{bmatrix} 1 & -9 \\ -1 & 3 \end{bmatrix} = \begin{bmatrix} \frac{5}{13} & \frac{1}{13} \\ -\frac{3}{13} & \frac{2}{13} \end{bmatrix} \begin{bmatrix} 6 & -3 \\ 2 & -2 \end{bmatrix} \begin{bmatrix} 2 & -1 \\ 3 & 5 \end{bmatrix}$

63. (a) $A = \begin{bmatrix} 0 & 0 & 0 \\ 0 & \frac{1}{5} & \frac{2}{5} \\ 0 & \frac{2}{5} & \frac{4}{5} \end{bmatrix}$ (b) As respostas irão variar.
   (c) As respostas irão variar.
65. Demonstração   **67.** Demonstração
69. (a) Demonstração (b) Posto = 1, nulidade = 3
   (c) $\{1 - x, 1 - x^2, 1 - x^3\}$

A36 Elementos de álgebra linear

71. Ker(T) = {**v**: ⟨**v**, **v**$_0$⟩ = 0}
Imagem = R
Posto = 1
Nulidade = dim(V) − 1

73. Embora não sejam os mesmos, eles têm a mesma dimensão (4) e são isomorfos.

75. (a) Expansão vertical (b)

77. (a) Cisalhamento vertical (b)

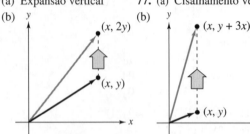

79. (a) Cisalhamento horizontal (b)

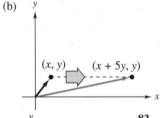

81.

83.

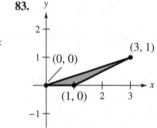

85. Reflexão na reta $y = x$ seguida de uma expansão horizontal

87. $\begin{bmatrix} \frac{\sqrt{2}}{2} & -\frac{\sqrt{2}}{2} & 0 \\ \frac{\sqrt{2}}{2} & \frac{\sqrt{2}}{2} & 0 \\ 0 & 0 & 1 \end{bmatrix}, (\sqrt{2}, 0, 1)$

89. $\begin{bmatrix} 1 & 0 & 0 \\ 0 & \frac{1}{2} & -\frac{\sqrt{3}}{2} \\ 0 & \frac{\sqrt{3}}{2} & \frac{1}{2} \end{bmatrix}, \left(1, \frac{-1-\sqrt{3}}{2}, \frac{-\sqrt{3}+1}{2}\right)$

91. $\begin{bmatrix} \frac{\sqrt{3}}{2} & -\frac{1}{4} & \frac{\sqrt{3}}{4} \\ \frac{1}{2} & \frac{\sqrt{3}}{4} & -\frac{3}{4} \\ 0 & \frac{\sqrt{3}}{2} & \frac{1}{2} \end{bmatrix}$

93. $\begin{bmatrix} \frac{\sqrt{6}}{4} & -\frac{\sqrt{2}}{2} & \frac{\sqrt{2}}{4} \\ \frac{\sqrt{6}}{4} & \frac{\sqrt{2}}{2} & \frac{\sqrt{2}}{4} \\ -\frac{1}{2} & 0 & \frac{\sqrt{3}}{2} \end{bmatrix}$

95. $(0,0,0), \left(\frac{\sqrt{2}}{2}, \frac{\sqrt{2}}{2}, 0\right), (0, \sqrt{2}, 0),$
$\left(-\frac{\sqrt{2}}{2}, \frac{\sqrt{2}}{2}, 0\right), (0,0,1), \left(\frac{\sqrt{2}}{2}, \frac{\sqrt{2}}{2}, 1\right),$
$(0, \sqrt{2}, 1), \left(-\frac{\sqrt{2}}{2}, \frac{\sqrt{2}}{2}, 1\right)$

97. $(0,0,0), (1,0,0), \left(1, \frac{\sqrt{3}}{2}, \frac{1}{2}\right), \left(0, \frac{\sqrt{3}}{2}, \frac{1}{2}\right),$
$\left(0, -\frac{1}{2}, \frac{\sqrt{3}}{2}\right), \left(1, -\frac{1}{2}, \frac{\sqrt{3}}{2}\right),$
$\left(1, \frac{-1+\sqrt{3}}{2}, \frac{1+\sqrt{3}}{2}\right), \left(0, \frac{-1+\sqrt{3}}{2}, \frac{1+\sqrt{3}}{2}\right)$

99. (a) Falso. Veja "Matrizes elementares de transformações lineares em R^2", página 336.
(b) Verdadeiro. Veja "Matrizes elementares de transformações lineares em R^2", página 336.

101. (a) Falso. Veja a "Observação", página 300.
(b) Falso. Veja o Teorema 6.7, página 315.

Capítulo 7

Seção 7.1 *(página 356)*

1. $\begin{bmatrix} 2 & 0 \\ 0 & -2 \end{bmatrix}\begin{bmatrix} 1 \\ 0 \end{bmatrix} = 2\begin{bmatrix} 1 \\ 0 \end{bmatrix}, \begin{bmatrix} 2 & 0 \\ 0 & -2 \end{bmatrix}\begin{bmatrix} 0 \\ 1 \end{bmatrix} = -2\begin{bmatrix} 0 \\ 1 \end{bmatrix}$

3. $\begin{bmatrix} 2 & 3 & 1 \\ 0 & -1 & 2 \\ 0 & 0 & 3 \end{bmatrix}\begin{bmatrix} 1 \\ 0 \\ 0 \end{bmatrix} = 2\begin{bmatrix} 1 \\ 0 \\ 0 \end{bmatrix},$

$\begin{bmatrix} 2 & 3 & 1 \\ 0 & -1 & 2 \\ 0 & 0 & 3 \end{bmatrix}\begin{bmatrix} 1 \\ -1 \\ 0 \end{bmatrix} = -1\begin{bmatrix} 1 \\ -1 \\ 0 \end{bmatrix},$

$\begin{bmatrix} 2 & 3 & 1 \\ 0 & -1 & 2 \\ 0 & 0 & 3 \end{bmatrix}\begin{bmatrix} 5 \\ 1 \\ 2 \end{bmatrix} = 3\begin{bmatrix} 5 \\ 1 \\ 2 \end{bmatrix}$

5. $\begin{bmatrix} 0 & 1 & 0 \\ 0 & 0 & 1 \\ 1 & 0 & 0 \end{bmatrix}\begin{bmatrix} 1 \\ 1 \\ 1 \end{bmatrix} = 1\begin{bmatrix} 1 \\ 1 \\ 1 \end{bmatrix}$

7. (a) $\begin{bmatrix} 2 & 0 \\ 0 & -2 \end{bmatrix}\begin{bmatrix} c \\ 0 \end{bmatrix} = 2\begin{bmatrix} c \\ 0 \end{bmatrix}$

(b) $\begin{bmatrix} 2 & 0 \\ 0 & -2 \end{bmatrix}\begin{bmatrix} 0 \\ c \end{bmatrix} = -2\begin{bmatrix} 0 \\ c \end{bmatrix}$

9. (a) Não (b) Sim (c) Sim (d) Não
11. (a) Sim (b) Não (c) Sim (d) Sim
13. $\lambda = 1, (t, 0); \lambda = -1, (0, t)$
15. (a) $\lambda(\lambda - 7) = 0$ (b) $\lambda = 0, (1, 2); \lambda = 7, (3, -1)$
17. (a) $(\lambda + 1)(\lambda - 3) = 0$
(b) $\lambda = -1, (-1, 1); \lambda = 3, (1, 1)$
19. (a) $\lambda^2 - \frac{1}{4} = 0$ (b) $\lambda = -\frac{1}{2}, (1, 1); \lambda = \frac{1}{2}, (3, 1)$
21. (a) $(\lambda - 2)(\lambda - 4)(\lambda - 1) = 0$
(b) $\lambda = 4, (7, -4, 2); \lambda = 2, (1, 0, 0); \lambda = 1, (-1, 1, 1)$
23. (a) $(\lambda + 3)(\lambda - 3)^2 = 0$
(b) $\lambda = -3, (1, 1, 3); \lambda = 3, (1, 0, -1), (1, 1, 0)$
25. (a) $(\lambda - 4)(\lambda - 6)(\lambda + 2) = 0$
(b) $\lambda = -2, (3, 2, 0); \lambda = 4, (5, -10, -2);$
$\lambda = 6, (1, -2, 0)$
27. (a) $(\lambda - 2)^2(\lambda - 4)(\lambda + 1) = 0$
(b) $\lambda = 2, (1, 0, 0, 0), (0, 1, 0, 0); \lambda = 4, (0, 0, 1, 1);$
$\lambda = -1, (0, 0, 1, -4)$
29. $\lambda = -2, 1$ **31.** $\lambda = -\frac{1}{6}, \frac{1}{3}$ **33.** $\lambda = -1, 4, 4$
35. $\lambda = 4, \frac{17 \pm \sqrt{385}}{12}$

Respostas dos exercícios ímpares e das provas   A37

37. $\lambda = 0, 0, 0, 21$ **39.** $\lambda = 0, 0, 3, 3$ **41.** $\lambda = 2, 3, 1$

43. $\lambda = -6, 5, -4, -4$

45. (a) $\lambda_1 = 3, \lambda_2 = 4$

(b) $B_1 = \{(2, -1)\}, B_2 = \{(1, -1)\}$

(c) $\begin{bmatrix} 3 & 0 \\ 0 & 4 \end{bmatrix}$

47. (a) $\lambda_1 = -1, \lambda_2 = 1, \lambda_3 = 2$

(b) $B_1 = \{(1, 0, 1)\}, B_2 = \{(2, 1, 0)\}, B_3 = \{(1, 1, 0)\}$

(c) $\begin{bmatrix} -1 & 0 & 0 \\ 0 & 1 & 0 \\ 0 & 0 & 2 \end{bmatrix}$

49. $\lambda^2 - 8\lambda + 15$ **51.** $\lambda^3 - 5\lambda^2 + 15\lambda - 27$

53.

Exercício	(a) Traço de A	(b) Determinante de A
15	7	0
17	2	-3
19	0	$-\frac{1}{4}$
21	7	8
23	3	-27
25	8	-48
27	7	-16

55–63. Demonstrações   **65.** $a = 0, d = 1$ ou $a = 1, d = 0$

67. (a) Falso. **x** deve ser diferente de zero.

(b) Verdadeiro. Veja o Teorema 7.2, página 351.

69. Dim $= 3$ **71.** Dim $= 1$

73. $T(e^x) = \dfrac{d}{dx}[e^x] = e^x = 1(e^x)$

75.

$\lambda = -2, 3 + 2x; \lambda = 4, -5 + 10x + 2x^2; \lambda = 6, -1 + 2x$

77. $\lambda = 0, \begin{bmatrix} 1 & 0 \\ 1 & 0 \end{bmatrix}, \begin{bmatrix} 1 & 1 \\ 0 & -1 \end{bmatrix}; \lambda = 3, \begin{bmatrix} 1 & 0 \\ -2 & 0 \end{bmatrix}$

79. $\lambda = 0, 1$ **81.** Demonstração

Seção 7.2   *(página 366)*

1. (a) $P^{-1} = \begin{bmatrix} 1 & -4 \\ -1 & 3 \end{bmatrix}, P^{-1}AP = \begin{bmatrix} 1 & 0 \\ 0 & -2 \end{bmatrix}$

(b) $\lambda = 1, -2$

3. (a) $P^{-1} = \begin{bmatrix} -\frac{1}{3} & \frac{2}{3} \\ \frac{2}{3} & -\frac{1}{3} \end{bmatrix}, P^{-1}AP = \begin{bmatrix} -1 & 0 \\ 0 & 2 \end{bmatrix}$

(b) $\lambda = -1, 2$

5. (a) $P^{-1} = \begin{bmatrix} \frac{2}{3} & -\frac{2}{3} & 1 \\ 0 & \frac{1}{4} & 0 \\ -\frac{1}{3} & \frac{1}{12} & 0 \end{bmatrix}, P^{-1}AP = \begin{bmatrix} 5 & 0 & 0 \\ 0 & 3 & 0 \\ 0 & 0 & -1 \end{bmatrix}$

(b) $\lambda = 5, 3, -1$

7. $P = \begin{bmatrix} 1 & 3 \\ 2 & -1 \end{bmatrix}$ (A resposta não é única.)

9. $P = \begin{bmatrix} 7 & 1 & -1 \\ -4 & 0 & 1 \\ 2 & 0 & 1 \end{bmatrix}$ (A resposta não é única.)

11. $P = \begin{bmatrix} 1 & -1 & 1 \\ 1 & 0 & 1 \\ 3 & 1 & 0 \end{bmatrix}$ (A resposta não é única.)

13. A não é diagonalizável.

15. Existe apenas um autovalor, $\lambda = 0$, e a dimensão do seu autoespaço é 1.

17. Existe apenas um autovalor, $\lambda = 7$, e a dimensão do seu autoespaço é 1.

19. Existem dois autovalores, 1 e 2. A dimensão do autoespaço para o autovalor repetido 1 é 1.

21. Existem dois autovalores repetidos, 0 e 3. O autoespaço associado a 3 é de dimensão 1.

23. $\lambda = 0, 2$; a matriz é diagonalizável.

25. $\lambda = 0, -2$; número insuficiente de autovalores para garantir a diagonalização

27. $\{(1, -1), (1, 1)\}$ **29.** $\{(-1 + x), x\}$

31. Demonstração   **33.** $\begin{bmatrix} -188 & -378 \\ 126 & 253 \end{bmatrix}$

35. $\begin{bmatrix} 2 & 0 & -2 \\ -30 & 32 & -2 \\ 3 & 0 & -3 \end{bmatrix}$

37. (a) Verdadeiro. Veja a demonstração do Teorema 7.4, página 359.

(b) Falso. Veja o Teorema 7.6, página 364.

39. Sim. $P = \begin{bmatrix} 0 & 0 & 1 \\ 0 & 1 & 0 \\ 1 & 0 & 0 \end{bmatrix}$

41. Sim, a ordem dos elementos na diagonal principal pode mudar.

43–47. Demonstrações

49. $\lambda = 4$ é o único autovalor e uma base para o autoespaço é $\{(1, 0)\}$, de modo que a matriz não possui dois autovetores linearmente independentes. Pelo Teorema 7.5, a matriz não é diagonalizável.

Seção 7.3   *(página 375)*

1. Não simétrica

3. $P = \begin{bmatrix} 1 & 1 & 0 \\ 0 & 0 & 1 \\ -1 & 1 & 0 \end{bmatrix}, P^{-1}AP = \begin{bmatrix} -a & 0 & 0 \\ 0 & a & 0 \\ 0 & 0 & a \end{bmatrix}$

5. $P = \begin{bmatrix} 1 & 0 & 1 \\ 0 & 1 & 0 \\ -1 & 0 & 1 \end{bmatrix}, P^{-1}AP = \begin{bmatrix} 0 & 0 & 0 \\ 0 & a & 0 \\ 0 & 0 & 2a \end{bmatrix}$

7. $\lambda = 1$, dim $= 1$ **9.** $\lambda = 2$, dim $= 2$

$\lambda = 3$, dim $= 1$ $\lambda = 3$, dim $= 1$

11. $\lambda = -2$, dim $= 2$ **13.** $\lambda = -1$, dim $= 1$

$\lambda = 4$, dim $= 1$ $\lambda = 1 + \sqrt{2}$, dim $= 1$

$\lambda = 1 - \sqrt{2}$, dim $= 1$

15. $\lambda = -2$, dim $= 1$ **17.** $\lambda = 1$, dim $= 1$

$\lambda = 3$, dim $= 2$ $\lambda = 2$, dim $= 3$

$\lambda = 8$, dim $= 1$ $\lambda = 3$, dim $= 1$

19. Ortogonal   **21.** Ortogonal   **23.** Não ortogonal

25. Ortogonal   **27.** Não ortogonal   **29.** Ortogonal

31. Não ortogonal   **33–37.** Demonstrações

39. Não ortogonalmente diagonalizável

41. Ortogonalmente diagonalizável

43. $P = \begin{bmatrix} \sqrt{2}/2 & \sqrt{2}/2 \\ -\sqrt{2}/2 & \sqrt{2}/2 \end{bmatrix}$ **45.** $P = \begin{bmatrix} \sqrt{3}/3 & \sqrt{6}/3 \\ -\sqrt{6}/3 & \sqrt{3}/3 \end{bmatrix}$

(A resposta não é única.)   (A resposta não é única.)

A38 — Elementos de álgebra linear

47. $P = \begin{bmatrix} -\frac{2}{3} & -\frac{1}{3} & \frac{2}{3} \\ \frac{1}{3} & \frac{2}{3} & \frac{2}{3} \\ \frac{2}{3} & -\frac{2}{3} & \frac{1}{3} \end{bmatrix}$ (A resposta não é única.)

49. $\begin{bmatrix} -\sqrt{3}/3 & -\sqrt{2}/2 & \sqrt{6}/6 \\ -\sqrt{3}/3 & \sqrt{2}/2 & \sqrt{6}/6 \\ \sqrt{3}/3 & 0 & \sqrt{6}/3 \end{bmatrix}$

(A resposta não é única.)

51. $P = \begin{bmatrix} \sqrt{2}/2 & 0 & \sqrt{2}/2 & 0 \\ -\sqrt{2}/2 & 0 & \sqrt{2}/2 & 0 \\ 0 & \sqrt{2}/2 & 0 & \sqrt{2}/2 \\ 0 & -\sqrt{2}/2 & 0 & \sqrt{2}/2 \end{bmatrix}$

(A resposta não é única.)

53. (a) Verdadeiro. Veja o Teorema 7.10, página 372.
  (b) Verdadeiro. Veja o Teorema 7.9, página 371.

55–59. Demonstrações

Seção 7.4   (página 391)

1. $\mathbf{x}_2 = \begin{bmatrix} 20 \\ 5 \end{bmatrix}$, $\mathbf{x}_3 = \begin{bmatrix} 10 \\ 10 \end{bmatrix}$; $t\begin{bmatrix} 2 \\ 1 \end{bmatrix}$

3. $\mathbf{x}_2 = \begin{bmatrix} 84 \\ 12 \\ 6 \end{bmatrix}$, $\mathbf{x}_3 = \begin{bmatrix} 60 \\ 84 \\ 6 \end{bmatrix}$; $t\begin{bmatrix} 8 \\ 4 \\ 1 \end{bmatrix}$

5. $\mathbf{x}_2 = \begin{bmatrix} 400 \\ 25 \\ 100 \\ 50 \end{bmatrix}$, $\mathbf{x}_3 = \begin{bmatrix} 250 \\ 100 \\ 25 \\ 50 \end{bmatrix}$; $t\begin{bmatrix} 8 \\ 2 \\ 2 \\ 1 \end{bmatrix}$

7. $\mathbf{x}_2 = \begin{bmatrix} 1.280 \\ 120 \\ 40 \end{bmatrix}$, $\mathbf{x}_3 = \begin{bmatrix} 3.120 \\ 960 \\ 30 \end{bmatrix}$

9. $\mathbf{x}_2 = \begin{bmatrix} 900 \\ 60 \\ 50 \end{bmatrix}$, $\mathbf{x}_3 = \begin{bmatrix} 2.200 \\ 540 \\ 30 \end{bmatrix}$

11. $y_1 = C_1 e^{2t}$
  $y_2 = C_2 e^{t}$

13. $y_1 = C_1 e^{-4t}$
  $y_2 = C_2 e^{t/2}$

15. $y_1 = C_1 e^{-t}$
  $y_2 = C_2 e^{6t}$
  $y_3 = C_3 e^{t}$

17. $y_1 = C_1 e^{-0,3t}$
  $y_2 = C_2 e^{0,4t}$
  $y_3 = C_3 e^{-0,6t}$

19. $y_1 = C_1 e^{7t}$
  $y_2 = C_2 e^{9t}$
  $y_3 = C_3 e^{-7t}$
  $y_4 = C_4 e^{-9t}$

21. $y_1 = C_1 e^{t} - 4C_2 e^{2t}$
  $y_2 = C_2 e^{2t}$

23. $y_1 = C_1 e^{-t} + C_2 e^{3t}$
  $y_2 = -C_1 e^{-t} + C_2 e^{3t}$

25. $y_1 = C_1 e^{t} - 2C_2 e^{2t} - 7C_3 e^{3t}$
  $y_2 = \qquad C_2 e^{2t} + 8C_3 e^{3t}$
  $y_3 = \qquad\qquad 2C_3 e^{3t}$

27. $y_1 = 3C_1 e^{2t} - 5C_2 e^{-4t} - C_3 e^{-6t}$
  $y_2 = 2C_1 e^{2t} + 10C_2 e^{-4t} + 2C_3 e^{-6t}$
  $y_3 = \qquad\qquad 2C_2 e^{-4t}$

29. $y_1' = y_1 + y_2$
  $y_2' = \qquad y_2$

31. $y_1' = y_2$
  $y_2' = y_3$
  $y_3' = -4y_2$

33. $\begin{bmatrix} 1 & 0 \\ 0 & 1 \end{bmatrix}$ **35.** $\begin{bmatrix} 9 & 5 \\ 5 & -4 \end{bmatrix}$ **37.** $\begin{bmatrix} 0 & 5 \\ 5 & -10 \end{bmatrix}$

39. $A = \begin{bmatrix} 2 & -\frac{3}{2} \\ -\frac{3}{2} & -2 \end{bmatrix}$, $\lambda_1 = -\frac{5}{2}$, $\lambda_2 = \frac{5}{2}$, $P = \begin{bmatrix} \frac{1}{\sqrt{10}} & -\frac{3}{\sqrt{10}} \\ \frac{3}{\sqrt{10}} & \frac{1}{\sqrt{10}} \end{bmatrix}$

41. $A = \begin{bmatrix} 13 & 3\sqrt{3} \\ 3\sqrt{3} & 7 \end{bmatrix}$, $\lambda_1 = 4$, $\lambda_2 = 16$, $P = \begin{bmatrix} \frac{1}{2} & \frac{\sqrt{3}}{2} \\ -\frac{\sqrt{3}}{2} & \frac{1}{2} \end{bmatrix}$

43. $A = \begin{bmatrix} 16 & -12 \\ -12 & 9 \end{bmatrix}$, $\lambda_1 = 0$, $\lambda_2 = 25$, $P = \begin{bmatrix} \frac{3}{5} & -\frac{4}{5} \\ \frac{4}{5} & \frac{3}{5} \end{bmatrix}$

45. Elipse, $5(x')^2 + 15(y')^2 - 45 = 0$

47. Elipse, $(x')^2 + 6(y')^2 - 36 = 0$

49. Parábola, $4(y')^2 + 4x' + 8y' + 4 = 0$

51. Hipérbole, $\frac{1}{2}[-(x')^2 + (y')^2 - 3\sqrt{2}x' - \sqrt{2}y' + 6] = 0$

53. $A = \begin{bmatrix} 3 & -1 & 0 \\ -1 & 3 & 0 \\ 0 & 0 & 8 \end{bmatrix}$, $2(x')^2 + 4(y')^2 + 8(z')^2 - 16 = 0$

55. $A = \begin{bmatrix} 1 & 0 & 0 \\ 0 & 2 & 1 \\ 0 & 1 & 2 \end{bmatrix}$, $(x')^2 + (y')^2 + 3(z')^2 - 1 = 0$

57. Máximo: 3; $\begin{bmatrix} 1 \\ 0 \end{bmatrix}$
  Mínimo: 2; $\begin{bmatrix} 0 \\ 1 \end{bmatrix}$

59. Máximo: 48; $\begin{bmatrix} 0 \\ 2 \end{bmatrix}$
  Mínimo: 25; $\begin{bmatrix} 5 \\ 0 \end{bmatrix}$

61. Máximo: 11; $\begin{bmatrix} \frac{1}{\sqrt{2}} \\ \frac{1}{\sqrt{2}} \end{bmatrix}$
  Mínimo: -1; $\begin{bmatrix} -\frac{1}{\sqrt{2}} \\ \frac{1}{\sqrt{2}} \end{bmatrix}$

63. Máximo: 3; $\begin{bmatrix} \frac{1}{\sqrt{2}} \\ \frac{1}{\sqrt{2}} \end{bmatrix}$
  Mínimo: -3; $\begin{bmatrix} -\frac{1}{\sqrt{2}} \\ \frac{1}{\sqrt{2}} \end{bmatrix}$

65. Máximo: 4; $\begin{bmatrix} \frac{1}{\sqrt{6}} \\ \frac{2}{\sqrt{6}} \\ \frac{1}{\sqrt{6}} \end{bmatrix}$; Mínimo: 0; $\begin{bmatrix} -\frac{1}{\sqrt{2}} \\ 0 \\ \frac{1}{\sqrt{2}} \end{bmatrix}$

67. Seja $P = \begin{bmatrix} a & b \\ c & d \end{bmatrix}$ uma matriz ortogonal 2×2 tal que $|P| = 1$. Defina $\theta \in (0, 2\pi)$ da seguinte forma.

(i) Se $a = 1$, então $c = 0$, $b = 0$ e $d = 1$, então tome $\theta = 0$.

(ii) Se $a = -1$, então $c = 0$, $b = 0$ e $d = -1$, então tome $\theta = \pi$.

(iii) Se $a \geq 0$ e $c > 0$, tome $\theta = \arccos(a)$, $0 < \theta \leq \pi/2$.

(iv) Se $a \geq 0$ e $c < 0$, tome $\theta = 2\pi - \arccos(a)$, $3\pi/2 \leq \theta < 2\pi$.

(v) Se $a \leq 0$ e $c > 0$, tome $\theta = \arccos(a)$, $\pi/2 \leq \theta < \pi$.

(vi) Se $a \leq 0$ e $c < 0$, tome $\theta = 2\pi - \arccos(a)$, $\pi < \theta \leq 3\pi/2$.

Em cada um desses casos, confirme que

$P = \begin{bmatrix} a & b \\ c & d \end{bmatrix} = \begin{bmatrix} \cos\theta & -\text{sen}\,\theta \\ \text{sen}\,\theta & \cos\theta \end{bmatrix}$.

69. As respostas vão variar.

Exercícios de revisão   *(página 393)*

1. (a) $\lambda^2 - 9 = 0$ (b) $\lambda = -3, \lambda = 3$
  (c) Uma base para $\lambda = -3$ é $\{(1, -5)\}$ e uma base para $\lambda = 3$ é $\{(1, 1)\}$.

3. (a) $(\lambda - 4)(\lambda - 8)^2 = 0$ (b) $\lambda = 4, \lambda = 8$
  (c) Uma base para $\lambda = 4$ é $\{(1, -2, -1)\}$ e uma base para $\lambda = 8$ é $\{(4, -1, 0), (3, 0, 1)\}$.

5. (a) $(\lambda - 2)(\lambda - 3)(\lambda - 1) = 0$
  (b) $\lambda = 1, \lambda = 2, \lambda = 3$
  (c) Uma base para $\lambda = 1$ é $\{(1, 2, -1)\}$, uma base para $\lambda = 2$ é $\{(1, 0, 0)\}$ e uma base para $\lambda = 3$ é $\{(0, 1, 0)\}$.

7. (a) $(\lambda - 1)^2(\lambda - 3)^2 = 0$ (b) $\lambda = 1, \lambda = 3$
  (c) Uma base para $\lambda = 1$ é $\{(1, -1, 0, 0), (0, 0, 1, -1)\}$ e uma base para $\lambda = 3$ é $\{(1, 1, 0, 0), (0, 0, 1, 1)\}$.

9. $P = \begin{bmatrix} 4 & -1 \\ 1 & 2 \end{bmatrix}$ (A resposta não é única.)

11. Não diagonalizável

13. $P = \begin{bmatrix} 1 & 0 & 1 \\ 0 & 1 & 0 \\ 1 & 0 & -1 \end{bmatrix}$ (A resposta não é única.)

15. (a) $a = -\frac{1}{4}$ (b) $a = 2$ (c) $a \geq -\frac{1}{4}$

17. A tem apenas um autovalor, $\lambda = 0$, e a dimensão de seu autoespaço é 1.

19. A tem apenas um autovalor, $\lambda = 3$, e a dimensão do seu autoespaço é 2.

21. $P = \begin{bmatrix} 0 & 1 \\ 1 & 0 \end{bmatrix}$

23. O autoespaço associado a $\lambda = 1$ da matriz A tem dimensão 1, enquanto o da matriz B tem dimensão 2, de modo que as matrizes não são semelhantes.

25. Tanto simétrica quanto ortogonal
27. Tanto simétrica quanto ortogonal
29. Nenhuma das duas   **31.** Nenhuma das duas
33. Demonstração
35. Demonstração   **37.** Ortogonalmente diagonalizável
39. Não ortogonalmente diagonalizável

41. $P = \begin{bmatrix} \frac{2}{\sqrt{5}} & -\frac{1}{\sqrt{5}} \\ \frac{1}{\sqrt{5}} & \frac{2}{\sqrt{5}} \end{bmatrix}$ (A resposta não é única.)

43. $P = \begin{bmatrix} 0 & \frac{1}{\sqrt{2}} & \frac{1}{\sqrt{2}} \\ 0 & -\frac{1}{\sqrt{2}} & \frac{1}{\sqrt{2}} \\ 1 & 0 & 0 \end{bmatrix}$ (A resposta não é única.)

45. $P = \begin{bmatrix} \frac{1}{\sqrt{2}} & 0 & \frac{1}{\sqrt{2}} \\ 0 & 1 & 0 \\ -\frac{1}{\sqrt{2}} & 0 & \frac{1}{\sqrt{2}} \end{bmatrix}$ (A resposta não é única.)

47. $\left(\frac{3}{5}, \frac{2}{5}\right)$ **49.** $\left(\frac{3}{5}, \frac{2}{5}\right)$ **51.** $\left(\frac{1}{4}, \frac{1}{2}, \frac{1}{4}\right)$ **53.** $\left(\frac{4}{16}, \frac{5}{16}, \frac{7}{16}\right)$

55. Demonstração   **57.** $A = \begin{bmatrix} 0 & 1 \\ 0 & \frac{9}{4} \end{bmatrix}$, $\lambda_1 = 0, \lambda_2 = \frac{9}{4}$

59.
$$A^2 = \begin{bmatrix} 56 & -40 \\ 20 & -4 \end{bmatrix}, A^3 = \begin{bmatrix} 368 & -304 \\ 152 & -88 \end{bmatrix}, A^4 = \begin{bmatrix} 2.336 & -2.080 \\ 1.040 & -784 \end{bmatrix}$$

61. (a) e (b) Demonstrações   **63.** Demonstração
65. $A = O$ **67.** $\lambda = 0$ ou 1
69. (a) Verdadeiro. Veja "Definições de autovalor e autovetor", página 348.
  (b) Falso. Veja o Teorema 7.4, página 359.
  (c) Verdadeiro. Veja "Definição de uma matriz diagonalizável", página 359.

71. $\mathbf{x}_2 = \begin{bmatrix} 100 \\ 25 \end{bmatrix}, \mathbf{x}_3 = \begin{bmatrix} 25 \\ 25 \end{bmatrix}; t\begin{bmatrix} 2 \\ 1 \end{bmatrix}$

73. $\mathbf{x}_2 = \begin{bmatrix} 4.500 \\ 300 \\ 50 \end{bmatrix}, \mathbf{x}_3 = \begin{bmatrix} 1.500 \\ 4.500 \\ 50 \end{bmatrix}; t\begin{bmatrix} 24 \\ 12 \\ 1 \end{bmatrix}$

75. $\mathbf{x}_2 = \begin{bmatrix} 1.440 \\ 108 \\ 90 \end{bmatrix}, \mathbf{x}_3 = \begin{bmatrix} 6.588 \\ 1.296 \\ 81 \end{bmatrix}$

77. $y_1 = 4C_1 e^{3t}$
  $y_2 = C_1 e^{3t} + C_2 e^{-t}$

79. $y_1 = C_1 e^{3t}$
  $y_2 = C_2 e^{8t}$
  $y_3 = C_3 e^{-8t}$

81. (a) $A = \begin{bmatrix} 1 & \frac{3}{2} \\ \frac{3}{2} & 1 \end{bmatrix}$
  (b) $P = \begin{bmatrix} \frac{1}{\sqrt{2}} & -\frac{1}{\sqrt{2}} \\ \frac{1}{\sqrt{2}} & \frac{1}{\sqrt{2}} \end{bmatrix}$
  (c) $5(x')^2 - (y')^2 = 6$
  (d)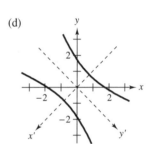

83. (a) $A = \begin{bmatrix} 0 & \frac{1}{2} \\ \frac{1}{2} & 0 \end{bmatrix}$
  (b) $P = \begin{bmatrix} \frac{1}{\sqrt{2}} & -\frac{1}{\sqrt{2}} \\ \frac{1}{\sqrt{2}} & \frac{1}{\sqrt{2}} \end{bmatrix}$
  (c) $(x')^2 - (y')^2 = 4$
  (d)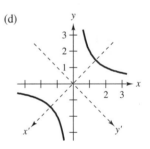

85. Máximo: $1; \begin{bmatrix} 1 \\ 0 \end{bmatrix}$
  Mínimo: $-1; \begin{bmatrix} 0 \\ 1 \end{bmatrix}$

87. Máximo: $17; \begin{bmatrix} -\frac{1}{\sqrt{2}} \\ \frac{1}{\sqrt{2}} \end{bmatrix}$
  Mínimo: $13; \begin{bmatrix} \frac{1}{\sqrt{2}} \\ \frac{1}{\sqrt{2}} \end{bmatrix}$

Prova cumulativa para os Capítulos 6 e 7 (Página 397)

1. Transformação linear 2. Não é uma transformação linear
3. $\dim(R^n) = 4; \dim(R^m) = 2$
4. (a) $(-4, 2, 0)$ (b) $(3, t)$
5. $\{(s, s, -t, t): s, t \text{ são reais}\}$
6. (a) $\text{span}\{(0, -1, 0, 1), (1, 0, -1, 0)\}$
   (b) $\text{span}\{(1, 0), (0, 1)\}$ (c) Posto = 2, nulidade = 2
7. $\begin{bmatrix} 3 & 2 \\ -1 & 2 \end{bmatrix}$
8. $\begin{bmatrix} 1 & 1 & 0 \\ 0 & 1 & 1 \\ 1 & 0 & -1 \end{bmatrix}$
9. $\begin{bmatrix} 0 & -2 & 3 \\ 4 & 0 & 11 \end{bmatrix}$
10. $\begin{bmatrix} 0 & 0 & 0 \\ 0 & 0 & 0 \\ 0 & 0 & 0 \end{bmatrix}$
11. $\begin{bmatrix} \frac{1}{2} & -\frac{1}{2} \\ -\frac{1}{2} & \frac{1}{2} \end{bmatrix}$, $T(1, 1) = (0, 0)$, $T(-2, 2) = (-2, 2)$
12. (a) $\begin{bmatrix} \frac{\sqrt{3}}{2} & -\frac{1}{2} \\ \frac{1}{2} & \frac{\sqrt{3}}{2} \end{bmatrix}$ (b) $\begin{bmatrix} \frac{\sqrt{3}}{2} - 1 \\ \frac{1}{2} + \sqrt{3} \end{bmatrix}$
   (c)

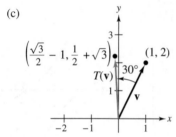

13. $T = \begin{bmatrix} 2 & -4 \\ -1 & -5 \end{bmatrix}, T' = \begin{bmatrix} 0 & 2 \\ 7 & -3 \end{bmatrix}$
14. $T = \begin{bmatrix} -2 & 2 & 1 \\ -1 & 3 & 2 \\ 4 & 0 & -6 \end{bmatrix}, T' = \begin{bmatrix} 2 & 1 & 3 \\ 1 & -2 & 3 \\ 1 & 2 & -5 \end{bmatrix}$
15. $T^{-1}(x, y) = \left(\frac{1}{3}x + \frac{1}{3}y, -\frac{2}{3}x + \frac{1}{3}y\right)$
16. $T^{-1}(x_1, x_2, x_3) = \left(\frac{x_1 - x_2 + x_3}{2}, \frac{x_1 + x_2 - x_3}{2}, \frac{-x_1 + x_2 + x_3}{2}\right)$
17. $\begin{bmatrix} -1 & -2 \\ 0 & 1 \\ 2 & 1 \end{bmatrix}, T(0, 1) = (1, 0, 1)$
18. (a) $A = \begin{bmatrix} 1 & -2 \\ 1 & 4 \end{bmatrix}$ (b) $P = \begin{bmatrix} 1 & 1 \\ 1 & 2 \end{bmatrix}$
   (c) $A' = \begin{bmatrix} -7 & -15 \\ 6 & 12 \end{bmatrix}$ (d) $\begin{bmatrix} 9 \\ -6 \end{bmatrix}$
   (e) $[\mathbf{v}]_B = \begin{bmatrix} 1 \\ -1 \end{bmatrix}, [T(\mathbf{v})]_B = \begin{bmatrix} 3 \\ -3 \end{bmatrix}$
19. $\lambda = 5$ (repetido), $\begin{bmatrix} 1 \\ -1 \end{bmatrix}$
20. $\lambda = 5, \begin{bmatrix} -1 \\ 4 \end{bmatrix}; \lambda = -15, \begin{bmatrix} 1 \\ 0 \end{bmatrix}$
21. $\lambda = 1, \begin{bmatrix} 1 \\ 0 \\ 0 \end{bmatrix}; \lambda = 0, \begin{bmatrix} -1 \\ -1 \\ 3 \end{bmatrix}; \lambda = 2, \begin{bmatrix} 1 \\ 1 \\ -1 \end{bmatrix}$
22. $\lambda = 1$ (três vezes), $\begin{bmatrix} 1 \\ 0 \\ 0 \end{bmatrix}$
23. $P = \begin{bmatrix} 1 & 1 & 5 \\ 0 & -1 & 1 \\ 0 & 0 & 2 \end{bmatrix}$
24. $P = \begin{bmatrix} 3 & -1 & -5 \\ 2 & 2 & 10 \\ 0 & 0 & 2 \end{bmatrix}$
25. $\{(0, 1, 0), (1, 1, 1), (2, 2, 3)\}$
26. $P = \begin{bmatrix} \frac{1}{\sqrt{2}} & \frac{1}{\sqrt{2}} \\ -\frac{1}{\sqrt{2}} & \frac{1}{\sqrt{2}} \end{bmatrix}$
27. $P = \begin{bmatrix} \frac{1}{\sqrt{3}} & \frac{1}{\sqrt{2}} & \frac{1}{\sqrt{6}} \\ \frac{1}{\sqrt{3}} & 0 & -\frac{2}{\sqrt{6}} \\ \frac{1}{\sqrt{3}} & -\frac{1}{\sqrt{2}} & \frac{1}{\sqrt{6}} \end{bmatrix}$
28. $y_1 = C_1 e^t$
    $y_2 = C_2 e^{9t}$
29. $\begin{bmatrix} 3 & -8 \\ -8 & 3 \end{bmatrix}$
30. $\mathbf{x}_2 = \begin{bmatrix} 1.800 \\ 120 \\ 60 \end{bmatrix}, \mathbf{x}_3 = \begin{bmatrix} 6.300 \\ 1.440 \\ 48 \end{bmatrix}$
31. P é ortogonal quando $P^{-1} = P^T$.
32. Demonstração

Índice Remissivo

A

Absorvente
    cadeia de Markov, 89
    estado, 89
Abstração, 161
Adjunta de uma matriz, 134
    inversa dada pela, 135
A intersecção de dois subespaços é um subespaço, 170
Ajuste de curvas, polinomial, 25-28
Álgebra
    de matrizes, 52
    teorema fundamental da, 351
Amostragem, 172
Análise
    de regressão, 304
        por mínimos quadrados, 99-101, 265, 271-274
    de uma rede, 29-31
Análise de regressão canônica, 304
Análise de regressão múltipla, 304
Ângulo entre dois vetores, 235, 239, 246, 279
Antena parabólica, 223
Aplicação, 297
Aproximação
    de Fourier, 285-286
    por mínimos quadrados, 281-283
Aproximação de Fourier na ordem n, 285
Aproximação linear, mínimos quadrados, 282
Área, 132, 279, 288
Autoespaço, 350, 355
Autovalores(s), 147, 348, 351-352, 355
    de matrizes semelhantes, 360
    de matrizes triangulares, 354
    multiplicidade de, 353
    problema de, 348
Autovetor(es), 147, 348, 350, 352-353
Axiomas
    de espaço vetorial, 161
    de produto interno, 243

B

Balanceando uma equação química, 4
Base, 186
    canônica, 186, 188
    do espaço linha de uma matriz, 196
    matriz de coordenadas relativa a, 209
    mudança de, 210
    número de vetores na, 190
    ordenada, 208
    ortogonal, 254, 259
    ortonormal, 254, 258
    representação em coordenadas relativa a, 208
    testes em um espaço de dimensão n, 192
Base canônica, 186-187, 208-209, 254
Base não canônica, 209

C

Cadeia de Markov, 85
    absorvente, 89
    com fronteiras refletoras, 93
    enésima matriz de estado de, 85
    regular, 87
Canônica(o)
    conjunto gerador, 177
    matriz para uma transformação linear, 320
    vetor unitário, 232
Característica(o)
    equação de uma matriz, 351
    polinômio de uma matriz, 147, 351
Cauchy, Augustin-Louis (1789-1857), 119, 236
Cayley, Arthur (1821-1895), 43
Célula unitária monoclínica de base centrada, 213
Chave, 94
Círculo, forma padrão da equação de, 221
Codificação de uma mensagem, 94-95
Codomínio de uma função, 298
Coeficiente(s), 2, 46
    de Fourier, 258, 286
    matriz dos, 13
    principal, 2
Cofator(es), 111
    expandindo por, na primeira linha, 112
    expansão por, 113
    matriz dos, 134
    padrão de sinal para, 111
Coluna
    combinação linear de, 46
    de uma matriz, 13
    espaço, 195, 312
    matriz, 40
    operações elementares, 120
    posto de uma matriz, 199
    subscrito, 13
    vetor(s), 40, 194
Combinação linear, 46
    de vetores, 158, 175
Complemento ortogonal, 266
Componentes de um vetor, 152
Composição das transformações lineares, 322-323
Comprimento, 232-233, 246
Condição para diagonalização, 360, 364
Condição suficiente para diagonalização, 364
Condições que produzem um determinante zero, 121
Cone elíptico, 387
Cônica(s) ou seção(ões) cônica(s), 221
    rotação de eixos, 223-224
Conjunto gerado por, 174, 177, 179
Conjunto gerador, 177
Conjunto(s)
    gerado por, 178
    gerador de, 175, 177
    linearmente dependente, 179
    linearmente independente, 179
    ortogonal, 254, 257
    ortonormal, 254
    solução, 3
Contradição, demonstração por, A4

Contraexemplo, A5
Coordenadas, 208, 258
Coordenadas, vetor de, relativo a uma base, 208
Cores aditivas primárias, 190
Corte de uma superfície, 385-387
Cramer, Gabriel (1704-1752), 136
Criptografia, 94-96
Criptograma, 94
Cristalografia, 213

D

Decodificando uma mensagem, 94, 96
Definição indutiva, 112
Deformação, 180
Deformações em R^2, 338
Demonstração, A2-A4
Dependência linear, 179, 185
    e bases, 189
    e múltiplos escalares, 183
    testando para, 180
Desigualdade
    de Bessel, 291
    de Cauchy-Schwarz, 237, 248
    triangular, 239, 247
Desigualdade de Bessel, 291
Desigualdade de Cauchy-Schwarz, 237, 248
Desigualdade triangular, 239, 248
Determinante(s), 66, 110, 112, 114
    área de um triângulo usando, 138
    da transposta, 130
    de uma matriz inversa, 128
    de uma matriz inversível, 128
    de uma matriz triangular, 115
    de um múltiplo escalar de uma matriz, 127
    de um produto de matrizes, 126
    expansão de Laplace de, 112-113
    expansão por cofatores, 113
    nulo, condições que produzem, 121
    número de operações a fazer, 122
    operações elementares de colunas e, 120
    operações elementares de linhas e, 119
    propriedades de, 126
Diagonal
    matriz, 49, 115
    matriz diagonalizável, 359, 373
    principal, 13
Diagonalização
    condição para, 360, 364
    e transformações lineares, 365
    ortogonal, de uma matriz simétrica, 374
    problema de, 359
Diagonalização de uma matriz, passos para, 362
Diagonal principal, 13
Diferença
    de dois vetores, 153, 155
    de duas matrizes, 41
    equação de, 314
Dimensão(ões)
    de espaços linha e coluna, 198

A42   Elementos de álgebra linear

de um espaço vetorial, 191
do espaço solução, 202
espaços isomorfos e, 317
Dinâmica dos fluidos computacional, 79
Distância
entre dois vetores, 234, 246
e projeção ortogonal, 250, 269
Domínio de uma função, 298

E

Eixos, rotação de, para uma cônica, 222-223
Eixo x
reflexão no, 336
rotação em torno do, 340
Eixo y
reflexão no, 336
rotação em torno do, 340
Eixo z, rotação em torno do, 339-340
Elementares
matrizes, 74, 77
operações, de colunas, 120
operações, de linhas, 14
e determinantes, 119
representação de, 75
Elemento de uma matriz, 13
Eliminação
de Gauss, 7
com substituição regressiva, 16
Gauss-Jordan, 19
determinação da inversa de uma
matriz por, 64
Eliminação de Gauss, 7
com substituição regressiva, 16
Eliminação de Gauss-Jordan, 19
determinação da inversa de uma
matriz por, 64
Elipse, forma padrão da equação da, 221
Elipsoide, 386
Elíptico
cone, 387
paraboloide, 387
Encontrando
a inversa de uma matriz por eliminação de Gauss-Jordan, 64
a matriz do estado estacionário de
uma cadeia de Markov, 88
autovalores e autovetores, 352
Entrada de um sistema econômico, 97
Énupla ordenada, 155
Equação geral de uma seção cônica, 141
Equação(ões)
característica, 351
de seção(ões) cônica(s), 141, 221
de um plano, forma de três
pontos, 140
do problema dos mínimos quadrados,
normais, 271
Equação(ões) diferencial(ais), 218-219, 380
Equação(ões) diferencial(is) linear(es), 218
sistema de primeira ordem de, 380
solução(ões) de, 218-219
Equação(ões) linear(es)
conjunto solução de, 3
em duas variáveis, 2
em n variáveis, 2
em três variáveis, 2

forma de dois pontos de, 139
sistema de, 4, 38
consistente, 5
equivalente, 6, 8
forma escalonada por linha, 6
homogêneo, 21
inconsistente, 5, 8, 18
resolução de, 6, 45
solução(ões) de, 4-5, 56, 203-204
solução de, 3
Equações diferenciais lineares de
primeira ordem, 380
Equações normais do problema dos
mínimos quadrados, 271
Equivalentes
condições, 78
para matrizes quadradas, resumo
de, 204
para uma matriz não singular, 129
sistemas de equações lineares, 6-7
Erro, soma dos quadrados, 99
Escala de cinzas, 190
Escalar, 41, 153, 161
Espaço com produto interno, 243, 246, 248
projeção ortogonal em, 249
Espaço de dimensão n, 155
euclidiano, 235
Espaços coluna e linha, 198
Espaços isomorfos, 317
Espaços linha e coluna, 198
Espaço(s) vetorial(is), 161
base de, 186
conjunto gerador de, 177
de dimensão finita, 186
de dimensão infinita, 186
dimensão de, 191
isomorfismos de, 316
produto interno em, 243
resumo de, importantes, 163
subespaço de, 168
Espaço vetorial de dimensão finita, 186
Espaço vetorial de dimensão infinita, 186
Espectro de uma matriz simétrica, 368
Estado estacionário, 87, 147, 394
Estado(s)
de uma população, 84
matriz de, 85
Euclidiano
espaço de dimensão n, 235
produto interno, 243
Euler, Leonhard (1707-1783), A1
Existência de uma transformação
inversa, 325
Expansão
de um determinante, Laplace, 112-113
em R^2, 337
matriz de demanda externa, 98
por cofatores, 113
Expansão em R^2, 343
Expansão por cofatores na primeira
linha, 112

F

Fatoração LU, 79
Fatoração QR, 259, 293
Fechado pela
multiplicação por escalar do vetor,
154, 156, 161
soma de vetores, 154, 156, 161

Fermat, Pierre de (1601-1665), A1
Fibonacci, Leonard (1170-1250), 396
Fluxo elétrico, 240
Fluxo elétrico e magnético, 240
Fluxo magnético, 240
Forma alternativa do processo de orto-
normalização de Gram-Schmidt, 262
Forma de dois pontos da equação de uma
reta, 139
Forma de três pontos da equação de um
plano, 141
Forma escalonada por linha, 6, 15
Forma escalonada por linha reduzida de
uma matriz, 15
Fórmula recursiva, 396
Fourier
Aproximação de, 285-286
coeficientes de, 258, 286
séries de, 256, 287
Fourier, Jean-Baptiste Joseph
(1768-1830), 256, 258, 285
Frequência natural, 164
Fronteiras refletoras, corrente de Markov
com, 93

G

Gauss, Carl Friedrich (1777-1855), 7, 19
Genética, 365
Geometria de transformações lineares em
R^2, 336-338
Gram, Jørgen Pedersen (1850-1916), 259
Grau de liberdade, 164

H

Hamilton, William Rowan (1805-1865),
156
Herança, 365
Herança ligada ao sexo, 365
Herança ligada a X, 365
Hipérbole, forma padrão da equação
da, 221
Hiperboloide, 386
Hipótese de indução, A2
Homogêneo
equação diferencial linear, 218-219
sistema de equações lineares, 21, 200
Horizontais
contrações e expansões em R^2, 337
deformações em R^2, 338

I

Identicamente igual a zero, 188, 219
Identidade
da soma
de matrizes, 53
de vetores, 157, 161
de Lagrange, 288
escalar, de um vetor, 161
matriz, 55
propriedades da, 56
propriedade da,
da multiplicação, para matrizes, 52
da multiplicação, para vetores,
154, 156
da soma, para vetores, 154, 156
transformação, 300
Identidade da soma
de uma matriz, 53

Índice Remissivo   A43

de um vetor, 157, 161
  propriedades de, 154, 156-157
Identidade de Lagrange, 288
Igualdade de matrizes, 40
Igualdade de Parseval, 264
Imagem, 298
Imagem, 298, 312
  morphing e deformação, 180
Independência linear, 179, 257
  testando para, 180, 219
Indução
  hipótese de, A2
  matemática, 115
    demonstração por, A2, A3
    princípio de, A1, A2
Inversa(o)
  de uma matriz, 62, 66
    dado pelo sua adjunta, 135
    determinação pela eliminação de
Gauss-Jordan, 64
    determinante da, 128
    propriedades de, 67
  de uma matriz de transição, 210
  de uma transformação linear, 324-325
  de um produto de duas matrizes, 68
  pela multiplicação, de um número
    real, 62
  pela soma
    de uma matriz, 53
    de um vetor, 157, 161
    propriedade, soma, para vetores, 154,
      156
Inversa(o) pela soma
  de uma matriz, 53
  de um vetor, 157, 161
    propriedades de, 154, 156-157
Inversível, 62
Isomorfismo, 316

J

Jacobiano, 145
Jordan, Wilhelm (1842-1899), 19
Juntando duas matrizes, 64

K

Kepler, Johannes (1571-1630), 28

L

Laplace, Pierre Simon de (1749-1827),
  112
Legendre, Adrien-Marie (1752-1833),
  261
Lei de Hooke, 64
Leis de Kirchhoff, 30
Leontief, Wassily W. (1906-1999), 97
linear não homogênea,
  equação diferencial, 218
  sistema, soluções de, 203
Linha
  de uma matriz, 13
  equivalência por, 76
  espaço, 195
    base do, 196
    matrizes equivalentes por linha
têm o mesmo, 196
  matriz, 40, 94
  posto de uma matriz, 199

subscrito, 13
vetor, 40, 194

M

Magnitude de um vetor, 232
Markov, Andrey Andreyevich
  (1856-1922), 85
Matemática
  indução, 115, A1-A3
  modelagem, 272
Matrículas equivalentes por colunas, 120
Matriz antissimétrica, 61, 133, 228
Matriz aumentada, 13
Matriz companheira, 394
Matriz das coordenadas, 208-209
Matriz de controle, 314
Matriz de entrada e saída, 97
Matriz de estado estacionário, 86-87
  determinação da, 88
Matriz de flexibilidade, 64, 72
Matriz de força, 64, 72
Matriz de Householder, 73
Matriz de rigidez, 64, 72
Matriz de transição, 210, 212, 330
Matriz de transição de idade, 378
Matriz dois por dois
  determinante de, 66, 110
  inversa de, 66
Matriz(es), 13
  adjunta de uma, 134
  álgebra de, 52
  antissimétrica, 61, 133, 228
  aumentada, 13
  autovalor(es) de, 147, 348, 351
  autovetor(es) de, 147, 348, 350
  canônica, de uma transformação
    linear, 320
  cofatores de, 111
  coluna, 40
    combinação linear de, 46
  coluna de, 13
  companheira, 394
  controlabilidade, 314
  da forma quadrática, 381
  de coordenada, 208-209
  de demanda externa, 98
  de estado, 85
  de estado estacionário, 86-87
    determinação, 88
  de flexibilidade, 64, 72
  de força, 64, 72
  de Householder, 73
  de probabilidades de transição, 84
  de rigidez, 64, 72
  de saída, 97
  determinante de, 66, 110, 112, 114
  de transição, 210, 212, 330
  de transição de idade, 378
  de uma transformação linear,
    canônica, 320
  diagonal, 49, 115
  diagonalizável, 359, 373
  diagonal principal de, 13
  dos coeficiente, 12
  dos cofatores, 134
  elementar, 74, 77
  elementos de, 13
  enésima raiz de, 60

entrada e saída, 97
equação característica de, 351
equivalente por coluna, 120
equivalente por linha, 14, 76
espaço coluna de, 195, 312
espaço linha de, 195
  base de, 196
espaço nulo de, 200
estável, 87
estocástica, 84
  regular, 87
forma de, da regressão linear, 101
forma escalonada por linha, 15
forma escalonada por linha reduzida,
  15
hessiana, 369
idempotente, 83, 105, 133, 335, 358,
  395
identidade, 55-56
identidade da soma de, 53
igualdade de, 40
inversa de, 62, 66
  dada pela sua adjunta, 135
  determinação pela eliminação de
    Gauss-Jordan, 64
  determinante da, 128
  propriedades de, 67
  um produto de, 68
inversa pela soma de, 53
juntar a, 64
linha, 40, 94
linha de, 13
menor de, 111
multiplicação de, 42, 51
  e produto escalar, 240
  identidade para, 55
  propriedades de, 54
multiplicação por escalar de, 41
  propriedades de, 52
múltiplo escalar de, 41
  determinante de, 127
não inversível, 62
não singular, 62
  condições equivalentes para, 129
nilpotente, 108, 358
nula, 53
nulidade de, 200
operações com, 40, 42
ortogonal, 133, 264, 294, 370
ortogonalmente diagonalizável, 373
particionada, 40, 47
polinômio característico de, 351
posto de, 199
produto de, 42
  determinante de, 126
  propriedades de, 52
quadrada de ordem n, 13
  determinante de, 112
  passos para diagonalização, 362
  resumo de condições equivalentes,
    204
real, 13, 40
semelhantes, 332, 359
  propriedades de, 332
  têm os mesmos autovalores, 360
simétrica, 57, 169, 368
  diagonalização ortogonal de, 374
  propriedades de, 368, 371

A44 Elementos de álgebra linear

teorema fundamental da, 373
singular, 62
soma de, 41
subespaços fundamentais de, 264, 270
tamanho de, 13
traço de, 50, 308, 357
transformação linear dada por, 302
transformação, para bases não
  canônicas, 326
transposta de, 57
  determinante da, 130
  propriedades de, 57
triangular, 79, 115
  autovalores de, 354
  determinante, de, 115
Matrizes equivalentes por linhas, 14, 76
  tem o mesmo espaço linha, 196
Matrizes linhas codificadas, 95
Matrizes linhas não codificadas, 94
Matrizes semelhantes, 332, 359
  propriedades de, 332
  têm os mesmos autovalores, 360
Matrizes simétricas, 57, 169, 368
  diagonalização ortogonal de, 374
  propriedades de, 368, 371
  teorema fundamental das, 373
Matriz estável, 87
Matriz estocástica, 84
  regular, 87
Matriz hessiana, 375
Matriz idempotente, 83, 100, 133, 335,
  358, 395
Matriz não inversível, 62
Matriz não singular, 62
  condições equivalentes para, 129
Matriz nilpotente, 108, 358
Matriz ortogonalmente diagonalizável, 373
Matriz particionada, 40, 46
Matriz quadrada de ordem n, 13
  determinante de, 112
  menores e cofatores de, 111
  passos para diagonalização, 362
  resumo de condições equivalentes
    para, 204
Matriz singular, 62
Matriz três por três, determinante de,
  método alternativo, 114
Matriz triangular, 79, 115
  autovalores de, 354
  determinante de, 115
Matriz triangular inferior, 79, 115
Matriz triangular superior, 79, 115
Menor, 111
Método de mínimos quadrados, 100
Mínimos quadrados, 265
  aproximação por, 281-284
  método dos, 99
  problema dos, 265, 271
  regressão
    análise de, 99-101, 265, 271-274
    reta de, 100, 265
Modelagem matemática, 272
Modelo de entrada e saída Leontief, 97-98
Morphing, 180
Mudança de base, 210
Multiplicação de matrizes, 42, 51
  e produto escalar, 240
  identidade para, 55

inverso de um número real, 62
por escalar, 41
  propriedades de, 52
propriedade de identidade da
  multiplicação
    para matrizes, 52
    para vetores, 154, 156
  propriedades de, 54
Multiplicação em blocos de matrizes, 51
Multiplicação por escalar
  de matrizes, 41
    propriedades de, 52
  de vetores, 153, 155, 161
    propriedades de, 154, 156, 164
Multiplicador de Lagrange, 34
Multiplicidade de um autovalor, 353
Múltiplo escalar
  comprimento do, 233
  de uma matriz, 41
    determinante do, 127
  de um vetor, 155
Mutuamente ortogonal, 254

N

Não comutatividade da multiplicação de
  matrizes, 55
Não trivial(ais),
  soluções, 179
  subespaços, 169
Norma de um vetor, 232, 246
Normalização de um vetor, 233
Núcleo, 200, 309, 311
Nula(o)
  matriz, 53
  subespaço, 169
  transformação, 300
  vetor, 153, 155
Nulidade, 200, 313
Número de
  operações para calcular um
    determinante, 122
  soluções, 5, 21, 56
  vetores em uma base, 190
Número primo, A4

O

Operação(ões)
  com matrizes, 40
  com vetores, 153
  elementares de colunas, 120
  elementares de linhas, 14
    e determinantes, 119
    representação, 75
  que produzem sistemas equivalentes, 7
Operações de linhas, elementares, 14
  e determinantes, 119
  representação, 75
Operador
  diferencial, 305
  linear, 299
Operador diferencial, 305
Operador linear, 299
Oposto de um vetor, 153, 155
Ordem de uma matriz quadrada, 13
Ordenada(o),
  base, 208
  par, 152

Ortogonal
  base, 254, 259
  complemento, 266
  conjunto(s), 254, 257
  diagonalização, de uma matriz simétrica, 374
  matriz, 133, 264, 294, 370
  mutuamente, 254
  projeção, 248-249, 346
    e distância, 250, 269
    em um subespaço, 308
  subespaços, 266, 268
  vetores, 238, 246
Ortonormal, 254, 258
Otimização restrita, 389

P

Padrão
  formas, de equações de cónicas, 221
Padrão de sinal para cofatores, 111
Parábola, forma padrão da equação da, 221
Paraboloide, 387
Paraboloide hiperbólico, 387
Paralelepípedo, volume do, 289
Paralelogramo, área do, 279
Parâmetro, 3
Peirce, Benjamin (1809-1890), 43
Peirce, Charles S. (1839-1914), 43
Pesos dos termos de um produto
  interno, 244
Plano, forma de três pontos da equação
  do, 140
Polinômio de Taylor de grau, 1, 282
Polinômio(s), 261, 282
  ajuste de curva, 25-28
  característico, 147, 351
Polinômios de Legendre, normalizados,
  261
Polinômios normalizados de Legendre,
  261
Ponto final de um vetor, 152
Ponto fixo de uma transformação linear,
  308, 341
Ponto inicial de um vetor, 152
Ponto(s)
  final, 152
  fixo, 308, 341
  inicial, 152
Pontos colineares no plano xy, teste para,
  139
Pontos coplanares no espaço, teste para,
  140
População
  crescimento da, 378-379
  estados da, 84
  genética, 365
Posto, 199, 313
Pré-imagen de um vetor, 298
Preservação de operações, 299
Primeira Lei de Kepler do movimento
  planetário, 141
Principal
  coeficiente, 2
  um, 15
  variável, 2
Princípio da indução matemática, A1, A2

Índice Remissivo A45

Probabilidades de transição, matriz de, 84
Processo de ortonormalização de
  Gram-Schmidt, 254, 259
  forma alternativa, 262
Produto
  de duas matrizes, 42
    determinante de, 126
    inverso do, 68
  escalar, 235
    e multiplicação de matrizes, 240
  escalar triplo, 288
  interno, 243
    espaço com, 243
    pesos dos termos de, 244
    propriedades de, 245
  vetorial, 277
    área de um triângulo usando, 288
    propriedades de, 278-279
Produto escalar de dois vetores, 235
  e multiplicação de matrizes, 240
Produto escalar triplo, 288
Produto(s) interno(s), 243
  pesos dos termos de, 244
  propriedades de, 245
Produto vetorial de dois vetores, 277
  área de um triângulo usando, 288
  propriedades de, 278-279
Programação linear, 47
Projeção
  em um subespaço, 268, 308
  ortogonal, 248-249, 346
    e distância, 250, 269
Propriedade associativa
  da multiplicação por escalar
    de matrizes, 52
    de vetores, 154, 156, 161
  da soma de matrizes, 52
  da soma de vetores, 154, 156, 161
  de multiplicação de matrizes, 54
Propriedade comutativa
  da soma de matrizes, 52
  da soma de vetores, 154, 156, 161
Propriedade distributiva
  para matrizes, 52, 54
  para vetores, 154, 156, 161
Propriedades
  da matriz de identidade, 56
  da multiplicação de matrizes, 54
  da multiplicação por escalar
    de vetores, 164
    e soma de matrizes, 52
    e soma de vetores, 154, 156
  das matrizes inversas, 67
  das matrizes inversíveis, 77
  das matrizes nulas, 53
  da soma de matrizes e multiplicação
    por escalar, 52
  da soma de vetores e multiplicação
    por escalar, 154, 156
  das transformações lineares, 300
  das transpostas, 57
  de cancelamento, 69
  de conjuntos linearmente
    dependentes, 182
  de determinantes, 126
  de identidade da soma e inversa pela
    soma, 158
  de matrizes ortogonais, 370

de matrizes semelhantes, 332
de matrizes simétricas, 368, 372
de produtos internos, 245
de subespaços ortogonais, 268
do produto escalar, 235
do produto vetorial, 278-279
Propriedades algébricas do produto
  vetorial, 278
Propriedades de cancelamento, 69
Propriedades geométricas do produto
  vetorial, 279

Q

Quadrática
  aproximação, mínimos quadrados, 283
  forma, 381

R

Real
  matriz, 13, 40
  número, inverso pela multiplicação, 62
Rede
Rede, 213
  análise de, 29-31
  elétrica, 30, 322
Rede de escada, 322
Rede elétrica, 30, 322
Regra da mão direita, 340
Regra de Cramer, 130, 136-137
Regressão
  análise de, 304
    mínimos quadrados, 99-101, 265,
      271-274
  linear, forma de matriz para, 101
  reta de, mínimos quadrados, 100, 265
Regular
  cadeia de Markov, 87
  matriz estocástica, 87
Representação
  na base, unicidade da, 188
  paramétrica, 3
  por coordenadas, 208, 215
Representação de operações elementares
de linhas, 75
Representação paramétrica, 3
Representação por coordenadas, 208-209
Resolução
  de uma equação, 3
  de um sistema de equações lineares,
    6, 45
  do problema dos mínimos quadrados,
    271
Resumo
  de condições equivalentes para
    matrizes quadradas, 204
  de espaços vetoriais importantes, 163
Reta
  de regressão de mínimos quadrados,
    99, 265
  reflexão em uma, 336, 346
Rotação
  de eixos, de uma cônica, 223-224
  de uma superfície quadrática, 388

S

Saída
  de um sistema econômico, 97
  matriz de, 98

Schmidt, Erhardt (1876-1959), 259
Schwarz, Hermann (1843-1921), 236
Se e somente se, 40
Segmento de reta orientado, 152
Sequência de Fibonacci, 396
Série de Fourier, 256, 287
Sistema com orientação positiva, 279
Sistema consistente de equações
  lineares, 5
Sistema controlável, 314
Sistema da mão esquerda, 279
Sistema de
  equações diferenciais lineares de
    primeiro ordem, 380
  equações lineares, 4, 38
    consistente, 5
    equivalente, 6, 8
    forma escalonada por linha, 6
    homogêneo, 21
    inconsistente, 5, 8, 18
    Resolução de, 6, 45
    solução(ões) de, 4-5, 56, 203-204
Sistema de equações lineares
  sobredeterminado, 38
Sistema de posicionamento global, 16
Sistema econômico aberto, 98
Sistema econômico fechado, 97
Sistema inconsistente de equações
  lineares, 5, 8, 18
Sistema linear, não homogêneo, 203
Sistema não amortecido, 164
Sistemas dinâmicos, 396
Sistema subdeterminado de equações
  lineares, 38
Solução geral, 219
Solução óbvia, 21
Solução(ões)
  conjunto, 3
  de uma equação diferencial linear,
    218-219
  de uma equação linear, 3
  de um sistema de equações lineares,
    4, 203-204
    número de, 5, 56
  de um sistema homogêneo, 21, 200
  espaço, 200, 202
  não trivial, 179
  trivial, 179
Solução particular, 203
Soma
  de dois subespaços, 230
  de dois vetores, 153, 155
  de duas matrizes, 41
  de duas transformações lineares, 344
  de erros quadráticos, 99
  de matrizes, 41
    propriedades de, 52
  de vetores, 153, 155, 161
    propriedades de, 154, 156
  direta, 230, 267
  do posto e da nulidade, 313
Soma direta de dois subespaços, 230, 267
Subespaço próprio, 169
Subespaço(s), 168
  a imagem é um, 312
  fundamentais, de uma matriz, 264, 270
  intersecção de, 170
  não trivial, 169

A46   Elementos de álgebra linear

núcleo é um, 311
nulo, 169
ortogonal, 266, 268
projeção em um, 268
próprio, 169
soma de, 230
soma direta de, 230, 267
teste para, 168
trivial, 169
Subespaços fundamentais de uma matriz, 264, 270
Subscrito
  coluna, 13
  linha, 13
Substituição progressiva, 80
Substituição regressiva, 6
  eliminação de Gauss com, 16
Subtração
  de matrizes, 41
  de vetores, 153, 155
Superfície quadrática, 386, 388
  corte de, 385
  corte de, 385-387
  rotação de, 388

T

Tamanho de uma matriz, 13
Taussky-Todd, Olga (1906-1995), 234
Teorema
  de Cayley-Hamilton, 147, 357
  de Pitágoras, 239, 247
  dos eixos principais, 382
  espectral real, 368
  fundamental
    da álgebra, 351
    de matrizes simétricas, 373
Teorema de Cayley-Hamilton, 147, 357
Teorema de Pitágoras, 239, 248
Teorema dos eixos principais, 382
Teorema espectral real, 368
Teorema fundamental
  da álgebra, 351
  de matrizes simétricas, 373
Termo constante, 2
Teste para
  independência linear, 180, 219
  pontos colineares no plano xy, 139
  pontos coplanares no espaço, 140
  uma base em um espaço de dimensão n, 192
  um subespaço, 168
Tetraedro, volume do, 140
Torque, 277
Trabalho, 248
Traço de uma matriz, 50, 308, 357
Transformação afim, 180, 344
Transformação linear injetora, 315-316
Transformação linear sobrejetora, 316
Transformação(ões) linear(es), 299
  autovalor de, 355
  autovetor de, 355
  composição de, 323-324
  dada por uma matriz, 302
  e diagonalização, 365
  espaço nulo de, 311
  identidade, 300
  imagem de, 312
  injetora, 315-316

inversa de, 324-325
isomorfismo, 316
matriz canônica da, 320
núcleo de, 309
nula, 300
nulidade de, 313
oonto fixo de, 308, 341
operador diferencial, 305
posto de, 313
projeção ortogonal em um subespaço, 308
propriedades de, 300
sobrejetora, 316
soma de, 344
Transformação (s)
  afim, 180, 344
  identidade, 300
  linear, 299
    autovalor de, 355
    auto vetor de, 355
    composição de, 322-323
    dada por uma matriz, 302
    e diagonalização, 365
    espaço nulo de, 311
    imagem de, 312
    injetora, 315-316
    inversa de, 324-325
    isomorfismo, 316
    matriz canônica para, 320
    núcleo de, 309
    nulidade de, 313
    operador diferencial, 305
    ponto fixo de, 308, 341
    posto de, 313
    projeção ortogonal em um subespaço, 308
    propriedades de, 300
    sobrejetota, 316
    soma de, 344
  matriz para bases não canônicas, 326
  nula, 300
Transformada de Laplace, 130
Transposta de uma matriz, 57
  determinante de, 130
Triângulo
  área de um, 138, 288
Trivial(is)
  solução, 21, 160, 179
  subespaços, 169

U

Unicidade
  da matriz inversa, 62
  da representação da base, 188

V

Variabilidade da frequência cardíaca, 255
Variável
  livre, 3
  principal, 2
Variável livre, 3
Vetor(es), 146, 149, 161
  ângulo entre dois, 235, 237, 246, 279
  coluna, 40, 195
    combinação linear de, 46
  combinação linear de, 158, 175
  componentes do, 152
  comprimento de, 232-233, 246

coordenadas relativas a uma base, 208
de distribuição de idade, 378
de probabilidade do estado estacionário, 394
de probabilidade, estado estacionário, 394
distância entre dois, 234, 246
em uma base, número de, 190
identidade da soma de, 158
iguais, 152, 155
inverso pela soma de, 158
linha, 40, 195
magnitude de, 232
multiplicação por escalar de, 153, 155, 161
  propriedades de, 154, 156
no plano, 152
norma de, 232, 246
normalizando, 233
nulo, 153, 155
número em uma base, 190
operações com, 153, 155
oposto de, 153
ortogonal, 238, 246
paralelos, 232
perpendiculares, 238
ponto final de, 152
ponto inicial de, 152
produto escalar de dois, 235
produto interno de, 243
produto vetorial de dois, 277
projeção em um subespaço, 268
representação por par ordenado, 152
soma de, 153, 155, 161
  propriedades de, 154, 156
unitário, 232, 246
Vertical
  Deformações, em R^2, 338
Vetor de distribuição de idade, 378
Vetor de probabilidade, estado estacionário, 394
Vetores iguais, 152, 155
Vetores paralelos, 232
Vetores paralelos de direções opostas, 232
Vetores paralelos de mesma direção, 232
Vetores perpendiculares, 238
Vetor unitário, 232-233, 246
Volume, 140, 289

W

Wronskiano, 219
Wronski, Josef Maria (1778-1853), 219

Z

Zero
  determinante, condições que produzem, 121
  identicamente igual a, 188, 219

Índice de Aplicações

A

Adjunta de uma matriz, 134-135, 142, 146, 150
Agricultura, 37, 50
Ajuste de curva polinomial, 25-28, 32, 34, 37
Algoritmo PageRank do Google, 86
Alimentador, 223
Alocação de avião, 91
Amostragem, 172
Análise de rede, 29-34, 37
Análise de rede elétrica, 30-31, 34, 37, 150
Análise de regressão canônica, 304
Análise de regressão múltipla, 304
Análise do ritmo cardíaco, 255
Antena parabólica, 223
Aproximação(ões) de Fourier, 285-287, 289, 292
Aproximação(ões) de mínimos
    quadrados, 281-284, 289
    linear, 282, 290, 293
    quadrática, 283, 289, 292
Área
    de um paralelogramo usando produto
        vetorial, 279-280, 288, 294
        usando determinantes, 138, 143, 146, 150
        usando produto vetorial, 289
Arquitetura, 388
Arrecadação de fundos, 92
Assinantes de celular, 107
Assistindo televisão, 91
Astronomia, 27, 273

B

Balanceando uma equação química, 4

C

Cadeia de Markov, 85-86, 92-93, 106
    absorvente, 89-90, 92-93, 106
Calvície hereditária, 365
Catedral Metropolitana Nossa Senhora
Aparecida, 388
Célula unitária, 213
    monoclínica de base centrada, 213
Chave de criptografia, 94
Círculo unitário, 253
Codificando uma mensagem, 95, 102, 107
Compra de um produto, 91
Computação gráfica, 338
Comunicações sem fio, 172
Consumo de energia eólica, 103
Conteúdo de vitamina C, 11
Cores aditivas primárias, 190
Crescimento populacional, 378, 379, 391, 392, 395, 396, 398
Criptografia, 94-96, 102, 107
Criptografia de dados, 94
Cristalografia, 213
Cruzeiro no Caribe, 106

D

Daltonismo vermelho-verde, 365
Decodificando uma mensagem, 96, 102, 107

Decomposição em frações parciais, 34, 37
Deflexão do feixe, 64, 72
Demanda, para uma furadeira
    recarregável, 103
Design de aeronaves, 79
Design do circuito, 322
Despesas com cuidados de saúde, 146
Determinando direções, 16
Dicas, 23
Difusão, 354
Dinâmica dos fluidos computacional, 79
Distância média do Sol, 27, 273
Distribuição de notas, 92
Distrofia muscular de Duchenne, 365
Documentos secretos, 106
Dominós, A2

E

Efeitos especiais em filme, 180
Empréstimo de dinheiro, 23
Engenharia e controle, 130
Engenharia e tecnologia
Equação(ões) diferencial(is) linear(es),
    218, 225-226, 229
    segunda ordem, 164
    sistema de, de primeira ordem, 354,
        380, 380, 391, 392, 395, 396, 398
Equipamento eletrônico, 190
Escala de cinzas, 190
Esportes
    atividades de, 91
    Super Bowl I, 36
Estatística e probabilidade
Estatísticas multivariadas, 304
Estrutura de um cristal, 213

F

Fabricação
    custos de trabalho e materiais, 105
    modelos e preços, 150
    níveis de produção, 51, 105
Ferramenta de busca na Internet, 58
Finanças, 23
Fluxo de água, 33
Fluxo de tráfego, 28, 33
Fluxo elétrico e magnético, 240
Força
    matriz de, 72
    para puxar um objeto até uma
        rampa, 157
Forma de dois pontos da equação de uma
    reta, 139, 143, 146, 150
Forma de três pontos da equação de um
    plano, 141, 143, 146
Forma(s) quadrática(s), 381-388, 392,
    395, 398
Frequência natural, 164
Fumantes e não fumantes, 91

G

Genética, 365
Genética populacional, 365
Geofísica, 172

Grau de liberdade, 164

H

Hemofilia A, 365
Herança ligada ao sexo, 365
Herança ligada ao X, 365

I

Idade e crescimento populacional ao
longo do tempo, 331

J

Jacobiano, 145

L

Lei de Hooke, 64
Lei de Ohm, 322
Leis de Kirchhoff, 30, 322
Localização de navios perdidos no mar, 16
Lucro das culturas, 50
Lucro líquido, Microsoft, 32

M

Matriz de controle, 314
Matriz de demanda, externa, 98
Matriz de estado, 85, 106, 147, 331
Matriz de flexibilidade, 64, 72
Matriz de Leslie, 331, 378
Matriz de rigidez, 64, 72
Matriz de saída, 98
Matriz de transição de idade, 378,
    391-392, 395
Matriz entrada-saída, 97
Matrizes estocásticas, 84-86, 91-93, 106,
    331
Matriz hessiana, 375
Máximos e mínimos relativos, 375
Mestrados concluídos, 276
Migração populacional, 106
Modelagem matemática, 272, 274, 276
Modelo de cores RGB, 190
Modelo de preferência do consumidor,
    85-86, 92, 147
Modelo(s) de entrada e saída de Leontief,
    97-98, 103
Monitoramento de terremoto, 16
Monitores de computador, 190
Morphing e deformação de imagem, 180
Movimento vertical, 37
Multiplicador de Lagrange, 34

N

Níveis de ruído acústico, 28
Notas finais, 105
Nutrição, 11

O

Otimização restrita, 389-390, 392, 395

P

Parábola passando por três pontos, 150
Pêndulo, 225

A48 Elementos de álgebra linear

Períodos planetários, 27, 273
Polinômio de Taylor de grau 1, 282
Política, distribuição da votação, 51
Pontos coplanares no espaço, 140, 143
Pontos de colineares no plano xy, 139, 143
Pontuação na prova, 108
População
  das regiões dos Estados Unidos, 51
  de cervos, 37
  de coelhos, 379
  de fumantes e não fumantes, 91
  de peixes pequenos, 396
  de ratos de laboratório, 91
  de tubarões, 396
  do mundo, 273
  dos consumidores, 92
  dos Estados Unidos, 32
Pouso em cometa, 141
Processamento de sinal digital, 172
Produção de petróleo, 292
Produto escalar triplo, 288
Produto vetorial de dois vetores, 277-280, 288-289, 294
Programação da tripulação de voo, 47
Programação linear, 47
Promoção de vendas, 106
Propagação de um vírus, 91, 93
Publicação de software, 143

Q

Química
  mistura, 37
  mudança de estado, 91
  reação, 4

R

Radar, 172
Receita
  editoras de software, 143

empresa de telecomunicações, 242
  General Dynamics Corporation, 266, 276
  Google, Inc., 291
  lanchonete, 242
Recuperação de informações, 58
Regra de Cramer, 130, 136-137, 142-143, 146
Regressão por mínimos quadrados
  análise de, 99-101, 103, 107, 265, 271-276
  polinômio cúbico, 276
  polinômio quadrático, 273, 276
  reta de, 100, 103, 107, 271, 274-275, 296
Relação predador-presa, 396

S

Salários da Major League Baseball, 107
Seção(ões) cônica(s), 226, 229
  equação geral, 141
  rotação de eixos, 221-224, 226, 229, 382-385, 392, 395
Segunda Lei do movimento de Newton, 164
Sequência de Fibonacci, 396
Serviço de televisão por satélite, 85-86, 147
Serviço postal dos EUA, 200
Simulação de cicatrização de feridas, 180
Simulação de resultados de cirurgia plástica, 180
Sistema de controle, 314
Sistema de posicionamento global, 16
Sistema econômico, 97-98
  de uma pequena comunidade, 103
Sistema industrial, 102, 107
Sistema não amortizado, 164
Sistemas dinâmicos, 396
Smartphones, 190
Software de progressão de idade, 180

Sudoku, 120
Superfície quadrática, rotação de, 388, 392

T

Taxas de reprodução de cervos, 103
Televisões, 190
Temperatura, 34
Teste das derivadas parciais de segunda ordem para extremos relativos, 375
Torneio de xadrez, 93
Torque, 277
Trabalho, 248
Transformada de Laplace, 130

V

Velocidade de galope de animais, 276
Velocidade do avião, 11
Venda de gasolina, 105
Vendas, 37
  estoques, 92
  Wal-Mart, 32
Verificação de erros
  dígito de, 200
  matriz de, 200
Vetor de distribuição de idade, 378, 391-392, 395
Vetor de probabilidade do estado estacionário, 386
Volume
  de um paralelepípedo, 289, 292
  de um tetraedro, 114, 140, 143

W

Wronskiano, 219, 225-226, 229

Z

ZIP+4 códigos de barras, 200

Propriedades da soma de matrizes e da multiplicação por escalar

Se A, B e C são matrizes $m \times n$ e c e d são escalares, as propriedades abaixo são verdadeiras.

1. $A + B = B + A$ **Propriedade comutativa da adição**
2. $A + (B + C) = (A + B) + C$ **Propriedade associativa da adição**
3. $(cd)A = c(dA)$ **Propriedade associativa da multiplicação**
4. $1A = A$ **Elemento neutro multiplicativo**
5. $c(A + B) = cA + cB$ **Propriedade distributiva**
6. $(c + d)A = cA + dA$ **Propriedade distributiva**

Propriedades da multiplicação de matrizes

Se A, B e C são matrizes (com tamanhos tais que os produtos das matrizes estão definidos) e c é um escalar, então as propriedades abaixo são verdadeiras.

1. $A(BC) = (AB)C$ **Propriedade associativa da multiplicação**
2. $A(B + C) = AB + AC$ **Propriedade distributiva**
3. $(A + B)C = AC + BC$ **Propriedade distributiva**
4. $c(AB) = (cA)B = A(cB)$

Propriedades da matriz identidade

Se A é uma matriz de tamanho $m \times n$, as propriedades abaixo são verdadeiras.

1. $AI_n = A$
2. $I_m A = A$

Propriedades da soma de vetores e multiplicação por escalar em R^n

Sejam $\mathbf{u}$, $\mathbf{v}$ e $\mathbf{w}$ vetores em R^n e sejam c e d escalares.

1. $\mathbf{u} + \mathbf{v}$ é um vetor em R^n **Fechamento para soma**
2. $\mathbf{u} + \mathbf{v} = \mathbf{v} + \mathbf{u}$ **Propriedade comutativa da soma**
3. $(\mathbf{u} + \mathbf{v}) + \mathbf{w} = \mathbf{u} + (\mathbf{v} + \mathbf{w})$ **Propriedade associativa da soma**
4. $\mathbf{u} + \mathbf{0} = \mathbf{u}$ **Elemento neutro da soma**
5. $\mathbf{u} + (-\mathbf{u}) = \mathbf{0}$ **Elemento oposto da soma**
6. $c\mathbf{u}$ é um vetor em R^n.   **Fechamento para multiplicação por escalar**
7. $c(\mathbf{u} + \mathbf{v}) = c\mathbf{u} + c\mathbf{v}$ **Propriedade distributiva**
8. $(c + d)\mathbf{u} = c\mathbf{u} + d\mathbf{u}$ **Propriedade distributiva**
9. $c(d\mathbf{u}) = (cd)\mathbf{u}$ **Propriedade associativa da multiplicação**
10. $1(\mathbf{u}) = \mathbf{u}$ **Elemento neutro multiplicativo**

Resumo de espaços vetoriais importantes

R = conjunto de todos os números reais
R^2 = conjunto de todos os pares ordenados
R^3 = conjunto de todas as triplas ordenadas
R^n = conjunto de todas as n-uplas
$C(-\infty, \infty)$ = conjunto de todas as funções contínuas definidas na reta real
$C[a, b]$ = conjunto de todas as funções contínuas definidas em um intervalo fechado $[a, b]$, onde $a \neq b$
P = conjunto de todos os polinômios
P_n = conjunto de todos os polinômios de grau $\leq n$ (juntamente com o polinômio nulo)
$M_{m,n}$ = conjunto de todas as matrizes $m \times n$
$M_{n,n}$ = conjunto de todas as matrizes quadradas $n \times n$

Resumo das condições equivalentes para matrizes quadradas

Se A for uma matriz $n \times n$, as condições abaixo são equivalentes.
1. A é inversível.
2. $A\mathbf{x} = \mathbf{b}$ tem uma única solução para qualquer matriz coluna $\mathbf{b}$ de tamanho $n \times 1$.
3. $A\mathbf{x} = \mathbf{0}$ tem apenas a solução trivial.
4. A é equivalente por linhas a I_n.
5. $|A| \neq 0$
6. $\text{Posto}(A) = n$
7. Os n vetores linha de A são linearmente independentes.
8. Os n vetores coluna de A são linearmente independentes.

Propriedades do produto escalar

Se $\mathbf{u}$, $\mathbf{v}$ e $\mathbf{w}$ são vetores em R^n e c é um escalar, então as propriedades listadas abaixo são verdadeiras.
1. $\mathbf{u} \cdot \mathbf{v} = \mathbf{v} \cdot \mathbf{u}$
2. $\mathbf{u} \cdot (\mathbf{v} + \mathbf{w}) = \mathbf{u} \cdot \mathbf{v} + \mathbf{u} \cdot \mathbf{w}$
3. $c(\mathbf{u} \cdot \mathbf{v}) = (c\mathbf{u}) \cdot \mathbf{v} = \mathbf{u} \cdot (c\mathbf{v})$
4. $\mathbf{v} \cdot \mathbf{v} = \|\mathbf{v}\|^2$
5. $\mathbf{v} \cdot \mathbf{v} \geq 0$, ocorrendo $\mathbf{v} \cdot \mathbf{v} = 0$ se e somente se $\mathbf{v} = \mathbf{0}$.

Propriedades do produto vetorial

Se $\mathbf{u}$, $\mathbf{v}$ e $\mathbf{w}$ são vetores em R^3 e c é escalar, as propriedades listadas abaixo são verdadeiras.
1. $\mathbf{u} \times \mathbf{v} = -(\mathbf{v} \times \mathbf{u})$
2. $\mathbf{u} \times (\mathbf{v} + \mathbf{w}) = (\mathbf{u} \times \mathbf{v}) + (\mathbf{u} \times \mathbf{w})$
3. $c(\mathbf{u} \times \mathbf{v}) = c\mathbf{u} \times \mathbf{v} = \mathbf{u} \times c\mathbf{v}$
4. $\mathbf{u} \times \mathbf{0} = \mathbf{0} \times \mathbf{u} = \mathbf{0}$
5. $\mathbf{u} \times \mathbf{u} = \mathbf{0}$
6. $\mathbf{u} \cdot (\mathbf{v} \times \mathbf{w}) = (\mathbf{u} \times \mathbf{v}) \cdot \mathbf{w}$

Encontrando autovalores e autovetores*

Seja A uma matriz $n \times n$.
1. Forme a equação característica $|\lambda I - A| = 0$. Ela será uma equação polinomial de grau n na variável λ.
2. Encontre as raízes reais da equação característica. Estes são os autovalores de A.
3. Para cada autovalor λ_i, encontre os autovetores associados a λ_i, resolvendo o sistema homogêneo $(\lambda_i I - A)\mathbf{x} = \mathbf{0}$. Isso pode exigir a redução por linhas de uma matriz $n \times n$. A forma escalonada reduzida deve ter pelo menos uma linha de zeros.

* Para problemas complicados, esse processo pode ser facilitado com o uso da tecnologia.

Impressão e acabamento: